한국산업인력공단 출제기준 완벽대비!

[건설안전기사]
[필기 기출문제]

김응주 編著

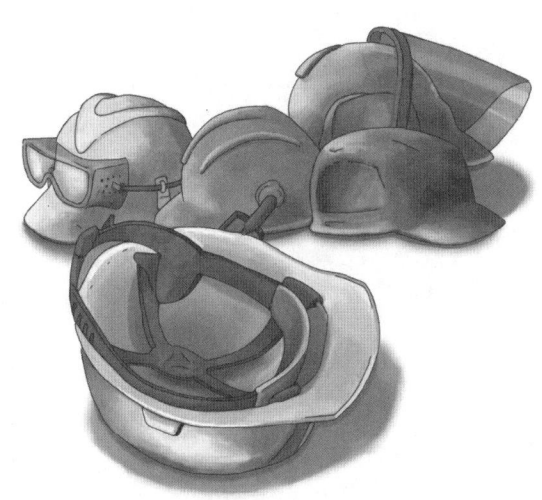

머리말

현대 산업사회의

생산현장은 산업설비의 대형화와 자동화를 통한 대량생산 및 다품종 생산의 시대로 접어들게 되었고 재해사고발생시 위험에 대한 치명도와 규모도 증대되고 있는 상황입니다. 이에 따라 산업현장에서의 안전을 담당하는 안전관리자의 책무와 지위 또한 증대되고 있습니다.

인간존중의 이념을 실현하기 위한 안전관리자의 고유한 책무와 함께, 산업 근로자의 안전과 생명을 지키는 파수꾼으로서의 역할이 사회구성의 한분야이자 전문적인 영역으로 자리매김되고 있는 상황에서 안전관리자의 자격을 취득하고자 하는 분들의 건승을 기원합니다.

이 책은 산업인력공단이 주관·시행하는 기사 자격증을 보다 효과적으로 단시간에 취득하도록 하기 위해 핵심적인 이론과 최근 기출문제를 중점적으로 수록하고 있습니다. 또한, 그 내용에 있어 다음과 같은 점들을 특징으로 하고 있습니다.

1. 한국산업인력공단의 최근 변경된 출제기준 및 개정 법령에 따라 핵심적인 이론 내용만을 수록함으로써 효과적인 학습이 가능하도록 하였습니다.
2. 2026년 기존 6과목에서 5과목으로 축소·변경된 출제기준에도 불구하고 지난 시험의 기출문제는 문제은행 방식으로 치러지는 시험제도의 특성상 유용한 학습자료입니다. 이에 CBT 변경 이전 시행된 5년간의 기출문제를 수록하였습니다.
3. 기출문제의 경우 풍부한 해설 내용을 함께 수록하여 유사 유형의 문제도 쉽게 풀 수 있도록 하였습니다.

책을 쓰는 동안 수험생의 입장에서 최대한 자세하게 설명하기 위해 최선을 다하였으나 미비한 점이 있다면 계속적인 보완을 약속드립니다.

끝으로 저자의 원고를 책으로 출간할 수 있는 기회를 주신 도서출판 책과 상상에 감사를 드립니다. 또한, 출간을 위해 적지 않은 시간을 원고 검토에 힘써준 현장의 동료들에게도 지면을 통해 깊은 감사의 말을 전합니다.

저자 올림

검정안내 및 출제기준

1. 검정안내

(1) 개요
건설업은 공사기간단축, 비용절감 등의 이유로 사업주와 건축주들이 근로자의 보호를 소홀히 할 수 있기 때문에 건설현장의 재해요인을 예측하고 재해를 예방하기 위하여 건설 안전 분야에 대한 전문지식을 갖춘 전문인력을 양성하고자 자격제도 제정

(2) 수행직무
건설재해예방계획 수립, 작업환경의 점검 및 개선, 유해 위험방지 등의 안전에 관한 기술적인 사항을 관리하며 건설물이나 설비작업의 위험에 따른 응급조치, 안전장치 및 보 호구의 정기점검, 정비 등의 직무 수행

(3) 취득 방법

① **검정 방법**
- 필기 : 객관식 4지 택일형 과목당 20문항(과목당 30분)
- 실기 : 복합형[필답형(1시간 30분, 60점) + 작업형(1시간 정도, 40점)]

② **합격기준**
- 필기 : 100점을 만점으로 하여 과목당 40점 이상, 전과목 평균 60점 이상
- 실기 : 100점을 만점으로 하여 60점 이상

(4) 진로 및 전망
- 종합 또는 전문건설업체의 현장 안전관리자 및 기타 정부기관의 안전관련 부서로 진출 할 수 있다.

- 건설재해는 다른 산업재해에 비해 빈번히 발생할 뿐 아니라 다양한 위험요소가 상호 연관 복합적인 상태에서 발생하기 때문에 전문적인 안전관리자를 필요로 한다. 또한 건설경기 회복에 따른 건설재해의 증가, 구조조정으로 인한 안전관리자의 감소, 「산업안전보건법」에 의한 채용의무 규정, 경제성(재해에 따른 손실비용은 안전관리에 따른 비용에 몇 배의 간접비가 따름)등 증가요인으로 인하여 건설안전기사의 인력수요는 증가할 것이다.

2. 출제기준

✓ 2026년 건설안전기사 필기 출제기준 변경 사항 요약

2025년 출제과목	2026년 출제과목	비고
1과목 : 산업안전관리론	1과목 : 산업재해 예방 및 안전보건교육	• 2025년의 1과목과 2과목이 2026년부터 하나의 과목으로 통합되었습니다.
2과목 : 산업심리 및 교육		
3과목 : 인간공학 및 시스템 안전공학	2과목 : 인간공학 및 위험성 평가·관리	• 이에 따라 2026년부터는 총 5과목 100문항(과목당 20문항)으로 문항 수가 변경되었습니다.
4과목 : 건설재료학	3과목 : 건설재료	• 본 도서에 수록된 기출문제의 1과목과 2과목 문제가 2026년 시행 기준 1과목 출제문제에 해당합니다.
5과목 : 건설시공학	4과목 : 건설시공	
6과목 : 건설안전기술	5과목 : 건설공사 안전관리	

✓ 2026년 건설안전기사 필기 출제기준

필기과목명	문제수	주요 항목	세부 항목
산업재해 예방 및 안전보건교육	20	1. 산업재해예방 계획수립	1. 안전관리 2. 안전보건관리 체제 및 운용
		2. 안전보호구 관리	1. 보호구 및 안전장구 관리
		3. 산업안전심리	1. 산업심리와 심리검사 2. 직업적성과 배치 3. 인간의 특성과 안전과의 관계
		4. 인간의 행동과학	1. 조직과 인간행동 2. 재해 빈발성 및 행동과학 3. 집단관리와 리더십 4. 생체리듬과 피로
		5. 안전보건교육의 내용 및 방법	1. 교육의 필요성과 목적 2. 교육방법 3. 교육실시 방법 4. 안전보건교육계획 수립 및 실시 5. 교육내용
		6. 산업안전관계법규	1. 산업안전보건법령

필기과목명	문제수	주요 항목	세부 항목
인간공학 및 위험성 평가·관리	20	안전과 인간공학	1. 인간공학의 정의 2. 인간-기계체계 3. 체계설계와 인간요소 4. 인간요소와 휴먼에러
		2. 위험성 파악·결정	1. 위험성 평가 2. 시스템 위험성 추정 및 결정
		3. 위험성 감소 대책 수립·실행	1. 위험성 감소 대책 수립 및 실행
		4. 근골격계질환 예방관리	1. 근골격계 유해요인 2. 인간공학적 유해요인 평가 3. 근골격계 유해요인 관리
		5. 유해요인 관리	1. 물리적 유해요인 관리 2. 화학적 유해요인 관리 3. 생물학적 유해요인 관리
		6. 작업환경 관리	1. 인체계측 및 체계제어 2. 신체활동의 생리학적 측정법 3. 작업공간 및 작업자세 4. 작업측정 5. 작업환경과 인간공학 6. 중량물 취급 작업
건설재료	20	1. 건설재료 일반	1. 건설재료의 발달 2. 건설재료의 분류 및 특성 3. 불연성재료의 분류 및 성능 4. 건설현장 유해·위험물질 관리
		2. 각종 건설재료의 특성, 용도, 규격에 관한 사항	1. 목재 2. 점토재 3. 시멘트 및 콘크리트 4. 강재 5. 미장재 6. 합성수지 7. 도료 및 접착제 8. 석재 9. 단열재 및 흡음재 10. 방수 11. 기타재료

필기과목명	문제수	주요 항목	세부 항목
건설시공	20	1. 시공일반	1. 공사시공방식 2. 공사계획 3. 공사현장관리 4. 건설공사 특성분석 5. 건설공사 전기작업 안전관리 6. 건설기계·운송장비 안전관리
		2. 가설공사	1. 가설공사
		3. 토공사	1. 흙막이 가시설 2. 토공 및 기계 3. 흙파기 4. 계측관리 5. 기타 토공사
		4. 기초공사	1. 지정 및 기초
		5. 철근콘크리트공사	1. 콘크리트공사 2. 철근공사 3. 거푸집공사
		6. 철골공사	1. 철골작업공작 2. 철골세우기
		7. 해체공사	해체공사
건설공사 안전관리	20	1. 건설공사 특성분석	1. 건설공사 특수성 분석 2. 안전관리 고려사항 확인
		2. 건설공사 위험성	1. 건설공사 유해·위험요인 파악 2. 건설공사 위험성 추정·결정
		3. 건설업	건설업 산업안전보건관리비 규정
		4. 건설현장 안전시설관리	1. 안전시설 설치 및 관리 2. 건설공구 및 장비 안전수칙
		5. 비계·거푸집 가시설 위험 방지	1. 건설 가시설물 설치 및 관리
		6. 공사 및 작업 종류별 안전	1. 양중 및 해체 공사 2. 콘크리트 및 PC 공사 3. 운반 및 하역작업

Contents_차례

INTRO 00
- 머리말
- 기술검정안내

PART 01 산업재해 예방 및 안전보건교육

- Chapter 01 | 안전보건관리 개요 ········· 12
- Chapter 02 | 안전보건관리체제 및 운용 ········· 25
- Chapter 03 | 재해조사 및 분석 ········· 39
- Chapter 04 | 안전점검 ········· 46
- Chapter 05 | 안전인증 및 안전검사 ········· 53
- Chapter 06 | 보호구 및 안전보건표지 ········· 58
- Chapter 07 | 산업안전심리 ········· 72
- Chapter 08 | 안전보건교육의 내용 및 방법 ········· 90

PART 02 인간공학 및 위험성 평가 · 관리

- Chapter 01 | 인간공학 ········· 104
- Chapter 02 | 위험성 평가 · 관리 ········· 131

PART 03 건설재료

- Chapter 01 ㅣ 목재 …………………………………… 144
- Chapter 02 ㅣ 시멘트 및 콘크리트 ………………… 148
- Chapter 03 ㅣ 석재, 점토 및 타일 …………………… 161
- Chapter 04 ㅣ 금속재료 ……………………………… 167
- Chapter 05 ㅣ 미장 및 방수재료 …………………… 173
- Chapter 06 ㅣ 합성수지 ……………………………… 176
- Chapter 07 ㅣ 도료 및 접착제 ……………………… 179

PART 04 건설시공

- Chapter 01 ㅣ 시공일반 ……………………………… 184
- Chapter 02 ㅣ 토공사 ………………………………… 190
- Chapter 03 ㅣ 기초공사 ……………………………… 194
- Chapter 04 ㅣ 철근콘크리트공사 …………………… 200
- Chapter 05 ㅣ 철골공사 ……………………………… 210
- Chapter 06 ㅣ 조적공사 ……………………………… 214

PART 05 건설공사 안전관리

- Chapter 01 ㅣ 건설공사 안전개요 …………………… 220
- Chapter 02 ㅣ 건설공구 및 장비 …………………… 228
- Chapter 03 ㅣ 건설안전시설 및 설비 ……………… 236
- Chapter 04 ㅣ 가설작업의 안전 ……………………… 246
- Chapter 05 ㅣ 운반, 하역작업 ………………………… 261

PART 06

건설안전기사 최근 기출문제

2018	건설안전기사 기출문제 2018년 03월 04일 시행 ········ 269
	건설안전기사 기출문제 2018년 04월 28일 시행 ········ 308
	건설안전기사 기출문제 2018년 09월 15일 시행 ········ 348
2019	건설안전기사 기출문제 2019년 03월 03일 시행 ········ 390
	건설안전기사 기출문제 2019년 04월 27일 시행 ········ 430
	건설안전기사 기출문제 2019년 09월 21일 시행 ········ 468
2020	건설안전기사 기출문제 2020년 06월 07일 시행 ········ 508
	건설안전기사 기출문제 2020년 08월 22일 시행 ········ 549
	건설안전기사 기출문제 2020년 09월 27일 시행 ········ 594
2021	건설안전기사 기출문제 2021년 03월 05일 시행 ········ 637
	건설안전기사 기출문제 2021년 05월 15일 시행 ········ 678
	건설안전기사 기출문제 2021년 09월 12일 시행 ········ 719
2022	건설안전기사 기출문제 2022년 03월 05일 시행 ········ 763
	건설안전기사 기출문제 2022년 04월 24일 시행 ········ 806

PART 01

산업재해 예방 및 안전보건교육

CHAPTER

01. 안전보건관리 개요
02. 안전보건관리체제 및 운용
03. 재해조사 및 분석
04. 안전점검
05. 안전인증 및 안전검사
06. 보호구 및 안전보건표지
07. 산업심리 및 인간의 특성과 안전
08. 안전보건교육 및 교육방법

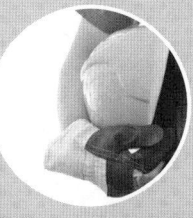

안전보건관리 개요

1 안전관리 및 안전의 정의

(1) 안전관리의 정의
재해로부터 인간의 생명과 재산을 보존하기 위한 계획적이고 체계적인 제반 활동을 의미한다.

(2) 안전의 정의
① **하인리히(H. W. Heinrich)의 안전론** : 안전은 사고예방(Accident Prevention)이며 사고예방은 물리적 환경과 인간 및 기계의 관계를 통제하는 과학인 동시에 기술(Art)
② **버크호프(H. O. Berckhofs)의 안전론** : 사고의 시간성 및 에너지의 사고 관련성을 규명

(3) 안전제일의 유래
U.S. Steel Co.의 게리(E. H. Gary) 사장이 회사의 경영방침을 "안전 제1", "품질 제2", "생산 제3"으로 정하고 회사를 경영한 결과 산업재해가 급격히 감소되었으며 품질과 생산성도 더욱 향상되었다.

2 안전사고와 재해

(1) 용어의 정의
① **안전사고** : 고의성이 없는 어떤 불안전한 행동이나 조건이 선행되어 발생하는 사고
② **재해(Loss, Calamity)** : 안전사고의 결과로 일어난 인명피해 및 재산의 손실
③ **무재해 사고(Near Accident, 아차사고)** : 인명이나 물적 등 일체의 피해가 없는 사고

(2) 산업재해(Industrial Losses)
① **일반적 정의** : 통제를 벗어난 에너지(Energy)의 광란으로 인하여 입은 인명과 재산의 피해현상
② **산업안전보건법상의 정의** : 노무를 제공하는 자가 업무에 관계되는 건설물·설비·원재료·가스·증기·분진 등에 의하거나 작업 또는 그 밖의 업무로 인하여 사망 또는 부상하거나 질병에 걸리는 것

(3) **중대재해**(시행규칙)

① 사망자가 1명 이상 발생한 재해

② 3개월 이상의 요양이 필요한 부상자가 동시에 2명 이상 발생한 재해

③ 부상자 또는 직업성 질병자가 동시에 10명 이상 발생한 재해

3 화학적 위험 및 물리적 위험

(1) **화학적 위험**

물질(기체, 액체, 고체)에 의한 위험으로 화재 및 폭발, 공업중독 및 유해물질에 의한 직업병, 대기오염 등

(2) **물리적 위험**

광선(자외선, 적외선), 방사선, 고온 및 저온, 고기압 및 저기압, 소음, 진동 등에 의한 위험

4 산업재해의 분류

(1) **통계적 분류**

사망, 중경상(8일 이상의 노동손실), 경상해(1일 이상 7일 이하의 노동손실), 무상해사고

(2) **상해정도별 분류**(ILO에 의한 구분)

① **사망** : 안전사고로 사망하거나 혹은 부상의 결과로 사망한 것

② **영구 전노동 불능** : 부상의 결과로 근로기능을 완전히 잃은 부상(신체장애등급 1~3급에 해당)

③ **영구 일부노동 불능** : 부상의 결과로 신체의 일부가 근로기능을 완전히 상실한 부상(신체장애등급 4~14급에 해당)

④ **일시 전노동 불능** : 의사의 소견에 따라 일정 기간 동안 노동에 종사할 수 없는 상해

⑤ **일시 일부노동 불능** : 의사의 진단에 따라 부상 다음날 또는 그 이후의 정규노동에 종사할 수 없는 휴업재해 이외의 것으로 일시취업시간 중에 업무를 떠나 치료를 받는 정도의 상해

⑥ **구급처치상해** : 응급처치 또는 자가 치료를 받고 당일 정상작업에 임할 수 있는 상해

(3) **상해종류에 의한 분류**

분류항목	세부항목
골절	뼈가 부러진 상해
동상	저온물 접촉으로 생긴 상해

분류항목	세부항목
부종	국부의 혈액순환 이상으로 몸이 부어오르는 상해
찔림(자상)	칼날 등 날카로운 물건에 찔린 상태
타박상(좌상)	타박, 충돌, 추락 등으로 피부표면보다는 피하조직, 근육부를 다친 상해(삔 것 포함)
절단	신체부위가 절단된 상해
중독, 질식	음식, 약물, 가스 등에 의한 중독이나 질식된 상해
찰과상	스치거나 문질러서 벗겨진 상해
베임(창상)	창, 칼 등에 베인 상해
화상	화재 또는 고온물 접촉으로 인한 상해
뇌진탕	머리를 세게 맞았을 때 장해로 일어난 상해
익사	물 속에 추락해서 사망한 상해
피부염	작업과 연관되어 발생 또는 악화되는 모든 질환
청력장해	청력이 감퇴 또는 난청이 된 상해
시력장해	시력이 감퇴 또는 실명된 상해
기타	앞의 15가지 항목으로 구분 불능 시 상해 명칭을 기재할 것

(4) 발생형태에 따른 산업재해의 분류(KOSHA GUIDE)

분류항목	세부항목
떨어짐(추락)	사람이 인력(중력)에 의하여 건축물, 구조물, 가설물, 수목, 사다리 등의 높은 장소에서 떨어지는 것
넘어짐(전도)	사람이 거의 평면 또는 경사면, 층계 등에서 구르거나 넘어지는 경우
깔림 · 뒤집힘(물체의 쓰러짐이나 뒤집힘)	기대어져 있거나 세워져 있는 물체 등이 쓰러져 깔린 경우 및 지게차 등의 건설기계 등이 운행 또는 작업 중 뒤집어진 경우
부딪힘(충돌) · 접촉	재해자 자신의 움직임 · 동작으로 인하여 기인물에 접촉 또는 부딪히거나, 물체가 고정부에서 이탈하지 않은 상태로 움직임(규칙, 불규칙) 등에 의하여 부딪히거나, 접촉한 경우
맞음 (낙하 · 비래)	구조물, 기계 등에 고정되어 있던 물체가 중력, 원심력, 관성력 등에 의하여 고정부에서 이탈하거나 또는 설비 등으로부터 물질이 분출되어 사람을 가해하는 경우
끼임 (협착)	두 물체 사이의 움직임에 의하여 일어난 것으로 직선운동하는 물체 사이의 끼임, 회전부와 고정체 사이의 끼임, 로울러 등 회전체 사이에 물리거나 또는 회전체 · 돌기부 등에 감긴 경우
무너짐 (붕괴 · 도괴)	토사, 적재물, 구조물, 건축물, 가설물 등이 전체적으로 허물어져 내리거나 또는 주요 부분이 꺾어져 무너지는 경우

압박 · 진동	재해자가 물체의 취급과정에서 신체 특정 부위에 과도한 힘이 편중 · 집중 · 눌러진 경우나 마찰접촉 또는 진동 등으로 신체에 부담을 주는 경우	
신체반작용	물체의 취급과 관련없이 일시적이고 급격한 행위 · 동작, 균형상실에 따른 반사적 행위 또는 놀람, 정신적 충격, 스트레스 등	
부자연스런 자세	물체의 취급과 관련없이 작업환경 또는 설비의 부적절한 설계 또는 배치로 작업자가 특정한 자세 · 동작을 장시간 취하여 신체의 일부에 부담을 주는 경우	
과도한 힘 · 동작	물체의 취급과 관련하여 근육의 힘을 많이 사용하는 경우로서 밀기, 당기기, 지탱하기, 들어올리기, 돌리기, 잡기, 운반하기 등과 같은 행위 · 동작	
반복적 동작	물체의 취급과 관련하여 근육의 힘을 많이 사용하지 않는 경우로서 지속적 또는 반복적인 업무수행으로 신체의 일부에 부담을 주는 행위 · 동작	
이상온도 노출 · 접촉	고 · 저온 환경 또는 물체에 노출 · 접촉된 경우	
이상기압 노출	고 · 저기압 등의 환경에 노출된 경우	
유해 · 위험물질 노출 · 접촉	유해 · 위험물질에 노출 · 접촉 또는 흡입하였거나 독성동물에 쏘이거나 물린 경우	
소음노출	폭발음을 제외한 일시적 · 장기적인 소음에 노출된 경우	
유해광선 노출	전리 또는 비전리 방사선에 노출된 경우	
산소결핍 · 질식	유해물질과 관련 없이 산소가 부족한 상태 · 환경에 노출되었거나 이물질 등에 의하여 기도가 막혀 호흡기능이 불충분한 경우	
화재	가연물에 점화원이 가해져 비의도적으로 불이 일어난 경우를 말하며, 방화는 의도적이기는 하나 관리할 수 없으므로 화재에 포함	
폭발	건축물, 용기 내 또는 대기 중에서 물질의 화학적, 물리적 변화가 급격히 진행되어 열, 폭음, 폭발압이 동반하여 발생하는 경우	
감전	전기설비의 충전부 등에 신체의 일부가 직접 접촉하거나 유도전류의 통전으로 근육의 수축, 호흡곤란, 심실세동 등이 발생한 경우 또는 특별고압 등에 접근함에 따라 발생한 섬락 접촉, 합선 · 혼촉 등으로 인하여 발생한 아아크(Arc)에 접촉된 경우	
폭력행위	의도적인 또는 의도가 불분명한 위험행위(마약, 정신질환 등)로 자신 또는 타인에게 상해를 입힌 폭력 · 폭행을 말하며, 협박 · 언어 · 성폭력 및 동물에 의한 상해 등도 포함	

(5) 분류시 유의사항

① 두 가지 이상의 발생형태가 연쇄적으로 발생된 사고의 경우는 상해결과 또는 피해를 크게 유발한 형태로 분류한다.

㉮ 재해자가 「넘어짐」으로 인하여 기계의 동력전달부위 등에 끼이는 사고가 발생하여 신체부위가 「절단」된 경우에는 「끼임」으로 분류한다.

㉯ 재해자가 구조물 상부에서 「넘어짐」으로 인하여 사람이 떨어져 두개골 골절이 발생한 경우에는 「떨어짐」으로 분류한다.

㉥ 재해자가 「넘어짐」 또는 「떨어짐」으로 물에 빠져 익사한 경우에는 「유해·위험물질 노출·접촉」으로 분류한다.
　　　㉦ 재해자가 전주에서 작업 중 「전류접촉」으로 떨어진 경우 상해결과가 골절인 경우에는 「떨어짐」으로 분류하고, 상해결과가 전기쇼크인 경우에는 「전류접촉」으로 분류한다.
　② 기계의 구동축, 회전체 등 주요 부위의 파단, 파열 등으로 사고가 발생한 경우에는 상해를 입힌 물체의 운동형태에 따라 「맞음」재해로 분류한다.
　③ 「떨어짐」과 「넘어짐」재해의 분류는 다음과 같이 적용한다.
　　　㉮ 사고 당시 바닥면과 신체가 떨어진 상태로 더 낮은 위치로 떨어진 경우에는 「떨어짐」으로, 바닥면과 신체가 접해있는 상태에서 더 낮은 위치로 떨어진 경우에는 「넘어짐」으로 분류한다.
　　　㉯ 신체가 바닥면과 접해있었는지 여부를 알 수 없는 경우에는 작업발판 등 구조물의 높이가 보폭(약 60cm) 이상인 경우에는 신체가 구조물과 바닥면에서 떨어진 것으로 판단하여 「떨어짐」으로 분류하고, 그 보폭 미만인 경우는 「넘어짐」으로 분류한다.
　④ 「맞음」, 「이상온도 노출·접촉」 또는 「유해·위험물질 노출·접촉」의 분류는 다음과 같이 적용한다.
　　　㉮ 물체 또는 물질이 떨어지거나 날아와 타박상 등의 상해를 입었을 경우에는 「맞음」으로 분류한다.
　　　㉯ 고·저온 물체 또는 물질이 떨어지거나 날아와 화상을 입었을 경우에는 「이상온도 노출·접촉」으로 분류한다.
　　　㉰ 떨어지거나 날아온 물체 또는 물질의 특성에 의하여 상해를 입은 경우에는 「유해·위험물질 노출·접촉」으로 분류한다.

5　재해발생의 메커니즘(Mechanism)

(1) 하인리히(Heinrich)의 사고연쇄성 이론[도미노(Domino) 현상]
　① **1단계** : 사회적 환경 및 유전적 요소
　② **2단계** : 개인적 결함
　③ **3단계** : 불안전한 행동 및 불안전한 상태(물리적, 기계적 위험)
　④ **4단계** : 사고
　⑤ **5단계** : 재해

(2) 버드(Bird)의 최신사고 연쇄성 이론
　① **1단계** : 통제의 부족 – 관리(경영)
　② **2단계** : 기본원인 – 기원(원인론)
　③ **3단계** : 직접원인 – 징후
　④ **4단계** : 사고 – 접촉
　⑤ **5단계** : 상해 – 손해 – 손실

> **전문적관리의 4가지 기능**
> • 계획(Planning) → 조직(Organizing) → 지도(Leading) → 제어(Controlling)

(3) 아담스(Adams)의 연쇄이론
　① **관리구조의 결함** : 목적(목적, 수행표준, 사정, 측정), 조직(명령체제, 관리의 범위, 권한과 임무의 위임, 스탭), 운영(설계, 설비, 조달, 계획, 절차, 환경 등)
　② **작전적(전략적) 에러** : 관리자나 감독자에 의해서 만들어진 에러
　　㉮ 관리자의 행동 : 정책, 목표, 권위, 결과에 대한 책임, 책무, 주위의 넓이, 권한위임 등과 같은 영역에서 의사결정이 잘못 행해지던가 행해지지 않는다.
　　㉯ 감독자의 행동 : 행위, 책임, 권위, 규칙, 지도, 주도성(솔선수범), 의욕, 업무(운영) 등과 같은 영역에서의 관리상의 잘못 또는 생략이 행해진다.
　③ **전술적 에러** : 불안전한 행동 및 불안전한 상태
　④ **사고** : 사고의 발생, 무상해 사고, 물적 손실사고
　⑤ **상해 또는 손해** : 대인, 대물

> **형평성이론**
> 개인은 자신의 노력과 결과로 얻어지는 보상과의 관계를 다른 사람과 비교하여 자신이 느끼는 공정성에 따라 행동동기가 영향을 받는다는 이론
> • 투입 : 시간, 노력, 기술, 교육 정도, 비용
> • 산출 : 급료, 지위인정, 칭찬, 좋은 배치, 보람 등
> • 결과 : 투입에 대한 산출의 비율이 다른 종업원들과 일치할 때 공정성이 있다고 믿는다. 이 경우 작업동기가 가장 좋아질 수 있다.

(4) 자베타키스(Zabetakis)의 연쇄이론
　① **사고의 근본원인** : 인간정책과 결정, 개인적 요인, 환경적 요인
　② **사고의 간접원인** : 불안전 행동 및 불안전 상태
　③ **물질 에너지의 기준이탈** : 사고의 직접원인(에너지 및 위험한 물질의 예기치 않은 방출)
　④ **사고** : 신체의 상해, 재산피해
　⑤ **구호** : 응급조치, 수리, 대체(바꿔치기), 조사, 위험성분석, 안전지식

6 재해원인의 연쇄 관계

(1) **간접원인** : 재해의 가장 깊은 곳에 존재하는 재해원인
   ① **기초원인** : 학교 교육적 원인, 관리적 원인
   ② **2차원인** : 신체적 원인, 정신적 원인, 안전 교육적 원인, 기술적 원인

(2) **직접원인**(1차원인) : 시간적으로 사고 발생에 가까운 원인
   ① **물적원인** : 불안전한 상태(설비 및 환경 등의 불량)
   ② **인적원인** : 불안전한 행동

(3) **하인리히**(Heinrich)**에 의한 사고원인의 분류**
   ① **직접원인** : 직접적으로 사고를 일으키는 불안전 행동이나 불안전한 기계적 상태
   ② **부원인**(Subcause) : 불안전한 행동을 일으키는 이유(안전작업 규칙들이 위배되는 이유)
      ㉮ 부적절한 태도
      ㉯ 지식 또는 기능의 결여
      ㉰ 신체적 부적격
      ㉱ 부적절한 기계적, 물리적 환경
   ③ **기초원인** : 습관적, 사회적, 유전적, 관리감독적 특성

(4) **간접원인 및 직접원인**
   ① **간접원인**
      ㉮ 기술적 원인 : 건물·기계장치 설계 불량, 구조·재료의 부적합, 생산 공정의 부적당, 점검·정비·보존 불량
      ㉯ 교육적 원인 : 안전의식의 부족, 안전수칙의 오해, 경험훈련의 미숙, 작업방법의 교육 불충분, 유해위험 작업의 교육 불충분
      ㉰ 관리적 원인(작업관리상 원인) : 안전관리 조직 결함, 안전수칙 미제정, 작업준비 불충분, 인원배치 부적당, 작업지시 부적당
   ② **직접원인**
      ㉮ 불안전한 행동 : 위험장소 접근, 안전장치의 기능 제거, 복장 보호구의 잘못 사용, 기계·기구 잘못 사용, 운전중인 기계장치의 손질, 불안전한 속도 조작, 위험물 취급 부주의, 불안전한

상태 방치, 불안전한 자세 동작, 감독 및 연락 불충분
㉴ 불안전한 상태 : 물 자체 결함, 안전 방호장치 결함, 복장·보호구의 결함, 물의 배치 및 작업 장소 결함, 작업환경의 결함, 생산 공정의 결함, 경계표시·설비의 결함

7 재해발생의 메커니즘(3가지의 구조적 요소)

(1) 단순 자극형(집중형)
일어난 장소나 그 시점에 일시적으로 요인이 집중하여 재해가 발생하는 경우이다.

(2) 연쇄형
어느 하나의 요소가 원인이 되어 다른 요인을 발생시키고 이것이 또 다른 요소를 연쇄적으로 발생시키는 형태, 즉 연쇄적인 작용으로 재해를 일으키는 형태이다.

(3) 복합형
집중형과 연쇄형의 복합적인 형태로 대부분의 경우 재해발생은 복합형으로 일어난다고 볼 수 있다.

단순 자극형	연쇄형		복합형
	단순연쇄형	복합연쇄형	

8 재해구성 비율

(1) 하인리히의 재해구성 비율
① 1 : 29 : 300의 법칙으로 중상 또는 사망 1회, 경상 29회, 무상해사고 300회의 비율로 발생
② 중상 또는 사망 : 경상 : 무상해 사고 = 1 : 29 : 300

(2) 버드(Frank e. Bird, Jr)의 재해구성 비율
① 중상 또는 폐질 1, 경상(물적 또는 인적상해) 10, 무상해사고(물적손실) 30, 무상해 무사고 고장(위험순간) 600의 비율로 사고가 발생
② 중상 또는 폐질 : 경상 : 무상해사고 : 무상해 무사고 고장 = 1 : 10 : 30 : 600

9 재해예방의 원칙

(1) **재해예방의 4원칙**

① **손실우연의 원칙** : 사고에 의해서 생기는 손실(상해)의 종류와 정도는 우연적이다.(1 : 29 : 300의 법칙)

② **원인계기의 원칙** : 모든 재해는 필연적인 원인에 의해서 발생한다.

③ **예방가능의 원칙** : 재해는 원칙적으로 모두 방지가 가능하다.
  ㉮ 재해방지의 대상은 우연적인 손실의 방지보다는 사고의 발생 그 자체의 방지가 아니면 안 된다.
  ㉯ 재해는 직접원인에 의해서만 발생하는 것이 아니고 많은 간접원인의 연쇄로 발생한다.
  ㉰ 직접원인은 인적원인과 물적원인으로 구별한다.
  ㉱ 직접원인(1차원인)에는 그것의 존재 이유가 있다. 이것을 2차원인이라고 한다.
  ㉲ 2차원인 이전에는 기초원인이 있다.
  ㉳ 가장 효과적인 재해방지 대책의 선정은 이들 원인의 정확한 분석에 의해서 얻어진다.

④ **대책선정의 원칙(3E의 적용)**
  ㉮ 기술적(Engineering) 대책(공학적 대책) : 안전설계, 작업행정 개선, 안전기준의 설정, 환경설비의 개선 등
  ㉯ 교육적(Education) 대책 : 안전교육 및 훈련의 실시
  ㉰ 관리적(Enforcement) 대책 : 적합한 기준 설정, 각종 규정 및 수칙의 준수, 전 종업원의 기준 이해, 경영자 및 관리자의 솔선수범, 부단한 동기부여와 사기 향상

(2) **재해예방활동의 3원칙**

재해요인의 발견, 재해요인의 제거·시정, 재해요인 발생의 예방

10 사고 예방대책의 기본원리 5단계(사고방지원리의 단계)

(1) **1단계 - 조직(안전관리조직)**

① 경영자의 안전목표 수립, 안전관리자의 임명

② 안전의 라인 및 참모 조직 구성

③ 안전활동 방침 및 계획 수정

④ 조직을 통한 안전 활동

(2) **2단계 - 사실의 발견**

① 사고 및 안전활동 기록 검토·작업분석

② 관찰 및 보고서의 연구 등을 통하여 불안전 요소발견

③ 안전점검 및 안전진단 사고조사
④ 안전회의 및 토의
⑤ 근로자의 제안 및 여론조사

(3) 3단계 – 분석 · 평가
① 작업공정 분석
② 사고보고서 및 현장조사
③ 사고기록 및 인적 물적 조건의 분석
④ 교육훈련 분석 등을 통하여 사고의 직접원인 및 간접원인을 규명

(4) 4단계 – 시정방법의 선정
① 기술적 개선 · 인사조정(배치조정)
② 교육 훈련의 개선, 안전행정의 개선
③ 규정 및 수칙 작업, 표준 제도의 개선
④ 확인 및 통제체제 개선

(5) 5단계 – 시정책의 적용(3E 적용)
① 기술적(Engineering) 대책
② 교육적(Education) 대책
③ 관리적(단속적, Enforcement) 대책

> **3S, 4S, 3E 대책**
> - 3S : 표준화(Standardization), 전문화(Specification), 단순화(Simplification)
> - 4S : 표준화(Standardization), 전문화(Specification), 단순화(Simplification), 총합화(Synthesization)
> - 3E 대책(Harvey) : Heinrich의 사고예방 5단계 중 5번째 단계(시정책의 적용)와 연관되며 기술적 대책(Engineering), 교육적 대책(Education), 관리적 대책(Enforcement)

11 무재해운동

(1) 무재해운동의 정의 및 이념
① 사업주와 근로자가 참여하는 재해예방을 위한 자율적인 운동으로, 사업장 내의 잠재적인 재해요인을 사전에 발견하여 근원적으로 이를 제거하기 위한 운동을 의미한다.
② 무재해운동의 근본이념은 인간존중의 이념이며, 안전과 건강을 다 함께 선취하는 운동이다.

(2) 무재해운동의 3원칙
　① **무(Zero)의 원칙** : 산재 위험의 잠재요인을 근원적으로 해결하기 위한 원칙
　② **선취의 원칙** : 위험요인 행동 전에 예지, 발견
　③ **참가의 원칙** : 전원(근로자, 회사내 전종업원, 근로자 가족) 참가

(3) 무재해운동 추진의 3기둥(무재해운동의 3요소)
　① 최고 경영자의 경영자세
　② 라인화의 철저(관리감독자에 의한 안전보건의 추진)
　③ 직장(소집단) 자주활동의 활발화

(4) **브레인 스토밍**(B. S. : Brain Storming)의 4원칙 : 비평금지, 자유분방, 대량발언, 수정발언

(5) **무재해운동 실천의 3원칙** : 팀 미팅 기법, 선취기법, 문제 해결기법

12 위험예지 훈련

(1) 위험예지 훈련의 안전 선취를 위한 방법 : 감수성 훈련, 단시간 미팅 훈련, 문제 해결훈련

(2) 위험예지 훈련의 기초 4라운드 진행방법
　① **1R(현상파악)** : 어떤 위험이 잠재하고 있는지 사실을 파악하는 라운드(BS적용)
　② **2R(본질추구)** : 가장 위험한 요인(위험 포인트)을 합의로 결정하는 라운드(요약)
　③ **3R(대책수립)** : 구체적인 대책을 수립하는 라운드(BS적용)
　④ **4R(목표달성-설정)** : 수립한 대책 가운데 질이 높은 항목에 합의하는 라운드(요약)

(3) **TBM**(Tool Box Meeting)
　5~7명 정도의 인원이 직장, 현장, 공구상자 등의 근처에서 작업 시작 전 5~15분, 작업 종료시 3~5분 정도의 짧은 시간동안에 행하는 미팅

(4) 문제해결의 8단계(TBM의 진행방법)

문제해결 4 단계(4R)	문제해결의 8 단계
1R - 현상파악	1단계 - 문제제기 2단계 - 현상파악

2R – 본질추구	3단계 – 문제점 발견 4단계 – 중요 문제 결정
3R – 대책수립	5단계 – 해결책 구상 6단계 – 구체적 대책 수립
4R – 행동목표 설정	7단계 – 중점사항 결정 8단계 – 실시계획 책정

(5) **단시간 미팅 즉시즉응훈련 진행 요령**(TBM 5단계) : 즉석에서 전원이 역할 연습하여 체험학습하는 기법

① **제1단계 – 도입** : 정렬, 인사, 건강확인, 직장 체조, 목표 제창, 안전 연설

② **제2단계 – 점검정비** : 복장, 보호구, 공구, 사용 기기, 재료 등의 점검 정비

③ **제3단계 – 작업지시** : 연락사항 전달, 금일의 작업지시, 5W1H+위험예지, 지적확인(중점 실시사항 2Point), 복창

④ **제4단계 – 위험예지** : 설정해 놓은 도해로 One Point 위험 예지 훈련 실시

⑤ **제5단계 – 확인** : One Point 지적 확인 연습, Touch & Call, 끝맺음

(6) **삼각위험예지훈련**

위험예지훈련을 보다 빠르게, 보다 간편하게 전원참여로 말하거나 쓰는 것이 미숙한 작업자를 위한 방법

13 ECR의 제안제도

(1) **ECR**(Error Cause Removal : 과오 원인 제거)

① 사업장에서 직접 작업을 하는 작업자 스스로가 자기의 부주의 또는 제반오류의 원인을 생각함으로서 작업을 개선하도록 하는 제안

② ECE(Error Cause Elimination)라고도 함

(2) **실수 및 과오의 3대 원인**

① **능력부족** : 적성의 부적합, 지식의 부족, 기술의 미숙, 인간관계

② **주의부족** : 개성, 감정의 불안정, 습관성, 감수성 미약

③ **환경 조건 불량** : 재해 표준 불량, 계획 불충분, 연락 및 의사소통 불량, 작업 조건 불량, 불안과 동요

14 안전확인 5지 운동

(1) **모지 – 마음** : 정신차려서 마음의 준비
(2) **시지 – 복장** : 연락, 신호, 그리고 복장의 정비
(3) **중지 – 규정** : 통로를 넓게, 규정과 기준
(4) **약지 – 정비** : 기계, 차량의 점검, 정비
(5) **소지 – 확인** : 표시는 뚜렷하게 안전 확인

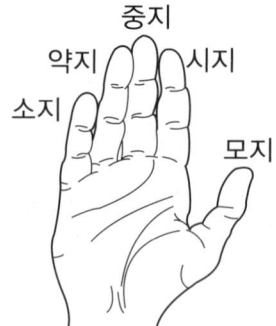

15 STOP(Safety Training Observation Program)

(1) **STOP의 개념**
① 미국의 듀퐁(Du Pont)에서 개발한 것으로 감독자를 대상으로 한 안전관찰훈련 과정임
② 각 계층의 감독자들이 숙련된 안전관찰(Safety Observation)을 행할 수 있도록 훈련을 실시함으로써 사고의 발생을 미연에 방지하기 위한 것

(2) **안전 감독 실시법**
① 안전관리자가 불안전한 행위를 관찰하기 위하여 관찰 사이클을 이용
② 관찰사이클(Observation Cycle)은 결심(Decide) → 정지(Stop) → 관찰(Observe) → 조치(Act) → 보고(Report)

안전보건관리체제 및 운용

1 안전보건관리조직의 개요 및 목적

(1) **안전보건관리조직의 개요** : 원활한 안전활동, 안전관리 및 안전조직의 확립을 위해 필요한 조직으로 사업장의 규모에 따라 라인형, 스태프형, 라인-스태프형의 3가지로 분류

(2) **안전보건관리조직의 목적**
① 모든 위험요소의 제거
② 위험요소제거 기술수준의 향상
③ 재해예방율 향상
④ 단위당 예방비용의 절감

2 안전보건관리조직의 형태

(1) **라인(Line)형(직계식 조직)**
① **특징**
㉮ 안전관리에 관한 계획에서 실시에 이르기까지 모든 권한이 포괄적이고 직선적으로 행사되며, 안전을 전문으로 분담하는 부분이 없다.
㉯ 생산조직 전체에 안전관리 기능을 부여한다.
㉰ 소규모 사업장(100명 이하)에 적합하다.
② **장점**
㉮ 안전지시나 개선조치가 각 부분의 직제를 통하여 생산업무와 같이 흘러가므로 지시나 조치가 철저할 뿐만 아니라 그 실시도 빠르다.
㉯ 명령과 보고가 상하관계 뿐이므로 간단 명료하다.
③ **단점**
㉮ 안전에 대한 정보가 불충분하며 내용이 빈약하다.
㉯ 생산업무와 같이 안전대책이 실시되므로 불충분하다.
㉰ 라인에 과중한 책임을 지우기가 쉽다.

(2) 스태프(Staff)형(참모식 조직)
   ① 특징
      ㉮ 안전관리를 담당하는 스태프(참모진)를 두고 안전관리에 관한 계획, 조사, 검토, 권고, 보고 등을 행하는 관리 방식이다.
      ㉯ 중규모 사업장(100명 이상 ~ 1000명 미만)에 적합하다.
   ② 장점
      ㉮ 사업장의 특수성에 적합한 기술연구를 전문적으로 할 수 있다.(안전지식 및 기술 축적이 용이)
      ㉯ 경영자에 대한 조언과 자문역할이 가능하다.
   ③ 단점
      ㉮ 생산부문에 협력하여 안전 명령을 전달·실시하므로 안전 지시가 용이하지 않으며, 안전과 생산을 별개로 취급하기 쉽다.
      ㉯ 생산부문은 안전에 대한 책임과 권한이 없다.
      ㉰ 권한 다툼이나 조정 때문에 통제 수속이 복잡해지며, 시간과 노력이 소모된다.

(3) 라인-스태프형(직계 참모조직)
   ① 특징
      ㉮ 라인형과 스태프형의 장점을 취한 절충식 조직 형태로 안전업무를 전문으로 담당하는 스태프 부분을 두고 생산라인의 각층에도 겸임 또는 전임의 안전 담당자를 두어서 안전대책은 스태프 부분에서 기획하고, 이것을 라인을 통하여 실시하도록 한 조직 방식이다.
      ㉯ 대규모의 사업장(1000명 이상)에 효율적이다.
   ② 장점
      ㉮ 스태프에 의해 입안된 것을 경영자의 지침으로 명령·실시하도록 하므로 정확 신속하게 실시된다.
      ㉯ 안전입안 계획·평가·조사는 스태프에서, 생산기술의 안전대책은 라인에서 실시하므로 안전활동과 생산업무가 균형을 유지할 수 있다.
   ③ 단점
      ㉮ 명령계통과 조언 권고적 참여가 혼동되기 쉽다.
      ㉯ 라인이 스태프에만 의존하거나 또는 활용치 않는 경우가 있다.
      ㉰ 스태프의 월권행위 우려가 있다.

> **안전보건관리조직의 구비조건**
> - 회사의 특성, 규모에 부합되게 조직하여야 한다.
> - 조직의 기능이 충분히 발휘될 수 있도록 제도적 체계가 갖추어져야 한다.
> - 관리자의 책임과 권한이 명확해야 한다.
> - 생산라인과 밀착된 조직이어야 한다.

3 산업안전보건법상의 안전보건관리 조직 체계도 및 임무내용

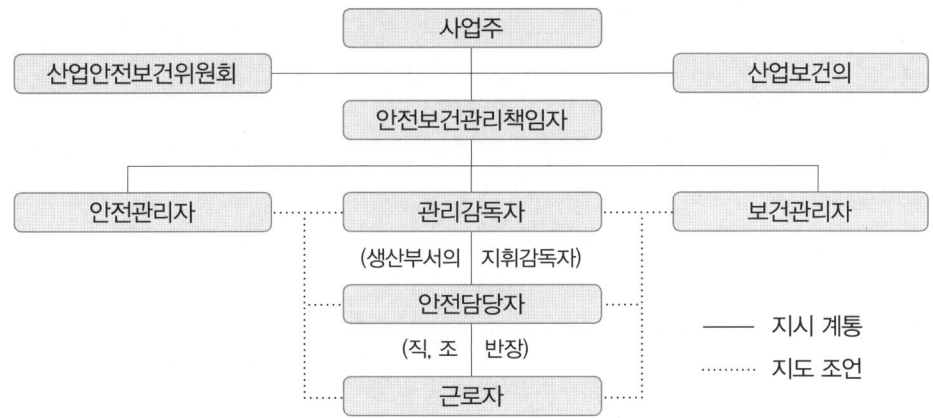

(1) **안전보건관리책임자의 업무내용**

① 사업장의 산업재해 예방계획의 수립에 관한 사항
② 안전보건관리규정의 작성 및 변경에 관한 사항
③ 안전보건교육에 관한 사항
④ 작업환경측정 등 작업환경의 점검 및 개선에 관한 사항
⑤ 근로자의 건강진단 등 건강관리에 관한 사항
⑥ 산업재해의 원인 조사 및 재발 방지대책 수립에 관한 사항
⑦ 산업재해에 관한 통계의 기록 및 유지에 관한 사항
⑧ 안전장치 및 보호구 구입 시 적격품 여부 확인에 관한 사항
⑨ 그 밖에 근로자의 유해위험 방지조치에 관한 사항으로서 고용노동부령으로 정하는 사항

(2) **안전관리자의 직무내용**

① 산업안전보건위원회 또는 안전 및 보건에 관한 노사협의체에서 심의·의결한 업무와 해당 사업장의 안전보건관리규정 및 취업규칙에서 정한 업무
② 위험성평가에 관한 보좌 및 지도·조언
③ 안전인증대상기계등과 자율안전확인대상기계등 구입 시 적격품의 선정에 관한 보좌 및 지도·조언
④ 해당 사업장 안전교육계획의 수립 및 안전교육 실시에 관한 보좌 및 지도·조언
⑤ 사업장 순회점검, 지도 및 조치 건의
⑥ 산업재해 발생의 원인 조사·분석 및 재발 방지를 위한 기술적 보좌 및 지도·조언
⑦ 산업재해에 관한 통계의 유지·관리·분석을 위한 보좌 및 지도·조언
⑧ 법 또는 법에 따른 명령으로 정한 안전에 관한 사항의 이행에 관한 보좌 및 지도·조언

⑨ 업무 수행 내용의 기록·유지
⑩ 그 밖에 안전에 관한 사항으로서 고용노동부장관이 정하는 사항

(3) 관리감독자의 업무 내용
① 사업장 내 관리감독자가 지휘·감독하는 작업(이하 "해당 작업")과 관련된 기계·기구 또는 설비의 안전보건 점검 및 이상 유무의 확인
② 관리감독자에게 소속된 근로자의 작업복·보호구 및 방호장치의 점검과 그 착용·사용에 관한 교육·지도
③ 해당 작업에서 발생한 산업재해에 관한 보고 및 이에 대한 응급조치
④ 해당 작업의 작업장 정리·정돈 및 통로확보에 대한 확인·감독
⑤ 해당 사업장의 산업보건의, 안전관리자, 보건관리자 및 안전보건관리담당자의 지도·조언에 대한 협조
⑥ 위험성평가와 관련한 유해·위험요인의 파악 및 개선조치의 시행에 대한 참여 업무
⑦ 그 밖에 해당 작업의 안전보건에 관한 사항으로서 고용노동부장관이 정하는 사항

(4) 산업안전보건 관련 교육과정별 교육시간
① **근로자 안전보건교육**

교육과정	교육대상		교육시간
정기교육	사무직 종사 근로자		매반기 6시간 이상
	그 밖의 근로자	판매업무에 직접 종사하는 근로자	매반기 6시간 이상
		판매업무에 직접 종사하는 근로자 외의 근로자	매반기 12시간 이상
채용 시 교육	일용근로자 및 근로계약기간이 1주일 이하인 기간제근로자		1시간 이상
	근로계약기간이 1주일 초과 1개월 이하인 기간제근로자		4시간 이상
	그 밖의 근로자		8시간 이상
작업내용 변경 시 교육	일용근로자 및 근로계약기간이 1주일 이하인 기간제근로자		1시간 이상
	그 밖의 근로자		2시간 이상
특별교육	특별교육 대상 작업(단, 타워크레인을 사용하는 작업시 신호업무를 하는 작업은 제외)에 종사하는 일용근로자 및 근로계약기간이 1주일 이하인 기간제근로자		2시간 이상
	타워크레인을 사용하는 작업시 신호업무를 하는 일용근로자 및 근로계약기간이 1주일 이하인 기간제근로자		8시간 이상

특별교육	특별교육 대상 작업에 종사하는 근로자 중 일용근로자 및 근로계약기간이 1주일 이하인 기간제근로자를 제외한 근로자	−16시간 이상(최초 작업에 종사하기 전 4시간 이상 실시하고 12시간은 3개월 이내에서 분할하여 실시 가능) −단기간 작업 또는 간헐적 작업인 경우에는 2시간 이상
건설업 기초 안전·보건교육	건설 일용근로자	4시간 이상

② 안전보건관리책임자 등에 대한 교육

교육대상	교육시간	
	신규교육	보수교육
가. 안전보건관리책임자	6시간 이상	6시간 이상
나. 안전관리자, 안전관리전문기관의 종사자	34시간 이상	24시간 이상
다. 보건관리자, 보건관리전문기관의 종사자	34시간 이상	24시간 이상
라. 건설재해예방전문지도기관의 종사자	34시간 이상	24시간 이상
마. 석면조사기관의 종사자	34시간 이상	24시간 이상
바. 안전보건관리담당자	−	8시간 이상
사. 안전검사기관, 자율안전검사기관의 종사자	34시간 이상	24시간 이상

(5) 교육대상별 안전보건교육 내용

① 근로자 정기교육

㉮ 산업안전 및 산업재해 예방에 관한 사항(화재·폭발 사고 발생 시 대피에 관한 사항 포함)
㉯ 산업보건 및 건강장해 예방에 관한 사항(폭염·한파작업으로 인한 건강장해 발생 시 응급조치에 관한 사항 포함)
㉰ 위험성 평가에 관한 사항
㉱ 건강증진 및 질병 예방에 관한 사항
㉲ 유해·위험 작업환경 관리에 관한 사항
㉳ 산업안전보건법령 및 산업재해보상보험 제도에 관한 사항
㉴ 직무스트레스 예방 및 관리에 관한 사항
㉵ 직장 내 괴롭힘, 고객의 폭언 등으로 인한 건강장해 예방 및 관리에 관한 사항

② **근로자 채용 시 교육 및 작업내용 변경 시 교육**
　㉮ 산업안전 및 산업재해 예방에 관한 사항(화재 · 폭발 사고 발생 시 대피에 관한 사항 포함)
　㉯ 산업보건 및 건강장해 예방에 관한 사항
　㉰ 위험성 평가에 관한 사항
　㉱ 산업안전보건법령 및 산업재해보상보험 제도에 관한 사항
　㉲ 직무스트레스 예방 및 관리에 관한 사항
　㉳ 직장 내 괴롭힘, 고객의 폭언 등으로 인한 건강장해 예방 및 관리에 관한 사항
　㉴ 기계 · 기구의 위험성과 작업의 순서 및 동선에 관한 사항
　㉵ 작업 개시 전 점검에 관한 사항
　㉶ 정리정돈 및 청소에 관한 사항
　㉷ 사고 발생 시 긴급조치에 관한 사항
　㉸ 물질안전보건자료에 관한 사항

③ **관리감독자 정기교육**
　㉮ 산업안전 및 산업재해 예방에 관한 사항(화재 · 폭발 사고 발생 시 대피에 관한 사항 포함)
　㉯ 산업보건 및 건강장해 예방에 관한 사항(폭염 · 한파작업으로 인한 건강장해 발생 시 응급조치에 관한 사항 포함)
　㉰ 위험성평가에 관한 사항
　㉱ 유해 · 위험 작업환경 관리에 관한 사항
　㉲ 산업안전보건법령 및 산업재해보상보험 제도에 관한 사항
　㉳ 직무스트레스 예방 및 관리에 관한 사항
　㉴ 직장 내 괴롭힘, 고객의 폭언 등으로 인한 건강장해 예방 및 관리에 관한 사항
　㉵ 작업공정의 유해 · 위험과 재해 예방대책에 관한 사항
　㉶ 사업장 내 안전보건관리체제 및 안전 · 보건조치 현황에 관한 사항
　㉷ 표준안전 작업방법 결정 및 지도 · 감독 요령에 관한 사항
　㉸ 현장근로자와의 의사소통능력 및 강의능력 등 안전보건교육 능력 배양에 관한 사항
　㉹ 비상시 또는 재해 발생 시 긴급조치에 관한 사항
　㉺ 그 밖의 관리감독자의 직무에 관한 사항

> **■ 안전보건관리조직의 구비조건**
> - 회사의 특성, 규모에 부합되게 조직하여야 한다.
> - 조직의 기능이 충분히 발휘될 수 있도록 제도적 체계가 갖추어져야 한다.
> - 관리자의 책임과 권한이 명확해야 한다.
> - 생산라인과 밀착된 조직이어야 한다.

4 산업안전보건위원회

(1) 산업안전보건위원회의 구성

① **근로자위원의 구성**
⑦ 근로자대표
⑭ 근로자대표가 지명하는 1명 이상의 명예감독관(명예산업안전감독관이 위촉되어 있는 사업장에 한함)
⑮ 근로자대표가 지명하는 9명 이내의 해당 사업장의 근로자(명예감독관이 근로자위원으로 지명되어 있는 경우 그 수를 제외한 수의 근로자)

② **사용자위원의 구성**
⑦ 해당 사업의 대표자(같은 사업으로 다른 지역에 사업장이 있는 경우 그 사업장의 최고책임자)
⑭ 안전관리자 1명(안전관리자를 두어야 하는 사업장에 한함)
⑮ 보건관리자 1명(보건관리자를 두어야 하는 사업장에 한함)
㉑ 산업보건의(해당 사업장에 선임되어 있는 경우로 한정)
㉒ 해당 사업의 대표자가 지명하는 9명 이내의 해당 사업장 부서의 장

(2) 산업안전보건위원회를 구성해야 할 사업의 종류 및 규모

사업의 종류	사업장의 상시근로자 수
1. 토사석 광업 2. 목재 및 나무제품 제조업;가구제외 3. 화학물질 및 화학제품 제조업;의약품 제외(세제, 화장품 및 광택제 제조업과 화학섬유 제조업은 제외) 4. 비금속 광물제품 제조업 5. 1차 금속 제조업 6. 금속가공제품 제조업;기계 및 가구 제외 7. 자동차 및 트레일러 제조업 8. 기타 기계 및 장비 제조업(사무용 기계 및 장비 제조업은 제외) 9. 기타 운송장비 제조업(전투용 차량 제조업은 제외)	상시 근로자 50명 이상
10. 농업 11. 어업 12. 소프트웨어 개발 및 공급업 13. 컴퓨터 프로그래밍, 시스템 통합 및 관리업 14. 정보서비스업 15. 금융 및 보험업 16. 임대업;부동산 제외 17. 전문, 과학 및 기술 서비스업(연구개발업은 제외) 18. 사업지원 서비스업 19. 사회복지 서비스업	상시 근로자 300명 이상
20. 건설업	공사금액 120억원 이상(건설산업기본법 시행령에 따른 토목공사업에 해당하는 공사의 경우에는 150억원 이상)
21. 제1호부터 제20호까지의 사업을 제외한 사업	상시 근로자 100명 이상

(3) 산업안전보건위원회의 운영

　① 위원장은 위원 중에서 호선하며, 이 경우 근로자위원과 사용자위원 중 각 1명을 공동위원장으로 선출할 수 있다.

　② 회의는 정기회의와 임시회의로 구분하되, 정기회의는 분기마다 위원장이 소집하며, 임시회의는 위원장이 필요하다고 인정할 때에 소집한다.

　③ 회의는 근로자위원 및 사용자위원 각 과반수의 출석으로 시작하고 출석위원 과반수의 찬성으로 의결한다.

5 안전보건관리규정

(1) 안전보건관리규정을 작성해야 할 사업의 종류 및 규모

사업의 종류	상시근로자 수
1. 농업 2. 어업 3. 소프트웨어 개발 및 공급업 4. 컴퓨터 프로그래밍, 시스템 통합 및 관리업 5. 정보서비스업 6. 금융 및 보험업 7. 임대업;부동산 제외 8 전문, 과학 및 기술 서비스업(연구개발업은 제외) 9. 사업지원 서비스업 10. 사회복지 서비스업	300명 이상
11. 제1호부터 제10호까지의 사업을 제외한 사업	100명 이상

※ 사업주는 안전보건관리규정을 작성하여야 할 사유가 발생한 날부터 30일 이내에 안전보건관리규정을 작성하여야 하며, 이를 변경할 사유가 발생한 경우에도 또한 같다.

(2) 안전보건관리규정에 포함될 사항

　① 안전 및 보건에 관한 관리조직과 그 직무에 관한 사항

　② 안전보건교육에 관한 사항

　③ 작업장의 안전 및 보건 관리에 관한 사항

　④ 사고 조사 및 대책 수립에 관한 사항

　⑤ 그 밖에 안전 및 보건에 관한 사항

6 안전보건관리계획

(1) **계획수립시의 유의 사항**
   ① 사업장의 실태에 맞도록 독자적으로 수립하되, 실현 가능성이 있도록 수립한다.
   ② 직장단위로 구체적 계획을 작성한다.
   ③ 계획상의 재해 감소 목표는 점진적으로 수준을 높이도록 한다.
   ④ 근본적인 안전대책을 강구한다.
   ⑤ 복수의 계획안을 내어 그 중에서 선택한다.

(2) **계획작성시 고려해야 할 사항**
   ① 목표와 대책은 평형상태를 유지한다.
   ② 대책을 구상하기 전에 조감도를 작성한다.
   ③ 대책의 우선순위 결정시 유의사항
      ㉮ 목표 달성에 대한 기여도
      ㉯ 대책의 긴급성에 의해 우선순위 결정
      ㉰ 문제의 확대 가능성의 여부
      ㉱ 대책의 난이성에 의한 우선순위 결정 지양

(3) **계획내용의 구비조건**
   ① 구체적인 내용일 것
   ② 타 관리 제계획과 균형이 맞을 것
   ③ 장기적인 관념에서 일관성이 있을 것
   ④ 실시 가능한 것일 것
   ⑤ 이해하기가 용이할 것

(4) **평가** : 계획의 완성은 계획 → 실시 → 평가 → 계획수정 → 완성 → 평가
   ① **평가시의 유의 사항**
      ㉮ 재해건수, 재해율 등의 목표치와 안전활동 자체평가 실시
      ㉯ 다각적인 평가가 되도록 실시
      ㉰ 평가 결과에 따라 개선 방향 설정
   ② **주요평가척도**
      ㉮ 절대척도 : 재해건수 등 수치
      ㉯ 상대척도 : 도수율, 강도율 등
      ㉰ 평정척도 : 양적으로 나타내는 것이며, 양호, 보통, 불량 등 단계로 평정
      ㉱ 도수척도 : %로 나타내는 것

(5) 안전관리의 사이클(계획의 운용, P → D → C → A)
　① Plan(계획) : 목표를 정하고 달성하는 방법을 계획
　② Do(실시) : 교육, 훈련을 하고 실행
　③ Check(검토) : 결과를 검토
　④ Action(조치) : 검토한 결과에 의해 조치

7 도급과 관련된 사항

(1) 용어의 정의
　① **도급** : 명칭에 관계없이 물건의 제조·건설·수리 또는 서비스의 제공, 그 밖의 업무를 타인에게 맡기는 계약을 말한다.
　② **도급인** : 물건의 제조·건설·수리 또는 서비스의 제공, 그 밖의 업무를 도급하는 사업주를 말한다. 다만, 건설공사발주자는 제외한다.
　③ **수급인** : 도급인으로부터 물건의 제조·건설·수리 또는 서비스의 제공, 그 밖의 업무를 도급받은 사업주를 말한다.
　④ **관계수급인** : 도급이 여러 단계에 걸쳐 체결된 경우에 각 단계별로 도급받은 사업주 전부를 말한다.
　⑤ **건설공사발주자** : 건설공사를 도급하는 자로서 건설공사의 시공을 주도하여 총괄·관리하지 아니하는 자를 말한다. 다만, 도급받은 건설공사를 다시 도급하는 자는 제외한다.

(2) 유해한 작업의 도급금지
　① **도급이 금지되는 작업**
　　㉮ 도금작업
　　㉯ 수은, 납 또는 카드뮴을 제련, 주입, 가공 및 가열하는 작업
　　㉰ 법령에 따른 허가대상물질을 제조하거나 사용하는 작업
　② **도급이 가능한 작업**
　　㉮ 일시·간헐적으로 하는 작업을 도급하는 경우
　　㉯ 수급인이 보유한 기술이 전문적이고 사업주(수급인에게 도급을 한 도급인으로서의 사업주를 말한다)의 사업 운영에 필수 불가결한 경우로서 고용노동부장관의 승인을 받은 경우

(3) 도급인의 안전조치 및 보건조치
　① 도급인은 관계수급인 근로자가 도급인의 사업장에서 작업을 하는 경우에는 그 사업장의 안전보건관리책임자를 도급인의 근로자와 관계수급인 근로자의 산업재해를 예방하기 위한 업무를 총괄하여 관리하는 안전보건총괄책임자로 지정하여야 한다. 이 경우 안전보건관리책임자를 두지 아니하여도 되는 사업장에서는 그 사업장에서 사업을 총괄하여 관리하는 사람을 안전보건총괄책임자로 지정하여야 한다.

② 도급인은 관계수급인 근로자가 도급인의 사업장에서 작업을 하는 경우에 자신의 근로자와 관계수급인 근로자의 산업재해를 예방하기 위하여 안전 및 보건 시설의 설치 등 필요한 안전조치 및 보건조치를 하여야 한다. 다만, 보호구 착용의 지시 등 관계수급인 근로자의 작업행동에 관한 직접적인 조치는 제외한다.

(4) 도급에 따른 산업재해 예방조치

도급인은 관계수급인 근로자가 도급인의 사업장에서 작업을 하는 경우 다음의 사항을 이행하여야 한다.

① 도급인과 수급인을 구성원으로 하는 안전 및 보건에 관한 협의체의 구성 및 운영
② 작업장 순회점검
③ 관계수급인이 근로자에게 하는 안전보건교육을 위한 장소 및 자료의 제공 등 지원
④ 관계수급인이 근로자에게 하는 안전보건교육의 실시 확인
⑤ 다음의 어느 하나의 경우에 대비한 경보체계 운영과 대피방법 등 훈련
　㉮ 작업 장소에서 발파작업을 하는 경우
　㉯ 작업 장소에서 화재·폭발, 토사·구축물 등의 붕괴 또는 지진 등이 발생한 경우
⑥ 위생시설 등 고용노동부령으로 정하는 시설의 설치 등을 위하여 필요한 장소의 제공 또는 도급인이 설치한 위생시설 이용의 협조

(5) 도급인의 안전 및 보건에 관한 정보 제공 등

① 다음의 작업을 도급하는 자는 그 작업을 수행하는 수급인 근로자의 산업재해를 예방하기 위하여 고용노동부령으로 정하는 바에 따라 해당 작업 시작 전에 수급인에게 안전 및 보건에 관한 정보를 문서로 제공하여야 한다.
　㉮ 폭발성·발화성·인화성·독성 등의 유해성·위험성이 있는 화학물질 중 고용노동부령으로 정하는 화학물질 또는 그 화학물질을 함유한 혼합물을 제조·사용·운반 또는 저장하는 반응기·증류탑·배관 또는 저장탱크로서 고용노동부령으로 정하는 설비를 개조·분해·해체 또는 철거하는 작업
　㉯ 위 ㉮항에 따른 설비의 내부에서 이루어지는 작업
　㉰ 질식 또는 붕괴의 위험이 있는 작업으로서 대통령령으로 정하는 작업
② 도급인이 안전 및 보건에 관한 정보를 해당 작업 시작 전까지 제공하지 아니한 경우에는 수급인이 정보 제공을 요청할 수 있다.
③ 도급인은 수급인이 제공받은 안전 및 보건에 관한 정보에 따라 필요한 안전조치 및 보건조치를 하였는지를 확인하여야 한다.
④ 수급인은 요청에도 불구하고 도급인이 정보를 제공하지 아니하는 경우에는 해당 도급 작업을 하지 아니할 수 있다. 이 경우 수급인은 계약의 이행 지체에 따른 책임을 지지 아니한다.

(5) 도급 관련 기타 사항
  ① **도급인의 관계수급인에 대한 시정조치**
    ㉮ 도급인은 관계수급인 근로자가 도급인의 사업장에서 작업을 하는 경우에 관계수급인 또는 관계수급인 근로자가 도급받은 작업과 관련하여 이 법 또는 이 법에 따른 명령을 위반하면 관계수급인에게 그 위반행위를 시정하도록 필요한 조치를 할 수 있다. 이 경우 관계수급인은 정당한 사유가 없으면 그 조치에 따라야 한다.
    ㉯ 도급인은 작업을 도급하는 경우에 수급인 또는 수급인 근로자가 도급받은 작업과 관련하여 이 산업안전보건법 또는 법에 따른 명령을 위반하면 수급인에게 그 위반행위를 시정하도록 필요한 조치를 할 수 있다. 이 경우 수급인은 정당한 사유가 없으면 그 조치에 따라야 한다.
  ② **안전보건조정자**
    ㉮ 2개 이상의 건설공사를 도급한 건설공사발주자는 그 2개 이상의 건설공사가 같은 장소에서 행해지는 경우에 작업의 혼재로 인하여 발생할 수 있는 산업재해를 예방하기 위하여 건설공사 현장에 안전보건조정자를 두어야 한다.
    ㉯ 안전보건조정자를 두어야 하는 건설공사의 금액, 안전보건조정자의 자격·업무, 선임방법, 그 밖에 필요한 사항은 대통령령으로 정한다.
  ③ **공사기간 단축 및 공법변경 금지**
    ㉮ 건설공사발주자 또는 건설공사도급인(건설공사발주자로부터 해당 건설공사를 최초로 도급받은 수급인 또는 건설공사의 시공을 주도하여 총괄·관리하는 자를 말한다.)은 설계도서 등에 따라 산정된 공사기간을 단축해서는 아니 된다.
    ㉯ 건설공사발주자 또는 건설공사도급인은 공사비를 줄이기 위하여 위험성이 있는 공법을 사용하거나 정당한 사유 없이 정해진 공법을 변경해서는 아니 된다.

8 안전보건개선계획

(1) 안전보건개선계획 수립대상 사업장
  ① 산업재해율이 같은 업종의 규모별 평균 산업재해율보다 높은 사업장
  ② 사업주가 필요한 안전조치 또는 보건조치를 이행하지 아니하여 중대재해가 발생한 사업장
  ③ 연간 직업성 질병자가 2명 이상 발생한 사업장
  ④ 유해인자의 노출기준을 초과한 사업장

(2) 안전보건진단을 받아 개선계획을 수립 제출해야 되는 사업장
  ① 산업재해율이 같은 업종의 규모별 평균 산업재해율보다 높은 사업장 중 중대재해(사업주가 안전보건조치의무를 이행하지 아니하여 발생한 중대재해에 한함) 발생 사업장
  ② 산업재해발생률이 같은 업종 평균 산업재해발생률의 2배 이상인 사업장
  ③ 직업병에 걸린 사람이 연간 2명 이상(상시 근로자 1천명 이상 사업장의 경우 3명 이상) 발생한 사업장

④ 작업환경 불량, 화재·폭발 또는 누출사고 등으로 사회적 물의를 일으킨 사업장
⑤ 위 ①항부터 ④항까지에 준하는 사업장으로서 고용노동부장관이 정하는 사업장

(3) 안전보건개선계획서

① 안전보건개선계획의 수립시행명령을 받은 사업주는 고용노동부장관이 정하는 바에 따라 안전보건개선계획서를 작성하여 그 명령을 받은 날부터 60일 이내에 관할 지방노동 관서의 장에게 제출

② 안전보건개선계획서에 포함되어야 할 사항
  ㉮ 시설
  ㉯ 안전보건관리체제
  ㉰ 안전보건교육
  ㉱ 산업재해 예방 및 작업환경의 개선을 위하여 필요한 사항

알아두기

☑ 건설업 산업안전보건관리비 계상 및 사용기준(고용노동부 고시 제2025-11호)
제3조(적용범위) 이 고시는 법 제2조제11호의 건설공사 중 총공사금액 2천만 원 이상인 공사에 적용한다. 다만, 단가계약에 의하여 행하는 공사에 대하여는 총계약금액을 기준으로 적용한다.

☑ 공사종류 및 규모별 산업안전보건관리비 계상기준표

구분 공사종류	대상액 5억원 미만인 경우 적용비율	대상액 5억원 이상 50억원 미만인 경우		대상액 50억원 이상인 경우 적용비율	보건관리자 선임대상 건설공사의 적용비율
		적용비율	기초액		
건축공사	3.11%	2.28%	4,325,000원	2.37%	2.64%
토목공사	3.15%	2.53%	3,300,000원	2.60%	2.73%
중건설공사	3.64%	3.05%	2,975,000원	3.11%	3.39%
특수건설공사	2.07%	1.59%	2,450,000원	1.64%	1.78%

☑ 관리감독자 안전보건업무 수행 시 수당지급 작업
1. 건설용 리프트·곤돌라를 이용한 작업
2. 콘크리트 파쇄기를 사용하여 행하는 파쇄작업(2m 이상인 구축물 파쇄에 한정한다)
3. 굴착 깊이가 2m 이상인 지반의 굴착작업
4. 흙막이지보공의 보강, 동바리 설치 또는 해체작업
5. 터널 안에서의 굴착작업, 터널거푸집의 조립 또는 콘크리트 작업
6. 굴착면의 깊이가 2m 이상인 암석 굴착 작업
7. 거푸집지보공의 조립 또는 해체작업
8. 비계의 조립, 해체 또는 변경작업
9. 건축물의 골조, 교량의 상부구조 또는 탑의 금속제의 부재에 의하여 구성되는 것(5m 이상에 한정한다)의 조립, 해체 또는 변경작업
10. 콘크리트 공작물(높이 2m 이상에 한정한다)의 해체 또는 파괴 작업
11. 전압이 75V 이상인 정전 및 활선작업
12. 맨홀작업, 산소결핍장소에서의 작업
13. 도로에 인접하여 관로, 케이블 등을 매설하거나 철거하는 작업
14. 전주 또는 통신주에서의 케이블 공중가설작업

재해조사 및 분석

1. 재해조사의 목적 및 순서

(1) **재해조사의 목적** : 동종재해 및 유사재해의 재발방지

(2) **재해조사의 순서** : 현장확인 → 목격자 및 관계자 진술 → 자료수집 → 검증(사고의 실연검증) → 분석 및 평가 → 재확인

(3) **재해조사시 유의사항**
  ① 재해장소에 들어갈 때에는 예방과 유해성에 대응하여 해당하는 보호구를 반드시 착용한다.
  ② 재해발생 후 현장보존에 유의하면서 물적 증거를 수집한다.
  ③ 사실을 수집한다.
  ④ 조사는 신속히 행하고 필요시 긴급조치를 통해 2차 재해의 방지를 도모한다.
  ⑤ 목격자가 증언하는 객관적 사실 외에는 참고만 한다.
  ⑥ 공정하게 조사하며 필히 2인 이상이 한다.

> ☑ **산업안전보건법 시행규칙 제72조 (산업재해 기록 등)**
> 사업주는 산업재해가 발생한 때에는 법 제57조제2항에 따라 다음 각 호의 사항을 기록·보존하여야 한다. 다만, 제73조제1항에 따른 산업재해조사표 사본을 보존하거나 제73조제5항에 따른 요양신청서의 사본에 재해 재발방지 계획을 첨부하여 보존한 경우에는 그러하지 아니하다.
>
> 1. 사업장의 개요 및 근로자의 인적사항
> 2. 재해 발생의 일시 및 장소
> 3. 재해 발생의 원인 및 과정
> 4. 재해 재발방지 계획

2 재해발생시의 조치사항

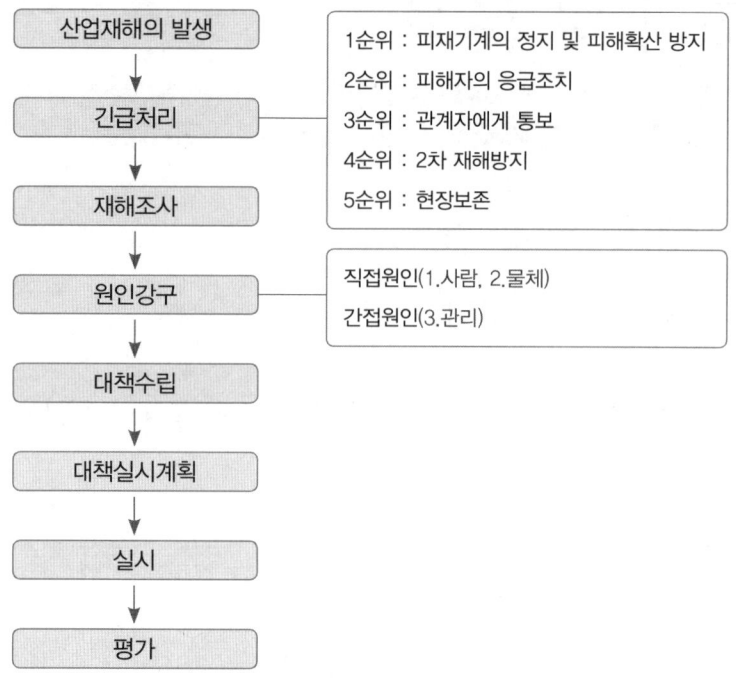

3 재해발생의 메커니즘(Mechanism)

(1) 사고의 형태

① 물체가 사람에 직접 접촉한 현상

② 사람이 유해 환경하에 폭로된 현상

(2) 기인물과 가해물

① **기인물** : 불안전한 상태에 있는 물체(환경 포함)

② **가해물** : 직접 사람에게 접촉되어 위해를 가한 물체

4 통계원인 분석방법 4가지

(1) **파레토도**(pareto diagram)

① 사고의 유형, 기인물 등의 분류항목을 순서대로 도표화한 분석법이다.

② 문제의 진원지, 즉 불량이나 결점의 원인을 찾아낼 수 있다.

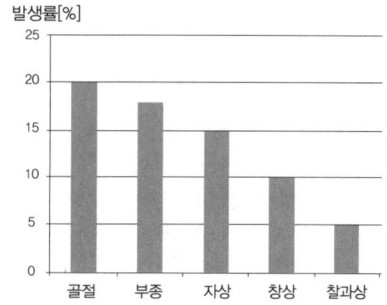

(2) **특성요인도**

① 특성과 요인과의 관계를 도표로 하여 어골(魚骨)상으로 세분화한 분석법이다.

② 원인결과도(cause and effect diagram)라고도 하며 원인과 결과를 연계하여 상호관계를 파악하는 데 효과적이다.

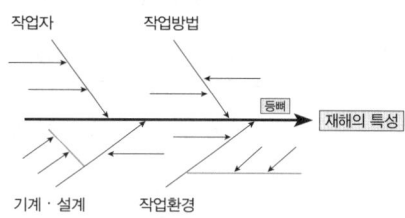

(3) **크로스도**(cross diagram)

① 2개 이상의 문제 관계를 분석하는 데 사용하는 것으로 데이터(data)를 집계하고, 표로 표시하여 요인별 결과 내역을 교차한 그림을 작성하여 분석하는 방법이다.

② 공단 자격시험에서는 클로즈(close) 분석과 혼용되어 출제되기도 한다.

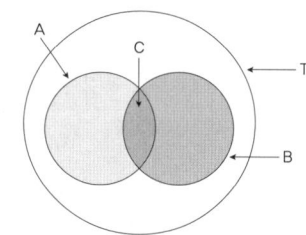

(4) **관리도**(control diagram)

① 재해 발생 건수 등의 추이를 파악하여 목표관리를 실시하는 데 효과적이다.

② 필요한 월별 재해 발생 수를 그래프화하여 관리선을 설정하고 관리한다.

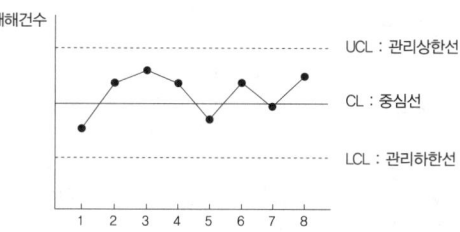

5 재해율

(1) **연천인율**(年千人率)

① **정의** : 근로자 1000인당 1년간 발생하는 재해자 수

② 연천인율 = $\dfrac{\text{재해자 수}}{\text{연평균 근로자수}} \times 1000$

(2) 도수율(Frequency Rate of Injury : FR)

　① **정의** : 산업재해의 발생빈도를 나타내는 것으로, 연간 총근로시간 합계 100만 시간당의 재해발생건수(=빈도율)

　② 도수율 = $\dfrac{재해발생건수}{연간\ 총근로시간} \times 10^6$

(3) 연천인율과 도수(빈도)율과의 관계

　① 연천인율 = 도수(빈도)율 × 2.4

　　(※단, 재해발생건수 및 연간 총근로시간이 주어진 경우 위의 도수율 공식에 따라 계산하도록 한다.)

　② 도수(빈도)율 = 연천인율 ÷ 2.4

(4) 강도율(Severity Rate of Injury : SR)

　① **정의** : 재해의 경중, 강도를 나타내는 척도로 연간 총근로시간이 1000시간당 재해에 의해서 잃어버린 일수

　② 강도율 = $\dfrac{근로손실일수}{연간\ 총근로시간} \times 1000$

(5) 위험율 = 사고의 크기 × 사고의 빈도

　① 위험(Risk) = 사고발생빈도 × 손실

　② 만인율 = $\dfrac{사망자수}{노동자수} \times 10000$

> **근로손실일수의 산정기준(국제기준)**
> - 사망 및 영구 전노동불능(신체장해등급 1~3급) : 7500일
> - 영구 일부노동불능(신체장해등급 4~14급)
>
> | 신체장해등급 | 4 | 5 | 6 | 7 | 8 | 9 | 10 | 11 | 12 | 13 | 14 |
> |---|---|---|---|---|---|---|---|---|---|---|---|
> | 근로손실일수 | 5500 | 4000 | 3000 | 2200 | 1500 | 1000 | 600 | 400 | 200 | 100 | 50 |
>
> - 일시 전노동불능 = 휴업일수 × (300/365)

(6) 환산도수율 및 환산강도율

　① **환산도수율**

　　㉮ 입사에서 퇴직할 때까지의 평생 동안(30년)의 근로시간인 10만시간당 재해건수

　　㉯ 환산도수율(F) = $\dfrac{도수율}{10}$

② 환산강도율
  ㉮ 10만시간 당 근로손실일수
  ㉯ 환산강도율(S) = 강도율 × 100

(7) 종합재해지수(도수강도치 : F. S. I)

① 도수 강도치 (F.S.I) = $\sqrt{도수율(F) \times 강도율(S)}$

② 미국의 경우 (F.S.I) = $\sqrt{\dfrac{도수율(F) \times 강도율(S)}{1000}}$

(8) 환산재해율과 안전활동률

① 환산재해율 = $\dfrac{환산재해자수}{상시근로자수} \times 100$

② 안전활동률 = $\dfrac{안전활동건수}{근로시간수 \times 평균근로자수} \times 10^6$

☑ 건설업체의 산업재해발생률

1) 건설업체의 산업재해발생률은 다음의 계산식에 따른 업무상 사고사망만인율로 산출하되, 소수점 셋째 자리에서 반올림한다.

   사고사망만인율(‰) = $\dfrac{사고사망자\ 수}{상시\ 근로자\ 수} \times 10{,}000$

2) 사고사망자 수는 사고사망만인율 산정 대상 연도의 1월 1일부터 12월 31일까지의 기간 동안 해당 업체가 시공하는 국내의 건설현장(자체사업의 건설현장은 포함)에서 사고사망재해를 입은 근로자 수를 합산하여 산출한다.(이상기온에 기인한 질병사망자 포함)

3) 사고사망자 중 다음의 어느 하나에 해당하는 경우로서 사업주의 법 위반으로 인한 것이 아니라고 인정되는 재해에 의한 사고사망자는 사고사망자 수 산정에서 제외한다.
   ① 방화, 근로자간 또는 타인간의 폭행에 의한 경우
   ② 도로교통법에 따라 도로에서 발생한 교통사고에 의한 경우(해당 공사의 공사용 차량·장비에 의한 사고는 제외)
   ③ 태풍·홍수·지진·눈사태 등 천재지변에 의한 불가항력적인 재해의 경우
   ④ 작업과 관련이 없는 제3자의 과실에 의한 경우(해당 목적물 완성을 위한 작업자간의 과실은 제외)
   ⑤ 그 밖에 야유회, 체육행사, 취침·휴식 중의 사고 등 건설작업과 직접 관련이 없는 경우

4) 상시근로자 수는 다음과 같이 산출한다.

   상시 근로자 수 = $\dfrac{연간\ 국내공사\ 실적액 \times 노무비율}{건설업\ 월평균임금 \times 12}$

6 세이프 티 스코어(Safe T Score)

(1) 세이프 티 스코어

① **정의** : 과거와 현재의 안전 성적을 비교 평가하는 방법으로 단위가 없으며 계산결과가 (+)이면 나쁜 기록, (−)이면 과거에 비해 좋은 기록

② 세이프티 스코어 = $\dfrac{빈도율(현재) - 빈도율(과거)}{\sqrt{\dfrac{빈도율(과거)}{총근로시간수(현재)}}} \times 10^6$

(2) 판정기준

① **+2.0 이상인 경우** : 과거보다 심각하게 나빠짐
② **+2.0 에서 −2.0** : 심각한 차이 없음
③ **−2.0 이하** : 과거보다 좋아짐

7 재해손실비

(1) 하인리히(H.W. Heinrich) 방식

> 총재해손실비(Cost) = 직접비 + 간접비(직접비 : 간접비 = 1 : 4)

① **직접비** : 법령으로 정한 피해자에게 지급되는 산재보상비
　㉮ 휴업보상비 : 평균임금의 100분의 70에 상당하는 금액
　㉯ 장해보상비 : 신체장해가 남는 경우에 장해등급에 의한 금액
　㉰ 요양보상비 : 요양비의 전액
　㉱ 장의비 : 평균임금의 120일분에 상당하는 금액
　㉲ 유족보상비 : 평균임금의 1300일분에 상당하는 금액
　㉳ 기타 유족특별보상비, 장해특별보상비, 상병보상연금

② **간접비** : 재산손실, 생산중단 등으로 기업이 입은 손실로서 정확한 산출이 어려울 때에는 직접비의 4배로 산정하여 계산
　㉮ 인적손실 : 본인 및 제3자에 관한 것을 포함한 시간손실
　㉯ 물적손실 : 기계, 공구, 재료, 시설의 복구에 소비된 시간손실 및 재산손실
　㉰ 생산손실 : 생산감소, 생산중단, 판매감소 등에 의한 손실
　㉱ 기타손실 : 병상위문금, 여비 및 통신비, 입원중의 잡비 등

(2) 시몬즈(R. H. Simonds) 방식

> 총재해손실비(Cost) = 산재보험 코스트 + 비보험 코스트

① **산재보험 코스트와 비보험 코스트**
　㉮ 산재보험 코스트 : 산업재해보상보험법에 의해 보상된 금액과 보험회사의 보상에 관련된 제경비 및 이익금을 합친 금액
　㉯ 비보험 코스트 = (휴업상해건수 × A) + (통원상해건수 × B) + (응급조치건수 × C) + (무상해 사고 건수 × D)
　　※ A, B, C, D는 장해 정도별에 의한 비보험 코스트의 평균치
② **재해의 종류**
　㉮ 휴업상해 : 영구 일부 노동 불능 및 일시 전노동 불능
　㉯ 통원상해 : 일시 일부 노동 불능 및 의사의 통원조치를 필요로 한 상태
　㉰ 응급조치상해 : 응급조치 상해 또는 8시간 미만 휴업 의료조치 상해
　㉱ 무상해사고 : 의료조치를 필요로 하지 않는 상해사고

8 재해사례 연구의 진행단계

(1) **전제조건**(재해상황의 파악) : 사례연구의 전제조건인 재해상황의 파악

(2) **재해사례 연구순서**
① **제1단계(사실의 확인)** : 작업의 개시에서 재해의 발생까지의 경과 가운데 재해와 관계가 있는 사실 및 재해요인으로 알려진 사실을 객관적으로 확인하며 이상시 또는 사고시, 재해발생시의 조치를 포함
② **제2단계(문제점의 발견)** : 파악된 사실로부터 판단하여 각종 기준과의 차이에서 드러나는 문제점을 발견
③ **제3단계(근본적 문제점 결정)** : 발견된 문제점 가운데 재해의 중심의 되는 근본적 문제점을 결정하고, 다음으로 재해 원인을 결정
④ **제4단계(대책의 수립)** : 사례를 해결하기 위한 대책을 수립

안전점검

1 안전점검

(1) 안전점검의 목적과 대상
① **안전점검의 목적** : 시설, 기계 등의 사용 과정에서 안전상 자율적으로 기능을 체크하여 사전·보수하여 안전성을 확보하기 위해 행해짐
② **안전점검의 대상**
　㉮ 전반적인 문제 : 안전관리조직 체계, 안전활동, 안전교육, 안전점검제도 및 실시상황
　㉯ 설비에 관한 문제 : 작업환경, 안전장치, 보호구, 정리정돈, 위험물 방화관리, 운반설비

(2) 안전점검의 종류
① **수시점검** : 작업전·중·후에 실시하는 점검
② **정기점검** : 일정기간마다 정기적으로 실시하는 점검
③ **특별점검**
　㉮ 기계·기구·설비의 신설시·변경 내지 고장 수리시 실시하는 점검
　㉯ 천재지변 발생 후 실시하는 점검
　㉰ 안전강조 기간내에 실시하는 점검
④ **임시점검** : 이상 발견시 임시로 실시, 정기점검과 정기점검 사이에 실시하는 점검

(3) 체크리스트에 포함되어야할 사항(체크리스트 작성 항목)
① 점검대상
② 점검부분(점검개소)
③ 점검항목(점검내용 : 마모, 균열, 부식, 파손, 변형 등)
④ 점검주기 또는 기간(점검시기)
⑤ 점검방법(육안점검, 기능점검, 기기점검, 정밀점검)
⑥ 판정기준(자체검사기준, 법령에 의한 기준, KS기준 등)
⑦ 조치사항(점검결과에 따른 결함의 시정사항)

> **안점점검표의 판정기준**
> - 산업안전보건법령 기준
> - KS기준
> - 기술지침기준
> - 자체검사기준

(4) 안전점검 기타사항

① **안전점검의 순환과정** : 현상의 파악 → 결함의 발견 → 시정대책의 선정 → 대책의 실시

② **안전의 5대 요소** : 인간, 도구(기계, 장비, 공구), 원재료, 환경, 작업방법

③ **안전점검의 기준 작성시 고려사항**
    ㉮ 대상물의 위험도
    ㉯ 과거의 사고 이력
    ㉰ 대상물의 기능적 특성

2 관리감독자의 작업시작 전 점검사항

작업의 종류	점검내용
프레스등을 사용하여 작업을 할 때	• 클러치 및 브레이크의 기능 • 크랭크축 · 플라이휠 · 슬라이드 · 연결봉 및 연결 나사의 풀림 여부 • 행정 1정지기구 · 급정지장치 및 비상정지장치의 기능 • 슬라이드 또는 칼날에 의한 위험방지 기구의 기능 • 프레스의 금형 및 고정볼트 상태 • 방호장치의 기능 • 전단기(剪斷機)의 칼날 및 테이블의 상태
로봇의 작동 범위에서 그 로봇에 관하여 교시 등(로봇의 동력원을 차단하고 하는 것은 제외)의 작업을 할 때	• 외부 전선의 피복 또는 외장의 손상 유무 • 매니퓰레이터(manipulator) 작동의 이상 유무 • 제동장치 및 비상정지장치의 기능
공기압축기를 가동할 때	• 공기저장 압력용기의 외관 상태 • 드레인밸브(drain valve)의 조작 및 배수 • 압력방출장치의 기능 • 언로드밸브(unloading valve)의 기능 • 윤활유의 상태 • 회전부의 덮개 또는 울 • 그 밖의 연결 부위의 이상 유무
크레인을 사용하여 작업을 하는 때	• 권과방지장치 · 브레이크 · 클러치 및 운전장치의 기능 • 주행로의 상측 및 트롤리(trolley)가 횡행하는 레일의 상태 • 와이어로프가 통하고 있는 곳의 상태

작업의 종류	점검내용
이동식 크레인을 사용하여 작업을 할 때	• 권과방지장치나 그 밖의 경보장치의 기능 • 브레이크 · 클러치 및 조정장치의 기능 • 와이어로프가 통하고 있는 곳 및 작업장소의 지반상태
리프트(자동차정비용 리프트를 포함)를 사용하여 작업을 할 때	• 방호장치 · 브레이크 및 클러치의 기능 • 와이어로프가 통하고 있는 곳의 상태
곤돌라를 사용하여 작업을 할 때	• 방호장치 · 브레이크의 기능 • 와이어로프 · 슬링와이어(sling wire) 등의 상태
양중기의 와이어로프등(와이어로프 · 달기체인 · 섬유로프 · 섬유벨트 또는 훅 · 샤클 · 링 등의 철구)을 사용하여 고리걸이작업을 할 때	• 와이어로프등의 이상 유무
지게차를 사용하여 작업을 하는 때	• 제동장치 및 조종장치 기능의 이상 유무 • 하역장치 및 유압장치 기능의 이상 유무 • 바퀴의 이상 유무 • 전조등 · 후미등 · 방향지시기 및 경보장치 기능의 이상 유무
구내운반차를 사용하여 작업을 할 때	• 제동장치 및 조종장치 기능의 이상 유무 • 하역장치 및 유압장치 기능의 이상 유무 • 바퀴의 이상 유무 • 전조등 · 후미등 · 방향지시기 및 경음기 기능의 이상 유무 • 충전장치를 포함한 홀더 등의 결합상태의 이상 유무
고소작업대를 사용하여 작업을 할 때	• 비상정지장치 및 비상하강 방지장치 기능의 이상 유무 • 과부하 방지장치의 작동 유무(와이어로프 또는 체인구동방식의 경우) • 아웃트리거 또는 바퀴의 이상 유무 • 작업면의 기울기 또는 요철 유무 • 활선작업용 장치의 경우 홈 · 균열 · 파손 등 그 밖의 손상 유무
화물자동차를 사용하는 작업을 하게 할 때	• 제동장치 및 조종장치의 기능 • 하역장치 및 유압장치의 기능 • 바퀴의 이상 유무
컨베이어등을 사용하여 작업을 할 때	• 원동기 및 풀리(pulley) 기능의 이상 유무 • 이탈 등의 방지장치 기능의 이상 유무 • 비상정지장치 기능의 이상 유무 • 원동기 · 회전축 · 기어 및 풀리 등의 덮개 또는 울 등의 이상 유무
차량계 건설기계를 사용하여 작업을 할 때	• 브레이크 및 클러치 등의 기능
용접 · 용단 작업 등의 화재위험작업을 할 때	• 작업 준비 및 작업 절차 수립 여부 • 화기작업에 따른 인근 가연성물질에 대한 방호조치 및 소화기구 비치 여부 • 용접불티 비산방지덮개 또는 용접방화포 등 불꽃 · 불티 등의 비산을 방지하기 위한 조치 여부 • 인화성 액체의 증기 또는 인화성 가스가 남아 있지 않도록 하는 환기 조치 여부 • 작업근로자에 대한 화재예방 및 피난교육 등 비상조치 여부

작업의 종류	점검내용
이동식 방폭구조 전기기계·기구를 사용할 때	• 전선 및 접속부 상태
근로자가 반복하여 계속적으로 중량물을 취급하는 작업을 할 때	• 중량물 취급의 올바른 자세 및 복장 • 위험물이 날아 흩어짐에 따른 보호구의 착용 • 카바이드·생석회(산화칼슘) 등과 같이 온도상승이나 습기에 의하여 위험성이 존재하는 중량물의 취급방법 • 그 밖에 하역운반기계등의 적절한 사용방법
양화장치를 사용하여 화물을 싣고 내리는 작업을 할 때	• 양화장치(揚貨裝置)의 작동상태 • 양화장치에 제한하중을 초과하는 하중을 실었는지 여부
슬링 등을 사용하여 작업을 할 때	• 훅이 붙어 있는 슬링·와이어슬링 등이 매달린 상태 • 슬링·와이어슬링 등의 상태(작업시작 전 및 작업 중 수시로 점검)

3 작업표준

(1) 작업표준의 개념과 목적, 조건 등

① **작업표준의 개념** : 작업조건, 작업방법, 관리방법, 사용재료, 기타 취급상의 주의사항 등에 관한 기준을 규정한 것으로 기술표준, 동작표준, 작업순서, 작업요령, 작업지도서, 작업지시서 등이 포함됨

② **작업표준의 목적** : 작업의 효율화, 위험요인의 제거, 손실요인의 제거

③ **작업표준이 갖추어야 할 4가지 조건** : 안전, 품질, 능률, 원가

(2) 작업표준의 구비조건

① 작업의 실정에 적합할 것
② 표현은 구체적으로 나타낼 것
③ 이상시의 조치기준에 대해 정해 둘 것
④ 생산성과 품질의 특성에 적합할 것
⑤ 좋은 작업의 표준일 것
⑥ 다른 규정 등에 위배되지 않을 것

(3) **PTS법**(Predetermined Time Standards : 기정시간표준법)

① 하나의 작업이 실제로 시작되기 전에 미리 작업에 필요한 소요시간을 작업방법에 따라 이론적으로 정해 나가는 방법으로 작업에 소요되는 표준시간을 구하기 위해 사용

② PTS법의 대표적인 것으로는 MTM(Method Time Measurement)법, WF(Work Factor)분석법, BMT(Basic Motion Time)법 등이 있으며, 그 중 WF법과 MTM법이 널리 채용되고 있음

4 작업위험 분석

(1) 작업위험 분석대상과 방법
　① **작업위험 분석대상** : 근로자, 작업장치, 작업방법
　② **작업위험 분석방법(E.C.R.S)** : 제거(Eliminate), 결합(Combine), 재조정(Rearrange), 단순화(Simplify)
　③ **작업위험 색출방법** : 면접, 관찰, 설문방법, 혼합방식
　④ **동작분석의 목적** : 표준동작의 설정, 모션마인드(Motion Mind)의 체질화, 동작계열의 개선

(2) 작업개선 4단계
　① **1단계** : 작업분해
　② **2단계** : 세부내용 검토
　③ **3단계** : 작업분석
　④ **4단계** : 새로운 방법의 적용

5 Ralph M. Barnes의 동작경제 원칙

(1) 신체 사용에 관한 원칙
　① 두 손의 동작은 같이 시작하고 같이 끝나도록 한다.
　② 휴식시간을 제외하고는 양손이 같이 쉬지 않도록 한다.
　③ 두 팔의 동작은 서로 반대방향으로 대칭적으로 움직인다.
　④ 손과 신체의 동작은 작업을 원만하게 처리할 수 있는 범위 내에서 가장 낮은 동작 등급을 사용하도록 한다.
　⑤ 가능한 한 관성을 이용하여 작업을 하도록 하되, 작업자가 관성을 억제하여야 하는 경우에는 발생되는 관성을 최소한도로 줄인다.
　⑥ 손의 동작은 완만하게 연속적인 동작이 되도록 하며, 방향이 갑자기 크게 바뀌는 모양의 직선동작은 피하도록 한다.
　⑦ 평상시 사용하던 근육을 사용하는 것이 더 신속하고 용이하며 정확하다.
　⑧ 가능하다면 쉽고도 자연스러운 리듬이 작업동작에 생기도록 작업을 배치한다.
　⑨ 눈의 초점을 모아야 작업을 할 수 있는 경우는 가능하면 없애고, 불가피한 경우에는 눈의 초점이 모아지는 서로 다른 두 작업 지점간의 거리를 짧게 한다.

(2) 작업장의 배치에 관한 원칙
① 모든 공구나 재료는 자기 위치에 있도록 한다.
② 공구, 재료 및 제어장치는 사용위치에 가까이 두도록 한다.
③ 중력 이송 원리를 이용하여 부품을 제품 사용 위치에 가까이 보낼 수 있도록 한다.
④ 가능하다면 낙하식 운반 방법을 사용하라.
⑤ 공구나 재료는 작업동작이 원활하게 수행되도록 위치를 정해 준다.
⑥ 작업자가 잘 보면서 작업할 수 있도록 적절한 조명을 한다.
⑦ 작업자가 작업 중에 자세를 변경할 수 있도록 작업대와 의자 높이가 조정되도록 한다.
⑧ 작업자가 좋은 자세를 취할 수 있도록 의자는 높이 뿐만 아니라 디자인도 좋아야 한다.

(3) 공구 및 설비 디자인에 관한 원칙
① 치구나 족답 장치를 효과적으로 사용할 수 있는 작업에서는 이러한 장치를 활용하여 양손이 다른 일을 할 수 있도록 한다.
② 공구의 기능을 결합하여서 사용하도록 한다.
③ 공구와 자재는 사용하기 쉽도록 가능한 한 미리 위치를 잡아 준다.
④ 각 손가락이 서로 다른 작업을 할 때 작업량을 각 손가락의 능력에 맞게 분배해야 한다.
⑤ 레버, 핸들, 그리고 제어장치는 작업자가 몸의 자세를 크게 바꾸지 않더라고 조작하기 쉽도록 배열한다.

6 작업 환경 관리

(1) 작업 환경 관리 일반
① **작업 환경 개선의 기본 원칙**
㉮ 대치 : 공정의 변경, 시설의 변경, 유해물질의 변경
㉯ 격리 : 저장 물질, 시설, 공정
㉰ 환기 : 전체 환기, 국소 배기
② **작업환경 개선 방법**
㉮ 유해한 생산 공정 및 작업 방법의 개선
㉯ 유해성이 적은 원재료의 대체 사용
㉰ 설비의 안전화, 설비의 밀폐
㉱ 국소 배기 장치 등 환기 설비
㉲ 작업자 보호대책, 유해물 발산, 비산 억제

③ 소음 대책
   ㉮ 소음원 통제 및 격리
   ㉯ 흡음재 및 차폐재의 사용
   ㉰ 음향처리제의 사용 및 적절한 배치
④ 분진 대책
   ㉮ 재료 또는 조작을 변경
   ㉯ 발진 억제(습식작업, 퇴적분진의 비산방지)
   ㉰ 부유 분진의 발생을 방지(장치의 밀폐, 환기, 집진 장치의 설치)
   ㉱ 분집의 흡입을 억제(노출시간의 단축, 분진에의 접근 억제, 방진 마스크 사용)

(2) 작업 환경 요인

요인	설명
열피로	고온환경에 의한 말초혈관의 확장, 혈압강하, 뇌의 산소부족 등 순환기능의 장해가 원인, 경증인 경우 가벼운 두통 또는 구역질, 중증인 경우 어지러움, 이명 권태감, 심한 두통, 의식 혼탁에 의한 졸도
열경련	많은 발한에 의한 대량의 수분 및 염분의 손실로 인한 수분, 염분 대사가 원인으로 혈중 식염농도가 저하된다. 증상으로는 심한 수의근 경련으로써 작업에 많이 사용했던 근육에 동통성, 강직성 경련
열사병	체온 조절기능의 실조가 원인으로 증상으로는 중추신경계 장애와 정신적인 발한 정지, 피부의 건조, 40℃ 이상 되는 체온의 상승 등이 특징이며 심하면 사망

안전인증 및 안전검사

1 안전인증

(1) 안전인증 대상 기계 · 기구 등

① **기계 또는 설비**
- ㉮ 프레스
- ㉯ 전단기 및 절곡기
- ㉰ 크레인
- ㉱ 리프트
- ㉲ 압력용기
- ㉳ 롤러기
- ㉴ 사출성형기(射出成形機)
- ㉵ 고소(高所) 작업대
- ㉶ 곤돌라

② **방호장치**
- ㉮ 프레스 및 전단기 방호장치
- ㉯ 양중기용(揚重機用) 과부하방지장치
- ㉰ 보일러 압력방출용 안전밸브
- ㉱ 압력용기 압력방출용 안전밸브
- ㉲ 압력용기 압력방출용 파열판
- ㉳ 절연용 방호구 및 활선작업용(活線作業用) 기구
- ㉴ 방폭구조(防爆構造) 전기기계 · 기구 및 부품
- ㉵ 추락 · 낙하 및 붕괴 등의 위험 방지 및 보호에 필요한 가설기자재로서 고용노동부장관이 정하여 고시하는 것
- ㉶ 충돌 · 협착등의 위험방지에 필요한 산업용 로봇 방호장치로서 고용노동부장관이 정하여 고시하는 것

③ **보호구**
- ㉮ 추락 및 감전 위험방지용 안전모
- ㉯ 안전화
- ㉰ 안전장갑
- ㉱ 방진마스크
- ㉲ 방독마스크
- ㉳ 송기마스크
- ㉴ 전동식 호흡보호구
- ㉵ 보호복
- ㉶ 안전대
- ㉷ 용접용 보안면
- ㉸ 차광(遮光) 및 비산물(飛散物) 위험방지용 보안경
- ㉹ 방음용 귀마개 또는 귀덮개

(2) 안전인증의 전부 또는 일부 면제대상
① 연구·개발을 목적으로 제조·수입하거나 수출을 목적으로 제조하는 경우
② 고용노동부장관이 정하여 고시하는 외국의 안전인증기관에서 인증을 받은 경우
③ 다른 법령에서 안전성에 관한 검사나 인증을 받은 경우로서 고용노동부령으로 정하는 경우

(3) 안전인증의 취소
① 거짓이나 그 밖의 부정한 방법으로 안전인증을 받은 경우
② 안전인증을 받은 유해위험기계등의 안전에 관한 성능 등이 안전인증기준에 맞지 아니하게 된 경우
③ 정당한 사유 없이 법에 따른 확인을 거부, 방해 또는 기피하는 경우

(4) 안전인증 심사의 종류 및 방법
① **예비심사** : 기계 및 방호장치·보호구가 유해·위험기계등 인지를 확인하는 심사(안전인증을 신청한 경우만 해당)
② **서면심사** : 유해·위험기계등의 종류별 또는 형식별로 설계도면 등 유해·위험기계등의 제품기술과 관련된 문서가 안전인증기준에 적합한지에 대한 심사
③ **기술능력 및 생산체계 심사** : 유해·위험기계등의 안전성능을 지속적으로 유지·보증하기 위하여 사업장에서 갖추어야 할 기술능력과 생산체계가 안전인증기준에 적합한지에 대한 심사
④ **제품심사** : 유해·위험기계등이 서면심사 내용과 일치하는지와 유해·위험기계등의 안전에 관한 성능이 안전인증기준에 적합한지에 대한 심사로 다음 중 어느 하나만을 받음
　㉮ 개별 제품심사: 서면심사 결과가 안전인증기준에 적합할 경우에 유해·위험기계등 모두에 대하여 하는 심사
　㉯ 형식별 제품심사: 서면심사와 기술능력 및 생산체계 심사 결과가 안전인증기준에 적합할 경우에 유해·위험기계등의 형식별로 표본을 추출하여 하는 심사

> **안전인증 심사기간**
> - 예비심사 : 7일
> - 서면심사 : 15일(외국에서 제조한 경우는 30일)
> - 기술능력 및 생산체계 심사 : 30일(외국에서 제조한 경우는 45일)
> - 제품심사
>   - 개별 제품심사 : 15일
>   - 형식별 제품심사 : 30일(방폭구조 전기기계·기구 및 부품, 추락 및 감전 위험방지용 안전모, 안전화, 안전장갑, 방진마스크, 방독마스크, 송기(送氣)마스크, 전동식 호흡보호구, 보호복은 60일

(5) 안전인증의 표시방법

① **안전인증 및 자율안전확인의 표시 및 표시방법**

 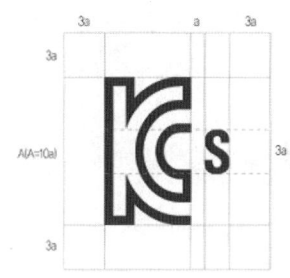

㉮ 크기는 제품의 크기에 따라 조정할 수 있으나 인증마크의 세로 높이는 5mm 미만으로 할 수 없다. 다만, 저장장치 등의 극소형 제품 또는 검정증인(압인, 타인, 각인 등)을 사용하는 제품은 제품의 크기에 따라 세로 높이를 조정할 수 있다.

㉯ 기본모형의 색채는 남색(KS A 0062에 따른 5PB 2/8 색채)을 사용한다.

㉰ 특수한 효과가 필요한 경우에는 금색(KS A 0062에 따른 10YR 6/4 색채)과 은색(KS A 0062에 따른 N 7 색채)을 사용할 수 있으며, 남색, 금색 또는 은색을 사용할 수 없는 경우에는 검정색(KS A 0062에 따른 N 2 색채)을 사용할 수 있다.

㉱ 표시를 하는 경우에 인체에 상해를 입힐 우려가 있는 재질이나 표면이 거친 재질을 사용해서는 안 된다.

② **안전인증대상 기계등이 아닌 유해ㆍ위험기계등의 안전인증의 표시 및 표시방법**

 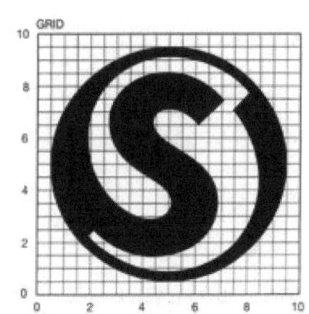

㉮ 표시의 크기는 유해ㆍ위험기계등의 크기에 따라 조정할 수 있다.

㉯ 표시의 표상을 명백히 하기 위하여 필요한 경우에는 표시 주위에 한글ㆍ영문 등의 글자로 필요한 사항을 덧붙여 적을 수 있다.

㉰ 표시는 유해ㆍ위험기계등이나 이를 담은 용기 또는 포장지의 적당한 곳에 붙이거나 인쇄하거나 새기는 등의 방법으로 해야 한다.

㉱ 표시는 테두리와 문자를 파란색, 그 밖의 부분을 흰색으로 표현하는 것을 원칙으로 하되, 안전인증표시의 바탕색 등을 고려하여 테두리와 문자를 흰색, 그 밖의 부분을 파란색으로 표현할 수 있다.

㉲ 표시를 하는 경우에 인체에 상해를 입힐 우려가 있는 재질이나 표면이 거친 재질을 사용해서는 안 된다.

③ **안전인증 표시 외 표시사항**

㉮ 안전인증 번호

㉯ 제조자명

㉰ 형식 또는 모델명
㉱ 규격 또는 등급 등
㉲ 제조번호 및 제조연월

2 안전검사

(1) 안전검사 대상 기계등

① 프레스

② 전단기

③ 크레인(정격 하중이 2톤 미만인 것은 제외)

④ 리프트

⑤ 압력용기

⑥ 곤돌라

⑦ 국소 배기장치(이동식은 제외)

⑧ 원심기(산업용만 해당)

⑨ 롤러기(밀폐형 구조는 제외)

⑩ 사출성형기[형 체결력(型締結力) 294킬로뉴턴(kN) 미만은 제외]

⑪ 고소작업대[화물자동차 또는 특수자동차에 탑재한 고소작업대(高所作業臺)로 한정한다]

⑫ 컨베이어

⑬ 산업용 로봇

⑭ 혼합기(※2026년 6월 26일부터 적용)

⑮ 파쇄기 또는 분쇄기(※2026년 6월 26일부터 적용)

(2) 안전검사의 신청 등

① 안전검사를 받아야 하는 자는 안전검사 신청서를 검사 주기 만료일 30일 전에 안전검사 기관에 제출(전자문서에 의한 제출을 포함)해야 한다.

② 안전검사 신청을 받은 안전검사기관은 검사 주기 만료일 전후 각각 30일 이내에 해당 기계·기구 및 설비별로 안전검사를 하여야 한다.

③ 안전검사기관은 안전검사 결과 적합한 경우에는 해당 사업주에게 직접 부착 가능한 안전검사 합격표시를 발급하고, 부적합한 경우에는 해당 사업주에게 안전검사 불합격통지서에 그 사유를 밝혀 통지해야 한다.

(3) 안전검사의 주기 및 합격표시 · 표시방법

① **크레인(이동식 크레인 제외), 리프트(이삿짐운반용 리프트는 제외) 및 곤돌라** : 사업장에 설치가 끝난 날부터 3년 이내에 최초 안전검사를 실시하되, 그 이후부터 2년마다(건설 현장에서 사용하는 것은 최초로 설치한 날부터 6개월마다)

② **이동식 크레인, 이삿짐운반용 리프트 및 고소작업대** : 신규등록 이후 3년 이내에 최초 안전검사를 실시하되, 그 이후부터 2년마다

③ **프레스, 전단기, 압력용기, 국소 배기장치, 원심기, 롤러기, 사출성형기, 컨베이어, 산업용 로봇, 혼합기, 파쇄기 또는 분쇄기** : 사업장에 설치가 끝난 날부터 3년 이내에 최초 안전검사를 실시하되, 그 이후부터 2년마다(공정안전보고서를 제출하여 확인을 받은 압력용기는 4년마다)

※ 혼합기, 파쇄기 또는 분쇄기는 2026년 6월 26일부터 적용

3 자율검사프로그램에 따른 안전검사

(1) 자율검사프로그램

① 사업주가 근로자대표와 협의하여 법에 따른 검사기준, 검사 주기 및 검사합격 표시 방법 등을 충족하는 검사프로그램(이하 "자율검사프로그램")을 정하고 고용노동부장관의 인정을 받아 그에 따라 유해위험기계 등의 안전에 관한 성능검사를 하면 안전검사를 받은 것으로 본다.
② 자율검사프로그램의 유효기간은 2년으로 한다.

(2) 자율검사프로그램의 인정 요건

① 검사원을 고용하고 있을 것
② 고용노동부장관이 정하여 고시하는 바에 따라 검사를 할 수 있는 장비를 갖추고 이를 유지 · 관리할 수 있을 것
③ 검사 주기의 2분의 1에 해당하는 주기마다 검사를 할 것(건설현장 외에서 사용하는 크레인의 경우는 6개월)
④ 자율검사프로그램의 검사기준이 안전검사기준을 충족할 것

(3) 자율검사프로그램인정기관에 제출할 서류

① 안전검사대상 기계등의 보유 현황
② 검사원 보유 현황과 검사를 할 수 있는 장비 및 장비 관리방법(지정검사기관에 위탁한 경우에는 위탁을 증명할 수 있는 서류를 제출)
③ 안전검사대상 기계등의 검사 주기 및 검사기준
④ 향후 2년간 안전검사대상 기계등의 검사수행계획
⑤ 과거 2년간 자율검사프로그램 수행 실적(재신청의 경우만 해당)

보호구 및 안전보건표지

1. 보호구

(1) 보호구의 구비조건
① 착용이 간편할 것
② 작업에 방해가 되지 않도록 할 것
③ 유해위험요소에 대한 방호성능이 충분할 것
④ 재료의 품질이 양호할 것
⑤ 구조와 끝마무리가 양호할 것
⑥ 외양과 외관이 양호할 것

(2) 보호구의 효과 및 한계
① **보호구의 효과** : 보호구는 강도가 높은 재해사고인 경우에 그것을 인시던트(incident), 즉 불휴재해로 그 피해를 최소화 되도록 만들어져 있어 재해 시 인시던트의 영역을 확대할 수 있는 역할을 담당
② **보호구의 한계** : 소극적 안전대책

(3) 보호구의 종류와 적용작업

보호구의 종류	구분	적용작업 및 작업장
호흡용 보호구	방진마스크	분체작업, 연마작업, 광택작업, 배합작업
	방독마스크	유기용제, 유기가스, 미스트, 흄발생작업
	송기마스크, 산소호흡기, 공기호흡기	저장조, 하수구 등 청소 및 산소결핍 위험작업장
청력 보호구	귀마개, 귀덮개	소음발생 작업장
안구 및 시력 보호구	전안면 보호구	강력한 분진 비산작업과 유해광선 발생작업
	시력보호 안경	유해광선 발생 작업보호의와 장갑, 장화

안전화, 안전장갑	장갑	피부로 침입하는 화학물질 또는 강산성물질 취급작업
	장화	피부로 침입하는 화학물질 또는 강산성물질 취급작업
보호복	방열복, 방열면	고열발생 작업장
	전신보호복	강산 또는 맹독유해물질이 강력하게 비산되는 작업
	부분보호복	강산 또는 맹독유해물질이 심하게 비산되지 않는 작업
피부보호크림	–	피부염증 또는 홍반 유발 물질에 노출되는 작업장

2 추락 및 감전 위험방지용 안전모

(1) 안전모의 종류

종류(기호)	사용구분	비고
AB	물체의 낙하 또는 비래(날아옴) 및 추락에 의한 위험을 방지 또는 경감시키기 위한 것	–
AE	물체의 낙하 또는 비래(날아옴)에 의한 위험을 방지 또는 경감하고, 머리부위 감전에 의한 위험을 방지하기 위한 것	내전압성
ABE	물체의 낙하 또는 비래(날아옴) 및 추락에 의한 위험을 방지 또는 경감하고, 머리 부위 감전에 의한 위험을 방지하기 위한 것	내전압성

※ 내전압성이란 7,000V 이하의 전압에 견디는 것을 말함

(2) 안전모의 일반구조

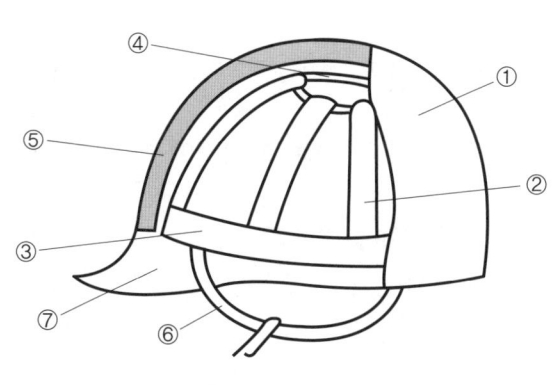

번호		명칭
①		모체
②	착장체	머리받침끈
③		머리고정대
④		머리받침고리
⑤		충격흡수재
⑥		턱끈
⑦		챙(차양)

① 안전모는 모체, 착장체 및 턱끈을 가질 것
② 착장체의 머리고정대는 착용자의 머리부위에 적합하도록 조절할 수 있을 것

③ 착장체의 구조는 착용자의 머리에 균등한 힘이 분배되도록 할 것
④ 모체, 착장체 등 안전모의 부품은 착용자에게 상해를 줄 수 있는 날카로운 모서리 등이 없을 것
⑤ 턱끈은 사용 중 탈락되지 않도록 확실히 고정되는 구조일 것
⑥ 안전모의 착용높이는 85mm 이상이고 외부수직거리는 80mm 미만일 것
⑦ 안전모의 내부수직거리는 25mm 이상 50mm 미만일 것
⑧ 안전모의 수평간격은 5mm 이상일 것
⑨ 머리받침끈이 섬유인 경우에는 각각의 폭이 15mm 이상이어야 하며, 교차지점 중심으로부터 방사되는 끈폭의 총합은 72mm 이상일 것
⑩ 턱끈의 폭은 10mm 이상일 것

■ 종류에 따른 조건
- AB종 안전모 : 10가지 항목의 일반구조에 적합해야 하고 충격흡수재를 가져야 하며, 리벳(rivet)등 기타 돌출부가 모체의 표면에서 5mm 이상 돌출되지 않아야 한다.
- AE종 안전모 : 10가지 항목의 일반구조에 적합해야 하고 금속제의 부품을 사용하지 않고, 착장체는 모체의 내외면을 관통하는 구멍을 뚫지 않고 붙일 수 있는 구조로서 모체의 내외면을 관통하는 구멍 핀홀 등이 없어야 한다.
- ABE종 안전모 : 10가지 항목의 일반구조 및 AB와 AE종 안전모의 모든 조건에 적합하여야 하며 충격흡수재를 부착하되, 리벳(rivet)등 기타 돌출부가 모체의 표면에서 5mm 이상 돌출되지 않아야 한다.

(3) 안전인증대상 안전모의 시험성능기준

항목	시험성능기준
내관통성	AE, ABE종 안전모는 관통거리가 9.5mm 이하이고, AB종 안전모는 관통거리가 11.1mm 이하이어야 한다.
충격흡수성	최고전달충격력이 4,450N을 초과해서는 안되며, 모체와 착장체의 기능이 상실되지 않아야 한다.
내전압성	AE, ABE종 안전모는 교류 20kV 에서 1분간 절연파괴 없이 견뎌야 하고, 이때 누설되는 충전전류는 10mA 이하이어야 한다.
내수성	AE, ABE종 안전모는 질량증가율이 1% 미만이어야 한다. ※ 질량증가율(%) = $\dfrac{\text{담근 후의 질량} - \text{담그기 전의 질량}}{\text{담그기 전의 질량}} \times 100$
난연성	모체가 불꽃을 내며 5초 이상 연소되지 않아야 한다.
턱끈풀림	150N 이상 250N 이하에서 턱끈이 풀려야 한다.

※ 자율안전확인대상 안전모의 시험성능기준은 내관통성, 충격흡수성, 난연성, 턱끈풀림 항목만 적용

■ 안전모의 재료
착용자의 머리와 접촉하는 안전모의 모든 부품은 피부에 유해하지 않은 재료를 사용해야 한다.

3 안전화

(1) 안전화의 등급 및 사용장소

① **중작업용 안전화**
  ㉮ 1,000mm의 낙하높이에서 시험했을 때 충격과 (15.0±0.1)kN의 압축하중에서 시험했을 때 압박에 대하여 보호해 줄 수 있는 선심을 부착하여, 착용자를 보호하기 위한 안전화
  ㉯ 광업, 건설업 및 철광업 등에서 원료취급, 가공, 강재취급 및 강재 운반, 건설업 등에서 중량물 운반작업, 가공대상물의 중량이 큰 물체를 취급하는 작업장으로서 날카로운 물체에 의해 찔릴 우려가 있는 장소에서 사용

② **보통작업용 안전화**
  ㉮ 500mm의 낙하높이에서 시험했을 때 충격과 (10.0±0.1)kN의 압축하중에서 시험했을 때 압박에 대하여 보호해 줄 수 있는 선심을 부착하여, 착용자를 보호하기 위한 안전화
  ㉯ 기계공업, 금속가공업, 운반, 건축업 등 공구 가공품을 손으로 취급하는 작업 및 차량 사업장, 기계 등을 운전조작하는 일반작업장으로서 날카로운 물체에 의해 찔릴 우려가 있는 장소에서 사용

③ **경작업용 안전화**
  ㉮ 250mm의 낙하높이에서 시험했을 때 충격과 (4.4±0.1)kN의 압축 하중에서 시험했을 때 압박에 대하여 보호해 줄 수 있는 선심을 부착하여, 착용자를 보호하기 위한 안전화
  ㉯ 금속 선별, 전기제품 조립, 화학제품 선별, 반응장치 운전, 식품 가공업 등 비교적 경량의 물체를 취급하는 작업장으로서 날카로운 물체에 의해 찔릴 우려가 있는 장소에서 사용

(2) 안전화의 종류 및 성능

종류	성능구분
가죽제안전화	물체의 낙하, 충격 또는 날카로운 물체에 의한 찔림 위험으로부터 발을 보호하기 위한 것
고무제안전화	물체의 낙하, 충격 또는 날카로운 물체에 의한 찔림 위험으로부터 발을 보호하고 내수성을 겸한 것
정전기안전화	물체의 낙하, 충격 또는 날카로운 물체에 의한 찔림 위험으로부터 발을 보호하고 정전기의 인체대전을 방지하기 위한 것
발등안전화	물체의 낙하, 충격 또는 날카로운 물체에 의한 찔림 위험으로부터 발 및 발등을 보호하기 위한 것
절연화	물체의 낙하, 충격 또는 날카로운 물체에 의한 찔림 위험으로부터 발을 보호하고 저압의 전기에 의한 감전을 방지하기 위한 것

절연장화	고압에 의한 감전을 방지 및 방수를 겸한 것
화학물질용안전화	물체의 낙하, 충격 또는 날카로운 물체에 의한 찔림 위험으로부터 발을 보호하고 화학물질로부터 유해위험을 방지하기 위한 것

(3) 안전화 완성품에 대한 시험성능기준

① **내압박성 및 내충격성** : 선심 내부의 높이는 다음의 표에서 주어진 값 이상이어야 한다.(단위 : mm)

안전화 크기	~225	230~240	245~250	255~265	270~280	285~
선심내부높이	12.5	13.0	13.5	14.0	14.5	15.0

② **박리저항** : 몸통과 겉창의 박리저항은 중작업용 및 보통작업용은 4.0N/mm 이상이어야 하고, 경작업용은 3.0N/mm 이상이어야 한다.

③ **내답발성** : 중작업용 또는 보통작업용은 1,000N, 경작업용은 500N의 정하중을 걸어 창을 관통하지 않아야 한다.

(4) 가죽제안전화의 일반구조

① 안전화의 발 끝 부분에 선심을 넣어 압박 및 충격으로부터 착용자의 발가락을 보호할 수 있는 구조이어야 한다.

② 착용감이 좋으며 작업 및 활동하기가 편리해야 한다.

③ 겉창의 소돌기는 좌우, 전후 균형을 유지해야 한다.

④ 선심의 내측은 헝겊, 가죽, 고무 또는 합성수지 등으로 감싸고 특히 후단부의 내측은 보강되어 있어야 한다.

⑤ 내답발성을 향상시키기 위해 얇은 금속 또는 이와 동등이상의 재질로 된 내답판을 사용해야 한다.

⑥ 안창은 유연하고 강하여야 하며 흡습성이 있는 재질이어야 한다.

⑦ 봉합사가 사용된 경우 그 사용목적에 적합하고 굵기 및 꼬임이 균등해야 한다.

⑧ 내답판은 안전화의 손상 없이는 제거될 수 없도록 안전화 내측에 삽입되고, 선심의 이음매 위에 놓여지거나 부착되지 않아야 한다.

⑨ 가죽은 천연가죽으로 하거나 합성수지로 코팅된 인조가죽을 사용하고 두께가 균일하여야 하며 흠 등의 결함이 없어야 한다.

⑩ 선심은 충격 및 압박을 견딜 수 있는 충분한 강도를 가지는 금속, 합성수지 또는 이와 동등이상의 재질이어야 하며 표면이 모두 평활하고 가장자리 및 모서리는 둥글게 하고 강재 선심인 경우에는 전체표면에 부식방지 처리를 해야 한다.

⑪ 안전화 겉창내면의 가장자리와 내답판 최대 이격거리를 명시해야 한다.

ㄷ 안전화 몸통 높이(몸통의 가장 높은 지점과 안창의 뒤끝 위쪽 면 사이의 수직거리)에 따른 구분
- 단화 : 113mm 미만
- 중단화 : 113mm 이상
- 장화 : 178mm 이상

4 안전장갑

(1) 내전압용 절연장갑

① 내전압용 절연장갑의 등급, 치수, 고무의 최대 두께

등급	최대사용전압		고무의 최대 두께(mm)	색상	치수
	교류(V, 실효값)	직류(V)			표준길이(mm)
00	500	750	0.50 이하	갈색	270 및 360
0	1,000	1,500	1.00 이하	빨강색	270, 360, 410 및 460
1	7,500	11,250	1.50 이하	흰색	360, 410 및 460
2	17,000	25,500	2.30 이하	노랑색	
3	26,500	39,750	2.90 이하	녹색	
4	36,000	54,000	3.60 이하	등색	410 및 460

② 내전압용 절연장갑의 일반구조

㉮ 절연장갑은 고무로 제조하여야 하며 핀홀(Pin Hole), 균열, 기포 등의 물리적인 변형이 없어야 한다.

㉯ 여러 색상의 층들로 제조된 합성 절연장갑이 마모되는 경우에는 그 아래의 다른 색상의 층이 나타나야 한다.

㉰ 미트의 모양은 하나 또는 그 이상의 손가락을 넣을 수 있는 구조이어야 한다.

㉱ 컨투어소매 장갑의 최대 길이와 최소 길이의 차이는 (50±6)mm이어야 한다.

(2) 화학물질용 안전장갑

① 화학물질용 안전장갑의 일반구조 및 재료

㉮ 재료와 부품은 착용자에게 해로운 영향을 주지 않아야 한다.

㉯ 착용 및 조작이 용이하고, 착용상태에서 작업을 행하는데 지장이 없어야 한다.

㉰ 육안을 통해 확인한 결과 찢어진 곳, 터진 곳, 구멍난 곳이 없어야 한다.

② 안전인증 유기화합물용 안전장갑에 추가로 표시할 사항

㉮ 안전장갑의 치수

㉯ 보관 · 사용 및 세척상의 주의사항

㉰ 안전장갑을 표시하는 화학물질 보호성능표시 및 제품 사용에 대한 설명

㉣ 화학물질 외 제조자가 다른 화학물질에 대한 투과저항시험을 실시하고, 성능수준을 사용설명서에 표시하는 경우 제조회사의 시험 결과임을 명시
㉤ 재료시험의 각 성능 수준을 사용설명서에 표시

5 호흡용 보호구

(1) 방진마스크

① 방진마스크의 형태

종류	분리식		안면부여과식
	격리식	직결식	
형태	전면형 / 반면형	전면형 / 반면형	반면형
사용조건	산소농도 18% 이상인 장소에서 사용하여야 한다.		

② 방진마스크의 등급

등급	성능구분
특급	• 베릴륨 등과 같이 독성이 강한 물질들을 함유한 분진 등 발생장소 • 석면 취급장소
1급	• 특급마스크 착용장소를 제외한 분진 등 발생장소 • 금속흄 등과 같이 열적으로 생기는 분진 등 발생장소 • 기계적으로 생기는 분진 등 발생장소(규소 등과 같이 2급을 착용하여도 무방한 경우 제외)
2급	• 특급 및 1급 마스크 착용장소를 제외한 분진 등 발생장소

※ 배기밸브가 없는 안면부여과식 마스크는 특급 및 1급 장소에 사용해서는 안 된다.

(2) 방독마스크

① 방독마스크의 종류

종류	시험가스	정화통 외부측면 표시색
유기화합물용	시클로헥산(C_2H_{12}), 디메틸에테르(CH_3OCH_3), 이소부탄(C_4H_{10})	갈색
할로겐용	염소가스 또는 증기(Cl_2)	회색
황화수소용	황화수소가스(H_2S)	회색
시안화수소용	시안화수소가스(HCN)	회색
아황산용	아황산가스(SO_2)	노랑색
암모니아용	암모니아가스(NH_3)	녹색

② 방독마스크의 등급

등급	사용장소	비고
고농도	가스 또는 증기의 농도가 100분의 2(암모니아에 있어서는 100분의 3) 이하의 대기 중에서 사용하는 것	방독마스크는 산소농도가 18% 이상인 장소에서 사용하여야 하고, 고농도와 중농도에서 사용하는 방독마스크는 전면형(격리식, 직결식)을 사용해야 한다.
중농도	가스 또는 증기의 농도가 100분의 1(암모니아에 있어서는 100분의 1.5)이하의 대기 중에서 사용하는 것	
저농도 및 최저농도	가스 또는 증기의 농도가 100분의 0.1 이하의 대기 중에서 사용하는 것으로서 긴급용이 아닌 것	

> **방독마스크 용어**
> - 전면형 방독마스크 : 유해물질 등으로부터 안면부 전체(입, 코, 눈)를 덮을 수 있는 구조의 방독마스크
> - 반면형 방독마스크 : 유해물질 등으로부터 안면부의 입과 코를 덮을 수 있는 구조의 방독마스크
> - 복합용 방독마스크 : 2종류 이상의 유해물질 등에 대한 제독능력이 있는 방독마스크
> - 겸용 방독마스크 : 방독마스크(복합용 포함)의 성능에 방진마스크의 성능이 포함된 방독마스크

(3) 송기마스크와 전동식 호흡보호구

① 송기마스크의 종류 및 등급

종류	등급		구분
호스 마스크	폐력흡인형		안면부
	송풍기형	전동	안면부, 페이스실드, 후드
		수동	안면부

	일정유량형	안면부, 페이스실드, 후드
에어라인 마스크	디맨드형	안면부
	압력디맨드형	안면부
복합식 에어라인 마스크	디맨드형	안면부
	압력디맨드형	안면부

② **전동식 호흡보호구의 분류**

분류	사용구분
전동식 방진마스크	분진 등이 호흡기를 통하여 체내에 유입되는 것을 방지하기 위하여 고효율 여과재를 전동장치에 부착하여 사용하는 것
전동식 방독마스크	유해물질 및 분진 등이 호흡기를 통하여 체내에 유입되는 것을 방지하기 위하여 고효율 정화통 및 여과재를 전동장치에 부착하여 사용하는 것
전동식 후드 및 전동식 보안면	유해물질 및 분진 등이 호흡기를 통하여 체내에 유입되는 것을 방지하기 위하여 고효율 정화통 및 여과재를 전동장치에 부착하여 사용함과 동시에 머리, 안면부, 목, 어깨부분 까지 보호하기 위해 사용하는 것

6 안전대

(1) 안전대의 종류 및 시험성능기준

종류	사용구분	시험하중	시험성능기준
벨트식	1개 걸이용	15kN (1,530kgf)	• 파단되지 않을 것 • 신축조절기의 기능이 상실되지 않을 것
	U자 걸이용		
안전그네식	추락방지대	15kN (1,530kgf)	• 시험몸통으로부터 빠지지 말 것
	안전블록		

(2) 안전대의 용어

① **벨트** : 신체지지의 목적으로 허리에 착용하는 띠모양의 부품

② **안전그네** : 신체지지의 목적으로 전신에 착용하는 띠 모양의 것으로서 상체 등 신체 일부분만 지지하는 것은 제외

③ **지탱벨트** : U자걸이 사용 시 벨트와 겹쳐서 몸체에 대는 역할을 하는 띠 모양의 부품

④ **죔줄** : 벨트 또는 안전그네를 구명줄 또는 구조물 등 기타 걸이설비와 연결하기 위한 줄모양의 부품

⑤ **D링** : 벨트 또는 안전그네와 죔줄을 연결하기 위한 D자형의 금속 고리

⑥ **각링** : 벨트 또는 안전그네와 신축조절기를 연결하기 위한 사각형의 금속 고리
⑦ **버클** : 벨트 또는 안전그네를 신체에 착용하기 위해 그 끝에 부착한 금속장치
⑧ **추락방지대** : 신체의 추락을 방지하기 위해 자동잠김 장치를 갖추고 죔줄과 수직구명줄에 연결된 금속장치
⑨ **훅 및 카라비너** : 죔줄과 걸이설비 등 또는 D링과 연결하기 위한 금속장치
⑩ **보조훅** : U자걸이를 위해 훅 또는 카라비너를 지탱벨트의 D링에 걸거나 떼어낼 때 추락을 방지하기 위한 훅
⑪ **신축조절기** : 죔줄의 길이를 조절하기 위해 죔줄에 부착된 금속의 조절장치
⑫ **8자형 링** : 안전대를 1개걸이로 사용할 때 훅 또는 카라비너를 죔줄에 연결하기 위한 8자형의 금속고리
⑬ **안전블록** : 안전그네와 연결하여 추락발생시 추락을 억제할 수 있는 자동잠김장치가 갖추어져 있고 죔줄이 자동적으로 수축되는 장치
⑭ **보조죔줄** : 안전대를 U자걸이로 사용할 때 U자걸이를 위해 훅 또는 카라비너를 지탱 벨트의 D링에 걸거나 떼어낼 때 잘못하여 추락하는 것을 방지하기 위한 링과 걸이설비 연결에 사용하는 훅 또는 카라비너를 갖춘 줄모양의 부품
⑮ **수직구명줄** : 로프 또는 레일 등과 같은 유연하거나 단단한 고정줄로서 추락발생시 추락을 저지시키는 추락방지대를 지탱해 주는 줄모양의 부품
⑯ **충격흡수장치** : 추락 시 신체에 가해지는 충격하중을 완화시키는 기능을 갖는 죔줄에 연결되는 부품

7 눈의 보호구

(1) 차광보안경

① **사용구분에 따른 차광보안경의 종류**

종류	사용구분
자외선용	자외선이 발생하는 장소
적외선용	적외선이 발생하는 장소
복합용	자외선 및 적외선이 발생하는 장소
용접용	산소용접작업등과 같이 자외선, 적외선 및 강렬한 가시광선이 발생하는 장소

② **차광보안경의 일반구조 및 주요 성능기준**
㉮ 돌출 부분, 날카로운 모서리 혹은 사용 도중 불편하거나 상해를 줄 수 있는 결함이 없어야 한다.
㉯ 착용자와 접촉하는 차광보안경의 모든 부분에는 피부 자극을 유발하지 않는 재질을 사용해야 한다.

ⓒ 머리띠를 착용하는 경우, 착용자의 머리와 접촉하는 모든 부분의 폭이 최소한 10mm 이상 되어야 하며, 머리띠는 조절이 가능해야 한다.
　　ⓓ 시야범위는 수평 22.0mm, 수직 20.0mm 이상이어야 한다.
　　ⓔ 표면에 기포, 발포, 반점, 성형자국, 구멍, 침전물 등이 없어야 한다.
　　ⓕ 필터에 파손이나 변형이 없어야 한다.

(2) 용접용 보안면

① **용접용 보안면의 형태**

형태	구조
헬멧형	안전모나 착용자의 머리에 지지대나 헤드밴드 등을 이용하여 적정위치에 고정, 사용하는 형태(자동용접필터형, 일반용접필터형)
핸드실드형	손에 들고 이용하는 보안면으로 적절한 필터를 장착하여 눈 및 안면을 보호하는 형태

② **용접용 보안면의 일반구조**
　　ⓐ 돌출 부분, 날카로운 모서리 혹은 사용 도중 불편하거나 상해를 줄 수 있는 결함이 없어야 한다.
　　ⓑ 착용자와 접촉하는 보안면의 모든 부분에는 피부 자극을 유발하지 않는 재질을 사용해야 한다.
　　ⓒ 머리띠를 착용하는 경우, 착용자의 머리와 접촉하는 모든 부분의 폭이 최소한 10mm 이상 되어야 하며, 머리띠는 조절이 가능해야 한다.
　　ⓓ 복사열에 노출될 수 있는 금속부분은 단열처리 해야 한다.
　　ⓔ 필터 및 커버 등은 특수공구를 사용하지 않고 사용자가 용이하게 교체할 수 있어야 한다.
　　ⓕ 지지대는 보안면을 정확한 위치에 고정하고 머리방향에 무관하게 이상 압력이나 미끄러짐 없이 편안한 착용상태를 유지할 수 있어야 한다.
　　ⓖ 내부 표면은 무광 처리하고 보안면 내부로 빛이 침투하지 않도록 해야 한다.

8 방음 보호구

(1) 방음 보호구의 종류 및 등급

종류	등급	기호	성능	비고
귀마개	1종	EP-1	저음부터 고음까지를 차음하는 것	귀마개의 경우 재사용 여부를 제조특성으로 표기
귀마개	2종	EP-2	주로 고음을 차음하고 저음(회화음 영역)은 차음하지 않는 것	
귀덮개	-	EM	-	-

(2) 귀마개 및 귀덮개의 차음성능기준

중심 주파수(Hz)	차음치(dB)		
	EP-1	EP-2	EM
125	10 이상	10 미만	5 이상
250	15 이상	10 미만	10 이상
500	15 이상	10 미만	20 이상
1000	20 이상	20 미만	25 이상
2000	25 이상	20 이상	30 이상
4000	25 이상	25 이상	35 이상
8000	20 이상	20 이상	20 이상

9 색채조절

(1) 색의 3속성(색의 3요소)

① **색상(색조, Hue)** : 다른 색과 구별되도록 지어놓은 색의 이름을 말하는 것으로 유채색에만 있는 속성이다.

② **명도(Value)** : 색의 밝고 어두운 정도로 흰색은 10도로 명도가 가장 높으며, 검정색이 0으로 명도가 가장 낮다.

③ **채도(Chroma)** : 색의 선명도의 정도 즉, 색의 맑고 깨끗한 정도를 말하며 유채색에만 있다.

(2) 색의 선택조건

① 차분하고 밝은 색을 선택한다.
② 안정감을 낼 수 있는 색을 선택한다.
③ 악센트(Accent)를 준다.
④ 자극이 강한 색은 피한다.
⑤ 순백색은 피한다.
⑥ 차가운 색, 아늑한 색을 구분하여 사용한다.

10 안전보건표지

(1) 안전보건표지의 설치 등

① 사업주는 법 규정에 따라 안전보건표지를 설치하거나 부착할 때에는 근로자가 쉽게 알아볼 수 있는 장소·시설 또는 물체에 설치하거나 부착하여야 한다.

② 사업주는 안전보건표지를 설치하거나 부착할 때에는 흔들리거나 쉽게 파손되지 아니하도록 견고하게 설치하거나 부착하여야 한다.

③ 안전보건표지의 성질상 설치하거나 부착하는 것이 곤란한 경우에는 해당 물체에 직접 도장(塗裝)할 수 있다.

(2) 안전보건표지의 제작

① 안전보건표지는 그 종류별로 기본모형에 의하여 규정된 구분에 따라 제작하여야 한다.

② 안전보건표지는 그 표시내용을 근로자가 빠르고 쉽게 알아볼 수 있는 크기로 제작하여야 한다.

③ 안전보건표지 속의 그림 또는 부호의 크기는 안전보건표지의 크기와 비례하여야 하며, 안전보건표지 전체 규격의 30% 이상이 되어야 한다.

④ 야간에 필요한 안전보건표지는 야광물질을 사용하는 등 쉽게 알아볼 수 있도록 제작 하여야 한다.

⑤ 안전보건표지의 재료는 쉽게 파손되거나 변질되지 아니하는 것으로 제작하고, 색채의 물감은 변질되지 아니하는 것에 색채 고정원료를 배합하여 사용하여야 한다.

(3) 안전보건표지의 종류

금지표지	101 출입금지	102 보행금지	103 차량통행금지	104 사용금지	105 탑승금지	106 금연	107 화기금지	108 물체이동금지
경고표지	201 인화성 물질 경고	202 산화성 물질 경고	203 폭발성 물질 경고	204 급성독성 물질 경고	205 부식성 물질 경고	206 방사성 물질 경고	207 고압전기 경고	208 매달린 물체 경고
	209 낙하물 경고	210 고온경고	211 저온경고	212 몸균형 상실 경고	213 레이저 광선 경고	214 발암성·변이원성·생식독성·전신독성·호흡기 과민성 물질 경고		215 위험장소 경고
지시표지	301 보안경 착용	302 방독마스크 착용	303 방진마스크 착용	304 보안면 착용	305 안전모 착용	306 귀마개 착용	307 안전화 착용	308 안전장갑 착용	309 안전복 착용

안내표지	401 녹십자 표시	402 응급구호 표지	403 들 것	404 세안장치	405 비상용 기구	406 비상구	407 좌측 비상구	408 우측 비상구

(4) 안전보건표지의 색채

분류	색채
금지표지	바탕은 흰색, 기본모형은 빨간색, 관련 부호 및 그림은 검은색
경고표지	바탕은 노란색, 기본모형, 관련 부호 및 그림은 검은색. 다만, 인화성물질 경고, 산화성물질 경고, 폭발성물질 경고, 급성독성물질 경고, 부식성물질 경고 및 발암성·변이원성·생식독성·전신독성·호흡기과민성물질 경고의 경우 바탕은 무색, 기본모형은 빨간색(검은색도 가능)
지시표지	바탕은 파란색, 관련 그림은 흰색
안내표지	바탕은 흰색, 기본모형 및 관련 부호는 녹색, 바탕은 녹색, 관련 부호 및 그림은 흰색
출입금지표지	글자는 흰색 바탕에 흑색, 다음 글자는 적색 – OOO제조/사용/보관 중 – 석면취급/해체 중 – 발암물질취급 중

(5) 안전보건표지의 색도기준 및 용도

색채	색도기준	용도	사용례
빨간색	7.5R 4/14	금지	정지신호, 소화설비 및 그 장소, 유해행위의 금지
빨간색	7.5R 4/14	경고	화학물질 취급장소에서의 유해위험 경고
노란색	5Y 8.5/12	경고	화학물질 취급장소에서의 유해위험 경고 이외의 위험 경고, 주의표지 또는 기계방호물
파란색	2.5PB 4/10	지시	특정 행위의 지시 및 사실의 고지
녹색	2.5G 4/10	안내	비상구 및 피난소 사람 또는 차량의 통행 표시
흰색	N9.5	–	파란색 또는 녹색에 대한 보조색
검은색	N0.5	–	문자 및 빨간색 또는 노란색에 대한 보조색

산업안전심리

1 산업심리학

(1) **산업심리학의 정의**

심리학의 방법과 식견을 가지고 인간의 산업에 있어서의 행동을 연구하는 실천과학이며 응용심리학의 한 분야로 선발과 배치, 생산능률의 성과 증대, 인간의 복지증진 등이 주요 영역이다.

(2) **산업심리학과 직접관련이 있는 학문**

① 인사관리학, 인간공학, 사회심리학, 응용심리학
② 심리학, 안전관리학, 노동과학, 행동과학, 신뢰성공학

(3) **호손(Hawthorne)실험**

① **실험 연구자** : 메이요(Mayo)와 레슬리스버거(Roethlisberger)
② **실험 결과** : 작업자의 작업능률(생산성 향상)은 물리적인 작업조건보다는 인간 관계의 요인에 의해서 좌우된다.

2 인간관계의 메커니즘 및 관리방식

(1) **인간관계의 메커니즘(Mechanism)**

① **동일화(Identification)** : 다른 사람의 행동 양식이나 태도를 투입시키거나, 다른 사람 가운데서 자기와 비슷한 것을 발견하는 것
② **투사(投射, Projection)** : 자기 속의 억압된 것을 다른 사람의 것으로 생각하는 것을 투사(또는 투출)라고 함
③ **커뮤니케이션(Communication)** : 갖가지 행동 양식이나 기호를 매개로 하여 어떤 사람으로부터 다른 사람에게 전달되는 과정
④ **모방(Imitation)** : 남의 행동이나 판단을 표본으로 하여 그것과 같거나 또는 그것에 가까운 행동 또는 판단을 취하려는 것
⑤ **암시(Suggestion)** : 다른 사람으로부터의 판단이나 행동을 무비판적으로 논리적, 사실적 근거 없이 받아들이는 것

> ▣ 피그말리온 효과(Pygmalion Effect)
> 타인의 기대나 관심으로 인하여 능률이 오르거나 결과가 좋아지는 현상

(2) 인간관계 관리 방식

① **전제적(專制的) 방식** : 권력이나 폭력에 의하여 생산성을 높이는 방식

② **온정적 방식** : 은혜를 사용하는 가족주의적 사고방식

③ **과학적 사고방식** : 생산능률을 향상시키기 위해 능률의 논리를 경영관리의 방법으로 체계화한 관리 방식(Taylor. F. W)

3 집단관리

(1) 집단의 기능과 집단목표

① **집단의 기능** : 응집력, 행동의 규범, 집단목표

② **집단목표를 수용하기 위한 결정요소** : 목표의 명확성, 참여성, 응집성, 성취에 대한 욕구충족도

> ▣ 파슨즈(Parsons)의 집단의 기능
> 적응기능, 목표달성 기능, 통합기능, 내면화

(2) 집단의 효과

① 동조효과(응집력)

② 시너지(Synergy) 효과(System + Energy : + α상승효과)

③ 견물(見物)효과(자랑스럽게 생각)

> ▣ 집단 간의 갈등요인
> 제한된 자원, 집단 간의 목표차이, 동일사안을 바라보는 집단 간의 인식차이

(3) 카운슬링(Counseling)

① **개인적인 카운슬링 방법** : 직접충고(안전수칙 불이행시 적합), 설득적 방법, 설명적 방법

② **카운슬링의 순서** : 장면 구성 → 내담자 대화 → 의견 재분석 → 감정표출 → 감정의 명확화

③ **카운슬링의 효과** : 정신적 스트레스 해소, 안전 태도 형성, 동기 부여

4 직장에서의 적응과 부적응

(1) 적응과 역할(Super의 역할이론)

① **역할연기**(Role Playing) : 자아탐색(Self-exploration)인 동시에 자아실현(Selfrealization)의 수단이다.

② **역할기대**(Role Expectation) : 자기의 역할을 기대하고 감수하는 사람은 그 직업에 충실한 것이다.

③ **역할조성**(Role Shaping) : 개인에게 여러 개의 역할기대가 있을 경우 그 중의 어떤 역할기대는 불응, 거부하는 수도 있으며, 혹은 다른 역할을 해내기 위해 다른 일을 구할 때도 있다.

④ **역할갈등**(Role Conflict) : 작업 중에는 상반된 역할이 기대되는 경우가 있으며 이러한 경우 갈등이 생기게 된다.

(2) 부적응의 유형(인격 이상자의 유형)

① **망상 인격**(편집성 인격) : 자기 주장이 강하고 빈약한 대인관계를 가지고 있는 성격의 소유자(냉혹성, 과민성, 완고, 질투, 시기심이 강함)

② **순환 인격** : 외적자극과는 관계없이 울적상태(우울한 시기)에서 조적상태(명랑한 시기)로 상당한 장기간에 걸쳐 기분이 변동하는 특징을 나타냄

③ **분열 인격** : 극단적으로 수줍어하고, 말이 없고, 자폐적이고, 사교를 싫어하고, 친밀한 인간관계를 피하려고 하는 특징을 나타냄

③ **폭발 인격** : 사소한 일로 갑자기 노여움을 폭발시키거나 폭언 및 폭력적인 공격성을 나타내는 특징을 나타냄

④ **강박 인격** : 엄격하고 지나치게 양심적이고 우유부단, 욕망을 제지하고 기준에 적합하도록 지나치게 신경을 쓰는 특징을 나타냄(완전주의 지향)

⑤ **반사회적 인격** : 정서 불안정, 윤리 도덕성의 규범 결여, 무감각, 쾌락주의, 자기애적임

⑥ **부적합 인격** : 정상적인 정신적·신체적 능력을 가지고 있으면서도 일상생활의 요구에 적응하지 못함

⑦ **무력 인격** : 활력이 결여되고, 감정이 둔하고, 만성적 비관론자임

⑧ **소극적 공격적 인격** : 적의(敵意)를 처리하는데 온갖 음흉한 방법으로 교묘히 활용함

> **사고를 많이 일으키는 성격**
> - 허영적
> - 도덕적 결벽성 결여
> - 쾌락주의적
> - 소심한 성격

5 모랄 서베이(Morale Survey, 사기조사)

(1) 모랄 서베이

① 종업원의 근로 의욕·태도 등에 대한 측정을 하는 것으로 사기조사(士氣調査) 또는 태도조사라고도 한다.
② 일반적인 사기조사의 방법은 주로 질문지나 면접에 의한 태도(또는 의견)조사가 중심을 이룬다.

(2) 모랄 서베이의 주요방법

① **통계에 의한 방법** : 사고 상해율, 생산고, 결근, 지각, 조퇴, 이직 등을 분석하여 파악하는 방법
② **사례연구법** : 경영 관리상의 여러 가지 제도에 나타나는 사례에 대해 케이스 스터디(Case Study)로서 현상을 파악하는 방법
③ **관찰법** : 종업원의 근무 실태를 계속 관찰함으로써 문제점을 찾아내는 방법
④ **실험연구법** : 실험그룹(Test group)과 통제그룹(Control Group)으로 나누고 정황, 자극을 주어 태도 변화 여부를 조사하는 방법
⑤ **태도조사법(의견조사)** : 질문지법, 면접법, 집단토의법, 투사법(Projective Technique) 등에 의해 의견을 조사하는 방법

6 리더십(Leadership)

(1) 리더십의 유형

① **선출방식에 따른 리더십의 분류**
㉠ 헤드십(Headship) : 집단 구성원이 아닌 외부에 의해 선출(임명)된 지도자로 명목상의 리더십
㉡ 리더십(Leadership) : 집단 구성원에 의해 내부적으로 선출된 지도자로 사실상의 리더십

② **업무추진 방법에 의한 리더십의 분류**
㉠ 권위형 : 지도자가 집단의 모든 권한 행사를 단독적으로 처리
㉡ 민주형 : 집단의 토론, 회의 등에 의해 정책을 결정
㉢ 자유방임형 : 집단에 대하여 전혀 리더십을 발휘하지 않고 명목상의 리더 자리만을 지키는 유형으로 지도자가 집단 구성원에게 완전히 자유를 주는 경우

③ **블레이크 & 머튼의 관리그리드 모형**
㉠ 관리그리드 모형은 블레이크와 머튼에 의해 리더십의 유형을 분류하는 개념적 틀로 개발되었는데 생산에 대한 관심과 인간에 대한 관심의 두 가지 차원으로 구성되어있다.
㉡ 생산에 대한 관심 : 어떻게 하면 부하로 하여금 많은 일을 수행하게 해서 높은 성과를 가져오게 할 것인가?
㉢ 인간에 대한 관심 : 어떻게 하면 부하들이 원하는 바를 충족시켜 주면서 좋은 관계를 유지할 수 있는가?

(2) 리더십의 권한

① 조직이 지도자에게 부여한 권한
㉮ 보상적 권한 : 지도자가 부하들에게 보상할 수 있는 능력으로 인해 부하직원들을 통제할 수 있으며 부하들의 행동에 대해 영향을 끼칠 수 있는 권한
㉯ 강압적 권한 : 부하직원들을 처벌할 수 있는 권한
㉰ 합법적 권한 : 조직의 규정에 의해 지도자의 권한이 공식화된 것

② 지도자 자신이 자신에게 부여한 권한 : 부하직원들이 지도자의 성격이나 능력을 인정하고 지도자를 존경하며 자진해서 따르는 것
㉮ 전문성의 권한 : 지도자가 목표수행에 필요한 전문적인 지식을 갖고 업무수행을 하므로 부하직원들이 자발적으로 지도자를 따름
㉯ 위임된 권한 : 집단의 목표를 성취하기 위해 부하 직원들이 지도자가 정한 목표를 자진해서 자신의 것으로 받아들여 지도자와 함께 일하는 것

(3) 리더십 이론

① 리더-부하 교환이론
㉮ 리더와 부하가 서로 영향을 준다는 리더십 이론
㉯ 부하들의 능력 및 기술, 리더가 부하들을 신뢰하는 정도 등에 따라 리더가 부하들을 서로 다르게 대우한다고 가정

② 허쉬와 브랜차드(Hersey & Blanchard)의 상황적 리더십 이론 : 리더의 행동과 관련하여 과업지향적인 행동과 관계지향적인 행동이라는 두 차원을 가로축과 세로축으로 한 4분면으로 분류한 후 여기에 상황적 요인으로서 구성원의 성숙도를 추가시킴으로써 리더십에 관한 3차원 모형을 제시
㉮ 지시적 리더 : 부하에게 기준을 제시해 주고 가까이서 지도하며 일방적인 의사소통과 리더중심의 의사결정을 하는 유형, 과업수준은 높게 관계성 수준은 낮게 요구되는 경우
㉯ 설득적 리더 : 결정사항을 부하에게 설명하고 부하가 의견을 제시할 기회를 제공하는 등 쌍방적 의사소통과 집단적 의사결정을 지향하는 유형, 과업수준과 관계성 수준이 모두 높게 요구되는 경우
㉰ 참여적 리더 : 아이디어를 부하와 함께 공유하고 의사결정과정을 촉진하며 부하들과의 인간관계를 중시하며 부하들을 의사결정에 많이 참여하게 하는 유형, 과업수준은 낮게 관계성 수준은 높게 요구되는 경우
㉱ 위임적 리더 : 의사결정과 과업수행에 대한 책임을 부하에게 위임하여 부하들이 스스로 자율적 행동과 자기통제하에 과업을 수행하도록 하는 유형, 과업수준과 관계성 수준이 모두 낮게 요구되는 경우

③ 리더십 경로-목표 이론(Path-Goal Theory)
㉮ Robert House 교수(1971)에 의해 주창된 이론으로 리더의 역할을 추종자들이 개인이나 조직의 목표를 달성하는데 대한 동기를 부여하는 것이라고 정의
㉯ "리더의 스타일 분류 + 조직 구성원의 특성에 따른 상황 요소 + 환경적 상황 요소"를 함께 고려해서 어떤 경우에 구성원들의 만족도가 올라가고 성과가 늘어나는지 밝히려는 시도

> **리더십의 특성 및 특징**
> - 리더십의 특성 : 기술적 숙련, 대인적 숙련, 혁신적 숙련, 표현능력
> - 권력형 리더의 특징 : 일 중심형으로 업적에 대한 관심은 높지만 인간관계에 무관심
> - 리더십의 결정요소 : 조직의 성격, 집단성원의 인적사항, 기술의 발달, 환경의 상태

7 적성의 요인 및 적성발견의 방법

(1) 적성의 요인(적성의 분류)
   ① 직업적성(기계적 적성과 사무적 적성), 지능, 흥미, 인간성(personality)
   ② 연령이나 개인차 등은 적성의 요인이 아님

(2) 기계적 적성의 종류
   ① **손과 팔의 솜씨** : 빨리 그리고 정확히 잔일이나 큰일을 해내는 능력
   ② **공간 시각화** : 형상이나 크기의 관계를 확실히 판단하여 각 부분을 뜯어서 다시 맞추어 통일된 형태가 되도록 손으로 조작하는 과정

(3) 기계적 이해와 적성발견의 방법
   ① **기계적 이해** : 공간 시각화, 지각 속도, 추리, 기술적 지식, 기술적 경험 등의 복합적 인자가 합쳐져서 만들어진 적성
   ② **적성 발견의 방법** : 자기이해, 계발적 경험, 적성 검사
   ③ **정신능력분석의 7단계** : 지각속도, 공간적 시각화, 수(수학적 어휘능력), 언어이해, 어휘 유창성, 기억, 귀납적 추론

> **지능의 척도**
>
> $IQ = \dfrac{지능지수}{생활연령} \times 100$

8 심리 검사

(1) 심리검사의 범위 및 구성
   ① **심리검사의 범위** : 기초인간 능력, 기계적 능력, 정신운동 능력, 시각 기능적 능력, 특수직무 능력
   ② **심리검사의 구성** : 직업별 검사구성, 직무별 검사구성, 기능능력별 검사구성

(2) 심리검사의 구비조건
  ① **표준화** : 검사관리를 위한 조건과 검사절차의 일관성과 통일성
  ② **객관성** : 검사결과의 채점에 관한 것으로 채점하는 과정에서 채점자의 편견이나 주관성이 배제되어야 하며 어떤 사람이 채점하여도 동일한 결과를 얻어야 함
  ③ **규준(Norms)** : 검사의 결과를 해석하기 위해서는 비교할 수 있는 참조 또는 비교의 어떤 틀이 있어야 하는데, 이 틀은 검사규준이 제공
  ④ **신뢰성** : 검사응답의 일관성, 즉 반복성을 말하는 것
  ⑤ **타당성** : 측정하고자 하는 것을 실제로 잘 측정하는지의 여부를 판별하는 것

(3) 인사심리검사의 구비조건
  ① **인사심리검사의 구비조건** : 타당성, 신뢰성, 실용성
  ② **조하리의 창(Johari's Window)에 의한 4유형**
    ㉮ 공개된 자아(개방영역) : 자신도 알고 타인에게도 알려진 영역으로 이 영역이 넓은 사람은 타인에 대해 개방적이며 타인과의 갈등 소지도 적다.
    ㉯ 숨겨진 자아(맹인영역) : 타인은 모르고 자신만 아는 영역으로 잠재능력을 인지하지 못하거나 대인관계의 효과성이 제약된다.
    ㉰ 눈먼 자아(비밀영역) : 자신은 모르지만 타인은 알고 있는 영역으로 타인에 의해 스스로에 대해 모르고 있던 부분을 알게되며, 숨겨진 부분이 노출될 때 타인으로 인한 상처가 두려워 감정을 숨기게 된다.
    ㉱ 미지영역 : 스스로는 물론 타인에게 모두 알려지지 않은 부분으로 상호간의 오해 발생 소지가 증가하며, 대인관계의 질과 잠재력에 대한 영향이 감소한다.

Johari's Window

	본인이 인식	본인이 인식 못함
타인이 인식	공개된 자아 (개방영역)	눈먼 자아 (맹인영역)
타인이 인식 못함	숨겨진 자아 (비밀영역)	미지영역

Feed back 영역

욕구
가치
재능&스킬
행동

9 안전사고의 요인

(1) 안전사고의 경향성
① 그린우드(Greewood)에 따르면 대부분의 사고는 소수의 근로자에 의해서 발생된다.
② 즉, 사고를 자주 내는 사람이 항상 사고를 낸다는 의미이다.

(2) 소질적인 사고 요인
① **지능** : Chislli와 Brown은 지능단계가 낮을수록 또는 높을수록 이직률 및 사고 발생률이 높다고 지적함
② **성격** : 결함이 있는 성격은 사고를 유발
③ **감각운동기능(시각기능)**
  ㉮ 재해와 시각관계를 조사한 결과 Tiffin J는 시각기능에 결함이 있는 자에게 재해가 많았고, Fletdher E · D는 두 눈의 시력이 불균형인 자에게 재해가 많음을 지적
  ㉯ 시각기능과 재해발생에 있어 반응속도 그 자체보다 반응의 정확도에 더 관계가 깊다.

10 산업안전 심리의 요소

(1) 안전심리의 5요소와 습관의 4요소
① **안전심리의 5요소** : 습관, 동기, 기질, 감정, 습성
② **습관의 4요소** : 동기, 기질, 감정, 습성

(2) 사고 요인 등
① **개성과 사고력** : 인간의 개성과 사고력은 안전심리에서 고려되는 중요한 요소
② **사고요인이 되는 정신적 요소(정신상태 불량으로 일어나는 안전사고의 요인)**
  ㉮ 안전의식의 부족, 주의력의 부족, 방심 및 공상, 개성적 결함요소
  ㉯ 지나친 자존심과 자만심, 다혈질 및 인내력의 부족, 약한 마음
  ㉰ 도전적 성격, 감정의 장기 지속성, 경솔함
  ㉱ 과도한 집착 또는 고집, 배타성, 태만(나태), 사치와 허영심
③ **안전사고를 유발하는 원인을 분석하는데 필요한 요건** : 인간의 발전, 성장, 성숙과정 및 연령 등

> **억측 판단의 발생 배경**
> - 정보가 불확실할 때
> - 희망적인 관측이 있을 때
> - 과거에 경험한 선입관이 있을 때
> - 일을 빨리 끝내고 싶은 강한 욕구가 있거나 귀찮고 초조할 때

11 재해 빈발설과 사고경향성자의 유형

(1) 재해빈발설

① **암시설** : 재해의 경험으로 겁쟁이가 되거나 신경과민이 되어 그 사람이 갖는 대응 능력이 열화되기 때문에 재해가 빈발

② **경향설** : 소질적인 결함을 가지고 있기 때문에 재해가 빈발

③ **기회설** : 개인의 영향 때문이 아니라 작업에 위험성이 많고, 위험한 작업을 담당하고 있기 때문에 재해가 빈발(대책 : 작업환경개선, 교육훈련실시)

> **리스크 테이킹(Risk Taking)**
> 객관적인 위험을 주관적으로 판단하여 의지를 결정하고 행동으로 옮기는 행위로 안전태도가 양호한 자는 리스크 테이킹의 정도가 낮다.

(2) 사고경향성자(재해 누발자, 재해 다발자)의 유형

① **상황성 누발자** : 작업의 어려움, 기계설비의 결함, 환경상 주의력의 집중 혼란, 심신의 근심 등 때문에 재해를 누발

② **습관성 누발자** : 재해의 경험으로 겁쟁이가 되거나 신경과민이 되어 재해를 누발하거나 일종의 슬럼프(Slump) 상태에 빠져서 재해를 누발

③ **소질성 누발자** : 재해의 소질적 요인(주의력의 산만, 주의력 지속 불능, 도덕성 결여, 소심한 성격, 침착성 및 도덕성 결여 등)을 가지고 있기 때문에 재해를 누발

④ **미숙성 누발자** : 기능 미숙이나 환경에 익숙하지 못하기 때문에 재해를 누발

> **Lewin K의 법칙**
> 레빈(Lewin)은 인간의 행동(B)은 그 사람이 가진 자질 즉, 개체(P)와 심리학적 환경(E)과의 상호함수관계에 있다고 규정
>
> $$B = f(P \cdot E)$$
>
> - B : Behavior(인간의 행동)
> - f : Function(함수관계 : 적성 기타 P와 E에 영향을 미칠 수 있는 조건)
> - P : Person(개체 : 연령, 경험, 심신상태, 성격, 지능 등)
> - E : Environment(심리적 환경 : 인간관계, 작업환경 등)

12 인간변화의 4단계(인간 변용의 메커니즘)

(1) 인간 변용의 4단계
  ① 1단계 : 지식의 변용
  ② 2단계 : 태도의 변용
  ③ 3단계 : 행동의 변용
  ④ 4단계 : 집단 또는 조직에 대한 성과 변용

(2) 인간 변용에 요하는 시간과 곤란도

용이한 순서대로 나열하면 지식의 변용, 태도의 변용, 행동의 변용, 집단 또는 조직에 대한 성과의 변용 순이다.

13 동기부여이론

(1) 데이비스(Davis)의 이론
  ① **인간의 성과 × 물적인 성과 = 경영의 성과**
    ㉮ 지식(Knowledge) × 기능(skill) = 능력(ability)
    ㉯ 상황(situation) × 태도(attitude) = 동기유발(motivation)
    ㉰ 능력 × 동기유발 = 인간의 성과(human performance)
  ② **동기부여 조건**
    ㉮ 내적요인 : 동기, 기분, 의지, 욕구
    ㉯ 외적요인 : 유인, 강화
  ③ **목표설정이론**
    ㉮ 구체적이고 도전성이 있으며, 피드백이 수반된 목표가 설정되어야 동기부여 및 높은 성과가 이룩된다는 이론
    ㉯ 도전성이 느껴지는 목표, 열심히 하면 달성 가능하다고 느껴지는 목표의 수립이 동기부여 측면에서 가장 중요

(2) 매슬로우(Abraham H. Maslow)의 욕구 5단계
    ① **1단계** : 생리적 욕구(기아, 갈증, 호흡, 배설, 성욕 등)
    ② **2단계** : 안전의 욕구(안전을 구하고자 하는 욕구)
    ③ **3단계** : 사회적 욕구(애정, 소속에 대한 욕구)
    ④ **4단계** : 인정받으려는 욕구(자존심, 명예, 성취, 지위에 대한 욕구)
    ⑤ **5단계** : 자아실현의 욕구(잠재적인 능력을 실현하고자 하는 욕구)

(3) 알더퍼(Alderfer)의 ERG 이론
    ① **생존(Existence) 욕구** : 신체적인 차원에서 유기체의 생존과 유지에 관련된 욕구
    ② **관계(Relation) 욕구** : 타인과의 상호작용을 통해 만족되는 대인 욕구
    ③ **성장(Growth) 욕구** : 개인적인 발전과 증진에 관한 욕구

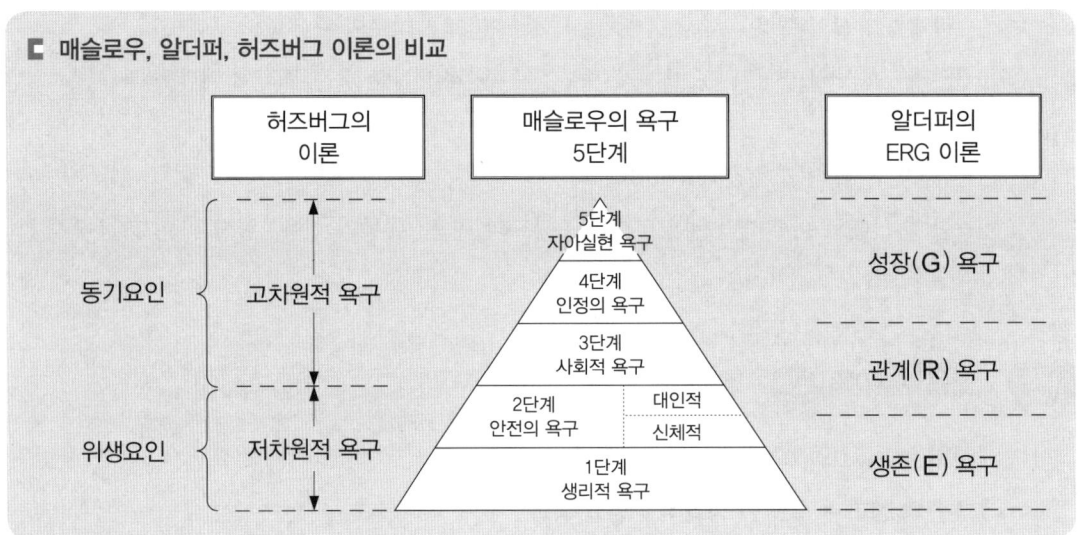

매슬로우, 알더퍼, 허즈버그 이론의 비교

(4) 맥그리거(D. McGreger)의 X 이론과 Y 이론
    ① **X 이론**
        ㉮ 종업원은 상사로부터 통제를 받지 않으면 안 된다.
        ㉯ 종업원을 회사의 목적에 헌신시키기 위해 강제성을 띄어야 한다.
        ㉰ 종업원은 본래 회사의 목적에 반하여 개인적인 목표를 가지고 있다.
    ② **Y 이론**
        ㉮ 종업원은 일하기를 원하고 또 자기 자신의 동기유발자가 되도록 한다.
        ㉯ 종업원을 회사의 목적을 위한 수단으로서 자발적으로 받아들인다.
        ㉰ 목표설정에 참가함으로써 회사목표에 적합한 개인의 목표를 설정할 수 있다.

③ X 이론과 Y 이론 비교

X 이론	Y 이론
인간불신감	상호신뢰감
성악설	성선설
인간은 본래 게으르고 태만하여 남의 지배받기를 즐긴다.	인간은 부지런하고 근면하며 적극적이며 자주적이다.
물질 욕구(저차적 욕구)	정신 욕구(고차적 욕구)
명령통제에 의한 관리	목표통합과 자기통제에 의한 자율관리
저개발국형	선진국형

(5) 허즈버그(Herzberg)의 위생요인과 동기요인

① **위생요인과 동기요인**
㉮ 위생요인 : 직무수행 환경과 관련된 요인으로 생산능력 향상에 영향을 미치지 못하며 업무수행에서의 손실만을 방지한다. 회사정책, 관리·감독, 작업조건, 대인관계, 지위, 보수, 안전 등이 이에 속한다.
㉯ 동기요인 : 작업자에게 동기를 부여하여 업무 효과를 증대시키는 요인으로 직무만족에 의한 생산능력을 향상시킨다. 여기에는 작업자의 성취감, 승진 및 성장에 대한가능성, 책임감 등이 있다.

② **직무확대 방법(동기부여 원칙)**
㉮ 규제를 제거하여 일에 대한 개인적 책임감이나 책무를 증가시킨다.
㉯ 완전하고 자연스러운 작업 단위를 제공한다(한 단위의 한 요소만을 만들게 하지 말고 단위 전체를 생산하도록 한다).
㉰ 직무에 부가되는 자유와 권한을 부여한다.
㉱ 직접 상품생산에 대한 정기적인 보고를 하도록 한다.
㉲ 더욱 새롭고 어려운 임무를 수행하도록 격려한다.
㉳ 특정한 직무에 대해 전문가가 될 수 있도록 전문화된 임무를 배당한다.

(6) 맥클리랜드(McClelland)의 성취동기이론과 안전동기

① **맥클리랜드(McClelland)의 성취동기이론에서 성취동기가 높은 사람의 특징**
㉮ 적절한 모험을 즐긴다.
㉯ 즉각적인 복원조치를 강구할 줄 안다.
㉰ 자신이 하고 있는 일의 구체적인 진행상황을 알고 싶어 한다.
㉱ 성공함으로써 얻어지는 댓가보다는 성취 그 자체에 기쁨을 느낀다.
㉲ 과업에 전념하여 그 목표가 달성될 때까지 자신의 노력을 경주한다.

② 안전동기의 유발방법
㉮ 안전의 기본이념을 인식시킬 것
㉯ 안전목표를 명확히 설정할 것
㉰ 결과를 알려줄 것(K · R법 : Knowledge Results)
㉱ 상과 벌을 줄 것
㉲ 경쟁과 협동을 유도할 것
㉳ 동기유발 수준의 유지할 것

14 착오와 착각현상

(1) 착오의 메커니즘 및 착오요인

① **착오의 메커니즘(Mechanism)** : 위치의 착오, 패턴의 착오, 형(形)의 착오, 순서의 착오, 잘못 기억

② **착오요인(대뇌의 Human Error)**
㉮ 인지과정 착오
㉠ 생리, 심리적 능력의 한계
㉡ 정보량 저장능력의 한계
㉢ 감각차단 현상(단조로운 업무, 반복작업)
㉣ 정서 불안정(공포, 불안, 불만)
㉯ 판단과정 착오
㉠ 능력부족
㉡ 정보부족
㉢ 자기 합리화
㉣ 환경조건의 불비(不備)
㉰ 조치과정 착오
㉠ 작업자 기능 미숙
㉡ 작업경험 부족
㉣ 피로

(2) 착각현상(운동의 시지각)

① **자동운동** : 암실 내에서 정지된 소광점을 응시하고 있으면 그 광점이 움직이는 것을 볼 수 있는 데 이것을 자동운동이라 함
② **유도운동** : 실제로는 움직이지 않는 것이 어느 기준의 이동에 유도되어 움직이는 것처럼 느껴지는 현상
③ **가현운동** : 객관적으로 정지하고 있는 대상물이 급속히 나타나던가 소멸하는 것으로 인하여 일어나는 운동으로 마치 대상물이 운동하는 것처럼 인식되는 현상(β-운동 : 영화 영상의 방법)

> **자동운동이 생기기 쉬운 조건**
> - 광점이 작을 것
> - 광의 강도가 작을 것
> - 시야의 다른 부분이 어두울 것
> - 대상이 단순할 것

15 인간의 동작 특성 및 동작실패의 원인이 되는 조건

(1) **인간의 동작 특성**

　① **외적조건**
　　㉮ 동적조건 : 대상물의 동적 성질(최대원인)
　　㉯ 정적조건 : 높이, 크기, 깊이 등
　　㉰ 환경조건 : 기온, 습도, 소음 등
　② **내적조건** : 경력(Career), 개인차, 생리적 조건(피로, 긴장)

(2) **동작 실패의 원인이 되는 조건**

　① **자세의 불균형** : 행동의 습관
　② **피로도** : 신체조건, 질병, 스트레스 등
　③ **작업강도** : 작업량, 작업속도, 작업시간 등
　④ **기상조건** : 온도, 습도, 기타 기상조건 등
　⑤ **환경조건** : 작업 환경, 심리적 환경

16 간결성의 원리

(1) **간결성의 원리**

　① 물적 세계에 서두름이나 생략 행위가 존재하고 있는 것처럼 심리활동에 있어서도 최고 에너지에 의해 어떤 목적을 달성하도록 하려는 경향을 말한다.
　② 간결성의 원리에 기인하여 착각, 착오, 생략, 단락 등의 사고에 관계되는 심리적 요인을 만들어 내게된다.

(2) **군화의 법칙-게슈탈트(Gestalt)의 법칙**

　게슈탈트의 법칙은 사람이 형태를 지각할 때, 각 물체들이 공통적인 속성을 갖고 있는 경우 유사한 시각요소가 있는 것끼리 묶어서 보려는 경향 또는 조금 더 가까이 있는 것들을 하나로 묶어 보려고 하는 경향을 말하며 다음과 같은 4가지 요인으로 구분된다.

구분	내용	도해
근접의 요인	근접된 물건끼리 정리	○○ ○○ ○○ ○○
동류의 요인	가장 비슷한 물건끼리 정리	● ○ ● ○ ● ○
폐합의 요인	밀폐된 것으로 정리	
연속의 요인	연속된 것으로 정리	

17 주의력과 부주의

(1) 주의의 특징

① **선택성** : 여러 종류의 자극을 자각할 때 소수의 특정한 것에 한하여 선택하는 기능
② **방향성** : 주시점만 인지하는 기능
③ **변동성** : 주의에는 주기적으로 부주의의 리듬이 존재

(2) 주의의 특성

① **주의력의 중복집중의 곤란** : 주의는 동시에 2개 방향에 집중하지 못한다.(선택성)
② **주의력의 단속성** : 고도의 주의는 장시간 지속할 수 없다.(변동성)
③ **부주의의 리듬성** : 한 지점에 주의를 집중하면 다른 지점에 대한 주의는 약해진다.(방향성)

(3) 부주의 현상

① **의식의 단절** : 지속적인 의식의 흐름에 단절이 생기고 공백의 상태가 나타나는 것으로서 특수한 질병이 있는 경우에 나타난다.(의식수준 : Phase 0 상태)

② **의식의 우회** : 의식의 흐름이 옆으로 빗나가 발생하는 경우로서 작업도중의 걱정, 고뇌, 욕구 불만 등에 의해 다른 것에 주의하는 것이 이에 속한다.(의식수준 : Phase 0 상태)

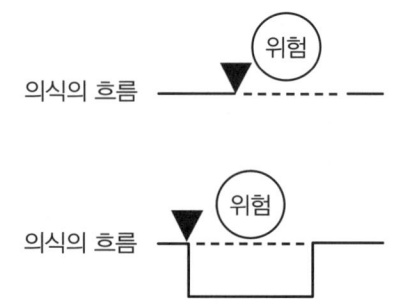

③ **의식수준의 저하** : 혼미한 정신상태에서 심신이 피로할 경우나 단조로운 작업 등의 경우에 일어나기 쉽다.(의식수준 : Phase Ⅰ이하 상태)

④ **의식의 과잉** : 지나친 의욕에 의해서 생기는 부주의 현상으로서 돌발사태 및 긴급이상 사태시 순간적으로 긴장되고 의식이 한 방향으로만 쏠리게 되는 경우가 이에 해당된다.(의식수준 : Phase Ⅳ상태)

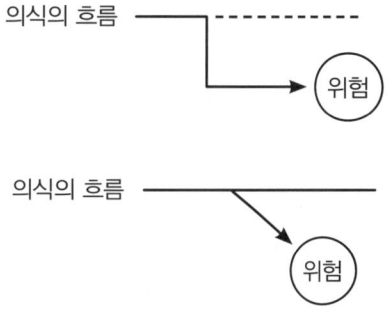

(4) **부주의 발생원인 및 대책**

① **외적 원인 및 대책**
㉮ 작업, 환경조건 불량 : 환경정비
㉯ 작업순서의 부적당 : 작업순서정비

② **내적 조건 및 대책**
㉮ 소질적 조건 : 적정 배치
㉯ 의식의 우회 : 상담(Counseling)
㉰ 경험의 부족 : 교육

18 의식수준의 단계

단계	의식의 상태	주의작용	생리적 상태	신뢰성	뇌파형태
0	무의식, 실신	없음(Zero)	수면, 뇌발작	0	δ파
Ⅰ	정상 이하(Subnormal), 의식 몽롱함	부주의(Inactive)	피로, 단조, 졸음, 술취함	0.9 이하	θ파
Ⅱ	정상, 이완상태 (normal, relaxed)	수동적(Passive), 마음이 안쪽으로 향함	안정기거, 휴식시, 정례작업시	0.99 ~0.99999	α파
Ⅲ	정상, 상쾌한 상태 (Normal, Clear)	능동적(Active), 앞으로 향하는 주의 시야 넓음	적극 활동시	0.999999 이상	β파
Ⅳ	초정상, 과긴장상태 (Hypernormal, Excited)	일점으로 응집, 판단 정지	긴급 방위반응, 당황해서 Panic	0.9 이하	β파, 전간파

19 피로

(1) **피로의 본체**

① **피로의 정의** : 작업경과에 따라 생리적 또는 심리적 요인으로 나타나는 현상

② **신체적 증상(생리적 현상)** : 자세가 흐트러지고 지치게 됨, 작업에 대한 무감각, 무표정, 경련 등이 일어남, 작업효과나 작업량의 감퇴 및 저하
③ **정신적 증상(심리적 현상)** : 주의력 감소, 불쾌감, 긴장감이 해지 또는 해소, 권태, 태만, 관심 및 흥미를 상실

(2) 피로의 종류
① **주관적 피로** : 스스로 느끼는 "피로하다"는 자각증상으로 대개의 경우 권태감이나 단조감(단조로움) 또는 포화감이 뒤따른다.
② **객관적 피로** : 객관적 피로는 생산된 제품의 양과 질의 저하를 지표로 한다.
③ **생리적(기능적) 피로** : 인체의 생리상태를 검사해 봄으로서 생체의 각 기능이나 물질의 변화 등에 의해 피로를 알 수 있는 방법이다.

(3) 피로에 영향을 주는 인자
① **기계 측의 인자** : 기계의 종류, 기계의 색채, 조작부분의 배치, 조작부분의 감촉, 기계의 이해 및 용이도
② **인간 측의 인자** : 정신상태, 신체상태, 생리적 리듬, 작업시간 및 작업내용, 사회환경, 작업환경

(4) 피로의 측정법
① **생리학적 방법**
㉮ 근전도(EMG, Electromyogram) : 근육활동 전위차의 기록
㉯ 뇌전도(EEG, Electroneurogram) : 신경활동 전위차의 기록
㉰ 심전도(ECG, Electrocardiogram) : 심장근 활동 전위차의 기록
㉱ 안전도(EOG, Electrooculogram) : 안구(眼球)운동 전위차의 기록
㉲ 산소 소비량 및 에너지 대사율(RMR, Relative Metabolic Rate)

$$RMR = \frac{작업대사량}{기초대사량} = \frac{작업시\ 소비에너지 - 안정시\ 소비에너지}{기초대사량}$$

㉳ 피부전기반사(GSR, Galvanic Skin Reflex) : 작업부하의 정신적 부담이 피로와 함께 증대하는 양상을 손바닥 안쪽의 전기저항의 변화를 이용해 측정하는 것으로 피부전기저항 또는 정신전류현상
㉴ 점멸융합주파수(flicker법) : 정신적 부담이 대뇌피질의 피로수준에 미치고 있는 영향을 측정하는 방법
② **화학적 방법** : 혈색소농도, 혈액수준, 혈단백, 응혈시간, 혈액, 요전해질, 요단백, 요교질 배설량 등
③ **심리학적 방법** : 피부(전위)저장, 동작분석, 연속반응시간, 행동기록, 정신작업, 전신자각 증상, 집중유지기능 등

(5) 허세이(Hershey)의 피로회복법

① **환경과의 관계에 의한 피로** : 작업장에서의 부적절한 관계를 배제, 불필요한 신체적 마찰 배제

② **단조로움 또는 권태감에 의한 피로** : 동작의 교대 방법 지도, 작업의 가치 부여

③ **신체의 활동에 의한 피로** : 기계의 사용을 배제

④ **질병에 의한 피로** : 보건상 유해한 작업환경 개선(작업장의 온도, 습도, 통풍 등을 조절)

휴식시간 산출

$$R = \frac{60(E - 4 \text{ 또는 } 5)}{E - 1.5}$$

※ 4 또는 5 : 작업에 대한 평균 에너지 소비량(kcal/분)
- R : 휴식시간(분)
- E : 작업시 평균 에너지 소비량(kcal/분) = 산소소비량 × 평균에너지소비량
- 총 작업시간 : 60분
- 휴식시간 중의 에너지 소비량 : 1.5(kcal/분)

---

20 바이오 리듬(Biorhythm, 생체리듬)

(1) 바이오리듬의 종류

① **육체적 리듬(Physical Cycle)** : 주기 23일(식욕, 소화력, 활동력, 지구력), 청색표시

② **지성적 리듬(Intellectual Cycle)** : 주기 33일(상상력, 사고력, 기억력 또는 의지, 판단 및 비판력), 녹색표시

③ **감성적 리듬(Sensitivity Cycle)** : 주기 28일(감정, 주의력, 창조력, 예감 및 통찰력), 적색표시

(2) 위험일(Critical Day)

① 한 달에 6일 정도 일어남

② 평소보다 뇌졸중이 5.4배, 심장질환 발작이 5.1배, 자살은 6.8배 정도 더 많이 발생

(3) 생체리듬과 피로

① **혈액의 수분, 염분량** : 주간에 감소하고 야간에는 증가

② **체온, 혈압, 맥박수** : 주간에 상승하고 야간에는 저하

③ **야간** : 소화 분비액 불량, 체중이 감소. 말초운동 기능저하, 피로의 자각증상이 증대

④ **조석리듬의 수준** : 오전 6시가 가장 낮아 재해사고의 가능성이 가장 큼

스트레스
- 스트레스의 직무요인 : 역할갈등, 역할과중, 역할모호성
- 직무스트레스와 작업 효율성간의 역U자형 가설 : 작업환경 복잡성이 증가함에 따라서 직무 스트레스가 커지며, 적정 수준까지는 작업 효율성도 함께 증가하다가 그 이후부터는 작업 효율성이 감소

안전보건교육의 내용 및 방법

1. 교육의 3요소

교육 활동의 교육의 3요소가 상호 실천적으로 교섭할 때 성립되며 그 가치가 피교육자의 성장과 발달로 나타난다.

(1) **교육의 주체** : 교도자, 강사

(2) **교육의 객체** : 학생, 수강자

(3) **교육의 매개체** : 교재

> **안전교육의 목표**
> 안전척도가 최우선인 목표이다.

2. 학습지도

(1) **학습지도의 정의**
   ① 학습자가 교육목적을 효과적으로 달성할 수 있도록 자극하고 도와주는 교육활동을 말한다. 즉, 모든 기술지도의 총체
   ② 핀케빗치(Pinkevich)는 "지도란 교사가 방향을 지시하며 조직적으로 계도하는 영향 하에 새로운 학생으로 하여금 지식, 기술, 습관에 정통하게 만드는 일"이라 정의
   ③ 루크(Locke)는 교육론에서 "경험을 통한 학습"과 "감각에 의한 학습"을 강조

(2) **학습지도의 원리**
   ① **자기활동의 원리(자발성의 원리)** : 학습자 자신이 스스로 자발적으로 학습에 참여하는데 중점을 둔 원리이다.
   ② **개별화의 원리** : 학습자가 지니고 있는 각자의 요구와 능력 등에 알맞은 학습활동의 기회를 마련해 주어야 한다는 원리이다.

③ **사회화의 원리** : 학습내용을 현실사회의 사상과 문제를 기반으로 하여 학교에서 경험한 것과 사회에서 경험한 것을 교류시키고 공동학습을 통해서 협력적이고 우호적인 학습을 진행하는 원리이다.
④ **통합의 원리** : 학습을 총합적인 전체로서 지도하자는 원리로, 동시학습 원리와 같다.
⑤ **직관의 원리** : 구체적인 사물을 직접 제시하거나 경험시킴으로서 큰 효과를 볼 수 있다는 원리이다.

3 교육지도(학습지도)의 8원칙

(1) **피교육자 중심교육**(상대방 입장에서 교육) : 자발창조의 원칙, 흥미의 원칙, 개성화의 원칙

(2) **동기부여**(Motivation)

(3) **쉬운 부분에서 어려운 부분으로 진행**

(4) **반복**(Repeat)

(5) **한번에 하나씩 교육**

(6) **인상의 강화**(오래 기억)
    ① 보조재의 활용, 견학 및 현장사진 제시
    ② 사고사례의 제시, 중요사항의 재강조
    ③ 속담, 격언과의 연결 및 암시 등의 방법 선택, 토의과제 제시 및 의견 청취

(7) **5관의 활용**
    ① **5관의 효과치**
        ㉮ 시각효과 60%(미국 75%)
        ㉯ 청각효과 20%(미국 13%)
        ㉰ 촉각효과 15%(미국 6%)
        ㉱ 미각효과 3%(미국 3%)
        ㉲ 후각효과 2%(미국 3%)
    ② **이해도 교육 효과**
        ㉮ 귀 : 20%   ㉯ 눈 : 40%
        ㉰ 귀 + 눈 : 60%   ㉱ 입 : 80%
        ㉲ 머리 + 손·발 : 90%

(8) **기능적인 이해** : 근거 있는 기능적 이해는 기억을 강하게 심어주고 경솔하게 멋대로 하지 않으며 생략행위를 하지 않으며 독자적이고 자기 만족을 억제하며, 이상 발견시 응급조치가 용이하여야 함

4 교육법의 4단계 및 교육시간

(1) 교육법의 4단계
  ① **제1단계-도입(준비)** : 배우고자 하는 마음가짐을 일으키도록 도입
  ② **제2단계-제시(설명)** : 상대의 능력에 따라 교육하고 내용을 확실하게 이해시키고 납득시켜 다시 기능으로서 습득시킴
  ③ **제3단계-적용(응용)** : 이해시킨 내용을 구체적인 문제 또는 실제문제로 활용시키거나 응용시킴
  ④ **제4단계-확인(총괄)** : 교육내용을 정확하게 이해하고 습득하였는지의 여부를 확인

(2) 단계별 교육시간

교육법의 4단계	강의식(일반적인 교육)	토의식
1단계-도입	5분	5분
2단계-제시	40분	10분
3단계-적용	10분	40분
4단계-확인	5분	5분

※ 단계별 교육의 시간 배분은 단위 시간을 1시간(60분)으로 했을 때

5 학습의 이론

(1) **S-R이론** : 학습을 자극(Stimulus)에 대한 반응(Response)으로 보는 이론
  ① 손다이크(Thorndike)의 시행착오설
  ② 파브로프(Pavlov)의 조건반사설
  ③ 스키너(Skinner)의 작동적(도구적) 조건화설
  ④ 구드리(Guthrie)의 접근적 조건화설

(2) **시행착오에 있어서의 학습법칙**
  ① **연습의 법칙(Law of Exercise)** : 모든 학습과정은 많은 연습과 반복을 통해서 바람직한 행동의 변화를 가져오게 된다는 법칙으로 빈도의 법칙(Law of Frequency)이라고도 함
  ② **효과의 법칙(Law of Effect)** : 학습의 결과가 학습자에게 쾌감을 주면 줄수록 반응은 강화되고 반대로 고통이나 불쾌감을 주면 약화된다는 법칙으로 결과의 법칙이라고도 함
  ③ **준비성의 법칙(Law of Readiness)** : 특정한 학습을 행하는데 필요한 기초적인 능력을 충분히 갖춘 뒤에 학습을 행함으로서 효과적인 학습을 이룩할 수 있다는 법칙

(3) 조건반사설에 의한 학습이론의 원리
   ① **시간의 원리** : 조건자극(총소리)이 무조건자극(음식물)보다 시간적으로 동시 또는 조금 앞서서 주어야만 조건화 즉 강화가 잘됨
   ② **강도의 원리** : 조건반사적인 행동이 이루어지려면 먼저 준 자극의 정도에 비해 적어도 같거나 보다 강한 자극을 주어야 바람직한 결과를 기대할 수 있음
   ③ **일관성의 원리** : 조건자극은 일관된 자극물을 사용
   ④ **계속성의 원리** : 자극과 반응과의 관계를 반복하여 회수를 거듭할수록 조건화가 잘 형성

6 기억 및 망각

(1) 기억의 과정
   ① **기억** : 과거의 경험이 어떠한 형태로 미래의 행동에 영향을 주는 작용
   ② **기명** : 사물의 인상이 마음속에 간직하는 것
   ③ **파지** : 과거의 학습경험을 통해서 학습된 행동이 현재와 미래에 지속되는 것
   ④ **재생** : 보존된 인상이 다시 의식으로 떠오르는 것
   ⑤ **재인** : 과거에 경험했던 것과 같은 비슷한 상태에 부딪쳤을 때 떠오르는 것

(2) 망각
   ① 기억의 단계 중 재생이나 재인이 안될 경우에는 곧 망각이 되었다는 것을 의미
   ② 파지란 획득된 행동이나 내용이 지속되는 것이며, 망각은 지속되지 않고 소실되는 현상

(3) 망각 방지방법
   ① 적절한 지도계획으로 연습
   ② 연습은 학습한 직후 시키는 것이 효과적임
   ③ 학습자료는 학습자에게 의미를 알게 질서있게 학습시킬 것

7 연습

(1) **연습의 3단계** : 연습의 효과란 모든 행동을 쉽고 빠르고 정확하게 익숙해지게 하는 것
   ① **1단계-의식적 연습** : 모든 것을 하나하나 세밀하게 의식하고 모든 힘과 정성을 다하여 연습
   ② **2단계-기계적 연습** : 연습을 반복함으로써 신속하고 정확성이 높아 가는 단계
   ③ **3단계-응용적 연습** : 1, 2단계의 종합적인 결과에서 하나의 완성된 결과를 가져오는 단계

(2) 고원(Plateau)

① 일반적으로 연습을 시작하면 처음에는 미숙해서 능률이 오르지 않다가 시간이 경과함에 따라 점차 능률이 오르게 되는데, 어느 정도 시간이 경과하면 오히려 능률이 오르지 않고 한동안 정체 상태에 들어간다. 이때를 연습의 고원이라고 한다.

② 고원현상은 동기부여(Motivation)의 감퇴, 포화, 피로, 행동의 고정화 및 단조성, 곤란한 문제에 대한 봉착 등 여러가지 원인에 의해서 발생한다.

(3) 연습의 방법

① **전습법(Whole Method)** : 학습재료를 하나의 전체로서 묶어서 학습하는 방법

② **분습법(Part Method)** : 학습재료를 작게 나누어서 조금씩 학습하는 방법으로 순수 분습법, 점진적 분습법, 반복적 분습법으로 구분

견습법과 분습법의 특징

견습법의 특징	분습법의 특징
• 망각이 적다. • 학습에 필요한 반복이 적다. • 연합이 생긴다. • 시간과 노력이 적다.	• 어린이는 분습법을 좋아한다. • 학습효과가 빨리 나타난다. • 주의와 집중력의 범위를 좁히는데 적합하고 유리하다. • 길고 복잡한 학습에 적당하다.

8 학습의 전이

(1) **전이(Transference)** : 어떤 내용을 학습한 결과가 다른 학습이나 반응에 영향을 주는 현상

(2) 학습전이의 조건

① **학습정도의 요인** : 선행학습의 정도에 따라 전이의 가능정도가 다르다.

② **유사성의 요인** : 선행학습과 후행학습에 유사성이 있어야 한다는 것으로 자극의 유사성, 반응의 유사성, 원리의 유사성이 있다.

③ **시간적 간격의 요인** : 선행학습과 후행학습의 시간간격에 따라 전이의 효과가 다르다.

(3) 전이의 이론

① **동일요소설** : 선행 학습경험과 새로운 학습경험 사이에 같은 요소가 있을 때에는 서로의 사이에 연합 또는 연결의 현상이 일어난다는 설(E. L. Thorndike)

② **일반화설** : 학습자가 하나의 경험을 하면 그것으로 그치는 것이 아니고 다른 비슷한 상황에서 같은 방법이나 태도로 대하려는 경향이 있어서 이것이 효과를 가져와 전이가 이루어진다는 설(C. H. Judd)

③ 형태 이조설(移調說) : 형태심리학자들이 입증한 학설로 경험할 때의 심리학적 상태가 대체로 비슷한 경우라면 먼저 학습할 때에 머리 속에 형성되었던 구조가 그대로 옮겨가기 때문에 전이가 이루어진다는 설

(4) Skinner 학습강화이론

① **학습강화이론(조작적 조건이론)**
  ㉮ 개념 : 조직에서 조직구성원들을 대상으로 실시되는 학습의 궁극적 목적은 조직구성원들의 바람직한 행동을 증가시키고, 바람직하지 않은 행동을 감소시키려는 데 있다.
  ㉯ 인간행동의 원인 : 행동에 선행하는 환경적 자극, 그 환경적 자극에 반응하는 행동, 행동에 결부되는 결과이다.

② **행동수정기법**
  ㉮ 부적강화 : 반응 후 처벌이나 비난 등의 해로운 자극이 주어져서 반응발생률이 감소
  ㉯ 부분강화 : 학습은 급속도로 진행되나 학습효과도 빠른 속도로 사라짐
  ㉰ 정적강화 : 반응 후 음식이나 칭찬 등의 이로운 자극을 주었을 때 반응발생률이 높아지는 것

> **적응기제(適應機制)**
> • 방어적 기제 : 보상, 합리화, 동일시, 승화
> • 도피적 기제 : 고립, 퇴행, 억압, 백일몽
> • 공격적 기제 : 직접적 공격형, 간접적 공격형

9 안전보건교육의 기본방향 및 교육단계

(1) 안전보건교육의 기본방향
① 사고사례 중심의 안전보건교육
② 안전작업(표준작업)을 위한 안전보건교육
③ 안전의식 향상을 위한 안전보건교육

(2) 안전보건교육의 3단계
① **제1단계 지식교육** : 강의, 시청각교육을 통한 지식의 전달과 이해
② **제2단계 기능교육** : 시범, 견학, 실습, 현장실습교육을 통한 경험 체득과 이해
③ **제3단계 태도교육** : 작업동작지도, 생활지도 등을 통한 안전의 습관화

10 안전보건교육의 단계별 교육과정

(1) **지식교육의 특성**(주로 강의식 전달교육으로서 특성)
    ① 이해도 측정 곤란
    ② 단편적인 교육 치중 우려
    ③ 교사 학습방법에 따라 차이
    ④ 광범한 지식의 전달가능
    ⑤ 많은 인원에 대한 교육가능
    ⑥ 안전의식 재고가 용이

(2) **기능교육의 3원칙**
    ① 준비(Readiness)
    ② 위험 작업의 규제(수칙)
    ③ 안전작업 표준화(방법)

(3) **태도교육의 기본과정**
    ① 청취한다.
    ② 이해하고 납득한다.
    ③ 항상 모범을 보여준다.
    ④ 권장한다.
    ⑤ 처벌한다.
    ⑥ 좋은 지도자를 얻도록 힘쓴다.
    ⑦ 적정 배치한다.
    ⑧ 평가한다.

지식 및 기능교육의 4단계 지도 방법

단계	지식교육	기능교육
1 단계	도입	학습준비
2 단계	제시(설명)	작업설명
3 단계	적용(응용)	실습
4 단계	확인(종합)	결과시찰

11 안전보건교육 계획 및 기능교육의 진행방법

(1) 안전보건교육 및 준비계획에 포함되어야 할 사항

① **안전보건교육 계획에 포함 할 사항** : 교육목표(첫째 과제), 교육 및 훈련의 범위, 교육보조자료의 준비 및 사용 지침, 교육 훈련의 의무와 책임관계 명시, 교육의 종류 및 교육대상, 교육의 과목 및 교육내용, 교육기간 및 시간, 교육장소, 교육방법, 교육담당자 및 강사

② **준비계획에 포함되어야 할 사항** : 교육대상자 범위 결정(최우선적 고려사항), 교육목표의 설정, 교육과정의 결정, 교육방법의 결정(교육방법과 형태), 교육보조재료 및 강사 조교의 편성, 교육의 진행사항, 소요예산의 산정

(2) 기능(기술)교육의 진행방법

① **하버드 학파의 5단계 교수법** : 준비시킨다(Preparation) → 교시한다(Presentation) → 연합한다(Association) → 총괄시킨다(Generalization) → 응용시킨다(Application)

② **듀이의 사고과정의 5단계** : 시사를 받는다(Suggestion) → 머리로 생각한다(Intellectualization) → 가설을 설정한다(Hypothesis) → 추론한다(Reasoning) → 행동에 의하여 가설을 검토한다(Testing of the hypothesis by action)

③ **교시법의 4단계** : 준비단계(Preparation) → 일을 하여 보이는 단계(Presentation) → 일을 시켜 보이는 단계(Performance) → 보습지도의 단계(Follow-up)

> **존 듀이의 안전교육형태**
> - 형식적 교육 : 학교안전교육, 기업
> - 비형식적 교육 : 가정, 사회, 부모, 형제의 안전교육

12 안전보건교육 방법

(1) 강의 방식

① **강의법** : 많은 인원의 수강자(최적인원 40~50명)를 대상으로 단기간의 교육시간에 비교적 많은 내용의 교육내용을 전수하기 위한 방법으로 피교육자의 참여가 제약됨

② **문답식** : 일문일답식으로 강의식에 의한 학습효과를 테스트하거나 확실하게 하기 위해 사용

③ **문제제기식** : 과제에 대처시키는 문제 해결적인 방법과 재생시키기 위한 방법

(2) **토의(회의)방식** : 쌍방적 의사전달에 의한 교육방식(최적인원 10~20명)

① **포럼(Forum, 공개토론회)** : 새로운 자료나 교재를 제시하고 거기서의 문제점을 피교육자로 하여금 제기하도록 하거나 의견을 여러 가지 방법으로 발표하게 하고 다시 깊이 파고들어 토의를 행하는 방법

② **심포지엄(Symposium)** : 몇 사람의 전문가에 의하여 과제에 관한 견해를 발표한 뒤 참가자로 하여금 의견이나 질문을 하게 하여 토의하는 방법

③ **패널 디스커션(Panel Discussion)** : 패널 멤버(교육과제에 정통한 전문가 4~5명)가 피교육자 앞에서 자유롭게 토의를 하고 뒤에 피교육자 전원이 참가하여 사회자의 사회에 따라 토의하는 방법

④ **대화(Colloquy)** : 패널 디스커션(Panel Discussion)의 변형으로 패널 멤버외에 참석자의 대표를 선출하여 질의응답의 형태로 실시되는 것

⑤ **버즈 세션(Buzz Session)** : 6-6 회의라고도 하며, 먼저 사회자와 서기를 선출한 후 나머지 사람은 6명씩의 소집단으로 구분하고, 소집단별로 각각 사회자를 선발하여 6분간씩 자유토의를 행하여 의견을 종합하는 방법

(3) **구안법(Project Method)**

① 학생이 마음속에 생각하고 있는 것을 외부에 구체적으로 실현하고 형상화하기 위해서 자기 스스로가 계획을 세워 수행하는 학습 활동으로 이루어지는 형태를 말한다.

② 콜링스(Collings)는 구안법을 탐험(Exploration), 구성(Construction), 의사소통(Communication), 유희(Play), 기술(Skill)의 5가지로 지적하였으며 산업시찰, 견학, 현장 실습 등도 이에 해당된다.

③ 구안법은 목적(목표설정), 계획, 수행, 평가의 4단계로 구성된다.

(4) **사례연구법(Case Study)** : 먼저 사례를 제시하고 문제적 사실들과 그의 상호관계에 대해서 검토하고 대책을 토의하는 방식으로 토의법을 응용한 교육기법

① **사례연구법의 장점**
㉮ 흥미가 있고 학습동기를 유발할 수 있다.
㉯ 현실적인 문제의 학습이 가능하다.
㉰ 관찰, 분석력을 높이고 판단력, 응용력의 향상이 가능하다.
㉱ 토의과정에서 각자가 자기의 사고 방향에 대하여 태도의 변형이 생긴다.

② **사례연구법의 단점**
㉮ 적절한 사례의 확보가 곤란하다.
㉯ 원칙과 규정(rule)의 체계적 습득이 곤란하다.
㉰ 학습의 진보를 측정하기가 어렵다.

(5) **역할연기법(Role Playing)** : 참석자에게 어떤 역할을 주어서 실제로 시켜봄으로써 훈련이나 평가에 사용하는 교육기법으로 절충능력이나 협조성을 높여 태도의 변용에도 도움을 줌

① **역할연기법의 장점**
㉮ 흥미를 갖고 문제에 적극적으로 참가할 수 있다.
㉯ 자기태도의 반성과 창조성이 생기고 발표력이 향상된다.

㉰ 문제의 배경에 대하여 통찰하는 능력을 높임으로서 감수성이 향상된다.
㉱ 각자의 장점과 약점을 알 수 있다.

② **역할연기법의 단점**
㉮ 높은 수준의 의사 결정에 대한 훈련에는 효과를 기대할 수 없다.
㉯ 목적이 명확하지 않고 다른 방법과 병용하지 않으면 의미가 없다.
㉰ 훈련 장소의 확보가 어렵다.

13 기업 내 정형교육

(1) TWI(Training Within Industry)

① **교육대상 및 교육방법**
㉮ 교육대상 : 감독자
㉯ 교육방법 : 한 클래스(Class)는 10명 정도, 교육 방법은 토의법, 1일 2시간씩 5일에 걸쳐 10시간 정도

② **교육내용**
㉮ JI(Job Instruction) : 작업지도 기법
㉯ JM(Job Method) : 작업개선 기법
㉰ JR(Job Relation) : 인간관계 관리기법
㉱ JS(Job Safety) : 작업안전 기법

(2) MTP(Management Training Program) : FEAF(Far East Air Forces)라고도 함

① **교육대상 및 교육방법**
㉮ 교육대상 : TWI 보다 약간 높은 관리자 계층
㉯ 교육방법 : 한 클래스(Class)는 10~15명, 2시간씩 20회에 걸쳐 40시간 훈련

② **교육내용** : 관리의 기능, 조직의 원칙, 조직의 운영, 시간관리 학습의 원칙과 부하지도법, 훈련의 관리, 신인을 맞이하는 방법과 대행자를 육성하는 요령, 회의의 주관, 작업의 개선, 안전한 작업, 과업관리, 사기양양 등

(3) ATT(American Telephone & Telegram Co)

① **교육대상** : 대상계층이 한정되어 있지 않고, 한번 훈련을 받은 관리자는 그 부하인 감독자에 대해 지도원이 될 수 있다.

② **교육내용** : 계획적 감독, 작업의 계획 및 인원배치, 작업의 감독, 공구와 자료의 보고 및 기록, 개인작업의 개선, 종업원의 기술향상, 인사관계, 훈련, 고객관계, 안전 등 12가지

③ **교육방법** : 코스는 1차 훈련(1일 8시간씩 2주간) 2차 과정에서는 문제가 발생할 때마다 하도록 되어있으며, 진행방법은 통상 토의식에 의하여 지도자의 유도로 과제에 대한 의견을 제시하게 하여 결론을 내려가는 방식

(4) CCS(Civil Communication Section) : ATP(Administration Training Program)라고도 함
　① **교육대상** : 당초에는 일부회사의 탑 매니지먼트에 대해서만 행하여졌던 것
　② **교육내용** : 정책의 수립, 조직(경영부분, 조직형태, 구조 등), 통제(조직통제의 적용, 품질관리, 원가통제의 적용 등) 및 운영(운영조직, 협조에 의한 회사운영) 등
　③ **교육방법** : 주로 강의법에 토의법이 가미된 것으로 매주 4일, 4시간씩으로 8주간(합계 128시간)에 걸쳐 실시

14 OJT 와 off JT

(1) **OJT 와 off JT의 형태**
　① **OJT(On the Job Training)** : 직속 상사가 현장에서 업무상의 개별교육이나 지도훈련을 하는 교육형태(작업자의 현장교육)
　② **off JT(off the Job Training)** : 계층별 또는 직능별 등과 같이 공통된 교육대상자를 현장 외의 한 장소에 모아 집체교육훈련을 실시하는 교육 형태(관리감독자의 집체교육)

(2) **OJT 와 off JT의 특징**

OJT	off JT
• 개개인에게 적합한 지도훈련이 가능 • 직장의 실정에 맞는 실체적 훈련 • 훈련에 필요한 업무의 계속성 • 즉시 업무에 연결되는 관계로 신체와 관련 • 효과가 곧 업무에 나타나며 훈련의 좋고 나쁨에 따라 개선이 용이 • 교육을 통한 훈련 효과에 의해 상호 신뢰이해도가 높아짐	• 다수의 근로자에게 조직적 훈련이 가능 • 훈련에만 전념 • 특별 설비 기구를 이용 • 전문가를 강사로 초청 • 각 직장의 근로자가 많은 지식이나 경험을 교류 • 교육 훈련 목표에 대해서 집단적 노력이 흐트러질 수도 있음

15 교육방법의 선택

(1) **수업단계별 최적의 수업방법**

수업단계	적합한 수업방법
도입	강의법, 시범
전개	반복법, 토의법, 실연법
정리	반복법, 토의법, 실연법, 자율학습법

ㄷ 수업의 모든 단계(도입-전개-정리)에 적합한 수업방법
프로그램 학습법, 학생상호 학습법, 모의 학습법

(2) 프로그램 학습법

① **프로그램의 학습법의 개요** : 수업프로그램이 프로그램 학습의 원리에 의해서 만들어지고 학생의 자기학습 속도에 따른 학습이 허용되어 있는 상태에서, 학습자가 프로그램 자료를 가지고 단독으로 학습토록 하는 교육방법

② **프로그램 학습법의 특징**

적용의 경우	제약조건(단점)
• 수업의 모든 단계 • 학교수업, 방송수업, 직업훈련의 경우 • 학생들의 개인차가 최대한으로 조절되어야 할 경우 • 학생들이 자기에게 허용된 어느 시간에나 학습이 가능할 경우 • 보충학습의 경우	• 한번 개발한 프로그램 자료를 개조하기가 어렵다. • 학생들의 사회성이 결여되기 쉽다. • 개발비가 높다.

ㄷ 시청각 교육 기능
• 구체적인 경험을 충분히 줌으로써 상징화, 일반화의 과정을 도와주며 의미나 원리를 파악하는 능력을 길러준다.
• 학습동기를 유발시켜 자발적인 학습활동이 되게 자극한다(학습효과의 지속성을 기할 수 없다).
• 학습자에게 공통경험을 형성시켜 줄 수 있다.
• 학습의 다양성과 능률화를 기할 수 있다.
• 개별 진로 수업을 가능하게 한다.

16 강의 계획 및 학습목적

(1) 강의 계획의 4단계

① **1단계** : 학습목적과 학습성과의 설정
② **2단계** : 학습자료 수집 및 체계화
③ **3단계** : 교수방법의 선정
④ **4단계** : 강의안 작성

(2) 학습목적의 3요소

① 목표(Goal)
② 주제(Subject)
③ 학습정도(인지 → 지각 → 이해 → 적용)

17 교육훈련 및 학습 평가 등

(1) **교육훈련 평가의 기준** : 타당도, 신뢰도, 실용도, 객관도

(2) **교육과목에 따른 학습평가 방법**
   ① **지식교육** : 평가시험 및 기타 테스트
   ② **기능교육** : 노트 및 테스트
   ③ **태도교육** : 관찰 및 면접

(3) **태도교육을 통한 안전태도 형성요령**
   ① 청취한다.
   ② 이해한다.
   ③ 모범을 보인다.
   ④ 권장(평가)한다.
   ⑤ 칭찬한다.
   ⑥ 벌을 준다.

(4) **선행학습이 후행학습을 방해하는 조건**
   ① 선행학습이 불완전한 경우
   ② 선행학습과 후행학습이 비슷한 경우
   ③ 후행학습을 선행학습 직후 실시하는 경우
   ④ 선행학습에 대한 내용을 재생하기 직전에 실시하는 경우

(5) **교육훈련 평가의 4단계**(Kirkpatrick의 4단계 평가모형)
   ① **1단계 반응(Reaction) 평가** : 교육프로그램의 만족도를 평가
   ② **2단계 학습(Learning) 평가** : 학습자들의 학습정도에 대한 평가
   ③ **3단계 행동(Behavior) 평가** : 배운 내용이 얼마나 행동으로 나타나는가에 대한 평가
   ④ **4단계 결과(Result) 평가** : 교육훈련에 대한 투자효과를 평가(조직적 차원의 평가)

> ■ **MSDS(Material Safety Data Sheet, 물질안전보건자료)**
> • 내용 : 화학물질을 안전하게 취급하기 위하여 근로자나 실수요자에게 필요한 정보를 제공함으로써 화학물질에 의한 산업재해나 직업병 등을 예방하기 위한 제도
> • MSDS 내용 중 공개하지 않을 수 있는 항목 : 화학 물질명, CAS 번호나 그 물질의 식별번호, 구성성분의 함유량

PART 02

인간공학 및 위험성 평가·관리

CHAPTER

01. 인간공학
02. 위험성 평가·관리

인간공학

1 안전과 인간공학

(1) 안전과 인간공학의 목표
- ① 안전성 향상과 사고 방지
- ② 쾌적성
- ③ 기계조작의 능률성과 생산성 향상

(2) 인간공학의 효과
- ① 인력 이용률의 향상
- ② 훈련비용의 향상
- ③ 사고 및 오용으로부터의 손실감소
- ④ 성능향상
- ⑤ 생산 및 유지·정비의 경제성 증대
- ⑥ 사용자의 수용도 향상

2 체계의 특성 및 원리

(1) 인간-기계 체계와 기능(임무 및 기본기능)

① **감지(Sensing)**
  - ㉮ 인체의 감지 기능 : 시각, 청각, 후각 등의 감각기관
  - ㉯ 기계적인 감지 기능 : 전자, 사진, 기계적인 감지 장치

② **정보보관**(저장, Information Storage)
  - ㉮ 인간의 정보 보관 : 기억된 학습내용
  - ㉯ 기계적 정보 보관 : 펀치 카드(Punch Card), 자기테이프, 형판(Template), 기록, 자료표 등과 같은 물리적 기구에 보관

③ **정보처리 및 의사결정**(Information Processing and Decision)
  - ㉮ 심리적 정보처리 단계 : 회상(Recall), 인식(Recognition), 정리(Retention, 집적)
  - ㉯ 인간의 정보처리 시간 : 0.5초(인간의 정보처리능력 한계)

④ **행동기능(Acting Function)**
  - ㉮ 물리적인 조종행위나 과정 : 조종장치 작동, 물체나 물건을 취급·이동·변경·개조하는 것
  - ㉯ 통신행위 : 음성(사람의 경우), 신호, 기록 등의 방법을 사용

⑤ **입력 및 출력**
  ㉮ 입력 : 체계로 들어오는 입력은 원하는 결과를 얻기 위해서 필요한 재료들
  ㉯ 출력 : 제품의 변화, 전달된 통신, 제공된 서비스와 같은 체계의 성과나 결과

> **□ 감각저장**
> 정보가 잠깐 지속되었다가 정보가 코드화 없이 원래 상태로 되돌아가는 현상

(2) 인간-기계 통합체계의 유형
① **수동 체계** : 사용자의 조작, 융통성(예 장인과 공구)
② **기계화 체계(반자동 체계)** : 운전자의 조작, 융통성 없음(예 엔진, 자동차, 공작기계)
③ **자동 체계(인간의 역할)** : 감시, 프로그램, 정비유지(예 자동화된 공장, 컴퓨터)

(3) 인간과 기계의 상대적 재능

인간이 우수한 기능 기계가 우수한 기능	제약조건(단점)
• 저에너지 자극(시각, 청각, 후각 등) 감지 • 복잡 다양한 자극 형태 식별 • 예기치 못한 사건 감지 • 다량 정보를 오래 보관 • 귀납적 추리 • 과부하 상황에서는 중요한 일에만 전념 • 임기응변, 융통성, 원칙 적용, 주관적 추산, 독창력 발휘 등의 기능	• 인간 감지 범위 밖의 자극(X선, 초음파 등)도 감지 • 인간 및 기계에 대한 모니터 기능 • 드물게 발생하는 사상 감지 • 암호된 정보를 신속하게 대량보관 • 연역적 추리 • 과부하시에도 효율적으로 작동 • 정량적 정보처리, 장시간 중량작업, 반복

※ 인간-기계의 조화성 : 신체적 조화성, 지적 조화성, 감성적 조화성

(4) 인간기준의 종류
① 인간의 성능척도　　　② 주관적 반응
③ 생리학적지표　　　　④ 사고 및 과오빈도

3 작업설계에 있어서의 인간의 가치기준

(1) 작업설계
① **작업설계시 철학적으로 고려할 사항** : 작업확대, 작업윤택화, 작업만족도, 작업순환
② **인간요소적 접근 방법** : 작업능률이나 생산성 강조
③ **작업설계시 딜레마(Dilemma)** : 작업능률과 작업만족도의 관계

(2) 설계단계에서의 직무분석 목적
   ① 설계를 좀 더 개선시키기 위해서
   ② 최종설계에 필요한 작업의 명세(Description)를 마련하기 위한 것
   ③ 요원명세, 인력수요, 훈련계획 등의 개발 등 다양한 목적에 사용

(3) 작업 만족도(Job Satisfaction)를 가져오는 방법
   ① 수행되어야 할 활동의 수를 증가시킨다.
   ② 작업자 자신의 작업물에 대한 검사 책임을 준다.
   ③ 어떤 특정한 부품보다는 완전한 한 단위에 대한 책임을 부여한다.
   ④ 작업자 자신이 사용할 작업방법을 선택할 수 있는 기회를 준다.
   ⑤ 작업 순환 또는 생산공정의 작업조들에게 더 큰 책임을 지운다.

4 인간공학의 연구

(1) 인간공학의 연구방법
   ① **인간공학의 연구방법(인간-기계체계 측정법)** : 순간 조작 분석, 지각 운동 정보 분석, 연속 컨트롤 부담 분석, 사용 빈도 분석, 전 작업 부담 분석, 기계의 사고 연관성 분석
   ② **실험실 및 현장연구 환경의 선택**
      ㉮ 실험실 환경 : 변수의 관리(Control), 모의실험(Simulation)
      ㉯ 현장 환경 : 사실성, 작업변수 설정이 가능

(2) 연구 및 체계개발에 있어서의 기준
   ① **체계기준(System Criteria)**
      ㉮ 체계의 성능이나 산출물(output)에 관련되는 기준, 즉 체계가 원래 의도한 바를 얼마나 달성하는가를 반영하는 기준
      ㉯ 체계의 예상수명, 운용이나 사용상의 용이도, 정비유지도, 신뢰도, 운용비, 인력소요 등
   ② **인간기준(Human Criteria)**
      ㉮ 인간 성능 척도 : 여러 가지 감각활동, 정신활동, 근육활동 등에 의해서 판단
      ㉯ 생리학적 지표 : 혈압, 맥박수, 분당호흡수, 뇌파, 혈당량, 혈액의 성분, 피부온도, 전기피부 반응(Galvanic Skin Response)
      ㉰ 주관적인 반응 : 개인성능의 평점(Rating), 체계설계면의 대안들의 평점, 피실험자의 개인적 의견, 평가, 판단 등
      ㉱ 사고 빈도 : 재해발생의 빈도

③ 연구(체계) 기준의 요건
  ㉮ 적절성(Relevance) : 기준이 실제로 의도하는 바와 부합해야 한다.
  ㉯ 무오염성 : 기준척도는 측정하고자 하는 변수 외의 다른 변수의 영향을 받아서는 안 된다.
  ㉰ 신뢰성 : 척도의 신뢰성은 반복성(Repeatability)을 의미 즉, 반복 실험 시 재현성이 있어야 한다.
  ㉱ 민감도 : 피실험자 사이에서 볼 수 있는 예상 차이점에 비례하는 단위로 측정해야 한다.

5 휴먼 에러(Human Error)

(1) 성능(S·P)과 인간과오(H·E) 관계

$$S \cdot P = f(H \cdot E) = K(H \cdot E)$$

※ 여기서 S·P : 시스템의 성능(System Performance)
  H·E : 인간 과오(Human Error)
  f : 함수
  K : 상수

① $K \fallingdotseq 1$: H·E가 S·P에 중대한 영향을 끼친다.
② $K < 1$: H·E가 S·P에 리스크(Risk)를 준다.
③ $K \fallingdotseq 0$: H·E가 S·P에 아무런 영향을 주지 않는다.

(2) Swain의 휴먼 에러(Human Error)
  ① **생략적 과오(omission error)** : 필요한 작업 또는 절차를 수행하지 않는데 기인한 과오
  ② **시간적 과오(time error)** : 필요한 작업 또는 절차의 수행지연으로 인한 과오
  ③ **수행적 과오(commission error)** : 필요한 작업 또는 절차의 잘못된 수행으로 인한 과오
  ④ **순서적 과오(sequential error)** : 필요한 작업 또는 절차의 순서 착오로 인한 과오
  ⑤ **불필요한 과오(extraneous error)** : 불필요한 작업 또는 절차를 수행함으로써 기인한 과오

(3) 원인의 Level적 분류
  ① **1차에러(Primary Error)** : 작업자 자신으로부터의 Error
  ② **2차에러(Secondary Error)** : 작업형태나 작업조건 중에서 다른 문제가 생겨 그 때문에 필요한 사항을 실행할 수 없는 Error. 어떤 결함으로부터 파생하여 발생하는 Error
  ③ **지시에러(Command Error)** : 요구된 것을 실행하고자 하여도 필요한 물건, 정보, 에너지 등의 공급이 없는 것처럼 작업자가 움직이려 해도 움직일 수 없으므로 발생하는 Error

(4) 인간의 행동 과정을 통한 분류
   ① In-Put Error : 감지 결함
   ② Information Processing Error : 정보처리 절차과오(착각)
   ③ Decision Making Error : 의사결정과오
   ④ Out-Put Error : 출력과오
   ⑤ Feedback Error : 제어과오

(5) 대뇌정보처리 과정에 따른 분류
   ① **인지확인 에러** : 외부정보를 받아 대뇌 감각중추에서 인지되기까지의 과정에서 일어나는 에러로 눈앞에 제시된 정보나 신호를 인식하여 작업을 순서대로 진행하는 단계에 작업 결과나 다음 기기 상태에 대한 정보 또는 신호를 탐색하여 확인하는 과정에서 에러가 발생한다.
   ② **판단기억 에러** : 인지한 상황을 판단하여 적응상태로 의사 결정하여서 운동 중추로부터 처리되는 행동으로 잊어서 인지하지 못하거나 기억이 틀려서 조작을 잘못하는 등의 에러를 말한다.
   ③ **동작조작 에러** : 운동 중추로부터 의사결정 상태의 동작이 지령되었으나 도중에 조작을 잘못하거나 절차를 생략하는 에러가 발생한다.

(6) 정보처리단계에서의 휴먼에러 분류
   ① **착오(Mistakes)** : 부적당한 계획의 결과로 인해 원래의 목적 수행이 실패한 경우
   ② **실수(Slips)** : 의도는 올바른 것이었지만, 행동이 의도한 것과는 다르게 나타나는 경우
   ③ **위반(violations)** : 작업자가 올바른 동작과 결정을 알고 있음에도 불구하고 의도적으로 따르지 않거나 무시한 경우
      ㉮ 통상 위반(Routine violations) : 개개인이 통상 규칙이나 절차를 따르지 않음
      ㉯ 예외적 위반(Exceptional violations) : 예상치 못한 돌발적 행동

(7) 인간 과오의 배후요인(4M)
   ① **작업자(Man)** : 본인 이외의 사람
   ② **기계(Machine)** : 장치나 기기 등의 물적 요인
   ③ **훈련(Media)** : 인간과 기계를 잇는 매체란 뜻으로 작업의 방법이나 순서, 작업정보의 실태나 환경과의 관계, 정리정돈
   ④ **관리(Management)** : 안전법규의 준수방법, 지휘감독, 교육훈련

(8) 라스무센(Rasmussen)의 인간의 행동 분류
   ① **숙련기반행동** : 저장된 행동 패턴에 의해 이루어지는 행동으로 표시장치를 통해 제시되는 신호의 의미에 대한 해석이 불필요하다.

② **규칙기반행동** : 저장된 규칙 속에서 조금 더 의식적인 노력을 요하는 인식-행동으로 친숙하지만 조금 더 복잡한 장시간 작업들이 해당된다.

③ **지식기반행동** : 당면한 상황이 생소하거나 특수한 상황에서 발생하는 행동으로 당면한 상황을 이해하고 분석하며, 그에 상응하는 의사 결정이 요구된다.

6 신뢰성 요인 및 신뢰도

(1) **인간 및 기계의 신뢰성 요인**
   ① **인간의 신뢰성 요인** : 주의력, 긴장수준, 의식수준(경험연수, 지식수준, 기술수준)
   ② **기계의 신뢰성 요인** : 재질, 기능, 작동방법

(2) **신뢰도**
   ① **인간-기계체계의 신뢰도**(r_1 : 인간, r_2 : 기계)
      ㉮ 직렬(Serial System)
         ※ Rs(신뢰도) = $r_1 \times r_2$ [$r_1 < r_2$로 보면 Rs ≤ r_1]
      ㉯ 병렬(Parallel System)
         ※ Rs(신뢰도) = $r_1 + r_2(1 - r_1)$ [$r_1 < r_2$로 보면 Rs ≥ r_2]
                    = $1 - (1 - r_1)(1 - r_2)$

   ② **설비의 신뢰도**
      ㉮ 직렬연결 : 자동차 운전
         ※ Rs(신뢰도) = $R_1 \cdot R_2 \cdot R_3 \cdots\cdots R_n = \sum_{i=1}^{n} R_i$
      ㉯ 병렬연결 : 열차나 항공기의 제어장치
         ※ Rs(신뢰도) = $1 - (1 - R_1)(1 - R_2) \cdots\cdots (1 - R_n) = 1 - \sum_{i=1}^{n}(1 - R_i)$

> **인간과오의 확률과 병렬 다중성**
> - 인간과오의 확률 (HEP) = $\dfrac{\text{과오의 수}}{\text{과오발생의 전체 기회수}}$
> - 병렬 다중성 : 다수의 부품으로 구성되는 체계의 신뢰도를 높이기 위하여 설계단계에서 사용하는 방법 중 하나임

7 고장 및 시스템(System)의 수명

(1) **고장의 유형**
   ① **초기고장** : 감소형(Debugging 기간, Burning 기간)
   ② **우발고장** : 일정형

③ **마모고장** : 증가형(Burn In 기간)

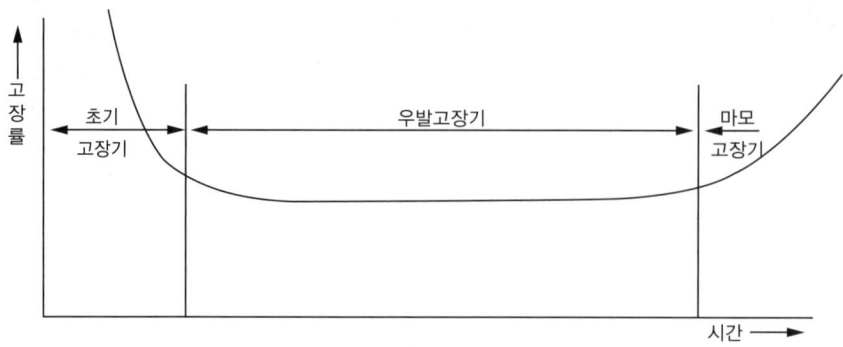

(2) **초기고장의 특징**

① 설계상·구조상 결함, 불량제조, 생산과정의 품질관리 미비로 인하여 발생
② 점검작업이나 시운전작업 등으로 사전방지 가능

> **고장관련 용어**
> - 초기고장 : 점검작업이나 시운전 등에 의해 방지할 수 있는 고장
> - 디버깅(Debugging) 기간 : 초기 고장의 결함을 찾아내 고장률을 안정시키는 기간
> - 번인(Burn In) 기간 : 실제로 장시간 움직여 보고 그동안 고장난 것을 제거하는 공정기간

(2) **MTTF와 MTBF, MTTR**

① **MTTF**(Mean Time To Failures) : 고장이 일어나기까지의 동작시간의 평균치(평균고장시간)
② **MTBF**(Mean Time Between Failures) : 고장사이의 작동시간 평균치(평균고장간격)
③ **MTTR**(Mean Time To Repair) : 고장 발생 순간부터 수리완료 후 정상작동 시까지의 평균시간 (평균수리시간)

(3) **System의 수명**

① 직렬계의 수명 = $\dfrac{MTTF}{n}$

② 병렬계의 수명 = $MTTF(1 + \dfrac{1}{2} + \cdots\cdots + \dfrac{1}{n})$

※ MTTF : 평균고장시간, n : 직렬 및 병렬계의 구성요소

> **인간에 대한 모니터링(Monitoring) 방식**
> - Self Monitoring(자기감시) 방법
> - Visual Monitoring(관찰감시) 방법
> - 환경에 의한 Monitoring 방법
> - 생리학적 Monitoring 방법
> - 반응에 의한 Monitoring 방법

8 Fail-Safety 및 Lock System

(1) Fail-Safety
  ① **Fail-Safety** : 인간 또는 기계에 과오나 동작상의 실수가 있어도 안전사고를 발생시키지 않도록 2중 또는 3중으로 통제를 가하도록 한 체제
  ② **Fail-Safe 종류** : 다경로 하중 구조, 하중 경감 구조, 교대 구조, 중복 구조

(2) Lock System
  ① **Interlock System** : 인간과 기계 사이
  ② **Intralock System** : 인간 사이
  ③ **Translock System** : Interlock System과 Intralock System 사이

9 인체계측과 생리학적 측정법

(1) 인체계측
  ① **인체계측자료의 응용원칙**
    ㉮ 최대치수와 최소치수 : 최대치수 또는 최소치수를 기준으로 하여 설계
    ㉯ 조절범위(조절식) : 체격이 다른 여러 사람에 맞도록 만드는 것
    ㉰ 평균치를 기준으로 한 설계 : 최대치수나 최소치수, 조절식으로 하기가 곤란할 때 평균치를 기준으로 하여 설계
  ② **인체계측치 활용상의 유의사항**
    ㉮ 최소 표본수는 50~100명이 좋다.
    ㉯ 인체계측치는 어떤 기준에 의해 측정된 것인가를 확인한다.
    ㉰ 인체계측치는 일반적으로 나체치수로서 나타내며 설계대상에 그대로 적용되지 않는 경우가 많다.
  ③ **인체계측방법**
    ㉮ 구조적 치수 : 체위를 정지한 상태에서의 기본자세에 관한 신체의 각부를 계측한 것으로 설계의 표준이 되는 기초적 치수를 결정함
    ㉯ 기능적 치수 : 상지나 하지의 운동이나 체위의 움직임에 따른 상태에서 계측하는 것으로 현실성 있는 인체치수를 구할 수 있음
  ④ **신체부위 운동**
    ㉮ 굴곡 : 부위간 각도의 감소
    ㉯ 신전(Extension) : 부위간 각도의 증가
    ㉰ 내전 : 몸의 중심선 쪽으로 이동하는 각도
    ㉱ 외전 : 몸의 중심선 밖으로 이동하는 각도
    ㉲ 내선 : 몸의 중심선 쪽으로 회전 이동하는 각도
    ㉳ 외선 : 몸의 중심선 밖으로 회전 이동하는 각도

⟨사⟩ 상향 : 손바닥을 위로 향함
⟨아⟩ 하향 : 손바닥을 아래로 향함

(2) 생리학적 측정법

① **근전도(EMG, Electromyogram)** : 근육활동의 전위차를 기록한 것으로, 심장근의 근전도를 특히 심전도(ECG, electrocardiogram)라 하며, 신경활동전위차의 기록은 ENG(electroneurogram)라 한다.

② **피부전기반사(GSR, Galvanic Skin Reflex)** : 작업 부하의 정신적 부담도가 피로와 함께 증대하는 양상을 전기저항의 변화에서 측정하는 것으로, 피부전기저항 또는 정신전류현상이라고도 한다.

③ **프릿가값(Flicker Fusion Frequency, 점멸융합주파수)** : 정신적 부담이 대뇌피질의 활동수준에 미치고 있는 영향을 측정한 값을 말한다.

> **작업종류에 따른 생리학적 측정법의 종류**
> - 정적근력작업, 동적근력작업, 신경적작업, 심적작업 : 프릿가값
> - 작업부하, 피로 등의 측정 : 호흡량, 근전도, 프릿가값
> - 긴장감 측정 : 맥박수, 피수전기반사(GSR)

(3) 에너지 소모량의 산출

① **에너지 대사율(RMR, Relative Metabolic Rate)**
  ⟨가⟩ 작업강도 단위로써 산소호흡량을 측정하여 에너지의 소모량을 결정하는 방식
  ⟨나⟩ RMR이 클수록 중 작업
  ⟨다⟩ $RMR = \dfrac{작업대사량}{기초대사량} = \dfrac{작업시\ 소비에너지 - 안정시\ 소비에너지}{기초대사량}$

② **RMR에 의한 작업강도 분류**

RMR	작업강도	비고
0~2	경(輕) 작업	사무작업 등 주로 앉아서 하는 작업
2~4	중(中) 작업	동작 및 속도가 작은 작업(보통 작업)
4~7	중(重) 작업	동작 및 속도가 큰 작업
7 이상	초중(超重) 작업	과격한 작업

> ■ 작업시 소비에너지와 안정시 소비에너지 : 더그라스 백 법
> 기초대사량 = A × χ
> - A : 체표면적(cm²)
> - A = $H^{0.725}$ × $W^{0.425}$ × 72.46 [H : 신장(cm), W : 체중(kg)]
> - χ : 체표면적당 시간당 소비에너지

10 작업공간 및 작업대

(1) 포락면(Envelope), 작업역, 작업대
   ① **작업공간 포락면(Envelope)** : 한 장소에 앉아서 수행하는 작업활동에서 사람이 작업하는데 사용하는 전체공간
   ② **작업역**
      ㉮ 정상작업역 : 34 ~ 45cm
      ㉯ 최대작업역 : 55 ~ 65cm
   ③ **작업대**
      ㉮ 어깨 중심선과 작업대 간격 : 19cm
      ㉯ 입식 작업대 높이 : 팔꿈치 높이보다 5 ~ 10cm 정도 낮으면 좋음
      ㉰ 수동 조작구를 조작할 때 적합한 작업자의 팔꿈치 각도 : 90 ~ 135°
   ④ **착석식 작업대 설계시 고려사항**
      ㉮ 작업대의 높이와 의자의 높이
      ㉯ 작업대의 두께
      ㉰ 대퇴의 여유

(2) 의자 설계원칙 및 부품 배치의 원칙
   ① **의자 설계원칙**
      ㉮ 체중분포 : 체중이 좌골 결절에 실려야 편안함
      ㉯ 의자 좌판의 높이 : 좌판 앞부분이 오금 높이 보다 높지 않아야 함
      ㉰ 의자 좌판의 깊이와 폭 : 폭은 큰 사람에게, 깊이는 작은 사람에게 맞도록 해야 함
      ㉱ 몸통의 안정 : 의자의 좌판 각도는 3°, 좌판 등판간의 등판 각도는 100°가 몸통 안정에 효과적
   ② **부품 배치의 원칙**
      ㉮ 중요성의 원칙
      ㉯ 사용빈도의 원칙
      ㉰ 기능별 배치의 원칙
      ㉱ 사용순서의 원칙

(3) 작업장(표시장치와 조정장치를 포함하는) 설계시 배치 우선순위
　① **1순위** : 주된 시각적 임무
　② **2순위** : 주시각 임무와 상호 교환하는 주조종장치
　③ **3순위** : 조정장치와 표시장치간의 관계
　④ **4순위** : 사용순서에 다른 부품의 배치
　⑤ **5순위** : 자주 사용되는 부품은 편리한 위치에 배치
　⑥ **6순위** : 체계 내 또는 다른 체계의 배치와 일관성 있게 배치

11 기계통제장치

(1) 기계통제장치의 유형
　① **양의 조절에 의한 통제** : 연속 조절(Knob, Crank, Handle, Lever, Pedal 등)
　② **개폐에 의한 통제** : 불연속 조절(수동 푸시버튼, 발 푸시버튼, 토글 스위치, 로터리 스위치 등)
　③ **반응에 의한 통제** : 자동경보시스템

(2) 통제기기의 선정조건
　① **통제기기의 조작력이 적게 소요되는 경우의 설정조건**
　　㉮ 2개소의 불연속 세팅의 경우 : 수동 푸시버튼, 발 푸시버튼, 토글 스위치의 사용
　　㉯ 3개소의 불연속 세팅의 경우 : 토글 스위치, 로터리 스위치의 사용
　　㉰ 4~24개소의 세팅이 소요되는 경우 : 로터리 스위치 사용
　　㉱ 적은 범위의 연속 세팅의 경우 : 노브(Knob)와 레버(Lever)의 사용
　　㉲ 큰 범위의 연속 세팅의 경우 : 크랭크(Crank)의 사용
　② **통제기기의 조작력을 크게 요하는 경우의 설정조건**
　　㉮ 개소의 불연속 세팅의 경우 : 정지 장치가 있는 레버, 수동 대형 푸시버튼, 대형 발푸시버튼 사용
　　㉯ 3~24개소의 불연속 세팅의 경우 : 정지 장치가 있는 레버의 사용
　　㉰ 적은 범위의 연속세팅을 사용하는 경우 : 핸들, 로터리 페달 또는 레버를 사용
　　㉱ 넓은 경우의 연속세팅을 사용하는 경우 : 대형 크랭크를 사용

(3) **통제표시비**(C/D비, Control-Display ratio)
　① **통제표시비** : 통제기기와 표시장치의 관계를 나타낸 비율, C/D비

$$\frac{X}{Y} = \frac{C}{D} = \frac{\text{통제기기의 변위량(cm)}}{\text{표시계기 지침의 변위량(cm)}}$$

　② C/D비가 작을수록 이동시간이 짧고 조정이 어려워 민감한 장치이다.

③ **최적의 C/D비** : 1.18~2.42

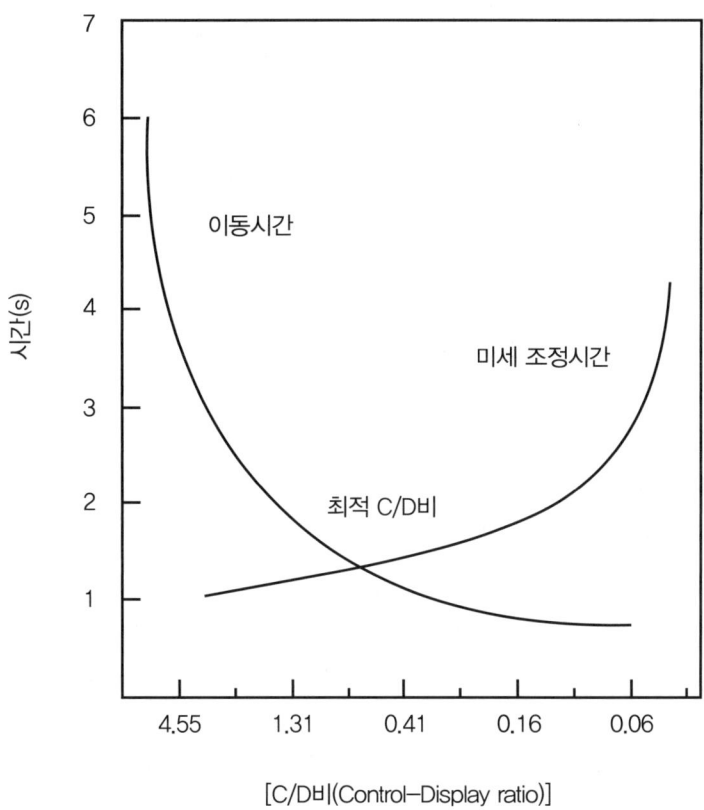

[C/D비(Control-Display ratio)]

> **조정장치 저항력의 종류**
> • 탄성저항 • 점성저항 • 관성 • 마찰(정지 또는 미끄럼)

(4) **조종-반응비**(C/R비, Control-Response ratio)

① C/D비가 확장된 개념으로 회전운동을 하는 조종장치의 조종거리(Control)와 표시장치의 반응 거리(Response)의 비로 표시한다.

② C/R비 = $\dfrac{\dfrac{\alpha}{360} \times 2\pi L}{\text{표시계기 지침의 이동거리}}$

[α : 조종장치가 움직인 각도(°), L : 조종구의 반경(cm)]

③ **적합도(권장 범위) 판정**
  ㉮ 노브(knob) 사용 시 : 0.2 ~ 0.8
  ㉯ 레버, 조이스틱 등의 조종구 사용 시 : 2.5 ~ 4.0

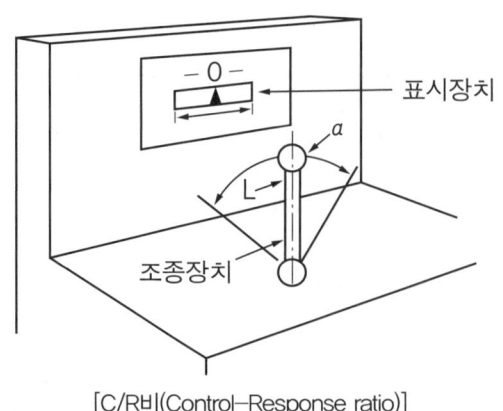

[C/R비(Control-Response ratio)]

(5) 통제비 설계 시 고려해야 할 요소
① **계기의 크기** : 조종시간이 짧게 소요되는 크기를 선택하되 너무 작으면 오차가 커질 수 있다.
② **공차** : 짧은 주행시간 내에 공차의 인정 범위를 초과하지 않는 계기여야 한다.
③ **목측거리** : 목측거리가 길어질수록 조절의 정확도는 낮아지고 시간이 소요된다.
④ **조작시간** : 조작시간이 지연되면 통제비가 크게 작용한다.
⑤ **방향성** : 계기의 방향성은 안전과 능률에 영향을 주는 요소이다.

> **피츠의 법칙(Fitts' Law)**
> 사용성 분야에서 인간의 행동에서 대해 속도와 정확성간의 관계를 설명하는 기본적인 법칙. 시작점에서 목표로 하는 지역에 얼마나 빠르게 닿을 수 있을지를 예측하고자 하는 것으로 이는 목표 영역의 크기와 목표까지의 거리에 따라 결정된다. 어떤 목표에 닿기 위해서 목표물의 크기가 작아질수록 속도와 정확도가 나빠지고 목표물과의 거리가 멀어질수록 필요한 시간이 더 길어진다는 것을 알 수 있다.

12 청각장치와 시각장치의 선택(특정 감각의 선택)

구분	청각장치 사용	시각장치 사용
전언	전언이 간단하고 짧다.	전언이 복잡하고 길다.
재참조	전언이 후에 재참조 되지 않는다.	전언이 후에 재참조 된다.
사상(Event)	전언이 즉각적인 사상을 이룬다.	전언이 공간적인 위치를 다룬다.
행동 요구	전언이 즉각적인 행동을 요구한다.	전언이 즉각적인 행동을 요구하지 않는다.
사용시기	• 수신자의 시각계통이 과부하 상태일 때 • 수신 장소가 너무 밝거나 암조응 유지가 필요할 때 • 직무상 수신자가 자주 움직이는 경우	• 수신자가 청각계통이 과부하 상태일 때 • 수신 장소가 너무 시끄러울 때 • 직무상 수신자가 한곳에 머무르는 경우

13 암호체계와 정보처리

(1) 암호체계 및 사용상의 일반적인 지침

① **암호의 검출성** : 검출이 가능해야 한다.
② **암호의 변별성** : 다른 암호표시와 구별되어야 한다.
③ **부호의 양립성** : 양립성이란 자극들 간의, 반응들 간의, 자극-반응 조합의 관계가 인간의 기대와 모순되지 않는 것이다.
④ **부호의 의미** : 사용자가 그 뜻을 분명히 알아야 한다.
⑤ **암호의 표준화** : 암호를 표준화하여야 한다.
⑥ **다차원 암호의 사용** : 2가지 이상의 암호차원을 조합해서 사용하면 정보전달이 촉진된다.

(2) 속도압박과 부하압박

① **속도압박** : 본질적으로 어떤 임무를 수행하는 작업자 편에서의 반응으로서, 속도압박은 표시장치의 물리적 특성으로부터 우리가 기대할 수 있는 그런 성능 이하로 작업성능을 저하시킨다.
② **부하(負荷)압박** : 작업의 특성을 변화시킨다.
③ **신호들간의 시간차(Time-Phasing)**
  ㉮ 자극들이 짧게 촘촘한 시간 순으로 제시되면 속도압박이나 부하압박 때문에 제대로 인식하지 못하는 수가 있다.
  ㉯ 신호간 간격이 약 0.5초보다도 더 짧으면 자극들을 혼동하기 쉬우며, 2개의 자극이 마치 1개인 것처럼 반응한다.

(3) 양립성(Compatibility)

① **개념적 정의** : 정보입력 및 처리와 관련한 양립성은 인간의 기대와 모순되지 않는 자극들간, 반응들간의 또는 자극반응 조합의 관계를 말하는 것
② **양립성의 구분**
  ㉮ 공간 양립성 : 표시장치나 조종장치에서 물리적 형태나 공간적인 배치의 양립성
  ㉯ 운동 양립성 : 표시 및 조종장치 등의 운동 방향의 양립성
  ㉰ 개념 양립성 : 사람들이 가지고 있는 개념적 연상(어떤 암호체계에서 청색이 정상을 나타내듯이)의 양립성
  ㉱ 양식 양립성 : 기계가 특정 음성에 대해 정해진 반응을 하는 것과 같이 직무에 알맞은 자극과 응답 양식의 존재에 대한 양립성

14 시각적 표시장치

(1) **정량적 동적 표시장치의 기본형**
① **정목동침(Moving Pointer)형** : 눈금이 고정되고 지침이 움직이는 형
② **정침동목(Moving Scale)형** : 지침이 고정되고 눈금이 움직이는 형
③ **계수(Digital)형** : 전력계나 택시요금 계기와 같이 기계적 또는 전자적으로 숫자가 표시되는 형

(2) **지침의 설계요령**
① 선각(先角)이 약 20°정도 되는 뾰족한 지침을 사용한다.
② 지침의 끝은 작은 눈금과 맞닿되 겹치지 않게 한다.
③ 원형 눈금의 경우 지침의 색은 선단에서 눈금의 중심까지 칠한다.
④ 시차(視差)를 없애기 위해 지침은 눈금면과 밀착시킨다.

(3) **신호 및 경보등**
① **신호 및 경보등의 빛의 검출성에 영향을 끼치는 인자** : 광원의 크기, 광속 발산도 및 노출시간, 점멸속도, 배경광, 색광(효과 척도가 빠른 순서 : 적색 → 녹색 → 황색 → 백색)
② **신호 및 경보등의 점멸속도** : 점멸속도는 점멸융합주파수 약 30Hz보다 훨씬 적어야 하며 주의를 끌기 위해서는 초당 3~10회의 점멸속도, 지속시간은 0.05초 이상이 적당

(4) **VFF(시각적 점멸융합주파수)에 영향을 주는 변수**
① VFF는 조명강도의 대수치에 선형적으로 비례한다.
② 시표(視標)와 주변의 휘도가 같을 때에 VFF는 최대가 된다.
③ 휘도만 같으면 색은 VFF에 영향을 주지 않는다.
④ 암조응시는 VFF가 감소한다.
⑤ VFF는 사람들 간에는 큰 차이가 있으나, 개인의 경우 일관성이 있다.
⑥ 연습의 효과는 아주 적다.

> **점멸융합주파수**
> 계속되는 자극들이 점멸하는 것 같이 보이지 않고 연속적으로 느껴지는 주파수

(5) 비행자세 표시장치 설계의 제원칙(표시장치 설계의 6원칙)

① **표시장치 통합의 원칙** : 관련된 제반정보는 상호 관계를 직접 인식할 수 있도록 공동표시 장치계에 나타낸다.

② **회화적 사실성의 원칙** : 도식적으로 관계를 나타낼 경우, 암호표시가 나타내는 바를 쉽게 알 수 있어야 한다.

③ **이동 부분의 원칙** : 이동 부분(이동 물체를 나타내는 부호)의 영상은 고정된 눈금이나 좌표계에 나타내는 것이 좋다.

④ **추종 추적의 원칙** : 추종 추적에서는 원하는 성능의 지표(목표)와 실제 성능의 지표가 공통 눈금이나 좌표계 상에서 이동한다.

⑤ **빈도 분리의 원칙** : 장치에 나타나는 표시의 상대적 이동 속도에 관한 것으로 높은 빈도의 정보를 제공할 경우 이동 요소는 기대되는 방향으로 반응해야 한다(이동의 양립성이 중요).

⑥ **최적 축척의 원칙** : 정확도를 고려하여 최적 축척을 결정해야 한다.

(6) 문자-숫자 및 관련 표시장치

① **획폭비** : 문자나 숫자의 높이에 대한 획 굵기의 비율로써 나타내며, 최적 독해성(최대 명시거리)을 주는 획폭비는 흰 숫자(검은바탕)의 경우에 1 : 13.3 이고 검은 숫자(흰 바탕)의 경우는 1 : 8 정도

② **광삼(Irradiation) 현상** : 흰 모양이 주위의 검은 배경으로 번져 보이는 현상

③ **종횡비(문자 숫자의 폭 : 높이)** : 일반적으로 1 : 1의 비가 적당하며 3 : 5까지는 독해성에 영향이 없고, 숫자의 경우는 3 : 5를 표준으로 함

(7) 시각적 암호, 부호 및 기호의 유형

① **묘사적 부호** : 사물의 행동을 단순하고 정확하게 묘사한 것(예 : 위험표지판의 해골과 뼈, 도보 표지판의 걷는 사람)

② **추상적 부호** : 전언(傳言)의 기본요소를 도식적으로 압축한 부호로 원 개념과는 약간의 유사성이 있을 뿐임

③ **임의적 부호** : 부호가 이미 고안되어 있으므로 이를 배워야 하는 부호(예 : 교통 표지판의 삼각형-주의, 원형-규제, 사각형-안내표시)

> **디스플레이(Display)가 형성하는 목시각**
> - 수평 : 최적조건(15° 좌우), 제한조건(95° 좌우)
> - 수직 : 최적조건(0°~ 30° 하한), 제한조건(75° 상한, 85° 하한)
> - 정상작업 위치에서 모든 디스플레이를 보기 위한 조업자 시계 : 60°~ 90°

15 청각적 표시장치

(1) **청각적 표시장치가 시각적인 것보다 효과가 있는 경우**
   ① 신호원 자체가 음향(음성)일 때
   ② 무선기의 신호, 항로 정보 등과 같이 연속적으로 변하는 정보를 제시할 때
   ③ 음성 통신 경로가 전부 사용되고 있을 때(청각적 신호는 음성과는 확실히 구별되어야 함)

(2) **청각적 신호를 받는 경우 신호의 성질에 따라 수반되는 3가지 기능**
   ① **검출(Detection)** : 신호의 존재 여부를 결정
   ② **상대식별** : 2가지 이상의 신호가 근접하여 제시되었을 때 이를 구별
   ③ **절대식별** : 어떤 부류에 속하는 특정한 신호가 단독으로 제시되었을 때 이를 구별

> **밀러의 마법의 수 등**
> - 밀러의 마법의 수(Miller's magic number) : 인간의 절대적 식별 능력은 7±2개
> - 상대 및 절대 식별은 강도, 진동수, 지속시간, 방향 등 여러 자극 차원에서 이루어질 수 있다.

(3) **경계 및 경보신호의 선택 또는 설계시의 설계지침**
   ① 귀는 중(中)음역에 가장 민감하므로 500~3000Hz의 진동수를 사용
   ② 장거리(300m 이상)용은 1000Hz 이하의 진동수 사용
   ③ 장애물 및 칸막이 통과시는 500Hz 이하의 진동수 사용
   ④ 주의를 끌기 위해서는 변조된 신호(초당 1~8번 나는 소리, 초당 1~3번 오르내리는 소리 등) 사용
   ⑤ 배경소음의 진동수와 구별되는 신호를 사용
   ⑥ 경보효과를 높이기 위해서 개시 시간이 짧은 고강도 신호를 사용
   ⑦ 수화기를 사용하는 경우에는 좌우로 교번하는 신호를 사용
   ⑧ 가능하면 확성기, 경적 등과 같은 별도의 통신계통을 사용

(4) **첨두삭제(Peak Clipping)**
   ① **첨두삭제의 개념** : 신호가 비선형회로를 통과할 때 생기는 변형을 진폭왜곡이라 하며, 첨두삭제는 진폭왜곡의 한 형태로써 음파의 첨두치들을 제거하고 중간 부분만을 남기는 것
   ② **첨두삭제의 특성**
      ㉮ 상당한(20dB 정도) 첨두삭제를 하여도 음성 이해도는 거의 영향을 받지 않는다.
      ㉯ 삭제된 신호를 원 신호 수준으로 재 증폭하면 음성의 최고 수준을 증가시키지 않아도 약한 자음이 강화된다.

㉰ 조용한 경우 첨두삭제된 음성은 거칠고 불쾌하게 들린다.
㉱ 첨두삭제 단계 이후에 들어온 잡음이 있는 경우 왜곡효과는 잡음에 의해서 은폐되어 음성은 삭제되지 않은 것 같이 들리며 잡음 속의 통화의 이해도는 오히려 증가한다(송신자 주위가 조용한 경우).

(5) 인간의 Vigilance(주의하는 상태, 긴장상태, 경계상태)현상에 영향을 끼치는 조건
① 검출능력은 작업시각 후 빠른 속도로 저하된다(30~40분 후 검출능력은 50%로 저하).
② 발생빈도가 높은 신호일수록 검출률이 높다.
③ 규칙적인 신호에 대한 검출률이 높다.
④ 신호 강도가 높고 오래 지속되는 신호는 검출하기 쉽다.

(6) 경고신호
① 경고신호는 기계적 불안전성을 알리기 위해서 사용한다.
② 기계의 동작자 또는 주위 사람의 주의를 끌 수 있어야 한다.
③ 경고신호의 뜻과 동작 절차를 제시하여야 한다.
④ 기계 자체 또는 관계되는 인간과 다른 물체에 미치는 영향을 최소한도로 감소시킬 수 있어야 한다.
⑤ 경고를 받고 나서부터 행동에 이르기까지 시간적인 여유가 있어야 한다.

> **명료도 지수**
> 통화 이해도를 추정하는 근거로 각 옥타브대의 음성과 잡음의 데시벨 치에 가중치를 곱하여 합계를 구한 값

16 신체 활동 및 생리적 배경

(1) 지구력과 사정효과
① **지구력(Endurance)** : 사람은 자기의 최대근력을 잠시 동안만 낼 수 있으며 근력의 15% 이하의 힘은 상당히 오래 유지할 수 있다.
② **사정효과(Range Effect)** : 눈으로 보지 않고 손을 수평면상에서 움직이는 경우에 짧은 거리는 지나치고 긴 거리는 못 미치는 경향을 말하며, 조작자는 작은 오차에는 과잉반응, 큰 오차에는 과소반응을 하게 된다.

(2) 동작의 속도와 정확성
① **반응시간(Reaction Time)** : 동작을 개시할 때까지의 총시간
② **단순반응시간(Simple Reaction Time)** : 하나의 특정한 자극만이 발생할 수 있을 때 반응에 걸리

는 시간으로 자극을 예상하고 있을 때 반응시간은 0.15~0.2초 정도(특정 감관, 강도, 지속시간 등의 자극의 특성, 연령, 개인차 등에 따라 차이가 있음)
③ **반응시간의 증가** : 자극이 가끔 일어나거나 예상하고 있지 않을 때 반응시간은 약 0.1초가 증가
④ **동작시간** : 신호에 따라서 동작을 실행하는데 걸리는 시간 약 0.3초(조종 활동에서의 최소치)
⑤ **총 반응시간**
  ㉮ 총반응시간 = 단순반응 시간 + 동작시간 = 0.2 + 0.3 = 0.5초
  ㉯ 반응시간 빠른 순서 : 청각 〉 촉각 〉 시각 〉 미각 〉 통각
  ㉰ 민감도 : 통각 〉 압각 〉 냉각 〉 온각

(3) **진전(Tremor, 잔잔한 떨림)을 감소시키는 방법**
① 시각적 참조를 통해 감소시킬 수 있다.
② 몸과 작업에 관계되는 부위를 잘 받친다.
③ 손이 심장 높이에 있을 때가 손 떨림이 적다.
④ 작업 대상물에 기계적 마찰이 있을 때 감소한다.

17 환경요소

(1) **온도와 열 압박**
① **열 교환에 영향을 주는 요소** : 기온, 습도, 복사온도, 공기의 유동
② S(열축적) = M(대사열) − E(증발) − W(한 일) ± R(복사) ± C(대류)
③ **증발에 의한 열 손실율** : 37℃의 물 1g의 증발열은 2410joule/g(575.7cal/g)

④ 열 손실률(watt) = $\dfrac{2410\text{J/g} \times 증발량(g)}{증발시간(\text{sec})}$

⑤ 보온율(clo 단위) = $0.18 \dfrac{온도(℃)}{\text{kcal/㎡} \cdot \text{hr}}$

⑥ 단면적당 열 유동률(R/A) = $\dfrac{\triangle T}{\text{clo}}$

(2) **온도의 영향**
① 안전활동에 알맞는 최적 온도 : 18~21℃
② 갱내 작업장의 기온상황 : 37℃ 이하
③ 체온의 안전한계와 최고한계온도 : 38℃와 41℃
④ 손가락에 영향을 주는 한계온도 : 13~15.5℃

(3) 환경요소의 복합지수

　① **실효온도(ET)**

　　㉮ 실효온도(체감온도 또는 감각온도)에 영향을 주는 요인 : 온도, 습도, 기류(공기유동)

　　㉯ 허용한계 : 정신(사무)작업(60~64°F), 경작업(55~60°F), 중작업(50~55°F)

　② **옥스포드(Oxford) 지수**

　　㉮ WD(습건) 지수라고도 하며, 습구·건구 온도의 가중(加重)평균치

　　㉯ WD = 0.85W + 0.15D (W : 습구온도, D : 건구온도)

(4) 불쾌지수, 피로지수

　① **불쾌지수**

　　㉮ 70 이하 : 모든 사람이 불쾌감을 느끼지 않음

　　㉯ 70~75 : 10명중 2~3명이 불쾌감 감지

　　㉰ 76~80 : 10명중 5명 이상이 불쾌감 감지

　　㉱ 80 이상 : 모든 사람이 불쾌감을 느낌

　② **피로지수** : 직장온도는 가장 우수한 피로 지수로서 38.8°C만 되면 기진

　③ **공기의 온열조건 4요소** : 기온, 습도, 공기유동, 복사온도

　④ **실효온도에 영향을 주는 요인** : 온도, 습도, 기류

　⑤ **이상적인 습도** : 25~50%

　⑥ **고온에서의 생리적 반응** : 피부온도 상승, 피부를 경유하는 혈액량 증가, 발한, 직장의 온도가 내려감

> **불쾌지수**
> - 불쾌지수(섭씨) = 0.72 × (건구온도 + 습구온도) + 40.6
> - 불쾌지수(화씨) = 0.4 × (건구온도 + 습구온도) + 15

18 조명

(1) 조명(조도)의 단위

　① **fc(foot-candle)** : 1촉광의 점광원으로부터 1foot 떨어진 곡면에 비추는 광의 밀도(1lumen/ft^2)

　② **lux(meter-candle)** : 1촉광의 점광원으로부터 1m 떨어진 곡면에 비추는 광의 밀도(1lumen/m^2)

　③ **fc, lux의 관계** : 1 fc = 1 lumen/ft^2 ≒ 10 lumen/m^2 = 10 lux

(2) 광속발산도(luminance)

① **정의** : 단위 면적당 표면에서 반사 또는 방출되는 빛의 양을 말하며, 이 척도를 때로는 휘도(Brightness)라고도 한다.

② **L(Lambert)** : 완전발산 및 반사하는 표면이 표준촛불로 1cm 거리에서 조명될 때의 조도와 같은 광속발산도이다.

③ **mL(millilambert)** : 1L의 1/1000로 대략 1foot-Lambert에 가깝다(0.929fL).

④ **fL(foot-Lambert)** : 완전발산 및 반사하는 표면이 1fc로 조명될 때의 조도와 같은 광속 발산도를 말한다.

> **광속발산비**
> - 주어진 장소와 주위의 광속발산도의 비를 말한다.
> - 사무실 및 산업 상황에서의 추천 광속발산비는 보통 3 : 1 이다.

(3) 반사율(Reflectance)

① **반사율(%)** = $\dfrac{\text{광속발산도(fL)}}{\text{조도(fc)}} \times 100$

② **옥내 최적 반사율**

㉮ 천장 : 80~90%

㉯ 벽, 창문 발(Blind) : 40~60%

㉰ 가구, 사무용기기, 책상 : 25~45%

㉱ 바닥 : 20~40%

> **소요총광속**
>
> 소요 총 광속(F) = $\dfrac{\text{조도(E)} \times \text{방의 면적(A)} \times \text{감광보상율(D)}}{\text{조명율(U)}}$

(4) 대비(對比)

① 대비 = $\dfrac{\text{배경의 반사율} - \text{표적의 반사율}}{\text{배경의 반사율}} \times 100$

② **표적이 배경보다 어두울 경우** : 대비는 +100에서 0 사이

③ **표적이 배경보다 밝을 경우** : 대비는 0에서 $-\infty$ 사이

(5) 추천조명수준

작업조건	소요조명	특정한 임무
높은 정확도를 요구하는 세밀한 작업	1000fc	수술대, 아주 세밀한 조립작업
	500fc	아주 힘든 검사작업
	300fc	세밀한 조립작업
오랜 시간 계속하는 세밀한 작업	200fc	힘든 끝손질 및 검사작업, 세밀한 제도, 의과작업, 세밀한 기계작업
	150fc	초벌 제도, 사무기기 조작
	100fc	보통 기계작업, 편지 고르기
오랜 시간 계속 천천히 하는 작업	70fc	공부, 바느질, 독서, 타자, 칠판에 쓴 글씨읽기
	50fc	스케치, 상품포장
정상작업	30fc	드릴, 리벳, 줄질 및 화장실
	20fc	초벌 기계작업, 계단, 복도
	10fc	출하, 입하작업, 강당
자세히 보지 않아도 되는 작업	5fc	창고, 극장 복도

(6) 양호한 조명의 조건

① 적당한 밝기로 기분을 좋게할 것
② 미적효과가 있고 경제적이며 보수가 용이할 것
③ 광속발산도의 분포가 고르게 유지될 것

> **시식별에 영향을 주는 조건**
> 조도, 대비, 시간, 광속발산도, 휘광(Glare), 이동(Movement)

19 휘광(Glare)의 처리

(1) 광원으로부터의 직사 휘광 처리

① 광원의 휘도를 줄이고 수를 높인다.
② 광원을 시선에서 멀리 위치시킨다.
③ 휘광원 주위를 밝게 하여 광속발산비(휘도)를 줄인다.
④ 가리개(Shield), 갓(Hood), 혹은 차양(Visor)을 사용한다.

(2) 창문으로부터 직사 휘광 처리
  ① 창문을 높이 단다.
  ② 창위(실외)에 드리우개(Overhang)를 설치한다.
  ③ 창문(안쪽)에 수직날개(Fin)들을 달아 직시선을 제한한다.
  ④ 차양(Shade)혹은 발(Blind)을 사용한다.

(3) 반사 휘광의 처리
  ① 발광체의 휘도를 줄인다.
  ② 일반(간접)조명 수준을 높인다.
  ③ 산란광, 간접광, 조절판(Baffle), 창문에 차양(Shade) 등을 사용한다.
  ④ 반사광이 눈에 비치지 않게 광원을 위치시킨다.
  ⑤ 무광택도료, 빛을 산란시키는 표면색을 한 사무용 기기, 윤기를 없앤 종이 등을 사용한다.

20 시각 및 색각

(1) 시각과 시계
  ① **시각**
    ㉮ 노화에 따라 가장 먼저 기능이 저하되는 감각기관이며, 진동의 영향도 가장 먼저 받는다.
    ㉯ 시각의 최소감지범위 : 10~6mL
    ㉰ 시각의 최대허용강도 : 104mL
  ② **시계의 범위**
    ㉮ 정상적인 인간의 시계범위 : 200°
    ㉯ 색채를 식별할 수 있는 시계의 범위 : 70°

(2) 암조응과 CAS
  ① **완전 암조응에 걸리는 시간** : 30~40분
  ② **CAS**
    ㉮ 색채조절(Color Conditioning)
    ㉯ 공기조절(Air Conditioning)
    ㉰ 음향조절(Sound Conditioning)

(3) 색광(色光)의 3가지 특성
  ① **주파장(Dominant Wavelength)** : 혼합광의 색상을 결정하는 주요 파장
  ② **포화도(Saturation)** : 여러 파장의 혼합광에 비해 어떤 좁은 범위의 파장이 우세한 정도
  ③ **광속발산도(Luminance)** : 단위 면적당 표면에서 반사 또는 방출되는 빛의 양

(4) 색채 심리

① 색감(색채의 느낌)
  ㉮ 적색 : 열정, 활기, 용기, 애정, 공포
  ㉯ 황색 : 희망, 광명, 주의, 경계, 조심
  ㉰ 녹색 : 안심, 평화, 안전, 위안, 편안
  ㉱ 청색 : 진정, 침착, 소원, 냉담, 소극

② 색채의 생물학적 작용
  ㉮ 적색은 신경에 대한 흥분작용을 가지고 조직호흡면에서 환원작용을 촉진한다.
  ㉯ 청색은 진정작용을 갖고 있고 조직호흡면에서 산화작용을 촉진한다.

③ 색채의 속도
  ㉮ 명도가 높은 색채는 빠르고 경쾌하게 느껴지고, 낮은 색채는 둔하고 느리게 느껴진다.
  ㉯ 가볍고 경쾌한 색에서 느리게 느껴진다.
  ㉰ 둔한 색의 순서는 백색 → 황색 → 녹색 → 등색 → 자색 → 적색 → 청색 → 흑색이다.

④ 색채와 부피감각
  ㉮ 난색계의 색이나 밝은 색은 부풀어 보이며, 한색계의 색이나 어두운 색은 쭈그러져보인다.
  ㉯ 팽창색에서 수축색으로 향하는 색의 순서는 황색 → 등색 → 적색 → 자색 → 녹색 → 청색이다.

21 소음

(1) 음의 기본요소

① 음의 고저
② 음의 강약
③ 음조

(2) 음의 특성

① dB 수준과 음의 강도와의 관계식

  ※ $dB수준 = 10\log(\frac{I_1}{I_2})$

  • I_1 : 측정음의 강도
  • I_0 : 기준음의 강도($10\sim12 watt/m^2$, 최소가청치)

② P_1과 P_2의 음압을 갖는 두 음의 강도차

  ※ $dB_2 - dB_1 = 20\log(\frac{P_2}{P_1})$

③ **음의 강도와 거리** : 음의 강도 I 는 거리의 제곱에 반비례

※ $I_2 = I_1(\frac{d_1}{d_2})^2$

④ **음압과 거리** : 음압은 거리에 반비례

※ $P_2 = P_1(\frac{d_1}{d_2})$

※ $dB_2 = dB_1 + 20\log(\frac{d_1}{d_2}) = dB_1 - 20\log(\frac{d_2}{d_1})$

(3) 음의 크기 수준

① **phon** : 1000Hz 순음의 음압 수준(dB)을 나타낸다.

② **sone** : 1000Hz, 40dB의 음압 수준을 가진 순음의 크기(= 40 phon)를 1 sone이라 함

③ **sone과 phon의 관계식** : sone값 $= 2^{(phon값 - 40)/10}$

④ **인식 소음 수준**

㉮ PNdB(Perceived Noise Level) : 910~1090Hz 대의 소음 음압 수준

㉯ PLdB(Perceived Level of Noise) : 3150Hz에 중심을 둔 1/3 옥타브(Octave) 대음을 기준으로 사용

(4) 은폐와 복합소음

① **은폐(Masking)현상** : dB이 높은 음과 낮은 음이 공존할 때 낮은 음이 강한 음에 가로 막혀 숨겨져 들리지 않게 되는 현상

② **복합소음** : 소음수준이 같은 2대의 기계의 음이 합쳐지면 3dB 증가

(5) 소음의 허용한계

① **가청주파수** : 20~20000Hz(CPS)

㉮ 20~500Hz : 저진동 범위

㉯ 500~2000Hz : 회화 범위

㉰ 2000~20000Hz : 가청 범위(Audible Range)

㉱ 20000Hz 이상 : 불가청 범위

② **가청한계** : $2 \times 10^{-4} dyne/cm^2$(0dB)~$10^{-3} dyne/cm^2$(134dB)

㉮ 심리적 불쾌감 : 40dB 이상

㉯ 생리적 현상 : 60dB(안락 한계 : 45~65dB, 불쾌 한계 65~120dB)

㉰ 난청(C5dip) : 90dB(8시간)

㉱ 유해주파수(공장 소음) : 4000Hz(난청현상이 오는 주파수)

㉲ 음압과 허용노출한계

dB	90	95	100	105	110	115	120
허용노출시간	8시간	4시간	4시간	1시간	30분	15분	5~8분

※120dB 이상 : 격리 또는 격벽 설치

(6) 소음대책

① **소음원의 통제** : 기계의 적절한 설계, 적절한 정비 및 주유, 기계에 고무 받침대 부착. 차량에는 소음기 사용

② **소음의 격리** : 씌우개 방, 장벽을 사용(집의 창문을 닫으면 약 10dB 감음됨)

③ **차폐장치 및 흡음재료 사용**

④ **음향처리제 사용**

⑤ **적절한 배치(Layout)**

⑥ **방음보호구 사용** : 귀마개(2000Hz 에서 20dB, 4000Hz에서 25dB 차음효과)

⑦ **BGM(Back Ground Music)** : 배경음악(60±3dB)

(7) 청력손실

① 진동수가 높아짐에 따라 심해진다.

② 청력손실의 두 가지 요소는 나이를 먹는 것과 현대문명의 정상적인 압박(Stress)이나 비직업적인 소음이다.

③ 청력손실의 정도는 노출소음의 수준에 따라 증가한다.

④ 청력손실은 4000Hz에서 크게 나타난다.

⑤ 강한 소음에 대해서는 노출기간에 따라 청력 손실이 증가하지만 약한 소음은 관계가 없다.

22 진동 및 기동중의 착각

(1) 전신 진동이 인간에 끼치는 영향

① 진동은 진폭에 비례하여 시력을 손상하며 10~25Hz의 경우 가장 심하다.

② 진동은 진폭에 비례하여 추적능력을 손상하며 5Hz 이하의 낮은 진동수에서 가장 심하다.

③ 안정되고 정확한 근육조절을 요하는 작업은 진동에 의해서 저하된다.

④ 반응시간 · 감시 · 형태식별 등 주로 중앙신경처리 임무는 진동의 영향을 덜 받는다.

(2) 근골격계 질환
① **근골격계질환(CTDs)**
㉮ 유해요인 조사방법은 OWAS(평가항목 : 허리, 팔, 다리, 하중), NLE, RULA
㉯ 발생원인은 반복적 동작, 부적절한 자세, 진동, 온도 등
② **근골격계부담작업의 범위(단기간 작업 또는 간헐적인 작업은 제외)**
㉮ 하루에 4시간 이상 집중적으로 자료입력 등을 위해 키보드 또는 마우스를 조작하는 작업
㉯ 하루에 총 2시간 이상 목, 어깨, 팔꿈치, 손목 또는 손을 사용하여 같은 동작을 반복하는 작업
㉰ 하루에 총 2시간 이상 머리 위에 손이 있거나, 팔꿈치가 어깨위에 있거나, 팔꿈치를 몸통으로부터 들거나, 팔꿈치를 몸통뒤쪽에 위치하도록 하는 상태에서 이루어지는 작업
㉱ 지지되지 않은 상태이거나 임의로 자세를 바꿀 수 없는 조건에서, 하루에 총 2시간이상 목이나 허리를 구부리거나 트는 상태에서 이루어지는 작업
㉲ 하루에 총 2시간 이상 쪼그리고 앉거나 무릎을 굽힌 자세에서 이루어지는 작업
㉳ 하루에 총 2시간 이상 지지되지 않은 상태에서 1kg 이상의 물건을 한손의 손가락으로 집어 옮기거나 2kg 이상에 상응하는 힘을 가하여 한손의 손가락으로 물건을 쥐는 작업
㉴ 하루에 총 2시간 이상 지지되지 않은 상태에서 4.5kg 이상의 물건을 한 손으로 들거나 동일한 힘으로 쥐는 작업
㉵ 하루에 10회 이상 25kg 이상의 물체를 드는 작업
㉶ 하루에 25회 이상 10kg 이상의 물체를 무릎 아래에서 들거나, 어깨 위에서 들거나, 팔을 뻗은 상태에서 드는 작업
㉷ 하루에 총 2시간 이상, 분당 2회 이상 4.5kg 이상의 물체를 드는 작업
㉸ 하루에 총 2시간 이상 시간당 10회 이상 손 또는 무릎을 사용하여 반복적으로 충격을 가하는 작업

위험성 평가·관리

1 시스템 안전의 개요

(1) 시스템과 시스템 안전
① **시스템** : 요소의 집합에 의해 구성되고 시스템 상호간에 관계를 유지하면서 정해진 조건 아래에서 어떤 목적을 위하여 작용하는 집합체
② **시스템 안전** : 시스템 안전을 달성하기 위해서는 시스템의 계획 – 설계 – 제조 – 운용 등의 모든 단계를 통해 시스템 안전관리와 시스템 안전공학을 정확히 적용하여야 함

(2) 시스템의 구성요소 및 기능
① **구성요소** : 재료, 부품, 기계설비, 일하는 사람 등
② **기능** : 정보의 전달, 물질 또는 에너지의 생산, 사람, 물건, 에너지의 이송

(3) 시스템 안전관리
① 시스템 안전에 필요한 사항의 동일성의 식별(Identification)
② 안전활동의 계획, 조직과 관리
③ 다른 시스템 프로그램 영역과 조정
④ 시스템 안전에 대한 목표를 유효하게 적시에 실현시키기 위한 프로그램의 해석, 검토 및 평가 등의 시스템 안전업무

(4) 시스템 안전의 달성
① **시스템 안전을 달성하기 위한 안전수단**

재해의 예방	피해의 최소화 및 억제
• 위험의 소멸 • 위험 레벨의 제한 • 잠금, 조임, 인터록 • 페일 세이프 설계 • 고장의 최소화 • 중지 및 회복	• 격리 • 개인설비 보호구 • 적은 손실의 용인 • 탈출 및 생존 • 구조

② 시스템 안전을 달성하기 위한 시스템 안전 설계원칙
    ㉮ 1순위 : 위험 상태 존재의 최소화(페일 세이프 등의 도입)
    ㉯ 2순위 : 안전장치의 채용
    ㉰ 3순위 : 경보장치의 채용
    ㉱ 4순위 : 특수한 수단

(5) 위험성 평가의 단계
    ① 1단계 : 위험성 검출과 확인
    ② 2단계 : 위험성 측정과 분석(위험성평가)
    ③ 3단계 : 위험성 관리(처리)
    ④ 4단계 : 위험성 관리의 방법 선택
    ⑤ 5단계 : 위험성의 지속적인 감시

2 설비도입 및 제품 개발 단계의 안전성 평가

(1) **구상 단계** : 다음 4가지의 주요한 시스템 안전성 부분의 작업이 이루어져야 함
    ① **시스템 안전 계획(SSP, System Safety Plan)의 작성**
        ㉮ 안전성 관리 조직 및 다른 프로그램 기능과의 관계
        ㉯ 시스템에 발생하는 모든 사고의 식별 및 평가를 위한 분석법의 양식
        ㉰ 허용수준까지 최소화 또는 제거되어야 할 사고의 종류
        ㉱ 작성되고 보존되어야 할 기록의 종류
    ② **예비위험분석(PHA, Preliminary Hazard Analysis)의 작성**
    ③ **안전성에 관한 정보 및 문서 파일의 작성** : 시스템 안전부분에서 이루어지는 모든 분석과 조치의 정확한 설명을 반드시 포함하여야 함
    ④ **구상 단계 정식화 회의에의 참가** : 포함되는 사고가 방침 결정과정에서 고려되기 위해 구상 정식화 회의에 참가

(2) **설계단계** : 설계단계에서 이루어져야 할 시스템 안전부분의 작업
    ① 구상 단계에서 작성된 시스템 안전 프로그램계획을 실시할 것
    ② 시스템의 설계에 반영할 안전성 설계 기준을 결정하여 발표할 것
    ③ 예비위험분석(PHA)을 시스템 안전 위험분석(SSHA)으로 바꾸어 완료시킬 것
    ④ 하청업자나 대리점에 대한 사양서 중에 시스템 안전성 필요사항을 정의하여 포함시킬 것
    ⑤ 시스템 안전성이 손상되지 않게 하기 위해 설계 트레이드 오프 회의에 참가할 것
    ⑥ 안전성 부분의 모든 결정 사항을 문서로 하여 현행의 정확한 시스템 안전에 관한 파일로 하여 보존할 것

(3) 제조, 조립 및 시험단계

① 사고를 최소화하고 제어하기 위하여 시스템 안전성 사고 분석(SSHA)에서 지정된 전 조치의 실시를 보증하는 계통적인 감시, 확인 프로그램을 확립하여 실시할 것
② 운영 안전성 분석(OSA, Operational Safety Analysis)을 실시할 것
③ 요소 및 서브시스템의 설계에 있어서 달성된 안전성이 손상되는 일이 없도록 제조, 조립 및 시험 방법과 과정을 검토하고 평가할 것
④ 제조 환경이 제품의 안전설계를 손상하지 않도록 산업 안전성과 협력할 것
⑤ 위험한 상태를 유발할 수 있는 모든 결함에 대해서는 정보의 피드백 시스템을 확립할 것
⑥ 품질보증요원이 이용할 수 있는 안전성의 검사 및 확인에 관한 시험법을 정할 것
⑦ 안전성을 보증하기 위하여 일어날 수 있는 변화를 예측하고 그것에 수반되는 재설계나 변경을 개시할 것

(4) 운용단계 : 시스템 안전성 공학의 실증과 감시의 단계로 다음 사항이 이루어져야 함

① 모든 운용, 보전 및 위급시의 절차를 평가하여 그들이 설계시에 고려된 바와 같은 타당성이 있느냐의 여부를 식별할 것
② 안전성이 손상되는 일이 없도록 조작장치, 사용설명서의 변경과 수정을 평가할 것
③ 제조, 조립 및 시험단계에서 확립된 고장의 정보 피드백 시스템을 유지할 것
④ 바람직한 운용 안전성 레벨의 유지를 보증하기 위하여 안전성 검사를 할 것
⑤ 사고와 그 유발 사고를 조사하고 분석할 것
⑥ 위험상태의 재발방지를 위해 적절한 개량조치를 강구할 것

3 시스템안전 분석기법

(1) 예비위험분석(PHA, Preliminary Hazards Analysis)

① **PHA** : 대부분의 시스템안전 프로그램에 있어서 최초단계의 분석으로 시스템 내의 위험한 요소가 얼마나 위험한 상태에 있는가를 정성적으로 평가

② **PHA의 4가지 주요목표**
㉮ 시스템에 대한 모든 주요한 사고를 식별하고 대충의 말로 표시할 것(사고 발생 확률은 식별 초기에는 고려되지 않음)
㉯ 사고를 유발하는 요인을 식별할 것
㉰ 사고가 발생한다고 가정하고 시스템에 생기는 결과를 식별하고 평가할 것
㉱ 식별된 사고를 범주(Category)로 분류할 것

③ **PHA의 카테고리 분류**
㉮ Class 1 : 파국적(Catastrophic) - 사망, 시스템 손상

④ Class 2 : 중대(Critical) – 심각한 상해, 시스템 중대 손상
④ Class 3 : 한계적(Marginal) – 경미한 상해, 시스템 성능 저하
㉑ Class 4 : 무시가능(Negligible) – 상해 및 시스템 저하 없음

(2) 고장형태와 영향분석(FMEA, Failure Modes and Effects Analysis)

① **FMEA** : 시스템 안전분석에 이용되는 전형적인 정성적, 귀납적 분석방법으로 시스템에 영향을 미치는 전체 요소의 고장을 형별로 분석하여 그 영향을 검토하는 것

② **FMEA의 장점 및 단점**
㉮ 장점 : 서식이 간단하고 비교적 적은 노력으로 특별한 훈련 없이 분석할 수 있음
㉯ 단점 : 논리성이 부족하고 특히 각 요소간의 영향을 분석하기 어렵기 때문에 동시에 두 가지 이상의 요소가 고장날 경우 분석이 곤란하며 요소가 물체로 한정되어 있기 때문에 인적원인을 분석하는 것은 곤란

③ **고장의 영향**

영향	발생 확률(β)	영향	발생 확률(β)
실제의 손실	$\beta = 1.00$	예상되는 손실	$0.10 \leq \beta < 1.00$
가능한 손실	$0 < \beta < 0.10$	영향 없음	$\beta = 0$

④ **위험성 분류의 표시**
㉮ Category Ⅰ : 생명 또는 가옥의 상실
㉯ Category Ⅱ : 작업수행의 실패
㉰ Category Ⅲ : 활동의 지연
㉱ Category Ⅳ : 영향 없음

⑤ **FMEA의 표준적 실시 절차**

실시 절차	내용
1단계 : 대상 시스템의 분석	• 기기, 시스템의 구성 및 기능의 전반적 파악 • FMEA 실시를 위한 기본방침의 결정 • 기능 블록도과 신뢰성 블록도의 작성
2단계 : 고장형태와 그 영향의 분석	• 고장형태의 예측과 설정 • 고장 원인의 상정 • 상위 아이템에의 고장 영향의 검토 • 고장 검지법의 검토 • 고장에 대한 보상법이나 대응법의 검토 • FMEA 워크시트(Work Sheet)에의 기입 • 고장 등급의 평가
3단계 : 치명도 해석과 개선책의 검토	• 치명도 해석 • 해석결과의 정리와 설계 개선으로의 제언

(3) 위험도 분석(CA, Criticality Analysis)

① **CA** : 고장이 직접 시스템의 손실과 사상에 연결되는 높은 위험도(Criticality)를 가진 요소나 고장의 형태에 따른 분석법

② **고장형의 위험도의 분류**
- ㉮ Category Ⅰ : 생명의 상실로 이어질 염려가 있는 고장
- ㉯ Category Ⅱ : 작업의 실패로 이어질 염려가 있는 고장
- ㉰ Category Ⅲ : 운용의 지연 또는 손실로 이어질 고장
- ㉱ Category Ⅳ : 극단적인 계획 외의 관리로 이어질 고장

(4) 결함위험분석(FHA, Fault Hazard Analysis)

복잡한 시스템에서는 한 계약자만으로 모든 시스템의 설계를 담당하지 않고, 몇 개의 공동 계약자가 각각의 서브시스템(Sub System)을 분담하고 통합계약업자가 그것을 통합하는데, FHA는 이런 경우의 서브시스템 해석 등에 사용

(5) FAFR, THERP, MORT

① **FAFR(Fatal Accident Frequency Rate)** : 주로 화학공정에서의 위험성 평가지수로 10^8 노출시간당 사망자수
- ㉮ 클레츠(Kletz)가 고안하였으며, FAFR이 0.35~0.4를 넘지 않을 것을 권고함
- ㉯ 깁슨(Gibson)은 중대산업사고에 대해서는 2 FAFR, 그 이외의 경우에는 0.4 FAFR를 위험성 수준으로 정할 것을 권장함

② **THERP(Technique of Human Error Rate Prediction)** : 인간의 과오를 정량적으로 평가하기 위하여 개발된 기법

③ **MORT(Management Oversight and Risk Tree)** : 트리(Tree)를 중심으로 FTA와 같은 논리기법을 이용하여 관리, 설계, 생산, 보존 등 고도의 안전을 달성하는 것을 목적으로 사용(원자력산업에 이용)

(6) 디시전 트리(Decision Tree)와 ETA

① **디시전 트리(Decision Tree)** : 요소의 신뢰도를 이용하여 시스템의 신뢰도를 나타내는 시스템 모델 중 하나로 귀납적이고 정량적인 분석방법

② **ETA(Event Tree Analysis)** : 사상(事象)의 안전도를 사용하여 시스템의 안전도를 나타내는 시스템 모델의 하나로써 귀납적이고 정량적인 분석방법이며 재해의 확대요인을 분석하는데 적합한 방법

> **시스템안전 분석기법 총정리**
> - ETA : 귀납적, 정량적 방법, 항공기 안전성 평가시 사용
> - FTA : 결함수 분석법, 상이한 조직의 결함을 발견할 수 있음, 연역적, 정량적
> - CA : 위험성이 높은 요소
> - FMEA : 가장 일반적인 정성적 · 귀납적 해석방법
> - FMECA : 정성적, 정량적 분석을 동시에 사용
> - MORT : 연역적, 정량적 분석
> - PHA : 구상단계, 발주단계에서 실시, 귀납적, 정성적
> - 시스템안전 분석기법 : PHA, FHA, DT, MORT

4 위험 및 운전성 검토

(1) 개념 및 정의

① **위험 및 운전성 검토(Hazard and Operability Study)** : 각각의 장비에 대해 잠재된 위험이나 기능저하, 운전잘못 등과 전체로서의 시설에 결과적으로 미칠 수 있는 영향 등을 평가하기 위해서 공정이나 설계도 등에 체계적이고 비판적인 검토를 행하는 것

② **용어의 정의**
   ㉮ 의도(Intention) : 어떤 부분이 어떻게 작동될 것으로 기대된 것을 의미하는 것으로 서술적일 수도 있고 도면화될 수도 있다.
   ㉯ 이상(Deviations) : 의도에서 벗어난 것을 말하며 유인어를 체계적으로 적용하여 얻어진다.
   ㉰ 원인(Causes) : 이상이 발생한 원인을 의미한다.
   ㉱ 결과(Consequences) : 이상이 발생할 경우 그것에 대한 결과이다.
   ㉲ 위험(Hazard) : 손실, 손상, 부상 등을 초래할 수 있는 결과를 말한다.

③ **유인어(Guide Words)** : 간단한 용어로서 창조적 사고를 유도하고 자극하여 이상을 발견하고 의도를 한정하기 위하여 사용
   ㉮ No 또는 Not : 설계의도의 완전한 부정
   ㉯ More 또는 Less : 양(압력, 반응, Flow Rate, 온도 등)의 증가 또는 감소
   ㉰ As well as : 성질상의 증가(설계의도와 운전조건이 어떤 부가적인 행위와 함께 일어남)
   ㉱ Part of : 일부변경, 성질상의 감소(어떤 의도는 성취되나 어떤 의도는 성취되지않음)
   ㉲ Reverse : 설계의도의 논리적인 역
   ㉳ Other than : 완전한 대체(통상 운전과 다르게 되는 상태)

(2) 위험 및 운전성 검토의 성패를 좌우하는 중요요인

① 팀의 기술능력과 통찰력

② 사용된 도면, 자료 등의 정확성

③ 발견된 위험의 심각성을 평가할 때 팀의 균형감각 유지 능력

④ 이상(Deviation), 원인(Cause), 결과(Consequence)들을 발견하기 위해 상상력을 동원하는데 보조 수단으로 사용할 수 있는 팀의 능력

> **위험 및 운전성 검토를 수행하기에 가장 좋은 시점**
> 설계완료(design freeze) 단계로서 설계가 상당히 구체화된 시점

(3) 검토 절차
  ① **1단계** : 목적과 범위 결정
  ② **2단계** : 검토팀의 선정
  ③ **3단계** : 검토 준비
  ④ **4단계** : 검토 실시
  ⑤ **5단계** : 후속 조치 후 결과 기록

(4) 검토 목적
  ① 기존시설(기계설비 등)의 안전도 향상
  ② 설비 구입여부 결정
  ③ 설계의 검사
  ④ 작업 수칙의 검토
  ⑤ 공장 건설 여부와 건설장소 결정
  ⑥ 공급자에게 문의사항 획득

(5) 위험을 억제하기 위한 일반적인 조치사항
  ① 공정의 변경(원료, 방법 등)
  ② 공정 조건의 변경(압력, 온도 등)
  ③ 설계 외형의 변경, 작업방법의 변경

> **위험(Risk) 처리(조정)기술**
> 회피(Avoidance), 경감 · 감축(Reduction), 보류(Retention), 전가(Transfer)

5 결함수 분석법(FTA)

(1) FTA의 특징

① 연역적, 정량적 해석이 가능한 기법
② 톱다운(Top-down) 해석
③ 특정사상에 대한 해석
④ 논리기호를 사용한 해석
⑤ 컴퓨터로 처리가능

(2) FTA의 확률 · 구조 등

① **FTA 확률 중요도** : 각 기본사상의 발생확률의 증감이 정상사상 발생확률의 증감에 어느 정도 기여하고 있는가를 나타내는 척도
② **FTA 구조 중요도** : 기본사상의 발생확률을 문제로 하지 않고 결함수의 구조상 각 기본사상이 갖는 지명성
③ **FTA 치명 중요도** : 기본사상 발생확률의 변화율에 대한 정상사상 발생확률의 변화의 비로서 특히 시스템 설계라는 면에서 이해하기가 편리함

(3) FTA 도표에 사용하는 논리기호

명칭	기호	명칭	기호
결함사상	▭	전이기호(이행기호)	△ (in) △ (out)
기본사상	○	AND gate	출력 ⌒ 입력
생략사상 (추적 불가능한 최후사상)	◇	OR gate	출력 ⌒ 입력
통상사상(家刑事像)	⌂	수정기호	출력 ⬡ 조건 입력

(4) 수정기호

① **우선적 AND Gate**
㉮ 입력사상 가운데 어느 사상이 다른 사상보다 먼저 일어났을 때에 출력사상이 생긴다.
㉯ 「A는 B보다 먼저」와 같이 기입

② **조합 AND Gate**
㉮ 3개 이상의 입력사상 가운데 어느 것이든 2개가 일어나면 출력 사상이 발생한다.
㉯ 「어느 것이든 2개」라고 기입

③ **위험지속기호**
㉮ 입력사상이 생기어 어느 일정시간 지속하였을 때에 출력사상이 생긴다.
㉯ 「위험지속시간」과 같이 기입

④ **배타적 OR Gate**
㉮ OR Gate로 2개 이상의 입력이 동시에 존재할 때에는 출력사상이 생기지 않는다.
㉯ 「동시에 발생하지 않는다」라고 기입

(5) D.R. Cheriton의 FTA에 의한 재해사례 연구순서

① **1단계** : 톱(Top) 사상의 선정
② **2단계** : 사상마다 재해원인 규명
③ **3단계** : FT도의 작성
④ **4단계** : 개선계획의 작성

(6) **확률사상의 적(積)과 화(和)** : n개의 독립사상에 관해서

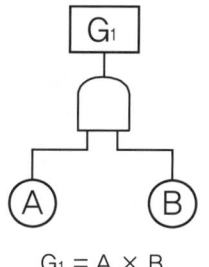

$G_1 = A \times B$

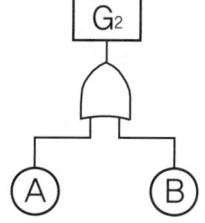

$G_2 = 1-(1-A)(1-B)$

(7) 컷과 패스

① **컷셋(cut sets)** : 그 속에 포함되어 있는 모든 기본사상(통상, 생략, 결함사상을 포함)이 일어났을 때 정상사상(top event)을 일으키는 기본사상의 집합

② **최소 컷셋(minimal cut sets)** : 컷셋 중 그 부분집합만으로는 정상사상을 일으키는 일이 없는 것, 즉 정상사상(top event)을 일으키기 위한 최소한의 컷셋으로 어떤 고장이나 에러를 일으키면 재해가 일어나는가 하는 것 즉, 시스템의 위험성(역으로는 안전성)를 나타내는 것

③ **패스셋(path sets)** : 시스템이 고장나지 않도록 하는 사상의 조합
④ **최소 패스셋(minimal path sets)** : 시스템이 고장나지 않도록 하는 최소한의 패스셋으로 어떤 고장이나 패스를 일으키지 않으면 재해는 일어나지 않는다는 것 즉, 시스템의 신뢰성을 나타내는 것

(8) FTA의 사용기호

① **억제게이트(Inhibit gate)** : 수정기호(Modifier)의 일종으로서 억제 모디파이어(Inhibit Modifier)라고 하며 실질적으로 수정기호를 병용해서 게이트의 역할
  ㉮ 입력사상이 일어난 조건이 만족되어야 출력사상이 생긴다(조건이 만족되지 않으면 출력은 생기지 않는다).
  ㉯ 조건은 수정기호 안에 쓴다
② **부정게이트(Not gate)** : 부정 모디파이어(Not Modifier)라고 하며 입력사상의 반대 사상이 출력된다.

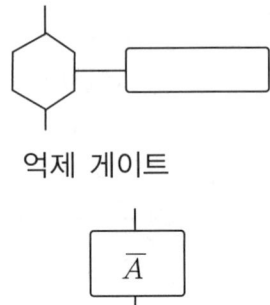

억제 게이트

부정 게이트

■ 공장설비 안전성 평가의 종류
- 세이프티 어세스먼트(Safety Assessment) : 안전성 평가
- 테크놀로지 어세스먼트(Technology Assessment) : 기술개발의 종합평가
- 리스크 어세스먼트(Risk Assessment) : 위험성 평가
- 휴먼 어세스먼트(Human Assessment) : 인간과 사고상의 평가

---

6 화학설비의 안전성 평가

(1) 안전성 평가의 5단계
① **제1단계** : 관계자료의 작성준비
② **제2단계** : 정성적 평가
③ **제3단계** : 정량적 평가
④ **제4단계** : 안전대책
⑤ **제5단계** : 재평가

(2) 평가의 진행방법
① **제1단계** : 관계자료의 작성준비
  ㉮ 안전성의 사전평가를 위해 필요한 자료의 작성준비를 실시
  ㉯ 관계자료의 조사항목

㉠ 입지조건과 관련된 지질도, 풍배도(風配圖) 등의 입지에 관한 도표
㉡ 화학설비 배치도(설비내의 기기, 건조물, 기타 시설의 배치도)
㉢ 건조물의 평면도, 입면도 및 단면도
㉣ 기계실 및 전기실의 평면도, 단면도 및 입면도
㉤ 원재료, 중간체, 제품 등의 물리적, 화학적 성질 및 인체에 미치는 영향(물질 각종의 측정치에 관해서는 법령 및 관계부처에 나타난 수치에 따름)
㉥ 제조공정의 개요(Process Flow Sheet에 따라 제조공정의 개요를 정리)
㉦ 제조공정상 일어나는 화학반응
㉧ 공정계통도
㉨ 공정기기목록
㉩ 배관, 계장계통도
㉪ 안전설비의 종류와 설치장소
㉫ 운전요령, 요원배치계획, 안전보건교육 훈련계획

② **제2단계** : 정성적 평가
㉮ 주요 진단항목

1. 설계관계	항목수	2. 운전관계	항목수
입지조건	5	원재료, 중간제 제품	7
공장내 배치	9	공정	7
건조물	8	수송, 저장 등	9
소방설비	5	공정기기	11

③ **3단계** : 정량적 평가
㉮ 당해 화학설비의 취급물질, 용량, 온도, 압력 및 조작의 5항목에 대해 A, B, C, D급으로 분류하고 A급은 10점, B급은 5점, C급은 2점, D급은 0점으로 점수를 부여한 후 5항목에 관한 점수들의 합을 구한다.
㉯ 합산 결과에 의한 위험도의 등급은 다음과 같다.

등급	점수	내용
등급 I	16점 이상	위험도가 높음
등급 II	11~15점 이하	주위상황, 다른 설비와 관련해서 평가
등급 III	10점 이하	위험도가 낮음

④ **4단계** : 안전대책
㉮ 설비적 대책 : 안전장치 및 방재장치에 관해서 배려
㉯ 관리적 대책 : 인원 배치, 교육훈련 및 보건에 관해서 배려
㉰ 적정 인원 배치

구분	위험등급 I	위험등급 II	위험등급 III
인원	긴급시, 동시 다른 장소에서 작업을 행할 수 있는 충분한 인원 배치	긴급시, 동시 다른 장소에서 작업이 가능한 인원 배치	긴급시 주작업을 하고 바로 지원이 확보될 수 있는 체제의 인원 배치
자격	법정자격자를 복수로 배치, 관리밀도가 높은 인원 배치	법정자격자가 복수로 배치되어 있는 인원 배치	법정자격자가 충분한 인원 배치

　　㊣ 교육 훈련 과목
　　　㉠ 위험물 및 화학반응에 관한 지식
　　　㉡ 화학설비 등의 구조 및 취급방법에 관한 지식
　　　㉢ 화학설비 등의 운전 및 보전의 방법에 관한 지식
　　　㉣ 작업규정
　　　㉤ 재해사례
　　　㉥ 관계법령
　　　㉦ 운전
　　　㉧ 경보 및 보전의 방법
　　　㉨ 긴급시의 조작방법
⑤ **제5단계** : 재평가
　　㉮ 제4단계에서 안전대책을 강구한 후 그 설계내용에 동종설비 또는 동종장치의 재해정보를 적용하여 안전대책의 재평가
　　㉯ 재해정보에 의한 재평가 및 FTA에 의한 재평가

PART 03

건설재료

CHAPTER

01. 목재
02. 시멘트 및 콘크리트
03. 석재, 점토 및 타일
04. 금속재료
05. 미장 및 방수재료
06. 합성수지
07. 도료 및 접착제

목재

1 목재의 장점과 단점

(1) 목재의 장점

① 가볍기 때문에 운반과 취급이 편리하고 가공이 용이하다.
② 무게에 비해 강도와 탄성이 크다.
③ 충격, 진동, 소음을 잘 흡수한다.

(2) 목재의 단점

① 재질, 강도에 균일성이 없고 비틀림이 생기기 쉽다.
② 큰 치수의 구입이 곤란하다.
③ 방부 처리가 필요하다.
④ 온도에 대한 신축이 크다.

2 목재의 조직

조직구분	조직위치	색상 및 특징
변재	목재의 표피 가까이 위치	• 껍질에 가깝고 색이 옅은 부분 • 심재보다 무르고 연해서 강도가 약함 • 물과 양분을 전달하고 저장하는 역할 • 심재에 비해 비중이 적음, 건조시 변화 적음 • 심재보다 신축성이 크고, 내후성 내구성이 약함 • 고목일수록 변재의 폭이 넓음
심재	목재의 수심 가까이 위치	• 수심에 가깝고 색이 진하며 단단한 부분 • 변재보다 목질이 단단하고 광택이 있음 • 나무의 줄기를 지탱 • 변재보다 다량의 수액을 포함하여 비중이 큼 • 변재보다 신축이 적고, 내후성, 내구성이 큼 • 노목일수록 심재의 폭이 넓음

3. 결의 종류에 따른 특성

(1) 널결(무늬결, 판목)
  ① 신축이 균일하지 않다(잘 휘어짐).
  ② 제재가 쉽고 아름답다.

(2) 곧은결(정목)
  ① 신축이 일정하다.
  ② 마무리가 쉽고 널리 사용된다.

4. 목재의 비중과 함수율

(1) 목재의 비중
  ① **기건 비중** : 목재의 수분을 공기 중에서 제거한 상태의 비중(일반적으로 사용하는 목재의 비중으로 0.3~0.9)
  ② **진비중(실비중)** : 목재가 공극을 포함하지 않는 실제부분의 비중(1.54~1.56)
  ③ **절대건조비중(절건비중)** : 100~110℃의 온도로 건조시켜 수분을 제거했을 때의 비중
  ④ 공극률과 비중과의 관계식
  ※ 공극률(V) = $(1 - \frac{r}{1.54}) \times 100$ [r : 절건비중, 1.54 : 진비중]

(2) 함수율
  ① **기건재의 함수율** : 12~18%(평균 15%)
  ② **섬유 포화점** : 섬유 자신의 함수율이 25~30%(보통 30%)인 경우
  ③ **함수율에 의한 목재 재질의 변화**
    ㉮ 목재의 재질 변동(수축, 팽창 등)은 섬유 포화점 이하의 함수 상태에서만 발생한다.
    ㉯ 섬유 포화점 이하에서 함수율이 감소함에 따라 강도는 증가하고 탄성은 감소한다.

5. 열에 의한 성질 및 강도

(1) 열에 의한 성질
  ① 목재는 열전도율 및 열팽창률이 극히 낮다.
  ② 내화성이 낮다.
  ③ 목재의 연소성
    ㉮ 100℃ : 수분증발

㉯ 180℃ 전후 : 열분해에 의해 가연성 가스를 발생하여 인화 → 인화점
㉰ 260~270℃ : 목재에 불이 붙음 → 착화점 또는 화재위험 온도
㉱ 400~450℃ : 화기 없이 자연 발화 → 발화점

(2) 목재의 강도

① **목재강도의 크기 순서** : 인장강도 > 휨강도 > 압축강도 > 전단강도
  ㉮ 섬유 방향 압축강도는 섬유 방향 인장강도의 90% 정도이다.
  ㉯ 휨강도는 압축강도의 약 1.75배이다.
  ㉰ 섬유 방향의 인장 및 압축강도는 크나 직각방향은 작다.

② **목재를 인장재로 사용하지 않는 이유(목재는 주로 압축 및 휨부재로 사용)**
  ㉮ 옹이, 마디가 있다.
  ㉯ 나이테와 접선방향(평행방향)의 인장강도가 작다.
  ㉰ 목재의 이음이 어렵다.
  ㉱ 섬유가 변형된다.

6 목재의 건조

(1) 목재 건조의 목적

① 구조물 전체나 구조물을 이룬 각 부재의 수축이나 변형을 방지한다.
② 중량을 감소시켜 가공과 취급, 운반이 용이하다.
③ 생목시의 강도보다 목재 강도가 증가한다(생목시의 강도보다 2~3배 증가).
④ 균류 발생과 부식을 방지하고 내구성을 높인다.
⑤ 접착성, 도장성이 좋아지고 방부제나 합성수지의 주입이 용이해진다.

(2) 건조전의 처리법

① 인공건조 또는 자연건조 전에 수액의 농도를 저하시켜 건조를 용이하게 하고 건조기간을 단축하고 변형을 적게 하기 위해 이루어진다.

② **전처리 방법**
  ㉮ 수침법 : 2주 이상 흐르는 물에 담그는 방법
  ㉯ 자비법 : 열탕에 삶는 방법
  ㉰ 증기법 : 원통 속에서 수증기로 찌는 방법

(3) 건조 방법

① **자연건조**
  ㉮ 목재를 대기 중에 서로 엇갈리게 수직으로 쌓거나 일광이나 비에 직접 닿지 않도록 건조

㈐ 건조 후 재질이 우수하고 시설비나 경비가 적게 들지만, 변색할 우려와 파손이나 손실의 우려
② **인공건조**
㉮ 목재의 수분을 빨리 제거하기 위한 방법으로 목재 중의 수분차이를 크게 하지 않도록 건조
㉯ 증기법, 훈연법, 진공법, 열기법 등

7 목재 가공재의 종류와 특성

(1) 합판 및 집성목재

① **합판** : 3매 이상의 얇은 판을 1매 마다 섬유 방향이 직교하도록 붙여서 만든 것

② **합판의 특성**
㉮ 잘 갈라지지 않고 방향에 따른 강도의 차가 적다.
㉯ 판재에 비해 균질하다.
㉰ 큰판 및 곡면판을 만들 수 있다.
㉱ 무늬가 좋은 판을 얻을 수 있다.
㉲ 함수율에 따른 변화가 없다.

③ **집성목재가 합판과 다른 점**
㉮ 판의 섬유 방향을 평형으로 붙인 것으로 판이 홀수가 아니어도 된다.
㉯ 보나 기둥에 사용할 수 있는 단면을 가진다.

(2) **파티클 보드**(Particle Board)

① 주원료(작은 나무 조각)를 접착제로 성형·열압하여 제판한 $0.5g/cm^3$ 이상 $0.9g/cm^3$ 이하의 판재상 제품을 말한다.

② 칩보드(Chip Board)라고도 하며, 온도에 의한 변형이 비교적 작고 흡음·단열·차단성이 양호하다.

(3) **코펜하겐 리브판**

① 두께 50mm, 너비 100mm 정도의 긴 판에다 표면을 리브(Rib)로 가공한 것으로 천장 또는 내벽에 붙여 음향 조절 효과를 내기도 하고 또한 장식효과도 있게 한다.

② 바닥재로는 적합하지 않다.

시멘트 및 콘크리트

1 시멘트의 성분 및 주요 구성 화합물

(1) 시멘트의 성분

구분	명칭 및 화학식	함량(%)
주성분	석회(CaO)	60 ~ 66
	실리카(SiO_2)	20 ~ 25
	알루미나(Al_2O_3)	4 ~ 9
기타성분	산화철(Fe_2O_3)	2 ~ 4
	산화마그네슘(MgO)	1 ~ 3.5
	무수황산(SO_3)	1 ~ 3

(2) 주요 구성 화합물 및 특성

명칭	화학식	약호	특성
규산삼석회	$3CaOSiO_2$	C_3S	시멘트의 초기 강도를 좌우하며 시멘트 중 함유율이 5% 이하이다.
규산이석회	$2CaOSiO_2$	C_2S	시멘트의 후기 강도에 영향을 주고 수화열이 낮다.
알루민산삼석회	$3CaOAl_2O_3$	C_3A	수화작용이 빠르고 발열량이 많다.
알루민산철사석회	$4CaOAl_2O_3Fe_2O_3$	C_4AF	수화작용, 수화열, 조기강도가 가장 낮으며 시멘트 중 함유율은 35~37% 정도이다.

2 시멘트의 성질

(1) 비중(Specific Gravity)

① 시멘트의 평균 비중은 3.15 정도이며, 일반적인 포틀랜드 시멘트의 비중은 3.10~3.15이다.

② 규조토와 산화철 성분이 많을수록, 수경률이 높을수록 비중은 증가한다.

③ 혼합시멘트의 경우에는 혼합재 첨가량이 많을수록 비중이 감소한다.
④ 풍화발생의 경우에는 비중감소로 인해 강열감량(Loss Ignition)이 증가한다.

(2) 분말도(Blaine)

① 분말도란 시멘트 1g에 포함된 시멘트 입자의 비표면적(cm^2)을 말한다.
② 시멘트 입자가 미세할수록(분말도가 높을수록) 물과 접촉면적이 커져서 수화가 빨리 진행되어 초기 강도가 크며, 블리딩이 적고 워커블한 콘크리트가 되는 반면 수축이 커서 균열이 생기기 쉬우며 내구성이 나쁘고 풍화가 용이해진다.
③ 분말도를 측정하는 목적은 수화 작용과 강도를 예측하기 위한 것이다.
④ **분말도 시험법**
　㉮ 비표면적 시험(블레인법) : 비표면적(cm^2/g) 또는 표준체 45㎛의 잔사(%)

　　※ 분말도(f) = $100 - R_C$

　　※ 보정된 잔사(R_C, %) = 표준체 45㎛에 걸린 시료 잔사(R_S, %) × [100 + C(표준체 보정 계수)]

　㉯ 체가름 시험(KS L 5117) : 시멘트 50g을 금속망 표준체 90㎛에 넣고 1분간 150회의 속도로 체를 회전시키면서 미분말을 통과시켜, 1분 동안의 체 통과량이 0.1g 이하가 될 때까지 친다(25회 두드릴 때까지 약 1/6 회전).

　　※ 분말도(f) = $\dfrac{체 위에 남는 무게(g)}{시료의 무게(50g)} \times 100(\%)$

(3) 응결 및 경화

① 응결은 첨가된 석고량이 많거나 물·시멘트비가 높을수록 지연되며 분말도가 곱고, 알칼리가 많을수록 빨라진다.
② 온도와 습도가 높으면 응결 시간이 짧아지며, 경화가 촉진되고, 풍화된 시멘트는 응결이 늦어진다(경화는 응결 다음에 오는 변화로서 기계적 강도의 증진을 의미한다).
③ 위응결(또는 이중응결)은 시멘트에 따라서 시멘트풀이 물과 혼합하여 발열치 않고 10~20분만에 굳어졌다가 다시 풀리면서 응결하는 현상을 의미한다.

> **■ 응결시간(KS L ISO 9597)**
> - 응결시간 측정 : 어떤 특정값에 도달할 때까지 표준 주도(Standard consistence)를 가진 시멘트 페이스트(cement paste) 속에 들어가는 바늘의 침입도를 관찰하여 응결 시간을 측정한다.
> - 응결시간 결정
>   - 초결 : 바닥판과 침이 (4±1)mm될 때
>   - 종결 : 시험체를 뒤집어 0.5mm 침입될 때

(4) 강도(强度)

① **압축 및 인장강도시험**
  ㉮ KS L 5100 규정에 맞는 천연 표준사를 사용한 모르타르를 만들어 시험한다.
  ㉯ 표준사의 입도

항목	입도(표준체 위의 잔분 %)			점토량 %	단위 용적 무게
종별	850㎛	600㎛	300㎛		
인장강도 시험용	1.0 이하	95.0 이상	–	0.4 이하	1.53~1.60
압축강도 시험용	–	1.0 이하	95.0 이상	0.4 이하	

② **시멘트 강도에 영향을 주는 요인**
  ㉮ SO_3나 규산삼석회(C_3S)가 많을수록 조기강도가 높아지고 규산이석회(C_2S)가 많을수록 장기강도가 높아진다.
  ㉯ 분말도가 크면 조기강도가 증가한다.
  ㉰ 시멘트가 풍화되면 강열감량이 많아져서 조기강도가 저하된다.
  ㉱ 양생온도가 높을수록 콘크리트의 초기강도는 높아지지만, 장기강도의 증진율은 작아진다.

(5) 풍화된 시멘트의 특징

① 초기강도와 압축강도가 작다
② 비중이 작다.
③ 비표면적이 작다.
④ 응결 시간이 늦다.

3 시멘트의 종류별 특성

(1) 중용열 포틀랜드 시멘트

① **개요** : C_3A와 C_3S 양을 적게 하고 C_2S 양을 많게 하여 댐 및 방사능 차폐용 등의 구조물에 사용한다.
② **중용열 포틀랜드 시멘트의 특징**
  ㉮ 조기강도가 작고 장기강도가 크다.
  ㉯ 내산성 및 내구성이 크다.
  ㉰ 화학적응성이 크다.
  ㉱ 시멘트 중에서 건조수축이 가장 적다.

(2) 조강 포틀랜드 시멘트
   ① **개요** : 보통 시멘트보다 CaO를 2.2~2.7배만큼 더 증가시켜서 조기강도가 커지도록 만든 시멘트를 말한다.
   ② **조강 포틀랜드 시멘트의 특징**
      ㉮ 수화열이 많고 수화속도가 커서 동절기, 수중공사에 적합하다.
      ㉯ 건조수축에 의한 균열이 생기기 쉽다.
      ㉰ 재령 7일로 보통 시멘트의 28일 강도를 낸다.

(3) 백색 포트랜드 시멘트
   ① **개요** : 산화철 성분이 적은 백색 점토와 석회석을 사용하여 만든 시멘트를 말한다.
   ② **백색 포트랜드 시멘트의 특징**
      ㉮ 주로 외장(外裝) 모르타르에 쓰인다.
      ㉯ 강도는 일반적인 포트랜드 시멘트보다 약간 낮다.

(4) 혼합 시멘트
   ① **혼합 시멘트의 종류** : 고로 시멘트, 실리카 시멘트(포졸란 시멘트), 플라이애시 시멘트 등
   ② **혼합 시멘트의 공통적 특징**
      ㉮ 조기강도가 작은 대신 장기강도가 크며 내구성도 크다.
      ㉯ 워커빌리티(Workability)가 크다.
      ㉰ 블리딩(Bleeding)이 작다.
      ㉱ 화학저항성이 크다.

(5) 초조강 시멘트
   ① **알루미나 시멘트** : 알루미늄 원광인 보크사이트(bauxite)와 석회석을 혼합하여 용융방법 또는 소성방법에 의하여 만든 시멘트
      ㉮ 조기강도가 매우 크다(재령 1일로 보통 시멘트의 28일 강도).
      ㉯ 발열량이 대단히 커서 −10℃의 한중 공사에 이용된다.
      ㉰ 산에는 약하나 알칼리에는 강하다.
      ㉱ 내화성이 우수하여 내화로용 시멘트로 사용된다.
   ② **초속경 시멘트** : 물과 반죽하면 에트린자이트(Ettringite)라는 수화광물을 형성하여 급속한 강도 발현 및 수화열을 발생시킬 뿐 아니라 클링커 속의 알리아트(Allite) 조성을 증대시켜 분말도를 높이고 석고성분을 많이 첨가한 시멘트
      ㉮ 재령 1일로 조강시멘트의 3일 강도를 나타낸다(one day 시멘트).
      ㉯ 단시간에 강도를 나타내는 시멘트이다(one hour 시멘트).
   ③ **플라이애시 시멘트** : 화력발전소의 석탄 연소재(灰)를 혼화재로 사용한 시멘트

㉮ 장기강도가 크며 콘크리트의 수밀성을 향상시키고 해수에 대한 내식성이 있다.
㉯ 콘크리트 배합시 단위수량이 감소하고 워커빌리티가 향상된다.
㉰ 증량용(增量用)·항만공사 등에 이용된다.
㉱ 플라이애시는 실리카, 알루미나, 철분 총 함량이 70% 이상이며 플라이애시 함량(무게%)에 따라 A종(5 초과 10 이하)은 건축콘크리트 및 미장용, B종(10 초과 20 이하)은 일반 토목건축 공사, C종(20 초과 30 이하)은 댐공사와 같은 매스콘크리트에 사용된다.

(6) 팽창 시멘트

① **개요** : 응결, 경화시에 팽창을 유발시켜 수축으로 인한 결점을 개선시킨 시멘트이다.

② **팽창 시멘트의 특징**
㉮ 에트린자이트를 이용하는 것과 생석회를 이용하는 것으로 구분된다.
㉯ 팽창인자로는 팽창제의 화학성분, 혼입량, 분말도, 양생조건이다.
㉰ 수축보상(슬래브, 벽체, 조인트 등), 화학적인 프리스트레싱(원심력 철근콘크리트관, 박스 암거, 널말뚝 등)과 각종 그라우팅용 재료의 충진제품 등에 이용된다.

(7) 폴리머 시멘트(합성수지 콘크리트)

① **개요** : 콘크리트의 재료중 물·시멘트의 일부 또는 전부를 폴리머(Polymer)로 대체하여 경화시킨 복합재료이다.

② **폴리머 시멘트의 특징**
㉮ 인장강도, 휨, 신장능력이 증대된다.
㉯ 내수·내마모성이 우수하며 접착력, 시공성, 내약품성이 우수하나 내화성능이 작다.

(8) 고로 시멘트

① **개요** : 용광로에서 선철을 제조할 때 생기는 부산물인 슬래그(광재)에 포틀랜드 시멘트와 석고(石膏)를 혼합하여 만든 혼합 시멘트를 말한다.

② **고로 시멘트의 특징**
㉮ 수화열이 적고 수축이 적어 댐공사에 적합하다.
㉯ 비중이 적고(2.85 이상) 바닷물의 화학작용에 대한 저항성이 크다.
㉰ 단기강도가 적고 장기강도가 크며, 수밀성이 우수하다.
㉱ 풍화가 용이하다.
㉲ 응결시간이 약간 느리다.
㉳ 콘크리트의 블리딩이 적어진다.

(9) 섬유보강 콘크리트

① **개요** : 금속이나 합성수지를 원료로 한 불연속 단섬유를 콘크리트 중에 균일하게 분산시킴에 따라 콘크리트의 인장강도, 휨강도, 균열에 대한 저항성, 인성, 전단강도 및 내충격성을 대폭 개선시킬 목적으로 사용한다.

② 섬유보강 콘크리트의 특징
  ㉮ 균열 발생 후 균열 개구에 대한 저항성이 크다.
  ㉯ 피로강도가 개선되어 포장두께나 터널 라이닝 두께를 감소시킬 수 있다.
  ㉰ 내동해성이 개선된다.
  ㉱ 철근 콘크리트와 병용하면 부재의 전단내력을 증대시킨다.
  ㉲ 압축인성과 휨 인성이 우수하여 충격력이나 폭발하중에 대한 저항성이 우수하다.
  ㉳ 섬유의 형상, 치수, 혼입률, 분산 및 콘크리트의 품질 등에 따라 영향을 받는다.

4 콘크리트 개요 및 골재

(1) 콘크리트 재료의 구성 비율
  ① **콘크리트** : 시멘트(10%) + 골재(70%) + 물(15%) + 공기(5%)
  ② **시멘트풀** : 시멘트 + 물
  ③ **모르타르** : 시멘트풀 + 잔골재 + 공기

(2) 골재의 품질
  ① 굳고 단단해야 하며 내화성, 내구성이 있어야 한다.
  ② 강도는 콘크리트 중의 경화 시멘트 페이스트의 강도 이상이어야 하며, 불순물이 없어야 한다.
  ③ 표면이 거칠고 구형이나 입방체가 좋으며, 입도분포가 양호해야 한다.
  ④ 최대 염화물 이온 함유량은 질량백분율 0.02% 이하여야 한다.

(3) 골재의 성질
  ① 콘크리트의 60~80% 정도의 용적을 차지하기 때문에 콘크리트에 매우 큰 영향을 준다.
  ② 비중은 2.6~2.7 정도이며, 비중이 클수록 치밀하며 흡수량이 낮고 내구성이 크다.
  ③ 공극률은 30~40% 정도이다.

> **팽윤(Bulking) 및 이넌데이트(Inundate)**
> - 팽윤(Bulking) : 건조 상태의 잔골재(모래)가 함수(含水)함에 따라 부풀어 오른 것
> - 이넌데이트(Inundate) : 최대로 부푼(약 8% 함수 되었을 경우) 것에 물을 더 가하면 이번에는 용적이 감소되고 포화상태(25~35%)일 경우에는 마른 모래와 거의 같은 용적이 되는 현상

5 굳지 않는 콘크리트의 성질

(1) 용어의 정의

① **워커빌리티(Workability, 시공성)** : 컨시스턴시(Consistency)에 의한 작업의 난이도 및 재료 분리에 저항하는 정도를 나타내는 콘크리트 성질

② **컨시스턴시(Consistency, 반죽질기)** : 주로 수량의 다소에 의해서 변화하는 콘크리트 유동성의 정도

③ **플라스티시티(Plasticity, 성형성)** : 거푸집의 형상에 순응하여 채우기 쉽고 분리가 일어나지 않는 성질

④ **피니셔빌리티(Finishability, 마무리성)** : 굵은 골재의 최대치수, 잔골재율, 잔골재의 입도, 반죽질기 등에 의한 콘크리트 표면의 마무리 정도를 나타내는 성질

⑤ **블리딩(Bleeding)** : 콘크리트 타설 후 시멘트, 골재입자 등이 침하에 따라 물이 분리·상승되어 콘크리트 표면에 떠오르는 현상

⑥ **레이턴스(Laitance)** : 블리딩에 의해 떠오른 미립물이 그 후 콘크리트 표면에 얇은 막으로 침적되는 현상

⑦ **펌퍼빌리티(Pumpability, 압송성)** : 콘크리트 타설시 펌프공법을 채용할 경우에 컨시스턴시가 불량하면 콘크리트의 펌프가 막혀 압송이 불가능하게 되어 현장의 작업이 정지되거나, 압송 중에 슬럼프 저하가 발생하면 부어넣기, 다짐 등이 곤란하게 된다. 이와 같이 펌프용 콘크리트의 워커빌리티를 판단하는 하나의 척도로 펌퍼빌리티라는 용어를 사용

(2) 워커빌리티와 컨시스턴시

① **워커빌리티(Workability)**
   ㉮ 워커빌리티에 영향을 주는 요인 : 시멘트의 품질 및 양, 골재의 입도와 형상, 단위수량, 배합 및 비빔, 혼화재료, 온도 및 혼합시간
   ㉯ 워커빌리티의 측정법 : 슬럼프 시험, 다짐계수 시험, 비빔시험, 흐름 시험(Flow test), 리몰딩 시험(Remolding test), 구관입 시험

② **컨시스턴시에 영향을 주는 요인** : 단위 수량, 잔골재율, 콘크리트의 온도, 공기 연행량 등

(3) 블리딩(Bleeding)

① **블리딩 현상에 의한 영향**
   ㉮ 콘크리트의 품질 및 수밀성, 내구성을 저하시킨다.
   ㉯ 시멘트풀과의 부착을 저해한다.

② **블리딩을 적게 하기 위한 방법**
   ㉮ 단위 수량을 적게 한다.
   ㉯ 골재입도가 적당해야 한다.
   ㉰ 적당한 혼화재를 사용한다.

(4) 재료 분리 현상

① **재료 분리 현상을 일으키는 경우**
㉮ 굵은 골재와 치수가 너무 큰 경우
㉯ 거친 입자의 잔골재를 사용하는 경우
㉰ 단위 골재량이 너무 많은 경우
㉱ 단위 수량이 너무 많은 경우
㉲ 배합이 적정하지 않은 경우

② **재료 분리 현상을 줄이기 위해 유의해야 할 사항**
㉮ 잔골재율을 크게 하고, 잔골재 중에 0.15~0.3mm 정도의 세입분을 많게 한다.
㉯ 물·시멘트비를 작게 한다.
㉰ 콘크리트의 성형성(Plasticity)을 증가시킨다.
㉱ AE제, 플라이애시 등을 사용한다.

6 경화된 콘크리트의 성질

(1) 콘크리트의 강도

① **압축강도** : 콘크리트의 강도는 재령 28일의 압축강도를 기준
② **인장강도** : 압축강도의 1/10~1/13
③ **휨강도** : 압축강도의 1/5~1/18(인장 강도의 1.6~2배)
④ **전단강도** : 압축강도의 1/4~1/6
⑤ **부착강도** : 압축강도가 증가함에 따라 증가(압축강도 350kg/cm² 이상에서는 증가하지 않음)

> **콘크리트 강도의 크기**
> 압축강도 > 전단강도 > 휨강도 > 인장강도

(2) 콘크리트 강도에 영향을 주는 요인

① **사용재료(시멘트, 골재, 혼합수, 혼화재료 등)의 품질** : 시멘트·물비가 동일하면 콘크리트의 강도는 시멘트 강도(사용 시멘트의 품질)에 비례하여 증감한다.
② **물·시멘트비** : 콘크리트 강도에 영향을 미치는 가장 중요한 요인이다.
③ **공기량** : 공기량이 1% 증가함에 따라 콘크리트의 강도는 4~6% 감소한다.
④ **시공방법** : 손비빔보다 기계비빔이 강도면에서 10~20% 정도 증대되며, 진동기는 묽은 반죽에는 효과가 적다.
⑤ **양생방법** : 습윤 양생 후 공기 중에서 건조시키면 강도가 20~40% 증가되며 일반적으로 4~40℃의 범위에서는 온도가 높을수록 재령 28일까지의 강도는 증가한다.

(3) 탄성변형
① 콘크리트가 외력에 의하여 탄성변위 내에서 생기는 변형을 의미한다.
② 콘크리트의 변형률은 0.002 정도, 파괴시 변형률은 0.003~0.008 정도로 실질적인 최대 변형률은 0.003~0.004 범위이다.

> **탄성계수**
> 콘크리트의 탄성계수는 압축강도 및 밀도가 클수록 커진다.

(4) 크리프(Creep)
① **크리프의 개념과 발생원인**
  ㉮ 크리프란 콘크리트에 일정한 하중이 장기간 가해질 때 하중의 증가가 없어도 변형이 증대되는 현상을 말한다.
  ㉯ 시멘트 페이스트의 점탄성적 성질, 시멘트풀과 골재 사이의 부착성, 소성 성질의 복합 작용에 의해 크리프가 발생한다.

② **콘크리트에서 크리프가 커지는 경우**
  ㉮ 재령이 짧을수록
  ㉯ 외부 습도가 낮을수록
  ㉰ 부재의 단면치수가 작을수록
  ㉱ 대기온도가 높을수록
  ㉲ 배합이 적절치 않고 물·시멘트비가 클수록
  ㉳ 단위 시멘트량이 많을수록

(5) 건조수축
① **건조수축의 개념**
  ㉮ 건조수축이란 습윤상태에 있는 콘크리트가 수분의 건조에 따라 수축하는 현상을 말한다.
  ㉯ 건조수축이 기초, 구조부재, 보강철근 등에 구속받을 경우 인장응력으로 인해 균열이 발생한다.
  ㉰ 건조수축에 가장 큰 영향을 미치는 것은 단위 수량이며 단위 수량을 적게 해야 건조수축이 적어진다.

② **건조수축이 커지는 경우**
  ㉮ 분말도가 큰 시멘트를 사용할 때
  ㉯ 불량한 입도의 골재, 흡수량이 큰 골재를 사용할 때
  ㉰ 단위 수량이 클 때
  ㉱ 온도가 높을수록, 습도가 낮을수록
  ㉲ 부재의 단면치수가 작을수록

(6) 수밀성이 커지는 경우
  ① 물·시멘트비가 작을수록
  ② 골재 최대치수가 작을수록
  ③ 습윤양생이 충분하고 다짐이 충분할수록
  ④ 혼화제(混和濟)나 혼화재(混和材)를 사용하면 수밀성이 좋아진다.

7 콘크리트 배합

(1) 부배합 및 빈배합
  ① **부배합** : 배합설계에서 산출된 단위 시멘트의 양보다 많은 양의 시멘트를 사용하는 배합
  ② **빈배합** : 적은 양의 시멘트를 사용한 배합
  ③ **배합설계의 순서** : 설계강도 결정 → 배합강도 결정 → 시멘트강도 결정 → 물·시멘트비 결정 → 워커빌리티 측정을 위한 슬럼프 값의 결정 → 굵은 골재 최대 치수의 결정 → 절대 잔골재율의 결정 → 단위 수량의 결정 → 시방 배합의 산출 및 조정 → 현장 배합으로 수정

(2) 물·시멘트비의 결정
  ① 물·시멘트비가 너무 크면 시공연도가 증가되나 내구성이 감소한다.
  ② 물·시멘트비가 작으면 시공연도가 낮아지고 균열이 발생한다.
  ③ 물·시멘트의 범위는 40~70% 정도가 적당하다.

> **물·시멘트비**
> 물·시멘트비(W/C) = $\dfrac{61}{\dfrac{F}{K} + 0.34}$ (%) [보통 포틀랜드 시멘트의 경우]
> F : 콘크리트의 배합강도, K : 시멘트 강도

(3) 물·시멘트비의 적정범위
  ① **보통 콘크리트** : 40~70%
  ② **경량골재 콘크리트** : 45~50%
  ③ **고강도 콘크리트** : 55% 이하
  ④ **수중 콘크리트** : 55% 이하
  ⑤ **방사선 차폐용 콘크리트** : 60% 이하

8 각종 콘크리트

(1) 경량 및 중량 콘크리트
① **경량 콘크리트** : 단위 용적중량이 $1.7t/m^3$ 이하, 기건 비중이 2.0 이하로 자중이 작고 열전도성이 낮으며 방음효과가 있음. 건조수축이 크다.
② **중량 콘크리트** : 단위 용적중량이 $3 \sim 5t/m^3$

(2) AE 콘크리트(Air Entrained Concrete)
① AE제를 사용한 콘크리트로 미세한 공기를 섞어 성질을 개선한 콘크리트로 응집력이 커지고 유동성이 좋아져 부어넣기 작업이 쉽다.
② 방수성이 뛰어나고 화학작용에 대한 저항성이 커지므로 재치장 콘크리트 시공에 알맞다.
③ 공기량이 1% 늘어나면 압축강도가 4~5% 떨어지고, 철근과의 부착강도와 마감 모르타르의 부착력이 떨어진다.

(3) 진공 콘크리트(Vacuum Concrete)
① 콘크리트 표면에 진공 상태를 만들어 물과 공기를 뽑아낸 콘크리트이다.
② 조기강도, 내구성, 내마모성, 동결융해의 저항성이 커지며 건조수축이 적을 뿐 아니라, 양생기간이 짧고 표면 경도가 증진된다.

(4) 프리스트레스 콘크리트(PS, Prestressed Concrete)
① 피아노선, 특수강선 등을 사용해 미리 부재 내에 응력을 줌으로써 사용시 받는 외력에 의한 응력에 견디도록 만든 콘크리트이다.
② 프리스트레스를 주는 방법에 따라 프리텐셔닝, 포스트텐셔닝으로 구분하며 조립 철근콘크리트의 구조용 부재 외에 교량의 PC빔, 철도의 침목 등에 사용된다.

(5) 매스 콘크리트(Mass Concrete)
① 구조물 또는 부재의 치수가 커서 시멘트에 의한 온도의 상승을 고려하여 시공하는 콘크리트이다.
② 수화열이 적은 시멘트를 사용하고 혼합재로써 플라이애시 등의 포졸라나(Pozzolana)를 사용한다.

(6) 프리팩트 콘크리트(Prepacked Concrete)
① 짜놓은 거푸집 내에 굵은 골재를 채워 넣고 미리 설치해 놓은 파이프를 통해 특수 모르타르를 주입하여 만드는 콘크리트이다.

② 주입 콘크리트라고도 하며, 구조체의 보수공사나 프리패브공사 및 수중 콘크리트공사 등에 사용된다.

(7) 서모콘(Thermo-Con)
① 골재를 사용하지 않고 시멘트, 물, 발포제(發泡劑)를 혼합하여 만든 일종의 경량 콘크리트로 물·시멘트비는 약 43%, 강도 40~45kg/cm²(4주 압축강도), 비중은 0.8~0.9(물보다 가벼움) 정도이다.
② 건조수축은 보통 콘크리트의 5배, 벽의 1단 부어넣기 높이는 20cm 정도로 하며, 발포제 사용시는 2배로 팽창·경화된다(팽창 소요시간은 여름 20분, 겨울 60분, 경화 소요시간은 여름 1시간, 겨울 1.5시간)

(8) 한중 콘크리트(Cold Weather Concrete)
① 평균기온이 4℃ 이하에서는 콘크리트 응결·경화반응이 지연되어 콘크리트가 어는 경우가 있는데, 이러한 동결현상을 막기 위해 시공하는 것이 한중 콘크리트이다.
② **특징 및 타설시 주의사항**
  ㉮ 거푸집이나 지반이 얼었을 때는 먼저 녹인 후 콘크리트를 타설
  ㉯ 거푸집은 보온성이 좋은 것을 사용
  ㉰ 비비기나 운반 과정에서 열량 손실을 최소화
  ㉱ AE 콘크리트를 사용하면 콘크리트의 내동결성이 증가
  ㉲ 물과 골재를 가열해 사용
  ㉳ 양생 과정에서 지속적으로 열을 공급하여 타설 콘크리트를 15℃ 정도로 유지
  ㉴ 물의 사용량을 적게 하고, 물과 시멘트 비율은 60% 이하로 유지

(9) 서중 콘크리트(Hot Weather Concrete)
① 평균기온이 25℃ 또는 최고온도가 30℃를 넘는 상황에서의 콘크리트 타설로 기온이 높아서 슬럼프의 저하와 수분의 급격한 증발 등의 위험성이 있는 시기에 시공되는 콘크리트이다.
② **특징 및 타설시 주의사항**
  ㉮ 물과 시멘트는 되도록 저온의 것을 사용한다.
  ㉯ 거푸집이 건조하면 콘크리트의 유동성을 떨어뜨릴 우려가 있으므로 습윤상태를 유지해야 한다.
  ㉰ 표면활성제, AE제, 분산제 등을 사용하여 시멘트 입자를 분산시키거나 기포를 발생시켜 시공연도를 증진시키고, 재료분리를 방지하여야 한다.

(10) 수밀 콘크리트(Watertight Concrete)
① 수조나 지하 구조물 등 물이 침투하지 않도록 수밀(水密)을 요하는 콘크리트 구조물에 사용한다.

② 특징 및 타설시 주의사항
　㉮ 타설 중 콘크리트 분리에 의한 부분적인 결점이 생기지 않도록 워커블한 콘크리트를 세심하게 다진다.
　㉯ 굵은 골재의 하면에는 동수저항이 심하고 작은 틈이 형성되기 쉬우므로 굵은 골재의 최대치수는 크지 않게 한다.
　㉰ 워커빌리티를 개선하기 위해 AE제, 감수제 또는 AE 감수제를 적절히 이용하는 동시에 잔골재율을 다소 크게한다.
　㉱ 물·시멘트비를 55% 이하로 하고, 건조수축균열을 막고 콘크리트 구조물의 수밀성을 더하기 위해서는 팽창재를 사용한다.

9 콘크리트의 줄눈(Joint)과 진동기의 사용

(1) 콘크리트 줄눈(Joint)의 종류
　① **콜드 조인트(Cold Joint)** : 시공 과정 중 휴식시간 등으로 응결하기 시작한 콘크리트에 새로운 콘크리트를 이어칠 때 생기는 줄눈
　② **시공 줄눈(Construction Joint)** : 시공상 콘크리트를 한번에 타설하지 못할 때 생기는 줄눈
　③ **신축 줄눈(Expansion Joint)** : 온도변화에 따른 팽창수축 혹은 부동침하, 진동 등에 의해 균열이 예상되는 위치에 설치하는 줄눈
　④ **조절 줄눈(Control Joint)** : 지반 등 안정된 위치에 있는 바닥판 또는 벽면이 수축에 의하여 표면에 균열이 생길 수 있는데 일정한 곳에만 일어나도록 유도하는 줄눈

(2) 진동기의 사용
　① 콘크리트 다지기에는 내부 진동기를 사용하는 것이 원칙이나, 얇은 벽 등 내부 진동기의 사용이 곤란한 장소에서는 거푸집 진동기를 사용해도 좋다.
　② 막대 진동기는 1일 콘크리트 작업량 20m^3 마다 1대로 잡는 것을 표준으로 한다(3대 사용시 예비 진동기 1대).
　③ 수직으로 사용한다.
　④ 철근 및 거푸집에 직접 닿지 않도록 한다.
　⑤ 사용간격은 진동이 중복되지 않도록 60cm 이하로 한다.
　⑥ 사용시간은 30~40초가 적당하다.
　⑦ 콘크리트에 구멍이 남지 않도록 서서히 뺀다.
　⑧ 굳기 시작한 콘크리트에는 사용하지 않는다.

석재, 점토 및 타일

1 석재의 분류 및 장단점

(1) 석재의 성인에 따른 분류

① **화성암** : 화강암, 안산암, 현무암, 감람석, 부석 등

② **수성암** : 사암, 이판암, 점판암, 응회암, 석회암 등

③ **변성암** : 대리석, 사문석, 석면 등

(2) 석재의 장점과 단점

① **석재의 장점**

㉮ 강도(석재의 강도는 압축강도가 기준)가 크다.
㉯ 풍화가 적고 내구성이 좋다.
㉰ 매장량이 풍부하고 구입이 용이하다.
㉱ 외관이 장엄하므로 건물의 내장재와 구조재로 활용할 수 있다.

② **석재의 단점**

㉮ 인장강도가 압축강도의 1/10~1/40 정도이다.
㉯ 비중이 커서 운반 및 시공이 불편하고, 가공성이 좋지 않다.
㉰ 석재의 종류에 따라서는 내화성이 약하다.

2 석재의 성질 및 가공

(1) 석재의 물리적 성질 비교

종류	평균 압축강도	내화도	비중	흡수율
화강암	1720kgf/m²	600℃	2.65	0.3%
대리석	1500kgf/m²	700℃	2.72	0.14%
안산암	1200kgf/m²	1000℃	2.54	2.5%
점판암	1000kgf/m²	1000℃	2.72	0.25%
사문암	970kgf/m²	1000℃	2.83	0.3%
사암	450kgf/m²	1000℃	2.02	13%
응회암	180kgf/m²	1200℃	1.45	19%

(2) 석재의 강도, 비중, 흡수율 및 내화도 비교

① **압축강도** : 화강암 〉 대리석 〉 안산암 〉 점판암 〉 사문암 〉 사암 〉 응회암

② **내화도** : 응회암 〉 안산암 · 점판암 〉 사암 〉 대리석 〉 화강암

③ **비중** : 사문암 〉 점판암 · 대리석 〉 화강암 〉 안산암 〉 사암 〉 응회암

④ **흡수율** : 응회암 〉 사암 〉 안산암 〉 화강암 〉 점판암 〉 대리석

⑤ **내구연한(수명)** : 사암결정 · 화강암 〉 대리석 〉 석회암 〉 사암

■ 석재의 조직에 관계되는 용어
- 석리 : 광물의 조직에 따라 생기는 눈의 모양
- 절리 : 천연적으로 갈라진 틈(화성암에 많음)
- 석목(돌눈) : 일정한 방향의 깨지기 쉬운 면(석재의 채석이나 가공시 이용)
- 층리 : 퇴적암, 변성암에 흔히 있는 평행상의 절리
- 편리 : 변성암에서 생기는 불규칙한 절리(박편 모양으로 작게 갈라짐)

(3) 석재의 가공

① **가공의 종류** : 규격화가공, 할석, 표면가공

② **표면가공의 순서(손다듬기)** : 혹두기 – 정다듬 – 깎기 – 도드락다듬 – 잔다듬 – 물갈기

3 가공 석재의 특성

(1) 화성암(火成巖, Igneous rock)

① **화강암(花崗巖, Granite)**
㉮ 땅 속 깊은 곳에서 마그마가 서서히 식어서 굳어진 암석으로 강도가 가장 크다.
㉯ 석영, 장석, 운모로 이루어져 있다.
㉰ 석질이 견고하고 풍화나 마멸에 강하다.
㉱ 대재를 얻기 쉽고 외관이 아름다워 장식재로 쓸 수 있다.
㉲ 내화도가 낮아서 고열을 받는 곳에는 부적당하다.

② **안산암(安山岩, Andesite)**
㉮ 강도, 경도가 크며 내화성이 있다.
㉯ 구조재로 사용한다.

③ **부석(浮石, Pumice)**
㉮ 열전도율이 작고 내화성, 내산성이 있다.
㉯ 단열재, 특수화학 장치에 이용한다.

(2) 수성암(水成岩, Aqueous rock)

① **이판암 및 점판암**
㉮ 이판암(泥板岩, Shale) : 침전된 점토가 지압과 지열에 의해 응결한 것이다.
㉯ 점판암(粘板岩, Slate) : 이판암이 다시 지압에 의해 변질된 것으로 박리성이 있고 치밀하여 슬레이트 지붕재, 벽재, 비석 등에 이용된다.

② **응회암(凝灰岩, Tuff)**
㉮ 화산재가 모래와 같이 퇴적하여 응고된 것으로 석질이 연하여 가공성이 양호하다.
㉯ 장식재로 많이 사용되며 다공질로 흡수성이 크고 강도, 내구성이 작은 반면 내화성은 크다.

③ **화산암(火山岩, Volcanic rock)**
㉮ 마그마가 지표 또는 지하의 얕은 곳에까지 올라와 고결된 암석을 말하며 분출암이라고도 한다.
㉯ 대부분은 입자가 매우 작고 결정질이거나 유리질로 강도가 작고 흡수율이 크다.

(3) 변성암(變成岩, Metamorphic rock)

① **대리석(大理石, Marble)**
㉮ 변성암의 대표적인 석재로 연마하면 아름다운 광택을 낸다.
㉯ 내산성 및 내화성이 낮고, 풍화되기 쉬워 장식재로 사용된다.

② **석면(石綿, Asbestos)**
㉮ 섬유상으로 마그네슘이 많은 함수규산염 광물이며, 내화성(1200~1300℃)이 있다.
㉯ 열전도율이 작고 내알칼리성이 우수하여 건축자재, 방화재, 전기절연재 등으로 쓰이지만 세계보건기구가 지정한 1급 발암물질이다.

> **트래버틴(Travertine)**
> 탄산석회($CaCO_3$)를 포함만 대리석의 한 종류로 물에 침전되어 생성된 것이다. 다공질이며, 황갈색의 반문이 있고 광택이 우수하여 실내 장식용으로 사용된다.

4 석재 제품과 쌓기

(1) 석재 제품

① **암면** : 단열, 보온, 흡음 등이 우수하고 내화성이 있어 음이나 열의 차단재로 사용한다.
② **질석** : 운모계와 사문암계의 광석을 800~1000℃로 가열·팽창시켜 체적이 5~6배로 된 다공질 석의 경석이다.
③ **테라조(Terrazzo)** : 바닥 마감재의 일종으로 종석(대리석) + 백색 시멘트 + 강모래 + 안료 + 물을 혼합한 뒤 바탕면을 숫돌로 갈아서 만든다.

④ 펄라이트(Perlite, 진주암)
  ㉮ 마그마가 지표의 호수나 바다로 흘러들어 급속히 냉각되면서 내부에 휘발성분이 농집되어 생성된 비정질의 광물을 적절한 입도로 분쇄하여 1,100℃ 이상의 고온에서 급속 가열·팽창시킨 초경량 순수 무기소재이다.
  ㉯ 탁월한 경량, 내화, 단열, 흡음 및 결로 방지 효과와 무독, 무균, 무취 특성까지 겸비하여 보온·단열자재로 사용된다.

(2) 돌쌓기와 석축쌓기
① 돌쌓기의 종류
  ㉮ 거친돌 막쌓기 : 잡석, 간사 등으로 돌맞댐면을 불규칙하게 쌓는 방법
  ㉯ 다듬돌 쌓기 : 석재면을 평탄하게 다듬어 돌을 쌓는 방법
  ㉰ 허튼층 쌓기 : 줄눈을 불규칙하게 쌓는 방법
  ㉱ 바른층 쌓기 : 돌의 면 높이를 같게 하여 가로줄눈이 일직선이 되도록 쌓는 방법
  ㉲ 층지어 쌓기 : 허튼층으로 쌓되 3켜 정도마다 수평줄눈 일직선으로 쌓기

② 석축쌓기의 종류
  ㉮ 건쌓기 : 돌 사이에 뒤 고임돌만 다져 넣는 것
  ㉯ 모르타르 사춤쌓기 : 맞댄면만 모르타르와 콘크리트를 깔고 뒷면은 잡석으로 다짐하는 것
  ㉰ 찰쌓기 : 돌 사이에 모르타르를 넣고, 뒤에는 콘크리트를 넣는 것으로 가장 견고한 쌓기

5 점토(粘土, Clay)

(1) 점토의 특징
① 압축강도는 크나 인장강도는 거의 없다(압축강도는 인장강도의 5배 정도).
② 비중은 2.5~2.6 정도로 입자의 크기는 보통 2μm 이하의 미립자이다.
③ 가소성은 점토 성형에 중요한 성질로써 좋은 점토일수록 가소성이 좋다(40~50%).

(2) 점토의 성분과 용어
① **점토의 주성분** : 규산(SiO_2 : 50~70%), 알루미나(Al_2O_3 : 15~35%)이고 그밖에 Fe_2O_3, CaO, MgO, Na_2O 등이 포함되어 있다.
② 카올린과 샤모트
  ㉮ 카올린(Kaolin, 고령토) : 화학적으로 순수한 점토
  ㉯ 샤모트(Chamotte) : 점토를 한 번 구워 분쇄한 것으로 가소성을 조절할 때 사용

(3) 함수율
① 모래가 포함될 경우 30~40%, 모래가 포함되지 않을 경우 30~100%이다.
② 기건 상태에서 적은 것은 7~10%, 많은 것은 40~45%이다.

(4) 점토 소성 제품의 분류

구분	토기	도기	석기	자기
소성온도	790~1000℃	1100~1230℃	1160~1350℃	1230~1460℃
흡수율	20% 이상	10% 내외	3~10%	1% 이하
색상	유색, 백색	유색, 백색	유색	백색
특성	저급원료, 취약함	다공질, 탁음, 유약사용	유약을 사용하지 않으며 식염수 사용	금속성 청음
용도	기와, 적벽돌, 토관	내장타일, 테라코타	외장·바닥타일, 클링커 타일	고급타일, 모자이크 타일, 위생도기

(5) 보통 벽돌의 품질

등급	압축강도(kg/cm²)	흡수율(%)	구워진 정도	두드렸을 때	형상(외관)
1등급	150 이상	20 이하	양호	금속성 청음	형상 양호, 균열 및 흠이 극히 적음
2등급	100 이상	28 이하	보통	탁음	보통 형태

※ 흡수율 = $\dfrac{표건중량 - 절건중량}{절건중량} \times 100$

6 타일 및 테라코타, ALC 제품

(1) 타일(Tile)의 종류

① **클링커 타일(Clinker Tile)** : 표면에 거칠게 요철 무늬를 넣는다.

② **모자이크 타일(Mosaic Tile)** : 아름다운 무늬를 만들 수 있는 소형 타일로서 바닥에 많이 쓰인다.

③ **알루미늄 타일(Aluminum Tile)** : 보오크사이트(Bauxite)를 원료로 하여 만든 타일이다.

④ **계단 논슬립(Non-slip)** : 계단의 모서리에 붙이는 것으로 마모에 대한 저항성이 금속제보다 우수하다.

⑤ **스크래치드 타일(Scratched Tile)** : 표면이 긁힌 모양의 외장용 타일이다.

(2) 테라코타(Terra-cotta)

① 고급 점토에 도토, 자토 등을 혼합 반죽하여 소성한 속이 비어있는 대형의 점토 소성품이다.

② 일반 석재보다 경량이며, 압축강도는 화강암의 1/2 정도이다.

③ 화강암보다 내화성이 크고, 풍화에도 강해 외장용으로 사용된다.

④ 건축에 쓰이는 점토 제품으로는 가장 미술적이고, 색도 석재보다 자유롭다.

(3) ALC(Autoclaved Lightweight Concrete) 제품
① 규사, 생석회, 시멘트 등에 발포제인 알루미늄 분말과 기포 안정제를 넣어 고온, 고압증기양생을 거쳐 제조하는 기포 콘크리트의 일종이다.
② 경량이며, 단열성능이 우수하다.
③ 내화성능, 흡음성능, 방음성능이 우수하며, 열전도율이 적다.
④ 제품의 변형, 균열이 없으며 가공성이 우수하다.

금속재료

1. 금속재료의 장점과 단점

(1) 장점
① 강도와 탄성계수가 크며, 특히 인장강도가 크다.
② 경도 및 내마모성이 크다.
③ 인성과 연성이 크다.
④ 가공이 용이하고 도금 및 도장에 의해 내구성이 커진다.
⑤ 다른 금속과 합금하면 품질과 성능이 향상된다.

(2) 단점
① 전기 및 열전도율이 크다.
② 비중이 커서 자중(자체의 무게)이 증가한다.
③ 부식되기 쉽다.

2. 철강의 성분 및 강(鋼)의 열처리

(1) 철강의 성분
① **철강의 성분** : 철(Fe)과 탄소(C), 규소(Si), 망간(Mn), 황(S), 인(P)
② **탄소함유량에 따른 철강의 분류 및 특징**

명칭	탄소함유량	성질
순철(연철)	0.04% 이하	연질, 가단성이 크다.
강	0.04~1.7%	가단성, 주조성, 담금질 효과가 있다.
주철	1.7% 이상	경질, 주조성이 좋고, 취성이 크다.

③ **철강의 주조성** : 주철 > 탄소강 > 순철

(2) 강(鋼)의 열처리
　① 풀림(Annealing)
　　㉮ 처리 : 강을 높은 온도(800~1000℃)로 30분~1시간 가열한 후에 로(爐)속에서 서서히 냉각시키는 열처리 방식
　　㉯ 목적 : 강의 가공으로 인한 내부 응력을 제거시키기 위해서
　② 불림(Normalizing)
　　㉮ 처리 : 강을 800~1000℃로 가열한 후 대기 중에서 냉각시키는 열처리 방법
　　㉯ 목적 : 강의 조직을 미세화하고 내부 응력과 변형을 제거하기 위해서
　③ 담금질(Quenching)
　　㉮ 처리 : 강을 가열한 후 물 또는 기름 속에 투입하여 급랭시키는 열처리 방법(탄소 함유량이 0.4% 이하는 불가능)
　　㉯ 목적 : 강의 강도 및 경도를 증가시키기 위해서
　④ 뜨임질(Tempering)
　　㉮ 처리 : 담금질한 강을 250~300℃ 정도로 다시 가열한 후에 공기 중에서 서서히 냉각시키는 열처리 방법
　　㉯ 목적 : 담금질한 강에 인성을 주고 내부의 잔류응력을 제거하기 위해서

3 강(鋼)의 기계적 성질

(1) 탄소 및 기타 함유 성분에 의한 특성
　① 탄소(C)에 의한 특성
　　㉮ 탄소의 함유량이 많을수록 경도와 강도가 증대되나 신장률, 단면수축율은 감소한다.
　　㉯ 탄소 함유량이 0.8~1.0%일 때 인장강도가 최대이며, 이를 넘으면 감소한다.
　　㉰ 경도는 탄소 함유량이 0.9%일 때 최대가 되며, 그 이상 함유시에는 일정하다.
　② 규소(Si) : 3%까지는 강도가 증대되나, 함유량이 많아질수록 취약하고 가단성이 감소한다.
　③ 망간(Mn) : 1% 정도까지는 강도 및 경도 등이 커지나, 2% 이상이 되면 취약해진다.
　④ 황(S) 및 인(P) : 유해한 불순물로 함유율이 0.2%에 이르면 강재로서 가치가 없어진다.
　⑤ 기타 성분
　　㉮ 구리(Cu) : 용융성 증대
　　㉯ 크롬(Cr) : 산화에 대한 내력증대, 경도증대, 취성증대
　　㉰ 니켈(Ni) : 경도증대, 인성증대

> **경도시험**
> 작은 강구 또는 다이아몬드 추를 강재 표면에 충돌시켜 오목하게 들어가는 상황에 따라 판정으로 로크웰(Rockwell) 시험법이 주로 사용된다.

(2) 온도에 의한 성질

① **온도와 강도**
　㉮ 0~250℃ : 강도 증가, 250℃에서 최대, 250℃ 이상이 되면 강도 감소
　㉯ 500℃ 전후 : 0℃때 강도의 1/2로 감소
　㉰ 600℃ 전후 : 0℃때 강도의 1/3로 감소
　㉱ 900℃ 전후 : 0℃때 강도는 1/10로 감소

② **온도와 신도**
　㉮ 상온 이하에서는 신도가 약간 감소
　㉯ 200~300℃에서는 현저히 감소, 이로부터 급격히 증대(200~250℃에서 청열취성, 900℃ 전후에서 적열취성을 나타냄)

4 특수강(합금강)

(1) 구조용 특수강

① 탄소강에 니켈(Ni), 크롬(Cr), 몰리브덴(Mo) 등의 금속원소를 첨가하여 탄소강보다 강인성을 높인 것으로 기계 구조용에 많이 쓰인다.
② 니켈(Ni)강, 크롬(Cr)강, 니켈크롬(Ni-Cr)강 등이 있다.

(2) 스테인레스강

① 내식성이 우수한 특수강으로 전기저항이 크고 열전도율이 낮으며, 경도에 비해 가공성도 좋다.
② 13크롬 스테인레스강, 18크롬 스테인레스강, 18-8스테인레스강 등이 있다.

5 비철금속

(1) 동(銅)의 합금

① **황동(黃銅, 놋쇠, Brass)**
　㉮ 동+아연(10~45% 정도 함유)의 합금이다.
　㉯ 동보다 단단하고 주조가 잘되며 압연, 인발(引拔) 등의 가공이 용이하다.
　㉰ 내식성이 크나 산과 알칼리에는 침식된다.

② **청동(靑銅, Bronze)**
　㉮ 동+주석(Sn)의 합금이다.
　㉯ 황동보다 내식성이 크고 주조하기 쉽다.
　㉰ 포금(砲金, Gun metal)은 주석을 10% 정도 함유한 청동으로 강도와 경도가 크다.

(2) 알루미늄(Aluminum)
   ① 경량질에 비해 강도가 크다.
   ② 광선 및 열에 대한 반사율이 커서 열차단재로도 사용된다.
   ③ 내화성이 적고 열팽창이 철의 2배 정도로 크다.
   ④ 공기 중에서 Al_2O_3의 피막을 만들어 내부를 보호한다.
   ⑤ 산·알칼리 및 해수에 침식되기 쉽다.

> **알루미늄의 가공품**
> - 테르밋 : 알루미늄분+산화철분
> - 듀랄루민 : 알루미늄(Al)에 Cu 4%, Mg 0.5%, Mn 0.5%를 첨가하여 제조한 알루미늄 합금

(3) 주철(鑄鐵, 주석)
   ① 인장강도가 작으며, 압축강도는 인장강도의 3~4배이다.
   ② 굽힘강도는 인장강도의 1.5~2.0배 정도이다.

(4) 납(Lead)
   ① 인장강도가 작고 융점은 327℃이며 금속 중 비중이 가장 크다.
   ② 연성, 전성이 가장 크며 열전도율이 작고 온도에 따른 신축성이 크다.

6 금속 제품

(1) 선제제품
   ① 와이어 메쉬(Wire mesh)
      ㉮ 비교적 굵은 연강철선을 전기용접하여 정방형이나 장방형으로 만든 것
      ㉯ 콘크리트 다짐바닥, 콘크리트 도로포장 등 콘크리트 보강용으로 사용
   ② 와이어 라스(Wire lath)
      ㉮ 보통철선 또는 아연도금한 굵은 철선을 엮어 둥근형, 갑옷형, 마름모형 등으로 만든 철망
      ㉯ 시멘트 모르타르 바름 등의 바탕보강용으로 사용(이질바탕재)

> **용접철망**
> 철선을 직교하게 배치하여 교점을 전기용접하여 격자모양으로 만든 철망으로 지붕 및 바닥콘크리트의 균열억제 및 보강용, 철근콘크리트 도로포장의 균열방지 및 보강, 프리케스트 콘크리트 부재의 보강근, 옹벽 및 도로배수관 콘크리트의 보강근, 휴게소 주차장 포장시 균열방지 및 보강근 등으로 사용됨

(2) 금속성형 가공제품
　① **메탈 라스(Metal lath)**
　　㉮ 두께 0.4~0.8mm의 연강판에 마름모꼴의 구멍을 연속적으로 뚫어 그물처럼 만든 것
　　㉯ 천장, 벽 등의 모르타르 바름 바탕보강용(이질바탕재)으로 사용
　② **익스팬디드 메탈(Expanded metal)**
　　㉮ 얇은 구리판에 일정한 간격으로 절삭 자국을 내어 절삭자국과 직각방향으로 잡아당겨 늘여서 그물 모양으로 만든 것
　　㉯ 콘크리트 보강용으로 사용
　③ **메탈폼(Metal form)**
　　㉮ 강철로 만들어진 패널(Panel)인 콘크리트 형틀
　　㉯ 금속제의 콘크리트용 거푸집으로 사용

(3) 장식용 금속 제품
　① **코너비드(Corner bead)** : 모서리 부분의 미장 바름을 보호하기 위하여 사용하는 모서리쇠
　② **조이너(Joiner)** : 이음새를 누르고 감추는데 쓰이는 금속 제품
　③ **펀칭 메탈(Punching metal)** : 환기구멍 및 라디에이터 커버에 사용
　④ **스팬드럴 패널(Spandrel panel)** : 수평이 되게 하기 위하여 고이는 모든 삼각형 부재

(4) 창호 철물
　① **자유경첩(자유정첩)** : 안팎으로 개폐할 수 있는 경첩으로 자재문에 사용한다.
　② **플로어 힌지(Floor hinge)** : 정첩으로 지탱할 수 없는 무거운 자재 여닫이문에 사용한다.
　③ **피벗 힌지(Pivot hinge)** : 용수철을 쓰지 않고 문장부식으로 된 정첩으로 가장 중량문에 사용한다.
　④ **도어 체크(Door check, Door closer)** : 문 윗틀과 문짝에 설치하여 자동으로 문을 닫는 장치이다.
　⑤ **레버터리 힌지(Lavatory hinge)** : 공중전화 출입문, 공중변소에 사용하며, 15cm 정도 열려진 것을 말한다.
　⑥ **함 자물쇠(Rim lock)** : Latch bolt(손잡이를 돌리면 열리는 자물통)와 Dead bolt(열쇠로 회전시켜 잠그는 자물쇠)가 함께 있다.
　⑦ **실린더 자물쇠(Pin tumbler lock, Mono lock)** : 자물통이 실린더로 된 것으로 텀블러 대신 핀을 넣은 실린더 록으로 고정한다.
　⑧ **나이트 래치(Night latch)** : 바깥에서는 열쇠, 안에서는 손잡이로 여는 실린더 장치를 말한다.
　⑨ **창개폐 조절기** : 여닫이창, 젖힘 창의 개폐조절(창 순위조절기)에 사용한다.
　⑩ **도어 홀더(Door holder), 도어 스톱(Door stop)** : 도어 홀더는 문열림 방지, 도어 스톱은 벽이나 문짝 보호에 사용된다.

⑪ **오르내리 꽂이쇠(Barrel bolt)** : 쌍여닫이문(주로 현관문)에 상하 고정용으로 달아서 개폐방지에 사용한다.

⑫ **크레센트(Crescent)** : 오르내리 창이나 미서기 창의 잠금장치(자물쇠)이다.

⑬ **멀리온(Mullion)** : 창의 면적이 클 때 기존 창 프레임(Frame)을 보강하는 중간 선대이다.

미장 및 방수재료

1 미장재료 및 미장바름

(1) 미장재료의 분류

① **고결재** : 미장 바름의 주체가 되는 재료(소석회, 점토, 돌로마이트 석회, 석고, 마그네시아 시멘트 등)

② **결합재** : 고결재의 결점 보완, 응결경화시간을 조절(여물, 풀, 수염 등)

③ **골재** : 중량 또는 치장을 목적으로 사용(모래)

(2) 각종 미장바름

① **시멘트 모르타르** : 시멘트에 모래, 물, 혼화재를 혼합한 것

② **석고 플라스터** : 석고에 풀 등의 접착제, 응결시간조절제, 혼화제 등을 혼합한 것(벽,천정 등에 사용하는 미장 재료로 수경성)

③ **석고보드** : 경석고에 톱밥, 석면 등을 넣어서 만든 것

④ **돌로마이트 플라스터** : 점성이 커서 풀을 사용하지 않고 물로 연화하여 사용하는 것으로 대기 중의 이산화탄소(CO_2)와 결합하여 경화하는 기경성 미장재료

> **▣ 돌로마이트 플라스터의 특징**
> - 점도가 크고, 응결시간이 길다.
> - 회반죽보다 강도가 크다.
> - 건조경화시에 균열이 생기기 쉽고 물에 약하다.

⑤ **인조석 바름** : 모르타르 바름 바탕 위에 인조석을 바르고 씻어내기, 갈기 또는 잔다듬 등으로 마무리한 것

⑥ **테라조 현장 바름** : 백색 시멘트와 안료 및 종석(대리석, 화강암 등)을 섞어서 정벌바름을 하고 연마, 광내기 등에 의해 광택이 있는 표면을 만드는 것

⑦ **회반죽** : 소석회, 해초풀, 여물, 모래 등을 혼합한 것으로 기경성임, 소량의 석고를 혼입하면 수축균열을 예방

⑧ **회사벽** : 석회죽(Lime cream)에 모래를 넣어 반죽한 것

> ▣ 미장 및 뿜칠의 검사
> - 시공면적 5m² 당 1개소로 두께를 확인
> - 뿜칠 시공의 경우 코어를 채취하여 두께 및 비중을 측정
> - 뿜칠 측정빈도는 각 층마다 또는 1500m² 마다 각 부위별로 1회씩 실시(1회 : 5개)

2 방수공법

(1) 방수의 목적

① 구조물로 침투하는 수분의 차단 혹은 최소화

② 콘크리트의 흡수성 및 투수성을 적게 하고 발수성을 부여함으로써 방수성 향상

③ 외부로부터의 투수나 습기 및 내부구조물 상호간의 투수를 막아 제반시설 보호 및 구조물의 이용 가치 향상과 수명 연장

(2) 방수공법의 분류

① 재료 자체를 수밀하게 하는 공법

② 피막 방수층 공법(시멘트 방수 공법, 아스팔트 방수 공법)

③ 방수제를 도포 및 침투시키는 공법

④ 수밀제를 붙이는 공법

3 아스팔트

(1) 아스팔트의 종류

① **천연 아스팔트** : 로크 아스팔트, 레이크 아스팔트, 아스팔트 타이트

② **석유 아스팔트** : 스트레이트 아스팔트, 블로운 아스팔트, 아스팔트 컴파운드

(2) 아스팔트의 성질

① **비중** : 1.0~1.1 정도

② **침입도** : 아스팔트의 견고성 정도를 침의 관입 저항으로 평가하는 방법(침입도가 적을수록 경질)

③ **연화점** : 아스팔트를 가열하여 일정한 점성에 도달했을 때의 온도(30~80℃)

④ **인화점** : 250~320℃의 범위

⑤ **감온성(感溫性)** : 온도에 따른 견고성의 변화의 정도

㉮ 감온성이 너무 크면 저온시에 취성을 나타내고, 고온시에는 연질을 나타냄

㉯ 감온비 A = $\dfrac{25℃의 침입도}{0℃의 침입도}$, 감온비 B = $\dfrac{46℃의 침입도}{25℃의 침입도}$

⑥ **신도** : 시료의 양단을 잡아당겨 끊어질 때의 길이

> **아스팔트 품질시험**
> 침입도, 감온비, 신도, 연화점

(3) **아스팔트의 제품**
　① **아스팔트 프라이머(Asphalt primer)**
　　㉮ 아스팔트와 휘발성이 높은 용제를 혼합하여 제조
　　㉯ 방수층을 만들 때 콘크리트 바탕에 제일 먼저 사용되는 재료
　② **아스팔트 유제(Asphalt emulsion)**
　　㉮ 유화제를 사용하여 아스팔트 미립자를 수중에 분산시킨 다갈색의 액체
　　㉯ 도로포장용, 특수시멘트 혼합용, 방수도료 등으로 사용
　③ **아스팔트 펠트(Asphalt felt)**
　　㉮ 펠트(Felt)상으로 만든 원지에 연질의 스트레이트 아스팔트를 침투시켜 로울러로 압착하여 제조
　　㉯ 아스팔트 방수 중간층 재료, 내·외벽 라스, 모르타르 바탕의 방수에 사용
　④ **아스팔트 루핑(Asphalt roofing)**
　　㉮ 아스팔트의 펠트 양면에 블로운 아스팔트를 가열·용융시켜 피복한 다음 그 위에 활석 또는 운석의 미분말을 부착하여 제조
　　㉯ 흡수성, 투수성이 작고 유연하며, 온도의 상승으로 유연성이 증대되며, 내후성이 크며 내산성, 내염성이 있음
　　㉰ 건물 평지붕의 방수층, 슬레이트 평판, 금속판 등의 지붕 깔기 바탕 등에 이용
　⑤ **블로운 아스팔트(Blown asphalt)**
　　㉮ 석유 아스팔트에 공기를 불어넣어 탄성력을 크게 제조
　　㉯ 점성과 침투성은 작으나 온도에 의한 변화가 적고 열에 대한 안정성이 뛰어나며 내후성도 큼
　⑥ **아스팔트 바닥 재료**
　　㉮ 아스팔트 타일(Asphalt tile) : 아스팔트와 쿠마론 인덴수지, 염화 비닐 수지에 석면, 돌가루 등을 혼합하여 고열과 고압으로 녹여 제조
　　㉯ 아스팔트 블록(Asphalt block) : 아스팔트에 쇄석, 모래, 석분 등의 골재와 안료수지를 혼합하여 제조

CHAPTER 06 합성수지

1 합성수지와 플라스틱

(1) 합성수지와 플라스틱의 개념적 차이
  ① **합성수지** : 석탄, 석유, 섬유소, 유지, 녹말, 고무, 천연 가스등의 원료를 인공적으로 합성시켜 만든 고분자 물질
  ② **플라스틱** : 가소성을 가진 고분자 물질을 총칭

(2) 합성수지의 대분류
  ① **열가소성 수지** : 고형상에 열을 가하면 연화되거나 용융되어 점성 또는 가소성이 생기고 다시 냉각하면 고형상으로 되는 수지
  ② **열경화성수지** : 고형상에 열을 가하여도 연화되지 않는 수지(축합반응에 의하여 합성시킨 고분자 물질)

2 합성수지의 분류와 용도

(1) 합성수지의 분류 및 주요 용도

분류	소분류	수지(약호)	용도
열가소성	범용수지	폴리에틸렌(PE)	필름, 시트, 성형품, 섬유
		폴리프로필렌(PP)	성형품, 필름, 파이프, 섬유
		폴리스틸렌(PS)	성형품, 발포재료, ABS수지
		염화비닐(PVC)	파이프, 호스, 시트, 판
		염화비닐리덴(PVDC)	필름, 섬유
		플루오르수지(플루오린수지)	내약품성 기계부품
		아크릴수지	판, 성형품(건축재, 디스플레이)
		폴리아세트산 비닐수지	도료, 접착제, 츄잉검

분류	소분류	수지(약호)	용도
열가소성	엔지니어링 플라스틱	폴리아미드수지	기계부품
		아세탈수지	기계부품
		폴리카보네이트(PC)	기계부품, 디스플레이
		폴리페닐렌옥사이드	전기·전자부품
		폴리에스테르	성형품, 판, 화장판, 필름
		폴리술폰	내열성형품, 전지·전자부품, 식품
		폴리이미드	내열성 필름, 접착제
열경화성		페놀수지	적층품(판), 성형품
		우레아수지	접착제, 섬유, 종이 가공품
		멜라민수지	화장판, 도료
		알키드수지	도료
		불포화 폴리에스테르수지	FRP(성형품, 판)
		에폭시수지	도료, 접착제, 절연재
		규소수지	성형품(내열, 절연), 오일, 고무
		폴리우레탄수지	발포제, 합성피혁, 접착제

(2) 중요한 합성수지의 특성

① **아크릴 수지** : 투명성, 유연성, 내후성, 내화학약품성이 우수하다.

② **멜라민 수지** : 무색 투명하고 경도가 크고 내약품성, 내용제성, 내열성이 우수하다.

③ **실리콘 수지** : 내열성이 우수하고 전기절연성 및 내수성이 있다(가스켓, 패킹 등에 사용).

④ **에폭시 수지**

㉮ 접착성이 아주 우수하며 금속, 유리, 플라스틱, 도자기, 목재, 고무 등에 탁월한 접착성을 갖는다.

㉯ 내약품성, 내용제성이 뛰어나다.

㉰ 농질산을 제거하고 산, 알칼리에 강하다.

3 플라스틱의 장점 및 단점

(1) 장점

① 경량이며 착색이 용이하다.

② 투광성이 양호하다.

③ 내수성, 내산 및 내알칼리성 등이 크고 전기 절연성도 우수하다.
④ 가공성이 우수하다.

(2) 단점
① 경도 및 내마모성이 작다.
② 내열성, 내화성, 내후성 등이 작다.
③ 열에 의한 변형 및 신축성이 크다

4 합성수지 제품

(1) 폴리에스테르(Polyester) 강화판
① 가는 유리섬유에 폴리에스테르 수지를 넣어 상온 가압하여 성형한 제품이다.
② 가성소다 등 알칼리에는 약하나 그 외의 화학약품에는 저항성이 있고 내구성도 뛰어나다.

(2) 리놀륨(Linoleum)
① 리녹신(아마인유의 산화물)에 수지를 가하여 리놀륨 시멘트를 만들고 여기에 코르크 분말, 톱밥, 안료 등을 섞어 마포에 도포한 후 롤러로 열합하여 성형한 제품이다.
② 내구력이 비교적 크고 탄력성, 내수성 등이 있다.

(3) 스펀지류(Sponge)
① 합성수지를 발포시켜 만든 다공성 제품이다.
② 염화비닐스펀지(스티로폼), 합성고무스펀지, 폴리우레탄폼 등이 있다.

(4) 하니캄재(Honeycomb)
① 페놀수지액에 적신 크라프트지나 얇은 염화비닐판 등을 사용하여 여러 겹으로 겹치거나 또는 벌집 모양으로 만든 제품이다.
② 천장이나 내부 벽체에 흡음재로 사용한다.

도료 및 접착제

1 도막의 원료

(1) 전색재
   ① 안료를 균일하게 분산, 전개시켜 물체의 표면에 고착시키는 매체
   ② 유지류, 천연수지, 합성수지, 셀룰로이드 유도체, 고무유도체 등

(2) 안료
   ① **흰색 안료** : 연백, 산화아연, 리토론, 이산화티탄(티탄백)
   ② **검은색 안료** : 카본블랙, 흑연(석묵), 산화철흑
   ③ **노란색(등색) 안료** : 황토, 크롬엘로우(황연), 아연황, 카드뮴 황, 일산화납
   ④ **빨강색 안료** : 연단(사산화삼납), 산화제2철, 카드뮴 적
   ⑤ **파란색 안료** : 감청, 군청, 코발트 청
   ⑥ **녹색 안료** : 산화크롬, 기네그리인, 크롬그리인, 아연그리인

(3) 용제
   ① **유성 페인트, 유성 바니쉬, 에나멜 등의 용제** : 미네랄 스피릿
   ② **락카 용제** : 벤졸, 알콜, 초산에스테르 등의 혼합물

(4) 희석제
   ① 도료의 점도를 저하시키고 증발속도를 조절
   ② 도료용 신나, 염화비닐수지 도료용 신나, 락카용 신나

(5) 건조제 및 가소제
   ① **건조제** : 납건조제, 망간건조제, 코발트건조제, 칼슘건조제, 아연건조제 등
   ② **가소제** : DBP, DOP, 피마자유, 염화파라핀 등

2 도료의 종류

(1) 페인트(Paint)

① **유성 페인트**
  ㉮ 전색제(보일유) + 안료 + 용제 및 희석제 + 건조제
  ㉯ 두꺼운 도막을 만들 수 있으며 내후성, 내수성이 좋지만, 내산성 및 내알칼리성이 약하다.
  ㉰ 목재, 석고판류 등의 도장에 사용한다.

② **수성 페인트**
  ㉮ 물을 용제로 하는 도료를 총칭한다.
  ㉯ 취급이 간단하고 건조가 빠르나 광택이 없다.

③ **에멀션 페인트**
  ㉮ 수성 페인트와 유성 페인트의 특징을 겸비한 유화액상의 페인트이다.
  ㉯ 물을 용제로 하여 금속 등을 칠하는 데 사용한다.

④ **에나멜 페인트**
  ㉮ 전색제로 유성바니쉬나 중합유에 안료를 섞어서 만든 유색 불투명한 도료이다.
  ㉯ 내수성과 내열성이 우수하다.

(2) 바니쉬(Varnish)

① **유성 바니쉬** : 수지를 건성유(중합유, 보일유 등)에 가열 용해시킨 후 휘발성 용제로 희석시킨 도료

② **휘발성 바니쉬** : 수지류를 휘발성 용제에 녹인 바니쉬
  ㉮ 클리어락카(Clear lacquer) : 안료가 들어가지 않은 락카로 목재면의 투명 도장, 우아한 광택, 내후성이 작아서 보통 내부에 사용하며 건조가 매우 빨라서 뿜칠로 한다.
  ㉯ 에나멜락카(Enamel lacquer) : 클리어락카에 안료를 첨가한 락카로 연마성이 특히 좋아 외부용은 자동차 외장용으로 사용한다(내후성 보강).

(3) 방청 도료

① 각종 금속, 특히 철이 녹스는 것을 방지하기 위한 녹막이 도료 또는 녹막이 페인트

② **방청 도료의 종류**
  ㉮ 광명단 도료 : 사산화삼납(Pb_3O_4)을 보일드유에 녹인 유성 페인트의 일종으로 철재의 방청도료도 사용된다.
  ㉯ 산화철 도료 : 산화철에 아연화, 아연분말, 연단 등을 혼합한 안료를 스테인오일 또는 합성수지에 녹인 것으로 도막의 내구성이 좋다.
  ㉰ 알루미늄 도료 : 알루미늄 분말을 안료로 하는 도료로 방청효과와 함께 열반사 효과가 있으며, 전색제에 따라 방청효과도 정해진다.
  ㉱ 징크로메이트 도료(크롬산아연 도료) : 전색제로 알키드 수지, 안료로 크롬산아연을 사용한

도료로 방청효과가 좋고 알루미늄판이나 아연철판의 초벌용으로 적합하다.
㉮ 워시 프라이머(에칭 프라이머) : 합성수지의 전색제로 하여 소량의 안료와 인산을 첨가한 도료로 주로 뿜칠로 도장하여 방청도료의 부착성과 방청효과를 증진시킬 목적으로 사용한다.
㉯ 역청질 도료 : 아스팔트, 타르핏치 등을 역청질의 주원료로 하여 건성유, 수지류를 첨가한 도료로 일시적인 방청용으로 적합하다.

> **접착제**
> - 단백질계 접착제 : 카세인, 아교, 콩풀
> - 전분질계 접착제 : 전분, 호정
> - 고무계 접착제 : 천연고무, 네오프렌
> - 섬유소계 접착제 : 질화면, 나트륨칼폭시메틸, 셀룰로이드
> - 합성수지 접착제 : 요소수지 접착제, 페놀수지 접착제, 에폭시수지 접착제, 멜라민수지 접착제(목재용), 실리콘수지 접착제 등

PART 04

건설시공

CHAPTER

01. 시공일반
02. 토공사
03. 기초공사
04. 철근콘크리트공사
05. 철골공사
06. 조적공사

시공일반

1 건축시공 일반 및 고려사항

(1) 건축시공 일반

① **건축시공 계획의 내용** : 실행예산의 편성, 현장원의 편성, 공정표의 작성, 기타(동력용수의 계획, 각종 노무, 재료, 수배표의 작성, 시방, 시공기계기구의 선정 및 설치방법 가설물의 계획, 비상시에 대한 대책 의료대책)

② **공사의 진행순서** : 공사착공준비 → 가설공사 → 토공사 → 지정 및 기초공사 → 구체공사 → 방수 및 방습공사 → 지붕 및 홈통공사 → 외벽 마무리공사 → 창호공사 → 내부수장

③ **입찰순서** : 입찰공고 → 현장설명(질의응답) → 견적 → 입찰 → 개찰 → 낙찰 → 계약

(2) 공사기간의 산정시 고려사항

① **제1차적 요인(내부적, 기술적)** : 건물용도(주택, 공장, 은행 등), 건물규모(건물 면적, 층수 등), 구조(목조, 철골조 등), 기초의 구조, 정지(整地)의 정도, 마감의 정도 등

② **제2차적 요인** : 지리적 입지조건, 기후·계절 등의 천연현상, 노무·금융·자재상황 등의 사회·경제적 조건, 도급자의 능력

③ **제3차적 요인** : 설계의 적부 및 감독능력, 발주자측의 요구

(3) 시방서

① **시방서의 의의**
㉮ 건축설계도에 포함되는 것으로 설계자가 설계도에 표현할 수 없는 사용재료의 품질, 종류, 수량, 공사방법 및 순서, 필요한 시험, 저장방법 등을 공사 전반에 걸쳐 상세히 기재하여 설계자 및 건축주의 의도하는 바를 시공자에게 전달하여 공사수행에 차질이 없게 한다.
㉯ 시방서는 설계자가 작성하는 설계도의 일부이다.

② **시방서의 종류**
㉮ 표준시방서 : 건축공사의 재료, 시공방법 등 표준적이고 공통공사 부분에 대한 내용을 기재
㉯ 특기시방서 : 표준시방서에 기재되지 않은 특별한 사항의 공법 및 재료명 등을 설계자가 상세히 기록

2 공정표의 작성

(1) 횡선 공정표(막대기식, 갠트식)

　① **특징**
　　㉮ 종축에 공사종목별로 각 작업명을 작업순서에 기준하여 배치하고, 횡축에 시간을 표기한 다음 각 작업별 시작시점과 종료시점을 횡선의 길이로서 표기한 것이다.
　　㉯ 건설공사의 공정계획과 일정계획에 자주 사용된다.

　② **장점**
　　㉮ 공정표의 작성이 간단하다.
　　㉯ 각 공사종목의 전체상황에 대한 공사시기 등이 일목요연하다.
　　㉰ 공사진척에 대한 판단이 용이하다.

(2) 사선 공정표

　① **특징**
　　㉮ 공사기간을 횡축에 재료반입량, 노무자수, 공사기성고 등을 종축으로 하여 공사진척 상황을 사선 그래프로 표현한 것이다.
　　㉯ 공정별 상세를 나타내는 부분공정표에 알맞고 자원배정과 공정별 작업현황에 적합하다.

　② **장점**
　　㉮ 공사의 지연에 대해 빨리 대처할 수 있다.
　　㉯ 공사의 진행상태를 표시하는데 대단히 편리하다.

(3) 네트워크(Network) 공정표

　① **특징**
　　㉮ 작업의 상호관계를 원호(Arc)와 연결선(Node)으로 표시한 망상도라고 할 수 있다.
　　㉯ PERT(Program Evaluation and Review Technique)와 CPM(Critical Path Method)이 주로 사용된다.

　② **장점**
　　㉮ 각 작업 상호간의 관련성을 표시할 수 있다.
　　㉯ 공사 전체의 파악이 용이하다.
　　㉰ 계획단계에서 공정상의 문제점을 도출할 수 있으므로 작업전에 적절히 수정할 수 있다.
　　㉱ 작업수속이 과학적이며 신뢰성이 높다.

3 시공일반

(1) 견적 방법

　① **명세견적**

㉮ 설계도서, 현장설명, 질의응답 등에 의하여 정밀히 적산 견적하여 공사비를 산출하는 견적 방법이다.
㉯ 공사집행에도 쓰이며 가장 정확한 공사비의 산출이 가능하여 정밀견적이라고도 한다.

② **개산견적**
㉮ 설계도서가 불완전하거나 정밀 산출시간이 없을 때 과거 공사경험 등으로 미루어 견적하는 방법으로 일단 입찰하게 되면 그 가격에 대하여 책임을 지므로 신중하게 산출근거를 명확하게 한다.
㉯ 개산견적의 분류
  ㉠ 단위 기준에 의한 견적 : 단위 설비에 의한 견적, 단위 면적에 의한 견적, 단위체적에 의한 견적
  ㉡ 비례 기준에 의한 견적 : 가격 비율에 의한 견적, 수량 비율에 의한 견적

> **직접공사비의 종류**
> 재료비, 노무비, 외주비, 경비

4 공사시공방식의 종류별 특징

(1) 직영제도

① **장점**
㉮ 도급 공사에 비해 영리를 도외시한 확실한 공사를 할 수 있다.
㉯ 계약에 구속되지 않고, 임기응변의 처리가 가능하다.
㉰ 발주, 계약 등의 수속이 필요 없다.

② **단점**
㉮ 공사비가 증대될 우려가 있다.
㉯ 시공관리 능력이 부족하고, 공사기일도 연장될 우려가 크다.
㉰ 재료의 낭비 또는 잉여가 되기 쉽고, 가설재 시공기계의 경제적 효율성이 떨어진다.

(2) 도급계약제도

① **일식도급**
㉮ 공사에 관한 모든 것을 도급자에게 맡겨 노무, 재료, 기계, 현장에 관한 시공여부 등을 일괄하게 하여 시행하는 방식으로 공사 관리가 용이하고, 가설재 등의 중복 사용이 없어진다.
㉯ 건축주의 의도나 설계도의 취지가 충분히 반영되지 못한다.
㉰ 말단 노무자의 임금 지불에 따른 문제점으로 공사가 거칠고, 불량해지기 쉽다.

② **공동도급**(Joint Venture Contract)
㉮ 복수 참가자가 독립된 공동체를 작성하고 공동출자하며 공동관리권을 가지며, 특정한 공사를 목적으로 하는 것으로 공동의 영리를 목적으로 한다.

⑭ 이윤의 증대는 없지만 상호보증으로 인해 융자력이 증대되며 위험부담이 분산된다.
㉰ 단일회사의 경우보다 간접비가 많이 발생하여 공사비가 증대되고, 구성원 상호간의 불일치로 혼란이 초래될 수 있다.

③ **분할도급**
  ㉮ 전문공종별 분할도급
    ㉠ 시설공사 중 설비공사를 주체공사와 분리하여 계약하는 방식이다.
    ㉡ 설비업자의 자본, 기술이 강화되고 복잡한 공사 내용이 전문화되므로 건축주와 시공자와의 의사소통이 원활하며 건축주가 신뢰하는 전문업자를 선택할 수 있다.
    ㉢ 전체 관리가 곤란하므로 각 공사의 연락조정이 비교적 복잡하고 가설 및 시공기계의 설치가 중복되어 공사비가 증대될 우려가 있다.
  ㉯ 공정별 분할도급
    ㉠ 정지, 기초, 구체, 마무리 공사 등의 시공과정별로 나누어 도급하는 방식이다.
    ㉡ 후속공사를 다른 업자로 바꾸거나 후속 공사금액의 결정이 곤란하며 업자에 대한 불만이 있어도 변경하기 어렵다.
  ㉰ 공구별 분할도급
    ㉠ 대규모 공사에서 지역별로 공사를 분리하여 발주하는 방식이다.
    ㉡ 중소업자에게 균등한 기회를 주고 업자 상호간의 경쟁으로 공사기일을 단축할 수 있으며, 시공기술의 향상에 유리하다.
  ㉱ 직종별, 공종별 분할도급
    ㉠ 전문직별 또는 각 공종별로 세분하여 도급하는 방식이다.
    ㉡ 전문직종을 통해 건축주의 의도를 정확하게 반영할 수 있지만, 현장관리가 복잡하고, 공사비가 증대될 수 있다.

(3) 턴키(Turn-Key)도급

① **턴키도급의 개요**
  ㉮ 건설업자가 대상 계획의 기업, 금융, 토지조달, 설계, 시공, 기계·기구 설치시 운전까지 주문자가 필요로 하는 모든 것을 인도하는 도급계약방식이다.
  ㉯ 시공능력이 중요시되며 공사시공의 확실성이 크다.

② **장점**
  ㉮ 공사비의 절감과 그 연구를 유도할 수 있고, 공기단축이 가능하다.
  ㉯ 공사법의 연구 및 개발을 할 수 있다.
  ㉰ 설계, 시공인이 동일인이므로 애로가 적다.
  ㉱ 많은 설계, 시안 중에서 선택하므로 선호도의 재고가 가능하다.
  ㉲ 창의성 있는 설계유도 및 책임시공에 의해 기술개발을 할 수 있다.

③ **단점**
  ㉮ 설계, 견적 기간이 짧아 계획이 불충분할 우려가 많다.
  ㉯ 설계의 우수성이 반영되지 못하고, 최저 낙찰제로 인한 건축물의 질이 저하될 우려가 많다.

ⓓ 건축주의 의도가 반영되지 못한다.
　　　ⓔ 제출하는 도면이 불필요하게 많고, 설계지침이 자주 변경된다.
　　　ⓕ 소수업자로 한정되는 경향이 있고, 과당경쟁으로 인한 덤핑의 우려가 많다.
　　　ⓖ 대규모 회사에만 제도상 유리하므로 중소건설업체의 육성을 저해한다.
　　　ⓗ 응찰한 각 사가 과다한 설계비를 지출하므로 손해가 많다.
　　　ⓘ 단순한 구조물이 되기 쉽고, 기능 및 미(美)의 저하가 우려된다.

(4) 성능발주 방식
　① **개요** : 건축주가 제시한 기본 요건에 맞게 도급자가 제시한 시공법, 공사비 등을 대상으로 심사하여 적격자에게 시공시키는 방식으로 직종별, 공종별 분할 도급에 사용한다.
　② **장점**
　　　ⓐ 시공자의 창조적 시공을 기대할 수 있다.
　　　ⓑ 설계와 시공의 관계개선을 도모할 수 있다.
　　　ⓒ 시공자의 기술 향상을 기대할 수 있다.
　③ **단점**
　　　ⓐ 성능 확인 기준이 없으므로 성능의 확인이 곤란하다.
　　　ⓑ 정확한 성능표현이 곤란하다.
　　　ⓒ 공사비가 증대될 수 있다.

(5) 기타 시공방식
　① **CM(Construction Management)**
　　　ⓐ 건설사업을 잘 이해하지 못하는 발주자가 자신의 이익을 보호하기 위해 CM회사를 대리인으로 고용해 설계자와 시공자를 리드하며, 프로젝트 기획부터 유지관리 단계에 이르는 건설사업의 전 과정을 체계적으로 관리하도록 하는 제도이다.
　　　ⓑ CM의 주요 업무로는 원가관리, 공정관리, 품질관리, 시공관리, 기술관리(계약관리, 사업정보관리, 안전관리가 있다.
　② **사회간접자본시설의 시공방식**
　　　ⓐ BTO(Build-Transfer-Operate) 방식 : 사회간접자본시설의 준공과 동시에 당해 시설의 소유권이 정부 또는 지방자치단체에 귀속되며, 사업 시행자에게 일정기간의 시설 관리운영권을 부여하는 방식이다.
　　　ⓑ BOT(Build-Own-Transfer) 방식 : 사회간접자본시설의 준공 후 일정기간 동안 사업 시행자에게 당해 시설의 소유권(운영권)이 인정되며, 그 기간의 만료시 시설의 소유권(운영권)이 정부 또는 지방자치단체에 귀속되는 방식이다.
　　　ⓒ BOO(Build-Own-Operate) 방식 : 사회간접자본시설의 준공과 동시에 사업 시행자에게 당해 시설의 소유권 및 운영권을 인정하는 방식이다.
　　　ⓓ BLT(Build-Lease-Transfer) 방식 : 사업 시행자가 사회간접자본시설을 준공한 후 일정 기간

동안 운영권을 정부에 임대하여 투자비를 회수하며, 약정 임대기간 종료 후 시설물을 정부 또는 지방자치단체에 이전하는 방식이다.

(6) 도급금액 결정방식에 따른 분류

① **단가도급** : 단가만을 확정하고 공사가 완료되면 실시수량의 확정에 따라 정산하는 방식
  ㉮ 장점 : 공사의 신속한 착공, 설계변경에 의한 수량증감의 계산 용이
  ㉯ 단점 : 자재, 노무비를 절감하려는 의욕의 저하
② **정액도급** : 공사비 총액을 확정하여 계약하는 것
  ㉮ 장점 : 공사관리가 간편하며, 자금. 공사계획 등의 수립이 명확
  ㉯ 단점 : 공사가 조악해질 우려가 있으며, 장기공사나 전례 없는 공사에는 부적당
③ **실비정산 보수가산도급** : 공사의 실비를 확인 정산하고 미리 정한 보수율에 따라 그 보수액을 지불하는 방법
  ㉮ 장점 : 가장 정확하고 양심적인 공사가 가능
  ㉯ 단점 : 공사비 절감노력이 없어지고 공사기일이 연체

5 입찰집행

(1) 입찰방식의 분류

① **공개경쟁입찰** : 유자격자는 모두 참가할 수 있도록 기회를 주는 입찰방식
  ㉮ 장점 : 담합의 우려가 적음, 공사비의 절감, 균등한 기회부여
  ㉯ 단점 : 과대경쟁, 입찰자의 질저하로 공사 조잡, 입찰사무 복잡
② **특명입찰** : 가장 적격한 1명을 지명하여 입찰시키는 것(일종의 수의계약)
  ㉮ 장점 : 입찰수속이 가장 간단하며, 공사의 기밀유지
  ㉯ 단점 : 공사비 증대의 우려가 있으며, 불공평할 수가 있음
③ **지명경쟁입찰** : 적당하다고 인정되는 3~7개의 회사를 선정하여 입찰시키는 방법
  ㉮ 장점 : 시공상 신뢰성이 있으며, 부적격한 업자의 제거 가능
  ㉯ 단점 : 담합의 우려

(2) 부대입찰

① 건설업체가 원도급 입찰 전에 미리 하도급 업체로부터 견적을 받아 하도급 금액과 공종을 결정하여 입찰에 참가하는 제도
② **장점과 단점**
  ㉮ 장점 : 하도급 불공정 거래 예방 및 저가하도급 개선, 충실한 실행예산 산정이 가능하고 덤핑입찰 억제, 하도급 계열화 촉진, 전문 업체의 기술력 강화
  ㉯ 단점 : 하도급 업체간 담합 우려, 하도급 업체의 영세성으로 조기 적용시 문제 발생

토공사

1 굴착용 및 정지용 기계의 분류

(1) 굴착용 기계의 종류 및 특징

구분	굴착기계	특징	토질
셔블계	파워셔블	지반면보다 높은 곳의 굴착, 쇄석 옮겨쌓기, 토사의 처리 등에 널리 쓰인다.	굳은 점토, 암석, 토사
	드래그셔블 (백호우)	지반면보다 낮은 곳의 굴착, 지하층 및 기초 굴삭, 토목공사나 수중굴착 등에 쓰인다(지하 6m 정도의 깊이).	자갈, 암석이 섞인 토사, 굳은 지반
	드래그라인	지반면보다 낮은 곳의 굴착, 토사를 긁어 모음, 연약한 지반의 깊은 곳 굴착 등에 쓰인다(지하 8m 정도의 깊이).	암석, 암석이 섞인 토사, 연약한 지반
	클램셸	좁은 곳의 수직굴착, 자갈 등의 적재, 연약한 지반이나 수중굴착 등에 쓰인다.	자갈, 암석, 연약한 지반
트랙터계	불도저	직선송토작업, 단단한 지반과 암석작업 등에 널리 쓰인다.	암석, 굳은 지반

(2) 정지용 기계의 종류 및 특징

정지용 기계	특징	동작형식
모터그레이더	상하경사가 가능하고 방향전환을 할 수 있는 정지판을 장치	중간식
불도저	단거리공사에 적합(15m 정도에서 60m 이내) • 앵글도저 : 배토판을 좌우로 30° 까지 회전할 수 있고 주로 산허리 등을 깎아 내리는데 효과적 • 틸트도저 : 블레이드를 레버로 조정할 수 있으며 동결된 땅, V형 배수로 작업 등에 사용	전면식
캐리올 스크레이퍼	100~200m의 중거리 정지공사에 적합	견인식

2 흙파기 공법

(1) 아일랜드컷(Island cut) 공법

① 비교적 기초파기가 얕고, 대지면적이 넓은 경우에 이용되는 공법으로 모래가 많이 섞인 층, 단단한 로움(Loam)층, 특히 굳은 모래층에서는 경사면으로 남겨진 토량이 적어 유효하다.
② 실트(Silt)층, 연약한 점토에서는 흙의 양이 많아져 불리하다.
③ 시공깊이는 안전상 10m 내외로 한정하고, 그 이상 깊어질 때는 다른 시공법(캔틸레바 공법)과 병용하는 것이 바람직하다.

(2) 트랜치컷(Trench cut) 공법

① **개요** : 아일랜드 공법과 역순으로 흙을 파내는 공법으로 히빙 현상이 예상될 때, 지반이 극히 연약하여 온통 파기를 할 수 없을 때 매우 효과적이지만 널말뚝을 이중으로 박아야 하고, 공사기간이 길어지는 단점이 있다.
② **장점**
   ㉮ 무진동, 무소음 공법으로 주변 민원발생 우려가 적다.
   ㉯ 주변 지반에 대한 영향이 적어 인접건물에 근접한 시공이 가능하다.
   ㉰ 벽체의 강성이 높아 본구조체로도 사용이 가능하다.
   ㉱ 차수성이 높고 지반조건에 구애받지 않고 시공이 가능하다.
③ **단점**
   ㉮ 장비 비용이 고가이며 대형으로 이동이 어렵다.
   ㉯ 고도의 기술과 경험(숙련도)이 요구된다.
   ㉰ 수평방향의 연속성이 부족하다.
   ㉱ 콘크리트 타설시 품질관리에 유의해야 한다.

> **지중연속벽(Slurry wall) 공법과 널말뚝(Sheet pile)**
> • 지중연속벽(Slurry wall) 공법 : 지반굴착시 안정액을 사용하여 지반의 붕괴를 방지하면서 굴착하며 연속으로 콘크리트 흙막이벽을 설치해 가는 공법이다.
> • 널말뚝(Sheet pile) : 용수가 많고 토압이 크고 기초가 깊을 때 사용하며 수밀성이 크고 강성·인성이 크다.

3 토공사에 관한 중요사항

(1) 터파기 공사후의 부피 증가율

토질	증가율(%)	
	일시적	영구적
연토	8~12	1~3
모래 또는 자갈	15	–
적토사 또는 모래 섞인 진흙	20	5
경질흙, 점토, 부식토	25	7
진흙반	30	8
연암	35	12
경암	35 이상	–

> **암질의 판별 시험방법**
> R.Q.D(%), R.M.R(%), 탄성파 속도(Kine), 일축압축강도(kg/cm^2), 진동치 속도(cm/sec)

(2) **쪽매**(판재 등을 나란히 옆으로 대어 넓게 하는 것)의 종류
   ① **맞댄쪽매** : 툇마루 등에 틈서리가 있게 의장하여 깔 때, 또는 경미한 널대기에 쓰인다.
   ② **빗쪽매** : 간단한 지붕, 반자널 쪽매 등에 쓰인다.
   ③ **반턱쪽매** : 얇은 널대기에 쓰이는 것으로 거푸집이나 15mm 미만의 널에 쓰인다.
   ④ **틈막이대쪽매** : 널에 반턱을 내고 따로 틈막이널을 깔아 쪽매하는 것으로 징두리판벽 등에 쓰인다.
   ⑤ **오늬쪽매** : 솔기를 살촉모양으로 한 것으로 흙막이 널말뚝에 쓰인다.
   ⑥ **제혀쪽매** : 널 한쪽에 홈을 파고 다른 쪽에 혀를 내어 물리고 혀 위에서 빗못질을 한다.
   ⑦ **딴혀쪽매** : 널의 양옆에 홈을 파고 다른 쪽매를 끼워대는 것을 말한다.

(3) 횡널말뚝의 특징
   ① **장점**
      ㉮ 공사비가 적다.　　　　　　　　㉯ 사용재료의 입수가 용이하다.
      ㉰ 구성이 용이하다.　　　　　　　㉱ 어미 말뚝재를 회수할 수 있다.
   ② **단점**
      ㉮ 뒤넣기 등에 품이 든다.　　　　㉯ 부식에 의해 주변 침하의 우려가 있다.
      ㉰ 적응지반이 한정되어 있다.

(4) 강재널말뚝

① **특징**
　㉮ 토압이 크고 용수가 많으며 기초가 깊을 때 쓰인다.
　㉯ 대규모 토공사에 사용된다.

② **강재널말뚝의 종류**
　㉮ 라르젠식 : 큰토압 및 수압에 견디는 특징이 있어 널리 사용
　㉯ 심플렉스식
　㉰ 유니버설 조인트식
　㉱ 랜섬식
　㉲ U.S. 스틸식
　㉳ 락크완나식
　㉴ 테르루즈식

> **강말뚝의 특징**
> · 경량
> · 지지력이 큼
> · 부식에 의한 내구성저하(열화현상)
> · 휨저항이 크고 타입이 용이
> · 현장접합이 가능

(5) 되메우기

① 모래로 되메우기 할 경우 충분한 물다짐을 실시하고, 일반 흙으로 되메우기 할 경우 두께 약 30cm 마다 다짐밀도의 규정 또는 특기 시방서에 명기되어 있지 않을 경우에는 다짐밀도 95% 이상으로 다진다.

② 되메우기시 충분한 다짐(상대 다짐도 95%)을 하여 건물 완성 후 건물 주위의 흙이 침하하여 묻혀있는 가스관, 상하수도관, 전기통신설비 등에 영향이 없도록 한다.

(6) 계측기기 설치위치 선정 기준

① 주변 구조물에 영향을 판단하기 위하여 구조물의 인접 구간에 집중 배치한다.
② 시공 시점이 빠른 위치를 선정한다.
③ 해석상 상호 연관시킬 수 있는 위치를 선정한다.
④ 계측 수행이 공사의 완료 시점까지 가능한 지점을 선정한다.
⑤ 계기의 고장이나 파손시 대체 기기의 선정이 가능한 곳을 선정한다.
⑥ 계기의 배선 및 설치가 용이하여야 한다.
⑦ 공사의 영향이 큰 지점으로 대표 단면이어야 한다.

기초공사

1 지정(地定, Soil ground)

(1) 지정의 개요

① 지정이란 건축물과 같은 구조체를 지지하기 위한 기초 슬래브의 저면보다 아래 부분을 지칭함과 동시에 이를 위한 공사의 의미도 포함하고 있다.
② 간단하게는 연약한 지반을 환토하는 것을 말한다.

(2) 지정의 분류

구분		지정의 종류
보통지정		잡석지정, 자갈지정, 모래지정, 밑창콘크리트 지정, 긴 주춧돌 지정
깊은지정	말뚝지정	나무말뚝, 강재말뚝, 제자리 콘크리트말뚝, 기성 콘크리트말뚝
	특수공법지정	오픈케이스 공법, 뉴메틱 케이슨 공법, 심초 기초말뚝, 진관식 기초말뚝
지반개량공법		웰 포인트 공법, 샌드드레인 공법, 그라우딩 공법, 바이브로 컴포저 공법, 바이브로 플로테이션 공법, 폭파치환공법, 모래다짐말뚝공법

2 제자리 콘크리트 말뚝

(1) 일반사항

① 제자리 콘크리트 말뚝은 기초저면지반을 굴착하고 콘크리트기초를 만드는 것을 말한다.
② 구멍벽 보호는 철관갑을 삽입하거나 철관갑을 쓰지 않고 벤토나이트 등의 비중이 큰 액체로 구멍을 채우는 방법을 사용한다.

(2) 제자리 콘크리트 말뚝의 종류

① **콤프레솔 말뚝(Compressol pile)** : 지중에 1.0~2.5t 정도의 세 가지 추를 낙하시켜서 구멍을 파고 그 속에 콘크리트를 주입시키는 것
② **페데스탈 말뚝(Pedestal pile)** : 지중에 2중철관(내관, 외관)을 때려 박은 후, 내관을 빼내어 콘크리트를 부어 넣고 다시 내관을 집어넣어서 다져 구근을 만든다. 그런 다음 공간에 콘크리트를

채우고 난 후 외관을 빼내는 것
③ **멀티 페데스탈 말뚝(Multi pedestal pile)** : 페데스탈 말뚝과 방법은 같으나 말뚝 하부에 쇠신을 때려 박은 것
④ **심플렉스 말뚝(Simplex pile)** : 지중에 철관을 때려 박고 내부에 콘크리트를 채우고 난 뒤 철관을 뽑아내는 것
⑤ **프랭키 말뚝(Franky pile)** : 콘크리트를 된 비빔으로 하여 케이싱 속에 채워 넣고 해머로 타격하여 지지층에 도달하면 케이싱을 약간씩 들어올리면서 타격을 하여 구근(球根)과 울퉁불퉁한 말뚝을 형성하는 것
⑥ **프리팩트 말뚝(Prepect pile)** : 커다란 스크류(screw)를 사용하여 구멍을 뚫고 모르타르 주입용 철관을 밑창까지 넣은 후, 그 주위 공간에 자갈을 채우고 철관을 통해 모르타르를 압입시켜 콘크리트 기둥모양의 말뚝을 만드는 것
⑦ **레이몬드 말뚝(Raymond pile)** : 강판으로 만든 외관 속에 코어(Core)를 넣고 박은 후 코어만을 빼내고 외관은 지중에 남겨두어 그 속에 콘크리트를 다져 넣는 것
⑧ **C.I.P(cast-in-place pile)** : 어스 오우거(Earth auger)로 지중에 구멍을 뚫고, 철근망(또는 H-형강)을 삽입한 다음 모르타르 주입관을 설치하고, 먼저 자갈을 채운 후 주입관을 통하여 모르타르를 주입하여 제자리 말뚝을 형성하는 공법으로 지하수가 없는 곳에 적용하며, 지중에 연속하여 시공하여 주열식 흙막이 벽체를 구성
⑨ **P.I.P(packed-in-place pile)** : 연속된 날개가 달린 스크류 오우거(Screw auger)의 머리에 구동장치를 설치하여, 소정의 깊이까지 회전시키면서 굴착한 다음, 흙과 오우거(Auger)를 빼 올린 분량만큼의 프리팩트 모르타르를 오우거 기계의 속 구멍을 통해 압출시키면서 제자리 말뚝을 형성하는 공법으로 오우거를 빼내면 곧 철근망 또는 H-형강 등을 모르타르 속에 꽂아서 말뚝을 완성하며, 시공이 용이한 무소음·무진동 공법
⑩ **M.I.P(mixed-in-place pile)** : 오우거(Auger)의 회전축대는 중공관으로 되어 있고 축선단부에서 시멘트 페이스트를 분출시키면서 토사를 굴착하여, 토사와 시멘트 페이스트를 혼합·교반하여 파일(Pile)을 형성하므로 소일 시멘트 파일(Soil cement pile)이라고도 하며 오우거를 뽑아낸 뒤에 필요에 따라 철근망을 삽입하기도 하며, 흙을 골재로 사용하므로 경제적인 공법

3 기초 말뚝의 특성

특성 및 구분	나무말뚝	기성콘크리트말뚝	제자리콘크리트말뚝	강재말뚝
지름	15~20cm	20~60cm	40~60cm	임의
말뚝간격(2.5d 이상)	60cm 이상	75cm 이상	90cm 이상	90cm 이상
길이	6~10m	10~12m	임의	30~80cm
지지력	5~10t	30~50t	50~100t	50~100t

특성 및 구분	나무말뚝	기성콘크리트말뚝	제자리콘크리트말뚝	강재말뚝
말뚝의 위치	상수면 이하	임의	임의	임의
용도	상수면이 얕고 경량 건물	중량건물	중량건물 지중에 구근 형성	중량건물

4 탈수공법(Drain Method)

(1) 탈수공법의 정의

① 주로 연약지반 속의 물을 제거함으로써 지반의 밀도를 증가시켜 흙의 지지력을 높이는 공법을 말한다.

② 지하수를 배제하거나 지하 수위를 저하시키는 공법으로 Dewatering method 라고도 한다.

(2) 탈수공법의 종류

① 웰포인트(Wall point) 공법
② 샌드드레인(Sand drain) 공법
③ 깊은우물(Deep well) 공법
④ 전기침투 공법
⑤ 프리로딩(Pre-loading) 공법
⑥ 진공 공법
⑦ 생석회 공법

> 바이브로플로테이션(Vibroflotation), 언더피닝(Under pinning) 공법
> - 바이브로플로테이션(Vibroflotation) 공법 : 사질토의 다짐공법으로 약 2m 정도의 진동봉을 지중에 관입하여 횡방향 진동을 일으켜 주변지반을 다져 올라가면 그 빈 구멍에 모래, 자갈로 채워서 지반을 개량
> - 언더피닝(Under pinning)공법 : 기존 건물 가까이에 건축공사를 할 때 기존(인접)건물의 지반과 기초를 보강하는 방법

5 기초공사에 관한 중요사항

(1) 보통 지정에서 잡석 지정의 시공법

① 시공은 "기초 굴토 → 잡석 깔기 → 틈막이자갈(사춤자갈) 깔기 → 다짐 → 버림콘크리트"의 순서로 한다.

② 사춤자갈의 양은 잡석 부피의 약 20~30% 정도가 적당하다.
③ 잡석은 세워서 깔고 가장자리에서부터 중앙부로 다져간다.
④ 암반 위에서는 실시하지 않는다.

> **■ 버림 콘크리트의 목적**
> - 먹매김이 가능
> - 거푸집 설치
> - 철근의 배근이 용이
> - 바깥 방수의 바탕으로 이용

(2) 깊은 지정에서 나무 말뚝 박기시 유의사항
① 상수면 이하에 박아야 한다.
② 주변에 먼저 박고 점차 중앙부 쪽으로 박는다.
③ 추의 중량은 말뚝중량의 2.5배 정도로 한다.
④ 추의 낙하높이는 3~4m 정도가 적당하다.
⑤ 수직으로 박되 말뚝박기가 완료되면 수평으로 자르고 말뚝 사이에 가심을 한다.
⑥ 말뚝 한 개로 굳은 층에 도달하지 못할 때는 2개를 이어 쓰고 이음자리는 철물로 보강한다.
⑦ 말뚝의 기초판 끝과의 거리는 말뚝 머리 지름의 1.25배(보통 2배) 이상 또는 30cm 이상으로 한다.

(3) 제자리 콘크리트 말뚝의 장 · 단점
① **장점**
  ㉮ 단부에 큰 혹을 만들어 기초판의 역할을 하도록 한다.
  ㉯ 소요 길이 및 크기를 자유로이 할 수 있다.
  ㉰ 운송비가 필요 없다.
② **단점**
  ㉮ 기성 말뚝 보다 콘크리트의 압축강도가 작다.
  ㉯ 완성된 상태를 확인할 수 없다.
  ㉰ 인접 말뚝의 타격에 의하여 콘크리트가 경하중에도 피해를 받는다.

(4) 연약한 지반의 기초 및 대책
① **상부 구조 관계**
  ㉮ 강성을 높일 것

㉯ 건물을 경량화 할 것
　　　㉰ 건물의 중량분배를 고려 할 것
　　　㉱ 이웃 건물과의 거리를 멀게 할 것
　　　㉲ 평면 길이를 작게 할 것
　② **기초 구조의 관계** : 굳은 층에 지지시킬 것. 마찰말뚝을 사용할 것
　③ **지반 관계** : 고결, 탈수, 치환, 다지기 등의 처리를 할 것

(5) 부동 침하의 원인
　① 건물이 경사지거나 언덕에 근접되어 있는 경우
　② 건물이 이질지반에 걸쳐있는 경우
　③ 근접해서 부주의한 기초파기를 했을 경우
　④ 기초의 제원이 현저하게 틀리는 경우
　⑤ 부주의한 증축을 하는 경우
　⑥ 이중의 기초구조를 채용한 경우
　⑦ 지반의 구조상 연약층의 두께가 상이한 경우
　⑧ 지하수가 부분적으로 변화되는 경우
　⑨ 지하에 매설물이나 구멍이 있는 경우
　⑩ 하부 지반이 연약한 경우

(6) 건물의 부동침하 방지대책
　① 건물의 경량화
　② 동질지정
　③ 지하실 설치
　④ 지지말뚝 사용

6 지내력(地耐力) 시험

(1) 지내력 시험의 개요
　① 지내력이란 지반의 하중을 지지하는 능력인 지지력과 허용침하량을 만족시키는 지반의 내력이다.
　② 허용지내력은 허용지지력과 허용침하를 동시에 만족시켜야 한다.

(2) 지내력 시험의 종류

① **평판재하시험(P.B.T, Plate Bearing Test)**
   ㉮ 기초저면까지 판자리에서 직접 재하하여 허용지내력을 구하는 시험이다.
   ㉯ 시험방법
      ㉠ 시험은 원칙적으로 기초저면에서 행한다.
      ㉡ 시험용 재하판은 정방형 또는 원형의 면적 $0.2m^2$의 것을 표준으로 하고 보통 45cm($0.2025m^2$) 의 것을 사용한다.
      ㉢ 매회 재하는 1t 이하 또는 예정파괴하중의 1/5 이하로 침하의 증가는 2시간에 0.1mm의 비율 이하가 될 때는 침하가 정지된 것으로 간주한다.
      ㉣ 장기하중에 대한 허용지내력은 단기하중 허용지내력의 1/2이다.

② **말뚝재하시험**
   ㉮ 사용 예정인 말뚝에 대해 실제로 사용되는 상태 또는 이것에 가까운 상태에서 지지력 판정의 자료를 얻는 시험으로 직접적으로 지지력을 확인하는 방법이다.
   ㉯ 말뚝재하시험의 종류
      ㉠ 정재하시험 : 압축재하시험, 인발시험, 수평재하시험
      ㉡ 동재하시험

③ **말뚝박기시험**
   ㉮ 시험말뚝은 말뚝박기에 앞서 말뚝길이, 지지력 등을 조사하는 시험으로 실제 말뚝과 동일한 조건으로 시행하여 타격횟수 5회에 총관입량 6mm 이하의 경우 거부현상으로 판단한다.
   ㉯ 시험방법
      ㉠ 기초면적 $1,500m^2$ 까지는 2개, $3,000m^2$ 까지는 3개의 단일시험말뚝을 설치한다.
      ㉡ 시험말뚝은 실제말뚝과 똑같은 조건으로 시행한다.
      ㉢ 말뚝의 최종관입량은 5~10회 타격한 평균침하량으로 본다.
      ㉣ 말뚝의 최종관입량과 리바운드(Rebound) 측정량으로 지지력을 추정한다.

철근콘크리트공사

1 철근콘크리트 공사의 개요

(1) 철근콘크리트의 장점과 단점

장점	단점
• 경제적이다. • 내화성, 내구성이 크다. • 재료채취 및 운반이 용이하다. • 크기에 제한을 받지 않는다. • 내진성이 크다. • 유지수선비가 거의 안들며 외관이 장중하다.	• 개조 및 파괴가 곤란하다. • 국부적으로 파손되기 쉽다. • 균열이 쉽다. • 거푸집을 필요로 한다. • 균일한 시공을 하기 어렵다. • 건축물의 자중이 크다.

(2) 철근콘크리트공사의 특징

① 철근이 인장력을 부담하고 콘크리트는 압축력을 부담하는 이상적인 건축재료이다.

② 콘크리트 안의 철근은 콘크리트라는 피복 때문에 방청을 유지한다.

(3) 철근콘크리트공사의 장점

① 주변에서 쉽게 구할 수 있다.

② 철근과 콘크리트의 선팽창계수가 비슷하다.

③ 철근은 인장력에 강하고 콘크리트는 압축력에 강하다.

④ 콘크리트의 혼화재 사용시 묽은 콘크리트와 경화콘크리트의 물성 개선이 가능하다.

(4) 철큰콘크리트공사의 단점

① 강도에 비해 재료의 자중이 비교적 무겁다.

② 철근은 녹슬기 쉽고 직선형 8m 표준생산으로 자재 손실(Loss)이 많다.

③ 콘크리트는 양질의 골재를 얻기 어렵고 환경파괴라는 문제점을 안고 있다.

④ 습기가 많거나 염화석회 함유시 직류에 의해 전기적 피해를 입는다.

2 콘크리트용 재료

(1) 시멘트

① 시멘트의 비중은 보통 3.15(포틀랜드 시멘트 기준) 정도이며, 단위는 포대단위로 하고 40kg들이 1포대의 체적은 $0.0254m^3$, 시멘트 $1m^3$의 무게는 1,500kg이다.

② 28일 압축강도는 300~400kg/cm^2이며, 적재 3개월 이상인 경우 재시험을 하여 품질을 확인하여야 한다.

(2) 골재

① 콘크리트 용적의 66~78%를 차지한다.

② 콘크리트용 체규격 5mm 망체를 중량으로 90% 이상 통과하는 잔골재와 동일한 체를 중량으로 90%이상 잔류하는 굵은 골재로 분류한다.

③ 흡수율의 경우 굵은 골재는 3% 이하, 잔골재 3.5% 이하이다.

> **흡수량**
> 표면건조 내부 포수상태의 골재 중의 포함되는 물의 양

(3) 물과 혼화재료

① **물** : 콘크리트의 용수는 청정하고, 유해량의 산·알칼리, 기름, 유기불순물을 포함하지 않아야 한다.

② **혼화재료** : 콘크리트의 성질을 개선시키기 위하여 콘크리트에 섞어 주는 것을 말한다.

3 부순 모래, 쇄석을 이용한 콘크리트

(1) 부순 모래를 이용한 콘크리트

① 동일 슬럼프를 갖기 위해서는 5~10% 단위수량이 더 필요하다.

② 미세분말량이 많아 슬럼프값이 작아지므로 잔골재율을 낮추어야 한다.

③ 경화중 재료분리와 블리딩이 많아질 때 미세분말량을 증가시키면 그 정도가 작아진다.

④ 콘크리트의 압축강도는 미세분말량이 10% 이하면 별 차이가 없다.

⑤ 미세분말량이 많을수록 응결시간이 빨라진다.

⑥ 미세분말량이 많아지면 공기량이 적어지므로 AE제 등을 사용하여 공기기량을 증가시켜야 한다.

(2) 쇄석을 이용한 콘크리트
    ① 강자갈에 비해 시공연도가 불량하다.
    ② 압축강도와 부착강도는 증가한다.

4 물 · 시멘트(W/C) 비의 결정

(1) 물 · 시멘트 비
    ① 시멘트 페이스트 중의 시멘트에 대한 물의 중량 백분율을 의미한다.
    ② 물 · 시멘트 비는 콘크리트의 강도, 수밀성, 내구성에 가장 많은 영향을 주는 배합요소이다.

(2) 현장비빔시 물 · 시멘트 비 결정
    ① 물 · 시멘트 비 = $\dfrac{61}{\dfrac{F}{K} + 0.34}$
    ② 수식 중 'F : 콘크리트의 배합강도', 'K : 시멘트 강도'를 의미한다.

(3) 물 · 시멘트 비의 적정범위

구분	적정범위	구분	적정범위
보통 콘크리트	40~70%	고강도, 수중 콘크리트	55% 이하
경량골재 콘크리트	45~60%	방사선차폐용 콘크리트	60% 이하

5 콘크리트 배합의 원칙

(1) 단위 시멘트의 사용량이 많아지는 경우
    ① 동일 물 · 시멘트 비, 동일 슬럼프에서는 자갈이 가늘수록
    ② 동일 물 · 시멘트 비의 경우 슬럼프가 클수록
    ③ 동일 슬럼프의 경우 물 · 시멘트 비가 작을수록
    ④ 동일 물 · 시멘트 비, 동일 슬럼프에서는 모래가 가늘수록

(2) 자갈의 사용량이 많아지는 경우
    ① 동일 물 · 시멘트 비, 동일 슬럼프에서는 모래가 가늘수록
    ② 동일 물 · 시멘트 비, 동일 슬럼프에서는 자갈이 굵을수록

(3) 모래의 사용량이 많아지는 경우
  ① 동일 물·시멘트 비, 동일 슬럼프에서는 자갈이 가늘수록
  ② 슬럼프 15cm 이상에서는 동일 물·시멘트 비의 경우 슬럼프가 커질수록
  ③ 동일 물·시멘트 비, 동일 슬럼프에서는 모래가 굵을수록

> **■ 비비기 및 운반**
> - 최소비빔시간 및 회전속도는 외주속도 1m/sec로 1분 이상 비벼야 한다.
> - 콘크리트는 비빔개시 후 25℃ 이상에서는 1.5시간 이내, 25℃ 미만에서는 2시간 이내에 타설을 완료하여야 한다.
> - 레미콘의 시험강도는 1회 시험값이 호칭강도의 85% 이상으로 3회 시험한 값이 호칭강도 이상이어야 한다.

6 콘크리트의 강도 및 측압

(1) 콘크리트의 강도
  ① **콘크리트 강도에 영향을 주는 인자**
    ㉮ 물·시멘트 비(W/C)
    ㉯ 재료의 품질 : 시멘트, 골재, 모래, 용수 등의 품질
    ㉰ 시공법 : 배합비, 혼합법, 타설방법 등은 강도에 영향
    ㉱ 보양법
      ㉠ 습도 보존 : 최소 5일
      ㉡ 안전 보존 : 진동, 충격 등
      ㉢ 온도 보존 : 25℃ 이상이 좋고, 겨울철도 최소 5일간은 2℃ 이상 유지
  ② **콘크리트의 소요 강도(Fo)**
    ㉮ Fo = 3 × 장기허용응력도 = 1.5 × 단기허용응력도
      ㉠ 단기허용응력도는 장기허용응력도의 2배이다.
      ㉡ 콘크리트의 4주 강도 = 1.8 × 1주 강도
    ㉯ 강도감소계수 : 부재의 강도설계시 설계기준의 강도변화, 시공상의 오차 등에서 오는 위험성을 대비하는 규정이다.

(2) 콘크리트의 측압이 커지는 조건
  ① 기온이 낮을수록(대기 중의 습도가 낮을수록)
  ② 치어붓기 속도가 클수록
  ③ 굵은 콘크리트 일수록(물·시멘트 비가 클수록, 슬럼프 값이 클수록, 시멘트·물비가 적을수록)
  ④ 콘크리트의 비중이 클수록

⑤ 콘크리트의 다지기가 강할수록
⑥ 철근의 양이 적을수록
⑦ 거푸집의 수밀성이 높을수록
⑧ 거푸집의 수평단면이 클수록(벽두께가 클수록)
⑨ 거푸집의 강성이 클수록
⑩ 거푸집의 표면이 매끄러울수록
⑪ 측압은 생콘크리트의 높이가 높을수록 커지나 일정한 높이에 이르면 측압의 증가는 없음

7 거푸집 관련

(1) 거푸집 설계시의 수직하중

콘크리트의 종류	콘크리트의 중량	
	무근 콘크리트	철근 콘크리트
보통콘크리트	2.3t/m³	2.4t/m³
경량콘크리트	1.7~2.0t/m³ (보통 1.9)	
중량콘크리트	3.2~4.0t/m³ (보통 3.5)	

※ 거푸집의 수직방향으로 작용하는 적재하중, 충격하중, 고정하중 및 작업하중의 합으로 한다.

(2) 특수 거푸집의 종류별 특징

① **유로 거푸집(Euro form)** : 합판이나 특수경량 강으로 만들며 하나의 판넬로 기둥, 벽, 바닥의 조립이 가능

② **갱 거푸집(Gang form)** : 표면 피복 강화합판이나 각재, 철골을 이용하여 특수 제작한 것으로 옹벽, 기둥을 일체식으로 제작

③ **터널 거푸집(Tunnel form)** : 한 구획 전체의 벽과 바닥판을 ㄱ자, ㄷ자 형으로 짜서 이동식 거푸집으로 이용

④ **슬라이딩 거푸집(Sliding form)** : 활동거푸집이라고 하며, 굴뚝이나 사일로(Silo) 등 평면 형상이 일정하고 돌출부가 없는 구조물에 사용

㉮ 장점
  ㉠ 공기를 1/3 정도로 단축할 수 있다.
  ㉡ 타설속도는 1일 5~8m 정도 연속 타설하므로 일체성을 확보할 수 있다.
  ㉢ 내·외부에 비계가 필요 없다.

㉯ 단점
  ㉠ 악천후시에 작업이 곤란하다.
  ㉡ 제작비가 과다하게 소요된다.

ⓒ 공사진행상 특히 주의를 요한다.

⑤ **슬립 거푸집(Slip form)** : 거푸집에 테이퍼를 붙이거나 거푸집 주장의 변화가 가능한 장치를 쓰고 단면 형상 변화가 있는 구조물에 사용하며, 초고연통, 무선탑, 전망탑, 크린타워, 급수탑 등의 시공에 이용

⑥ **와플 거푸집(Waffle form)** : 무량판, 평판구조의 장스팬 구조물에 유리하며 층 높이를 낮게 하는 방법의 특수상자 모양의 기성제 거푸집

⑦ **플라잉 폼(Flying Form)**
  ㉮ 바닥에 콘크리트 타설을 위한 거푸집으로써 거푸집판, 장선, 멍에, 서포트 등을 일체로 제작하여 부재화한 거푸집으로 일명 테이블 폼(Table form)이라 함
  ㉯ 수직적인 반복 모듈을 가진 구조물과 수평적인 반복모듈을 가진 구조물에 적용효과가 높으며 경제적 전용 횟수는 30~40회 이상
  ㉰ 장점과 단점
    ㉠ 장점 : 설치기간 단축, 인력 절감, 거푸집의 처짐양이 적음, 기능공의 기능도에 좌우되지 않음, 합판을 제외한 주요부재의 재사용이 가능
    ㉡ 단점 : 장비 필요. 초기 투자비 과다

⑧ **클라이밍 폼(Climbing form)**
  ㉮ 벽체용 거푸집으로 거푸집과 벽체마감공사를 위한 비계틀을 일체로 조립하여 한꺼번에 인양시켜 거푸집을 설치하는 공법
  ㉯ 초고층 건물을 튜브식 구조로 시공하는 경향이 늘어나면서 필요성이 증대되고 있으며 전용횟수는 80~100회가 경제적
  ㉰ 장점과 단점
    ㉠ 장점 : 비계 설치 불필요, 콘크리트 면의 품질 양호, 고층 작업시 안정성이 높음, 거푸집 해체시 콘크리트에 미치는 충격이 적음, 장비를 이용하므로 인력이 절감되고 시공속도가 빠름
    ㉡ 단점 : 장비 필요. 초기 투자비 과다

⑨ **철제 거푸집(Metal Form)** : 반복 사용에 견딜 수 있어 경제적이나 콘크리트면이 매끈하기 때문에 모르타르와 같은 미장재료가 잘 붙지 않으므로, 표면을 거칠게 할 필요가 있으며 춥거나 더운 계절에 콘크리트 표면이 빨리 경화(硬化)되는 단점

(3) 존치기간 및 부속재

① **거푸집 존치기간 산정** : 최저 온도가 5℃ 이하인 경우는 1일을 반일로 계산하고, 0℃ 이하인 것은 존치기간에 산입치 않으며 사용 콘크리트의 종류 및 보양상태를 고려하여 결정

② **거푸집의 부속재**
  ㉮ 긴장재(Form tie) : 거푸집의 형상 유지, 저항, 벌어지는 것 방지
  ㉯ 격리재(Separator) : 거푸집의 간격 유지, 오그라드는 것 방지
  ㉰ 간격재(Spacer) : 철근과 거푸집의 간격 유지

알아두기

☑ 산업안전보건기준에 관한 규칙 제332조(동바리 조립 시의 안전조치)

사업주는 동바리를 조립하는 경우에는 하중의 지지상태를 유지할 수 있도록 다음 각 호의 사항을 준수해야 한다.

1. 받침목이나 깔판의 사용, 콘크리트 타설, 말뚝박기 등 동바리의 침하를 방지하기 위한 조치를 할 것
2. 동바리의 상하 고정 및 미끄러짐 방지 조치를 할 것
3. 상부·하부의 동바리가 동일 수직선상에 위치하도록 하여 깔판·받침목에 고정시킬 것
4. 개구부 상부에 동바리를 설치하는 경우에는 상부하중을 견딜 수 있는 견고한 받침대를 설치할 것
5. U헤드 등의 단판이 없는 동바리의 상단에 멍에 등을 올릴 경우에는 해당 상단에 U헤드 등의 단판을 설치하고, 멍에 등이 전도되거나 이탈되지 않도록 고정시킬 것
6. 동바리의 이음은 같은 품질의 재료를 사용할 것
7. 강재의 접속부 및 교차부는 볼트·클램프 등 전용철물을 사용하여 단단히 연결할 것
8. 거푸집의 형상에 따른 부득이한 경우를 제외하고는 깔판이나 받침목은 2단 이상 끼우지 않도록 할 것
9. 깔판이나 받침목을 이어서 사용하는 경우에는 그 깔판·받침목을 단단히 연결할 것

☑ 산업안전보건기준에 관한 규칙 제332조의2(동바리 유형에 따른 동바리 조립 시의 안전조치)

사업주는 동바리를 조립할 때 동바리의 유형별로 다음 각 호의 구분에 따른 각 목의 사항을 준수해야 한다.

1. 동바리로 사용하는 파이프 서포트의 경우
    가. 파이프 서포트를 3개 이상 이어서 사용하지 않도록 할 것
    나. 파이프 서포트를 이어서 사용하는 경우에는 4개 이상의 볼트 또는 전용철물을 사용하여 이을 것
    다. 높이가 3.5미터를 초과하는 경우에는 높이 2미터 이내마다 수평연결재를 2개 방향으로 만들고 수평연결재의 변위를 방지할 것
2. 동바리로 사용하는 강관틀의 경우
    가. 강관틀과 강관틀 사이에 교차가새를 설치할 것
    나. 최상단 및 5단 이내마다 동바리의 측면과 틀면의 방향 및 교차가새의 방향에서 5개 이내마다 수평연결재를 설치하고 수평연결재의 변위를 방지할 것
    다. 최상단 및 5단 이내마다 동바리의 틀면의 방향에서 양단 및 5개틀 이내마다 교차가새의 방향으로 띠장틀을 설치할 것
3. 동바리로 사용하는 조립강주의 경우: 조립강주의 높이가 4미터를 초과하는 경우에는 높이 4미터 이내마다 수평연결재를 2개 방향으로 설치하고 수평연결재의 변위를 방지할 것
4. 시스템 동바리(규격화·부품화된 수직재, 수평재 및 가새재 등의 부재를 현장에서 조립하여 거푸집을 지지하는 지주 형식의 동바리를 말한다)의 경우
    가. 수평재는 수직재와 직각으로 설치해야 하며, 흔들리지 않도록 견고하게 설치할 것
    나. 연결철물을 사용하여 수직재를 견고하게 연결하고, 연결부위가 탈락 또는 꺾어지지 않도록 할 것
    다. 수직 및 수평하중에 대해 동바리의 구조적 안정성이 확보되도록 조립도에 따라 수직재 및 수평재에는 가새재를 견고하게 설치할 것
    라. 동바리 최상단과 최하단의 수직재와 받침철물은 서로 밀착되도록 설치하고 수직재와 받침철물의 연결부의 겹침길이는 받침철물 전체길이의 3분의 1 이상 되도록 할 것

5. 보 형식의 동바리[강재 갑판(steel deck), 철재트러스 조립 보 등 수평으로 설치하여 거푸집을 지지하는 동바리를 말한다]의 경우
    가. 접합부는 충분한 걸침 길이를 확보하고 못, 용접 등으로 양끝을 지지물에 고정시켜 미끄러짐 및 탈락을 방지할 것
    나. 양끝에 설치된 보 거푸집을 지지하는 동바리 사이에는 수평연결재를 설치하거나 동바리를 추가로 설치하는 등 보 거푸집이 옆으로 넘어지지 않도록 견고하게 할 것
    다. 설계도면, 시방서 등 설계도서를 준수하여 설치할 것

8 철근콘크리트 공사에 관한 중요사항

(1) 이상 현상

① **블리딩(Bleeding) 현상**
  ㉮ 콘크리트 타설 후 시멘트, 골재입자 등의 비중차에 의한 침하에 의해 물이 분리 상승되어 표면에 떠오르는 현상(부착저해로 수밀성, 내구성 저하)
  ㉯ 블리딩 현상의 방지책
    ㉠ 단위 수량을 가능한 적게 하고, 된비빔 콘크리트를 타설
    ㉡ 작은 입자를 적당하게 포함하고 있는 잔골재를 사용
    ㉢ AE제, AE감수제, 고성능 감수제(포졸란 등)을 사용
    ㉣ 분말도가 높은 시멘트 사용

② **레이턴스(Laitance) 현상** : 블리딩에 의해 떠오른 미립물이 그 후 콘크리트 표면에 엷은 막으로 침적되는 현상(이음 콘크리트 할 때 강도 감소)

③ **재료분리에 영향을 주는 요소** : 단위수량, 골재의 종류, 골재의 입도 및 입형, 혼화재의 종류

(2) 콘크리트의 이음 위치

① **보, 슬래브** : 스팬의 1/2 되는 곳에 수직으로 이음(단, 작은보가 있을 때 작은보 너비의 2배이며, 캔틸레바로 내민 보나 바닥판은 일체로 한다.)

② **기둥** : 기초 위, 바닥판 위, 연결보 위에 수평으로 이음

③ **벽** : 개구부 주위

④ **아치** : 축의 직각

(3) AE 공기량이 감소하는 경우

① 온도가 높을수록
② 비벼놓은 시간이 길수록
③ 진동을 주었을 경우

④ 잔골재의 미립분이 적을수록(AE 공기량은 자갈입도 보다 모래입도에 영향을 많이 받는다.)
⑤ 기계비빔 보다 손비빔 일수록

(4) 연행공기의 목적과 특징 등

① **연행공기(Entrained air)의 목적**
  ㉮ 워커빌리티(Workability)의 증대
  ㉯ 동결융해에 대한 저항성 증대
  ㉰ 단위 수량의 증대
  ㉱ 재료분리 및 블리딩(Bleeding) 감소

② **연행공기의 특징**
  ㉮ 연행공기의 양이 7% 이상 증가하면 내구성이 저하된다.
  ㉯ 연행공기의 양이 1% 증가하면 콘크리트 강도는 3~5% 감소한다.
  ㉰ 연행공기의 양이 2% 이하에서는 내동결융해성을 기대할 수 없다.
  ㉱ 볼베어링(Ball bearing)과 같은 역할로 워커빌리티(Workability)를 개선시킨다.
  ㉲ 연행공기 1%는 단위수량 3%에 상당하는 효과를 갖는다.

③ **연행공기의 양이 감소되는 요인**
  ㉮ 단위 시멘트량의 증가 및 시멘트 분말도가 높을 경우
  ㉯ 플라이애시(Fly ash)의 미연소 탄소(Carbon)가 많을 경우
  ㉰ 골재의 형상이 편평하고, 잔골재 중 0.15mm 이하의 골재가 많을 경우
  ㉱ 잔골재의 조립률 및 굵은골재의 최대치수가 클 경우
  ㉲ 사용되는 물의 pH가 낮거나 불순물이 많을 때
  ㉳ 슬럼프(Slump)가 작거나 비비기 온도가 높을 경우
  ㉴ 비비기 믹서(Mixer)의 능력이 저하된 경우
  ㉵ 수송시간이 길어졌거나 펌프(Pump) 압송력과 거리가 클 경우

(5) 철근의 이음 및 정착

① **철근의 이음법**
  ㉮ 겹침이음 : 철근의 단부를 겹치는 방법으로 응력은 주변 콘크리트와의 마찰력에 의해 발생하며 D25 이하의 철근에 사용한다.
  ㉯ 용접이음 : 용접을 통한 이음으로 일체성이 확보되어 충분한 강도가 보장된다.
  ㉰ 기계이음 : 연결재를 이용하는 이음으로 나사이음이 대표적이다.

② **겹침 이음 길이** : 말단 갈고리의 길이는 포함치 않음(즉, 갈고리 중심간의 거리)
  ㉮ 인장측(큰 인장력을 받는 곳) : 철근지름의 40배(경량골재 사용시 50배)
  ㉯ 압축측(적은 인장력을 받는 곳) : 철근지름의 25배(경량골재 사용시 25배)
  ㉰ 적은 압축을 받는 곳 : 철근지름의 20배
  ㉱ 지름이 다를 때 : 가는 철근지름의 40배

③ **철근의 이음 위치**
㉮ 기둥 철근 : 기둥 안 목 높이의 2/3 이내
㉯ 주근 : 인장력이 적은 곳

④ **철근의 정착 위치**
㉮ 기둥의 주근은 기초에 정착한다.
㉯ 큰 보의 주근은 기둥에 정착한다.
㉰ 작은 보의 주근은 큰 보에 정착한다.
㉱ 지중보의 주근은 기초 또는 기둥에 정착한다.
㉲ 직교하는 단부보 밑에 기둥이 없을 때는 보 상호간에 정착한다.
㉳ 바닥철근은 보 및 벽체에 정착한다.
㉴ 벽철근은 기둥, 보 및 바닥판에 정착한다.

(6) 철근의 콘크리트와의 부착력

① 압축 강도가 클수록 부착력이 크다.
② 피복 두께가 두꺼울수록 부착력이 크다.
③ 길이가 같으면 철근의 주장(周長)에 비례한다.
④ 철근지름에는 비례하나 길이에는 비례하지 않는다.
⑤ 원형철근 보다 이형철근이 부착력이 크다.

> ▣ 슬래브 배근 중 철근을 많이 사용해야 하는 순서
> 단방향주열대 > 단방향 주간대 > 장방향주열대 > 장방향 주간대

철골공사

1. 철골의 가공 순서와 철골기둥 세우기 순서

(1) 철골의 가공 순서

원척도 → 본뜨기 → 변형 바로잡기 → 금매김 → 절단 및 가공 → 구멍 뚫기 → 가(假)조립 → 리벳치기 → 검사 → 녹막이 칠 → 운반

(2) 철골기둥의 세우기 순서

기둥 중심선의 먹매김 → 앵커볼트의 설치 → 기초 상부의 고름질 → 기둥 세우기 → 주각 모르타르 채움

2. 건립용(철골세우기용) 기계의 분류

건립기계	크레인	타워크레인(기복형, 수평형) 기타 소형 지브크레인
	이동식 크레인	트럭크레인(유압식, 기계식) 크롤러크레인(크롤러크레인, 크롤러식 타워크레인) 휠크레인(유압식, 기계식)
	데릭	삼각데릭 진폴데릭 가이데릭

3. 철골 공사에 관한 중요사항

(1) 강재에 녹막이 칠을 하지 않는 부분

① 콘크리트에 묻히는(매립되는) 부분
② 현장용접을 하는 부분으로 용접부에서 50mm 이내
③ 고장력 볼트마찰 접합부의 마찰면
④ 기계 깎기 마무리면
⑤ 폐쇄형 단면을 한 부재의 밀폐되는 면
⑥ 공장조립에 있어서 맞댄면 또는 조립 후 칠할 수 없는 부분은 조립 전에 1~2회 칠해 둠

(2) 리벳 접합시 유의사항

① 리벳의 열간 타열시 가열온도가 1200℃ 이상이 되면 배열되어 불꽃이 튀고, 600℃ 이하가 되면 가공이 어려워지므로 800~1100℃ 정도로 가열한다.
② 리벳 구멍은 송곳 뚫기(13mm 이상시) 또는 서브 펀치하여 리머로 구멍을 가셔낸다.
③ 현장치기 리벳수는 총 리벳수의 1/5이 적당하다.
④ 철골 1ton당 현장치기 리벳수는 300~400개 정도이다.
⑤ 현장 리벳치기 H-형강 100본당 소요 공수는 0.8~1.1 정도가 좋다.

(3) 고장력 볼트 접합의 장점과 단점

① **장점**
　㉮ 화재의 위험이 없다.
　㉯ 소음이 적다.
　㉰ 불량개소의 수정이 용이하다.
　㉱ 현장 시공 설비가 간단하다.
　㉲ 노동력이 절감되고 공기가 단축된다.
　㉳ 응력집중이 적고 반복응력에 강하다.

② **단점**
　㉮ 판의 접촉면 상황의 관리가 어렵다.
　㉯ 나사의 마무리 정도가 어렵다.
　㉰ 조이는 방법과 조이는 힘이 부족하다.

(4) 용접 접합의 장점 및 단점

① **장점**
　㉮ 응력전달이 확실하여 신뢰성이 높다.
　㉯ 철골중량이 감소된다.
　㉰ 철재량이 감소되어 경제적이다.
　㉱ 단면 처리 및 이음이 쉽다.
　㉲ 공해가 적다.
　㉳ 의장적으로 쾌적하다.
　㉴ 무소음, 무진동 시공이 된다.

② **단점**
　㉮ 취성파괴가 일어나기 쉽고, 피로강도가 낮다.
　㉯ 숙련공이 필요하다.
　㉰ 접합부의 검사가 곤란하다.
　㉱ 0℃ 이하의 온도에서 작업이 곤란하다.
　㉲ 변형이 생기고 시공이 불량하면 불완전한 용접이 된다.

(5) 용접상 결함의 종류

종류	설명
균열, 터짐(Crack)	가장 중대한 결함
오버랩(Over-Lap)	용접 금속과 모재가 융합되지 않고 겹쳐지는 것
블로우 홀(Blow Hole)	용접 내부에 공기(가스)구멍을 형성한 결함
슬래그(Slag)	감싸돌기 용접 찌꺼기가 용착금속 내에 혼입되는 것
언더 컷(Under cut)	모재가 녹아 용착금속이 채워지지 않고 홈으로 남게 된 부분
피트(Pit)	용접 표면에 흠집이 생긴 것
슬래그(Slag)	섞임 용착금속 내에 슬래그가 혼입되는 것
용입부족	모재가 녹지 않고 용착금속이 채워지지 않고 홈으로 남는 것
크레이터(Crater)	용접시 끝 부분에 우묵하게 파진 부분
피시아이(Fish eye)	용접부에 생기는 은색 반점

(6) 용접의 용어설명

종류	설명
스패터(Spatter)	철골용접 중 튀어나오는 슬래그 및 금속입자
비드(Bead)	용착금속이 열상을 이루어 용접된 용접층
밀 스케일(Mill scale)	쇠비늘, 강재가 냉각될 때 표면에 생기는 산화철의 표피(녹)
슬래그(Slag)	용접할 때 용착금속 위에 떠 있는 찌꺼기
그루브(Groove)	앞벌림, 접합 부재간의 사이를 트이게 한 것
플럭스(Flux)	자동용접의 경우 용접봉의 피복제 역할로 쓰이는 분말상의 재료
엔드 탭(End tab)	용접의 시작과 끝 부분에 임시로 붙이는 보조판
아크 스트라이크(Arc strike)	용접을 시작할 때 용접봉을 순간적으로 모재에 접촉시켜 아크를 발생시키는 것
가스 가우징(Gas gouging)	홈을 파기 위한 목적으로 한 화구로서 산소아세틸렌불꽃을 이용하여 녹여 깎은 재의 뒷부분을 깨끗이 깎는 것
루트(Root)	용접 이음부의 홈 아래 부분
위빙(Weaving)	용접봉을 용접방향에 대하여 가로로 왔다갔다 움직여 용착금속을 녹여붙이는 것, 위빙 폭은 용접봉 지름의 3배 이하

(7) **용접봉의 피복제 역할**(플럭스, Flux)
   ① 공기를 차단시켜 산화 또는 질화를 방지한다.
   ② 함유 원소를 이온화하여 아크(Arc)를 안정시킨다.
   ③ 용융금속의 탈산, 정련에 기여한다.

(8) **자동전격방지기**
   ① 교류아크용접지의 안전장치로 아크발생을 중지할 때 단시간 내(1.5초 이내)에 당해 용접기의 2차 무부하 전압을 안전전압인 25V 이하로 유지하여 작업자를 보호하는 장치를 말한다.
   ② **자동전격방지기의 설치장소**
      ㉮ 탱크나 선박의 내부, 보일러 동체 등 대부분 공간이 금속이나 도전성 물질로 둘러싸여 용접시 신체의 일부가 도전성물질에 쉽게 접촉될 만한 장소
      ㉯ 높이가 2m 이상인 철골 작업장소
      ㉰ 물 등의 도전성 액체에 의한 습윤 장소 등

(9) **앵커볼트**(Anchor bolt)
   ① **앵커볼트의 개요**
      ㉮ 앵커볼트는 철골의 주각을 기초에 고정시키는데 사용하는 부품이다.
      ㉯ 철골공사 현장에서 철골 구조상 감독자가 유의해야 할 사항 중 제일 중요한 것 중 하나가 바로 매입 기초 앵커 볼트의 위치 및 간격이다.
   ② **앵커볼트의 매입공법**
      ㉮ 고정매입공법 : 중요한 시공이나 앵커볼트의 지름이 작을 때 사용하며 시공의 정밀도가 요구됨
      ㉯ 가동매입공법 : 앵커볼트의 지름이 클 때 사용
      ㉰ 나중매입공법 : 경미한 공사로 철골주각을 고정시킬 때 구멍을 뚫었다 나중에 매입

(10) **전단 연결재**(Shear connector)
   ① 콘크리트와의 합성구조에서 양자 사이의 전단응력 전달 및 일체성을 확보하기 위해 설치하는 연결재를 말한다.
   ② 콘크리트 슬래브와 주형보 경계면에서 상대적인 변위를 저지하는 것으로 철골조에서는 스터드 볼트(Stud bolt)가 있다.

> **철골부재의 절단방법 중 정밀도가 우수한 순서**
> 톱절단 > 전단절단 > 가스절단

조적공사

1. 벽돌 벽체의 백화현상

(1) 백화현상의 개요 및 특징
① 벽돌벽 외부에 공사 완료 후 흰가루가 돋는 현상을 백화현상이라 한다.
② 벽돌의 성분과 모르타르 성분이 결합하여 발생한다.
③ 새로운 벽에 물이 스며들면 잘 생긴다.
④ 마그네시아 시멘트는 백화현상이 잘 생긴다.
⑤ 미관상 나쁘고 벽돌표면이 벗겨지는 경우가 있다.

(2) 방지대책
① 줄눈 모르타르를 밀실 충전한다.
② 치장쌓기의 벽돌벽은 줄눈 넣기로 조기 시공한다.
③ 이어쌓기의 경우 고인 물을 완전히 제거한다.
④ 파라핀(Paraffin) 도료를 발라 염료가 나오는 것을 방지한다.
⑤ 양질의 벽돌을 사용한다.

2. 벽돌쌓기 기본사항

(1) 벽면적 대비 소요 벽돌 및 블록 매수
① 벽면적 1m²당 정미 소요 벽돌 매수

벽돌형 쌓기	0.5B(매)	1.0B(매)	1.5B(매)	2.0B(매)	2.5B(매)	3.0B(매)
기존형	65	130	195	260	325	390
표준형	75	139	224	298	378	447

② **벽면적 1m²당 정미 소요 블록 매수** : 12.5매

(2) 할증율

① **시멘트 벽돌** : 5%

② **소성 붉은 벽돌** : 3%

③ **시멘트 블록** : 4%

(3) 치장줄눈의 시공방법

① 시공순서는 줄눈주름 → 줄눈파기 → 치장줄눈의 순으로 한다.

② 되도록 짧은 시간내에 한다.

③ 벽돌 주위에 밀착되어 수밀하고, 줄 바르고, 표면은 일매지게 한다.

④ 하루일이 끝날 무렵 깊이 8mm 정도의 줄눈파기를 하고 청소한다.

⑤ 치장줄눈의 깊이는 6mm로 한다.

⑥ 일반적으로 가장 많이 사용되는 줄눈은 평줄눈이며 방습상 가장 유효한 줄눈은 빗줄눈이다.

3 벽돌쌓기의 실제

(1) 일반 사항

① 벽돌은 어느 부분이든 균일한 높이로 쌓는다.

② 모르타르의 강도는 벽돌 이상의 강도로 한다.

③ 1일 쌓기 높이는 1.2m를 표준으로 하고 1.5m 이내로 한다.

④ 적벽돌 쌓기는 시공 전 충분히 물축임을 하고 시멘트벽돌은 시공 중 물을 뿌려 모르타르의 수분을 급격히 빨아들이지 않도록 해야 한다.

⑤ 2~3층의 건축물의 최상층 벽의 높이는 4m 이하로 한다.

⑥ 벽의 길이는 10m 이하로 하며 벽으로 둘러싸인 부분의 바닥면적은 80m² 이하로 한다.

(2) 교차부 쌓기

① 교차부 물려 쌓기는 모르타르를 충분히 펴고 들여 미는 벽돌에도 모르타르를 발라 들여 밀어 세로줄눈을 바르게 하고 사춤 모르타르로 빈틈없게 한다.

② 수직면과 깊이를 정확하게 들여놓아야 한다.

③ 한 벽을 먼저 쌓고 여기에 교차되는 벽을 나중에 쌓을 경우 교차부의 벽돌 물림 자리를 내어 한 켜 걸음으로 1/4B를 들여쌓는다.

④ 하루 일이 끝나면 들여쌓기 부분 모르타르를 깨끗이 가져낸다.

(3) 모서리 쌓기
① 가능한 내부에 통줄눈이 생기지 않게 한다.
② 토막벽돌이 적게 사용되도록 벽돌 나누기를 잘하고 사춤 모르타르를 충분히 한다.
③ 모서리 선은 정확하게 수직선이 되게 한다.

(4) 아치 쌓기
① 아치벽돌은 좌우에서 대칭적으로 균등하게 쌓는다.
② 아치의 줄눈 방향은 원호의 중심에 모이도록 한다.
③ 수평아치 개구부 너비는 1.2m 이하로 한다.
④ 쌓은 후 충격을 주지 말고 굳은 후 윗벽을 쌓는다.
⑤ 아치의 각 부분은 모두 압축력을 받으므로 걸리는 하중은 직압력으로 전달된다.

(5) 기초 쌓기
① 1/4B씩 한 켜 또는 두 켜씩 내어 쌓는다.
② 기초 맨 밑 너비는 벽돌벽 두께의 2배가 되게 한다.
③ 푸팅을 넓히는 경사는 60°이상으로 한다.
④ 두 켜씩 쌓는 밑 켜는 길이쌓기로 하는 것이 유리하다.
⑤ 기초에 쓰이는 벽돌은 모양보다 잘 구워진 강도가 큰 것이 좋다.

(6) 중간 내쌓기
① 내쌓기를 두 켜씩 1/4B 또는 한 켜 1/8B 내쌓기로 하고 맨 위는 두 켜 내쌓기로 한다.
② 내쌓기는 모두 마무리 쌓기로 하는 것이 강도나 시공에 있어 유리하다.
③ 내미는 한도는 2B를 한도로 한다.

(7) 창대 쌓기
① 윗면을 15°내외로 경사지게 옆 세워 쌓는다.
② 앞 끝의 밑 부분은 벽돌벽면에 일치시키거나 1/8B~1/4B 정도로 내밀어 쌓는다.
③ 창대벽돌 위 끝은 창틀 밑에 15cm 정도 들어가 끼운다.
④ 창대 옆은 옆벽에 물릴 때도 있고 옆벽에서부터 쌓을 때도 있다.
⑤ 물 흘림을 좋게 하고 문틀 사이는 수밀하게 코팅하여 방수가 되게 한다.
⑥ 창문틀은 원칙적으로 먼저 세운다.

(8) 내화벽돌 쌓기
　① 내화점토를 물 반죽하여 쌓는다.
　② 내화벽돌은 물 축이기를 하지 않는다.
　③ 내화벽돌은 줄눈은 실줄눈으로 시공한다.

4 보강 철근콘크리트 블록조와 테두리보

(1) 보강 철근콘크리트 블록조 시공상 주의사항
　① 벽 세로근은 기초 보 또는 테두리보의 위치, 나누기에 따라 배치한다. 블록 나누기와 맞지 않을 때는 콘크리트를 파내고 수직과 30°이내로 구부리기 한다.
　② 세로 철근은 도중에 잇지 않고, 기초보, 테두리보에 40d 이상 정착한다.
　③ 가로근의 간격은 블럭 3켜(60cm), 또는 4켜(80cm)마다 넣는다.
　④ 가로근의 끝 부분은 벽체 상호에 40d 이상 정착한다. 이음을 할 때는 25d 이상으로 한다.
　⑤ 보강 블록 쌓기는 원칙적으로 통줄눈 쌓기로 한다.
　⑥ 콘크리트 또는 모르타르 사춤은 블록 2켜 쌓기 이내 마다 하고, 이음위치는 블록 윗면에서 5cm 정도 밑에 둔다.
　⑦ 사춤 콘크리트 다지기를 할 때 철근의 이동이 없도록 주의한다.
　⑧ 급수관, 배전관, 가스관 등을 배관할 때는 블록 쌓기와 동시에 시공하고 철근이 복잡한 곳을 가급적 피한다.

(2) 테두리보
　① 내력 벽체와 일체가 되어 건물의 강도를 높이고 상부의 하중을 균등하게 하부로 전달한다.
　② 집중하중을 분산시킨다.
　③ 내력벽의 위에는 춤이 벽두께의 1.5배 이상이 되도록 테두리보를 설치한다.

5 벽돌벽의 균열 원인

(1) 벽돌조 건물의 계획 설계상의 미비
　① 기초의 부동침하
　② 건물의 평면·입면의 불균형 및 벽의 불합리한 배치
　③ 불균형 하중·큰 집중하중·횡력 및 충격
　④ 벽돌벽의 길이·높이·두께에 대한 벽돌 벽체의 강도 부족
　⑤ 문꼴 크기의 불합리 및 불균형 배치

(2) 시공상의 결함

① 벽돌 및 모르타르의 강도부족

② 재료의 신축성(온도 및 흡수에 의한)

③ 이질재와의 접합부

④ 콘크리트보 밑의 모르타르 다져 넣기의 부족(장막벽의 상부)

⑤ 모르타르 · 회반죽 바름의 신축 및 들뜨기

6 벽돌의 품질 및 벽돌쌓기 종류

(1) 벽돌의 품질

품질	압축강도	흡수율
1급	150kg/cm²	20% 이하
2급	100kg/cm²	23% 이하

> **광재벽돌**
> 광재를 주 원료로 한 벽돌로 단열보온용으로 사용되며 물에 젖지 않고 전기가 통하지 않는다.

(2) 벽돌쌓기 종류

① **영국식 쌓기(영식 쌓기, english bond)**

㉮ 벽면의 끝 모서리 등에 반절이나 이오토막을 쓰고, 한 켜는 길이쌓기 다음 한 켜는 마구리쌓기를 반복하여 쌓는 방식

㉯ 가장 튼튼한 쌓기에 해당

② **화란식 쌓기(dutch bond)**

㉮ 벽면의 끝 모서리 등에 칠오토막을 쓰고, 한 켜는 길이쌓기 다음 한 켜는 마구리쌓기를 번갈아 쌓는 방식

㉯ 일하기 쉽고 모서리가 견고하게 되므로 우리나라에서 많이 사용

③ **프랑스식 쌓기(불식 쌓기, flemish bond)** : 매 켜에 길이와 마구리가 번갈아 나오도록 쌓은 구조

④ **미국식 쌓기(미식 쌓기, american bond)** : 5켜 정도까지는 길이쌓기, 그 위 한 켜는 마구리쌓기로 하여 본 벽돌벽에 물려서 쌓는 방식

PART 05

건설공사 안전관리

CHAPTER

01. 건설공사 안전개요
02. 건설공구 및 장비
03. 건설안전시설 및 설비
04. 가설작업의 안전
05. 운반, 하역작업

건설공사 안전개요

1 지반조사 및 토질시험

(1) 지반의 조사방법

① **지하탐사법** : 짚어보기, 터파보기, 물리적 탐사법
② **사운딩(Sounding, 관입시험)** : 표준관입시험, 베인 테스트(Vane test), 콘(Cone) 관입시험
③ **보링(Boring)** : 오거보링, 수세식보링, 충격식보링, 회전식보링(가장 정확한 방법)
④ **샘플링(Sampling)** : 교란시료, 불교란시료
⑤ **토질시험(Soil test)** : 물리적시험, 역학적시험
⑥ **지내력 시험(Loading test)** : 평판재하시험, 말뚝박기시험

(2) 토질시험

① **토질시험의 분류**

㉮ 밀도시험 : 입도, 밀도, 함수비, 진비중, 액성 및 소성한계, 현장 함수당량, 원심 함수당량시험 등을 통해 측정한다.
㉯ 화학시험 : 함유수분의 시험 등을 필요에 따라 화학분석으로 행한다.
㉰ 역학시험 : 표준관입시험, 전단시험, 압밀시험, 투수시험, 다짐시험, 단순압축시험, 지반의 지지력시험 등이 있다.
㉱ 기타시험 : 물리적 지하탐사시험, 전기적 지하탐사시험 등의 방법이 있다.

② **현장의 토질시험방법**

㉮ 표준관입시험
　㉠ 사질지반의 상대밀도 등 토질조사시 신뢰성이 높다.
　㉡ 63.5kg의 추를 76cm 정도의 높이에서 떨어뜨려 30cm 관입시킬 때의 타격회수(N)를 측정하여 흙의 경·연 정도를 판정한다.
㉯ 베인(Vane)시험
　㉠ 연한 점토질 시험에 주로 쓰이는 방법이다.
　㉡ 4개의 날개가 달린 베인 테스터를 지반에 때려박고 회전시켜 저항 모멘트를 측정, 전단강도를 산출한다.
㉰ 평판재하시험 : 지반의 지지력을 알아보기 위한 방법이다.

> **▣ 예민비**
> - 흙의 이김에 의한 약해지는 정도를 표시한 것임
> - 예민비 = $\dfrac{\text{자연시료의 강도}}{\text{이긴시료의 강도}}$

2 토공(土工)

(1) 굴착 시 유의점

① 되도록 중력을 이용할 것
② 작업면적을 넓게 하여 동시에 많은 사람들의 작업이 가능하도록 할 것
③ 배수를 고려할 것
④ 흙싣기 높이를 되도록 낮게 할 것
⑤ 한쪽 면만 굴착할 때는 배수용 도랑을 완성할 것

(2) 굴착 시 굴착 비탈면의 무너짐에 의한 재해방지를 위한 점검사항

① 비탈면 상부의 지표면 변화 확인
② 비탈면의 지층 변화부 상황 확인
③ 부석의 상황 변화 확인
④ 결빙과 해빙에 대한 상황의 확인
⑤ 각종 비탈면 보호공의 변위 및 탈락 유무

(3) 보일링(Boiling)

① **정의**: 사질토 지반 굴착시 굴착부와 지하 수위차가 있을 경우, 수두차(水頭差)에 의하여 침투압이 생겨 흙막이벽 근입부분을 침식하는 동시에 모래가 액상화(液狀化)되어 솟아오르며 흙막이벽의 근입부가 지지력을 상실하여 흙막이공의 붕괴를 초래하는 현상
② **지반조건**: 지하 수위가 높은 사질토의 경우
③ **현상**
 ㉮ 전면에 액상화현상(Quick Sand)이 발생
 ㉯ 굴착면과 배면토의 수두차에 의한 침투압이 발생
④ **대책**
 ㉮ 주변 수위를 저하
 ㉯ 흙막이벽 근입도를 증가시켜 동수구배를 저하
 ㉰ 굴착토를 즉시 원상 매립
 ㉱ 작업 중지

(5) 히빙(Heaving)
　① **정의** : 굴착이 진행됨에 따라 흙막이 벽 뒤쪽 흙의 중량이 굴착부 바닥의 지지력 이상이 되면 흙막이벽 근입(根入) 부분의 지반 이동이 발생하여 굴착부 저면이 솟아오르는 현상
　② **지반조건** : 연약성 점토 지반인 경우
　③ **현상**
　　㉮ 지보공 파괴
　　㉯ 토사붕괴 저면의 솟아오름
　④ **대책**
　　㉮ 굴착 주변의 상재하중을 제거
　　㉯ 시트 파일(Sheet Pile) 등의 근입심도를 검토
　　㉰ 1.3m 이하 굴착시에는 버팀대(Strut)를 설치
　　㉱ 버팀대, 브라켓, 흙막이를 점검
　　㉲ 굴착주변을 탈수공법과 병행
　　㉳ 굴착방식을 개선(Island Cut 공법 등)

> **연약지반 개량공법의 종류**
> 다짐말뚝공법, 바이브로플로테이션공법, 다짐모래말뚝공법, 약액주입공법, 전기충격공법, 폭파치환공법

(6) 토공계획 수립 및 시공계획
　① **토공계획 수립시 고려사항** : 토질의 종류, 토적곡선, 절토 및 성토량의 균형
　② **시공계획의 수립내용**
　　㉮ 현장인원 편성 및 가설계획 작성
　　㉯ 공정표작성
　　㉰ 실행예산편성
　　㉱ 하도급자 선정
　　㉲ 자재반입계획 시공기계 및 장비설치계획
　　㉳ 노무계획
　③ **터널굴착작업 시 작업계획서 내용**
　　㉮ 굴착의 방법
　　㉯ 터널지보공 및 복공의 시공방법과 용수의 처리방법
　　㉰ 환기 또는 조명시설을 설치할 때에는 그 방법

> ☑ **산업안전보건기준에 관한 규칙 제366조(붕괴 등의 방지)**
>
> 사업주는 터널 지보공을 설치한 경우에 다음 각 호의 사항을 수시로 점검하여야 하며, 이상을 발견한 경우에는 즉시 보강하거나 보수하여야 한다.
> 1. 부재의 손상·변형·부식·변위 탈락의 유무 및 상태
> 2. 부재의 긴압 정도
> 3. 부재의 접속부 및 교차부의 상태
> 4. 기둥침하의 유무 및 상태
>
> ☑ **산업안전보건기준에 관한 규칙 제350조(인화성 가스의 농도측정 등)**
>
> ① 사업주는 터널공사 등의 건설작업을 할 때에 인화성 가스가 발생할 위험이 있는 경우에는 폭발이나 화재를 예방하기 위하여 인화성 가스의 농도를 측정할 담당자를 지명하고, 그 작업을 시작하기 전에 가스가 발생할 위험이 있는 장소에 대하여 그 인화성 가스의 농도를 측정하여야 한다.
> ② 사업주는 제1항에 따라 측정한 결과 인화성 가스가 존재하여 폭발이나 화재가 발생할 위험이 있는 경우에는 인화성 가스 농도의 이상 상승을 조기에 파악하기 위하여 그 장소에 자동경보장치를 설치하여야 한다.
> ③ 지하철도공사를 시행하는 사업주는 터널굴착[개착식(開鑿式)을 포함한다)] 등으로 인하여 도시가스관이 노출된 경우에 접속부 등 필요한 장소에 자동경보장치를 설치하고, 도시가스사업법에 따른 해당 도시가스사업자와 합동으로 정기적 순회점검을 하여야 한다.
> ④ 사업주는 제2항 및 제3항에 따른 자동경보장치에 대하여 당일 작업 시작 전 다음 각 호의 사항을 점검하고 이상을 발견하면 즉시 보수하여야 한다.
> 1. 계기의 이상 유무
> 2. 검지부의 이상 유무
> 3. 경보장치의 작동상태

3 유해위험방지계획서

(1) 유해위험방지계획서 제출 대상 공사

① 지상높이가 31m 이상인 건축물 또는 인공구조물, 연면적 30,000m² 이상인 건축물, 연면적 5,000m² 이상인 문화 및 집회시설(전시장 및 동물원·식물원은 제외), 판매시설, 운수시설(고속철도의 역사 및 집배송시설은 제외), 종교시설, 의료시설 중 종합병원, 숙박시설 중 관광숙박시설, 지하도상가, 냉동·냉장 창고시설의 건설·개조 또는 해체공사
② 연면적 5,000m² 이상인 냉동·냉장 창고시설의 설비공사 및 단열공사
③ 최대 지간길이(다리의 기둥과 기둥의 중심사이의 거리)가 50m 이상인 다리의 건설등 공사
④ 터널의 건설등 공사
⑤ 다목적댐, 발전용댐, 저수용량 2천만톤 이상의 용수 전용 댐 및 지방상수도 전용 댐의 건설등 공사
⑥ 깊이 10m 이상인 굴착공사

(2) 유해위험방지계획서 제출서류 및 첨부서류

① **유해위험방지계획서 제출서류**
   ㉮ 건축물 각 층의 평면도
   ㉯ 기계 · 설비의 개요를 나타내는 서류
   ㉰ 기계 · 설비의 배치도면
   ㉱ 원재료 및 제품의 취급, 제조 등의 작업방법의 개요
   ㉲ 그 밖에 고용노동부장관이 정하는 도면 및 서류

② **유해위험방지계획서 첨부서류**
   ㉮ 공사 개요 및 안전보건관리계획
      ㉠ 공사 개요서
      ㉡ 공사현장의 주변 현황 및 주변과의 관계를 나타내는 도면(매설물 현황을 포함)
      ㉢ 건설물, 사용 기계설비 등의 배치를 나타내는 도면
      ㉣ 전체 공정표
      ㉤ 산업안전보건관리비 사용계획서
      ㉥ 안전관리 조직표
      ㉦ 재해 발생 위험 시 연락 및 대피방법
   ㉯ 작업 공사 종류별 유해위험방지계획
      ㉠ 해당 작업공사 종류별 작업개요 및 재해예방 계획
      ㉡ 위험물질의 종류별 사용량과 저장 · 보관 및 사용 시의 안전작업계획

(3) 유해위험방지계획서 심사 결과의 구분 · 판정

① **적정** : 근로자의 안전과 보건을 위하여 필요한 조치가 구체적으로 확보되었다고 인정되는 경우
② **조건부 적정** : 근로자의 안전과 보건을 확보하기 위하여 일부 개선이 필요하다고 인정되는 경우
③ **부적정** : 건설물 · 기계 · 기구 및 설비 또는 건설공사가 심사기준에 위반되어 공사착공 시 중대한 위험이 발생할 우려가 있거나 해당 계획에 근본적 결함이 있다고 인정되는 경우

(4) 유해위험방지계획서의 확인사항

① **확인 시기**
   ㉮ 건설공사 중 6개월 이내마다 1회 이상 실시
   ㉯ 자체심사 및 확인업체의 사업주는 해당 공사 준공 시까지 6개월 이내마다 자체 확인을 실시
② **확인 사항**
   ㉮ 유해위험방지계획서의 내용과 실제공사 내용이 부합하는지 여부
   ㉯ 유해위험방지계획서 변경내용의 적정성
   ㉰ 추가적인 유해 · 위험요인의 존재 여부

4 건설공사 안전의 개요에 관한 중요사항

(1) 흙의 성질

① 흙 = 토립자 + 간극(물, 공기, 가스)

② 간극비 = $\dfrac{간극의\ 용적}{토립자의\ 용적}$

③ 함수비 = $\dfrac{물의\ 중량}{토립자의\ 용적} \times 100$

④ 포화비 = $\dfrac{물의\ 용적}{토립자의\ 용적} \times 100$

⑤ 예민비 = $\dfrac{자연시료의\ 강도}{이긴시료의\ 강도}$

> **소성한계 및 액성한계**
> 바삭바삭 끈기가없는 상태 → 소성한계 : 이때의 함수비 → 끈기가 있고 반죽할 수 있는 상태 → 액성한계 : 이때의 함수비 → 질척한 액성의 상태

(2) 흙의 휴식각(Angle of Repose)

① 안식각, 자연경사각 흙의 입자각의 응집력, 부착력을 무시할 때, 즉 마찰력만으로서 중력에 의하여 정지되는 흙의 사면각도

② 토질에 따른 휴식각 및 파기 경사각

토질	휴식각	파기 경사각	토질	휴식각	파기 경사각
보통 흙	25~45°	50	자갈	30~38°	60
모래	30~45°	60	진흙	35°	70

(3) 허용응력과 안전율

① **허용응력** : 실제로 재료를 사용하여 안전하다고 판단되는 최대응력

② 안전율 = $\dfrac{극한강도(파괴하중)}{허용응력}$

(4) 콘크리트의 성질

① **비중** : 약 2.3 정도

② **중량** : 2,300~2,350kg/m³

③ **압축강도** : 시공 후 28일 후 100~400kg/cm² 정도

④ **인장강도 및 굽힘강도** : 압축강도의 1/10 정도, 굽힘강도는 1/5~1/7 정도

> **■ 레미콘의 타설과 강도시험**
> - 비빔에서 타설 완료까지의 시간 : 25 이상에서 1.5시간 이내, 25 미만에서 2시간 이내
> - 강도시험은 1회 시험값이 호칭강도의 85% 이상이어야 하며 3회 시험값이 호칭강도 이상이어야 함

(5) 지반성격에 따른 개량공법 분류

지반성격	지반개량공법	비고
점토질 지반	치환법	연약토를 양질토로 치환(폭파 · 전면 · 사면전단치환)
	프리로딩(Pre-loading, 여성토) 공법	구조물을 세우기 전 미리 하중을 가해 압밀 촉진
	압성토(부제) 공법	재하 공법
	생석회 말뚝 공법	고결 공법
	전기침투 공법 및 전기화학적 고결 공법	고결 공법
	샌드 드레인(Sand Drain) 공법	탈수 공법
	페이퍼 드레인(Paper Drain) 공법	탈수 공법
사질 지반	다짐말뚝 공법	다짐 공법
	다짐모래말뚝 공법(콤포저 공법)	다짐 공법
	바이브로플로테이션(Vibroflotation)공법	2m 정도의 진동봉을 지중에 관입, 빈 구멍에 모래, 자갈을 채워 지반 개량(다짐 공법)
	폭파다짐 공법	다짐 공법
	전기충격 공법	배수 공법
	약액주입 공법	벤토나이트 · 그라우트 · 아스팔트 등 사용(주입 공법)

(6) 사면지반 개량공법

① **주입 공법** : 시멘트 또는 약액을 주입하여 지반을 강화하는 공법

② **이온교환 공법** : 염화칼슘을 사면 상부에 타설하는 등 흙의 공학적 성질을 변경하여 안정을 꾀하는 공법

③ **전기화학적 공법** : 직류전기를 가해 전기화학적으로 흙을 개량함으로써 사면의 안정을 꾀하는 공법

④ **시멘트 안정처리 공법** : 흙에 시멘트를 첨가하여 고화시킴으로써 사면의 안정을 꾀하는 공법

⑤ **석회 안정처리 공법** : 점성토에 소석회 또는 생석회를 첨가하여 화학적 결합작용으로 사면의 안정을 꾀하는 공법

⑥ **소결 공법** : 가열에 의해 토성을 개량하는 공법

(7) N값과 모래의 상대밀도

N값	상대밀도	N값	상대밀도
0~4	매우 느슨	30~50	조밀
4~10	느슨	50 이상	매우 조밀
10~30	중간	–	–

(8) 흙막이 공법

① **수평버팀대식**
  ㉮ 흙막이벽을 설치하고 토압을 수평버팀대에 부담하면서 굴착하는 것
  ㉯ 버팀대의 위치는 H/3, 띠장의 이음위치는 L/4

② **어스앵커식(Earth anchor)**
  ㉮ 흙막이벽 배면을 원통형으로 굴착한 후 고강도 강재와 모르타르(Mortar)를 주입하여 경화시킨 후 인장력에 의해 토압을 지지하게 하는 것
  ㉯ 좌우 토압이 불균일하여 버팀대식의 적용이 불가하고, 굴착부지 내의 작업공간 확보가 필요한 경우 사용

③ **지하연속벽식(Slurry wall)**
  ㉮ 안정액을 사용하여 지반붕괴를 방지하면서 굴착하여 그 속에 철근망과 콘크리트를 넣어 연속으로 콘크리트 흙막이벽을 설치하는 것
  ㉯ 차수성이 높으며, 인접건물에 근접 시공이 가능
  ㉰ 벽체의 강성이 높아 본 구조체로 사용 가능

④ **당겨매기식 흙막이** : 온통파기 또는 지반이 연약하여 빗버팀대로 지지하기 곤란한 대지에 있어서 흙막이말뚝과 널말뚝 상부에 ㄱ자 형강 또는 각재를 연결재 또는 로프로 끌어당겨 매는 공법

▣ 그라우팅(Grouting)
누수방지 공사나 토질 안정 등을 위하여 지반의 갈라진 틈·공동(空洞) 등에 충전재를 주입하는 일. 주입재를 중력이나 펌프를 이용해 충전하거나 건축물의 균열 부분을 보수하는 데에 실시

▣ 흙막이 공법 선정 시 고려사항
- 구축, 해체가 쉬운 공법
- 안전성과 경제성이 있을 것
- 차수성이 높은 공법 선택
- 지반성상에 적합한 공법 선택

건설공구 및 장비

1 셔블계 굴착기계

(1) 셔블계 굴착기계의 종류

　① **파워 셔블(Power Shovel)**
　　㉮ 중기가 위치한 지면보다 높은 장소의 땅을 굴착하는데 적합
　　㉯ 산지에서의 토공사, 암반으로부터 점토질까지 굴착

　② **백호(Back hoe, 드래그 셔블)**
　　㉮ 중기가 위치한 지면보다 낮은 곳의 땅을 파는데 적합
　　㉯ 깊이 6m 이하의 수중굴착도 가능

　③ **드래그라인(Drag Line)**
　　㉮ 작업범위가 광범위함
　　㉯ 깊이 8m 정도의 수중굴착 및 연약한 지반의 굴착에 적합

　④ **클램셸(Clamshell)**
　　㉮ 연약지반이나 수중굴착 및 자갈 등을 싣는데 적합
　　㉯ 수중굴착 및 수조물의 기초바닥 등과 같이 협소한 범위의 깊은 굴착 및 호퍼작업에 사용

(2) 셔블계 굴착기계의 성능

　① **파워 셔블(Power Shovel)**
　　㉮ 굴삭 높이 : 4~5m
　　㉯ 버킷(Bucket) 용량 : 0.6~1m³
　　㉰ 굴착 깊이 : 지반 밑으로 2m

　② **백호(Back hoe, 드래그 셔블)**
　　㉮ 굴삭 깊이 : 5~6m
　　㉯ 버킷(Bucket) 용량 : 0.3~1.9m³
　　㉰ 붐(Boom)의 길이 : 4.3~7.7m

　③ **드래그라인(Drag Line)**
　　㉮ 굴삭 깊이 : 8m
　　㉯ 버킷(Bucket) 용량 : 0.7m³

④ 클램셸(Clamshell)
  ㉮ 굴삭 깊이 : 8~15m
  ㉯ 버킷(Bucket) 용량 : 0.45m³

2 토공기계

(1) 트랙터(Tractor)

종류	장점	단점
무한궤도식	• 땅을 다지는데 효과적이다. • 암석지에서 작업이 가능이다. • 견인력이 크다.	• 기동성이 나쁘다. • 주행 저항이 크고 승차감이 나쁘다. • 이동성이 나쁘다.
휠식(차륜식, 타이어식)	• 승차감과 주행성이 좋다. • 이동시 자주(自走)에 의해 이동한다. • 기동성이 좋다.	• 견인력이 약하다. • 평탄하지 않은 작업장소나 진흙에서 작업하는데 부적합하다. • 암석·암반지역 작업시 타이어가 손상된다.

(2) 도저(Dozer)

종류	설명
불도저(Bulldozer)	블레이드(Blade)의 측판은 많은 양의 흙을 밀 수 있게 되어 있으며, 블레이드의 용량이 크고 직선송토작업, 거친 배수로 매몰작업 등에 적합하다.
앵글도저(Angledozer)	블레이드의 길이가 길고 높이를 30°의 각도로 회전시킬 수 있어 흙을 측면으로 보낼 수 있다.
틸트도저(Tilt-dozer)	V형 배수로 작업, 동결된 땅, 굳은 땅 파헤치기, 나무뿌리 파내기, 바위돌 굴리기 등에 효과적이다.

(3) 스크레이퍼(Scraper) 및 그레이더(Grader)

① 스크레이퍼(Scraper)
  ㉮ 굴착기와 운반기를 조합한 토공용 만능기계로 굴착, 싣기, 운반, 하역 등의 일관된 작업을 수행할 수 있으며, 특히 비행장이나 도로의 신설 등과 같은 대규모 정지작업에 적합하다.
  ㉯ 피견인식 스크레이퍼와 자주식인 모터 스크레이퍼가 있으며, 피견인식은 속도보다 힘을 필요로 하는 작업, 자주식은 평탄지나 대토공 작업에 주로 사용된다.

② 그레이더(Grader)
  ㉮ 지면을 절삭하여 다듬는 것이 목적인 장비로 하수구 파기, 경사면 다듬기, 제방 및제설 작업, 아스팔트 포장재료 배합 등의 부수적 작업이 가능하다.
  ㉯ 주요부는 땅을 깎거나 고르는 블레이드(Blade)와 땅을 파서 일구는 스캐리파이어(Scarifier)로 구성된다.

3 지게차(Fork Lift)

(1) 마스트 경사각과 안정도

① **마스트 경사각**

구분	내용	범위
전경각	마스트(Mast)의 수직 위치에서 앞으로 기울인 경우의 최대경사각	5~6°
후경각	마스트(Mast)의 수직 위치에서 뒤로 기울인 경우의 최대경사각	10~12°

② **안정도**

구분	상태	구배
전후안정도	기준부하 상태에서 포크(Fork)를 최고로 올린 상태	최대하중 5톤 미만 : 4% 최대하중 5톤 이상 : 3.5%
	주행시의 기준 무부하 상태	18%
좌우안정도	기준부하 상태에서 포크(Fork)를 최고로 올리고 마스트를 최대로 기울인 상태	6%
	주행시의 기준 무부하 상태	15 + 1.1V% (V : 최고속도)

(2) 지게차 헤드가드(Head Guard)의 구비조건

① 강도는 지게차의 최대하중의 2배의 값(그 값이 4톤을 넘는 것에 대하여서는 4톤으로 한다)의 등분포정하중에 견딜 수 있는 것일 것
② 상부틀의 각 개구의 폭 또는 길이가 16cm 미만일 것
③ 운전자가 앉아서 조작하거나 서서 조작하는 지게차의 헤드가드는 산업표준화법 제12조에 따른 한국산업표준에서 정하는 높이 기준 이상일 것
    ㉮ 앉아서 조작하는 경우 조종사가 정상적인 작동 상태에 있을 때 좌석기준점(SIP)으로부터 조종사의 머리가 위치한 헤드가드 아래 부분의 밑면까지의 수직간격은 0.903m 이상
    ㉯ 서서 조작하는 경우 조종사가 정상적인 작동 상태에 있을 때 조종사가 서 있는 플랫폼에서부터 조종사의 머리가 위치한 헤드가드 아래 부분의 밑면까지의 수직 간격은 1.88m 이상

(3) 지게차 작업시작 전 점검사항

① 제동장치 및 조종장치 기능의 이상 유무
② 하역장치 및 유압장치 기능의 이상 유무
③ 차륜의 이상 유무, 전조등 · 후미등 · 방향 지시기 및 경보장치기능의 이상 유무

4 건설용 양중기

(1) 크레인(Crane)

① 크레인의 종류 및 방호장치
- ㉮ 크레인의 종류 : 드래그(Drag) 크레인, 휠(Wheel) 크레인, 크롤러(Crawler) 크레인, 케이블(Cable) 크레인, 천장(Overhead) 크레인, 타워(Tower) 크레인, 트랙터(Tractor) 크레인, 이동식 크레인
- ㉯ 크레인의 방호장치 : 과부하방지장치, 권과방지장치, 비상정지장치 및 브레이크장치

② 작업시작 전 점검사항
- ㉮ 권과방지장치, 브레이크, 클러치 및 운전장치의 기능
- ㉯ 주행로의 상측 및 트롤리가 횡행하는 레일의 상태
- ㉰ 와이어로프(Wire Rope)가 통하고 있는 곳의 상태

③ 이동식 크레인
- ㉮ 이동식 크레인의 방호장치 : 과부하방지장치, 권과방지장치 및 브레이크장치 등
- ㉯ 작업시작 전 점검사항 : 이동식 크레인을 사용하여 작업을 하는 때 권과방지장치, 과부하방지장치, 기타 경보장치, 브레이크, 클러치 및 조정기능을 점검

④ 크롤러 크레인 사용시 준수사항
- ㉮ 붐(Boom)의 조립, 해체장소를 고려한다.
- ㉯ 운반에는 수송차를 사용한다.
- ㉰ 아웃트리거가 없기 때문에 경사지의 작업은 피하여야 한다.
- ㉱ 최소 작업반경은 6.4~11.0m의 범위이다.
- ㉲ 크롤러의 폭을 넓게 할 수 있는 형을 사용할 경우에는 최대 폭을 고려한다.

> **☑ 산업안전보건기준에 관한 규칙 제140조(폭풍에 의한 이탈방지)**
> 사업주는 순간풍속이 초당 30미터를 초과하는 바람이 불어올 우려가 있는 경우 옥외에 설치되어 있는 주행 크레인에 대하여 이탈방지장치를 작동시키는 등 이탈 방지를 위한 조치를 하여야 한다.

(2) 데릭(Derrick)

① 데릭의 정의와 종류
- ㉮ 데릭의 정의 : 동력을 이용해서 짐을 달아 올리는 것을 목적으로 하는 기계장치
- ㉯ 종류 : 가이(Guy) 데릭, 삼각(Triangle) 데릭, 진폴(Gin-pole) 데릭

② 데릭 작업시 일반적 안전대책
- ㉮ 신호자를 정하여 그 신호에 따라 운전

㉯ 운전은 유자격자로서 정해진 자
　　　㉰ 데릭을 조립 또는 해체할 경우에는 작업책임자를 지정하여 작업책임자의 지시에 의해 작업

(3) **리프트(Lift)**
　① **리프트의 정의와 종류**
　　　㉮ 리프트의 정의 : 동력을 사용하여 사람이나 화물을 운반하는 것을 목적으로 하는 기계설비
　　　㉯ 산업안전보건법령에 따른 리프트의 종류 : 건설작업용 리프트, 자동차정비용 리프트, 이삿짐운반용 리프트
　② **리프트의 설치 · 조립 · 수리 · 점검 또는 해체작업시의 필요 조치**
　　　㉮ 작업을 지휘하는 자를 선임하여 그 자의 지휘하에 작업을 실시할 것
　　　㉯ 작업을 할 구역에 관계 근로자외의 자의 출입을 금지하고 그 취지를 보기 쉬운 장소에 표시할 것
　　　㉰ 비 · 눈 그 밖의 기상상태의 불안정으로 인하여 날씨가 몹시 나쁠 때에는 그 작업을 중지시킬 것
　③ **작업지휘자의 이행사항**
　　　㉮ 작업방법과 근로자의 배치를 결정하고 당해 작업을 지휘하는 일
　　　㉯ 재료의 결함유무 또는 기구 및 공구의 기능을 점검하고 불량품을 제거하는 일
　　　㉰ 작업중 안전대 등 보호구의 착용상황을 감시하는 일

(4) **곤돌라(Gondola)**
　① **곤돌라의 재해유형**
　　　㉮ 허용 적재하중 이상의 적재로 인한 곤돌라 추락
　　　㉯ 와이어로프 고정물의 불안정으로 인한 곤돌라 추락
　　　㉰ 와이어로프의 단선, 마모로 인한 절단
　　　㉱ 구명줄 및 안전대 미착용으로 인한 추락
　　　㉲ 곤돌라 상부에서 낙하하는 낙하물에 의한 재해
　② **곤돌라의 방호장치** : 권과방지장치, 과부하방지장치, 제동장치
　③ **작업시작 전 점검사항** : 방호장치, 브레이크의 기능, 와이어로프 및 슬링와이어 등의 상태

 **알아두기**

☑ 산업안전보건기준에 관한 규칙 제86조(탑승의 제한)

① 사업주는 크레인을 사용하여 근로자를 운반하거나 근로자를 달아 올린 상태에서 작업에 종사시켜서는 아니 된다. 다만, 크레인에 전용 탑승설비를 설치하고 추락 위험을 방지하기 위하여 다음 각 호의 조치를 한 경우에는 그러하지 아니하다.
   1. 탑승설비가 뒤집히거나 떨어지지 않도록 필요한 조치를 할 것
   2. 안전대나 구명줄을 설치하고, 안전난간을 설치할 수 있는 구조인 경우에는 안전난간을 설치할 것
   3. 탑승설비를 하강시킬 때에는 동력하강방법으로 할 것
② 사업주는 이동식 크레인을 사용하여 근로자를 운반하거나 근로자를 달아 올린 상태에서 작업에 종사시켜서는 아니 된다.
③ 사업주는 내부에 비상정지장치·조작스위치 등 탑승조작장치가 설치되어 있지 아니한 리프트의 운반구에 근로자를 탑승시켜서는 아니 된다. 다만, 리프트의 수리·조정 및 점검 등의 작업을 하는 경우로서 그 작업에 종사하는 근로자가 추락할 위험이 없도록 조치를 한 경우에는 그러하지 아니하다.
④ 사업주는 자동차정비용 리프트에 근로자를 탑승시켜서는 아니 된다. 다만, 자동차정비용 리프트의 수리·조정 및 점검 등의 작업을 할 때에 그 작업에 종사하는 근로자가 위험해질 우려가 없도록 조치한 경우에는 그러하지 아니하다.
⑤ 사업주는 곤돌라의 운반구에 근로자를 탑승시켜서는 아니 된다. 다만, 추락 위험을 방지하기 위하여 다음 각 호의 조치를 한 경우에는 그러하지 아니하다.
   1. 운반구가 뒤집히거나 떨어지지 않도록 필요한 조치를 할 것
   2. 안전대나 구명줄을 설치하고, 안전난간을 설치할 수 있는 구조인 경우이면 안전난간을 설치할 것
⑥ 사업주는 소형화물용 엘리베이터에 근로자를 탑승시켜서는 아니 된다. 다만, 소형화물용 엘리베이터의 수리·조정 및 점검 등의 작업을 하는 경우에는 그러하지 아니하다.
⑦ 사업주는 차량계 하역운반기계(화물자동차는 제외한다)를 사용하여 작업을 하는 경우 승차석이 아닌 위치에 근로자를 탑승시켜서는 아니 된다. 다만, 추락 등의 위험을 방지하기 위한 조치를 한 경우에는 그러하지 아니하다.
⑧ 사업주는 화물자동차 적재함에 근로자를 탑승시켜서는 아니 된다. 다만, 화물자동차에 울 등을 설치하여 추락을 방지하는 조치를 한 경우에는 그러하지 아니하다.
⑨ 사업주는 운전 중인 컨베이어 등에 근로자를 탑승시켜서는 아니 된다. 다만, 근로자를 운반할 수 있는 구조를 갖춘 컨베이어 등으로서 추락·접촉 등에 의한 위험을 방지할 수 있는 조치를 한 경우에는 그러하지 아니하다.
⑩ 사업주는 이삿짐운반용 리프트 운반구에 근로자를 탑승시켜서는 아니 된다. 다만, 이삿짐운반용 리프트의 수리·조정 및 점검 등의 작업을 할 때에 그 작업에 종사하는 근로자가 추락할 위험이 없도록 조치한 경우에는 그러하지 아니하다.
⑪ 사업주는 전조등, 제동등, 후미등, 후사경 또는 제동장치가 정상적으로 작동되지 아니하는 이륜자동차에 근로자를 탑승시켜서는 아니 된다.

(5) 승강기(Elevator)

① **승강기의 방호장치** : 과부하방지장치, 파이널리미트스위치(Final Limit Switch), 비상정지장치, 조속기(調速機), 출입문 인터록(Inter Lock)

② **승강기의 설치·조립·수리·점검 또는 해체작업시 조치사항**
- ㉮ 작업을 지휘하는 자를 선임하여 그 자의 지휘 하에 작업을 실시할 것
- ㉯ 작업을 할 구역에 관계 근로자외의 자의 출입을 금지시키고 그 취지를 보기 쉬운 장소에 표시할 것
- ㉰ 비·눈 그 밖의 기상상태의 불안정으로 인하여 날씨가 몹시 나쁠 때에는 그 작업을 중지시킬 것

③ **산업안전보건법령에 따른 승강기의 종류**
- ㉮ 승객용 엘리베이터 : 사람의 운송에 적합하게 제조·설치된 엘리베이터
- ㉯ 승객화물용 엘리베이터 : 사람의 운송과 화물 운반을 겸용하는데 적합하게 제조·설치된 엘리베이터
- ㉰ 화물용 엘리베이터 : 화물 운반에 적합하게 제조·설치된 엘리베이터로서 조작자 또는 화물 취급자 1명은 탑승할 수 있는 것(적재용량이 300kg 미만인 것은 제외)
- ㉱ 소형화물용 엘리베이터 : 음식물이나 서적 등 소형 화물의 운반에 적합하게 제조·설치된 엘리베이터로서 사람의 탑승이 금지된 것
- ㉲ 에스컬레이터 : 일정한 경사로 또는 수평로를 따라 위·아래 또는 옆으로 움직이는 디딤판을 통해 사람이나 화물을 승강장으로 운송시키는 설비

(6) 항타기 및 항발기

① **드롭해머(Drop Hammer)**
- ㉮ 무거운 금속제 블록을 와이어로프로 들어 올렸다가 파일의 머리에 낙하시켜 타격력으로 파일을 박는 것으로 해머의 무게는 0.2~1.5톤 정도, 해머의 낙하높이는 1.5~5m 정도
- ㉯ 장점
  - ㉠ 설비의 규모가 작으므로 경비가 적게 든다.
  - ㉡ 조작이 간단하다.
  - ㉢ 낙하높이를 변화시킴에 따라서 타격 에너지를 바꿀 수 있다.
- ㉰ 단점
  - ㉠ 작업속도가 느리다.
  - ㉡ 해머를 너무 높이 들어 올림으로써 파일을 파손시킬 위험이 있다.
  - ㉢ 해머에 의한 큰 진동으로 인하여 이웃 건물에 피해를 줄 수 있다.
  - ㉣ 수중에서 파일 작업이 불가능하다.

② **공기해머** : 작동 매체를 증기 또는 압축 공기를 사용하는 것

③ **디젤해머** : 연료의 폭발력을 이용하여 땅속에 파일을 박는 것

④ **진동 파일 드라이버** : 소음이 적고, 시공능률이 적으며, 파일을 박고 뽑고 할 수 있으므로 건설공사에 널리 사용

⑤ **동력을 사용하는 항타기·항발기의 도괴 방지를 위한 준수사항**
- ㉮ 연약한 지반에 설치하는 때에는 각부 또는 가대의 침하를 방지하기 위하여 깔판·깔목 등을 사용할 것
- ㉯ 시설 또는 가설물 등에 설치하는 때에는 그 내력을 확인하고 내력이 부족한 때에는 그 내력을 보강할 것
- ㉰ 각부 또는 가대가 미끄러질 우려가 있는 때에는 말뚝 또는 쐐기 등을 사용하여 각부 또는 가대를 고정시킬 것
- ㉱ 궤도 또는 차로 이동하는 항타기 또는 항발기에 대하여는 불시에 이동하는 것을 방지하기 위하여 레일클램프 및 쐐기 등으로 고정시킬 것
- ㉲ 버팀대만으로 상단부분을 안정시키는 때에는 버팀대는 3개 이상으로 하고 그 하단부분은 견고한 버팀·말뚝 또는 철골 등으로 고정시킬 것
- ㉳ 버팀줄만으로 상단부분을 안정시키는 때에는 버팀줄을 3개 이상으로 하고 같은 간격으로 배치할 것
- ㉴ 평형추를 사용하여 안정시키는 때에는 평형추의 이동을 방지하기 위하여 가대에 견고하게 부착시킬 것

⑥ **항타기 및 항발기의 사용 전 점검사항**
- ㉮ 본체 연결부의 풀림 또는 손상유무
- ㉯ 권상용 와이어로프, 로프차 및 풀리장치의 부착 상태 이상 유무
- ㉰ 권상장치 브레이크 및 쐐기장치 기능의 이상 유무
- ㉱ 권상기 설치 상태의 이상 유무
- ㉲ 버팀의 설치 방법 및 고정상태의 이상 유무

☑ **산업안전보건기준에 관한 규칙 제211조(권상용 와이어로프의 안전계수)**
사업주는 항타기 또는 항발기의 권상용 와이어로프의 안전계수가 5 이상이 아니면 이를 사용해서는 아니 된다.

☑ **산업안전보건기준에 관한 규칙 제212조(권상용 와이어로프의 길이 등)**
사업주는 항타기 또는 항발기에 권상용 와이어로프를 사용하는 때에는 다음 각 호의 사항을 준수해야 한다.

1. 권상용 와이어로프는 추 또는 해머가 최저의 위치에 있는 때 또는 널말뚝을 빼어내기 시작한 때를 기준으로 하여 권상장치의 드럼에 적어도 2회 감기고 남을 수 있는 충분한 길이일 것
2. 권상용 와이어로프는 권상장치의 드럼에 클램프·클립 등을 사용하여 견고하게 고정할 것
3. 권상용 와이어로프에서 추·해머 등과의 연결은 클램프·클립 등을 사용하여 견고하게 할 것
4. 제2호 및 제3호의 클램프·클립 등은 한국산업표준 제품이거나 한국산업표준이 없는 제품의 경우에는 이에 준하는 규격을 갖춘 제품을 사용할 것

건설안전시설 및 설비

1 추락재해의 위험성 및 안전조치

(1) 추락의 방지

① 근로자가 추락하거나 넘어질 위험이 있는 장소(작업발판의 끝·개구부 등을 제외) 또는 기계·설비·선박블록 등에서 작업을 할 때에 근로자가 위험해질 우려가 있는 경우 비계(飛階)를 조립하는 등의 방법으로 작업발판을 설치하여야 한다.

② 작업발판을 설치하기 곤란한 경우 다음의 기준에 맞는 추락방호망을 설치하여야 한다. 다만, 추락방호망을 설치하기 곤란한 경우에는 근로자에게 안전대를 착용하도록 하는 등 추락위험을 방지하기 위하여 필요한 조치를 하여야 한다.

　㉮ 추락방호망의 설치 위치는 가능하면 작업면으로부터 가까운 지점에 설치하여야 하며, 작업면으로부터 망의 설치지점까지의 수직거리는 10m를 초과하지 아니할 것

　㉯ 추락방호망은 수평으로 설치하고, 망의 처짐은 짧은 변 길이의 12% 이상이 되도록 할 것

　㉰ 건축물 등의 바깥쪽으로 설치하는 경우 추락방호망의 내민 길이는 벽면으로부터 3m 이상이 되도록 할 것. 다만, 그물코가 20mm 이하인 추락방호망을 사용한 경우에는 낙하물방지망을 설치한 것으로 본다.

(2) 개구부 등의 방호 조치

① 사업주는 작업발판 및 통로의 끝이나 개구부로서 근로자가 추락할 위험이 있는 장소에는 안전난간, 울타리, 수직형 추락방망 또는 덮개 등(이하 "난간등"이라 함)의 방호 조치를 충분한 강도를 가진 구조로 튼튼하게 설치하여야 하며, 덮개를 설치하는 경우에는 뒤집히거나 떨어지지 않도록 설치하여야 한다. 이 경우 어두운 장소에서도 알아볼 수 있도록 개구부임을 표시해야 하며, 수직형 추락방망은 한국산업표준에서 정하는 성능기준에 적합한 것을 사용해야 한다.

② 사업주는 난간등을 설치하는 것이 매우 곤란하거나 작업의 필요상 임시로 난간등을 해체하여야 하는 경우 추락방호망을 설치하여야 한다. 다만, 추락방호망을 설치하기 곤란한 경우에는 근로자에게 안전대를 착용하도록 하는 등 추락할 위험을 방지하기 위하여 필요한 조치를 하여야 한다.

- **산업안전보건기준에 관한 규칙 제45조(지붕 위에서의 위험방지)**
① 사업주는 근로자가 지붕 위에서 작업을 할 때에 추락하거나 넘어질 위험이 있는 경우에는 다음 각 호의 조치를 해야 한다.
  1. 지붕의 가장자리에 제13조에 따른 안전난간을 설치할 것
  2. 채광창(skylight)에는 견고한 구조의 덮개를 설치할 것
  3. 슬레이트 등 강도가 약한 재료로 덮은 지붕에는 폭 30센티미터 이상의 발판을 설치할 것

(3) 사다리식 통로 설치 시 준수사항

① 견고한 구조로 할 것

② 심한 손상·부식 등이 없는 재료를 사용할 것

③ 발판의 간격은 일정하게 할 것

④ 발판과 벽과의 사이는 15cm 이상의 간격을 유지할 것

⑤ 폭은 30cm 이상으로 할 것

⑥ 사다리가 넘어지거나 미끄러지는 것을 방지하기 위한 조치를 할 것

⑦ 사다리의 상단은 걸쳐놓은 지점으로부터 60cm 이상 올라가도록 할 것

⑧ 사다리식 통로의 길이가 10m 이상인 경우에는 5m 이내마다 계단참을 설치할 것

⑨ 사다리식 통로의 기울기는 75도 이하로 할 것. 다만, 고정식 사다리식 통로의 기울기는 90도 이하로 하고, 그 높이가 7m 이상인 경우에는 다음 각 목의 구분에 따른 조치를 할 것
  ㉮ 등받이울이 있어도 근로자 이동에 지장이 없는 경우 : 바닥으로부터 높이가 2.5m 되는 지점부터 등받이울을 설치할 것
  ㉯ 등받이울이 있으면 근로자가 이동이 곤란한 경우 : 한국산업표준에서 정하는 기준에 적합한 개인용 추락 방지 시스템을 설치하고 근로자로 하여금 한국산업표준에서 정하는 기준에 적합한 전신안전대를 사용하도록 할 것

⑩ 접이식 사다리 기둥은 사용 시 접혀지거나 펼쳐지지 않도록 철물 등을 사용하여 견고하게 조치할 것

- **산업안전보건기준에 관한 규칙 제376조(급격한 침하로 인한 위험방지)**
사업주는 잠함 또는 우물통의 내부에서 근로자가 굴착작업을 하는 경우에 잠함 또는 우물통의 급격한 침하에 의한 위험을 방지하기 위하여 다음 각 호의 사항을 준수하여야 한다.
  1. 침하관계도에 따라 굴착방법 및 재하량(載荷量) 등을 정할 것
  2. 바닥으로부터 천장 또는 보까지의 높이는 1.8미터 이상으로 할 것

2 추락 방지용 방망의 구조 등 안전기준

(1) 안전기준

① **그물코** : 사각 또는 마름모로서 그 크기는 10cm 이하
② **테두리망 및 매다는 망의 강도** : 인장강도 1,500kg/cm² 이상
③ **방망사의 신품에 대한 인장강도**

그물코의 크기	인장강도(단위 : kg)	
	매듭이 없는 방망	매듭 방망
10cm	240(150)	200(135)
5cm	–	110(60)

※ 괄호 안은 폐기기준 인장강도임

(2) 방망의 사용제한

① 망사가 규정한 강도를 보유하지 않는 방망
② 인체 또는 이와 동등 이상의 무게를 갖는 낙하물에 대해 충격을 받는 방망
③ 파손한 부분을 보수하지 않은 방망
④ 강도가 명확하지 않은 방망

(3) 방망의 표시 및 정기시험

① **방망의 표시** : 제조자, 제조연월, 재봉치수, 그물코, 신품시 망사의 강도
② **정기시험** : 사용개시 후 1년 이내, 이후 매 6개월마다 실시

알아두기

추락재해방지 표준안전 작업지침 제8조(지지점의 강도)
지지점의 강도는 다음 각 호에 의한 계산 값 이상이어야 한다.

1. 방망 지지점은 600kg의 외력에 견딜 수 있는 강도를 보유하여야 한다(다만, 연속적인 구조물이 방망 지지점인 경우의 외력이 다음 식에 계산한 값에 견딜 수 있는 것은 제외한다.).
   $F = 200 B$
   여기에서 F는 외력(단위 : kg), B는 지지점 간격(단위 : m) 이다.
2. 지지점의 응력은 다음 〈표 5〉에 따라 규정한 허용응력값 이상이어야 한다.

〈표 5〉 지지재료에 따른 허용응력(단위 : kg/cm²)

지지재료 \ 허용응력	압축	인장	전단	휨	부착
일반구조용강재	2,400	2,400	1,350	2,400	
콘크리트	4주 압축강도의 2/3	4주 압축강도의 1/15		–	14(경량골재를 사용하는 것은 12)

3 낙하물 재해방지설비

(1) 낙하·비래의 위험성 및 안전조치

① **높이가 3m 이상인 장소로부터 물체를 투하하는 경우** : 적당한 투하설비 설치, 감시인 배치

② **낙하 등에 의한 위험방지 조치** : 방망

③ **낙하·비래에 의한 위험방지 조치** : 낙하물방지망·수직보호망 또는 방호선반의 설치, 출입금지구역의 설정, 보호구의 착용

④ **낙하물방지망 또는 방호선반 설치시 준수사항**
   ㉮ 설치 높이는 10m 이내마다 설치하고, 내민길이는 벽면으로부터 2m 이상으로 할 것
   ㉯ 수평면과의 각도는 20° 이상 30° 이하를 유지할 것

(2) 낙하·비래재해의 방호설비

방호설비	구분	용도, 사용장소, 조건
방호철망, 방호울타리, 가설앵커설비	상부에서 낙하해오는 것으로부터 보호	철골건립 및 보울트 체결, 기타 상하작업
방호철망, 방호시트, 울타리, 방호선반, 안전망	제3자의 위험행동으로 인한 보호	보울트, 콘크리트제품, 형틀재, 일반자재, 먼지 등 낙하·비산할 우려가 있는 작업
석면포	불꽃의 비산방지	용접, 용단을 수반하는 작업

4 토사붕괴의 위험성 및 안전조치

(1) 토사붕괴의 원인

① **외적원인** : 사면의 경사 및 기울기의 증가, 절토 및 성토의 증가, 공사에 의한 진동 및 반복하중의 증가, 지표수 또는 지하수의 침투로 인한 토사중량의 증가, 지진 및 작업차량 등의 하중

② **내적원인** : 절토사면의 토질, 암질의 종류, 성토 사면의 토질구성 및 분포, 토석의 강도 저하

(2) **토사붕괴 · 낙하에 의한 위험방지**
  ① 지반은 안전한 경사로 하고 낙하의 위험이 있는 토석을 제거하거나 옹벽, 흙막이지보공 등을 설치
  ② 지반의 붕괴 또는 토석의 낙하원인이 되는 빗물이나 지하수 등의 배제
  ③ 구축물의 안전진단 등 안전성 평가 실시

(3) **지반의 굴착 작업을 하는 경우 작업장소 등의 조사**
  ① 형상 · 지질 및 지층의 상태
  ② 균열 · 함수(含水) · 용수 및 동결의 유무 또는 상태
  ③ 매설물 등의 유무 또는 상태
  ④ 지반의 지하수위 상태

(4) **암반 등의 인력 굴착시 위험방지**
  ① **굴착면의 기울기(구배)기준**

지반의 종류	굴착면의 기울기
모래	1 : 1.8
연암 및 풍화암	1 : 1.0
경암	1 : 0.5
그 밖의 흙	1 : 1.2

  ※ 비고
  1. 굴착면의 기울기는 굴착면의 높이에 대한 수평거리의 비율을 말한다.
  2. 굴착면의 경사가 달라서 기울기를 계산하기가 곤란한 경우에는 해당 굴착면에 대하여 지반의 종류별 굴착면의 기울기에 따라 붕괴의 위험이 증가하지 않도록 위 표의 지반의 종류별 굴착면의 기울기에 맞게 해당 각 부분의 경사를 유지해야 한다.

  ② 사질의 지반(점토질을 포함하지 않은 것)은 굴착면의 기울기를 1 : 1.5 이상으로 하고 높이는 5m 미만으로 하여야 한다.
  ③ 발파 등에 의해서 붕괴하기 쉬운 상태의 지반 및 다시 매립하거나 반출시켜야 할 지반의 굴착면의 기울기는 1 : 1 이하 또는 높이는 2m 미만으로 하여야 한다.

(5) **흙막이지보공**
  ① **흙막이지보공의 조립**
    ㉮ 미리 조립도를 작성하여 당해 조립도에 의하여 조립
    ㉯ 조립도에는 흙막이판 · 말뚝 · 버팀대 및 띠장 등 부재의 배치 · 치수 · 재질 및 설치방법과 순서를 명시

② 흙막이지보공을 설치하였을 때의 정기점검사항
    ㉮ 부재의 손상·변형·부식·변위 및 탈락의 유무와 상태
    ㉯ 버팀대의 긴압의 정도
    ㉰ 부재의 접속부·부착부 및 교차부의 상태
    ㉱ 침하의 정도

> **옹벽의 안정검토**
> 전도에 대한 검토, 활동에 대한 검토, 지반의 지지력에 대한 검토

5 가설 전기설비의 위험성 및 안전조치

(1) 고압활선작업

① 근로자에게 절연용 보호구를 착용시키고, 당해 충전전로중 근로자가 취급하고 있는 부분 외의 부분에 근로자의 신체 등이 접촉 또는 접근함으로 인하여 감전의 위험이 발생할 우려가 있는 것에 대하여는 절연용 방호구를 설치할 것
② 근로자에게 활선작업용 기구를 사용하도록 할 것
③ 근로자에게 활선작업용 장치를 사용하도록 할 것(이 경우 근로자가 취급하고 있는 충전전로의 전위와 전위가 다른 물체와 근로자의 신체 등이 접촉하거나 접근함으로 인하여 감전의 위험이 발생하지 아니하도록 하여야 함)

(2) 충전전로 작업 시 충전전로에 대한 접근한계거리

충전전로의 선간전압 (단위 : kV)	충전전로에 대한 접근한계거리(단위 : cm)	충전전로의 선간전압 (단위 : kV)	충전전로에 대한 접근한계거리(단위 : cm)
0.3 이하	접촉금지	121 초과 145 이하	150
0.3 초과 0.75 이하	30	145 초과 169 이하	170
0.75 초과 2 이하	45	169 초과 242 이하	230
2 초과 15 이하	60	242 초과 362 이하	380
15 초과 37 이하	90	362 초과 550 이하	550
37 초과 88 이하	110	550 초과 800 이하	790
88 초과 121 이하	130		

(3) 시설물 건설 등의 작업시의 감전방지
① 당해 충전전로를 이설할 것
② 감전의 위험을 방지하기 위한 방책을 설치할 것
③ 당해 충전전로에 절연용 방호구를 설치할 것
④ 위 ①항 내지 ③항에 해당하는 조치를 하는 것이 현저히 곤란한 때에는 감시인을 두고 작업을 감시하도록 할 것

(4) 절연용 보호구 등
① 절연용 보호구
② 절연용 방호구
③ 활선작업용 기구
④ 활선작업용 장치

> **산업안전보건기준에 관한 규칙 제319조(정전전로에서의 전기작업)**
> ① 사업주는 근로자가 노출된 충전부 또는 그 부근에서 작업함으로써 감전될 우려가 있는 경우에는 작업에 들어가기 전에 해당 전로를 차단하여야 한다. 다만, 다음 각 호의 경우에는 그러하지 아니하다.
> 1. 생명유지장치, 비상경보설비, 폭발위험장소의 환기설비, 비상조명설비 등의 장치·설비의 가동이 중지되어 사고의 위험이 증가되는 경우
> 2. 기기의 설계상 또는 작동상 제한으로 전로차단이 불가능한 경우
> 3. 감전, 아크 등으로 인한 화상, 화재·폭발의 위험이 없는 것으로 확인된 경우

6 건설기계의 위험성 및 안전조치

(1) 차량계 건설기계의 작업계획 작성시 포함사항
① 사용하는 차량계 건설기계의 종류 및 능력
② 차량계 건설기계의 운행경로
③ 차량계 건설기계에 의한 작업방법

(2) 차량계 건설기계 전도방지를 위한 조치
① 유도자를 배치
② 지반의 부동침하방지 조치
③ 갓길의 붕괴방지 조치
④ 도로의 폭의 유지 등 필요한 조치

(3) 운전위치 이탈시의 조치
① 버킷 · 디퍼 등 작업장치를 지면에 내려둘 것
② 원동기를 정지시키고 브레이크를 거는 등 이탈을 방지하기 위한 조치를 할 것

(4) 차량계 건설기계의 이송시 조치사항
① 싣거나 내리는 작업은 평탄하고 견고한 장소에서 할 것
② 발판을 사용하는 때에는 충분한 길이 · 폭 및 강도를 가진 것을 사용하고 적당한 경사를 유지하기 위하여 견고하게 설치할 것
③ 마대 · 가설대 등을 사용하는 때에는 충분한 폭 및 강도와 적당한 경사를 확보할 것

> ☑ **산업안전보건기준에 관한 규칙 제205조(붐 등의 강하에 의한 위험의 방지)**
> 사업주는 차량계 건설기계의 붐 · 암 등을 올리고 그 밑에서 수리 · 점검작업 등을 하는 경우 붐 · 암 등이 갑자기 내려 옴으로써 발생하는 위험을 방지하기 위하여 해당 작업에 종사하는 근로자에게 안전지지대 또는 안전블록 등을 사용하도록 하여야 한다.

(5) 부적격한 권상용 와이어로프의 사용금지(항타기 또는 항발기)
① 이음매가 있는 것
② 와이어로프의 한 꼬임에서 끊어진 소선(필러선은 제외)의 수가 10% 이상(비자전로프의 경우에는 끊어진 소선의 수가 와이어로프 호칭지름의 6배 길이 이내에서 4개 이상이거나 호칭지름 30배 길이 이내에서 8개 이상)인 것
③ 지름의 감소가 공칭지름의 7%를 초과하는 것
④ 꼬인 것
⑤ 심하게 변형되거나 부식된 것
⑥ 열과 전기충격에 의해 손상된 것

> ▣ **랭(Lang)꼬임**
> 보통꼬임의 로프보다 사용시 표면전체가 균일하게 마모되므로 수명이 길고 부분적 마모에 대한 저항성, 유연성이 우수하나 꼬임이 풀리기 쉬운 단점이 있다.

(6) 권상용 와이어로프의 안전계수 및 안전율

① **안전계수** = $\dfrac{극한강도}{최대설계응력}$ = $\dfrac{파단하중}{안전하중}$ = $\dfrac{파괴하중}{최대사용하중}$

② **Cardullo의 안전율(F)** = $a \times b \times c \times d$ [a : 극한강도, b : 하중종류, c : 하중속도, d : 재료조건]

③ **안전 여유** = 극한 강도 − 허용응력(정격하중)

(6) 기타 주요사항

① **브레이크의 부착 등** : 항타기 또는 항발기에 사용하는 권상기에 쐐기장치 또는 역회전 방지용 브레이크를 부착

② **활차 위치** : 항타기 또는 항발기의 권상장치의 드럼축과 권상장치로부터 첫 번째 활차의 축과의 거리는 권상장치 드럼폭의 15배 이상

7 건설안전시설 및 설비에 관한 중요사항

(1) 정전작업시의 조치

① 전로의 개로에 사용한 개폐기에 잠금장치를 하고 통전(通電)금지에 관한 표지판을 설치하는 등 필요한 조치를 할 것
② 개로된 전로가 전력케이블·전력콘덴서 등을 가진 것으로서 잔류전하에 의하여 위험이 발생할 우려가 있는 것에 대하여는 당해 잔류전하를 확실히 방전시킬 것
③ 개로된 전로의 충전여부를 검전기구에 의하여 확인하고 오(誤)통전, 다른 전로와의 접촉, 다른 전로로부터의 유도 또는 예비동력원의 역송전에 의한 감전의 위험을 방지하기 위하여 단락접지기구를 사용하여 확실하게 단락접지할 것
④ 사업주는 앞의 작업중 또는 작업 종료후 개로한 전로에 통전하는 때에는 당해 작업에 종사하는 근로자에게 감전의 위험이 발생할 우려가 없도록 미리 통지한 후 단락접지기구를 제거하여야 함

(2) 활선작업 및 활선근접작업시의 조치

① **저압활선작업**
  ㉮ 저압 : 750V 이하 직류전압이나 600V 이하의 교류전압
  ㉯ 작업시 조치 : 절연용 보호구 착용

② **저압활선 근접작업**
  ㉮ 충전전로에 절연용 방호구 설치
  ㉯ 절연용 방호구 설치 또는 해체작업을 할 때에는 절연용 보호구를 착용하거나 활선작업용 기구를 사용

③ **고압활선작업**

㉮ 절연용 보호구 착용, 절연용 방호구 설치

㉯ 활선작업용 기구 및 장치 사용

④ **고압활선 근접작업**

㉮ 충전전로에 절연용 방호구 설치

㉯ 단, 근로자에게 절연용 보호구를 착용시키고 당해 절연용 보호구를 착용하는 신체 외의 부분이 당해 충전전로에 접촉하거나 접근함으로 인하여 감전의 위험이 발생할 우려가 없을 경우는 예외

⑤ **특별고압 활선작업**

㉮ 활선작업용 기구를 사용하고 접근한계거리 이상을 유지하도록 할 것

㉯ 활선작업용 장치 사용

⑥ **특별고압활선 근접작업**

㉮ 활선작업용 장치 사용

㉯ 충전전로에 대한 접근한계거리를 유지하고 접근한계거리가 유지될 수 있도록 표지판 등을 설치하거나 감시인을 둘 것

■ 고압 충전로 작업시 이격거리

전압 종별	교류	직류	이격거리
저압	600V 이하	750V 이하	1m
고압	1000V 초과 7,000V 이하	1500V 초과 7,000V 이하	1.2m
특별고압	7,000V 초과		2m

가설작업의 안전

1 가설통로

(1) 통로의 설치
① 작업장으로 통하는 장소 또는 작업장내에는 근로자가 사용하기 위한 안전한 통로를 설치
② 통로의 주요한 부분에는 통로표시
③ 통로에 75럭스 이상의 채광 또는 조명시설 설치(갱도 또는 지하실 등에서 휴대용 조명기구 사용 시는 예외)
④ 옥내에 통로를 설치하는 때에는 걸려 넘어지거나 미끄러지는 등의 위험이 없도록 하여야 하며, 통로면으로부터 높이 2m 이내에는 장애물이 없도록 함

(2) 가설통로의 구조
① 견고한 구조로 할 것
② 경사는 30° 이하로 할 것(다만, 계단을 설치하거나 높이 2m 미만의 가설통로로서 튼튼한 손잡이를 설치한 때에는 그러하지 아니하다)
③ 경사가 15°를 초과하는 때에는 미끄러지지 아니하는 구조로 할 것
④ 추락의 위험이 있는 장소에는 안전난간을 설치할 것(다만, 작업상 부득이한 때에는 필요한 부분에 한하여 임시로 이를 해체할 수 있다)
⑤ 수직갱에 가설된 통로의 길이가 15m 이상인 때에는 10m 이내마다 계단참을 설치할 것
⑥ 건설공사에 사용하는 높이 8m 이상인 비계다리에는 7m 이내마다 계단참을 설치할 것

> **☑ 산업안전보건기준에 관한 규칙 제13조(안전난간의 구조 및 설치요건)**
> 사업주는 근로자의 추락 등의 위험을 방지하기 위하여 안전난간을 설치하는 경우 다음 각 호의 기준에 맞는 구조로 설치해야 한다.
>
> 1. 상부 난간대, 중간 난간대, 발끝막이판 및 난간기둥으로 구성할 것. 다만, 중간 난간대, 발끝막이 판 및 난간기둥은 이와 비슷한 구조와 성능을 가진 것으로 대체할 수 있다.

2. 상부 난간대는 바닥면·발판 또는 경사로의 표면(이하 "바닥면등"이라 한다)으로부터 90센티미터 이상 지점에 설치하고, 상부 난간대를 120센티미터 이하에 설치하는 경우에는 중간 난간대는 상부 난간대와 바닥면등의 중간에 설치해야 하며, 120센티미터 이상 지점에 설치하는 경우에는 중간 난간대를 2단 이상으로 균등하게 설치하고 난간의 상하 간격은 60센티미터 이하가 되도록 할 것. 다만, 난간기둥 간의 간격이 25센티미터 이하인 경우에는 중간 난간대를 설치하지 않을 수 있다.
3. 발끝막이판은 바닥면등으로부터 10센티미터 이상의 높이를 유지할 것. 다만, 물체가 떨어지거나 날아올 위험이 없거나 그 위험을 방지할 수 있는 망을 설치하는 등 필요한 예방 조치를 한 장소는 제외한다.
4. 난간기둥은 상부 난간대와 중간 난간대를 견고하게 떠받칠 수 있도록 적정한 간격을 유지할 것
5. 상부 난간대와 중간 난간대는 난간 길이 전체에 걸쳐 바닥면등과 평행을 유지할 것
6. 난간대는 지름 2.7센티미터 이상의 금속제 파이프나 그 이상의 강도가 있는 재료일 것
7. 안전난간은 구조적으로 가장 취약한 지점에서 가장 취약한 방향으로 작용하는 100킬로그램 이상의 하중에 견딜 수 있는 튼튼한 구조일 것

(3) **작업발판의 구조**

비계(달비계, 달대비계 및 말비계는 제외)의 높이가 2m 이상인 작업장소에 다음의 기준에 맞는 작업발판을 설치

① 발판재료는 작업할 때의 하중을 견딜 수 있도록 견고한 것으로 할 것
② 작업발판의 폭은 40cm 이상으로 하고, 발판재료 간의 틈은 3cm 이하로 할 것. 다만, 외줄비계의 경우에는 고용노동부장관이 별도로 정하는 기준에 따른다.
③ 위 ②항에도 불구하고 선박 및 보트 건조작업의 경우 선박블록 또는 엔진실 등의 좁은 작업공간에 작업발판을 설치하기 위하여 필요하면 작업발판의 폭을 30cm 이상으로 할 수 있고, 걸침비계의 경우 강관기둥 때문에 발판재료 간의 틈을 3cm 이하로 유지하기 곤란하면 5cm 이하로 할 수 있다. 이 경우 그 틈 사이로 물체 등이 떨어질 우려가 있는 곳에는 출입금지 등의 조치를 하여야 한다.
④ 추락의 위험이 있는 장소에는 안전난간을 설치할 것. 다만, 작업의 성질상 안전난간을 설치하는 것이 곤란한 경우, 작업의 필요상 임시로 안전난간을 해체할 때에 추락방호망을 설치하거나 근로자로 하여금 안전대를 사용하도록 하는 등 추락위험 방지 조치를 한 경우에는 그러하지 아니하다.
⑤ 작업발판의 지지물은 하중에 의하여 파괴될 우려가 없는 것을 사용할 것
⑥ 작업발판재료는 뒤집히거나 떨어지지 않도록 둘 이상의 지지물에 연결하거나 고정시킬 것
⑦ 작업발판을 작업에 따라 이동시킬 경우에는 위험 방지에 필요한 조치를 할 것

(4) **계단 및 계단참의 설치기준**

① **강도** : 계단 및 계단참을 설치하는 때에는 500kg/cm² 이상의 하중에 견딜 수 있는 강도를 가진 구조, 안전율은 4 이상

② **폭** : 1m 이상(급유용, 보수용, 비상용계단 및 나선형계단은 예외임)
③ **계단참의 높이** : 3m를 초과하는 계단에 높이 3m 이내마다 진행방향으로 길이 1.2m 이상의 계단참 설치
④ **천장의 높이** : 바닥면으로부터 높이 2m 이내의 공간에 장애물이 없도록 설치(급유용, 보수용, 비상용계단 및 나선형계단은 예외임)
⑤ **난간** : 높이 1m 이상인 계단의 개방된 측면에 안전난간 설치

2 비계의 조립시 안전조치

(1) 비계의 조립·해체 및 변경

① **달비계 또는 높이 5m 이상의 비계 조립·해체, 변경 작업 시 준수사항**
    ㉮ 근로자가 관리감독자의 지휘에 따라 작업하도록 할 것
    ㉯ 조립·해체 또는 변경의 시기·범위 및 절차를 그 작업에 종사하는 근로자에게 주지시킬 것
    ㉰ 조립·해체 또는 변경 작업구역에는 해당 작업에 종사하는 근로자가 아닌 사람의 출입을 금지하고 그 내용을 보기 쉬운 장소에 게시할 것
    ㉱ 비, 눈, 그 밖의 기상상태의 불안정으로 날씨가 몹시 나쁜 경우에는 그 작업을 중지시킬 것
    ㉲ 비계재료의 연결·해체작업을 하는 경우에는 폭 20cm 이상의 발판을 설치하고 근로자로 하여금 안전대를 사용하도록 하는 등 추락을 방지하기 위한 조치를 할 것
    ㉳ 재료·기구 또는 공구 등을 올리거나 내리는 경우에는 근로자가 달줄 또는 달포대 등을 사용하게 할 것

② 강관비계 또는 통나무비계를 조립하는 경우 쌍줄로 하여야 한다. 다만, 별도의 작업발판을 설치할 수 있는 시설을 갖춘 경우에는 외줄로 할 수 있다.

(2) 비계의 점검 및 보수

비, 눈, 그 밖의 기상상태의 악화로 작업을 중지시킨 후 또는 비계를 조립·해체하거나 변경한 후에 그 비계에서 작업을 하는 경우 해당 작업을 시작하기 전에 다음의 사항을 점검하고, 이상을 발견하면 즉시 보수

① 발판 재료의 손상 여부 및 부착 또는 걸림 상태
② 해당 비계의 연결부 또는 접속부의 풀림 상태
③ 연결 재료 및 연결 철물의 손상 또는 부식 상태
④ 손잡이의 탈락 여부
⑤ 기둥의 침하, 변형, 변위(變位) 또는 흔들림 상태
⑥ 로프의 부착 상태 및 매단 장치의 흔들림 상태

(3) 강관비계의 조립
  ① 강관비계의 구조
    ㉠ 비계기둥의 간격은 띠장 방향에서는 1.85m 이하, 장선(長線) 방향에서는 1.5m 이하로 할 것. 다만, 선박 및 보트 건조작업의 경우 안전성에 대한 구조검토를 실시하고 조립도를 작성하면 띠장 방향 및 장선 방향으로 각각 2.7m 이하로 할 수 있다.
    ㉡ 띠장 간격은 2.0m 이하로 할 것. 다만, 작업의 성질상 이를 준수하기가 곤란하여 쌍기둥틀 등에 의하여 해당 부분을 보강한 경우에는 그러하지 아니하다.
    ㉢ 비계기둥의 제일 윗부분으로부터 31m되는 지점 밑부분의 비계기둥은 2개의 강관으로 묶어 세울 것. 다만, 브라켓(bracket, 까치발) 등으로 보강하여 2개의 강관으로 묶을 경우 이상의 강도가 유지되는 경우에는 그러하지 아니하다.
    ㉣ 비계기둥 간의 적재하중은 400kg을 초과하지 않도록 할 것
  ② 강관비계의 조립간격

강관비계의 종류	조립간격(단위 : m)	
	수직방향	수평방향
단관비계	5	5
틀비계(높이가 5m 미만의 것은 제외)	6	8

  ③ 강관틀비계 조립사용시 준수사항
    ㉠ 비계기둥의 밑둥에는 밑받침철물을 사용하여야 하며 밑받침에 고저차가 있는 경우에는 조절형 밑받침철물을 사용하여 각각의 강관틀비계가 항상 수평 및 수직을 유지하도록 할 것
    ㉡ 높이가 20m를 초과하거나 중량물의 적재를 수반하는 작업을 할 경우에는 주틀간의 간격이 1.8m 이하로 할 것
    ㉢ 주틀간에 교차가새를 설치하고 최상층 및 5층 이내마다 수평재를 설치할 것
    ㉣ 수직방향으로 6m, 수평방향으로 8m 이내마다 벽이음을 할 것
    ㉤ 길이가 띠장방향으로 4m 이하이고 높이가 10m를 초과하는 경우에는 10m 이내마다 띠장방향으로 버팀기둥을 설치할 것

(4) 달비계의 조립
  ① 와이어로프 및 강선의 안전계수는 10 이상
  ② 와이어로프의 일단은 권상기에 확실히 감겨져 있어야 함
  ③ 작업발판은 폭을 40cm 이상으로 하고 틈새가 없도록 할 것
  ④ 발판위 약 10cm 위까지 낙하물 방지조치
  ⑤ 작업발판의 재료는 뒤집히거나 떨어지지 아니하도록 비계의 보 등에 연결하거나 고정시킬 것
  ⑥ 비계가 흔들리거나 뒤집히는 것을 방지하기 위하여 비계의 보·작업발판 등에 버팀을 설치하는 등 필요한 조치를 할 것

⑦ 선반비계에 있어서는 보의 접속부 및 교차부를 철선·이음철물 등을 사용하여 확실하게 접속시키거나 단단하게 연결시킬 것
⑧ 추락에 의한 근로자의 위험을 방지하기 위하여 달비계에 안전대 및 구명줄을 설치하고, 안전난간의 설치가 가능한 구조인 경우에는 안전난간을 설치할 것

(5) 말비계(안장비계, 각주비계) 및 이동식비계

① **말비계의 조립** : 비교적 천장 높이가 낮은 실내에서 내장 마무리작업에 사용
  ㉮ 지주부재의 하단에는 미끄럼방지장치를 하고, 양측 끝 부분에 올라서서 작업하지 않도록 할 것
  ㉯ 지주부재와 수평면과의 기울기를 75° 이하로 하고, 지주부재와 지주부재 사이를 고정시키는 보조부재를 설치할 것
  ㉰ 말비계의 높이가 2m를 초과할 경우에는 작업발판의 폭을 40cm 이상으로 할 것
② **이동식비계의 조립** : 옥외의 낮은 장소 또는 실내의 부분적인 장소에서 작업을 할 때 이용
  ㉮ 이동식비계의 바퀴에는 뜻밖의 갑작스러운 이동 또는 전도를 방지하기 위하여 브레이크·쐐기 등으로 바퀴를 고정시킨 다음 비계의 일부를 견고한 시설물에 고정하거나 아웃트리거(전도방지용 지지대)를 설치하는 등의 조치를 할 것
  ㉯ 승강용사다리는 견고하게 설치할 것
  ㉰ 비계의 최상부에서 작업을 할 때에는 안전난간을 설치할 것
  ㉱ 작업발판은 항상 수평을 유지하고 작업발판 위에서 안전난간을 딛고 작업을 하거나 받침대 또는 사다리를 사용하여 작업하지 않도록 할 것
  ㉲ 작업발판의 최대적재하중은 250kg을 초과하지 않도록 할 것

> **비계가 갖추어야 할 3요소**
> 안전성, 작업성, 경제성

3 사면붕괴 방지 및 토석붕괴의 원인

(1) 사면붕괴 방지의 안전대책
① 경점토 사면은 구배를 느리게 한다.
② 느슨한 모래의 사면은 지반의 밀도를 크게 한다.
③ 연약한 균질의 점토사면은 배수에 의하여 전단강도를 증가시킨다.
④ 암층은 배수가 잘 되도록 하며 층이 얇을 때에는 말뚝을 박아서 정지한다.
⑤ 모래층을 둘러싼 점토사면은 배수에 의하여 모래층의 함유수분을 배제한다.

(2) 토석 붕괴의 원인

① **외적 요인** : 사면수위의 급격한 하강이 위험도가 가장 높음
  ㉮ 사면, 법면의 경사 및 구배의 증가
  ㉯ 절토 및 성토 높이의 증가
  ㉰ 공사에 의한 진동 및 반복하중의 증가
  ㉱ 지표수 및 지하수의 침투에 의한 토사중량의 증가
  ㉲ 지진, 차량, 구조물의 하중
② **내적 요인** : 절토사면의 토질, 암석 성토사면의 토질 및 토석의 강도 저하

4 철근의 체결방법 및 인력운반

(1) 철근의 체결방법

① 2군데를 묶어 인양한다.
② 매다는 각도는 60°이내로 한다.
③ 와이어로프의 미끄럼을 방지한다.
④ 후크는 해지장치가 있는 것을 사용한다.
⑤ 철근의 중량과 중심을 확인한다.
⑥ 철근을 세워 올릴 때는 포대나 상자를 이용하여 철근이 빠지지 않도록 한다.

(2) 철근의 인력운반

① 긴 철근은 2인이 1조가 되어 어깨메기로 하여 운반하는 등 안전성을 도모한다.
② 긴 철근을 부득이 한 사람이 운반할 때는 한 곳을 드는 것보다 한쪽을 어깨에 메고 한쪽 끝을 땅에 끌면서 운반한다.
③ 운반시에는 항상 양끝을 묶어 운반한다.
④ 1회 운반시 1인당 무게는 25kg 정도가 적절하며 무리한 운반은 삼가한다.
⑤ 공동작업시는 신호에 따라 작업한다.

5 거푸집 및 거푸집동바리

(1) 강재(鋼材)의 사용기준

강재의 종류	인장강도(kg/mm²)	신장률(%)
강관	34 이상 41 미만	25 이상
	41 이상 50 미만	20 이상
	50 이상	10 이상

	34 이상 41 미만	21 이상
강판, 형강, 평강, 경량형강	41 이상 50 미만	16 이상
	50 이상 60 미만	12 이상
	60 이상	8 이상
	34 이상 41 미만	25 이상
봉강	41 이상 50 미만	20 이상
	50 이상	18 이상

(2) 조립도 명시사항 및 조립
① **조립도에 명시할 사항** : 동바리·멍에 등 부재(部材)의 재질·단면규격·설치간격 및 이음방법 등
② **조립순서** : 기둥 → 보받이 내력벽 → 큰보 → 작은보 → 바닥 → 내벽 → 외벽

> **거푸집 설계시 고려하여야 하는 하중**
> • 수직(연직)방향 : 고정하중, 충격하중, 작업하중
> • 수평방향 : 풍압, 콘크리트 측압, 콘크리트 타설 방향에 따른 편심하중

(3) 거푸집의 존치기간

부위		바닥슬래브, 지붕슬래브 및 보밑		기초, 기둥 및 벽, 보옆	
시멘트의 종류		포틀랜드 시멘트	조강포틀랜드 시멘트	포틀랜드 시멘트	조강포틀랜드 시멘트
압축강도		설계기준강도의 50%		50kg/cm²(5MPa)	
재령(일)	평균기온 10℃ 이상 ~20℃ 미만	8	5	6	3
	평균기온 20℃ 이상	7	4	4	2

6 콘크리트 타설작업

(1) 콘크리트 다지기
① 진동기는 철근 또는 철골에 직접 접촉되지 않도록 하고 뽑을 때에는 천천히 뽑아내어 콘크리트에 구멍이 남지 않도록 한다.
② 막대형 진동기(Rod Type Vibrator)는 수직방향으로 넣고, 넣은 간격은 약 50cm 이하로 한다.
③ 거푸집 진동기는 막대형 진동기를 사용할 수 없는 기둥 및 벽체 부분에 사용하고, 표면 진동기는 슬래브와 같이 두께가 얇은 부분의 콘크리트 표면에 직접 사용한다.

(2) 콘크리트 양생

① 콘크리트의 온도는 항상 2℃ 이상으로 유지한다.

② 콘크리트 타설 후 수화작용을 돕기 위하여 최소 5일간은 수분을 보존한다.

③ 일광의 직사, 급격한 건조 및 한냉에 대하여 보호한다.

④ 콘크리트가 충분히 경화될 때까지는 충격 및 하중을 가하지 않게 주의한다.

⑤ 콘크리트 타설 후 1일간은 그 위를 보행하거나 공기구 등 기타 중량물을 올려놓아서는 안 된다.

> **반발경도법**
> 경화면 콘크리트면에 슈미트 해머(Schmidt Hammer)로 타격 에너지를 가하여 콘크리트면의 경도에 따라 반발경도를 측정하고, 이 반발경도와 콘크리트 압축강도와의 상관관계를 도출함으로써 콘크리트의 압축강도를 추정하는 시험법

(3) 콘크리트의 중성화

① **중성화의 개념** : 탄산가스, 산성비 등의 영향으로 콘크리트가 수산화칼슘 상태에서 탄산칼슘 상태로 변화하면서 알칼리성을 잃어버리는 현상으로 콘크리트의 내구성을 약화시킴

② **중성화의 원인 및 방지책**

중성화의 원인	중성화의 방지책
• 탄산가스의 농도가 클 경우 • 시멘트의 분말도가 클 때 • 물-시멘트비가 클 경우 • 습도가 높을 경우 • 경량골재를 사용한 경우 • 온도가 높을 때 • 혼합 시멘트를 사용한 경우 • 산성비의 영향 또는 단기 재령일 때	• 혼화제(AE제, AE감수제) 사용 • 타일, 돌 붙임 등의 마감 • 피복두께는 두껍게, 부재단면은 크게 • 장기재령을 유지하고, 기공률을 적게 • 습도는 높고 온도는 낮게 • 탄산가스의 영향을 적게 • 다짐 및 양생을 충분히 할 것 • 재료분리 방지

(4) 알칼리골재 반응

① **개념** : 시멘트의 알칼리 금속이온(Na, K)과 수산이온이 실리카(Silica) 사이에서 반응하여 수분을 계속 흡수, 팽창하는 현상

② **방지대책**

㉮ 저알칼리 시멘트 사용

㉯ 비반응성 골재의 사용과 알칼리 공급원인 염분 사용 금지

㉰ 양질의 포졸란(Pozzolan)이나 플라이애시(Fly ash) 사용

> **콘크리트의 염해**
> 콘크리트 속의 염분이나 대기 중 염소이온의 침입으로 철근이 부식되어 콘크리트 구조체에 손상을 주는 현상으로 내구성이 저하된다.

(5) 콘크리트 강도에 영향을 주는 인자

① **물-시멘트 비(W/C)**
② **재료의 품질** : 시멘트, 골재, 모래, 용수 등의 품질
③ **시공법** : 배합비, 혼합법, 타설방법 등은 강도에 영향
④ **보양법**
　㉮ 습도 보존 : 최소 5일
　㉯ 안전 보존 : 진동, 충격 등
　㉰ 온도 보존 : 25℃ 이상이 좋고, 겨울철도 최소 5일간은 2℃ 이상 유지

> **■ 블리딩(Bleeding)**
> 아직 굳지 않은 콘크리트나 모르타르 내부의 물이 위로 상승하는 현상으로, 단위수량을 낮게 하거나 진동기 등을 사용하여 밀실한 상태를 만들어야 한다.

(6) 골재의 혼합물이 콘크리트에 미치는 영향

① **유기 불순물** : 강도, 내구성 저하, 시공연도 저하
② **염화물** : 철근부식, 이상응결, 균열발생
③ **점토** : 강도저하, 흡수율 증가에 따른 수밀성 저하, 부착력 저하
④ **당분** : 응결지연

(7) 콘크리트의 측압이 커지는 조건

① 기온이 낮을수록(대기 중의 습도가 낮을수록)
② 치어붓기 속도가 클수록
③ 굵은 콘크리트일수록(물-시멘트비가 클수록, 슬럼프 값이 클수록, 시멘트-물비가 적을 수록)
④ 콘크리트의 비중이 클수록
⑤ 콘크리트의 다지기가 강할수록
⑥ 철근의 양이 적을수록
⑦ 거푸집의 수밀성이 높을수록
⑧ 거푸집의 수평단면이 클수록(벽 두께가 클수록)
⑨ 거푸집의 강성이 클수록
⑩ 거푸집의 표면이 매끄러울수록
⑪ 생콘크리트의 높이가 높을수록(단, 일정한 높이에 이르면 측압의 증가는 없음)

(8) **숏콘크리트**(Shotcrete)
   ① **개요** : 터널 등 큰 공동구조물의 라이닝, 비탈면, 벽면의 풍화나 박리, 박락의 방지, 터널, 댐 침교량의 보수, 보강 공사 등에 적용하며 섬유 등을 혼입하는 복합 재료 또는 콘크리트나 강재와 합성시킨 복합구조로써 사용
   ② **숏콘크리트의 장점**
      ㉮ 급결제의 첨가에 의한 조기 강도 발현
      ㉯ 거푸집이 불필요하고 급속시공이 가능
      ㉰ 소규모로 운반 가능한 기계설비도 시공 가능
      ㉱ 윗쪽, 옆을 포함한 임의 방향으로 시공 가능
      ㉲ 플랜트에서 떨어진 협소한 장소 또는 급경사면 등 악작업조건 하에서도 시공 가능
   ③ **숏콘크리트의 단점**
      ㉮ 리바운드 등의 재료의 손실이 많음
      ㉯ 평활한 면을 얻기 어려움
      ㉰ 붙임면에서 물이 나올 때는 부착이 곤란
      ㉱ 작업시에 분진이 발생
      ㉲ 시공성 품질 등에 변동이 발생할 우려가 있음
      ㉳ 수밀성이 다소 결여

7 철골공사 전 검토사항

(1) **철골의 자립도 검토대상 구조물**
   ① 높이 20m 이상의 구조물
   ② 구조물의 폭과 높이의 비가 1:4 이상인 구조물
   ③ 단면구조에 현저한 차이가 있는 구조물
   ④ 연면적당 철골량이 $50kg/m^2$ 이하인 구조물
   ⑤ 기둥이 타이플레이트(tie plate)형인 구조물
   ⑥ 이음부가 현장용접인 구조물

(2) **철골건립순서 계획 시 검토할 사항**
   ① 철골건립에 있어서는 현장건립순서와 공장제작순서가 일치되도록 계획하고 제작검사의 사전실시, 현장운반계획 등을 확인하여야 한다.
   ② 어느 한면만을 2절점 이상 동시에 세우는 것은 피해야 하며 1스팬 이상 수평방향으로도 조립이 진행되도록 계획하여 좌굴, 탈락에 의한 도괴를 방지하여야 한다.
   ③ 건립기계의 작업반경과 진행방향을 고려하여 조립순서를 결정하고 조립 설치된 부재에 의해 후속작업이 지장을 받지 않도록 계획하여야 한다.

④ 연속기둥 설치시 기둥을 2개 세우면 기둥사이의 보를 동시에 설치하도록 하며 그 다음의 기둥을 세울 때에도 계속 보를 연결시킴으로써 좌굴 및 편심에 의한 탈락 방지등의 안전성을 확보하면서 건립을 진행시켜야 한다.
⑤ 건립 중 도괴를 방지하기 위하여 가보울트 체결기간을 단축시킬 수 있도록 후속공사를 계획하여야 한다.

(3) 철골작업 시의 위험방지
① 철골을 조립하는 경우에 철골의 접합부가 충분히 지지되도록 볼트를 체결하거나 이와 같은 수준 이상의 견고한 구조가 되기 전에는 들어 올린 철골을 걸이로프 등으로부터 분리해서는 아니 된다
② 근로자가 수직방향으로 이동하는 철골부재에는 답단(踏段) 간격이 30cm 이내인 고정된 승강로를 설치하여야 하며, 수평방향 철골과 수직방향 철골이 연결되는 부분에는 연결작업을 위하여 작업발판 등을 설치하여야 한다.
③ 철골작업을 하는 경우에 근로자의 주요 이동통로에 고정된 가설통로를 설치하여야 한다. 다만, 안전대의 부착설비 등을 갖춘 경우에는 그러하지 아니하다.

(4) 철골작업을 중지하여야 하는 경우
① 풍속이 초당 10m 이상인 경우
② 강우량이 시간당 1mm 이상인 경우
③ 강설량이 시간당 1cm 이상인 경우

■ 풍속별 작업범위

풍속(m/sec)	종별	작업범위
0~7	안전작업범위	전 작업 실시
7~10	주의경보	외부용접, 도장작업 중지
10~14	경고경보	건립작업 중지
14 이상	위험경보	고소작업자는 즉시 하강, 안전대피

(5) 강(鋼)의 열처리
① **풀림(Annealing, 어닐링)**
㉮ 내용 : 강을 높은 온도(800~1000℃)로 30분~1시간 가열한 후에 로(爐) 속에서 서서히 냉각시키는 열처리 방식
㉯ 목적 : 강의 가공으로 인한 내부응력을 제거시키기 위해서

② **불림(Normalizing, 노멀라이징)**
  ㉮ 내용 : 강을 800~1000℃로 가열한 후 대기 중에서 냉각시키는 열처리 방법
  ㉯ 목적 : 강의 조직을 미세화하고 내부 응력과 변형을 제거하기 위해서
③ **담금질(Quenching, 퀜칭)**
  ㉮ 내용 : 강을 가열한 후 물 또는 기름 속에 투입하여 급냉시키는 열처리 방법(탄소함유량이 0.4% 이하는 불가능)
  ㉯ 목적 : 강의 강도 및 경도를 증가시키기 위해서
④ **뜨임질(Tempering, 템퍼링)**
  ㉮ 내용 : 담금질한 강을 250~300℃ 정도로 다시 가열한 후에 공기 중에서 서서히 냉각시키는 열처리법
  ㉯ 목적 : 담금질한 강에 인성을 주고 내부 잔류응력을 제거하기 위해서

8 철골공사용 기계

(1) 건립용 기계의 종류

대분류	소분류
크레인	타워 크레인(기복형, 수평형)
	기타 소형 지브 크레인
이동식 크레인	트럭 크레인(유압식, 기계식)
	크롤러 크레인(크롤러 크레인, 크롤러식 타워크레인)
	휠 크레인(유압식, 기계식)
데릭	가이 데릭
	삼각 데릭
	진폴 데릭

(2) 건립용 기계의 주요내용

① **타워 크레인** : 초고층 작업이 용이하고 인접물에 장애가 없기 때문에 360° 회전이 가능하여 가장 능률이 좋은 기계이다.
② **크롤러 크레인** : 외부 받침대를 갖고 있지 않아 트럭 크레인 보다 약간의 흔들림이 크며 하중 인양시 안전성이 약하다. 최소작업반경은 6.4~11m의 범위 정도이다.
③ **트럭 크레인** : 장거리 기동성이 있고 붐을 현장에서 조립하여 소정의 길이를 얻을 수 있다. 360° 선회 작업이 가능하며, 인양하중은 150t까지, 최소작업반경은 1.5~6m의 범위 정도이다.
④ **데릭** : 통나무, 철 파이프 또는 철골 등으로 기둥을 세우고 난 뒤 3본 이상 지선을 매어 기둥을 경사지게 세워 기둥 끝에 활차를 달고 윈치에 연결시켜 권상시키는 것이다. 간단하게 설치할 수 있으며 경미한 건물의 철골건립에 주로 사용한다.

⑤ **삼각 데릭** : 가이 데릭과 비슷하나 주기둥을 지탱하는 지선 대신에 2본의 다리에 의해 고정된 것으로 작업회전 반경이 약 270° 정도로 가이데릭과 성능은 거의 같다.

⑥ **가이 데릭** : 주기둥과 붐으로 구성되어 있고 6~8본의 지선으로 주기둥이 지탱되며 주각부에 붐을 설치하면 360° 회전이 가능하다.

☑ **산업안전보건기준에 관한 규칙 제142조(타워크레인의 지지)**

① 사업주는 타워크레인을 자립고(自立高) 이상의 높이로 설치하는 경우 건축물 등의 벽체에 지지하거나 와이어로프에 의하여 지지 하여야 한다.

② 사업주는 타워크레인을 벽체에 지지하는 경우 다음 각 호의 사항을 준수하여야 한다.
  1. 산업안전보건법 시행규칙 제110조제1항제2호에 따른 서면심사에 관한 서류(건설기계관리법 제18조에 따른 형식승인서류를 포함한다) 또는 제조사의 설치작업설명서 등에 따라 설치할 것
  2. 제1호의 서면심사 서류 등이 없거나 명확하지 아니한 경우에는 국가기술자격법에 따른 건축구조·건설기계·기계안전·건설안전기술사 또는 건설안전분야 산업안전지도사의 확인을 받아 설치하거나 기종별·모델별 공인된 표준방법으로 설치할 것
  3. 콘크리트구조물에 고정시키는 경우에는 매립이나 관통 또는 이와 동등 이상의 방법으로 충분히 지지되도록 할 것
  4. 건축 중인 시설물에 지지하는 경우에는 그 시설물의 구조적 안정성에 영향이 없도록 할 것

③ 사업주는 타워크레인을 와이어로프로 지지하는 경우 다음 각 호의 사항을 준수해야 한다.
  1. 제2항제1호 또는 제2호의 조치를 취할 것
  2. 와이어로프를 고정하기 위한 전용 지지프레임을 사용할 것
  3. 와이어로프 설치각도는 수평면에서 60도 이내로 할 것
  4. 와이어로프의 고정부위는 충분한 강도와 장력을 갖도록 설치하고, 와이어로프를 클립·샤클(shackle, 연결고리) 등의 고정기구를 사용하여 견고하게 고정시켜 풀리지 않도록 할 것. 이 경우 클립·샤클 등의 고정기구는 한국산업표준 제품이거나 한국산업표준이 없는 제품의 경우에는 이에 준하는 규격을 갖춘 제품이어야 한다.
  5. 와이어로프가 가공전선(架空電線)에 근접하지 않도록 할 것

☑ **산업안전보건기준에 관한 규칙 제146조(크레인 작업 시의 조치)**

① 사업주는 크레인을 사용하여 작업을 하는 경우 다음 각 호의 조치를 준수하고, 그 작업에 종사하는 관계 근로자가 그 조치를 준수하도록 하여야 한다.
  1. 인양할 하물(荷物)을 바닥에서 끌어당기거나 밀어내는 작업을 하지 아니할 것
  2. 유류드럼이나 가스통 등 운반 도중에 떨어져 폭발하거나 누출될 가능성이 있는 위험물 용기는 보관함(또는 보관고)에 담아 안전하게 매달아 운반할 것
  3. 고정된 물체를 직접 분리·제거하는 작업을 하지 아니할 것
  4. 미리 근로자의 출입을 통제하여 인양 중인 하물이 작업자의 머리 위로 통과하지 않도록 할 것

5. 인양할 하물이 보이지 아니하는 경우에는 어떠한 동작도 하지 아니할 것(신호하는 사람에 의하여 작업을 하는 경우는 제외한다)
② 사업주는 조종석이 설치되지 아니한 크레인에 대하여 다음 각 호의 조치를 하여야 한다.
    1. 고용노동부장관이 고시하는 크레인의 제작기준과 안전기준에 맞는 무선원격제어기 또는 펜던트 스위치를 설치·사용할 것
    2. 무선원격제어기 또는 펜던트 스위치를 취급하는 근로자에게는 작동요령 등 안전조작에 관한 사항을 충분히 주지시킬 것
③ 사업주는 타워크레인을 사용하여 작업을 하는 경우 타워크레인마다 근로자와 조종 작업을 하는 사람 간에 신호업무를 담당하는 사람을 각각 두어야 한다.

9 해체공법

(1) 해체공법의 종류 및 특징

공법		원리	특징	단점
압쇄공법	자주식	유압 압쇄날	• 취급과 조작 용이 • 철근, 철골절단 가능 • 저소음	• 20m 이상 불가능 • 분진비산을 막기 위해 살수설비 필요
	현수식			
대형 브레카 공법	압축공기 자주형	압축공기	• 능률이 높으며 높은 곳 사용 가능 • 보·기둥·슬래브·벽체 파쇄에 유리	• 소음과 진동이 큼 • 분진발생에 주의
	유압 자주형	유압		
전도공법		부재를 절단	• 원칙적으로 한 층씩 해체하고 전도축과 전도방향에 주의	• 전도에 의한 진동 배려 • 매설물에 대한 배려가 필요
철 해머에 의한 공법		무거운 철재 해머	• 능률이 좋음 • 기둥·보·슬래브 벽 파쇄에 유리	• 소음과 진동이 큼 • 파편이 많이 비산 • 지하매설 콘크리트 해체시 효율 저하
화약발파공법		발파충격 및 가스압력	• 파괴력이 크고 공기를 단축 가능 • 노동력 절감에 기여	• 발파 전문자격자 및 비산물 방호장치설치 필요 • 폭음·진동으로 지하매설물에 영향 초래 • 슬래브·벽 파쇄에 불리
핸드 브레카 공법	압축 공기식	압축공기	• 광범위한 작업이 가능 • 좁은 장소, 작은 구조물 파쇄에 유리하며 진동이 작음	• 방진마스크, 보안경 등 보호구 필요 • 소음이 크고 소음 발생에 유압식 유압 주의
	유압식	유압		
팽창압공법		가스압력과 팽창압력	• 보관취급이 간단, 책임자 불필요 • 무근콘크리트에 유효 • 공해가 거의 없음	• 천공 때 소음과 분진발생 • 슬래브와 벽 등에는 불리

절단공법	회전톱에 의한 절단	• 질서정연한 해체나 무진동이 요구될 때에 유리 • 최대 절단 길이는 30cm 전후	• 절단기, 냉각수 필요 • 해체물 운반 크레인 필요
재키공법	유압식 재키	• 소음과 진동이 없음	• 기둥과 기초에는 사용불가 • 슬래브와 보 해체시 재키를 받쳐줄 발판 필요
쐐기타입 공법	구멍에 쐐기를 밀어 넣음	• 균열이 직선적이므로 계획적 해체에 유리 • 무근콘크리트에 유리	• 1회 파괴량이 적음 • 코어보링시 물 필요 • 천공시 소음과 분진에 주의
화염공법	연소 후 용해	• 강제 절단이 용이 • 거의 실용화되어 있지 못함	• 방열복 등 개인보호구 필요 • 용융물, 불꽃처리 대책 필요
통전공법	구조체에 전기쇼트 이용	• 실용화되어 있지 못함	–

(2) 해체계획 및 해체순서

① **해체계획 작성시 포함사항**
  ㉮ 해체의 방법 및 해체 순서도면
  ㉯ 가설설비·방호설비·환기설비 및 살수·방화설비 등의 방법
  ㉰ 사업장내 연락방법
  ㉱ 해체물의 처분계획
  ㉲ 해체작업용 기계·기구 등의 작업계획서
  ㉳ 해체작업용 화약류 등의 사용계획서
  ㉴ 기타 안전보건에 관련된 사항
② **압쇄기를 이용한 건축물의 해체순서** : 슬라브 → 보 → 벽체 → 기둥

> ☑ **산업안전보건기준에 관한 규칙 제163조(와이어로프 등 달기구의 안전계수)**
> ① 사업주는 양중기의 와이어로프 등 달기구의 안전계수(달기구 절단하중의 값을 그 달기구에 걸리는 하중의 최대값으로 나눈 값을 말한다)가 다음 각 호의 구분에 따른 기준에 맞지 아니한 경우에는 이를 사용해서는 아니 된다.
>   1. 근로자가 탑승하는 운반구를 지지하는 달기와이어로프 또는 달기체인의 경우 : 10 이상
>   2. 화물의 하중을 직접 지지하는 달기와이어로프 또는 달기체인의 경우 : 5 이상
>   3. 훅, 샤클, 클램프, 리프팅 빔의 경우 : 3 이상
>   4. 그 밖의 경우 : 4 이상
> ② 사업주는 달기구의 경우 최대허용하중 등의 표식이 견고하게 붙어 있는 것을 사용하여야 한다.

운반, 하역작업

1 운반 및 화물취급

(1) 취급 · 운반의 원칙

① **취급 · 운반의 3조건**
   ㉮ 운반거리를 단축시킬 것
   ㉯ 운반을 기계화할 것
   ㉰ 손이 닿지 않는 운반방식으로 할 것

② **취급 · 운반의 5원칙**
   ㉮ 직선운반을 할 것
   ㉯ 연속운반을 할 것
   ㉰ 운반작업을 집중화시킬 것
   ㉱ 생산을 최고로 하는 운반을 생각할 것
   ㉲ 최대한 시간과 경비를 절약할 수 있는 운반방법을 고려할 것

(2) 인력운반

① **인력운반 하중기준** : 보통 체중의 40% 정도의 운반물은 60~80m/min의 속도로 운반
② **안전하중기준** : 성인남자의 경우 20~25kg 정도, 성인여자의 경우에는 15~20kg 정도
③ **중량물 취급 권장기준(일본 허용기준을 인용하여 적용)**

작업형태	성별	연령별 허용기준(kg)			
		18세 이하	19~35세	36~50세	51세 이상
일시작업	남	25	30	27	25
	여	17	20	17	15
계속작업	남	12	15	13	10
	여	8	10	8	5

④ **요통방지 대책강구 사항**
   ㉮ 단위시간당 작업량을 적절히 할 것
   ㉯ 작업전 체조 및 휴식을 부여할 것
   ㉰ 적정배치 및 교육훈련을 실시할 것

㉔ 운반작업을 기계화할 것
㉕ 취급중량을 적절히 할 것
㉖ 작업자세의 안전화를 도모할 것

⑤ **기계화해야 될 인력작업의 표준**
㉮ 3~4인 정도가 상당한 시간 계속해서 작업해야 되는 운반작업일 경우
㉯ 발밑에서부터 머리 위까지 들어 올려야 되는 작업일 경우
㉰ 발밑에서부터 어깨까지 25kg 이상의 물건을 들어 올려야 되는 작업일 경우
㉱ 발밑에서부터 허리까지 50kg 이상의 물건을 들어 올려야 되는 작업일 경우
㉲ 발밑에서부터 무릎까지 75kg 이상의 물건을 들어 올려야 되는 작업일 경우

⑥ **인력운반 작업의 안전 준수사항**
㉮ 단독작업은 30kg 이하로 하고 장시간 작업은 작업자 체중의 40% 한도 내에서 취급하여야 하며 하루 한사람이 중량물을 취급하는 시간은 실제 취급시간 2.5시간 이내로 할 것
㉯ 무리한 자세를 장시간 지속하지 않을 것
㉰ 무거운 물건은 공동 작업으로 실시하고 보조기구를 사용할 것
㉱ 물건을 들어 올릴 때는 팔과 무릎을 사용하며 척추는 곧은 자세로 할 것
㉲ 길이가 긴 물건은 앞쪽을 높여 운반할 것
㉳ 화물에 최대한 접근하여 중심을 낮게 할 것
㉴ 어깨보다 높이 들어 올리지 않을 것

(3) 차량계 하역운반 기계 및 통로폭

① **운반차량의 구내 속도** : 8km/h 이내의 속도를 유지
② **운반통로에서 우선 통과 순서** : 기중기 – 짐차 – 빈차 – 사람
③ **부두 안벽선 통로폭** : 90cm 이상
④ **물자 운반용 차량의 통로폭**
㉮ 일방 통행용 : W = B + 60(cm) [B : 운반차량의 폭]
㉯ 양방 통행용 : W = 2B + 90(cm) [B : 운반차량의 폭]

(4) 화물취급작업시 안전담당자의 유해, 위험방지업무

① 관계자외 출입금지
② 기구 및 공구 점검
③ 화물의 낙하위험유무 확인, 작업개시지시
④ 작업방법 및 순서 결정

> ☑ **산업안전보건기준에 관한 규칙 제177조(싣거나 내리는 작업)**
> 사업주는 차량계 하역운반기계등에 단위화물의 무게가 100킬로그램 이상인 화물을 싣는 작업(로프 걸이 작업 및 덮개 덮기 작업을 포함한다. 이하 같다) 또는 내리는 작업(로프 풀기 작업 또는 덮개 벗기기 작업을 포함한다. 이하 같다)을 하는 경우에 해당 작업의 지휘자에게 다음 각 호의 사항을 준수하도록 하여야 한다.
> 1. 작업순서 및 그 순서마다의 작업방법을 정하고 작업을 지휘할 것
> 2. 기구와 공구를 점검하고 불량품을 제거할 것
> 3. 해당 작업을 하는 장소에 관계 근로자가 아닌 사람이 출입하는 것을 금지할 것
> 4. 로프 풀기 작업 또는 덮개 벗기기 작업은 적재함의 화물이 떨어질 위험이 없음을 확인한 후에 하도록 할 것

2 운반·하역 및 벌목 작업의 안전에 관한 사항

(1) **길이가 긴 물건을 공동(2인 이상)으로 운반작업을 할 때의 주의사항**
 ① 두 사람이 운반 할 때는 서로 같은 쪽의 어깨에 메고 무게가 균등하게 걸리도록 한다.
 ② 작업 지휘자를 반드시 정한다.
 ③ 들어올리거나 내릴 때에는 서로 소리를 내는 등의 방법으로 동작을 일치시킨다.
 ④ 운반도중에 서로의 신호 없이는 힘을 빼지 않는다.
 ⑤ 체력과 신장이 서로 잘 어울리는 사람끼리 작업한다.

> **□ 단독운반 작업시 주의사항**
> 부득이하게 단독으로 운반 작업시 앞 쪽을 위로 들어 올린 상태에서 운반하여야 한다.

(2) **작업장에서 보행자만 일반통행을 하는 경우 통로의 최소폭**
 ① **물품을 들지 않은 경우** : 80cm
 ② **물품을 든 경우** : 105cm

(3) **중량물 취급시의 위험방지**
 ① **작업계획서 작성시 포함시켜야 할 사항**
  ㉮ 중량물의 종류 및 형상
  ㉯ 취급방법 및 순서
  ㉰ 작업장소의 넓이 및 지형

② 경사면에서의 중량물 취급시 준수사항
  ㉮ 구름 멈춤대, 쐐기 등을 이용하여 중량물의 동요나 이동을 조절할 것
  ㉯ 중량물의 구름방향인 경사면 아래에는 근로자의 출입을 제한시킬 것
  ㉰ 작업지휘자를 지정하고 안전화등 보호구를 지급하여 사용하도록 할 것
③ 작업시작전 점검사항
  ㉮ 중량물 취급의 올바른 자세 및 복장
  ㉯ 위험물의 비상에 따른 보호구의 착용
  ㉰ 카바이트, 생석회 등과 같이 온도상승이나 습기에 의하여 위험성이 존재하는 중량물의 취급방법
  ㉱ 기타 하역운반기계등의 적절한 사용방법

☑ 산업안전보건기준에 관한 규칙 제171조(전도 등의 방지)
사업주는 차량계 하역운반기계등을 사용하는 작업을 할 때에 그 기계가 넘어지거나 굴러떨어짐으로써 근로자에게 위험을 미칠 우려가 있는 경우에는 그 기계를 유도하는 사람(이하 "유도자"라 한다)을 배치하고 지반의 부동침하 및 갓길 붕괴를 방지하기 위한 조치를 해야 한다.

(4) 차량계 건설기계 사용시 작업계획에 포함될 사항
  ① 사용하는 차량계 건설기계의 종류 및 능력
  ② 차량계 건설기계의 운행경로
  ③ 차량계 건설기계에 의한 작업방법

☑ **차량계 건설기계의 종류**
1. 도저형 건설기계(불도저, 스트레이트도저, 틸트도저, 앵글도저, 버킷도저 등)
2. 모터그레이더
3. 로더(포크 등 부착물 종류에 따른 용도 변경 형식을 포함한다)
4. 스크레이퍼
5. 크레인형 굴착기계(크램쉘, 드래그라인 등)
6. 굴삭기(브레이커, 크러셔, 드릴 등 부착물 종류에 따른 용도 변경 형식을 포함한다)
7. 항타기 및 항발기
8. 천공용 건설기계(어스드릴, 어스오거, 크롤러드릴, 점보드릴 등)
9. 지반 압밀침하용 건설기계(샌드드레인머신, 페이퍼드레인머신, 팩드레인머신 등)

10. 지반 다짐용 건설기계(타이어롤러, 매커덤롤러, 탠덤롤러 등)
11. 준설용 건설기계(버킷준설선, 그래브준설선, 펌프준설선 등)
12. 콘크리트 펌프카
13. 덤프트럭
14. 콘크리트 믹서 트럭
15. 도로포장용 건설기계(아스팔트 살포기, 콘크리트 살포기, 아스팔트 피니셔, 콘크리트 피니셔 등)
16. 제1호부터 제15호까지와 유사한 구조 또는 기능을 갖는 건설기계로서 건설작업에 사용하는 것

(5) 기타 운반안전과 관련된 중요사항
① 최대 적재량이 5t 이상인 화물 자동차에 화물을 싣거나 내리는 작업을 할 때 : 안전모 착용의무화
② 운반도중 적재물이 밖으로 튀어나올 때의 위험표시 : 적색표시
③ 작업공장 내의 교통계획 중 가장 이상적인 것 : 일방통행
④ 작업장의 출입문 형식으로 가장 이상적인 것 : 바깥쪽 여닫이
⑤ 2개 이상의 비상 통로를 설치해야 되는 작업장 : 50인 이상 작업장
⑥ 부두 또는 안벽의 선에 따라 통로를 설치할 때의 폭 : 90cm 이상

☑ **산업안전보건기준에 관한 규칙 제394조(통행설비의 설치 등)**
사업주는 갑판의 윗면에서 선창(船倉) 밑바닥까지의 깊이가 1.5미터를 초과하는 선창의 내부에서 화물취급작업을 하는 경우에 그 작업에 종사하는 근로자가 안전하게 통행할 수 있는 설비를 설치하여야 한다. 다만, 안전하게 통행할 수 있는 설비가 선박에 설치되어 있는 경우에는 그러하지 아니하다.

3 기타 공사감리계약으로 정하는 사항

(1) 공사감리자의 업무
① 건축물 및 대지가 관계법령에 적합하도록 공사시공자 및 건축주를 지도
② 시공계획 및 공사관리의 적정여부의 확인
③ 공사현장에서의 안전관리의 지도
④ 공정표의 검토
⑤ 상세시공도면의 검토·확인
⑥ 구조물의 위치와 규격의 적정여부의 검토·확인

⑦ 품질시험의 실시여부 및 시험성과의 검토 · 확인

⑧ 설계변경의 적정여부의 검토 · 확인

⑨ 기타 공사감리계약으로 정하는 사항

(2) 공사현장의 공무적 현장관리 항목
① 공정관리

② 공사관리 및 현장관리

③ 자금(회계)관리

④ 작업관리(안전 및 노무관리)

⑤ 자재관리

PART 06

건설안전기사 최근 기출문제

CHAPTER

01. 2018년 03월 04일
02. 2018년 04월 28일
03. 2018년 09월 15일
04. 2019년 03월 03일
05. 2019년 04월 27일
06. 2019년 09월 21일
07. 2020년 06월 07일
08. 2020년 08월 22일
09. 2020년 09월 27일
10. 2021년 03월 05일
11. 2021년 05월 15일
12. 2021년 09월 12일
13. 2022년 03월 05일
14. 2022년 04월 24일

2018년 03월 04일 최근 기출문제

제 01 과목 산업안전관리론

001 재해예방의 4원칙이 아닌 것은?

① 손실필연의 원칙
② 원인계기의 원칙
③ 예방가능의 원칙
④ 대책선정의 원칙

해설
재해예방의 4원칙 : 손실우연의 원칙, 원인계기의 원칙, 예방가능의 원칙, 대책선정의 원칙

002 안전대의 완성품 및 각 부품의 동하중 시험 성능기준 중 충격흡수장치의 최대전달 충격력은 몇 kN 이하이어야 하는가?

① 6
② 7.84
③ 11.28
④ 5

해설
완성품 및 부품의 동하중 시험성능기준

구분	명칭	시험성능기준
동하중 성능	벨트식 - 1개걸이용 - U자걸이용 - 보조죔줄	1) 시험몸통으로부터 빠지지 말 것 2) 최대전달충격력은 6.0kN 이하이어야 함 3) U자걸이용 감속거리는 1,000mm 이하이어야 함
	안전그네식 - 1개걸이용 - U자걸이용 - 추락방지대 - 안전블록 - 보조죔줄	1) 시험몸통으로부터 빠지지 말 것 2) 최대전달충격력은 6.0kN 이하이어야 함 3) U자걸이용, 안전블록, 추락방지대의 감속거리는 1,000mm 이하이어야 함 4) 시험후 죔줄과 시험몸통간의 수직각이 50° 미만이어야 함
	안전블록 (부품)	1) 파손되지 않을 것 2) 최대전달충격력은 6.0kN 이하이어야 함 3) 억제거리는 2,000mm 이하이어야 함
	충격흡수장치	1) 최대전달충격력은 6.0kN 이하이어야 함 2) 감속거리는 1,000mm 이하이어야 함

003 재해발생의 주요원인 중 불안전한 행동이 아닌 것은?

① 권한 없이 행한 조작
② 보호구 미착용
③ 안전장치의 기능제거
④ 숙련도 부족

관리적원인(직접원인)
- 불안전한 행동 : 위험장소 접근, 안전장치의 기능 제거, 복장 보호구의 잘못 사용, 기계·기구 잘못 사용, 운전중인 기계장치의 손질, 불안전한 속도 조작, 위험물 취급 부주의, 불안전한 상태 방치, 불안전한 자세 동작, 감독 및 연락 불충분
- 불안전한 상태 : 물 자체 결함, 안전 방호장치 결함, 복장·보호구의 결함, 물의 배치 및 작업장소 결함, 작업환경의 결함, 생산 공정의 결함, 경계표시·설비의 결함

004 산업안전보건법령상 안전보건표지의 종류 중 지시표지의 종류가 아닌 것은?

① 보안경 착용
② 안전장갑 착용
③ 방진마스크 착용
④ 방열복 착용

지시표지의 종류

301 보안경 착용	302 방독마스크 착용	303 방진마스크 착용	304 보안면 착용	305 안전모 착용	306 귀마개 착용	307 안전화 착용	308 안전장갑 착용	309 안전복 착용

005 산업안전보건법령상 안전인증대상 기계 또는 설비에 해당하지 않는 것은?

① 곤돌라
② 고소작업대
③ 롤러기
④ 컨베이어

안전인증대상 기계 또는 설비(산업안전보건법 시행령 제74조)
- 프레스
- 크레인
- 압력용기
- 사출성형기(射出成形機)
- 곤돌라
- 전단기 및 절곡기(折曲機)
- 리프트
- 롤러기
- 고소(高所) 작업대

006 안전보건관리조직 중 라인·스탭(Line·Staff)의 복합형 조직의 특징으로 옳은 것은?

① 명령계통과 조언 권고적 참여가 혼동되기 쉽다.
② 생산부분은 안전에 대한 책임과 권한이 없다.

③ 안전에 대한 정보가 불충분하다.
④ 안전과 생산을 별도로 취급하기 쉽다.

라인(Line) 스태프(Staff)의 복잡형(직계 참모조직)
- 라인형과 스태프형의 장점을 취한 절충식 조직 형태로 안전업무를 전문으로 담당하는 스태프 부분을 두고 생산라인의 각층에도 겸임 또는 전임의 안전 담당자를 두어서 안전대책은 스태프 부분에서 기획하고, 이것을 라인을 통하여 실시하도록 한 조직 방식이다.
- 대규모의 사업장(1000명 이상)에 효율적이다.
- 스태프에 의해 입안된 것을 경영자의 지침으로 명령·실시하도록 하므로 정확 신속하게 실시된다.
- 안전입안 계획·평가·조사는 스태프에서, 생산기술의 안전대책은 라인에서 실시하므로 안전활동과 생산업무가 균형을 유지할 수 있다.
- 명령계통과 조언 권고적 참여가 혼동되기 쉽다.
- 라인이 스태프에만 의존하거나 또는 활용치 않는 경우가 있다.
- 스태프의 월권행위 우려가 있다.

007 산업안전보건법령상 건설현장에서 사용하는 크레인의 안전검사의 주기로 옳은 것은?

① 최초로 설치한 날부터 1개월마다 실시
② 최초로 설치한 날부터 3개월마다 실시
③ 최초로 설치한 날부터 6개월마다 실시
④ 최초로 날부터 1년마다 실시

안전검사대상 유해·위험기계등의 검사 주기(산업안전보건법 시행규칙 제126조)
- 크레인(이동식 크레인은 제외한다), 리프트(이삿짐운반용 리프트는 제외한다) 및 곤돌라 : 사업장에 설치가 끝난 날부터 3년 이내에 최초 안전검사를 실시하되, 그 이후부터 2년마다(건설현장에서 사용하는 것은 최초로 설치한 날부터 6개월마다)
- 이동식 크레인, 이삿짐운반용 리프트 및 고소작업대 : 「자동차관리법」 제8조에 따른 신규등록 이후 3년 이내에 최초 안전검사를 실시하되, 그 이후부터 2년마다
3. 프레스, 전단기, 압력용기, 국소 배기장치, 원심기, 롤러기, 사출성형기, 컨베이어, 산업용 로봇, 혼합기, 파쇄기 또는 분쇄기 : 사업장에 설치가 끝난 날부터 3년 이내에 최초 안전검사를 실시하되, 그 이후부터 2년마다(공정안전보고서를 제출하여 확인을 받은 압력용기는 4년마다)
※ 혼합기, 파쇄기 또는 분쇄기는 2026년 6월 26일부터 적용

008 재해손실비의 평가방식 중 시몬즈(Simonds) 방식에서 비보험 코스트의 산정 항목에 해당하지 않는 것은?

① 사망 사고 건수
② 무상해 사고 건수
③ 통원 상해 건수
④ 응급 조치 건수

산재보험 코스트와 비보험 코스트
- 산재보험 코스트 : 산업재해보상보험법에 의해 보상된 금액과 보험회사의 보상에 관련된 제경비 및 이익금을 합친 금액
- 비보험 코스트 = (휴업상해건수 × A) + (통원상해건수 × B) + (응급조치건수 × C) + (무상해 사고 건수 × D)
  여기서 A, B, C, D는 장해 정도별에 의한 비보험 코스트의 평균치

009 아담스(Adams)의 재해 발생과정 이론의 단계별 순서로 옳은 것은?

① 관리구조 결함 → 전술적 에러 → 작전적 에러 → 사고 → 재해
② 관리구조 결함 → 작전적 에러 → 전술적 에러 → 사고 → 재해
③ 전술적 에러 → 관리구조 결함 → 작전적 에러 → 사고 → 재해
④ 작전적 에러 → 관리구조 결함 → 전술적 에러 → 사고 → 재해

아담스(Adams)의 연쇄이론
- 1단계 – 관리구조 : 목적(목적, 수행표준, 사정, 측정), 조직(명령체제, 관리의 범위, 권한과 임무의 위임, 스탭), 운영(설계, 설비, 조달, 계획, 절차, 환경 등)
- 2단계 – 작전적(전략적) 에러 : 관리자나 감독자에 의해서 만들어진 에러
- 3단계 – 전술적 에러 : 불안전한 행동 및 불안전한 상태를 전술적 에러
- 4단계 – 사고 : 사고의 발생 부상해 사고, 물적 손실사고
- 5단계 – 상해 또는 손해 : 대인, 대물

010 사고예방대책의 기본 원리 5단계 중 2단계의 조치사항이 아닌 것은?

① 자료수집
② 제도적인 개선안
③ 점검, 검사 및 조사 실시
④ 작업분석, 위험확인

2단계 – 사실의 발견
- 사고 및 안전활동 기록 검토 작업분석
- 관찰 및 보고서의 연구 등을 통하여 불안전 요소발견
- 안전점검 및 안전진단 사고조사
- 안전회의 및 토의
- 근로자의 제안 및 여론조사

011 산업안전보건법령상 건설업 중 고용노동부령으로 정하는 자격을 갖춘 자의 의견을 들은 후 유해위험방지계획서를 작성하여 고용노동부장관에게 제출하여야 하는 대상 사업장의 기준 중 다음 ( ) 안에 알맞은 것은?

연면적 (   ) 이상의 냉동·냉장창고 시설의 설비공사 및 단열공사

① 3000
② 5000
③ 7000
④ 10000

유해위험방지계획서 제출 대상 공사(산업안전보건법 시행령 제42조 ③항)
1. 다음 각 목의 어느 하나에 해당하는 건축물 또는 시설 등의 건설·개조 또는 해체 공사
   가. 지상높이가 31미터 이상인 건축물 또는 인공구조물
   나. 연면적 3만제곱미터 이상인 건축물
   다. 연면적 5천제곱미터 이상인 시설로서 다음의 어느 하나에 해당하는 시설
      1) 문화 및 집회시설(전시장 및 동물원·식물원은 제외한다)

             2) 판매시설, 운수시설(고속철도의 역사 및 집배송시설은 제외한다)
             3) 종교시설
             4) 의료시설 중 종합병원
             5) 숙박시설 중 관광숙박시설
             6) 지하도상가
             7) 냉동·냉장 창고시설
        2. 연면적 5천제곱미터 이상인 냉동·냉장 창고시설의 설비공사 및 단열공사
        3. 최대 지간(支間)길이(다리의 기둥과 기둥의 중심사이의 거리)가 50미터 이상인 다리의 건설등 공사
        4. 터널의 건설등 공사
        5. 다목적댐, 발전용댐, 저수용량 2천만톤 이상의 용수 전용 댐 및 지방상수도 전용 댐의 건설등 공사
        6. 깊이 10미터 이상인 굴착공사

012 시설물의 안전관리에 관한 특별법상 국토교통부장관은 시설물이 안전하게 유지관리 될 수 있도록 하기 위하여 몇 년마다 시설물의 안전 및 유지관리에 관한 기본계획을 수립·시행하여야 하는가?

① 1년 ② 2년
③ 3년 ④ 5년

시설물의 안전 및 유지관리에 관한 특별법 제5조(시설물의 안전 및 유지관리 기본계획의 수립·시행) ① 국토교통부장관은 시설물이 안전하게 유지관리될 수 있도록 하기 위하여 5년마다 시설물의 안전 및 유지관리에 관한 기본계획(이하 "기본계획" 이라 한다)을 수립·시행하여야 한다.
② 기본계획에는 다음 각 호의 사항이 포함되어야 한다.
1. 시설물의 안전 및 유지관리에 관한 기본목표 및 추진방향에 관한 사항
2. 시설물의 안전 및 유지관리체계의 개발, 구축 및 운영에 관한 사항
3. 시설물의 안전 및 유지관리에 관한 정보체계의 구축·운영에 관한 사항
4. 시설물의 안전 및 유지관리에 필요한 기술의 연구·개발에 관한 사항
5. 시설물의 안전 및 유지관리에 필요한 인력의 양성에 관한 사항
6. 그 밖에 시설물의 안전 및 유지관리에 관하여 대통령령으로 정하는 사항

013 산업안전보건법상 산업안전보건위원회의 심의·의결사항이 아닌 것은?

① 산업재해 예방계획의 수립에 관한 사항
② 근로자의 건강진단 등 건강관리에 관한 사항
③ 중대재해에 해당되는 산업재해의 원인 조사 및 재발 방지대책의 수립에 관한 사항
④ 안전장치 및 보호구 구입 시의 적격품 여부 확인에 관한 사항

산업안전보건위원회의 심의·의결사항(산업안전보건법 제24조)
• 사업장의 산업재해 예방계획의 수립에 관한 사항
• 안전보건관리규정의 작성 및 변경에 관한 사항
• 근로자의 안전보건교육에 관한 사항
• 작업환경측정 등 작업환경의 점검 및 개선에 관한 사항
• 근로자의 건강진단 등 건강관리에 관한 사항
• 산업재해에 관한 통계의 기록 및 유지에 관한 사항
• 중대재해에 해당되는 산업재해의 원인 조사 및 재발 방지대책 수립에 관한 사항
• 유해하거나 위험한 기계·기구·설비를 도입한 경우 안전 및 보건 관련 조치에 관한 사항
• 그 밖에 해당 사업장 근로자의 안전 및 보건을 유지·증진시키기 위하여 필요한 사항

014 재해의 원인분석방법 중 통계적 원인분석 방법으로 사고의 유형, 기인물 등 분류 항목을 큰 순서대로 도표화하는 것은?

① 특성요인도   ② 크로스도
③ 파레토도   ④ 관리도

통계원인 분석방법 4가지
- 파레토도 : 사고의 유형, 기인물 등의 분류항목을 순서대로 도표화하여 문제나 목표의 이해에 편리
- 특성요인도 : 특성과 요인과의 관계를 도표로 하여 어골(魚骨)상으로 세분화
- 클로즈분석(크로스도) : 2개 이상의 문제 관계를 분석하는데 사용하는 것으로 데이터를 집계하고, 표로 표시하여 요인별 결과 내역을 교차한 그림을 작성, 분석하는 방법
- 관리도 : 재해 발생 건수 등의 추이를 파악하여 목표관리를 행하는데 필요한 월별 재해발생건수를 그래프화하여 관리선을 설정 관리

015 재해발생의 간접 원인 중 2차 원인이 아닌 것은?

① 안전 교육적 원인   ② 신체적 원인
③ 학교 교육적 원인   ④ 정신적 원인

산업재해의 발생 원인
- 간접원인 : 재해의 가장 깊은 곳에 존재하는 재해원인
  - 기초원인 : 학교 교육적 원인, 관리적 원인
  - 2차원인 : 신체적 원인, 정신적 원인, 안전 교육적 원인, 기술적 원인
- 직접원인(1차원인) : 시간적으로 사고 발생에 가까운 원인
  - 물적원인 : 불안전한 상태(설비 및 환경 등의 불량)
  - 인적원인 : 불안전한 행동

016 안전관리에 있어 5C 운동(안전행동 실천운동)이 아닌 것은?

① 정리정돈   ② 통제관리
③ 청소청결   ④ 전심전력

5C운동
- 전심전력(Concentration)
- 복장단정(Correctness)
- 청소청결(Cleaning)
- 점검확인(Checking)
- 정리정돈(Clearance)

017 산업안전보건법령상 안전보건관리규정을 작성하여야 할 사업의 사업주는 안전보건관리 규정을 작성하여야 할 사유가 발생한 날부터 며칠 이내에 안전보건관리규정의 세부 내용을 포함한 안전보건관리규정을 작성하여야 하는가?

① 7일   ② 14일
③ 30일   ④ 60일

해설
사업주는 안전보건관리규정을 작성하여야 할 사유가 발생한 날부터 30일 이내에 안전보건관리규정을 작성하여야 한다. 이를 변경할 사유가 발생한 경우에도 또한 같다.(산업안전보건법 시행규칙 제25조)

018 강도율 1.25, 도수율 10인 사업장의 평균 강도율은?
① 8
② 10
③ 12.5
④ 125

해설
평균강도율 = $\dfrac{강도율}{도수율} \times 1000 = \dfrac{1.25}{10} \times 1000 = 125$

019 산업안전보건법상 안전보건표지의 종류와 형태 기준 중 안내표지의 종류가 아닌 것은?
① 금연
② 들것
③ 비상용기구
④ 세안장치

해설
안내표지

401 녹십자 표시	402 응급구호 표지	403 들 것	404 세안장치	405 비상용 기구	406 비상구	407 좌측 비상구	408 우측 비상구

020 산업안전보건법령상 안전관리자가 수행하여야 할 업무가 아닌 것은?(단, 그 밖에 안전에 관한 사항으로서 고용노동부장관이 정하는 사항은 제외한다.)
① 사업장 순회점검·지도 및 조치의 건의
② 해당 사업장 안전교육계획의 수립 및 안전교육 실시에 관한 보좌 및 조언·지도
③ 산업재해 발생의 원인 조사·분석 및 재발방지를 위한 기술적 보좌 및 조언·지도
④ 해당 작업의 작업장의 정리·정돈 및 통로확보에 대한 확인·감독

해설
안전관리자의 업무(산업안전보건법 시행령 제18조)
- 산업안전보건위원회 또는 안전 및 보건에 관한 노사협의체에서 심의·의결한 업무와 해당 사업장의 안전보건관리규정 및 취업규칙에서 정한 업무
- 위험성평가에 관한 보좌 및 지도·조언
- 안전인증대상기계등과 자율안전확인대상기계등 구입 시 적격품의 선정에 관한 보좌 및 지도·조언
- 해당 사업장 안전교육계획의 수립 및 안전교육 실시에 관한 보좌 및 조언·지도
- 사업장 순회점검·지도 및 조치의 건의

- 산업재해 발생의 원인 조사·분석 및 재발 방지를 위한 기술적 보좌 및 조언·지도
- 산업재해에 관한 통계의 유지·관리·분석을 위한 보좌 및 조언·지도
- 법 또는 법에 따른 명령으로 정한 안전에 관한 사항의 이행에 관한 보좌 및 조언·지도
- 업무수행 내용의 기록·유지
- 그 밖에 안전에 관한 사항으로서 고용노동부장관이 정하는 사항

제 02 과목 산업심리 및 교육

021 맥그리거(McGregor)의 XY이론 중 X이론에 해당하는 것은?

① 성선설
② 상호 신뢰감
③ 고차원적 욕구
④ 명령 통제에 의한 관리

해설

X 이론과 Y 이론 비교

X 이론	Y 이론
인간불신감	상호신뢰감
성악설	성선설
인간은 본래 게으르고 태만하여 남의 지배 받기를 즐긴다.	인간은 부지런하고 근면하며 적극적이며 자주적이다.
물질 욕구(저차적 욕구)	정신 욕구(고차적 욕구)
명령통제에 의한 관리	목표통합과 자기통제에 의한 자율관리
저개발국형	선진국형

022 교육훈련 평가의 4단계를 맞게 나열한 것은?

① 반응단계 → 학습단계 → 행동단계 → 결과단계
② 반응단계 → 행동단계 → 학습단계 → 결과단계
③ 학습단계 → 반응단계 → 행동단계 → 결과단계
④ 학습단계 → 행동단계 → 반응단계 → 결과단계

해설

교육훈련 평가 : 반응단계 → 학습단계 → 행동단계 → 결과단계

023 호손 실험(Hawthorne experiment)의 결과 작업자의 작업능률에 영향을 미치는 주요 원인으로 밝혀진 것은?

① 인간관계
② 작업조건
③ 작업환경
④ 생산기술

해설

호손 실험(Hawthorne experiment)
- 실험 연구자 : 메이요(Mayo)와 레슬리스버거(Roethlisberger)
- 실험 결론 : 작업자의 작업능률(생산성 향상)은 물리적인 작업조건보다는 인간관계의 요인에 의해서 좌우된다.

024 인간의 오류 모형에서 착오(mistake)의 발생원인 및 특성에 해당하는 것은?

① 목표와 결과의 불일치로 쉽게 발견된다.
② 주의 산만이나 주의 결핍에 의해 발생할 수 있다.
③ 상황을 잘못 해석하거나 목표에 대한 이해가 부족한 경우 발생한다.
④ 목표 해석은 제대로 하였으나 의도와 다른 행동을 하는 경우 발생한다.

해설

- 착오(Mistake) : 상황해석을 잘못하거나 목표를 잘못 이해하고 착각하여 행하는 경우
- 실수(Slip) : 상황이나 목표의 해석은 제대로 했으나 의도와는 다른 행동을 하는 경우
- 건망증(Lapse) : 여러 과정이 연계적으로 일어나는 행동 중에서 일부를 잊어버리고 수행하지 않거나 또는 기억의 실패에 의해 발생하는 경우
- 위반(Violation) : 정해진 규칙을 알고 있음에도 고의로 따르지 않거나 무시하는 행위

025 안전교육의 방법 중 전개단계에서 가장 효과적인 수업방법은?

① 토의법
② 시범
③ 강의법
④ 자율학습법

해설

수업단계별 최적의 수업방법

수업단계	적합한 수업방법
도입	강의법, 시범
전개	반복법, 토의법, 실연법
정리	반복법, 토의법, 실연법, 자율학습법

026 부주의 현상 중 의식의 우회에 대한 원인으로 가장 적절한 것은?

① 특수한 질병
② 단조로운 작업
③ 작업도중의 걱정, 고뇌, 욕구불만
④ 자극이 너무 약하거나 너무 강할 때

해설

부주의 현상
- 의식의 단절 : 지속적인 의식의 흐름에 단절이 생기고 공백의 상태가 나타나는 것으로서 특수한 질병이 있는 경우에 나타난다.(의식수준 : Phase 0 상태)
- 의식의 우회 : 의식의 흐름이 옆으로 빗나가 발생하는 경우로서 작업도중의 걱정, 고뇌, 욕구 불만 등에 의해 다른 것이 주의하는 것이 이에 속한다.(의식수준 : Phase 0 상태)

- 의식수준의 저하 : 혼미한 정신상태에서 심신이 피로할 경우나 단조로운 작업 등의 경우에 일어나기 쉽다.(의식수준 : Phase Ⅰ 이하 상태)
- 의식의과잉 : 지나친 의욕에 의해서 생기는 부주의 현상으로서 돌발사태 및 긴급이상 사태시 순간적으로 긴장되고 의식이 한 방향으로만 쏠리게 되는 경우가 이에 해당된다.(의식수준 : Phase Ⅳ 상태)

027 학습지도의 형태 중 토의법의 유형에 해당되지 않는 것은?

① 포럼(forum)
② 구안법(project method)
③ 버즈 세션(buzz session)
④ 패널 디스커션(panel discussion)

구안법(project method)
- 학생이 마음속에 생각하고 있는 것을 외부에 구체적으로 실현하고 형상화하기 위해서 자기 스스로가 계획을 세워 수행하는 학습 활동으로 이루어지는 형태
- 콜링스(Collings)는 구안법을 탐험(Exploration), 구성(Construction), 의사소통(Communication), 유희(Play), 기술(Skill)의 5가지로 지적하고 산업시찰, 견학, 현장실습 등도 이에 해당
- 구안법은 목적, 계획, 수행, 평가의 4단계를 거침

028 이용 가능한 정보나 기술에 관한 정보원으로서의 역할을 수행하는 리더의 유형에 해당하는 것은?

① 집행자로서의 리더
② 전문가로서의 리더
③ 집단대표로서의 리더
④ 개개인의 책임대행자로서의 리더

- 집행자로서의 리더 : 집단활동에 있어 의사결정 및 실행자로서의 역할을 수행
- 전문가로서의 리더 : 이용 가능한 정보나 기술에 관한 정보원으로서의 역할을 수행
- 집단대표로서의 리더 : 집단을 대표하여 집단의 요구와 외부의 요구를 절충하는 역할을 수행
- 개개인의 책임대행자로서의 리더 : 집단 구성원 각자가 하게 되는 행동이나 결정에 대한 책임을 대행하는 역할을 수행

029 학습목적의 3요소가 아닌 것은?

① 목표
② 학습성과
③ 주제
④ 학습정도

학습목적의 3요소
- 목표(Goal)
- 주제(Subject)
- 학습정도(인지, 지각, 이해, 적용)

030 산업안전보건법상 근로자 안전보건교육에 있어 건설 일용근로자의 건설업 기초안전·보건교육시간으로 맞는 것은?

① 1시간
② 2시간
③ 3시간
④ 4시간

근로자 안전보건교육(산업안전보건법 시행규칙 별표 4)

교육과정	교육대상		교육시간
정기교육	사무직 종사 근로자		매반기 6시간 이상
	그 밖의 근로자	판매업무에 직접 종사하는 근로자	매반기 6시간 이상
		판매업무에 직접 종사하는 근로자 외의 근로자	매반기 12시간 이상
채용 시 교육	일용근로자 및 근로계약기간이 1주일 이하인 기간제근로자		1시간 이상
	근로계약기간이 1주일 초과 1개월 이하인 기간제근로자		4시간 이상
	그 밖의 근로자		8시간 이상
작업내용 변경 시 교육	일용근로자 및 근로계약기간이 1주일 이하인 기간제근로자		1시간 이상
	그 밖의 근로자		2시간 이상
특별교육	특별교육 대상 작업(단, 타워크레인을 사용하는 작업시 신호업무를 하는 작업은 제외)에 종사하는 일용근로자 및 근로계약기간이 1주일 이하인 기간제근로자		2시간 이상
	타워크레인을 사용하는 작업시 신호업무를 하는 일용근로자 및 근로계약기간이 1주일 이하인 기간제근로자		8시간 이상
	특별교육 대상 작업에 종사하는 근로자 중 일용근로자 및 근로계약기간이 1주일 이하인 기간제근로자를 제외한 근로자		-16시간 이상(최초 작업에 종사하기 전 4시간 이상 실시하고 12시간은 3개월 이내에서 분할하여 실시 가능) -단기간 작업 또는 간헐적 작업인 경우에는 2시간 이상
건설업 기초 안전·보건교육	건설 일용근로자		4시간 이상

031 **안전사고와 관련하여 소질적 사고 요인이 아닌 것은?**

① 지능
② 작업자세
③ 성격
④ 시각기능

소질적인 사고 요인
- 지능 : Chislli와 Brown은 지능단계가 낮을수록 또는 높을수록 이직률 및 사고 발생률이 높다고 지적함
- 성격 : 결함이 있는 성격은 사고를 유발
- 감각운동기능(시각기능)
  - 재해와 시각관계를 조사한 결과 Tiffin J는 시각기능에 결함이 있는 자에게 재해가 많았고, Fletdher E·D는 두 눈의 시력이 불균형인 자에게 재해가 많음을 지적하였다.
  - 시각기능과 재해발생에 있어서는 반응속도 그 자체보다 반응의 정확도에 더 관계가 깊다.

032 안전교육방법 중 Off-J.T.(Off the Job Training) 교육의 특징이 아닌 것은?

① 훈련에만 전념하게 된다.
② 전문가를 강사로 활용할 수 있다.
③ 개개인에게 적절한 지도훈련이 가능하다.
④ 다수의 근로자에게 조직적 훈련이 가능하다.

OJT와 off JT의 특징

OJT	off JT
• 개개인에게 적합한 지도훈련이 가능 • 직장의 실정에 맞는 실체적 훈련 • 훈련에 필요한 업무의 계속성 • 즉시 업무에 연결되는 관계로 신체와 관련 • 효과가 곧 업무에 나타나며 훈련의 좋고 나쁨에 따라 개선이 용이 • 교육을 통한 훈련 효과에 의해 상호 신뢰이해도가 높아짐	• 다수의 근로자에게 조직적 훈련이 가능 • 훈련에만 전념 • 특별 설비 기구를 이용 • 전문가를 강사로 초청 • 각 직장의 근로자가 많은 지식이나 경험을 교류 • 교육 훈련 목표에 대해서 집단적 노력이 흐트러 질 수도 있음

033 다른 사람의 행동 양식이나 태도를 자기에게 투입하거나 그와 반대로 다른 사람 가운데서 자기의 행동 양식이나 태도와 비슷한 것을 발견하는 것을 무엇이라 하는가?

① 모방(Imitation)
② 투사(Projection)
③ 암시(Suggestion)
④ 동일시(Identification)

- 모방(Imitation) : 남의 행동이나 판단을 표본으로 하여 그것과 같거나 또는 그것에 가까운 행동 또는 판단을 취하려는 것
- 투사(Projection) : 자기 속의 억압된 것을 다른 사람의 것으로 생각하는 것
- 암시(Suggestion) : 다른 사람으로부터의 판단이나 행동을 무비판적으로 논리적, 사실적 근거 없이 받아들이는 것
- 동일시(Identification) : 다른 사람의 행동 양식이나 태도를 자기에게 투입하거나 그와 반대로 다른 사람 가운데서 자기의 행동 양식이나 태도와 비슷한 것을 발견하는 것

034 시행착오설에 의한 학습법칙에 해당하지 않는 것은?

① 효과의 법칙
② 일관성의 법칙
③ 연습의 법칙
④ 준비성의 법칙

시행착오에 있어서의 학습법칙

- 연습의 법칙(Law of Exercise) : 모든 학습과정은 많은 연습과 반복을 통해서 바람직한 행동의 변화를 가져오게 된다는 법칙으로 빈도의 법칙(Law of Frequency)이라고도 함
- 효과의 법칙(Law of Frequency) : 학습의 결과가 학습자에게 쾌감을 주면 줄수록 반응은 강화되고 반대로 고통이나 불쾌감을 주면 약화된다는 법칙으로 결과의 법칙이라고도 함
- 준비성의 법칙(Law of Readiness) : 특정한 학습을 행하는데 필요한 기초적인 능력을 충분히 갖춘 뒤에 학습을 행함으로서 효과적인 학습을 이룩할 수 있다는 법칙

035 적성검사의 종류 중 시각적 판단검사의 세부검사 내용에 해당하지 않는 것은?

① 회전검사
② 형태 비교검사
③ 공구 판단검사
④ 명칭 판단검사

회전검사, 환치검사, 조립검사, 분해검사는 일반적성검사(GATB)의 구성 중 수행검사(동작검사)에 해당된다.

036 피로의 증상과 가장 거리가 먼 것은?

① 식욕의 증대
② 불쾌감의 증가
③ 흥미의 상실
④ 작업 능률의 감퇴

피로의 본체
- 피로의 정의 : 작업경과에 따라 생리적 또는 심리적 요인으로 나타나는 현상
- 신체적 증상(생리적 현상) : 자세가 흐트러지고 지치게 됨, 작업에 대한 무감각, 무표정, 경련 등이 일어남, 작업효과나 작업량의 감퇴 및 저하
- 정신적 증상(심리적 현상) : 주의력 감소, 불쾌감, 긴장감이 해지 또는 해소, 권태, 태만, 관심 및 흥미를 상실

037 직업 적성검사에 대한 설명으로 틀린 것은?

① 적성검사는 작업행동을 예언하는 것을 목적으로도 사용한다.
② 직업 적성검사는 직무 수행에 필요한 잠재적인 특수능력을 측정하는 도구이다.
③ 직업 적성검사를 이용하여 훈련 및 승진대상자를 평가하는데 사용할 수 있다.
④ 직업 적성은 단기적 집중 직업훈련을 통해서 개발이 가능하므로 신중하게 사용해야 한다.

적성검사란 교육이나 훈련을 받기 전에 잠재적으로 소유하고 있는 능력 검사의 일종으로 특정 분야의 교육훈련 또는 직업과 관련되는 활동을 성공적으로 수행하는데 필요한 특수능력의 소유 정도를 측정하기 위해 설계된 검사이다.

038 인간의 행동은 내적 요인과 외적 요인이 있다. 지각선택에 영향을 미치는 외적 요인이 아닌 것은?

① 대비(Contrast)
② 재현(Repetition)
③ 강조(Intensity)
④ 개성(Personality)

- 외적 요인 : 외부환경으로부터의 자극이 지각에 영향을 미치는 요인
- 내적 요인 : 지각자의 내적 측면에서 지각에 영향을 미치는 요인

039 헤드십의 특성에 관한 설명 중 맞는 것은?

① 민주적 리더십을 발휘하기 쉽다.
② 책임귀속이 상사와 부하 모두에게 있다.
③ 권한 근거가 공식적인 법과 규정에 의한 것이다.
④ 구성원의 동의를 통하여 발휘하는 리더십이다.

헤드십(Headship)은 집단 구성원이 아닌 외부에 의해 선출(임명)된 지도자로 명목상의 리더십을 의미하며 공식적인 규정에 의해 권한의 귀속범위가 결정된다.

040 집단 안전교육과 개별 안전교육 및 안전교육을 위한 카운슬링 등 3가지 안전교육 방법 중 개별 안전 교육 방법에 해당되는 것이 아닌 것은?

① 일을 통한 안전교육
② 상급자에 의한 안전교육
③ 문답방식에 의한 안전교육
④ 안전기능 교육의 추가지도

개별 안전교육은 면담이나 시범 등의 방법을 이용하는 것으로 일을 통한 안전교육, 상급자에 의한 안전교육 및 안전기능 교육의 추가지도 등이 해당된다.

제 03 과목　인간공학 및 시스템안전공학

041 에너지 대사율(RMR)에 대한 설명으로 틀린 것은?

① $RMR = \dfrac{운동대사량}{기초대사량}$

② 보통 작업시 RMR은 4~7임
③ 가벼운 작업시 RMR은 0~2임

④ $RMR = \dfrac{운동시\ 산소소모량 - 안정시\ 산소소모량}{기초대사량(산소소비량)}$

RMR에 의한 작업강도 분류

RMR	작업강도	비고
0~2	경(輕) 작업	사무작업 등 주로 앉아서 하는 작업
2~4	중(中) 작업	동작 및 속도가 작은 작업(보통 작업)
4~7	중(重) 작업	동작 및 속도가 큰 작업
7 이상	초중(超重) 작업	과격한 작업

042 FMEA의 특징에 대한 설명으로 틀린 것은?

① 서브시스템 분석 시 FTA보다 효과적이다.
② 시스템 해석기법은 정성적 · 귀납적 분석법 등에 사용된다.
③ 각 요소간 영향 해석이 어려워 2가지 이상 동시 고장은 해석이 곤란하다.
④ 양식이 비교적 간단하고 적은 노력으로 특별한 훈련 없이 해석이 가능하다.

FTA는 하나의 특정 사고나 주요 시스템 고장에 초점을 맞춘 연역적인 기법으로 사건의 원인을 결정하는 방법을 제공한다. 따라서, 서브시스템 분석 시 FMEA보다 FTA가 효과적인 수단이 된다.

043 A사의 안전관리자는 자사 화학 설비의 안전성 평가를 위해 제2단계인 정성적 평가를 진행하기 위하여 평가 항목 대상을 분류하였다. 주요 평가 항목 중에서 설계관계항목이 아닌 것은?

① 건조물
② 공장 내 배치
③ 입지조건
④ 원재료, 중간제품

제2단계 : 정성적 평가의 주요 진단항목

1. 설계관계	항목수	2. 운전관계	항목수
입지조건	5	원재료, 중간체 제품	7
공장내 배치	9	공정	7
건조물	8	수송, 저장 등	9
소방설비	5	공정기기	11

044 기계설비 고장 유형 중 기계의 초기결함을 찾아내 고장률을 안정시키는 기간은?

① 마모고장 기간
② 우발고장 기간
③ 에이징(aging) 기간
④ 디버깅(debugging) 기간

고장관련 용어
- 초기고장 : 점검작업이나 시운전 등에 의해 방지할 수 있는 고장
- 디버깅(Debugging) 기간 : 초기 고장의 결함을 찾아내 고장율을 안정시키는 기간
- 번인(Burn In) 기간 : 실제로 장시간 움직여 보고 그동안 고장 난 것을 제거하는 공정기간

045 들기 작업 시 요통재해예방을 위하여 고려할 요소와 가장 거리가 먼 것은?

① 들기 빈도
② 작업자 신장
③ 손잡이 형상
④ 허리 비대칭 각도

들기 작업의 변수
- 무게 : 작업물의 무게(kg)
- 수평위치 : 두 발 뒤꿈치 뼈의 중점에서 손까지의 거리(cm)
- 수직거리 : 바닥에서 손까지의 거리(cm)
- 수직이동거리 : 들기작업에서 수직으로 이동한 거리(cm)
- 비대칭 각도 : 정면에서 비틀린 정도를 나타내는 각도
- 들기 빈도 : 15분 동안의 평균적인 분당 들어 올리는 횟수
- 커플링 분류 : 물체를 들 때 미끄러지거나 떨어뜨리지 않도록 하는 손잡이 등의 상태

046 일반적으로 작업장에서 구성요소를 배치할 때, 공간의 배치 원칙에 속하지 않는 것은?

① 사용빈도의 원칙 ② 중요도의 원칙
③ 공정개선의 원칙 ④ 기능성의 원칙

부품 배치의 원칙
- 중요성의 원칙
- 기능별 배치의 원칙
- 사용빈도의 원칙
- 사용순서의 원칙

047 반사율이 60%인 작업 대상물에 대하여 근로자가 검사작업을 수행할 때 휘도(luminance)가 90fL 이라면 이 작업에서의 소요조명(fc)은 얼마인가?

① 75 ② 150
③ 200 ④ 300

소요조명 = $\dfrac{광속발산도}{반사율} \times 100 = \dfrac{90}{60} \times 100 = 150[fc]$

048 산업안전보건법령상 유해하거나 위험한 장소에서 사용하는 기계·기구 및 설비를 설치·이전하는 경우 유해위험방지계획서를 작성, 제출하여야 하는 대상이 아닌 것은?

① 화학설비 ② 금속 용해로
③ 건조설비 ④ 전기용접장치

유해하거나 위험한 작업 또는 장소에서 사용하거나 건강장해를 방지하기 위하여 사용하는 기계·기구 및 설비로서 설치·이전하거나 그 주요 구조부분을 변경하려는 경우 유해위험방지계획서를 작성, 제출하여야 하는 대상은 다음과 같다.(산업안전보건법 시행령 제42조의2항)
- 금속이나 그 밖의 광물의 용해로
- 화학설비
- 건조설비
- 가스집합 용접장치
- 제조등금지물질 또는 허가대상물질 관련 설비
- 분진작업 관련 설비

049 동작경제의 원칙에 해당하지 않는 것은?

① 공구의 기능을 각각 분리하여 사용하도록 한다.
② 두 팔의 동작은 동시에 서로 반대방향으로 대칭적으로 움직이도록 한다.
③ 공구나 재료는 작업동작이 원활하게 수행되도록 그 위치를 정해준다.
④ 가능하다면 쉽고도 자연스러운 리듬이 작업동작에 생기도록 작업을 배치한다.

해설

공구 및 설비 디자인에 관한 원칙
- 치구나 족답장치를 효과적으로 사용할 수 있는 작업에서는 이러한 장치를 활용하여 양손이 다른 일을 할 수 있도록 한다.
- 공구의 기능을 결합하여서 사용하도록 한다.
- 공구와 자재는 사용하기 쉽도록 가능한 한 미리 위치를 잡아준다
- 각 손가락이 서로 다른 작업을 할 때 작업량을 각 손가락의 능력에 맞게 분배해야 한다.
- 레버, 핸들 그리고 제어장치는 작업자가 몸의 자세를 크게 바꾸지 않더라고 조작하기 쉽도록 배열한다.

050 휴먼 에러 예방 대책 중 인적 요인에 대한 대책이 아닌 것은?

① 설비 및 환경 개선
② 소집단 활동의 활성화
③ 작업에 대한 교육 및 훈련
④ 전문인력의 적재적소 배치

051 다음 시스템에 대하여 톱사상(top event)에 도달할 수 있는 최소 컷셋(minimal cutsets)을 구할 때 올바른 집합은?(단, X_1, X_2, X_3, X_4는 각 부품의 고장확률을 의미하며 집합 $\{X_1, X_2\}$는 X_1 부품과 X_2 부품이 동시에 고장 나는 경우를 의미한다.)

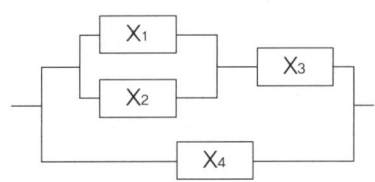

① $\{X_1, X_2\}$, $\{X_3, X_4\}$
② $\{X_1, X_3\}$, $\{X_2, X_4\}$
③ $\{X_1, X_2, X_4\}$, $\{X_3, X_4\}$
④ $\{X_1, X_3, X_4\}$, $\{X_2, X_3, X_4\}$

해설

FTA에서 톱사상(top event)은 고장이 발생하여 시스템이 정상적으로 작동될 수 없는 경우를 의미한다. 따라서, 보기의 시스템에서 X_1, X_2, X_4가 동시에 고장나는 경우와 X_3, X_4가 동시에 고장나는 2가지 경우에 시스템은 고장상태에 도달하게 된다.

052 운동관계의 양립성을 고려하여 동목(moving scale)형 표시장치를 바람직하게 설계한 것은?

① 눈금과 손잡이가 같은 방향으로 회전하도록 설계한다.
② 눈금의 숫자는 우측으로 감소하도록 설계한다.
③ 꼭지의 시계 방향 회전이 지시치를 감소시키도록 설계한다.
④ 위의 세 가지 요건을 동시에 만족시키도록 설계한다.

053 신뢰성과 보전성 개선을 목적으로 한 효과적인 보전기록자료에 해당하는 것은?

① 자재관리표　　　　　　　　② 주유지시서
③ 재고관리표　　　　　　　　④ MTBF 분석표

해설

신뢰성과 보전성 개선을 목적으로 한 보전기록자료
- MTBF 분석표
- 설비이력카드
- 고장원인대책표

054 보기의 실내면에서 빛의 반사율이 낮은 곳에서부터 높은 순서대로 나열한 것은?

| A : 바닥　B : 천정　C : 가구　D : 벽 |

① A < B < C < D　　　　　② A < C < B < D
③ A < C < D < B　　　　　④ A < D < C < B

해설

옥내 최적 반사율
- 천정 : 80~90%
- 가구, 사무용기기, 책상 : 25~45%
- 벽, 창문 발(Blind) : 40~60%
- 바닥 : 20~40%

055 다음 시스템의 신뢰도는 얼마인가?(단, 각 요소의 신뢰도는 a, b가 각 0.8, c, d가 각 0.6이다.)

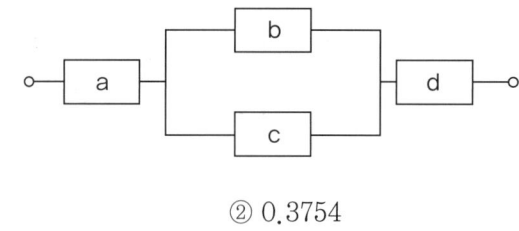

① 0.2245　　　　　　　　② 0.3754
③ 0.4416　　　　　　　　④ 0.5756

해설

0.8 × (1 − (1 − 0.8) × (1 − 0.6)) × 0.6 = 0.4416

056 FTA(Fault Tree Analysis)에 사용되는 논리기호와 명칭이 올바르게 연결된 것은?

① ◇ : 전이기호　　　　　② ▭ : 기본사상
③ ⬠ : 통상사상　　　　　④ ○ : 결함사상

FTA 도표에 사용하는 논리기호

명칭	기호	명칭	기호
결함사상	□	전이 기호 (이행 기호)	△(in) △(out)
기본사상	○	AND gate	출력/입력
생략사상 (추적 불가능한 최후사상)	◇	OR gate	출력/입력
통상사상(家刑事像)	⌂	수정기호 조건	출력/조건/입력

057 HAZOP 기법에서 사용하는 가이드워드와 그 의미가 잘못 연결된 것은?

① Other than : 기타 환경적인 요인
② No/Not : 디자인 의도의 완전한 부정
③ Reverse : 디자인 의도의 논리적 반대
④ More/Less : 정량적인 증가 또는 감소

유인어(Guide Words)
• No 또는 Not : 설계 의도의 완전한 부정
• More 또는 Less : 양(압력, 반응, Flow Rate, 온도 등)의 증가 또는 감소
• As well as : 성질상의 증가(설계 의도와 운전조건이 어떤 부가적인 행위와 함께 일어남)
• Part of : 일부 변경, 성질상의 감소(어떤 의도는 성취되나 어떤 의도는 성취되지 않음)
• Reverse : 설계 의도의 논리적인 역
• Other than : 완전한 대체(통상 운전과 다르게 되는 상태)

058 경계 및 경보신호의 설계지침으로 틀린 것은?

① 주의를 환기시키기 위하여 변조된 신호를 사용한다.
② 배경소음의 진동수와 다른 진동수의 신호를 사용한다.
③ 귀는 중음역에 민감하므로 500~3000Hz의 진동수를 사용한다.
④ 300m 이상의 장거리용으로는 1000Hz를 초과하는 진동수를 사용한다.

경계 및 경보신호의 선택 또는 설계시의 설계지침
- 500~3000Hz(또는 200~5000Hz)의 진동수 사용
- 장거리(3000m 이상)용은 1000Hz 이하의 진동수 사용
- 장애물 및 칸막이 통과시는 500Hz 이하의 진동수 사용
- 주의를 끌기 위해서는 변조된 신호(초당 1~8번 나는 소리, 초당 1~3번 오르내리는 소리 등) 사용
- 배경소음의 진동수와 구별되는 신호사용
- 경보효과를 높이기 위해서 개시 시간이 짧은 고강도 신호를 사용
- 수화기를 사용하는 경우에는 좌우로 교번하는 신호를 사용
- 가능하면 확성기, 경적 등과 같은 별도의 통신계통을 사용

059 동작의 합리화를 위한 물리적 조건으로 적절하지 않은 것은?
① 고유 진동을 이용한다.
② 접촉 면적을 크게 한다.
③ 대체로 마찰력을 감소시킨다.
④ 인체표면에 가해지는 힘을 적게 한다.

접촉면적이 커지면 안정도는 향상되지만, 마찰력이 커지고 더 많은 힘을 필요하게 된다. 따라서 일반적인 경우 동작의 합리화를 위해서는 접촉 면적을 작게 한다.

060 정량적 표시장치에 관한 설명으로 맞는 것은?
① 정확한 값을 읽어야 하는 경우 일반적으로 디지털보다 아날로그 표시장치가 유리하다.
② 동목(moving scale)형 아날로그 표시장치는 표시장치의 면적을 최소화할 수 있는 장점이 있다.
③ 연속적으로 변화하는 양을 나타내는 데에는 일반적으로 아날로그보다 디지털 표시장치가 유리하다.
④ 동침(moving pointer)형 아날로그 표시장치는 바늘의 진행 방향과 증감 속도에 대한 인식적인 암시 신호를 얻는 것이 불가능한 단점이 있다.

- 정확한 값을 읽어야 하는 경우 일반적으로 아날로그보다 디지털 표시장치가 유리하다.
- 연속적으로 변화하는 양을 나타내는 데에는 일반적으로 디지털보다 아날로그 표시장치가 유리하다.
- 동침(moving pointer)형 아날로그 표시장치는 색 암호화를 통해 바늘의 진행 방향과 증감 속도에 대한 인식적인 암시 신호를 얻을 수 있다.

제 04 과목 건설시공학

061 건설공사의 시공계획 수립 시 작성할 필요가 없는 것은?
① 현치도
② 공정표
③ 실행예산의 편성 및 조정
④ 재해방지계획

시공계획의 수립내용
- 인원 편성 및 가설계획 작성
- 실행예산의 편성 및 조정
- 자재반입계획 시공기계 및 장비설치계획
- 품질관리 대책
- 공정표 작성(주요공정의 시공 절차 및 방법)
- 하도급자 선정
- 노무계획
- 안전 및 환경대책

062 콘크리트 구조물의 품질관리에서 활용되는 비파괴검사 방법과 가장 거리가 먼 것은?

① 슈미트해머법 ② 방사선 투과법
③ 초음파법 ④ 자기분말 탐상법

자기분말 탐상법은 용접부에 직류 또는 교류의 자력선을 통과시켜 자력을 형성한 후, 자분을 뿌려주면 결함 부위에 자분이 밀집되어 육안으로 용접부 결함을 검출할 때 사용하는 비파괴검사 방법으로 자화시킬 수 없는 콘크리트 구조물의 검사 방법으로는 적당하지 않다.

063 시트 파일(steel sheet pile) 공법의 주된 이점이 아닌 것은?

① 타입시 지반의 체적 변형이 커서 항타가 어렵다.
② 용접접합 등에 의해 파일의 길이 연장이 가능하다.
③ 몇 회씩 재사용이 가능하다.
④ 적당한 보호처리를 하면 물 위나 아래에서 수명이 길다.

시트 파일(steel sheet pile) 공법의 장점
- 강재를 사용하므로 용접접합 등에 의해 파일의 길이 연장이 가능하다.
- 재사용이 가능하기 때문에 친환경적이다.
- 적당한 보호처리를 하면 물 위나 아래에서 수명이 길다.
- 소규모의 시공장비로 공사가 가능하며, 시공기간이 짧아 긴급공사도 가능하다.
- 차수성능이 우수하며, 약한지반에도 적용할 수 있고 내진설계가 가능하다.

064 흙의 함수율을 구하기 위한 식으로 옳은 것은?

① $\dfrac{\text{물의 용적}}{\text{토립자의 용적}} \times 100(\%)$ ② $\dfrac{\text{물의 중량}}{\text{토립자의 중량}} \times 100(\%)$

③ $\dfrac{\text{물의 용적}}{\text{흙 전체의 용적}} \times 100(\%)$ ④ $\dfrac{\text{물의 중량}}{\text{흙 전체의 중량}} \times 100(\%)$

흙의 함수율 = $\dfrac{\text{물의 중량}}{\text{토립자 + 물의 중량}} \times 100(\%)$ = $\dfrac{\text{물의 중량}}{\text{흙 전체의 중량}} \times 100(\%)$

065 블록의 하루 쌓기 높이는 최대 얼마를 표준으로 하는가?

① 1.5m 이내
② 1.7m 이내
③ 1.9m 이내
④ 2.1m 이내

하루의 쌓기 높이는 1.5m(블록 7켜 정도) 이내를 표준으로 한다.

066 경량형강공사에 사용되는 부재중 지붕에서 지붕내력을 받는 경사진 구조부재로서 트러스와 달리 하현재가 없는 것은?

① 스터드
② 윈드 칼럼
③ 아웃리거
④ 래프터

래프터(rafter, 서까래)는 지붕의 경사구조 부재로 하현재가 필요없고 상현재로 구성된다.

067 벽돌쌓기시 일반사항에 관한 설명으로 옳지 않은 것은?

① 가로 및 세로줄눈의 너비는 도면 또는 공사시방서에서 정한 바가 없을 때에는 10mm를 표준으로 한다.
② 벽돌쌓기는 도면 또는 공사시방서에서 정한 바가 없을 때에는 영식 쌓기 또는 화란식 쌓기로 한다.
③ 세로줄눈은 통줄눈이 되도록 유도하여, 미관을 향상시키도록 한다.
④ 벽돌벽이 블록벽과 서로 직각으로 만날 때에는 연결철물을 만들어 블록 3단마다 보강하여 쌓는다.

벽돌쌓기 공사에 있어 내력벽 쌓기의 경우 세워쌓기나 옆쌓기는 피하는 것이 좋으며 세로줄눈은 통줄눈이 되지 않도록 하고 한 켜 거름으로 수직일직선에 오도록 배치한다.

068 비산먼지 발생사업 신고 적용대상 규모기준으로 옳은 것은?

① 건축물 축조공사로 연면적 1000m² 이상
② 굴정공사로 총 연장 300m 이상 또는 굴착토사량 300m³ 이상
③ 토공사/정지공사로 공사면적 합계 1500m² 이상
④ 토목공사로 구조물 용적합계 2000m³ 이상

건설업 비산먼지 발생사업(대기환경보전법 시행규칙 별표 13)
가. 건축물축조공사 : 건축법에 따른 건축물의 증·개축, 재축 및 대수선을 포함하고, 연면적이 1,000m² 이상인 공사
나. 토목공사
　1) 구조물의 용적 합계가 1,000m³ 이상, 공사면적이 1,000m² 이상 또는 총 연장이 200m 이상인 공사
　2) 굴정(구멍뚫기)공사의 경우 총 연장이 200m 이상 또는 굴착(땅파기)토사량이 200m³ 이상인 공사

다. 조경공사 : 면적의 합계가 5,000m² 이상인 공사
라. 지반조성공사
  1) 건축물해체공사의 경우 연면적이 3,000m² 이상인 공사
  2) 토공사 및 정지공사의 경우 공사면적의 합계가 1,000m² 이상인 공사
  3) 농지조성 및 농지정리 공사의 경우 흙쌓기(성토) 등을 위하여 운송차량을 이용한 토사 반출입이 함께 이루어지거나 농지전용 등을 위한 토공사, 정지공사 등이 복합적으로 이루어지는 공사로서 공사면적의 합계가 1,000m² 이상인 공사
마. 도장공사 : 공동주택관리법에 따라 장기수선계획을 수립하는 공동주택에서 시행하는 건물외부 도장공사
바. 그 밖에 가목부터 마목까지의 공사에 준하는 공사로서 해당 가목부터 마목까지의 공사 규모 이상인 공사

069 말뚝박기 기계 중 디젤해머(Diesel hammer)에 관한 설명으로 옳지 않은 것은?

① 타격정밀도가 높다.
② 타격 시의 압축·폭발 타격력을 이용하는 공법이다.
③ 타격 시의 소음이 작아 도심지 공사에 적용된다.
④ 램의 낙하 높이 조정이 곤란하다.

디젤해머(diesel hammer)
• 기동해머의 결점을 보완하기 위하여 2사이클 디젤엔진의 작동원리를 해머 내부에 도입한 것으로, 타격 시의 압축·폭발 타격력을 이용하는 공법이다.
• 피스톤인 램이 낙하하는 하중과 경유의 폭발력이 함께 타격력이 되므로 타입 능률이 좋아 건설현장에서 많이 사용되어 왔으나, 소음이 크고 배기가스의 공해가 있어 요즘 시가지에서는 거의 사용이 제한되고 있다.

070 상하기복형으로 협소한 공간에서 작업이 용이하고 장애물이 있을 때 효과적인 장비로서 초고층건축물 공사에 많이 사용되는 장비는?

① 호이스트카   ② 타워크레인
③ 러핑크레인   ④ 데릭

러핑크레인(luffing crane)은 지브의 상·하 경사 작용으로 양중물을 수평 운반시키도록 한 상하기복형 크레인으로 도심지 건물 밀집지역, 초고층 건축 현장, 고공권 침해와 인접 건물 간섭 등의 민원을 방지하는 등의 작업에 사용된다.

071 해체 및 이동에 편리하도록 제작된 수평활동 시스템 거푸집으로서 터널, 교량, 지하철 등에 주로 적용되는 거푸집은?

① 유로 폼(Euro Form)   ② 트래블링 폼(Traveling Form)
③ 워플 폼(Waffle Form)   ④ 갱 폼(Gang Form)

• 유로 거푸집(Euro form) : 합판이나 특수경량 강으로 만들며 하나의 판넬로 기둥, 벽, 바닥의 조립이 가능
• 와플 거푸집(Waffle form) : 무량판, 평판구조의 장스팬 구조물에 유리하며 층 높이를 낮게 하는 방법의 특수상자 모양의 기성제 거푸집
• 갱 거푸집(Gang form) : 표면 피복 강화합판이나 각재, 철골을 이용하여 특수 제작한 것으로 옹벽, 기둥을 일체식으로 제작

072 외관 검사 결과 불합격된 철근 가스압접 이음부의 조치 내용으로 옳지 않은 것은?

① 심하게 구부러졌을 때는 재가열하여 수정한다.
② 압접면의 엇갈림이 규정값을 초과했을 때는 재가열하여 수정한다.
③ 형태가 심하게 불량하거나 또는 압접부에 유해하다고 인정되는 결함이 생긴 경우는 압접부를 잘라내고 재압접한다.
④ 철근중심축의 편심량이 규정값을 초과했을 때는 압접부를 떼어내고 재압접한다.

압접면의 엇갈림이 규정 값을 초과했을 때는 압접부를 잘라내고 재압접한다.

073 보링방법 중 연속적으로 시료를 채취할 수 있어 지층의 변화를 비교적 정확히 알 수 있는 것은?

① 수세식 보링
② 충격식 보링
③ 회전식 보링
④ 압입식 보링

회전식 보링 : 비트(bit)를 회전시켜 천공하는 방법으로 토층이 흐트러질 우려가 적어 불교란시료의 채취, 암석 채취 등에 많이 사용하며 지층의 변화를 정확히 알고자 할 때 사용된다.

074 철골보와 콘크리트 슬래브를 연결하는 전단연결재(shear connector)의 역할을 하는 부재의 명칭은?

① 리인포싱 바(reinforcing bar)
② 턴버클(turn buckle)
③ 메탈 서포트(metal support)
④ 스터드(stud)

전단 연결재(Shear connector)
• 콘크리트와의 합성구조에서 양자 사이의 전단응력 전달 및 일체성을 확보하기 위해 설치하는 연결재를 말한다.
• 콘크리트 슬래브와 주형보 경계면에서 상대적인 변위를 저지하는 것으로 철골조에서는 스터드 볼트(Stud bolt)가 있다.

075 다음은 표준시방서에 따른 철근의 이음에 관한 내용이다. 빈 칸에 공통으로 들어갈 내용으로 옳은 것은?

( )를 초과하는 철근은 겹침이음을 할 수 없다. 다만, 서로 다른 크기의 철근을 압축부에서 겹침이음하는 경우 ( ) 이하의 철근과 ( )를 초과하는 철근은 겹침이음을 할 수 있다.

① D25
② D29
③ D32
④ D35

철근의 이음(건축공사표준시방서)
• 철근배근도에 표시되어 있지 않은 곳에 철근의 이음을 둘 경우에는 그 이음의 위치와 방법은 건축구조설계기준에 따라 정하여야 한다.
• D35를 초과하는 철근은 겹침이음을 할 수 없다. 다만, 서로 다른 크기의 철근을 압축부에서 겹침이음하는 경우 D35 이하

- 의 철근과 D35를 초과하는 철근은 겹침이음을 할 수 있다.
- 철근이음에 용접이음, 가스압접이음, 기계적 이음 등을 적용할 경우에는 각각 사전에 준비된 이음지침에 따라야 한다. 그러나 이와 같은 것이 구비되지 않은 경우에는 이 시방서에 따르고 그 성능을 사전에 시험 등에 의한 방법으로 확인한 다음 철근의 종류, 지름 및 시공장소에 따라 가장 적절한 이음방법을 선택하여야 한다.
- 장래의 이음에 대비하여 구조물로부터 노출시켜 놓은 철근은 손상이나 부식을 받지 않도록 보호하여야 한다.
- 철근의 이음 및 정착길이는 건축구조설계기준 및 철근배근도에 따른다.
- 정착 및 이음길이의 건축구조설계기준 및 철근배근도에 제시된 길이보다 짧을 수 없으며, 건축구조설계기준 및 철근배근도의 길이를 초과할 경우의 허용차는 소정길이의 10% 이내로 한다.
- 철근의 이음의 위치, 정착방법은 철근배근도에 따른다.

076 건축주가 시공회사의 신용, 자산, 공사경력, 보유기술 등을 고려하여 그 공사에 가장 적격한 단일 업체에게 입찰시키는 방법은?

① 일반공개입찰 ② 특명입찰
③ 지명경쟁입찰 ④ 대안입찰

입찰방식의 분류
- 공개경쟁입찰 : 유자격자는 모두 참가할 수 있도록 기회를 주는 입찰방식
  - 장점 : 담합의 우려가 적음, 공사비의 절감, 균등한 기회부여
  - 단점 : 과대경쟁, 입찰자의 질 저하로 공사 조잡, 입찰사무 복잡
- 특명입찰 : 가장 적격한 1명을 지명하여 입찰시키는 것(일종의 수의계약)
  - 장점 : 입찰 수속이 가장 간단하며, 공사의 기밀 유지 가능
  - 단점 : 공사비 증대의 우려가 있으며, 불공평할 수가 있음
- 지명경쟁입찰 : 적당하다고 인정되는 3~7개의 회사를 선정하여 입찰시키는 방법
  - 장점 : 시공상 신뢰성이 있으며, 부적격한 업자의 제거 가능
  - 단점 : 담합의 우려
- 대안입찰 : 원안입찰과 함께 따로 입찰자의 의사에 따라 대안이 허용된 공사의 입찰

077 프리팩트말뚝공사 중 CIP(Cast in place pile)말뚝의 강성을 확보하기 위한 방법이 아닌 것은?

① 구멍에 삽입하는 철근의 조립은 원형철근조립으로 당초 설계치수보다 작게 하여 콘크리트 타설을 쉽게 하여야 한다.
② 공벽붕괴방지를 위한 케이싱을 설치하고 구멍을 뚫어야 하며, 콘크리트 타설 후에 양생되기 전에 인발한다.
③ 구멍깊이는 풍화암 이하까지 뚫어 말뚝선단이 충분한 지지력이 나오도록 시공한다.
④ 콘크리트 타설 시 재료분리가 발생하지 않도록 한다.

CIP(cast-in-place pile) 공법
- 어스 오거(Earth auger)로 지중에 구멍을 뚫고, 철근망(또는 H-형강)을 삽입한 다음 모르타르 주입관을 설치하고, 먼저 자갈을 채운 후 주입관을 통하여 모르타르를 주입하여 제자리 말뚝을 형성하는 공법이다.
- 지중에 연속하여 시공하여 주열식 흙막이 벽체를 구성한다.
- 장비가 소형이므로 소음이 및 진동이 적고 협소한 장소에서도 시공이 가능하다.
- 자갈 및 암반지반을 제외한 대부분의 지반에 적용이 가능하다.
- 강성이 커서 배면토의 수평변위를 억제할 수 있어 인접 구조물에 대한 영향이 적다.

078 수평이동이 가능하여 건물의 층수가 적은 긴 평면에 사용되며 회전범위가 270°인 특징을 갖고 있는 철골 세우기용 장비는?

① 가이데릭(Guy derrick)
② 스티프레그 데릭(Stiff-leg derrick)
③ 트럭 크레인(Truck crane)
④ 플레이트 스트레이닝 롤(Plate straining roll)

스티프레그 데릭(Stiff-leg derrick, 삼각데릭)은 가이데릭과 비슷하나 주기둥을 지탱하는 지선 대신에 2본의 다리에 의해 고정된 것으로 작업회전 반경이 270°이다.

079 콘크리트의 재료로 사용되는 골재에 관한 설명으로 옳지 않은 것은?

① 골재는 밀도가 크고, 내구성이 커서 풍화가 잘 되지 않아야 한다.
② 콘크리트나 모르타르를 만들 때 물, 시멘트와 함께 혼합하는 모래, 자갈 및 부순돌 기타 유사한 재료를 골재라고 한다.
③ 콘크리트 중 골재가 차지하는 용적은 절대용적으로 50%를 넘지 않도록 한다.
④ 일반적으로 골재의 강도는 시멘트 페이스트 강도 이상이 되어야 한다.

골재의 성질
- 콘크리트의 60~80% 정도의 용적을 차지하기 때문에 콘크리트에 매우 큰 영향을 준다.
- 비중은 2.6~2.7 정도이며, 비중이 클수록 치밀하며 흡수량이 낮고 내구성이 크다.
- 공극률은 30~40% 정도이다.

080 석재붙임을 위한 앵커긴결공법에서 일반적으로 사용하지 않는 재료는?

① 앵커
② 볼트
③ 연결철물
④ 모르타르

모르타르를 이용한 공법은 습식공법에 해당된다.

제 05 과목 건설재료학

081 다음과 같은 특성을 가진 플라스틱의 종류는?

- 가열하면 연화 또는 융해하여 가소성이 되고, 냉각하면 경화하는 재료이다.
- 분자구조가 쇄상구조로 이루어져 있다.

① 멜라민수지   ② 아크릴수지
③ 요소수지   ④ 페놀수지

가열하면 연화 또는 융해하여 가소성이 되고, 냉각하면 경화하는 성질은 열가소성 플라스틱의 특성이며, 보기 중 아크릴수지를 제외한 나머지 항목은 열경화성 플라스틱에 속한다.

082 경질이며 흡습성이 적은 특성이 있으며 도로나 마룻바닥에 까는 두꺼운 벽돌로서 원료를 연와토 등을 쓰고 식염유로 시유소성한 벽돌은?

① 검정벽돌   ② 광재벽돌
③ 날벽돌   ④ 포도벽돌

- 검정벽돌 : 불완전연소로 소성하여 검게한 벽돌로 치장용으로 사용된다.
- 광재벽돌 : 광재를 주원료로 한 벽돌로 단열보온용으로 사용되며 물에 젖지 않고 전기가 통하지 않는다.
- 날벽돌 : 굳지 않은 날흙의 벽돌을 말한다.
- 포도벽돌 : 도로 또는 바닥에 깔기 위하여 만든 벽돌로 경질이며 흡습성이 적고 내마모성이 있으며 두께가 두껍다.

083 건물 바닥용 제품에 해당되지 않는 것은?

① 염화비닐 타일   ② 아스팔트 타일
③ 시멘트 사이딩 보드   ④ 리놀륨

시멘트 사이딩은 단면에 텍스처 처리가 된 강화 섬유 시멘트 판재로 우리나라의 경우 전원주택에 대표적으로 사용되는 외벽용 자재이다.

084 ALC(Autoclaved Lightweight Concrete)에 관한 설명으로 옳지 않은 것은?

① 규산질, 석회질 원료를 주원료로 하여 기포제와 발포제를 첨가하여 만든다.
② 경량이며 내화성이 상대적으로 우수하다.
③ 별도의 마감 없이도 수분이 차단되어 주로 외벽에 사용된다.
④ 동일용도의 건축자재 중 상대적으로 우수한 단열성능을 가지고 있다.

ALC(Autoclaved Lightweight Concrete) 제품
- 규사, 생석회, 시멘트 등에 발포제인 알루미늄 분말과 기포 안정제를 넣어 고온·고압증기양생을 거쳐 제조하는 기포 콘크리트의 일종이다.
- 경량으로 인력에 의한 취급이 가능하고, 필요에 따라 현장에서 절단 및 가공이 용이하다.
- 내화성능, 흡음성능, 방음성능이 우수하다.
- 열전도율이 보통콘크리트의 약 1/10 정도로 단열성이 우수하다.
- 건조수축률이 작아 균열 발생이 적다.

085 도막방수재 및 실링재로써 이용이 증가하고 있는 합성수지로서 기포성 보온재로도 사용되는 것은?

① 실리콘수지 ② 폴리우레탄수지
③ 폴리에틸렌수지 ④ 멜라민수지

- 실리콘수지 : 방수피막, 도료, 접착제, 실링재
- 폴리에틸렌수지 : 파이프, 방수필름, 발포보온판
- 폴리우레탄수지 : 보온재, 도막방수재, 실링재, 쿠션재
- 멜라민수지 : 내수 합판용 접착제, 도료, 식기 등 성형품

086 건설용 강재(철근 등)의 재료시험 항목에서 일반적으로 제외되는 것은?

① 압축강도 시험 ② 인장강도 시험
③ 굽힘 시험 ④ 연신율 시험

건설용 강재의 재료시험 항목 항복강도 및 인장강도, 연신율, 굽힘, 경도 등이며, 압축강도는 인장강도의 한계가 넓어 충분히 버틸 수 있기 때문에 제외된다.

087 알루미늄의 특성으로 옳지 않은 것은?

① 순도가 높을수록 내식성이 좋지 않다.
② 알칼리나 해수에 침식되기 쉽다.
③ 콘크리트에 접하거나 흙 중에 매몰된 경우에 부식되기 쉽다.
④ 내화성이 부족하다.

알루미늄(Aluminum)
- 경량질에 비해 강도가 크다.
- 내화성이 적고 열팽창이 철의 2배 정도로 크다.
- 산 및 알칼리에 약하다.
- 광선 및 열에 대한 반사율이 커서 열차단재로도 사용된다.
- 공기 중에서 Al_2O_3의 피막을 만들어 내부를 보호한다.

088 콘크리트용 골재의 요구품질에 관한 조건으로 옳지 않은 것은?

① 시멘트 페이스트 이상의 강도를 가진 단단하고 강한 것
② 운모가 함유된 것
③ 연속적인 입도분포를 가진 것
④ 표면이 거칠고 구형에 가까운 것

콘크리트용 골재의 품질
- 굳고 단단해야 하며 내화성, 내구성이 있어야 한다.
- 강도는 콘크리트 중의 경화 시멘트 페이스트의 강도 이상이어야 하며, 불순물이 없어야 한다.
- 표면이 거칠고 구형이나 입방체가 좋으며, 입도분포가 양호해야 한다.
- 최대 염화물 이온 함유량은 질량백분율 0.02% 이하여야 한다.

089 아스팔트 루핑의 생산에 사용되는 아스팔트는?

① 록 아스팔트
② 유제 아스팔트
③ 컷백 아스팔트
④ 블로운 아스팔트

블로운 아스팔트는 아스팔트 프라이머, 아스팔트 컴파운드, 아스팔트 루핑 등의 생산에 사용되며, 그 중 아스팔트 루핑(Asphalt roofing)은 아스팔트 펠트의 양면에 블로운 아스팔트를 가열·용융시켜 피복한 것이다.

090 1종 점토벽돌의 흡수율 기준으로 옳은 것은?

① 5% 이하
② 10% 이하
③ 12% 이하
④ 15% 이하

점토벽돌의 품질(KS L 4201)

품질	종류		비고
	1종	2종	
흡수율(%)	10.0 이하	15.0 이하	1종은 내장재 및 외장재로, 2종은 내장재로만 하여야 한다.
압축강도(MPa)	24.50 이상	14.70 이상	

091 골재의 함수상태에서 유효흡수량의 정의로 옳은 것은?

① 습윤상태와 절대건조상태의 수량의 차이
② 표면건조포화상태와 기건상태의 수량의 차이
③ 기건상태와 절대건조상태의 수량의 차이
④ 습윤상태와 표면건조포화상태의 수량의 차이

유효흡수량은 절건상태에서 표건상태의 골재 중에 포함된 물의 양과 기건상태의 골재 내에 함유된 수량과의 차이를 말한다.

092 콘크리트의 블리딩 현상에 의한 성능저하와 가장 거리가 먼 것은?

① 골재와 시멘트 페이스트의 부착력 저하
② 철근과 시멘트 페이스트의 부착력 저하
③ 콘크리트의 수밀성 저하
④ 콘크리트의 응결성 저하

블리딩(Bleeding) 현상
- 콘크리트 타설 후 시멘트, 골재입자 등의 비중차에 의한 침하에 의해 물이 분리 상승되어 표면에 떠오르는 현상(부착저해로 수밀성, 내구성 저하)

- 블리딩 현상의 방지책
  - 단위 수량을 가능한 적게 하고, 된비빔 콘크리트를 타설
  - 작은 입자를 적당하게 포함하고 있는 잔골재를 사용
  - AE제, AE감수제, 고성능 감수제(포졸란 등)을 사용
  - 분말도가 높은 시멘트 사용

093 목재 및 기타 식물의 섬유질소편에 합성수지접착제를 도포하여 가열압착 성형한 판상제품은?

① 합판
② 시멘트목질판
③ 집성목재
④ 파티클보드

해설

파티클 보드(Particle Board)
- 주원료(작은 나무 조각)를 접착제로 성형·열압하여 제판한 0.5g/cm³ 이상 0.9g/cm³ 이하의 판재상 제품을 말한다.
- 칩보드(Chip Board)라고도 하며, 온도에 의한 변형이 비교적 작고 흡음·단열·차단성이 양호하다.

094 강재 탄소의 함유량이 0%에서 0.8%로 증가함에 따른 제반 물성변화에 대한 설명으로 옳지 않은 것은?

① 인장강도는 증가한다.
② 항복점은 커진다.
③ 신율은 증가한다.
④ 경도는 증가한다.

해설

탄소(C)에 의한 특성
- 탄소의 함유량이 많을수록 경도와 강도가 증대되나 신도는 감소한다.
- 탄소 함유량이 0.8~1.0%일 때 인장강도가 최대이며, 이를 넘으면 감소한다.
- 경도는 탄소 함유량이 0.9%일 때 최대가 되며, 그 이상 함유시에는 일정하다.

095 에너지 절약, 유해물질 저감, 자원의 절약 등을 유도하기 위한 목적으로 건설자재의 환경성에 대한 일정 기준을 정하여 제품에 부여하는 인증제도로 옳은 것은?

① 환경표지
② NEP인증
③ GD마크
④ KS마크

해설

- NEP인증 : New Excellent Product, 즉 신제품인증
- GD마크 : 디자인분야 정부인증 마크
- KS마크 : 한국산업표준 마크

096 석재 시공시 유의하여야 할 사항으로 옳지 않은 것은?

① 외벽 특히 콘크리트 표면 첨부용 석재는 연석을 사용하여야 한다.
② 동일건축물에는 동일석재로 시공하도록 한다.
③ 석재를 구조재로 사용할 경우 직압력재로 사용하여야 한다.
④ 중량이 큰 것은 높은 곳에 사용하지 않도록 한다.

> **해설**
> 외벽 특히 콘크리트표면 첨부용 석재는 연석을 피해야 한다.

097 수직면으로 도장하였을 경우 도장 직후에 도막이 흘러 내리는 형상의 발생 원인과 가장 거리가 먼 것은?

① 얇게 도장하였을 때
② 지나친 희석으로 점도가 낮을 때
③ 저온으로 건조시간이 길 때
④ airless 도장시 팁이 크거나 2차압이 낮아 분무가 잘 안되었을 때

> **해설**
> 도장이 두껍게 되었을 때 흘러내림이 발생하기 쉽다.

098 콘크리트의 워커빌리티(workability)에 관한 설명으로 옳지 않은 것은?

① 과도하게 비빔시간이 길면 시멘트의 수화를 촉진하여 워커빌리티가 나빠진다.
② 단위수량을 너무 증가시키면 재료분리가 생기기 쉽기 때문에 워커빌리티가 좋아진다고 볼 수 없다.
③ AE제를 혼입하면 워커빌리티가 좋아진다.
④ 깬자갈이나 깬모래를 사용할 경우, 잔골재율을 작게 하고 단위수량을 감소시키면 워커빌리티가 좋아진다.

> **해설**
> 깬자갈이나 깬모래를 사용할 경우 워커빌리티가 나빠지므로 잔골재율을 크게 하고, 단위 수량을 크게하여 워커빌리티를 개선할 필요가 있다.

099 에폭시수지 접착제에 관한 설명으로 옳지 않은 것은?

① 비스페놀과 에피클로로하이드린의 반응에 의해 얻을 수 있다.
② 내수성, 내습성, 전기절연성이 우수하다.
③ 접착제의 성능을 지배하는 것은 경화제라고 할 수 있다.
④ 피막이 단단하지 못하나 유연성이 매우 우수하다.

> **해설**
> 에폭시수지
> • 에폭시수지 접착제는 급경성으로 내알칼리성 등의 내화학성이나 접착력이 크다.
> • 금속, 석재, 도자기, 글라스, 콘크리트, 플라스틱재 등의 접착에 모두 사용된다.
> • 에폭시수지 도료는 충격 및 마모에 강하고 외부 방청용으로 사용된다.

100 목재에서 흡착수만이 최대한도로 존재하고 있는 상태인 섬유포화점의 함수율은 중량비로 몇 % 정도인가?

① 15% 정도
② 20% 정도
③ 30% 정도
④ 40% 정도

목재의 함수율
- 기건재의 함수율 : 12~18%(평균 15%)
- 섬유 포화점 : 섬유 자신의 함수율이 25~30%(보통 30%)인 경우
- 목재의 재질 변동(수축, 팽창 등)은 섬유포화점 이하의 함수상태에서만 발생한다. 따라서, 섬유포화점 이상에서 함수율의 변화가 거의 없다.
- 섬유포화점 이하에서 함수율이 감소함에 따라 강도는 증가하고 탄성은 감소한다.

제 06 과목 건설안전기술

101 경암의 지반을 다음 그림과 같이 굴착하고자 한다. 굴착면의 기울기를 1:0.5로 하고자 할 경우 L의 길이로 옳은 것은?

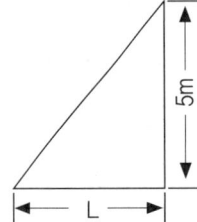

① 2m
② 2.5m
③ 5m
④ 10m

1 : 0.5 = 5 : χ
∴ χ = 5 × 0.5 = 2.5[m]

102 흙막이 지보공을 조립하는 경우 미리 조립도를 작성하여야 하는데 이 조립도에 명시되어야 할 사항과 가장 거리가 먼 것은?

① 부재의 배치　　② 부재의 치수
③ 부재의 긴압정도　④ 설치방법과 순서

산업안전보건기준에 관한 규칙 제346조(조립도) ① 사업주는 흙막이 지보공을 조립하는 경우 미리 조립도를 작성하여 그 조립도에 따라 조립하도록 해야 한다.
② 제1항의 조립도는 흙막이판·말뚝·버팀대 및 띠장 등 부재의 배치·치수·재질 및 설치방법과 순서가 명시되어야 한다.

103 미리 작업장소의 지형 및 지반상태 등에 적합한 제한속도를 정하지 않아도 되는 차량계 건설기계의 속도 기준은?

① 최대 제한 속도가 10km/h 이하
② 최대 제한 속도가 20km/h 이하
③ 최대 제한 속도가 30km/h 이하
④ 최대 제한 속도가 40km/h 이하

해설) 산업안전보건기준에 관한 규칙 제98조(제한속도의 지정 등) ① 사업주는 차량계 하역운반기계, 차량계 건설기계(최대제한속도가 시속 10킬로미터 이하인 것은 제외한다)를 사용하여 작업을 하는 경우 미리 작업장소의 지형 및 지반 상태 등에 적합한 제한속도를 정하고, 운전자로 하여금 준수하도록 하여야 한다.

104 터널공사에서 발파작업 시 안전대책으로 옳지 않은 것은?

① 발파전 도화선 연결상태, 저항치 조사 등의 목적으로 도통시험 실시 및 발파기의 작동상태에 대한 사전점검 실시
② 모든 동력선은 발원점으로부터 최소한 15m 이상 후방으로 옮길 것
③ 지질, 암의 절리 등에 따라 화약량에 대한 검토 및 시방기준과 대비하여 안전조치 실시
④ 발파용 점화회선은 타동력선 및 조명회선과 한 곳으로 통합하여 관리

해설) 발파용 점화회선은 타동력선 및 조명회선으로부터 분리하여 관리하여야 한다.

105 근로자가 상시 작업하는 장소의 작업면 조도 기준으로 틀린 것은?(단, 갱내 작업장과 감광재료를 취급하는 작업장이 아닌 경우이다.)

① 초정밀작업 : 750럭스 이상
② 정밀작업 : 300럭스 이상
③ 보통작업 : 150럭스 이상
④ 그 밖의 작업 : 120럭스 이상

해설) 산업안전기준에 관한 규칙 제8조(조도) 사업주는 근로자가 상시 작업하는 장소의 작업면 조도(照度)를 다음 각 호의 기준에 맞도록 하여야 한다. 다만, 갱내(坑內) 작업장과 감광재료(感光材料)를 취급하는 작업장은 그러하지 아니하다.
1. 초정밀작업 : 750럭스(lux) 이상
2. 정밀작업 : 300럭스 이상
3. 보통작업 : 150럭스 이상
4. 그 밖의 작업 : 75럭스 이상

106 다음 보기의 ( ) 안에 알맞은 내용은?

> 동바리용 파이프 서포트의 높이가 ( )m를 초과하는 경우에는 높이 2m 이내마다 수평연결재를 2개 방향으로 만들고 수평연결재의 변위를 방지할 것

① 3
② 3.5
③ 4
④ 4.5

해설) 동바리로 사용하는 파이프 서포트의 조립 시 준수사항(산업안전보건기준에 관한 규칙 제332조의2)
• 파이프 서포트를 3개 이상 이어서 사용하지 않도록 할 것
• 파이프 서포트를 이어서 사용하는 경우에는 4개 이상의 볼트 또는 전용철물을 사용하여 이을 것
• 높이가 3.5m를 초과하는 경우에는 높이 2m 이내마다 수평연결재를 2개 방향으로 만들고 수평연결재의 변위를 방지할 것

107 건립 중 강풍에 의한 풍압 등 외압에 대한 내력이 설계에 고려되었는지 확인하여야 하는 철골 구조물이 아닌 것은?

① 단면이 일정한 구조물
② 기둥이 타이플레이트형인 구조물
③ 이음부가 현장용접인 구조물
④ 구조물의 폭과 높이의 비가 1:4 이상인 구조물

구조안전의 위험이 큰 다음의 철골구조물은 건립중 강풍에 의한 풍압 등 외압에 대한 내력이 설계에 고려되었는지 확인한다.(철골공사 표준안전 작업지침 제3조의 7)
- 높이 20m 이상의 구조물
- 구조물의 폭과 높이의 비가 1:4 이상인 구조물
- 단면구조에 현저한 차이가 있는 구조물
- 연면적당 철골량이 50kg/m² 이하인 구조물
- 기둥이 타이플레이트(Tie plate)형인 구조물
- 이음부가 현장용접인 구조물

108 건설업 산업안전보건관리비 중 안전시설비로 사용할 수 없는 것은?

① 안전통로
② 비계에 추가 설치하는 추락방지용 안전난간
③ 사다리 전도방지장치
④ 통로의 낙하물 방호선반

안전관리비 사용 불가 항목 – 안전시설비 관련
- 외부인 출입금지, 공사장 경계표시를 위한 가설울타리
- 각종 비계, 작업발판, 가설계단·통로 사다리등
  ※ 안전발판, 안전통로, 안전계단 등과 같이 명칭에 관계없이 공사수행에 필요한 가시설들은 사용불가
  ※ 다만 비계·통로·계단에 추가 설치하는 추락방지용 안전난간, 사다리전도방지장치, 틀비계에 별도로 설치하는 안전난간·사다리 통로의 낙하물 방호선반 등은 사용가능함
- 절토부 및 성토부 등의 토사유실 방지를 위한 설비
- 작업장 간 상호 연락, 작업 상황 파악 등 통신수단으로 활용되는 통신시설·설비
- 공사 목적물의 품질 확보 또는 건설장비 자체의 운행 감시, 공사 진척상황 확인, 방법 등의 목적을 가진 CCTV 등 감시용 장비

109 터널 등의 건설작업을 하는 경우에 낙반 등에 의하여 근로자가 위험해질 우려가 있는 경우에 필요한 조치와 가장 거리가 먼 것은?

① 터널 지보공을 설치한다.
② 록볼트를 설치한다.
③ 환기, 조명시설을 설치한다.
④ 부석을 제거한다.

산업안전보건기준에 관한 규칙 제351조(낙반 등에 의한 위험의 방지) 사업주는 터널 등의 건설작업을 하는 경우에 낙반 등에 의하여 근로자가 위험해질 우려가 있는 경우에 터널 지보공 및 록볼트의 설치, 부석(浮石)의 제거 등 위험을 방지하기 위하여 필요한 조치를 하여야 한다.

110 강관을 사용하여 비계를 구성하는 경우 준수해야 할 사항으로 옳지 않은 것은?

① 비계기둥의 간격은 띠장 방향에서는 1.85m 이하, 장선(長線) 방향에서는 1.5m 이하로 할 것
② 띠장 간격은 2.0m 이하로 할 것
③ 비계기둥의 제일 윗부분으로부터 31m되는 지점 밑부분의 비계기둥은 3개의 강관으로 묶어 세울 것
④ 비계기둥 간의 적재하중은 400kg을 초과하지 않도록 할 것

산업안전보건기준에 관한 규칙 제60조(강관비계의 구조) 사업주는 강관을 사용하여 비계를 구성하는 경우 다음 각 호의 사항을 준수해야 한다.
1. 비계기둥의 간격은 띠장 방향에서는 1.85미터 이하, 장선(長線) 방향에서는 1.5미터 이하로 할 것. 다만, 다음 각 목의 어느 하나에 해당하는 작업의 경우에는 안전성에 대한 구조검토를 실시하고 조립도를 작성하면 띠장 방향 및 장선 방향으로 각각 2.7미터 이하로 할 수 있다.
   가. 선박 및 보트 건조작업
   나. 그 밖에 장비 반입·반출을 위하여 공간 등을 확보할 필요가 있는 등 작업의 성질상 비계기둥 간격에 관한 기준을 준수하기 곤란한 작업
2. 띠장 간격은 2.0미터 이하로 할 것. 다만, 작업의 성질상 이를 준수하기가 곤란하여 쌍기둥틀 등에 의하여 해당 부분을 보강한 경우에는 그러하지 아니하다.
3. 비계기둥의 제일 윗부분으로부터 31미터되는 지점 밑부분의 비계기둥은 2개의 강관으로 묶어 세울 것. 다만, 브래킷(bracket, 까치발) 등으로 보강하여 2개의 강관으로 묶을 경우 이상의 강도가 유지되는 경우에는 그러하지 아니하다.
4. 비계기둥 간의 적재하중은 400킬로그램을 초과하지 않도록 할 것

111 이동식비계 조립 및 사용 시 준수사항으로 옳지 않은 것은?

① 비계의 최상부에서 작업을 하는 경우에는 안전난간을 설치할 것
② 승강용사다리는 견고하게 설치할 것
③ 작업발판은 항상 수평을 유지하고 작업발판 위에서 작업을 위한 거리가 부족할 경우에는 받침대 또는 사다리를 사용할 것
④ 작업발판의 최대적재하중은 250kg을 초과하지 않도록 할 것

산업안전보건기준에 관한 규칙 제68조(이동식비계) 사업주는 이동식비계를 조립하여 작업을 하는 경우에는 다음 각 호의 사항을 준수하여야 한다.
1. 이동식비계의 바퀴에는 뜻밖의 갑작스러운 이동 또는 전도를 방지하기 위하여 브레이크·쐐기 등으로 바퀴를 고정시킨 다음 비계의 일부를 견고한 시설물에 고정하거나 아웃트리거를 설치하는 등 필요한 조치를 할 것
2. 승강용사다리는 견고하게 설치할 것
3. 비계의 최상부에서 작업을 하는 경우에는 안전난간을 설치할 것
4. 작업발판은 항상 수평을 유지하고 작업발판 위에서 안전난간을 딛고 작업을 하거나 받침대 또는 사다리를 사용하여 작업하지 않도록 할 것
5. 작업발판의 최대적재하중은 250킬로그램을 초과하지 않도록 할 것

112 유해·위험 방지를 위한 방호조치를 하지 아니하고는 양도, 대여, 설치 또는 사용에 제공하거나, 양도·대여를 목적으로 진열해서는 아니 되는 기계·기구에 해당하지 않는 것은?

① 지게차　　　　　　　② 공기압축기
③ 원심기　　　　　　　④ 덤프트럭

해설
지게차, 원심기, 금속절단기, 공기압축기, 예초기 등 근로자의 안전에 중대한 영향을 미치는 대상물에 대하여 유해·위험방지를 위한 방호조치를 하지 아니하고는 양도, 대여, 설치, 사용, 진열하여서는 아니된다.

113 화물운반하역 작업 중 걸이작업에 관한 설명으로 옳지 않은 것은?

① 와이어로프 등은 크레인의 후크 중심에 걸어야 한다.
② 인양 물체의 안정을 위하여 2줄 걸이 이상을 사용하여야 한다.
③ 매다는 각도는 60° 이상으로 하여야 한다.
④ 근로자를 매달린 물체 위에 탑승시키지 않아야 한다.

매다는 각도는 60° 이내로 한다.

114 동바리 조립 시의 안전조치 사항으로 옳지 않은 것은?

① 받침목이나 깔판의 사용, 콘크리트 타설, 말뚝박기 등 동바리의 침하를 방지하기 위한 조치를 할 것
② 개구부 상부에 동바리를 설치하는 경우에는 상부하중을 견딜 수 있는 견고한 받침대를 설치할 것
③ 거푸집의 형상에 따른 부득이한 경우를 제외하고는 깔판이나 받침목은 2단 이상 끼우지 않도록 할 것
④ 동바리의 이음은 다른 품질의 재료를 사용할 것

산업안전보건기준에 관한 규칙 제332조(동바리 조립 시의 안전조치) 사업주는 동바리를 조립하는 경우에는 하중의 지지상태를 유지할 수 있도록 다음 각 호의 사항을 준수해야 한다.
1. 받침목이나 깔판의 사용, 콘크리트 타설, 말뚝박기 등 동바리의 침하를 방지하기 위한 조치를 할 것
2. 동바리의 상하 고정 및 미끄러짐 방지 조치를 할 것
3. 상부·하부의 동바리가 동일 수직선상에 위치하도록 하여 깔판·받침목에 고정시킬 것
4. 개구부 상부에 동바리를 설치하는 경우에는 상부하중을 견딜 수 있는 견고한 받침대를 설치할 것
5. U헤드 등의 단판이 없는 동바리의 상단에 멍에 등을 올릴 경우에는 해당 상단에 U헤드 등의 단판을 설치하고, 멍에 등이 전도되거나 이탈되지 않도록 고정시킬 것
6. 동바리의 이음은 같은 품질의 재료를 사용할 것
7. 강재의 접속부 및 교차부는 볼트·클램프 등 전용철물을 사용하여 단단히 연결할 것
8. 거푸집의 형상에 따른 부득이한 경우를 제외하고는 깔판이나 받침목은 2단 이상 끼우지 않도록 할 것
9. 깔판이나 받침목을 이어서 사용하는 경우에는 그 깔판·받침목을 단단히 연결할 것

115 사업의 종류가 건설업이고, 공사금액이 850억원 일 경우 산업안전보건법령에 따른 안전관리자를 최소 몇 명 이상 두어야 하는가?

① 1명 이상
② 2명 이상
③ 3명 이상
④ 4명 이상

건설업 안전관리자 선임기준(산업안전보건법 시행령 별표 3)

공사금액	선임기준	비고
50억원 이상(관계수급인은 100억원 이상) 120억원 미만(종합공사 시공 토목공사업의 경우에는 150억원 미만)	1명 이상	-
120억원 이상(종합공사 시공 토목공사업의 경우에는 150억원 이상) 800억원 미만		
800억원 이상 1,500억원 미만	2명 이상	다만, 전체 공사기간을 100으로 할 때 공사 시작에서 15에 해당하는 기간과 공사 종료 전의 15에 해당하는 기간은 좌측의 선임 대상 안전관리자 수의 2분의 1(소수점 이하는 올림) 이상
1,500억원 이상 2,200억원 미만	3명 이상	
2,200억원 이상 3천억원 미만	4명 이상	
3천억원 이상 3,900억원 미만	5명 이상	
3,900억원 이상 4,900억원 미만	6명 이상	
4,900억원 이상 6천억원 미만	7명 이상	
6천억원 이상 7,200억원 미만	8명 이상	
7,200억원 이상 8,500억원 미만	9명 이상	
8,500억원 이상 1조원 미만	10명 이상	
1조원 이상	11명 이상 [매2천억원(2조원이상부터는 매3천억원)마다 1명씩 추가]	

116 선박에서 하역작업 시 근로자들이 안전하게 오르내릴 수 있는 현문 사다리 및 안전망을 설치하여야 하는 것은 선박이 최소 몇 톤급 이상일 경우인가?

① 500톤급　　② 300톤급
③ 200톤급　　④ 100톤급

산업안전보건기준에 관한 규칙 제397조(선박승강설비의 설치) ① 사업주는 300톤급 이상의 선박에서 하역작업을 하는 경우에 근로자들이 안전하게 오르내릴 수 있는 현문(舷門) 사다리를 설치하여야 하며, 이 사다리 밑에 안전망을 설치하여야 한다.
② 제1항에 따른 현문 사다리는 견고한 재료로 제작된 것으로 너비는 55센티미터 이상이어야 하고, 양측에 82센티미터 이상의 높이로 울타리를 설치하여야 하며, 바닥은 미끄러지지 않도록 적합한 재질로 처리되어야 한다.
③ 제1항의 현문 사다리는 근로자의 통행에만 사용하여야 하며, 화물용 발판 또는 화물용 보판으로 사용하도록 해서는 아니 된다.

117 타워크레인을 와이어로프로 지지하는 경우에 준수해야 할 사항으로 옳지 않은 것은?

① 와이어로프를 고정하기 위한 전용 지지프레임을 사용할 것
② 와이어로프 설치각도는 수평면에서 60° 이상으로 하되, 지지점은 4개소 미만으로 할 것
③ 와이어로프와 그 고정부위는 충분한 강도와 장력을 갖도록 설치할 것
④ 와이어로프가 가공전선에 근접하지 않도록 할 것

산업안전보건기준에 관한 규칙 제142조(타워크레인의 지지) ① 사업주는 타워크레인을 자립고(自立高) 이상의 높이로 설치하는 경우 건축물 등의 벽체에 지지하도록 하여야 한다. 다만, 지지할 벽체가 없는 등 부득이한 경우에는 와이어로프에 의하여 지지할 수 있다.
② 사업주는 타워크레인을 벽체에 지지하는 경우 다음 각 호의 사항을 준수하여야 한다.
1. 「산업안전보건법 시행규칙」제110조제1항제2호에 따른 서면심사에 관한 서류(「건설기계관리법」제18조에 따른 형식승인서류를 포함한다) 또는 제조사의 설치작업설명서 등에 따라 설치할 것
2. 제1호의 서면심사 서류 등이 없거나 명확하지 아니한 경우에는 「국가기술자격법」에 따른 건축구조·건설기계·기계안전·건설안전기술사 또는 건설안전분야 산업안전지도사의 확인을 받아 설치하거나 기종별·모델별 공인된 표준방법으로 설치할 것
3. 콘크리트구조물에 고정시키는 경우에는 매립이나 관통 또는 이와 같은 수준 이상의 방법으로 충분히 지지되도록 할 것
4. 건축 중인 시설물에 지지하는 경우에는 그 시설물의 구조적 안정성에 영향이 없도록 할 것
③ 사업주는 타워크레인을 와이어로프로 지지하는 경우 다음 각 호의 사항을 준수해야 한다.
1. 제2항제1호 또는 제2호의 조치를 취할 것
2. 와이어로프를 고정하기 위한 전용 지지프레임을 사용할 것
3. 와이어로프 설치각도는 수평면에서 60도 이내로 하되, 지지점은 4개소 이상으로 하고, 같은 각도로 설치할 것
4. 와이어로프와 그 고정부위는 충분한 강도와 장력을 갖도록 설치하고, 와이어로프를 클립·샤클(shackle, 연결고리) 등의 고정기구를 사용하여 견고하게 고정시켜 풀리지 아니하도록 하며, 사용 중에는 충분한 강도와 장력을 유지하도록 할 것
5. 와이어로프가 가공전선(架空電線)에 근접하지 않도록 할 것

118 터널붕괴를 방지하기 위한 지보공에 대한 점검사항과 가장 거리가 먼 것은?

① 부재의 긴압 정도
② 부재의 손상·변형·부식·변위 탈락의 유무 및 상태
③ 기둥침하의 유무 및 상태
④ 경보장치의 작동상태

산업안전보건기준에 관한 규칙 제366조(붕괴 등의 방지) 사업주는 터널 지보공을 설치한 경우에 다음 각 호의 사항을 수시로 점검하여야 하며, 이상을 발견한 경우에는 즉시 보강하거나 보수하여야 한다.
1. 부재의 손상·변형·부식·변위 탈락의 유무 및 상태
2. 부재의 긴압 정도
3. 부재의 접속부 및 교차부의 상태
4. 기둥침하의 유무 및 상태

119 작업중이던 미장공이 상부에서 떨어지는 공구에 의해 상해를 입었다면 어느 부분에 대한 결함이 있었겠는가?

① 작업대 설치 ② 작업방법
③ 낙하물 방지시설 설치 ④ 비계설치

산업안전보건기준에 관한 규칙 제14조(낙하물에 의한 위험의 방지) ① 사업주는 작업장의 바닥, 도로 및 통로 등에서 낙하물이 근로자에게 위험을 미칠 우려가 있는 경우 보호망을 설치하는 등 필요한 조치를 하여야 한다.
② 사업주는 작업으로 인하여 물체가 떨어지거나 날아올 위험이 있는 경우 낙하물 방지망, 수직보호망 또는 방호선반의 설치, 출입금지구역의 설정, 보호구의 착용 등 위험을 방지하기 위하여 필요한 조치를 하여야 한다. 이 경우 낙하물 방지망 및 수직보호망은 「산업표준화법」제12조에 따른 한국산업표준(이하 "한국산업표준"이라 한다)에서 정하는 성능기준에 적합한 것을 사용하여야 한다.

③ 제2항에 따라 낙하물 방지망 또는 방호선반을 설치하는 경우에는 다음 각 호의 사항을 준수하여야 한다.
1. 높이 10미터 이내마다 설치하고, 내민 길이는 벽면으로부터 2미터 이상으로 할 것
2. 수평면과의 각도는 20도 이상 30도 이하를 유지할 것

120 이동식 크레인을 사용하여 작업을 할 때 작업시작 전 점검사항이 아닌 것은?

① 주행로의 상측 및 트롤리(trolley)가 횡행하는 레일의 상태
② 권과방지장치 그 밖의 경보장치의 기능
③ 브레이크 · 클러치 및 조정장치의 기능
④ 와이어로프가 통하고 있는 곳 및 작업장소의 지반상태

이동식 크레인 사용 작업시작 전 점검사항(산업안전보건기준에 관한 규칙 별표 3)
- 권과방지장치나 그 밖의 경보장치의 기능
- 브레이크 · 클러치 및 조정장치의 기능
- 와이어로프가 통하고 있는 곳 및 작업장소의 지반상태

정답 | 2018년 03월 04일 _ 최근 기출문제

001 ①	002 ①	003 ④	004 ④	005 ④	006 ①	007 ③	008 ①	009 ②	010 ②
011 ②	012 ④	013 ④	014 ③	015 ③	016 ②	017 ③	018 ④	019 ①	020 ④
021 ④	022 ①	023 ①	024 ③	025 ①	026 ③	027 ②	028 ②	029 ②	030 ④
031 ②	032 ③	033 ④	034 ②	035 ①	036 ①	037 ④	038 ④	039 ③	040 ③
041 ②	042 ①	043 ④	044 ④	045 ②	046 ③	047 ②	048 ④	049 ①	050 ①
051 ③	052 ①	053 ④	054 ③	055 ③	056 ③	057 ①	058 ④	059 ②	060 ②
061 ①	062 ④	063 ①	064 ④	065 ①	066 ④	067 ③	068 ①	069 ③	070 ③
071 ②	072 ②	073 ③	074 ④	075 ④	076 ②	077 ①	078 ②	079 ③	080 ④
081 ②	082 ④	083 ③	084 ③	085 ②	086 ①	087 ①	088 ②	089 ④	090 ②
091 ②	092 ④	093 ④	094 ③	095 ①	096 ①	097 ①	098 ④	099 ④	100 ①
101 ②	102 ③	103 ①	104 ④	105 ④	106 ②	107 ①	108 ①	109 ③	110 ③
111 ③	112 ④	113 ③	114 ④	115 ②	116 ②	117 ②	118 ④	119 ③	120 ①

2018년 04월 28일 최근 기출문제

제 01 과목 산업안전관리론

001 산업안전보건법령상 안전보건에 관한 노사협의체 구성의 근로자위원으로 구성기준 중 틀린 것은?

① 근로자대표가 지명하는 안전관리자 1명
② 근로자대표가 지명하는 명예산업안전감독관 1명
③ 도급 또는 하도급 사업을 포함한 전체 사업의 근로자대표
④ 공사금액이 20억원 이상인 공사의 관계수급인의 각 근로자대표

노사협의체의 구성(산업안전보건법 시행령 제64조)
• 근로자위원의 구성
 – 도급 또는 하도급 사업을 포함한 전체 사업의 근로자대표
 – 근로자대표가 지명하는 명예산업안전감독관 1명. 다만, 명예산업안전감독관이 위촉되어 있지 않은 경우에는 근로자대표가 지명하는 해당 사업장 근로자 1명
 – 공사금액이 20억원 이상인 공사의 관계수급인의 각 근로자대표
• 사용자위원의 구성
 – 도급 또는 하도급 사업을 포함한 전체 사업의 대표자
 – 안전관리자 1명
 – 보건관리자 1명(보건관리자 선임대상 건설업으로 한정)
 – 공사금액이 20억원 이상인 공사의 관계수급인의 각 대표자

002 산업안전보건법령상 산업안전보건관리비 사용명세서의 공사종료 후 보존기간은?

① 6개월간 ② 1년간
③ 2년간 ④ 3년간

산업안전보건법 시행규칙 제89조(산업안전보건관리비의 사용) ① 건설공사도급인은 법 제72조제1항에 따라 도급금액 또는 사업비에 계상(計上)된 산업안전보건관리비의 범위에서 그의 관계수급인에게 해당 사업의 위험도를 고려하여 적정하게 산업안전보건관리비를 지급하여 사용하게 할 수 있다.
② 법 제72조제3항에 따라 건설공사도급인은 고용노동부장관이 정하는 바에 따라 해당 건설공사를 위하여 계상된 산업안전보건관리비를 그가 사용하는 근로자와 그의 관계수급인이 사용하는 근로자의 산업재해 및 건강장해 예방에 사용하고, 그 사용명세서를 매월(공사가 1개월 이내에 종료되는 사업의 경우에는 해당 공사 종료 시를 말한다) 작성하고 건설공사 종료 후 1년간 보존해야 한다.

003 산업안전보건법령상 안전보건총괄책임자의 직무가 아닌 것은?

① 위험성평가의 실시에 관한 사항
② 수급인의 산업안전보건관리비의 집행 감독
③ 자율안전확인대상기계등의 사용 여부 확인
④ 해당 사업장 안전교육계획의 수립

안전보건총괄책임자의 직무(산업안전보건법 시행령 제53조)
- 위험성평가의 실시에 관한 사항
- 산업재해가 발생할 급박한 위험이 있는 때와 중대재해 발생 시 작업의 중지
- 도급 시 산업재해 예방조치
- 산업안전보건관리비의 관계수급인 간의 사용에 관한 협의·조정 및 그 집행의 감독
- 안전인증대상기계등과 자율안전확인대상기계등의 사용 여부 확인

004 재해예방의 4원칙이 아닌 것은?

① 손실우연의 법칙 ② 예방교육의 원칙
③ 원인계기의 원칙 ④ 예방가능의 원칙

재해방지의 기본원칙
- 손실우연의 원칙 : 사고에 의해서 생기는 손실(상해)의 종류와 정도는 우연적이다.(1 : 29 : 300의 법칙)
- 원인계기의 원칙 : 모든 재해는 필연적인 원인에 의해서 발생한다.
- 예방가능의 원칙 : 재해는 원칙적으로 모두 방지가 가능하다.
- 대책선정의 원칙 : 재해방지 대책은 신속하고 확실하게 실시되어야 한다.

005 강도율의 근로손실일수 산정기준에 대한 설명으로 옳은 것은?

① 사망, 영구 전노동 불능의 근로손실일수는 7500일이다.
② 사망, 영구 전노동 불능상태 신체장해등급은 1~2등급이다.
③ 영구 일부 노동불능 신체장해등급은 3~14등급이다.
④ 일시 전노동 불능은 휴업일수에 $\dfrac{280}{365}$ 을 곱한다.

근로손실일수의 산정기준(국제기준)
- 사망 및 영구전노동불능(신체장해등급 1~3급) : 7500일
- 영구 일부 노동불능(신체장해등급 4~14급)

신체장해등급	4	5	6	7	8	9	10	11	12	13	14
근로손실일수	5500	4000	3000	2200	1500	1000	600	400	200	100	50

- 일시전노동불능 = 휴업일수 × (300/365)

006 버드(Bird)의 신연쇄성 이론의 재해발생과정 중 직접원인의 징후로 불안전한 행동과 불안전한 상태는 몇 단계인가?

① 1단계　　② 2단계
③ 3단계　　④ 4단계

해설

버드(Bird)의 최신사고 연쇄성 이론
- 1단계 : 통제의 부족 – 관리(경영)
- 2단계 : 기본원인 – 기원(원인론)
- 3단계 : 직접원인 – 징후
- 4단계 : 사고 – 접촉
- 5단계 : 상해 – 손해 – 손실

007 산업안전보건법령상 안전검사 대상 기계등이 아닌 것은?

① 리프트　　② 전단기
③ 압력용기　　④ 밀폐형 구조 롤러기

해설

산업안전보건법 시행령 제78조(안전검사대상기계등) ① 법 제93조제1항 전단에서 "대통령령으로 정하는 것"이란 다음 각 호의 어느 하나에 해당하는 것을 말한다.
1. 프레스
2. 전단기
3. 크레인(정격 하중이 2톤 미만인 것은 제외한다)
4. 리프트
5. 압력용기
6. 곤돌라
7. 국소 배기장치(이동식은 제외한다)
8. 원심기(산업용만 해당한다)
9. 롤러기(밀폐형 구조는 제외한다)
10. 사출성형기[형 체결력(型 締結力) 294킬로뉴턴(KN) 미만은 제외한다]
11. 고소작업대(「자동차관리법」 제3조제3호 또는 제4호에 따른 화물자동차 또는 특수자동차에 탑재한 고소작업대로 한정한다)
12. 컨베이어
13. 산업용 로봇
14. 혼합기(※2026년 6월 26일부터 적용)
15. 파쇄기 또는 분쇄기(※2026년 6월 26일부터 적용)

008 건설기술 진흥법령상 건설사고조사위원회는 위원장 1명을 포함한 몇 명 이내의 위원으로 구성하는가?

① 12명　　② 11명
③ 10명　　④ 9명

해설

건설기술 진흥법 시행령 제106조(건설사고조사위원회의 구성·운영 등) ① 건설사고조사위원회는 위원장 1명을 포함한 12명 이내의 위원으로 구성한다.
② 건설사고조사위원회의 위원은 다음 각 호의 어느 하나에 해당하는 사람 중에서 해당 건설사고조사위원회를 구성·운영하는 국토교통부장관, 발주청 또는 인·허가기관의 장이 임명하거나 위촉한다.
1. 건설공사 업무와 관련된 공무원
2. 건설공사 업무와 관련된 단체 및 연구기관 등의 임직원
3. 건설공사 업무에 관한 학식과 경험이 풍부한 사람

009 맥그리거의 X, Y이론 중 X이론의 관리처방에 해당되는 것은?

① 자체평가제도의 활성화
② 분권화와 권한의 위임
③ 권위주의적 리더십의 확립
④ 조직구조의 평면화

X 이론과 Y 이론 비교

X 이론	Y 이론
인간불신감	상호신뢰감
성악설	성선설
인간은 본래 게으르고 태만하여 남의 지배 받기를 즐긴다.	인간은 부지런하고 근면하며 적극적이며 자주적이다.
물질 욕구(저차적 욕구)	정신 욕구(고차적 욕구)
명령통제에 의한 관리	목표통합과 자기통제에 의한 자율관리
저개발국형	선진국형

010 산업안전보건법령상 재해발생 원인 중 설비적 요인이 아닌 것은?

① 기계 · 설비의 설계상 결함
② 방호장치의 불량
③ 작업표준화의 부족
④ 작업환경 조건의 불량

재해발생 원인 분류
- 인적 요인 : 무의식 행동, 착오, 피로, 연령, 커뮤니케이션 등
- 설비적 요인 : 기계 · 설비의 설계상 결함, 방호장치의 불량, 작업표준화의 부족, 점검 · 정비의 부족 등
- 작업 · 환경적 요인 : 작업정보의 부적절, 작업자세 · 동작의 결함, 작업방법의 부적절, 작업환경 조건의 불량 등
- 관리적 요인 : 관리조직의 결함, 규정 · 매뉴얼의 불비 · 불철저, 안전교육의 부족, 지도감독의 부족 등

011 산소가 결핍되어 있는 장소에서 사용하는 마스크는?

① 방진 마스크
② 송기 마스크
③ 방독 마스크
④ 특급 방진 마스크

호흡용 보호구

구분	적용작업 및 작업장
방진마스크	분체작업, 연마작업, 광택작업, 배합작업
방독마스크	유기용제, 유기가스, 미스트, 흄발생작업
송기마스크, 산소호흡기, 공기호흡기	저장조, 하수구 등 청소 및 산소결핍 위험작업장

012 산업안전보건법령상 안전보건진단을 받아 안전보건개선계획을 수립·시행하도록 명할 수 있는 사업장이 아닌 것은?

① 근로자가 안전수칙을 준수하지 않아 중대재해가 발생한 사업장
② 산업재해율이 같은 업종의 규모별 평균 산업재해율보다 높은 사업장
③ 사업주가 필요한 안전조치 또는 보건조치를 이행하지 아니하여 중대재해가 발생한 사업장
④ 유해인자의 노출기준을 초과한 사업장

안전보건개선계획의 수립·시행을 명할 수 있는 사업장(산업안전보건법 제49조)
- 산업재해율이 같은 업종의 규모별 평균 산업재해율보다 높은 사업장
- 사업주가 필요한 안전조치 또는 보건조치를 이행하지 아니하여 중대재해가 발생한 사업장
- 연간 2명 이상의 직업성 질병자가 발생한 사업장
- 유해인자의 노출기준을 초과한 사업장

013 안전보건관리조직에 있어 100명 미만의 조직에 적합하며, 안전에 관한 지시나 조치가 철저하고 빠르게 전달되나 전문적인 지식과 기술이 부족한 조직의 형태는?

① 라인·스탭형
② 스탭형
③ 라인형
④ 관리형

라인(Line)형(직계식 조직)
- 특징
  - 안전관리에 관한 계획에서 실시에 이르기까지 모든 권한이 포괄적이고 직선적으로 행사되며, 안전을 전문으로 분담하는 부분이 없다.
  - 생산조직 전체에 안전관리 기능을 부여한다.
  - 소규모 사업장(100명 이하)에 적합하다.
- 장점
  - 안전지시나 개선조치가 각 부분의 직제를 통하여 생산업무와 같이 흘러가므로 지시나 조치가 철저할 뿐만 아니라 그 실시도 빠르다.
  - 명령과 보고가 상하관계뿐이므로 간단명료하다.
- 단점
  - 안전에 대한 정보가 불충분하며 내용이 빈약하다.
  - 생산업무와 같이 안전대책이 실시되므로 불충분하다.
  - 라인에 과중한 책임을 지우기 쉽다.

014 재해발생의 간접원인 중 교육적 원인이 아닌 것은?

① 안전수칙의 오해
② 경험훈련의 미숙
③ 안전지식의 부족
④ 작업지시 부적당

재해의 간접원인
- 기술적 원인 : 건물·기계장치 설계 불량, 구조·재료의 부적합, 생산 공정의 부적당, 점검·정비보존 불량
- 교육적 원인 : 안전의식의 부족, 안전수칙의 오해, 경험훈련의 미숙, 작업방법의 교육 불충분, 유해위험 작업의 교육 불충분
- 관리적 원인(작업관리상 원인) : 안전관리 조직 결함, 안전수칙 미제정, 작업준비 불충분, 인원배치 부적당, 작업지시 부적당

015 산업안전보건법령상 안전인증대상 방호장치에 해당하는 것은?

① 교류 아크용접기용 자동전격방지기
② 동력식 수동대패용 칼날 접촉 방지장치
③ 절연용 방호구 및 활선작업용 기구
④ 아세틸렌 용접장치용 또는 가스집합 용접장치용 안전기

안전인증대상 방호장치(산업안전보건법 시행령 제74조)
- 프레스 및 전단기 방호장치
- 양중기용(揚重機用) 과부하방지장치
- 보일러 압력방출용 안전밸브
- 압력용기 압력방출용 안전밸브
- 압력용기 압력방출용 파열판
- 절연용 방호구 및 활선작업용(活線作業用) 기구
- 방폭구조(防爆構造) 전기기계·기구 및 부품
- 추락·낙하 및 붕괴 등의 위험 방지 및 보호에 필요한 가설기자재로서 고용노동부장관이 정하여 고시하는 것
- 충돌·협착 등의 위험 방지에 필요한 산업용 로봇 방호장치로서 고용노동부장관이 정하여 고시하는 것

016 산업안전보건기준에 관한 기준에 따른 크레인, 이동식 크레인, 리프트(간이리프트 포함)를 사용하여 작업을 할 때 작업시작 전에 공통적으로 점검해야 하는 사항은?

① 바퀴의 이상 유무
② 전선 및 접속부 상태
③ 브레이크 및 클러치의 기능
④ 작업면의 기울기 또는 요철 유무

산업안전보건기준에 관한 규칙 [별표 3] 작업시작 전 점검사항

작업의 종류	점검내용
크레인을 사용하여 작업을 하는 때	• 권과방지장치·브레이크·클러치 및 운전장치의 기능 • 주행로의 상측 및 트롤리(trolley)가 횡행하는 레일의 상태 • 와이어로프가 통하고 있는 곳의 상태
이동식 크레인을 사용하여 작업을 할 때	• 권과방지장치나 그 밖의 경보장치의 기능 • 브레이크·클러치 및 조정장치의 기능 • 와이어로프가 통하고 있는 곳 및 작업장소의 지반상태
리프트(자동차정비용 리프트를 포함한다)를 사용하여 작업을 할 때	• 방호장치·브레이크 및 클러치의 기능 • 와이어로프가 통하고 있는 곳의 상태

017 안전보건표지의 종류 중 응급구호 표지의 분류로 옳은 것은?

① 경고표지
② 지시표지
③ 금지표지
④ 안내표지

안내표지의 종류

401 녹십자 표시	402 응급구호 표지	403 들 것	404 세안장치	405 비상용 기구	406 비상구	407 좌측 비상구	408 우측 비상구

018 재해손실비의 산정방식 중 버드(Frank Bird) 방식의 구성비율로 옳은 것은?(단, 구성은 보험비 : 비보험 재산비용 : 기타 재산비용이다.)

① 1 : 5 ~ 50 : 1 ~ 3
② 1 : 1 ~ 3 : 7 ~ 15
③ 1 : 1 ~ 10 : 1 ~ 5
④ 1 : 2 ~ 10 : 5 ~ 50

버드의 산정방식
- 직접비 1 : 간접비 5, 직접비 1 : 비호험재산손실비용 5~50 : 비보험기타손실비용 1~3
- 직접비(보험료) : 의료비, 보상금 등
- 간접비(비보험 손실비용) : 건물손실비, 가구 및 장비손실, 제품 및 재료손실, 조업중단, 지연손실

019 위험예지훈련에 대한 설명으로 틀린 것은?

① 직장이나 작업의 상황 속 잠재 위험요인을 도출한다.
② 직장 내에서 최대 인원의 단위로 토의하고 생각하며 이해한다.
③ 행동하기에 앞서 해결하는 것을 습관화하는 훈련이다.
④ 위험의 포인트나 중점실시 사항을 지적 확인한다.

위험예지훈련은 직장이나 작업의 상황 속에 잠재하는 위험요인을 직장 소집단 단위로 토의하고 생각하며, 위험예지 능력을 키워 행동하기에 앞서 문제 해결을 습관화하는 훈련을 말한다.

020 재해조사시 유의사항으로 틀린 것은?

① 조사는 현장이 변경되기 전에 실시한다.
② 목격자 증언 이외의 추측의 말은 참고로만 한다.
③ 사람과 설비 양면의 재해요인을 모두 도출한다.
④ 조사는 혼란을 방지하기 위하여 단독으로 실시한다.

재해조사시 유의사항
- 재해장소에 들어갈 때에는 예방과 유해성에 대응하여 해당하는 보호구를 반드시 착용한다.

- 재해발생 후 현장보존에 유의하면서 물적 증거를 수집한다.
- 사실을 수집한다.
- 조사는 신속히 행하고 필요시 긴급조치를 통해 2차 재해의 방지를 도모한다.
- 목격자가 증언하는 객관적 사실 외에는 참고만 한다.
- 공정하게 조사하며 필히 2인 이상이 한다.

제 02 과목 산업심리 및 교육

021 안전태도교육의 기본과정으로 볼 수 없는 것은?

① 강요한다.　　　　　　② 모범을 보인다.
③ 평가를 한다.　　　　　④ 이해·납득시킨다.

태도교육을 통한 안전태도 형성요령
- 청취한다.
- 모범을 보인다.
- 칭찬한다.
- 이해한다.
- 권장(평가)한다.
- 벌을 준다.

022 안전교육 중 지식교육의 교육내용이 아닌 것은?

① 안전규정 숙지를 위한 교육
② 안전장치(방호장치) 관리기능에 관한 교육
③ 기능·태도교육에 필요한 기초지식 주입을 위한 교육
④ 안전의식의 향상 및 안전에 대한 책임감 주입을 위한 교육

안전보건교육의 3단계
- 제1단계 지식교육 : 안전의식의 향상, 안전규정의 숙지, 기능 및 태도교육에 필요한 지식 전달 등
- 제2단계 기능교육 : 안전 기술기능, 전문적 기술기능, 방호장치 관리기능 등
- 제3단계 태도교육 : 작업동작 및 표준작업방법의 습관화, 공구 및 보호구 관리 태도, 작업전·후 점검 및 검사요령 습관화 등

023 강의식 교육에 있어 일반적으로 가장 많은 시간이 소요되는 단계는?

① 도입　　　　　　　　② 제시
③ 적용　　　　　　　　④ 확인

단계별 교육시간

교육법의 4단계	강의식(일반적인 교육)	토의식
1단계-도입	5분	5분
2단계-제시	40분	10분

교육법의 4단계	강의식(일반적인 교육)	토의식
3단계–적용	10분	40분
4단계–확인	5분	5분

※ 단계별 교육의 시간 배분은 단위 시간을 1시간(60분)으로 했을 때

024 안전교육의 목적과 가장 거리가 먼 것은?

① 환경의 안전화
② 경험의 안전화
③ 인간정신의 안전화
④ 설비와 물자의 안전화

안전교육의 목적
- 생산성이나 품질의 향상에 기여한다.
- 재해의 발생으로 인한 직·간접적 경제적 손실을 방지한다.
- 작업자를 산업재해로부터 미연에 보호한다.
- 안전확보를 위한 지식·기능 및 태도의 향상을 기여할 뿐만 아니라 생산을 위한 작업방법의 개선·향상을 지향한다.
- 작업자에게 작업의 안전에 대한 안심감을 부여하고 기업에 대한 신뢰감을 높인다.

025 스트레스에 대한 설명으로 틀린 것은?

① 사람이 스트레스를 받게 되면 감각기관과 신경이 예민해진다.
② 스트레스 수준이 증가할수록 수행성과는 일정하게 감소한다.
③ 스트레스는 환경의 요구가 지나쳐 개인의 능력한계를 벗어날 때 발생한다.
④ 스트레스 요인에는 소음, 진동, 열 등과 같은 환경영향 뿐만 아니라 개인적인 심리적 요인들도 포함된다.

스트레스
- 스트레스의 직무요인 : 역할갈등, 역할과중, 역할모호성
- 직무스트레스와 작업 효율성간의 역U자형 가설 : 작업환경 복잡성이 증가함에 따라서 직무 스트레스가 커지며, 적정 수준까지는 작업 효율성도 함께 증가하다가 그 이후부터는 작업 효율성이 감소한다.

026 인간의 주의력은 다양한 특성을 지니고 있는 것으로 알려져 있다. 주의력의 특성과 그에 대한 설명으로 맞는 것은?

① 지속성 : 인간의 주의력은 2시간 이상 지속된다.
② 변동성 : 인간의 주의 집중은 내향과 외향의 변동이 반복된다.
③ 방향성 : 인간의 주의력을 집중하는 방향은 상하 좌우에 따라 영향을 받는다.
④ 선택성 : 인간의 주의력은 한계가 있어 여러 작업에 대해 선택적으로 배분된다.

해설

주의의 특성
- 선택성 : 여러 종류의 자극을 자각할 때 소수의 특정한 것에 한하여 선택하는 기능으로 주의는 동시에 두 개 이상의 자극에 집중할 수 없다.
- 변동성 : 주의집중시 주기적으로 부주의의 리듬이 존재함을 말하며, 장시간 고도의 주의집중이 불가능함을 말한다.
- 방향성 : 공간적으로 보면 시선의 주시점만 인지하는 기능으로 한 지점에 주의를 집중하면 다른 곳의 주의는 약해진다.

027 교육 및 훈련 방법 중 다음의 특징이 갖는 방법은?

- 다른 방법에 비해 경제적이다.
- 교육 대상 집단 내 수준차로 인해 교육의 효과가 감소할 가능성이 있다.
- 상대적으로 피드백이 부족하다.

① 강의법 ② 사례연구법
③ 세미나법 ④ 감수성 훈련

해설

강의법은 많은 인원의 수강자(최적인원 40~50명)를 대상으로 단기간의 교육시간에 비교적 많은 내용의 교육내용을 전수하기 위한 방법으로 피교육자의 참여가 제한되며, 다른 방법에 비해 경제적이지만 교육 대상 집단 내 수준차로 인해 교육의 효과가 감소할 가능성이 있다.

028 생체리듬(Biorhythm)에 대한 설명으로 맞는 것은?

① 각각의 리듬이 (-)에서의 최저점에 이르렀을 때를 위험일이라 한다.
② 감성적 리듬은 영문으로 S라 표시하며, 23일을 주기로 반복된다.
③ 육체적 리듬은 영문으로 P라 표시하며, 28일을 주기로 반복된다.
④ 지성적 리듬은 영문으로 I라 표시하며, 33일을 주기로 반복된다.

해설

바이오리듬의 종류
- 육체적 리듬(Physical Cycle) : 주기 23일(식욕, 소화력, 활동력, 지구력), 청색표시
- 지성적 리듬(Intellectual Cycle) : 주기 33일(상상력, 사고력, 기억력인지, 판단), 녹색표시
- 감성적 리듬(Sensitivity Cycle) : 주기 28일(감정, 주의력, 창조력, 예감 및 통찰력), 적색표시

029 어떤 과업을 성취할 수 있는 자신의 능력에 대한 스스로의 믿음을 무엇이라 하는가?

① 자기통제(self-control) ② 자아존중감(self-esteem)
③ 자기효능감(self-efficacy) ④ 통제소재(locus of control)

해설

- 자기통제 : 장기적인 목표를 위해 눈 앞의 유혹이나 충동을 억제하거나 그것에 저항하는 능력, 단기적인 만족을 지연시키는 능력
- 자아존중감 : 자신의 특성을 긍정적이나 부정적으로 평가하는 요소를 말하며 가치, 능력, 통제의 세 가지 차원으로 구성

- 자기효능감 : 자신이 어떤 일을 성공적으로 수행할 수 있는 능력이 있다고 믿는 기대와 신념
- 통제소재 : 개인의 느낌, 성공이나 실패 또는 행동결과를 설명하는 데 가장 많이 사용하는 인과적 기제로 자신의 행동이나 감정을 지배하는 원인을 자신의 내부 또는 외부에 두는지 결정하는 경향

030 인간본성을 파악하여 동기유발로 산업재해를 방지하기 위한 맥그리거의 XY이론에서 Y이론의 가정으로 틀린 것은?

① 목적에 투신하는 것은 성취와 관련된 보상과 함수관계에 있다.
② 근로에 육체적, 정신적 노력을 쏟는 것은 놀이나 휴식만큼 자연스럽다.
③ 대부분 사람들은 조건만 적당하면 책임뿐만 아니라 그것을 추구할 능력이 있다.
④ 현대 산업사회에서 인간은 게으르고 태만하며, 수동적이고 남의 지배받기를 즐긴다.

X 이론과 Y 이론 비교

X 이론	Y 이론
인간불신감	상호신뢰감
성악설	성선설
인간은 본래 게으르고 태만하여 남의 지배 받기를 즐긴다.	인간은 부지런하고 근면하며 적극적이며 자주적이다.
물질 욕구(저차적 욕구)	정신 욕구(고차적 욕구)
명령통제에 의한 관리	목표통합과 자기통제에 의한 자율관리
저개발국형	선진국형

031 리더십에 대한 연구 방법 중 통솔력이 리더 개인의 특별한 성격과 자질에 의존한다고 설명하는 이론은?

① 특질접근법　　② 상황접근법
③ 행동접근법　　④ 제한된 특질접근법

고전적인 리더십 연구 방법

- 특질(특성)접근법 : 리더가 가진 특성 또는 특질이 리더십의 효율성을 좌우하며 따라서 리더의 특성이 매우 중요하다고 강조하는 접근법
- 상황접근법 : 리더십이 발휘되는 순간의 주변상황 즉, 부하의 특성, 업무의 본질, 조직의 분위기, 외부환경 등에 초점을 둔 접근법
- 행동접근법 : 리더의 내부 특성보다는 리더가 부하들 앞에서 어떻게 그들을 대하고 리드하는지가 보다 중요하다고 보는 접근법

032 심리검사의 구비 요건이 아닌 것은?

① 표준화　　② 신뢰성
③ 규격화　　④ 타당성

심리검사의 구비조건
- 표준화 : 검사 관리를 위한 조건과 검사 절차의 일관성과 통일성
- 객관성 : 검사결과의 채점에 관한 것으로, 채점하는 과정에서 채점자의 편견이나 주관성이 배제되어야 하며 어떤 사람이 채점하여도 동일한 결과를 얻어야 함
- 규준(Norms) : 검사의 결과를 해석하기 위해서는 비교할 수 있는 참조 또는 비교의 어떤 틀이 있어야 하는데, 이 틀은 검사규준이 제공
- 신뢰성 : 검사 응답의 일관성, 즉 반복성을 말하는 것
- 타당성 : 측정하고자 하는 것을 실제로 측정하는 것

033 교육심리학에 있어 일반적으로 기억 과정의 순서를 나열한 것으로 맞는 것은?

① 파지 → 재생 → 재인 → 기명
② 파지 → 재생 → 기명 → 재인
③ 기명 → 파지 → 재생 → 재인
④ 기명 → 파지 → 재인 → 재생

기억의 과정
- 기명 : 사물의 인상을 마음속에 간직하는 것
- 파지 : 간직, 인상이 보존되는 것
- 재생 : 보존된 인상을 다시 의식으로 떠오르는 것
- 재인 : 과거에 경험했던 것과 같은 비슷한 상태에 부딪쳤을 때 떠오르는 것

034 엔드라고지 모델에 기초한 학습자로서의 성인의 특징과 가장 거리가 먼 것은?

① 성인들은 타인 주도적 학습을 선호한다.
② 성인들은 과제 중심적으로 학습하고자 한다.
③ 성인들은 다양한 경험을 가지고 학습에 참여한다.
④ 성인들은 왜 배워야 하는지에 대해 알고자 하는 욕구를 가지고 있다.

엔드라고지 모델에 기초한 학습자로서의 성인의 특징
- 성인들은 무엇인가를 왜 배워야 하는지에 대해 알고자 하는 욕구를 가지고 있다.
- 성인들은 자기주도적으로 학습하고자 한다.
- 성인들은 많은 다양한 경험들을 가지고 있다.
- 성인들은 과제중심적(문제중심적)으로 학습하고자 한다.
- 성인들은 학습을 하려는 강한 내·외적 동기를 가지고 있다.

035 스트레스(stress)에 영향을 주는 요인 중 환경이나 외적 요인에 해당하는 것은?

① 자존심의 손상
② 현실에의 부적응
③ 도전의 좌절과 자만심의 상충
④ 직장에서의 대인관계 갈등과 대립

외적 자극 스트레스의 종류 : 경제적인 어려움, 대인관계 상의 갈등과 대립, 가족관계상의 갈등, 가족의 죽음이나 질병, 자신의 건강문제, 상대적인 박탈감

036 하버드 학파의 학습지도법에 해당하지 않는 것은?

① 지시(Order)
② 준비(Preparation)
③ 교시(Presentation)
④ 총괄(Generalization)

하버드 학파의 5단계 교수법
- 제1단계 : 준비시킨다(Preparation)
- 제2단계 : 교시한다(Presentation)
- 제3단계 : 연합시킨다(Association)
- 제4단계 : 총괄시킨다(Generalization)
- 제5단계 : 응용시킨다(Application)

037 대상물에 대해 지름길을 사용하여 판단할 때 발생하는 지각의 오류가 아닌 것은?

① 후광효과
② 최근효과
③ 결론효과
④ 초두효과

- 후광효과 : 사람이나 사물 일부의 긍정적 또는 부정적 특성이 전체의 이미지에 큰 영향을 미치는 현상
- 초두효과 : 순서적 정보가 제시될 때, 초기에 제시된 정보가 더 큰 영향을 미치는 현상
- 최근효과 : 시간적으로 나중에 제시된 정보가 잘 기억되어 인상형성에 큰 영향을 미치는 현상

038 피로의 측정법이 아닌 것은?

① 생리적 방법
② 심리학적 방법
③ 물리학적 방법
④ 생화학적 방법

피로의 측정법
- 생리학적 방법
- 생화학적 방법
- 심리학적 방법
- 자각적 방법과 타각적 방법

039 NIOSH의 직무 스트레스 모형에서 각 요인의 세부 항목으로 연결이 틀린 것은?

① 작업요인 – 작업속도
② 조직요인 – 교대근무
③ 환경요인 – 조명, 소음
④ 완충작용요인 – 대응능력

직무 스트레스 모형에서 직무스트레스 요인(NIOSH)
- 작업요인 : 작업부하, 작업속도, 교대근무
- 환경요인 : 소음·진동, 고온·한랭, 환기불량, 부적절한 조명
- 조직요인 : 관리유형, 역할요구, 역할모호성 및 갈등, 경력 및 직무안정성
- 중재요인 : 개인적 요인(성격, 연령, 경력), 조직 외 요인(가족상황, 교육상태, 결혼상태), 완충작용요인(사회적 지지, 업무 숙달정도, 대응능력)

040 조직이 리더에게 부여하는 권한으로 볼 수 없는 것은?

① 합법적 권한 ② 강압적 권한
③ 보상적 권한 ④ 전문성의 권한

지도자(리더십)의 권한
- 조직이 지도자에게 부여하는 권한
  - 보상적 권한 : 지도자가 부하들에게 보상할 수 있는 능력으로 인해 부하직원들을 통제할 수 있으며 부하들의 행동에 대해 영향을 끼칠 수 있는 권한
  - 강압적 권한 : 부하직원들을 처벌할 수 있는 권한
  - 합법적 권한 : 조직의 규정에 의해 지도자의 권한이 공식화된 것
- 지도자 자신에 의해 생성되는 권한
  - 위임된 권한 : 집단의 목표를 성취하기 위해 부하직원들이 지도자가 정한 목표를 자진해서 자신의 것으로 받아들여 지도자와 함께 일하는 것
  - 전문성의 권한 : 지도자가 목표수행에 필요한 전문적인 지식을 갖고 업무수행을 하므로 부하직원들이 자발적으로 지도자를 따름

제 03 과목 인간공학 및 시스템안전공학

041 FMEA에서 고장 평점을 결정하는 5가지 평가요소에 해당하지 않는 것은?

① 생산능력의 범위
② 고장발생의 빈도
③ 고장방지의 가능성
④ 영향을 미치는 시스템의 범위

FMEA에서 고장 등급의 평가요소
- 기능적 고장 영향의 중요도
- 고장발생의 빈도
- 신규설계의 정도
- 영향을 미치는 시스템의 범위
- 고장방지의 가능성

042 시스템의 수명 및 신뢰성에 관한 설명으로 틀린 것은?

① 병렬설계 및 디레이팅 기술로 시스템의 신뢰성을 증가시킬 수 있다.
② 직렬시스템에서는 부품들 중 최소 수명을 갖는 부품에 의해 시스템 수명이 정해진다.
③ 수리가 가능한 시스템의 평균수명(MTBF)은 평균 고장율(λ)과 정비례관계가 성립한다.
④ 수리가 불가능한 구성요소로 병렬구조를 갖는 설비는 중복도가 늘어날수록 시스템 수명이 길어진다.

평균 고장율(λ) = $\dfrac{1}{MTBF}$ 따라서 고장율(λ)은 MTBF와 역수 관계에 있다.

043 인간실수확률에 대한 추정기법으로 가장 적절하지 않은 것은?

① CIT(Critical Incident Technique) : 위급사건기법
② FMEA(Failure Mode and Effect Analysis) : 고장형태 영향분석
③ TCRAM(Task Criticality Rating Analysis Method) : 직무위급도 분석법
④ THERP(Technique for Human Error Rate Prediction) : 인간 실수율 예측기법

해설

FMEA(Failure Modes and Effects Analysis)는 시스템 안전분석에 이용되는 전형적인 정성적, 귀납적 분석방법으로 시스템에 영향을 미치는 전체 요소의 고장을 형별로 분석하여 그 영향을 검토하는 방법이다.

044 다음 그림과 같은 직·병렬 시스템의 신뢰도는?(단, 병렬 각 구성요소의 신뢰도는 R이고, 직렬 구성요소의 신뢰도는 M이다.)

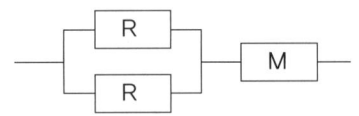

① MR^3
② $R^2(1 - MR)$
③ $M(R^2 + R) - 1$
④ $M(2R - R^2)$

해설

$M \times [1 - (1 - R)(1 - R)] = M \times [1 - (1^2 + R^2 - 2R)] = M \times (2R - R^2)$

045 제한된 실내 공간에서 소음문제의 음원에 관한 대책이 아닌 것은?

① 저소음 기계로 대체한다.
② 소음 발생원을 밀폐한다.
③ 방음 보호구를 착용한다.
④ 소음 발생원을 제거한다.

해설

방음 보호구 착용은 소음원에 자체를 저감시키기 위한 대책이 아니라 소음에 대한 소극적인 회피책이다.

046 음성통신에 있어 소음환경과 관련하여 성격이 다른 지수는?

① AI(Articulation Index) : 명료도 지수
② MAA(Minimum Audible Angle) : 최소가청 각도
③ PSIL(Preferred-Octave Speech Interference Level) : 음성간섭수준
④ PNC(Preferred Noise Criteria Curves) : 선호 소음판단 기준곡선

해설

• AI(Articulation Index) : 통화 이해도를 측정하는 지표로 각 옥타브대의 음성과 잡음의 데시벨(dB) 값에 가중치를 곱하여

합계를 구한 값이다.
- PSIL(Preferred-Octave Speech Interference Level) : 음성간섭수준 : 음성 전송에 있어 소음의 영향을 추정하는 척도로 소음의 주파수별 분포가 고를 때 유용하다.
- PNC(Preferred Noise Criteria Curves) : NC(Noise Criteria)는 소음을 옥타브 밴드로 분석한 결과에 따라 실내소음을 평가하는 지표이며, PNC는 NC 곡선 중 저주파부위를 낮게 수정한 것이다.

047 산업안전보건법령에 따라 제조업 등 유해위험방지계획서를 작성하고자 할 때 관련 규정에 따라 1명 이상 포함시켜야 하는 사람의 자격으로 적합하지 않은 것은?

① 한국산업안전보건공단이 실시하는 관련교육을 8시간 이수한 사람
② 기계, 재료, 화학, 전기·전자, 안전관리 또는 환경분야 기술사 자격을 취득한 사람
③ 관련분야 기사 자격을 취득한 사람으로서 해당 분야에서 3년 이상 근무한 경력이 있는 사람
④ 기계안전·전기안전·화공안전분야의 산업안전지도사 또는 산업보건지도사 자격을 취득한 사람

제조업 등 유해·위험방지계획서 제출·심사·확인에 관한 고시 제7조(작성자) ① 사업주는 계획서를 작성할 때에 다음 각호의 어느 하나에 해당하는 자격을 갖춘 사람 또는 공단이 실시하는 관련교육을 20시간 이상 이수한 사람 중 1명 이상을 포함시켜야 한다.
1. 기계, 재료, 화학, 전기·전자, 안전관리 또는 환경분야 기술사 자격을 취득한 사람
2. 기계안전·전기안전·화공안전분야의 산업안전지도사 또는 산업보건지도사 자격을 취득한 사람
3. 제1호 관련분야 기사 자격을 취득한 사람으로서 해당 분야에서 3년 이상 근무한 경력이 있는 사람
4. 제1호 관련분야 산업기사 자격을 취득한 사람으로서 해당 분야에서 5년 이상 근무한 경력이 있는 사람
5. 「고등교육법」에 따른 대학 및 산업대학(이공계 학과에 한정한다)을 졸업한 후 해당 분야에서 5년 이상 근무한 경력이 있는 사람 또는 「고등교육법」에 따른 전문대학(이공계 학과에 한정한다)을 졸업한 후 해당 분야에서 7년 이상 근무한 경력이 있는 사람
6. 「초·중등교육법」에 따른 전문계 고등학교 또는 이와 같은 수준 이상의 학교를 졸업하고 해당 분야에서 9년 이상 근무한 경력이 있는 사람

048 인간이 기계와 비교하여 정보처리 및 결정의 측면에서 상대적으로 우수한 것은?(단, 인공지능은 제외한다.)

① 연역적 추리
② 정량적 정보처리
③ 관찰을 통한 일반화
④ 정보의 신속한 보관

인간과 기계의 상대적 재능

인간이 우수한 기능	기계가 우수한 기능
• 저에너지 자극(시각, 청각, 후각 등) 감지 • 복잡 다양한 자극 형태 식별 • 예기치 못한 사건 감지 • 다량 정보를 오래 보관 • 귀납적 추리 • 과부하 상황에서는 중요한 일에만 전념 • 임기응변, 융통성, 원칙 적용, 주관적 추산, 독창력 발휘 등의 기능	• 인간 감지 범위 밖의 자극(X선, 초음파 등)도 감지 • 인간 및 기계에 대한 모니터 기능 • 드물게 발생하는 사상 감지 • 암호화된 정보를 신속하게 대량보관 • 연역적 추리 • 과부하시에도 효율적으로 작동 • 정량적 정보처리, 장시간 중량작업, 반복작업, 동시에 여러 가지 작업수행 등의 기능

049 스트레스에 반응하는 신체의 변화로 맞는 것은?

① 혈소판이나 혈액응고 인자가 증가한다.
② 더 많은 산소를 얻기 위해 호흡이 느려진다.
③ 중요한 장기인 뇌·심장·근육으로 가는 혈류가 감소한다.
④ 상황 판단과 빠른 행동 대응을 위해 감각기관은 매우 둔감해진다.

스트레스는 혈액의 혈소판이나 혈액응고 인자를 증가시키고, 그 결과 혈소판이 서로 엉기면서 혈전으로 불리우는 핏덩어리가 생성될 수 있다.

050 작업장 배치 시 유의사항으로 적절하지 않은 것은?

① 작업의 흐름에 따라 기계를 배치한다.
② 생산효율 증대를 위해 기계설비 주위에 재료나 반제품을 충분히 놓아둔다.
③ 공장내외는 안전한 통로를 두어야 하며, 통로는 선을 그어 작업장과 명확히 구별하도록 한다.
④ 비상시에 쉽게 대비할 수 있는 통로를 마련하고 사고 전압을 위한 활동통로가 반드시 마련되어야 한다.

051 결함수분석법(FTA)의 특징으로 볼 수 없는 것은?

① Top Down 형식
② 특정사상에 대한 해석
③ 정성적 해석의 불가능
④ 논리기호를 사용한 해석

FTA의 특징
- 연역적, 정량적 해석이 가능한 기법
- 특정사상에 대한 해석
- 컴퓨터로 처리가능
- 톱다운(Top Down) 해석
- 논리기호를 사용한 해석

052 음향기기 부품 생산공장에서 안전업무를 담당하는 OOO 대리는 공장 내부에 경보등을 설치하는 과정에서 도움이 될 만한 몇 가지 지식을 적용하고자 한다. 적용 지식 중 맞는 것은?

① 신호 대 배경의 휘도대비가 작을 때는 백색신호가 효과적이다.
② 광원의 노출시간이 1초보다 작으면 광속발산도는 작아야 한다.
③ 표적의 크기가 커짐에 따라 광도의 역치가 안정되는 노출시간은 증가한다.
④ 배경광 중 점멸 잡음광의 비율이 10% 이상이면 점멸등은 사용하지 않는 것이 좋다.

배경 불빛이 신호등과 비슷하면 신호광의 식별이 힘들어진다. 따라서, 점멸 잡음광의 비율이 1/10 이상이면 상점등(Steady State Light)을 신호로 사용하는 것이 효과적이다.

053 작업공간의 포락면(包絡面)에 대한 설명으로 맞는 것은?

① 개인이 그 안에서 일하는 일차원 공간이다.
② 작업복 등은 포락면에 영향을 미치지 않는다.
③ 가장 작은 포락면은 몸통을 움직이는 공간이다.
④ 작업의 성질에 따라 포락면의 경계가 달라진다.

작업공간 포락면(Envelope)은 한 장소에 앉아서 수행하는 작업활동에서 사람이 작업하는데 사용하는 공간을 말하는 것으로 작업의 성질에 따라 포락면의 경계가 달라진다.

054 A 회사에서는 새로운 기계를 설계하면서 레버를 위로 올리면 압력이 올라가도록 하고, 오른쪽 스위치를 눌렀을 때 오른쪽 전등이 커지도록 하였다면, 이것은 각각 어떤 유형의 양립성을 고려한 것인가?

① 레버 - 공간양립성, 스위치 - 개념양립성
② 레버 - 운동양립성, 스위치 - 개념양립성
③ 레버 - 개념양립성, 스위치 - 운동양립성
④ 레버 - 운동양립성, 스위치 - 공간양립성

양립성의 구분
- 공간 양립성 : 표시장치가 조종장치에서 물리적 형태나 공간적인 배치의 양립성
- 운동 양립성 : 표시 및 조종장치, 체계반응의 운동 방향의 양립성
- 개념 양립성 : 사람들이 가지고 있는 개념적 연상(어떤 암호체계에서 청색이 정상을 나타내듯이)의 양립성
- 양식 양립성 : 기계가 특정 음성에 대해 정해진 반응을 하는 것과 같이 직무에 알맞은 자극과 응답 양식의 존재에 대한 양립성

055 입력 B_1과 B_2의 어느 한쪽이 일어나면 출력 A가 생기는 경우를 논리합의 관계라 한다. 이때 입력과 출력 사이에는 무슨 게이트로 연결되는가?

① OR 게이트 ② 억제 게이트
③ AND 게이트 ④ 부정 게이트

OR 게이트

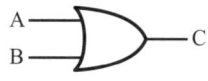

입력		출력
A	B	C
0	0	0
0	1	1
1	0	1
1	1	1

056 현재 시험문제와 같이 4지택일형 문제의 정보량은 얼마인가?

① 2bit
② 4bit
③ 2byte
④ 4byte

정보량 = $\log_2 N$ = $\log_2 4$ = 2

057 사업장에서 인간공학의 적용분야로 가장 거리가 먼 것은?

① 제품설계
② 설비의 고장률
③ 재해 · 질병 예방
④ 장비 · 공구 · 설비의 배치

안전과 인간공학의 목표
- 안전 향상과 사고 방지
- 기계조작의 능률성과 생산성 향상
- 쾌적성

058 다음의 FT도에서 사상 A의 발생 확률 값은?

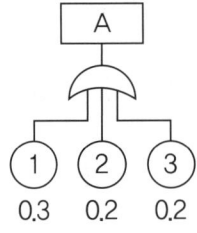

① 게이트 기호가 OR 이므로 0.012
② 게이트 기호가 AND 이므로 0.012
③ 게이트 기호가 OR 이므로 0.552
④ 게이트 기호가 AND 이므로 0.552

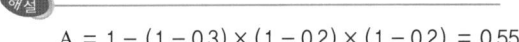

A = 1 − (1 − 0.3) × (1 − 0.2) × (1 − 0.2) = 0.552

059 안전교육을 받지 못한 신입직원이 작업 중 전극을 반대로 끼우려고 시도했으나, 플러그의 모양이 반대로 끼울 수 없도록 설계되어 있어서 사고를 예방할 수 있었다. 작업자가 범한 오류와 이와 같은 사고 예방을 위해 적용된 안전설계 원칙으로 가장 적합한 것은?

① 누락(omission) 오류, fail safe 설계원칙
② 누락(omission) 오류, fool proof 설계원칙
③ 작위(commission) 오류, fail safe 설계원칙
④ 작위(commission) 오류, fool proof 설계원칙

- 누락(omission) 오류 : 필요한 Task 또는 절차를 수행하지 않는데 기인한 Error
- 작위(commission) 오류 : 필요한 Task 또는 절차의 불확실한 수행으로 인한 Error

- 풀 프루프(Fool Proof) : 인간의 착오, 미스 등 이른바 휴먼에러가 발생하더라도 기계설비나 그 부품은 안전 쪽으로 작동하게 설계하는 안전설계의 기법

060 어떤 소리가 1000Hz, 60dB인 음과 같은 높이임에도 4배 더 크게 들린다면, 이 소리의 음압수준은 얼마인가?

① 70dB ② 80dB
③ 90dB ④ 100dB

$4\text{sone} = 2^{\frac{L_1 - 60}{10}}$

$10 \times \log 4 = (L_1 - 60)\log 2$

$L_1 = \dfrac{10 \times \log 4}{\log 2} + 60 = 80$

제 04 과목　건설시공학

061 수평, 수직적으로 반복된 구조물을 시공 이음 없이 균일한 형상으로 시공하기 위하여 요크(yoke), 로드(rod), 유압잭(jack)을 이용하여 거푸집을 연속적으로 이동시키면서 콘크리트를 타설할 수 있는 시스템 거푸집은?

① 슬라이딩 폼 ② 갱폼
③ 터널폼 ④ 트레블링 폼

- 슬라이딩 폼(Sliding form) : 수평, 수직적으로 반복된 구조물을 시공 이음 없이 균일한 형상으로 시공하기 위하여 요크(yoke), 로드(rod), 유압잭(jack)을 이용하여 거푸집을 연속적으로 이동시키면서 콘크리트를 타설할 수 있는 시스템 거푸집
- 갱폼(Gang Form) : 표면 피복 강화합판이나 각재, 철골을 이용하여 특수 제작하여 조립·분해없이 설치와 탈형만 함에 따라 인력절감이 가능하며, 옹벽, 기둥을 일체식으로 제작한 거푸집
- 터널폼(Tunnel Form) : 벽식 철근콘크리트 구조를 시공할 경우 벽과 바닥의 콘크리트 타설을 한번에 가능하게 하기 위하여, 벽체용 거푸집과 슬래브 거푸집을 일체로 제작하여 한번에 설치하고 해체할 수 있도록 한 거푸집
- 트레블링 폼(Travelling Form) : 해체 및 이동에 편리하도록 제작한 시스템화된 이동식 거푸집으로써 건축분야에서 쉘, 아치, 돔 같은 건축물에도 적용되는 거푸집

062 다음 중 철골세우기용 기계가 아닌 것은?

① Stiff leg derrick
② Guy derrick
③ Penumatic hammer
④ Truck crane

건립용(철골세우기용) 기계의 분류

대분류	소분류
크레인	타워 크레인(기복형, 수평형)
	기타 소형 지브 크레인
이동식 크레인	트럭 크레인(유압식, 기계식)
	크롤러 크레인(크롤러 크레인, 크롤러식 타워크레인)
	휠 크레인(유압식, 기계식)
데릭	가이 데릭, 삼각 데릭(스티프레그데릭), 진폴 데릭

063 콘크리트의 수화작용 및 워커빌리티에 영향을 미치는 요소에 관한 설명으로 옳지 않은 것은?

① 시멘트의 분말도가 클수록 수화작용이 빠르다.
② 단위수량을 증가시킬수록 재료분리가 감소하여 워커빌리티가 좋아진다.
③ 비빔시간이 길어질수록 수화작용을 촉진시켜 워커빌리티가 저하된다.
④ 쇄석의 사용은 워커빌리티를 저하시킨다.

워커빌리티(Workability, 시공성)는 컨시스턴시(Consistency)에 의한 작업의 난이도 및 재료 분리에 저항하는 정도를 나타내는 콘크리트 성질을 말하는 것으로 단위수량을 너무 증가시키면 재료분리가 생기기 쉽기 때문에 워커빌리키가 좋아진다고 볼 수 없다.

064 철골구조의 녹막이 칠 작업을 실시하는 곳은?

① 콘크리트에 매입되지 않는 부분
② 고력볼트 마찰 접합부의 마찰면
③ 폐쇄형 단면을 한 부재의 밀폐된 면
④ 조립상 표면접합이 되는 면

강재에 녹막이 칠을 하지 않는 부분
• 콘크리트에 묻히는 부분
• 현장용접을 하는 부분으로 용접부에서 50mm 이내
• 고장력 볼트마찰 접합부의 마찰면
• 기계 깎기 마무리면
• 폐쇄형 단면을 한 부재의 밀폐되는 면
• 공장조립에 있어서 맞댄면 또는 조립 후 칠할 수 없는 부분은 조립 전에 1~2회 칠해 둠

065 조적조의 벽체 상부에 철근 콘크리트 테두리보를 설치하는 가장 중요한 이유는?

① 벽체에 개구부를 설치하기 위하여
② 조적조의 벽체와 일체가 되어 건물의 강도를 높이고 하중을 균등하게 전달하기 위하여
③ 조적조의 벽체의 수직하중을 특정부위에 집중시키고 벽돌 수량을 절감하기 위하여

④ 상층부 조적조 시공을 편리하게 하기 위하여

테두리보
- 내력 벽체와 일체가 되어 건물의 강도를 높이고 상부의 하중을 균등하게 하부로 전달한다.
- 집중하중을 분산시킨다.
- 내력벽의 위에는 춤이 벽두께의 1.5배 이상이 되도록 테두리보를 설치한다.

066 LOB(Line of Balance) 기법을 옳게 설명한 것은?

① 세로축에 작업명을 순서에 따라 배열하고 가로축에 날짜를 표기한 다음, 각 작업의 시작과 끝을 연결한 횡선의 길이로 작업 길이를 표시한 기법
② 종래의 건축공사에 있어서 낭비요인을 배제하고, 작업의 고밀도화와 인원, 기계, 자재의 효율화를 꾀함으로써 공기의 단축과 원가절감을 이루는 기법
③ 반복작업에서 각 작업조의 생산성을 유지시키면서 그 생산성을 기울기로 하는 직선으로 각 반복작업의 진행을 표시하여 전체공사를 도식화하는 기법
④ 공구별로 직렬 연결된 작업을 다수 반복하여 사용하는 기법

LOB(Line of Balance) 도표의 세로축은 단위작업의 수를 나타내고, 가로축은 공사기간을 나타낸다. 작업의 진행은 직선으로 표현하며 그 기울기는 단위작업 생산성이 된다. 따라서, 한 작업의 생산성을 나타내는 기울기가 선행 작업의 기울기보다 클 때, 두 직선은 작업단위가 증가함에 따라 수렴하게 되므로 전체공사의 주공정선은 생산성 기울기가 작은 작업에 의존하게 된다.

067 건축시공계획수립에 있어 우선순위에 따른 고려사항으로 가장 거리가 먼 것은?

① 공종별 재료량 및 품셈
② 재해방지대책
③ 공정표 작성
④ 원척도(原尺圖)의 제작

시공계획의 수립내용
- 인원 편성 및 가설계획 작성
- 실행예산의 편성 및 조정
- 자재반입계획 시공기계 및 장비설치계획
- 품질관리 대책
- 공정표 작성(주요공정의 시공 절차 및 방법)
- 하도급자 선정
- 노무계획
- 안전 및 환경대책

068 철근의 피복두께 확보 목적과 가장 거리가 먼 것은?

① 내화성 확보
② 내구성 확보
③ 구조내력의 확보
④ 블리딩 현상 방지

블리딩(Bleeding)이란 아직 굳지 않은 콘크리트나 모르타르 내부의 물이 위로 상승하는 현상으로, 단위수량을 낮게 하거나 진동기 등을 사용하여 밀실한 상태를 만들어야 한다.

069 지반개량 지정공사 중 응결공법이 아닌 것은?

① 플라스틱 드레인공법　　② 시멘트 처리공법
③ 석회 처리공법　　④ 심층혼합 처리공법

지반개량 공법의 분류
- 다짐공법 : 전압공법, 바이브로 플로테이션 공법
- 강제압밀공법 : 재하방법(흙 돋우기 공법, 수위저하 공법, 대기압 공법), 드레인 방법(샌드 드레인 공법, 플라스틱 드레인 공법)
- 응결공법 : 시멘트 처리공법, 석회 처리공법, 심층혼합 처리공법
- 치환공법 : 지표층의 연질토를 제거하고 질이 좋은 흙, 모래 및 자갈 등 치환재료로 바꾸는 방법

070 피어기초공사에 관한 설명으로 옳지 않은 것은?

① 중량구조물을 설치하는데 있어서 지반이 연약하거나 말뚝으로도 수직지지력이 부족하고 그 시공이 불가능한 경우와 기초지반의 교란을 최소화해야 할 경우에 채용한다.
② 굴착된 흙을 직접 탐사할 수 있고 지지층의 상태를 확인할 수 있다.
③ 무진동, 무소음공법이며, 여타 기초형식에 비하여 공기 및 비용이 적게 소요된다.
④ 피어기초를 채용한 국내의 초고층 건축물에는 63빌딩이 있다.

피어기초공사는 75cm 이상의 수직공을 굴착한 뒤 현장에서 콘크리트를 타설하여 구조물의 하중을 지지층에 전달하도록 하는 공법으로 기후의 영향을 받는다. 따라서, 기후가 악조건일 경우 공사기간의 지연에 따라 비용이 증가될 수 있다.

071 벽돌쌓기에 관한 설명으로 옳지 않은 것은?

① 붉은 벽돌은 쌓기 전 벽돌을 완전히 건조시켜야 한다.
② 하루 벽돌의 쌓는 높이는 1.2m를 표준으로 하고 최대 1.5m 이내로 한다.
③ 벽돌벽이 블록벽과 서로 직각으로 만날 때는 연결철물을 만들어 블록 3단마다 보강하며 쌓는다.
④ 연속되는 벽면의 일부를 트이게 하여 나중쌓기로 할 때에는 그 부분을 층단 들여쌓기로 한다.

적벽돌 쌓기는 시공 전 충분히 물축임을 하고 시멘트벽돌은 시공 중 물을 뿌려 모르타르의 수분을 급격히 빨아들이지 않도록 해야 한다.

072 거푸집 해체 시 확인해야 할 사항이 아닌 것은?

① 거푸집의 내공 치수
② 수직, 수평부재의 존치기간 준수 여부
③ 소요강도 확보 이전에 지주의 교환 여부
④ 거푸집해체용 압축강도 확인시험 실시 여부

해설
거푸집의 내공 치수는 레미콘 타설 전의 점검사항이다.

073 KS L 5201에 정의된 포틀랜드 시멘트의 종류가 아닌 것은?

① 고로 포틀랜드 시멘트
② 조강 포틀랜드 시멘트
③ 저열 포틀랜드 시멘트
④ 중용열 포틀랜드 시멘트

해설

포틀랜드 시멘트(KS L 5201) 품질규격 주요 사항

항목	종류	보통(1종)	중용열(2종)	조강(3종)	저열(4종)	내황산염(5종)
분말도	비표면적 cm²/g	2800 이상	2800 이상	3300 이상	2800 이상	2800 이상
응결시험 (비카시험)	초결분	60 이상	60 이상	45 이상	60 이상	60 이상
	동결시간	10 이하	10 이하	10 이하	10 이하	10 이하
수화열 J/g	7일	–	290 이하	–	250 이하	–
	28일		340 이하		290 이하	
압축강도 MPa(N/mm²)	1일	–	–	10.0 이상	–	–
	3일	12.5 이상	7.5 이상	20.0 이상	–	10.0 이상
	7일	22.5 이상	15.0 이상	32.5 이상	7.5 이상	20.0 이상
	28일	42.5 이상	32.5 이상	47.5 이상	22.5 이상	40.0 이상
	91일	–	–	–	42.5 이상	–

074 지수 흙막이 벽으로 말뚝구멍을 하나 걸름으로 뚫고 콘크리트를 타설하여 만든 후, 말뚝과 말뚝 사이에 다음 말뚝구멍을 뚫어 흙막이 벽을 완성하는 공법은?

① 어스 드릴공법(Earth drill method)
② CIP 말뚝공법(Cast-in-place pile method)
③ 콤프레솔 파일공법(Compressol pile method)
④ 이코스 파일공법(Icos pile method)

해설
이코스(ICOS)파일 공법은 지하 연속벽으로 말뚝구멍을 하나 걸러 뚫고 콘크리트를 부어 넣은 후 다시 그 사이를 뚫어 콘크리트를 부어 넣어 만드는 공법으로 벤토나이트액이 사용되는 현장말뚝 주열식공법이다.

075 다음 중 공기량 측정기에 해당하는 것은?

① 리바운드 기록지(Rebound check sheet)
② 디스펜서(Dispenser)
③ 워싱턴 미터(Washington meter)
④ 이넌데이터(Inundator)

워싱턴 미터(Washington meter)는 A.E제(공기연행제) 계량장치로 사용된다.

076 보통콘크리트와 비교한 경량콘크리트의 특징이 아닌 것은?

① 자중이 작고 건물중량이 경감된다.
② 강도가 작은 편이다.
③ 건조수축이 작다.
④ 내화성이 크고 열전도율이 작으며 방음효과가 크다.

경량 콘크리트는 단위 용적중량이 1.7t/m³ 이하, 기건 비중이 2.0 이하로 자중이 작고 열전도성이 낮으며 방음효과가 있으며, 건조수축이 크다.

077 주변 건물이나 옹벽, 철탑 등 터파기 주위의 주요 구조물에 설치하여 구조물의 경사 변형상태를 측정하는 장비는?

① Piezo meter
② Tilt meter
③ Load cell
④ Strain gauge

- Piezo meter(간극수압계) : 지하수위의 수압을 측정하는 계측기
- Tilt meter(경사계) : 토류벽 또는 배면지반에 설치하여 기울기 측정(지중의 수평 변위량 측정), 주변 지반의 변형을 측정
- Load cell(하중계) : 중량 측정용
- Strain gauge(변형 게이지) : 구조체의 변형되는 상태와 그 양을 측정하기 위하여 구조체 표면에 부착하는 게이지

078 대규모 공사시 한 현장 안에서 여러 지역별로 공사를 분리하여 공사를 발주하는 방식은?

① 공정별 분할도급
② 공구별 분할도급
③ 전문공정별 분할도급
④ 직종별, 공정별 분할도급

분할도급
- 공정별 분할도급 : 정지, 기초, 구체, 마무리 공사 등의 시공과정별로 나누어 도급하는 방식이다.
- 공구별 분할도급 : 대규모 공사에서 지역별로 공사를 분리하여 발주하는 방식이다.
- 전문공종별 분할도급 : 시설공사 중 설비공사(전기, 난방 등)를 주체공사와 분리하여 계약하는 방식이다.
- 직종별, 공종별 분할도급 : 전문직별 또는 각 공종별로 세분하여 도급하는 방식이다.

079 기존에 구축된 건축물 가까이에서 건축공사를 실시할 경우 기존 건축물의 지반과 기초를 보강하는 공법은?

① 리버스 서큘레이션 공법
② 슬러리 월 공법
③ 언더피닝 공법
④ 탑다운 공법

언더피닝(Under pinning)공법은 기존 건물 가까이에 건축공사를 할 때 기존(인접)건물의 지반과 기초를 보강하는 방법으로 2중 널말뚝 공법, 웰 포인트 공법, 약액주입 공법, 차단벽 공법, 현장타설 말뚝 공법, 강재 말뚝 공법 등이 있다.

080 공동도급방식의 장점에 관한 설명으로 옳지 않은 것은?

① 각 회사의 상호신뢰와 협조로써 긍정적인 효과를 거둘 수 있다.
② 공사의 진행이 수월하며 위험부담이 분산된다.
③ 기술의 확충, 강화 및 경험의 증대 효과를 얻을 수 있다.
④ 시공이 우수하고 공사비를 절약할 수 있다.

공동도급(Joint Venture Contract)
- 복수 참가자가 독립된 공동체를 작성하고 공동출자하며 공동관리권을 가지며, 특정한 공사를 목적으로 하는 것으로 공동의 영리를 목적으로 한다.
- 이윤의 증대는 없지만 상호보증으로 인해 융자력이 증대되며 위험부담이 분산된다.
- 단일회사의 경우보다 간접비가 많이 발생하여 공사비가 증대되고, 구성원 상호간의 불일치로 혼란이 초래될 수 있다.

제 05 과목　건설재료학

081 다음 각 미장재료에 관한 설명으로 옳지 않은 것은?

① 생석회에 물을 첨가하면 소석회가 된다.
② 돌로마이트 플라스터는 응결기간이 짧으므로 지연제를 첨가한다.
③ 회반죽은 소석회에서 모래, 해초풀, 여물 등을 혼합한 것이다.
④ 반수석고는 가수 후 20~30분에 급속 경화한다.

돌로마이트 플라스터
- 점성이 커서 풀을 사용하지 않고 물로 연화하여 사용하는 것으로 대기 중의 이산화탄소(CO_2)와 결합하여 경화하는 기경성 미장재료이다.
- 점도가 크고 응결시간이 길다.
- 회반죽보다 강도가 크다.
- 수축률이 크며, 건조경화시에 균열이 생기기 쉽고 물에 약하다.

082 아스팔트 접착제에 관한 설명으로 옳지 않은 것은?

① 아스팔트 접착제는 아스팔트를 주체로 하여 이에 용제를 가하고 광물질 분말을 첨가한 풀 모양의 접착제이다.
② 아스팔트 타일, 시트, 루핑 등의 접착용으로 사용한다.
③ 화학약품에 대한 내성이 크다.
④ 접착성은 양호하지만 습기를 방지하지 못한다.

아스팔트류의 제품은 방수제로도 사용된다.

083 다음 각 비철금속에 관한 설명으로 옳지 않은 것은?

① 알루미늄 : 융점이 낮기 때문에 용해주조도는 좋으나 내화성이 부족하다.
② 납 : 비중이 11.4로 아주 크고 연질이며 전·연성이 크다.
③ 구리 : 건조한 공기 중에서는 산화하지 않으나, 습기가 있거나 탄산가스가 있으면 녹이 발생한다.
④ 주석 : 주조성·단조성은 좋지 않으나 인장강도가 커서 선재(線材)로 주로 사용된다.

주철(鑄鐵, 주석)은 인장강도가 작고, 압축강도는 인장강도의 3~4배로 인장력보다는 압축력을 받는 부분이 있는 기계류의 몸체나 베드 등에 많이 사용된다.

084 건축용 코킹재의 일반적인 특징에 관한 설명으로 옳지 않은 것은?

① 수축률이 크다. ② 내부의 점성이 지속된다.
③ 내산·내알칼리성이 있다. ④ 각종 재료에 접착이 잘 된다.

코킹재는 수축률이 적고 열에 따른 변형이 적다.

085 고로슬래그 분말을 혼화재로 사용한 콘크리트의 성질에 관한 설명으로 옳지 않은 것은?

① 초기강도는 낮지만 슬래그의 잠재 수경성 때문에 장기강도는 크다.
② 해수, 하수 등의 화학적 침식에 대한 저항성이 크다.
③ 슬래그 수화에 의한 포졸란반응으로 공극 충전효과 및 알칼리 골재반응 억제효과가 크다.
④ 슬래그를 함유하고 있어 건조수축에 대한 저항성이 크다.

고로 시멘트의 특징
- 수화열이 적고 수축이 적어 댐공사에 적합하다.
- 비중이 적고(2.85 이상) 바닷물의 화학작용에 대한 저항성이 크다.
- 단기강도(초기강도)가 작고 장기강도는 양호하다.
- 수밀성이 우수하고 풍화가 용이하다.
- 응결시간이 약간 느리다.
- 콘크리트의 블리딩이 적어진다.

086 목재 조직에 관한 설명으로 옳지 않은 것은?

① 추재의 세포막은 춘재의 세포막보다 두껍고 조직이 치밀하다.
② 변재는 심재보다 수축이 크다.
③ 변재는 수심의 주위에 둘러져 있는, 생활기능이 줄어든 세포의 집합이다.
④ 침엽수의 수지구는 수지의 분비, 이동, 저장의 역할을 한다.

목재의 조직

조직구분	조직위치	색상 및 특징
변재	목재의 표피 가까이 위치	• 껍질에 가깝고 색이 옅은 부분 • 심재보다 무르고 연해서 강도가 약함 • 물과 양분을 전달하고 저장하는 역할 • 심재에 비해 비중이 적음, 건조시 변화 적음 • 심재보다 신축성이 크고, 내후성 내구성이 약함 • 고목일수록 변재의 폭이 넓음
심재	목재의 수심 가까이 위치	• 수심에 가깝고 색이 진하며 단단한 부분 • 변재보다 목질이 단단하고 광택이 있음 • 나무의 줄기를 지탱 • 변재보다 다량의 수액을 포함하여 비중이 큼 • 변재보다 신축이 적고, 내후성, 내구성이 큼 • 노목일수록 심재의 폭이 넓음

087 다음 중 도료의 건조제로 사용되지 않는 것은?

① 리사지　　　　　　② 나프타
③ 연단　　　　　　　④ 이산화망간

도료의 건조제
• 상온에서 기름에 용해되는 건조제 : 리사지, 연단, 초산염, 이산화망간, 붕산망간, 수산망간, 일산화연
• 가열하여 기름에 용해되는 건조제 : 납, 망간, 코발트의 수지산 또는 지방산의 염류

088 미장바탕이 갖추어야 할 조건에 관한 설명으로 옳지 않은 것은?

① 미장층보다 강도, 강성이 작을 것
② 미장층과 유효한 접착강도를 얻을 수 있을 것
③ 미장층의 경화, 건조에 지장을 주지 않을 것
④ 미장층과 유해한 화학반응을 하지 않을 것

미장 바탕은 미장층보다 강도, 강성이 크고, 표면은 미장층의 접착이 원활하도록 거칠어야 한다.

089 다음 중 점토로 만든 제품이 아닌 것은?
① 경량벽돌
② 테라코타
③ 위생도기
④ 파키트리 패널

파키트리 패널(parquetry panel)은 두께 15mm의 파키트리 보드를 4매씩 조합하여 만든 24cm 각판으로 의장적으로 아름답고 마모성도 적은 마루판재이다.

090 비중이 크고 연성이 크며, 방사선실의 방사선 차폐용으로 사용되는 금속재료는?
① 주석
② 납
③ 철
④ 크롬

납(Lead)
• 인장강도가 작고 융점은 327℃이며 금속 중 비중이 가장 크다.
• 연성, 전성이 가장 크며 열전도율이 작고 온도에 따른 신축성이 크다.
• 밀도가 높아 방사선 차폐용으로 사용되는 대표적인 금속이다.

091 목재의 화재 시 온도별 대략적인 상태변화에 관한 설명으로 옳지 않은 것은?
① 100℃ 이상 : 분자 수준에서 분해
② 100~150℃ : 열 발생률이 커지고 불이 잘 꺼지지 않게 됨
③ 200℃ 이상 : 빠른 열분해
④ 260~350℃ : 열분해 가속화

100~150℃에서 목재가 가열되기 시작하며, 이때의 목재는 갈색을 나타낸다.

092 자갈 시료의 표면수를 포함한 중량이 2100g이고 표면건조 내부포화상태의 중량이 2090g이며 절대건조 상태의 중량이 2070g이라면 흡수율과 표면수율은 약 몇 %인가?
① 흡수율 : 0.48%, 표면수율 : 0.48%
② 흡수율 : 0.48%, 표면수율 : 1.45%
③ 흡수율 : 0.97%, 표면수율 : 0.48%
④ 흡수율 : 0.97%, 표면수율 : 1.45%

• 흡수율 = $\dfrac{\text{표건중량} - \text{절건중량}}{\text{절건중량}} \times 100 = \dfrac{2090 - 2070}{2070} \times 100 ≒ 0.97\%$

• 표면수율 = $\dfrac{\text{습윤중량} - \text{표건내포상태의 중량}}{\text{표건내포상태의 중량}} \times 100 = \dfrac{2100 - 2090}{2090} \times 100 = 0.48\%$

093 다음 중 콘크리트의 비파괴 시험에 해당되지 않는 것은?

① 방사선 투과 시험
② 초음파 시험
③ 침투탐상 시험
④ 표면경도 시험

침투탐상 시험은 액체의 모세관현상을 이용한 방법으로 콘크리트의 비파괴 시험으로는 적절하지 않다.

094 플라이애시 시멘트에 관한 설명으로 옳은 것은?

① 콘크리트 배합 시 단위수량이 증가하고 워커빌리티가 저하되는 단점이 있다.
② 화력발전소 등에서 완전연소한 미분탄의 회분과 포틀랜드시멘트를 혼합한 것이다.
③ 재령 1~2시간 안에 콘크리트 압축강도가 20MPa에 도달할 수 있다.
④ 용광로의 선철제작 부산물을 급랭시키고 파쇄하여 시멘트와 혼합한 것이다.

플라이애시 시멘트
- 화력발전소 등에서 완전연소한 미분탄의 회분과 포틀랜드시멘트를 혼합한 시멘트이다.
- 장기강도가 크며 콘크리트의 수밀성을 향상시키고 해수에 대한 내식성이 있다.
- 콘크리트 배합시 단위수량이 감소하고 워커빌리티가 향상된다.
- 증량용(增量用)·항만공사 등에 이용된다.
- 플라이애시는 실리카, 알루미나, 철분 총 함량이 70% 이상이며 플라이애시 함량(무게%)에 따라 A종(5 초과 10 이하)은 건축콘크리트 및 미장용, B종(10 초과 20 이하)은 일반 토목건축 공사, C종(20 초과 30 이하)은 댐공사와 같은 매스콘크리트에 사용된다.

095 지붕 및 일반바닥에 가장 일반적으로 사용되는 것으로 주제와 경화제를 일정 비율 혼합하여 사용하는 2성분형과 주제와 경화제가 이미 혼합된 1성분형으로 나누어지는 도막방수재는?

① 우레탄고무계 도막재
② FRP 도막재
③ 고무아스팔트계 도막재
④ 클로로프렌고무계 도막재

도막방수재
- 우레탄고무계 도막재 : 지붕 및 일반바닥에 가장 일반적으로 사용되는 것으로 주제와 경화제를 일정 비율 혼합하여 사용하는 2성분형과 주제와 경화제가 이미 혼합된 1성분형으로 나뉜다.
- FRP 도막재 : 연질 폴리에스테르 수지와 유리섬유 또는 폴리에스테르 섬유의 보강을 기본으로 하여 인장 및 신장율을 상호 조정하여 제조한 도막재이다.
- 아크릴고무계 도막재 : 수분의 증발에 의해 도막을 형성하는 재로 아크릴고무 에멀젼에 충진제, 안정제, 착색제 등을 배합한 1성분형이다.
- 아크릴수지계 도막재 : 아크릴산 에스테르의 중합체를 주성분으로 한 1성분의 것으로 증점제, 충전제, 소포제 등을 첨가하여 제조한다.
- 고무아스팔트계 도막재 : 천연 및 합성고무와 아스팔트로 만들어진 고농도의 고무화 아스팔트로 고형분 함량에 따라 일반형과 고농도형의 두 종류로 나뉜다.
- 클로로프렌고무계 도막재 : 클로로프렌 고무를 주성분으로 무기질 충전제, 안정제 등을 가하여 혼합 반죽한 것을 유기용제로 녹여 고무주걱 등으로 손쉽게 바를 수 있도록 한 1성분형이다.

096 방수공사에서 쓰이는 아스팔트의 양부(良否)를 판별하는 주요 성질과 거리가 먼 것은?
① 마모도
② 침입도
③ 신도(伸度)
④ 연화점

해설
방수공사에서 아스팔트의 양부 결정 요소 : 침입도, 신도(伸度), 연화점, 점도, 감온성

097 목재의 방부 처리법 중 압력용기 속에 목재를 넣어서 처리하는 방법으로 가장 신속하고 효과적인 것은?
① 침지법
② 표면탄화법
③ 가압주입법
④ 생리적 주입법

해설
목재의 방부제 처리법에는 표면탄화법, 방부제 바르기, 방부액 침지법, 방부액 주입법(상압 주입법, 가압주입법, 생리적 주입법)이 있다. 특히, 가압주입법은 압력탱크에서 7~12기압 정도의 고기압으로 방부약액을 주입하는 방법으로 방부효과가 크고 내구성이 양호하다.

098 다음 중 특수유리와 사용장소의 조합이 적절하지 않은 것은?
① 진열용 창 - 무늬유리
② 병원의 일광욕실 - 자외선투과유리
③ 채광용 지붕 - 프리즘유리
④ 형틀 없는 문 - 강화유리

해설
진열용 창에는 투명도가 높은 클리어유리를 사용한다.

099 양질의 도토 또는 장석분을 원료로 하며, 흡수율이 1% 이하로 거의 없고 소성온도가 약 1230~1460℃인 점토 제품은?
① 토기
② 석기
③ 자기
④ 도기

해설
점토 소성 제품의 분류

구분	토기	도기	석기	자기
소성온도	790~1000℃	1120~1230℃	1160~1350℃	1230~1460℃
흡수율	20% 이상	10% 내외	3~10%	1% 이하
색상	유색, 백색	유색, 백색	유색	백색
특성	저급원료, 취약함	다공질, 탁음, 유약사용	유약을 사용하지 않으며 식염수 사용	금속성 청음
용도	기와, 적벽돌, 토관	내장타일, 테라코타	외장·바닥타일, 클링커 타일	고급타일, 모자이크 타일, 위생도기

100 콘크리트의 종류 중 방사선 차폐용으로 주로 사용되는 것은?

① 경량콘크리트
② 한중콘크리트
③ 매스콘크리트
④ 중량콘크리트

- 경량 콘크리트 : 단위 용적중량이 1.7t/m³ 이하, 기건 비중이 2.0 이하로 자중이 작고 열전도성이 낮으며 방음효과가 있음. 건조수축이 크다.
- 한중 콘크리트 : 평균기온이 4℃ 이하에서는 콘크리트 응결·경화반응이 지연되어 콘크리트가 어는 경우가 있는데, 이러한 동결현상을 막기 위해 시공한다.
- 매스 콘크리트 : 구조물 또는 부재의 치수가 커서 시멘트에 의한 온도의 상승을 고려하여 시공하는 콘크리트이다.
- 중량 콘크리트 : 철광석이나 중정석같은 비중이 큰 골재를 사용하여 만든 콘크리트로 방사선 차폐용과 같은 특수 목적으로 시공한다.

제 06 과목   건설안전기술

101 터널 지보공을 조립하거나 변경하는 경우에 조치하여야 하는 사항으로 옳지 않은 것은?

① 목재의 터널 지보공은 그 터널 지보공의 각 부재에 작용하는 긴압정도를 체크하여 그 정도가 최대한 차이나도록 한다.
② 강(鋼)아치 지보공의 조립은 연결볼트 및 띠장 등을 사용하여 주재 상호간을 튼튼하게 연결할 것
③ 기둥에는 침하를 방지하기 위하여 받침목을 사용하는 등의 조치를 할 것
④ 주재(主材)를 구성하는 1세트의 부재는 동일 평면 내에 배치할 것

산업안전보건기준에 관한 규칙 제364조(조립 또는 변경시의 조치) 사업주는 터널 지보공을 조립하거나 변경하는 경우에는 다음 각 호의 사항을 조치하여야 한다.
1. 주재(主材)를 구성하는 1세트의 부재는 동일 평면 내에 배치할 것
2. 목재의 터널 지보공은 그 터널 지보공의 각 부재의 긴압 정도가 균등하게 되도록 할 것
3. 기둥에는 침하를 방지하기 위하여 받침목을 사용하는 등의 조치를 할 것
4. 강(鋼)아치 지보공의 조립은 다음 각 목의 사항을 따를 것
    가. 조립간격은 조립도에 따를 것
    나. 주재가 아치작용을 충분히 할 수 있도록 쐐기를 박는 등 필요한 조치를 할 것
    다. 연결볼트 및 띠장 등을 사용하여 주재 상호간을 튼튼하게 연결할 것
    라. 터널 등의 출입구 부분에는 받침대를 설치할 것
    마. 낙하물이 근로자에게 위험을 미칠 우려가 있는 경우에는 널판 등을 설치할 것
5. 목재 지주식 지보공은 다음 각 목의 사항을 따를 것
    가. 주기둥은 변위를 방지하기 위하여 쐐기 등을 사용하여 지반에 고정시킬 것
    나. 양끝에는 받침대를 설치할 것
    다. 터널 등의 목재 지주식 지보공에 세로방향의 하중이 걸림으로써 넘어지거나 비틀어질 우려가 있는 경우에는 양끝 외의 부분에도 받침대를 설치할 것
    라. 부재의 접속부는 꺾쇠 등으로 고정시킬 것
6. 강아치 지보공 및 목재지주식 지보공 외의 터널 지보공에 대해서는 터널 등의 출입구 부분에 받침대를 설치할 것

102 철골기둥, 빔 및 트러스 등의 철골구조물을 일체화 또는 지상에서 조립하는 이유로 가장 타당한 것은?

① 고소작업의 감소 ② 화기사용의 감소
③ 구조체 강성 증가 ④ 운반물량의 감소

철골기둥, 빔 및 트러스 등의 철골구조물을 일체화 또는 지상에서 조립하는 이유는 고소작업 감소대책에 해당되며 이는 추락재해를 방지하기 위한 것이다.

103 개착식 흙막이벽의 계측 내용에 해당되지 않는 것은?

① 경사측정 ② 지하수위 측정
③ 변형률 측정 ④ 내공변위 측정

내공변위 측정
- 터널라이닝의 상대변위와 하중의 집중현상으로 인해 발생한 변위 측정
- 굴착지반이나 구조물의 변위 예측
- 터널내부의 붕괴위험 요소 예측
- 지속적인 구조물의 거동파악을 통한 안전성 확보

104 로프길이 2m의 안전대를 착용한 근로자가 추락으로 인한 부상을 당하지 않기 위한 지면으로부터 안전대 고정점까지의 높이(H)의 기준으로 옳은 것은?(단, 로프의 신율 30%, 근로자의 신장 180cm)

① H > 1.5m ② H > 2.5m
③ H > 3.5m ④ H > 4.5m

벨트식 안전대 착용시의 추락 거리

H = 로프의 길이 + 로프의 신장율 + 근로자의 신장 × $\frac{1}{2}$
= 2 + (2 × 0.3) + 0.9 = 3.5

105 강관틀 비계를 조립하여 사용하는 경우 준수해야하는 사항으로 옳지 않은 것은?

① 길이가 띠장 방향으로 4m 이하이고 높이가 10m를 초과하는 경우에는 10m 이내마다 띠장 방향으로 버팀기둥을 설치할 것
② 높이가 20m를 초과하거나 중량물의 적재를 수반하는 작업을 할 경우에는 주틀 간의 간격을 1.8m 이하로 할 것
③ 주틀 간에 교차가새를 설치하고 최상층 및 10층 이내마다 수평재를 설치할 것
④ 수직방향으로 6m, 수평방향으로 8m 이내마다 벽이음을 할 것

산업안전보건기준에 관한 규칙 제62조(강관틀비계) 사업주는 강관틀 비계를 조립하여 사용하는 경우 다음 각 호의 사항을 준수하여야 한다.

1. 비계기둥의 밑둥에는 밑받침 철물을 사용하여야 하며 밑받침에 고저차(高低差)가 있는 경우에는 조절형 밑받침철물을 사용하여 각각의 강관틀비계가 항상 수평 및 수직을 유지하도록 할 것
2. 높이가 20미터를 초과하거나 중량물의 적재를 수반하는 작업을 할 경우에는 주틀 간의 간격을 1.8미터 이하로 할 것
3. 주틀 간에 교차 가새를 설치하고 최상층 및 5층 이내마다 수평재를 설치할 것
4. 수직방향으로 6미터, 수평방향으로 8미터 이내마다 벽이음을 할 것
5. 길이가 띠장 방향으로 4미터 이하이고 높이가 10미터를 초과하는 경우에는 10미터 이내마다 띠장 방향으로 버팀기둥을 설치할 것

106 콘크리트 타설작업 시 안전에 대한 유의사항으로 옳지 않은 것은?

① 콘크리트를 치는 도중에는 지보공·거푸집 등의 이상유무를 확인한다.
② 높은 곳으로부터 콘크리트를 타설할 때는 호퍼로 받아 거푸집내에 꽂아 넣는 슈트를 통해서 부어 넣어야 한다.
③ 진동기를+ 가능한 한 많이 사용할수록 거푸집에 작용하는 측압상 안전하다.
④ 콘크리트를 한 곳에만 치우쳐서 타설하지 않도록 주의한다.

콘크리트의 측압이 커지는 조건
- 기온이 낮을수록(대기 중의 습도가 낮을수록)
- 치어붓기 속도가 클수록
- 굵은 콘크리트 일수록(물·시멘트비가 클수록, 슬럼프값이 클수록, 시멘트·물비가 적을수록)
- 콘크리트의 비중이 클수록
- 콘크리트의 다지기가 강할수록
- 철근양이 작을수록
- 거푸집의 수밀성이 높을수록
- 거푸집의 수평단면이 클수록(벽 두께가 클수록)
- 거푸집의 강성이 클수록
- 거푸집의 표면이 매끄러울수록
- 측압은 생콘크리트의 높이가 높을수록 커지나 일정한 높이에 이르면 측압의 증가는 없다.

107 건설업 산업안전보건관리비 계상 및 사용기준에 따른 안전관리비의 개인보호구 및 안전장구 구입비 항목에서 안전관리비로 사용이 가능한 경우는?

① 안전·보건관리자가 선임되지 않은 현장에서 안전·보건업무를 담당하는 현장관계자용 무전기, 카메라, 컴퓨터, 프린터 등 업무용 기기
② 혹한·혹서에 장기간 노출로 인해 건강장해를 일으킬 우려가 있는 경우 특정 근로자에게 지급되는 기능성 보호 장구
③ 근로자에게 일률적으로 지급하는 보냉·보온장구
④ 감리원이나 외부에서 방문하는 인사에게 지급하는 보호구

근로자 재해나 건강장해 예방 목적이 아닌 근로자 식별, 복리·후생적 근무여건 개선·향상, 사기진작, 원활한 공사 수행을 목적으로 하는 다음 장구의 구입·수리·관리 등에 소요되는 비용은 안전관리비로 사용이 불가능하다.
- 안전 보건관리자가 선임되지 않은 현장에서 안전 보건업무를 담당하는 현장관계자용 무전기, 카메라, 컴퓨터, 프린터 등 업무용 기기

- 근로자 보호 목적으로 보기 어려운 피복, 장구, 용품 등
  - 작업복, 방한복, 면장갑, 코팅장갑 등
  - 근로자에게 일률적으로 지급하는 보냉·보온장구(핫팩, 장갑, 아이스조끼, 아이스팩 등을 말함) 구입비
  - 감리원이나 외부에서 방문하는 인사에게 지급하는 보호구
※ 다만, 혹한·혹서에 장기간 노출로 인해 건강장해를 일으킬 우려가 있는 경우 특정 근로자에게 지급하는 기능성 보호 장구는 사용 가능하다.

108 압쇄기를 사용하여 건물해체시 그 순서로 가장 타당한 것은?

A : 보, B : 기둥, C : 슬래브, D : 벽체

① A → B → C → D ② A → C → B → D
③ C → A → D → B ④ D → C → B → A

압쇄기를 이용한 건축물의 해체순서 : 슬라브 → 보 → 벽체 → 기둥

109 부두·안벽 등 하역작업을 하는 장소에서 부두 또는 안벽의 선을 따라 통로를 설치하는 경우에는 그 폭을 최소 얼마 이상으로 하여야 하는가?

① 80cm ② 90cm
③ 100cm ④ 120cm

산업안전보건기준에 관한 규칙 제390조(하역작업장의 조치기준) 사업주는 부두·안벽 등 하역작업을 하는 장소에 다음 각 호의 조치를 하여야 한다.
1. 작업장 및 통로의 위험한 부분에는 안전하게 작업할 수 있는 조명을 유지할 것
2. 부두 또는 안벽의 선을 따라 통로를 설치하는 경우에는 폭을 90센티미터 이상으로 할 것
3. 육상에서의 통로 및 작업장소로서 다리 또는 선거(船渠) 갑문(閘門)을 넘는 보도(步道) 등의 위험한 부분에는 안전난간 또는 울타리 등을 설치할 것

110 가설통로의 설치 기준으로 옳지 않은 것은?

① 추락할 위험이 있는 장소에는 안전난간을 설치할 것
② 경사가 10°를 초과하는 경우에는 미끄러지지 아니하는 구조로 할 것
③ 경사는 30° 이하로 할 것
④ 건설공사에 사용하는 높이 8m 이상인 비계다리에는 7m 이내마다 계단참을 설치할 것

산업안전보건기준에 관한 규칙 제23조(가설통로의 구조) 사업주는 가설통로를 설치하는 경우 다음 각 호의 사항을 준수하여야 한다.
1. 견고한 구조로 할 것
2. 경사는 30도 이하로 할 것. 다만, 계단을 설치하거나 높이 2미터 미만의 가설통로로서 튼튼한 손잡이를 설치한 경우에는 그러하지 아니하다.

3. 경사가 15도를 초과하는 경우에는 미끄러지지 아니하는 구조로 할 것
4. 추락할 위험이 있는 장소에는 안전난간을 설치할 것. 다만, 작업상 부득이한 경우에는 필요한 부분만 임시로 해체할 수 있다.
5. 수직갱에 가설된 통로의 길이가 15미터 이상인 경우에는 10미터 이내마다 계단참을 설치할 것
6. 건설공사에 사용하는 높이 8미터 이상인 비계다리에는 7미터 이내마다 계단참을 설치할 것

111 취급·운반의 원칙으로 옳지 않은 것은?

① 곡선 운반을 할 것
② 운반 작업을 집중하여 시킬 것
③ 생산을 최고로 하는 운반을 생각할 것
④ 연속 운반을 할 것

취급·운반의 5원칙
- 직선운반
- 연속운반
- 운반작업을 집중화
- 생산을 최고로 하는 운반
- 최대한 시간과 경비를 절약할 수 있는 운반방법을 고려

112 강풍이 불어올 때 타워크레인의 운전작업을 중지하여야 하는 순간풍속의 기준으로 옳은 것은?

① 순간풍속이 초당 10m 초과
② 순간풍속이 초당 15m 초과
③ 순간풍속이 초당 25m 초과
④ 순간풍속이 초당 30m 초과

산업안전보건기준에 관한 규칙 제37조(악천후 및 강풍 시 작업 중지) ① 사업주는 비·눈·바람 또는 그 밖의 기상상태의 불안정으로 인하여 근로자가 위험해질 우려가 있는 경우 작업을 중지하여야 한다. 다만, 태풍 등으로 위험이 예상되거나 발생되어 긴급 복구작업을 필요로 하는 경우에는 그러하지 아니하다.
② 사업주는 순간풍속이 초당 10미터를 초과하는 경우 타워크레인의 설치·수리·점검 또는 해체 작업을 중지하여야 하며, 순간풍속이 초당 15미터를 초과하는 경우에는 타워크레인의 운전작업을 중지하여야 한다.

113 흙의 간극비를 나타낸 식으로 옳은 것은?

① $\dfrac{공기 + 물의체적}{흙 + 물의체적}$

② $\dfrac{공기 + 물의체적}{흙의체적}$

③ $\dfrac{물의체적}{물 + 흙의체적}$

④ $\dfrac{공기 + 물의체적}{공기 + 흙 + 물의체적}$

간극비 = $\dfrac{간극의 용적}{흙입자의 용적}$ = $\dfrac{공기 + 물의체적}{흙의체적}$

114 다음은 산업안전보건법령에 따른 달비계를 설치하는 경우에 준수해야 할 사항이다. (   )에 들어갈 내용으로 옳은 것은?

작업발판의 폭을 (   ) 이상으로 하고 틈새가 없도록 할 것

① 15cm ② 20cm
③ 40cm ④ 60cm

산업안전보건기준에 관한 규칙 제63조(달비계의 구조) ① 사업주는 곤돌라형 달비계를 설치하는 경우에는 다음 각 호의 사항을 준수해야 한다.
1. 다음 각 목의 어느 하나에 해당하는 와이어로프를 달비계에 사용해서는 아니 된다.
   가. 이음매가 있는 것
   나. 와이어로프의 한 꼬임[[스트랜드(strand)를 말한다. 이하 같다]]에서 끊어진 소선(素線)[필러(pillar)선은 제외한다]]의 수가 10퍼센트 이상(비자전로프의 경우에는 끊어진 소선의 수가 와이어로프 호칭지름의 6배 길이 이내에서 4개 이상이거나 호칭지름 30배 길이 이내에서 8개 이상)인 것
   다. 지름의 감소가 공칭지름의 7퍼센트를 초과하는 것
   라. 꼬인 것
   마. 심하게 변형되거나 부식된 것
   바. 열과 전기충격에 의해 손상된 것
2. 다음 각 목의 어느 하나에 해당하는 달기 체인을 달비계에 사용해서는 아니 된다.
   가. 달기 체인의 길이가 달기 체인이 제조된 때의 길이의 5퍼센트를 초과한 것
   나. 링의 단면지름이 달기 체인이 제조된 때의 해당 링의 지름의 10퍼센트를 초과하여 감소한 것
   다. 균열이 있거나 심하게 변형된 것
3. 달기 강선 및 달기 강대는 심하게 손상·변형 또는 부식된 것을 사용하지 않도록 할 것
4. 달기 와이어로프, 달기 체인, 달기 강선, 달기 강대는 한쪽 끝을 비계의 보 등에, 다른 쪽 끝을 내민 보, 앵커볼트 또는 건축물의 보 등에 각각 풀리지 않도록 설치할 것
5. 작업발판은 폭을 40센티미터 이상으로 하고 틈새가 없도록 할 것
6. 작업발판의 재료는 뒤집히거나 떨어지지 않도록 비계의 보 등에 연결하거나 고정시킬 것
7. 비계가 흔들리거나 뒤집히는 것을 방지하기 위하여 비계의 보·작업발판 등에 버팀을 설치하는 등 필요한 조치를 할 것
8. 선반 비계에서는 보의 접속부 및 교차부를 철선·이음철물 등을 사용하여 확실하게 접속시키거나 단단하게 연결시킬 것
9. 근로자의 추락 위험을 방지하기 위하여 다음 각 목의 조치를 할 것
   가. 달비계에 구명줄을 설치할 것
   나. 근로자에게 안전대를 착용하도록 하고 근로자가 착용한 안전줄을 달비계의 구명줄에 체결(締結)하도록 할 것
   다. 달비계에 안전난간을 설치할 수 있는 구조인 경우에는 달비계에 안전난간을 설치할 것

115 차량계 건설기계를 사용하여 작업할 때에 그 기계가 넘어지거나 굴러떨어짐으로써 근로자가 위험해질 우려가 있는 경우에 조치하여야 할 사항과 거리가 먼 것은?

① 갓길의 붕괴 방지 ② 작업반경 유지
③ 지반의 부동침하 방지 ④ 도로 폭의 유지

산업안전보건기준에 관한 규칙 제171조(전도 등의 방지) 사업주는 차량계 하역운반기계등을 사용하는 작업을 할 때에 그 기계가 넘어지거나 굴러떨어짐으로써 근로자에게 위험을 미칠 우려가 있는 경우에는 그 기계를 유도하는 사람(이하 "유도자"라 한다)을 배치하고 지반의 부동침하 및 갓길 붕괴를 방지하기 위한 조치를 해야 한다.

116 말비계를 조립하여 사용하는 경우에 지주부재와 수평면의 기울기는 최대 몇 도 이하로 하여야 하는가?

① 30° ② 45°
③ 60° ④ 75°

산업안전보건기준에 관한 규칙 제67조(말비계) 사업주는 말비계를 조립하여 사용하는 경우에 다음 각 호의 사항을 준수하여야 한다.
1. 지주부재(支柱部材)의 하단에는 미끄럼 방지장치를 하고, 근로자가 양측 끝부분에 올라서서 작업하지 않도록 할 것
2. 지주부재와 수평면의 기울기를 75도 이하로 하고, 지주부재와 지주부재 사이를 고정시키는 보조부재를 설치할 것
3. 말비계의 높이가 2미터를 초과하는 경우에는 작업발판의 폭을 40센티미터 이상으로 할 것

117 유해위험방지계획서 제출 대상 공사로 볼 수 없는 것은?

① 지상 높이가 31m 이상인 건축물의 건설공사
② 터널건설공사
③ 깊이 10m 이상인 굴착공사
④ 교량의 전체길이가 40m 이상인 교량공사

유해위험방지계획서 제출 대상 공사(산업안전보건법 시행령 제42조 ③항)
1. 다음 각 목의 어느 하나에 해당하는 건축물 또는 시설 등의 건설·개조 또는 해체 공사
   가. 지상높이가 31미터 이상인 건축물 또는 인공구조물
   나. 연면적 3만제곱미터 이상인 건축물
   다. 연면적 5천제곱미터 이상인 시설로서 다음의 어느 하나에 해당하는 시설
      1) 문화 및 집회시설(전시장 및 동물원·식물원은 제외한다)
      2) 판매시설, 운수시설(고속철도의 역사 및 집배송시설은 제외한다)
      3) 종교시설
      4) 의료시설 중 종합병원
      5) 숙박시설 중 관광숙박시설
      6) 지하도상가
      7) 냉동·냉장 창고시설
2. 연면적 5천제곱미터 이상인 냉동·냉장 창고시설의 설비공사 및 단열공사
3. 최대 지간(支間)길이(다리의 기둥과 기둥의 중심사이의 거리)가 50미터 이상인 다리의 건설등 공사
4. 터널의 건설등 공사
5. 다목적댐, 발전용댐, 저수용량 2천만톤 이상의 용수 전용 댐 및 지방상수도 전용 댐의 건설등 공사
6. 깊이 10미터 이상인 굴착공사

118 사면보호공법 중 구조물에 의한 보호 공법에 해당되지 않는 것은?

① 식생구멍공 ② 블럭공
③ 돌쌓기공   ④ 현장타설 콘크리트 격자공

식생구멍공은 식생으로 표층부의 안전을 도모하는 식생공법에 해당된다.

119 지반에서 나타나는 보일링(boiling) 현상의 직접적인 원인으로 볼 수 있는 것은?

① 굴착부와 배면부의 지하수위의 수두차
② 굴착부와 배면부의 흙의 중량차
③ 굴착부와 배면부의 흙의 함수비차
④ 굴착부와 배면부의 흙의 토압차

보일링(Boiling) : 사질토 지반을 굴착시, 굴착부와 지하수위차가 있을 경우, 수두차(水頭差)에 의하여 침투압이 생겨 흙막이벽 근입부분을 침식하는 동시에, 모래가 액상화(液狀化)되어 솟아오르며 흙막이벽의 근입부가 지지력을 상실하여 흙막이공의 붕괴를 초래하는 현상

120 추락의 위험이 있는 개구부에 대한 방호조치와 거리가 먼 것은?

① 안전난간, 울타리, 수직형 추락방망 등으로 방호조치를 한다.
② 충분한 강도를 가진 구조의 덮개를 뒤집히거나 떨어지지 않도록 설치한다.
③ 어두운 장소에서도 식별이 가능한 개구부 주의 표지를 부착한다.
④ 폭 30cm 이상의 발판을 설치한다.

산업안전보건기준에 관한 규칙 제43조(개구부 등의 방호 조치) ① 사업주는 작업발판 및 통로의 끝이나 개구부로서 근로자가 추락할 위험이 있는 장소에는 안전난간, 울타리, 수직형 추락방망 또는 덮개 등(이하 이 조에서 "난간등"이라 한다)의 방호 조치를 충분한 강도를 가진 구조로 튼튼하게 설치하여야 하며, 덮개를 설치하는 경우에는 뒤집히거나 떨어지지 않도록 설치하여야 한다. 이 경우 어두운 장소에서도 알아볼 수 있도록 개구부임을 표시해야 하며, 수직형 추락방망은 한국산업표준에서 정하는 성능기준에 적합한 것을 사용해야 한다.
② 사업주는 난간등을 설치하는 것이 매우 곤란하거나 작업의 필요상 임시로 난간등을 해체하여야 하는 경우 제42조제2항 각 호의 기준에 맞는 추락방호망을 설치하여야 한다. 다만, 추락방호망을 설치하기 곤란한 경우에는 근로자에게 안전대를 착용하도록 하는 등 추락할 위험을 방지하기 위하여 필요한 조치를 하여야 한다.

정답 2018년 04월 28일 최근 기출문제

001 ①	002 ②	003 ④	004 ②	005 ①	006 ③	007 ④	008 ①	009 ③	010 ④
011 ②	012 ①	013 ③	014 ④	015 ③	016 ③	017 ④	018 ①	019 ②	020 ④
021 ①	022 ②	023 ②	024 ②	025 ②	026 ④	027 ①	028 ④	029 ③	030 ④
031 ①	032 ③	033 ③	034 ①	035 ④	036 ①	037 ③	038 ③	039 ②	040 ④
041 ①	042 ③	043 ②	044 ④	045 ③	046 ②	047 ①	048 ③	049 ①	050 ②
051 ③	052 ④	053 ④	054 ④	055 ①	056 ①	057 ②	058 ③	059 ④	060 ②
061 ①	062 ③	063 ②	064 ①	065 ②	066 ①	067 ④	068 ④	069 ①	070 ③
071 ①	072 ①	073 ①	074 ④	075 ③	076 ③	077 ②	078 ②	079 ③	080 ④
081 ②	082 ④	083 ④	084 ①	085 ④	086 ③	087 ②	088 ①	089 ④	090 ②
091 ②	092 ③	093 ③	094 ②	095 ①	096 ①	097 ③	098 ①	099 ③	100 ④
101 ①	102 ①	103 ④	104 ③	105 ③	106 ③	107 ②	108 ③	109 ②	110 ②
111 ①	112 ②	113 ②	114 ③	115 ②	116 ④	117 ④	118 ①	119 ①	120 ④

2018년 09월 15일 최근 기출문제

제 01 과목 산업안전관리론

001 산업안전보건법령에 따른 안전인증기준에 적합한지를 확인하기 위하여 안전인증기관이 하는 심사의 종류가 아닌 것은?

① 서면심사 ② 예비심사
③ 제품심사 ④ 완성심사

안전인증 심사의 종류(산업안전보건법 시행규칙 제110조)
- 예비심사 : 기계 및 방호장치·보호구가 유해·위험기계등 인지를 확인하는 심사
- 서면심사 : 유해·위험기계등의 종류별 또는 형식별로 설계도면 등 유해·위험기계등의 제품기술과 관련된 문서가 안전인증기준에 적합한지에 대한 심사
- 기술능력 및 생산체계 심사 : 유해·위험기계등의 안전성능을 지속적으로 유지·보증하기 위하여 사업장에서 갖추어야 할 기술능력과 생산체계가 안전인증기준에 적합한지에 대한 심사
- 제품심사 : 유해·위험기계등이 서면심사 내용과 일치하는지와 유해·위험기계등의 안전에 관한 성능이 안전인증기준에 적합한지에 대한 심사로 개별 제품심사와 형식별 제품심사로 구분

002 건설기술 진흥법령에 따른 건설사고조사위원회의 구성 기준 중 다음 ( ) 안에 알맞은 것은?

건설사고조사위원회는 위원장 1명을 포함한 (   )명 이내의 위원으로 구성한다.

① 12 ② 11
③ 10 ④ 9

건설기술 진흥법 시행령 제106조(건설사고조사위원회의 구성·운영 등) ① 건설사고조사위원회는 위원장 1명을 포함한 12명 이내의 위원으로 구성한다.

003 보호구 안전인증 고시에 따른 안전블록이 부착된 안전대의 구조기준 중 안전블록의 줄은 와이어로프인 경우 최소지름은 몇 mm 이상이어야 하는가?

① 2 ② 4
③ 8 ④ 10

안전대의 일반구조(보호구 안전인증 고시 [별표9] 안전대의 성능기준)
가. 안전대의 일반구조는 다음 각 세목과 같이 한다.
   1) 벨트 또는 지탱벨트에 D링 또는 각 링과의 부착은 벨트 또는 지탱벨트와 같은 재료를 사용하여 견고하게 봉합할 것 (U자걸이 안전대에 한함)
   2) 벨트 또는 안전그네에 버클과의 부착은 벨트 또는 안전그네의 한쪽 끝을 꺾어 돌려 버클을 꺾어 돌린 부분을 봉합사로 견고하게 봉합할 것
   3) 죔줄 또는 보조죔줄 및 수직구명줄에 D링과 훅 또는 카라비너(이하 "D링 등"이라 한다)와의 부착은 죔줄 또는 보조 죔줄 및 수직구명줄을 D링 등에 통과시켜 꺾어돌린 후 그 끝을 3회 이상 엮어매는 방법(풀림방지장치의 일종) 또는 이와 동등이상의 확실한 방법으로 할 것
   4) 1호 또는 3호의 부착은 벨트 또는 지탱벨트 및 죔줄, 수직구명줄 또는 보조죔줄에 씸블(thimble)등의 마모방지장치가 되어있을 것
   5) 죔줄의 모든 금속 구성품은 내식성을 갖거나 부식방지 처리를 할 것
   6) 벨트의 조임 및 조절 부품은 저절로 풀리거나 열리지 않을 것
   7) 안전그네는 골반 부분과 어깨에 위치하는 띠를 가져야 하고, 사용자에게 잘 맞게 조절할 수 있을 것
   8) 안전대에 사용하는 죔줄은 충격흡수장치가 부착될 것 다만 U자걸이, 추락방지대 및 안전블록에는 해당하지 않는다.
나. U자걸이를 사용할 수 있는 안전대의 구조는 다음 세목과 같이 한다.
   1) 지탱벨트, 각링, 신축조절기가 있을 것(안전그네를 착용할 경우 지탱벨트를 사용하지 않아도 된다)
   2) U자걸이 사용 시 D링, 각 링은 안전대 착용자의 몸통 양 측면에 해당하는 곳에 고정되도록 지탱벨트 또는 안전그네에 부착할 것
   3) 신축조절기는 죔줄로부터 이탈하지 않도록 할 것
   4) U자걸이 사용상태에서 신체의 추락을 방지하기 위하여 보조죔줄을 사용할 것
   5) 보조훅 부착 안전대는 신축조절기의 역방향으로 낙하저지 기능을 갖출 것 다만 죔줄에 스토퍼가 부착될 경우에는 이에 해당하지 안는다
   6) 보조훅이 없는 U자걸이 안전대는 1개걸이로 사용할 수 없도록 훅이 열리는 너비가 죔줄의 직경보다 작고 8자형링 및 이음형 고리를 갖추지 않을 것
다. 안전블록이 부착된 안전대의 구조는 다음 세목과 같이 한다.
   1) 안전블록을 부착하여 사용하는 안전대는 신체지지의 방법으로 안전그네만을 사용할 것
   2) 안전블록은 정격 사용 길이가 명시 될 것
   3) 안전블록의 줄은 합성섬유로프, 웨빙(webbing), 와이어로프이어야 하며, 와이어로프인 경우 최소지름이 4mm 이상일 것
라. 추락방지대가 부착된 안전대의 구조는 다음 세목과 같이 한다.
   1) 추락방지대를 부착하여 사용하는 안전대는 신체지지의 방법으로 안전그네만을 사용하여야 하며 수직구명줄이 포함될 것
   2) 수직구명줄에서 걸이설비와의 연결부위는 훅 또는 카라비너 등이 장착되어 걸이설비와 확실히 연결될 것
   3) 유연한 수직구명줄은 합성섬유로프 또는 와이어로프 등이어야 하며 구명줄이 고정되지 않아 흔들림에 의한 추락방지대의 오작동을 막기 위하여 적절한 긴장수단을 이용, 팽팽히 당겨질 것
   4) 죔줄은 합성섬유로프, 웨빙, 와이어로프 등일 것
   5) 고정된 추락방지대의 수직구명줄은 와이어로프 등으로 하며 최소지름이 8mm 이상일 것
   6) 고정 와이어로프에는 하단부에 무게추가 부착되어 있을 것

004 산업안전보건법령에 따른 안전보건관리규정을 작성하여야 할 사업의 사업주는 안전보건관리규정을 작성하여야 할 사유가 발생한 날부터 며칠 이내에 작성하여야 하는가?

① 15일   ② 30일
③ 50일   ④ 60일

산업안전보건법 시행규칙 제25조(안전보건관리규정의 작성) ① 법 제25조제3항에 따라 안전보건관리규정을 작성해야 할

사업의 종류 및 상시근로자 수는 별표 2와 같다.
② 제1항에 따른 사업의 사업주는 안전보건관리규정을 작성해야 할 사유가 발생한 날부터 30일 이내에 별표 3의 내용을 포함한 안전보건관리규정을 작성해야 한다. 이를 변경할 사유가 발생한 경우에도 또한 같다.
③ 사업주가 제2항에 따라 안전보건관리규정을 작성할 때에는 소방·가스·전기·교통 분야 등의 다른 법령에서 정하는 안전관리에 관한 규정과 통합하여 작성할 수 있다.

005 재해의 간접원인 중 기초원인에 해당하는 것은?

① 불안전한 상태
② 관리적 원인
③ 신체적 원인
④ 불안전한 행동

산업재해의 발생 원인
- 간접원인 : 재해의 가장 깊은 곳에 존재하는 재해원인
  - 기초원인 : 학교 교육적 원인, 관리적 원인
  - 2차원인 : 신체적 원인, 정신적 원인, 안전 교육적 원인, 기술적 원인
- 직접원인(1차원인) : 시간적으로 사고 발생에 가까운 원인
  - 물적원인 : 불안전한 상태(설비 및 환경 등의 불량)
  - 인적원인 : 불안전한 행동

006 A사업장에서는 산업재해로 인한 인적·물적 손실을 줄이기 위하여 안전행동 실천운동(5C 운동)을 실시하고자 한다. 5C 운동에 해당하지 않는 것은?

① Control
③ Cleaning
② Correctness
④ Checking

5C운동
- 전심전력(Concentration)
- 복장단정(Correctness)
- 청소청결(Cleaning)
- 점검확인(Checking)
- 정리정돈(Clearance)

007 산업안전보건법령에 따른 안전보건표지의 종류별 해당 색채기준 중 틀린 것은?

① 금연 : 바탕은 흰색, 기본모형은 검은색, 관련부호 및 그림은 빨간색
② 인화성물질경고 : 바탕은 무색, 기본모형은 빨간색(검은색도 가능)
③ 보안경착용 : 바탕은 파란색, 관련 그림은 흰색
④ 고압전기경고 : 바탕은 노란색, 기본모형 관련부호 및 그림은 검은색

안전보건표지의 색채기준
- 금지표지 : 적색원형으로 특정 행동을 금지시키는 표지(바탕은 흰색, 기본모형은 빨간색, 관련부호 및 그림은 검은색)
- 경고표지 : 흑색 삼각형의 황색표지로 유해 또는 위험물에 대한 주의를 환기시키는 표지(바탕은 노란색, 기본모형 관련부호 및 그림은 검은색) ※ 단 인화성물질경고 산화성물질경고 폭발성물질경고 급성독성물질경고, 부식성물질경고의 기본모형은 빨간색(검은색도 가능)임

- 지시표지 : 청색원형으로 보호구 착용을 지시하는 표지(바탕은 파란색, 관련 그림은 흰색)
- 안내표지 : 위치(비상구, 의무실, 구급용구)를 알리는 표지(바탕은 흰색, 기본모형 및 관련부호는 녹색, 바탕은 녹색, 관련 부호 및 그림은 흰색)

008 시설물의 안전 및 유지관리에 관한 특별법령에 따른 안전등급별 정기안전점검 및 정밀안전 진단의 실시 시기 기준 중 다음 (   ) 안에 알맞은 것은?

안전등급	정기안전점검	정밀안전진단
A 등급	(㉠) 이상	(㉡)년에 1회 이상

① ㉠ 반기에 1회, ㉡ 6 ② ㉠ 반기에 1회, ㉡ 4
③ ㉠ 반기에 3회, ㉡ 6 ④ ㉠ 반기에 3회, ㉡ 4

안전점검, 정밀안전진단 및 성능평가의 실시시기(시설물의 안전 및 유지관리에 관한 특별법 시행령 별표 3)

안전등급	정기안전점검	정밀안전점검		정밀안전진단	성능평가
		건축물	건축물 외 시설물		
A등급	반기에 1회 이상	4년에 1회 이상	3년에 1회 이상	6년에 1회 이상	5년에 1회 이상
B·C등급		3년에 1회 이상	2년에 1회 이상	5년에 1회 이상	
D·E등급	1년에 3회 이상	2년에 1회 이상	1년에 1회 이상	4년에 1회 이상	

009 산업안전보건법령에 따른 건설업 중 유해위험방지계획서를 작성하여 고용노동부장관에게 제출하여야 하는 공사의 기준 중 틀린 것은?

① 연면적 5000m² 이상의 냉동·냉장창고 시설의 설비공사 및 단열공사
② 깊이 10m 이상인 굴착공사
③ 저수용량 2000만톤 이상의 용수 전용 댐공사
④ 최대 지간길이가 31m 이상인 교량 건설공사

유해위험방지계획서 제출 대상 공사(산업안전보건법 시행령 제42조 ③항)

1. 다음 각 목의 어느 하나에 해당하는 건축물 또는 시설 등의 건설·개조 또는 해체 공사
   가. 지상높이가 31미터 이상인 건축물 또는 인공구조물
   나. 연면적 3만제곱미터 이상인 건축물
   다. 연면적 5천제곱미터 이상인 시설로서 다음의 어느 하나에 해당하는 시설
      1) 문화 및 집회시설(전시장 및 동물원·식물원은 제외한다)
      2) 판매시설, 운수시설(고속철도의 역사 및 집배송시설은 제외한다)
      3) 종교시설
      4) 의료시설 중 종합병원
      5) 숙박시설 중 관광숙박시설
      6) 지하도상가
      7) 냉동·냉장 창고시설

2. 연면적 5천제곱미터 이상인 냉동·냉장 창고시설의 설비공사 및 단열공사
3. 최대 지간(支間)길이(다리의 기둥과 기둥의 중심사이의 거리)가 50미터 이상인 다리의 건설등 공사
4. 터널의 건설등 공사
5. 다목적댐, 발전용댐, 저수용량 2천만톤 이상의 용수 전용 댐 및 지방상수도 전용 댐의 건설등 공사
6. 깊이 10미터 이상인 굴착공사

010 재해 발생 건수 등의 추이를 파악하여 목표관리를 행하는데 필요한 월별 재해발생건수를 그래프화하여 관리선을 설정 관리하는 통계분석방법은?

① 파레토도 ② 특성요인도
③ 크로스도 ④ 관리도

통계원인 분석방법 4가지
- 파레토도 : 사고의 유형, 기인물 등의 분류항목을 순서대로 도표화 하여 문제나 목표의 이해에 편리
- 특성요인도 : 특성과 요인과의 관계를 도표로하여 어골(魚骨)상으로 세분화
- 클로즈분석(크로스도) : 2개 이상의 문제 관계를 분석하는데 사용하는 것으로 데이터를 집계하고, 표로 표시하여 요인별 결과 내역을 교차한 그림을 작성, 분석하는 방법
- 관리도 : 재해 발생 건수 등의 추이를 파악하여 목표관리를 행하는데 필요한 월별 재해발생건수를 그래프화하여 관리선을 설정 관리

011 산업안전보건법령에 따른 안전보건총괄책임지정 대상사업 기준 중 다음 (   ) 안에 알맞은 것은?(단, 선박 및 보트 건조업, 1차 금속 제조업 및 토사석 광업의 경우이다.)

> 수급인에게 고용된 근로자를 포함한 상시 근로자가 (㉠)명 이상인 사업 및 관계수급인의 공사금액을 포함한 해당 공사의 총공사금액이 (㉡)억원 이상인 건설업

① ㉠ 50, ㉡ 10 ② ㉠ 50, ㉡ 20
③ ㉠ 100, ㉡ 10 ④ ㉠ 100, ㉡ 20

산업안전보건법 시행령 제52조(안전보건총괄책임자 지정 대상사업) 법 제62조제1항에 따른 안전보건총괄책임자(이하 "안전보건총괄책임자"라 한다)를 지정해야 하는 사업의 종류 및 사업장의 상시근로자 수는 관계수급인에게 고용된 근로자를 포함한 상시근로자가 100명(선박 및 보트 건조업, 1차 금속 제조업 및 토사석 광업의 경우에는 50명) 이상인 사업이나 관계수급인의 공사금액을 포함한 해당 공사의 총공사금액이 20억원 이상인 건설업으로 한다.

012 산업안전보건법령에 따른 지방고용노동관서의 장이 사업주에게 안전관리자·보건관리자 또는 안전보건 관리담당자를 정수 이상으로 증원하게 하거나 교체하여 임명할 것을 명할 수 있는 기준 중 다음 (   ) 안에 알맞은 것은?

> • 해당 사업장의 연간재해율이 같은 업종의 평균재해율의 (㉠)배 이상인 경우
> • 중대재해가 연간 (㉡)건 이상 발생한 경우
> • 관리자가 질병이나 그 밖의 사유로 (㉢)개월 이상 직무를 수행할 수 없게 된 경우

① ㉠ 3, ㉡ 3, ㉢ 2　　　　② ㉠ 3, ㉡ 3, ㉢ 3
③ ㉠ 2, ㉡ 3, ㉢ 2　　　　④ ㉠ 2, ㉡ 2, ㉢ 3

해설

산업안전보건법 시행규칙 제12조(안전관리자 등의 증원 · 교체임명 명령) ① 지방고용노동관서의 장은 다음 각 호의 어느 하나에 해당하는 사유가 발생한 경우에는 법 제17조 제4항 · 제18조 제4항 또는 제19조제3항에 따라 사업주에게 안전관리자 · 보건관리자 또는 안전보건관리담당자(이하 이 조에서 "관리자"라 한다)를 정수 이상으로 증원하게 하거나 교체하여 임명할 것을 명할 수 있다. 다만, 제4호에 해당하는 경우로서 직업성 질병자 발생 당시 사업장에서 해당 화학적 인자(因子)를 사용하지 않은 경우에는 그렇지 않다.
1. 해당 사업장의 연간재해율이 같은 업종의 평균재해율의 2배 이상인 경우
2. 중대재해가 연간 2건 이상 발생한 경우. 다만, 해당 사업장의 전년도 사망만인율이 같은 업종의 평균 사망만인율 이하인 경우는 제외한다.
3. 관리자가 질병이나 그 밖의 사유로 3개월 이상 직무를 수행할 수 없게 된 경우
4. 별표 22 제1호에 따른 화학적 인자로 인한 직업성 질병자가 연간 3명 이상 발생한 경우. 이 경우 직업성 질병자의 발생일은 「산업재해보상보험법 시행규칙」 제21조제1항에 따른 요양급여의 결정일로 한다.

013 T.B.M 활동의 5단계 추진법의 진행순서로 옳은 것은?

① 도입 → 위험예지훈련 → 작업지시 → 점검정비 → 확인
② 도입 → 점검정비 → 작업지시 → 위험예지훈련 → 확인
③ 도입 → 확인 → 위험예지훈련 → 작업지시 → 점검정비
④ 도입 → 작업지시 → 위험예지훈련 → 점검정비 → 확인

해설

단시간 미팅 즉시즉응훈련 진행 요령(TBM 5단계)
- 제1단계 : 도입(정렬, 인사, 건강확인, 직장 체조, 목표 제창, 안전 연설)
- 제2단계 : 점검정비(복장, 보호구, 공구, 사용 기기, 재료 등의 점검 정비)
- 제3단계 : 작업지시(전달연락사항, 금일의 작업지시 5W1H+위험예지, 지적확인(중점 실시사항 2Point), 복창)
- 제4단계 : 위험예지(설정해 놓은 도해로 One Point 위험예지훈련 실시)
- 제5단계 : 확인(One Point 지적 확인 연습, Touch & Call, 끝맺음)

014 산업안전보건기준에 관한 규칙에 따른 이동식 크레인을 사용하여 작업을 할 때 작업시작 전 점검사항이 아닌 것은?

① 권과방지장치나 그 밖의 경보장치의 기능
② 브레이크 · 클러치 및 조정장치의 기능
③ 주행로의 상측 및 트롤리가 횡행하는 레일의 상태
④ 와이어로프가 통하고 있는 곳 및 작업 장소의 지반상태

해설

이동식 크레인을 사용하여 작업을 할 때 작업시작 전 점검사항
- 권과방지장치나 그 밖의 경보장치의 기능
- 브레이크 · 클러치 및 조정장치의 기능
- 와이어로프가 통하고 있는 곳 및 작업장소의 지반상태

015 재해사례연구의 진행단계로 옳은 것은?

① 사실의 확인 → 재해 상황의 파악 → 문제점의 발견 → 문제점의 결정 → 대책의 수립
② 문제점의 발견 → 재해 상황의 파악 → 사실의 확인 → 문제점의 결정 → 대책의 수립
③ 재해 상황의 파악 → 사실의 확인 → 문제점의 발견 → 문제점의 결정 → 대책의 수립
④ 문제점의 발견 → 문제점의 결정 → 재해 상황의 파악 → 사실의 확인 → 대책의 수립

재해사례연구의 진행단계
- 전제조건 - 재해상황의 파악 : 사례연구의 전제조건인 재해상황의 파악
- 제1단계 - 사실의 확인 : 작업의 개시에서 재해의 발생까지의 경과 가운데 재해와 관계가 있는 사실 및 재해요인으로 알려진 사실을 객관적으로 확인하며 이상시 또는 사고시, 재해발생시의 조치를 포함
- 제2단계 - 문제점의 발견 : 파악된 사실로부터 판단하여 각종 기준과의 차이에서 드러나는 문제점을 발견
- 제3단계 - 근본적 문제점 결정 : 발견된 문제점 가운데 재해의 중심의 되는 근본적 문제점을 결정하고, 다음으로 재해 원인을 결정
- 제4단계 - 대책의 수립 : 사례를 해결하기 위한 대책을 수립

016 산업안전보건법령에 따른 안전보건표지의 기본모형 중 다음 기본모형의 표시사항으로 옳은 것은?(단, 색도기준은 2.5PB 4/10 이다.)

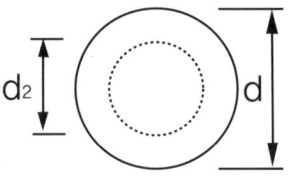

① 금지
② 경고
③ 지시
④ 안내

안전보건표지의 색도기준 및 용도

색채	색도기준	용도	사용례
빨간색	7.5R 4/14	금지	정지신호, 소화설비 및 그 장소, 유해행위의 금지
		경고	화학물질 취급장소에서의 유해·위험 경고
노란색	5Y 8.5/12	경고	화학물질 취급장소에서의 유해·위험 경고 이외의 위험 경고, 주의표지 또는 기계방호물
파란색	2.5PB 4/10	지시	특정 행위의 지시 및 사실의 고지
녹색	2.5G 4/10	안내	비상구 및 피난소 사람 또는 차량의 통행 표시
흰색	N9.5	-	파란색 또는 녹색에 대한 보조색
검은색	N0.5	-	문자 및 빨간색 또는 노란색에 대한 보조색

017 산업안전보건법령에 따른 안전보건표지 중 금지표지의 종류에 해당하지 않는 것은?

① 접근금지 ② 차량통행금지
③ 사용금지 ④ 탑승금지

금지표지의 종류

101 출입금지	102 보행금지	103 차량통행금지	104 사용금지	105 탑승금지	106 금연	107 화기금지	108 물체이동금지

018 연평균 상시근로자 수가 500명인 사업장에서 36건의 재해가 발생한 경우 근로자 한 사람이 이 사업장에서 평생 근무할 경우 근로자에게 발생할 수 있는 재해는 몇 건으로 추정되는가?(단, 근로자는 평생 40년을 근무하며, 평생잔업시간은 4000시간이고, 1일 8시간씩 연간 300일을 근무한다.)

① 2건 ② 3건
③ 4건 ④ 5건

- 도수율 = $\dfrac{\text{재해발생건수}}{\text{연간 총근로시간}} \times 10^6 = \dfrac{36}{500 \times 8 \times 300} \times 10^6 = 30$
- 환산도수율 = $\dfrac{\text{도수율}}{10} = \dfrac{30}{10} = 3$

019 산업안전보건법령에 따른 안전보건에 관한 노사협의체의 사용자위원 구성기준 중 틀린 것은?

① 해당 사업의 대표자
② 안전관리자 1명
③ 공사금액이 20억원 이상인 공사의 관계수급인의 각 대표자
④ 근로자대표가 지명하는 명예산업안전감독관 1명

노사협의체의 구성(산업안전보건법 시행령 제64조)
- 근로자위원의 구성
  - 도급 또는 하도급 사업을 포함한 전체 사업의 근로자대표
  - 근로자대표가 지명하는 명예산업안전감독관 1명. 다만, 명예산업안전감독관이 위촉되어 있지 않은 경우에는 근로자대표가 지명하는 해당 사업장 근로자 1명
  - 공사금액이 20억원 이상인 공사의 관계수급인의 각 근로자대표
- 사용자위원의 구성
  - 도급 또는 하도급 사업을 포함한 전체 사업의 대표자
  - 안전관리자 1명

- 보건관리자 1명(보건관리자 선임대상 건설업으로 한정)
- 공사금액이 20억원 이상인 공사의 관계수급인의 각 대표자

020 아담스(Edward Adams)의 사고 연쇄이론의 단계로 옳은 것은?

① 사회적 환경 및 유전적 요소 → 개인적 결함 → 불안전 행동 및 상태 → 사고 → 상해
② 통제의 부족 → 기본원인 → 직접원인 → 사고 → 상해
③ 관리구조 결함 → 작전적 에러 → 전술적 에러 → 사고 → 상해
④ 안전정책과 결정 → 불안전 행동 및 상태 → 물질에너지 기준이탈 → 사고 → 상해

아담스(Adams)의 연쇄이론
- 1단계 – 관리구조 : 목적(목적, 수행표준, 사정, 측정), 조직(명령체제, 관리의 범위, 권한과 임무의 위임, 스탭), 운영(설계, 설비, 조달, 계획, 절차, 환경 등)
- 2단계 – 작전적(전략적) 에러 : 관리자나 감독자에 의해서 만들어진 에러
  - 관리자의 행동 : 정책, 목표, 권위, 결과에 대한 책임, 책무, 주위의 넓이, 권한위임 등과 같은 영역에서 의사결정이 잘못 행해지던가 행해지지 않는다.
  - 감독자의 행동 : 행위, 책임, 권위, 규칙, 지도, 주도성(솔선수범), 의욕, 업무(운영) 등과 같은 영역에서의 관리상의 잘못 또는 생략이 행해진다.
- 3단계 – 전술적 에러 : 불안전한 행동 및 불안전한 상태를 전술적 에러
- 4단계 – 사고 : 사고의 발생 부상해 사고, 물적 손실사고
- 5단계 – 상해 또는 손해 : 대인, 대물

제 02 과목 산업심리 및 교육

021 맥그리거(McGregor)의 X, Y이론에 있어 X이론의 관리 처방으로 적절하지 않은 것은?

① 자체평가제도의 활성화
② 경제적 보상체제의 강화
③ 권위주의적 리더십의 확립
④ 면밀한 감독과 엄격한 통제

X 이론과 Y 이론 비교

X 이론	Y 이론
인간불신감	상호신뢰감
성악설	성선설
인간은 본래 게으르고 태만하여 남의 지배 받기를 즐긴다.	인간은 부지런하고 근면하며 적극적이며 자주적이다.
물질 욕구(저차적 욕구)	정신 욕구(고차적 욕구)
명령통제에 의한 관리	목표통합과 자기통제에 의한 자율관리
저개발국형	선진국형

022 운동에 대한 착각현상이 아닌 것은?
① 자동운동(自動運動)
② 항상운동(恒常運動)
③ 유도운동(誘導運動)
④ 가현운동(假現運動)

착각현상(운동의 시지각)
- 자동운동 : 암실 내에서 정리된 소광점을 응시하고 있으며 그 광점이 움직이는 것을 볼 수 있는데 이것을 자동운동이라 한다.
- 유도운동 : 실제로는 움직이지 않는 것이 어느 기준의 이동에 유도되어 움직이는 것처럼 느껴지는 현상을 말한다.
- 가현운동 : 객관적으로 정지하고 있는 대상물이 급속히 나타나던가 소멸하는 것으로 인하여 일어나는 운동으로 마치 대상물이 운동하는 것처럼 인식되는 현상(β-운동 : 영화 영상의 방법)이다.

023 개인적 차원에서의 스트레스 관리대책으로 관계가 먼 것은?
① 긴장 이완법
② 직무 재설계
③ 적절한 운동
④ 적절한 시간관리

직무 재설계는 조직적 차원의 관리대책에 해당된다.

024 일반적인 교육지도의 원칙 중 가장 거리가 먼 것은?
① 반복적으로 교육할 것
② 학습자 중심으로 교육할 것
③ 어려운 것에서 시작하여 쉬운 것으로 유도할 것
④ 강조하고 싶은 사항에 대해 강한 인상을 심어줄 것

교육지도(학습지도)의 8원칙
- 피교육자 중심으로 교육할 것(상대방 입장에서 교육)
- 동기부여(motivation)를 할 것
- 쉬운 것에서 부터 시작하여 어려운 것으로 유도할 것
- 반복(repeat)적으로 교육할 것
- 한 번에 하나씩 교육할 것
- 강조하고 싶은 사항에 대해 강한 인상을 심어줄 것(인상의 강화)
- 5관을 활용할 것
- 기능적인 이해가 되도록 할 것

025 산업심리의 5대 요소에 해당하지 않는 것은?
① 습관
② 규범
③ 기질
④ 동기

안전(산업)심리의 5요소 : 습관, 동기, 기질, 감정, 습성

026 호손(Hawthorne) 실험에서 작업자의 작업능률에 영향을 미치는 주요한 요인은 무엇인가?

① 작업 조건
② 생산 기술
③ 임금 수준
④ 인간 관계

호손 실험(Hawthorne experiment)
- 실험 연구자 : 메이요(Mayo)와 레슬리스버거(Roethlisberger)
- 실험 결론 : 작업자의 작업능률(생산성 향상)은 물리적인 작업조건보다는 인간관계의 요인에 의해서 좌우된다.

027 작업시의 정보 회로를 나열한 것으로 맞는 것은?

① 표시 → 감각 → 지각 → 판단 → 응답 → 출력 → 조작
② 응답 → 판단 → 표시 → 감각 → 지각 → 출력 → 조작
③ 감각 → 지각 → 판단 → 응답 → 표시 → 조작 → 출력
④ 지각 → 표시 → 감각 → 판단 → 조작 → 응답 → 출력

028 파악하고자 하는 연구과제에 대해 언어를 매개로 구조화된 질의응답을 통하여 교육하는 기법은?

① 면접(interview)
② 카운슬링(counseling)
③ CCS(Civil Communication Section)
④ ATP(American Telephone & Telegram Co.)

면접(interview)은 면접자와 피 면접자가 직접적인 언어적 상호작용을 통해 연구목적에 부합되는 여러가지 정보를 수집하는 방법으로 비언어적 행동이나 주변환경과 같은 정보 획득도 가능하다.

029 레윈(Lewin)의 행동법칙 B = f(P · E) 에서 E가 의미하는 것은?(단, B는 인간의 행동, P는 개체를 의미한다.)

① Energy
② Education
③ Environment
④ Engineering

Lewin K의 법칙
르윈(Lewin)은 인간의 행동(B)은 그 사람이 가진 자질 즉, 개체(P)와 심리학적 환경(E)과의 상호 함수관계에 있다고 규정함.
B = f(P · E)
- B : Behavior(인간의 행동)
- f : Function(함수관계 : 적성 기타 P와 E에 영향을 미칠 수 있는 조건)
- P : Person(개체 : 연령, 경험, 심신상태, 성격, 지능 등)
- E : Environment(심리적 환경 : 인간관계, 작업환경 등)

030 교육방법 중 토의법이 효과적으로 활용되는 경우가 아닌 것은?

① 피교육생들의 태도를 변화시키고자 할 때
② 인원이 토의를 할 수 있는 적정 수준일 때
③ 피교육생들 간에 학습능력의 차이가 클 때
④ 피교육생들이 토의 주제를 어느 정도 인지하고 있을 때

토의법이란 교수자와 학습자 간, 학습자와 학습자 간의 의사소통과 상호작용을 통하여 정보와 의견을 교환하고 결론을 이끌어 내는 교육방법으로 학습자들 간에 학습능력의 차이가 큰 경우 효과적인 토의가 진행되기 힘들다.

031 직무평가의 방법에 해당되지 않는 것은?

① 서열법 ② 분류법
③ 투사법 ④ 요소비교법

직무평가의 방법
- 서열법(Ranking method) : 가장 오래되고 간단한 방법으로 전체적·포괄적인 관점에서 각 직무를 상호 비교하여 순위를 결정하는 방법
- 분류법(Classification method) : 서열법에서 발전된 방식으로 어떠한 기준에 따라 사전에 만들어 놓은 등급에 각 직무를 적절히 판정하여 맞추어 넣는 평가방법
- 요소비교법(factor comparison method) : 가장 핵심이 되는 몇 개의 기준 직무를 선정하고 각 직무의 평가요소를 기준 직무의 평가요소와 결부시켜 비교함으로써 모든 직무의 상대적 가치를 결정하는 방법
- 점수법(Point method) : 직무를 구성요소로 분해하고 각 요소별로 중요도에 따라 숫자에 의한 점수를 부여한 후, 각 점수를 계산하여 각 직무별 가치를 평가하는 방법

032 새로운 자료나 교재를 제시하고, 거기에서의 문제점을 피교육자로 하여금 제기하게 하거나, 의견을 여러 가지 방법으로 발표하게 하고, 다시 깊게 파고들어서 토의하는 방법은?

① 포럼(Forum)
② 심포지엄(Symposium)
③ 버즈세션(Buzz Session)
④ 패널 디스커션(Panel Discussion)

토의(회의)방식
- 포럼(Forum, 공개토론회) : 새로운 자료나 교재를 제시하고 거기서의 문제점을 피교육자로 하여금 제기하도록 하거나 의견을 여러 가지 방법으로 발표하게 하고 다시 깊이 파고들어 토의를 행하는 방법
- 심포지엄(Symposium) : 몇 사람의 전문가에 의하여 과제에 관한 견해를 발표한 뒤 참가자로 하여금 의견이나 질문을 하게 하여 토의하는 방법
- 패널 디스커션(Panel Discussion) : 패널 멤버(교육과제에 정통한 전문가 4~5명)가 피교육자 앞에서 자유로이 토의를 하고 뒤에 피교육자 전원이 참가하여 사회자의 사회에 따라 토의하는 방법
- 대화(Colloquy) : 패널 디스커션의 변형으로 패널 멤버 외에 참석자의 대표를 선출하여 질의응답의 형태로 실시되는 것
- 버즈 세션(Buzz Session) : 6-6회의라고도 하며, 먼저 사회자와 기록계를 선출한 후 나머지 사람은 6명씩의 소집단으로 구분하고, 소집단별로 각각 사회자를 선발하여 6분간씩 자유토의를 행하여 의견을 종합하는 방법

033 학습의 전이란 학습한 결과가 다른 학습이나 반응에 영향을 주는 것을 의미한다. 이 전이의 이론에 해당되지 않는 것은?

① 일반화설
② 동일요소설
③ 형태이조설
④ 태도요인설

전이의 이론
- 동일요소설 : 선행 학습경험과 새로운 학습경험 사이에 같은 요소가 있을 때에는 서로의 사이에 연합 또는 연결의 현상이 일어난다는 설(E. L. Thorndike)
- 일반화설 : 학습자가 하나의 경험을 하면 그것으로 그치는 것이 아니고 다른 비슷한 상황에서 같은 방법이나 태도로 대하려는 경향이 있어서 이것이 효과를 가져와 전이가 이루어진다는 설(C. H. Judd)
- 형태이조설(移調說) : 형태심리학자들이 입증한 학설로 이것은 경험할 때의 심리학적 사태가 대체로 비슷한 경우라면 먼저 학습할 때에 머리 속에 형성되었던 구조가 그대로 옮겨가기 때문에 전이가 이루어진다는 설

034 기술교육의 진행방법 중 듀이(John Dewey)의 5단계 사고 과정에 속하지 않는 것은?

① 응용시킨다.(Application)
② 시사를 받는다.(Suggestion)
③ 가설을 설정한다.(Hypothesis)
④ 머리로 생각한다.(Intellectualization)

듀이의 사고과정의 5단계
- 1단계 : 시사를 받는다.(Suggestion)
- 2단계 : 머리로 생각한다.(Intellectualization)
- 3단계 : 가설을 설정한다.(Hypothesis)
- 4단계 : 추론한다.(Reasoning)
- 5단계 : 행동에 의하여 가설을 검토한다.(Testing of the hypothesis by action)

035 현장의 관리감독자 교육을 위하여 가장 바람직한 교육방식은?

① 강의식(lecture method)
② 토의식(discussion method)
③ 시범(demonstration method)
④ 자율식(self_instruction method)

토의(회의)방식 : 쌍방적 의사전달에 의한 교육방식(최적인원 10~20명)

036 단조로운 업무가 장시간 지속될 때 작업자의 감각기능 및 판단능력이 둔화 또는 마비되는 현상은?

① 착각현상
② 망각현상
③ 피로현상
④ 감각차단현상

인지과정 착오
- 생리, 심리적 능력의 한계
- 감각차단 현상(단조로운 업무, 반복작업)
- 정보량 저장능력의 한계
- 정서 불안정(공포, 불안, 불만)

037 산업안전보건법령상 사업 내 안전보건교육 중 건설업 일용근로자에 대한 건설업 기초안전·보건교육의 교육시간으로 맞는 것은?

① 1시간
② 2시간
③ 3시간
④ 4시간

근로자 안전보건교육(산업안전보건법 시행규칙 별표 4)

교육과정	교육대상		교육시간
정기교육	사무직 종사 근로자		매반기 6시간 이상
	그 밖의 근로자	판매업무에 직접 종사하는 근로자	매반기 6시간 이상
		판매업무에 직접 종사하는 근로자 외의 근로자	매반기 12시간 이상
채용 시 교육	일용근로자 및 근로계약기간이 1주일 이하인 기간제근로자		1시간 이상
	근로계약기간이 1주일 초과 1개월 이하인 기간제근로자		4시간 이상
	그 밖의 근로자		8시간 이상
작업내용 변경 시 교육	일용근로자 및 근로계약기간이 1주일 이하인 기간제근로자		1시간 이상
	그 밖의 근로자		2시간 이상
특별교육	특별교육 대상 작업(단, 타워크레인을 사용하는 작업시 신호업무를 하는 작업은 제외)에 종사하는 일용근로자 및 근로계약기간이 1주일 이하인 기간제근로자		2시간 이상
	타워크레인을 사용하는 작업시 신호업무를 하는 일용근로자 및 근로계약기간이 1주일 이하인 기간제근로자		8시간 이상
	특별교육 대상 작업에 종사하는 근로자 중 일용근로자 및 근로계약기간이 1주일 이하인 기간제근로자를 제외한 근로자		-16시간 이상(최초 작업에 종사하기 전 4시간 이상 실시하고 12시간은 3개월 이내에서 분할하여 실시 가능) -단기간 작업 또는 간헐적 작업인 경우에는 2시간 이상
건설업 기초 안전·보건교육	건설 일용근로자		4시간 이상

038 Off Job Training의 특징으로 맞는 것은?

① 개개인에게 적절한 지도훈련이 가능하다.
② 전문가를 강사로 초빙하는 것이 가능하다.
③ 직장의 실정에 맞게 실제적 훈련이 가능하다.
④ 훈련에 필요한 업무의 계속성이 끊어지지 않는다.

OJT와 off JT의 특징

OJT	off JT
• 개개인에게 적합한 지도훈련이 가능 • 직장의 실정에 맞는 실체적 훈련 • 훈련에 필요한 업무의 계속성 • 즉시 업무에 연결되는 관계로 신체와 관련 • 효과가 곧 업무에 나타나며 훈련의 좋고 나쁨에 따라 개선이 용이 • 교육을 통한 훈련 효과에 의해 상호 신뢰이해도가 높아짐	• 다수의 근로자에게 조직적 훈련이 가능 • 훈련에만 전념 • 특별 설비 기구를 이용 • 전문가를 강사로 초청 • 각 직장의 근로자가 많은 지식이나 경험을 교류 • 교육 훈련 목표에 대해서 집단적 노력이 흐트러 질 수도 있음

039 스트레스에 대하여 반응하는데 있어서 개인 차이의 이유로 적합하지 않은 것은?

① 성(性)의 차이 ② 강인성의 차이
③ 작업시간의 차이 ④ 자기 존중감의 차이

스트레스 반응에 있어 개인 차이의 원인
- 성(性)의 차이
- 강인성의 차이
- 자기 존중감의 차이

040 리더십의 유형을 지휘 형태에 따라 구분할 때, 이에 해당하지 않는 것은?

① 권위적 리더십 ② 민주적 리더십
③ 방임적 리더십 ④ 경쟁적 리더십

업무추진 방법에 의한 리더십의 분류
- 권위형 : 지도자가 집단의 모든 권한 행사를 단독적으로 처리
- 민주형 : 집단의 토론, 회의 등에 의해 정책을 결정
- 자유방임형 : 집단에 대하여 전혀 리더십을 발휘하지 않고 명목상의 리더 자리만을 지키는 유형으로 지도자가 집단 구성원에게 완전히 자유를 주는 경우

제 03 과목 인간공학 및 시스템안전공학

041 예비위험분석(PHA)에서 식별된 사고의 범주로 부적절한 것은?

① 중대(critical) ② 한계적(marginal)
③ 파국적(catastrophic) ④ 수용가능(acceptable)

PHA의 카테고리 분류
- Class 1 : 파국적(Catastrophic) – 사망, 시스템 손상
- Class 2 : 중대(Critical) – 심각한 상해, 시스템 중대 손상
- Class 3 : 한계적(Marginal) – 경미한 상해, 시스템 성능 저하
- Class 4 : 무시가능(Negligible) – 경미한 상해, 시스템 저하 없음

042 인체의 관절 중 경첩관절에 해당하는 것은?

① 손목관절   ② 엉덩관절
③ 어깨관절   ④ 팔꿉관절

경첩관절이란 하나의 축을 따라 구부리고 펼 수 있는 관절로 대표적인 경첩관절로는 팔꿈치(주관절)와 무릎관절(슬관절), 손가락의 지절간관절이 있다.

043 작업설계(job design)시 철학적으로 고려해야 할 사항 중 작업만족도(job satisfaction)를 얻기 위한 수단으로 볼 수 없는 것은?

① 작업감소(job reduce)
② 작업순환(job rotation)
③ 작업확대(job enlargement)
④ 작업윤택화(job enrichment)

작업 만족도(Job Satisfaction)를 가져오는 방법
- 수행되어야 할 활동의 수를 증가시킨다.
- 작업자 자신의 작업물에 대한 검사 책임을 준다.
- 어떤 특정한 부품보다는 완전한 한 단위에 대한 책임을 부여한다.
- 작업자 자신이 사용할 작업방법을 선택할 수 있는 기회를 준다.
- 작업순환 또는 생산공정의 작업조들에게 더 큰 책임을 지운다.

044 습구온도가 23℃이며, 건구온도가 31℃일 때의 Oxford 지수(건습지수)는 얼마인가?

① 2.42℃   ② 2.98℃
③ 24.2℃   ④ 29.8℃

옥스포드(Oxford) 지수
- WD(습건) 지수라고도 하며, 습구·건구온도의 가중(加重)평균치
- WD = 0.85W(습구온도) + 0.15D(건구온도)
∴ WD = (0.85×23) + (0.15×31) = 24.2℃

045 수공구 설계의 기본 원리로 틀린 것은?

① 양손잡이를 모두 고려하여 설계한다.
② 손바닥 부위에 압박을 주는 손잡이 형태로 설계한다.
③ 손잡이의 길이는 95% 남성의 손폭을 기준으로 한다.
④ 동력공구 손잡이는 최소 두 손가락 이상으로 작동하도록 설계한다.

수공구 설계의 기본원리
- 손잡이 길이는 95%의 남성의 손, 폭을 기준으로 한다.(최소 11cm, 장갑 사용시 12.5cm)
- 손바닥 부위에 압박을 주는 형태를 피한다.(손잡이 단면이 원형이 되어야 함)
- 손잡이의 직경은 사용용도에 따라서 설계한다.(힘을 요할 때 2.5~4cm, 정밀을 요할 때 0.75~1.5cm)
- Plier 형태의 손잡이에는 스프링장치를 설치한다.
- 양손잡이를 모두 고려하여 설계한다.
- 손잡이 재질은 미끄러지지 않고, 비전도성, 열과 땀에 강한 소재를 선택한다.
- 손목을 꺾지 말고 손잡이를 꺾어야 한다.
- 가능한 수동공구 대신 동력공구를 사용한다.
- 동력공구는 한 손가락이 아닌 두 손가락 이상으로 작동하도록 한다.
- 최대한 공구의 무게를 줄이고 사용시 무게의 균형이 유지되도록 설계한다.

046 결함위험분석(FHA, Fault Hazard Analysis)의 적용 단계로 가장 적절한 것은?

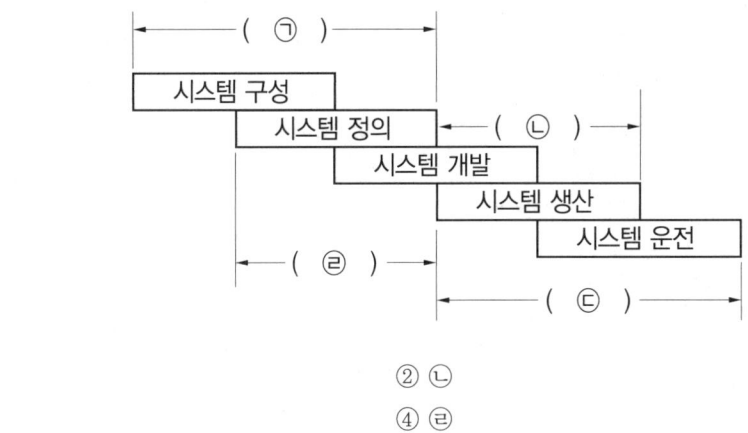

① ㉠　　　　　　　　② ㉡
③ ㉢　　　　　　　　④ ㉣

초기 위험분석을 위해 사용되는 예비위험분석(PHA)은 시스템 구성 단계에서, 분업에 의해 여럿이 분담하여 설계한 서브시스템 간의 인터페이스 조정을 위하여 각각의 서브시스템 및 전체 시스템의 안정성에 악영향을 끼치지 않게 하기 위한 분석인 결함위험분석(FHA)은 ㉣ 단계에서 적용한다.

047 중이소골(ossicle)이 고막의 진동을 내이의 난원창(oval window)에 전달하는 과정에서 음파의 압력은 어느 정도 증폭되는가?

① 2배　　　　　　　② 12배
③ 22배　　　　　　 ④ 220배

해설
중이소골(ossicle)이 고막의 진동을 내이의 난원창(oval window)에 전달하는 과정에서 음파의 압력은 고막에 가해지는 미세한 압력변화로 22배 정도 증폭되어 전달된다.

048 산업안전보건법령에 따라 유해위험방지계획서 제출 대상 사업장에 해당하는 1차 금속 제조업의 유해위험방지계획서에 첨부되어야 하는 서류에 해당하지 않는 것은?(단, 그 밖에 고용노동부장관이 정하는 도면 및 서류는 제외한다.)

① 기계·설비의 배치도면
② 건축물 각 층의 평면도
③ 위생시설물 설치 및 관리대책
④ 기계·설비의 개요를 나타내는 서류

해설
산업안전보건법 시행규칙 제42조(제출서류 등) ① 법 제42조제1항제1호에 해당하는 사업주가 유해위험방지계획서를 제출할 때에는 사업장별로 별지 제16호서식의 제조업 등 유해위험방지계획서에 다음 각 호의 서류를 첨부하여 해당 작업 시작 15일 전까지 공단에 2부를 제출해야 한다. 이 경우 유해위험방지계획서의 작성기준, 작성자, 심사기준, 그 밖에 심사에 필요한 사항은 고용노동부장관이 정하여 고시한다.
1. 건축물 각 층의 평면도
2. 기계·설비의 개요를 나타내는 서류
3. 기계·설비의 배치도면
4. 원재료 및 제품의 취급, 제조 등의 작업방법의 개요
5. 그 밖에 고용노동부장관이 정하는 도면 및 서류

049 조도에 관련된 척도 및 용어 정의로 틀린 것은?

① 조도는 거리가 증가할 때 거리의 제곱에 반비례한다.
② candela는 단위 시간당 한 발광점으로부터 투광되는 빛의 에너지양이다.
③ lux는 1cd의 점광원으로부터 1m 떨어진 구면에 비추는 광의 밀도이다.
④ lambert는 완전 발산 및 반사하는 표면에 표준 촛불로 1m 거리에서 조명될 때 조도와 같은 광도이다.

해설
lambert는 완전 발산 및 반사하는 표면에 표준 촛불로 1cm 거리에서 조명될 때의 조도와 같은 광속발산도이다.

050 FTA에서 활용하는 최소 컷셋(Minimal cut sets)에 관한 설명으로 맞는 것은?

① 해당 시스템에 대한 신뢰도를 나타낸다.
② 컷셋 중에 타 컷셋을 포함하고 있는 것을 배제하고 남은 컷셋들을 의미한다.
③ 어느 고장이나 에러를 일으키지 않으면 재해가 일어나지 않는 시스템의 신뢰성이다.
④ 기본사상이 일어나지 않을 때 정상사상(Top event)이 일어나지 않는 기본사상의 집합이다.

해설
컷과 패스
- 컷셋(cut sets) : 그 속에 포함되어 있는 모든 기본사상(통상, 생략, 결함사상을 포함)이 일어났을 때 정상사상(top event)을 일으키는 기본사상의 집합

- 최소 컷셋(minimal cut sets) : 컷셋 중 그 부분집합만으로는 정상사상을 일으키는 일이 없는 것, 즉 정상사상(top event)을 일으키기 위한 최소한의 컷셋으로 어떤 고장이나 에러를 일으키면 재해가 일어나는가 하는 것 즉, 시스템의 위험성(역으로는 안전성)를 나타내는 것
- 패스셋(path sets) : 시스템이 고장 나지 않도록 하는 사상의 조합
- 최소 패스셋(minimal path sets) : 시스템이 고장 나지 않도록 하는 최소한의 패스셋으로 어떤 고장이나 패스를 일으키지 않으면 재해는 일어나지 않는다는 것 즉, 시스템의 신뢰성을 나타내는 것

 051 인간이 현존하는 기계를 능가하는 기능이 아닌 것은?(단, 인공지능은 제외한다.)

① 원칙을 적용하여 다양한 문제를 해결한다.
② 관찰을 통해서 특수화하고 연역적으로 추리한다.
③ 주위의 이상하거나 예기치 못한 사건들을 감지한다.
④ 어떤 운용방법이 실패할 경우 새로운 다른 방법을 선택할 수 있다.

해설

인간과 기계의 상대적 재능

인간이 우수한 기능	기계가 우수한 기능
• 저에너지 자극(시각, 청각, 후각 등) 감지 • 복잡 다양한 자극 형태 식별 • 예기치 못한 사건 감지 • 다량 정보를 오래 보관 • 귀납적 추리 • 과부하 상황에서는 중요한 일에만 전념 • 임기응변, 융통성, 원칙 적용, 주관적 추산, 독창력 발휘 등의 기능	• 인간 감지 범위 밖의 자극(X선, 초음파 등)도 감지 • 인간 및 기계에 대한 모니터 기능 • 드물게 발생하는 사상 감지 • 암호화된 정보를 신속하게 대량보관 • 연역적 추리 • 과부하시에도 효율적으로 작동 • 정량적 정보처리, 장시간 중량작업, 반복작업, 동시에 여러 가지 작업수행 등의 기능

052 100분 동안 8kcal/min으로 수행되는 삽질작업을 하는 40세의 남성 근로자에게 제공되어야 할 적합한 휴식시간은 얼마인가?(단, Murrel의 공식 적용)

① 10.00분 ② 46.15분
③ 51.77분 ④ 85.71분

 해설

$$R = \frac{100(E - 5)}{E - 1.5} = \frac{100(8 - 5)}{8 - 1.5} = 46.15$$

053 FTA에 의한 재해사례 연구 순서에서 가장 먼저 실시하여야 하는 상황은?

① FT도의 작성 ② 개선 계획의 작성
③ 톱(TOP)사상의 선정 ④ 사상의 재해 원인의 규명

 해설

FTA에 의한 재해사례 연구순서
- 1단계 : 톱(Top) 사상의 선정
- 2단계 : 사상의 재해 원인의 규명
- 3단계 : FT도의 작성
- 4단계 : 개선계획의 작성
- 5단계 : 개선안 실시계획

054 양립성의 종류에 해당하지 않는 것은?

① 기능 양립성 ② 운동 양립성
③ 공간 양립성 ④ 개념 양립성

양립성의 구분
- 공간 양립성 : 표시장치나 조종장치에서 물리적 형태나 공간적인 배치의 양립성
- 운동 양립성 : 표시 및 조종장치 등의 운동 방향의 양립성
- 개념 양립성 : 사람들이 가지고 있는 개념적 연상(어떤 암호체계에서 청색이 정상을 나타내듯이)의 양립성
- 양식 양립성 : 기계가 특정 음성에 대해 정해진 반응을 하는 것과 같이 직무에 알맞은 자극과 응답 양식의 존재에 대한 양립성

055 원자력 발전소 운전에서 발생 가능한 응급조치 중 성격이 다른 것은?

① 조작자가 표지(label)를 잘못 읽어 틀린 스위치를 선택하였다.
② 조작자가 극도로 높은 압력 발생 이후 처음 60초 이내에 올바르게 행동하지 못하였다.
③ 조작자는 절차서 단계 중 마지막 점검목록인 수동 점검 밸브를 적절한 형태로 복귀시키지 않았다.
④ 조작자가 하나의 절차적 단계에서 2개의 긴밀하게 결부된 밸브 중에서 하나를 올바르게 조작하지 못하였다.

보기 중 ①, ②, ④항은 인지과정의 착오에 해당되며, ③항은 조치과정의 착오에 해당된다.

056 다음 중 불 대수 관계식으로 틀린 것은?

① $A(A + B) = A$ ② $\overline{A \cdot B} = \overline{A} + \overline{B}$
③ $A + \overline{A} \cdot B = A + B$ ④ $A + B = \overline{A} \cdot \overline{B}$

$A + B = B + A$, $\overline{A} \cdot \overline{B} = \overline{A + B}$

057 부품성능이 시스템 목표달성의 긴요도에 따라 우선순위를 설정하는 부품배치 원칙에 해당하는 것은?

① 중요성의 원칙 ② 사용 빈도의 원칙
③ 사용 순서의 원칙 ④ 기능별 배치의 원칙

부품 배치의 원칙
- 중요성의 원칙 : 부품성능이 시스템 목표달성의 긴요도에 따라 우선순위를 설정
- 사용빈도의 원칙 : 사용빈도에 따라 우선순위를 설정
- 기능별 배치의 원칙 : 기능적으로 관련된 부품을 한 곳에 모아 배치
- 사용순서의 원칙 : 사용순서를 고려하여 부품을 배치

058 일반적인 화학설비에 대한 안전성 평가(safety assessment) 절차에 있어 안전대책 단계에 해당되지 않는 것은?

① 위험도 평가
② 보전
③ 관리적 대책
④ 설비 대책

화학설비에 대한 안전성 평가 5단계
- 제1단계 : 관계자료의 작성준비
- 제2단계 : 정성적 평가
- 제3단계 : 정량적 평가
- 제4단계 : 안전대책
- 제5단계 : 재해정보에 의한 재평가

059 형광등과 물체의 거리가 50cm이고, 광도가 30fL 일때, 반사율은 얼마인가?

① 12%
② 25%
③ 35%
④ 42%

반사율 = $\dfrac{광도}{조도} \times 100 = \dfrac{30}{30 \div 0.5^2} \times 100 = \dfrac{30}{120} \times 100 = 25\%$

060 시스템 수명주기에 있어서 예비위험분석(PHA)이 이루어지는 단계에 해당하는 것은?

① 구상단계
② 점검단계
③ 운전단계
④ 생산단계

초기 위험분석을 위해 사용되는 예비위험분석(PHA)은 시스템의 구상(구성)단계, 발주단계에서 실시하며 귀납적, 정성적인 분석방법이다.

제 04 과목　건설시공학

061 철근콘크리트 구조물(5~6층)을 대상으로 한 벽, 지하외벽의 철근 고임대 및 간격재의 배치표준으로 옳은 것은?

① 상단은 보 밑에서 0.5m
② 중단은 상단에서 2.0m 이내
③ 횡간격은 0.5m 정도
④ 단부는 2.0m 이내

철근공사 시공기술표준

부위	철근 고임대 및 간격재의 수량 배치 간격	비고
슬래브	• 상/하단근 각각 가로, 세로 1m 이내 • 각 단부는 첫번째 철근에 설치	
보	• 간격 : 1.5 m 내외, 단부는 0.9m 이내	
기둥	• 상단 : 제1단 띠철근에 설치 • 중단 : 상단에서 1.5m 이내 • 기둥폭 1m까지 2개, 1m 이상시 3개 설치	
기초	• 8개/4m² 또는 1.2m 이내	
지중보	• 간격 : 1.5m 내외	
벽체	• 상단 : 보밑에서 0.5m 내외 • 중단 : 상단에서 1.5m 내외 • 횡간격 : 1.5m 내외, 개구부 주위는 각변에 2개소 설치	(단, 변의 길이가 1.5m 이상일 경우는 3개소 설치)

062 공사관리계약(Construction Management Contract) 방식의 장점이 아닌 것은?

① 시공 시 단계별 시공법을 적용할 수 있어 설계 및 시공기간을 단축시킬 수 있다.
② 설계과정에서 설계가 시공에 미치는 영향을 예측할 수 있어 설계도서의 현실성을 향상시킬 수 있다.
③ 기획 및 설계과정에서 발주자와 설계자 간의 의견대립 없이 설계대안 및 특수공법의 적용이 가능하다.
④ 대리인형 CM(CM for fee)방식은 공사비와 품질에 직접적인 책임을 지는 공사관리계약 방식이다.

대리인형 CM(CM for fee)은 발주자에게 임금을 받고 컨설턴트 역할만 수행하며, 공사결과에 대한 책임을 지지않는 형태이다. 이와 달리 공사비와 품질에 직접적인 책임을 지는 공사관리계약 방식은 시공자형 CM(CM for risk)방식이다.

063 발주자가 수급자에게 위탁하지 않고 직영공사로 공사를 수행하기에 가장 부적합한 공사는?

① 공사 중 설계변경이 빈번한 공사
② 아주 중요한 시설물공사
③ 군비밀상 부득이 한 공사
④ 공사현장 관리가 비교적 복잡한 공사

공사현장 관리가 비교적 복잡한 공사의 경우 직영공사를 할 경우 전문적 지식의 저하로 인해 시공관리가 원활하지 못하고, 공사기일도 연장될 우려가 크다.

064 콘크리트 타설 후 진동다짐에 관한 설명으로 옳지 않은 것은?

① 진동기는 하층 콘크리트에 10cm 정도 삽입하여 상하층 콘크리트를 일체화시킨다.
② 진동기는 가능한 연직방향으로 찔러 넣는다.
③ 진동기를 빼낼 때는 서서히 뽑아 구멍이 남지 않도록 한다.
④ 된비빔 콘크리트의 경우 구조체의 철근에 진동을 주어 진동효과를 좋게 한다.

진동기의 사용
- 콘크리트 다지기에는 내부 진동기를 사용하는 것이 원칙이나, 얇은 벽 등 내부 진동기의 사용이 곤란한 장소에서는 거푸집 진동기를 사용해도 좋다.
- 막대 진동기는 1일 콘크리트 작업량 20m³마다 1대로 잡는 것을 표준으로 한다(3대 사용시 예비 진동기 1대).
- 수직으로 사용한다.
- 철근 및 거푸집에 직접 닿지 않도록 한다.
- 사용간격은 진동이 중복되지 않도록 60cm 이하로 한다.
- 사용시간은 30~40초가 적당하다.
- 콘크리트에 구멍이 남지 않도록 서서히 뺀다.
- 굳기 시작한 콘크리트에는 사용하지 않는다.

065 철근콘크리트 보강 블록공사에 관한 설명으로 옳지 않은 것은?

① 보강 블록조 쌓기에서 세로줄눈은 막힌줄눈으로 하는 것이 좋다.
② 블록을 쌓을 때 지나치게 물축이기하면 팽창수축으로 벽체에 균열이 생기기 쉬우므로, 접착면에 적당히 물축여 모르타르 경화강도에 지장이 없도록 한다.
③ 보강블록공사 시 철근은 굵은 것보다 가는 철근을 많이 넣는 것이 좋다.
④ 벽체를 일체화시키기 위한 철근콘크리트조의 테두리 보의 춤은 내력벽 두께의 1.5배 이상으로 한다.

보강 철근콘크리트 블록조 시공상 주의사항
- 벽 세로근은 기초 보 또는 테두리보의 위치, 나누기에 따라 배치한다. 블록 나누기와 맞지 않을 때는 콘크리트를 파내고 수직과 30° 이내로 구부리기 한다.
- 세로 철근은 도중에 잇지 않고, 기초보, 테두리보에 40d 이상 정착한다.
- 가로근의 간격은 블럭 3켜(60cm) 또는 4켜(80cm)마다 넣는다.
- 가로근의 끝 부분은 벽체 상호에 40d 이상 정착한다. 이음을 할 때는 25d 이상으로 한다.
- 콘크리트 또는 모르타르 사춤은 블록 2켜 쌓기 이내마다 하고, 이음위치는 블록 윗면에서 5cm 정도 밑에 둔다.
- 사춤 콘크리트 다지기를 할 때 철근의 이동이 없도록 주의한다.
- 급수관, 배전관, 가스관 등을 배관할 때는 블록쌓기와 동시에 시공하고 철근이 복잡한 곳을 가급적 피한다.
※ 일반적으로 세로줄눈은 막힌줄눈으로 하는 것이 원칙이나, 보강블록공사는 통줄눈 쌓기를 한다.

066 강재 중 SN 355 B에서 각 기호의 의미를 잘못 나타낸 것은?

① S : Steel
② N : 일반 구조용 압연강재
③ 355 : 최저 항복강도 355N/mm²
④ B : 용접성에 있어 중간 정도의 품질

해설
SN강재는 기존의 SS나 SM강재보다 내진성과 용접성을 개선하고 지진에너지를 흡수할 수 있는 능력이 우수하여 내진성능이 요구되는 보나 기둥부재에 사용되는 강재로 고성능 건축구조용 강재(SN, Steel New Structure)이다.

067 다음 중 깊은 기초지정에 해당되는 것은?

① 잡석지정 ② 피어기초지정
③ 밑창콘크리트지정 ④ 긴주춧돌지정

해설
깊은 기초는 기초의 밑면에 접하는 토층이 적당한 지내력을 갖지 못하여 지내력 기초로 사용할 수 없는 경우 사용하는 기초로 가늘고 긴 말뚝을 타격이나 진동에 의해 견고한 지반에 도달시키는 방법이다. 깊은 기초에는 말뚝기초, 피어기초(베노토공법, RCD공법, 어스드릴공법), 케이슨기초가 있다.

068 콘크리트 골재의 비중에 따른 분류로써 초경량골재에 해당하는 것은?

① 중정석 ② 퍼라이트
③ 강모래 ④ 부순자갈

해설
초경량골재 : 퍼라이트(perlite), 버미컬라이트(vermiculite), 부석

069 철골부재 공장제작에서 강재의 절단 방법으로 옳지 않은 것은?

① 기계 절단법 ② 가스 절단법
③ 로터리 베니어 절단법 ④ 프라즈마 절단법

해설
로터리 베니어 절단법은 합판 단판제법이다.

070 자연상태로서의 흙의 강도가 1MPa이고, 이긴상태로의 강도는 0.2MPa라면 이 흙의 예민비는?

① 0.2 ② 2
③ 5 ④ 10

해설
예민비 = $\dfrac{\text{자연 상태의 시료강도}}{\text{이긴 상태의 시료강도}} = \dfrac{1}{0.2} = 5$

071 철골공사의 용접접합에서 플럭스(flux)를 옳게 설명한 것은?

① 용접 시 용접봉의 피복제 역할을 하는 분말상의 재료
② 압연강판의 층 사이에 균열이 생기는 현상
③ 용접작업의 종단부에 임시로 붙이는 보조판
④ 용접부에 생기는 미세한 구멍

해설

용접의 용어설명

종류	설명
스패터(Spatter)	철골용접 중 튀어나오는 슬래그 및 금속입자
비드(Bead)	용착금속이 열상을 이루어 용접된 용접층
밀 스케일(Mill scale)	쇠비늘, 강재가 냉각될 때 표면에 생기는 산화철의 표피(녹)
슬래그(Slag)	용접할 때 용착금속 위에 떠 있는 찌꺼기
그루브(Groove)	앞벌림, 접합 부재간의 사이를 트이게 한 것
플럭스(Flux)	자동용접의 경우 용접봉의 피복제 역할로 쓰이는 분말상의 재료
엔드 탭(End tab)	용접의 시작과 끝 부분에 임시로 붙이는 보조판
아크 스트라이크(Arc strike)	용접을 시작할 때 용접봉을 순간적으로 모재에 접촉시켜 아크를 발생시키는 것
가스 가우징(Gas gousing)	홈을 파기 위한 목적으로 한 화구로서 산소아세틸렌불꽃을 이용하여 녹여 깎은 재의 뒷부분을 깨끗이 깎는 것
루트(Root)	용접 이음부의 홈 아래 부분
위빙(Weaving)	용접봉을 용접방향에 대하여 가로로 왔다갔다 움직여 용착 금속을 녹여붙이는 것, 위빙 폭은 용접봉 지름의 3배 이하

072 흙막이공사의 공법에 관한 설명으로 옳은 것은?

① 지하연속벽(Slurry wall)공법은 인접건물의 근접시공은 어려우나 수평방향의 연속성이 확보된다.
② 어스앵커공법은 지하 매설물 등으로 시공이 어려울 수 있으나 넓은 작업장 확보가 가능하다.
③ 버팀대(Strut)공법은 가설구조물을 설치하지만 토량제거 작업의 능률이 향상된다.
④ 강재 널말뚝(Steel sheet pile)공법은 철재판재를 사용하므로 수밀성이 부족하다.

- 지하연속벽(Slurry wall)공법 : 안정액을 사용하여 지반붕괴를 방지하면서 굴착하여 그 속에 철근망과 콘크리트를 넣어 연속으로 콘크리트 흙막이벽을 설치하는 공법으로 차수성이 높으며, 인접건물에 근접 시공이 가능하다.
- 버팀대(Strut)공법 : 가설구조물로 인하여 중장비 작업이나 토량제거 작업의 작업능률이 저하된다.
- 강재 널말뚝(Steel sheet pile)공법 : 철재의 널말뚝을 연속해서 박아 수밀성있는 흙막이벽을 만들어 이를 띠장 버팀대로 지지하는 공법이다.

073 콘크리트 측압에 관한 설명으로 옳지 않은 것은?

① 콘크리트의 비중이 클수록 측압이 크다.
② 외기의 온도가 낮을수록 측압은 크다.
③ 거푸집의 강성이 작을수록 측압이 크다.
④ 진동다짐의 정도가 클수록 측압이 크다.

콘크리트의 측압이 커지는 조건
- 기온이 낮을수록(대기 중의 습도가 낮을수록)
- 치어붓기 속도가 클수록
- 굵은 콘크리트일수록(물-시멘트비가 클수록, 슬럼프 값이 클수록, 시멘트-물비가 적을 수록)
- 콘크리트의 비중이 클수록
- 콘크리트의 다지기가 강할수록
- 철근의 양이 작을수록
- 거푸집의 수밀성이 높을수록
- 거푸집의 수평단면이 클수록(벽 두께가 클수록)
- 거푸집의 강성이 클수록
- 거푸집의 표면이 매끄러울수록
- 생콘크리트의 높이가 높을수록(단, 일정한 높이에 이르면 측압의 증가는 없음)

074 지반개량 공법 중 동다짐(Dynamic Compaction)공법의 특징으로 옳지 않은 것은?

① 시공 시 지반진동에 의한 공해문제가 발생하기도 한다.
② 지반 내에 암괴 등의 장애물이 있으면 적용이 불가능하다.
③ 특별한 약품이나 자재를 필요로 하지 않는다.
④ 깊은 심도의 지반개량에 대해서는 초대형 장비가 필요하다.

동다짐공법은 타격에너지를 적절히 변화시킬 수 있어 깊은 곳까지 지반개량이 가능하고 지반 내에 암괴 등의 장애물이 있어도 시공이 가능하다. 또한, 각 시공 단계마다 그 효과를 확인하고 다음 시공 단계에 반영할 수 있어 시공의 효율성을 높일 수 있다.

075 연약한 점토지반에서 지반의 강도가 굴착규모에 비해 부족할 경우에 흙이 돌아 나오거나 굴착바닥면이 융기하는 현상은?

① 히빙   ② 보일링
③ 파이핑   ④ 틱소트로피

히빙(Heaving)
- 정의 : 굴착이 진행됨에 따라 흙막이 벽 뒤쪽 흙의 중량이 굴착부 바닥의 지지력 이상이 되면 흙막이벽 근입(根入) 부분의 지반 이동이 발생하여 굴착부 저면이 솟아오르는 현상
- 지반조건 : 연약성 점토 지반인 경우
- 현상 : 지보공 파괴, 토사붕괴 저면의 솟아오름

076 철근 용접이음 방식 중 Cad Welding 이음의 장점이 아닌 것은?

① 실시간 육안검사가 가능하다.
② 기후의 영향이 적고 화재위험이 감소된다.
③ 각종 이형철근에 대한 적용범위가 넓다.
④ 예열 및 냉각이 불필요하고 용접시간이 짧다.

해설
Cad welding은 철근에 sleeve를 끼우고 화약과 합금의 혼합물을 넣고 순간 폭발로 녹은 합금이 공간충전하여 철근을 이음하는 공법으로 육안검사가 불가능하다

077 벽돌쌓기 법 중에서 마구리를 세워 쌓는 방식으로 옳은 것은?

① 옆세워 쌓기 ② 허튼 쌓기
③ 영롱 쌓기 ④ 길이 쌓기

해설
옆세워 쌓기는 마구리면이 보이도록 벽돌벽면을 수직으로 쌓는 방식이다.

078 속빈 콘크리트블록의 규격 중 기본블록치수가 아닌 것은?(단, 단위 : mm)

① 390 × 190 × 190 ② 390 × 190 × 150
③ 390 × 190 × 100 ④ 390 × 190 × 80

해설
속빈 콘크리트블록의 치수 및 허용차(KS F 4002)

모양	치수(단위 : mm)			허용차
	길이	높이	두께	
기본 블록	390	190	190 150 100	±2
이형 블록	가로근용 블록, 모서리용 블록과 같이 기본 블록과 동일한 크기인 것의 치수 및 허용차는 기본 블록에 준한다. 다만 그 외의 경우 당사자간 협의에 따른다.			

079 당해 공사의 특수한 조건에 따라 표준시방서에 대하여 추가, 변경, 삭제를 규정한 시방서는?

① 안내시방서 ② 특기시방서
③ 자료시방서 ④ 공사시방서

해설
시방서의 종류
• 표준시방서 : 건축공사의 재료, 시공방법 등 표준적이고 공통공사 부분에 대한 내용을 기재
• 특기시방서 : 표준시방서에 기재되지 않은 특별한 사항의 공법 및 재료명 등을 설계자가 상세히 기록

080 공사계약 중 재계약 조건이 아닌 것은?

① 설계도면 및 시방서(specification)의 중대결함 및 오류에 기인한 경우
② 계약상 현장조건 및 시공조건이 상이(difference)한 경우

③ 계약사항에 중대한 변경이 있는 경우
④ 정당한 이유 없이 공사를 착수하지 않은 경우

제 05 과목 건설재료학

081 강재의 인장강도가 최대로 될 경우의 탄소함유량의 범위로 가장 가까운 것은?

① 0.04 ~ 0.2%
② 0.2 ~ 0.5%
③ 0.8 ~ 1.0%
④ 1.2 ~ 1.5%

강재의 인장강도가 최대로 되는 온도 범위는 250~300℃, 탄소함유량의 범위는 0.8 ~ 1.0%이다.

082 아스팔트 방수시공을 할 때 바탕재와의 밀착용으로 사용하는 것은?

① 아스팔트 컴파운드
② 아스팔트 모르타르
③ 아스팔트 프라이머
④ 아스팔트 루핑

아스팔트 제품
- 아스팔트 프라이머 : 블로운 아스팔트 50%와 용제 50%로 만든 바탕처리재이다.
- 아스팔트 펠트 : 양모, 폐지 등과 같은 유기성 섬유를 펠트상으로 만든 원지에 스트레이트 아스팔트를 가열용해하고 흡수시켜 만든다.
- 아스팔트 유제 : 스트레이트 아스팔트를 가열하여 액상으로 만들고 유화제를 혼합한 것으로 일반적으로 도로포장에 사용된다.
- 아스팔트 루핑 : 아스팔트 펠트의 양면에 블로운 아스팔트를 가열 · 용융시켜 피복하고 광물질 분말을 살포한 것으로 내산 및 내알칼리성이 있다.

083 석재에 관한 설명으로 옳지 않은 것은?

① 석회암은 석질이 치밀하나 내화성이 부족하다.
② 현무암은 석질이 치밀하여 토대석, 석축에 쓰인다.
③ 테라조는 대리석을 종석으로 한 인조석의 일종이다.
④ 화강암은 석회, 시멘트의 원료로 사용된다.

화강암(花崗巖, Granite)
- 땅 속 깊은 곳에서 마그마가 서서히 식어서 굳어진 암석으로 강도가 가장 크다.
- 석영, 장석, 운모로 이루어져 있다.
- 석질이 견고하고 풍화나 마멸에 강하다.
- 대재를 얻기 쉽고 외관이 아름다워 장식재로 쓸 수 있다.
- 내화도가 낮아서 고열을 받는 곳에는 부적당하다.

084 콘크리트에 사용되는 신축이음(Expansion Joint)재료에 요구되는 성능 조건이 아닌 것은?

① 콘크리트의 수축에 순응할 수 있는 탄성
② 콘크리트의 팽창에 대한 저항성
③ 우수한 내구성 및 내부식성
④ 콘크리트 이음 사이의 충분한 수밀성

해설

신축이음(Expansion Joint)은 온도변화에 따른 팽창수축 혹은 부동침하, 진동, 등에 의해 균열이 예상되는 위치에 설치하는 줄눈으로 재료의 팽창에 공극을 주어 자유롭게 만드는 줄눈이다.

085 다음 제품의 품질시험으로 옳지 않은 것은?

① 기와 : 흡수율과 인장강도
② 타일 : 흡수율
③ 벽돌 : 흡수율과 압축강도
④ 내화벽돌 : 내화도

해설

점토기와(KS F 3510)의 품질시험종목(건설공사 품질관리 업무지침)
- 치수의 측정
- 흡수율
- 휨 파괴 하중
- 내동해성

086 절대건조밀도가 2.6g/cm³이고, 단위용적질량이 1,750kg/m³인 굵은 골재의 공극률은?

① 30.5%
② 32.7%
③ 34.7%
④ 36.2%

해설

공극율 = $(1 - \dfrac{단위용적중량}{비중}) \times 100 = (1 - \dfrac{1.75}{2.6}) \times 100 ≒ 32.7\%$

087 유리섬유를 폴리에스테르수지에 혼입하여 가압·성형한 판으로 내구성이 좋아 내·외 수장재로 사용하는 것은?

① 아크릴평판
② 멜라민치장판
③ 폴리스티렌투명판
④ 폴리에스테르강화판

해설

폴리에스테르(Polyester) 강화판
- 가는 유리섬유에 폴리에스테르 수지를 넣어 상온 가압하여 성형한 제품이다.
- 가성소다(수산화나트륨) 등 알칼리에는 약하나 그 외의 화학약품에는 저항성이 있고 내구성도 뛰어나다.

088 점토에 관한 설명으로 옳지 않은 것은?

① 가소성은 점토입자가 클수록 좋다.
② 소성된 점토제품의 색상은 철화합물, 망간화합물, 소성온도 등에 의해 나타난다.
③ 저온으로 소성된 제품은 화학변화를 일으키기 쉽다.
④ Fe_2O_3 등의 성분이 많으면 건조수축이 커서 고급 도자기 원료로 부적합하다.

점토의 특징
- 점토의 주성분은 실리카, 알루미나이다.
- 압축강도는 크나 인장강도는 거의 없다(압축강도는 인장강도의 5배 정도).
- 비중은 2.5~2.6 정도로 입자의 크기는 보통 2㎛ 이하의 미립자이다.
- 가소성은 점토 성형에 중요한 성질로써 점토입자가 미세할수록 좋다.

089 돌로마이트 플라스터에 관한 설명으로 옳지 않은 것은?

① 건조수축에 대한 저항성이 크다.
② 소석회에 비해 점성이 높고 작업성이 좋다.
③ 변색, 냄새, 곰팡이가 없으며 보수성이 크다.
④ 회반죽에 비해 조기강도 및 최종강도가 크다.

돌로마이트 플라스터의 특징
- 점도가 크고, 응결시간이 길다.
- 회반죽보다 강도가 크다.
- 건조경화시에 균열이 생기기 쉽고 물에 약하다.

090 평판성형되어 유리대체재로서 사용되는 것으로 유기질 유리라고 불리우는 것은?

① 아크릴수지   ② 페놀수지
③ 폴리에틸렌수지   ④ 요소수지

아크릴수지
- 가열하면 연화 또는 융해하여 가소성이 되고, 냉각하면 경화하는 재료이다.
- 분자구조가 쇄상구조로 이루어져 있다.
- 투명도가 높아 유기유리로 불린다.

091 자연에서 용제가 증발해서 표면에 피막이 형성되어 굳는 도료는?

① 유성조합페인트   ② 에폭시수지도료
③ 알키드수지   ④ 염화비닐수지에나멜

염화비닐수지에나멜
- 폴리염화비닐에 가소제를 가하고 용매에 녹인 전색제에 안료를 분산하여 제조한다.
- 액상으로 불투명, 유채, 휘발건조성 도료로 자연에서 용제가 증발하여 표면에 피막이 형성되어 굳는 자연건조형 도료이다.
- 폴리염화비닐이 도막형성의 주요소이며 붓도장 또는 스프레이도장으로 사용 가능하다.

092 콘크리트의 성질을 개선하기 위해 사용하는 각종 혼화제의 작용에 포함되지 않는 것은?

① 기포작용　　　　　　　② 분산작용
③ 건조작용　　　　　　　④ 습윤작용

콘크리트 혼화제의 작용 : 기포작용, 분산작용, 습윤작용, 침투작용, 보호(유화)작용

093 목재의 심재와 변재에 관한 설명으로 옳지 않은 것은?

① 변재는 심재 외측과 수피 내측 사이에 있는 생활세포의 집합이다.
② 심재는 수액의 통로이며 양분의 저장소이다.
③ 심재는 변재보다 단단하여 강도가 크고 신축 등 변형이 적다.
④ 심재의 색깔은 짙으며 변재의 색깔은 비교적 엷다.

목재의 조직

조직구분	조직위치	색상 및 특징
변재	목재의 표피 가까이 위치	• 껍질에 가깝고 색이 옅은 부분 • 심재보다 무르고 연해서 강도가 약함 • 물과 양분을 전달하고 저장하는 역할 • 심재에 비해 비중이 적음, 건조시 변화 적음 • 심재보다 신축성이 크고, 내후성 내구성이 약함 • 고목일수록 변재의 폭이 넓음
심재	목재의 수심 가까이 위치	• 수심에 가깝고 색이 진하며 단단한 부분 • 변재보다 목질이 단단하고 광택이 있음 • 나무의 줄기를 지탱 • 변재보다 다량의 수액을 포함하여 비중이 큼 • 변재보다 신축이 적고, 내후성, 내구성이 큼 • 노목일수록 심재의 폭이 넓음

094 다음 중 이온화 경향이 가장 큰 금속은?

① Mg　　　　　　　② Al
③ Fe　　　　　　　④ Cu

금속의 이온화 경향

K > Ca > Na > Mg > Al > Zn > Fe > Ni > Sn > Pb > H > Cu > Hg > Ag > Pt > Au
이온화 경향이 크다. ←   → 이온화 경향이 작다.
반응성이 크다.   반응성이 작다.
산화가 잘 된다.   환원이 잘 된다.

095 콘크리트 공기량에 관한 설명으로 옳지 않은 것은?

① AE 콘크리트의 공기량은 보통 3~6%를 표준으로 한다.
② 콘크리트를 진동시키면 공기량이 감소한다.
③ 콘크리트의 온도가 높으면 공기량이 줄어든다.
④ 비빔시간이 길면 길수록 공기량은 증가한다.

AE 공기량이 감소하는 경우
- 온도가 높을수록
- 비벼놓은 시간이 길수록
- 진동을 주었을 경우
- 잔골재의 미립분이 적을수록(AE 공기량은 자갈입도보다 모래입도에 영향을 많이 받는다.)
- 기계비빔보다 손비빔 일수록

096 내화벽돌의 주원료 광물에 해당되는 것은?

① 형석
② 방해석
③ 활석
④ 납석

내화벽돌의 주원료는 규사, 규조토, 납석, 흑연, 고알루미나, 마그네시아, 돌로마이트, 크롬광, 탄화규소, 질화규소, 지르콘 등이며, 그 중 납석은 결정수가 적기 때문에 소성수축이 적고, 원석을 그대로 분쇄하여 성형하기때문에 내화벽돌로는 가격이 저렴하다.

097 목재의 강도 중에서 가장 작은 것은?

① 섬유방향의 인장강도
② 섬유방향의 압축강도
③ 섬유 직각방향의 인장강도
④ 섬유방향의 휨강도

목재의 강도
- 일반적인 목재의 경우 섬유방향(섬유방향과 평행한 방향)의 강도는 "인장강도 > 휨강도 > 압축강도 > 전단강도"의 순이다.
- 섬유 직각방향의 강도는 섬유방향의 강도보다 약하다.

098 금속재료의 녹막이를 위하여 사용하는 바탕칠 도료는?

① 알루미늄페인트
② 광명단
③ 에나멜페인트
④ 실리콘페인트

광명단(연단) 도료는 사산화삼납(Pb_3O_4)을 보일드유에 녹인 유성 페인트의 일종으로 철재의 방청도료도 사용된다.

099 바닥용으로 사용되는 모자이크 타일의 재질로서 가장 적당한 것은?

① 도기질
② 자기질
③ 석기질
④ 토기질

점토 소성 제품의 분류

구분	토기	도기	석기	자기
소성온도	790~1000℃	1100~1230℃	1160~1350℃	1230~1460℃
흡수율	20% 이상	10% 내외	3~10%	1% 이하
색상	유색, 백색	유색, 백색	유색	백색
특성	저급원료, 취약함	다공질, 탁음, 유약사용	유약을 사용하지 않으며 식염수 사용	금속성 청음
용도	기화, 적벽돌, 토관	내장타일, 테라코타	외장·바닥타일, 클링커 타일	고급타일, 모자이크 타일, 위생도기

100 시멘트의 분말도가 높을수록 나타나는 성질변화에 관한 설명으로 옳은 것은?

① 시멘트 입자 표면적의 증대로 수화반응이 늦다.
② 풍화작용에 대하여 내구적이다.
③ 건조수축이 적다.
④ 초기강도 발현이 빠르다.

분말도(Blaine)

- 분말도란 시멘트 1g에 포함된 시멘트 입자의 비표면적(cm^2)을 말한다.
- 시멘트 입자가 미세할수록(분말도가 높을수록) 물과 접촉면적이 커져서 수화가 빨리 진행되어 초기강도 발현이 빠르며, 블리딩이 적고 워커블한 콘크리트가 되는 반면 수축이 커서 균열이 생기기 쉬우며 내구성이 나쁘고 풍화가 용이해진다.
- 분말도를 측정하는 목적은 수화 작용과 강도를 예측하기 위한 것이다.

제 06 과목 건설안전기술

101 철골보 인양 시 준수해야 할 사항으로 옳지 않은 것은?

① 인양 와이어로프의 매달기 각도는 양변 60°를 기준으로 한다.
② 크램프로 부재를 체결할 때는 크램프의 정격용량 이상 매달지 않아야 한다.
③ 크램프는 부재를 수평으로 하는 한 곳의 위치에만 사용하여야 한다.
④ 인양 와이어로프는 후크의 중심에 걸어야 한다.

철골공사 표준안전 작업지침 제11조(보의 인양) 철골보를 인양할 때 다음 각 호의 사항을 준수하여야 한다.
1. 인양 와이어 로우프의 매달기 각도는 양변 60°를 기준으로 2열로 매달고 와이어 체결지점은 수평부재의 1/3기점을 기준하여야 한다.
2. 조립되는 순서에 따라 사용될 부재가 하단부에 적치되어 있을 때에는 상단부의 부재를 무너뜨리는 일이 없도록 주의하여 옆으로 옮긴 후 부재를 인양하여야 한다.
3. 크램프로 부재를 체결할 때는 다음 각 목의 사항을 준수하여야 한다.
   가. 크램프는 부재를 수평으로 하는 두 곳의 위치에 사용하여야 하며 부재 양단방향은 등간격이어야 한다.
   나. 부득이 한군데 만을 사용할 때는 위험이 적은 장소로서 간단한 이동을 하는 경우에 한하여야 하며 부재길이의 1/3 지점을 기준하여야 한다.
   다. 두 곳을 매어 인양시킬 때 와이어 로우프의 내각은 60도 이하이어야 한다.
   라. 크램프의 정격용량 이상 매달지 않아야 한다.
   마. 체결작업중 크램프 본체가 장애물에 부딪치지 않게 주의하여야 한다.
   바. 크램프의 작동상태를 점검한 후 사용하여야 한다.

102 옥외에 설치되어 있는 주행크레인에 대하여 이탈방지장치를 작동시키는 등 그 이탈을 방지하기 위한 조치를 하여야 하는 순간풍속에 대한 기준으로 옳은 것은?

① 순간풍속이 초당 10m를 초과하는 바람이 불어올 우려가 있는 경우
② 순간풍속이 초당 20m를 초과하는 바람이 불어올 우려가 있는 경우
③ 순간풍속이 초당 30m를 초과하는 바람이 불어올 우려가 있는 경우
④ 순간풍속이 초당 40m를 초과하는 바람이 불어올 우려가 있는 경우

산업안전보건기준에 관한 규칙 제140조(폭풍에 의한 이탈 방지) 사업주는 순간풍속이 초당 30미터를 초과하는 바람이 불어올 우려가 있는 경우 옥외에 설치되어 있는 주행 크레인에 대하여 이탈방지장치를 작동시키는 등 이탈 방지를 위한 조치를 하여야 한다.

103 깊이 10m 이내에 있는 연약점토의 전단강도를 구하기 위한 가장 적당한 시험은?

① 베인 시험   ② 표준관입시험
③ 평판재하시험   ④ 블레인 시험

베인(Vane)시험
• 연한 점토질 시험에 주로 쓰이는 방법이다.
• 4개의 날개가 달린 베인 테스터를 지반에 때려 박고 회전시켜 저항 모멘트를 측정, 전단강도를 산출한다.

104 강관비계를 사용하여 비계를 구성하는 경우 준수해야할 기준으로 옳지 않은 것은?

① 비계기둥의 간격은 띠장 방향에서는 1.85m 이하, 장선(長線) 방향에서는 1.5m 이하로 할 것
② 띠장 간격은 2.0미터 이하로 할 것
③ 비계기둥의 제일 윗부분으로부터 31m되는 지점 밑부분의 비계기둥은 2개의 강관으로 묶어 세울 것
④ 비계기둥 간의 적재하중은 600kg을 초과하지 않도록 할 것

산업안전보건기준에 관한 규칙 제60조(강관비계의 구조) 사업주는 강관을 사용하여 비계를 구성하는 경우 다음 각 호의 사항을 준수해야 한다.
1. 비계기둥의 간격은 띠장 방향에서는 1.85미터 이하, 장선(長線) 방향에서는 1.5미터 이하로 할 것. 다만, 다음 각 목의 어느 하나에 해당하는 작업의 경우에는 안전성에 대한 구조검토를 실시하고 조립도를 작성하면 띠장 방향 및 장선 방향으로 각각 2.7미터 이하로 할 수 있다.
   가. 선박 및 보트 건조작업
   나. 그 밖에 장비 반입·반출을 위하여 공간 등을 확보할 필요가 있는 등 작업의 성질상 비계기둥 간격에 관한 기준을 준수하기 곤란한 작업
2. 띠장 간격은 2.0미터 이하로 할 것. 다만, 작업의 성질상 이를 준수하기가 곤란하여 쌍기둥틀 등에 의하여 해당 부분을 보강한 경우에는 그러하지 아니하다.
3. 비계기둥의 제일 윗부분으로부터 31미터되는 지점 밑부분의 비계기둥은 2개의 강관으로 묶어 세울 것. 다만, 브라켓(bracket, 까치발) 등으로 보강하여 2개의 강관으로 묶을 경우 이상의 강도가 유지되는 경우에는 그러하지 아니하다.
4. 비계기둥 간의 적재하중은 400킬로그램을 초과하지 않도록 할 것

105 가설통로를 설치하는 경우 준수해야 할 기준으로 옳지 않은 것은?

① 견고한 구조로 할 것
② 경사는 30° 이하로 할 것
③ 추락할 위험이 있는 장소에는 안전난간을 설치할 것
④ 건설공사에 사용하는 높이 8m 이상인 비계다리에는 4m 이내마다 계단참을 설치할 것

산업안전보건기준에 관한 규칙 제23조(가설통로의 구조) 사업주는 가설통로를 설치하는 경우 다음 각 호의 사항을 준수하여야 한다.
1. 견고한 구조로 할 것
2. 경사는 30도 이하로 할 것. 다만, 계단을 설치하거나 높이 2미터 미만의 가설통로로서 튼튼한 손잡이를 설치한 경우에는 그러하지 아니하다.
3. 경사가 15도를 초과하는 경우에는 미끄러지지 아니하는 구조로 할 것
4. 추락할 위험이 있는 장소에는 안전난간을 설치할 것. 다만, 작업상 부득이한 경우에는 필요한 부분만 임시로 해체할 수 있다.
5. 수직갱에 가설된 통로의 길이가 15미터 이상인 경우에는 10미터 이내마다 계단참을 설치할 것
6. 건설공사에 사용하는 높이 8미터 이상인 비계다리에는 7미터 이내마다 계단참을 설치할 것

106 버팀보, 앵커 등의 축하중 변화상태를 측정하여 이들 부재의 지지효과 및 그 변화 추이를 파악하는데 사용되는 계측기기는?

① water level meter
② load cell
③ piezo meter
④ strain gauge

해설
- 수위계(water level meter) : 지반 내 지하수위의 변화 측정
- 하중계(load cell) : 버팀보, 어스앵커 등의 실제 축 하중변화의 측정
- 간극 수압계(piezo meter) : 지하수위의 수압을 측정
- 변형게이지(strain gauge) : 구조체의 변형되는 상태와 그 양을 측정

107 차량계 하역운반기계를 사용하여 작업을 할 때 기계의 전도, 전락에 의해 근로자에게 위험을 미칠 우려가 있는 경우에 사업주가 조치하여야 할 사항 중 옳지 않은 것은?

① 운전자의 시야를 살짝 가리는 정도로 화물을 적재
② 하역운반기계를 유도하는 사람을 배치
③ 지반의 부동침하방지 조치
④ 갓길의 붕괴를 방지하기 위한 조치

해설
산업안전보건기준에 관한 규칙 제173조(화물적재 시의 조치) ① 사업주는 차량계 하역운반기계등에 화물을 적재하는 경우에 다음 각 호의 사항을 준수하여야 한다.
1. 하중이 한쪽으로 치우치지 않도록 적재할 것
2. 구내운반차 또는 화물자동차의 경우 화물의 붕괴 또는 낙하에 의한 위험을 방지하기 위하여 화물에 로프를 거는 등 필요한 조치를 할 것
3. 운전자의 시야를 가리지 않도록 화물을 적재할 것

108 근로자의 위험방지를 위해 철골작업을 중지하여야 하는 기준으로 옳은 것은?

① 풍속이 초당 1m 이상인 경우
② 강우량이 시간당 1cm 이상인 경우
③ 강설량이 시간당 1cm 이상인 경우
④ 10분간 평균풍속이 초당 5m 이상인 경우

해설
산업안전보건기준에 관한 규칙 제383조(작업의 제한) 사업주는 다음 각 호의 어느 하나에 해당하는 경우에 철골작업을 중지하여야 한다.
1. 풍속이 초당 10미터 이상인 경우
2. 강우량이 시간당 1밀리미터 이상인 경우
3. 강설량이 시간당 1센티미터 이상인 경우

109 철골작업 시 철골부재에서 근로자가 수직방향으로 이동하는 경우에 설치하여야 하는 고정된 승강로의 최대 답단 간격은 얼마 이내인가?

① 20cm
② 25cm
③ 30cm
④ 40cm

해설
산업안전보건기준에 관한 규칙 제381조(승강로의 설치) 사업주는 근로자가 수직방향으로 이동하는 철골부재(鐵骨部材)에는 답단(踏段) 간격이 30센티미터 이내인 고정된 승강로를 설치하여야 하며, 수평방향 철골과 수직방향 철골이 연결되는 부분에는 연결작업을 위하여 작업발판 등을 설치하여야 한다.

110 거푸집 동바리의 침하를 방지하기 위한 직접적인 조치와 가장 거리가 먼 것은?

① 받침목의 사용
② 수평연결재 사용
③ 콘크리트의 타설
④ 말뚝박기

산업안전보건기준에 관한 규칙 제332조(동바리 조립 시의 안전조치) 사업주는 동바리를 조립하는 경우에는 하중의 지지상태를 유지할 수 있도록 다음 각 호의 사항을 준수해야 한다.
1. 받침목이나 깔판의 사용, 콘크리트 타설, 말뚝박기 등 동바리의 침하를 방지하기 위한 조치를 할 것
2. 동바리의 상하 고정 및 미끄러짐 방지 조치를 할 것
3. 상부·하부의 동바리가 동일 수직선상에 위치하도록 하여 깔판·받침목에 고정시킬 것
4. 개구부 상부에 동바리를 설치하는 경우에는 상부하중을 견딜 수 있는 견고한 받침대를 설치할 것
5. U헤드 등의 단판이 없는 동바리의 상단에 멍에 등을 올릴 경우에는 해당 상단에 U헤드 등의 단판을 설치하고, 멍에 등이 전도되거나 이탈되지 않도록 고정시킬 것
6. 동바리의 이음은 같은 품질의 재료를 사용할 것
7. 강재의 접속부 및 교차부는 볼트·클램프 등 전용철물을 사용하여 단단히 연결할 것
8. 거푸집의 형상에 따른 부득이한 경우를 제외하고는 깔판이나 받침목은 2단 이상 끼우지 않도록 할 것
9. 깔판이나 받침목을 이어서 사용하는 경우에는 그 깔판·받침목을 단단히 연결할 것

111 건설업 산업안전보건관리비 계상에 관한 설명으로 옳지 않은 것은?

① 재료비와 직접노무비의 합계액을 계상대상으로 한다.
② 안전관리비 계상기준은 산업재해보상보험법의 적용을 받는 공사 중 총 공사금액 2천만원 이상인 공사에 적용한다.
③ 발주자 또는 자기공사자는 설계변경 등으로 대상액의 변동이 있는 경우라도 특별한 경우를 제외하고는 안전관리비를 조정 계상하지 않는다.
④ 단가계약에 의하여 행하는 공사에 대하여는 총계약금액을 기준으로 적용한다.

건설업 산업안전보건관리비 계상 및 사용기준
제3조(적용범위) 이 고시는 법 제2조제11호의 건설공사 중 총공사금액 2천만 원 이상인 공사에 적용한다. 다만, 단가계약에 의하여 행하는 공사에 대하여는 총계약금액을 기준으로 적용한다.
제4조(계상기준) ① 건설공사발주자(이하 "발주자"라 한다)와 건설공사의 시공을 주도하여 총괄·관리하는자(이하 "자기공사자"라 한다)는 안전보건관리비를 다음 각 호와 같이 계상하여야 한다. 다만, 발주자가 재료를 제공하거나 물품이 완제품의 형태로 제작 또는 납품되어 설치되는 경우에 해당 재료비 또는 완제품의 가액을 대상액에 포함시킬 경우의 안전보건관리비는 해당 재료비 또는 완제품의 가액을 포함시키지 않은 대상액을 기준으로 계상한 안전보건관리비의 1.2배를 초과할 수 없다.
1. 대상액이 5억원 미만 또는 50억원 이상일 경우에는 대상액에 별표 1에서 정한 비율을 곱한 금액
2. 대상액이 5억원 이상 50억원 미만일 때에는 대상액에 별표 1에서 정한 비율을 곱한 금액에 기초액을 합한 금액
② 별표 1의 공사의 종류는 별표 5의 건설공사의 종류 예시표에 따른다. 다만, 하나의 사업장 내에 건설공사 종류가 둘 이상인 경우(분리발주한 경우를 제외한다)에는 공사금액이 가장 큰 공사종류를 적용한다.
③ 발주자 또는 자기공사자는 설계변경 등으로 대상액의 변동이 있는 경우에 지체 없이 별표 1의3에 따라 안전보건관리비를 조정 계상하여야 한다.

112 사다리식 통로 설치시 사다리식 통로의 길이가 10m 이상인 경우에는 몇 m 이내마다 계단참을 설치해야 하는가?

① 5m
② 7m
③ 9m
④ 10m

산업안전보건기준에 관한 규칙 제24조(사다리식 통로 등의 구조) ① 사업주는 사다리식 통로 등을 설치하는 경우 다음 각 호의 사항을 준수하여야 한다.
1. 견고한 구조로 할 것
2. 심한 손상·부식 등이 없는 재료를 사용할 것
3. 발판의 간격은 일정하게 할 것
4. 발판과 벽과의 사이는 15센티미터 이상의 간격을 유지할 것
5. 폭은 30센티미터 이상으로 할 것
6. 사다리가 넘어지거나 미끄러지는 것을 방지하기 위한 조치를 할 것
7. 사다리의 상단은 걸쳐놓은 지점으로부터 60센티미터 이상 올라가도록 할 것
8. 사다리식 통로의 길이가 10미터 이상인 경우에는 5미터 이내마다 계단참을 설치할 것
9. 사다리식 통로의 기울기는 75도 이하로 할 것. 다만, 고정식 사다리식 통로의 기울기는 90도 이하로 하고, 그 높이가 7미터 이상인 경우에는 다음 각 목의 구분에 따른 조치를 할 것
   가. 등받이울이 있어도 근로자 이동에 지장이 없는 경우 : 바닥으로부터 높이가 2.5미터 되는 지점부터 등받이울을 설치할 것
   나. 등받이울이 있으면 근로자가 이동이 곤란한 경우 : 한국산업표준에서 정하는 기준에 적합한 개인용 추락 방지 시스템을 설치하고 근로자로 하여금 한국산업표준에서 정하는 기준에 적합한 전신안전대를 사용하도록 할 것
10. 접이식 사다리 기둥은 사용 시 접혀지거나 펼쳐지지 않도록 철물 등을 사용하여 견고하게 조치할 것

113 동력을 사용하는 항타기 또는 항발기의 무너짐을 방지하기 위하여 준수하여야 할 기준으로 옳지 않은 것은?

① 연약한 지반에 설치하는 경우에는 아웃트리거·받침 등 지지구조물의 침하를 방지하기 위하여 깔판·받침목 등을 사용할 것
② 아웃트리거·받침 등 지지구조물이 미끄러질 우려가 있는 경우에는 말뚝 또는 쐐기 등을 사용하여 해당 지지구조물을 고정시킬 것
③ 궤도 또는 차로 이동하는 항타기 또는 항발기에 대해서는 불시에 이동하는 것을 방지하기 위하여 레일 클램프(rail clamp) 및 쐐기 등으로 고정시킬 것
④ 하단 부분은 버팀대·버팀줄로 고정하여 안정시키고, 그 상단 부분은 견고한 버팀·말뚝 또는 철골 등으로 고정시킬 것

한국산업안전보건기준에 관한 규칙 제209조(무너짐의 방지) 사업주는 동력을 사용하는 항타기 또는 항발기에 대하여 무너짐을 방지하기 위하여 다음 각 호의 사항을 준수해야 한다.
1. 연약한 지반에 설치하는 경우에는 아웃트리거·받침 등 지지구조물의 침하를 방지하기 위하여 깔판·받침목 등을 사용할 것
2. 시설 또는 가설물 등에 설치하는 경우에는 그 내력을 확인하고 내력이 부족하면 그 내력을 보강할 것
3. 아웃트리거·받침 등 지지구조물이 미끄러질 우려가 있는 경우에는 말뚝 또는 쐐기 등을 사용하여 해당 지지구조물을 고정시킬 것
4. 궤도 또는 차로 이동하는 항타기 또는 항발기에 대해서는 불시에 이동하는 것을 방지하기 위하여 레일 클램프(rail clamp) 및 쐐기 등으로 고정시킬 것
5. 상단 부분은 버팀대·버팀줄로 고정하여 안정시키고, 그 하단 부분은 견고한 버팀·말뚝 또는 철골 등으로 고정시킬 것

114 구조물의 해체작업 시 해체 작업계획서에 포함하여야 할 사항으로 옳지 않은 것은?

① 해체의 방법 및 해체순서 도면
② 해체물의 처분계획
③ 주변 민원 처리계획
④ 사업장 내 연락방법

해체계획 작성 시 포함사항(산업안전보건기준에 관한 규칙 별표 4)
- 해체의 방법 및 해체 순서도면
- 가설설비·방호설비·환기설비 및 살수·방화설비 등의 방법
- 사업장 내 연락방법
- 해체물의 처분계획
- 해체작업용 기계·기구 등의 작업계획서
- 해체작업용 화약류 등의 사용계획서
- 그 밖에 안전·보건에 관련된 사항

115 터널굴착작업 작업계획서에 포함해야 할 사항으로 가장 거리가 먼 것은?

① 암석의 분할방법
② 터널지보공 및 복공(覆工)의 시공방법
③ 용수(湧水)의 처리방법
④ 환기 또는 조명시설을 설치할 때에는 그 방법

터널공사의 시공계획 작성(산업안전보건기준에 관한 규칙 별표 4)
- 굴착방법
- 터널지보공 및 복공의 시공방법과 용수처리방법
- 환기 및 조명시설 설치방법

116 콘크리트 타설 시 거푸집이 받는 측압에 관한 설명으로 옳지 않은 것은?

① 대기의 온도가 높을수록 크다.
② 슬럼프(slump)가 클수록 크다.
③ 타설속도가 빠를수록 크다.
④ 거푸집의 강성이 클수록 크다.

콘크리트의 측압이 커지는 조건
- 기온이 낮을수록(대기 중의 습도가 낮을수록)
- 치어붓기 속도가 클수록
- 묽은 콘크리트일수록(물-시멘트비가 클수록, 슬럼프 값이 클수록, 시멘트-물비가 적을수록)

- 콘크리트의 비중이 클수록
- 콘크리트의 다지기가 강할수록
- 철근의 양이 작을수록
- 거푸집의 수밀성이 높을수록
- 거푸집의 수평단면이 클수록(벽 두께가 클수록)
- 거푸집의 강성이 클수록
- 거푸집의 표면이 매끄러울수록
- 생콘크리트의 높이가 높을수록(단, 일정한 높이에 이르면 측압의 증가는 없음)

117 추락재해 방지를 위한 방망의 그물코 규격 기준으로 옳은 것은?

① 사각 또는 마름모로서 크기가 5cm 이하
② 사각 또는 마름모로서 크기가 10cm 이하
③ 사각 또는 마름모로서 크기가 15cm 이하
④ 사각 또는 마름모로서 크기가 20cm 이하

추락방지용 방망의 구조 등 안전기준(추락재해방지 표준안전 작업지침 제5조)
- 그물코 : 사각 또는 마름모 등의 형상으로서 한 변의 길이(매듭의 중심간 거리)는 10cm 이하
- 테두리망 및 매다는 망의 강도 : 인장강도 1,500kg/cm² 이상
- 방망사의 신품에 대한 인장 강도

그물코의 종류	방망의 종류(단위 : kg)	
	매듭이 없는 방망	매듭 방망
10cm	240(150)	200(135)
5cm	-	110(60)

※괄호 안은 폐기기준 인장강도

118 유해위험방지계획서를 제출해야 할 대상 공사의 조건으로 옳지 않은 것은?

① 터널 건설등의 공사
② 최대지간 길이가 50m 이상인 교량건설 등의 공사
③ 다목적댐, 발전용댐 및 저수용량 2천만톤 이상의 용수전용댐, 지방상수도 전용 댐건설 등의 공사
④ 깊이가 5m 이상인 굴착공사

유해위험방지계획서 제출 대상 공사(산업안전보건법 시행령 제42조 ③항)
1. 다음 각 목의 어느 하나에 해당하는 건축물 또는 시설 등의 건설·개조 또는 해체 공사
   가. 지상높이가 31미터 이상인 건축물 또는 인공구조물
   나. 연면적 3만제곱미터 이상인 건축물
   다. 연면적 5천제곱미터 이상인 시설로서 다음의 어느 하나에 해당하는 시설
      1) 문화 및 집회시설(전시장 및 동물원·식물원은 제외한다)
      2) 판매시설, 운수시설(고속철도의 역사 및 집배송시설은 제외한다)

    3) 종교시설
    4) 의료시설 중 종합병원
    5) 숙박시설 중 관광숙박시설
    6) 지하도상가
    7) 냉동·냉장 창고시설
2. 연면적 5천제곱미터 이상인 냉동·냉장 창고시설의 설비공사 및 단열공사
3. 최대 지간(支間)길이(다리의 기둥과 기둥의 중심사이의 거리)가 50미터 이상인 다리의 건설등 공사
4. 터널의 건설등 공사
5. 다목적댐, 발전용댐, 저수용량 2천만톤 이상의 용수 전용 댐 및 지방상수도 전용 댐의 건설등 공사
6. 깊이 10미터 이상인 굴착공사

119 건설현장 토사붕괴의 원인으로 옳지 않은 것은?

① 지하수위의 증가
② 지반 내부마찰각의 증가
③ 지반 점착력의 감소
④ 차량에 의한 진동하중 증가

토사붕괴의 원인
- 외적원인 : 사면의 경사 및 기울기의 증가, 절토 및 성토의 증가, 공사에 의한 진동 및 반복하중의 증가, 지표수 또는 지하수의 침투로 인한 토사중량의 증가, 지진 및 작업차량 등의 하중
- 내적원인 : 절토사면의 토질, 암질의 종류, 성토 사면의 토질구성 및 분포, 토석의 강도 저하, 내부마찰각의 감소

120 굴착공사에서 경사면의 안정성을 확인하기 위한 검토사항에 해당되지 않는 것은?

① 지질조사　　　　　　　　② 토질시험
③ 풍화의 정도　　　　　　　④ 경보장치 작동상태

경사면의 안전성 확인사항 : 지질조사, 토질시험, 풍화의 정도

정답 2018년 09월 15일 최근 기출문제

001 ④	002 ①	003 ②	004 ②	005 ②	006 ①	007 ①	008 ①	009 ④	010 ④
011 ②	012 ④	013 ②	014 ③	015 ③	016 ③	017 ①	018 ②	019 ④	020 ③
021 ①	022 ②	023 ②	024 ③	025 ②	026 ④	027 ①	028 ①	029 ③	030 ③
031 ③	032 ①	033 ④	034 ①	035 ②	036 ④	037 ④	038 ②	039 ③	040 ④
041 ④	042 ④	043 ①	044 ③	045 ②	046 ④	047 ③	048 ③	049 ④	050 ②
051 ②	052 ②	053 ③	054 ①	055 ③	056 ④	057 ①	058 ①	059 ②	060 ①
061 ①	062 ④	063 ④	064 ④	065 ①	066 ②	067 ②	068 ②	069 ③	070 ③
071 ①	072 ②	073 ③	074 ②	075 ①	076 ①	077 ①	078 ④	079 ②	080 ④
081 ③	082 ④	083 ④	084 ②	085 ①	086 ②	087 ④	088 ①	089 ①	090 ①
091 ④	092 ④	093 ②	094 ①	095 ④	096 ④	097 ③	098 ②	099 ②	100 ④
101 ③	102 ②	103 ①	104 ④	105 ④	106 ②	107 ①	108 ③	109 ③	110 ②
111 ③	112 ①	113 ④	114 ③	115 ①	116 ①	117 ②	118 ④	119 ②	120 ④

2019년 03월 03일 최근 기출문제

제 01 과목 산업안전관리론

001 산업안전보건법령상 안전관리자를 2명 이상 선임하여야 하는 사업에 해당하지 않는 것은?

① 공사금액이 1000억인 건설업
② 상시 근로자가 500명인 통신업
③ 상시 근로자가 1500명인 운수업
④ 상시 근로자가 600명인 식료품 제조업

안전관리자를 2명 이상 선임하여야 하는 사업
- 건설업 : 공사금액 800억원 이상 1,500억원 미만
- 창고 및 운수업, 우편 및 통신업 : 상시근로자 1,000명 이상
- 식료품 제조업, 음료 제조업 : 상시근로자 500명 이상

002 아담스(Adams)의 재해연쇄이론에서 작전적 에러(Operational Error)로 정의한 것은?

① 선천적 결함
② 불안전한 상태
③ 불안전한 행동
④ 경영자나 감독자의 행동

직전적 에러(아담스의 연쇄이론)
- 관리자의 행동 : 정책, 목표, 권위, 결과에 대한 책임, 책무, 주위의 넓이, 권한위임 등과 같은 영역에서 의사결정이 잘못 행해지던가 행해지지 않는다.
- 감독자의 행동 : 행위, 책임, 권위, 규칙, 지도, 주도성(솔선수범), 의욕, 업무(운영) 등과 같은 영역에서의 관리상의 잘못 또는 생략이 행해진다.

003 보호구 안전인증 고시에 따른 안전화 종류에 해당하지 않는 것은?

① 경화안전화
③ 정전기안전화
② 발등안전화
④ 고무제안전화

안전화의 종류(보호구 안전인증 고시 별표 2)

종류	성능 구분
가죽제안전화	물체의 낙하, 충격 또는 날카로운 물체에 의한 찔림 위험으로부터 발을 보호하기 위한 것
고무제안전화	물체의 낙하, 충격 또는 날카로운 물체에 의한 찔림 위험으로부터 발을 보호하고 내수성을 겸한 것
정전기안전화	물체의 낙하, 충격 또는 날카로운 물체에 의한 찔림 위험으로부터 발을 보호하고 정전기의 인체 대전을 방지하기 위한 것
발등안전화	물체의 낙하, 충격 또는 날카로운 물체에 의한 찔림 위험으로부터 발 및 발등을 보호하기 위한 것
절연화	물체의 낙하, 충격 또는 날카로운 물체에 의한 찔림 위험으로부터 발을 보호하고 저압의 전기에 의한 감전을 방지하기 위한 것
절연장화	고압에 의한 감전을 방지 및 방수를 겸한 것
화학물질용안전화	물체의 낙하, 충격 또는 날카로운 물체에 의한 찔림 위험으로부터 발을 보호하고 화학물질로부터 유해위험을 방지하기 위한 것

004 천재지변 발생 직후 기계설비의 수리 등을 할 경우 또는 중대재해 발생 직후 등에 행하는 안전점검을 무엇이라 하는가?

① 임시점검 ② 자체점검
③ 수시점검 ④ 특별점검

특별점검
- 기계·기구·설비의 신설시·변경 내지 고장 수리시 실시하는 점검
- 천재지변 발생 후 실시하는 점검
- 안전강조 기간 내에 실시하는 점검

005 재해사례연구를 할 때 유의해야 될 사항으로 틀린 것은?

① 과학적이어야 한다. ② 논리적인 분석이 가능해야 한다.
③ 주관적이고 정확성이 있어야 한다. ④ 신뢰성이 있는 자료수집이 있어야 한다.

재해사례 연구 제1단계(사실의 확인) : 작업의 개시에서 재해의 발생까지의 경과 가운데 재해와 관계가 있는 사실 및 재해요인으로 알려진 사실을 객관적으로 확인하여야 한다.

006 무재해운동 추진의 3대 기둥으로 볼 수 없는 것은?

① 최고경영자의 경영자세 ② 노동조합의 협의체 구성
③ 직장 소집단 자주 활동의 활성화 ④ 관리감독자에 의한 안전보건의 추진

해설

무재해운동 추진의 3기둥(무재해운동의 3요소)
- 최고 경영자의 경영자세
- 라인화의 철저(관리감독자에 의한 안전보건의 추진)
- 직장(소집단)의 자주활동의 활발화

---

007 건설기술 진흥법상 안전관리계획을 수립해야 하는 건설공사에 해당하지 않는 것은?

① 15층 건축물의 리모델링
② 지하 15m를 굴착하는 건설공사
③ 항타 및 항발기가 사용되는 건설공사
④ 높이가 21m인 비계를 사용하는 건설공사

해설

건설기술 진흥법 시행령 제98조(안전관리계획의 수립) ① 법 제62조제1항에 따른 안전관리계획(이하 "안전관리계획"이라 한다)을 수립하여야 하는 건설공사는 다음 각 호와 같다. 이 경우 원자력시설공사는 제외하며, 해당 건설공사가 「산업안전보건법」 제42조에 따른 유해위험방지계획을 수립하여야 하는 건설공사에 해당하는 경우에는 해당 계획과 안전관리계획을 통합하여 작성할 수 있다.
1. 「시설물의 안전 및 유지관리에 관한 특별법」 제7조제1호 및 제2호에 따른 1종시설물 및 2종시설물의 건설공사(같은 법 제2조제11호에 따른 유지관리를 위한 건설공사는 제외한다)
2. 지하 10미터 이상을 굴착하는 건설공사. 이 경우 굴착 깊이 산정 시 집수정(集水井), 엘리베이터 피트 및 정화조 등의 굴착 부분은 제외하며, 토지에 높낮이 차가 있는 경우 굴착 깊이의 산정방법은 「건축법 시행령」 제119조제2항을 따른다.
3. 폭발물을 사용하는 건설공사로서 20미터 안에 시설물이 있거나 100미터 안에 사육하는 가축이 있어 해당 건설공사로 인한 영향을 받을 것이 예상되는 건설공사
4. 10층 이상 16층 미만인 건축물의 건설공사
4의2. 다음 각 목의 리모델링 또는 해체공사
  가. 10층 이상인 건축물의 리모델링 또는 해체공사
  나. 「주택법」 제2조제25호다목에 따른 수직증축형 리모델링
5. 「건설기계관리법」 제3조에 따라 등록된 다음 각 목의 어느 하나에 해당하는 건설기계가 사용되는 건설공사
  가. 천공기(높이가 10미터 이상인 것만 해당한다)
  나. 항타 및 항발기
  다. 타워크레인

---

008 상시 근로자수가 100명인 사업장에서 1년간 6건의 재해로 인하여 10명의 부상자가 발생하였고, 이로 인한 근로손실일수는 12일, 휴업일수는 68일이었다. 이 사업장의 강도율은 약 얼마인가?(단, 1일 9시간씩 연간 290일 근무하였다.)

① 0.58
② 0.67
③ 22.99
④ 100

해설

$$강도율 = \frac{근로손실일수}{연근로총시간수} \times 1000 = \frac{120 + (68 \times \frac{290}{365})}{100 \times 9 \times 290} \times 1000 = 0.67$$

009 재해발생원인의 연쇄관계상 재해의 발생원인을 관리적인 면에서 분류한 것과 가장 관계가 먼 것은?

① 인적 원인
② 기술적 원인
③ 교육적 원인
④ 작업관리상 원인

재해의 간접원인
- 기술적 원인 : 건물·기계장치 설계 불량, 구조·재료의 부적합, 생산 공정의 부적당, 점검·정비·보존 불량
- 교육적 원인 : 안전의식의 부족, 안전수칙의 오해, 경험훈련의 미숙, 작업방법의 교육 불충분, 유해위험 작업의 교육 불충분
- 관리적 원인(작업관리상 원인) : 안전관리 조직 결함, 안전수칙 미제정, 작업준비 불충분, 인원배치 부적당, 작업지시 부적당

010 하베이(Harvey)가 제시한 '안전의 3E'에 해당하지 않는 것은?

① Education
② Enforcement
③ Economy
④ Engineering

3E 대책(Harvey)
- 하인리히의 사고예방 5단계 중 5번째 단계(시정책의 적용)와 연관
- 기술적 대책(Engineering), 교육적 대책(Education), 관리적 대책(Enforcement)

011 안전표지 종류 중 금지표시에 대한 설명으로 옳은 것은?

① 바탕은 노랑색, 기본모양은 흰색, 관련부호 및 그림은 파랑색
② 바탕은 노랑색, 기본모양은 흰색, 관련부호 및 그림은 검정색
③ 바탕은 흰색, 기본모양은 빨강색, 관련부호 및 그림은 파랑색
④ 바탕은 흰색, 기본모양은 빨강색, 관련부호 및 그림은 검정색

안전·보건표지의 색채
- 금지표지(8종) : 바탕은 흰색, 기본모형은 빨간색, 관련 부호 및 그림은 검은색
- 경고표지(15종) : 바탕은 노란색, 기본모형, 관련 부호 및 그림은 검은색. 다만, 인화성물질 경고, 산화성물질 경고, 폭발성물질 경고, 급성독성물질 경고, 부식성물질 경고 및 발암성·변이원성·생식독성·전신독성·호흡기과민성물질 경고의 경우 무색, 기본모형은 빨간색(검은색도 가능))
- 지시표지(7종) : 바탕은 파란색, 관련 그림은 흰색
- 안내표지(7종) : 바탕은 흰색, 기본모형 및 관련 부호는 녹색, 바탕은 녹색, 관련 부호 및 그림은 흰색

012 크레인(이동식은 제외한다)은 사업장에 설치한 날로부터 몇 년 이내에 최초 안전검사를 실시하여야 하는가?

① 1년
② 2년
③ 3년
④ 5년

안전검사의 주기와 합격표시 및 표시방법(산업안전보건법 시행규칙 제126조)
- 크레인(이동식 크레인은 제외), 리프트(이삿짐운반용 리프트는 제외) 및 곤돌라 : 사업장에 설치가 끝난 날부터 3년 이내에 최초 안전검사를 실시하되, 그 이후부터 2년마다(건설현장에서 사용하는 것은 최초로 설치한 날부터 6개월마다)
- 이동식 크레인, 이삿짐운반용 리프트 및 고소작업대 : 신규등록 이후 3년 이내에 최초 안전검사를 실시하되, 그 이후부터 2년마다
3. 프레스, 전단기, 압력용기, 국소 배기장치, 원심기, 롤러기, 사출성형기, 컨베이어, 산업용 로봇, 혼합기, 파쇄기 또는 분쇄기 : 사업장에 설치가 끝난 날부터 3년 이내에 최초 안전검사를 실시하되, 그 이후부터 2년마다(공정안전보고서를 제출하여 확인을 받은 압력용기는 4년마다)
※ 혼합기, 파쇄기 또는 분쇄기는 2026년 6월 26일부터 적용

013 다음 중 소규모 사업장에 가장 적합한 안전관리조직의 형태는?

① 라인형 조직　　　　　　　② 스탭형 조직
③ 라인-스탭 혼합형 조직　　④ 복합형 조직

라인(Line)형(직계식 조직)의 특징
- 안전관리에 관한 계획에서 실시에 이르기까지 모든 권한이 포괄적이고 직선적으로 행사되며, 안전을 전문으로 분담하는 부분이 없다.
- 생산조직 전체에 안전관리 기능을 부여한다.
- 소규모 사업장(100명 이하)에 적합하다.

014 위험예지훈련 4라운드(Round) 중 목표설정 단계의 내용으로 가장 적절한 것은?

① 위험 요인을 찾아내고, 가장 위험한 것을 합의하여 결정한다.
② 가장 우수한 대책에 대하여 합의하고, 행동계획을 결정한다.
③ 브레인스토밍을 실시하여 어떤 위험이 존재하는가를 파악한다.
④ 가장 위험한 요인에 대하여 브레인스토밍 등을 통하여 대책을 세운다.

위험예지훈련의 기존 4라운드 진행방법
- 1R(현상파악) : 어떤 위험이 잠재하고 있는지 사실을 파악하는 라운드(BS적용)
- 2R(본질추구) : 가장 위험한 요인(위험 포인트)을 합의로 결정하는 라운드(요약)
- 3R(대책수립) : 구체적인 대책을 수립하는 라운드(BS적용)
- 4R(목표달성-설정) : 수립한 대책 가운데 질이 높은 항목에 합의하는 라운드(요약)

015 안전보건관리계획의 개요에 관한 설명으로 틀린 것은?

① 타 관리계획과 균형이 되어야 한다.
② 안전보건의 저해요인을 확실히 파악해야 한다.
③ 계획의 목표는 점진적으로 낮은 수준의 것으로 한다.
④ 경영층의 기본방침을 명확하게 근로자에게 나타내야 한다.

계획수립시의 유의 사항
- 사업장의 실태에 맞도록 독자적으로 수립하되, 실현 가능성이 있도록 한다.
- 직장 단위로 구체적 계획을 작성한다.
- 계획상의 재해 감소 목표는 점진적으로 수준을 높이도록 한다.
- 근본적인 안전대책을 강구한다.
- 복수적인 계획안을 내어 그 중에서 선택한다.

016 다음과 같은 재해가 발생하였을 경우 재해의 원인분석으로 옳은 것은?

> 건설현장에서 근로자가 비계에서 마감 작업을 하던 중 바닥으로 떨어져 머리가 바닥에 부딪혀 사망하였다.

① 기인물 : 비계, 가해물 : 마감작업, 사고유형 : 낙하
② 기인물 : 바닥, 가해물 : 비계, 사고유형 : 추락
③ 기인물 : 비계, 가해물 : 바닥, 사고유형 : 낙하
④ 기인물 : 비계, 가해물 : 바닥, 사고유형 : 추락

기인물과 가해물
- 기인물 : 불안전한 상태에 있는 물체(환경 포함)
- 가해물 : 직접 사람에게 접촉되어 위해를 가한 물체

017 사고예방대책의 기본원리 5단계 중 3단계의 분석평가에 대한 내용으로 옳은 것은?

① 위험 확인
② 현장 조사
③ 사고 및 활동 기록 검토
④ 기술의 개선 및 인사조정

사고 예방대책의 기본원리 5단계
- 1단계 – 조직
  - 경영자의 안전목표 수립, 안전관리자의 임명
  - 안전의 라인 및 참모 조직 구성
  - 안전활동 방침 및 계획 수정
  - 조직을 통한 안전활동
- 2단계 – 사실의 발견
  - 사고 및 안전활동 기록 검토 작업분석
  - 관찰 및 보고서의 연구 등을 통하여 불안전 요소발견
  - 안전점검 및 안전진단 사고조사
  - 안전회의 및 토의
  - 근로자의 제안 및 여론조사
- 3단계 – 분석평가
  - 작업공정 분석
  - 사고보고서 및 현장조사
  - 사고기록 및 인적 물적 조건의 분석
  - 교육훈련 분석 등을 통하여 사고의 직접원인 및 간접원인을 규명

- 4단계 – 시정방법의 선정
  - 기술적 개선 · 인사조정배치조정
  - 교육 훈련의 개선, 안전행정의 개선
  - 규정 및 수칙 작업, 표준 제도의 개선
  - 확인 및 통제체제 개선
- 5단계 – 시정책의 적용(3E 적용)
  - 기술적(Engineering) 대책
  - 교육적(Education) 대책
  - 관리적(단속적, Enforcement) 대책

018 재해손실비용에 있어 직접손실비용이 아닌 것은?

① 요양급여
② 장해급여
③ 상병보상연금
④ 생산중단손실비용

간접손실비용
- 인적손실 : 본인 및 제3자에 관한 것을 포함한 시간손실
- 물적손실 : 기계, 공구, 재료, 시설의 복구에 소비된 시간손실 및 재산손실
- 생산손실 : 생산감소, 생산중단, 판매감소 등에 의한 손실
- 기타손실 : 병상위문금, 여비 및 통신비, 입원 중의 잡비, 장의비용 등

019 산업안전보건법상 지방고용노동관서의 장이 사업주에게 안전관리자나 보건관리자를 정수 이상으로 증원하게 하거나 교체하여 임명할 것을 명령할 수 있는 경우는?

① 사망재해가 연간 1건 발생한 경우
② 중대재해가 연간 1건 발생한 경우
③ 관리자가 질병의 사유로 3개월 이상 해당 직무를 수행할 수 없게 된 경우
④ 해당 사업장의 연간재해율이 같은 업종의 평균재해율의 1.5배 이상인 경우

산업안전보건법 시행규칙 제12조(안전관리자 등의 증원 · 교체임명 명령) ① 지방고용노동관서의 장은 다음 각 호의 어느 하나에 해당하는 사유가 발생한 경우에는 법 제17조 제4항 · 제18조 제4항 또는 제19조제3항에 따라 사업주에게 안전관리자 · 보건관리자 또는 안전보건관리담당자(이하 이 조에서 "관리자"라 한다)를 정수 이상으로 증원하게 하거나 교체하여 임명할 것을 명할 수 있다. 다만, 제4호에 해당하는 경우로서 직업성 질병자 발생 당시 사업장에서 해당 화학적 인자(因子)를 사용하지 않은 경우에는 그렇지 않다.
1. 해당 사업장의 연간재해율이 같은 업종의 평균재해율의 2배 이상인 경우
2. 중대재해가 연간 2건 이상 발생한 경우. 다만, 해당 사업장의 전년도 사망만인율이 같은 업종의 평균 사망만인율 이하인 경우는 제외한다.
3. 관리자가 질병이나 그 밖의 사유로 3개월 이상 직무를 수행할 수 없게 된 경우
4. 별표 22 제1호에 따른 화학적 인자로 인한 직업성 질병자가 연간 3명 이상 발생한 경우. 이 경우 직업성 질병자의 발생일은 「산업재해보상보험법 시행규칙」 제21조제1항에 따른 요양급여의 결정일로 한다.

020 산업안전보건법령에 따른 산업안전보건위원회의 구성에 있어 사용자 위원에 해당하지 않는 자는?

① 안전관리자
② 명예산업안전감독관
③ 해당 사업의 대표자가 지명한 9인 이내 해당 사업장 부서의 장
④ 보건관리자의 업무를 위탁한 경우 대행기관의 해당 사업장 담당자

산업안전보건법 시행령 제35조(산업안전보건위원회의 구성) ① 산업안전보건위원회의 근로자위원은 다음 각 호의 사람으로 구성한다.
1. 근로자대표
2. 명예산업안전감독관이 위촉되어 있는 사업장의 경우 근로자대표가 지명하는 1명 이상의 명예산업안전감독관
3. 근로자대표가 지명하는 9명(근로자인 제2호의 위원이 있는 경우에는 9명에서 그 위원의 수를 제외한 수를 말한다) 이내의 해당 사업장의 근로자
② 산업안전보건위원회의 사용자위원은 다음 각 호의 사람으로 구성한다. 다만, 상시근로자 50명 이상 100명 미만을 사용하는 사업장에서는 제5호에 해당하는 사람을 제외하고 구성할 수 있다.
1. 해당 사업의 대표자(같은 사업으로서 다른 지역에 사업장이 있는 경우에는 그 사업장의 안전보건관리책임자를 말한다. 이하 같다)
2. 안전관리자(제16조제1항에 따라 안전관리자를 두어야 하는 사업장으로 한정하되, 안전관리자의 업무를 안전관리전문기관에 위탁한 사업장의 경우에는 그 안전관리전문기관의 해당 사업장 담당자를 말한다) 1명
3. 보건관리자(제20조제1항에 따라 보건관리자를 두어야 하는 사업장으로 한정하되, 보건관리자의 업무를 보건관리전문기관에 위탁한 사업장의 경우에는 그 보건관리전문기관의 해당 사업장 담당자를 말한다) 1명
4. 산업보건의(해당 사업장에 선임되어 있는 경우로 한정한다)
5. 해당 사업의 대표자가 지명하는 9명 이내의 해당 사업장 부서의 장
③ 제1항 및 제2항에도 불구하고 법 제69조제1항에 따른 건설공사도급인(이하 "건설공사도급인"이라 한다)이 법 제64조제1항제1호에 따른 안전 및 보건에 관한 협의체를 구성한 경우에는 산업안전보건위원회의 위원을 다음 각 호의 사람을 포함하여 구성할 수 있다.
1. 근로자위원: 도급 또는 하도급 사업을 포함한 전체 사업의 근로자대표, 명예산업안전감독관 및 근로자대표가 지명하는 해당 사업장의 근로자
2. 사용자위원 : 도급인 대표자, 관계수급인의 각 대표자 및 안전관리자

제 02 과목 산업심리 및 교육

021 현대 조직이론에서 작업자의 수직적 직무 권한을 확대하는 방안에 해당하는 것은?

① 직무순환(job rotation) ② 직무분석(job analysis)
③ 직무확충(job enrichment) ④ 직무평가((job evaluation)

직무설계 방법
- 직무전문화 : 분업의 원리 적용, 과도해질 경우 만족도 저하 발생
- 직무순환 : 직무의 순환 배치
- 직무확대 : 직무의 수평적(다양성) 확대
- 직무확충 : 직무의 수직적(책임과 권한) 확대

022 주의(attention)에 대한 특성으로 가장 거리가 먼 것은?

① 고도의 주의는 장시간 지속할 수 없다.
② 주의와 반응의 목적은 대부분의 경우 서로 독립적이다.
③ 동시에 두 가지 일에 중복하여 집중하기 어렵다.
④ 여러 종류의 자극을 지각할 때 소수의 특정한 것을 선택하여 집중한다.

주의의 특성
- 선택성 : 여러 자극을 지각할 때 소수의 현란한 자극에 선택적 주의를 기울이는 경향이 있다.
- 방향성 : 한 지점에 주의를 집중하면 다른 곳에의 주의는 약해진다.
- 변동성 : 장시간 주의를 집중하려 해도 주기적으로 부주의의 리듬이 존재한다.

023 O.J.T(On the Job training)의 특징에 관한 설명으로 틀린 것은?

① 다수의 근로자에게 조직적 훈련이 가능하다.
② 상호 신뢰 및 이해도가 높아진다.
③ 개개인에게 적절한 지도훈련이 가능하다.
④ 직장의 실정에 맞게 실제적 훈련이 가능하다.

OJT와 off JT의 특징

OJT	off JT
• 개개인에게 적합한 지도훈련이 가능 • 직장의 실정에 맞는 실제적 훈련 • 훈련에 필요한 업무의 계속성 • 즉시 업무에 연결되는 관계로 신체와 관련 • 효과가 곧 업무에 나타나며 훈련의 좋고 나쁨에 따라 개선이 용이 • 교육을 통한 훈련 효과에 의해 상호 신뢰이해도가 높아짐	• 다수의 근로자에게 조직적 훈련이 가능 • 훈련에만 전념 • 특별 설비 기구를 이용 • 전문가를 강사로 초청 • 각 직장의 근로자가 많은 지식이나 경험을 교류 • 교육 훈련 목표에 대해서 집단적 노력이 흐트러 질 수도 있음

024 다음은 각기 다른 조직 형태의 특성을 설명한 것이다. 각 특징에 해당하는 조직형태를 연결한 것으로 맞는 것은?

a. 중규모 형태의 기업에서 시장 상황에 따라 인적 자원을 효과적으로 활용하기 위한 형태이다.
b. 목적 지향적이고 목적 달성을 위해 기존의 조직에 비해 효율적이며 유연하게 운영될 수 있다.

① a : 위원회 조직, b : 프로젝트 조직
② a : 사업부제 조직, b : 위원회 조직
③ a : 매트릭스형 조직, b : 사업부제 조직
④ a : 매트릭스형 조직, b : 프로젝트 조직

025 적응기제(adjustment mechanism) 중 도피기제에 해당하는 것은?

① 투사 ② 보상
③ 승화 ④ 고립

적응기제(適應機制)
- 방어적 기제 : 보상, 합리화, 동일시, 승화
- 도피적 기제 : 고립, 퇴행, 억압, 백일몽
- 공격적 기제 : 직접적 공격형, 간접적 공격형

026 토의식 교육지도에서 시간이 가장 많이 소요되는 단계는?

① 도입 ② 제시
③ 적용 ④ 확인

단계별 교육시간

교육법의 4단계	강의식(일반적인 교육)	토의식
1단계-도입	5분	5분
2단계-제시	40분	10분
3단계-적용	10분	40분
4단계-확인	5분	5분

027 어느 부서의 직원 6명의 선호 관계를 분석한 결과 다음과 같은 소시오그램이 작성되었다. 이 부서의 집단응집성 지수는 얼마인가?(단, 그림에서 실선은 선호관계, 점선은 거부관계를 나타낸다.)

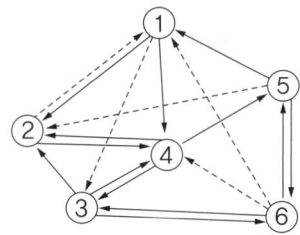

① 0.13
② 0.27
③ 0.33
④ 0.47

소시오그램에서 부서의 총 인원수는 6명, 상호간 선호관계의 수는 2⇌4, 3⇌4, 3⇌6, 5⇌6으로 4이므로, 집단응집성 지수를 다음과 같이 구할 수 있다.

집단응집성 지수 = $\dfrac{\text{실제 상호선호관계의 수}}{\text{가능한 상호선호관계의 수}(_nC_2)}$ = $\dfrac{4}{_6C_2}$ = $\dfrac{4}{\dfrac{6!}{2! \times (6-2)!}}$ = $\dfrac{4}{\dfrac{6 \times 5}{2 \times 1}}$ ≒ 0.27

028 목표를 설정하고 그에 따르는 보상을 약속함으로써 부하를 동기화하려는 리더십은?

① 교환적 리더십
② 변혁적 리더십
③ 참여적 리더십
④ 지시적 리더십

거래적(교환적) 리더십 : 리더가 부하에게 명확한 목표와 그 목표를 달성했을 때의 보상 내용을 명확히 알리고, 부하는 보상의 가치를 명확히 인식하여 성과를 달성하도록 노력하는 과정으로 나타난다.

029 어느 철강회사의 고로작업라인에 근무하는 A씨의 작업강도가 힘든 중작업으로 평가되었다면 해당되는 에너지대사율(RMR)의 범위로 가장 적절한 것은?

① 0 ~ 1
② 2 ~ 4
③ 4 ~ 7
④ 7 ~ 10

RMR에 의한 작업강도 분류

RMR	작업강도	비고
0~2	경(輕) 작업	사무작업 등 주로 앉아서 하는 작업
2~4	중(中) 작업	동작 및 속도가 작은 작업
4~7	중(重) 작업	동작 및 속도가 큰 작업
7 이상	초중(超重) 작업	과격한 작업

030 관리감독자 훈련(TWI)에 관한 내용이 아닌 것은?

① Job Relation
② Job Method
③ Job Synergy
④ Job Instruction

TWI(Training Within Industry) 교육내용
- JI(Job Instruction) : 작업지도 기법
- JM(Job Method) : 작업개선 기법
- JR(Job Relation) : 인간관계 관리기법
- JS(Job Safety) : 작업안전 기법

031 맥그리거(Douglas McGregor)의 Y이론에 해당되는 것은?

① 인간은 게으르다.
② 인간은 남을 잘 속인다.
③ 인간은 남에게 지배받기를 즐긴다.
④ 인간은 부지런하고 근면하며, 적극적이고 자주적이다.

X 이론과 Y 이론 비교

X 이론	Y 이론
인간불신감	상호신뢰감
성악설	성선설
인간은 본래 게으르고 태만하여 남의 지배받기를 즐긴다.	인간은 부지런하고 근면하며 적극적이며 자주적이다.
물질 욕구(저차적 욕구)	정신 욕구(고차적 욕구)
명령통제에 의한 관리	목표통합과 자기통제에 의한 자율관리
저개발국형	선진국형

032 사회행동의 기본형태와 내용이 잘못 연결된 것은?

① 대립 - 공격, 경쟁
② 조직 - 경쟁, 통합
③ 협력 - 조력, 분업
④ 도피 - 정신병, 자살

② 융합 - 강제, 타협, 통합

033 수업의 중간이나 마지막 단계에 행하는 것으로써 언어학습이나 문제해결 학습에 효과적인 학습법은?

① 강의법
② 실연법
③ 토의법
④ 프로그램법

수업단계별 최적의 수업방법

수업단계	적합한 수업방법
도입	강의법, 시범
전개	반복법, 토의법, 실연법
정리	반복법, 토의법, 실연법, 자율학습법

034 사고 경향성 이론에 관한 설명으로 틀린 것은?

① 개인의 성격보다는 특정 환경에 의해 훨씬 더 사고가 일어나기 쉽다.
② 어떠한 사람이 다른 사람보다 사고를 더 잘 일으킨다는 이론다.
③ 사고를 많이 내는 여러 명의 특성을 측정하여 사고를 예방하는 것이다.
④ 검증하기 위한 효과적인 방법은 다른 두 시기 동안에 같은 사람의 사고기록을 비교하는 것이다.

그린우드(Greewood)에 따르면 대부분의 사고는 소수의 근로자에 의해서 발생된다. 즉, 사고를 자주 내는 사람이 항상 사고를 낸다는 의미이다.

035 매슬로우(Maslow)의 욕구위계를 바르게 나열한 것은?

① 안전의 욕구 – 생리적 욕구 – 사회적 욕구 – 자아실현의 욕구 – 인정받으려는 욕구
② 안전의 욕구 – 생리적 욕구 – 사회적 욕구 – 인정받으려는 욕구 – 자아실현의 욕구
③ 생리적 욕구 – 사회적 욕구 – 안전의 욕구 – 인정받으려는 욕구 – 자아실현의 욕구
④ 생리적 욕구 – 안전의 욕구 – 사회적 욕구 – 인정받으려는 욕구 – 자아실현의 욕구

매슬로우(Maslow)의 욕구 5단계
- 1단계 : 생리적 욕구(기아, 갈증, 호흡, 배설, 성욕 등)
- 2단계 : 안전의 욕구(안전을 구하고자 하는 욕구)
- 3단계 : 사회적 욕구(애정, 소속에 대한 욕구)
- 4단계 : 인정받으려는 욕구(자존심, 명예, 성취, 지위에 대한 욕구)
- 5단계 : 자아실현의 욕구(잠재적인 능력을 실현하고자 하는 욕구)

036 반복적인 재해발생자를 상황성누발자와 소질성누발자로 나눌 때, 상황성누발자의 재해유발 원인에 해당하는 것은?

① 저지능인 경우
② 소심한 성격인 경우
③ 도덕성이 결여된 경우
④ 심신에 근심이 있는 경우

사고경향성자(재해 누발자, 재해 다발자)의 유형
- 상황성 누발자 : 작업의 어려움, 기계설비의 결함, 환경상 주의력의 집중 혼란, 심신의 근심 등 때문에 재해를 누발
- 습관성 누발자 : 재해의 경험으로 겁쟁이가 되거나 신경과민이 되어 재해를 누발하는 자와 일종의 슬럼프(Slump) 상태에 빠져서 재해를 누발
- 소질성 누발자 : 재해의 소질적 요인을 가지고 있기 때문에 재해를 누발
- 미숙성 누발자 : 기능 미숙이나 환경에 익숙하지 못하기 때문에 재해를 누발

037 학습경험 조직의 원리와 가장 거리가 먼 것은?

① 가능성의 원리
② 계속성의 원리
③ 계열성의 원리
④ 통합성의 원리

타일러(Tyler)의 학습경험 조직의 원리
- 통합성(Integration)의 원리 : 교육과정의 요소들을 수평적으로 연관시키는 것
- 연속성(continuity, 계속성)의 원리 : 중요한 교육과정 요소를 시간을 두고 연습하고 개발할 수 있도록 여러 차례에 걸쳐 반복적으로 기회를 주는 것
- 계열성(sequence)의 원리 : 계속성과 관련되지만 학습내용이 단계적으로 깊어지고 높아지도록 조직하는 것을 의미

038 안전보건교육의 종류별 교육요점으로 틀린 것은?

① 태도교육은 의욕을 갖게 하고 가치관 형성교육을 한다.
② 기능교육은 표준작업 방법대로 시범을 보이고 실습을 시킨다.
③ 추후지도교육은 재해발생원리 및 잠재위험을 이해시킨다.
④ 지식교육은 작업에 관련된 취약점과 이에 대응되는 작업방법을 알도록 한다.

해설

안전교육의 3단계
- 제1단계 지식교육 : 강의, 시청각교육을 통한 지식의 전달과 이해
- 제2단계 기능교육 : 시범, 견학, 실습, 현장실습교육을 통한 경험 체득과 이해
- 제3단계 태도교육 : 작업동작지도, 생활지도 등을 통한 안전의 습관화

039 평가도구의 기본적인 기준이 아닌 것은?

① 실용도(實用度) ② 타당도(妥當度)
③ 신뢰도(信賴度) ④ 습숙도(習熟度)

해설

교육훈련 평가의 기준 : 타당도, 신뢰도, 실용도, 객관도

040 부주의가 발생하는 경우에 있어 자동차를 운전할 때 신호가 바뀌기 전에 신호가 바뀔 것을 예상하고 자동차를 출발시키는 행동과 관련된 것은?

① 억측판단 ② 근도반응
③ 착시현상 ④ 의식의 우회

해설

억측 판단의 발생 배경
- 정보가 불확실할 때
- 희망적인 관측이 있을 때
- 과거에 경험한 선입관이 있을 때

제 03 과목 인간공학 및 시스템안전공학

041 의도는 올바른 것이었지만, 행동이 의도한 것과는 다르게 나타나는 오류를 무엇이라 하는가?

① Slip ② Mistake
③ Lapse ④ Violation

해설

① 실수(Slip), ② 착오(Mistake), ③ 건망증(Lapse), ④ 위반(Violation)

042 시스템 수명주기 단계 중 마지막 단계인 것은?
① 구상단계 ② 개발단계
③ 운전단계 ④ 생산단계

시스템의 수명주기 : 구상단계 → 정의단계 → 계발단계 → 생산단계 → 운전단계(평가)

043 FT도에 사용되는 다음 게이트의 명칭은?

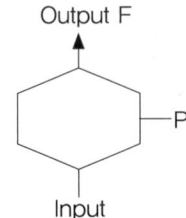

① 부정 게이트 ② 억제 게이트
③ 배타적 OR 게이트 ④ 우선적 AND 게이트

FTA의 기호

명칭	기호	명칭	기호
우선적 AND 게이트	a_i는 a_k보다 우선 / a_i a_j a_k	위험지속기호	위험지속 시간
조합 AND 게이트	어느 것이나 2개 / a_i a_j a_k	배타적 OR 게이트	동시발생 이 없음
억제 게이트		부정 게이트	

044 FTA에서 시스템의 기능을 살리는데 필요한 최소 요인의 집합을 무엇이라 하는가?
① critical set ② minimal gate
③ minimal path ④ Boolean indicated cut set

패스(Path)와 미니멀 패스(Minimal Path Sets) : 패스란 그 속에 포함되는 기본사상이 일어나지 않을 때 처음으로 정상사상이 일어나지 않는 기본사상의 집합으로서, 미니멀 패스는 그 필요 최소한의 것

045 쾌적환경에서 추운환경으로 변화 시 신체의 조절작용이 아닌 것은?

① 피부온도가 내려간다.
② 직장온도가 약간 내려간다.
③ 몸이 떨리고 소름이 돋는다.
④ 피부를 경유하는 혈액 순환량이 감소한다.

적정온도에서 추운 환경으로 바뀔 때 인체의 변화
- 피부 온도가 내려간다.
- 피부를 경유하는 혈액 순환량이 감소한다.
- 혈액의 많은 양이 몸의 중심부를 순환한다.
- 직장(直腸) 온도가 약간 올라간다.
- 몸이 떨리고 소름이 돋는다.

046 염산을 취급하는 A 업체에서는 신설 설비에 관한 안전성 평가를 실시해야 한다. 정성적 평가단계의 주요 진단 항목에 해당하는 것은?

① 공장 내의 배치
② 제조공정의 개요
③ 재평가 방법 및 계획
④ 안전 · 보건교육 훈련계획

정성적 평가의 주요 진단항목

1. 설계관계	항목수	2. 운전관계	항목수
입지조건	5	원재료, 중간체 제품	7
공장내 배치	9	공정	7
건조물	8	수송, 저장 등	9
소방설비	5	공정기기	11

047 인간-기계시스템의 설계를 6단계로 구분할 때, 첫 번째 단계에서 시행하는 것은?

① 기본설계
② 시스템의 정의
③ 인터페이스 설계
④ 시스템의 목표와 성능명세 결정

- 제1단계 : 시스템의 목표와 성능 명세 결정
- 제2단계: 시스템의 정의
- 제3단계: 기본설계
- 제4단계: 인터페이스 설계
- 제5단계: 보조물 혹은 편의 수단 설계
- 제6단계: 평가

048 점광원으로부터 0.3m 떨어진 구면에 비추는 광량이 5 Lumen일 때, 조도는 약 몇 럭스인가?

① 0.06
② 16.7
③ 55.6
④ 83.4

조도 = $\dfrac{광도}{거리^2}$ = $\dfrac{5}{0.3^2}$ = 55.556

049 음량수준을 측정할 수 있는 3가지 척도에 해당되지 않는 것은?

① sone
② 럭스
③ phon
④ 인식소음 수준

lux(meter-candle) : 1촉광의 점광원으로부터 1m 떨어진 곡면에 비추는 광의 밀도(1lumen/m²)

050 실린더 블록에 사용하는 가스켓의 수명은 평균 10000시간이며, 표준편차는 200시간으로 정규분포를 따른다. 사용시간이 9600시간일 경우에 신뢰도는 약 얼마인가?(단, 표준정규분포표에서 $u_{0.8413}$ = 1, $u_{0.9772}$ = 2이다.)

① 84.13%
② 88.73%
③ 92.72%
④ 97.72%

- $P(\overline{X} \leq 9600) = P(Z \leq \dfrac{9600 - 10000}{200}) = P(Z \leq -2)$
  = 0.5 + 0.5 − P(Z ≤ −2) = 0.5 + 0.5 − 0.9772 = 0.0228
- $P(\overline{X} \geq 9600) = P(Z \geq \dfrac{9600 - 10000}{200}) = P(Z \geq -2)$
  = 0.5 + 0.5 − 0.0228 = 0.9772 = 97.72

051 음압수준이 70dB인 경우, 1000Hz에서 순음의 phon 치는?

① 50phon
② 70phon
③ 90phon
④ 100phon

Phon : 1000Hz 순음의 음압 수준(dB)을 나타낸다.

052 인체계측자료의 응용원칙 중 조절 범위에서 수용하는 통상의 범위는 얼마인가?

① 5 ~ 95 %tile
② 20 ~ 80 %tile
③ 30 ~ 70 %tile
④ 40 ~ 60 %tile

인체계측자료의 응용원칙
- 최대치수와 최소치수 : 최대치수 또는 최소치수를 기준으로 하여 설계
- 조절범위(조절식) : 체격이 다른 여러 사람에 맞도록 만드는 것(5 ~ 95%tile)
- 평균치를 기준으로 한 설계 : 최대치수나 최소치수, 조절식으로 하기가 곤란할 때 평균치를 기준으로 하여 설계

053 동작경제 원칙에 해당되지 않는 것은?

① 신체사용에 관한 원칙
② 작업장 배치에 관한 원칙
③ 사용자 요구 조건에 관한 원칙
④ 공구 및 설비 디자인에 관한 원칙

Ralph M. Barnes의 동작경제 원칙
- 신체 사용에 관한 원칙
- 작업장의 배치에 관한 원칙
- 공구 및 설비 디자인에 관한 원칙

054 정신적 작업 부하에 관한 생리적 척도에 해당하지 않는 것은?

① 부정맥 지수
② 근전도
③ 점멸융합주파수
④ 뇌파도

근전도(electromyography, EMG)는 근육의 운동 수축으로 인해 발생하는 전류 및 안정 시의 이상 전류를 기록한다.

055 FMEA 의 장점이라 할 수 있는 것은?

① 분석방법에 대한 논리적 배경이 강하다.
② 물적, 인적요소 모두가 분석대상이 된다.
③ 서식이 간단하고 비교적 적은 노력으로 분석이 가능하다.
④ 두 가지 이상의 요소가 동시에 고장 나는 경우에도 분석이 용이하다.

FMEA의 장점 및 단점
- 장점 : 서식이 간단하고 비교적 적은 노력으로 특별한 훈련 없이 분석할 수 있다.
- 단점 : 논리성이 부족하고 특히 각 요소간의 영향을 분석하기 어렵기 때문에 동시에 두 가지 이상의 요소가 고장날 경우 분석이 곤란하며 요소가 물체로 한정되어 있기 때문에 인적원인을 분석하는 것은 곤란하다.

056 수리가 가능한 어떤 기계의 가용도(availability)는 0.9이고, 평균수리시간(MTTR)이 2시간일 때, 이 기계의 평균수명(MTBF)은?

① 15시간
② 16시간
③ 17시간
④ 18시간

해설

가용도 = $\dfrac{MTBF}{MTBF + MTTR}$

$0.9 = \dfrac{MTBF}{MTBF + 2}$

MTBF = 0.9(MTBF + 2)
MTBF = 0.9MTBF + 1.8
MTBF − 0.9MTBF = 1.8
0.1MTBF = 1.8
∴ MTBF = 1.8/0.1 = 18[시간]

057 산업안전보건법령에 따라 제조업 중 유해위험방지계획서 제출대상 사업의 사업주가 유해위험방지계획서를 제출하고자 할 때 첨부하여야 하는 서류에 해당하지 않는 것은?(단, 기타 고용노동부장관이 정하는 도면 및 서류 등은 제외한다.)

① 공사개요서
② 기계·설비의 배치도면
③ 기계·설비의 개요를 나타내는 서류
④ 원재료 및 제품의 취급, 제조 등의 작업방법의 개요

해설

산업안전보건법 시행규칙 제42조(제출서류 등) ① 법 제42조제1항제1호에 해당하는 사업주가 유해위험방지계획서를 제출할 때에는 사업장별로 별지 제16호서식의 제조업 등 유해위험방지계획서에 다음 각 호의 서류를 첨부하여 해당 작업 시작 15일 전까지 공단에 2부를 제출해야 한다. 이 경우 유해위험방지계획서의 작성기준, 작성자, 심사기준, 그 밖에 심사에 필요한 사항은 고용노동부장관이 정하여 고시한다.
1. 건축물 각 층의 평면도
2. 기계·설비의 개요를 나타내는 서류
3. 기계·설비의 배치도면
4. 원재료 및 제품의 취급, 제조 등의 작업방법의 개요
5. 그 밖에 고용노동부장관이 정하는 도면 및 서류

058 생명유지에 필요한 단위시간당 에너지량을 무엇이라 하는가?

① 기초 대사량
② 산소 소비율
③ 작업 대사량
④ 에너지 소비율

059 다음의 각 단계를 결함수분석법(FTA)에 의한 재해사례의 연구 순서대로 나열한 것은?

| ㉠ 정상사상의 선정 | ㉡ FT도 작성 및 분석 |
| ㉢ 개선 계획의 작성 | ㉣ 각 사상의 재해원인 규명 |

① ㉠ → ㉡ → ㉢ → ㉣
② ㉠ → ㉣ → ㉢ → ㉡
③ ㉠ → ㉢ → ㉡ → ㉣
④ ㉠ → ㉣ → ㉡ → ㉢

D.R. Cheriton의 FTA에 의한 재해사례 연구순서
- 1단계 : 톱(Top) 사상의 선정
- 2단계 : 사상의 재해 원인의 규명
- 3단계 : FT의 작성
- 4단계 : 개선계획의 작성

060 인간-기계시스템의 연구 목적으로 가장 적절한 것은?

① 정보 저장의 극대화
② 운전시 피로의 평준화
③ 시스템의 신뢰성 극대화
④ 안전의 극대화 및 생산능률의 향상

안전과 인간공학의 목표 : 안전성 향상과 사고 방지, 기계조작의 능률성과 생산성 향상, 쾌적성

제 04 과목 건설시공학

061 철근콘크리트부재의 피복두께를 확보하는 목적과 거리가 먼 것은?

① 철근이음 시 편의성
② 내화성 확보
③ 철근의 방청
④ 콘크리트의 유동성 확보

철근피복두께 확보의 목적
- 내구성 확보 : 중성화방지
- 내화성 확보 : 철근은 고온에서 강도가 저하됨
- 부착강도 확보 : 콘크리트의 허용부착력은 피복두께 1.5cm가 기준
- 시공시 유동성 확보 : 철근과 거푸집 사이의 간격에 따라 골재의 유동이 좌우됨

062 철골공사에서 철골 세우기 순서가 옳게 연결된 것은?

A. 기초 볼트위치 재점검	B. 기둥 중심선 먹매김
C. 기둥 세우기	D. 주각부 모르타르 채움
E. Base plate의 높이 조정용 plate 고정	

① A → B → C → D → E
② B → A → E → C → D
③ B → A → C → D → E
④ E → D → B → A → C

063 지반개량공법 중 강제압밀 또는 강제압밀탈수공법에 해당하지 않는 것은?

① 프리로딩공법
② 페이퍼드레인공법
③ 고결공법
④ 샌드드레인공법

강제압밀공법
- 재하방법 : 프리로딩(여성토)공법, 지하수위저하공법, 진공(대기압)공법
- 드레인방법 : 샌드드레인공법, 페이퍼드레인공법

064 거푸집이 콘크리트 구조체의 품질에 미치는 영향과 역할이 아닌 것은?

① 콘크리트가 응결하기까지의 형상, 치수의 확보
② 콘크리트 수화반응의 원활한 진행을 보조
③ 철근의 피복두께 확보
④ 건설 폐기물의 감소

거푸집의 역할
· 콘크리트가 응결하기 전까지의 형상 및 부재치수 확보
· 콘크리트 수화반응의 원활한 진행을 보조
· 콘크리트 구조물의 정밀도 확보
· 철근의 피복두께 확보로 구조물의 내구성 확보
· 콘크리트 표면 마무리

065 다음 중 철근공사의 배근순서로 옳은 것은?

① 벽 → 기둥 → 슬래브 → 보
② 슬래브 → 보 → 벽 → 기둥
③ 벽 → 기둥 → 보 → 슬래브
④ 기둥 → 벽 → 보 → 슬래브

066 철근콘크리트에서 염해로 인한 철근부식 방지대책으로 옳지 않은 것은?

① 콘크리트중의 염소 이온량을 적게 한다.
② 에폭시 수지 도장 철근을 사용한다.
③ 방청제 투입을 고려한다.
④ 물-시멘트비를 크게 한다.

철근 부식을 방지하기 위해서는 물-시멘트비를 작게 하여 염화물의 침투 및 탄산화의 진행을 지연시킨다.

067 공사 중 시방서 및 설계도서가 서로 상이할 때의 우선순위에 관한 설명으로 옳지 않은 것은?

① 설계도면과 공사시방서가 상이할 때는 설계도면을 우선한다.
② 설계도면과 내역서가 상이할 때는 설계도면을 우선한다.
③ 일반시방서와 전문시방서가 상이할 때는 전문시방서를 우선한다.
④ 설계도면과 상세도면이 상이할 때는 상세도면을 우선한다.

> **[해설]**
> 설계도서·법령해석·감리자의 지시 등이 서로 일치하지 않는 경우에 있어 순위를 정하지 않은 때에는 다음의 순서를 원칙으로 한다.
> 1. 공사시방서
> 2. 설계도면
> 3. 전문시방서
> 4. 표준시방서
> 5. 산출내역서
> 6. 승인된 상세시공도면
> 7. 관계법령의 유권해석
> 8. 감리자의 지시사항

068 건축시공의 현대화 방안 중 3S system과 거리가 먼 것은?

① 작업의 표준화 ② 작업의 단순화
③ 작업의 전문화 ④ 작업의 기계화

> **[해설]**
> 3S : 표준화(Standardization), 전문화(Specification), 단순화(Simplification)

069 개방잠함공법(Open caisson method)에 관한 설명으로 옳은 것은?

① 건물외부 작업이므로 기후의 영향을 많이 받는다.
② 지하수가 많은 지반에서는 침하가 잘 되지 않는다.
③ 소음발생이 크다.
④ 실의 내부 갓 둘레부분을 중앙 부분보다 먼저 판다.

> **[해설]**
> 개방잠함공법(open caisson foundation method) : 굴착작업으로 펌프에 의한 수잠(水潛)굴착과 수중굴착기에 의한 수중굴착이 있으며 굴착하여 가라앉히기 위해 크고 무거운 하중이 필요하다. 이 때문에 본바닥과 개방잠함과의 마찰을 줄여, 그 사이에 물을 사출(射出)함으로써 효과를 얻을 수 있다.

070 분할도급 발주 방식 중 지하철공사, 고속도로공사 및 대규모 아파트단지 등의 공사에 채용하면 가장 효과적인 것은?

① 직종별 공종별 분할도급 ② 공정별 분할도급
③ 공구별 분할도급 ④ 전문공종별 분할도급

> **[해설]**
> 분할도급
> • 전문공종별 분할도급 : 시설공사 중 설비공사(전기, 난방 등)를 주체공사와 분리하여 계약하는 방식이다.
> • 공정별 분할도급 : 정지, 기초, 구체, 마무리 공사 등의 시공과정별로 나누어 도급하는 방식이다.
> • 공구별 분할도급 : 대규모 공사에서 지역별로 공사를 분리하여 발주하는 방식이다.
> • 직종별, 공종별 분할도급 : 전문직별 또는 각 공종별로 세분하여 도급하는 방식이다.

071 연질의 점토지반에서 흙막이 바깥에 있는 흙의 중량과 지표위에 적재하중의 중량에 못 견디어 저면 흙이 붕괴되고 흙막이 바깥에 있는 흙이 안으로 밀려 불룩하게 되는 현상을 무엇이라고 하는가?

① 보일링 파괴
② 히빙 파괴
③ 파이핑 파괴
④ 언더 피닝

히빙(Heaving)
- 정의 : 굴착이 진행됨에 따라 흙막이 벽 뒤쪽 흙의 중량이 굴착부 바닥의 지지력 이상이 되면 흙막이벽 근입(根入) 부분의 지반 이동이 발생하여 굴착부 저면이 솟아오르는 현상
- 지반조건 : 연약성 점토 지반인 경우
- 현상 : 지보공 파괴, 토사붕괴 저면의 솟아오름

072 프리플레이스트 콘크리트의 서중 시공 시 유의사항으로 옳지 않은 것은?

① 애지테이터 안의 모르타르 저류시간을 짧게 한다.
② 수송관 주변의 온도를 높여 준다.
③ 응결을 지연시키며 유동성을 크게 한다.
④ 비빈 후 즉시 주입한다.

프리플레이스트 콘크리트의 서중 시공 시 유의사항
- 애지테이터 안의 모르타르 저류시간을 짧게 한다.
- 비빈 후 즉시 주입한다.
- 수송관 주변의 온도를 낮추어 준다.
- 응결을 지연시키며 유동성을 크게 한다.
- 유동성과 유동경사의 관리를 엄격히 하며 주입의 중단을 막는다.
- 유동성을 유지시킬 수 있는 혼화제를 추가 혼입한다. 다만 책임기술자가 품질확인 후 시행하여야 한다.

073 잡석지정의 다짐량이 5m³일 때 틈막이로 넣는 자갈의 양으로 가장 적당한 것은?

① 0.5m³
② 1.5m³
③ 3.0m³
④ 5.0m³

표준품셈 건축지정 - 잡석깔기지정

구분	단위	수량
자갈	m³	0.30
잡석	m³	1.10
보통인부	인	0.7~0.8

074 석공사에서 건식공법에서 관한 설명으로 옳지 않은 것은?

① 하지 철물의 부식문제와 내부단열재 설치문제 등이 나타날 수 있다.
② 긴결 철물과 채움 모르타르로 붙여 대는 것으로 외벽공사 시 빗물이 스며들어 들뜸, 백화현상 등이 발생하지 않도록 한다.
③ 실런트(Sealant) 유성분에 의한 석재면의 오염문제는 비오염성 실런트로 대체하거나, Open Joint 공법으로 대체하기도 한다.
④ 강재트러스, 트러스지지공법 등 건식공법은 시공정밀도가 우수하고, 작업능률이 개선되며, 공기단축이 가능하다.

석공사에서 건식공법의 장점
- 공법을 다양화할 수 있고, 시공속도가 빠르다.
- 동결 및 백화현상이 없다.
- 고층건물에 유리하다.
- 겨울철 공사가 가능하다.

075 PERT/CPM의 장점이 아닌 것은?

① 변화에 대한 신속한 대책수립이 가능하다.
② 비용과 관련된 최적안 선택이 가능하다.
③ 작업선후 관계가 명확하고 책임소재 파악이 용이하다.
④ 주공정(Critical path)에 의해서만 공기관리가 가능하다.

PERT/CPM의 장점
- 상세한 계획을 수립가능하고, 변화나 변경에 대한 신속대처가 가능하다.
- 작업선후 관계가 명확하고 책임소재 파악이 용이하다.
- 제자원의 효율화가 가능하다.
- 총소요기간의 정도가 향상된다.
- 비용과 관련된 최적안 선택이 가능하다.(시간단축, 비용절감)
- 정확한 계획 분석이 가능하다.
- 정보교환이 용이하다.

076 콘크리트 타설 시 거푸집에 작용하는 측압에 관한 설명으로 옳지 않은 것은?

① 기온이 낮을수록 측압은 작아진다.
② 거푸집의 강성이 클수록 측압은 커진다.
③ 진동기를 사용하여 다질수록 측압은 커진다.
④ 조강시멘트 등을 활용하면 측압은 작아진다.

콘크리트의 측압이 커지는 조건
- 기온이 낮을수록(대기 중의 습도가 낮을수록)
- 치어붓기 속도가 클수록
- 굵은 콘크리트일수록(물-시멘트비가 클수록, 슬럼프 값이 클수록, 시멘트-물비가 적을수록)

- 콘크리트의 비중이 클수록
- 콘크리트의 다지기가 강할수록
- 철근의 양이 작을수록
- 거푸집의 수밀성이 높을수록
- 거푸집의 수평단면이 클수록(벽 두께가 클수록)
- 거푸집의 강성이 클수록
- 거푸집의 표면이 매끄러울수록
- 생콘크리트의 높이가 높을수록(단, 일정한 높이에 이르면 측압의 증가는 없음)

077 내화피복의 공법과 재료와의 연결이 옳지 않은 것은?

① 타설공법 – 콘크리트, 경량콘크리트
② 조적공법 – 콘크리트, 경량콘크리트 블록, 돌, 벽돌
③ 미장공법 – 뿜칠 플라스터, 알루미나 계열 모르타르
④ 뿜칠공법 – 뿜칠 암면, 습식 뿜칠 암면, 뿜칠 모르타르

내화피복 습식공법의 종류
- 타설공법 : 거푸집을 설치하고 콘크리트 또는 경량콘크리트 타설
- 조적공법 : 벽돌 또는 (경량)콘크리트블록을 시공
- 미장공법 : 철골부재에 메탈라스를 부착하고 단열 모르타르 시공
- 도장공법 : 내화페인트를 피복
- 뿜칠공법 : 암면과 시멘트 등을 혼합하여 뿜칠 방식으로 시공

078 철골공사의 기초상부 고름질 방법에 해당되지 않는 것은?

① 전면바름 마무리법 ② 나중 채워넣기 중심바름법
③ 나중 매입공법 ④ 나중 채워넣기법

기초상부고름질법
- 전면바름법 : 기둥 저면의 주위보다 3cm 이상 넓게 하고 된 비빔 1:2 모르타르로 충전하여 경화한 후 기둥을 세우는 방법이다.
- 나중 채워넣기 중심바름법 : 기둥 저면의 중심부만 지정 높이만큼 수평으로 바르고 기둥을 세운 후 사방에서 모르타르를 다져넣는 방법이다.
- 나중 채워넣기법 : 베이스 플레이트 중앙에 구멍을 내고 4귀에 철판을 괴어 수평을 조절하여 기둥을 세운 후 모르타르를 다져넣는 방법이다.
- 나중 채워넣기 십자(+)바름법 : 기둥 저면에서 대각선방향 +자형으로 지정 높이만큼 모르타르를 바르고 기둥을 세운 후 그 위에 모르타르를 다져 넣는 방법이다.

079 보강 콘크리트 블록조 공사에서 원칙적으로 기초 및 테두리보에서 위층의 테두리보까지 잇지 않고 배근하는 것은?

① 세로근 ② 가로근
③ 철선 ④ 수평횡근

보강 철근콘크리트 블록조 시공상 주의사항
- 벽 세로근은 기초 보 또는 테두리보의 위치, 나누기에 따라 배치한다. 블록 나누기와 맞지 않을 때는 콘크리트를 파내고 수직과 30° 이내로 구부리기 한다.
- 세로 철근은 도중에 잇지 않고, 기초보, 테두리보에 40d 이상 정착한다.
- 가로근의 간격은 블록 3켜(60cm), 또는 4켜(80cm)마다 넣는다.
- 가로근의 끝부분은 벽체 상호에 40d 이상 정착한다. 이음을 할 때는 25d 이상으로 한다.
- 보강 블록 쌓기는 원칙적으로 통줄눈 쌓기로 한다.
- 콘크리트 또는 모르타르 사춤은 블록 2켜 쌓기 이내마다 하고, 이음위치는 블록 윗면에서 5cm 정도 밑에 둔다.
- 사춤 콘크리트 다지기를 할 때 철근의 이동이 없도록 주의한다.
- 급수관, 배전관, 가스관 등을 배관할 때는 블록쌓기와 동시에 시공하고 철근이 복잡한 곳을 가급적 피한다.

080 말뚝재하시험의 주요 목적과 거리가 먼 것은?

① 말뚝길이의 결정 ② 말뚝 관입량 결정
③ 지하수위 추정 ④ 지지력 추정

말뚝재하시험 : 사용 예정인 말뚝에 대해 실제로 사용되는 상태 또는 이것에 가까운 상태에서 지지력 판정의 자료를 얻는 시험으로 직접적으로 지지력을 확인하는 방법이다.

제 05 과목   건설재료학

081 합성수지 재료에 관한 설명으로 옳지 않은 것은?

① 에폭시수지는 접착성은 우수하나 경화 시 휘발성이 있어 용적의 감소가 매우 크다.
② 요소수지는 무색이어서 착색이 자유롭고 내수성이 크며 내수합판의 접착제로 사용된다.
③ 폴리에스테르수지는 전기절연성, 내열성이 우수하고 특히 내약품성이 뛰어나다.
④ 실리콘수지는 내약품성, 내후성이 좋으며 방수피막 등에 사용된다.

에폭시수지
- 경화제와 반응하여 3차원적 가교구조를 이루는 고분자 물질로 전환되는 열경화성수지이다.
- 접착성이 아주 우수하며 특히 금속, 유리, 플라스틱, 도자기, 목재, 고무 등에 탁월한 접착성이 있다.
- 내약품성, 내용제성이 뛰어나다.
- 농질산을 제거하고 산·알칼리에 강하다

082 목재의 건조특성에 관한 설명으로 옳지 않은 것은?

① 온도가 높을수록 건조속도는 빠르다.
② 풍속이 빠를수록 건조속도는 빠르다.
③ 목재의 비중이 클수록 건조속도는 빠르다.
④ 목재의 두께가 두꺼울수록 건조시간이 길어진다.

목재 건조의 속도
- 목재의 비중이 클수록 건조속도는 늦어진다.
- 목재의 두께가 두꺼울수록 건조시간이 길어진다.
- 기온이 높을수록 건조속도가 빠르고, 공기의 관계습도가 높을수록 건조속도는 늦어진다.
- 일반적으로 풍속이 빠를수록 건조속도는 빠르다.

083 부재 혹은 구조물의 치수가 커서 시멘트의 수화열에 의한 온도상승 및 강하를 고려하여 설계·시공해야 하는 콘크리트를 무엇이라 하는가?

① 매스콘크리트 ② 한중콘크리트
③ 고강도콘크리트 ④ 수밀콘크리트

매스 콘크리트(Mass Concrete)는 구조물 또는 부재의 치수가 커서 시멘트에 의한 온도의 상승을 고려하여 시공하는 콘크리트로 수화열이 적은 시멘트를 사용하고 혼합재로써 플라이애시 등의 포졸라나(Pozzolana)를 사용한다.

084 목재의 내연성 및 방화에 관한 설명으로 옳지 않은 것은?

① 목재의 방화는 목재 표면에 불연소성 피막을 도포 또는 형성시켜 화염의 접근을 방지하는 조치를 한다.
② 방화제로는 방화페인트, 규산나트륨 등이 있다.
③ 목재가 열이 닿으면 먼저 수분이 증발하고 160℃ 이상이 되면 소량의 가연성가스가 유출된다.
④ 목재는 450℃에서 장시간 가열하면 자연발화 하게 되는데, 이 온도를 화재위험온도라고 한다.

목재는 270℃에서 장시간 가열하면 자연발화 하게 되는데, 이 온도를 화재위험온도라고 한다. 참고로 목재의 인화점은 약 240℃, 착화점은 약 270℃이며, 450℃에서는 불꽃이 없어도 연소가 가능하며 이를 발화점이라 한다.

085 점토제품에서 SK번호가 의미하는 바로 옳은 것은?

① 점토원료를 표시 ② 소성온도를 표시
③ 점토제품의 종류를 표시 ④ 점토제품 제법 순서를 표시

내화벽돌의 소성온도별 내화도
- 저급품 SK-NO. 26~29 : 1580~1650℃
- 중급품 SK-NO. 30~33 : 1670~1730℃
- 고급품 SK-NO. 34~42 : 1750~2000℃

086 다음 중 역청재료의 침입도 값과 비례하는 것은?

① 역청재의 중량 ② 역청재의 온도
③ 대기압 ④ 역청재의 비중

침입도란 역청질 재료의 반죽질기(consistency)를 표시한 것으로서 온도가 25℃인 시료를 용기 내에 넣고 100g의 표준침을 낙하시켜 5초 동안 관입하는 깊이를 말하며, 관입깊이 0.1mm를 침입도 1 이라 한다. 이러한 침입도 값은 역청재의 온도와 비례한다.

087 표면을 연마하여 고광택을 유지하도록 만든 시유타일로 대형 타일에 많이 사용되며, 천연화강석의 색깔과 무늬가 표면에 나타나게 만들 수 있는 것은?

① 모자이크 타일　　　　② 징크판넬
③ 논슬립타일　　　　　④ 폴리싱타일

폴리싱타일은 자기질 무유타일을 연마하여 대리석 질감과 흡사하게 만든 타일로 내동해성, 내화학성, 내마모성이 있으며, 흡수율 0.2% 이하로 벽, 바닥용 고급 마감재로 적합하다.

088 투명도가 높으므로 유기유리라고도 불리며 무색 투명하여 착색이 자유롭고 상온에서도 절단·가공이 용이한 합성수지는?

① 폴리에틸렌 수지　　　② 스티롤 수지
③ 멜라민 수지　　　　　④ 아크릴 수지

아크릴수지
• 평판성형되어 유리대체재로 사용되는 것으로 유기질 유리(유기유리)라고도 불리운다.
• 투명성, 유연성, 내후성, 내화학약품성이 우수하다.
• 가열하면 연화 또는 융해하여 가소성이 되고, 냉각하면 경화하는 재료이다.
• 분자구조가 쇄상구조로 이루어져 있다.

089 다음 중 원유에서 인위적으로 만든 아스팔트에 해당하는 것은?

① 블론 아스팔트　　　　② 로크 아스팔트
③ 레이크 아스팔트　　　④ 아스팔타이트

블론 아스팔트(Blown asphalt)는 석유 아스팔트에 공기를 불어넣어 탄성력을 크게하여 제조한 것으로 점성과 침투성은 작으나 온도에 의한 변화가 적고 열에 대한 안정성이 뛰어나며 내후성도 크다.

090 강재 시편의 인장시험 시 나타나는 응력-변형률 곡선에 관한 설명으로 옳지 않은 것은?

① 하위항복점까지 가력한 후 외력을 제거하면 변형은 원상으로 회복된다.
② 인장강도 점에서 응력값이 가장 크게 나타난다.
③ 냉간성형한 강재는 항복점이 명확하지 않다.
④ 상위항복점 이후에 하위항복점이 나타난다.

해설
항복점은 응력의 큰 변화없이 변형도가 크게 증가하기 시작하는 점으로 변형이 원상으로 회복되지는 않는다.

091 유리가 불화수소에 부식하는 성질을 이용하여 5mm 이상 판유리면에 그림, 문자 등을 새긴 유리는?

① 스테인드유리
② 망입유리
③ 에칭유리
④ 내열수리

해설
에칭유리는 유리가 불화수소에 부식되는 성질을 이용하여 화학적인 처리과정을 유리표면에 그림이나 문양, 문자 등을 새겨 넣은 유리로 일반 가정의 욕실, 베란다, 현관, 거실, 실내장식 등에 사용된다.

092 회반죽에 여물을 넣는 가장 주된 이유는?

① 균열을 방지하기 위하여
② 점성을 높이기 위하여
③ 경화를 촉진하기 위하여
④ 내수성을 높이기 위하여

해설
회반죽의 경화수축으로 발생하는 균열을 여물로 분산·경감시킨다.

093 기성 배합 모르타르 바름에 관한 설명으로 옳지 않은 것은?

① 현장에서의 시공이 간편하다.
② 공장에서 미리 배합하므로 재료가 균질하다.
③ 접착력 강화제가 혼입되기도 한다.
④ 주로 바름 두께가 두꺼운 경우에 많이 쓰인다.

해설
주로 바름 두께가 두꺼운 경우 현장배합을 적용하는 것이 유리하다.

094 골재의 입도분포를 측정하기 위한 시험으로 옳은 것은?

① 플로우 시험
② 블레인 시험
③ 체가름 시험
④ 비카트침 시험

해설
체가름 시험(KS L 5117) : 시멘트 50g을 금속망 표준체 90μm에 넣고 1분간 150회의 속도로 체를 회전시키면서 미분말을 통과시켜, 1분 동안의 체 통과량이 0.1g 이하가 될 때까지 친다(25회 두드릴 때까지 약 1/6 회전).

095 다음 미장재료 중 기경성(氣硬性)이 아닌 것은?

① 회반죽
② 경석고 플라스터
③ 회사벽
④ 돌로마이트 플라스터

미장재료
- 기경성 : 진흙질, 석회질(회반죽, 회사벽, 돌로마이트 플라스터)
- 수경성 : 석고질(석고플라스터, 경석고 플라스터), 시멘트 모르타르, 인조석바름, 테라조현장바름

096 도료 중 주로 목재면의 투명도장에 쓰이고 오일 니스에 비하여 도막이 얇으나 견고하며, 담색으로서 우아한 광택이 있고 내부용으로 쓰이는 것은?

① 클리어 래커(clear lacquer)
② 에나멜 래커(enamel lacquer)
③ 에나멜 페인트(enamel paint)
④ 하이 솔리드 래커(high solid lacquer)

클리어 래커(clear lacquer)는 안료가 들어가지 않은 래커로 목재면의 투명 도장, 우아한 광택, 내후성이 작아서 보통 내부에 사용하며 건조가 매우 빨라서 뿜칠로 한다.

097 강화유리의 검사항목과 거리가 먼 것은?

① 파쇄시험
② 쇼트백시험
③ 내충격성시험
④ 촉진노출시험

강화유리 검사방법
- 충격시험 : 시료 위에 높이 150cm에서부터 0.5m씩 높이를 올려가며 유리가 깨질 때까지 강구를 낙하시킨다. 그리고 파쇄 후 가장 큰 파편의 무게를 측정
- 파쇄시험 : 파편비산 방지를 위해 테이프를 붙이고 긴 변의 중심선 끝에서 20mm 부분에 곡률반경 0.2±0.05mm의 해머 또는 펀치로 충격하여 시료를 파쇄한다. 파쇄 후 파편의 크기가 가장 거친 부분의 50×50cm 내의 파편수를 확인
- 쇼트백 시험 : 45kg의 추를 30cm, 75cm, 120cm까지 올려서 충격을 가하는 시험
- 내충격성 시험 : 610×610mm의 시료 위에 1m 높이에서 지름 63.5mm, 무게 1040g인 강구를 중심으로부터 25m 이내에 들어가도록 자유낙하
- 투영시험 : 투영기 대물렌즈로부터 1m 거리에 시료를 설치하고 시료로부터 7.5m 거리에 영사막을 설치, 영사막에 10mm 간격으로 수직 평행선을 3개 그리고 투영기를 사용 시료를 통해 중앙의 진선 위에 겹치도록 1개의 직선을 투영

098 목재의 신축에 관한 설명으로 옳은 것은?

① 동일 나뭇결에서 심재는 변재보다 신축이 크다.
② 섬유포화점 이상에서는 함수율의 변화에 따른 신축 변동이 크다.
③ 일반적으로 곧은결폭보다 널결폭이 신축의 정도가 크다.
④ 신축의 정도는 수종과는 상관없이 일정하다.

목재의 수축과 팽창
- 목재의 수축, 팽창은 함수율이 섬유포화점 이상의 범위에서는 증감이 거의 없으며, 함수율의 정도에 따라 영향을 받는다.
- 비중이 큰 목재일수록 신축이 크다.
- 변재부분일 때 심재부분보다 신축성이 크다
- 일반적으로 널결 쪽의 신축이 크며 곧은결 쪽은 널결 쪽의 1/2 정도이다. 또한 섬유방향(목재의 길이 방향)의 신축이 가장 적게 일어나는데 곧은결 쪽의 1/20 정도이다.

099 창호용 철물 중 경첩으로 유지할 수 없는 무거운 자재여닫이문에 쓰이는 철물은?

① 도어 스톱 ② 래버터리 힌지
③ 도어 체크 ④ 플로어 힌지

창호 철물
- 자유경첩(자유정첩) : 안팎으로 개폐할 수 있는 경첩으로 자재문에 사용한다.
- 플로어 힌지(Floor hinge) : 정첩으로 지탱할 수 없는 무거운 자재 여닫이문에 사용한다.
- 피벗 힌지(Pivot hinge) : 용수철을 쓰지 않고 문장부식으로 된 정첩으로 가장 중량문에 사용한다.
- 도어 체크(Door check, Door closer) : 문 윗틀과 문짝에 설치하여 자동으로 문을 닫는 장치이다.
- 레버터리 힌지(Lavatory hinge) : 공중전화 출입문, 공중변소에 사용하며, 15cm 정도 열려진 것을 말한다.
- 함 자물쇠(Rim lock) : Latch bolt(손잡이를 돌리면 열리는 자물통)와 Dead bolt(열쇠로 회전시켜 잠그는 자물쇠)가 함께 있다.
- 실린더 자물쇠(Pin tumbler lock, Mono lock) 자물통이 실린더로 된 것으로 텀블러 대신 핀을 넣은 실린더 록으로 고정한다.
- 나이트 래치(Night latch) : 바깥에서는 열쇠, 안에서는 손잡이로 여는 실린더 장치를 말한다.
- 창개폐 조절기 : 여닫이창, 젖힘 창의 개폐조절(창 순위조절기)에 사용한다.
- 도어 홀더(Door holder), 도어 스톱(Door stop) : 도어 홀더는 문열림 방지, 도어 스톱은 벽이나 문짝 보호에 사용된다.

100 오토클레이브(auto clave)에 포화증기 양생한 경량기포콘크리트의 특징으로 옳은 것은?

① 열전도율은 보통 콘크리트와 비슷하여 단열성은 약한 편이다.
② 경량이고 다공질이어서 가공 시 톱을 사용할 수 있다.
③ 불연성 재료로 내화성이 매우 우수하다.
④ 흡음성과 차음성은 비교적 약한 편이다.

ALC(Autoclaved Lightweight Concrete) 제품
- 규사, 생석회, 시멘트 등에 발포제인 알루미늄 분말과 기포 안정제를 넣어 고온, 고압증기양생을 거쳐 제조하는 기포 콘크리트의 일종이다.
- 경량이며, 단열성능이 우수하다.
- 내화성능, 흡음성능, 방음성능이 우수하며, 열전도율이 적다.
- 제품의 변형, 균열이 없으며 가공성이 우수하다.

제 06 과목 건설안전기술

101 산업안전보건법령에 따른 거푸집동바리를 조립하는 경우의 준수사항으로 옳지 않은 것은?

① 개구부 상부에 동바리를 설치하는 경우에는 상부하중을 견딜 수 있는 견고한 받침대를 설치할 것
② 동바리의 이음은 같은 품질의 재료를 사용할 것
③ 강재와 강재의 접속부 및 교차부는 철선을 사용하여 단단히 연결할 것
④ 거푸집의 형상에 따른 부득이한 경우를 제외하고는 깔판이나 받침목은 2단 이상 끼우지 않도록 할 것

산업안전보건기준에 관한 규칙 제332조(동바리 조립 시의 안전조치) 사업주는 동바리를 조립하는 경우에는 하중의 지지상태를 유지할 수 있도록 다음 각 호의 사항을 준수해야 한다.
1. 받침목이나 깔판의 사용, 콘크리트 타설, 말뚝박기 등 동바리의 침하를 방지하기 위한 조치를 할 것
2. 동바리의 상하 고정 및 미끄러짐 방지 조치를 할 것
3. 상부·하부의 동바리가 동일 수직선상에 위치하도록 하여 깔판·받침목에 고정시킬 것
4. 개구부 상부에 동바리를 설치하는 경우에는 상부하중을 견딜 수 있는 견고한 받침대를 설치할 것
5. U헤드 등의 단판이 없는 동바리의 상단에 멍에 등을 올릴 경우에는 해당 상단에 U헤드 등의 단판을 설치하고, 멍에 등이 전도되거나 이탈되지 않도록 고정시킬 것
6. 동바리의 이음은 같은 품질의 재료를 사용할 것
7. 강재의 접속부 및 교차부는 볼트·클램프 등 전용철물을 사용하여 단단히 연결할 것
8. 거푸집의 형상에 따른 부득이한 경우를 제외하고는 깔판이나 받침목은 2단 이상 끼우지 않도록 할 것
9. 깔판이나 받침목을 이어서 사용하는 경우에는 그 깔판·받침목을 단단히 연결할 것

102 타워 크레인(Tower Crane)을 선정하기 위한 사전 검토사항으로서 가장 거리가 먼 것은?

① 붐의 모양
② 인양능력
③ 작업반경
④ 붐의 높이

붐의 모양은 사전검토사항과 거리가 멀다.

103 건설현장에서 근로자의 추락재해를 예방하기 위한 안전난간을 설치하는 경우 그 구성요소와 거리가 먼 것은?

① 상부난간대
② 중간난간대
③ 사다리
④ 발끝막이판

산업안전보건기준에 관한 규칙 제13조(안전난간의 구조 및 설치요건) 사업주는 근로자의 추락 등의 위험을 방지하기 위하여 안전난간을 설치하는 경우 다음 각 호의 기준에 맞는 구조로 설치해야 한다.
1. 상부 난간대, 중간 난간대, 발끝막이판 및 난간기둥으로 구성할 것. 다만, 중간 난간대, 발끝막이판 및 난간기둥은 이와 비슷한 구조와 성능을 가진 것으로 대체할 수 있다.
2. 상부 난간대는 바닥면·발판 또는 경사로의 표면(이하 "바닥면등"이라 한다)으로부터 90센티미터 이상 지점에 설치하고, 상부 난간대를 120센티미터 이하에 설치하는 경우에는 중간 난간대는 상부 난간대와 바닥면등의 중간에 설치해야 하며, 120센티미터 이상 지점에 설치하는 경우에는 중간 난간대를 2단 이상으로 균등하게 설치하고 난간의 상하 간격은 60센티미터 이하가 되도록 할 것. 다만, 계단의 개방된 측면에 설치된 난간기둥 간의 간격이 25센티미터 이하인 경우에는 중간 난간대를 설치하지 않을 수 있다.
3. 발끝막이판은 바닥면등으로부터 10센티미터 이상의 높이를 유지할 것. 다만, 물체가 떨어지거나 날아올 위험이 없거나 그 위험을 방지할 수 있는 망을 설치하는 등 필요한 예방 조치를 한 장소는 제외한다.
4. 난간기둥은 상부 난간대와 중간 난간대를 견고하게 떠받칠 수 있도록 적정한 간격을 유지할 것
5. 상부 난간대와 중간 난간대는 난간 길이 전체에 걸쳐 바닥면등과 평행을 유지할 것
6. 난간대는 지름 2.7센티미터 이상의 금속제 파이프나 그 이상의 강도가 있는 재료일 것
7. 안전난간은 구조적으로 가장 취약한 지점에서 가장 취약한 방향으로 작용하는 100킬로그램 이상의 하중에 견딜 수 있는 튼튼한 구조일 것

104 가설공사 표준안전 작업지침에 따른 통로발판을 설치하여 사용함에 있어 준수사항으로 옳지 않은 것은?

① 추락의 위험이 있는 곳에는 안전난간이나 철책을 설치하여야 한다.
② 작업발판의 최대폭은 1.6m 이내이어야 한다.
③ 비계발판의 구조에 따라 최대 적재하중을 정하고 이를 초과하지 않도록 하여야 한다.
④ 발판을 겹쳐 이음하는 경우 장선 위에서 이음을 하고 겹침길이는 10cm 이상으로 하여야 한다.

가설공사 표준안전 작업지침 제15조(통로발판) 사업주는 통로발판을 설치하여 사용함에 있어서 다음 각 호의 사항을 준수하여야 한다.
1. 근로자가 작업 및 이동하기에 충분한 넓이가 확보되어야 한다.
2. 추락의 위험이 있는 곳에는 안전난간이나 철책을 설치하여야 한다.
3. 발판을 겹쳐 이음하는 경우 장선 위에서 이음을 하고 겹침길이는 20센티미터 이상으로 하여야 한다.
4. 발판 1개에 대한 지지물은 2개 이상이어야 한다.
5. 작업발판의 최대폭은 1.6미터 이내이어야 한다.
6. 작업발판 위에는 돌출된 못, 옹이, 철선 등이 없어야 한다.
7. 비계발판의 구조에 따라 최대 적재하중을 정하고 이를 초과하지 않도록 하여야 한다.

105 달비계의 구조에서 달비계 작업발판의 폭은 최소 얼마 이상 이어야 하는가?

① 30cm
② 40cm
③ 50cm
④ 60cm

산업안전보건기준에 관한 규칙 제63조(달비계의 구조) ① 사업주는 곤돌라형 달비계를 설치하는 경우에는 다음 각 호의 사항을 준수해야 한다.
1. 다음 각 목의 어느 하나에 해당하는 와이어로프를 달비계에 사용해서는 아니 된다.
　가. 이음매가 있는 것
　나. 와이어로프의 한 꼬임[(스트랜드(strand)를 말한다. 이하 같다)]에서 끊어진 소선(素線)[필러(pillar)선은 제외한다)]의 수가 10퍼센트 이상(비자전로프의 경우에는 끊어진 소선의 수가 와이어로프 호칭지름의 6배 길이 이내에서 4개 이상이거나 호칭지름 30배 길이 이내에서 8개 이상)인 것
　다. 지름의 감소가 공칭지름의 7퍼센트를 초과하는 것
　라. 꼬인 것
　마. 심하게 변형되거나 부식된 것
　바. 열과 전기충격에 의해 손상된 것
2. 다음 각 목의 어느 하나에 해당하는 달기 체인을 달비계에 사용해서는 아니 된다.
　가. 달기 체인의 길이가 달기 체인이 제조된 때의 길이의 5퍼센트를 초과한 것
　나. 링의 단면지름이 달기 체인이 제조된 때의 해당 링의 지름의 10퍼센트를 초과하여 감소한 것
　다. 균열이 있거나 심하게 변형된 것
3. 달기 강선 및 달기 강대는 심하게 손상·변형 또는 부식된 것을 사용하지 않도록 할 것
4. 달기 와이어로프, 달기 체인, 달기 강선, 달기 강대는 한쪽 끝을 비계의 보 등에, 다른 쪽 끝을 내민 보, 앵커볼트 또는 건축물의 보 등에 각각 풀리지 않도록 설치할 것
5. 작업발판은 폭을 40센티미터 이상으로 하고 틈새가 없도록 할 것
6. 작업발판의 재료는 뒤집히거나 떨어지지 않도록 비계의 보 등에 연결하거나 고정시킬 것
7. 비계가 흔들리거나 뒤집히는 것을 방지하기 위하여 비계의 보·작업발판 등에 버팀을 설치하는 등 필요한 조치를 할 것

8. 선반 비계에서는 보의 접속부 및 교차부를 철선·이음철물 등을 사용하여 확실하게 접속시키거나 단단하게 연결시킬 것
9. 근로자의 추락 위험을 방지하기 위하여 다음 각 목의 조치를 할 것
   가. 달비계에 구명줄을 설치할 것
   나. 근로자에게 안전대를 착용하도록 하고 근로자가 착용한 안전줄을 달비계의 구명줄에 체결(締結)하도록 할 것
   다. 달비계에 안전난간을 설치할 수 있는 구조인 경우에는 달비계에 안전난간을 설치할 것

106 건설업 중 교량건설 공사의 유해위험방지계획서를 제출하여야 하는 기준으로 옳은 것은?

① 최대 지간길이가 40m 이상인 교량건설등 공사
② 최대 지간길이가 50m 이상인 교량건설등 공사
③ 최대 지간길이가 60m 이상인 교량건설등 공사
④ 최대 지간길이가 70m 이상인 교량건설등 공사

유해위험방지계획서 제출 대상 공사(산업안전보건법 시행령 제42조 ③항)

1. 다음 각 목의 어느 하나에 해당하는 건축물 또는 시설 등의 건설·개조 또는 해체 공사
   가. 지상높이가 31미터 이상인 건축물 또는 인공구조물
   나. 연면적 3만제곱미터 이상인 건축물
   다. 연면적 5천제곱미터 이상인 시설로서 다음의 어느 하나에 해당하는 시설
      1) 문화 및 집회시설(전시장 및 동물원·식물원은 제외한다)
      2) 판매시설, 운수시설(고속철도의 역사 및 집배송시설은 제외한다)
      3) 종교시설
      4) 의료시설 중 종합병원
      5) 숙박시설 중 관광숙박시설
      6) 지하도상가
      7) 냉동·냉장 창고시설
2. 연면적 5천제곱미터 이상인 냉동·냉장 창고시설의 설비공사 및 단열공사
3. 최대 지간(支間)길이(다리의 기둥과 기둥의 중심사이의 거리)가 50미터 이상인 다리의 건설등 공사
4. 터널의 건설등 공사
5. 다목적댐, 발전용댐, 저수용량 2천만톤 이상의 용수 전용 댐 및 지방상수도 전용 댐의 건설등 공사
6. 깊이 10미터 이상인 굴착공사

107 구축물이 풍압·지진 등에 의하여 붕괴 또는 전도하는 위험을 예방하기 위한 조치와 가장 거리가 먼 것은?

① 설계도면에 따라 시공했는지 확인
② 건설공사 시방서에 따라 시공했는지 확인
③ 「건축물의 구조기준 등에 관한 규칙」에 따른 구조기준을 준수했는지 확인
④ 보호구 및 방호장치의 성능검정 합격품을 사용했는지 확인

산업안전보건기준에 관한 규칙 제51조(구축물등의 안전 유지) 사업주는 구축물등이 고정하중, 적재하중, 시공·해체 작업 중 발생하는 하중, 적설, 풍압(風壓), 지진이나 진동 및 충격 등에 의하여 전도·폭발하거나 무너지는 등의 위험을 예방하기 위하여 설계도면, 시방서(示方書), 「건축물의 구조기준 등에 관한 규칙」 제2조제15호에 따른 구조설계도서, 해체계획서 등 설계도서를 준수하여 필요한 조치를 해야 한다.

108 철골건립준비를 할 때 준수하여야 할 사항과 가장 거리가 먼 것은?

① 지상 작업장에서 건립준비 및 기계기구를 배치할 경우에는 낙하물의 위험이 없는 평탄한 장소를 선정하여 정비하고 경사지에는 작업대나 임시발판 등을 설치하는 등 안전조치를 한 후 작업하여야 한다.
② 건립작업에 다소 지장이 있다하더라도 수목은 제거하여서는 안된다.
③ 사용전에 기계기구에 대한 정비 및 보수를 철저히 실시하여야 한다.
④ 기계에 부착된 앵커 등 고정장치와 기초구조 등을 확인하여야 한다.

건립작업에 지장이 될 수 있는 수목은 제거하거나 이설하여야 한다.

109 건설현장에서 높이 5m 이상인 콘크리트 교량의 설치작업을 하는 경우 재해예방을 위해 준수해야 할 사항으로 옳지 않은 것은?

① 작업을 하는 구역에는 관계 근로자가 아닌 사람의 출입을 금지할 것
② 재료, 기구 또는 공구 등을 올리거나 내릴 경우에는 근로자로 하여금 크레인을 이용하도록 하고, 달줄, 달포대 등의 사용을 금하도록 할 것
③ 중량물 부재를 크레인 등으로 인양하는 경우에는 부재에 인양용 고리를 견고하게 설치하고, 인양용 로프는 부재에 두 군데 이상 결속하여 인양하여야 하며, 중량물이 안전하게 거치되기 전까지는 걸이로프를 해제시키지 아니하 것
④ 자재나 부재의 낙하·전도 또는 붕괴 등에 의하여 근로자에게 위험을 미칠 우려가 있을 경우에는 출입금지구역의 설정, 자재 또는 가설시설의 좌굴(挫屈) 또는 변형 방지를 위한 보강재 부착 등의 조치를 할 것

산업안전보건기준에 관한 규칙 제57조(비계 등의 조립·해체 및 변경) ① 사업주는 달비계 또는 높이 5미터 이상의 비계를 조립·해체하거나 변경하는 작업을 하는 경우 다음 각 호의 사항을 준수하여야 한다.
1. 근로자가 관리감독자의 지휘에 따라 작업하도록 할 것
2. 조립·해체 또는 변경의 시기·범위 및 절차를 그 작업에 종사하는 근로자에게 주지시킬 것
3. 조립·해체 또는 변경 작업구역에는 해당 작업에 종사하는 근로자가 아닌 사람의 출입을 금지하고 그 내용을 보기 쉬운 장소에 게시할 것
4. 비, 눈, 그 밖의 기상상태의 불안정으로 날씨가 몹시 나쁜 경우에는 그 작업을 중지시킬 것
5. 비계재료의 연결·해체작업을 하는 경우에는 폭 20센티미터 이상의 발판을 설치하고 근로자로 하여금 안전대를 사용하도록 하는 등 추락을 방지하기 위한 조치를 할 것
6. 재료·기구 또는 공구 등을 올리거나 내리는 경우에는 근로자가 달줄 또는 달포대 등을 사용하게 할 것

110 건축공사로서 대상액이 5억원 이상 50억원 미만인 경우에 산업안전보건관리비의 비율(가) 및 기초액(나)으로 옳은 것은?

① (가) 2.28%, (나) 4,325,000원
② (가) 2.53%, (나) 3,300,000원
③ (가) 3.05%, (나) 2,975,000원
④ (가) 1.59%, (나) 2,450,000원

공사종류 및 규모별 산업안전보건관리비 계상기준표

공사종류	대상액 5억원 미만인 경우 적용비율	대상액 5억원 이상 50억원 미만인 경우		50억원 이상인 경우 적용비율	보건관리자 선임대상 건설공사의 적용비율
		적용비율	기초액		
건축공사	3.11%	2.28%	4,325,000원	2.37%	2.64%
토목공사	3.15%	2.53%	3,300,000원	2.60%	2.73%
중건설공사	3.64%	3.05%	2,975,000원	3.11%	3.39%
특수건설공사	2.07%	1.59%	2,450,000원	1.64%	1.78%

111 중량물을 운반할 때의 바른 자세로 옳은 것은?

① 허리를 구부리고 양손으로 들어올린다.
② 중량은 보통 체중의 60%가 적당하다.
③ 물건은 최대한 몸에서 멀리 떼어서 들어올린다.
④ 길이가 긴 물건은 앞쪽을 높게 하여 운반한다.

인력운반 작업의 안전 준수사항

- 단독작업은 30kg 이하로 하고 장시간 작업은 작업자 체중의 40%한도 내에서 취급하여야 하며 하루 한사람이 중량물을 취급하는 시간은 실제 취급시간 2.5시간 이내로 할 것
- 무리한 자세를 장시간 지속하지 않을 것
- 무거운 물건은 공동작업으로 실시하고 보조기구를 사용할 것
- 물건을 들어 올릴 때는 팔과 무릎을 사용하며 척추는 곧은 자세로 할 것
- 길이가 긴 물건은 앞쪽을 높여 운반할 것
- 화물에 최대한 접근하여 중심을 낮게 할 것
- 어깨보다 높이 들어 올리지 않을 것

112 추락방지용 방망의 그물코의 크기가 10cm인 신품 매듭방망사의 인장강도는 몇 킬로그램 이상이어야 하는가?

① 80
② 110
③ 150
④ 200

방망사의 신품에 대한 인장 강도

그물코의 종류	방망의 종류(단위 : kg)	
	매듭이 없는 방망	매듭 방망
10cm	240(150)	200(135)
5cm	–	110(60)

※괄호 안은 폐기기준 인장강도임

113 다음 중 방망에 표시해야할 사항이 아닌 것은?

① 방망의 신축성
② 제조자명
③ 제조년월
④ 재봉 치수

방망의 표시 : 제조자, 제조년월, 재봉치수, 그물코, 신품시 망사의 강도

114 강관비계 조립시의 준수사항으로 옳지 않은 것은?

① 비계기둥에는 미끄러지거나 침하하는 것을 방지하기 위하여 밑받침철물을 사용한다.
② 지상높이 4층 이하 또는 12m 이하인 건축물의 해체 및 조립등의 작업에서만 사용한다.
③ 교차가새로 보강한다.
④ 외줄비계·쌍줄비계 또는 돌출비계에 대해서는 벽이음 및 버팀을 설치한다.

산업안전보건기준에 관한 규칙 제59조(강관비계 조립 시의 준수사항) 사업주는 강관비계를 조립하는 경우에 다음 각 호의 사항을 준수하여야 한다.
1. 비계기둥에는 미끄러지거나 침하하는 것을 방지하기 위하여 밑받침철물을 사용하거나 깔판·깔목 등을 사용하여 밑둥잡이를 설치하는 등의 조치를 할 것
2. 강관의 접속부 또는 교차부(交叉部)는 적합한 부속철물을 사용하여 접속하거나 단단히 묶을 것
3. 교차 가새로 보강할 것
4. 외줄비계·쌍줄비계 또는 돌출비계에 대해서는 다음 각 목에서 정하는 바에 따라 벽이음 및 버팀을 설치할 것. 다만, 창틀의 부착 또는 벽면의 완성 등의 작업을 위하여 벽이음 또는 버팀을 제거하는 경우, 그 밖에 작업의 필요상 부득이한 경우로서 해당 벽이음 또는 버팀 대신 비계기둥 또는 띠장에 사재(斜材)를 설치하는 등 비계가 넘어지는 것을 방지하기 위한 조치를 한 경우에는 그러하지 아니하다.
　가. 강관비계의 조립 간격은 별표 5의 기준에 적합하도록 할 것
　나. 강관·통나무 등의 재료를 사용하여 견고한 것으로 할 것
　다. 인장재(引張材)와 압축재로 구성된 경우에는 인장재와 압축재의 간격을 1미터 이내로 할 것
5. 가공전로(架空電路)에 근접하여 비계를 설치하는 경우에는 가공전로를 이설(移設)하거나 가공전로에 절연용 방호구를 장착하는 등 가공전로와의 접촉을 방지하기 위한 조치를 할 것

115 사다리식 통로 등을 설치하는 경우 고정식 사다리식 통로의 기울기는 최대 몇 도 이하로 하여야 하는가?

① 60도
② 75도
③ 80도
④ 90도

산업안전보건기준에 관한 규칙 제24조(사다리식 통로 등의 구조) ① 사업주는 사다리식 통로 등을 설치하는 경우 다음 각 호의 사항을 준수하여야 한다.
1. 견고한 구조로 할 것
2. 심한 손상·부식 등이 없는 재료를 사용할 것
3. 발판의 간격은 일정하게 할 것
4. 발판과 벽과의 사이는 15센티미터 이상의 간격을 유지할 것

5. 폭은 30센티미터 이상으로 할 것
6. 사다리가 넘어지거나 미끄러지는 것을 방지하기 위한 조치를 할 것
7. 사다리의 상단은 걸쳐놓은 지점으로부터 60센티미터 이상 올라가도록 할 것
8. 사다리식 통로의 길이가 10미터 이상인 경우에는 5미터 이내마다 계단참을 설치할 것
9. 사다리식 통로의 기울기는 75도 이하로 할 것. 다만, 고정식 사다리식 통로의 기울기는 90도 이하로 하고, 그 높이가 7미터 이상인 경우에는 다음 각 목의 구분에 따른 조치를 할 것
   가. 등받이울이 있어도 근로자 이동에 지장이 없는 경우 : 바닥으로부터 높이가 2.5미터 되는 지점부터 등받이울을 설치할 것
   나. 등받이울이 있으면 근로자가 이동이 곤란한 경우 : 한국산업표준에서 정하는 기준에 적합한 개인용 추락 방지 시스템을 설치하고 근로자로 하여금 한국산업표준에서 정하는 기준에 적합한 전신안전대를 사용하도록 할 것
10. 접이식 사다리 기둥은 사용 시 접혀지거나 펼쳐지지 않도록 철물 등을 사용하여 견고하게 조치할 것

116 부두·안벽 등 하역작업을 하는 장소에서 부두 또는 안벽의 선을 따라 통로를 설치하는 경우에는 폭을 최소 얼마 이상으로 해야 하는가?

① 70cm
② 80cm
③ 90cm
④ 100cm

산업안전보건기준에 관한 규칙 제390조(하역작업장의 조치기준) 사업주는 부두·안벽 등 하역작업을 하는 장소에 다음 각 호의 조치를 하여야 한다.
1. 작업장 및 통로의 위험한 부분에는 안전하게 작업할 수 있는 조명을 유지할 것
2. 부두 또는 안벽의 선을 따라 통로를 설치하는 경우에는 폭을 90센티미터 이상으로 할 것
3. 육상에서의 통로 및 작업장소로서 다리 또는 선거(船渠) 갑문(閘門)을 넘는 보도(步道) 등의 위험한 부분에는 안전난간 또는 울타리 등을 설치할 것

117 건설작업장에서 근로자가 상시 작업하는 장소의 작업면 조도기준으로 옳지 않은 것은?(단, 갱내 작업장과 감광재료를 취급하는 작업장의 경우는 제외)

① 초정밀 작업 : 600럭스(lux) 이상
② 정밀작업 : 300럭스(lux) 이상
③ 보통작업 : 150럭스(lux) 이상
④ 초정밀, 정밀, 보통작업을 제외한 기타 작업 : 75럭스(lux) 이상

산업안전보건기준에 관한 규칙 제8조(조도) 사업주는 근로자가 상시 작업하는 장소의 작업면 조도(照度)를 다음 각 호의 기준에 맞도록 하여야 한다. 다만, 갱내(坑內) 작업장과 감광재료(感光材料)를 취급하는 작업장은 그러하지 아니하다.
1. 초정밀작업: 750럭스(lux) 이상
2. 정밀작업: 300럭스 이상
3. 보통작업: 150럭스 이상
4. 그 밖의 작업: 75럭스 이상

118 승강기 강선의 과다감기를 방지하는 장치는?

① 비상정지장치
② 권과방지장치
③ 해지장치
④ 과부하방지장치

권과방지장치
- 권과를 방지하기 위하여 자동적으로 전동기용 동력을 차단하고 작동을 제동하는 기능을 가질 것
- 훅 등 달기기구의 상부(해당 달기기구의 권상용 시브를 포함)와 이에 접촉할 우려가 있는 시브(경사진 시브는 제외) 및 트롤리프레임 등의 하부와의 간격이 0.25m 이상(직동식 권과방지장치는 0.05m 이상) 되도록 조정할 수 있는 구조일 것
- 용이하게 점검할 수 있는 구조일 것

119 흙막이 지보공을 설치하였을 때 정기적으로 점검하여야 할 사항과 거리가 먼 것은?

① 경보장차의 작동상태
② 부재의 손상·변형·부식·변위 및 탈락의 유무와 상태
③ 버팀대의 긴압(緊壓)의 정도
④ 부재의 접속부·부착부 및 교차부의 상태

산업안전보건기준에 관한 규칙 제347조(붕괴 등의 위험 방지) ① 사업주는 흙막이 지보공을 설치하였을 때에는 정기적으로 다음 각 호의 사항을 점검하고 이상을 발견하면 즉시 보수하여야 한다.
1. 부재의 손상·변형·부식·변위 및 탈락의 유무와 상태
2. 버팀대의 긴압(緊壓)의 정도
3. 부재의 접속부·부착부 및 교차부의 상태
4. 침하의 정도

120 사질지반 굴착 시, 굴착부와 지하수위차가 있을 때 수두차에 의하여 삼투압이 생겨 흙막이벽 근입부분을 침식하는 동시에 모래가 액상화되어 솟아오르는 현상은?

① 동상현상
② 연화현상
③ 보일링현상
④ 히빙현상

보일링(Boiling) : 사질토 지반을 굴착시, 굴착부와 지하수위차가 있을 경우, 수두차(水頭差)에 의하여 침투압이 생겨 흙막이벽 근입부분을 침식하는 동시에, 모래가 액상화(液狀化)되어 솟아오르며 흙막이벽의 근입부가 지지력을 상실하여 흙막이공의 붕괴를 초래하는 현상
- 지반조건 : 지하수위가 높은 사질토의 경우
- 현상 : 전면에 액상화현상(Quick Sand)이 일어나며, 굴착면과 배면토의 수두차에 의한 침투압이 발생한다.
- 대책
  - 주변수위를 저하
  - 흙막이벽 근입도를 증가하여 동수구배를 저하
  - 굴착도를 즉시 원상 매립
  - 작업을 중지

정답 2019년 03월 03일 최근 기출문제

001 ②	002 ④	003 ①	004 ④	005 ③	006 ②	007 ④	008 ②	009 ①	010 ③
011 ④	012 ③	013 ①	014 ②	015 ③	016 ④	017 ②	018 ④	019 ③	020 ②
021 ③	022 ②	023 ①	024 ④	025 ④	026 ③	027 ②	028 ①	029 ③	030 ③
031 ④	032 ②	033 ②	034 ①	035 ④	036 ④	037 ①	038 ③	039 ④	040 ①
041 ①	042 ③	043 ②	044 ③	045 ②	046 ①	047 ④	048 ③	049 ②	050 ④
051 ②	052 ①	053 ③	054 ②	055 ③	056 ④	057 ①	058 ①	059 ④	060 ④
061 ①	062 ②	063 ③	064 ④	065 ④	066 ④	067 ①	068 ④	069 ②	070 ③
071 ②	072 ②	073 ②	074 ②	075 ④	076 ①	077 ③	078 ③	079 ①	080 ③
081 ①	082 ③	083 ①	084 ④	085 ②	086 ②	087 ④	088 ④	089 ①	090 ①
091 ③	092 ①	093 ④	094 ③	095 ②	096 ①	097 ④	098 ③	099 ④	100 ②
101 ③	102 ①	103 ③	104 ④	105 ②	106 ②	107 ④	108 ②	109 ②	110 ①
111 ④	112 ④	113 ①	114 ②	115 ④	116 ③	117 ①	118 ②	119 ①	120 ③

2019년 04월 27일

최근 기출문제

제 01 과목 산업안전관리론

001 산업안전보건법령상 담배를 피워서는 안 될 장소에 사용되는 금연 표지에 해당하는 것은?

① 지시표지 ② 경고표지
③ 금지표지 ④ 안내표지

금지표지의 종류

101 출입금지	102 보행금지	103 차량통행 금지	104 사용금지	105 탑승금지	106 금연	107 화기금지	108 물체이동 금지

002 시설물의 안전관리에 관한 특별법령에 제시된 등급별 정기안전점검의 실시 시기로 옳지 않은 것은?

① A등급인 경우 반기에 1회 이상이다.
② B등급인 경우 반기에 1회 이상이다.
③ C등급인 경우 1년에 3회 이상이다.
④ D등급인 경우 1년에 3회 이상이다.

안전점검, 정밀안전진단 및 성능평가의 실시시기(시설물의 안전 및 유지관리에 관한 특별법 시행령 별표 3)

안전등급	정기안전점검	정밀안전점검		정밀안전진단	성능평가
		건축물	건축물 외 시설물		
A등급	반기에 1회 이상	4년에 1회 이상	3년에 1회 이상	6년에 1회 이상	5년에 1회 이상
B·C등급		3년에 1회 이상	2년에 1회 이상	5년에 1회 이상	
D·E등급	1년에 3회 이상	2년에 1회 이상	1년에 1회 이상	4년에 1회 이상	

003 산업안전보건법령상 내전압용 절연장갑의 성능기준에 있어 절연장갑의 등급과 최대사용전압이 옳게 연결된 것은?(단, 전압은 교류로 실효값을 의미한다.)

① 00등급 : 500V
② 0등급 : 1500V
③ 1등급 : 11250V
④ 2등급 : 25500V

최대사용전압에 따른 절연장갑의 등급(보호구 안전인증 고시 별표 3)

등급	최대사용전압	
	교류(V, 실효값)	직류(V)
00	500	750
0	1,000	1,500
1	7,500	11,250
2	17,000	25,500
3	26,500	39,750
4	36,000	54,000

004 다음 중 안전관리의 근본이념에 있어 그 목적으로 볼 수 없는 것은?

① 사용자의 수용도 향상
② 기업의 경제적 손실예방
③ 생산성 향상 및 품질 향상
④ 사회복지의 증진

안전관리는 재해로부터 인간의 생명과 재산을 보존하기 위한 계획적이고 체계적인 제반 활동을 의미하는 것으로 사용자의 수용도 향상은 그 목적으로 볼 수 없다.

005 다음 설명에 가장 적합한 조직의 형태는?

- 과제 중심의 조직
- 특정과제를 수행하기 위해 필요한 자원과 재능을 여러 부서로부터 임시로 집중시켜 문제를 해결하고, 완료 후 다시 본래의 부서로 복귀하는 형태
- 시간적 유한성을 가진 일시적이고 잠정적인 조직

① 스탭(Staff)형 조직
② 라인(Line)식 조직
③ 기능(Function)식 조직
④ 프로젝트(Project) 조직

006 통계적 재해원인분석방법 중 특성과 요인관계를 도표로 하여 어골상으로 세분화한 것으로 옳은 것은?

① 관리도
② cross도
③ 특성요인도
④ 파레토(Pareto)도

통계적 재해원인 분석방법
- 파레토도 : 사고의 유형, 기인물 등의 분류항목을 순서대로 도표화하여 문제나 목표의 이해에 편리
- 특성요인도 : 특성과 요인과의 관계를 도표로 하여 어골상으로 세분화
- 클로즈분석(크로스도) : 2개 이상의 문제 관계를 분석하는데 사용하는 것으로 데이터를 집계하고, 표로 표시하여 요인별 결과 내역을 교차한 그림을 작성, 분석하는 방법
- 관리도 : 재해 발생 건수 등의 추이를 파악하여 목표관리를 행하는데 필요한 월별 재해발생건수를 그래프화하여 관리선을 설정 관리

007 근로자수가 400명, 주당 45시간씩 연간 50주를 근무하였고, 연간재해건수는 210건으로 근로손실일수가 800일이었다. 이 사업장의 강도율은 약 얼마인가?(단, 근로자의 출근율은 95%로 계산한다.)

① 0.42
② 0.52
③ 0.88
④ 0.94

강도율 = $\dfrac{800}{400 \times 45 \times 50 \times 0.95} \times 1000 = 0.94$

008 다음 중 재해조사를 할 때의 유의사항으로 가장 적절한 것은?

① 재발방지 목적보다 책임소재 파악을 우선으로 하는 기본적 태도를 갖는다.
② 목격자 등이 증언하는 사실 이외의 추측하는 말도 신뢰성 있게 받아들인다.
③ 2차 재해예방과 위험성에 대한 보호구를 착용한다.
④ 조사자의 전문성을 고려하여 단독으로 조사하며, 사고 정황을 주관적으로 추정한다.

재해조사시 유의사항
- 재해장소에 들어갈 때에는 예방과 유해성에 대응하여 해당하는 보호구를 반드시 착용한다.
- 재해발생 후 현장보존에 유의하면서 물적 증거를 수집한다.
- 사실을 수집한다.
- 조사는 신속히 행하고 필요시 긴급조치를 통해 2차 재해의 방지를 도모한다.
- 목격자가 증언하는 객관적 사실 외에는 참고만 한다.
- 공정하게 조사하며 필히 2인 이상이 한다.

009 산업안전보건법령상 사업주가 안전관리자를 선임한 경우, 선임한 날부터 며칠 이내에 고용노동부장관에게 증명할 수 있는 서류를 제출하여야 하는가?

① 7일
② 14일
③ 30일
④ 60일

> **[해설]**
> 사업주는 안전관리자를 선임하거나 안전관리자의 업무를 안전관리전문기관에 위탁한 경우에는 고용노동부령으로 정하는 바에 따라 선임하거나 위탁한 날부터 14일 이내에 고용노동부장관에게 증명할 수 있는 서류를 제출하여야 한다. 안전관리자를 다시 임명한 경우에도 또한 같다.(산업안전보건법 시행령 제16조)

010 재해손실비 평가방식 중 시몬즈(Simonds) 방식에서 재해의 종류에 관한 설명으로 옳지 않은 것은?

① 무상해사고는 의료조치를 필요로 하지 않은 상해사고를 말한다.
② 휴업상해는 영구 일부 노동불능 및 일시 전노동 불능 상해를 말한다.
③ 응급조치상해는 응급조치 또는 8시간 이상의 휴업의료 조치 상해를 말한다.
④ 통원상해는 일시 일부 노동불능 및 의사의 통원 조치를 요하는 상해를 말한다.

재해의 종류
- 휴업상해 : 영구 일부 노동 불능 및 일시 전노동 불능
- 통원상해 : 일시 일부 노동 불능 및 의사의 통원조치를 필요로 한 상태
- 응급조치상해 : 응급조치 상해 또는 8시간 미만 휴업 의료조치 상해
- 무상해사고 : 의료조치를 필요로 하지 않는 상해사고

011 위험예지훈련에 대한 설명으로 옳지 않은 것은?

① 직장이나 작업의 상황 속 잠재 위험요인을 도출한다.
② 행동하기에 앞서 위험요소를 예측하는 것을 습관화하는 훈련이다.
③ 위험의 포인트나 중점실시 사항을 지적 확인한다.
④ 직장 내에서 최대 인원의 단위로 토의하고 생각하며 이해한다.

> **[해설]**
> 위험예지훈련은 직장 소그룹에서 대화하고, 서로 생각하여 서로 이해해서 위험의 포인트나 중점실시사항을 지적확인해서 행동하기 전에 해결하는 훈련이다.

012 산업안전보건법령상 건설업의 도급인 사업주가 작업장을 순회 점검하여야 하는 주기로 올바른 것은?

① 1일에 1회 이상 ② 2일에 1회 이상
③ 3일에 1회 이상 ④ 7일에 1회 이상

산업안전보건법 시행규칙 제80조(도급사업 시의 안전·보건조치 등) ① 도급인은 법 제64조제1항제2호에 따른 작업장 순회점검을 다음 각 호의 구분에 따라 실시해야 한다.
1. 다음 각 목의 사업의 경우 : 2일에 1회 이상
 가. 건설업
 나. 제조업
 다. 토사석 광업
 라. 서적, 잡지 및 기타 인쇄물 출판업
 마. 음악 및 기타 오디오물 출판업
 바. 금속 및 비금속 원료 재생업
2. 제1호 각 목의 사업을 제외한 사업의 경우 : 1주일에 1회 이상

013 산업안전보건법령상 안전보건관리규정에 포함해야할 내용이 아닌 것은?

① 안전보건교육에 관한 사항
② 사고조사 및 대책수립에 관한 사항
③ 안전보건관리 조직과 그 직무에 관한 사항
④ 산업재해보상보험에 관한 사항

산업안전보건법 제25조(안전보건관리규정의 작성) ① 사업주는 사업장의 안전 및 보건을 유지하기 위하여 다음 각 호의 사항이 포함된 안전보건관리규정을 작성하여야 한다.
1. 안전 및 보건에 관한 관리조직과 그 직무에 관한 사항
2. 안전보건교육에 관한 사항
3. 작업장의 안전 및 보건 관리에 관한 사항
4. 사고 조사 및 대책 수립에 관한 사항
5. 그 밖에 안전 및 보건에 관한 사항

014 다음에서 설명하는 무재해운동 추진기법으로 옳은 것은?

> 작업현장에서 그때 그 장소의 상황에 즉응하여 실시하는 위험예지 활동으로서 즉시즉응법이라고도 한다.

① TBM(Tool Box Meeting)
② 삼각 위험예지훈련
③ 자문자답카드 위험예지훈련
④ 터치 앤드 콜(Touch and Call)

TBM(Tool Box Meeting)은 5~7명 정도의 인원이 직장, 현장, 공구상자 등의 근처에서 작업 시작 전 5~15분, 작업 종료 시 3~5분 정도의 짧은 시간 동안에 행하는 미팅이다.

015 재해의 원인 중 물적 원인(불안전한 상태)에 해당하지 않는 것은?

① 보호구 미착용
② 방호장치의 결함
③ 조명 및 환기불량
④ 불량한 정리 정돈

재해의 직접원인
- 불안전한 행동 : 위험장소 접근, 안전장치의 기능 제거, 복장 보호구의 잘못 사용, 기계·기구 잘못 사용, 운전 중인 기계장치의 손질, 불안전한 속도조작, 위험물 취급 부주의, 불안전한 상태 방치, 불안전한 자세 동작, 감독 및 연락 불충분
- 불안전한 상태 : 물 자체 결함, 안전 방호장치 결함, 복장·보호구의 결함, 물의 배치 및 작업장소 결함, 작업환경의 결함, 생산공정의 결함, 경계표시·설비의 결함

016 산업안전보건법령상 양중기의 종류에 포함되지 않는 것은?

① 곤돌라
② 호이스트
③ 컨베이어
④ 이동식 크레인

산업안전보건기준에 관한 규칙 제132조(양중기) ① 양중기란 다음 각 호의 기계를 말한다.
1. 크레인[호이스트(hoist)를 포함한다]
2. 이동식 크레인
3. 리프트(이삿짐운반용 리프트의 경우에는 적재하중이 0.1톤 이상인 것으로 한정한다)
4. 곤돌라
5. 승강기

017 산업안전보건법령상 공사 금액이 얼마 이상인 건설업 사업장에서 산업안전보건위원회를 설치·운영하여야 하는가?

① 80억원 ② 120억원
③ 250억원 ④ 700억원

건설업 중 공사금액 120억원 이상(토목공사업에 해당하는 경우에는 150억원 이상)인 경우 산업안전보건위원회를 설치·운영하여야 한다.(산업안전보건법 시행령 별표 9)

018 산업안전보건법령상 자율안전확인대상 기계 또는 설비에 포함되지 않은 것은?

① 곤돌라 ② 연삭기
③ 컨베이어 ④ 자동차정비용 리프트

자율안전확인대상 기계 또는 설비(산업안전보건법 시행령 제77조)
- 연삭기 또는 연마기(휴대형은 제외)
- 산업용 로봇
- 혼합기
- 파쇄기 또는 분쇄기
- 식품가공용기계(파쇄·절단·혼합·제면기만 해당)
- 컨베이어
- 자동차정비용 리프트
- 공작기계(선반, 드릴기, 평삭·형삭기, 밀링만 해당한다)
- 고정형 목재가공용기계(둥근톱, 대패, 루타기, 띠톱, 모떼기 기계만 해당)
- 인쇄기

019 사고예방대책의 기본원리 5단계 중 제2단계의 사실의 발견에 관한 사항에 해당되지 않는 것은?

① 사고조사 ② 안전회의 및 토의
③ 교육과 훈련의 분석 ④ 사고 및 안전활동기록의 검토

2단계 – 사실의 발견
- 사고 및 안전활동 기록 검토 작업분석
- 관찰 및 보고서의 연구 등을 통하여 불안전 요소발견
- 안전점검 및 안전진단 사고조사
- 안전회의 및 토의
- 근로자의 제안 및 여론조사

020 산업안전보건법령상 안전검사 대상 기계 등에 포함되지 않는 것은?

① 리프트　　　　　　② 전단기
③ 압력용기　　　　　④ 밀폐형 구조 롤러기

안전검사 대상 기계(산업안전보건법 시행령 제78조)
- 프레스　• 전단기
- 크레인(정격 하중이 2톤 미만인 것은 제외)
- 리프트　• 압력용기　• 곤돌라
- 국소 배기장치(이동식은 제외)
- 원심기(산업용만 해당)
- 롤러기(밀폐형 구조는 제외)
- 사출성형기[형 체결력(型 締結力) 294킬로뉴턴(KN) 미만은 제외]
- 고소작업대[화물자동차 또는 특수자동차에 탑재한 고소작업대(高所作業臺)로 한정]
- 컨베이어
- 산업용 로봇
- 혼합기(※2026년 6월 26일부터 적용)
- 파쇄기 또는 분쇄기(※2026년 6월 26일부터 적용)

제 02 과목　산업심리 및 교육

021 리더의 기능수행과 리더로서의 지위 획득 및 유지가 리더 개인의 성격이나 자질에 의존한다는 리더십 이론은?

① 행동이론　　　　　② 상황이론
③ 관리이론　　　　　④ 특성이론

전통적 리더십 이론
- 특성이론 : 리더의 개인적 특성에 초점을 두어 성공적 리더의 특성과 자질을 탐구한 리더십의 초기 이론
- 행동이론 : 특성이론의 한계를 극복하기 위해 실제적인 리더의 행동과 형태에 초점을 둔 이론
- 상황이론 : 리더십은 사회적 상황과의 관계에서 나오는 산물이며, 상황에 따라 리더의 특성과 리더십의 효과성이 결정된다고 보는 이론

022 직무분석을 위한 자료수집 방법에 관한 설명으로 맞는 것은?

① 관찰법은 직무의 시작에서 종료까지 많은 시간이 소요되는 직무에 적용하기 쉽다.
② 면접법은 자료의 수집에 많은 시간과 노력이 들고, 수량화된 정보를 얻기가 힘들다.
③ 중요사건법은 일상적인 수행에 관한 정보를 수집하므로 해당 직무에 대한 포괄적인 정보를 얻을 수 있다.
④ 설문지법은 많은 사람들로부터 짧은 시간 내에 정보를 얻을 수 있으며, 양적인 자료보다 질적인 자료를 얻을 수 있다.

023 생활하고 있는 현실적인 장면에서 당면하는 여러 문제들에 대한 해결방안을 찾아내는 것으로 지식, 기능, 태도, 기술 등을 종합적으로 획득하도록 하는 학습방법으로 옳은 것은?

① 롤 플레잉(Role Playing)　　② 문제법(Problem Method)
③ 버즈 세션(Buzz Session)　　④ 케이스 메소드(Case Method)

문제법은 학습자가 생활하고 있는 현실적인 장면에서 당면하는 여러 문제들을 해결해 나가는 과정에서 지식, 기능, 태도, 기술 등을 종합적으로 획득하도록 하는 학습방법으로 문제해결법이라고도 한다.

024 교재의 선택기준으로 옳지 않은 것은?

① 정적이며 보수적이어야 한다.
② 사회성과 시대성에 걸맞은 것이어야 한다.
③ 설정된 교육목적을 달성할 수 있는 것이어야 한다.
④ 교육대상에 따라 흥미, 필요, 능력 등에 적합해야 한다.

교재는 사회성과 시대성을 반영할 수 있는 실용성이 있으면서도 미래에 대한 대비성이 있는 것이어야 한다.

025 안전교육방법 중 수업의 도입이나 초기단계에 적용하며, 많은 인원에 대하여 단시간에 많은 내용을 동시 교육하는 경우에 사용되는 방법으로 가장 적절한 것은?

① 시범　　② 반복법
③ 토의법　　④ 강의법

강의법은 많은 인원의 수강자(최적인원 40~50명)를 대상으로 단기간의 교육시간에 비교적 많은 내용의 교육내용을 전수하기 위한 방법으로 수업의 도입 단계에 적용된다.

026 인간 부주의의 발생원인 중 외적 조건에 해당하지 않는 것은?

① 작업조건 불량　　② 작업순서 부적당
③ 경험 부족 및 미숙련　　④ 환경조건 불량

부주의 발생원인 및 대책
- 외적 원인 및 대책
  - 작업, 환경조건 불량 : 환경정비
  - 작업순서의 부적당 : 작업순서정비
- 내적 조건 및 대책
  - 소질적 조건 : 적정 배치
  - 의식의 우회 : 상담(Counseling)
  - 경험, 미경험 : 교육

027 합리화의 유형 중 자기의 실패나 결함을 다른 대상에게 책임을 전가시키는 유형으로, 자신의 잘못에 대해 조상 탓을 하거나 축구 선수가 공을 잘못 찬 후 신발 탓을 하는 등에 해당하는 것은?

① 망상형
② 신포도형
③ 투사형
④ 달콤한 레몬형

합리화(rationalization)의 유형
- 신포도형 : 어떤 목표를 위해서 노력했으나 실패했을 때 자아를 보호하기 위하여 원래 그렇게 원하지 않았다고 생각하는 유형
- 달콤한 레몬형 : 자기가 현재 가지고 있는 것이 진정 자신이 가장 원했던 것이라고 믿는 유형
- 투사형 : 자기의 실패나 결함을 다른 대상에게 책임을 전가시키는 유형
- 망상형 : 원하는 일이 마음대로 되지 않을 때 자신의 능력에 대해 허구적 신념을 가짐으로써 실패의 원인을 합리화하는 유형

028 인간의 경계(vigilance)현상에 영향을 미치는 조건의 설명으로 가장 거리가 먼 것은?

① 작업시작 직후에는 검출율이 가장 낮다.
② 오래 지속되는 신호는 검출율이 높다.
③ 발생빈도가 높은 신호는 검출율이 높다.
④ 불규칙적인 신호에 대한 검출율이 낮다.

인간의 vigilance(주의하는 상태, 긴장상태, 경계상태)현상에 영향을 끼치는 조건
- 검출능력은 작업시각 후 빠른 속도로 저하된다.
- 발생빈도가 높은 신호일수록 검출률이 높다.
- 규칙적인 신호에 대한 검출률이 높다.
- 신호 강도가 높고 오래 지속되는 신호는 검출하기 쉽다.

029 아담스(Adams)의 형평이론(공평성)에 대한 설명으로 틀린 것은?

① 성과(outcome)란 급여, 지위, 인정 및 기타 부가 보상 등을 의미한다.
② 투입(input)이란 일반적인 자격, 교육수준, 노력 등을 의미한다.
③ 작업동기는 자신의 투입대비 성과 결과만으로 비교한다.
④ 지각에 기초한 이론이므로 자기 자신을 지각하고 있는 사람을 개인(person)이라 한다.

형평성이론
- 투입 : 시간, 노력, 기술, 교육 정도
- 산출(성과) : 급료, 지위 인정, 칭찬, 좋은 배치, 보람 등
- 결과 : 투입에 대한 산출의 비율이 다른 종업원들과 일치할 때 공정성이 있다고 믿는다. 이 경우 가장 작업동기가 좋아질 수 있다.

030 교육훈련을 통하여 기업의 차원에서 기대할 수 있는 효과로 옳지 않은 것은?

① 리더십과 의사소통기술이 향상된다.
② 작업시간이 단축되어 노동비용이 감소된다.

③ 인적자원의 관리비용이 증대되는 경향이 있다.
④ 직무만족과 직무충실화로 인하여 직무태도가 개선된다.

해설
인적자원의 관리비용이 감소되는 경향이 있다.

031 집단 간의 갈등 요인으로 옳지 않은 것은?
① 욕구좌절
② 제한된 자원
③ 집단 간의 목표 차이
④ 동일한 사안을 바라보는 집단 간의 인식 차이

해설
집단 간의 갈등 요인은 제한된 자원, 집단 간의 목표 차이, 동일 사안을 바라보는 집단 간의 인식 차이에서 비롯된다.

032 스텝 테스트, 슈나이더 테스트는 어떠한 방법의 피로 판정 검사인가?
① 타액검사
② 반사검사
③ 전신적 관찰
④ 심폐검사

해설
스텝 테스트는 심폐지구력을 측정하는 간접적인 방법이며, 슈나이더 테스트는 슈나이더에 의해 창안된 대표적인 순환기능 검사로 모두 심폐검사에 해당된다.

033 안전 교육 시 강의안의 작성 원칙에 해당되지 않는 것은?
① 구체적
② 논리적
③ 실용적
④ 추상적

해설
강의안은 강의할 내용을 구체적으로 작성하여야 하며, 추상적이어서는 안 된다.

034 S-R 이론 중에서 긍정적 강화, 부정적 강화, 처벌 등이 이론의 원리에 속하며, 사람들이 바람직한 결과를 이끌어 내기 위해 단지 어떤 자극에 대해 수동적으로 반응하는 것이 아니라 환경상의 어떤 능동적인 행위를 한다는 이론으로 옳은 것은?
① 파블로프(Pavlov)의 조건반사설
② 손다이크(Thorndike)의 시행착오설
③ 스키너(Skinner)의 조작적 조건화설
④ 구쓰리에(Guthrie)의 접근적 조건화설

해설
S-R 이론별 주요 키워드
- 파블로프의 조건반사설 : 강도의 원리, 일관성의 원리, 시간의 원리, 계속성의 원리
- 손다이크의 시행착오설 : 효과의 법칙, 연습의 법칙, 준비성의 법칙
- 스키너의 조작적 조건화설 : 긍정적 강화, 부정적 강화, 처벌
- 구쓰리에의 접근적 조건화설 : 접근율, 최신의 원리

035 산업안전보건법령상 안전보건교육 교육과정별 교육시간 중 교육대상별 교육시간이 맞게 연결된 것은?

① 일용근로자의 채용 시 교육 : 2시간 이상
② 일용근로자의 작업내용 변경 시 교육 : 1시간 이상
③ 사무직 종사 근로자의 정기교육 : 매반기 3시간 이상
④ 건설 일용노동자의 건설업 기초안전·보건교육 : 2시간 이상

근로자 안전보건교육(산업안전보건법 시행규칙 별표 4)

교육과정	교육대상		교육시간
정기교육	사무직 종사 근로자		매반기 6시간 이상
	그 밖의 근로자	판매업무에 직접 종사하는 근로자	매반기 6시간 이상
		판매업무에 직접 종사하는 근로자 외의 근로자	매반기 12시간 이상
채용 시 교육	일용근로자 및 근로계약기간이 1주일 이하인 기간제근로자		1시간 이상
	근로계약기간이 1주일 초과 1개월 이하인 기간제근로자		4시간 이상
	그 밖의 근로자		8시간 이상
작업내용 변경 시 교육	일용근로자 및 근로계약기간이 1주일 이하인 기간제근로자		1시간 이상
	그 밖의 근로자		2시간 이상
특별교육	특별교육 대상 작업(단, 타워크레인을 사용하는 작업시 신호업무를 하는 작업은 제외)에 종사하는 일용근로자 및 근로계약기간이 1주일 이하인 기간제근로자		2시간 이상
	타워크레인을 사용하는 작업시 신호업무를 하는 일용근로자 및 근로계약기간이 1주일 이하인 기간제근로자		8시간 이상
	특별교육 대상 작업에 종사하는 근로자 중 일용근로자 및 근로계약기간이 1주일 이하인 기간제근로자를 제외한 근로자		-16시간 이상(최초 작업에 종사하기 전 4시간 이상 실시하고 12시간은 3개월 이내에서 분할하여 실시 가능) -단기간 작업 또는 간헐적 작업인 경우에는 2시간 이상
건설업 기초 안전·보건교육	건설 일용근로자		4시간 이상

036 안전교육의 3단계 중, 현장실습을 통한 경험체득과 이해를 목적으로 하는 단계는?

① 안전지식교육　　② 안전기능교육
③ 안전태도교육　　④ 안전의식교육

안전교육의 3단계
- 제1단계 지식교육 : 강의, 시청각교육을 통한 지식의 전달과 이해
- 제2단계 기능교육 : 시범, 견학, 실습, 현장실습교육을 통한 경험 체득과 이해
- 제3단계 태도교육 : 작업동작지도, 생활지도 등을 통한 안전의 습관화

037 실제로는 움직임이 없으나 시각적으로 움직임이 있는 것처럼 느끼는 심리적인 현상으로 옳은 것은?

① 잔상효과　　　　　　　　② 가현운동
③ 후광효과　　　　　　　　④ 기하학적 착시

착각현상(운동의 시지각)
- 자동운동 : 암실 내에서 정리된 소광점을 응시하고 있으며 그 광점이 움직이는 것을 볼 수 있는데 이것을 자동운동이라 한다.
- 유도운동 : 실제로는 움직이지 않는 것이 어느 기준의 이동에 유도되어 움직이는 것처럼 느껴지는 현상을 말한다.
- 가현운동 : 객관적으로 정지하고 있는 대상물이 급속히 나타나던가 소멸하는 것으로 인하여 일어나는 운동으로 마치 대상물이 운동하는 것처럼 인식되는 현상을 말한다.(β-운동 : 영화 영상의 방법)

038 조직 구성원의 태도는 조직성과와 밀접한 관계가 있다. 태도(attitude)의 3가지 구성요소에 포함되지 않는 것은?

① 인지적 요소　　　　　　② 정서적 요소
③ 행동경향 요소　　　　　④ 성격적 요소

태도의 구성요소
- 인지적 요소 : 개인적 지식, 신념
- 정서적 요소 : 대상에 대한 느낌이나 평가
- 행동적 요소 : 대상에 대한 행동성향

039 작업 환경에서 물리적인 작업조건보다는 근로자의 심리적인 태도 및 감정이 직무수행에 큰 영향을 미친다는 결과를 밝혀낸 대표적인 연구로 옳은 것은?

① 호손 연구　　　　　　　② 플래시보 연구
③ 스키너 연구　　　　　　④ 시간-동작연구

호손(Hawthorne)실험
- 실험 연구자 : 메이요(Mayo)와 레슬리스버거(Roethlisberger)
- 실험 결론 : 작업자의 작업능률(생산성 향상)은 물리적인 작업조건보다는 인간관계의 요인에 의해서 좌우된다.

040 심리검사 종류에 관한 설명으로 맞는 것은?

① 성격 검사 : 인지능력이 직무수행을 얼마나 예측하는지 측정한다.
② 신체능력 검사 : 근력, 순발력, 전반적인 신체 조정 능력, 체력 등을 측정한다.
③ 기계적성 검사 : 기계를 다루는데 있어 예민성, 색채 시각, 청각적 예민성을 측정한다.
④ 지능 검사 : 제시된 진술문에 대하여 어느 정도 동의하는지에 관해 응답하고, 이를 척도점수로 측정한다.

해설
- 성격 검사 : 옳고 그른 답이 없으며 척도 점수들이 직무에서의 성공을 예측
- 기계적성 검사 : 기계적 원리를 얼마나 이해하고 있는지를 확인
- 지능 검사 : 일반정신능력(g)을 측정하며, g는 단일 예측변인으로 직무수행을 가장 잘 예측

제 03 과목 인간공학 및 시스템안전공학

041 화학설비에 대한 안정성 평가(safety assessment)에서 정량적 평가 항목이 아닌 것은?

① 습도
② 온도
③ 압력
④ 용량

해설
정량적 평가 : 당해 화학설비의 취급물질, 용량, 온도, 압력 및 조작의 5항목에 대해 A, B, C, D급으로 분류하고 A급은 10점, B급은 5점, C급은 2점, D급은 0점으로 점수를 부여한 후 5항목에 관한 점수들의 합을 구한다.

042 신체 부위의 운동에 대한 설명으로 틀린 것은?

① 굴곡(flexion)은 부위간의 각도가 증가하는 신체의 움직임을 의미한다.
② 외전(abduction)은 신체 중심선으로부터 이동하는 신체의 움직임을 의미한다.
③ 내전(adduction)은 신체의 외부에서 중심선으로 이동하는 신체의 움직임을 의미한다.
④ 외선(lateral rotation)은 신체의 중심선으로부터 회전하는 신체의 움직임을 의미한다.

해설
신체부위 운동
- 굴곡 : 부위간 각도의 감소
- 내전 : 몸의 중심선 쪽으로 이동하는 각도
- 내선 : 몸의 중심선쪽으로 회전이동하는 각도
- 상향 : 손바닥을 위로 향함.
- 신전(Extension) : 부위간 각도의 증가
- 외전 : 몸의 중심선 밖으로 이동하는 각도
- 외선 : 몸의 중심선 밖으로 회전이동하는 각도
- 하향 : 손바닥을 아래로 향함.

043 n개의 요소를 가진 병렬 시스템에 있어 요소의 수명(MTTF)이 지수분포를 따를 경우 이 시스템의 수명을 구하는 식으로 맞는 것은?

① MTTF × n
② MTTF × $\frac{1}{n}$
③ MTTF$\left(1 + \frac{1}{2} + \cdots + \frac{1}{n}\right)$
④ MTTF$\left(1 + \frac{1}{2} \times \cdots \times \frac{1}{n}\right)$

044 인간 전달 함수(Human Transfer Function)의 결점이 아닌 것은?

① 입력의 협소성
② 시점적 제약성
③ 정신운동의 묘사성
④ 불충분한 직무 묘사

045 고장형태와 영향분석(FMEA)에서 평가요소로 틀린 것은?

① 고장발생의 빈도 ② 고장의 영향 크기
③ 고장방지의 가능성 ④ 기능적 고장 영향의 중요도

FMEA에서 평가요소 : 기능적 고장영향의 중요도, 영향을 미치는 시스템의 범위, 고장발생의 빈도, 고장방지 가능성, 신규설계의 정도

046 결함수분석의 기대효과와 가장 관계가 먼 것은?

① 시스템의 결함 진단 ② 시간에 따른 원인 분석
③ 사고원인 규명의 간편화 ④ 사고원인 분석의 정량화

결함수 분석의 기대효과
- 사고원인 규명의 간편화
- 사고원인 분석의 정량화
- 시스템의 결함 진단
- 사고원인 분석의 일반화
- 노력 및 시간의 절감
- 안전점검 체크리스트 작성

047 인간공학에 대한 설명으로 틀린 것은?

① 인간이 사용하는 물건, 설비, 환경의 설계에 적용된다.
② 인간을 작업과 기계에 맞추는 설계 철학이 바탕이 된다.
③ 인간 − 기계 시스템의 안전성과 편리성, 효율성을 높인다.
④ 인간의 생리적, 심리적인 면에서의 특성이나 한계점을 고려한다.

안전과 인간공학의 목표
- 안전성 향상과 사고 방지
- 쾌적성
- 기계조작의 능률성과 생산성 향상

048 빨강, 노랑, 파랑의 3가지 색으로 구성된 교통 신호등이 있다. 신호등은 항상 3가지 색으로 구성된 교통 신호등이 있다. 신호등은 항상 3가지 색 중 하나가 켜지도록 되어 있다. 1시간 동안 조사한 결과, 파란등은 총 30분 동안, 빨간등과 노란등은 각각 총 15분 동안 켜진 것으로 나타났다. 이 신호등의 총 정보량은 몇 bit 인가?

① 0.5 ② 0.75
③ 1.0 ④ 1.5

정보량 = $\frac{30분}{60분} \times \log_2 2 + \frac{15분}{60분} \times \log_2 4 + \frac{15분}{60분} \times \log_2 4$

= $\frac{1}{2} + \frac{1}{2} + \frac{1}{2}$ = 1.5

049 다음과 같은 실내 표면에서 일반적으로 추천반사율의 크기를 맞게 나열한 것은?

| ㉠ 바닥 | ㉡ 천정 | ㉢ 가구 | ㉣ 벽 |

① ㉠ < ㉣ < ㉢ < ㉡
② ㉣ < ㉠ < ㉡ < ㉢
③ ㉠ < ㉢ < ㉣ < ㉡
④ ㉣ < ㉡ < ㉠ < ㉢

옥내 최적 반사율
- 천정 : 80~90%
- 가구, 사무용기기, 책상 : 25~45%
- 벽, 창문 발(Blind) : 40~60%
- 바닥 : 20~40%

050 어떤 결함수를 분석하여 minimal cut set을 구한 결과 다음과 같았다. 각 기본사상의 발생확률을 q_i, i = 1, 2, 3라 할 때, 정상사상의 발생확률함수로 맞는 것은?

| $k_1 = [1, 2]$ | $k_2 = [1, 3]$ | $k_3 = [2, 3]$ |

① $q_1q_2 + q_1q_2 - q_2q_3$
② $q_1q_2 + q_1q_3 - q_2q_3$
③ $q_1q_2 + q_1q_3 + q_2q_3 - q_1q_2q_3$
④ $q_1q_2 + q_1q_3 + q_2q_3 - 2q_1q_2q_3$

051 산업안전보건법령에 따라 유해위험방지 계획서의 제출대상 사업은 해당 사업으로서 전기 계약용량이 얼마 이상인 사업인가?

① 150kW
② 200kW
③ 300kW
④ 500kW

산업안전보건법 시행령 제42조(유해위험방지계획서 제출 대상) ① 법 제42조제1항제1호에서 "대통령령으로 정하는 업종 및 규모에 해당하는 사업"이란 다음 각 호의 어느 하나에 해당하는 사업으로서 전기 계약용량이 300킬로와트 이상인 사업을 말한다.
1. 금속가공제품 제조업; 기계 및 가구 제외
2. 비금속 광물제품 제조업
3. 기타 기계 및 장비 제조업
4. 자동차 및 트레일러 제조업
5. 식료품 제조업
6. 고무제품 및 플라스틱제품 제조업
7. 목재 및 나무제품 제조업
8. 기타 제품 제조업
9. 1차 금속 제조업
10. 가구 제조업
11. 화학물질 및 화학제품 제조업
12. 반도체 제조업
13. 전자부품 제조업

052 음량수준을 평가하는 척도와 관계없는 것은?

① HSI
② phon
③ dB
④ sone

해설

음의 크기 수준
- phon : 1000Hz 순음의 음압 수준(dB)을 나타낸다.
- sone : 1000Hz, 40dB의 음압 수준을 가진 순음의 크기(= 40 phon)를 1 sone이라 함
- sone과 phon의 관계식 : sone값 = $2^{(phon-40)/10}$

---

053 인간의 오류모형에서 "알고 있음에도 의도적으로 따르지 않거나 무시한 경우"를 무엇이라 하는가?

① 실수(Slip)
② 착오(Mistake)
③ 건망증(Lapse)
④ 위반(Violation)

---

054 그림과 같이 7개의 부품으로 구성된 시스템의 신뢰도는 약 얼마인가?(단, 네모안의 숫자는 각 부품의 신뢰도이다.)

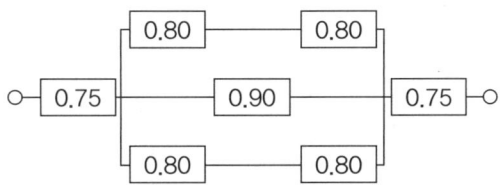

① 0.5552
② 0.5427
③ 0.6234
④ 0.9740

해설

R = 0.75 × (1 − (1 − 0.8^2)(1 − 0.9)(1 − 0.8^2)) × 0.75 = 0.55521

---

055 소음방지 대책에 있어 가장 효과적인 방법은?

① 음원에 대한 대책
② 수음자에 대한 대책
③ 전파경로에 대한 대책
④ 거리감쇠와 지향성에 대한 대책

해설

가장 효과적이고 적극적인 방지대책
- 소음원의 통제 : 기계의 적절한 설계, 적절한 정비 및 주유, 기계에 고무 받침대 부착, 차량에는 소음기 사용
- 소음의 격리 : 씌우개 방, 장벽을 사용(집의 창문을 닫으면 약 10dB 감음됨)
- 차폐장치 및 흡음재료 사용
- 음향처리제 사용
- 적절한 배치(Layout)

056 정성적 표시장치의 설명으로 틀린 것은?

① 정성적 표시장치의 근본 자료 자체는 정량적인 것이다.
② 전력계에서와 같이 기계적 혹은 전자적으로 숫자가 표시된다.
③ 색채 부호가 부적합한 경우에는 계기판 표시 구간을 형상 부호화하여 나타낸다.
④ 연속적으로 변하는 변수의 대략적인 값이나 변화추세, 변화율 등을 알고자 할 때 사용된다.

정량적 동적 표시장치의 기본형
- 정목동침(Moving Pointer)형 : 눈금이 고정되고 지침이 움직이는 형
- 정침동목(Moving Scale)형 : 지침이 고정되고 눈금이 움직이는 형
- 계수(Digital)형 : 전력계나 택시요금 계기와 같이 기계, 전자적으로 숫자가 표시되는 형

057 FT도에 사용하는 기호에서 3개의 입력현상 중 임의의 시간에 2개가 발생하면 출력이 생기는 기호의 명칭은?

① 억제 게이트
② 조합 AND 게이트
③ 배타적 OR 게이트
④ 우선적 AND 게이트

수정기호
- 우선적 AND Gate
  - 입력사상 가운데 어느 사상이 다른 사상보다 먼저 일어났을 때에 출력사상이 생긴다.
  - 예 「A는 B보다 먼저」와 같이 기입
- 조합 AND Gate
  - 3개 이상의 입력사상 가운데 어느 것이던 2개가 일어나면 출력 사상이 발생한다.
  - 예 「어느 것이던 2개」라고 기입
- 배타적 OR Gate
  - OR Gate로 2개 이상의 입력이 동시에 존재한 때에는 출력사상이 생기지 않는다.
  - 예 「동시에 발생하지 않는다」라고 기입

058 공정안전관리(process safety management: PSM)의 적용대상 사업장이 아닌 것은?

① 복합비료 제조업
② 농약 원제 제조업
③ 차량 등의 운송설비업
④ 합성수지 및 기타 플라스틱물질 제조업

- 공정안전관리(Process Safety Management) 제도
  산업안전보건법 제44조의 규정에 따라 석유화학공장 등 중대산업사고를 일으킬 가능성이 높은 유해위험 설비를 보유한 사업장으로 하여금 공정안전자료 공정위험성평가 안전운전계획 및 비상조치계획 수립 등에 관한 사항을 기록한 공정안전보고서를 작성하게 하고 이를 이행하도록 함으로써 중대산업사고를 예방하고자 하는 제도

- 공정안전보고서 제출대상 시설 업종

업종분류코드	제출대상업종
19210	원유 정제처리업
19229	기타 석유정제물 재처리업
20111	석유화학계 기초화학물질 제조업
20202	합성수지 및 기타 플라스틱물질 제조업
20311	질소 화합물 질소인산 및 칼리질 화학비료 제조업 중 질소질 화학비료 제조업
20312	복합비료 및 기타 화학비료 제조업 중 복합비료 제조업단순혼합 또는 배합에 의한 경우는 제외
20321	화학 살균살충제 및 농업용 약제 제조업농약 원제 제조만 해당
20494	화약 및 불꽃제품 제조업

059 아령을 사용하여 30분간 훈련한 후, 이두근의 근육 수축작용에 대한 전기적인 신호 데이터를 모았다. 이 데이터들을 이용하여 분석할 수 있는 것은 무엇인가?

① 근육의 질량과 밀도
② 근육의 활성도와 밀도
③ 근육의 피로도와 크기
④ 근육의 피로도와 활성도

피로의 생리학적 측정법
- 근전도(EMG, Electromyogram) : 근육활동 전위차의 기록
- 뇌전도(EEG, Electroneurogram) : 신경활동 전위차의 기록
- 심전도(ECG, Electrocardiogram) : 심장근 활동 전위차의 기록
- 안전도(EOG, Electrooculogram) : 안구(眼球)운동 전위차의 기록
- 산소 소비량 및 에너지 대사율(RMR, Relative Metabolic Rate)

$$RMR = \frac{\text{작업대사량}}{\text{기초대사량}} = \frac{\text{작업시 소비에너지} - \text{안정시 소비에너지}}{\text{기초대사량}}$$

- 피부전기반사(GSR, Galvanic Skin Reflex) : 작업부하의 정신적 부담이 피로와 함께 증대하는 양상을 손바닥 안쪽의 전기저항의 변화를 이용해 측정하는 것으로 피부전기저항 또는 정신 전류현상
- 프릿가값(융합점멸주파수) : 정신적 부담이 대뇌피질의 피로수준에 미치고 있는 영향을 측정하는 방법

060 착석식 작업대의 높이 설계를 할 경우 고려해야 할 사항과 가장 관계가 먼 것은?

① 의자의 높이
② 대퇴여유
③ 작업의 성격
④ 작업대의 형태

착석식 작업대 설계시 고려사항
- 작업대의 높이와 의자의 높이
- 작업대의 두께
- 대퇴의 여유

제 04 과목 건설시공학

061 강말뚝의 특징에 관한 설명으로 옳지 않은 것은?

① 휨강성이 크고 자중이 철근콘크리트말뚝보다 가벼워 운반취급이 용이하다.
② 강재이기 때문에 균질한 재료로서 대량생산이 가능하고 재질에 대한 신뢰성이 크다.
③ 표준관입시험 N값 50 정도의 경질지반에도 사용이 가능하다.
④ 지중에서 부식되지 않으며 타 말뚝에 비하여 재료비가 저렴한 편이다.

강말뚝의 특징
- 경량으로 휨강성이 크고 타입이 용이하다.
- 지지력이 크다.
- 현장접합이 가능하며, 상부구조와 결합이 용이하다.
- 부식에 의해 내구성이 저하될 수 있다.(열화현상)

062 바닥판 거푸집의 구조계산 시 고려해야하는 연직하중에 해당하지 않는 것은?

① 굳지 않은 콘크리트 중량
② 작업하중
③ 충격하중
④ 굳지 않은 콘크리트 측압

거푸집 설계시의 수직하중

콘크리트의 종류	콘크리트의 중량	
	무근 콘크리트	철근 콘크리트
보통콘크리트	2.3t/m³	2.4t/m³
경량콘크리트	1.7~2.0t/m³ (보통 1.9)	
중량콘크리트	3.2~4.0t/m³ (보통 3.5)	

※ 거푸집의 수직방향으로 작용하는 적재하중, 충격하중, 고정하중 및 작업하중의 합으로 한다.

063 원가절감에 이용되는 기법 중 VE(Value Engineering)에서 가치를 정의하는 공식은?

① 품질/비용
② 비용/기능
③ 기능/비용
④ 비용/품질

가치공학(VE, Value Engineering)
- 최소 비용으로 최대한의 기능을 달성하기 위하여 기능분석과 개선에 쏟는 조직적인 노력
- $V = \dfrac{F}{C}$ [V(value) : 가치, F(function) : 기능, C(cost) : 비용]

064 실비에 제한을 붙이고 시공자에게 제한된 금액 이내에 공사를 완성할 책임을 주는 공사방식은?

① 실비 비율 보수가산식
② 실비 정액 보수가산식
③ 실비 한정비율 보수가산식
④ 실비 준동률 보수가산식

실비 한정비율 보수가산식은 실비와 보수비율을 미리 정해놓고 그 범위 내에서 사용하도록 하는 방식으로, 일정액만 주면 그 범위 내에서 자유롭게 사용하는 정액도급과는 차이가 있다.

065 그림과 같이 H-400×400×30×50인 형강재의 길이가 10m 일 때 이 형강의 개산 중량으로 가장 가까운 값은?(단, 철의 비중은 7.85ton/m³임)

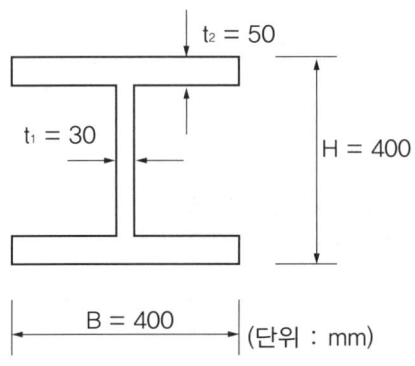

① 1ton
② 4ton
③ 8ton
④ 12ton

• 단면적 = (0.4 × 0.05) + (0.3 × 0.03) + (0.4 × 0.05) = 0.049
• 중량 = 0.049 × 7.85 × 10 = 3.8465ton

066 다음 보기에서 일반적인 철근의 조립순서로 옳은 것은?

| A. 계단철근 | B. 기둥철근 | C. 벽철근 |
| D. 보철근 | E. 바닥철근 | |

① A-B-C-D-E
② B-C-D-E-A
③ A-B-C-E-D
④ B-C-A-D-E

일반적인 건축물의 철근 조립순서 : 기초철근 → 기둥철근 → 벽철근 → 보철근 → 바닥철근 → 계단철근

067 깊이 7m 정도의 우물을 파고 이곳에 수중 모터펌프를 설치하여 지하수를 양수하는 배수공법으로 지하 용수량이 많고 투수성이 큰 사질지반에 적합한 것은?

① 집수정(sump pit)공법
② 깊은 우물(deep well)공법
③ 웰 포인트(well point)공법
④ 샌드 드레인(sand drain)공법

깊은 우물공법(deep well method) : 투수성 지반에 지름 0.3~1.5m 정도의 깊은 우물을 시공하고 여기에 집수된 물을 수중펌프로 배수하여 지하수위를 저하시키는 공법으로 유효응력을 증가시켜 지반을 안정시키고 굴착 시 육상시공을 가능하게 하며, 굴착저면이 불투수층이고 그 하부에 압력대수층이 있을 경우는 팽상방지를 위하여 감압을 할 경우에도 사용되는 공법이다.

068 벽돌, 블록 등 조적공사에서 일반적으로 가장 많이 이용되는 치장줄눈 형태는?

① 평줄눈
② 볼록줄눈
③ 오목줄눈
④ 민줄눈

치장줄눈의 시공방법
• 시공순서는 줄눈누름 → 줄눈파기 → 치장줄눈의 순으로 한다.
• 되도록 짧은 시간 내에 한다.
• 벽돌 주위에 밀착되어 수밀하고, 줄 바르고, 표면은 일매지게 한다.
• 하루 일이 끝날 무렵 깊이 8mm 정도의 줄눈파기를 하고 청소한다.
• 치장줄눈의 깊이는 6mm로 한다.
• 일반적으로 가장 많이 사용되는 줄눈은 평줄눈이며 방습상 가장 유효한 줄눈은 빗줄눈이다.

069 철골작업용 장비 중 절단용 장비로 옳은 것은?

① 프릭션 프레스(friction press)
② 플레이트 스트레이닝 롤(plate straining roll)
③ 파워 프레스(power press)
④ 핵 소우(hack saw)

핵 소우(hack saw)는 형강류의 절단용으로 사용되는 절단용 장비이다.

070 어스앵커 공법에 관한 설명 중 옳지 않은 것은?

① 인근 구조물이나 지중매설물에 관계없이 시공이 가능하다.
② 앵커체가 각각의 구조체이므로 적용성이 좋다.
③ 앵커에 프리스트레스를 주기 때문에 흙막이벽의 변형을 방지하고 주변 지반의 침하를 최소한으로 억제할 수 있다.
④ 본 구조물의 바닥과 기둥의 위치에 관계없이 앵커를 설치할 수도 있다.

어스앵커식(Earth anchor)
- 흙막이벽 배면을 원통형으로 굴착한 후 고강도 강재와 모르타르(Mortar)를 주입하여 경화시킨 후 인장력에 의해 토압을 지지하게 하는 공법이다.
- 좌우 토압이 불균일하여 버팀대식의 적용이 불가하고, 굴착부지 내의 작업공간 확보가 필요한 경우 사용된다.

071 건설현장에서 시멘트벽돌쌓기 시공 중에 붕괴사고가 가장 많이 일어날 것으로 예상할 수 있는 경우는?

① 0.5B쌓기를 1.0B쌓기로 변경하여 쌓을 경우
② 1일 벽돌쌓기 기준높이를 초과하여 높게 쌓을 경우
③ 습기가 있는 시멘트벽돌을 사용할 경우
④ 신축줄눈을 설치하지 않고 시공할 경우

벽돌쌓기 시 하루의 쌓기 높이는 1.2m(18켜 정도)를 표준으로 하고, 최대 1.5m(22켜 정도) 이하로 한다. 이러한 기준높이를 초과하여 높게 쌓을 경우 붕괴사고의 우려가 있다.

072 시간이 경과함에 따라 콘크리트에 발생되는 크리프(Creep)의 증가원인으로 옳지 않은 것은?

① 단위 시멘트량이 적을 경우
② 단면의 치수가 작을 경우
③ 재하시기가 빠를 경우
④ 재령이 짧을 경우

콘크리트에서 크리프가 커지는 경우
- 재령이 짧을수록
- 외부 습도가 낮을수록
- 부재의 단면치수가 작을수록
- 대기온도가 높을수록
- 배합이 적절치 않고 물·시멘트비가 클수록
- 단위 시멘트량이 많을수록

073 콘크리트 타설과 관련하여 거푸집 붕괴사고 방지를 위하여 우선적으로 검토·확인하여야 할 사항 중 가장 거리가 먼 것은?

① 콘크리트 측압 확인
② 조임철물 배치간격 검토
③ 콘크리트의 단기 집중타설 여부 검토
④ 콘크리트의 강도 측정

콘크리트의 강도 측정은 타설 전 레미콘의 시험성적서와 강도시험용 공시체 제작 그리고 타설 후 슈미트해머시험 등으로 할 수 있으며 거푸집 붕괴사고 방지를 위한 확인사항은 아니다.

074 건설기계 중 기계의 작업면보다 상부의 흙을 굴삭하는데 적합한 것은?

① 불도저(bull dozer)
② 모터 그레이더(motor grader)
③ 클램쉘(clam shell)
④ 파워쇼벨(power shovel)

파워셔블(Power Shovel)은 중기가 위치한 지면보다 높은 장소의 땅을 굴착하는데 적합하며, 산지에서의 토공사, 암반으로부터 점토질까지 굴착 가능한 장비이다.

075 다음 중 콘크리트에 AE제를 넣어주는 가장 큰 목적은?

① 압축강도 증진 ② 부착강도 증진
③ 워커빌리티 증진 ④ 내화성 증진

콘크리트의 워커빌리티(workability)
- 과도하게 비빔시간이 길면 시멘트의 수화를 촉진하여 워커빌리티가 나빠진다
- 단위수량을 너무 증가시키면 재료분리가 생기기 쉽기 때문에 워커빌리키가 좋아진다고 볼 수 없다.
- AE제를 혼합하면 워커빌리티가 좋게 된다.
- 깬자갈이나 깬모래를 사용할 경우 워커빌리티가 나빠지므로 잔골재율을 크게 하고, 단위 수량을 크게하여 워커빌리티를 개량할 필요가 있다.

076 다음 설명에 해당하는 공사낙찰자 선정방식은?

> 예정가격 대비 85% 이상 입찰자 중 가장 낮은 금액으로 입찰한 자를 선정하는 방식으로, 최저가 낙찰자를 통한 덤핑의 우려를 방지할 목적을 지니고 있다.

① 부찰제 ② 최저가 낙찰제
③ 제한적 최저가 낙찰제 ④ 최적격 낙찰제

- 부찰제 : 예정가격의 일정 비율 이상에 해당하는 업체들이 제시한 입찰가격의 평균치에 가장 가까운 가격을 제시한 입찰자를 낙찰차로 선정
- 최저가 낙찰제 : 예정가격범위 내에서 최저가격으로 입찰한 자를 낙찰자로 선정
- 최적격 낙찰제 : 입찰가격뿐만 아니라 시공능력과 기술을 함께 평가하여 최적격자를 낙찰자로 선정(교량·터널 등 대형공사)

077 철근콘크리트 구조의 철근 선조립 공법의 순서로 옳은 것은?

① 시공도 작성 → 공장절단 → 가공 → 이음·조립 → 운반 → 현장부재양중 → 이음·설치
② 공장절단 → 시공도 작성 → 가공 → 이음·조립 → 이음·설치 → 운반 → 현장부재양중
③ 시공도 작성 → 가공 → 공장절단 → 운반 → 현장부재양중 → 이음·조립 → 이음·설치
④ 시공도 작성 → 공장절단 → 운반 → 가공 → 이음·조립 → 현장부재양중 → 이음·설치

078 용접불량의 일종으로 용접의 끝부분에서 용착금속이 채워지지 않고 홈처럼 우묵하게 남아 있는 부분을 무엇이라 하는가?

① 언더컷 ② 오버랩
③ 크레이터 ④ 크랙

용접상 결함의 종류

종류	설명
균열, 터짐(Crack)	가장 중대한 결함
오버랩(Over-Lap)	용접 금속과 모재가 융합되지 않고 겹쳐지는 것
블로우 홀(Blow Hole)	용접 내부에 공기(가스)구멍을 형성한 결함
슬래그(Slag) 감싸돌기	용접 찌꺼기가 용착금속 내에 혼입되는 것
언더 컷(Under cut)	모재가 녹아 용착금속이 채워지지 않고 홈으로 남게 된 부분
피트(Pit)	용접 표면에 흠집이 생긴 것
슬래그(Slag) 섞임	용착금속 내에 슬래그가 혼입되는 것
용입부족	모재가 녹지 않고 용착금속이 채워지지 않고 홈으로 남는 것
크레이터(Crater)	용접시 끝 부분에 우묵하게 파진 부분
피시아이(Fish eye)	용접부에 생기는 은색 반점

079 기초공사 중 언더피닝(Under pinning) 공법에 해당하지 않는 것은?

① 2중 널말뚝 공법　　② 전기침투 공법
③ 강재말뚝 공법　　④ 약액주입법

언더피닝(Under pinning)공법 : 기존 건물 가까이에 건축공사를 할 때 기존(인접)건물의 지반과 기초를 보강하는 방법으로 이중널말뚝공법, pit공법, well point공법, 약액주입공법, 차단벽공법, 현장타설말뚝공법등이 있다.

080 네트워크 공정표의 주공정(Critical Path)에 관한 설명으로 옳지 않은 것은?

① TF가 0(Zero)인 작업을 주공정작업이라 한다.
② 총 공기는 공사착수에서부터 공사완공까지의 소요시간의 합계이며, 최장시간이 소요되는 경로이다.
③ 주공정은 고정적이거나 절대적인 것이 아니고 가변적이다.
④ 주공정에 대한 공기단축은 불가능하다.

네트워크 공정표의 주공정(Critical Path)
- TF가 0(Zero)인 작업을 주공정작업이라 하고, 이들을 연결한 공정을 주공정이라고 한다.
- 총 공기는 공사착수에서부터 공사완공까지의 소요시간의 합계이며, 최장시간이 소요되는 경로이다.
- 주공정은 고정적이거나 절대적인 것이 아니고 공사 진행상황에 따라 가변적이다.
- 주공정상의 작업 수는 전체 작업 수의 10~20% 내에서 발생하는 것이 일반적인 현상이다.
- 주공정은 명목상 활동(Dummy Activity)상도 통과할 수 있다.
- 주공정은 여러 개가 성립할 수 있다.

제 05 과목 건설재료학

081 콘크리트의 건조수축에 관한 설명으로 옳지 않은 것은?

① 시멘트의 조성분에 따라 수축량이 다르다.
② 시멘트량의 다소에 따라 일반적으로 수축량이 다르다.
③ 된비빔일수록 수축량이 크다.
④ 골재의 탄성계수가 크고 경질인 만큼 작아진다.

콘크리트의 건조수축
- 건조수축이란 습윤상태에 있는 콘크리트가 수분의 건조에 따라 수축하는 현상을 말한다.
- 건조수축에 가장 큰 영향을 미치는 것은 단위 수량이며 단위 수량을 적게 해야 건조수축이 적어진다.
- 단위 수량이 작은 된비빔은 건조수축이 적고, 단위 수량이 많은 묽은비빔일수록 수축량이 많다.

082 플라스틱 건설재료의 현장적용 시 고려사항에 관한 설명으로 옳지 않은 것은?

① 열가소성 플라스틱 재료들은 열팽창계수가 작으므로 경질판의 정착에 있어서 열에 의한 팽창 및 수축 여유는 고려하지 않아도 좋다.
② 마감부분에 사용하는 경우 표면의 흠, 얼룩변형이 생기지 않도록 하고 필요에 따라 종이, 천 등으로 보호하여 양생한다.
③ 열경화성 접착제에 경화제 및 촉진제 등을 혼입하여 사용할 경우, 심한 발열이 생기지 않도록 적정량의 배합을 한다.
④ 두께 2mm 이상의 열경화성 평판을 현장에서 가공할 경우, 가열가공하지 않도록 한다.

열가소성 수지는 고형상에 열을 가하면 연화되거나 용융되어 점성 또는 가소성이 생기고 다시 냉각하면 고형상으로 되는 수지로 열에 의한 변형을 고려하여야 한다.

083 내열성이 크고 발수성을 나타내어 방수제로 쓰이며 저온에서도 탄성이 있어 gasket, packing의 원료로 쓰이는 합성수지는?

① 페놀수지
② 폴리에스테르수지
③ 실리콘수지
④ 멜라민수지

실리콘수지는 내열성, 내한성이 우수한 수지로 콘크리트의 발수성 방수도료에 적당하며, 저온에서도 탄성이 있어 gasket, packing의 원료로 사용된다.

084 ALC 제품에 관한 설명으로 옳지 않은 것은?

① 보통콘크리트에 비하여 중성화의 우려가 높다.
② 열전도율은 보통콘크리트의 1/10 정도이다.

③ 압축강도에 비해서 휨강도나 인장강도는 상당히 약하다.
④ 흡수율이 낮고 동해에 대한 저항성이 높다.

ALC(Autoclaved Lightweight Concrete) 제품
- 규사, 생석회, 시멘트 등에 발포제인 알루미늄 분말과 기포 안정제를 넣어 고온, 고압증기양생을 거쳐 제조하는 기포 콘크리트의 일종으로 수분에 약한 단점이 있다
- 경량이며, 단열성능이 우수하다.
- 내화성능, 흡음성능, 방음성능이 우수하며, 열전도율이 적다.
- 제품의 변형, 균열이 없으며 가공성이 우수하다.

085 시멘트의 경화시간을 지연시키는 용도로 일반적으로 사용하고 있는 지연제와 거리가 먼 것은?

① 리그닌설폰산염
② 옥시카르본산
③ 알루민산소다
④ 인산염

알루민산소다는 대표적인 응결촉진제이다.

086 부순굵은골재에 대한 품질규정치가 KS에 정해져 있지 않은 항목은?

① 압축강도
② 절대건조밀도
③ 흡수율
④ 안정성

콘크리트용 부순굵은골재의 품질기준
- 절대건조밀도(g/cm^3) : 2.5 이상
- 흡수율(%) : 3 이하
- 안정성(황산나트륨으로 5회 시험, %) : 12 이하
- 0.08mm 체 통과량(%) : 1.0 이하
- 마모율(%) : 포장용 25 이하, 기타 40 이하

087 다음 목재가공품 중 주요 용도가 나머지 셋과 다른 것은?

① 플로어링블록(flooring block)
② 연질섬유판(soft fiber insulation board)
③ 코르크판(cork board)
④ 코펜하겐 리브판(copenhagen rib board)

- 플로어링블록 : 바닥 마감재로 사용
- 연질섬유판 : 다공질의 건축용재로 단열·흡음용으로 사용
- 코르크판 : 유공판으로 단열성·흡음성 등이 있어 천장 등의 흡음재로 사용
- 코펜하겐 리브판 : 강당 등의 음향조절용으로 사용

088 특수도료의 목적상 방청도료에 속하지 않는 것은?

① 알루미늄 도료
② 징크로메이트 도료
③ 형광도료
④ 에칭프라이머

형광 도료는 눈에 보이지 않는 자외선을 흡수하고 가시광선으로 변화시켜 반사하는 형광을 발하는 형광체 안료를 주체로 한 도료로 그래픽과 인쇄, 광고와 장식, 신호와 안전표지, 섬유와 의상 등에서 색역을 확장시키는 목적으로 사용된다

089 건축용으로 판재지붕에 많이 사용되는 금속재료는?

① 철
② 동
③ 주석
④ 니켈

건축자재로써 동이 가지는 장점은 우수한 내식성과 용이한 가공성에 있다. 특히, 동은 다른 금속들과 달리 자연상태에서 산화피막을 형성함으로써 대기부식과 자연풍화에 강한 저항력을 갖게 된다.

090 대규모 지하구조물, 댐 등 매스콘크리트의 수화열에 의한 균열발생을 억제하기 위해 벨라이트의 비율을 높인 시멘트는?

① 보통포틀랜드시멘트
② 저열포틀랜드시멘트
③ 실리카퓸 시멘트
④ 팽창시멘트

저열포틀랜드시멘트(4종)
- 특성 : 수화열이 60cal/g(7일) 이하, 70cal/g (28일) 이하로 중용열시멘트보다 10cal/g 낮아 수화열이 최저인 시멘트로 벨라이트 함유량이 중용열 포틀랜드시멘트보다 많다
- 주용도 : LNG Tank, 댐용 시멘트로서 중용열포틀랜드시멘트와 유사하다.

091 콘크리트의 강도 및 내구성 증가에 가장 큰 영향을 주는 것은?

① 물과 시멘트의 배합비
② 모래와 자갈의 배합비
③ 시멘트와 자갈의 배합비
④ 시멘트와 모래의 배합비

콘크리트 강도에 영향을 주는 요인
- 사용재료(시멘트, 골재, 혼합수, 혼화재료 등)의 품질 : 시멘트 · 물비가 동일하면 콘크리트의 강도는 시멘트 강도(사용 시멘트의 품질)에 비례하여 증감한다.
- 물 · 시멘트비 : 콘크리트 강도에 영향을 미치는 가장 중요한 요인이다.
- 공기량 : 공기량이 1% 증가함에 따라 콘크리트의 강도는 4~6% 감소한다.
- 시공방법 : 손비빔보다 기계비빔이 강도면에서 10~20% 정도 증대되며, 진동기는 묽은 반죽에는 효과가 적다.
- 양생방법 : 습윤 양생 후 공기 중에서 건조시키면 강도가 20~40% 증가되며 일반적으로 4~40℃의 범위에서는 온도가 높을수록 재령 28일까지의 강도는 증가한다.

092 금속 중 연(鉛)에 관한 설명으로 옳지 않은 것은?

① X선 차단효과가 큰 금속이다.
② 산, 알칼리에 침식되지 않는다.
③ 공기 중에서 탄산연($PbCO_3$) 등이 표면에 생겨 내부를 보호한다.
④ 인장강도가 극히 작은 금속이다.

납(Pb)은 염산, 황산 등에는 강하나 알칼리에 약하다. 특히, 방사선 차폐성이 높아 병원의 방사선실 주변에 채용된다.

093 비닐수지 접착제에 관한 설명으로 옳지 않은 것은?

① 용제형과 에멀션(emulsion)형이 있다.
② 작업성이 좋다.
③ 내열성 및 내수성이 우수하다.
④ 목재 접착에 사용가능하다.

비닐수지 접착제
- 값이 저렴하고 작업성이 좋아 다양한 종류의 접착에 사용된다.
- 목재가구 및 창호, 종이도배, 천도배, 논슬립 등의 접착에 사용된다.
- 내수성이 좋지 않다.

094 기건상태에서의 목재의 함수율은 약 얼마인가?

① 5% 정도   ② 15% 정도
③ 30% 정도   ④ 45% 정도

함수율
- 기건재의 함수율 : 12~18%(평균 15%)
- 섬유포화점 : 섬유 자신의 함수율이 25~30%(보통 30%)인 경우
- 함수율에 의한 목재 재질의 변화
  - 목재의 재질 변동(수축, 팽창 등)은 섬유포화점 이하의 함수 상태에서만 발생한다.
  - 섬유포화점 이하에서 함수율이 감소함에 따라 강도는 증가하고 탄성은 감소한다.

095 진주석 등을 800~1200℃로 가열 팽창시킨 구상입자 제품으로 단열, 흡음, 보온 목적으로 사용되는 것은?

① 암면 보온판
② 유리면 보온판
③ 카세인
④ 펄라이트 보온재

해설

펄라이트(Perlite, 진주암)
- 마그마가 지표의 호수나 바다로 흘러들어 급속히 냉각되면서 내부에 휘발성분이 농집되어 생성된 비정질의 광물을 적절한 입도로 분쇄하여 1,100℃ 이상의 고온에서 급속 가열·팽창시킨 초경량 순수 무기소재이다.
- 탁월한 경량, 내화, 단열, 흡음 및 결로 방지 효과와 무독, 무균, 무취 특성까지 겸비하여 보온·단열자재로 사용된다.

096 아스팔트 제품에 관한 설명으로 옳지 않은 것은?

① 아스팔트 프라이머 - 블로운 아스팔트를 용제에 녹인 것으로 아스팔트 방수, 아스팔트 타일의 바탕처리재로 사용된다.
② 아스팔트 유제 - 블로운 아스팔트를 용제에 녹여 석면, 광물질분말, 안정제를 가하여 혼합한 것으로 점도가 높다.
③ 아스팔트 블록 - 아스팔트 모르타르를 벽돌형으로 만든 것으로 화학공장의 내약품 바닥마감재로 이용된다.
④ 아스팔트 펠트 - 유기천연섬유 또는 석면섬유를 결합한 원지에 연질의 스트레이트 아스팔트를 침투시킨 것이다.

해설

아스팔트 유제(Asphalt emulsion)는 유화제를 사용하여 아스팔트 미립자를 수중에 분산시킨 다갈색의 액체로 도로포장용, 특수시멘트 혼합용, 방수도료 등으로 사용된다.

097 목재의 강도에 관한 설명으로 옳지 않은 것은?

① 함수율이 섬유포화점 이상에서는 함수율이 증가하더라도 강도는 일정하다.
② 함수율이 섬유포화점 이하에서는 함수율이 감소할수록 강도가 증가한다.
③ 목재의 비중과 강도는 대체로 비례한다.
④ 전단강도의 크기가 인장강도 등 다른 강도에 비하여 크다.

해설

목재강도의 크기 순서 : 인장강도 > 휨강도 > 압축강도 > 전단강도

098 코너비드(Corner Bead)의 설치 위치로 옳은 것은?

① 벽의 모서리
② 천장 달대
③ 거푸집
④ 계단 손잡이

해설

코너비드(Corner bead)는 모서리 부분의 미장 바름을 보호하기 위하여 사용하는 모서리쇠를 말한다.

099 공시체(천연산 석재)를 (105±2)℃로 24시간 건조한 상태의 질량이 100g, 표면건조포화상태의 질량이 110g, 물 속에서 구한 질량이 60g일 때 이 공시체의 표면건조포화상태의 비중은?

① 2.2
② 2
③ 1.8
④ 1.7

표면건조 포화상태의 비중 = $\dfrac{\text{건조상태의 무게}}{\text{표면건조포화상태의 무게} - \text{물속의 무게}}$ = $\dfrac{100}{110-60}$ = 2

100 AE콘크리트에 관한 설명으로 옳지 않은 것은?

① 시공연도가 좋고 재료분리가 적다.
② 단위수량을 줄일 수 있다.
③ 제물치장 콘크리트 시공에 적당하다.
④ 철근에 대한 부착강도가 증가한다.

AE 콘크리트(Air Entrained Concrete)
- AE제를 사용한 콘크리트로 미세한 공기를 섞어 성질을 개선한 콘크리트로 응집력이 커지고 유동성이 좋아져 부어넣기 작업이 쉽다.
- 방수성이 뛰어나고 화학작용에 대한 저항성이 커지므로 재치장 콘크리트 시공에 알맞다.
- 공기량이 1% 늘어나면 압축강도가 4~5% 떨어지고, 철근과의 부착강도와 마감 모르타르의 부착력이 떨어진다.

제 06 과목 건설안전기술

101 그물코의 크기가 5cm인 매듭 방망사의 폐기 시 인장강도 기준으로 옳은 것은?

① 200kg
② 100kg
③ 60kg
④ 30kg

방망사의 신품에 대한 인장 강도

그물코의 종류	방망의 종류(단위 : kg)	
	매듭이 없는 방망	매듭 방망
10cm	240(150)	200(135)
5cm	–	110(60)

※괄호 안은 폐기기준 인장강도임

102 크레인 또는 데릭에서 붐각도 및 작업반경별로 작용시킬 수 있는 최대하중에서 후크(Hook), 와이어로프 등 달기구의 중량을 공제한 하중은?

① 작업하중 ② 정격하중
③ 이동하중 ④ 적재하중

정격하중(Rated load) : 권상하중에서 달기구(운반구등)의 중량에 상당하는 하중을 뺀 하중(화물만의 무게)

103 차량계 하역운반기계를 사용하는 작업을 할 때 그 기계가 넘어지거나 굴러떨어짐으로써 근로자에게 위험을 미칠 우려가 있는 경우에 우선적으로 조치하여야 할 사항과 가장 거리가 먼 것은?

① 해당 기계에 대한 유도자 배치 ② 지반의 부동침하 방지 조치
③ 갓길 붕괴 방지 조치 ④ 경보 장치 설치

산업안전보건기준에 관한 규칙 제171조(전도 등의 방지) 사업주는 차량계 하역운반기계등을 사용하는 작업을 할 때에 그 기계가 넘어지거나 굴러떨어짐으로써 근로자에게 위험을 미칠 우려가 있는 경우에는 그 기계를 유도하는 사람(이하 "유도자"라 한다)을 배치하고 지반의 부동침하 및 갓길 붕괴를 방지하기 위한 조치를 해야 한다.

104 연암 및 풍화암의 지반을 흙막이지보공 없이 굴착하려 할 때 굴착면의 기울기 기준으로 옳은 것은?

① 1 : 1.8 ② 1 : 1.0
③ 1 : 0.5 ④ 1 : 1.2

굴착면의 기울기 기준(산업안전기준에 관한 규칙 별표 11)

지반의 종류	굴착면의 기울기	지반의 종류	굴착면의 기울기
모래	1 : 1.8	경암	1 : 0.5
연암 및 풍화암	1 : 1.0	그 밖의 흙	1 : 1.2

비고
1. 굴착면의 기울기는 굴착면의 높이에 대한 수평거리의 비율을 말한다.
2. 굴착면의 경사가 달라서 기울기를 계산하기가 곤란한 경우에는 해당 굴착면에 대하여 지반의 종류별 굴착면의 기울기에 따라 붕괴의 위험이 증가하지 않도록 위 표의 지반의 종류별 굴착면의 기울기에 맞게 해당 각 부분의 경사를 유지해야 한다.

105 차량계 하역운반기계등에 화물을 적재하는 경우에 준수하여야 할 사항으로 옳지 않은 것은?

① 하중이 한쪽으로 치우쳐서 효율적으로 적재되도록 할 것
② 구내운반차 또는 화물자동차의 경우 화물의 붕괴 또는 낙하에 의한 위험을 방지하기 위하여 화물에 로프를 거는 등 필요한 조치를 할 것
③ 운전자의 시야를 가리지 않도록 화물을 적재할 것
④ 최대적재량을 초과하지 않도록 할 것

산업안전보건기준에 관한 규칙 제173조(화물적재 시의 조치) ① 사업주는 차량계 하역운반기계등에 화물을 적재하는 경우에 다음 각 호의 사항을 준수하여야 한다.
1. 하중이 한쪽으로 치우치지 않도록 적재할 것
2. 구내운반차 또는 화물자동차의 경우 화물의 붕괴 또는 낙하에 의한 위험을 방지하기 위하여 화물에 로프를 거는 등 필요한 조치를 할 것
3. 운전자의 시야를 가리지 않도록 화물을 적재할 것
② 제1항의 화물을 적재하는 경우에는 최대적재량을 초과해서는 아니 된다.

106 강관비계의 설치 기준으로 옳은 것은?

① 비계기둥의 간격은 띠장방향에서는 1.5m이상 1.8m 이하로 하고, 장선방향에서는 2.0m이하로 한다.
② 띠장 간격은 1.8m 이하로 설치하되, 첫 번째 띠장은 지상으로부터 2m 이하의 위치에 설치한다.
③ 비계기둥 간의 적재하중은 400kg을 초과하지 않도록 한다.
④ 비계기둥의 제일 윗부분으로부터 21m되는 지점 밑부분의 비계기둥은 2개의 강관으로 묶어 세운다.

산업안전보건기준에 관한 규칙 제60조(강관비계의 구조) 사업주는 강관을 사용하여 비계를 구성하는 경우 다음 각 호의 사항을 준수해야 한다.
1. 비계기둥의 간격은 띠장 방향에서는 1.85미터 이하, 장선(長線) 방향에서는 1.5미터 이하로 할 것. 다만, 다음 각 목의 어느 하나에 해당하는 작업의 경우에는 안전성에 대한 구조검토를 실시하고 조립도를 작성하면 띠장 방향 및 장선 방향으로 각각 2.7미터 이하로 할 수 있다.
   가. 선박 및 보트 건조작업
   나. 그 밖에 장비 반입·반출을 위하여 공간 등을 확보할 필요가 있는 등 작업의 성질상 비계기둥 간격에 관한 기준을 준수하기 곤란한 작업
2. 띠장 간격은 2.0미터 이하로 할 것. 다만, 작업의 성질상 이를 준수하기가 곤란하여 쌍기둥틀 등에 의하여 해당 부분을 보강한 경우에는 그러하지 아니하다.
3. 비계기둥의 제일 윗부분으로부터 31미터되는 지점 밑부분의 비계기둥은 2개의 강관으로 묶어 세울 것. 다만, 브라켓(bracket, 까치발) 등으로 보강하여 2개의 강관으로 묶을 경우 이상의 강도가 유지되는 경우에는 그러하지 아니하다.
4. 비계기둥 간의 적재하중은 400킬로그램을 초과하지 않도록 할 것

107 다음 중 유해위험방지계획서를 작성 및 제출하여야 하는 공사에 해당되지 않는 것은?

① 지상높이가 31m인 건축물의 건설·개조 또는 해체
② 최대 지간길이가 50m인 교량건설 등 공사
③ 깊이가 9m인 굴착공사
④ 터널 건설 등의 공사

유해위험방지계획서 제출 대상 공사(산업안전보건법 시행령 제42조 ③항)
1. 다음 각 목의 어느 하나에 해당하는 건축물 또는 시설 등의 건설·개조 또는 해체 공사
   가. 지상높이가 31미터 이상인 건축물 또는 인공구조물
   나. 연면적 3만제곱미터 이상인 건축물
   다. 연면적 5천제곱미터 이상인 시설로서 다음의 어느 하나에 해당하는 시설
      1) 문화 및 집회시설(전시장 및 동물원·식물원은 제외한다)

    2) 판매시설, 운수시설(고속철도의 역사 및 집배송시설은 제외한다)
    3) 종교시설
    4) 의료시설 중 종합병원
    5) 숙박시설 중 관광숙박시설
    6) 지하도상가
    7) 냉동 · 냉장 창고시설
2. 연면적 5천제곱미터 이상인 냉동 · 냉장 창고시설의 설비공사 및 단열공사
3. 최대 지간(支間)길이(다리의 기둥과 기둥의 중심사이의 거리)가 50미터 이상인 다리의 건설등 공사
4. 터널의 건설등 공사
5. 다목적댐, 발전용댐, 저수용량 2천만톤 이상의 용수 전용 댐 및 지방상수도 전용 댐의 건설등 공사
6. 깊이 10미터 이상인 굴착공사

108 건립 중 강풍에 의한 풍압 등 외압에 대한 내력이 설계에 고려되었는지 확인하여야 하는 철골구조물의 기준으로 옳지 않은 것은?

① 높이 20m이상의 구조물
② 구조물의 폭과 높이의 비가 1:4 이상인 구조물
③ 이음부가 공장 제작인 구조물
④ 연면적당 철골량이 50kg/m² 이하인 구조물

구조안전의 위험이 큰 다음의 철골구조물은 건립중 강풍에 의한 풍압 등 외압에 대한 내력이 설계에 고려되었는지 확인한다.(철골공사 표준안전 작업지침 제3조의 7)
• 높이 20m 이상의 구조물
• 구조물의 폭과 높이의 비가 1:4 이상인 구조물
• 단면구조에 현저한 차이가 있는 구조물
• 연면적당 철골량이 50kg/m² 이하인 구조물
• 기둥이 타이플레이트(Tie plate)형인 구조물
• 이음부가 현장용접인 구조물

109 흙막이 가시설 공사 시 사용되는 각 계측기 설치 목적으로 옳지 않은 것은?

① 지표침하계 – 지표면 침하량 측정
② 수위계 – 지반 내 지하수위의 변화 측정
③ 하중계 – 상부 적재하중 변화 측정
④ 지중경사계 – 지중의 수평 변위량 측정

하중계 – 버팀보, 어스앵커 어스앵커 등의 실제 축 하중변화의 측정

110 건설현장의 가설계단 및 계단참을 설치하는 경우 얼마 이상의 하중에 견딜 수 있는 강도를 가진 구조로 설치하여야 하는가?

① 200kg/m²   ② 300kg/m²
③ 400kg/m²   ④ 500kg/m²

해설
산업안전보건기준에 관한 규칙 제26조(계단의 강도) ① 사업주는 계단 및 계단참을 설치하는 경우 매제곱미터당 500킬로그램 이상의 하중에 견딜 수 있는 강도를 가진 구조로 설치하여야 하며, 안전율[안전의 정도를 표시하는 것으로서 재료의 파괴응력도(破壞應力度)와 허용응력도(許容應力度)의 비율을 말한다]은 4 이상으로 하여야 한다.

111 터널굴착작업을 하는 때 미리 작성하여야 하는 작업계획서에 포함되어야 할 사항이 아닌 것은?

① 굴착의 방법
② 암석의 분할방법
③ 환기 또는 조명시설을 설치할 때에는 그 방법
④ 터널지보공 및 복공의 시공방법과 용수의 처리방법

해설
터널굴착작업 작업계획서 내용(산업안전보건기준에 관한 규칙 별표 4)
- 굴착의 방법
- 터널지보공 및 복공의 시공방법과 용수의 처리방법
- 환기 또는 조명시설을 설치할 때에는 그 방법

112 근로자에게 작업 중 또는 통행 시 전락(轉落)으로 인하여 근로자가 화상·질식 등의 위험에 처할 우려가 있는 케틀(kettle), 호퍼(hopper), 피트(pit) 등이 있는 경우에 그 위험을 방지하기 위하여 최소 높이 얼마 이상의 울타리를 설치하여야 하는가?

① 80cm 이상
② 85cm 이상
③ 90cm 이상
④ 95cm 이상

해설
산업안전보건기준에 관한 규칙 제48조(울타리의 설치) 사업주는 근로자에게 작업 중 또는 통행 시 전락(轉落)으로 인하여 근로자가 화상·질식 등의 위험에 처할 우려가 있는 케틀(kettle, 가열 용기), 호퍼(hopper, 깔때기 모양의 출입구가 있는 큰 통), 피트(pit, 구덩이) 등이 있는 경우에 그 위험을 방지하기 위하여 필요한 장소에 높이 90센티미터 이상의 울타리를 설치하여야 한다.

113 거푸집 해체작업 시 유의사항으로 옳지 않은 것은?

① 일반적으로 수평부재의 거푸집은 연직부재의 거푸집보다 빨리 떼어낸다.
② 해체된 거푸집이나 각목 등에 박혀있는 못 또는 날카로운 돌출물은 즉시 제거하여야 한다.
③ 상하 동시 작업은 원칙적으로 금지하여 부득이한 경우에는 긴밀히 연락을 위하여 작업을 하여야 한다.
④ 거푸집 해체작업장 주위에는 관계자를 제외하고는 출입을 금지시켜야 한다.

해설
콘크리트공사 표준안전 작업지침 제9조(해체) 사업주는 거푸집의 해체작업을 하여야 할 때에는 다음 각 호의 사항을 준수하여야 한다.
1. 거푸집 및 지보공(동바리)의 해체는 순서에 의하여 실시하여야 하며 안전담당자를 배치하여야 한다.
2. 거푸집 및 지보공(동바리)은 콘크리트 자중 및 시공중에 가해지는 기타 하중에 충분히 견딜만 한 강도를 가질 때까지는 해체하지 아니하여야 한다.

3. 거푸집을 해체할 때에는 다음 각 목에 정하는 사항을 유념하여 작업하여야 한다.
  가. 해체작업을 할 때에는 안전모등 안전 보호장구를 착용토록 하여야 한다.
  나. 거푸집 해체작업장 주위에는 관계자를 제외하고는 출입을 금지시켜야 한다.
  다. 상하 동시 작업은 원칙적으로 금지하여 부득이한 경우에는 긴밀히 연락을 위하며 작업을 하여야 한다.
  라. 거푸집 해체때 구조체에 무리한 충격이나 큰 힘에 의한 지렛대 사용은 금지하여야 한다.
  마. 보 또는 스라브 거푸집을 제거할 때에는 거푸집의 낙하 충격으로 인한 작업원의 돌발적 재해를 방지하여야 한다.
  바. 해체된 거푸집이나 각목 등에 박혀있는 못 또는 날카로운 돌출물은 즉시 제거하여야 한다.
  사. 해체된 거푸집이나 각 목은 재사용 가능한 것과 보수하여야 할 것을 선별, 분리하여 적치하고 정리정돈을 하여야 한다.
4. 기타 제3자의 보호조치에 대하여도 완전한 조치를 강구하여야 한다.

114 비계(달비계, 달대비계 및 말비계는 제외한다.)의 높이가 2m 이상인 작업장소에 설치하여야 하는 작업발판의 기준으로 옳지 않은 것은?

① 작업발판의 폭은 40cm 이상으로 하고, 발판재료 간의 틈은 3cm이하로 할 것
② 추락의 위험이 있는 장소에는 안전난간을 설치 할 것
③ 작업발판의 지지물은 하중에 의하여 파괴될 우려가 없는 것을 사용할 것
④ 작업발판재료는 뒤집히거나 떨어지지 않도록 1개 이상의 지지물에 연결하거나 고정시킬 것

산업안전보건기준에 관한 규칙 제56조(작업발판의 구조) 사업주는 비계(달비계, 달대비계 및 말비계는 제외한다)의 높이가 2미터 이상인 작업장소에 다음 각 호의 기준에 맞는 작업발판을 설치하여야 한다.
1. 발판재료는 작업할 때의 하중을 견딜 수 있도록 견고한 것으로 할 것
2. 작업발판의 폭은 40센티미터 이상으로 하고, 발판재료 간의 틈은 3센티미터 이하로 할 것. 다만, 외줄비계의 경우에는 고용노동부장관이 별도로 정하는 기준에 따른다.
3. 제2호에도 불구하고 선박 및 보트 건조작업의 경우 선박블록 또는 엔진실 등의 좁은 작업공간에 작업발판을 설치하기 위하여 필요하면 작업발판의 폭을 30센티미터 이상으로 할 수 있고, 걸침비계의 경우 강관기둥 때문에 발판재료 간의 틈을 3센티미터 이하로 유지하기 곤란하면 5센티미터 이하로 할 수 있다. 이 경우 그 틈 사이로 물체 등이 떨어질 우려가 있는 곳에는 출입금지 등의 조치를 하여야 한다.
4. 추락의 위험이 있는 장소에는 안전난간을 설치할 것. 다만, 작업의 성질상 안전난간을 설치하는 것이 곤란한 경우, 작업의 필요상 임시로 안전난간을 해체할 때에 추락방호망을 설치하거나 근로자로 하여금 안전대를 사용하도록 하는 등 추락위험 방지 조치를 한 경우에는 그러하지 아니하다.
5. 작업발판의 지지물은 하중에 의하여 파괴될 우려가 없는 것을 사용할 것
6. 작업발판재료는 뒤집히거나 떨어지지 않도록 둘 이상의 지지물에 연결하거나 고정시킬 것
7. 작업발판을 작업에 따라 이동시킬 경우에는 위험 방지에 필요한 조치를 할 것

115 안전대의 종류는 사용구분에 따라 벨트식과 안전그네식으로 구분되는데 이 중 안전그네식에만 적용하는 것은?

① 추락방지대, 안전블록
② 1개 걸이용, U자 걸이용
③ 1개 걸이용, 추락방지대
④ U자 걸이용, 안전블록

안전대의 종류 및 시험성능기준

종류	사용구분	시험하중	시험성능기준
벨트식	1개 걸이용	15kN(1,530kgf)	• 파단되지 않을 것 • 신축조절기의 기능이 상실되지 않을 것
	U자 걸이용		
안전그네식	추락방지대	15kN(1,530kgf)	• 시험몸통으로부터 빠지지 말 것
	안전블록		

116 다음은 달비계 또는 높이 5m 이상의 비계를 조립·해체하거나 변경하는 작업을 하는 경우에 대한 내용이다. ( )에 알맞은 숫자는?

> 비계재료의 연결·해체작업을 하는 경우에는 폭 ( )센티미터 이상의 발판을 설치하고 근로자로 하여금 안전대를 사용하도록 하는 등 추락을 방지하기 위한 조치를 할 것

① 15　　② 20
③ 25　　④ 30

산업안전보건기준에 관한 규칙 제57조(비계 등의 조립·해체 및 변경) ① 사업주는 달비계 또는 높이 5미터 이상의 비계를 조립·해체하거나 변경하는 작업을 하는 경우 다음 각 호의 사항을 준수하여야 한다.
　1. 근로자가 관리감독자의 지휘에 따라 작업하도록 할 것
　2. 조립·해체 또는 변경의 시기·범위 및 절차를 그 작업에 종사하는 근로자에게 주지시킬 것
　3. 조립·해체 또는 변경 작업구역에는 해당 작업에 종사하는 근로자가 아닌 사람의 출입을 금지하고 그 내용을 보기 쉬운 장소에 게시할 것
　4. 비, 눈, 그 밖의 기상상태의 불안정으로 날씨가 몹시 나쁜 경우에는 그 작업을 중지시킬 것
　5. 비계재료의 연결·해체작업을 하는 경우에는 폭 20센티미터 이상의 발판을 설치하고 근로자로 하여금 안전대를 사용하도록 하는 등 추락을 방지하기 위한 조치를 할 것
　6. 재료·기구 또는 공구 등을 올리거나 내리는 경우에는 근로자가 달줄 또는 달포대 등을 사용하게 할 것
② 사업주는 강관비계 또는 통나무비계를 조립하는 경우 쌍줄로 하여야 한다. 다만, 별도의 작업발판을 설치할 수 있는 시설을 갖춘 경우에는 외줄로 할 수 있다.

117 다음은 사다리식 통로 등을 설치하는 경우의 준수사항이다. ( ) 안에 들어갈 숫자로 옳은 것은?

> 사다리의 상단은 걸쳐놓은 지점으로부터 ( )센티미터 이상 올라가도록 할 것

① 30　　② 40
③ 50　　④ 60

산업안전보건기준에 관한 규칙 제24조(사다리식 통로 등의 구조) ① 사업주는 사다리식 통로 등을 설치하는 경우 다음 각 호의 사항을 준수하여야 한다.

1. 견고한 구조로 할 것
2. 심한 손상·부식 등이 없는 재료를 사용할 것
3. 발판의 간격은 일정하게 할 것
4. 발판과 벽과의 사이는 15센티미터 이상의 간격을 유지할 것
5. 폭은 30센티미터 이상으로 할 것
6. 사다리가 넘어지거나 미끄러지는 것을 방지하기 위한 조치를 할 것
7. 사다리의 상단은 걸쳐놓은 지점으로부터 60센티미터 이상 올라가도록 할 것
8. 사다리식 통로의 길이가 10미터 이상인 경우에는 5미터 이내마다 계단참을 설치할 것
9. 사다리식 통로의 기울기는 75도 이하로 할 것. 다만, 고정식 사다리식 통로의 기울기는 90도 이하로 하고, 그 높이가 7미터 이상인 경우에는 다음 각 목의 구분에 따른 조치를 할 것
   가. 등받이울이 있어도 근로자 이동에 지장이 없는 경우 : 바닥으로부터 높이가 2.5미터 되는 지점부터 등받이울을 설치할 것
   나. 등받이울이 있으면 근로자가 이동이 곤란한 경우 : 한국산업표준에서 정하는 기준에 적합한 개인용 추락 방지 시스템을 설치하고 근로자로 하여금 한국산업표준에서 정하는 기준에 적합한 전신안전대를 사용하도록 할 것
10. 접이식 사다리 기둥은 사용 시 접혀지거나 펼쳐지지 않도록 철물 등을 사용하여 견고하게 조치할 것

118 다음은 가설통로를 설치하는 경우의 준수사항이다. ( ) 안에 들어갈 숫자로 옳은 것은?

> 건설공사에 사용하는 높이 8미터 이상인 비계다리에는 ( )미터 이내마다 계단참을 설치할 것

① 7
② 6
③ 5
④ 4

해설

산업안전보건기준에 관한 규칙 제23조(가설통로의 구조) 사업주는 가설통로를 설치하는 경우 다음 각 호의 사항을 준수하여야 한다.
1. 견고한 구조로 할 것
2. 경사는 30도 이하로 할 것. 다만, 계단을 설치하거나 높이 2미터 미만의 가설통로로서 튼튼한 손잡이를 설치한 경우에는 그러하지 아니하다.
3. 경사가 15도를 초과하는 경우에는 미끄러지지 아니하는 구조로 할 것
4. 추락할 위험이 있는 장소에는 안전난간을 설치할 것. 다만, 작업상 부득이한 경우에는 필요한 부분만 임시로 해체할 수 있다.
5. 수직갱에 가설된 통로의 길이가 15미터 이상인 경우에는 10미터 이내마다 계단참을 설치할 것
6. 건설공사에 사용하는 높이 8미터 이상인 비계다리에는 7미터 이내마다 계단참을 설치할 것

119 건설업 산업안전보건관리비의 사용내역에 대하여 도급인은 공사 시작 후 몇 개월 마다 1회 이상 발주자 또는 감리자의 확인을 받아야 하는가?

① 3개월
② 4개월
③ 5개월
④ 6개월

건설업 산업안전보건관리비 계상 및 사용기준 제9조(사용내역의 확인) ① 도급인은 산업안전보건관리비 사용내역에 대하여 공사 시작 후 6개월마다 1회 이상 발주자 또는 감리자의 확인을 받아야 한다. 다만, 6개월 이내에 공사가 종료되는 경우에는 종료 시 확인을 받아야 한다.
② 제1항에도 불구하고 발주자, 감리자 및 「근로기준법」 제101조에 따른 관계 근로감독관은 산업안전보건관리비 사용내역을 수시 확인할 수 있으며, 도급인 또는 자기공사자는 이에 따라야 한다.
③ 발주자 또는 감리자는 제1항 및 제2항에 따른 산업안전보건관리비 사용내역 확인 시 기술지도 계약 체결, 기술지도 실시 및 개선 여부 등을 확인하여야 한다.

120 터널 지보공을 설치한 경우에 수시로 점검하여 이상을 발견 시 즉시 보강하거나 보수해야 할 사항이 아닌 것은?

① 부재의 손상·변형·부식·변위·탈락의 유무 및 상태
② 부재의 긴압의 정도
③ 부재의 접속부 및 교차부의 상태
④ 계측기 설치상태

산업안전보건기준에 관한 규칙 제366조(붕괴 등의 방지) 사업주는 터널 지보공을 설치한 경우에 다음 각 호의 사항을 수시로 점검하여야 하며, 이상을 발견한 경우에는 즉시 보강하거나 보수하여야 한다.
1. 부재의 손상·변형·부식·변위 탈락의 유무 및 상태
2. 부재의 긴압 정도
3. 부재의 접속부 및 교차부의 상태
4. 기둥침하의 유무 및 상태

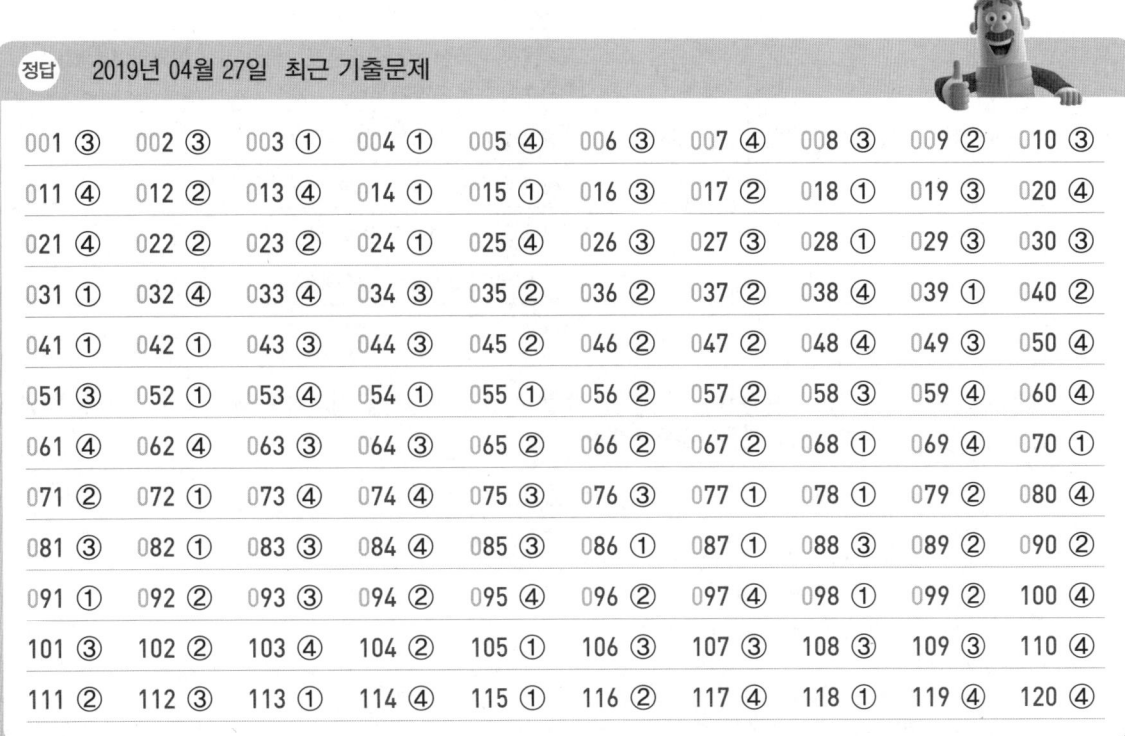

2019년 09월 21일 최근 기출문제

제 01 과목   산업안전관리론

001 산업안전보건법령상 안전보건표지의 색채와 사용사례의 연결이 틀린 것은?

① 빨간색(7.5R 4/14) – 탑승금지
② 파란색(2.5PB 4/10) – 방진마스크 착용
③ 녹색(2.5G 4/10) – 비상구
④ 노란색(5Y 6.5/12) – 인화성물질 경고

안전보건표지의 색도기준 및 용도

색채	색도기준	용도	사용례
빨간색	7.5R 4/14	금지	정지신호, 소화설비 및 그 장소, 유해행위의 금지
		경고	화학물질 취급장소에서의 유해 · 위험 경고
노란색	5Y 8.5/12	경고	화학물질 취급장소에서의 유해 · 위험 경고 이외의 위험 경고, 주의표지 또는 기계방호물
파란색	2.5PB 4/10	지시	특정 행위의 지시 및 사실의 고지
녹색	2.5G 4/10	안내	비상구 및 피난소 사람 또는 차량의 통행 표시
흰색	N9.5	–	파란색 또는 녹색에 대한 보조색
검은색	N0.5	–	문자 및 빨간색 또는 노란색에 대한 보조색

002 각 계층의 관리감독자들이 숙련된 안전 관찰을 행할 수 있도록 훈련을 실시함으로써 사고의 발생을 미연에 방지하여 안전을 확보하는 안전관찰훈련기법은?

① THP 기법   ② TBM 기법
③ STOP 기법   ④ TD-BU 기법

STOP(Safety Training Observation Program)
- STOP의 개념
  - 미국의 듀퐁(Du Pont)에서 개발한 것으로 감독자를 대상으로 한 안전관찰훈련 과정임
  - 각 계층의 감독자들이 숙련된 안전관찰(Safety Observation)을 행할 수 있도록 훈련을 실시함으로써 사고의 발생을 미연

에 방지하기 위한 것
- 안전 감독 실시법
  - 안전관리자가 불안전한 행위를 관찰하기 위하여 관찰생략 사이클을 이용
  - 관찰사이클(Observation Cycle) : 결심(Decide) → 정지(Stop) → 관찰(Observe) → 조치(Act) → 보고(Report)

003 일상점검 내용을 작업 전, 작업 중, 작업 종료로 구분할 때, 작업 중 점검 내용으로 거리가 먼 것은?

① 품질의 이상 유무
② 안전수칙 준수 여부
③ 이상소음 발생 유무
④ 방호장치의 작동 여부

방호장치의 작동 여부는 작업전 점검내용이다.

004 산업안전보건법령상 안전보건개선계획서에 포함되어야 하는 사항이 아닌 것은?

① 시설의 개선을 위하여 필요한 사항
② 작업환경의 개선을 위하여 필요한 사항
③ 작업절차의 개선을 위하여 필요한 사항
④ 안전 · 보건교육의 개선을 위하여 필요한 사항

안전보건개선계획의 제출 등(산업안전보건법 시행규칙 제61조)
- 안전보건개선계획의 수립시행명령을 받은 사업주는 노동부장관이 정하는 바에 따라 안전보건개선계획서를 작성하여 그 명령을 받은 날부터 60일 이내에 관할 지방노동관서의 장에게 제출
- 안전보건개선계획서에는 시설, 안전 · 보건관리체제, 안전보건교육, 산업재해 예방 및 작업환경의 개선을 위하여 필요한 사항을 포함

005 산업안전보건법령상 안전관리자의 업무와 거리가 먼 것은?

① 물질안전보건자료의 게시 또는 비치에 관한 보좌 및 조언 · 지도
② 해당 사업장 안전교육계획의 수립 및 안전교육 실시에 관한 보좌 및 지도 · 조언
③ 사업장 순회점검, 지도 및 조치 건의
④ 산업재해 발생의 원인 조사 · 분석 및 재발 방지를 위한 기술적 보좌 및 지도 · 조언

안전관리자의 업무(산업안전보건법 시행령 제18조)
- 산업안전보건위원회 또는 안전 및 보건에 관한 노사협의체에서 심의 · 의결한 업무와 해당 사업장의 안전보건관리규정 및 취업규칙에서 정한 업무
- 위험성평가에 관한 보좌 및 지도 · 조언
- 안전인증대상기계등과 자율안전확인대상기계등 구입 시 적격품의 선정에 관한 보좌 및 지도 · 조언
- 해당 사업장 안전교육계획의 수립 및 안전교육 실시에 관한 보좌 및 조언 · 지도
- 사업장 순회점검 · 지도 및 조치의 건의
- 산업재해 발생의 원인 조사 · 분석 및 재발 방지를 위한 기술적 보좌 및 조언 · 지도
- 산업재해에 관한 통계의 유지 · 관리 · 분석을 위한 보좌 및 조언 · 지도
- 법 또는 법에 따른 명령으로 정한 안전에 관한 사항의 이행에 관한 보좌 및 조언 · 지도

- 업무수행 내용의 기록·유지
- 그 밖에 안전에 관한 사항으로서 고용노동부장관이 정하는 사항

006 재해원인분석에 사용되는 통계적 원인분석 기법의 하나로, 사고의 유형이나 기인물 등의 분류항목을 큰 순서대로 도표화하는 기법은?

① 관리도
② 파렛트도
③ 특성요인도
④ 크로즈분석도

통계원인 분석방법 4가지
- 파렛트도(파레토도) : 사고의 유형, 기인물 등의 분류항목을 순서대로 도표화하여 문제나 목표의 이해에 편리
- 특성요인도 : 특성과 요인과의 관계를 도표로하여 어골(魚骨)상으로 세분화
- 클로즈분석(크로스도) : 2개 이상의 문제 관계를 분석하는데 사용하는 것으로 데이터를 집계하고, 표로 표시하여 요인별 결과 내역을 교차한 그림을 작성, 분석하는 방법
- 관리도 : 재해 발생 건수 등의 추이를 파악하여 목표관리를 행하는데 필요한 월별 재해발생건수를 그래프화하여 관리선을 설정 관리

007 산업안전보건법상 산업안전보건위원회 정기회의 개최 주기로 올바른 것은?

① 1개월마다
② 분기마다
③ 반년마다
④ 1년마다

산업안전보건법 시행령 제37조(산업안전보건위원회의 회의 등) ① 법 제24조제3항에 따라 산업안전보건위원회의 회의는 정기회의와 임시회의로 구분하되, 정기회의는 분기마다 산업안전보건위원회의 위원장이 소집하며, 임시회의는 위원장이 필요하다고 인정할 때에 소집한다.
② 회의는 근로자위원 및 사용자위원 각 과반수의 출석으로 개의(開議)하고 출석위원 과반수의 찬성으로 의결한다.
③ 근로자대표, 명예산업안전감독관, 해당 사업의 대표자, 안전관리자 또는 보건관리자는 회의에 출석할 수 없는 경우에는 해당 사업에 종사하는 사람 중에서 1명을 지정하여 위원으로서의 직무를 대리하게 할 수 있다.
④ 산업안전보건위원회는 다음 각 호의 사항을 기록한 회의록을 작성하여 갖추어 두어야 한다.
1. 개최 일시 및 장소
2. 출석위원
3. 심의 내용 및 의결·결정 사항
4. 그 밖의 토의사항

008 다음 재해사례의 분석 내용으로 옳은 것은?

> 작업자가 벽돌을 손으로 운반하던 중, 벽돌을 떨어뜨려 발등을 다쳤다.

① 사고유형 : 낙하,   기인물 : 벽돌,   가해물 : 벽돌
② 사고유형 : 충돌,   기인물 : 손,   가해물 : 벽돌
③ 사고유형 : 비래,   기인물 : 사람,   가해물 : 손
④ 사고유형 : 추락,   기인물 : 손,   가해물 : 벽돌

기인물과 가해물
- 기인물 : 불안전한 상태에 있는 물체(환경 포함)
- 가해물 : 직접 사람에게 접촉되어 위해를 가한 물체

009 산업안전보건법령상 AB형 안전모에 관한 설명으로 옳은 것은?

① 물체의 낙하 또는 비래에 의한 위험을 방지 또는 경감하기 위한 것
② 물체의 낙하 또는 비래 및 추락에 의한 위험을 방지 또는 경감시키기 위한 것
③ 물체의 낙하 또는 비래에 의한 위험을 방지 또는 경감하고, 머리부위 감전에 의한 위험을 방지하기 위한 것
④ 물체의 낙하 또는 비래 및 추락에 의한 위험을 방지 또는 경감하고, 머리부위 감전에 의한 위험을 방지하기 위한 것

안전모의 종류

종류(기호)	사용구분	비고
AB	물체의 낙하 또는 비래(날아옴) 및 추락에 의한 위험을 방지 또는 경감 시키기 위한 것	–
AE	물체의 낙하 또는 비래(날아옴)에 의한 위험을 방지 또는 경감하고, 머리 부위 감전에 의한 위험을 방지하기 위한 것	내전압성
ABE	물체의 낙하 또는 비래(날아옴) 및 추락에 의한 위험을 방지 또는 경감하고, 머리 부위 감전에 의한 위험을 방지하기 위한 것	내전압성

※ 내전압성이란 7,000V 이하의 전압에 견디는 것을 말하며, 특고압은 7,000V 이상의 전압을 말한다.

010 신규 채용 시의 근로자 안전보건교육은 몇 시간 이상 실시해야 하는가?(단, 일용근로자 및 근로계약기간이 1개월 이하인 기간제근로자를 제외한 경우이다.)

① 3시간
② 8시간
③ 16시간
④ 24시간

근로자 안전보건교육(산업안전보건법 시행규칙 별표 4)

교육과정	교육대상		교육시간
정기교육	사무직 종사 근로자		매반기 6시간 이상
	그 밖의 근로자	판매업무에 직접 종사하는 근로자	매반기 6시간 이상
		판매업무에 직접 종사하는 근로자 외의 근로자	매반기 12시간 이상

채용 시 교육	일용근로자 및 근로계약기간이 1주일 이하인 기간제근로자	1시간 이상
	근로계약기간이 1주일 초과 1개월 이하인 기간제근로자	4시간 이상
	그 밖의 근로자	8시간 이상
작업내용 변경 시 교육	일용근로자 및 근로계약기간이 1주일 이하인 기간제근로자	1시간 이상
	그 밖의 근로자	2시간 이상
특별교육	특별교육 대상 작업(단, 타워크레인을 사용하는 작업시 신호업무를 하는 작업은 제외)에 종사하는 일용근로자 및 근로계약기간이 1주일 이하인 기간제근로자	2시간 이상
	타워크레인을 사용하는 작업시 신호업무를 하는 일용근로자 및 근로계약기간이 1주일 이하인 기간제근로자	8시간 이상
	특별교육 대상 작업에 종사하는 근로자 중 일용근로자 및 근로계약기간이 1주일 이하인 기간제근로자를 제외한 근로자	－16시간 이상(최초 작업에 종사하기 전 4시간 이상 실시하고 12시간은 3개월 이내에서 분할하여 실시 가능) －단기간 작업 또는 간헐적 작업인 경우에는 2시간 이상
건설업 기초 안전·보건교육	건설 일용근로자	4시간 이상

011 다음 설명에 해당하는 법칙은?

어떤 공장에서 330회의 전도 사고가 일어났을 때, 그 가운데 300회는 무상해 사고, 29회는 경상, 중상 또는 사망은 1회의 비율로 사고가 발생한다.

① 버드법칙
② 하인리히 법칙
③ 더글라스 법칙
④ 자베타키스 법칙

하인리히의 재해구성 비율
- 1 : 29 : 300의 법칙으로 중상 또는 사망1회, 경상 29회, 무상해사고 300회의 비율로 발생
- 중상 또는 사망 : 경상 : 무상해 사고 = 1 : 29 : 300

012 산업안전보건법령상 사업주의 책무와 가장 거리가 먼 것은?

① 쾌적한 작업환경을 조성하고 근로조건을 개선할 것
② 해당 사업장의 안전 및 보건에 관한 정보를 근로자에게 제공할 것
③ 안전 및 보건의식을 북돋우기 위한 홍보, 교육 및 무재해운동 등 안전문화를 추진할 것
④ 관련법과 법에 따른 명령에서 정하는 산업재해 예방을 위한 기준을 지킬 것

해설

산업안전보건법 제5조(사업주 등의 의무) ① 사업주(제77조에 따른 특수형태근로종사자로부터 노무를 제공받는 자와 제78조에 따른 물건의 수거·배달 등을 중개하는 자를 포함한다. 이하 이 조 및 제6조에서 같다)는 다음 각 호의 사항을 이행함으로써 근로자(제77조에 따른 특수형태근로종사자와 제78조에 따른 물건의 수거·배달 등을 하는 사람을 포함한다. 이하 이 조 및 제6조에서 같다)의 안전 및 건강을 유지·증진시키고 국가의 산업재해 예방정책을 따라야 한다.
1. 이 법과 이 법에 따른 명령으로 정하는 산업재해 예방을 위한 기준
2. 근로자의 신체적 피로와 정신적 스트레스 등을 줄일 수 있는 쾌적한 작업환경의 조성 및 근로조건 개선
3. 해당 사업장의 안전 및 보건에 관한 정보를 근로자에게 제공

013 재해예방의 4원칙이 아닌 것은?

① 손실 우연의 원칙 ② 예방 가능의 원칙
③ 사고 연쇄의 원칙 ④ 원인 계기의 원칙

해설

재해방지의 기본원칙
- 손실우연의 원칙 : 사고에 의해서 생기는 손실(상해)의 종류와 정도는 우연적이다.(1 : 29 : 300의 법칙)
- 원인 계기의 원칙 : 모든 재해는 필연적인 원인에 의해서 발생한다.
- 예방가능의 원칙 : 재해는 원칙적으로 모두 방지가 가능하다.
- 대책 선정의 원칙 : 재해방지 대책은 신속하고 확실하게 실시되어야 한다.

014 안전보건에 관한 노사협의체의 구성·운영에 대한 설명으로 틀린 것은?

① 노사협의체는 근로자와 사용자가 같은 수로 구성되어야 한다.
② 노사협의체의 회의 결과는 회의록으로 작성하여 보존하여야 한다.
③ 노사협의체의 회의는 정기회의와 임시회위로 구분하되, 정기회의는 3개월마다 소집한다.
④ 노사협의체는 산업재해 예방 및 산업재해가 발생한 경우의 대피방법 등에 대하여 협의하여야 한다.

해설

산업안전보건법 시행령 제65조(노사협의체의 운영 등) ① 노사협의체의 회의는 정기회의와 임시회의로 구분하여 개최하되, 정기회의는 2개월마다 노사협의체의 위원장이 소집하며, 임시회의는 위원장이 필요하다고 인정할 때에 소집한다.

015 시설물안전법령에 명시된 안전점검의 종류에 해당하는 것은?

① 일반안전점검 ② 특별안전점검
③ 정밀안전점검 ④ 임시안전점검

해설

안전점검의 종류(시설물의 안전 및 유지관리에 관한 특별법 및 같은 법 시행규칙)
- 정기안전점검 : 시설물의 상태를 판단하고 시설물이 점검 당시의 사용요건을 만족시키고 있는지 확인할 수 있는 수준의 외관조사를 실시하는 안전점검
- 정밀안전점검 : 시설물의 상태를 판단하고 시설물이 점검 당시의 사용요건을 만족시키고 있는지 확인하며 시설물 주요부재의 상태를 확인할 수 있는 수준의 외관조사 및 측정·시험장비를 이용한 조사를 실시하는 안전점검
- 긴급안전점검 : 시설물의 붕괴·전도 등으로 인한 재난 또는 재해가 발생할 우려가 있는 경우에 시설물의 물리적·기능적 결함을 신속하게 발견하기 위하여 실시하는 점검

016 시몬즈 방식으로 재해코스트를 산정 할 때, 재해의 분류와 설명의 연결로 옳은 것은?

① 무상해사고 – 20달러 미만의 재산손실이 발생한 사고
② 휴업상해 – 영구 전노동 불능
③ 응급조치 상해 – 일시 전노동 불능
④ 통원상해 – 일시 일부노동 불능

재해의 종류
- 휴업상해 : 영구 일부 노동 불능 및 일시 전노동 불능
- 통원상해 : 일시 일부 노동 불능 및 의사의 통원조치를 필요로 한 상태
- 응급조치상해 : 응급조치 상해 또는 8시간 미만 휴업 의료조치 상해
- 무상해사고 : 의료조치를 필요로 하지 않는 상해사고

017 참모식 안전조직의 특징으로 옳은 것은?

① 100명 미만의 소규모 사업장에 적합하다.
② 생산부분은 안전에 대한 책임과 권한이 없다.
③ 명령과 보고가 상하관계 뿐이므로 간단명료하다.
④ 조직원 전원을 자율적으로 안전 활동에 참여시킬 수 있다.

스태프(Staff)형(참모식 조직)
- 특징
  - 안전관리를 담당하는 스태프(참모진)를 두고 안전관리에 관한 계획, 조사, 검토, 권고, 보고 등을 행하는 관리 방식이다.
  - 중규모 사업장(100명 이상 ~ 500명 미만)에 적합하다.
- 장점
  - 사업장의 특수성에 적합한 기술연구를 전문적으로 할 수 있다.(안전지식 및 기술 축적이 용이)
  - 경영자에 대한 조언과 자문역할이 가능하다.
- 단점
  - 생산 부분에 협력하여 안전 명령을 전달·실시하므로 안전 지시가 용이하지 않으며, 안전과 생산을 별개로 취급하기 쉽다.
  - 생산부분은 안전에 대한 책임과 권한이 없다.
  - 권한 다툼이나 조정 때문에 통제 수속이 복잡해지며, 시간과 노력이 소모된다.

018 상해의 종류 중, 스치거나 긁히는 등의 마찰력에 의하여 피부 표면이 벗겨진 상해는?

① 자상   ② 타박상
③ 창상   ④ 찰과상

상해종류에 의한 분류

분류	세부항목
골절	뼈가 부러진 상해

동상	저온물 접촉으로 생긴 동상 상해
부종	국부의 혈액순환에 이상으로 몸이 부어 오르는 상해
찔림(자상)	칼날 등 날카로운 물건에 찔린 상태
타박상(좌상)	타박, 충돌, 추락 등으로 피부표면보다는 피하조직, 근육부를 다친 상해(삔 것 포함)
절단	신체부위가 절단된 상해
중독, 질식	음식, 약물, 가스 등에 의한 중독이나 질식된 상해
찰과상	스치거나 문질러서 벗겨진 상해
베임(창상)	창, 칼 등에 베인 상해
화상	화재 또는 고온물 접촉으로 인한 상해
뇌진탕	머리를 세게 맞았을 때 장해로 일어난 상해
익사	물 속에 추락해서 익사한 상해
피부염	작업과 연관되어 발생 또는 악화되는 모든 질환
청력장해	청력이 감퇴 또는 난청이 된 상해
시력장해	시력이 감퇴 또는 실명된 상해
기타	앞의 15가지 항목으로 구분 불능 시 상해 명칭을 기재할 것

019 근로자 150명이 작업하는 공장에서 50건의 재해가 발생했고, 총 근로손실일수가 120일 일 때의 도수율은 약 얼마인가?(단, 하루 8시간씩 연간 300일을 근무한다.)

① 0.01
② 0.3
③ 138.9
④ 333.3

해설

도수율 = $\dfrac{\text{재해발생건수}}{\text{연간 총근로시간}} \times 10^6 = \dfrac{50}{150 \times 8 \times 300} \times 10^6 = 138.889$

020 무재해 운동 기본이념의 3대 원칙이 아닌 것은?

① 무의 원칙
② 선취의 원칙
③ 합의의 원칙
④ 참가의 원칙

해설

무재해운동의 3원칙
- 무(Zero)의 원칙 : 산재 위험의 잠재요인을 근원적으로 해결하기 위한 원칙
- 선취의 원칙 : 위험요인 행동 전에 예지, 발견
- 참가의 원칙 : 전원(근로자, 회사내 전종업원, 근로자 가족) 참가

제 02 과목　산업심리 및 교육

021 피로의 측정분류시 감각기능검사(정신·신경기능검사)의 측정대상 항목으로 가장 적합한 것은?

① 혈압　　　　　　　　② 심박수
③ 에너지대사율　　　　④ 플리커

해설
피로의 검사방법 : 인지식역치, 변별식역치, 플리커(Flicker) 검사, 협응동작검사, 자율신경기능검사, 정신작업검사, 반응검사

022 인간의 착각현상 중 실제로 움직이지 않지만 어느 기준의 이동에 의하여 움직이는 것처럼 느껴지는 착각현상의 명칭으로 적합한 것은?

① 자동운동　　　　　　② 잔상현상
③ 유도운동　　　　　　④ 착시현상

해설
착각현상(운동의 시지각)
- 자동운동 : 암실 내에서 정리된 소광점을 응시하고 있으며 그 광점이 움직이는 것을 볼 수 있는데 이것을 자동운동이라 함
- 유도운동 : 실제로는 움직이지 않는 것이 어느 기준의 이동에 유도되어 움직이는 것처럼 느껴지는 현상
- 가현운동 : 객관적으로 정지하고 있는 대상물이 급속히 나타나던가 소멸하는 것으로 인하여 일어나는 운동으로 마치 대상물이 운동하는 것처럼 인식되는 현상(β-운동 : 영화 영상의 방법)

023 작업장에서의 사고예방을 위한 조치로 틀린 것은?

① 감독자와 근로자는 특수한 기술뿐 아니라 안전에 대한 태도도 교육을 받아야 한다.
② 모든 사고는 사고 자료가 연구될 수 있도록 철저히 조사되고 자세히 보고되어야 한다.
③ 안전의식고취 운동에서 포스터는 긍정적인 문구보다 부정적인 문구를 사용하는 것이 더 효과적이다.
④ 안전장치는 생산을 방해해서는 안 되고, 그것이 제 위치에 있지 않으면 기계가 작동하지 않도록 설계되어야 한다.

해설
안전의식고취 운동에서 포스터는 부정적인 문구보다 긍정적인 문구를 사용하는 것이 더 효과적이다.

024 남의 행동이나 판단을 표본으로 하여 그것과 같거나 혹은 그것에 가까운 행동 또는 판단을 취하려는 인간관계 메커니즘으로 맞는 것은?

① Projection　　　　　② Imitation
③ Suggestion　　　　　④ Identification

해설
모방(Imitation) : 남의 행동이나 판단을 표본으로 하여 그것과 같거나 또는 그것에 가까운 행동 또는 판단을 취하려는 것

025 집단 심리요법의 하나로 자기 해방과 타인 체험을 목적으로 하는 체험활동을 통해 대인관계에서의 태도 변용이나 통찰력, 자기이해를 목표로 개발된 교육 기법에 해당하는 것은?

① 롤플레잉(Role Playing)
② OJT(On the Job Training)
③ ST(Sensitivity Training) 훈련
④ TA(Transactional Analysis) 훈련

역할연기(Role Playing) : 자아탐색(Self-exploration)인 동시에 자아실현(Self-realization)의 수단이다.

026 비통제의 집단행동에 해당하는 것은?

① 관습
② 유행
③ 모브
④ 제도적 행동

집단행동
- 통제의 집단행동 : 관습, 제도적 행동, 유행
- 비통제의 집단행동 : 군중(Crowd), 모브(Mob), 패닉(Panic), 심리적 전염 (Mental epidemic)

027 상호신뢰 및 성선설에 기초하여 인간을 긍정적 측면으로 보는 이론에 해당하는 것은?

① T-이론
② X-이론
③ Y-이론
④ Z-이론

X 이론과 Y 이론 비교

X 이론	Y 이론
인간불신감	상호신뢰감
성악설	성선설
인간은 본래 게으르고 태만하여 남의 지배받기를 즐긴다.	인간은 부지런하고 근면하며 적극적이며 자주적이다.
물질 욕구(저차적 욕구)	정신 욕구(고차적 욕구)
명령통제에 의한 관리	목표통합과 자기통제에 의한 자율관리
저개발국형	선진국형

028 직장규율, 안전규율 등을 몸에 익히기에 적합한 교육의 종류에 해당하는 것은?

① 지능 교육
② 기능 교육
③ 태도 교육
④ 문제해결 교육

해설

안전교육의 3단계
- 제1단계 지식교육 : 강의, 시청각교육을 통한 지식의 전달과 이해
- 제2단계 기능교육 : 시범, 견학, 실습, 현장실습교육을 통한 경험 체득과 이해
- 제3단계 태도교육 : 작업동작지도, 생활지도 등을 통한 안전의 습관화

029 강의식 교육에 대한 설명으로 틀린 것은?

① 기능적, 태도적인 내용의 교육이 어렵다.
② 사례를 제시하고 그 문제점에 대해서 검토하고 대책을 토의한다.
③ 수강자의 주의집중도나 흥미의 정도가 낮다.
④ 짧은 시간동안 많은 내용을 전달해야 하는 경우에 적합하다.

해설

사례연구법(Case Study) : 먼저 사례를 제시하고 문제적 사실들과 그의 상호관계에 대해서 검토하고 대책을 토의하는 방식으로 토의법을 응용한 교육기법

030 작업지도 기법의 4단계 중 그 작업을 배우고 싶은 의욕을 갖도록 하는 단계로 맞는 것은?

① 제1단계: 학습할 준비를 시킨다.
② 제2단계: 작업을 설명한다.
③ 제3단계: 작업을 시켜 본다.
④ 제4단계: 작업에 대해 가르친 뒤 살펴본다.

해설

교육법의 4단계
- 제1단계–도입(준비) : 배우고자 하는 마음가짐을 일으키도록 도입
- 제2단계–제시(설명) : 상대의 능력에 따라 교육하고 내용을 확실하게 이해시키고 납득시켜 다시 기능으로서 습득시킴
- 제3단계–적용(응용) : 이해시킨 내용을 구체적인 문제 또는 실제문제로 활용시키거나 응용시킴
- 제4단계–확인(총괄) : 교육내용을 정확하게 이해하고 습득하였는지의 여부를 확인

031 그림과 같이 수직 평행인 세로의 선들이 평행하지 않은 것으로 보이는 착시현상에 해당하는 것은?

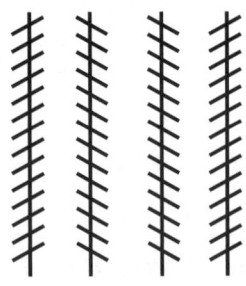

① 죌러(Zöller)의 착시
② 쾰러(Köhler)의 착시
③ 헤링(Hering)의 착시
④ 포겐도르프(Poggendorf)의 착시

032 동기부여에 관한 이론 중 동기부여 요인을 중요시하는 내용이론에 해당하지 않는 것은?

① 브룸의 기대이론
② 알더퍼의 ERG 이론
③ 매슬로우의 욕구위계설
④ 허츠버그의 2요인 이론(이원론)

동기부여이론
- 데이비스(Davis)의 이론
- 매슬로우(Abraham H. Maslow)의 욕구 5단계
- 알더퍼(Alderfer)의 ERG 이론

033 리더십의 권한 역할 중 "부하를 처벌할 수 있는 권한"에 해당하는 것은?

① 위임된 권한
② 합법적 권한
③ 강압적 권한
④ 보상적 권한

지도자(리더십)의 권한
- 조직이 지도자에게 부여하는 권한
  - 보상적 권한 : 지도자가 부하들에게 보상할 수 있는 능력으로 인해 부하직원들을 통제할 수 있으며 부하들의 행동에 대해 영향을 끼칠 수 있는 권한
  - 강압적 권한 : 부하직원들을 처벌할 수 있는 권한
  - 합법적 권한 : 조직의 규정에 의해 지도자의 권한이 공식화된 것
- 지도자 자신에 의해 생성되는 권한
  - 위임된 권한 : 집단의 목표를 성취하기 위해 부하직원들이 지도자가 정한 목표를 자진해서 자신의 것으로 받아들여 지도자와 함께 일하는 것
  - 전문성의 권한 : 지도자가 목표수행에 필요한 전문적인 지식을 갖고 업무수행을 하므로 부하직원들이 자발적으로 지도자를 따름

034 굴착면의 높이가 2m 이상인 암석의 굴착 작업에 대한 특별안전보건교육 내용에 포함되지 않는 것은? (단, 그 밖의 안전·보건관리에 필요한 사항은 제외한다.)

① 지반의 붕괴재해 예방에 관한 사항
② 보호구 및 신호방법 등에 관한 사항
③ 안전거리 및 안전기준에 관한 사항
④ 폭발물 취급 요령과 대피 요령에 관한 사항

굴착면의 높이가 2미터 이상이 되는 암석의 굴착작업에 대한 특별안전보건교육 내용
- 폭발물 취급 요령과 대피 요령에 관한 사항
- 안전거리 및 안전기준에 관한 사항
- 방호물의 설치 및 기준에 관한 사항
- 보호구 및 신호방법 등에 관한 사항
- 그 밖에 안전·보건관리에 필요한 사항

035 레윈(Lewin)의 행동방정식 B = f(P · E)에서 P의 의미로 맞는 것은?

① 주어진 환경
② 인간의 행동
③ 주어진 직무
④ 개인적 특성

> **Lewin K의 법칙**
> 르윈(Lewin)은 인간의 행동(B)은 그 사람이 가진 자질 즉, 개체(P)와 심리학적 환경(E)과의 상호 함수관계에 있다고 규정함.
> B = f(P · E)
> • B : Behavior(인간의 행동)
> • f : Function(함수관계 : 적성 기타 P와 E에 영향을 미칠 수 있는 조건)
> • P : Person(개체 : 연령, 경험, 심신상태, 성격, 지능 등)
> • E : Environment(심리적 환경 : 인간관계, 작업환경 등)

036 동일 부서 직원 6명의 선호 관계를 분석한 결과 다음과 같은 소시오그램이 작성되었다. 이 소시오그램에서 실선은 선호관계, 점선은 거부관계를 나타낼 때, 4번 직원의 선호신분 지수는 얼마인가?

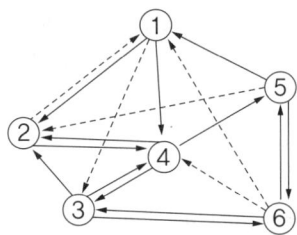

① 0.2
② 0.33
③ 0.4
④ 0.6

> 선호신분지수 = $\dfrac{\text{선호총계(선호관계 − 거부관계)}}{\text{구성원 수 − 1}} = \dfrac{3-1}{6-1} = 0.4$

037 MTP(Management Training Program) 안전교육 방법의 총 교육시간으로 가장 적합한 것은?

① 10시간
② 40시간
③ 80시간
④ 120시간

> MTP(Management Training Program) : FEAF(Far East Air Forces)라고도 함
> • 교육대상 및 교육방법
>   − 교육대상 : TWI 보다 약간 높은 관리자 계층
>   − 교육방법 : 한 클래스(Class)는 10~15명, 2시간씩 20회에 걸쳐 40시간 훈련
> • 교육내용 : 관리의 기능, 조직의 원칙, 조직의 운영, 시간관리 학습의 원칙과 부하지도법, 훈련의 관리, 신인을 맞이하는 방법과 대행자를 육성하는 요령, 회의의 주관, 직업의 개선, 안전한 작업, 과업관리, 사기양양 등

038 과업과 직무를 수행하는 데 요구되는 인적 자질에 의해 직무의 내용을 정의하는 절차에 해당하는 것은?

① 직무분석(job analysis)
② 직무평가(job evaluation)
③ 직무확충(job enrichment)
④ 직무만족(job satisfaction)

039 동작실패의 원인이 되는 조건 중 작업강도와 관련이 가장 적은 것은?

① 작업량   ② 작업속도
③ 작업시간   ④ 작업환경

동작 실패의 원인이 되는 조건
- 자세의 불균형 : 행동의 습관
- 피로도 : 신체조건, 질병, 스트레스 등
- 작업강도 : 작업량, 작업속도, 작업시간 등
- 기상조건 : 온도, 습도, 기타 기상조건 등
- 환경조건 : 작업 환경, 심리적 환경

040 에빙하우스(Ebbinghaus)의 연구결과에 따른 망각률이 50%를 초과하게 되는 최초의 경과시간은 얼마인가?

① 30분   ② 1시간
③ 1일   ④ 2일

10분 후부터 망각이 시작되고 1시간 후에는 44%만 기억되고, 하루가 지나면 33%, 한 달이 지나면 21%만 기억에 남는다.

제 03 과목 인간공학 및 시스템안전공학

041 한 화학공장에 24개의 공정제어회로가 있다. 4000시간의 공정 가동 중 이 회로에서 14건의 고장이 발생하였고, 고장이 발생하였을 때마다 회로는 즉시 교체되었다. 이 회로의 평균고장시간은 약 얼마인가?

① 6857시간   ② 7571시간
③ 8240시간   ④ 9800시간

$$MTTF = \frac{총 가동시간}{고장건 수} = \frac{24 \times 4000}{14} = 6857.142$$

042 작위 실수(commission error)의 유형이 아닌 것은?

① 선택착오   ② 순서착오
③ 시간착오   ④ 직무누락착오

Commission Error : 필요한 Task 또는 절차의 불확실한 수행으로 인한 Error(선택착오, 순서착오, 시간착오, 정성적착오)

043 산업 현장에서는 생산설비에 부착된 안전장치를 생산성을 위해 제거하고 사용하는 경우가 있다. 이와 같이 고의로 안전장치를 제거하는 경우에 대비한 예방 설계 개념으로 옳은 것은?

① Fail safe
② Fool proof
③ Lock out
④ Tamper proof

고의로 안전장치를 제거하여도 안전한 상태를 유지하는 설계 개념을 Tamper proof라고 한다.

044 인체측정자료에서 극단치를 적용하여야 하는 설계에 해당하지 않는 것은?

① 계산대
② 문 높이
③ 통로 폭
④ 조종장치까지의 거리

계산대는 평균치를 기준으로 한 설계를 적용하여야 한다.

045 음의 은폐(masking)에 대한 설명으로 옳지 않은 것은?

① 은폐음 때문에 피은폐음의 가청역치가 높아진다.
② 배경음악에 실내소음이 묻히는 것은 은폐효과의 예시이다.
③ 음의 한 성분이 다른 성분에 대한 귀의 감수성을 감소시키는 작용이다.
④ 순음에서 은폐효과가 가장 큰 것은 은폐음과 배음(harmonic overtone)의 주파수가 멀 때이다.

masking(은폐)현상 : dB이 높은 음과 낮은 음이 공존할 때 낮은 음이 강한 음에 가로막혀 숨겨져 들리지 않게 되는 현상

046 다음 FT도에서 각 요소의 발생확률이 요소①과 요소②는 0.2, 요소③은 0.25, 요소④는 0.3일 때, A사상의 발생확률은 얼마인가?

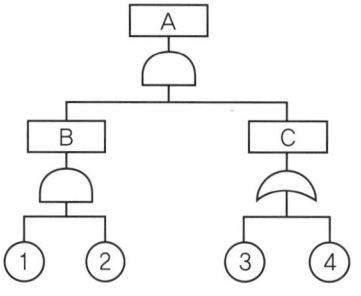

① 0.007
② 0.014
③ 0.019
④ 0.071

B = ① × ② = 0.2 × 0.2 = 0.04
C = 1 − (1 − ③)(1 − ④) = 1 − (1 − 0.25)(1 − 0.3) = 0.475
A = B × C = 0.04 × 0.475 = 0.019

047 압박이나 긴장에 대한 척도 중 생리적 긴장의 화학적 척도에 해당하는 것은?

① 혈압
② 호흡수
③ 혈액 성분
④ 심전도

피로 측정의 화학적 방법 : 혈색소농도, 혈액수준, 혈단백, 응혈시간, 혈액, 요전해질, 요단백, 요교질 배설량 등

048 정성적 시각 표시장치에 관한 사항 중 다음에서 설명하는 특성은?

> 복잡한 구조 그 자체를 완전한 실체로 지각하는 경향이 있기 때문에, 이 구조와 어긋나는 특성은 즉시 눈에 띈다.

① 양립성
② 암호화
③ 형태성
④ 코드화

049 국제표준화기구(ISO)의 수직진동에 대한 피로-저감숙달경계(fatigue-decreased proficiency boundary)표준 중 내구수준이 가장 낮은 범위로 옳은 것은?

① 1~3Hz
② 4~8Hz
③ 9~13Hz
④ 14~18Hz

ISO 소음기준에 따르면 소음평가지수는 85dB를 기준으로 하며, 가장 낮은 범위는 4~8Hz 이다.

050 다음 중 안전성 평가 단계가 순서대로 올바르게 나열된 것으로 옳은 것은?

① 정성적 평가 - 정량적 평가 - FTA에 의한 재평가 - 재해정보로부터의 재평가 - 안전대책
② 정량적 평가 - 재해정보로부터의 재평가 - 관계 자료의 작성준비 - 안전대책 - FTA에 의한 재평가
③ 관계 자료의 작성준비 - 정성적 평가 정량적 평가 - 안전대책 - 재해정보로부터의 재평가 - FTA에 의한 재평가
④ 정량적 평가 - 재해정보로부터의 재평가 - FTA에 의한 재평가 - 관계 자료의 작성준비 - 안전대책

안전성 평가의 5단계
- 제1단계 : 관계자료의 작성준비
- 제2단계 : 정성적 평가
- 제3단계 : 정량적 평가
- 제4단계 : 안전대책
- 제5단계 : 재평가

051 산업안전보건법령에 따라 기계·기구 및 설비의 설치·이전 등으로 인해 유해위험방지계획서를 제출하여야 하는 대상에 해당하지 않는 것은?

① 건조설비
② 공기압축기
③ 화학설비
④ 가스집합 용접장치

해설

유해하거나 위험한 작업 또는 장소에서 사용하거나 건강장해를 방지하기 위하여 사용하는 기계·기구 및 설비로서 설치·이전하거나 그 주요 구조부분을 변경하려는 경우 유해위험방지계획서를 작성, 제출하여야 하는 대상은 다음과 같다. (산업안전보건법 시행령 제42조의2항)
- 금속이나 그 밖의 광물의 용해로
- 화학설비
- 건조설비
- 가스집합 용접장치
- 제조등금지물질 또는 허가대상물질 관련 설비
- 분진작업 관련 설비

052 일반적으로 재해 발생 간격은 지수분포를 따르며, 일정기간 내에 발생하는 재해발생 건수는 푸아송 분포를 따른다고 알려져 있다. 이러한 확률변수들의 발생과정을 무엇이라 하는가?

① Poisson 과정
② Bernoulli 과정
③ Wiener 과정
④ Binomial 과정

053 FT도에 사용되는 다음 기호의 명칭으로 맞는 것은?

① 부정게이트
② 수정기호
③ 위험지속기호
④ 배타적 OR 게이트

해설

위험지속기호
- 입력사상이 생기어 어느 일정시간 지속하였을 때에 출력사상이 생긴다.
- 예「위험지속시간」과 같이 기입

054 A 작업장에서 1시간 동안에 480Btu의 일을 하는 근로자의 대사량은 900Btu이고, 증발 열손실이 2250Btu, 복사 및 대류로부터 열이득이 각각 1900Btu 및 80Btu라 할 때, 열축적은 얼마인가?

① 100
② 150
③ 200
④ 250

S(열축적) = M(대사열) − E(증발) − W(한 일) ± R(복사) ± C(대류)
= 900 − 2250 + 1900 + 80 − 480 = 150

055 동작경제의 원칙 중 신체사용에 관한 원칙에 해당하지 않는 것은?

① 손의 동작은 유연하고 연속적인 동작이어야 한다.
② 두 손의 동작은 같이 시작해서 동시에 끝나도록 한다.
③ 동작이 급작스럽게 크게 바뀌는 직선 동작은 피해야 한다.
④ 공구, 재료 및 제어장치는 사용하기 용이하도록 가까운 곳에 배치한다.

신체사용에 관한 원칙
- 양손은 동작을 동시에 시작하고 동시에 끝내야 한다.
- 휴식시간을 제외하고 양손이 동시에 쉬고 있어서는 안 된다.
- 양팔의 동작은 서로 반대이거나 대칭인 방향으로 동시에 이루어져야 한다.
- 손과 몸의 동작은 작업을 원만하게 처리할 수 있는 범위 내에서 가능한 한 간단하게 취해져야 한다.
- 작업자의 노력을 덜기 위해 가능한 한 관성을 이용해야 하나, 작업자가 관성을 억제해야 하는 경우에는 발생하는 관성을 최소화해야 한다.
- 손의 동작은 부드럽고 지속적으로 곡선을 그리는 동작이 직선으로 움직이다가 갑작스럽게 예각으로 방향을 전환하는 식의 동작보다 유리하다.
- 탄도동작(ballistic movement)이 제한되고 통제된 동작보다 더 신속하고, 용이하며 정확하다.
- 작업은 가능한 한 쉽고도 자연스러운 리듬에 맞추어 할 수 있도록 배열되어야 한다.
- 가능한 한 눈을 한곳에 고정시키는 일이 적어야 하고, 양 눈은 같은 곳을 보고 있는 것이 좋다.

※ 보기 중 ④항은 작업장 배치에 관한 원칙에 해당된다.

056 각 기본사상의 발생확률이 증감하는 경우 정상사상의 발생확률에 어느 정도 영향을 미치는가를 반영하는 지표로서 수리적으로는 편미분계수와 같은 의미를 갖는 FTA의 중요도 지수는?

① 확률 중요도   ② 구조 중요도
③ 치명 중요도   ④ 비구조 중요도

- FTA 확률 중요도 : 각 기본사상의 발생확률의 증감이 정상사상발생확률의 증감에 어느 정도나 기여하고 있는가를 나타내는 척도
- FTA 구조 중요도 : 기본사상의 발생확률을 문제로 하지 않고 결함수의 구조상 각기본사상이 갖는 지명성
- FTA 치명 중요도 : 기본사상 발생확률의 변화율에 대한 정상사상발생확률의 변화의 비로서 특히 시스템 설계라는 면에서 이해하기가 편리함

057 사용조건을 정상사용조건보다 강화하여 적용함으로써 고장발생 시간을 단축하고, 검사비용의 절감효과를 얻고자 하는 수명 시험은?

① 중도중단시험   ② 가속수명시험
③ 감속수명시험   ④ 정시중단시험

가속수명시험(Accelerated Life Test)
실사용조건보다 가혹한 조건(가속조건)에서 시험하여 고장을 촉진시키고, 가속조건에서 관측된 데이터로부터 수명과 스트레스와의 관계를 추정하여 사용조건으로 외삽(extra polation)하여 사용조건에서의 수명을 빨리 추정하기 위한 시험

058 기계 시스템은 영구적으로 사용하며, 조작자는 한 시간마다 스위치를 작동해야 되는데 인간오류확률(HEP)은 0.001이다. 2시간에서 4시간까지 인간-기계 시스템의 신뢰도로 옳은 것은?

① 91.5% ② 96.6%
③ 98.7% ④ 99.8%

신뢰도 = $(1 - 0.001)^{(4-2)}$ = 0.9980

059 예비위험분석(PHA)은 어느 단계에서 수행되는가?

① 구상 및 개발단계 ② 운용단계
③ 발주서 작성단계 ④ 설치 또는 제조 및 시험단계

PHA : 대부분 시스템안전 프로그램에 있어서 최초단계의 분석으로 시스템 내의 위험한 요소가 얼마나 위험한 상태에 있는가를 정성적으로 평가

060 인간-기계 통합체계의 유형에서 수동체계에 해당하는 것은?

① 자동차 ② 공작기계
③ 컴퓨터 ④ 장인과 공구

인간 기계 통합체계의 유형
- 수동 체계 : 사용자의 조작, 융통성 ex) 장인과 공구
- 기계화 체계(반자동 체계) : 운전자의 조작, 융통성 없음 ex) 엔진, 자동차, 공작기계
- 자동 체계(인간의 역할 : 감시, 프로그램, 정비유지) : 자동화된 공장, 컴퓨터

제 04 과목 건설시공학

061 Top Down 공법의 특징으로 옳지 않은 것은?

① 1층 바닥 기준으로 상방향, 하방향 중 한쪽 방향으로만 공사가 가능하다.
② 공기단축이 가능하다.
③ 타 공법 대비 주변지반 및 인접건물에 미치는 영향이 작다.
④ 소음 및 진동이 적어 도심지 공사로 적합하다.

Top down공법
- 흙막이벽체로 설치한 slurry wall을 본 구조체의 지하벽체로 이용하고, 기초와 기둥을 시공한 후, 지하구조물과 지상구조물을 동시에 축조해가는 공법이다.
- 지하와 지상을 동시에 축조하므로 축과 작업공간 확보가 용이하고 소음·진동 등 주변지반에 대한 영향이 적어 공사에 적합하다.

062 웰포인트 공법에 관한 설명으로 옳지 않은 것은?

① 지하수위를 낮추는 공법이다.
② 1~3m의 간격으로 파이프를 지중에 박는다.
③ 주로 사질지반에 이용하면 유효하다.
④ 기초파기에 히빙 현상을 방지하기 위해 사용한다.

지반 탈수공법의 일종으로 히빙현상과는 관계가 없다.

063 콘크리트의 압축강도를 시험하지 않을 경우 거푸집널의 해체시기로 옳은 것은?(단, 기타 조건은 아래와 같음)

- 평균기온: 20℃ 이상
- 대상: 기초, 보, 기둥 및 벽의 측면
- 보통포틀랜드 시멘트 사용

① 2일   ② 3일
③ 4일   ④ 6일

콘크리트의 압축강도를 시험하지 않을 경우 거푸집널의 해체 시기(기초, 보, 기둥 및 벽의 측면)

시멘트의 종류 평균 기온	조강 포틀랜드 시멘트	보통 포틀랜드 시멘트 고로 슬래그 시멘트(1종) 플라이 애시 시멘트(1종) 포틀랜드 포졸란 시멘트(A종)	고로 슬래그 시멘트(2종) 플라이 애시 시멘트(2종) 포틀랜드 포졸란 시멘트(B종)
20℃ 이상	2일	3일	4일
20℃ 미만 10℃ 이상	3일	4일	6일

064 거푸집 공사에 적용되는 슬라이딩폼 공법에 관한 설명으로 옳지 않은 것은?

① 형상 및 치수가 정확하며 시공오차가 적다.
② 마감작업이 동시에 진행되므로 공정이 단순화된다.
③ 1일 5~10m 정도 수직시공이 가능하다.
④ 일반적으로 돌출물이 있는 건축물에 많이 적용된다.

슬라이딩 거푸집(Sliding form)
활동거푸집이라고 하며, 굴뚝이나 사일로(silo) 등 평면 형상이 일정하고 돌출부가 없는 구조물에 사용
- 장점
  - 공기를 1/3 정도로 단축할 수 있다.
  - 타설속도는 1일 5~8m 정도 연속 타설하므로 일체성을 확보할 수 있다.
  - 내·외부에 비계가 필요 없다.
- 단점
  - 악천후시에 작업이 곤란하다.
  - 제작비가 과다하게 소요된다.
  - 공사진행상 특히 주의를 요한다.

065 벽돌을 내쌓기 할 때 일반적으로 이용되는 벽돌쌓기 방법은?
① 마구리 쌓기   ② 길이 쌓기
③ 옆세워 쌓기   ④ 길이세워 쌓기

내쌓기는 마구리쌓기로 하는 것이 강도상 유리하다.

066 품질관리(TQC)를 위한 7가지 도구 중에서 불량수, 결점수 등 셀 수 있는 데이터가 분류항목별로 어디에 집중되어 있는가를 알기 쉽도록 나타낸 그림은?
① 히스토그램   ② 파레토도
③ 체크시트   ④ 산포도

체크시트(Check Sheet): 제품을 불량원인별 파레토도를 작성하거나 부품의 치수, 규격과의 관계를 조사하는 Histogram을 작성하려면 먼저 데이터를 수집하게 되는데 이때 간단한 체크시트만으로 필요한 정보가 정리되고, 또한 점검확인 항목을 빠뜨리지 않고 모을 수 있도록 설계된 시트이다.

067 철골공사에서 용접접합의 장점과 거리가 먼 것은?
① 강재량을 절약할 수 있다.   ② 소음을 방지할 수 있다.
③ 일체성 및 수밀성을 확보할 수 있다.   ④ 접합부의 품질검사가 매우 간단하다.

용접 접합의 장점 및 단점
- 장점
  - 응력전달이 확실하여 신뢰성이 높다.
  - 철골중량이 감소된다.
  - 철재량이 감소되어 경제적이다.
  - 단면 처리 및 이음이 쉽다.
  - 공해가 적다.
  - 의장적으로 쾌적하다.
  - 무소음, 무진동 시공이 된다.

- 단점
  - 취성파괴가 일어나기 쉽고, 피로강도가 낮다.
  - 숙련공이 필요하다.
  - 접합부의 검사가 곤란하다.
  - 0℃ 이하의 온도에서 작업이 곤란하다.
  - 변형이 생기고 시공이 불량하면 불완전한 용접이 된다.

068 콘크리트 다짐 시 진동기의 사용에 관한 설명으로 옳지 않은 것은?

① 진동다지기를 할 때에는 내부진동기를 하층의 콘크리트 속으로 0.1m 정도 찔러 넣는다.
② 1개소당 진동시간은 다짐할 때 시멘트풀이 표면 상부로 약간 부상하기까지가 적절하다.
③ 내부진동기는 콘크리트로부터 천천히 빼내어 구멍이 남지 않도록 한다.
④ 내부진동기는 콘크리트를 횡방향으로 이동시킬 목적으로 사용한다.

해설

콘크리트(레미콘)를 진동기로 횡방향으로 이동시킬 경우 재료분리 현상이 나타나게 되므로 타설위치에 정확히 타설하여 레미콘의 횡방향으로 이동이 최소가 되도록 하여야 한다.

069 조적공사의 백화현상을 방지하기 위한 대책으로 옳지 않은 것은?

① 석회를 혼합한 줄눈 모르타르를 활용하여 바른다.
② 흡수율이 낮은 벽돌을 사용한다.
③ 쌓기용 모르타르에 파라핀 도료와 같은 혼화제를 사용한다.
④ 돌림대, 차양 등을 설치하여 빗물이 벽체에 직접 흘러내리지 않게 한다.

해설

백화현상 방지대책
- 줄눈 모르타르를 밀실 충전한다.
- 치장쌓기의 벽돌벽은 줄눈 넣기로 조기 시공한다.
- 이어쌓기의 경우 고인 물을 완전히 제거한다.
- 파라핀(Paraffin) 도료를 발라 염료가 나오는 것을 방지한다.
- 양질의 벽돌을 사용한다.

070 설계도와 시방서가 명확하지 않거나 설계는 명확하지만 공사비 총액을 산출하기 곤란하고 발주자가 양질의 공사를 기대할 때 채택될 수 있는 가장 타당한 방식은?

① 실비정산 보수가산식 도급 ② 단가 도급
③ 정액 도급 ④ 턴키 도급

해설

실비정산 보수가산도급 : 공사의 실비를 확인 정산하고 미리 정한 보수율에 따라 그 보수액을 지불하는 방법
- 장점 : 가장 정확하고 양심적인 공사가 가능
- 단점 : 공사비 절감노력이 없어지고 공사기일이 연장

071 강구조용 강재의 절단 및 개선가공에 관한 사항으로 옳지 않은 것은?

① 주요 부재의 강판 절단은 주된 응력의 방향과 압연방향을 직각으로 교차하여 절단함을 원칙으로 한다.
② 절단할 강재의 표면에 녹, 기름, 도료가 부착되어 있는 경우에는 제거 후 절단해야 한다.
③ 용접선의 교차부분 또는 한 부재를 다른 부재에 접합시킬 때 불필요한 접촉을 피하기 위하여 모퉁이따기를 할 경우에는 10mm 이상 둥글게 해야 한다.
④ 스캘럽 가공은 절삭 가공기 또는 부속장치가 달린 수동가스 절단기를 사용한다.

강구조용 강재의 절단 및 개선가공에 관한 일반사항
- 주요 부재의 강판 절단은 주된 응력의 방향과 압연방향을 일치시켜 절단함을 원칙으로 하며 절단작업 착수 전 재단도를 작성해야 한다.
- 강재의 절단은 강재의 형상, 치수를 고려하여 기계절단, 가스절단, 플라즈마절단, 레이저절단 등을 적용한다.
- 절단할 강재의 표면에 녹, 기름, 도료가 부착되어 있는 경우에는 제거 후 절단해야 한다.
- 용접선의 교차부분 또는 한 부재를 다른 부재에 접합시킬 때 불필요한 접촉을 피하기 위하여 모퉁이따기를 할 경우에는 10mm 이상 둥글게 해야 한다.

072 기성콘크리트 말뚝의 특징에 관한 설명으로 옳지 않은 것은?

① 말뚝이음 부위에 대한 신뢰성이 떨어진다.
② 재료의 균질성이 부족하다.
③ 자재하중이 크므로 운반과 시공에 각별한 주의가 필요하다.
④ 시공과정상의 항타로 인하여 자재균열의 우려가 높다.

재료의 균질성을 확보할 수 있다.

073 콘크리트 타설에 관한 설명으로 옳은 것은?

① 콘크리트 타설은 바닥판 → 보 → 계단 → 벽체 → 기둥의 순서로 한다.
② 콘크리트 타설은 운반거리가 먼 곳부터 시작한다.
③ 콘크리트를 타설할 때에는 다짐이 잘 되도록 타설높이를 최대한 높게 한다.
④ 콘크리트 타설 준비 시 콘크리트가 닿았을 때 흡수할 우려가 있는 곳은 미리 건조시켜 두어야 한다.

콘크리트 타설 시 주의사항
- 운반거리가 먼 곳으로부터 타설을 시작한다.
- 자유낙하 높이를 작게 한다.
- 거푸집, 철근에 콘크리트를 충돌시키지 않아야 한다.
- 충분히 다짐한 후에 다음 층을 타설한다.
- 타설할 위치와 가까운 곳에서 낙하한다.
- 콘크리트를 수직으로 낙하한다.
- 분리를 방지하기 위해 횡류를 피한다.
- 각 층이 수평이 되도록 타설면을 고른다.

074 시방서의 작성원칙으로 옳지 않은 것은?

① 지정고시된 신재료 또는 신기술을 적극 활용한다.
② 공사 전반에 대한 지침을 세밀하고 간단명료하게 서술한다.
③ 공종을 세밀하게 나누고, 단위 시방의 수를 최대한 늘려 상세히 서술한다.
④ 시공자가 정확하게 시공하도록 설계자의 의도를 상세히 기술한다.

시방서
- 건축설계도에 포함되는 것으로 설계자가 설계도에 표현할 수 없는 사용재료의 품질, 종류, 수량, 공사방법 및 순서, 필요한 시험, 저장방법 등을 공사 전반에 걸쳐 상세히 기재하여 설계자 및 건축주의 의도하는 바를 간단 명료하게 시공자에게 전달하여 공사수행에 차질이 없게 한다.
- 시방서는 설계자가 작성하는 설계도의 일부이다.

075 다음과 같이 정상 및 특급공기와 공비가 주어 질 경우 비용구배(cost slope)는?

정상		특급	
공기	공비	공기	공비
20일	120000원	15일	180000원

① 9000원/일
② 12000원/일
③ 15000원/일
④ 18000원/일

비용구배 = $\dfrac{특급비용 - 표준비용}{표준시간 - 특급시간}$ = $\dfrac{180000 - 120000}{20 - 15}$ = $\dfrac{60000}{5}$ = 12000

076 철재 거푸집에서 사용되는 철물로 지주를 제거하지 않고 슬래브 거푸집만 제거할 수 있도록 한 철물은?

① 와이어클리퍼(Wire Clipper)
② 캠버(Camber)
③ 드롭헤드(Drop Head)
④ 베이스플레이트(Base Plate)

077 강관말뚝지정의 특징에 해당되지 않는 것은?

① 강한 타격에도 견디며 다져진 중간지층의 관통도 가능하다.
② 지지력이 크고 이음이 안전하고 강하므로 장척말뚝에 적당하다.
③ 상부구조와의 결합이 용이하다.
④ 길이조절이 어려우나 재료비가 저렴한 장점이 있다.

강관말뚝 지정의 특징
- 지지층에 깊이 관입되며, 지지력이 크다.
- 중량이 가볍고 단면적이 작다.
- 휨저항이 크고, 수평·충격력 등에 대한 저항성이 크다.
- 경질층에 타입 가능하고 인발이 용이하다.
- 이음이 강하며 길이조절이 용이하다.
- 부식의 우려가 있으며, 재료비가 고가이다.

078 지하수위 저하공법 중 강제배수공법이 아닌 것은?

① 전기침투 공법
② 웰포인트 공법
③ 표면배수 공법
④ 진공 Deep well 공법

표면배수공법은 자연배수공법의 일종이다.

079 프리스트레스 하지 않는 부재의 현장치기 콘크리트의 최소 피복 두께 기준 중 가장 큰 것은?

① 수중에서 치는 콘크리트
② 흙에 접하여 콘크리트를 친 후 영구히 흙에 묻혀 있는 콘크리트
③ 옥외의 공기나 흙에 직접 접하지 않는 콘크리트 중 슬래브
④ 옥외의 공기나 흙에 직접 접하지 않는 콘크리트 중 벽체

콘크리트 구조설계기준의 최소피복두께

표면 조건		부재	철근 종류	최소피복두께
수중에서 치는 콘크리트		모든 부재	–	100mm
흙에 접한 부위	흙에 접하여 콘크리트를 친 후 영구히 흙에 묻혀 있는 콘크리트	모든 부재	–	80mm
	흙에 접하거나 옥외의 공기에 직접 노출되는 콘크리트	모든 부재	D29 이상	60mm
			D25 이하	50mm
			D16 이하	40mm
흙에 접하지 않는 부위	옥외의 공기나 흙에 직접 접하지 않는 콘크리트	슬래브, 벽체, 장선	D35 초과	40mm
			D35	20mm
		보, 기둥	–	40mm
		쉘, 절판부재	–	20mm

080 슬래브에서 4변 고정인 경우 철근배근을 가장 많이 하여야 하는 부분은?

① 단변 방향의 주간대
② 단변 방향의 주열대
③ 장변 방향의 주간대
④ 장변 방향의 주열대

슬래브 배근 중 철근을 많이 사용해야 하는 순서 : 단방향주열대 > 단방향 주간대 > 장방향주열대 > 장방향 주간대

제 05 과목 건설재료학

081 콘크리트 구조물의 강도 보강용 섬유소재로 적당하지 않은 것은?

① PCP
② 유리섬유
③ 탄소섬유
④ 아라미드섬유

섬유보강 콘크리트 : 금속이나 합성수지를 원료로 한 불연속 단섬유를 콘크리트 중에 균일하게 분산시킴에 따라 콘크리트의 인장강도, 휨강도, 균열에 대한 저항성, 인성, 전단강도 및 내충격성을 대폭 개선시킬 목적으로 사용한다.

082 콘크리트에 사용되는 혼화재인 플라이애시에 관한 설명으로 옳지 않은 것은?

① 단위 수량이 커져 블리딩 현상이 증가한다.
② 초기 재령에서 콘크리트 강도를 저하시킨다.
③ 수화 초기의 발열량을 감소시킨다.
④ 콘크리트의 수밀성을 향상시킨다.

블리딩(Bleeding)
- 블리딩 현상에 의한 영향
  - 콘크리트의 품질 및 수밀성, 내구성을 저하시킨다.
  - 시멘트풀과의 부착을 저해한다.
- 블리딩을 적게 하기 위한 방법
  - 단위 수량을 적게 한다.
  - 골재입도가 적당해야 한다.
  - 적당한 혼화재를 사용한다.

083 집성목재의 사용에 관한 설명으로 옳지 않은 것은?

① 판재와 각재를 접착제로 결합시켜 대재(大材)를 얻을 수 있다.
② 보, 기둥 등의 구조재료로 사용할 수 없다.
③ 옹이, 균열 등의 결점을 제거하거나 분산시켜 균질의 인공목재로 사용할 수 있다.
④ 임의의 단면 형상을 갖도록 제작할 수 있어 목재 활용 면에서 경제적이다.

집성목재가 합판과 다른 점
- 판의 섬유 방향을 평형으로 붙인 것으로 판이 홀수가 아니어도 된다.
- 보나 기둥에 사용할 수 있는 단면을 가진다.

084 강화유리에 관한 설명으로 옳지 않은 것은?

① 유리 표면에 강한 압축응력층을 만들어 파괴강도를 증가시킨 것이다.
② 강도는 플로트 판유리에 비해 3~5배 정도이다.
③ 주로 출입문이나 계단 난간, 안전성이 요구되는 칸막이 등에 사용된다.
④ 깨어질 때는 판유리 전체가 파편으로 잘게 부서지지 않는다.

강화 유리 : 표면부를 압축하고 내부를 인장하여 강화한 안전유리로 연화온도(軟化溫度)에 가까운 500~600℃로 가열하고, 압축한 냉각공기에 의해 급랭시켜 만든다. 충격, 휨, 압축에 강하고, 깨질 때 파편이 알갱이 모양으로 된다.

085 목재의 수축팽창에 관한 설명으로 옳지 않은 것은?

① 변재는 심재보다 수축률 및 팽창률이 일반적으로 크다.
② 섬유포화점 이상의 함수상태에서는 함수율이 클수록 수축률 및 팽창률이 커진다.
③ 수종에 따라 수축률 및 팽창률에 상당한 차이가 있다.
④ 수축이 과도하거나 고르지 못하면 할렬, 비틀림 등이 생긴다.

함수율에 의한 목재 재질의 변화
- 목재의 재질 변동(수축, 팽창 등)은 섬유 포화점 이하의 함수 상태에서만 발생한다.
- 섬유 포화점 이하에서 함수율이 감소함에 따라 강도는 증가하고 탄성은 감소한다.

086 점토에 관한 설명으로 옳지 않은 것은?

① 습윤상태에서 가소성이 좋다.
② 압축강도는 인장강도의 약 5배 정도이다.
③ 점토를 소성하면 용적, 비중 등의 변화가 일어나며 강도가 현저히 증대된다.
④ 점토의 소성온도는 점토의 성분이나 제품의 종류에 상관없이 같다.

점토 소성 제품의 분류

구분	토기	도기	석기	자기
소성온도	790~1000℃	1100~1230℃	1160~1350℃	1230~1460℃
흡수율	20% 이상	10% 내외	3~10%	1% 이하
색상	유색, 백색	유색, 백색	유색	백색

특성	저급원료, 취약함	다공질, 탁음, 유약사용	유약을 사용하지 않으며 식염수 사용	금속성 청음
용도	기와, 적벽돌, 토관	내장타일, 테라코타	외장·바닥타일, 클링커 타일	고급타일, 모자이크 타일, 위생도기

087 수밀성, 기밀성 확보를 위하여 유리와 새시의 접합부, 패널의 접합부 등에 사용되는 재료로서 내후성이 우수하고 부착이 용이한 특징이 있으며, 형상이 H형, Y형, ㄷ형으로 나누어지는 것은?

① 유리퍼티(glass putty)
② 2액형 실링재(two-part liquid sealing compound)
③ 개스킷(gasket)
④ 아스팔트코킹(asphalt caulking materials)

088 각 창호철물에 관한 설명으로 옳지 않은 것은?

① 피벗힌지 (pivot hinge): 경첩 대신 축을 사용하여 여닫이문을 회전시킨다.
② 나이트래치(night latch): 외부에서는 열쇠, 내부에서는 작은 손잡이를 틀어 열 수 있는 실린더 장치로 된 것이다.
③ 크레센트(crescent): 여닫이문의 상하단에 붙여 경첩과 같은 역할을 한다.
④ 래버터리힌지(lavatory hinge): 스프링 힌지의 일종으로 공중용 화장실 등에 사용된다.

크레센트(Crescent) : 오르내리 창이나 미서기 창의 잠금장치(자물쇠)이다.

089 내약품성, 내마모성이 우수하여 화학공장의 방수층을 겸한 바닥 마무리로 가장 적합한 것은?

① 에폭시 도막방수
② 아스팔트 방수
③ 무기질 침투방수
④ 합성고분자 방수

에폭시 도막방수는 내약품성, 내마모성, 내화학성, 내후성이 우수하며, 접착력이 뛰어나 화학공장의 방수층을 겸한 바닥재 공사에 사용된다.

090 경질섬유판(hard fiber board)에 관한 설명으로 옳은 것은?

① 밀도가 0.3g/cm³ 정도이다.
② 소프트 텍스라고도 불리며 수장판으로 사용된다.
③ 소판이나 소각재의 부산물 등을 이용하여 접착, 접합에 의해 소요 형상의 인공목재를 제조할 수 있다.
④ 펄프를 접착제로 제판하여 양면을 열압 건조시킨 것이다.

경질섬유판(hard fiber board) : 목재 가공품으로 펄프를 접착제로 제판하여 양면을 열압건조시킨 것으로 비중이 0.8 이상이며 수장판으로 사용된다.

091 석고보드의 특성에 관한 설명으로 옳지 않은 것은?

① 흡수로 인해 강도가 현저하게 저하된다.
② 신축변형이 커서 균열의 위험이 크다.
③ 부식이 안 되고 충해를 받지 않는다.
④ 단열성이 높다.

석고보드 : 소석고에 펄라이트 등의 경량재를 물로 반죽한 것을 두껍게 잘라 압축 성형한 판. 벽, 천정의 바탕재로 주로 쓰인다. 방부·방화성이 크며, 흡습성이 적다.

092 다음 중 열경화성 수지에 속하지 않는 것은?

① 멜라민 수지
② 요소 수지
③ 폴리에틸렌 수지
④ 에폭시 수지

열경화성수지 : 고형상에 열을 가하여도 연화되지 않는 수지(축합반응에 의하여 합성시킨 고분자물질)

분류	수지(약호)	용도
열경화성	페놀수지	적층품(판), 성형품
	우레아수지	접착제, 섬유, 종이 가공품
	멜라민수지	화장판, 도료
	알키드수지	도료
	불포화 폴리에스테르수지	FRP(성형품, 판)
	에폭시수지	도료, 접착제, 절연재
	규소수지	성형품(내열, 절연), 오일, 고무
	폴리우레탄수지	발포제, 합성피혁, 접착제

093 프리플레이스트 콘크리트에 사용되는 골재에 관한 설명으로 옳지 않은 것은?

① 굵은 골재의 최소 치수는 15mm 이상, 굵은 골재의 최대 치수는 부재단면 최소 치수의 1/4 이하, 철근 콘크리트의 경우 철근 순간격의 2/3 이하로 하여야 한다.
② 굵은 골재의 최대 치수와 최소 치수와의 차이를 작게 하면 굵은 골재의 실적률이 커지고 주입 모르타르의 소요량이 적어진다.

③ 대규모 프리플레이스트 콘크리트를 대상으로 할 경우, 굵은 골재의 최소 치수를 크게 하는 것이 효과적이다.
④ 골재의 적절한 입도 분포를 위해 일반적으로 굵은 골재의 최대 치수는 최소 치수의 2~4배 정도로 한다.

프리플레이스트 콘크리트 재료
- 혼화제에 포함되어 있는 발포제는 알루미늄 분말을 사용하며, 온도가 10~20℃의 경우 결합재에 대한 알루미늄 분말의 질량비로서 0.01~0.015% 정도 사용 가능
- 잔골재의 조립률는 1.4~2.2 범위가 좋음
- 굵은골재의 최소치수는 15mm 이상, 굵은골재의 최대치수는 부재단면 최소치수의 1/4 이하, 철근 콘크리트의 경우 철근 순간격의 2/3 이하
- 굵은골재의 최대치수는 최소치수의 2~4배 정도가 좋음
- 대규모 프리플레이스트 콘크리트를 대상으로 할 경우 굵은골재의 최소치수는 크게 하는 것이 효과적이며 40mm 정도 이상

094 다음 중 강(鋼)의 열처리와 관계없는 용어는?
① 불림
② 담금질
③ 단조
④ 뜨임

강(鋼)의 열처리
- 풀림(Annealing)
  - 처리 : 강을 높은 온도(800~1000℃)로 30분~1시간 가열한 후에 로(爐)속에서 서서히 냉각시키는 열처리 방식
  - 목적 : 강의 가공으로 인한 내부 응력을 제거시키기 위해서
- 불림(Normalizing)
  - 처리 : 강을 800~1000℃로 가열한 후 대기 중에서 냉각시키는 열처리 방법
  - 목적 : 강의 조직을 미세화하고 내부 응력과 변형을 제거하기 위해서
- 담금질(Quenching)
  - 처리 : 강을 가열한 후 물 또는 기름 속에 투입하여 급냉시키는 열처리 방법(탄소 함유량이 0.4% 이하는 불가능)
  - 목적 : 강의 강도 및 경도를 증가시키기 위해서
- 뜨임질(Tempering)
  - 처리 : 담금질한 당을 250~300℃ 정도로 다시 가열한 후에 공기 중에서 서서히 냉각시키는 열처리 방법
  - 목적 : 담금질한 강에 인성을 주고 내부의 잔류응력을 제거하기 위해서

095 보통포틀랜드시멘트에 관한 설명으로 옳지 않은 것은?
① 시멘트의 응결시간은 분말도가 작을수록, 또 수량이 많고 온도가 낮을수록 짧아진다.
② 시멘트의 안정성 측정법으로 오토클레이브 팽창도 시험방법이 있다.
③ 시멘트의 비중은 소성온도나 성분에 따라 다르며, 동일 시멘트인 경우에 풍화한 것일수록 작아진다.
④ 시멘트의 비표면적이 너무 크면 풍화하기 쉽고 수화열에 의한 축열량이 커진다.

시멘트의 응결 및 경화
- 응결은 첨가된 석고량이 많거나 물·시멘트비가 높을수록 지연되며 분말도가 곱고, 알칼리가 많을수록 빨라진다.
- 온도와 습도가 높으면 응결 시간이 짧아지며, 경화가 촉진되고, 풍화된 시멘트는 응결이 늦어진다(경화는 응결 다음에 오는 변화로서 기계적 강도의 증진을 의미한다).

096 도막방수에 사용되지 않는 재료는?
① 염화비닐 도막재
② 아크릴고무 도막재
③ 고무아스팔트 도막재
④ 우레탄고무 도막재

최근 도막방수제의 재료 : 우레탄 도막재, 아크릴고무 도막재, 고무아스팔트 도막재

097 안료를 적은 양의 물로 용해하여 수용성 교착제와 혼합한 분말상태의 도료는?
① 수성 페인트
② 바니시
③ 래커
④ 에나멜페인트

수성 페인트
- 물을 용제로 하는 도료의 총칭
- 취급이 간단하고 건조가 빠르나 광택이 없다.

098 골재의 실적률에 관한 설명으로 옳지 않은 것은?
① 실적률은 골재 입형의 양부를 평가하는 지표이다.
② 부순 자갈의 실적률은 그 입형 때문에 강자갈의 실적률보다 적다.
③ 실적률 산정 시 골재의 밀도는 절대건조 상태의 밀도를 말한다.
④ 골재의 단위용적질량이 동일하면 골재의 밀도가 클수록 실적률도 크다.

골재의 실적률 : 골재의 단위용적중의 실용적을 백분율로 나타낸 값

099 다음 도료 중 방청도료에 해당하지 않는 것은?
① 광명단 도료
② 다채무늬 도료
③ 알루미늄 도료
④ 징크로메이트 도료

방청 도료의 종류
- 광명단 도료 : 사산화삼납(Pb_3O_4)을 보일드유에 녹인 유성 페인트의 일종으로 철재의 방청도료도 사용된다.
- 산화철 도료 : 산화철에 아연화, 아연분말, 연단 등을 혼합한 안료를 스테인오일 또는 합성수지에 녹인 것으로 도막의 내구성이 좋다.

- 알루미늄 도료 : 알루미늄 분말을 안료로 하는 도료로 방청효과와 함께 열반사 효과가 있으며, 전색제에 따라 방청효과도 정해진다.
- 징크로메이트 도료(크롬산아연 도료) : 전색제로 알키드 수지, 안료로 크롬산아연을 사용한 도료로 방청효과가 좋고 알루미늄판이나 아연철판의 초벌용으로 적합하다.
- 워시 프라이머(에칭 프라이머) : 합성수지의 전색제로 하여 소량의 안료와 인산을 첨가한 도료로 주로 뿜칠로 도장하여 방청도료의 부착성과 방청효과를 증진시킬 목적으로 사용한다.
- 역청질 도료 : 아스팔트, 타르핏치 등을 역청질의 주원료로 하여 건성유, 수지류를 첨가한 도료로 일시적인 방청용으로 적합하다.

100 콘크리트의 탄산화에 관한 설명으로 옳지 않은 것은?

① 탄산가스의 농도, 온도, 습도 등 외부 환경조건도 탄산화 속도에 영향을 준다.
② 물-시멘트비가 클수록 탄산화의 진행속도가 빠르다.
③ 탄산화된 부분은 페놀프탈레인액을 분무해도 착색되지 않는다.
④ 일반적으로 보통 콘크리트가 경량골재 콘크리트보다 탄산화 속도가 빠르다.

콘크리트의 중성화(탄산화)

- 중성화의 개념 : 탄산가스, 산성비 등의 영향으로 콘크리트가 수산화칼슘(강알칼리) 상태에서 탄산칼슘(약알칼리) 상태로 변화하는 현상으로 콘크리트의 내구성을 약화시킴
- 중성화의 원인 및 방지책

중성화의 원인	중성화의 방지책
• 탄산가스의 농도가 클 경우 • 시멘트의 분말도가 클 때 • 물-시멘트비가 클 경우 • 습도가 높을 경우 • 경량골재를 사용한 경우 • 온도가 높을 때 • 혼합 시멘트를 사용한 경우 • 산성비의 영향 또는 단기 재령일 때	• 혼화제(AE제, AE감수제) 사용 • 타일, 돌 붙임 등의 마감 • 피복두께는 두껍게, 부재단면은 크게 • 장기재령을 유지하고, 기공률을 적게 • 습도는 높고 온도는 낮게 • 탄산가스의 영향을 적게 • 다짐 및 양생을 충분히 할 것 • 재료분리 방지

제 06 과목 건설안전기술

101 보호구 자율안전확인 고시에 따른 안전모의 시험항목에 해당되지 않는 것은?

① 전처리
② 착용높이측정
③ 충격흡수성시험
④ 절연시험

안전모의 시험성능기준 및 자율안전확인 고시에 따른 시험항목
- 안전모의 시험성능기준

항목	시험성능기준
내관통성	안전모는 관통거리가 11.1밀리미터 이하이어야 한다.
충격흡수성	최고전달충격력이 4,450뉴턴(N)을 초과해서는 안되며, 모체와 착장체의 기능이 상실되지 않아야 한다.
난연성	모체가 불꽃을 내며 5초 이상 연소되지 않아야 한다.
턱끈풀림	150뉴턴(N) 이상 250뉴턴(N)이하에서 턱끈이 풀려야 한다.

• 안전모(자율안전확인)의 시험방법 : 전처리, 착용높이측정, 내관통성시험, 충격흡수성시험, 난연성시험, 턱끈풀림시험, 측면변형시험

102 유해위험방지계획서를 제출해야 될 대상 공사의 기준으로 옳은 것은?

① 최대 지간길이가 50m 이상인 교량 건설등 공사
② 다목적댐, 발전용댐 및 저수용량 1천만톤 이상의 용수 전용 댐, 지방상수도 전용 댐 건설 등의 공사
③ 깊이가 8m 이상인 굴착공사
④ 연면적 3000m² 이상의 냉동·냉장창고시설의 설비공사 및 단열공사

유해위험방지계획서 제출 대상 공사(산업안전보건법 시행령 제42조 ③항)
1. 다음 각 목의 어느 하나에 해당하는 건축물 또는 시설 등의 건설·개조 또는 해체 공사
  가. 지상높이가 31미터 이상인 건축물 또는 인공구조물
  나. 연면적 3만제곱미터 이상인 건축물
  다. 연면적 5천제곱미터 이상인 시설로서 다음의 어느 하나에 해당하는 시설
    1) 문화 및 집회시설(전시장 및 동물원·식물원은 제외한다)
    2) 판매시설, 운수시설(고속철도의 역사 및 집배송시설은 제외한다)
    3) 종교시설
    4) 의료시설 중 종합병원
    5) 숙박시설 중 관광숙박시설
    6) 지하도상가
    7) 냉동·냉장 창고시설
2. 연면적 5천제곱미터 이상인 냉동·냉장 창고시설의 설비공사 및 단열공사
3. 최대 지간(支間)길이(다리의 기둥과 기둥의 중심사이의 거리)가 50미터 이상인 다리의 건설등 공사
4. 터널의 건설등 공사
5. 다목적댐, 발전용댐, 저수용량 2천만톤 이상의 용수 전용 댐 및 지방상수도 전용 댐의 건설등 공사
6. 깊이 10미터 이상인 굴착공사

103 건설작업장에서 재해예방을 위해 작업조건에 따라 근로자에게 지급하고 착용하도록 하여야 할 보호구로 옳지 않은 것은?

① 물체가 떨어지거나 날아올 위험 또는 근로자가 추락할 위험이 있는 작업 : 안전모
② 높이 또는 깊이 2m 이상의 추락할 위험이 있는 장소에서 하는 작업 : 안전대
③ 용접 시 불꽃이나 물체가 흩날릴 위험이 있는 작업 : 보안경
④ 물체의 낙하·충격, 물체에의 끼임, 감전 또는 정전기의 대전에 의한 위험이 있는 작업 : 안전화

해설

산업안전보건기준에 관한 규칙 제32조(보호구의 지급 등) ① 사업주는 다음 각 호의 어느 하나에 해당하는 작업을 하는 근로자에 대해서는 다음 각 호의 구분에 따라 그 작업조건에 맞는 보호구를 작업하는 근로자 수 이상으로 지급하고 착용하도록 하여야 한다.
1. 물체가 떨어지거나 날아올 위험 또는 근로자가 추락할 위험이 있는 작업 : 안전모
2. 높이 또는 깊이 2미터 이상의 추락할 위험이 있는 장소에서 하는 작업 : 안전대(安全帶)
3. 물체의 낙하 · 충격, 물체에의 끼임, 감전 또는 정전기의 대전(帶電)에 의한 위험이 있는 작업 : 안전화
4. 물체가 흩날릴 위험이 있는 작업 : 보안경
5. 용접 시 불꽃이나 물체가 흩날릴 위험이 있는 작업 : 보안면
6. 감전의 위험이 있는 작업 : 절연용 보호구
7. 고열에 의한 화상 등의 위험이 있는 작업 : 방열복
8. 선창 등에서 분진(粉塵)이 심하게 발생하는 하역작업: 방진마스크
9. 섭씨 영하 18도 이하인 급냉동어창에서 하는 하역작업 : 방한모 · 방한복 · 방한화 · 방한장갑
10. 물건을 운반하거나 수거 · 배달하기 위하여 이륜자동차 또는 원동기장치자전거를 운행하는 작업 : 승차용 안전모
11. 물건을 운반하거나 수거 · 배달하기 위해 자전거등을 운행하는 작업 : 안전모

104 철골 작업을 할 때 악천후에는 작업을 중지하도록 하여야 하는데 그 기준으로 옳은 것은?

① 강설량이 분당 1cm 이상인 경우
② 강우량이 시간당 1cm 이상인 경우
③ 풍속이 초당 10m 이상인 경우
④ 기온이 28℃ 이상인 경우

해설

산업안전보건기준에 관한 규칙 제383조(작업의 제한) 사업주는 다음 각 호의 어느 하나에 해당하는 경우에 철골작업을 중지하여야 한다.
1. 풍속이 초당 10미터 이상인 경우
2. 강우량이 시간당 1밀리미터 이상인 경우
3. 강설량이 시간당 1센티미터 이상인 경우

105 인력운반 작업에 대한 안전 준수사항으로 옳지 않은 것은?

① 보조기구를 효과적으로 사용한다.
② 긴 물건은 뒤쪽으로 높이고 원통인 물건은 굴려서 운반한다.
③ 물건을 들어올릴 때에는 팔과 무릎을 이용하며 척추는 곧게 한다.
④ 무거운 물건은 공동작업으로 실시한다.

해설

부득이하게 단독으로 운반 작업시 앞 쪽을 위로 들어 올린 상태에서 운반하여야 한다.

106 물체가 떨어지거나 날아올 위험을 방지하기 위한 낙하물 방지망 또는 방호선반을 설치할 때 수평면과의 적정한 각도는?

① 10° ~ 20°
② 20° ~ 30°
③ 30° ~ 40°
④ 40° ~ 45°

해설

산업안전보건기준에 관한 규칙 제14조(낙하물에 의한 위험의 방지) ① 사업주는 작업장의 바닥, 도로 및 통로 등에서 낙하물이 근로자에게 위험을 미칠 우려가 있는 경우 보호망을 설치하는 등 필요한 조치를 하여야 한다.
② 사업주는 작업으로 인하여 물체가 떨어지거나 날아올 위험이 있는 경우 낙하물 방지망, 수직보호망 또는 방호선반의 설치, 출입금지구역의 설정, 보호구의 착용 등 위험을 방지하기 위하여 필요한 조치를 하여야 한다. 이 경우 낙하물 방지망 및 수직보호망은 「산업표준화법」 제12조에 따른 한국산업표준(이하 "한국산업표준"이라 한다)에서 정하는 성능기준에 적합한 것을 사용하여야 한다.
③ 제2항에 따라 낙하물 방지망 또는 방호선반을 설치하는 경우에는 다음 각 호의 사항을 준수하여야 한다.
  1. 높이 10미터 이내마다 설치하고, 내민 길이는 벽면으로부터 2미터 이상으로 할 것
  2. 수평면과의 각도는 20도 이상 30도 이하를 유지할 것

107 작업으로 인하여 물체가 떨어지거나 날아올 위험이 있는 경우 그 위험을 방지하기 위하여 필요한 조치사항으로 거리가 먼 것은?

① 낙하물방지망의 설치　　② 출입금지구역의 설정
③ 보호구의 착용　　　　　④ 작업지휘자 선정

해설

산업안전보건기준에 관한 규칙 제14조(낙하물에 의한 위험의 방지) ① 사업주는 작업장의 바닥, 도로 및 통로 등에서 낙하물이 근로자에게 위험을 미칠 우려가 있는 경우 보호망을 설치하는 등 필요한 조치를 하여야 한다.
② 사업주는 작업으로 인하여 물체가 떨어지거나 날아올 위험이 있는 경우 낙하물 방지망, 수직보호망 또는 방호선반의 설치, 출입금지구역의 설정, 보호구의 착용 등 위험을 방지하기 위하여 필요한 조치를 하여야 한다. 이 경우 낙하물 방지망 및 수직보호망은 「산업표준화법」 제12조에 따른 한국산업표준(이하 "한국산업표준"이라 한다)에서 정하는 성능기준에 적합한 것을 사용하여야 한다.

108 구축물 또는 이와 유사한 시설물에 대하여 자중(自重), 적재하중, 적설, 풍압(風壓), 지진이나 진동 및 충격 등에 의하여 전도·폭발하거나 무너지는 등의 위험을 예방하기 위하여 필요한 조치로 거리가 먼 것은?

① 설계도면에 따라 시공했는지 확인
② 건설공사 시방서(示方書)에 따라 시공했는지 확인
③ 소방시설법령에 의해 소방시설을 설치했는지 확인
④ 『건축물의 구조기준 등에 관한 규칙』에 따른 구조기준을 준수했는지 확인

해설

산업안전보건기준에 관한 규칙 제51조(구축물등의 안전 유지) 사업주는 구축물등이 고정하중, 적재하중, 시공·해체 작업 중 발생하는 하중, 적설, 풍압(風壓), 지진이나 진동 및 충격 등에 의하여 전도·폭발하거나 무너지는 등의 위험을 예방하기 위하여 설계도면, 시방서(示方書), 「건축물의 구조기준 등에 관한 규칙」 제2조제15호에 따른 구조설계도서, 해체계획서 등 설계도서를 준수하여 필요한 조치를 해야 한다.

109 단관비계를 조립하는 경우 벽이음 및 버팀을 설치할 때의 수평방향 조립간격 기준으로 옳은 것은?

① 3m　　② 5m
③ 6m　　④ 8m

해설

강관비계의 조립 간격(산업안전보건기준에 관한 규칙 별표 5)

강관비계의 종류	조립간격(단위 : m)	
	수직방향	수평방향
단관비계	5	5
틀비계(높이가 5m 미만의 것은 제외한다)	6	8

110 차량계 건설기계 작업 시 그 기계가 넘어지거나 굴러 떨어짐으로써 근로자가 위험해질 우려가 있는 경우에 필요한 조치사항으로 거리가 먼 것은?

① 변속기능의 유지
② 갓길의 붕괴방지
③ 도로 폭의 유지
④ 지반의 부동침하방지

해설

산업안전보건기준에 관한 규칙 제199조(전도 등의 방지) 사업주는 차량계 건설기계를 사용하는 작업할 때에 그 기계가 넘어지거나 굴러떨어짐으로써 근로자가 위험해질 우려가 있는 경우에는 유도하는 사람을 배치하고 지반의 부동침하 방지, 갓길의 붕괴 방지 및 도로 폭의 유지 등 필요한 조치를 하여야 한다.

111 강관틀비계를 조립하여 사용하는 경우 준수해야 할 기준으로 옳지 않은 것은?

① 비계기둥의 밑둥에는 밑받침 철물을 사용하여야 하며 밑받침에 고저차(高低差)가 있는 경우에는 조절형 밑받침철물을 사용하여 각각의 강관틀비계가 항상 수평 및 수직을 유지하도록 할 것
② 높이가 20m를 초과하거나 중량물의 적재를 수반하는 작업을 할 경우에는 주틀 간의 간격을 1.8m 이하로 할 것
③ 주틀 간에 교차 가새를 설치하고 최상층 및 5층 이내마다 수평재를 설치 할 것
④ 수직방향으로 5m, 수평방향으로 5m 이내마다 벽이음을 할 것

해설

산업안전보건기준에 관한 규칙 제62조(강관틀비계) 사업주는 강관틀 비계를 조립하여 사용하는 경우 다음 각 호의 사항을 준수하여야 한다.
1. 비계기둥의 밑둥에는 밑받침 철물을 사용하여야 하며 밑받침에 고저차(高低差)가 있는 경우에는 조절형 밑받침철물을 사용하여 각각의 강관틀비계가 항상 수평 및 수직을 유지하도록 할 것
2. 높이가 20미터를 초과하거나 중량물의 적재를 수반하는 작업을 할 경우에는 주틀 간의 간격을 1.8미터 이하로 할 것
3. 주틀 간에 교차 가새를 설치하고 최상층 및 5층 이내마다 수평재를 설치할 것
4. 수직방향으로 6미터, 수평방향으로 8미터 이내마다 벽이음을 할 것
5. 길이가 띠장 방향으로 4미터 이하이고 높이가 10미터를 초과하는 경우에는 10미터 이내마다 띠장 방향으로 버팀기둥을 설치할 것

112 콘크리트 타설작업을 하는 경우 안전대책으로 옳지 않은 것은?

① 당일의 작업을 시작하기 전에 해당 작업에 관한 거푸집 및 동바리의 변형·변위 및 지반의 침하 유무 등을 점검하고 이상이 있으면 보수할 것
② 작업 중에는 감시자를 배치하는 등의 방법으로 거푸집 및 동바리의 변형·변위 및 침하 유무 등을 확인해야 하며, 이상이 있으면 작업을 중지하고 근로자를 대피시킬 것
③ 설계도서상의 콘크리트 양생기간을 준수하여 거푸집 및 동바리를 해체할 것
④ 슬래브의 경우 한쪽부터 순차적으로 콘크리트를 타설하는 등 편심을 유발하여 빠른 시간 내 타설이 완료되도록 할 것

산업안전보건기준에 관한 규칙 제334조(콘크리트의 타설작업) 사업주는 콘크리트 타설작업을 하는 경우에는 다음 각 호의 사항을 준수해야 한다.
1. 당일의 작업을 시작하기 전에 해당 작업에 관한 거푸집 및 동바리의 변형·변위 및 지반의 침하 유무 등을 점검하고 이상이 있으면 보수할 것
2. 작업 중에는 감시자를 배치하는 등의 방법으로 거푸집 및 동바리의 변형·변위 및 침하 유무 등을 확인해야 하며, 이상이 있으면 작업을 중지하고 근로자를 대피시킬 것
3. 콘크리트 타설작업 시 거푸집 붕괴의 위험이 발생할 우려가 있으면 충분한 보강조치를 할 것
4. 설계도서상의 콘크리트 양생기간을 준수하여 거푸집 및 동바리를 해체할 것
5. 콘크리트를 타설하는 경우에는 편심이 발생하지 않도록 골고루 분산하여 타설할 것

113 굴착작업을 하는 경우 근로자의 위험을 방지하기 위하여 작업장의 지형·지반 및 지층상태 등에 대하여 실시하여야 하는 사전조사의 내용으로 옳지 않은 것은?

① 형상·지질 및 지층의 상태
② 균열·함수(含水)·용수 및 동결의 유무 또는 상태
③ 지상의 배수 상태
④ 매설물 등의 유무 또는 상태

지반의 굴착 작업을 하는 경우 작업장소 등의 조사
- 형상, 지질 및 지층의 상태
- 매설물 등의 유무
- 균열·함수·용수 및 동결의 유무 또는 상태
- 상태 지반의 지하수위 상태

114 52m 높이로 강관비계를 세우려면 지상에서 몇 미터까지 2개의 강관으로 묶어 세워야 하는가?

① 11m   ② 16m
③ 21m   ④ 26m

산업안전보건기준에 관한 규칙 제60조(강관비계의 구조) 사업주는 강관을 사용하여 비계를 구성하는 경우 다음 각 호의 사항을 준수해야 한다.
1. 비계기둥의 간격은 띠장 방향에서는 1.85미터 이하, 장선(長線) 방향에서는 1.5미터 이하로 할 것. 다만, 다음 각 목의 어느 하나에 해당하는 작업의 경우에는 안전성에 대한 구조검토를 실시하고 조립도를 작성하면 띠장 방향 및 장선 방향으로 각각 2.7미터 이하로 할 수 있다.

가. 선박 및 보트 건조작업
나. 그 밖에 장비 반입·반출을 위하여 공간 등을 확보할 필요가 있는 등 작업의 성질상 비계기둥 간격에 관한 기준을 준수하기 곤란한 작업
2. 띠장 간격은 2.0미터 이하로 할 것. 다만, 작업의 성질상 이를 준수하기가 곤란하여 쌍기둥틀 등에 의하여 해당 부분을 보강한 경우에는 그러하지 아니하다.
3. 비계기둥의 제일 윗부분으로부터 31미터되는 지점 밑부분의 비계기둥은 2개의 강관으로 묶어 세울 것. 다만, 브라켓(bracket, 까치발) 등으로 보강하여 2개의 강관으로 묶을 경우 이상의 강도가 유지되는 경우에는 그러하지 아니하다.
4. 비계기둥 간의 적재하중은 400킬로그램을 초과하지 않도록 할 것

115 거푸집동바리등을 조립하는 경우에 준수하여야 할 사항으로 옳지 않은 것은?

① 동바리로 사용하는 파이프 서포트를 이어서 사용하는 경우에는 4개 이상의 볼트 또는 전용철물을 사용하여 이을 것
② 동바리로 사용하는 조립강주의 높이가 4m를 초과하는 경우에는 높이 4m 이내마다 수평연결재를 2개 방향으로 설치하고 수평연결재의 변위를 방지할 것
③ 동바리로 사용하는 강관틀의 경우 최상단 및 3단 이내마다 동바리의 틀면의 방향에서 양단 및 3개틀 이내마다 교차가새의 방향으로 띠장틀을 설치할 것
④ 동바리로 사용하는 파이프 서포트는 3개 이상 이어서 사용하지 않도록 할 것

산업안전보건기준에 관한 규칙 제332조의2(동바리 유형에 따른 동바리 조립 시의 안전조치) 사업주는 동바리를 조립할 때 동바리의 유형별로 다음 각 호의 구분에 따른 각 목의 사항을 준수해야 한다.
1. 동바리로 사용하는 파이프 서포트의 경우
   가. 파이프 서포트를 3개 이상 이어서 사용하지 않도록 할 것
   나. 파이프 서포트를 이어서 사용하는 경우에는 4개 이상의 볼트 또는 전용철물을 사용하여 이을 것
   다. 높이가 3.5미터를 초과하는 경우에는 높이 2미터 이내마다 수평연결재를 2개 방향으로 만들고 수평연결재의 변위를 방지할 것
2. 동바리로 사용하는 강관틀의 경우
   가. 강관틀과 강관틀 사이에 교차가새를 설치할 것
   나. 최상단 및 5단 이내마다 동바리의 측면과 틀면의 방향 및 교차가새의 방향에서 5개 이내마다 수평연결재를 설치하고 수평연결재의 변위를 방지할 것
   다. 최상단 및 5단 이내마다 동바리의 틀면의 방향에서 양단 및 5개틀 이내마다 교차가새의 방향으로 띠장틀을 설치할 것
3. 동바리로 사용하는 조립강주의 경우 : 조립강주의 높이가 4미터를 초과하는 경우에는 높이 4미터 이내마다 수평연결재를 2개 방향으로 설치하고 수평연결재의 변위를 방지할 것
4. 시스템 동바리(규격화·부품화된 수직재, 수평재 및 가새재 등의 부재를 현장에서 조립하여 거푸집을 지지하는 지주 형식의 동바리를 말한다)의 경우
   가. 수평재는 수직재와 직각으로 설치해야 하며, 흔들리지 않도록 견고하게 설치할 것
   나. 연결철물을 사용하여 수직재를 견고하게 연결하고, 연결부위가 탈락 또는 꺾어지지 않도록 할 것
   다. 수직 및 수평하중에 대해 동바리의 구조적 안정성이 확보되도록 조립도에 따라 수직재 및 수평재에는 가새재를 견고하게 설치할 것
   라. 동바리 최상단과 최하단의 수직재와 받침철물은 서로 밀착되도록 설치하고 수직재와 받침철물의 연결부의 겹침길이는 받침철물 전체길이의 3분의 1 이상 되도록 할 것
5. 보 형식의 동바리[강제 갑판(steel deck), 철재트러스 조립 보 등 수평으로 설치하여 거푸집을 지지하는 동바리를 말한다]의 경우
   가. 접합부는 충분한 걸침 길이를 확보하고 못, 용접 등으로 양끝을 지지물에 고정시켜 미끄러짐 및 탈락을 방지할 것
   나. 양끝에 설치된 보 거푸집을 지지하는 동바리 사이에는 수평연결재를 설치하거나 동바리를 추가로 설치하는 등 보 거푸집이 옆으로 넘어지지 않도록 견고하게 할 것
   다. 설계도면, 시방서 등 설계도서를 준수하여 설치할 것

116 갱내에 설치한 사다리식 통로에 권상장치가 설치된 경우 권상장치와 근로자의 접촉에 의한 위험이 있는 장소에 설치해야 하는 것은?

① 판자벽 ② 울
③ 건널다리 ④ 덮개

산업안전보건기준에 관한 규칙 제25조(갱내통로 등의 위험 방지) 사업주는 갱내에 설치한 통로 또는 사다리식 통로에 권상장치(卷上裝置)가 설치된 경우 권상장치와 근로자의 접촉에 의한 위험이 있는 장소에 판자벽이나 그 밖에 위험 방지를 위한 격벽(隔壁)을 설치하여야 한다.

117 토질시험 중 액체 상태의 흙이 건조되어 가면서 액성, 소성, 반고체, 고체 상태의 경계선과 관련된 시험의 명칭은?

① 아터버그 한계시험 ② 압밀 시험
③ 삼축압축시험 ④ 투수시험

118 공사용 가설도로를 설치하는 경우 준수해야 할 사항으로 옳지 않은 것은?

① 도로는 장비와 차량이 안전하게 운행할 수 있도록 견고하게 설치한다.
② 도로는 배수에 관계없이 평탄하게 설치한다.
③ 도로와 작업장이 접하여 있을 경우에는 방책 등을 설치한다.
④ 차량의 속도제한 표지를 부착한다.

산업안전보건기준에 관한 규칙 제379조(가설도로) 사업주는 공사용 가설도로를 설치하는 경우에 다음 각 호의 사항을 준수하여야 한다.
1. 도로는 장비와 차량이 안전하게 운행할 수 있도록 견고하게 설치할 것
2. 도로와 작업장이 접하여 있을 경우에는 방책 등을 설치할 것
3. 도로는 배수를 위하여 경사지게 설치하거나 배수시설을 설치할 것
4. 차량의 속도제한 표지를 부착할 것

119 건설업 산업안전보건관리비 중 안전시설비로 사용할 수 있는 항목에 해당하는 것은?

① 각종 비계, 작업발판, 가설계단·통로, 사다리 등
② 비계·통로·계단에 추가 설치하는 추락방지용 안전난간
③ 절토부 및 성토부 등의 토사유실 방지를 위한 설비
④ 작업장 간 상호 연락, 작업 상황 파악 등 통신수단으로 활용되는 통신시설·설비

수급인 또는 자기공사자는 안전보건관리비를 항목별 사용기준에 따라 건설사업장에서 근무하는 근로자의 산업재해 및 건강장해 예방을 위한 목적으로만 사용하여야 한다.(건설업 산업안전보건관리비 계상 및 사용기준 제7조)

120 체인(Chain)의 폐기 대상이 아닌 것은?

① 균열, 흠이 있는 것
② 뒤틀림 등 변형이 현저한 것
③ 전장이 원래 길이의 5%를 초과하여 늘어난 것
④ 링(Ring)의 단면 지름의 감소가 원래 지름의 5% 정도 마모된 것

산업안전보건기준에 관한 규칙 제63조(달비계의 구조) ① 사업주는 곤돌라형 달비계를 설치하는 경우에는 다음 각 호의 사항을 준수해야 한다.
1. 다음 각 목의 어느 하나에 해당하는 와이어로프를 달비계에 사용해서는 아니 된다.
    가. 이음매가 있는 것
    나. 와이어로프의 한 꼬임[(스트랜드(strand)를 말한다. 이하 같다)]에서 끊어진 소선(素線)[필러(pillar)선은 제외한다)]의 수가 10퍼센트 이상(비자전로프의 경우에는 끊어진 소선의 수가 와이어로프 호칭지름의 6배 길이 이내에서 4개 이상이거나 호칭지름 30배 길이 이내에서 8개 이상)인 것
    다. 지름의 감소가 공칭지름의 7퍼센트를 초과하는 것
    라. 꼬인 것
    마. 심하게 변형되거나 부식된 것
    바. 열과 전기충격에 의해 손상된 것
2. 다음 각 목의 어느 하나에 해당하는 달기 체인을 달비계에 사용해서는 아니 된다.
    가. 달기 체인의 길이가 달기 체인이 제조된 때의 길이의 5퍼센트를 초과한 것
    나. 링의 단면지름이 달기 체인이 제조된 때의 해당 링의 지름의 10퍼센트를 초과하여 감소한 것
    다. 균열이 있거나 심하게 변형된 것

정답 2019년 09월 21일 최근 기출문제

001 ④	002 ③	003 ④	004 ③	005 ①	006 ②	007 ②	008 ①	009 ②	010 ②
011 ②	012 ③	013 ③	014 ③	015 ③	016 ④	017 ②	018 ④	019 ③	020 ③
021 ④	022 ③	023 ②	024 ②	025 ①	026 ②	027 ③	028 ③	029 ③	030 ①
031 ①	032 ①	033 ③	034 ①	035 ③	036 ③	037 ③	038 ①	039 ③	040 ②
041 ①	042 ④	043 ④	044 ①	045 ④	046 ③	047 ③	048 ③	049 ②	050 ③
051 ②	052 ①	053 ③	054 ②	055 ④	056 ①	057 ③	058 ④	059 ①	060 ④
061 ①	062 ③	063 ②	064 ④	065 ①	066 ②	067 ④	068 ④	069 ①	070 ①
071 ①	072 ②	073 ②	074 ②	075 ②	076 ②	077 ②	078 ③	079 ①	080 ②
081 ①	082 ①	083 ②	084 ④	085 ②	086 ②	087 ②	088 ②	089 ①	090 ④
091 ②	092 ②	093 ②	094 ④	095 ②	096 ①	097 ②	098 ④	099 ①	100 ④
101 ④	102 ①	103 ③	104 ②	105 ②	106 ②	107 ②	108 ③	109 ②	110 ①
111 ④	112 ④	113 ③	114 ③	115 ③	116 ①	117 ①	118 ②	119 ②	120 ④

2020년 06월 07일 최근 기출문제

제 01 과목 산업안전관리론

001 하인리히 사고예방대책 5단계의 각 단계와 기본원리가 잘못 연결된 것은?

① 제1단계 – 안전조직
② 제2단계 – 사실의 발견
③ 제3단계 – 점검 및 검사
④ 제4단계 – 시정 방법의 선정

사고예방대책의 기본원리 5단계(사고방지원리의 단계)
- 1단계 – 조직
- 2단계 – 사실의 발견
- 3단계 – 분석평가
- 4단계 – 시정방법의 선정
- 5단계 – 시정책의 적용(3E 적용)

002 재해조사의 주된 목적으로 옳은 것은?

① 재해의 책임소재를 명확히 하기 위함이다.
② 동일 업종의 산업재해 통계를 조사하기 위함이다.
③ 동일 또는 유사재해의 재발을 방지하기 위함이다.
④ 해당 사업장의 안전관리 계획을 수립하기 위함이다.

재해조사의 목적 : 동종재해 및 유사재해의 재발 방지

003 산업안전보건법령상 자율안전확인대상 기계등에 해당하지 않는 것은?

① 연삭기
② 곤돌라
③ 컨베이어
④ 산업용 로봇

자율안전확인대상 기계 또는 설비(산업안전보건법 시행령 제77조)
- 연삭기(研削機) 또는 연마기(휴대형은 제외)
- 산업용 로봇
- 혼합기

- 파쇄기 또는 분쇄기
- 식품가공용 기계(파쇄 · 절단 · 혼합 · 제면기만 해당)
- 컨베이어
- 자동차정비용 리프트
- 공작기계(선반, 드릴기, 평삭 · 형삭기, 밀링만 해당)
- 고정형 목재가공용 기계(둥근톱, 대패, 루타기, 띠톱, 모떼기 기계만 해당)
- 인쇄기

※ 보기 ②항의 곤돌라는 안전검사대상기계에 해당된다.

004 다음은 산업안전보건법령상 공정안전보고서의 제출 시기에 관한 기준 내용이다. ( )안에 들어갈 내용을 올바르게 나열한 것은?

> 사업주는 산업안전보건법 시행령에 따라 유해하거나 위험한 설비의 설치 전 또는 주요 구조부분의 변경공사의 착공일 (ㄱ)전까지 공정안전보고서를 (ㄴ) 작성하여 공단에 제출해야 한다.

① ㄱ 1일,   ㄴ 2부
② ㄱ 15일,   ㄴ 1부
③ ㄱ 15일,   ㄴ 2부
④ ㄱ 30일,   ㄴ 2부

산업안전보건법 시행규칙 제51조(공정안전보고서의 제출 시기) 사업주는 영 제45조제1항에 따라 유해하거나 위험한 설비의 설치 · 이전 또는 주요 구조부분의 변경공사의 착공일(기존 설비의 제조 · 취급 · 저장 물질이 변경되거나 제조량 · 취급량 · 저장량이 증가하여 영 별표 13에 따른 유해 · 위험물질 규정량에 해당하게 된 경우에는 그 해당일을 말한다) 30일 전까지 공정안전보고서를 2부 작성하여 공단에 제출해야 한다.

005 기계설비의 안전에 있어서 중요 부분의 피로, 마모, 손상, 부식 등에 대한 장치의 변화 유무 등을 일정 기간마다 점검하는 안전점검의 종류는?

① 수시점검
② 임시점검
③ 정기점검
④ 특별점검

안전점검의 종류
- 수시점검 : 작업전 · 중 · 후에 실시하는 점검
- 정기점검 : 일정기간마다 정기적으로 실시하는 점검
- 특별점검
  - 기계 · 기구 · 설비의 신설시 · 변경 내지 고장 수리시 실시하는 점검
  - 천재지변 발생 후 실시하는 점검
  - 안전강조 기간내에 실시하는 점검
- 임시점검 : 이상 발견시 임시로 실시, 정기점검과 정기점검 사이에 실시하는 점검

006 안전보건관리조직 중 스탭(Staff)형 조직에 관한 설명으로 옳지 않은 것은?

① 안전정보수집이 신속하다.
② 안전과 생산을 별개로 취급하기 쉽다.
③ 권한 다툼이나 조정이 용이하여 통제수속이 간단하다.
④ 스탭 스스로 생산라인의 안전업무를 행하는 것은 아니다.

스태프(Staff)형(참모식 조직)
- 특징
  - 안전관리를 담당하는 스태프(참모진)를 두고 안전관리에 관한 계획, 조사, 검토, 권고, 보고 등을 행하는 관리 방식이다.
  - 중규모 사업장(100명 이상~1000명 미만)에 적합하다.
- 장점
  - 사업장의 특수성에 적합한 기술연구를 전문적으로 할 수 있다.(안전지식 및 기술 축적이 용이)
  - 경영자에 대한 조언과 자문역할이 가능하다.
- 단점
  - 생산부문에 협력하여 안전 명령을 전달·실시하므로 안전 지시가 용이하지 않으며, 안전과 생산을 별개로 취급하기 쉽다.
  - 생산부문은 안전에 대한 책임과 권한이 없다.
  - 권한 다툼이나 조정 때문에 통제 수속이 복잡해지며, 시간과 노력이 소모된다.

007 산업안전보건법령상 사업주의 의무에 해당하지 않는 것은?

① 산업재해 예방을 위한 기준 준수
② 사업자의 안전 및 보건에 관한 정보를 근로자에게 제공
③ 산업 안전 및 보건 관련 단체 등에 대한 지원 및 지도·감독
④ 근로자의 신체적 피로와 정신적 스트레스 등을 줄일 수 있는 쾌적한 작업환경의 조성 및 근로조건 개선

산업안전보건법 제5조(사업주 등의 의무) ① 사업주(제77조에 따른 특수형태근로종사자로부터 노무를 제공받는 자와 제78조에 따른 물건의 수거·배달 등을 중개하는 자를 포함한다. 이하 이 조 및 제6조에서 같다)는 다음 각 호의 사항을 이행함으로써 근로자(제77조에 따른 특수형태근로종사자와 제78조에 따른 물건의 수거·배달 등을 하는 사람을 포함한다. 이하 이 조 및 제6조에서 같다)의 안전 및 건강을 유지·증진시키고 국가의 산업재해 예방정책을 따라야 한다.
1. 이 법과 이 법에 따른 명령으로 정하는 산업재해 예방을 위한 기준
2. 근로자의 신체적 피로와 정신적 스트레스 등을 줄일 수 있는 쾌적한 작업환경의 조성 및 근로조건 개선
3. 해당 사업장의 안전 및 보건에 관한 정보를 근로자에게 제공
② 다음 각 호의 어느 하나에 해당하는 자는 발주·설계·제조·수입 또는 건설을 할 때 이 법과 이 법에 따른 명령으로 정하는 기준을 지켜야 하고, 발주·설계·제조·수입 또는 건설에 사용되는 물건으로 인하여 발생하는 산업재해를 방지하기 위하여 필요한 조치를 하여야 한다.
1. 기계·기구와 그 밖의 설비를 설계·제조 또는 수입하는 자
2. 원재료 등을 제조·수입하는 자
3. 건설물을 발주·설계·건설하는 자

008 사고예방대책의 기본원리 5단계 시정책의 적용 중 3E에 해당하지 않은 것은?

① 교육(Education)   ② 관리(Enforcement)
③ 기술(Engineering)   ④ 환경(Environment)

해설

3E 대책(Harvey)
- 하인리히의 사고예방 5단계 중 5번째 단계(시정책의 적용)와 연관
- 기술적 대책(Engineering), 교육적 대책(Education), 관리적 대책(Enforcement)

009 위험예지훈련의 4라운드 기법에서 문제점을 발견하고 중요 문제를 결정하는 단계는?

① 현상파악　　　　　　　　② 본질추구
③ 목표설정　　　　　　　　④ 대책수립

해설

위험예지 훈련의 기초 4라운드 진행방법
- 1R(현상파악) : 어떤 위험이 잠재하고 있는지 사실을 파악하는 라운드(BS적용)
- 2R(본질추구) : 가장 위험한 요인(위험 포인트)을 합의로 결정하는 라운드(요약)
- 3R(대책수립) : 구체적인 대책을 수립하는 라운드(BS적용)
- 4R(목표달성-설정) : 수립한 대책 가운데 질이 높은 항목에 합의하는 라운드(요약)

010 재해사례연구의 진행순서로 옳은 것은?

① 재해 상황의 파악 → 사실의 확인 → 문제점 발견 → 근본적 문제점 결정 → 대책수립
② 사실의 확인 → 재해 상황의 파악 → 근본적 문제점 결정 → 문제점 발견 → 대책수립
③ 문제점 발견 → 사실의 확인 → 재해 상황의 파악 → 근본적 문제점 결정 → 대책수립
④ 재해 상황의 파악 → 문제점 발견 → 근본적 문제점 결정 → 대책수립 → 사실의 확인

해설

재해사례 연구순서
- 제1단계(사실의 확인) : 작업의 개시에서 재해의 발생까지의 경과 가운데 재해와 관계가 있는 사실 및 재해요인으로 알려진 사실을 객관적으로 확인하며, 이상시 또는 사고시, 재해발생시의 조치를 포함
- 제2단계(문제점의 발견) : 파악된 사실로부터 판단하여 각종 기준과의 차이에서 드러나는 문제점을 발견
- 제3단계(근본적 문제점 결정) : 발견된 문제점 가운데 재해의 중심이 되는 근본적 문제점을 결정하고, 다음으로 재해원인을 결정
- 제4단계(대책의 수립) : 사례를 해결하기 위한 대책을 수립

011 다음 중 산업재해발생의 기본 원인 4M에 해당하지 않는 것은?

① Media　　　　　　　　② Material
③ Machine　　　　　　　④ Management

해설

인간 과오의 배후요인(4M)
- 작업자(Man) : 본인 이외의 사람
- 기계(Machine) : 장치나 기기 등의 물적 요인
- 훈련(Media) : 인간과 기계를 잇는 매체란 뜻으로 작업의 방법이나 순서, 작업정보의 실태나 환경과의 관계, 정리정돈
- 관리(Management) : 안전법규의 준수방법, 지휘감독, 교육훈련

012 보호구 안전인증제품에 표시할 사항으로 옳지 않은 것은?

① 규격 또는 등급 ② 형식 또는 모델명
③ 제조번호 및 제조연월 ④ 성능기준 및 시험방법

안전인증 표시 외 표시할 사항
- 안전인증 번호
- 제조자명
- 형식 또는 모델명
- 규격 또는 등급 등
- 제조번호 및 제조연월

013 다음 중 시설물의 안전 및 유지관리에 관한 특별법상 시설물 정기안전점검의 실시 시기로 옳은 것은?(단, 시설물의 안전등급이 A등급인 경우)

① 반기에 1회 이상 ② 1년에 1회 이상
③ 2년에 1회 이상 ④ 3년에 1회 이상

안전점검, 정밀안전진단 및 성능평가의 실시시기(시설물의 안전 및 유지관리에 관한 특별법 시행령 별표 3)

안전등급	정기안전점검	정밀안전점검		정밀안전진단	성능평가
		건축물	건축물 외 시설물		
A등급	반기에 1회 이상	4년에 1회 이상	3년에 1회 이상	6년에 1회 이상	5년에 1회 이상
B·C등급		3년에 1회 이상	2년에 1회 이상	5년에 1회 이상	
D·E등급	1년에 3회 이상	2년에 1회 이상	1년에 1회 이상	4년에 1회 이상	

014 아파트 신축 건설현장에 산업안전보건법령에 따른 안전·보건표지를 설치하려고 한다. 용도에 따른 표지의 종류를 올바르게 연결한 것은?

① 금연 – 지시표지 ② 비상구 – 안내표지
③ 고압전기 – 금지표지 ④ 안전모 착용 – 경고표지

금연 – 금지표지, 고압전기 – 경고표지, 안전모 착용 – 지시표지

015 정보서비스업의 경우, 상시근로자의 수가 최소 몇 명 이상일 때 안전보건관리규정을 작성하여야 하는가?

① 50명 이상 ② 100명 이상
③ 200명 이상 ④ 300명 이상

안전보건관리규정을 작성해야 할 사업의 종류 및 상시근로자 수(산업안전보건기준에 관한 규칙 별표 2)

사업의 종류	상시근로자 수
1. 농업 2. 어업 3. 소프트웨어 개발 및 공급업 4. 컴퓨터 프로그래밍, 시스템 통합 및 관리업 5. 정보서비스업 6. 금융 및 보험업 7. 임대업 ; 부동산 제외 8. 전문, 과학 및 기술 서비스업(연구개발업은 제외한다) 9. 사업지원 서비스업 10. 사회복지 서비스업	300명 이상
11. 제1호부터 제10호까지의 사업을 제외한 사업	100명 이상

016 산업안전보건법령상 안전보건총괄책임자의 직무에 해당하지 않는 것은?

① 도급 시 산업재해 예방조치
② 위험성평가의 실시에 관한 사항
③ 해당 사업장 안전교육계획의 수립에 관한 보좌 및 지도 · 조언
④ 산업안전보건관리비의 관계수급인 간의 사용에 관한 협의 · 조정 및 그 집행의 감독

안전보건총괄책임자의 직무(산업안전보건법 시행령 제53조)
- 위험성평가의 실시에 관한 사항
- 산업재해가 발생할 급박한 위험이 있을 때의 작업의 중지
- 중대재해 발생 시 작업의 중지
- 도급 시 산업재해 예방조치
- 산업안전보건관리비의 관계수급인 간의 사용에 관한 협의 · 조정 및 그 집행의 감독
- 안전인증대상기계등과 자율안전확인대상기계등의 사용 여부 확인

017 100명의 근로자가 근무하는 A기업체에서 1주일에 48시간, 연간 50주를 근무하는데 1년에 50건의 재해로 총 2400일의 근로손실일수가 발생하였다. A기업체의 강도율은?

① 10
② 24
③ 100
④ 240

- 강도율 = $\dfrac{근로손실일수}{총근로시간수} \times 1000 = \dfrac{2400}{100 \times 48 \times 50} \times 1000 = 10$

018 시몬즈(Simonds)의 총재해 코스트 계산방식 중 비보험 코스트 항목에 해당하지 않는 것은?

① 사망재해 건수
② 통원상해 건수
③ 응급조치 건수
④ 무상해 사고 건수

산재보험 코스트와 비보험 코스트
- 산재보험 코스트 : 산업재해보상보험법에 의해 보상된 금액과 보험회사의 보상에 관련된 제경비 및 이익금을 합친 금액
- 비보험 코스트 = (휴업상해건수 × A) + (통원상해건수 × B) + (응급조치건수 × C) + (무상해 사고 건수 × D)
※ 여기서 A, B, C, D는 장해 정도별에 의한 비보험 코스트의 평균치

019 위험예지훈련의 기법으로 활용하는 브레인 스토밍(Brain Storming)에 관한 설명으로 옳지 않은 것은?

① 발언은 누구나 자유분방하게 하도록 한다.
② 가능한 한 무엇이든 많이 발언하도록 한다.
③ 타인의 아이디어를 수정하여 발언할 수 없다.
④ 발표된 의견에 대하여는 서로 비판을 하지 않도록 한다.

브레인 스토밍(Brain Storming)의 4원칙 : 비평금지, 자유분방, 대량발언, 수정발언

020 버드(Frank Bird)의 도미노 이론에서 재해발생 과정에 있어 가장 먼저 수반되는 것은?

① 관리의 부족
② 전술 및 전략적 에러
③ 불안전한 행동 및 상태
④ 사회적 환경과 유전적 요소

버드(Bird)의 최신사고 연쇄성 이론
- 1단계 : 통제의 부족 – 관리(경영)
- 2단계 : 기본원인 – 기원(원인론)
- 3단계 : 직접원인 – 징후
- 4단계 : 사고 – 접촉
- 5단계 : 상해 – 손해 – 손실

제 02 과목 산업심리 및 교육

021 산업안전보건법령상 근로자 안전보건교육 중 정기교육의 교육내용이 아닌 것은?

① 산업안전 및 산업재해 예방에 관한 사항
② 건강증진 및 질병 예방에 관한 사항
③ 산업보건 및 건강장해 예방에 관한 사항
④ 작업공정의 유해·위험과 재해 예방대책에 관한 사항

근로자 안전보건교육 중 정기교육 내용(산업안전보건법 시행규칙 별표 5)
- 산업안전 및 산업재해 예방에 관한 사항(화재·폭발 사고 발생 시 대피에 관한 사항 포함)
- 산업보건 및 건강장해 예방에 관한 사항(폭염·한파작업으로 인한 건강장해 발생 시 응급조치에 관한 사항 포함)
- 위험성 평가에 관한 사항
- 건강증진 및 질병 예방에 관한 사항
- 유해·위험 작업환경 관리에 관한 사항
- 산업안전보건법령 및 산업재해보상보험 제도에 관한 사항
- 직무스트레스 예방 및 관리에 관한 사항
- 직장 내 괴롭힘, 고객의 폭언 등으로 인한 건강장해 예방 및 관리에 관한 사항

022 집단간 갈등의 해소방안으로 틀린 것은?
① 공동의 문제 설정
② 상위 목표의 설정
③ 집단간 접촉 기회의 증대
④ 사회적 범주화 편향의 최대화

사회적 범주화 편향의 최소화를 통해 집단간 갈등의 해소가 가능해진다

023 레윈의 3단계 조직변화모델에 해당되지 않는 것은?
① 해빙단계
② 체험단계
③ 변화단계
④ 재동결단계

K. Lewin의 3단계 조직변화모델
- 해빙단계(unfreezing) : 조직변화를 위한 준비단계로 구성원이 갖고 있는 고정관념과 가치의식을 녹이는(unfreezing) 과정으로 마치 얼음을 녹여 물로 변화시키는 것에 비유
- 변화단계(changing) : 경영자나 변화담당자가 의도하는 바람직한 방향으로 새로운 행동패턴을 개발하거나 변화기법을 사용하여 조직을 변화시키는 단계
- 재동결단계(refreezing) : 변화노력에 의해 새로이 형성된 행동이 계속 반복되고 강화됨으로써 영구적인 행동패턴으로 정착될 수 있도록 변화를 지원하고 강화시키는 과정

024 Project method의 장점으로 볼 수 없는 것은?
① 창조력이 생긴다.
② 동기부여가 충분하다.
③ 현실적인 학습방법이다.
④ 시간과 에너지가 적게 소비된다.

구안법(Project Method)
- 학생이 마음속에 생각하고 있는 것을 외부에 구체적으로 실현하고 형상화하기 위해서 자기 스스로가 계획을 세워 수행하는 학습 활동으로 이루어지는 형태를 말한다.
- 콜링스(Collings)는 구안법을 탐험(Exploration), 구성(Construction), 의사소통(Communication), 유희(Play), 기술(Skill)의 5가지로 지적하였으며 산업시찰, 견학, 현장 실습 등도 이에 해당된다.
- 구안법은 목적(목표설정), 계획, 수행, 평가의 4단계로 구성된다.

025 매슬로우(Abraham Maslow)의 욕구위계설에서 제시된 5단계의 인간의 욕구 중 허츠버그(Herzberg)가 주장한 2요인(인자) 이론의 동기요인에 해당하지 않는 것은?

① 성취 욕구
② 안전의 욕구
③ 자아실현의 욕구
④ 존경의 욕구

허즈버그(Herzberg)의 위생요인과 동기요인
- 위생요인 : 인간의 동물적 욕구를 반영하는 것으로서 안전, 친교, 봉급, 감독형태, 기업의 정책, 작업조건 등이 해당되며 매슬로우(Maslow)의 생리적, 안전, 사회적 욕구와 유사하다.
- 동기요인 : 자아실현을 하려는 인간의 독특한 경향(성취, 인정, 작업 자체, 책임감 등)을 반영한 것으로 매슬로우(Maslow)의 자아실현 욕구와 유사하다.

026 인간의 행동특성에 있어 태도에 관한 설명으로 맞는 것은?

① 인간의 행동은 태도에 따라 달라진다.
② 태도가 결정되면 단시간 동안만 유지된다.
③ 집단의 심적 태도교정보다 개인의 심적 태도교정이 용이하다.
④ 행동결정을 판단하고, 지시하는 외적 행동체계라고 할 수 있다.

태도의 특성
- 인간의 행동은 태도에 따라 달라진다.
- 태도가 결정되면 오랫동안 유지된다.
- 개인의 심적 태도교정보다 집단의 심적 태도교정이 용이하다.
- 행동결정을 판단하고 지시하는 것은 내적 행동체계라고 할 수 있다.

027 교육방법에 있어 강의방식의 단점으로 볼 수 없는 것은?

① 학습내용에 대한 집중이 어렵다.
② 학습자의 참여가 제한적일 수 있다.
③ 인원대비 교육에 필요한 비용이 많이 든다.
④ 학습자 개개인의 이해도를 파악하기 어렵다.

강의법은 많은 인원의 수강자(최적인원 40~50명)를 대상으로 단기간의 교육시간에 비교적 많은 내용의 교육내용을 전수하기 위한 방법으로 피교육자의 참여가 제한되며, 다른 방법에 비해 경제적이지만 교육 대상 집단 내 수준차로 인해 교육의 효과가 감소할 가능성이 있다.

028 판단과정 착오의 요인이 아닌 것은?

① 자기 합리화
② 능력 부족
③ 작업경험 부족
④ 정보 부족

착오요인(대뇌의 Human Error)

구분	인지과정 착오	판단과정 착오	조치과정 착오
내용	• 생리, 심리적 능력의 한계 • 정보량 저장능력의 한계 • 감각차단 현상(단조로운 업무, 반복작업) • 정서 불안정(공포·불안·불만)	• 능력부족, 정보부족 • 자기 합리화 • 환경조건의 불비(不備)	• 작업자 기능 미숙 • 작업경험 부족 • 피로

029 산업안전보건법령상 사업내 안전보건교육 중, 사무직 종사 근로자를 대상으로 실시하여야 하는 정기교육의 교육시간으로 맞는 것은?

① 연간 1시간 이상
② 매분기 3시간 이상
③ 매반기 6시간 이상
④ 매반기 12시간 이상

근로자 안전보건교육(산업안전보건법 시행규칙 별표 4)

교육과정	교육대상		교육시간
정기교육	사무직 종사 근로자		매반기 6시간 이상
	그 밖의 근로자	판매업무에 직접 종사하는 근로자	매반기 6시간 이상
		판매업무에 직접 종사하는 근로자 외의 근로자	매반기 12시간 이상
채용 시 교육	일용근로자 및 근로계약기간이 1주일 이하인 기간제근로자		1시간 이상
	근로계약기간이 1주일 초과 1개월 이하인 기간제근로자		4시간 이상
	그 밖의 근로자		8시간 이상
작업내용 변경 시 교육	일용근로자 및 근로계약기간이 1주일 이하인 기간제근로자		1시간 이상
	그 밖의 근로자		2시간 이상
특별교육	특별교육 대상 작업(단, 타워크레인을 사용하는 작업시 신호업무를 하는 작업은 제외)에 종사하는 일용근로자 및 근로계약기간이 1주일 이하인 기간제근로자		2시간 이상
	타워크레인을 사용하는 작업시 신호업무를 하는 일용근로자 및 근로계약기간이 1주일 이하인 기간제근로자		8시간 이상
	특별교육 대상 작업에 종사하는 근로자 중 일용근로자 및 근로계약기간이 1주일 이하인 기간제근로자를 제외한 근로자		-16시간 이상(최초 작업에 종사하기 전 4시간 이상 실시하고 12시간은 3개월 이내에서 분할하여 실시 가능) -단기간 작업 또는 간헐적 작업인 경우에는 2시간 이상
건설업 기초 안전·보건교육	건설 일용근로자		4시간 이상

030 손다이크(Thorndike)의 시행착오설에 의한 학습법칙과 관계가 가장 먼 것은?

① 효과의 법칙　　② 연습의 법칙
③ 동일성의 법칙　④ 준비성의 법칙

시행착오에 있어서의 학습법칙
- 연습의 법칙(Law of Exercise) : 모든 학습과정은 많은 연습과 반복을 통해서 바람직한 행동의 변화를 가져오게 된다는 법칙으로 빈도의 법칙(Law of Frequency)이라고도 한다.
- 효과의 법칙(Law of Effect) : 학습의 결과가 학습자에게 쾌감을 주면 줄수록 반응은 강화되고 반대로 고통이나 불쾌감을 주면 약화된다는 법칙으로 결과의 법칙이라고도 한다.
- 준비성의 법칙(Law of Readiness) : 특정한 학습을 행하는데 필요한 기초적인 능력을 충분히 갖춘 뒤에 학습을 행함으로서 효과적인 학습을 이룩할 수 있다는 법칙을 말한다.

031 조직에 의한 스트레스 요인으로, 역할 수행자에 대한 요구가 개인의 능력을 초과하거나, 주어진 시간과 능력이 허용하는 것 이상을 달성하도록 요구받고 있다고 느끼는 상황을 무엇이라 하는가?

① 역할 갈등　　② 역할 과부하
③ 업무수행 평가　④ 역할 모호성

스트레스의 역할 관련 요인
- 역할 갈등(role conflict) : 개인이 조직 내에서 두 가지 이상의 요구로 인하여 갈등 장면에 처했을 때 발생한다. 결과적으로 개인의 한가지 역할을 수행하게 되면 또 다른 역할 수행이 힘들게 되거나 반대가 되는 갈등 상황에 처하게 된다.
- 역할 과부하(role overload) : 역할 수행자에 대한 요구가 개인의 능력을 초과하거나, 주어진 시간과 능력이 허용하는 것 이상을 달성하도록 요구받고 있다고 느끼는 상황을 말한다.
- 역할 모호성(role ambiguity) : 개인이 역할을 어떻게 수행하여야 하느냐에 대하여 충분한 정보가 주어지지 않을 때 나타난다. 즉, 역할에 대하여 타인이 기대하는 바와 본인이 생각하는 바가 다를 때 그리고 타인이 기대를 한다고 해도 실제 그것을 어떻게 해야 할지 모르는 경우를 말한다.

032 직업적성검사 중 시각적 판단 검사에 해당하지 않는 것은?

① 조립검사　　② 명칭판단검사
③ 형태비교검사　④ 공구판단검사

조립검사와 분해검사는 손가락 재치, 환치검사와 회전검사는 손의 재치(손을 마음대로 정교하게 조절하는 능력)을 검출하는 동작(수행)검사에 해당된다.

033 의사소통의 심리구조를 4영역으로 나누어 설명한 조하리의 창(Johari's Windows)에서 "나는 모르지만 다른 사람은 알고 있는 영역"을 무엇이라 하는가?

① Blind area　　② Hidden area
③ Open area　　④ Unknown area

조하리의 창(Johari's Window)에 의한 4유형
- 공개된 자아(개방영역, Open area) : 자신도 알고 타인에게도 알려진 영역으로 이 영역이 넓은 사람은 타인에 대해 개방적이며 타인과의 갈등 소지도 적다.
- 숨겨진 자아(맹인영역, Hidden area) : 타인은 모르고 자신만 아는 영역으로 잠재능력을 인지하지 못하거나 대인관계의 효과성이 제약된다.
- 눈먼 자아(비밀영역, Blind area) : 자신은 모르지만 타인은 알고 있는 영역으로 타인에 의해 스스로에 대해 모르고 있던 부분을 알게되며, 숨겨진 부분이 노출될 때 타인으로 인한 상처가 두려워 감정을 숨기게 된다.
- 미지영역(Unknown area) : 스스로는 물론 타인에게 모두 알려지지 않은 부분으로 상호간의 오해 발생 소지가 증가하며, 대인관계의 질과 잠재력에 대한 영향이 감소한다.

034 교육의 3요소로만 나열된 것은?

① 강사, 교육생, 사회인사
② 강사, 교육생, 교육자료
③ 교육자료, 지식인, 정보
④ 교육생, 교육자료, 교육장소

교육의 3요소
- 교육의 주체 : 교도자, 강사
- 교육의 객체 : 학생, 수강자
- 교육의 매개체 : 교재

035 인간의 동작 특성을 외적조건과 내적조건으로 구분할 때 내적조건에 해당하는 것은?

① 경력
② 대상물의 크기
③ 기온
④ 대상물의 동적성질

인간의 동작 특성
- 외적조건 – 동적조건 : 대상물의 동적 성질(최대원인)
  – 정적조건 : 높이, 크기, 깊이 등
  – 환경조건 : 기온, 습도, 소음 등
- 내적조건 : 경력(Career), 개인차, 생리적 조건(피로, 긴장)

036 주의(attention)에 대한 설명으로 틀린 것은?

① 주의력의 특성은 선택성, 변동성, 방향성으로 표현된다.
② 한 자극에 주의를 집중하여도 다른 자극에 대한 주의력은 약해지지 않는다.
③ 여러 종류의 자극을 지각할 때 소수의 특정한 것을 선택하여 집중하는 특성을 갖는다.
④ 의식작용이 있는 일에 집중하거나 행동의 목적에 맞추어 의식수준이 집중되는 심리상태를 말한다.

주의의 특성
- 선택성 : 여러 종류의 자극을 자각할 때 소수의 특정한 것에 한하여 선택하는 기능으로 주의는 동시에 두 개 이상의 자극에 집중할 수 없다.
- 변동성 : 주의집중시 주기적으로 부주의의 리듬이 존재함을 말하며, 장시간 고도의 주의집중이 불가능함을 말한다.
- 방향성 : 공간적으로 보면 시선의 주시점만 인지하는 기능으로 한 지점에 주의를 집중하면 다른 곳의 주의는 약해진다.

037 존 듀이(Jone Dewey)의 5단계 사고과정을 순서대로 나열한 것으로 맞는 것은?

> ㉠ 행동에 의하여 가설을 검토한다.　㉡ 가설(hypothesis)을 설정한다.
> ㉢ 지식화(intellectualization)한다.　㉣ 시사(suggestion)를 받는다.
> ㉤ 추론(reasoning)한다.

① ㉤ → ㉡ → ㉣ → ㉠ → ㉢
② ㉣ → ㉢ → ㉡ → ㉤ → ㉠
③ ㉤ → ㉢ → ㉡ → ㉣ → ㉠
④ ㉣ → ㉠ → ㉡ → ㉢ → ㉤

듀이의 사고과정의 5단계
- 1단계 : 시사를 받는다.(Suggestion)
- 2단계 : 머리로 생각한다.(Intellectualization)
- 3단계 : 가설을 설정한다.(Hypothesis)
- 4단계 : 추론한다.(Reasoning)
- 5단계 : 행동에 의하여 가설을 검토한다.(Testing of the hypothesis by action)

038 에너지소비량(RMR)의 산출방법으로 맞는 것은?

① $\dfrac{\text{작업시의 소비에너지} - \text{기초대사량}}{\text{안정시의 소비에너지}}$

② $\dfrac{\text{전체소비에너지} - \text{작업시의 소비에너지}}{\text{기초대사량}}$

③ $\dfrac{\text{작업시의 소비에너지} - \text{안정시의 소비에너지}}{\text{기초대사량}}$

④ $\dfrac{\text{작업시의 소비에너지} - \text{안정시의 소비에너지}}{\text{안정시의 소비에너지}}$

$$\text{RMR} = \dfrac{\text{작업대사량}}{\text{기초대사량}} = \dfrac{\text{작업시의 소비에너지} - \text{안정시의 소비에너지}}{\text{기초대사량}}$$

039 리더십의 행동이론 중 관리 그리드(managerial grid)에서 인간에 대한 관심보다 업무에 대한 관심이 매우 높은 유형은?

① (1,1) 형
② (1,9) 형
③ (5,5) 형
④ (9,1) 형

관리 그리드(Managerial Grid) 이론에 따른 리더십의 유형
- 무관심형 (1.1) : 과업에 대한 관심과 인간관계에 대한 관심이 모두 낮은 유형으로 리더 자신의 직분을 유지하는 데 필요한 최소한의 노력만을 투입하는 리더십
- 인기형 (1.9) : 과업에 대한 관심은 낮고 인간관계에 대한 관심을 매우 높은 유형으로 구성원의 만족도와 관계의 친밀도를 조성하는 데 역점을 기울이는 리더십

- 과업형 (9.1) : 과업에는 높은 관심을 보이고 인간관계에는 낮은 관심을 보이는 유형으로 인간적인 요소보다는 과업상의 능력을 최고로 중요시하는 리더십
- 타협형 (5.5) : 과업의 능률과 인간관계를 절충하여 적당한 수준의 성과를 지향하는 리더십
- 이상형 (9.9) : 과업에 대한 관심과 인간관계에 대한 관심이 모두 높은 유형으로 구성원들 간의 상호 신뢰에 기초한 합의를 통해 과업을 달성하고자 하는 리더십

040 안전교육 계획수립 및 추진에 있어 진행순서를 나열한 것으로 맞는 것은?

① 교육의 필요점 발견 → 교육 대상 결정 → 교육 준비 → 교육 실시 → 교육의 성과를 평가
② 교육 대상 결정 → 교육의 필요점 발견 → 교육 준비 → 교육 실시 → 교육의 성과를 평가
③ 교육의 필요점 발견 → 교육 준비 → 교육 대상 결정 → 교육 실시 → 교육의 성과를 평가
④ 교육 대상 결정 → 교육 준비 → 교육의 필요점 발견 → 교육 실시 → 교육의 성과를 평가

제 03 과목 　 인간공학 및 시스템 안전공학

041 인간공학 연구조사에 사용되는 기준의 구비조건과 가장 거리가 먼 것은?

① 다양성
② 적절성
③ 무오염성
④ 기준 척도의 신뢰성

연구(체계) 기준의 요건
- 적절성(Relevance) : 기준이 실제로 의도하는 바와 부합해야 한다.
- 무오염성 : 기준척도는 측정하고자 하는 변수 외의 다른 변수의 영향을 받아서는 안 된다.
- 신뢰성 : 척도의 신뢰성은 반복성(Repeatability)을 의미 즉, 반복 실험 시 재현성이 있어야 한다.
- 민감도 : 피실험자 사이에서 볼 수 있는 예상 차이점에 비례하는 단위로 측정해야 한다.

042 산업안전보건법령상 사업주가 유해위험방지계획서를 제출할 때에는 사업장 별로 관련 서류를 첨부하여 해당 작업 시작 며칠 전까지 해당 기관에 제출하여야 하는가?

① 7일
② 15일
③ 30일
④ 60일

사업주가 유해위험방지계획서를 제출할 때에는 사업장별로 유해위험방지계획서에 관련 서류를 서류를 첨부하여 해당 작업 시작 15일 전까지 공단에 2부를 제출해야 한다.(산업안전보건법 시행규칙 제42조)

043 손이나 특정 신체부위에 발생하는 누적손상장애(CTD)의 발생인자와 가장 거리가 먼 것은?

① 무리한 힘
② 다습한 환경
③ 장시간의 진동
④ 반복도가 높은 작업

근골격계부담작업의 범위(단기간 작업 또는 간헐적인 작업은 제외)
- 하루에 4시간 이상 집중적으로 자료입력 등을 위해 키보드 또는 마우스를 조작하는 작업
- 하루에 총 2시간 이상 목, 어깨, 팔꿈치, 손목 또는 손을 사용하여 같은 동작을 반복하는 작업
- 하루에 총 2시간 이상 머리 위에 손이 있거나, 팔꿈치가 어깨위에 있거나, 팔꿈치를 몸통으로부터 들거나, 팔꿈치를 몸통 뒤쪽에 위치하도록 하는 상태에서 이루어지는 작업
- 지지되지 않은 상태이거나 임의로 자세를 바꿀 수 없는 조건에서, 하루에 총 2시간 이상 목이나 허리를 구부리거나 트는 상태에서 이루어지는 작업
- 하루에 총 2시간 이상 쪼그리고 앉거나 무릎을 굽힌 자세에서 이루어지는 작업
- 하루에 총 2시간 이상 지지되지 않은 상태에서 1kg 이상의 물건을 한손의 손가락으로 집어 옮기거나 2kg 이상에 상응하는 힘을 가하여 한손의 손가락으로 물건을 쥐는 작업
- 하루에 총 2시간 이상 지지되지 않은 상태에서 4.5kg 이상의 물건을 한 손으로 들거나 동일한 힘으로 쥐는 작업
- 하루에 10회 이상 25kg 이상의 물체를 드는 작업
- 하루에 25회 이상 10kg 이상의 물체를 무릎 아래에서 들거나, 어깨 위에서 들거나, 팔을 뻗은 상태에서 드는 작업
- 하루에 총 2시간 이상, 분당 2회 이상 4.5kg 이상의 물체를 드는 작업
- 하루에 총 2시간 이상 시간당 10회 이상 손 또는 무릎을 사용하여 반복적으로 충격을 가하는 작업

044 화학설비에 대한 안전성 평가 중 정량적 평가항목에 해당되지 않는 것은?

① 공정 ② 취급물질
③ 압력 ④ 화학설비용량

화학설비에 대한 안전성 평가 중 제3단계 정량적 평가
- 당해 화학설비의 취급물질, 용량, 온도, 압력 및 조작의 5항목에 대해 A, B, C, D급으로 분류하고 A급은 10점, B급은 5점, C급은 2점, D급은 0점으로 점수를 부여한 후 5항목에 관한 점수들의 합을 구한다.
- 합산 결과에 의한 위험도의 등급은 다음과 같다.

등급	점수	내용
등급 Ⅰ	16점 이상	위험도가 높음
등급 Ⅱ	11~15점 이하	주위상황, 다른 설비와 관련해서 평가
등급 Ⅲ	10점 이하	위험도가 낮음

045 휴먼 에러(Human Error)의 요인을 심리적 요인과 물리적 요인으로 구분할 때, 심리적 요인에 해당하는 것은?

① 일이 너무 복잡한 경우
② 일의 생산성이 너무 강조될 경우
③ 동일 형상의 것이 나란히 있을 경우
④ 서두르거나 절박한 상황에 놓여있을 경우

휴먼에러의 심리적 요인
- 일에 대한 지식이 부족할 경우
- 일을 할 의욕이 결여되어 있을 경우

- 서두르거나 절박한 상황에 놓여있을 경우
- 무엇인가의 체험으로 습관적이 되어있을 경우
- 선입관으로 괜찮다고 느끼고 있을 경우
- 주의를 끄는 것이 있어 그것에 치우쳐 주의를 빼앗기고 있을 경우
- 많은 자극이 있어 어떤 것에 반응해야 좋을지 알 수 없을 경우
- 매우 피로해 있을 경우

046 모든 시스템 안전분석에서 제일 첫 번째 단계의 분석으로, 실행되고 있는 시스템 포함한 모든 것의 상태를 인식하고 시스템의 개발단계에서 시스템 고유의 위험상태를 식별하여 예상되고 있는 재해의 위험수준을 결정하는 것을 목적으로 하는 위험분석 기법은?

① 결함위험분석(FHA: Fault Hazard Analysis)
② 시스템위험분석(SHA: System Hazard Analysis)
③ 예비위험분석(PHA: Preliminary Hazard Analysis)
④ 운용위험분석(OHA: Operating Hazard Analysis)

예비위험분석(PHA, Preliminary Hazards Analysis)
- 모든 시스템 안전분석에서 제일 첫 번째 단계의 분석으로, 실행되고 있는 시스템 포함한 모든 것의 상태를 인식하고 시스템의 개발단계에서 시스템 고유의 위험상태를 식별하여 예상되고 있는 재해의 위험수준을 결정하는 것을 목적으로 하는 위험분석 기법
- PHA의 카테고리 분류
  - Class 1 : 파국적(Catastrophic) – 사망, 시스템 손상
  - Class 2 : 중대(Critical) – 심각한 상해, 시스템 중대 손상
  - Class 3 : 한계적(Marginal) – 경미한 상해, 시스템 성능 저하
  - Class 4 : 무시가능(Negligible) – 경미한 상해, 시스템 저하 없음

047 FT도에서 사용하는 기호 중 다음 게이트의 명칭은?

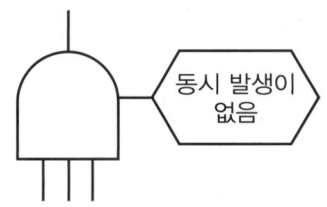

① 부정 OR 게이트
② 배타적 OR 게이트
③ 억제 게이트
④ 조합 OR 게이트

배타적 OR Gate
- OR Gate로 2개 이상의 입력이 동시에 존재할 때에는 출력사상이 생기지 않는다.
- 「동시에 발생하지 않는다」라고 기입

048 의자 설계 시 고려해야 할 일반적인 원리와 가장 거리가 먼 것은?

① 자세고정을 줄인다.
② 조정이 용이해야 한다.
③ 디스크가 받는 압력을 줄인다.
④ 요추 부위의 후만곡선을 유지한다.

해설
좌판의 깊이가 너무 깊어 등받이와 요추받침을 제대로 사용하지 못할 경우 등이 구부러지는 요추후만이 발생하여 요추부의 디스크 압력이 증가하게 된다. 따라서, 의자 설계 시에는 정상적인 자세에서의 요추전만을 유도하도록 설계해야 한다.

049 각 부품의 신뢰도가 다음과 같을 때 시스템의 전체 신뢰도는 약 얼마인가?

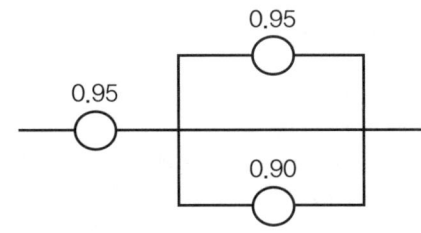

① 0.8123
② 0.9453
③ 0.9553
④ 0.9953

해설
신뢰도 = 0.95 × {1 − (1 − 0.95) × (1 − 0.9)} ≒ 0.9453

050 다음 FT도에서 시스템에 고장이 발생할 확률은 약 얼마인가?(단, X_1과 X_2의 발생확률은 각각 0.05, 0.03이다.)

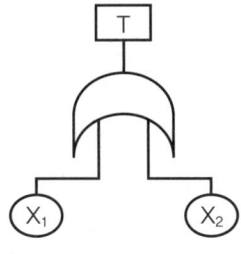

① 0.0015
② 0.0785
③ 0.9215
④ 0.9985

해설
T = 1 − {(1 − 0.05) × (1 − 0.03)} = 0.0785

051 조종장치를 촉각적으로 식별하기 위하여 사용되는 촉각적 코드화의 방법으로 옳지 않은 것은?

① 색감을 활용한 코드화
② 크기를 이용한 코드화
③ 조종장치의 형상 코드화
④ 표면 촉감을 이용한 코드화

해설

촉각적 암호화 방법
- 형상을 구별하여 사용하는 경우
- 표면 촉감을 이용하는 경우
- 크기를 구별하여 사용하는 경우

052 인체 계측 자료의 응용 원칙이 아닌 것은?

① 기존 동일 제품을 기준으로 한 설계
② 최대치수와 최소치수를 기준으로 한 설계
③ 조절범위를 기준으로 한 설계
④ 평균치를 기준으로 한 설계

해설

인체계측자료의 응용원칙
- 최대치수와 최소치수 : 최대치수 또는 최소치수를 기준으로 하여 설계
- 조절범위(조절식) : 체격이 다른 여러 사람에 맞도록 만드는 것
- 평균치를 기준으로 한 설계 : 최대치수나 최소치수, 조절식으로 하기가 곤란할 때 평균치를 기준으로 하여 설계

053 반사율이 85%, 글자의 밝기가 400cd/m2인 VDT 화면에 350lux의 조명이 있다면 대비는 약 얼마인가?

① -6.0 ② -5.0
③ -4.2 ④ -2.8

해설

반사율 = $\dfrac{광속발산도}{조명}$ = $\dfrac{350 \times 0.85}{3.14}$ = 94.75

∴ 94.75 + 400 = 494.75

대비 = $\dfrac{L_b - L_t}{L_b}$ = $\dfrac{94.75 - 494.75}{94.75}$ = -4.22

054 적절한 온도의 작업환경에서 추운 환경으로 온도가 변할 때 우리의 신체가 수행하는 조절작용이 아닌 것은?

① 발한(發汗)이 시작된다.
② 피부의 온도가 내려간다.
③ 직장(直腸)온도가 약간 올라간다.
④ 혈액의 많은 양이 몸의 중심부를 위주로 순환한다.

해설

적정온도에서 추운 환경으로 바뀔 때 인체의 변화
- 피부 온도가 내려간다.
- 혈액의 많은 양이 몸의 중심부를 순환한다.
- 몸이 떨리고 소름이 돋는다.
- 피부를 경유하는 혈액 순환량이 감소한다.
- 직장(直腸) 온도가 약간 올라간다.

055 인체에서 뼈의 주요 기능이 아닌 것은?

① 인체의 지주 ② 장기의 보호
③ 골수의 조혈 ④ 근육의 대사

뼈의 주요 기능
- 주요 장기 보호
- 칼슘과 마그네슘 같은 미네랄 저장
- 움직임에 필요한 지지대 역할
- 혈액 생산을 위한 공장 기능

056 시스템안전 MIL-STD-882B 분류기준의 위험성 평가 매트릭스에서 발생빈도에 속하지 않는 것은?

① 거의 발생하지 않는(remote)
② 전혀 발생하지 않는(impossible)
③ 보통 발생하는(reasonably probable)
④ 극히 발생하지 않을 것 같은(extremely improbable)

위험성 평가 매트릭스(MIL-STD-882E)

심각성 / 발생빈도	Catastrophic (1)	Critical (2)	Marginal (3)	Negligible (4)
Frequent (A)	High	High	Serious	Medium
Probable (B)	High	High	Serious	Medium
Occasional (C)	High	Serious	Medium	Low
Remote (D)	Serious	Medium	Medium	Low
Improbable (E)	Medium	Medium	Medium	Low
Eliminated (F)	Eliminated			

※ 보기 중 ③항과 ④항은 발생빈도를 세분화한 기준이며, "전혀 발생하지 않는"은 "Improbable"이다.

057 인간-기계 시스템을 설계할 때에는 특정기능을 기계에 할당하거나 인간에게 할당하게 된다. 이러한 기능 할당과 관련된 사항으로 옳지 않은 것은?(단, 인공지능과 관련된 사항은 제외한다.)

① 인간은 원칙을 적용하여 다양한 문제를 해결하는 능력이 기계에 비해 우월하다.
② 일반적으로 기계는 장시간 일관성이 있는 작업을 수행하는 능력이 인간에 비해 우월하다.
③ 인간은 소음, 이상온도 등의 환경에서 작업을 수행하는 능력이 기계에 비해 우월하다.
④ 일반적으로 인간은 주위가 이상하거나 예기치 못한 사건을 감지하여 대처하는 능력이 기계에 비해 우월하다.

인간과 기계의 상대적 재능

인간이 우수한 기능	기계가 우수한 기능
• 저에너지 자극(시각, 청각, 후각 등) 감지 • 복잡 다양한 자극 형태 식별 • 예기치 못한 사건 감지 • 다량 정보를 오래 보관 • 귀납적 추리 • 과부하 상황에서는 중요한 일에만 전념 • 임기응변, 융통성, 원칙 적용, 주관적 추산, 독창력 발휘 등의 기능	• 인간 감지 범위 밖의 자극(X선, 초음파 등)도 감지 • 인간 및 기계에 대한 모니터 기능 • 드물게 발생하는 사상 감지 • 암호화된 정보를 신속하게 대량보관 • 연역적 추리 • 과부하시에도 효율적으로 작동 • 정량적 정보처리, 장시간 중량작업, 반복작업, 동시에 여러 가지 작업수행 등의 기능

058 시각 장치와 비교하여 청각 장치 사용이 유리한 경우는?

① 메시지가 길 때
② 메시지가 복잡할 때
③ 정보 전달 장소가 너무 소란할 때
④ 메시지에 대한 즉각적인 반응이 필요할 때

청각장치와 시각장치의 선택(특정 감각의 선택)

구분	청각장치 사용	시각장치 사용
전언	• 전언이 간단하고 짧다.	• 전언이 복잡하고 길다.
재참조	• 전언이 후에 재참조 되지 않는다.	• 전언이 후에 재참조 된다.
사상(Eevent)	• 전언이 즉각적인 사상을 이룬다.	• 전언이 공간적인 위치를 다룬다.
행동 요구	• 전언이 즉각적인 행동을 요구한다.	• 전언이 즉각적인 행동을 요구하지 않는다.
사용시기	• 수신자의 시각계통이 과부하 상태일 때 • 수신 장소가 너무 밝거나 암조응 유지가 필요할 때 • 직무상 수신자가 자주 움직이는 경우	• 수신자가 청각계통이 과부하 상태일 때 • 수신 장소가 너무 시끄러울 때 • 직무상 수신자가 한곳에 머무르는 경우

059 컷셋(cut set)과 패스셋(pass set)에 관한 설명으로 옳은 것은?

① 동일한 시스템에서 패스셋의 개수와 컷셋의 개수는 같다.
② 패스셋은 동시에 발생했을 때 정상사상을 유발하는 사상들의 집합이다.
③ 일반적으로 시스템에서 최소 컷셋의 개수가 늘어나면 위험 수준이 높아진다.
④ 최소 컷셋은 어떤 고장이나 실수를 일으키지 않으면 재해는 일어나지 않는다고 하는 것이다.

컷과 패스

• 컷셋(cut sets) : 그 속에 포함되어 있는 모든 기본사상(통상, 생략, 결함사상을 포함)이 일어났을 때 정상사상(top event)을 일으키는 기본사상의 집합

- 최소 컷셋(minimal cut sets) : 컷셋 중 그 부분집합만으로는 정상사상을 일으키는 일이 없는 것, 즉 정상사상(top event)을 일으키기 위한 최소한의 컷셋으로 어떤 고장이나 에러를 일으키면 재해가 일어나는가 하는 것. 결과적으로 시스템의 위험성(역으로는 안전성)을 나타내는 것
- 패스셋(path sets) : 시스템이 고장나지 않도록 하는 사상의 조합
- 최소 패스셋(minimal path sets) : 시스템이 고장나지 않도록 하는 최소한의 패스셋으로 어떤 고장이나 패스를 일으키지 않으면 재해는 일어나지 않는다는 것 즉, 시스템의 신뢰성을 나타내는 것

060 FTA에 의한 재해사례 연구순서 중 2단계에 해당하는 것은?

① FT도의 작성
② 톱 사상의 선정
③ 개선계획의 작성
④ 사상의 재해원인을 규명

해설

D.R. Cheriton의 FTA에 의한 재해사례 연구순서
- 1단계 : 톱(Top) 사상의 선정
- 2단계 : 사상마다 재해원인 규명
- 3단계 : FT도의 작성
- 4단계 : 개선계획의 작성

제 04 과목 건설시공학

061 철골용접이음 후 용접부의 내부결함 검출을 위하여 실시하는 검사로써 빠르고 경제적이어서 현장에서 주로 사용하는 초음파를 이용한 비파괴 검사법은?

① MT(Magnetic particle Testing)
② UT(Ultrasonic Testing)
③ RT(Radiography Testing)
④ PT(Liquid Penetrant Testing)

해설

초음파검사(UT : Ultrasonic Testing)
- 시험체에 초음파를 전달하여 내부에 존재하는 불연속으로부터 반사한 초음파의 에너지량, 초음파의 진행시간 등을 CRT 스크린에 표시, 분석하여 불연속의 위치 및 크기를 알아내는 검사방법이다.
- 시험체 내부결함의 검출에 주로 이용하며, 균열 등 면상결함의 검출능력이 방사선투과검사보다 우수하다.

062 콘크리트 타설 중 응결이 어느 정도 진행된 콘크리트에 새로운 콘크리트를 이어치면 시공불량이음부가 발생하여 경화 후 누수의 원인 및 철근의 녹 발생 등 내구성에 손상을 일으키는 것은?

① Expansion joint
② Construction joint
③ Cold joint
④ Sliding joint

콘크리트 줄눈(Joint)의 종류
- 콜드 조인트(Cold Joint) : 시공 과정 중 휴식시간 등으로 응결하기 시작한 콘크리트에 새로운 콘크리트를 이어칠 때 생기는 줄눈

- 시공 줄눈(Construction Joint) : 시공상 콘크리트를 한 번에 타설하지 못할 때 생기는 줄눈
- 신축 줄눈(Expansion Joint) : 온도변화에 따른 팽창수축 혹은 부동침하, 진동, 등에 의해 균열이 예상되는 위치에 설치하는 줄눈
- 조절 줄눈(Control Joint) : 지반 등 안정된 위치에 있는 바닥판 또는 벽면이 수축에 의하여 표면에 균열이 생길 수 있는데 일정한 곳에만 일어나도록 유도하는 줄눈

063 공동도급(Joint Venture Contract)의 장점이 아닌 것은?

① 융자력의 증대 ② 위험의 분산
③ 이윤의 증대 ④ 시공의 확실성

공동도급(Joint Venture Contract)
- 복수 참가자가 독립된 공동체를 작성하고 공동출자하며 공동관리권을 가지며, 특정한 공사를 목적으로 하는 것으로 공동의 영리를 목적으로 한다.
- 이윤의 증대는 없지만 상호보증으로 인해 융자력이 증대되며 위험부담이 분산된다.
- 단일회사의 경우보다 간접비가 많이 발생하여 공사비가 증대되고, 구성원 상호간의 불일치로 혼란이 초래될 수 있다.

064 흙을 이김에 의해서 약해지는 정도를 나타내는 흙의 성질은?

① 간극비 ② 함수비
③ 예민비 ④ 항복비

예민비
- 흙을 이김에 따라 약해지는 정도를 표시한 것임
- 예민비 = $\dfrac{\text{자연상태의 시료강도}}{\text{이긴상태의 시료강도}}$

065 철근콘크리트 공사에서 거푸집의 간격을 일정하게 유지시키는데 사용되는 것은?

① 클램프 ② 쉐어 커넥터
③ 세퍼레이터 ④ 인서트

거푸집의 부속재
- 긴장재(Form tie) : 거푸집의 형상 유지, 저항, 벌어지는 것 방지
- 격리재(Seperator) : 거푸집의 간격 유지, 오그라드는 것 방지
- 간격재(Spacer) : 철근과 거푸집의 간격 유지

066 건설의 전 과정에 걸쳐 프로젝트를 보다 효율적이고 경제적으로 수행하기 위하여 각 부문의 전문가들로 구성된 통합관리기술을 발주자에게 서비스하는 것을 무엇이라고 하는가?

① Cost Management ② Cost Manpower
③ Construction Manpower ④ Construction Management

공사관리 (CM, Construction Management)
- 건설사업을 잘 이해하지 못하는 발주자가 자신의 이익을 보호하기 위해 CM회사를 대리인으로 고용해 설계자와 시공자를 리드하며, 프로젝트 기획부터 유지관리 단계에 이르는 건설사업의 전 과정을 체계적으로 관리하도록 하는 제도이다.
- CM의 주요 업무로는 원가관리, 공정관리, 품질관리, 시공관리, 기술관리(계약관리, 사업정보관리, 안전관리가 있다.

067 공사계약방식 중 직영공사방식에 관한 설명으로 옳은 것은?

① 사회간접자본(SOC : Social Overhead Capital)의 민간투자유치에 많이 이용되고 있다.
② 영리목적의 도급공사에 비해 저렴하고 재료선정이 자유로운 장점이 있으나, 고용기술자 등에 의한 시공관리능력이 부족하면 공사비 증대, 시공성의 결함 및 공기가 연장되기 쉬운 단점이 있다.
③ 도급자가 자금을 조달하고 설계, 엔지니어링, 시공의 전부를 도급받아 시설물을 완성하고 그 시설을 일정기간 운영하는 것으로, 운영수입으로부터 투자자금을 회수한 후 발주자에게 그 시설을 인도하는 방식이다.
④ 수입을 수반한 공공 혹은 공익 프로젝트(유료도로, 도시철도, 발전소 등)에 많이 이용되고 있다.

직영제도의 장 · 단점

구분	내용
장점	• 도급 공사에 비해 영리를 도외시한 확실한 공사를 할 수 있다. • 계약에 구속되지 않고, 임기응변의 처리가 가능하다. • 발주, 계약 등의 수속이 필요 없다.
단점	• 공사비가 증대될 우려가 있다. • 시공관리 능력이 부족하고, 공사기일도 연장될 우려가 크다. • 재료의 낭비 또는 잉여가 되기 쉽고, 가설재 시공기계의 경제적 효율성이 떨어진다.

068 흙막이 지지공법 중 수평버팀대 공법의 특징에 관한 설명으로 옳지 않은 것은?

① 가설구조물이 적어 중장비작업이나 토량제거작업의 능률이 좋다.
② 토질에 대해 영향을 적게 받는다.
③ 인근 대지로 공사범위가 넘어가지 않는다.
④ 고저차가 크거나 상이한 구조인 경우 균형을 잡기 어렵다.

수평버팀대 공법
- 흙막이벽을 설치하고 벽 양측에 수평버팀대를 설치하여 토압의 균형을 유지시키고 토류벽을 지지시키면서 점차 흙을 굴착하는 방법이다.
- 인접 대지사용에 대한 절차가 필요 없으며 토질에 대한 영향을 적게 받아 시가지 공사에서 가장 일반적으로 사용된다.
- 넓은 대지에는 지지 파일을 세워야 하며, 가설구조물로 인한 중장비작업이나 토공사 작업 등의 능률이 저하된다.
- 측압의 균형을 잡는 방법이기 때문에 고저차가 심하거나 상이한 구조일 경우 균형을 잡기 어렵다.

069 지정에 관한 설명으로 옳지 않은 것은?

① 잡석지정 – 기초 콘크리트 타설 시 흙의 혼입을 방지하기 위해 사용한다.
② 모래지정 – 지반이 단단하며 건물이 중량일 때 사용한다.
③ 자갈지정 – 굳은 지반에 사용되는 지정이다.
④ 밑창 콘크리트지정 – 잡석이나 자갈 위 기초부분의 먹매김을 위해 사용한다.

지정 및 기초공사

- 긴 주춧돌 지정 : 지름 30cm 정도의 토관을 기초저면에 설치하고, 한옥건축에서는 주춧돌로 화강석을 사용한다.
- 밑창 콘크리트지정 : 먹매김을 위해 잡석, 자갈지정 위에 설계기준강도 15MPa 이상의 콘크리트를 두께 5~6cm 정도로 설계한다.
- 잡석지정 : 지름 10~25cm 정도의 호박돌을 전단력에 유리하도록 옆 세워 깔고 사이사이에 사춤 자갈을 넣어 다지는 지정으로 수직지지력에는 효과가 크지만, 수평지지력에는 효과가 적다.
- 모래지정 : 지반이 연약하고 2m 이내에 굳은 층이 있을 때 연약층을 파내고 모래를 넣어 물다짐하는 지정으로 모래는 장기 허용압축강도가 20~40t/m² 정도로 큰 편이어서 잘다져 지정으로 쓸 경우 효과적이다.
- 자갈지정 : 굳은 지반에 잡석 대신 지름 5cm 정도의 자갈을 두께 5~10cm 정도 깔고 잔자갈을 채워 다지는 지정이다.

070 기초공사 시 활용되는 현장타설 콘크리트 말뚝공법에 해당되지 않는 것은?

① 어스드릴(earth drill)공법
② 베노토 말뚝(benoto pile)공법
③ 리버스서큘레이션(reverse circulation pile)공법
④ 프리보링(preboring)공법

현장타설 콘크리트 말뚝공법

- 기계식 굴착공법 : 어스드릴 공법, 베노토 말뚝공법, 리버스서큘레이션(RCD) 공법
- 인력식 굴착공법 : 심초공법
- 관입 공법 : 심플렉스 파일(simplex pile), 페데스탈 파일(pedestal pile), 프랭키 파일(franky pile), 레이몬드 파일(raymond pile), 컴프레솔 파일(compressol pile)
- 치환 공법 : CIP 파일(Cast In Place pile), MIP 파일(Mixed In Place pile), PIP 파일(Packed In Place pile)

071 네트워크 공정표에서 후속작업의 가장 빠른 개시시간(EST)에 영향을 주지 않는 범위 내에서 한 작업이 가질 수 있는 여유시간을 의미하는 것은?

① 전체여유(TF)
② 자유여유(FF)
③ 간섭여유(IF)
④ 종속여유(DF)

네트워크 공정표의 용어와 기호

- Event(○) : 작업의 결합점, 개시점 또는 종료점.
- Activity(→) : 작업, 프로젝트를 구성하는 작업단위
- Dummy(→) : 정상표현으로 할 수 없는 작업 상호관계를 표시
- Slack(SL) : 결합점이 가지는 여유시간

- Float : 작업의 여유시간
- 가장 빠른 개시시각(EST) : 작업을 시작하는 가장 빠른 시각
- 가장 빠른 종료시각(EFT) : 작업을 끝낼 수 있는 가장 빠른 시각
- 가장 늦은 개시시각(LST) : 작업을 가장 늦게 시작하여도 좋은 시각
- 가장 늦은 종료시각(LFT) : 작업을 가장 늦게 종료하여도 좋은 시각
- Path : 네트워크 중 둘 이상의 작업이 이어짐
- Longest Path(LP) : 임의의 두 결합점 간의 패스 중 소요시간이 가장 긴 패스
- Critical Path(CP) : 소요일수가 가장 많은 작업경로, 여유시간을 갖지 않는 작업경로, 전체 공기를 지배하는 작업경로
- Total Float(TF) : 작업을 EST로 시작하고, LFT로 완료할 때 생기는 여유시간
- Free Float(FF) : 작업을 EST로 시작하고, 후속작업을 EST로 시작하여도 존재하는 여유시간
- Dependent Float(DF) : 후속작업의 전체여유에 영향을 미치는 여유시간

072 표준관입시험의 N치에서 추정이 곤란한 사항은?

① 사질토의 상대밀도와 내부 마찰각
② 선단지지층이 사질토지반일 때 말뚝 지지력
③ 점성토의 전단강도
④ 점성토 지반의 투수 계수와 예민비

표준관입시험의 단점
- 교란시료로 역학적 특성의 측정에는 부적합하다.
- 사질토인 경우 정확도가 높지만, 점성토인 경우 부적합하다.
- 초 연약지반인 경우 시험이 곤란하다.
- 입경이 1cm 보다 큰 자갈 및 암반층은 시험이 곤란하다.

073 금속제 천장틀 공사 시 반자틀의 적정한 간격으로 옳은 것은?(단, 공사시방서가 없는 경우)

① 450mm 정도
② 600mm 정도
③ 900mm 정도
④ 1200mm 정도

천장공사공법
- 달대볼트 설치
  - 반자틀받이 행거를 고정하는 달대볼트는 천장재가 떨어지지 않도록 인서트, 용접 등의 적절한 공법으로 설치한다.
  - 달대볼트는 주변부의 단부로부터 150mm 이내에 배치하고 간격은 900mm 정도로 한다.
  - 달대볼트는 수직으로 설치한다.
  - 천장 깊이가 1.5m 이상인 경우에는 가로, 세로 1.8m 정도의 간격으로 달대볼트의 흔들림방지용 보강재를 설치한다.
- 반자틀받이의 설치
  - 반자틀받이는 행거에 끼워 고정하고 반자틀에 설치한 후 높이를 조정하여 체결한다.
- 반자틀 고정
  - 반자틀 간격은 공사시방서에 의한다. 공사시방서가 없는 경우는 900mm 정도로 한다.
  - 반자틀은 클립을 이용해서 반자틀받이에 고정한다.

074 벽돌벽 두께 1.0B, 벽높이 2.5m, 길이 8m인 벽면에 소요되는 점토벽돌의 매수는 얼마인가? (단, 규격은 190×90×57mm, 할증은 3%로 하며, 소수점 이하 결과는 올림하여 정수매로 표기)

① 2980매
② 3070매
③ 3278매
④ 3542매

벽돌로 벽면적 1m²를 1.0B 두께로 쌓을 때 소요되는 벽돌매수는 149매, 1.5B 두께로 쌓을 때는 224매이며 할증률 3% 적용한 경우 1.03에 해당된다.
∴ 벽돌소요량 = 2.5m × 8m × 149매/m² × 1.03 = 3069.4 ≒ 3070매

075 철근배근 시 콘크리트의 피복두께를 유지해야 되는 가장 큰 이유는?

① 콘크리트의 인장강도 증진을 위하여
② 콘크리트의 내구성, 내화성 확보를 위하여
③ 구조물의 미관을 좋게 하기 위하여
④ 콘크리트 타설을 쉽게 하기 위하여

철근 피복두께의 목적
- 내구성 확보 : 중성화 방지
- 내화성 확보 : 철근은 고온에서 강도가 저하됨
- 부착강도 확보 : 콘크리트의 허용부착력은 피복두께 1.5cm가 기준
- 시공시 유동성 확보 : 철근과 거푸집 사이의 간격에 따라 골재의 유동이 좌우됨

076 철골 내화피복공법의 종류에 따른 사용재료의 연결이 옳지 않은 것은?

① 타설공법 – 경량콘크리트
② 뿜칠공법 – 암면 흡음판
③ 조적공법 – 경량콘크리트 블록
④ 성형판붙임공법 – ALC판

내화피복 습식공법의 종류
- 타설공법 : 거푸집을 설치하고 콘크리트 또는 경량콘크리트 타설
- 조적공법 : 벽돌 또는 (경량)콘크리트 블록을 시공
- 미장공법 : 철골 부재에 메탈라스를 부착하고 단열 모르타르 시공
- 도장공법 : 내화페인트를 피복
- 뿜칠공법 : 암면과 시멘트 등을 혼합하여 뿜칠 방식으로 시공

077 철근이음에 관한 설명으로 옳지 않은 것은?

① 철근의 이음부는 구조내력상 취약점이 되는 곳이다.
② 이음위치는 되도록 응력이 큰 곳을 피하도록 한다.
③ 이음이 한 곳에 집중되지 않도록 엇갈리게 교대로 분산시켜야 한다.
④ 응력 전달이 원활하도록 한 곳에서 철근 수의 반 이상을 이어야 한다.

철근이음 위치 선정 시 주의사항
- 철근의 이음부는 구조내력상 취약점이 되는 곳이므로 큰 응력을 받는 곳을 피하도록 한다.
- 이음의 1/2 이상을 한 곳에 집중시키지 말고 엇갈리게 교대로 분산시켜야 한다.
- 기둥, 벽 철근이음은 층 높이의 2/3 하부에서 엇갈리게 한다.
- 보에서는 중앙에서 하부근을, 단부에서 상부근을 이음하지 않는다.

078 강구조물 제작 시 절단 및 개선(그루브)가공에 관한 일반사항으로 옳지 않은 것은?

① 주요 부재의 강판 절단은 주된 응력의 방향과 압연방향을 직각으로 교차시켜 절단함을 원칙으로 하며, 절단작업 착수 전 재단도를 작성해야 한다.
② 강재의 절단은 강재의 형상, 치수를 고려하여 기계절단, 가스절단, 플라즈마 절단 등을 적용한다.
③ 절단할 강재의 표면에 녹, 기름, 도료가 부착되어 있는 경우에는 제거 후 절단해야 한다.
④ 용접선의 교차부분 또는 한 부재를 다른 부재에 접합시킬 때 불필요한 접촉을 피하기 위하여 모퉁이따기를 할 경우에는 10mm 이상 둥글게 해야 한다.

절단 및 개선(그루브)가공
- 주요 부재의 강판 절단은 주된 응력의 방향과 압연방향을 일치시켜 절단함을 원칙으로 하며 절단작업 착수 전 재단도를 작성해야 한다.
- 강재의 절단은 강재의 형상, 치수를 고려하여 기계절단, 가스절단, 플라즈마 절단 등을 적용한다.
- 절단할 강재의 표면에 녹, 기름, 도료가 부착되어 있는 경우에는 제거 후 절단해야 한다.
- 용접선의 교차부분 또는 한 부재를 다른 부재에 접합시킬 때 불필요한 접촉을 피하기 위하여 모퉁이따기를 할 경우에는 10mm 이상 둥글게 해야 한다.
- 설계도서에서 메탈 터치가 지정되어 있는 부분은 페이싱 머신 또는 로터리 플래너 등의 절삭가공기를 사용하여 부재 상호간 충분히 밀착하도록 가공한다.
- 절단면의 정밀도가 절삭가공기의 경우와 동일하게 확보할 수 있는 기계절단기(cold saw)를 이용한 경우, 절단 연단부는 그대로 두어도 좋다.
- 스캘럽 가공은 절삭 가공기 또는 부속장치가 달린 수동 가스 절단기를 사용한다.

079 보강블록 공사 시 벽 가로근의 시공에 관한 설명으로 옳지 않은 것은?

① 가로근은 배근 상세도에 따라 가공하되 그 단부는 90°의 갈구리로 구부려 배근한다.
② 모서리에 가로근의 단부는 수평방향으로 구부려서 세로근의 바깥쪽으로 두르고, 정착길이는 공사시방서에 정한 바가 없는 한 40d 이상으로 한다.
③ 창 및 출입구 등의 모서리 부분에 가로근의 단부를 수평방향으로 정착할 여유가 없을때에는 갈구리로 하여 단부 세로근에 걸고 결속선으로 결속한다.
④ 개구부 상하부의 가로근을 양측 벽부에 묻을 때의 정착길이는 40d 이상으로 한다.

벽 가로근의 시공(KCS 41 34 07 보강 블록공사)
- 가로근을 블록 조적 중의 소정의 위치에 배근하여 이동하지 않도록 고정한다.
- 우각부, 역T형 접합부 등에서의 가로근은 세로근을 구속하지 않도록 배근하고 세로근과의 교차부를 결속선으로 결속한다.

- 가로근은 배근 상세도에 따라 가공하되 그 단부는 180°의 갈구리로 구부려 배근한다. 철근의 피복두께는 20mm 이상으로 하며, 세로근과의 교차부는 모두 결속선으로 결속한다.
- 모서리에 가로근의 단부는 수평방향으로 구부려서 세로근의 바깥쪽으로 두르고 정착길이는 공사시방서에 정한 바가 없는 한 40d 이상으로 한다.
- 창 및 출입구 등의 모서리 부분에 가로근의 단부를 수평방향으로 정착할 여유가 없을 때에는 갈구리로 하여 단부 세로근에 걸고 결속선으로 결속한다.
- 개구부 상하부의 가로근을 양측 벽부에 묻을 때의 정착길이는 40d 이상으로 한다.
- 가로근은 그와 동등 이상의 유효단면적을 가진 블록보강용 철망으로 대신 사용할 수 있다.

080 터널 폼에 관한 설명으로 옳지 않은 것은?

① 거푸집의 전용횟수는 약 10회 정도로 매우 적다.
② 노무 절감, 공기단축이 가능하다.
③ 벽체 및 스래브거푸집을 일체로 제작한 거푸집이다.
④ 이 폼의 종류에는 트윈 쉘(twin shell)과 모노 쉘(mono shell)이 있다.

터널 폼(Tunnel Form)
- 벽식 철근콘크리트 구조를 시공할 때 벽과 바닥의 콘크리트 타설을 한 번에 가능하도록 하기 위해 벽체용 거푸집과 슬래브 거푸집을 제작하여 한 번에 설치하고 해체할 수 있도록 한 거푸집이다.
- 터널 폼은 패널 단위로 공장에서 제작하며 운반상의 편의를 위하여 반조립 및 완전해체하여 현장에서 조립한다.
- 터널 폼의 전용회수는 100회 정도이며, 주로 아파트 벽식구조물에 사용되며, 또한 토목공사에서도 사용한다.

제 05 과목 건설재료학

081 각 석재별 주용도를 표기한 것으로 옳지 않은 것은?

① 화강암 : 외장재
② 석회암 : 구조재
③ 대리석 : 내장재
④ 점판암 : 지붕재

석회암
- 석재 구성이 치밀하고 강도가 크지만 내산성·내화성·내후성이 낮다.
- 탄산석회가 주성분으로 시멘트의 원료로 사용된다.
- 입자가 곱고 색상이 미려해 실내·외의 장식재로 사용된다.

082 통풍이 잘 되지 않는 지하실의 미장재료로서 가장 적합하지 않은 것은?

① 시멘트 모르타르
② 석고 플라스터
③ 컨즈 시멘트
④ 돌로마이트 플라스터

돌로마이트 플라스터
- 점성이 커서 풀을 사용하지 않고 물로 연화하여 사용하는 것으로 대기 중의 이산화탄소(CO_2)와 결합하여 경화하는 기경성 미장재료이다.
- 기경성이므로 주로 내벽에 사용하며 지하실 등의 마무리에는 좋지 않다.
- 점도가 크고 응결시간이 길다.
- 회반죽보다 강도가 크다.
- 수축률이 크며, 건조 경화시에 균열이 생기기 쉽고 물에 약하다.

083 암석의 구조를 나타내는 용어에 관한 설명으로 옳지 않은 것은?

① 절리란 암석 특유의 천연적으로 갈라진 금을 말하며, 규칙적인 것과 불규칙적인 것이 있다.
② 층리란 퇴적암 및 변성암에 나타나는 퇴적할 당시의 지표면과 방향이 거의 평행한 절리를 말한다.
③ 석리란 암석이 가장 쪼개지기 쉬운 면을 말하며, 절리보다 불분명하지만 방향이 대체로 일치되어 있다.
④ 편리란 변성암에 생기는 절리로서 방향이 불규칙하고 얇은 판자모양으로 갈라지는 성질을 말한다.

석재의 조직에 관계되는 용어
- 석리 : 광물의 조직에 따라 생기는 눈의 모양
- 절리 : 천연적으로 갈라진 틈(화성암에 많음)
- 석목(돌눈) : 일정한 방향의 깨지기 쉬운 면(석재의 채석이나 가공시 이용)
- 층리 : 퇴적암, 변성암에 흔히 있는 평행상의 절리
- 편리 : 변성암에서 생기는 불규칙한 절리(박편 모양으로 작게 갈라짐)

084 도료의 건조제 중 상온에서 기름에 용해되지 않는 것은?

① 붕산망간 ② 이산화망간
③ 초산염   ④ 코발트의 수지산

도료의 건조제
- 상온에서 기름에 용해되는 건조제 : 리사지, 연단, 초산염, 이산화망간, 붕산망간, 수산망간, 일산화연
- 가열하여 기름에 용해되는 건조제 : 납, 망간, 코발트의 수지산 또는 지방산의 염류

085 목재의 방부 처리법 중 압력용기 속에 목재를 넣어 처리하는 방법으로 가장 신속하고 효과적인 방법은?

① 가압주입법 ② 생리적 주입법
③ 표면탄화법 ④ 침지법

목재의 방부제 처리법에는 표면탄화법, 방부제 바르기, 방부액 침지법, 방부액 주입법(상압 주입법, 가압주입법, 생리적 주입법)이 있다. 특히, 가압주입법은 압력탱크에서 7~12기압 정도의 고기압으로 방부약액을 주입하는 방법으로 방부효과가 크고 내구성이 양호하다.

086 조이너(joiner)의 설치목적으로 옳은 것은?

① 벽, 기둥 등의 모서리에 미장 바름의 보호
② 인조석깔기에서의 신축균열방지나 의장효과
③ 천장에 보드를 붙인 후 그 이음새를 감추기 위한 목적
④ 환기구멍이나 라디에이터의 덮개역할

장식용 금속 제품

- 코너비드(Corner bead) : 모서리 부분의 미장 바름을 보호하기 위하여 사용하는 모서리쇠
- 조이너(Joiner) : 이음새를 누르고 감추는데 쓰이는 금속 제품
- 펀칭 메탈(Punching metal) : 환기구멍 및 라디에이터 커버에 사용
- 스팬드럴 패널(Spandrel panel) : 수평이 되도록 하기 위하여 고이는 모든 삼각형 부재

087 목재의 나뭇결 중 아래의 설명에 해당하는 것은?

> 나이테에 직각방향으로 켠 목재면에 나타나는 나뭇결로, 일반적으로 외관이 아름답고 수축변형이 적으며 마모율도 낮다.

① 무늿결　　　　　　② 곧은결
③ 널결　　　　　　　④ 엇결

널결과 곧은결

- 널결 : 나이테에 평행방향으로 켠 목재면에 나타나는 곡선형의 나뭇결로 결이 거칠고 불규칙하며, 곧은결보다 변형이 크고, 마모율도 큰 편이다. 보통 판목에 사용된다.
- 곧은결 : 나이테에 직각 방향으로 켠 목재면에 나타나는 평행선상의 나뭇결로 일반적으로 외관이 아름답고 수축과 변형이 적다.

088 점토벽돌 1종의 압축강도는 최소 얼마 이상인가?

① 17.85MPa　　　　② 19.53MPa
③ 20.59MPa　　　　④ 24.50MPa

점토벽돌의 품질(KS L 4201)

품질	종류		비고
	1종	2종	
흡수율(%)	10.0 이하	15.0 이하	1종은 내장재 및 외장재로, 2종은 내장재로만 하여야 한다.
압축강도(MPa)	24.50 이상	14.70 이상	

089 콘크리트의 건조수축에 관한 설명으로 옳지 않은 것은?

① 시멘트의 제조성분에 따라 수축량이 다르다.
② 골재의 성질에 따라 수축량이 다르다.
③ 시멘트량의 다소에 따라 수축량이 다르다.
④ 된비빔일수록 수축량이 많다.

건조수축
- 건조수축이란 습윤상태에 있는 콘크리트가 수분의 건조에 따라 수축하는 현상을 말한다.
- 건조수축이 기초, 구조부재, 보강철근 등에 구속받을 경우 인장응력으로 인해 균열이 발생한다.
- 건조수축에 가장 큰 영향을 미치는 것은 단위 수량이며 단위 수량을 적게 해야 건조수축이 적어진다.
- 단위수량이 작은 된비빔은 건조수축이 적고, 단위수량이 많은 묽은비빔일수록 수축량이 많다.

090 도장재료 중 래커(lacquer)에 관한 설명으로 옳지 않은 것은?

① 내구성은 크나 도막이 느리게 건조된다.
② 클리어래커는 투명래커로 도막은 얇으나 견고하고 광택이 우수하다.
③ 클리어래커는 내후성이 좋지 않아 내부용으로 주로 쓰인다.
④ 래커에나멜은 불투명 도료로서 클리어래커에 안료를 첨가한 것을 말한다.

클리어 래커(clear lacquer)는 안료가 들어가지 않은 래커로 목재면의 투명 도장, 우아한 광택, 내후성이 작아서 보통 내부에 사용하며 건조가 매우 빨라서 뿜칠로 한다.

091 강은 탄소 함유량의 증가에 따라 인장강도가 증가하지만 어느 이상이 되면 다시 감소한다. 이때 인장강도가 가장 큰 시점의 탄소 함유량은?

① 약 0.9% ② 약 1.8%
③ 약 2.7% ④ 약 3.6%

탄소(C)에 의한 특성
- 탄소의 함유량이 많을수록 경도와 강도가 증대되나 신도는 감소한다.
- 탄소 함유량이 0.9~1.0%일 때 인장강도가 최대이며, 이를 넘으면 감소한다.
- 경도는 탄소 함유량이 0.9%일 때 최대가 되며, 그 이상 함유시에는 일정하다.

092 도료의 저장 중 또는 용기 내 방치 시 도료의 표면에 피막이 형성되는 현상의 발생 원인과 가장 관계가 먼 것은?

① 피막방지제의 부족이나 건조제가 과잉일 경우
② 용기내의 공간이 커서 산소의 양이 많을 경우
③ 부적당한 신너로 희석하였을 경우
④ 사용잔량을 뚜껑을 열어둔 채 방치하였을 경우

도료의 표면에 피막이 형성되는 현상 방지대책
- 뚜껑을 잘 봉한다.
- 사용 중인 도료는 빨리 사용한다.
- 표면에 신너를 붓고 나서 보관한다.

093 다음 중 무기질 단열재에 해당하는 것은?

① 발포폴리스티렌 보온재
② 셀룰로스 보온재
③ 규산칼슘판
④ 경질폴리우레탄폼

단열재의 종류
- 무기질 단열재 : 유리면, 암면, 세라믹파이버, 펄라이트판, 규산칼슘판, 경량기포 콘크리트 등
- 유기질 단열재 : 발포플라스틱류(폴리스티렌, 폴리우레탄, 폴리에틸렌, 요소폼, 페놀롬), 셀룰로스 등

094 골재의 함수상태에 따른 질량이 다음과 같을 경우 표면수율은?

- 절대건조상태 : 490g
- 표면건조상태 : 500g
- 습윤상태 : 550g

① 2% ② 3%
③ 10% ④ 15%

- 흡수율 $= \dfrac{\text{표건중량} - \text{절건중량}}{\text{절건중량}} \times 100 = \dfrac{410 - 400}{490} \times 100 = 2.04[\%]$
- 표면수율 $= \dfrac{\text{습윤중량} - \text{표건중량}}{\text{표건중량}} \times 100 = \dfrac{550 - 500}{500} \times 100 = 10[\%]$

095 아스팔트의 물리적 성질에 관한 설명으로 옳은 것은?

① 감온성은 블로운 아스팔트가 스트레이트 아스팔트보다 크다.
② 연화점은 블로운 아스팔트가 스트레이트 아스팔트보다 낮다.
③ 신장성은 스트레이트 아스팔트가 블로운 아스팔트보다 크다.
④ 점착성은 블로운 아스팔트가 스트레이트 아스팔트보다 크다.

스트레이트 아스팔트
- 연화점이 비교적 낮고 온도에 의한 변화가 크다.
- 주로 지하실 방수공사에 사용되며, 아스팔트 루핑 제작에 사용된다.
- 신장성, 점착성, 방수성이 풍부하다.

096 지붕공사에 사용되는 아스팔트 싱글제품 중 단위 중량이 10.3kg/m² 이상 12.5kg/m² 미만인 것은?

① 경량 아스팔트 싱글
② 일반 아스팔트 싱글
③ 중량 아스팔트 싱글
④ 초중량 아스팔트 싱글

지붕공사에 사용되는 아스팔트 싱글제품
- 일반 아스팔트 싱글 : 단위 중량이 10.3kg/m² 이상 12.5kg/m² 미만인 아스팔트 싱글 제품
- 중량 아스팔트 싱글 : 단위 중량이 12.5kg/m² 이상 14.2kg/m² 미만인 아스팔트 싱글 제품
- 초중량 아스팔트 싱글 : 단위 중량이 14.2kg/m² 이상인 아스팔트 싱글 제품

097 초기강도가 아주 크고 초기 수화발열이 커서 긴급공사나 동절기 공사에 가장 적합한 시멘트는?

① 알루미나시멘트
② 보통포틀랜드시멘트
③ 고로시멘트
④ 실리카시멘트

알루미나 시멘트
- 알루미늄 원광인 보크사이트(bauxite)와 석회석을 혼합하여 용융방법 또는 소성방법에 의하여 만든 시멘트를 말한다.
- 조기강도가 매우 크다.(재령 1일로 보통 시멘트의 28일 강도)
- 발열량이 대단히 커서 −10℃의 한중 공사에 이용된다.
- 산에는 약하나 알칼리에는 강하다.
- 내화성이 우수하여 내화로용 시멘트로 사용된다.

098 시멘트의 분말도에 관한 설명으로 옳지 않은 것은?

① 분말도가 클수록 수화반응이 촉진된다.
② 분말도가 클수록 초기강도는 작으나 장기강도는 크다.
③ 분말도가 클수록 시멘트 분말이 미세하다.
④ 분말도가 너무 크면 풍화되기 쉽다.

분말도(Blaine)
- 분말도란 시멘트 1g에 포함된 시멘트 입자의 비표면적(cm²)을 말한다.
- 시멘트 입자가 미세할수록(분말도가 높을수록) 물과 접촉면적이 커져서 수화가 빨리 진행되어 초기강도가 크며, 블리딩이 적고 워커블한 콘크리트가 되는 반면 수축이 커서 균열이 생기기 쉬우며 내구성이 나쁘고 풍화가 용이해진다.
- 분말도를 측정하는 목적은 수화 작용과 강도를 예측하기 위한 것이다.

099 일반적으로 단열재에 습기나 물기가 침투하면 어떤 현상이 발생하는가?

① 열전도율이 높아져 단열성능이 좋아진다.
② 열전도율이 높아져 단열성능이 나빠진다.
③ 열전도율이 낮아져 단열성능이 좋아진다.
④ 열전도율이 낮아져 단열성능이 나빠진다.

함수율은 단열재뿐만 아니라 재료의 열전도율에 가장 큰 영향을 미치는 요인의 하나로 상대습도가 높아지면 열전도율이 높아져 단열성능을 나빠진다.

100 킨즈시멘트 제조시 무수석고의 경화를 촉진시키기 위해 사용하는 혼화재료는?

① 규산백토
② 플라이애시
③ 화산회
④ 백반

킨즈시멘트(Keen's cement)는 무수석고(경석고)를 주성분으로 하는 시멘트로 점도가 커서 바르기 쉽고, 매끈하게 마무리가 되며, 광택이 있어서 벽이나 마루에 바르는 재료로 쓰이며 경질(硬質) 플라스터판(板)에도 사용된다. 경화촉진제로는 산성인 백반이 사용되며 이에 따라 금속을 부식시킬 수 있다.

제 06 과목 건설안전기술

101 작업장에 계단 및 계단참을 설치하는 경우 매제곱미터 당 최소 몇 킬로그램 이상의 하중에 견딜 수 있는 강도를 가진 구조로 설치하여야 하는가?

① 300kg
② 400kg
③ 500kg
④ 600kg

산업안전보건기준에 관한 규칙 제26조(계단의 강도) ① 사업주는 계단 및 계단참을 설치하는 경우 매제곱미터당 500킬로그램 이상의 하중에 견딜 수 있는 강도를 가진 구조로 설치하여야 하며, 안전율[안전의 정도를 표시하는 것으로서 재료의 파괴응력도(破壞應力度)와 허용응력도(許容應力度)의 비율을 말한다]은 4 이상으로 하여야 한다.
② 사업주는 계단 및 승강구 바닥을 구멍이 있는 재료로 만드는 경우 렌치나 그 밖의 공구 등이 낙하할 위험이 없는 구조로 하여야 한다.

102 작업으로 인하여 물체가 떨어지거나 날아올 위험이 있는 경우 필요한 조치와 가장 거리가 먼 것은?

① 투하설비 설치
② 낙하물 방지망 설치
③ 수직보호망 설치
④ 출입금지구역 설정

산업안전보건기준에 관한 규칙 제14조(낙하물에 의한 위험의 방지) ① 사업주는 작업장의 바닥, 도로 및 통로 등에서 낙하물이 근로자에게 위험을 미칠 우려가 있는 경우 보호망을 설치하는 등 필요한 조치를 하여야 한다.
② 사업주는 작업으로 인하여 물체가 떨어지거나 날아올 위험이 있는 경우 낙하물 방지망, 수직보호망 또는 방호선반의 설치, 출입금지구역의 설정, 보호구의 착용 등 위험을 방지하기 위하여 필요한 조치를 하여야 한다. 이 경우 낙하물 방지망 및 수직보호망은 「산업표준화법」 제12조에 따른 한국산업표준(이하 "한국산업표준"이라 한다)에서 정하는 성능기준에 적합한 것을 사용하여야 한다.
③ 제2항에 따라 낙하물 방지망 또는 방호선반을 설치하는 경우에는 다음 각 호의 사항을 준수하여야 한다.
1. 높이 10미터 이내마다 설치하고, 내민 길이는 벽면으로부터 2미터 이상으로 할 것
2. 수평면과의 각도는 20도 이상 30도 이하를 유지할 것

103 공정률이 65%인 건설현장의 경우 공사 진척에 따른 산업안전보건관리비의 최소 사용기준으로 옳은 것은?(단, 공정률은 기성공정률을 기준으로 함)

① 40% 이상 ② 50% 이상
③ 60% 이상 ④ 70% 이상

공사진척에 따른 안전관리비 사용기준

공정율	50% 이상 70% 미만	70% 이상 90% 미만	90% 이상
사용기준	50% 이상	70% 이상	90% 이상

※공정률은 기성공정률을 기준으로 한다.

104 사업주가 유해위험방지 계획서 제출 후 건설공사 중 6개월 이내마다 안전보건공단의 확인을 받아야 할 내용이 아닌 것은?

① 유해위험방지 계획서의 내용과 실제공사 내용이 부합하는지 여부
② 유해위험방지 계획서 변경 내용의 적정성
③ 자율안전관리 업체 유해·위험방지 계획서 제출·심사 면제
④ 추가적인 유해·위험요인의 존재 여부

산업안전보건법 시행규칙 제46조(확인) ① 법 제42조제1항제1호 및 제2호에 따라 유해위험방지계획서를 제출한 사업주는 해당 건설물·기계·기구 및 설비의 시운전단계에서, 법 제42조제1항제3호에 따른 사업주는 건설공사 중 6개월 이내마다 법 제43조제1항에 따라 다음 각 호의 사항에 관하여 공단의 확인을 받아야 한다.
1. 유해위험방지계획서의 내용과 실제공사 내용이 부합하는지 여부
2. 법 제42조제6항에 따른 유해위험방지계획서 변경내용의 적정성
3. 추가적인 유해·위험요인의 존재 여부

105 다음 중 방망사의 폐기시 인장강도에 해당하는 것은?(단, 그물코의 크기는 10cm이며 매듭없는 방망의 경우임)

① 50kg ② 100kg
③ 150kg ④ 200kg

방망사의 신품에 대한 인장 강도

그물코의 종류	방망의 종류(단위 : kg)	
	매듭이 없는 방망	매듭 방망
10cm	240(150)	200(135)
5cm	–	110(60)

※괄호 안은 폐기기준 인장강도임

106 굴착공사에서 비탈면 또는 비탈면 하단을 성토하여 붕괴를 방지하는 공법은?

① 배수공　　② 배토공
③ 공작물에 의한 방지공　　④ 압성토공

배토공은 비탈면 상부의 토사를 제거함으로써, 압성토공은 비탈면 또는 비탈면 하단을 성토하여 붕괴를 방지하는 공법이다.

107 지면보다 낮은 땅을 파는데 적합하고 수중굴착도 가능한 굴착기계는?

① 백호우　　② 파워쇼벨
③ 가이데릭　　④ 파일드라이버

셔블계 굴착기계의 종류
- 파워셔블 : 지반면보다 높은 곳의 굴착, 쇄석 옮겨쌓기, 토사의 처리 등에 널리 쓰인다.
- 백호우 : 지반면보다 낮은 곳의 굴착, 지하층 및 기초 굴삭, 토목공사나 수중굴착 등에 쓰인다.(지하 6m 정도의 깊이)
- 드래그라인 : 지반면보다 낮은 곳의 굴착, 토사를 긁어모음, 연약한 지반의 깊은 곳 굴착 등에 쓰인다.(지하 8m 정도의 깊이)
- 클램쉘 : 좁은 곳의 수직굴착, 자갈 등의 적재, 연약한 지반이나 수중굴착 등에 쓰인다.

108 다음은 안전대와 관련된 설명이다. 아래 내용에 해당되는 용어로 옳은 것은?

> 로프 또는 레일 등과 같은 유연하거나 단단한 고정줄로서 추락발생시 추락을 저지시키는 추락방지대를 지탱해 주는 줄모양의 부품

① 안전블록　　② 수직구명줄
③ 죔줄　　④ 보조죔줄

안전대 용어
- 안전블록 : 안전그네와 연결하여 추락발생시 추락을 억제할 수 있는 자동잠김장치가 갖추어져 있고 죔줄이 자동적으로 수축되는 장치
- 수직구명줄 : 로프 또는 레일 등과 같은 유연하거나 단단한 고정줄로서 추락발생시 추락을 저지시키는 추락방지대를 지탱해 주는 줄모양의 부품
- 죔줄 : 벨트 또는 안전그네를 구명줄 또는 구조물 등 기타 걸이설비와 연결하기 위한 줄모양의 부품
- 보조죔줄 : 안전대를 U자걸이로 사용할 때 U자걸이를 위해 훅 또는 카라비너를 지탱 벨트의 D링에 걸거나 떼어낼 때 잘못하여 추락하는 것을 방지하기 위한 링과 걸이설비 연결에 사용하는 훅 또는 카라비너를 갖춘 줄모양의 부품

109 굴착과 싣기를 동시에 할 수 있는 토공기계가 아닌 것은?

① Power shovel　　② Tractor shovel
③ Back hoe　　④ Motor grader

해설

그레이더(Grader)
- 지면을 절삭하여 다듬는 것이 목적인 장비로 하수구 파기, 경사면 다듬기, 제방 및 제설 작업, 아스팔트 포장재료 배합 등의 부수적 작업이 가능하다.
- 주요부는 땅을 깎거나 고르는 블레이드(Blade)와 땅을 파서 일구는 스캐리파이어(Scarifier)로 구성된다.

110 구축물에 안전진단 등 안전성 평가를 실시하여 근로자에게 미칠 위험성을 미리 제거하여야 하는 경우가 아닌 것은?

① 구축물등의 인근에서 굴착·항타작업 등으로 침하·균열 등이 발생하여 붕괴의 위험이 예상될 경우
② 구축물등이 그 자체의 무게·적설·풍압 또는 그 밖에 부가되는 하중 등으로 붕괴 등의 위험이 있을 경우
③ 화재 등으로 구축물등의 내력(耐力)이 심하게 저하됐을 경우
④ 구축물의 구조체가 안전측으로 과도하게 설계가 되었을 경우

해설

산업안전보건기준에 관한 규칙 제52조(구축물등의 안전성 평가) 사업주는 구축물등이 다음 각 호의 어느 하나에 해당하는 경우에는 구축물등에 대한 구조검토, 안전진단 등의 안전성 평가를 하여 근로자에게 미칠 위험성을 미리 제거해야 한다.
1. 구축물등의 인근에서 굴착·항타작업 등으로 침하·균열 등이 발생하여 붕괴의 위험이 예상될 경우
2. 구축물등에 지진, 동해(凍害), 부동침하(不同沈下) 등으로 균열·비틀림 등이 발생했을 경우
3. 구축물등이 그 자체의 무게·적설·풍압 또는 그 밖에 부가되는 하중 등으로 붕괴 등의 위험이 있을 경우
4. 화재 등으로 구축물등의 내력(耐力)이 심하게 저하됐을 경우
5. 오랜 기간 사용하지 않던 구축물등을 재사용하게 되어 안전성을 검토해야 하는 경우
6. 구축물등의 주요구조부(「건축법」제2조제1항제7호에 따른 주요구조부를 말한다. 이하 같다)에 대한 설계 및 시공 방법의 전부 또는 일부를 변경하는 경우
7. 그 밖의 잠재위험이 예상될 경우

111 산업안전보건법령에 따른 지반의 종류별 굴착면의 기울기 기준으로 옳지 않은 것은?

① 모래 – 1 : 1.8
② 연암 – 1 : 1.5
③ 풍화암 – 1 : 1.0
④ 경암 – 1 : 0.5

굴착면의 기울기 기준(산업안전보건기준에 관한 규칙 별표 11)

지반의 종류	굴착면의 기울기	지반의 종류	굴착면의 기울기
모래	1 : 1.8	경암	1 : 0.5
연암 및 풍화암	1 : 1.0	그 밖의 흙	1 : 1.2

비고
1. 굴착면의 기울기는 굴착면의 높이에 대한 수평거리의 비율을 말한다.
2. 굴착면의 경사가 달라서 기울기를 계산하기가 곤란한 경우에는 해당 굴착면에 대하여 지반의 종류별 굴착면의 기울기에 따라 붕괴의 위험이 증가하지 않도록 위 표의 지반의 종류별 굴착면의 기울기에 맞게 해당 각 부분의 경사를 유지해야 한다.

112 달비계에 사용이 불가한 와이어로프의 기준으로 옳지 않은 것은?

① 이음매가 있는 것
② 와이어로프의 한 꼬임에서 끊어진 소선의 수가 7% 이상인 것
③ 지름의 감소가 공칭지름의 7%를 초과하는 것
④ 심하게 변형되거나 부식된 것

산업안전보건기준에 관한 규칙 제63조(달비계의 구조) ① 사업주는 곤돌라형 달비계를 설치하는 경우에는 다음 각 호의 사항을 준수해야 한다.
1. 다음 각 목의 어느 하나에 해당하는 와이어로프를 달비계에 사용해서는 아니 된다.
   가. 이음매가 있는 것
   나. 와이어로프의 한 꼬임[(스트랜드(strand)를 말한다. 이하 같다)]에서 끊어진 소선(素線)[필러(pillar)선은 제외한다)]의 수가 10퍼센트 이상(비자전로프의 경우에는 끊어진 소선의 수가 와이어로프 호칭지름의 6배 길이 이내에서 4개 이상이거나 호칭지름 30배 길이 이내에서 8개 이상)인 것
   다. 지름의 감소가 공칭지름의 7퍼센트를 초과하는 것
   라. 꼬인 것
   마. 심하게 변형되거나 부식된 것
   바. 열과 전기충격에 의해 손상된 것
2. 다음 각 목의 어느 하나에 해당하는 달기 체인을 달비계에 사용해서는 아니 된다.
   가. 달기 체인의 길이가 달기 체인이 제조된 때의 길이의 5퍼센트를 초과한 것
   나. 링의 단면지름이 달기 체인이 제조된 때의 해당 링의 지름의 10퍼센트를 초과하여 감소한 것
   다. 균열이 있거나 심하게 변형된 것
3. 달기 강선 및 달기 강대는 심하게 손상·변형 또는 부식된 것을 사용하지 않도록 할 것
4. 달기 와이어로프, 달기 체인, 달기 강선, 달기 강대는 한쪽 끝을 비계의 보 등에, 다른 쪽 끝을 내민 보, 앵커볼트 또는 건축물의 보 등에 각각 풀리지 않도록 설치할 것
5. 작업발판은 폭을 40센티미터 이상으로 하고 틈새가 없도록 할 것

113 가설통로의 설치에 관한 기준으로 옳지 않은 것은?

① 경사는 30° 이하로 한다.
② 건설공사에 사용하는 높이 8m 이상인 비계다리에는 7m 이내마다 계단참을 설치한다.
③ 작업상 부득이한 경우에는 필요한 부분에 한하여 안전난간을 임시로 해체할 수 있다.
④ 수직갱에 가설된 통로의 길이가 10m 이상인 경우에는 5m 이내마다 계단참을 설치한다.

산업안전보건기준에 관한 규칙 제23조(가설통로의 구조) 사업주는 가설통로를 설치하는 경우 다음 각 호의 사항을 준수하여야 한다.
1. 견고한 구조로 할 것
2. 경사는 30도 이하로 할 것. 다만, 계단을 설치하거나 높이 2미터 미만의 가설통로로서 튼튼한 손잡이를 설치한 경우에는 그러하지 아니하다.
3. 경사가 15도를 초과하는 경우에는 미끄러지지 아니하는 구조로 할 것
4. 추락할 위험이 있는 장소에는 안전난간을 설치할 것. 다만, 작업상 부득이한 경우에는 필요한 부분만 임시로 해체할 수 있다.
5. 수직갱에 가설된 통로의 길이가 15미터 이상인 경우에는 10미터 이내마다 계단참을 설치할 것
6. 건설공사에 사용하는 높이 8미터 이상인 비계다리에는 7미터 이내마다 계단참을 설치할 것

114 강관비계의 수직방향 벽이음 조립간격(m)으로 옳은 것은?(단, 틀비계이며 높이가 5m 이상일 경우)

① 2m ② 4m
③ 6m ④ 9m

강관비계의 조립 간격(산업안전보건기준에 관한 규칙 별표 5)

강관비계의 종류	조립간격(단위 : m)	
	수직방향	수평방향
단관비계	5	5
틀비계(높이가 5m 미만의 것은 제외한다)	6	8

115 크레인의 운전실 또는 운전대를 통하는 통로의 끝과 건설물 등의 벽체의 간격은 최대 얼마 이하로 하여야 하는가?

① 0.2m ② 0.3m
③ 0.4m ④ 0.5m

산업안전보건기준에 관한 규칙 제145조(건설물 등의 벽체와 통로의 간격 등) 사업주는 다음 각 호의 간격을 0.3미터 이하로 하여야 한다. 다만, 근로자가 추락할 위험이 없는 경우에는 그 간격을 0.3미터 이하로 유지하지 아니할 수 있다.
1. 크레인의 운전실 또는 운전대를 통하는 통로의 끝과 건설물 등의 벽체의 간격
2. 크레인 거더(girder)의 통로 끝과 크레인 거더의 간격
3. 크레인 거더의 통로로 통하는 통로의 끝과 건설물 등의 벽체의 간격

116 흙막이 지보공을 설치하였을 때 정기적으로 점검하여 이상 발견 시 즉시 보수하여야 할 사항이 아닌 것은?

① 굴착 깊이의 정도
② 버팀대의 긴압의 정도
③ 부재의 접속부・부착부 및 교차부의 상태
④ 부재의 손상・변형・부식・변위 및 탈락의 유무와 상태

산업안전보건기준에 관한 규칙 제347조(붕괴 등의 위험 방지) ① 사업주는 흙막이 지보공을 설치하였을 때에는 정기적으로 다음 각 호의 사항을 점검하고 이상을 발견하면 즉시 보수하여야 한다.
1. 부재의 손상・변형・부식・변위 및 탈락의 유무와 상태
2. 버팀대의 긴압(緊壓)의 정도
3. 부재의 접속부・부착부 및 교차부의 상태
4. 침하의 정도
② 사업주는 제1항의 점검 외에 설계도서에 따른 계측을 하고 계측 분석 결과 토압의 증가 등 이상한 점을 발견한 경우에는 즉시 보강조치를 하여야 한다.

117 건설공사에 사용하는 높이 8m 이상인 비계다리에는 몇 m 이내마다 계단참을 설치해야 하는가?

① 3m
② 5m
③ 7m
④ 10m

산업안전보건기준에 관한 규칙 제23조(가설통로의 구조) 사업주는 가설통로를 설치하는 경우 다음 각 호의 사항을 준수하여야 한다.
1. 견고한 구조로 할 것
2. 경사는 30도 이하로 할 것. 다만, 계단을 설치하거나 높이 2미터 미만의 가설통로로서 튼튼한 손잡이를 설치한 경우에는 그러하지 아니하다.
3. 경사가 15도를 초과하는 경우에는 미끄러지지 아니하는 구조로 할 것
4. 추락할 위험이 있는 장소에는 안전난간을 설치할 것. 다만, 작업상 부득이한 경우에는 필요한 부분만 임시로 해체할 수 있다.
5. 수직갱에 가설된 통로의 길이가 15미터 이상인 경우에는 10미터 이내마다 계단참을 설치할 것
6. 건설공사에 사용하는 높이 8미터 이상인 비계다리에는 7미터 이내마다 계단참을 설치할 것

118 철골공사 시 안전작업방법 및 준수사항으로 옳지 않은 것은?

① 강풍, 폭우 등과 같은 악천우시에는 작업을 중지하여야 하며 특히 강풍시에는 높은 곳에 있는 부재나 공구류가 낙하비래하지 않도록 조치하여야 한다.
② 철골부재 반입 시 시공순서가 빠른 부재는 상단부에 위치하도록 한다.
③ 구명줄 설치 시 마닐라 로프 직경 10mm를 기준하여 설치하고 작업방법을 충분히 검토하여야 한다.
④ 철골보의 두곳을 매어 인양시킬 때 와이어로프의 내각은 60°이하이어야 한다.

구명줄을 설치할 경우에는 1가닥의 구명줄을 여러명이 동시에 사용하지 않도록 하여야 하며 구명줄을 마닐라 로우프 직경 16밀리미터를 기준하여 설치하고 작업방법을 충분히 검토하여야 한다.(철골공사 표준안전 작업지침 제16조)

119 해체공사 시 작업용 기계기구의 취급 안전기준에 관한 설명으로 옳지 않은 것은?

① 철제햄머와 와이어로프의 결속은 경험이 많은 사람으로서 선임된 자에 한하여 실시하도록 하여야 한다.
② 팽창제 천공간격은 콘크리트 강도에 의하여 결정되나 70~120cm 정도를 유지하도록 한다.
③ 쐐기타입으로 해체 시 천공구멍은 타입기 삽입부분의 직경과 거의 같아야 한다.
④ 화염방사기로 해체작업 시 용기 내 압력은 온도에 의해 상승하기 때문에 항상 40℃ 이하로 보존해야 한다.

팽창제(해체공사 표준안전 작업지침 제8조)
- 팽창제와 물과의 시방 혼합비율을 확인하여야 한다.
- 천공직경이 너무작거나 크면 팽창력이 작아 비효율적이므로, 천공 직경은 30 내지 50mm 정도를 유지하여야 한다.
- 천공간격은 콘크리트 강도에 의하여 결정되나 30 내지 70mm 정도를 유지하도록 한다.
- 팽창제를 저장하는 경우에는 건조한 장소에 보관하고 직접 바닥에 두지말고 습기를 피하여야 한다.
- 개봉된 팽창제는 사용하지 말아야 하며 쓰다 남은 팽창제 처리에 유의하여야 한다.

120 콘크리트 타설 시 거푸집 측압에 관한 설명으로 옳지 않은 것은?

① 기온이 높을수록 측압은 크다.
② 타설속도가 클수록 측압은 크다.
③ 슬럼프가 클수록 측압은 크다.
④ 다짐이 과할수록 측압은 크다.

콘크리트의 측압이 커지는 조건
- 기온이 낮을수록(대기 중의 습도가 낮을수록)
- 치어붓기 속도가 클수록
- 묽은 콘크리트일수록(물-시멘트비가 클수록, 슬럼프 값이 클수록, 시멘트-물비가 적을수록)
- 콘크리트의 비중이 클수록
- 콘크리트의 다지기가 강할수록
- 철근의 양이 적을수록
- 거푸집의 수밀성이 높을수록
- 거푸집의 수평단면이 클수록(벽 두께가 클수록)
- 거푸집의 강성이 클수록
- 거푸집의 표면이 매끄러울수록
- 생콘크리트의 높이가 높을수록(단, 일정한 높이에 이르면 측압의 증가는 없음)

정답 2020년 06월 07일 최근 기출문제

001 ③	002 ③	003 ②	004 ④	005 ③	006 ③	007 ③	008 ④	009 ②	010 ①
011 ②	012 ④	013 ①	014 ②	015 ④	016 ③	017 ①	018 ①	019 ③	020 ①
021 ④	022 ④	023 ②	024 ④	025 ②	026 ①	027 ③	028 ③	029 ③	030 ③
031 ②	032 ①	033 ①	034 ②	035 ①	036 ①	037 ②	038 ③	039 ④	040 ①
041 ①	042 ②	043 ②	044 ①	045 ④	046 ③	047 ②	048 ④	049 ②	050 ②
051 ①	052 ①	053 ③	054 ①	055 ④	056 ②	057 ③	058 ④	059 ③	060 ④
061 ②	062 ③	063 ②	064 ③	065 ③	066 ④	067 ②	068 ①	069 ②	070 ④
071 ②	072 ④	073 ③	074 ②	075 ②	076 ②	077 ④	078 ①	079 ①	080 ①
081 ②	082 ④	083 ①	084 ④	085 ①	086 ①	087 ②	088 ④	089 ④	090 ①
091 ①	092 ③	093 ①	094 ③	095 ③	096 ②	097 ①	098 ②	099 ②	100 ④
101 ③	102 ①	103 ②	104 ③	105 ③	106 ④	107 ①	108 ②	109 ④	110 ④
111 ②	112 ②	113 ④	114 ③	115 ②	116 ①	117 ③	118 ③	119 ②	120 ①

2020년 08월 22일

최근 기출문제

QUESTIONS FROM PREVIOUS TESTS

제 01 과목 산업안전관리론

001 다음은 안전보건개선계획의 제출에 관한 기준 내용이다. ( ) 안에 알맞은 것은?

> 안전보건개선계획서를 제출해야 하는 사업주는 안전보건개선계획서 수립·시행 명령을 받은 날부터 ( )일 이내에 관할 지방고용노동관서의 장에게 해당 계획서를 제출(전자문서로 제출하는 것을 포함한다)해야 한다.

① 15   ② 30
③ 45   ④ 60

산업안전보건법 시행규칙 제61조(안전보건개선계획의 제출 등) ① 법 제50조제1항에 따라 안전보건개선계획서를 제출해야 하는 사업주는 법 제49조제1항에 따른 안전보건개선계획서 수립·시행 명령을 받은 날부터 60일 이내에 관할 지방고용노동관서의 장에게 해당 계획서를 제출(전자문서로 제출하는 것을 포함한다)해야 한다.
② 제1항에 따른 안전보건개선계획서에는 시설, 안전보건관리체제, 안전보건교육, 산업재해 예방 및 작업환경의 개선을 위하여 필요한 사항이 포함되어야 한다.

002 재해의 간접적 원인과 관계가 가장 먼 것은?

① 스트레스   ② 안전수칙의 오해
③ 작업준비 불충분   ④ 안전방호장치 결함

재해의 원인 분류

- 간접원인
  - 기술적 원인 : 건물, 기계장치 설계 불량, 구조, 재료의 부적합, 생산 공정의 부적당, 점검, 정비보존 불량
  - 교육적 원인 : 안전의식의 부족, 안전수칙의 오해, 경험훈련의 미숙, 작업방법의 교육 불충분, 유해위험 작업의 교육 불충분
  - 관리적 원인(작업관리상 원인) : 안전관리 조직 결함, 안전수칙 미제정, 작업준비 불충분, 인원배치 부적당, 작업지시 부적당
- 직접원인
  - 불안전한 행동 : 위험장소 접근, 안전장치의 기능 제거, 복장·보호구의 잘못 사용, 기계·기구 잘못 사용, 운전 중인 기계장치의 손질, 불안전한 속도 조작, 위험물 취급 부주의, 불안전한 상태 방치, 불안전한 자세 동작, 감독 및 연락 불충분
  - 불안전한 상태 : 물 자체 결함, 안전 방호장치 결함, 복장·보호구의 결함, 물의 배치 및 작업장소 결함, 작업환경의 결함, 생산 공정의 결함, 경계표시·설비의 결함

003 산업안전보건법령상 금지표지에 속하는 것은?

①  ②

③  ④

해설

금지표지의 종류(산업안전보건법 시행규칙 별표 6)

101 출입금지	102 보행금지	103 차량통행 금지	104 사용금지	105 탑승금지	106 금연	107 화기금지	108 물체이동 금지

004 재해예방의 4원칙에 해당하지 않는 것은?

① 예방가능의 원칙
② 원인계기의 원칙
③ 손실필연의 원칙
④ 대책선정의 원칙

해설

재해방지의 4원칙

- 손실우연의 원칙 : 사고에 의해서 생기는 손실(상해)의 종류와 정도는 우연적이다.(1 : 29 : 300의 법칙)
- 원인계기의 원칙 : 모든 재해는 필연적인 원인에 의해서 발생한다.
- 예방가능의 원칙 : 재해는 원칙적으로 모두 방지가 가능하다.
- 대책선정의 원칙 : 재해방지 대책은 신속하고 확실하게 실시되어야 한다.

005 위험예지훈련 4R(라운드) 중 2R(라운드)에 해당하는 것은?

① 목표설정　　　　　② 현상파악
③ 대책수립　　　　　④ 본질추구

해설

위험예지훈련의 기초 4라운드 진행방법

- 1R(현상파악) : 어떤 위험이 잠재하고 있는지 사실을 파악하는 라운드(BS적용)
- 2R(본질추구) : 가장 위험한 요인(위험 포인트)을 합의로 결정하는 라운드(요약)
- 3R(대책수립) : 구체적인 대책을 수립하는 라운드(BS적용)
- 4R(목표달성-설정) : 수립한 대책 가운데 질이 높은 항목에 합의하는 라운드(요약)

006 산업안전보건법령상 공정안전보고서에 포함되어야 하는 내용 중 공정안전자료의 세부 내용에 해당하는 것은?

① 안전운전지침서
② 공정위험성평가서
③ 도급업체 안전관리계획
④ 각종 건물·설비의 배치도

공정안전자료의 세부 내용(산업안전보건법 시행규칙 제50조)
- 취급·저장하고 있거나 취급·저장하려는 유해·위험물질의 종류 및 수량
- 유해·위험물질에 대한 물질안전보건자료
- 유해하거나 위험한 설비의 목록 및 사양
- 유해하거나 위험한 설비의 운전방법을 알 수 있는 공정도면
- 각종 건물·설비의 배치도
- 폭발위험장소 구분도 및 전기단선도
- 위험설비의 안전설계·제작 및 설치 관련 지침서

007 도수율이 25인 사업장의 연간 재해발생 건수는 몇 건인가?(단, 이 사업장의 당해 연도 총근로시간은 80000시간이다.)

① 1건
② 2건
③ 3건
④ 4건

- 도수율 = $\dfrac{\text{재해발생건수}}{\text{연간 총근로시간}} \times 10^6$
- 재해발생건수 = $\dfrac{\text{도수율} \times \text{연간 총근로시간}}{10^6} = \dfrac{25 \times 80000}{10^6} = 2$

008 산업안전보건법령상 안전인증대상 기계 또는 설비에 속하지 않는 것은?

① 리프트
② 압력용기
③ 곤돌라
④ 파쇄기

안전인증대상 기계 또는 설비(산업안전보건법 시행령 제74조)
- 프레스
- 크레인
- 압력용기
- 사출성형기(射出成形機)
- 곤돌라
- 전단기 및 절곡기(折曲機)
- 리프트
- 롤러기
- 고소(高所) 작업대

009 보호구 안전인증 고시에 따른 가죽제안전화의 성능시험방법에 해당되지 않는 것은?

① 내답발성시험
② 박리저항시험
③ 내충격성시험
④ 내전압성시험

> **해설**
>
> **가죽제안전화(보호구 안전인증 고시 별표 2의9)**
> - 성능구분 : 물체의 낙하, 충격 또는 날카로운 물체에 의한 찔림 위험으로부터 발을 보호하기 위한 것
> - 성능시험방법 : 은면결렬시험, 인열강도시험, 선심의 내부길이, 내부식성시험, 겉창 시편의 채취방법, 인장강도시험 및 신장율, 내유성시험, 내압박성시험, 내충격성 시험, 박리저항시험, 내답발성시험

010 브레인 스토밍의 4가지 원칙 내용으로 옳지 않은 것은?

① 비판하지 않는다.
② 자유롭게 발언한다.
③ 가능한 정리된 의견만 발언한다.
④ 타인의 생각에 동참하거나 보충발언 해도 좋다.

> **해설**
>
> **브레인 스토밍(Brain Storming)의 4원칙** : 비평금지, 자유분방, 대량발언, 수정발언

011 재해손실비의 평가방식 중 시몬즈 방식에서 비보험 코스트에 반영되는 항목에 속하지 않는 것은?

① 휴업상해 건수
② 통원상해 건수
③ 응급조치 건수
④ 무손실사고 건수

> **해설**
>
> **산재보험 코스트와 비보험 코스트**
> - 산재보험 코스트 : 산업재해보상보험법에 의해 보상된 금액과 보험회사의 보상에 관련된 제경비 및 이익금을 합친 금액
> - 비보험 코스트 = (휴업상해건수 × A) + (통원상해건수 × B) + (응급조치건수 × C) + (무상해 사고 건수 × D)
>   ※ 여기서 A, B, C, D는 장해 정도별에 의한 비보험 코스트의 평균치

012 재해의 발생형태 중 재해가 일어난 장소나 그 시점에 일시적으로 요인이 집중되어 사고가 발생하는 유형은?

① 연쇄형
② 복합형
③ 결합형
④ 단순 자극형

> **해설**
>
> **재해발생의 메커니즘(3가지의 구조적 요소)**
> - 단순 자극형(집중형) : 일어난 장소나 그 시점에 일시적으로 요인이 집중하여 재해가 발생하는 경우이다.
> - 연쇄형 : 어느 하나의 요소가 원인이 되어 다른 요인을 발생시키고 이것이 또 다른 요소를 연쇄적으로 발생시키는 형태, 즉 연쇄적인 작용으로 재해를 일으키는 형태이다.
> - 복합형 : 집중형과 연쇄형의 복합적인 형태로 대부분의 경우 재해발생은 복합형으로 일어난다고 볼 수 있다.

단순 자극형	연쇄형		복합형
	단순연쇄형	복합연쇄형	

013 기계, 기구 또는 설비를 신설하거나 변경 또는 고장 수리 시 실시하는 안전점검의 종류는?

① 정기점검
② 수시점검
③ 특별점검
④ 임시점검

안전점검의 종류
- 수시점검 : 작업전·중·후에 실시하는 점검
- 정기점검 : 일정기간마다 정기적으로 실시하는 점검
- 특별점검
  - 기계·기구·설비의 신설시·변경 내지 고장 수리시 실시하는 점검
  - 천재지변 발생 후 실시하는 점검
  - 안전강조 기간 내에 실시하는 점검
- 임시점검 : 이상 발견시 임시로 실시, 정기점검과 정기점검 사이에 실시하는 점검

014 산업안전보건법령상 중대재해에 속하지 않는 것은?

① 사망자가 2명 발생한 재해
② 부상자가 동시에 7명 발생한 재해
③ 직업성 질병자가 동시에 11명 발생한 재해
④ 3개월 이상의 요양이 필요한 부상자가 동시에 3명 발생한 재해

산업안전보건법 시행규칙 제3조(중대재해의 범위) 법 제2조제2호에서 "고용노동부령으로 정하는 재해"란 다음 각 호의 어느 하나에 해당하는 재해를 말한다.
1. 사망자가 1명 이상 발생한 재해
2. 3개월 이상의 요양이 필요한 부상자가 동시에 2명 이상 발생한 재해
3. 부상자 또는 직업성 질병자가 동시에 10명 이상 발생한 재해

015 다음 중 재해 발생 시 긴급조치사항을 올바른 순서로 배열한 것은?

┌───┐
│ ㉠ 현장보존   ㉡ 2차 재해방지   │
│ ㉢ 피재기계의 정지   ㉣ 관계자에게 통보   │
│ ㉤ 피해자의 응급처리   │
└───┘

① ㉤ → ㉢ → ㉡ → ㉠ → ㉣   ② ㉢ → ㉤ → ㉣ → ㉡ → ㉠
③ ㉢ → ㉤ → ㉣ → ㉠ → ㉡   ④ ㉢ → ㉤ → ㉠ → ㉣ → ㉡

재해발생시의 긴급조치
- 1순위 : 피재기계의 정지 및 피해확산 방지
- 2순위 : 피해자의 응급조치
- 3순위 : 관계자에게 통보
- 4순위 : 2차 재해방지
- 5순위 : 현장보존

016 안전관리는 PDCA 사이클의 4단계를 거쳐 지속적인 관리를 수행하여야 한다. 다음 중 PDCA 사이클의 4단계를 잘못 나타낸 것은?

① P : Plan   ② D : Do
③ C : Check   ④ A : Analysis

안전관리의 사이클(계획의 운용, P → D → C → A)
- Plan(계획) : 목표를 정하고 달성하는 방법을 계획
- Do(실시) : 교육, 훈련을 하고 실행
- Check(검토) : 결과를 검토
- Action(조치) : 검토한 결과에 의해 조치

017 직계(Line)형 안전조직에 관한 설명으로 옳지 않은 것은?

① 명령과 보고가 간단명료하다.
② 안전정보의 수집이 빠르고 전문적이다.
③ 안전업무가 생산현장 라인을 통하여 시행된다.
④ 각종 지시 및 조치사항이 신속하게 이루어진다.

라인(Line)형(직계식 조직)

구분	내용
특징	• 안전관리에 관한 계획에서 실시에 이르기까지 모든 권한이 포괄적이고 직선적으로 행사되며, 안전을 전문으로 분담하는 부분이 없다. • 생산조직 전체에 안전관리 기능을 부여한다. • 소규모 사업장(100명 이하)에 적합하다.

장점	• 안전지시나 개선조치가 각 부분의 직제를 통하여 생산업무와 같이 흘러가므로 지시나 조치가 철저할 뿐만 아니라 그 실시도 빠르다. • 명령과 보고가 상하관계 뿐이므로 간단 명료하다.
단점	• 안전에 대한 정보가 불충분하며 내용이 빈약하다. • 생산업무와 같이 안전대책이 실시되므로 불충분하다. • 라인에 과중한 책임을 지우기가 쉽다.

018 안전보건관리계획 수립 시 고려할 사항으로 옳지 않은 것은?

① 타 관리계획과 균형이 맞도록 한다.
② 안전보건을 저해하는 요인을 확실히 파악해야 한다.
③ 수립된 계획은 안전보건관리활동의 근거로 활용된다.
④ 과거실적을 중요한 것으로 생각하고, 현재 상태에 만족해야 한다.

안전보건관리계획 수립 시 고려할 사항
- 안전에 대한 기본방침을 명확하게 하여야 한다.
- 타 관리계획과 균형이 맞도록 한다.
- 안전보건을 저해하는 요인을 확실히 파악해야 한다.
- 수립된 계획은 안전보건관리활동의 근거로 활용된다.
- 과거실적에 집착하여 현재 상태에 만족하지 않아야 한다.

019 산업안전보건법령상 건설공사도급인은 산업안전보건관리비의 사용명세서를 건설공사 종료 후 몇 년간 보존해야 하는가?

① 1년
② 2년
③ 3년
④ 5년

산업안전보건법 시행규칙 제89조(산업안전보건관리비의 사용) ① 건설공사도급인은 법 제72조제1항에 따라 도급금액 또는 사업비에 계상(計上)된 산업안전보건관리비의 범위에서 그의 관계수급인에게 해당 사업의 위험도를 고려하여 적정하게 산업안전보건관리비를 지급하여 사용하게 할 수 있다.
② 법 제72조제3항에 따라 건설공사도급인은 고용노동부장관이 정하는 바에 따라 해당 건설공사를 위하여 계상된 산업안전보건관리비를 그가 사용하는 근로자와 그의 관계수급인이 사용하는 근로자의 산업재해 및 건강장해 예방에 사용하고, 그 사용명세서를 매월(공사가 1개월 이내에 종료되는 사업의 경우에는 해당 공사 종료 시를 말한다) 작성하고 건설공사 종료 후 1년간 보존해야 한다.

020 산업안전보건법령에 따른 안전보건총괄책임자의 직무에 속하지 않는 것은?

① 도급 시 산업재해 예방조치
② 위험성평가의 실시에 관한 사항
③ 안전인증대상기계와 자율안전확인대상기계 구입 시 적격품의 선정에 관한 지도
④ 산업안전보건관리비의 관계수급인 간의 사용에 관한 협의·조정 및 그 집행의 감독

안전보건총괄책임자의 직무(산업안전보건법 시행령 제53조)
- 위험성평가의 실시에 관한 사항
- 산업재해가 발생할 급박한 위험이 있는 때와 중대재해 발생 시 작업의 중지
- 도급 시 산업재해 예방조치
- 산업안전보건관리비의 관계수급인 간의 사용에 관한 협의·조정 및 그 집행의 감독
- 안전인증대상기계등과 자율안전확인대상기계등의 사용 여부 확인

제 02 과목 산업심리 및 교육

021 판단과정에서의 착오원인이 아닌 것은?

① 능력부족   ② 정보부족
③ 감각차단   ④ 자기합리화

착오요인(대뇌의 Human Error)

구분	인지과정 착오	판단과정 착오	조치과정 착오
내용	• 생리, 심리적 능력의 한계 • 정보량 저장능력의 한계 • 감각차단 현상(단조로운 업무, 반복작업) • 정서 불안정(공포·불안·불만)	• 능력부족, 정보부족 • 자기 합리화 • 환경조건의 불비(不備)	• 작업자 기능 미숙 • 작업경험 부족 • 피로

022 안전교육에서 안전기술과 방호장치관리를 몸으로 습득시키는 교육방법으로 가장 적절한 것은?

① 지식교육   ② 기능교육
③ 해결교육   ④ 태도교육

안전보건교육의 3단계
- 제1단계 지식교육 : 강의, 시청각교육을 통한 지식의 전달과 이해
- 제2단계 기능교육 : 시범, 견학, 실습, 현장실습교육을 통한 경험 체득과 이해
- 제3단계 태도교육 : 작업동작지도, 생활지도 등을 통한 안전의 습관화

023 교육방법 중 하나인 사례연구법의 장점으로 볼 수 없는 것은?

① 의사소통 기술이 향상된다.
② 무의식적인 내용의 표현 기회를 준다.
③ 문제를 다양한 관점에서 바라보게 된다.
④ 강의법에 비해 현실적인 문제에 대한 학습이 가능하다.

사례연구법(Case Study)의 장점
- 흥미가 있고 학습동기를 유발할 수 있다.
- 현실적인 문제의 학습이 가능하다.
- 관찰, 분석력을 높이고 판단력, 응용력의 향상이 가능하다.
- 토의과정에서 각자가 자기의 사고 방향에 대하여 태도의 변형이 생긴다.

024 조직에 있어 구성원들의 역할에 대한 기대와 행동은 항상 일치하지는 않는다. 역할 기대와 실제 역할 행동 간에 차이가 생기면 역할 갈등이 발생하는데, 역할 갈등의 원인으로 가장 거리가 먼 것은?

① 역할 마찰
② 역할 민첩성
③ 역할 부적합
④ 역할 모호성

역할 갈등(role conflict)은 개인이 조직 내에서 두 가지 이상의 요구로 인하여 갈등 장면에 처했을 때 발생한다. 결과적으로 개인의 한가지 역할을 수행하게 되면 또 다른 역할 수행이 힘들게 되거나 반대가 되는 갈등 상황에 처하게 된다. 이러한 역할 갈등은 역할 마찰, 역할 부적합, 역할 모호성 등으로 인해 생겨난다.

025 안전교육의 형태와 방법 중 Off.J.T(Off the Job Training)의 특징이 아닌 것은?

① 공통된 대상자를 대상으로 일관적으로 교육할 수 있다.
② 업무 및 사내의 특성에 맞춘 구체적이고 실제적인 지도교육이 가능하다.
③ 외부의 전문가를 강사로 초청할 수 있다.
④ 다수의 근로자에게 조직적 훈련이 가능하다.

OJT와 off JT의 특징

OJT	off JT
• 개개인에게 적합한 지도훈련이 가능 • 직장의 실정에 맞는 실체적 훈련 • 훈련에 필요한 업무의 계속성 • 즉시 업무에 연결되는 관계로 신체와 관련 • 효과가 곧 업무에 나타나며 훈련의 좋고 나쁨에 따라 개선이 용이 • 교육을 통한 훈련 효과에 의해 상호 신뢰이해도가 높아짐	• 다수의 근로자에게 조직적 훈련이 가능 • 훈련에만 전념 • 특별 설비 기구를 이용 • 전문가를 강사로 초청 • 각 직장의 근로자가 많은 지식이나 경험을 교류 • 교육 훈련 목표에 대해서 집단적 노력이 흐트러 질 수도 있음

026 다음 중 ATT(American Telephone &Telegram) 교육훈련기법의 내용이 아닌 것은?

① 인사관계
② 고객관계
③ 회의의 주관
④ 종업원의 향상

ATT(American Telephone & Telegram Co)
- 교육대상 : 대상계층이 한정되어 있지 않고, 한번 훈련을 받은 관리자는 그 부하인 감독자에 대해 지도원이 될 수 있다.
- 교육내용 : 계획적 감독, 작업의 계획 및 인원배치, 작업의 감독, 공구와 자료의 보고 및 기록, 개인작업의 개선, 종업원의 기술향상, 인사관계, 훈련, 고객관계, 안전 등 12가지이다.
- 교육방법 : 코스는 1차 훈련(1일 8시간씩 2주간) 2차 과정에서는 문제가 발생할 때마다 하도록 되어 있으며, 진행방법은 통상 토의식에 의하여 지도자의 유도로 과제에 대한 의견을 제시하게 하여 결론을 내려가는 방식이다.

027 다음 중 학습전이의 조건으로 가장 거리가 먼 것은?

① 학습 정도
② 시간적 간격
③ 학습 분위기
④ 학습자의 지능

학습전이의 조건은 학습정도, 시간적 간격, 학습자의 지능, 학습자의 태도, 유사성 등이 있으며, 여타의 요인이 같은 경우 선행학습과 후행학습의 유사성, 훈련상황과 실제 작업과의 유사성이 전이가 일어나기 가장 쉽고 좋은 상황이다.

028 다음 중 산업안전 심리의 5대요소가 아닌 것은?

① 동기
② 감정
③ 기질
④ 지능

안전심리의 5요소와 습관의 4요소
- 안전심리의 5요소 : 습관, 동기, 기질, 감정, 습성
- 습관의 4요소 : 동기, 기질, 감정, 습성

029 다음 중 사고에 관한 표현으로 틀린 것은?

① 사고는 비변형된 사상(unstrained event)이다.
② 사고는 비계획적인 사상(unplaned event)이다.
③ 사고는 원하지 않는 사상(undesired event)이다.
④ 사고는 비효율적인 사상(ineffcient event)이다.

사고는 생산활동에 지장을 초래하는 비계획적이고 관리되지 못한 사건으로 인적재해, 물적손실 및 환경적 손실 등을 포함한다. 또한 사고는 원하지 않는 스트레스(Stress)를 넘어 변형된 사상(Strained Event)이다.

030 다음 중 역할연기(role playing)에 의한 교육의 장점으로 틀린 것은?

① 관찰능력을 높이고 감수성이 향상된다.
② 자기의 태도에 반성과 창조성이 생긴다.
③ 정도가 높은 의사결정의 훈련으로서 적합하다.
④ 의견 발표에 자신이 생기고 고찰력이 풍부해진다.

역할연기법(Role Playing)
- 역할연기법의 장점
  - 흥미를 갖고 문제에 적극적으로 참가할 수 있다.
  - 자기태도의 반성과 창조성이 생기고 발표력이 향상된다.
  - 문제의 배경에 대하여 통찰하는 능력을 높임으로써 감수성이 향상된다.
  - 각자의 장점과 약점을 알 수 있다.
- 역할연기법의 단점
  - 높은 수준의 의사결정에 대한 훈련에는 효과를 기대할 수 없다.
  - 목적이 명확하지 않고 다른 방법과 병용하지 않으면 의미가 없다.
  - 훈련 장소의 확보가 어렵다.

031 미국 국립산업안전보건연구원(NIOSH)이 제시한 직무스트레스 모형에서 직무스트레스 요인을 작업요인, 조직요인, 환경요인으로 구분할 때 조직요인에 해당하는 것은?

① 관리유형　　　　　② 작업속도
③ 교대근무　　　　　④ 조명 및 소음

직무 스트레스 모형에서 직무스트레스 요인(NIOSH)
- 작업요인 : 작업부하, 작업속도, 교대근무
- 환경요인 : 소음·진동, 고온·한랭, 환기불량, 부적절한 조명
- 조직요인 : 관리유형, 역할요구, 역할모호성 및 갈등, 경력 및 직무안정성
- 중재요인 : 개인적 요인(성격, 연령, 경력), 조직외 요인(가족상황, 교육상태, 결혼상태), 완충작용요인(사회적 지지, 업무 숙달정도, 대응능력)

032 집단이 가지는 효과로 두 개 이상의 서로 다른 개체가 힘을 합쳐 둘이 지닌 힘 이상의 효과를 내는 현상은?

① 시너지 효과　　　　② 동조 효과
③ 응집성 효과　　　　④ 자생적 효과

집단의 효과
- 동조 효과(응집력)
- 시너지(Synergy) 효과(System + Energy : +α 상승효과)
- 견물(見物) 효과(자랑스럽게 생각)

033 부주의의 발생방지 방법은 발생 원인별로 대책을 강구해야 하는데 다음 중 발생 원인의 외적요인에 속하는 것은?

① 의식의 우회
② 소질적 문제
③ 경험·미경험
④ 작업순서의 부자연성

부주의 발생원인 및 대책
- 외적 원인 및 대책
  - 작업, 환경조건 불량 : 환경정비
  - 작업순서의 부적당 : 작업순서정비
- 내적 조건 및 대책
  - 소질적 조건 : 적정 배치
  - 의식의 우회 : 상담(Counseling)
  - 경험의 부족 : 교육

034 다음 중 안전교육의 목적과 가장 거리가 먼 것은?

① 생산성이나 품질의 향상에 기여한다.
② 작업자를 산업재해로부터 미연에 방지한다.
③ 재해의 발생으로 인한 직접적 및 간접적 경제적 손실을 방지한다.
④ 작업자에게 작업의 안전에 대한 자신감을 부여하고 기업에 대한 충성도를 증가시킨다.

안전교육의 목적
- 생산성이나 품질의 향상에 기여한다.
- 재해의 발생으로 인한 직·간접적 경제적 손실을 방지한다.
- 작업자를 산업재해로부터 미연에 방지한다.
- 안전확보를 위한 지식·기능 및 태도의 향상을 기여할 뿐만 아니라 생산을 위한 작업방법의 개선·향상을 지향한다.
- 작업자에게 작업의 안전에 대한 안심감을 부여하고 기업에 대한 신뢰감을 높인다.

035 상황성 누발자의 재해유발원인으로 가장 적절한 것은?

① 소심한 성격   ② 주의력의 산만
③ 기계설비의 결함   ④ 침착성 및 도덕성의 결여

사고경향성자의 유형
- 상황성 누발자 : 작업의 어려움, 기계설비의 결함, 환경상 주의력의 집중 혼란, 심신의 근심 등 때문에 재해를 누발
- 습관성 누발자 : 재해의 경험으로 겁쟁이가 되거나 신경과민이 되어 재해를 누발하는 자와 일종의 슬럼프(Slump) 상태에 빠져서 재해를 누발
- 소질성 누발자 : 재해의 소질적 요인(주의력의 산만, 주의력 지속 불능, 도덕성 결여, 소심한 성격, 침착성 및 도덕성 결여 등)을 가지고 있기 때문에 재해를 누발
- 미숙성 누발자 : 기능 미숙이나 환경에 익숙하지 못하기 때문에 재해를 누발

036 다음 중 안전교육방법에 있어 도입단계에서 가장 적합한 방법은?

① 강의법   ② 실연법
③ 반복법   ④ 자율학습법

수업단계별 최적의 수업방법

수업단계	적합한 수업방법
도입	강의법, 시범
전개	반복법, 토의법, 실연법
정리	반복법, 토의법, 실연법, 자율학습법

037 직무와 관련한 정보를 직무명세서(job specification)와 직무기술서(job description)로 구분할 경우 직무기술서에 포함되어야 하는 내용과 가장 거리가 먼 것은?

① 직무의 직종
② 수행되는 과업
③ 직무수행 방법
④ 작업자의 요구되는 능력

직무기술서(job description)
- 직무기술서는 직무분석을 통해 얻어진 어떤 특정 직무에 관한 정보를 조직적이고 체계적으로 정리한 설명서라고 할 수 있으며, 직무분석의 결과에 의거하여 직무수행과 관련된 과업 및 직무행동을 일정한 양식에 기술한 문서이다.
- 일반적으로 직무기술서에는 직무체계(직군, 직렬, 직무), 인적사항, 직무개요, 직무내용(책무, 단위업무, 세부절차), 직무이동(수평/수직이동), 작업조건 및 방법 등이 포함되어야 한다.

038 레윈(Lewin)이 제시한 인간의 행동특성에 관한 법칙에서 인간의 행동(B)은 개체(P)와 환경(E)의 함수관계를 가진다고 하였다. 다음 중 개체(P)에 해당하는 요소가 아닌 것은?

① 연령
② 지능
③ 경험
④ 인간관계

Lewin K의 법칙

Lewin은 인간의 행동(B)은 그 사람이 가진 자질 즉, 개체(P)와 심리학적 환경(E)과의 상호 함수관계에 있다고 규정
$B = f(P \cdot E)$
- B : Behavior(인간의 행동)
- f : Function(함수관계 : 적성 기타 P와 E에 영향을 미칠 수 있는 조건)
- P : Person(개체 : 연령, 경험, 심신상태, 성격, 지능 등)
- E : Environment(심리적 환경 : 인간관계, 작업환경 등)

039 인간의 동기에 대한 이론 중 자극, 반응, 보상의 3가지 핵심변인을 가지고 있으며, 표출된 행동에 따라 보상을 주는 방식에 기초한 동기이론은?

① 강화이론
② 형평이론
③ 기대이론
④ 목표성절이론

해설

강화이론에 따르면 인간행동의 원인은 행동에 선행하는 환경적 자극, 그 환경적 자극에 반응하는 행동, 행동에 결부되는 결과로 표현된다.

040 다음 중 피들러(Fiedler)의 상황 연계성 리더십 이론에서 중요시 하는 상황적 요인에 해당하지 않는 것은?

① 과제의 구조화
② 부하의 성숙도
③ 리더의 직위상 권한
④ 리더와 부하간의 관계

해설

리더가 고려해야 할 상황요소(피들러의 상황 연계성 리더십)
- 리더와 부하간의 관계 : 부하들이 리더를 신뢰하고, 좋아하며 기꺼이 따르는 정도로 가장 중요한 상황요인이다.
- 과제의 구조화(과업구조) : 목표의 구체성과 관련되며 과제의 구조화 정도가 높을수록 리더의 영향력이 높다.
- 리더의 직위상 권한 : 리더가 부하들을 평가하고 상벌을 줄 수 있는 정도로 직위권한이 강할수록 리더의 영향력이 높다.

제 03 과목 인간공학 및 시스템 안전공학

041 화학설비의 안정성 평가에서 정량적 평가의 항목에 해당되지 않는 것은?

① 훈련
② 조작
③ 취급물질
④ 화학설비용량

해설

화학설비에 대한 안전성 평가 중 제3단계 정량적 평가
- 당해 화학설비의 취급물질, 용량, 온도, 압력 및 조작의 5항목에 대해 A, B, C, D급으로 분류하고 A급은 10점, B급은 5점, C급은 2점, D급은 0점으로 점수를 부여한 후 5항목에 관한 점수들의 합을 구한다.
- 합산 결과에 의한 위험도의 등급은 다음과 같다.

등급	점수	내용
등급 I	16점 이상	위험도가 높음
등급 II	11~15점 이하	주위상황, 다른 설비와 관련해서 평가
등급 III	10점 이하	위험도가 낮음

042 Sanders와 McCormick의 의자 설계의 일반적인 원칙으로 옳지 않은 것은?

① 요부 후만을 유지한다.
② 조정이 용이해야 한다.
③ 등근육의 정적 부하를 줄인다.
④ 디스크가 받는 압력을 줄인다.

해설
좌판의 깊이가 너무 깊어 등받이와 요추받침을 제대로 사용하지 못할 경우 등이 구부러지는 요추후만이 발생하여 요추부의 디스크 압력이 증가하게 된다. 따라서, 의자 설계 시에는 정상적인 자세에서의 요추전만을 유도하도록 설계해야 한다.

043 HAZOP 기법에서 사용하는 가이드 워드와 의미가 잘못 연결된 것은?

① No/Not – 설계 의도의 완전한 부정
② More/Less – 정량적인 증가 또는 감소
③ Part of – 성질상의 감소
④ Other than – 기타 환경적인 요인

해설

유인어(Guide Words)

Guide Words	의미
No/Not	설계의도의 완전한 부정
More/Less	양(압력, 반응, Flow Rate, 온도 등)의 증가 또는 감소
As well as	성질상의 증가(설계의도와 운전조건이 어떤 부가적인 행위와 함께 일어남)
Part of	일부변경, 성질상의 감소(어떤 의도는 성취되나 어떤 의도는 성취되지 않음)
Reverse	설계의도의 논리적인 역
Other than	완전한 대체(통상 운전과 다르게 되는 상태)

044 후각적 표시장치(olfactory display)와 관련된 내용으로 옳지 않은 것은?

① 냄새의 확산을 제어할 수 없다.
② 시각적 표시장치에 비해 널리 사용되지 않는다.
③ 냄새에 대한 민감도의 개별적 차이가 존재한다.
④ 경보 장치로서 실용성이 없기 때문에 사용되지 않는다.

해설

후각적 표시장치의 사용
- 천연가스에 냄새나는 물질 첨가
- 지하갱도의 광부들에게 긴급대피상황시 악취를 풍김

045 직무에 대하여 청각적 자극 제시에 대한 음성 응답을 하도록 할 때 가장 관련 있는 양립성은?

① 공간적 양립성
② 양식 양립성
③ 운동 양립성
④ 개념적 양립성

양립성의 구분
- 공간 양립성 : 표시장치나 조종장치에서 물리적 형태나 공간적인 배치의 양립성
- 운동 양립성 : 표시 및 조종장치 등의 운동 방향의 양립성
- 개념 양립성 : 사람들이 가지고 있는 개념적 연상(어떤 암호체계에서 청색이 정상을 나타내듯이)의 양립성
- 양식 양립성 : 기계가 특정 음성에 대해 정해진 반응을 하는 것과 같이 직무에 알맞은 자극과 응답 양식의 존재에 대한 양립성

046 NIOSH lifting guideline에서 권장무게한계(RWL) 산출에 사용되는 계수가 아닌 것은?

① 휴식 계수 ② 수평 계수
③ 수직 계수 ④ 비대칭 계수

NIOSH 들기지수(1991년 개정 지침)
- 들기지수(LI) = 실제작업무게(L) / 권장한계무게(RWL)
- LI는 취급하는 물건의 중량이 RWL의 몇 배인가를 나타내는 것으로 LI가 작을수록 좋으며 1보다 클 경우 요통의 발생 위험이 높다.
- LI의 작업변수는 작업물의 무게, 수평위치, 수직거리, 수직이동거리, 비대칭각도(허리 비틀림), 들기빈도, 커플링(손잡이) 조건 등이다.
- 권장한계무게(RWL, kg) = 23kg × HM × VM × DM × AM × FM × CM
- 수평계수(HM) : HM = 25/H
  - 하완 길이 25cm 이하인 경우 1, 키 작은 사람이 최대한 멀리 잡을 수 있는 거리 63cm 이상이면 0
  - 시점과 종점 두 곳에서 측정
- 수직계수(VM) : VM = 1 − 0.003[V−75]
  - 키 165cm인 사람이 들기작업에서 팔을 편안하게 늘어뜨렸을 때의 손의 높이 75cm가 가장 적합한 높이로 75일 때 최대 1이며, 높거나 낮으면 수직계수는 작아짐
  - 시점과 종점 두 곳에서 측정
- 거리계수(DM) : DM = 0.82 + 4.5/D
  - 물체를 수직이동시킨 거리
  - 25cm 이하면 1, 175cm 이상이면 0
- 비대칭성계수(AM) : AM = 1 − 0.0032A
  - A는 신체중심에서 물건중심까지 비틀린 각도로 비틀림이 없으면 1, 비틀림이 135°가 넘으면 0
  - 시점과 종점 두 곳에서 측정
- 빈도계수(FM)
  - 1분 동안 반복한 횟수
  - 다음의 표를 이용하여 적용

빈도수 (횟수/분)	작업시간					
	1시간 이하		2시간 이하		3시간 이하	
	V < 75	V > 75	V < 75	V > 75	V < 75	V > 75
0.2	1.00	1.00	0.95	0.95	0.85	0.85
0.5	0.97	0.97	0.92	0.92	0.81	0.81
1	0.94	0.94	0.88	0.88	0.75	0.75
2	0.91	0.91	0.84	0.84	0.65	0.65
3	0.88	0.88	0.79	0.79	0.55	0.55

- 결합계수(CM)
  - 잡기 편한 손잡이의 유무를 반영하는 것으로 손잡이가 있거나 없어도 편한 경우 Good, 손잡이나 잡을 수 있는 부분이 있으며 적당하게 위치하지는 않았지만 손목의 각도를 90°정도 유지할 수 있는 경우 Fair, 손잡이를 잡을 수 있는 부분이 없거나 불편한 경우 혹은 끝부분이 날카로운 경우 Bad로 점과 종점 두 곳에서 측정
  - 다음의 표를 이용하여 적용

커플링 상태	수직거리(V)	
	75cm 미만	75cm 이상
Good	1	1
Fair	0.95	1
Bad	0.9	0.9

047 컴퓨터 스크린 상에 있는 버튼을 선택하기 위해 커서를 이동시키는데 걸리는 시간을 예측하는 데 가장 적합한 법칙은?

① Fitts의 법칙
② Lewin의 법칙
③ Hick의 법칙
④ Weber의 법칙

피츠의 법칙(Fitts' Law)

$$MT = a + b\log_2\left(\frac{2D}{W}\right)$$

MT : 동작시간
a, b : 작업 난이도에 대한 실험상수
D : 동작 시발점에서 표적 중심까지의 거리
W : 표적의 폭

사용성 분야에서 인간의 행동에서 대해 속도와 정확성간의 관계를 설명하는 기본적인 법칙. 시작점에서 목표로 하는 지역에 얼마나 빠르게 닿을 수 있을지를 예측하고자 하는 것으로 이는 목표 영역의 크기와 목표까지의 거리에 따라 결정된다. 어떤 목표에 닿기 위해서 목표물의 크기가 작아질수록 속도와 정확도가 나빠지고 목표물과의 거리가 멀어질수록 필요한 시간이 더 길어진다는 것을 알 수 있다.

048 THERP(Technique for Human Error Rate Prediction)의 특징에 대한 설명으로 옳은 것을 모두 고른 것은?

> ㉠ 인간-기계 계(system)에서 여러 가지의 인간의 에러와 이에 의해 발생할 수 있는 위험성의 예측과 개선을 위한 기법
> ㉡ 인간의 과오를 정성적으로 평가하기 위하여 개발된 기법
> ㉢ 가지처럼 갈라지는 형태의 논리구조와 나무 형태의 그래프를 이용

① ㉠, ㉡
② ㉠, ㉢
③ ㉡, ㉢
④ ㉠, ㉡, ㉢

THERP(Technique of Human Error Rate Prediction) : 인간의 과오를 정량적으로 평가하기 위하여 개발된 기법

049 인간 에러(human error)에 관한 설명으로 틀린 것은?

① omission error : 필요한 작업 또는 절차를 수행하지 않는데 기인한 에러
② commission error : 필요한 작업 또는 절차의 수행지연으로 인한 에러
③ extraneous error : 불필요한 작업 또는 절차를 수행함으로써 기인한 에러
④ sequential error : 필요한 작업, 또는 절차의 순서 착오로 인한 에러

Swain의 휴먼 에러(Human Error)
- 생략적 과오(omission error) : 필요한 작업 또는 절차를 수행하지 않는데 기인한 과오
- 시간적 과오(time error) : 필요한 작업 또는 절차의 수행지연으로 인한 과오
- 수행적 과오(commission error) : 필요한 작업 또는 절차의 잘못된 수행으로 인한 과오
- 순서적 과오(sequential error) : 필요한 작업 또는 절차의 순서 착오로 인한 과오
- 불필요한 과오(extraneous error) : 불필요한 작업 또는 절차를 수행함으로써 기인한 과오

050 눈과 물체의 거리가 23cm, 시선과 직각으로 측정한 물체의 크기가 0.03cm 일 때 시각(분)은 얼마인가? (단, 시각은 600 이하이며, radian 단위를 분으로 환산하기 위한 상수값은 57.3과 60을 모두 적용하여 계산하도록 한다.)

① 0.001　　② 0.007
③ 4.48　　④ 24.55

시각 = $\dfrac{57.3 \times 60 \times 물체의\ 크기(D)}{물체와\ 눈\ 사이의\ 거리(L)}$ = $\dfrac{57.3 \times 60 \times 0.03}{23}$ = 4.484

※ 1 radian = 57.3°, 1° = 60'(분)

051 산업안전보건기준에 관한 규칙상 "강렬한 소음 작업"에 해당하는 기준은?

① 85데시벨 이상의 소음이 1일 4시간 이상 발생하는 작업
② 85데시벨 이상의 소음이 1일 8시간 이상 발생하는 작업
③ 90데시벨 이상의 소음이 1일 4시간 이상 발생하는 작업
④ 90데시벨 이상의 소음이 1일 8시간 이상 발생하는 작업

소음작업(산업안전보건기준에 관한 규칙 제512조)
- 소음작업 : 1일 8시간 작업을 기준으로 85데시벨 이상의 소음이 발생하는 작업
- 강렬한 소음작업 : 다음의 어느 하나에 해당하는 작업
  - 90데시벨 이상의 소음이 1일 8시간 이상 발생하는 작업
  - 95데시벨 이상의 소음이 1일 4시간 이상 발생하는 작업
  - 100데시벨 이상의 소음이 1일 2시간 이상 발생하는 작업
  - 105데시벨 이상의 소음이 1일 1시간 이상 발생하는 작업
  - 110데시벨 이상의 소음이 1일 30분 이상 발생하는 작업
  - 115데시벨 이상의 소음이 1일 15분 이상 발생하는 작업
- 충격소음작업 : 소음이 1초 이상의 간격으로 발생하는 작업으로서 다음의 어느 하나에 해당하는 작업

- 120데시벨을 초과하는 소음이 1일 1만회 이상 발생하는 작업
- 130데시벨을 초과하는 소음이 1일 1천회 이상 발생하는 작업
- 140데시벨을 초과하는 소음이 1일 1백회 이상 발생하는 작업

052 그림과 같이 FTA 로 분석된 시스템에서 현재 부품 X_1 부터 부품, X_5 까지 순서대로 복구한다면 어느 부품을 수리 완료하는 시점에서 시스템이 정상가동 되는가?

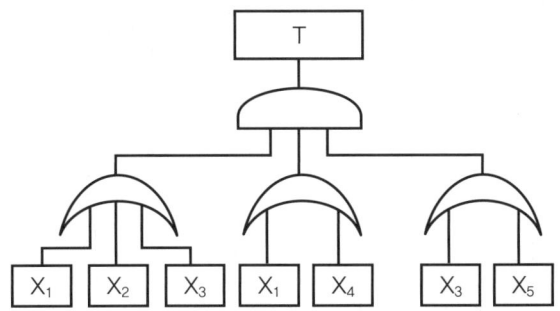

① 부품 X_2
② 부품 X_3
③ 부품 X_4
④ 부품 X_5

AND 게이트로 구성된 T가 정상적으로 가동되기 위해서는 아래에 있는 3개의 OR 게이트가 모두 정상이어야 한다. 따라서, 부품 X_1 과 X_2 복구시점까지는 오른쪽에 있는 OR 게이트가 작동하지 않으며, 부품 X_3 까지 복구되어야 아래의 OR 게이트 3개가 모두 작동된다.

053 인간이 기계보다 우수한 기능으로 옳지 않은 것은?(단, 인공지능은 제외한다.)

① 암호화된 정보를 신속하게 대량으로 보관할 수 있다.
② 관찰을 통해서 일반화하여 귀납적으로 추리한다.
③ 항공사진의 피사체나 말소리처럼 상황에 따라 변화하는 복잡한 자극의 형태를 식별할 수 있다.
④ 수신 상태가 나쁜 음극선관에 나타나는 영상과 같이 배경 잡음이 심한 경우에도 신호를 인지할 수 있다.

인간과 기계의 상대적 재능

인간이 우수한 기능	기계가 우수한 기능
• 저에너지 자극(시각, 청각, 후각 등) 감지 • 복잡 다양한 자극 형태 식별 • 예기치 못한 사건 감지 • 다량 정보를 오래 보관 • 귀납적 추리 • 과부하 상황에서는 중요한 일에만 전념 • 임기응변, 융통성, 원칙 적용, 주관적 추산, 독창력 발휘 등의 기능	• 인간 감지 범위 밖의 자극(X선, 초음파 등)도 감지 • 인간 및 기계에 대한 모니터 기능 • 드물게 발생하는 사상 감지 • 암호화된 정보를 신속하게 대량보관 • 연역적 추리 • 과부하시에도 효율적으로 작동 • 정량적 정보처리, 장시간 중량작업, 반복작업, 동시에 여러 가지 작업수행 등의 기능

054 그림과 같이 신뢰도 95%인 펌프 A가 각각 신뢰도 90%인 밸브 B와 밸브 C의 병렬밸브계와 직렬계를 이룬 시스템의 실패확률은 약 얼마인가?

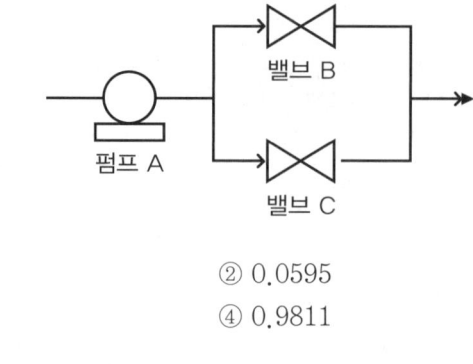

① 0.0091
② 0.0595
③ 0.9405
④ 0.9811

R = 0.95 × [1 − (1 − 0.9)(1 − 0.9)] = 0.9405
∴ 실패확률 = 1 − 0.9405 = 0.0595

055 다음은 유해위험방지계획서의 제출에 관한 설명이다. ( )안의 들어갈 내용으로 옳은 것은?

> 산업안전보건법령상 "대통령령으로 정하는 사업의 종류 및 규모에 해당하는 사업으로서 해당 제품의 생산 공정과 직접적으로 관련된 건설물 기계·기구 및 설비 등 일체를 설치·이전하거나 그 주요 구조부분을 변경하려는 경우"에 해당하는 사업주는 유해위험방지 계획서에 관련 서류를 첨부하여 해당 작업 시작 (㉠) 까지 공단에 (㉡) 부를 제출 하여야 한다.

① ㉠ : 7일 전, ㉡ : 2
② ㉠ : 7일 전, ㉡ : 4
③ ㉠ : 15일 전, ㉡ : 2
④ ㉠ : 15일 전, ㉡ : 4

유해위험방지계획서의 제출 기한 및 부수(산업안전보건법 제42조 및 시행규칙 제42조)
- 대통령령으로 정하는 사업의 종류 및 규모에 해당하는 사업으로서 해당 제품의 생산 공정과 직접적으로 관련된 건설물·기계·기구 및 설비 등 전부를 설치·이전하거나 그 주요 구조부분을 변경하려는 경우 : 해당 작업 시작 15일 전까지 공단에 2부 제출
- 유해하거나 위험한 작업 또는 장소에서 사용하거나 건강장해를 방지하기 위하여 사용하는 기계·기구 및 설비로서 대통령령으로 정하는 기계·기구 및 설비를 설치·이전하거나 그 주요 구조부분을 변경하려는 경우 : 해당 작업 시작 15일 전까지 공단에 2부 제출
- 대통령령으로 정하는 크기, 높이 등에 해당하는 건설공사를 착공하려는 경우 : 해당 공사의 착공 전날까지 2부 제출

056 FTA에서 사용되는 최소 컷셋에 관한 설명으로 옳지 않은 것은?

① 일반적으로 Fussell Algorithm 을 이용한다.
② 정상사상(Top event)을 일으키는 최소한의 집합이다.
③ 반복되는 사건이 많은 경우 Limnios와 Ziani Algorithm 을 이용하는 것이 유리하다.
④ 시스템에 고장이 발생하지 않도록 하는 모든 사상의 집합이다.

컷과 패스
- 컷셋(cut sets) : 그 속에 포함되어 있는 모든 기본사상(통상, 생략, 결함사상을 포함)이 일어났을 때 정상사상(top event)을 일으키는 기본사상의 집합
- 최소 컷셋(minimal cut sets) : 컷셋 중 그 부분집합만으로는 정상사상을 일으키는 일이 없는 것, 즉 정상사상(top event)을 일으키기 위한 최소한의 컷셋으로 어떤 고장이나 에러를 일으키면 재해가 일어나는가 하는 것. 결과적으로 시스템의 위험성(역으로는 안전성)을 나타내는 것
- 패스셋(path sets) : 시스템이 고장나지 않도록 하는 사상의 조합
- 최소 패스셋(minimal path sets) : 시스템이 고장나지 않도록 하는 최소한의 패스셋으로 어떤 고장이나 패스를 일으키지 않으면 재해는 일어나지 않는다는 것 즉, 시스템의 신뢰성을 나타내는 것

057 인간공학을 기업에 적용할 때의 기대효과로 볼 수 없는 것은?

① 노사 간의 신뢰 저하
② 작업 손실시간의 감소
③ 제품과 작업의 질 향상
④ 작업자의 건강 및 안전 향상

인간공학 적용에 따른 기대효과
- 근로자의 건강 및 안전 향상
- 사고 및 오용으로부터의 손실비용의 감소
- 기업 이미지와 상품선호도 향상
- 제품과 작업의 질 향상
- 교육 및 훈련 비용의 절감
- 생산 및 정비유지의 경제성 증대
- 생산성 향상 및 직무만족도 향상
- 이직률 및 작업손실시간의 감소
- 노사간의 신뢰도 구축
- 향상된 작업환경과 작업조건 마련
- 인력 이용률의 향상

058 차폐효과에 대한 설명으로 옳지 않은 것은?

① 차폐음과 배음의 주파수가 가까울 때 차폐효과가 크다.
② 헤어드라이어 소음 때문에 전화 음을 듣지 못한 것과 관련이 있다.
③ 유의적 신호와 배경 소음의 차이를 신호 소음(S/N) 비로 나타낸다.
④ 차폐효과는 어느 한 음 때문에 다른 음에 대한 감도가 증가되는 현상이다.

차폐효과는 어느 한 음 때문에 다른 음에 대한 감도가 감소되는 현상이다.

059 설비의 고장과 같이 발생확률이 낮은 사건의 특정시간 또는 구간에서의 발생 횟수를 측정하는데 가장 적합한 확률분포는?

① 이항분포(binomial distribution)
② 푸아송분포(Poisson distribution)
③ 와이블분포(Weibull distribution)
④ 지수분포(exponential distribution)

- 푸아송분포 : 설비의 고장과 같이 발생확률이 낮은 사건의 특정시간 또는 구간에서의 발생 횟수를 측정하는데 가장 적합한 확률분포
- 지수분포 : 어떤 설비의 시간당 고장률이 일정하다고 할 때 이 설비의 고장간격을 나타내는 데 가장 적합한 확률분포

060 그림과 같은 FT 도에서 $F_1 = 0.015$, $F_2 = 0.02$, $F_3 = 0.05$ 이면, 정상사상 T가 발생할 확률은 약 얼마인가?

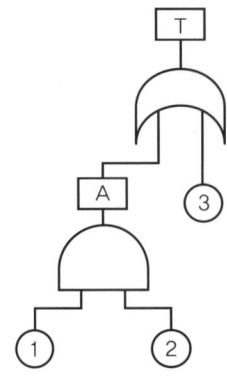

① 0.0002
② 0.0283
③ 0.0503
④ 0.9500

- A = ① × ② = 0.015 × 0.02 = 0.0003
- T = 1 − (1 − A)(1 − ③) = 1 − (1 − 0.0003)(1 − 0.05) = 0.0503

제 04 과목　건설시공학

061　지반조사 시 시추주상도 보고서에서 확인사항과 거리가 먼 것은?

① 지층의 확인
② Slime의 두께 확인
③ 지하수위 확인
④ N값의 확인

시추(토질)주상도는 조사지역의 층을 여러 가지 기호와 색으로 표시한 그래프로 지층, 지하수위, N값, 지하매설물, 지반 공동구 등을 확인하여야 한다.

062　CM 제도에 관한 설명으로 옳지 않은 것은?

① 대리인형 CM(CM for fee) 방식은 프로젝트 전반에 걸쳐 발주자의 컨설턴트 역할을 수행한다.
② 시공자형 CM(CM at risk) 방식은 공사관리자의 능력에 의해 사업의 성패가 좌우된다.
③ 대리인형 CM(CM for fee) 방식에 있어서 독립된 공종별 수급자는 공사관리자와 공사계약을 한다.
④ 시공자형 CM(CM at risk) 방식에 있어서 CM조직이 직접 공사를 수행하기도 한다.

대리인형 CM(CM for fee)은 발주자에게 임금을 받고 컨설턴트 역할만 수행하며, 공사결과에 대한 책임을 지지않는 형태이다. 이와 달리 공사비와 품질에 직접적인 책임을 지는 공사관리계약 방식은 시공자형 CM(CM for risk) 방식이다.

063 **철근콘크리트의 부재별 철근의 정착위치로 옳지 않은 것은?**

① 작은 보의 주근은 기둥에 정착한다.
② 기둥의 주근은 기초에 정착한다.
③ 바닥철근은 보 또는 벽체에 정착한다.
④ 지중보의 주근은 기초 또는 기둥에 정착한다.

철근의 정착 위치
- 기둥의 주근은 기초에 정착한다.
- 큰 보의 주근은 기둥에 정착한다.
- 작은 보의 주근은 큰 보에 정착한다.
- 지중보의 주근은 기초 또는 기둥에 정착한다.
- 직교하는 단부보 밑에 기둥이 없을 때는 보 상호간에 정착한다.
- 바닥철근은 보 및 벽체에 정착한다.
- 벽철근은 기둥, 보 및 바닥판에 정착한다.

064 **지하연속법 공법에 관한 설명으로 옳지 않은 것은?**

① 흙막이벽의 강성이 적어 보강재를 필요로 한다.
② 지수벽의 기능도 갖고 있다.
③ 인접건물의 경계선까지 시공이 가능하다.
④ 암반을 포함한 대부분의 지반에 시공이 가능하다.

지하연속벽식(Slurry wall)
- 안정액을 사용하여 지반붕괴를 방지하면서 굴착하여 그 속에 철근망과 콘크리트를 넣어 연속으로 콘크리트 흙막이벽을 설치하는 공법이다.
- 차수성이 높으며, 인접건물에 근접 시공이 가능하다.
- 벽체의 강성이 높아 본 구조체로 사용 가능하다.

065 **콘크리트를 타설 시 주의사항으로 옳지 않은 것은?**

① 콘크리트는 그 표면이 한 구획 내에서는 거의 수평이 되도록 타설하는 것을 원칙으로 한다.
② 한 구획내의 콘크리트는 타설이 완료될 때까지 연속해서 타설하여야 한다.
③ 타설한 콘크리트를 거푸집 안에서 횡방향으로 이동시켜 밀실하게 채워질 수 있도록 한다.
④ 콘크리트 타설의 1층 높이는 다짐능력을 고려하여 결정하여야 한다.

타설한 콘크리트를 거푸집 안에서 횡방향으로 이동시키는 행위는 골재분리를 유발하게 되므로 타설은 수직타설을 원칙으로 한다.

066 다음 보기의 블록쌓기 시공순서로 옳은 것은?

> A. 접착면 청소 B. 세로규준틀 설치
> C. 규준쌓기 D. 중간부쌓기
> E. 줄눈누르기 및 파기 F. 치장줄눈

① A → D → B → C → F → E
② A → B → D → C → F → E
③ A → C → B → D → E → F
④ A → B → C → D → E → F

일반적인 벽돌 및 블록쌓기 시공순서 : 접착면 청소 → 물축이기 → 규준쌓기 → 중간부쌓기 → 줄눈누르기 → 줄눈파기 → 치장줄눈 → 보양

067 말뚝지정 중 강재말뚝에 관한 설명으로 옳지 않은 것은?

① 기성콘크리트말뚝에 비해 중량으로 운반이 쉽지 않다.
② 자재의 이음 부위가 안전하여 소요길이의 조정이 자유롭다.
③ 지중에서의 부식 우려가 높다.
④ 상부구조물과의 결합이 용이하다.

강재말뚝의 특징
- 기성콘크리트 말뚝에 비해 경량이며, 휨 저항이 크고 타입이 용이하다.
- 지지력이 크고 현장접합이 가능하다.
- 부식에 의한 내구성 저하(열화현상) 우려가 있다.

068 벽돌공사 중 벽돌쌓기에 관한 설명으로 옳지 않은 것은?

① 가로 및 세로줄눈의 너비는 도면 또는 공사시방서에 정한 바가 없을 때에는 10mm를 표준으로 한다.
② 벽돌쌓기는 도면 또는 공사시방서에서 정한 바가 없을 때에는 불식쌓기 또는 미식쌓기로 한다.
③ 연속되는 벽면의 일부를 트이게 하여 나중쌓기로 할 때에는 그 부분을 층단 들여쌓기로 한다.
④ 벽돌은 각부를 가급적 동일한 높이로 쌓아 올라가고, 벽면의 일부 또는 국부적으로 높게 쌓지 않는다.

벽돌쌓기의 일반사항(KCS 41 34 02 벽돌공사)
- 가로 및 세로줄눈의 너비는 도면 또는 공사시방서에 정한 바가 없을 때에는 10mm를 표준으로 한다. 세로줄눈은 통줄눈이 되지 않도록 하고, 수직 일직선상에 오도록 벽돌 나누기를 한다.
- 벽돌쌓기는 도면 또는 공사시방서에서 정한 바가 없을 때에는 영식 쌓기 또는 화란식 쌓기로 한다.

- 가로줄눈의 바탕 모르타르는 일정한 두께로 평평히 펴 바르고, 벽돌을 내리누르듯 규준틀과 벽돌나누기에 따라 정확히 쌓는다.
- 세로줄눈의 모르타르는 벽돌 마구리면에 충분히 발라 쌓도록 한다.
- 벽돌은 각부를 가급적 동일한 높이로 쌓아 올라가고, 벽면의 일부 또는 국부적으로 높게 쌓지 않는다.
- 하루의 쌓기 높이는 1.2m(18켜 정도)를 표준으로 하고, 최대 1.5m(22켜 정도) 이하로 한다.
- 연속되는 벽면의 일부를 트이게 하여 나중쌓기로 할 때에는 그 부분을 층단 들여쌓기로 한다.
- 직각으로 오는 벽체의 한편을 나중 쌓을 때에도 층단 들여쌓기로 하는 것을 원칙으로 하지만 부득이할 때에는 담당원의 승인을 받아 켜걸음 들여쌓기로 하거나 이음보강철물을 사용한다. 먼저 쌓은 벽돌이 움직일 때에는 이를 철거하고 청소한 후 다시 쌓는다. 물려 쌓을 때에는 이 부분의 모르타르는 빈틈없이 다져 넣고 사춤 모르타르도 매 켜마다 충분히 부어 넣는다.
- 벽돌벽이 블록벽과 서로 직각으로 만날 때에는 연결철물을 만들어 블록 3단마다 보강하여 쌓는다.
- 벽돌벽이 콘크리트 기둥(벽)과 슬래브 하부면과 만날 때는 그 사이에 모르타르를 충전한다.

069 강구조 건축물의 현장조립 시 볼트시공에 관한 설명으로 옳지 않은 것은?

① 마찰내력을 저감시킬 수 있는 틈이 있는 경우에는 끼움판을 삽입해야 한다.
② 볼트조임 작업 전에 마찰접합면의 흙, 먼지 또는 유해한 도료, 유류, 녹, 밀스케일 등 마찰력을 저감시키는 불순물을 제거해야 한다.
③ 1군의 볼트조임은 가장자리에서 중앙부의 순으로 한다.
④ 현장조임은 1차 조임, 마킹, 2차 조임(본조임), 육안검사의 순으로 한다.

볼트의 현장시공
- 볼트조임 작업 전에 마찰접합면의 흙, 먼지 또는 유해한 도료, 유류, 녹, 밀스케일 등 마찰력을 저감시키는 불순물을 제거해야 한다.
- 마찰내력을 저감시킬 수 있는 틈이 있는 경우에는 끼움판을 삽입해야 한다.
- 접합부재 간의 접촉면이 밀착되게 하고, 뒤틀림 및 구부림 등은 반드시 교정해야 한다.
- 볼트머리 또는 너트의 하면이 접합부재의 접합면과 1/20 이상의 경사가 있을 때에는 경사 와셔를 사용해야 한다.
- 1군의 볼트조임은 중앙부에서 가장자리의 순으로 한다.
- 현장조임은 1차 조임, 마킹, 2차 조임(본조임), 육안검사의 순으로 한다.
- 1차조임은 토크렌치 또는 임펙트렌치 등을 이용해 접합부재가 충분히 밀착되도록 한다.
- 본 조임은 고장력볼트 전용 전동렌치를 이용하여 조임한다.
- 눈이 오거나 우천 시에는 작업을 피해야 하고, 접합면이 결빙 시에는 작업을 중지한다.
- 각 볼트군에 대한 볼트 수의 10% 이상, 최소 1개 이상에 대해 조임검사를 실시하고, 조임력이 부적합할 때에는 반드시 보정해야 한다.

070 프리플레이스트 콘크리트 말뚝으로 구멍을 뚫어 주입관과 굵은 골재를 채워 넣고 관을 통하여 모르타르를 주입하는 공법은?

① MIP 파일(Mixed In Place pile)
② CIP 파일(Cast In Place pile)
③ PIP 파일(Packed In Place pile)
④ NIP 파일(Nail In Place pile)

CIP(Cast In Place) 공법
- 어스오거(Earth auger)로 지중에 구멍을 뚫고, 철근망(또는 H-형강)을 삽입한 다음 모르타르 주입관을 설치하고, 먼저 자갈을 채운 후 주입관을 통하여 모르타르를 주입하여 제자리 말뚝을 형성하는 공법이다.
- 지중에 연속하여 시공하여 주열식 흙막이 벽체를 구성한다.
- 장비가 소형이므로 소음이 및 진동이 적고 협소한 장소에서도 시공이 가능하다.
- 자갈 및 암반지반을 제외한 대부분의 지반에 적용이 가능하다.
- 강성이 커서 배면토의 수평변위를 억제할 수 있어 인접 구조물에 대한 영향이 적다.

071 각 거푸집 공법에 관한 설명으로 옳지 않은 것은?

① 플라잉 폼 : 벽체 전용거푸집으로 거푸집과 벽체마감공사를 위한 비계틀을 일체로 조립한 거푸집을 말한다.
② 갱 폼 : 대형벽체거푸집으로써 인력절감 및 재사용이 가능한 장점이 있다.
③ 터널 폼 : 벽체용, 바닥용 거푸집을 일체로 제작하여 벽과 바닥 콘크리트를 일체로 하는 거푸집 공법이다.
④ 트래블링 폼 : 수평으로 연속된 구조물에 적용되며 해체 및 이동에 편리하도록 제작된 이동식 거푸집공법이다.

플라잉 폼(Flying Form)
- 바닥에 콘크리트 타설을 위한 거푸집으로써 거푸집판, 장선, 멍에, 서포트 등을 일체로 제작하여 부재화한 거푸집으로 일명 테이블 폼(Table form)이라 한다.
- 수직인 반복 모듈을 가진 구조물과 수평적인 반복 모듈을 가진 구조물에 적용효과가 높으며 경제적 전용횟수는 30~40회 이상이며, 보통 갱 폼과 조합되어 사용되므로 갱 폼과 같은 전용횟수를 기대할 수 있다.

072 철골부재 절단 방법 중 가장 정밀한 절단방법으로 앵클커터(angle cutter) 등으로 작업하는 것은?

① 가스절단 ② 전단절단
③ 톱절단   ④ 전기절단

철골 부재의 절단방법
- 톱절단 : 판두께 13mm 초과, 정밀절단시
- 전단절단 : 판두께 13mm 이하, 그라인더로 수정
- 가스절단 : 주변 13mm 정도 변질, 여유있게 절단
- 가공의 정밀도는 톱절단 〉 전단절단 〉 가스절단 순으로 우수

073 철근 이음의 종류 중 기계적 이음의 검사 항목에 해당되지 않는 것은?

① 위치   ② 초음파 탐사검사
③ 인장시험   ④ 외관 검사

철근이음의 검사

종류	항목	시험·검사 방법	시기·횟수	판정기준
겹침 이음	위치	육안 관찰 및 스케일에 의한 측정	가공 및 조립 때	철근상세도와 일치할 것
	이음길이			
가스압접 이음	위치	외관 관찰, 필요에 따라 스케일, 버니어캘리퍼스 등에 의한 측정	전체 개소	철근상세도와 일치할 것
	외관 검사			
	초음파탐사 검사	KS B 0839	1검사 로트마다 30개소 발취	사용목적을 달성하기 위해 정한 별도의 것
	인장시험	KS B 0554	1검사 로트마다 3개	설계기준항복 강도의 125%
기계적 이음	위치	육안 관찰, 필요에 따라 스케일, 버니어캘리퍼스 등에 의한 측정(커플러 이음의 헐거움 여부를 중심으로 커플러 내·외경 및 길이, 철근 가공 치수 등이 이상 없을 것)	전체 개소	철근상세도와 일치할 것
	외관 검사			제조회사의 시험 성적서에 사용된 시편과 일치할 것
	인장시험	제조회사의 시험 성적서에 의한 확인 또는 별도 인장시험	설계도서에 의함	설계기준항복 강도의 125%
용접 이음	외관 검사	육안 관찰 및 스케일에 의한 측정	모든 이음부위마다	철근상세도와 일치할 것
	용접부 내부 결함	KS B 0845 또는 KS B 0896	500개소마다	
	인장시험	KS B 0802, KS B ISO 17660-1		설계기준항복 강도의 125%

※ 1검사 로트는 원칙적으로 동일 작업반이 동일한 날에 시공 압접개소로서 그 크기는 200개소 정도를 표준으로 한다.

074 기초굴착 방법 중 굴착 공에 철근망을 삽입하고 콘크리트를 타설하여 말뚝을 형성하는 공법이며, 안정액으로 벤토나이트 용액을 사용하고 표층부에서만 케이싱을 사용하는 것은?

① 리버스 서큘레이션 공법 ② 베노토공법
③ 심초공법 ④ 어스드릴공법

기계굴착에 의한 현장타설말뚝공법

- 베노토공법(올케이싱 공법) : 케이싱튜브로 공벽을 보호하면서 주로 해머그랩 버켓으로 굴착하여 현장에서 설치하는 현장타설말뚝
- 리버스 서큘레이션(RCD) 공법 : 수두차에 의하여 공벽을 보호하면서 회전 비트를 사용하여 굴착하고 이수(泥水)의 역류에 의하여 토사를 배출시켜 현장에서 설치하는 현장타설말뚝
- 어스드릴공법 : 벤토나이트 이수에 의하여 공벽을 보호하면서 회전 버켓을 사용하여 굴착하고, 토사를 배출하여 현장에서 설치하는 현장타설말뚝

075 거푸집 설치와 관련하여 다음 설명에 해당하는 것으로 옳은 것은?

> 보, 슬래브 및 트러스 등에서 그의 정상적 위치 또는 형상으로부터 처짐을 고려하여 상향으로 들어올리는 것 또는 들어 올린 크기

① 폼타이
② 캠버
③ 동바리
④ 턴버클

용어의 정의
- 거푸집 긴결재(폼타이, form tie) : 기둥이나 벽체 거푸집과 같이 마주보는 거푸집에서 거푸집 널을 일정한 간격으로 유지시켜 주는 동시에 콘크리트 측압을 최종적으로 지지하는 역할을 하는 인장부재로 매립형과 관통형으로 구분한다.
- 솟음(캠버, camber) : 보, 슬래브 및 트러스 등에서 그의 정상적 위치 또는 형상으로부터 처짐을 고려하여 상향으로 들어올리는 것 또는 들어올린 크기를 말한다.
- 동바리 : 타설된 콘크리트가 소정의 강도를 얻기까지 고정하중 및 시공하중 등을 지지하기 위하여 설치하는 부재 또는 작업 장소가 높은 경우 발판, 재료 운반이나 위험물 낙하 방지를 위해 설치하는 임시 지지대를 말한다.
- 턴버클(turn buckle) : 지지막대나 지지 와이어 로프 등의 길이를 조절하기 위한 기구로 철골 구조나 목조의 현장 조립 등에서 다시 세우기나 철근 가새 등에 사용한다.

076 단순조적 블록공사 시 방수 및 방습처리에 관한 설명으로 옳지 않은 것은?

① 방습층은 도면 또는 공사시방서에서 정한 바가 없을 때에는 마루밑이나 콘크리트 바닥판 밑에 접근되는 세로줄눈의 위치에 둔다.
② 물빼기 구멍은 콘크리트의 윗면에 두거나 물끊기 및 방습층 등의 바로 위에 둔다.
③ 도면 또는 공사시방서에서 정한 바가 없을 때 물빼기 구멍의 직경은 10mm 이내, 간격 1.2m마다 1개소로 한다.
④ 물빼기 구멍에는 다른 지시가 없는 한 직경 6mm, 길이 100mm되는 폴리에틸렌 플라스틱 튜브를 만들어 집어넣는다.

단순조적 블록공사 시 방수 및 방습처리
- 블록 벽면의 방수처리는 도면 또는 관련 기준에 따른다.
- 블록 벽체가 지반면에 접촉하는 부분에는 수평 방습층을 두고 그 위치, 재료 및 공법은 도면 또는 공사시방서에 따르고, 그 정함이 없을 때에는 마루 밑이나 콘크리트 바닥판 밑에 접근되는 가로줄눈의 위치에 두고 액체방수 모르타르를 10mm 두께로 블록 윗면 전체에 바른다.
- 물빼기 구멍은 콘크리트의 윗면에 두거나 물끊기 및 방습층 등의 바로 위에 둔다. 그 구멍의 크기, 간격, 재료 및 구성방법 등은 도면 또는 공사시방서에 따른다. 도면 또는 공사시방서에서 정한 바가 없을 때에는 직경 10mm 이내, 간격 1.2m마다 1개소로 한다. 또한 블록 빈속의 밑창에 모르타르를 바깥쪽으로 약간 경사지게 펴 깔고 블록을 쌓거나 10mm 정도의 물흘림 홈을 두어 블록의 빈속에 고인 물이 물빼기 구멍으로 흘러내리게 한다.
- 물빼기 구멍에는 다른 지시가 없는 한 직경 6mm, 길이 100mm되는 폴리에틸렌 플라스틱 튜브를 만들어 집어넣는다.

077 대규모공사에서 지역별로 공사를 분리하여 발주하는 방식이며 공사기일단축, 시공기술향상 및 공사의 높은 성과를 기대할 수 있어 유리한 도급방법은?

① 전문공종별 분할도급
② 공정별 분할도급
③ 공구별 분할도급
④ 직종별 공종별 분할도급

분할도급

- 전문공종별 분할도급
  - 시설공사 중 설비공사(전기, 난방 등)를 주체공사와 분리하여 계약하는 방식이다.
  - 설비업자의 자본, 기술이 강화되고 복잡한 공사 내용이 전문화되므로 건축주와 시공자와의 의사소통이 원활하며 건축주가 신뢰하는 전문업자를 선택할 수 있다.
  - 전체 관리가 곤란하므로 각 공사의 연락조정이 비교적 복잡하고 가설 및 시공 기계의 설치가 중복되어 공사비가 증대될 우려가 있다.
- 공정별 분할도급
  - 정지, 기초, 구체, 마무리 공사 등의 시공과정별로 나누어 도급하는 방식이다.
  - 후속공사를 다른 업자로 바꾸거나 후속 공사금액의 결정이 곤란하며 업자에 대한 불만이 있어도 변경하기 어렵다.
- 공구별 분할도급
  - 대규모 공사에서 지역별로 공사를 분리하여 발주하는 방식이다.
  - 중소업자에게 균등한 기회를 주고 업자 상호간의 경쟁으로 공사기일을 단축하며 시공기술의 향상에 유리하다.
- 직종별 공종별 분할도급
  - 전문직별 또는 각 공종별로 세분하여 도급하는 방식이다.
  - 전문직종을 통해 건축주의 의도를 정확하게 반영할 수 있지만, 현장관리가 번잡하고, 공사비가 증대 될 수 있다.

078 콘크리트 공사 시 콘크리트를 2층 이상으로 나누어 타설할 경우 허용 이어치기 시간간격의 표준으로 옳은 것은?(단, 외기온도가 25℃ 이하일 경우이며, 허용이어치기 시간간격은 하층 콘크리트 비비기 시작에서부터 콘크리트 타설 완료한 후, 상층 콘크리트가 타설되기까지의 시간을 의미)

① 2.0 시간
② 2.5 시간
③ 3.0 시간
④ 3.5 시간

허용 이어치기 시간간격의 표준

외기온도	허용 이어치기 시간간격
25℃ 초과	2.0 시간 (120분)
25℃ 이하	2.5 시간 (150분)

※ 허용 이어치기 시간간격은 하층 콘크리트 비비기 시작에서부터 하층 콘크리트 타설 완료한 후, 정치시간을 포함하여 상층 콘크리트가 타설되기까지의 시간

079 품질관리를 위한 통계 수법으로 이용되는 7가지 도구(Tools)를 특징별로 조합한 것 중 잘못 연결된 것은?

① 히스토그램 – 분포도
② 파레토그램 – 영향도
③ 특성요인도 – 원인결과도
④ 체크시트 – 상관도

체크시트(Check sheet)는 기록을 위한 용도와 점검을 위한 용도로 구분되며, 데이터 수집을 위한 기록용 체크시트의 경우 층별 기준에 의해 세분화된 유형의 발생빈도를 체크하여 기록한다.

080 강구조부재의 내화피복공법이 아닌 것은?

① 조적공법
② 세라믹울 피복공법
③ 타설공법
④ 메탈라스 공법

내화피복공법 및 재료의 종류

구분	공법	재료
도장공법	내화도료공법	팽창성 내화도료
습식공법	타설공법	콘크리트, 경량 콘크리트
	조적공법	콘크리트 블록, 경량 콘크리트 블록, 돌·벽돌
	미장공법	철망 모르타르, 철망 파라이트 모르타르
	뿜칠공법	뿜칠 암면, 습식 뿜칠 암면, 뿜칠 모르타르, 뿜칠 플라스터, 실리카·알루미나 계열 모르타르
건식공법	성형판 붙임공법	무기섬유혼입 규산칼슘판, ALC 판, 무기섬유강화 석고보드, 석면 시멘트판, 조립식 패널, 경량콘크리트 패널, 프리캐스트 콘크리트판
	휘감기공법	–
	세라믹울 피복공법	세라믹 섬유 블랭킷
합성공법	합성공법	프리캐스트 콘크리트판, ALC 판

제 05 과목 건설재료학

081 목재 제품 중 합판에 관한 설명으로 옳지 않은 것은?

① 방향에 따른 강도차가 작다.
② 곡면가공을 하여도 균열이 생기지 않는다.
③ 여러 가지 아름다운 무늬를 얻을 수 있다.
④ 함수율 변화에 의한 신축변형이 크다.

합판의 특성
- 잘 갈라지지 않고 방향에 따른 강도의 차가 적다.
- 큰판 및 곡면판을 만들 수 있다.
- 함수율에 따른 변화가 없다.
- 판재에 비해 균질하다.
- 무늬가 좋은 판을 얻을 수 있다.

082 금속재료의 일반적인 부식 방지를 위한 대책으로 옳지 않은 것은?

① 가능한 다른 종류의 금속을 인접 또는 접촉시켜 사용한다.
② 가공 중에 생긴 변형은 뜨임질, 풀림 등에 의해서 제거다.
③ 표면은 깨끗하게 하고, 물기나 습기가 없도록 한다.
④ 부분적으로 녹이 나면 즉시 제거한다.

부식 방지를 위해서는 다른 종류의 금속을 인접 또는 접촉시키지 않아야 한다.

083 어떤 재료의 초기 탄성변형량이 2.0cm이고, 크리프(creep) 변형량이 4.0cm 라면 이 재료의 크리프 계수는 얼마인가?

① 0.5
② 1.0
③ 2.0
④ 4.0

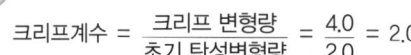

크리프계수 = $\dfrac{\text{크리프 변형량}}{\text{초기 탄성변형량}} = \dfrac{4.0}{2.0} = 2.0$

084 미장공사에서 사용되는 바름재료 중 여물에 관한 설명으로 옳지 않은 것은?

① 바름에 있어서 재료에 끈기를 주어 흘러내림을 방지한다.
② 흙손질을 용이하게 하는 효과가 있다.
③ 바름 중에는 보수성을 향상시키고, 바름 후에는 건조에 따라 생기는 균열을 방지한다.
④ 여물의 섬유는 질기고 굵으며, 색이 짙고 빳빳한 것일수록 양질의 제품이다.

여물은 미장재료로 사용되는 섬유질 재료로 미장면의 잔금 방지(건조수축에 의한 균열방지), 재료의 끈기 유지, 탈락(떨어짐) 방지, 강도보강을 목적으로 사용되며 종류는 백모여물(마닐라 삼의 섬유), 종이여물(한지, 닥나무의 섬유), 무명여물, 짚여물, 등이 있으며 연하고 질기고 얇은 것일수록 양질의 재료이다.

085 리녹신에 수지, 고무물질, 코르크분말 등을 섞어 마포(hemp cloth) 등에 발라 두꺼운 종이모양으로 압면·성형한 제품은?

① 스펀지 시트
② 리놀륨
③ 비닐 시트
④ 아스팔트 타일

리놀륨(Linoleum)
- 리녹신(아마인유의 산화물)에 수지를 가하여 리놀륨 시멘트를 만들고 여기에 코르크 분말, 톱밥, 안료 등을 섞어 마포에 도포한 후 롤러로 열합하여 성형한 제품이다.
- 내구력이 비교적 크고 탄력성, 내수성 등이 있다.

086 플로트판유리를 연화점부근까지 가열 후 양 표면에 냉각공기를 흡착시켜 유리의 표면에 20 이상 60 이하 (N/mm²)의 압축응력층을 갖도록 한 가공유리는?

① 강화유리
② 열선반사유리
③ 로이유리
④ 배강도 유리

- 강화유리 : 고열에 의한 특수 열처리로 기계적 강도를 향상시킨 특수유리로 일반 유리에 비해 강도가 3~5배인 유리를 말한다.
- 열선반사유리 : 판유리의 한쪽 면에 열선반사막을 코팅하여 일사열의 차폐성능을 높인 유리(유리표면에 반사성합성수지 필름을 부착한 것은 제외)를 말한다.
- 로이유리(low-e glass) : 열 적외선(infrared)을 반사하는 은소재 도막으로 코팅하여 방사율과 열관류율을 낮추고 가시광선 투과율을 높인 유리로서 일반적으로 복층 유리로 제조하여 사용한다.
- 배강도 유리 : 플로트판유리를 연화점부근(약 700 ℃)까지 가열 후 양 표면에 냉각공기를 흡착시켜 유리의 표면에 20 이상 60 이하(N/mm²)의 압축응력층을 갖도록 한 가공유리. 내풍압 강도, 열깨짐 강도 등은 동일한 두께의 플로트판 유리의 2배 이상의 성능을 가진다. 그러나 제품의 절단은 불가능하다.

087 고로시멘트의 특성에 관한 설명으로 옳지 않은 것은?

① 수화열이 낮고 수축률이 적어 댐이나 항만공사 등에 적합하다.
② 보통포틀랜드시멘트에 비하여 비중이 크고 풍화에 대한 저항성이 뛰어나다.
③ 응결시간이 느리기 때문에 특히 겨울철 공사에 주의를 요한다.
④ 다량으로 사용하게 되면 콘크리트의 화학저항성 및 수밀성, 알칼리골재반응 억제 등에 효과적이다.

고로시멘트
- 용광로에서 선철을 제조할 때 생기는 부산물인 슬래그(광재)에 포틀랜드 시멘트와 석고(石膏)를 혼합하여 만든 혼합시멘트를 말한다.
- 수화열이 적고 수축이 적어 댐 공사에 적합하다.
- 비중이 적고(2.85 이상) 바닷물의 화학작용에 대한 저항성이 크다.
- 단기강도(초기강도)가 작고 장기강도는 양호하다.
- 수밀성이 우수하고 풍화가 용이하다.
- 응결시간이 약간 느리다.
- 콘크리트의 블리딩이 적어진다.

088 점토의 성분 및 성질에 관한 설명으로 옳지 않은 것은?

① Fe_2O_3 등의 부성분이 많으면 제품의 건조수축이 크다.
② 점토의 주성분은 실리카, 알루미나이다.
③ 소성 색상은 석회물질이 많을수록 짙은 적색이 된다.
④ 가소성은 점토입자가 미세할수록 좋다.

점토의 소성 색상은 석회물질이 많으면 황색, 철산화물이 많으면 적색을 띤다.

089 블리딩현상이 콘크리트에 미치는 가장 큰 영향은?

① 공기량이 증가하여 결과적으로 강도를 저하시킨다.
② 수화열을 발생시켜 콘크리트에 균열을 발생시킨다.
③ 콜드조인트의 발생을 방지한다.
④ 철근과 콘크리트의 부착력 저하, 수밀성 저하의 원인이 된다.

블리딩(Bleeding) 현상

- 콘크리트 타설 후 시멘트, 골재입자 등의 비중차에 의한 침하에 의해 물이 분리 상승되어 표면에 떠오르는 현상을 말하며 철근과 콘크리트의 부착력 저하, 수밀성 저하의 원인이 된다.
- 블리딩 현상의 방지책
  - 단위 수량을 가능한 적게 하고, 된비빔 콘크리트를 타설한다.
  - 작은 입자를 적당하게 포함하고 있는 잔골재를 사용한다.
  - AE제, AE감수제, 고성능 감수제(포졸란 등)을 사용한다.
  - 분말도가 높은 시멘트를 사용한다.

090 통풍이 좋지 않은 지하실에 사용하는데 가장 적합한 미장재료는?

① 시멘트 모르타르   ② 회사벽
③ 회반죽   ④ 돌로마이트 플라스터

시멘트 모르타르는 시멘트에 모래, 물, 혼화재를 혼합한 것으로 무기물 성분으로 습기가 많은 곳에 적용도 유리하며 가장 광범위한 장소에 적용이 가능하다.

091 다음 중 알루미늄과 같은 경금속 접착에 가장 적합한 합성수지는?

① 멜라민수지   ② 실리콘수지
③ 에폭시수지   ④ 푸란수지

에폭시수지

- 경화제와 반응하여 3차원적 가교구조를 이루는 고분자 물질로 전환되는 열경화성수지이다.
- 접착성이 아주 우수하며 특히 금속, 유리, 플라스틱, 도자기, 목재, 고무 등에 탁월한 접착성이 있다.
- 내약품성, 내용제성이 뛰어나다.
- 농질산을 제거하고 산·알칼리에 강하다

092 비철금속에 관한 설명으로 옳지 않은 것은?

① 청동은 구리와 아연을 주체로 한 합금으로 건축용 장식철물에 사용된다.
② 알루미늄은 산 및 알칼리에 약하다.
③ 아연은 산 및 알칼리에 약하나 일반대기나 수중에서는 내식성이 크다.
④ 동은 전기 및 열전도율이 매우 크다.

청동(靑銅, Bronze)
- 동 + 주석(Sn)의 합금이다.
- 황동보다 내식성이 크고 주조하기 쉽다.
- 포금(砲金, Gun metal)은 주석을 10% 정도 함유한 청동으로 강도와 경도가 크다.

093 유리공사에 사용되는 자재에 관한 설명으로 옳지 않은 것은?
① 흡습제는 작은 기공을 수억 개 갖고 있는 입자로 기체분자를 흡착하는 성질에 의해 밀폐공간에 건조상태를 유지하는 재료이다.
② 세팅 블록은 새시 하단부의 유리끼움용 부재료로서 유리의 자중을 지지하는 고임재이다.
③ 단열간봉은 복층유리의 간격을 유지하는 재료로 알루미늄간봉을 말한다.
④ 백업재는 실링 시공인 경우에 부재의 측면과 유리면 사이에 연속적으로 충전하여 유리를 고정하는 재료이다.

단열간봉(warm-edge spacer)
- 복층유리의 간격을 유지하며 열 전달을 차단하는 재료로, 기존의 열전도율이 높은 알루미늄 간봉의 취약한 단열문제를 해결하기 위한 방법으로 warm-edge technology를 적용한 간봉이다.
- 고단열 및 창호에서의 결로방지를 위한 목적으로 적용된다.

094 석재를 성인에 의해 분류하면 크게 화성암, 수성암, 변성암으로 대별되는데 다음 중 수성암에 속하는 것은?
① 사문암
② 대리암
③ 현무암
④ 응회암

석재의 성인에 따른 분류
- 화성암 : 화강암, 안산암, 현무암, 감람석, 부석 등
- 수성암 : 사암, 이판암, 점판암, 응회암, 석회암 등
- 변성암 : 대리석, 사문석, 석면 등

095 다음 중 단백질계 접착제에 해당하는 것은?
① 카세인 접착제
② 푸란수지 접착제
③ 에폭시수지 접착제
④ 실리콘수지 접착제

접착제
- 단백질계 접착제 : 카세인, 아교, 콩풀
- 전분질계 접착제 : 전분, 호정
- 고무계 접착제 : 천연고무, 네오프렌
- 섬유소계 접착제 : 질화면, 나트륨칼폭시메틸, 셀룰로이드
- 합성수지 접착제 : 요소수지접착제, 페놀수지 접착제, 에폭시수지 접착제, 멜라민수지 접착제(목재용), 실리콘수지 접착제 등

096 콘크리트의 압축강도에 영향을 주는 요인에 관한 설명으로 옳지 않은 것은?

① 양생온도가 높을수록 콘크리트의 초기강도는 낮아진다.
② 일반적으로 물-시멘트비가 같으면 시멘트의 강도가 큰 경우 압축강도가 크다.
③ 동일한 재료를 사용하였을 경우에 물-시멘트비가 작을수록 압축강도가 크다.
④ 습윤양생을 실시하게 되면 일반적으로 압축강도는 증진된다.

양생온도가 높을수록 콘크리트의 초기강도는 높아지지만, 장기강도의 증진율은 작아진다.

097 목재 또는 기타 식물질을 절삭 또는 파쇄하고 소편으로 하여 충분히 건조시킨 후 합성수지 접착제와 같은 유기질의 접착제를 첨가하여 열압제판한 보드로써 상판, 칸막이벽, 가구 등에 사용되는 것은?

① 파키트리 보드
② 파티클 보드
③ 플로링 보드
④ 파키트리 블록

파티클 보드(particle board)
- 목재 또는 식물질을 절삭 또는 파쇄하여 소편(particle)으로 만들어 충분히 건조시킨 후 합성수지 접착제를 첨가하여 열압 제판한 보드로 칩 보드(chip board)라고도 한다.
- 변형이 적고 음 및 열의 차단성이 우수하여 상판, 칸막이벽, 가구 등에 이용된다.
- 표면 처리에 따라 바탕 파티클 보드, 홑겹 붙임 파티클 보드, 합침지 붙임 파티클 보드로 구분한다.
※ 파키트리 블록(parquetry block), 플로링 보드(flooring board), 플로링 블록(flooring block), 쪽매널(wood mosaic), 파키트리 보드(parquetry board) 등은 모두 마루판에 해당된다.

098 고로슬래그 쇄석에 관한 설명으로 옳지 않은 것은?

① 철을 생산하는 과정에서 용광로에서 생기는 광재를 공기중에서 서서히 냉각시켜 경화된 것을 파쇄하여 입도를 고른 것이다.
② 다른 암석을 사용한 콘크리트보다 고로슬래그 쇄석을 사용한 콘크리트가 건조수축이 매우 큰 편이다.
③ 투수성은 보통골재를 사용한 콘크리트보다 크다.
④ 다공질이기 때문에 흡수율이 높다.

고로 슬래그 쇄석은 철을 생산하는 과정에서 용광로에서 생기는 광재를 공기 중에서 서서히 냉각시켜 경화한 것을 파쇄하여 입도를 고른 것으로, 골재 내부 세공구조의 장기수분 함수 때문에 다른 암석을 사용한 콘크리트보다 건조수축이 작은 편이다.

099 목재의 강도에 관한 설명으로 옳지 않은 것은?

① 목재의 건조는 중량을 경감시키지만 강도에는 영향을 끼치지 않는다.
② 벌목의 계절은 목재의 강도에 영향을 끼친다.
③ 일반적으로 응력의 방향이 섬유방향에 평행인 경우 압축강도가 인장강도보다 작다.
④ 섬화포화점 이하에서는 함수율 감소에 따라 강도가 증대한다.

목재 건조의 목적
- 구조물 전체나 구조물을 이룬 각 부재의 수축이나 변형을 방지한다.
- 중량을 감소시켜 가공과 취급, 운반이 용이하다.
- 생목시의 강도보다 목재 강도가 증가한다(생목시의 강도보다 2~3배 증가).
- 균류 발생과 부식을 방지하고 내구성을 높인다.
- 접착성, 도장성이 좋아지고 방부제나 합성수지의 주입이 용이해진다.

100 목재용 유성 방부제의 대표적인 것으로 방부성이 우수하나, 악취가 나고 흑갈색으로 외관이 불미하여 눈에 보이지 않는 토대, 기둥, 도리 등에 이용되는 것은?

① 유성페인트
② 크레오소트 오일
③ 염화아연 4% 용액
④ 불화소다 2% 용액

크레오소트 오일은 철류의 부식이 적고 처리재의 강도가 감소하지 않지만, 악취가 나고 외관이 미려하지 않아 눈에 보이지 않는 토대, 기둥 등에 이용된다.

제 06 과목 건설안전기술

101 비계의 부재 중 기둥과 기둥을 연결시키는 부재가 아닌 것은?

① 띠장
② 장선
③ 가새
④ 작업발판

작업발판은 높은 곳에서 추락이나 발이 빠질 위험이 있는 장소에 근로자가 안전하게 작업할 수 있는 공간과 자재운반 등 안전하게 이동할 수 있는 공간을 확보하기 위해 설치해 놓은 발판을 말한다.

102 터널작업 시 자동경보장치에 대하여 당일의 작업시작 전 점검하여야 할 사항으로 옳지 않은 것은?

① 검지부의 이상 유무
② 조명시설의 이상 유무
③ 경보장치의 작동 상태
④ 계기의 이상 유무

해설

산업안전보건기준에 관한 규칙 제350조(인화성 가스의 농도측정 등)

① 사업주는 터널공사 등의 건설작업을 할 때에 인화성 가스가 발생할 위험이 있는 경우에는 폭발이나 화재를 예방하기 위하여 인화성 가스의 농도를 측정할 담당자를 지명하고, 그 작업을 시작하기 전에 가스가 발생할 위험이 있는 장소에 대하여 그 인화성 가스의 농도를 측정하여야 한다.
② 사업주는 제1항에 따라 측정한 결과 인화성 가스가 존재하여 폭발이나 화재가 발생할 위험이 있는 경우에는 인화성 가스 농도의 이상 상승을 조기에 파악하기 위하여 그 장소에 자동경보장치를 설치하여야 한다.
③ 지하철도공사를 시행하는 사업주는 터널굴착[개착식(開鑿式)을 포함한다)] 등으로 인하여 도시가스관이 노출된 경우에 접속부 등 필요한 장소에 자동경보장치를 설치하고, 「도시가스사업법」에 따른 해당 도시가스사업자와 합동으로 정기적 순회점검을 하여야 한다.
④ 사업주는 제2항 및 제3항에 따른 자동경보장치에 대하여 당일 작업 시작 전 다음 각 호의 사항을 점검하고 이상을 발견하면 즉시 보수하여야 한다.
  1. 계기의 이상 유무
  2. 검지부의 이상 유무
  3. 경보장치의 작동상태

103 다음은 말비계를 조립하여 사용하는 경우에 관한 준수사항이다. ( )안에 들어갈 내용으로 옳은 것은?

> - 지주부재와 수평면의 기울기를 (A)° 이하로 하고 지주부재와 지주부재 사이를 고정시키는 보조부재를 설치할 것
> - 말비계의 높이가 2m를 초과하는 경우에는 작업발판의 폭을 (B)cm 이상으로 할 것

① A : 75, B : 30
② A : 75, B : 40
③ A : 85, B : 30
④ A : 85, B : 40

해설

산업안전보건기준에 관한 규칙 제67조(말비계) 사업주는 말비계를 조립하여 사용하는 경우에 다음 각 호의 사항을 준수하여야 한다.
1. 지주부재(支柱部材)의 하단에는 미끄럼 방지장치를 하고, 근로자가 양측 끝부분에 올라서서 작업하지 않도록 할 것
2. 지주부재와 수평면의 기울기를 75도 이하로 하고, 지주부재와 지주부재 사이를 고정시키는 보조부재를 설치할 것
3. 말비계의 높이가 2미터를 초과하는 경우에는 작업발판의 폭을 40센티미터 이상으로 할 것

104 본 터널(main tunnel)을 시공하기 전에 터널에서 약간 떨어진 곳에 지질조사, 환기, 배수, 운반 등의 상태를 알아보기 위하여 설치하는 터널은?

① 프리패브(prefab) 터널
② 사이드(side) 터널
③ 쉴드(shield) 터널
④ 파일럿(pilot) 터널

해설

파일럿 터널(pilot tunnel)은 본 터널(main tunnel)을 시공하기 전에 터널에서 약간 떨어진 곳에 지질조사, 환기, 배수, 운반 등의 상태를 알아보기 위하여 설치하는 터널로 선진갱(先進坑)이라고도 한다.

105 항만하역작업에서의 선박승강설비 설치기준으로 옳지 않은 것은?

① 200톤급 이상의 선박에서 하역작업을 하는 경우에 근로자들이 안전하게 오르내릴 수 있는 현문(門) 사다리를 설치하여야 하며, 이 사다리 밑에 안전망을 설치하여야 한다.
② 현문 사다리는 견고한 재료로 제작된 것으로 너비는 55cm 이상이어야 한다.
③ 현문 사다리의 양측에는 82cm 이상의 높이로 울타리를 설치하여야 한다.
④ 현문 사다리는 근로자의 통행에만 사용하여야 하며, 화물용 발판 또는 화물용 보관으로 사용하도록 해서는 아니 된다.

산업안전보건기준에 관한 규칙 제397조(선박승강설비의 설치) ① 사업주는 300톤급 이상의 선박에서 하역작업을 하는 경우에 근로자들이 안전하게 오르내릴 수 있는 현문(舷門) 사다리를 설치하여야 하며, 이 사다리 밑에 안전망을 설치하여야 한다.
② 제1항에 따른 현문 사다리는 견고한 재료로 제작된 것으로 너비는 55센티미터 이상이어야 하고, 양측에 82센티미터 이상의 높이로 울타리를 설치하여야 하며, 바닥은 미끄러지지 않도록 적합한 재질로 처리되어야 한다.
③ 제1항의 현문 사다리는 근로자의 통행에만 사용하여야 하며, 화물용 발판 또는 화물용 보관으로 사용하도록 해서는 아니 된다.

106 산업안전보건관리비 계상기준에 따른 건축공사, 대상액 「5억원 이상~50억원 미만」의 안전관리비 비율 및 기초액으로 옳은 것은?

① 비율 : 2.28%, 기초액 : 4,325,000원
② 비율 : 2.53%, 기초액 : 3,300,000원
③ 비율 : 3.05%, 기초액 : 2,975,000원
④ 비율 : 1.59%, 기초액 : 2,450,000원

공사종류 및 규모별 산업안전보건관리비 계상기준표

구분 공사종류	대상액 5억원 미만인 경우 적용비율	대상액 5억원 이상 50억원 미만인 경우		50억원 이상인 경우 적용비율	보건관리자 선임대상 건설공사의 적용비율
		적용비율	기초액		
건축공사	3.11%	2.28%	4,325,000원	2.37%	2.64%
토목공사	3.15%	2.53%	3,300,000원	2.60%	2.73%
중건설공사	3.64%	3.05%	2,975,000원	3.11%	3.39%
특수건설공사	2.07%	1.59%	2,450,000원	1.64%	1.78%

107 토질시험 중 연약한 점토 지반의 점착력을 판별하기 위하여 실시하는 현장시험은?

① 베인 테스트(Vane Test)　　② 표준관입시험(SPT)
③ 하중 재하시험　　　　　　　④ 삼축압축시험

해설
- 베인(Vane)시험
  - 연한 점토질 시험에 주로 쓰이는 방법이다.
  - 4개의 날개가 달린 베인 테스터를 지반에 때려박고 회전시켜 저항 모멘트를 측정, 전단강도를 산출한다.
- 표준관입시험
  - 사질지반의 상대밀도 등 토질조사시 신뢰성이 높다.
  - 63.5kg의 추를 70~80cm 정도의 높이에서 떨어뜨려 30cm 관입시킬 때의 타격회수(N)를 측정하여 흙의 경·연 정도를 판정한다.

108 추락방지망 설치 시 그물코의 크기가 10cm인 매듭 있는 방망의 신품에 대한 인장강도 기준으로 옳은 것은?

① 100kgf 이상 ② 200kgf 이상
③ 300kgf 이상 ④ 400kgf 이상

해설

방망사의 신품에 대한 인장 강도

그물코의 종류	방망의 종류(단위 : kg)	
	매듭이 없는 방망	매듭 방망
10cm	240(150)	200(135)
5cm	–	110(60)

※괄호 안은 폐기기준 인장강도임

109 사다리식 통로의 길이가 10m 이상일 때 얼마 이내마다 계단참을 설치하여야 하는가?

① 3m 이내마다 ② 4m 이내마다
③ 5m 이내마다 ④ 6m 이내마다

해설

산업안전보건기준에 관한 규칙 제24조(사다리식 통로 등의 구조) ① 사업주는 사다리식 통로 등을 설치하는 경우 다음 각 호의 사항을 준수하여야 한다.
1. 견고한 구조로 할 것
2. 심한 손상·부식 등이 없는 재료를 사용할 것
3. 발판의 간격은 일정하게 할 것
4. 발판과 벽과의 사이는 15센티미터 이상의 간격을 유지할 것
5. 폭은 30센티미터 이상으로 할 것
6. 사다리가 넘어지거나 미끄러지는 것을 방지하기 위한 조치를 할 것
7. 사다리의 상단은 걸쳐놓은 지점으로부터 60센티미터 이상 올라가도록 할 것
8. 사다리식 통로의 길이가 10미터 이상인 경우에는 5미터 이내마다 계단참을 설치할 것
9. 사다리식 통로의 기울기는 75도 이하로 할 것. 다만, 고정식 사다리식 통로의 기울기는 90도 이하로 하고, 그 높이가 7미터 이상인 경우에는 다음 각 목의 구분에 따른 조치를 할 것
   가. 등받이울이 있어도 근로자 이동에 지장이 없는 경우 : 바닥으로부터 높이가 2.5미터 되는 지점부터 등받이울을 설치할 것
   나. 등받이울이 있으면 근로자가 이동이 곤란한 경우 : 한국산업표준에서 정하는 기준에 적합한 개인용 추락 방지 시스템을 설치하고 근로자로 하여금 한국산업표준에서 정하는 기준에 적합한 전신안전대를 사용하도록 할 것
10. 접이식 사다리 기둥은 사용 시 접혀지거나 펼쳐지지 않도록 철물 등을 사용하여 견고하게 조치할 것

110 거푸집동바리 등을 조립하는 경우에 준수하여야 할 안전조치기준으로 옳지 않은 것은?

① 동바리로 사용하는 조립강주의 높이가 4미터를 초과하는 경우에는 높이 4미터 이내마다 수평연결재를 2개 방향으로 설치하고 수평연결재의 변위를 방지할 것
② 동바리로 사용하는 파이프 서포트는 3개 이상 이어서 사용하지 않도록 할 것
③ 동바리로 사용하는 파이프 서포트를 이어서 사용하는 경우에는 3개 이상의 볼트 또는 전용철물을 사용하여 이을 것
④ 동바리로 사용하는 강관틀과 강관틀 사이에는 교차가새를 설치할 것

산업안전보건기준에 관한 규칙 제332조의2(동바리 유형에 따른 동바리 조립 시의 안전조치) 사업주는 동바리를 조립할 때 동바리의 유형별로 다음 각 호의 구분에 따른 각 목의 사항을 준수해야 한다.
1. 동바리로 사용하는 파이프 서포트의 경우
   가. 파이프 서포트를 3개 이상 이어서 사용하지 않도록 할 것
   나. 파이프 서포트를 이어서 사용하는 경우에는 4개 이상의 볼트 또는 전용철물을 사용하여 이을 것
   다. 높이가 3.5미터를 초과하는 경우에는 높이 2미터 이내마다 수평연결재를 2개 방향으로 만들고 수평연결재의 변위를 방지할 것
2. 동바리로 사용하는 강관틀의 경우
   가. 강관틀과 강관틀 사이에 교차가새를 설치할 것
   나. 최상단 및 5단 이내마다 동바리의 측면과 틀면의 방향 및 교차가새의 방향에서 5개 이내마다 수평연결재를 설치하고 수평연결재의 변위를 방지할 것
   다. 최상단 및 5단 이내마다 동바리의 틀면의 방향에서 양단 및 5개틀 이내마다 교차가새의 방향으로 띠장틀을 설치할 것
3. 동바리로 사용하는 조립강주의 경우 : 조립강주의 높이가 4미터를 초과하는 경우에는 높이 4미터 이내마다 수평연결재를 2개 방향으로 설치하고 수평연결재의 변위를 방지할 것
4. 시스템 동바리(규격화·부품화된 수직재, 수평재 및 가새재 등의 부재를 현장에서 조립하여 거푸집을 지지하는 지주 형식의 동바리를 말한다)의 경우
   가. 수평재는 수직재와 직각으로 설치해야 하며, 흔들리지 않도록 견고하게 설치할 것
   나. 연결철물을 사용하여 수직재를 견고하게 연결하고, 연결부위가 탈락 또는 꺾어지지 않도록 할 것
   다. 수직 및 수평하중에 대해 동바리의 구조적 안정성이 확보되도록 조립도에 따라 수직재 및 수평재에는 가새재를 견고하게 설치할 것
   라. 동바리 최상단과 최하단의 수직재와 받침철물은 서로 밀착되도록 설치하고 수직재와 받침철물의 연결부의 겹침길이는 받침철물 전체길이의 3분의 1 이상 되도록 할 것
5. 보 형식의 동바리[강제 갑판(steel deck), 철재트러스 조립 보 등 수평으로 설치하여 거푸집을 지지하는 동바리를 말한다]의 경우
   가. 접합부는 충분한 걸침 길이를 확보하고 못, 용접 등으로 양끝을 지지물에 고정시켜 미끄러짐 및 탈락을 방지할 것
   나. 양끝에 설치된 보 거푸집을 지지하는 동바리 사이에는 수평연결재를 설치하거나 동바리를 추가로 설치하는 등 보 거푸집이 옆으로 넘어지지 않도록 견고하게 할 것
   다. 설계도면, 시방서 등 설계도서를 준수하여 설치할 것

111 다음 중 해체작업용 기계 기구로 가장 거리가 먼 것은?

① 압쇄기
② 핸드 브레이커
③ 철제 햄머
④ 진동롤러

진동롤러는 토공사용 다짐장비의 일종이다.

112 지반의 종류가 다음과 같을 때 굴착면의 기울기 기준으로 옳은 것은?

연암 및 풍화암

① 1 : 1.8
② 1 : 1.0
③ 1 : 1.5
④ 1 : 0.5

굴착면의 기울기 기준(산업안전보건기준에 관한 규칙 별표 11)

지반의 종류	굴착면의 기울기	지반의 종류	굴착면의 기울기
모래	1 : 1.8	경암	1 : 0.5
연암 및 풍화암	1 : 1.0	그 밖의 흙	1 : 1.2

비고
1. 굴착면의 기울기는 굴착면의 높이에 대한 수평거리의 비율을 말한다.
2. 굴착면의 경사가 달라서 기울기를 계산하기가 곤란한 경우에는 해당 굴착면에 대하여 지반의 종류별 굴착면의 기울기에 따라 붕괴의 위험이 증가하지 않도록 위 표의 지반의 종류별 굴착면의 기울기에 맞게 해당 각 부분의 경사를 유지해야 한다.

113 장비 자체보다 높은 장소의 땅을 굴착하는데 적합한 장비는?

① 파워쇼벨(Power Shovel)
② 불도저(Bulldozer)
③ 드래그라인(Drag line)
④ 클램쉘(Clam Shell)

셔블계 굴착기계의 종류
- 파워셔블 : 지반면보다 높은 곳의 굴착, 쇄석 옮겨쌓기, 토사의 처리 등에 널리 쓰인다.
- 백호우 : 지반면보다 낮은 곳의 굴착, 지하층 및 기초 굴삭, 토목공사나 수중굴착 등에 쓰인다.(지하 6m 정도의 깊이)
- 드래그라인 : 지반면보다 낮은 곳의 굴착, 토사를 긁어모음, 연약한 지반의 깊은 곳 굴착 등에 쓰인다.(지하 8m 정도의 깊이)
- 클램쉘 : 좁은 곳의 수직굴착, 자갈 등의 적재, 연약한 지반이나 수중굴착 등에 쓰인다.

114 운반작업을 인력운반작업과 기계운반작업으로 분류할 때 기계 운반작업으로 실시하기에 부적당한 대상은?

① 단순하고 반복적인 작업
② 표준화되어 있어 지속적이고 운반량이 많은 작업
③ 취급물의 형상, 성질, 크기 등이 다양한 작업
④ 취급물이 중량인 작업

인력운반작업과 기계운반작업의 기준

인력운반작업	기계운반작업
• 두뇌작업이 필요한 작업(분류, 판독, 검사) • 얼마동안 시간 간격을 두고 되풀이되는 소량취급 작업 • 취급물품의 형상, 성질, 크기 등이 일정하지 않은 작업 • 취급물품이 경량물인 작업	• 단순하고 반복적인 작업(분류, 판독, 검사) • 표준화되어 있어 지속적으로 운반량이 많은 작업 • 취급물품의 형상, 성질, 크기 등이 일정한 작업 • 취급물품이 중량물인 작업

115 타워크레인을 자립고(自立高) 이상의 높이로 설치할 때 지지벽체가 없어 와이어로프로 지지하는 경우의 준수사항으로 옳지 않은 것은?

① 와이어로프를 고정하기 위한 전용 지지프레임을 사용할 것
② 와이어로프 설치각도는 수평면에서 60° 이내로 하되, 지지점은 4개소 이상으로 하고, 같은 각도로 설치할 것
③ 와이어로프와 그 고정부위는 충분한 강도와 장력을 갖도록 설치하되, 와이어로프를 클립 샤클(shackle) 등의 기구를 사용하여 고정하지 않도록 유의할 것
④ 와이어로프가 가공전선(架空電線)에 근접하지 않도록 할 것

산업안전보건기준에 관한 규칙 제142조(타워크레인의 지지) ① 사업주는 타워크레인을 자립고(自立高) 이상의 높이로 설치하는 경우 건축물 등의 벽체에 지지하도록 하여야 한다. 다만, 지지할 벽체가 없는 등 부득이한 경우에는 와이어로프에 의하여 지지할 수 있다.
② 사업주는 타워크레인을 벽체에 지지하는 경우 다음 각 호의 사항을 준수하여야 한다.
  1. 「산업안전보건법 시행규칙」 제110조제1항제2호에 따른 서면심사에 관한 서류(「건설기계관리법」 제18조에 따른 형식승인서류를 포함한다) 또는 제조사의 설치작업설명서 등에 따라 설치할 것
  2. 제1호의 서면심사 서류 등이 없거나 명확하지 아니한 경우에는 「국가기술자격법」에 따른 건축구조·건설기계·기계안전·건설안전기술사 또는 건설안전분야 산업안전지도사의 확인을 받아 설치하거나 기종별·모델별 공인된 표준방법으로 설치할 것
  3. 콘크리트구조물에 고정시키는 경우에는 매립이나 관통 또는 이와 같은 수준 이상의 방법으로 충분히 지지되도록 할 것
  4. 건축 중인 시설물에 지지하는 경우에는 그 시설물의 구조적 안정성에 영향이 없도록 할 것
③ 사업주는 타워크레인을 와이어로프로 지지하는 경우 다음 각 호의 사항을 준수해야 한다.
  1. 제2항제1호 또는 제2호의 조치를 취할 것
  2. 와이어로프를 고정하기 위한 전용 지지프레임을 사용할 것
  3. 와이어로프 설치각도는 수평면에서 60도 이내로 하되, 지지점은 4개소 이상으로 하고, 같은 각도로 설치할 것
  4. 와이어로프와 그 고정부위는 충분한 강도와 장력을 갖도록 설치하고, 와이어로프를 클립·샤클(shackle, 연결고리) 등의 고정기구를 사용하여 견고하게 고정시켜 풀리지 아니하도록 하며, 사용 중에는 충분한 강도와 장력을 유지하도록 할 것
  5. 와이어로프가 가공전선(架空電線)에 근접하지 않도록 할 것

116 다음은 강관틀비계를 조립하여 사용하는 경우 준수해야 할 기준이다. ( )안에 알맞은 숫자를 나열한 것은?

길이가 띠장방향으로 (A)미터 이하이고 높이가 (B)미터를 초과하는 경우에는 (C)미터 이내마다. 띠장방향으로 버팀기둥을 설치할 것

① A:4 B:10 C:5
② A:4 B:10 C:10
③ A:5 B:10 C:5
④ A:5 B:10 C:10

산업안전보건기준에 관한 규칙 제62조(강관틀비계) 사업주는 강관틀 비계를 조립하여 사용하는 경우 다음 각 호의 사항을 준수하여야 한다.
1. 비계기둥의 밑둥에는 밑받침 철물을 사용하여야 하며 밑받침에 고저차(高低差)가 있는 경우에는 조절형 밑받침철물을

사용하여 각각의 강관틀비계가 항상 수평 및 수직을 유지하도록 할 것
2. 높이가 20미터를 초과하거나 중량물의 적재를 수반하는 작업을 할 경우에는 주틀 간의 간격을 1.8미터 이하로 할 것
3. 주틀 간에 교차 가새를 설치하고 최상층 및 5층 이내마다 수평재를 설치할 것
4. 수직방향으로 6미터, 수평방향으로 8미터 이내마다 벽이음을 할 것
5. 길이가 띠장 방향으로 4미터 이하이고 높이가 10미터를 초과하는 경우에는 10미터 이내마다 띠장 방향으로 버팀기둥을 설치할 것

117 다음 중 유해위험방지계획서 제출 대상공사가 아닌 것은?

① 지상높이가 30m인 건축물 건설공사
② 최대지간길이가 50m인 교량건설공사
③ 터널 건설공사
④ 깊이가 11m인 굴착공사

유해위험방지계획서 제출 대상 공사(산업안전보건법 시행령 제42조 ③항)
1. 다음 각 목의 어느 하나에 해당하는 건축물 또는 시설 등의 건설·개조 또는 해체 공사
   가. 지상높이가 31미터 이상인 건축물 또는 인공구조물
   나. 연면적 3만제곱미터 이상인 건축물
   다. 연면적 5천제곱미터 이상인 시설로서 다음의 어느 하나에 해당하는 시설
      1) 문화 및 집회시설(전시장 및 동물원·식물원은 제외한다)
      2) 판매시설, 운수시설(고속철도의 역사 및 집배송시설은 제외한다)
      3) 종교시설
      4) 의료시설 중 종합병원
      5) 숙박시설 중 관광숙박시설
      6) 지하도상가
      7) 냉동·냉장 창고시설
2. 연면적 5천제곱미터 이상인 냉동·냉장 창고시설의 설비공사 및 단열공사
3. 최대 지간(支間)길이(다리의 기둥과 기둥의 중심사이의 거리)가 50미터 이상인 다리의 건설등 공사
4. 터널의 건설등 공사
5. 다목적댐, 발전용댐, 저수용량 2천만톤 이상의 용수 전용 댐 및 지방상수도 전용 댐의 건설등 공사
6. 깊이 10미터 이상인 굴착공사

118 동력을 사용하는 항타기 또는 항발기에 대하여 무너짐을 방지하기 위하여 준수하여야 할 기준으로 옳지 않은 것은?

① 연약한 지반에 설치하는 경우에는 아웃트리거·받침 등 지지구조물의 침하를 방지하기 위하여 깔판·받침목 등을 사용할 것
② 시설 또는 가설물 등에 설치하는 경우에는 그 내력을 확인하고 내력이 부족하면 그 내력을 보강할 것
③ 아웃트리거·받침 등 지지구조물이 미끄러질 우려가 있는 경우에는 말뚝 또는 쐐기 등을 사용하여 해당 지지구조물을 고정시킬 것
④ 상단 부분은 견고한 버팀·말뚝 또는 철골로 고정하여 안정시키고, 그 하단 부분은 견고한 버팀대·버팀줄로 고정시킬 것

해설
산업안전보건기준에 관한 규칙 제209조(무너짐의 방지) 사업주는 동력을 사용하는 항타기 또는 항발기에 대하여 무너짐을 방지하기 위하여 다음 각 호의 사항을 준수해야 한다.
1. 연약한 지반에 설치하는 경우에는 아웃트리거·받침 등 지지구조물의 침하를 방지하기 위하여 깔판·받침목 등을 사용할 것
2. 시설 또는 가설물 등에 설치하는 경우에는 그 내력을 확인하고 내력이 부족하면 그 내력을 보강할 것
3. 아웃트리거·받침 등 지지구조물이 미끄러질 우려가 있는 경우에는 말뚝 또는 쐐기 등을 사용하여 해당 지지구조물을 고정시킬 것
4. 궤도 또는 차로 이동하는 항타기 또는 항발기에 대해서는 불시에 이동하는 것을 방지하기 위하여 레일 클램프(rail clamp) 및 쐐기 등으로 고정시킬 것
5. 상단 부분은 버팀대·버팀줄로 고정하여 안정시키고, 그 하단 부분은 견고한 버팀·말뚝 또는 철골 등으로 고정시킬 것

119 터널등의 건설작업을 하는 경우에 낙반 등에 의하여 근로자가 위험해질 우려가 있는 경우에 필요한 직접적인 조치사항과 거리가 먼 것은?

① 터널지보공 설치
② 부석의 제거
③ 울 설치
④ 록볼트 설치

해설
산업안전보건기준에 관한 규칙 제351조(낙반 등에 의한 위험의 방지) 사업주는 터널 등의 건설작업을 하는 경우에 낙반 등에 의하여 근로자가 위험해질 우려가 있는 경우에 터널 지보공 및 록볼트의 설치, 부석(浮石)의 제거 등 위험을 방지하기 위하여 필요한 조치를 하여야 한다.

120 콘크리트 타설을 위한 거푸집동바리의 구조검토 시 가장 선행되어야 할 작업은?

① 각 부재에 생기는 응력에 대하여 안전한 단면을 산정한다.
② 가설물에 작용하는 하중 및 외력의 종류, 크기를 산정한다.
③ 하중 및 외력에 의하여 각 부재에 생기는 응력을 구한다.
④ 사용할 거푸집동바리의 설치간격을 결정한다

해설
거푸집동바리의 일반적인 구조검토 순서
1. 하중계산 : 거푸집 동바리에 작용하는 하중 및 외력의 종류, 크기를 산정한다.
2. 응력계산 : 하중 및 외력에 의하여 각 부재에 발생되는 응력을 구한다.
3. 단면, 배치간격계산 : 각 부재에 발생되는 응력에 대하여 안전한 단면 및 배치간격을 결정한다.

정답 2020년 08월 22일 최근 기출문제

001 ④	002 ④	003 ④	004 ③	005 ④	006 ④	007 ②	008 ④	009 ④	010 ③
011 ④	012 ④	013 ③	014 ②	015 ②	016 ④	017 ②	018 ④	019 ①	020 ③
021 ③	022 ②	023 ②	024 ②	025 ②	026 ③	027 ③	028 ④	029 ①	030 ③
031 ①	032 ①	033 ④	034 ④	035 ③	036 ①	037 ④	038 ④	039 ①	040 ②
041 ①	042 ①	043 ④	044 ④	045 ②	046 ①	047 ①	048 ②	049 ②	050 ③
051 ④	052 ②	053 ①	054 ②	055 ③	056 ④	057 ①	058 ④	059 ②	060 ③
061 ②	062 ③	063 ①	064 ①	065 ③	066 ④	067 ①	068 ②	069 ③	070 ②
071 ①	072 ③	073 ②	074 ④	075 ②	076 ①	077 ③	078 ②	079 ④	080 ④
081 ④	082 ①	083 ③	084 ④	085 ②	086 ④	087 ②	088 ④	089 ④	090 ①
091 ③	092 ①	093 ③	094 ④	095 ①	096 ①	097 ②	098 ②	099 ①	100 ②
101 ④	102 ②	103 ②	104 ④	105 ①	106 ①	107 ①	108 ②	109 ③	110 ③
111 ④	112 ②	113 ①	114 ③	115 ③	116 ②	117 ①	118 ④	119 ③	120 ②

2020년 09월 27일 최근 기출문제

제 01 과목 산업안전관리론

001 위험예지훈련 4라운드의 진행방법을 올바르게 나열한 것은?

① 현상파악 → 목표설정 → 대책수립 → 본질추구
② 현상파악 → 본질추구 → 대책수립 → 목표설정
③ 현상파악 → 본질추구 → 목표설정 → 대책수립
④ 본질추구 → 현상파악 → 목표설정 → 대책수립

위험예지 훈련의 기초 4라운드 진행방법
- 1R(현상파악) : 어떤 위험이 잠재하고 있는지 사실을 파악하는 라운드(BS적용)
- 2R(본질추구) : 가장 위험한 요인(위험 포인트)을 합의로 결정하는 라운드(요약)
- 3R(대책수립) : 구체적인 대책을 수립하는 라운드(BS적용)
- 4R(목표달성-설정) : 수립한 대책 가운데 질이 높은 항목에 합의하는 라운드(요약)

002 사업장의 안전·보건관리계획 수립 시 유의사항으로 옳은 것은?

① 사고발생 후의 수습대책에 중점을 둔다.
② 계획의 실시 중에는 변동이 없어야 한다.
③ 계획의 목표는 점진적으로 수준을 높이도록 한다.
④ 대기업의 경우 표준계획서를 작성하여 모든 사업장에 동일하게 적용시킨다.

계획수립시의 유의사항
- 사업장의 실태에 맞도록 독자적으로 수립하되, 실현 가능성이 있도록 수립한다.
- 직장 단위(대기업의 경우 사업장 단위)로 구체적인 계획을 작성한다.
- 계획상의 재해 감소 목표는 점진적으로 수준을 높이도록 한다.
- 근본적인 안전대책을 강구한다.
- 복수의 계획안을 내어 그 중에서 선택한다.

003 산업안전보건법령에 따른 안전보건표지의 종류 중 지시표지에 속하는 것은?

① 화기 금지   ② 보안경 착용
③ 낙하물 경고   ④ 응급구호표지

지시표지의 종류(산업안전보건법 시행규칙 별표 6)

301 보안경 착용	302 방독마스크 착용	303 방진마스크 착용	304 보안면 착용	305 안전모 착용	306 귀마개 착용	307 안전화 착용	308 안전장갑 착용	309 안전복 착용

004 산업안전보건법령상 관리감독자가 수행하는 안전 및 보건에 관한 업무에 속하지 않는 것은?

① 해당 작업의 작업장 정리·정돈 및 통로 확보에 대한 확인·감독
② 해당 작업에서 발생한 산업재해에 관한 보고 및 이에 대한 응급조치
③ 해당 사업장 안전교육계획의 수립 및 안전 교육 실시에 관한 보좌 및 지도·조언
④ 관리감독자에게 소속된 근로자의 작업복, 보호구 및 방호장치의 점검과 그 착용, 사용에 관한 교육·지도

관리감독자의 업무 내용(산업안전보건법 시행령 제15조)
- 사업장 내 관리감독자가 지휘·감독하는 작업과 관련된 기계·기구 또는 설비의 안전·보건 점검 및 이상 유무의 확인
- 관리감독자에게 소속된 근로자의 작업복·보호구 및 방호장치의 점검과 그 착용·사용에 관한 교육·지도
- 해당작업에서 발생한 산업재해에 관한 보고 및 이에 대한 응급조치
- 해당작업의 작업장 정리·정돈 및 통로 확보에 대한 확인·감독
- 사업장의 안전관리자, 보건관리자, 안전보건관리담당자, 산업보건의의 지도·조언에 대한 협조
- 위험성평가에 관한 유해·위험요인의 파악에 대한 참여 및 개선조치의 시행에 대한 참여
- 그 밖에 사업장 내 관리감독자가 지휘·감독하는 작업의 안전 및 보건에 관한 사항으로서 고용노동부령으로 정하는 사항

005 재해의 통계적 원인분석 방법 중 사고의 유형, 기인물 등 분류 항목을 큰 순서대로 도표화한 것은?

① 관리도
② 파레토도
③ 크로스도
④ 특성요인도

통계원인 분석방법 4가지
- 파레토도 : 사고의 유형, 기인물 등의 분류항목을 순서대로 도표화하여 문제나 목표의 이해에 편리
- 특성요인도 : 특성과 요인과의 관계를 도표로 하여 어골(魚骨)상으로 세분화
- 클로즈분석(크로스도) : 2개 이상의 문제 관계를 분석하는데 사용하는 것으로 데이터를 집계하고, 표로 표시하여 요인별 결과 내역을 교차한 그림을 작성, 분석하는 방법
- 관리도 : 재해 발생 건수 등의 추이를 파악하여 목표관리를 행하는데 필요한 월별 재해발생건수를 그래프화하여 관리선을 설정 관리

006 안전관리의 수준을 평가하는데 사고가 일어나는 시점을 전후하여 평가를 한다. 다음 중 사고가 일어나기 전의 수준을 평가하는 사전평가활동에 해당하는 것은?

① 재해율 통계
② 안전활동율 관리
③ 재해손실 비용 산정
④ Safe-T-Score 산정

해설

사전평가활동은 재해발생과 관계없이 일정 시점에서 현장의 안전수준을 관찰하여 각 조직의 활동 또는 실적율을 측정하는 방법이자 재해가 일어나기 전 상황인 잠재위험 관리에 중점을 둔 방법으로 현장 관리책임자들이 현재 재해를 예방하기 위해 무엇을 하고 있는가를 측정하는 것이다. 안전활동율 관리는 사전평가활동에 해당된다.

007 재해예방의 4원칙에 속하지 않는 것은?

① 손실우연의 원칙
② 예방교육의 원칙
③ 원인계기의 원칙
④ 예방가능의 원칙

해설

재해방지의 4원칙
- 손실우연의 원칙 : 사고에 의해서 생기는 손실(상해)의 종류와 정도는 우연적이다.(1 : 29 : 300의 법칙)
- 원인계기의 원칙 : 모든 재해는 필연적인 원인에 의해서 발생한다.
- 예방가능의 원칙 : 재해는 원칙적으로 모두 방지가 가능하다.
- 대책선정의 원칙 : 재해방지 대책은 신속하고 확실하게 실시되어야 한다.

008 산업안전보건기준에 관한 규칙상 공기압축기를 가동할 때의 작업시작 전 점검사항에 해당하지 않는 것은?

① 윤활유의 상태
② 언로드밸브의 기능
③ 압력방출장치의 기능
④ 비상정지장치 기능의 이상 유무

해설

공기압축기를 가동할 때 작업시작전 점검사항(산업안전보건기준에 관한 규칙 별표3)
- 공기저장 압력용기의 외관 상태
- 드레인밸브(drain valve)의 조작 및 배수
- 압력방출장치의 기능
- 언로드밸브(unloading valve)의 기능
- 윤활유의 상태
- 회전부의 덮개 또는 울
- 그 밖의 연결 부위의 이상 유무

009 다음 중 하인리히(H.W. Heinrich)의 재해코스트 산정방법에서 직접 손실비와 간접손실비의 비율로 옳은 것은?(단, 비율은 "직접 손실비 : 간접손실비"로 표현한다.)

① 1:2
② 1:4
③ 1:8
④ 1:10

해설

하인리히(H.W. Heinrich) 방식
총재해손실비(Cost) = 직접비 + 간접비(직접비 : 간접비 = 1 : 4)

010 다음 중 웨버(D.A.Weaver)의 사고 발생 도미노 이론에서 "작전적 에러"를 찾아내기 위한 질문의 유형과 가장 거리가 먼 것은?

① what
② why
③ where
④ whether

웨버(Weaver)의 작전적 에러를 찾아내기 위한 질문 유형
- What : 아래와 같은 상태에서 발생하는 사고의 원인이 무엇인가?
- Why : 왜 불완전한 행동과 또는 상태가 용납되는가?
- Whether : 감독과 경영중에서 어느쪽이 사고방지에 대한 안전지식을 갖고 있는가?

011 보호구 안전인증 고시에 따른 추락 및 감전 위험방지용 안전모의 성능시험 대상에 속하지 않는 것은?

① 내유성
② 내수성
③ 내관통성
④ 턱끈풀림

안전모의 시험성능기준(보호구 안전인증 고사 별표 1)

항목	시험성능기준
내관통성	AE, ABE종 안전모는 관통거리가 9.5mm 이하이고, AB종 안전모는 관통거리가 11.1mm 이하이어야 한다.
충격흡수성	최고전달충격력이 4,450N을 초과해서는 안되며, 모체와 착장체의 기능이 상실되지 않아야 한다.
내전압성	AE, ABE종 안전모는 교류 20kV에서 1분간 절연파괴 없이 견뎌야 하고, 이때 누설되는 충전전류는 10mA 이하이어야 한다.
내수성	AE, ABE종 안전모는 질량증가율이 1% 미만이어야 한다. ※질량증가율(%) = $\dfrac{\text{담근 후의 질량} - \text{담그기 전의 질량}}{\text{담그기 전의 질량}} \times 100$
난연성	모체가 불꽃을 내며 5초 이상 연소되지 않아야 한다.
턱끈풀림	150N 이상 250N 이하에서 턱끈이 풀려야 한다.

※ 보호구 자율안전확인 고시에 따른 안전모의 시험항목 : 내관통성, 충격흡수성, 난연성, 턱끈풀림
※ 보호구 자율안전확인 고시에 따른 안전모의 시험방법 : 전처리, 착용높이측정, 내관통성시험, 충격흡수성시험, 난연성시험, 턱끈풀림시험, 측면변형시험

012 산업안전보건법령상 해당 사업장의 연간 재해율이 같은 업종의 평균 재해율의 2배 이상인 경우 사업주에게 관리자를 정수 이상으로 증원하게 하거나 교체하여 임명할 것을 명할 수 있는 자는?

① 시·도지사
② 고용노동부장관
③ 국토교통부장관
④ 지방고용노동관서의 장

산업안전보건법 시행규칙 제12조(안전관리자 등의 증원·교체임명 명령) ① 지방고용노동관서의 장은 다음 각 호의 어느 하나에 해당하는 사유가 발생한 경우에는 법 제17조제3항·제18조제3항 또는 제19조제3항에 따라 사업주에게 안전관리자·보건관리자 또는 안전보건관리담당자(이하 이 조에서 "관리자"라 한다)를 정수 이상으로 증원하게 하거나 교체하여 임명할 것을 명할 수 있다. 다만, 제4호에 해당하는 경우로서 직업성 질병자 발생 당시 사업장에서 해당 화학적 인자(因子)를 사용하지 않은 경우에는 그렇지 않다.
1. 해당 사업장의 연간재해율이 같은 업종의 평균재해율의 2배 이상인 경우
2. 중대재해가 연간 2건 이상 발생한 경우. 다만, 해당 사업장의 전년도 사망만인율이 같은 업종의 평균 사망만인율 이하인 경우는 제외한다.
3. 관리자가 질병이나 그 밖의 사유로 3개월 이상 직무를 수행할 수 없게 된 경우
4. 별표 22 제1호에 따른 화학적 인자로 인한 직업성 질병자가 연간 3명 이상 발생한 경우. 이 경우 직업성 질병자의 발생일은 「산업재해보상보험법 시행규칙」 제21조제1항에 따른 요양급여의 결정일로 한다.

013 안전보건관리조직의 유형 중 직계(Line)형에 관한 설명으로 옳은 것은?

① 대규모의 사업장에 적합하다.
② 안전지식이나 기술축적이 용이하다.
③ 안전지시나 명령이 신속히 수행된다.
④ 독립된 안전참모 조직을 보유하고 있다.

라인(Line)형(직계식 조직)

구분	내용
특징	• 안전관리에 관한 계획에서 실시에 이르기까지 모든 권한이 포괄적이고 직선적으로 행사되며, 안전을 전문으로 분담하는 부분이 없다. • 생산조직 전체에 안전관리 기능을 부여한다. • 소규모 사업장(100명 이하)에 적합하다.
장점	• 안전지시나 개선조치가 각 부분의 직제를 통하여 생산업무와 같이 흘러가므로 지시나 조치가 철저할 뿐만 아니라 그 실시도 빠르다. • 명령과 보고가 상하관계 뿐이므로 간단 명료하다.
단점	• 안전에 대한 정보가 불충분하며 내용이 빈약하다. • 생산업무와 같이 안전대책이 실시되므로 불충분하다. • 라인에 과중한 책임을 지우기 쉽다.

014 브레인스토밍(Brain Storming)의 원칙에 관한 설명으로 옳지 않은 것은?

① 최대한 많은 양의 의견을 제시한다.
② 누구나 자유롭게 의견을 제시할 수 있다.
③ 타인의 의견에 대하여 비판하지 않도록 한다.
④ 타인의 의견을 수정하여 본인의 의견으로 제시하지 않도록 한다.

브레인 스토밍(Brain Storming)의 4원칙 : 비평금지, 자유분방, 대량발언, 수정발언

015 산업안전보건법령상 안전 및 보건에 관한 노사협의체의 근로자위원 구성 기준 내용으로 옳지 않은 것은?(단, 명예산업안전감독관이 위촉되어 있는 경우)

① 근로자대표가 지명하는 안전관리자 1명
② 근로자대표가 지명하는 명예산업안전감독관 1명
③ 도급 또는 하도급 사업을 포함한 전체 사업의 근로자대표
④ 공사금액이 20억원 이상인 공사의 관계수급 인의 각 근로자대표

해설

산업안전보건법 시행령 제35조(산업안전보건위원회의 구성) ① 산업안전보건위원회의 근로자위원은 다음 각 호의 사람으로 구성한다.
1. 근로자대표
2. 명예산업안전감독관이 위촉되어 있는 사업장의 경우 근로자대표가 지명하는 1명 이상의 명예산업안전감독관
3. 근로자대표가 지명하는 9명(근로자인 제2호의 위원이 있는 경우에는 9명에서 그 위원의 수를 제외한 수를 말한다) 이내의 해당 사업장의 근로자
② 산업안전보건위원회의 사용자위원은 다음 각 호의 사람으로 구성한다. 다만, 상시근로자 50명 이상 100명 미만을 사용하는 사업장에서는 제5호에 해당하는 사람을 제외하고 구성할 수 있다.
1. 해당 사업의 대표자(같은 사업으로서 다른 지역에 사업장이 있는 경우에는 그 사업장의 안전보건관리책임자를 말한다. 이하 같다)
2. 안전관리자(제16조제1항에 따라 안전관리자를 두어야 하는 사업장으로 한정하되, 안전관리자의 업무를 안전관리전문기관에 위탁한 사업장의 경우에는 그 안전관리전문기관의 해당 사업장 담당자를 말한다) 1명
3. 보건관리자(제20조제1항에 따라 보건관리자를 두어야 하는 사업장으로 한정하되, 보건관리자의 업무를 보건관리전문기관에 위탁한 사업장의 경우에는 그 보건관리전문기관의 해당 사업장 담당자를 말한다) 1명
4. 산업보건의(해당 사업장에 선임되어 있는 경우로 한정한다)
5. 해당 사업의 대표자가 지명하는 9명 이내의 해당 사업장 부서의 장
③ 제1항 및 제2항에도 불구하고 법 제69조제1항에 따른 건설공사도급인(이하 "건설공사도급인"이라 한다)이 법 제64조제1항제1호에 따른 안전 및 보건에 관한 협의체를 구성한 경우에는 산업안전보건위원회의 위원을 다음 각 호의 사람을 포함하여 구성할 수 있다.
1. 근로자위원: 도급 또는 하도급 사업을 포함한 전체 사업의 근로자대표, 명예산업안전감독관 및 근로자대표가 지명하는 해당 사업장의 근로자
2. 사용자위원: 도급인 대표자, 관계수급인의 각 대표자 및 안전관리자

016 A사업장의 도수율이 18.9일 때 연천인율은 얼마인가?

① 4.53
② 9.46
③ 37.86
④ 45.36

해설

연천인율 = 도수(빈도)율 ×2.4 = 18.9 ×2.4 = 45.36
(※단, 재해발생건수 및 연간 총근로시간이 주어진 경우 위의 도수율 공식에 따라 계산하도록 한다.)

017 시설물의 안전 및 유지관리에 관한 특별법상 국토교통부장관은 시설물이 안전하게 유지관리 될 수 있도록 하기 위하여 몇 년마다 시설물의 안전 및 유지관리에 관한 기본계획을 수립·시행하여야 하는가?

① 2년
② 3년
③ 5년
④ 10년

시설물의 안전 및 유지관리에 관한 특별법 제5조(시설물의 안전 및 유지관리 기본계획의 수립·시행) ① 국토교통부장관은 시설물이 안전하게 유지관리될 수 있도록 하기 위하여 5년마다 시설물의 안전 및 유지관리에 관한 기본계획(이하 "기본계획"이라 한다)을 수립·시행하여야 한다.

018 재해의 간접원인 중 기술적 원인에 속하지 않는 것은?

① 경험 및 훈련의 미숙
② 구조, 재료의 부적합
③ 점검, 정비, 보존 불량
④ 건물, 기계장치의 설계 불량

재해의 간접원인
- 기술적 원인 : 건물, 기계장치 설계 불량, 구조, 재료의 부적합, 생산 공정의 부적당, 점검, 정비보존 불량
- 교육적 원인 : 안전의식의 부족, 안전수칙의 오해, 경험훈련의 미숙, 작업방법의 교육 불충분, 유해위험 작업의 교육 불충분
- 관리적 원인(작업관리상 원인) : 안전관리 조직 결함, 안전수칙 미제정, 작업준비 불충분, 인원배치 부적당, 작업지시 부적당

019 시설물의 안전 및 유지관리에 관한 특별법상 다음과 같이 정의되는 용어는?

> 시설물의 물리적·기능적 결함을 발견하고 그에 대한 신속하고 적절한 조치를 하기 위하여 구조적 안전성과 결함의 원인 등을 조사·측정·평가하여 보수·보강 등의 방법을 제시하는 행위

① 성능평가
② 정밀안전진단
③ 긴급안전점검
④ 정기안전진단

용어의 정의(시설물의 안전 및 유지관리에 관한 특별법 제2조)
- 시설물 : 건설공사를 통하여 만들어진 교량·터널·항만·댐·건축물 등 구조물과 그 부대시설로서 제1종시설물, 제2종시설물 및 제3종시설물을 말한다.
- 관리주체 : 관계 법령에 따라 해당 시설물의 관리자로 규정된 자나 해당 시설물의 소유자를 말한다. 이 경우 해당 시설물의 소유자와의 관리계약 등에 따라 시설물의 관리책임을 진 자는 관리주체로 보며, 관리주체는 공공관리주체(公共管理主體)와 민간관리주체(民間管理主體)로 구분한다.
- 공공관리주체 : 국가·지방자치단체, 공공기관, 지방공기업에 해당하는 관리주체를 말한다.
- 민간관리주체 : 공공관리주체 외의 관리주체를 말한다.
- 안전점검 : 경험과 기술을 갖춘 자가 육안이나 점검기구 등으로 검사하여 시설물에 내재(內在)되어 있는 위험요인을 조사하는 행위를 말하며, 점검목적 및 점검수준을 고려하여 정기안전점검 및 정밀안전점검으로 구분한다.
- 정밀안전진단 : 시설물의 물리적·기능적 결함을 발견하고 그에 대한 신속하고 적절한 조치를 하기 위하여 구조적 안전성과 결함의 원인 등을 조사·측정·평가하여 보수·보강 등의 방법을 제시하는 행위를 말한다.
- 긴급안전점검 : 시설물의 붕괴·전도 등으로 인한 재난 또는 재해가 발생할 우려가 있는 경우에 시설물의 물리적·기능적 결함을 신속하게 발견하기 위하여 실시하는 점검을 말한다.
- 내진성능평가(耐震性能評價) : 지진으로부터 시설물의 안전성을 확보하고 기능을 유지하기 위하여 시설물별로 정하는 내진설계기준(耐震設計基準)에 따라 시설물이 지진에 견딜 수 있는 능력을 평가하는 것을 말한다.
- 도급(都給) : 원도급·하도급·위탁, 그 밖에 명칭 여하에도 불구하고 안전점검·정밀안전진단이나 긴급안전점검, 유지관리 또는 성능평가를 완료하기로 약정하고, 상대방이 그 일의 결과에 대하여 대가를 지급하기로 한 계약을 말한다.
- 하도급 : 도급받은 안전점검·정밀안전진단이나 긴급안전점검, 유지관리 또는 성능평가 용역의 전부 또는 일부를 도급하기 위하여 수급인(受給人)이 제3자와 체결하는 계약을 말한다.

- 유지관리 : 완공된 시설물의 기능을 보전하고 시설물이용자의 편의와 안전을 높이기 위하여 시설물을 일상적으로 점검·정비하고 손상된 부분을 원상복구하며 경과시간에 따라 요구되는 시설물의 개량·보수·보강에 필요한 활동을 하는 것을 말한다.
- 성능평가 : 시설물의 기능을 유지하기 위하여 요구되는 시설물의 구조적 안전성, 내구성, 사용성 등의 성능을 종합적으로 평가하는 것을 말한다.
- 하자담보책임기간 : 관계 법령에 따른 하자담보책임기간 또는 하자보수기간 등을 말한다.

020 다음 중 재해조사의 목적 및 방법에 관한 설명으로 적절하지 않은 것은?

① 재해조사는 현장보존에 유의하면서 재해발생 직후에 행한다.
② 피해자 및 목격자 등 많은 사람으로부터 사고 시의 상황을 수집한다.
③ 재해조사의 1차적 목표는 재해로 인한 손실 금액을 추정하는데 있다.
④ 재해조사의 목적은 동종재해 및 유사재해의 발생을 방지하기 위함이다.

재해조사의 목적은 동종재해 및 유사재해의 발생을 방지하기 위한 것으로 재해로 인한 손실 금액의 추정은 재해조사의 목적 및 방법에 부합되지 않는다.

제 02 과목　산업심리 및 교육

021 다음 중 산업안전심리의 5대 요소에 속하지 않는 것은?

① 감정　　　　　② 습관
③ 동기　　　　　④ 시간

안전심리의 5요소와 습관의 4요소
- 안전심리의 5요소 : 습관, 동기, 기질, 감정, 습성
- 습관의 4요소 : 동기, 기질, 감정, 습성

022 안전교육의 강의안 작성 시 교육할 내용을 항목별로 구분하여 핵심 요점사항만을 간결하게 정리하여 기술하는 방법은?

① 게임 방식　　　　② 시나리오식
③ 조목열거식　　　　④ 혼합형 방식

시나리오식과 조목열거식
- 시나리오식 : 교육하고자 하는 내용을 이야기하는 방식으로 작성하거나 구체적인 내용을 모두 적어 참고할 수 있도록 하는 방법
- 조목열거식 : 교육할 내용을 항목별로 구분하여 핵심 요점사항만을 간결하게 정리하여 기술하는 방법

023 새로운 기술과 학습에서는 연습이 매우 중요하다. 연습 방법과 관련된 내용으로 틀린 것은?

① 새로운 기술을 학습하는 경우에는 일반적으로 배분연습보다 집중연습이 더 효과적이다.
② 교육훈련과정에서는 학습자료를 한꺼번에 묶어서 일괄적으로 연습하는 방법을 집중연습이라고 한다.
③ 충분한 연습으로 완전학습한 후에도 일정량 연습을 계속하는 것을 초과학습이라고 한다.
④ 기술을 배울 때는 적극적 연습과 피드백이 있어야 부적절하고 비효과적 반응을 제거할 수 있다.

새로운 기술을 학습하는 경우에는 일반적으로 배분연습이 더 효과적이다.

024 다음 중 주의의 특성에 관한 설명으로 틀린 것은?

① 변동성이란 주의집중 시 주기적으로 부주의의 리듬이 존재함을 말한다.
② 방향성이란 주의는 항상 일정한 수준을 유지할 수 있으므로 장시간 고도의 주의집중이 가능함을 말한다.
③ 선택성이란 인간은 한 번에 여러 종류의 자극을 지각·수용하지 못함을 말한다.
④ 선택성이란 소수의 특정 자극에 한정해서 선택적으로 주의를 기울이는 기능을 말한다.

주의의 특성
- 선택성 : 여러 종류의 자극을 자각할 때 소수의 특정한 것에 한하여 선택하는 기능으로 주의는 동시에 두 개 이상의 자극에 집중할 수 없다.
- 변동성 : 주의집중시 주기적으로 부주의의 리듬이 존재함을 말하며, 장시간 고도의 주의집중이 불가능함을 말한다.
- 방향성 : 공간적으로 보면 시선의 주시점만 인지하는 기능으로 한 지점에 주의를 집중하면 다른 곳의 주의는 약해진다.

025 교육 및 훈련방법 중 [다음]의 특징을 갖는 방법은?

> - 다른 방법에 비해 경제적이다.
> - 교육 대상 집단 내 수준차로 인해 교육의 효과가 감소할 가능성이 있다.
> - 상대적으로 피드백이 부족하다.

① 강의법
② 사례연구법
③ 세미나법
④ 감수성 훈련

강의법은 많은 인원의 수강자(최적인원 40~50명)를 대상으로 단기간의 교육시간에 비교적 많은 내용의 교육내용을 전수하 기 위한 방법으로 피교육자의 참여가 제한되며, 다른 방법에 비해 경제적이지만 교육 대상 집단 내 수준차로 인해 교육의 효과가 감소할 가능성이 있다.

026 다음 중 정상적 상태이지만 생리적 상태가 휴식할 때에 해당하는 의식수준은?

① phase I
② phase II
③ phase Ⅲ
④ phase IV

의식수준의 단계

단계	의식의 상태	주의작용	생리적 상태	신뢰성	뇌파형태
0	무의식, 실신	없음(Zero)	수면, 뇌발작	0	δ파
I	정상 이하(Subnormal), 의식 몽롱함	부주의(Inactive)	피로, 단조, 졸음, 술취함	0.9 이하	θ파
II	정상, 이완상태 (normal, relaxed)	수동적(Passive), 마음이 안쪽으로 향함	안정기거, 휴식 시, 정례작업시	0.99 ~0.99999	α파
III	정상, 상쾌한 상태 (Normal, Clear)	능동적(Active), 앞으로 향하는 주의 시야 넓음	적극 활동시	0.999999 이상	β파
IV	초정상, 과긴장상태 (Hypernormal, Excited)	일점으로 응집, 판단 정지	긴급 방위반응, 당황해서 Panic	0.9 이하	β파, 전간파

027 다음 중 하버드 학파의 5단계 교수법에 해당되지 않는 것은?

① 추론한다.
② 교시한다.
③ 연합시킨다.
④ 총괄시킨다.

하버드 학파의 5단계 교수법 : 준비시킨다(Preparation) → 교시한다(Presentation) → 연합한다(Association) → 총괄시킨다(Generalization) → 응용시킨다(Application)

028 다음 중 관계지향적 리더가 나타내는 대표적인 행동 특징으로 볼 수 없는 것은?

① 우호적이며 가까이 하기 쉽다.
② 집단구성원들을 동등하게 대한다.
③ 집단구성원들의 활동을 조정한다.
④ 어떤 결정에 대해 자세히 설명해준다.

피들러(Fiedler)의 상황리더십 이론
• 과업지향적 리더(task-oriented style)
 - 자원, 정보 및 장비를 더욱 효율적으로 사용하는 방식으로 집단구성원들의 활동을 조정한다.
 - 각 구성원들의 역할 및 직무수행 절차를 명확하게 정하거나 혁신을 위한 구조조정 활동을 한다.
 - 집단의 업무수행에 대해 높은 기준을 설정하는 것 등에 관심을 둔다.
 - 과업을 수행하기 위해 리더는 권위적, 지시적, 성취지향적인 특성을 가진다.
• 관계지향적 리더(relationship-oriented style)
 - 구성원들 간의 상호 협력관계를 구축하고 유지한다.

- 구성원들에게 신뢰·배려·온정 등을 표시하는 행동을 한다.
- 부하들의 욕구를 이해하고 공동의사결정을 선호한다.
- 구성원들 간의 갈등을 해소해 주는데 중점을 둔다.

029 인간이 충족시키고자 추구하는 욕구에 있어 가장 강력한 욕구는?

① 생리적 욕구
② 안전의 욕구
③ 자아실현의 욕구
④ 애정 및 귀속의 욕구

매슬로우(Maslow)의 욕구 5단계
- 1단계 : 생리적 욕구(기아, 갈증, 호흡, 배설, 성욕 등)
- 2단계 : 안전의 욕구(안전을 구하고자 하는 욕구)
- 3단계 : 사회적 욕구(애정, 소속에 대한 욕구)
- 4단계 : 인정받으려는 욕구(자존심, 명예, 성취, 지위에 대한 욕구)
- 5단계 : 자아실현의 욕구(잠재적인 능력을 실현하고자 하는 욕구)

030 다음 중 데이비스(K. Davis)의 동기부여 이론에서 "능력(ability)"을 올바르게 표현한 것은?

① 기능(skill)×태도(attitude)
② 지식(knowledge)×기능(skill)
③ 상황(situation)×태도(attitude)
④ 지식(knowledge)×상황(situation)

데이비스(Davis)의 이론
- 인간의 성과 ×물적인 성과 = 경영의 성과
- 지식(Knowledge) ×기능(skill) = 능력(ability)
- 상황(situation) ×태도(attitude) = 동기유발(motivation)
- 능력 ×동기유발 = 인간의 성과(human performance)

031 생체리듬(biorhythm)에 대한 설명으로 옳은 것은?

① 각각의 리듬이 (−)에서의 최저점에 이르렀을 때를 위험일이라 한다.
② 감성적 리듬은 영문으로 S라 표시하며, 23일을 주기로 반복된다.
③ 육체적 리듬은 영문으로 P라 표시하며, 28일을 주기로 반복된다.
④ 지성적 리듬은 영문으로 I라 표시하며, 33일을 주기로 반복된다.

바이오리듬의 종류
- 육체적 리듬(Physical Cycle) : 주기 23일(식욕, 소화력, 활동력, 지구력), 청색표시
- 지성적 리듬(Intellectual Cycle) : 주기 33일(상상력, 사고력, 기억력인지, 판단), 녹색표시
- 감성적 리듬(Sensitivity Cycle) : 주기 28일(감정, 주의력, 창조력, 예감 및 통찰력), 적색표시

032 안전사고와 관련하여 소질적 사고 요인이 아닌 것은?

① 시각기능　　　　② 지능
③ 작업자세　　　　④ 성격

소질적인 사고 요인
- 시각기능 : 시각기능에 결함이 있는 사람, 두 눈의 시력이 불균형한 사람인 경우 재해가 많다.
- 지능 : 지능단계가 낮을수록 또는 높을수록 이직률 및 사고 발생률이 높다.
- 성격 : 결함이 있는 성격은 사고를 유발할 수 있다.

033 다음 중 안전교육을 위한 시청각교육법에 대한 설명으로 가장 적절한 것은?

① 지능, 적성, 학습속도 등 개인차를 충분히 고려할 수 있다.
② 학습자들에게 공통의 경험을 형성시켜줄 수 있다.
③ 학습의 다양성과 능률화에 기여할 수 없다.
④ 학습자료를 시간과 장소에 제한없이 제시할 수 있다.

시청각 교육 기능
- 구체적인 경험을 충분히 줌으로써 상징화, 일반화의 과정을 도와주며 의미나 원리를 파악하는 능력을 길러준다.
- 학습동기를 유발시켜 자발적인 학습활동이 되게 자극한다(학습효과의 지속성을 기할 수 없다).
- 학습자에게 공통경험을 형성시켜 줄 수 있다.
- 학습의 다양성과 능률화를 기할 수 있다.
- 개별 진로 수업을 가능하게 한다.

034 인간의 착각현상 가운데 암실 내에서 하나의 광점을 보고 있으면 그 광점이 움직이는 것처럼 보이는 것을 자동운동이라 하는 데 다음 중 자동운동이 생기기 쉬운 조건이 아닌 것은?

① 광점이 작을 것　　　　② 대상이 단순할 것
③ 광의 강도가 클 것　　　④ 시야의 다른 부분이 어두울 것

자동운동이 생기기 쉬운 조건
- 광점이 작을 것
- 시야의 다른 부분이 어두울 것
- 광의 강도가 작을 것
- 대상이 단순할 것

035 교육방법 중 O.J.T(On the Job Training)에 속하지 않는 교육방법은?

① 코칭　　　　② 강의법
③ 직무순환　　④ 멘토링

OJT 와 off JT의 형태
- OJT(On the Job Training) : 직속 상사가 현장에서 업무상의 개별교육이나 지도훈련을 하는 교육형태(작업자의 현장교육)
- off JT(off the Job Training) : 계층별 또는 직능별 등과 같이 공통된 교육대상자를 현장 외의 한 장소에 모아 집체교육 훈련을 실시하는 교육 형태(관리감독자의 집체교육)

036 다음 중 면접 결과에 영향을 미치는 요인들에 관한 설명으로 틀린 것은?

① 한 지원자에 대한 평가는 바로 앞의 지원자에 의해 영향을 받는다.
② 면접자는 면접 초기와 마지막에 제시된 정보에 의해 많은 영향을 받는다.
③ 지원자에 대한 부정적 정보보다 긍정적 정보가 더 중요하게 영향을 미친다.
④ 지원자의 성과 직업에 있어서 전통적 고정관념은 지원자와 면접자간의 성의 일치여부보다 더 많은 영향을 미친다.

지원자에 대한 긍정적 정보보다 부정적 정보가 더 중요하게 영향을 미친다.

037 직무수행평가 시 평가자가 특정 피평가자에 대해 구체적으로 잘 모름에도 불구하고 모든 부분에 대해 좋게 평가하는 오류는?

① 후광오류
② 엄격화오류
③ 중앙집중오류
④ 관대화오류

직무수행평가 오류 유형
- 후광오류 : 평가자가 특정 피평가자에 대해 구체적으로 잘 모름에도 불구하고 모든 부분에 대해 좋게 평가하는 오류
- 엄격화오류 : 피평가자의 실제 업적이나 능력보다 낮게 평가하는 오류
- 중앙집중오류 : 평가자가 잘 알지 못하는 평가차원을 평가하는 경우, 중간점수를 부여함으로써 평가행위를 안전하게 하려는 의도에 의해 이루어지는 오류
- 관대화오류 : 피평가자의 실제 업적이나 능력보다 높게 평가하는 오류
- 근접오류 : 공간적, 시간적으로 근접하여 평가를 하는 경우에 나타나는 오류
- 연공 오류 : 피평가자의 근속기간 등 연공에 좌우되어 발생하는 오류
- 논리적 오류 : 사람의 특질 간에 어떤 상관관계가 있다고 생각하는 편견에서 비롯된 오류

038 안전보건교육을 향상시키기 위한 학습지도의 원리에 해당되지 않는 것은?

① 통합의 원리
② 자기활동의 원리
③ 개별화의 원리
④ 동기유발의 원리

학습지도의 원리
- 자기활동의 원리(자발성의 원리) : 학습자 자신이 스스로 자발적으로 학습에 참여하는데 중점을 둔 원리이다.
- 개별화의 원리 : 학습자가 지니고 있는 각자의 요구와 능력 등에 알맞은 학습활동의 기회를 마련해 주어야 한다.
- 사회화의 원리 : 학습내용을 현실사회의 사상과 문제를 기반으로 하여 학교에서 경험한 것과 사회에서 경험한 것을 교류

시키고 공동학습을 통해서 협력적이고 우호적인 학습을 진행하는 원리이다.
- 통합의 원리 : 학습을 총합적인 전체로서 지도하자는 원리로, 동시학습 원리와 같다.
- 직관의 원리 : 구체적인 사물을 직접 제시하거나 경험시킴으로서 큰 효과를 볼 수 있다는 원리이다.

039 다음 중 리더십과 헤드십에 관한 설명으로 옳은 것은?

① 헤드십은 부하와의 사회적 간격이 좁다.
② 헤드십에서의 책임은 상사에 있지 않고 부하에 있다.
③ 리더십의 지휘형태는 권위주의적인 반면, 헤드십의 지휘형태는 민주적이다.
④ 권한행사 측면에서 보면 헤드십은 임명에 의하여 권한을 행사할 수 있다.

리더십과 헤드십

구분	리더십	헤드십
지위부여 형태	구성원에 의한 선출	상부에서 임명
권한의 부여	구성원의 동의	상부로부터의 위임
권한의 근거	개인의 능력	법과 규정
권한의 귀속	집단에 기여한 공로로 인정	공식화 규정에 의거
구성원과의 관계	개인적 영향	지배적 구조
책임귀속	상사와 부하	상사
구성원과의 사회적 간격	좁음	넓음
지휘형태	민주적	권위적

040 다음 중 교육지도의 원칙과 가장 거리가 먼 것은?

① 반복적인 교육을 실시한다.
② 학습자에게 동기부여를 한다.
③ 쉬운 것부터 어려운 것으로 실시한다.
④ 한 번에 여러 가지의 내용을 실시한다.

교육지도(학습지도)의 8원칙
- 피교육자 중심으로 교육할 것(상대방 입장에서 교육)
- 동기부여(motivation)를 할 것
- 쉬운 것에서부터 시작하여 어려운 것으로 유도할 것
- 반복(repeat)적으로 교육할 것
- 한 번에 하나씩 교육할 것
- 강조하고 싶은 사항에 대해 강한 인상을 심어줄 것(인상의 강화)
- 5관을 활용할 것
- 기능적인 이해가 되도록 할 것

제 03 과목 인간공학 및 시스템 안전공학

041 결함수분석법에서 path set 에 관한 설명으로 옳은 것은?

① 시스템의 약점을 표현한 것이다.
② Top 사상을 발생시키는 조합이다.
③ 시스템이 고장 나지 않도록 하는 사상의 조합이다.
④ 시스템고장을 유발시키는 필요불가결한 기본사상들의 집합이다.

컷과 패스
- 컷셋(cut sets) : 그 속에 포함되어 있는 모든 기본사상(통상, 생략, 결함사상을 포함)이 일어났을 때 정상사상(top event)을 일으키는 기본사상의 집합
- 최소 컷셋(minimal cut sets) : 컷셋 중 그 부분집합만으로는 정상사상을 일으키는 일이 없는 것, 즉 정상사상(top event)을 일으키기 위한 최소한의 컷셋으로 어떤 고장이나 에러를 일으키면 재해가 일어나는가 하는 것. 결과적으로 시스템의 위험성(역으로는 안전성)을 나타내는 것
- 패스셋(path sets) : 시스템이 고장나지 않도록 하는 사상의 조합
- 최소 패스셋(minimal path sets) : 시스템이 고장나지 않도록 하는 최소한의 패스셋으로 어떤 고장이나 패스를 일으키지 않으면 재해는 일어나지 않는다는 것 즉, 시스템의 신뢰성을 나타내는 것

042 인체측정에 대한 설명으로 옳은 것은?

① 인체측정은 동적측정과 정적측정이 있다.
② 인체측정학은 인체의 생화학적 특징을 다룬다.
③ 자세에 따른 인체치수의 변화는 없다고 가정한다.
④ 측정항목에 무게, 둘레, 두께, 길이는 포함되지 않는다.

인체측정
- 인체측정은 동적측정(기능적 치수)과 정적측정(구조적 치수)이 있다.
- 인체측정학은 인체치수를 비롯하여 각 부위의 부피, 무게, 중심, 관성, 질량 등의 신체의 물리적 특성을 다룬다.
- 자세에 따른 인체치수의 변화를 고려해야 한다.

043 신호검출이론(SDT)의 판정결과 중 신호가 없었는데도 있었다고 말하는 경우는?

① 긍정(hit)
② 누락(miss)
③ 허위(false alarm)
④ 부정(correct rejection)

신호검출이론(SDT)의 판정결과
- 긍정(hit) : 신호 발생시 신호를 검출하는 경우
- 누락(miss) : 신호가 발생했음에도 검출해내지 못하는 경우(신호를 노이즈(noise)로 판단)
- 허위(false alarm) : 신호가 없었는데도 신호로 판단하는 경우
- 부정(correct rejection) : 신호가 없었을 때 없다고 판단하는 경우

044 시스템 안전분석 방법 중 예비 위험분석(PHA) 단계에서 식별하는 4가지 범주에 속하지 않는 것은?

① 위기 상태
② 무시가능 상태
③ 파국적 상태
④ 예비조치 상태

PHA의 카테고리 분류
- Class 1 : 파국적(Catastrophic) – 사망, 시스템 손상
- Class 2 : 중대(Critical) – 심각한 상해, 시스템 중대 손상
- Class 3 : 한계적(Marginal) – 경미한 상해, 시스템 성능 저하
- Class 4 : 무시가능(Negligible) – 상해 및 시스템 저하 없음

045 어느 부품 1,000개를 100,000시간 동안 가동하였을 때 5개의 불량품이 발생하였을 경우 평균 동작시간(MTTF)은?

① 1×10^6 시간
② 2×10^7 시간
③ 1×10^8 시간
④ 2×10^9 시간

$$MTTF = \frac{1000 \times 100000}{5} = 2 \times 10^7$$

046 암호체계의 사용 시 고려해야 될 사항과 거리가 먼 것은?

① 정보를 암호화한 자극은 검출이 가능하여야 한다.
② 다차원의 암호보다 단일 차원화된 암호가 정보 전달이 촉진된다.
③ 암호를 사용할 때는 사용자가 그 뜻을 분명히 알 수 있어야 한다.
④ 모든 암호 표시는 감지장치에 의해 검출될 수 있고, 다른 암호 표시와 구별될 수 있어야 한다.

암호체계 및 사용상의 일반적인 지침
- 암호의 검출성 : 검출이 가능해야 한다.
- 암호의 변별성 : 다른 암호표시와 구별되어야 한다.
- 부호의 양립성 : 양립성이란 자극들 간의, 반응들 간의, 자극-반응 조합의 관계가 인간의 기대와 모순되지 않는 것이다.
- 부호의 의미 : 사용자가 그 뜻을 분명히 알아야 한다.
- 암호의 표준화 : 암호를 표준화하여야 한다.
- 다차원 암호의 사용 : 2가지 이상의 암호차원을 조합해서 사용하면 정보전달이 촉진된다.

047 사무실 의자나 책상에 적용할 인체 측정자료의 설계 원칙으로 가장 적합한 것은?

① 평균치 설계
② 조절식 설계
③ 최대치 설계
④ 최소치 설계

인체계측자료의 응용원칙
- 최대치수와 최소치수 : 최대치수 또는 최소치수를 기준으로 하여 설계
- 조절범위(조절식) : 체격이 다른 여러 사람에 맞도록 만드는 것(5~95%tile)
- 평균치를 기준으로 한 설계 : 최대치수나 최소치수, 조절식으로 적용이 곤란할 때 평균치를 기준으로 하여 설계

048 결함수분석의 기호 중 입력사상이 어느 하나라도 발생할 경우 출력사상이 발생하는 것은?
① NOR GATE
② AND GATE
③ OR GATE
④ NAND GATE

OR 게이트

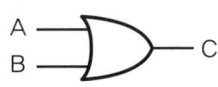

입력		출력
A	B	C
0	0	0
0	1	1
1	0	1
1	1	1

049 촉감의 일반적인 척도의 하나인 2점 문턱값(two-point threshold)이 감소하는 순서대로 나열된 것은?
① 손가락 → 손바닥 → 손가락 끝
② 손바닥 → 손가락 → 손가락 끝
③ 손가락 끝 → 손가락 → 손바닥
④ 손가락 끝 → 손바닥 → 손가락

2점 문턱값(two-point threshold)
- 손에 두 점을 눌렀을 때 느끼는 감각이 서로 다르게 느끼는 점 사이의 최소거리
- 손바닥(가장 큼) → 손가락 → 손가락 끝(가장 예민)

050 어떤 소리가 1000Hz, 60dB인 음과 같은 높이임에도 4배 더 크게 들린다면, 이 소리의 음압수준은 얼마인가?
① 70dB
② 80dB
③ 90dB
④ 100dB

$4\text{sone} = 2^{\frac{L_1-60}{10}}$
$4 \times \log 4 = (L_1-60)\log 2$
$L_1 = \dfrac{10 \times \log 4}{\log 2} + 60 = 80$

051 가스밸브를 잠그는 것을 잊어 사고가 발생했다면 작업자는 어떤 인적 오류를 범한 것인가?

① 생략 오류(omission error)
② 시간지연 오류(time error)
③ 순서 오류(sequential error)
④ 작위적 오류(commission error)

Swain의 휴먼 에러(Human Error)
• 생략적 과오(omission error) : 필요한 작업 또는 절차를 수행하지 않는데 기인한 과오
• 시간적 과오(time error) : 필요한 작업 또는 절차의 수행지연으로 인한 과오
• 수행적 과오(commission error) : 필요한 작업 또는 절차의 잘못된 수행으로 인한 과오
• 순서적 과오(sequential error) : 필요한 작업 또는 절차의 순서 착오로 인한 과오
• 불필요한 과오(extraneous error) : 불필요한 작업 또는 절차를 수행함으로써 기인한 과오

052 인간-기계 시스템에서 시스템의 설계를 다음과 같이 구분할 때 제3단계인 기본설계에 해당되지 않는 것은?

```
1단계 : 시스템의 목표와 성능 명세 결정
2단계 : 시스템의 정의
3단계 : 기본설계
4단계 : 인터페이스설계
5단계 : 보조물 설계
6단계 : 시험 및 평가
```

① 화면 설계   ② 작업 설계
③ 직무 분석   ④ 기능 할당

3단계 기본설계는 시스템이 형태를 갖추기 시작하는 단계로 S/W에 대한 기능 할당, 직무 분석, 작업 설계가 이루어진다. 참고로 화면 설계는 4단계인 인터페이스 설계 단계에 해당된다.

053 실린더 블록에 사용하는 가스켓의 수명 분포는 $X \sim N(10000, 200^2)$인 정규분포를 따른다. t = 9600 시간일 경우에 신뢰도 (R(t))는?(단, P(Z≤1)=0.8413, P(Z≤1.5)=0.9332, P(Z≤2)=0.9772, P(Z≤3)=0.9987이다.)

① 84.13%   ② 93.32%
③ 97.72%   ④ 99.87%

• $P(\overline{X} \leq 9600) = P(Z \leq \frac{9600 - 10000}{200}) = P(Z \leq -2) = 0.5 + 0.5 - P(Z \leq -2) = 0.5 + 0.5 - 0.9772 = 0.0228$

• $P(\overline{X} \geq 9600) = P(Z \geq \frac{9600 - 10000}{200}) = P(Z \geq -2) = 0.5 + 0.5 - 0.0228 = 0.9772 = 97.72$

054 FTA 결과 다음과 같은 패스셋을 구하였다. 최소 패스셋(minimal path sets)으로 옳은 것은?

> {X_2, X_3, X_4}
> {X_1, X_3, X_4}
> {X_3, X_4}

① {X_3, X_4}
② {X_1, X_3, X_4}
③ {X_2, X_3, X_4}
④ {X_2, X_3, X_4}와 {X_3, X_4}

패스셋(Path set)은 시스템이 고장 나지 않도록 하는 사상의 조합이며, 최소 패스셋(Minimal Path Sets)은 그 필요 최소한의 것을 의미한다. 따라서, {X_3, X_4}가 최소 패스셋이 된다.

055 연구 기준의 요건과 내용이 옳은 것은?

① 무오염성 : 실제로 의도하는 바와 부합해야 한다.
② 적절성 : 반복 실험 시 재현성이 있어야 한다.
③ 신뢰성 : 측정하고자 하는 변수 이외의 다른 변수의 영향을 받아서는 안 된다.
④ 민감도 : 피실험자 사이에서 볼 수 있는 예상 차이점에 비례하는 단위로 측정해야 한다.

연구(체계) 기준의 요건
- 적절성(Relevance) : 기준이 실제로 의도하는 바와 부합해야 한다.
- 무오염성 : 기준척도는 측정하고자 하는 변수 외의 다른 변수의 영향을 받아서는 안 된다.
- 신뢰성 : 척도의 신뢰성은 반복성(Repeatability)을 의미 즉, 반복 실험 시 재현성이 있어야 한다.
- 민감도 : 피실험자 사이에서 볼 수 있는 예상 차이점에 비례하는 단위로 측정해야 한다.

056 다음 중 열 중독증(heat illness)의 강도를 올바르게 나열한 것은?

> ⓐ 열소모(heat exhaustion)   ⓑ 열발진(heat rash)
> ⓒ 열경련(heat cramp)   ⓓ 열사병(heat stroke)

① ⓒ < ⓑ < ⓐ < ⓓ
② ⓒ < ⓑ < ⓓ < ⓐ
③ ⓑ < ⓒ < ⓐ < ⓓ
④ ⓑ < ⓓ < ⓐ < ⓒ

열 중독증의 강도
열발진(피부장해) → 열경련(탈수와 체내 염분농도 부족에 의한 장해) → 열소모(열에 의한 수분과 염분 손실로 두통, 구역감, 현기증, 무기력증, 갈증 등의 증세) → 열사병(심한 경우 의식상실)

057 산업안전보건법령상 유해위험방지계획서의 제출 대상 제조업은 전기 계약 용량이 얼마 이상인 경우에 해당되는가?(단, 기타 예외사항은 제외한다.)

① 50kW ② 100kW
③ 200kW ④ 300kW

유해위험방지계획서의 제출 대상 제조업은 전기 계약용량이 300kW 이상인 경우를 말한다.(산업안전보건법 시행령 제42조)

058 시스템 안전분석 방법 중 HAZOP에서 "완전대체"를 의미하는 것은?

① NOT ② REVERSE
③ PART OF ④ OTHER THAN

유인어(Guide Words)

Guide Words	의미
No/Not	설계의도의 완전한 부정
More/Less	양(압력, 반응, Flow Rate, 온도 등)의 증가 또는 감소
As well as	성질상의 증가(설계의도와 운전조건이 어떤 부가적인 행위와 함께 일어남)
Part of	일부변경, 성질상의 감소(어떤 의도는 성취되나 어떤 의도는 성취되지 않음)
Reverse	설계의도의 논리적인 역
Other than	완전한 대체(통상 운전과 다르게 되는 상태)

059 신체활동의 생리학적 측정법 중 전신의 육체적인 활동을 측정하는 데 가장 적합한 방법은?

① Flicker 측정 ② 산소 소비량 측정
③ 근전도(EMG) 측정 ④ 피부전기 반사(GSR) 측정

격렬한 육체적 작업 시 맥박수와 산소 소비량이 모두 증가한다. 특히 격렬한 작업 시 충분한 양의 산소가 근육활동에 공급되지 못해 근육에 젖산이 축적된다.

060 다음은 불꽃놀이용 화학물질 취급설비에 대한 정량적 평가이다. 해당 항목에 대한 위험 등급이 올바르게 연결된 것은?

항목	A (10점)	B (5점)	C (2점)	D (0점)
취급물질	○	○	○	
조작		○		○

항목	A (10점)	B (5점)	C (2점)	D (0점)
화학설비의 용량	○		○	
온도	○	○		
압력		○	○	○

① 취급물질 – Ⅰ등급, 　　화학설비의 용량 – Ⅰ등급
② 온도 – Ⅰ등급, 　　화학설비의 용량 – Ⅱ등급
③ 취급 물질 – Ⅰ등급, 　　조작 – Ⅳ등급
④ 온도 – Ⅱ등급, 　　압력 – Ⅲ등급

화학설비에 대한 안전성 평가 중 제3단계 정량적 평가
- 당해 화학설비의 취급물질, 용량, 온도, 압력 및 조작의 5항목에 대해 A, B, C, D급으로 분류하고 A급은 10점, B급은 5점, C급은 2점, D급은 0점으로 점수를 부여한 후 5항목에 관한 점수들의 합을 구한다.
- 합산 결과에 의한 위험도의 등급은 다음과 같다.

등급	점수	내용
등급 Ⅰ	16점 이상	위험도가 높음
등급 Ⅱ	11~15점 이하	주위상황, 다른 설비와 관련해서 평가
등급 Ⅲ	10점 이하	위험도가 낮음

제 04 과목　건설시공학

061 철골공사의 내화피복공법에 해당하지 않는 것은?

① 표면탄화법　　② 뿜칠공법
③ 타설공법　　④ 조적공법

내화피복공법 및 재료의 종류

구분	공법	재료
도장공법	내화도료공법	팽창성 내화도료
습식공법	타설공법	콘크리트, 경량 콘크리트
	조적공법	콘크리트 블록, 경량 콘크리트 블록, 돌·벽돌
	미장공법	철망 모르타르, 철망 파라이트 모르타르
	뿜칠공법	뿜칠 암면, 습식 뿜칠 암면, 뿜칠 모르타르, 뿜칠 플라스터, 실리카·알루미나 계열 모르타르

건식공법	성형판 붙임공법	무기섬유혼입 규산칼슘판, ALC 판, 무기섬유강화 석고보드, 석면 시멘트판, 조립식 패널, 경량콘크리트 패널, 프리캐스트 콘크리트판
	휘감기공법	–
	세라믹울 피복공법	세라믹 섬유 블랭킷
합성공법	합성공법	프리캐스트 콘크리트판, ALC 판

062 네트워크 공정표의 단점이 아닌 것은?

① 다른 공정표에 비하여 작성시간이 많이 필요하다.
② 작성 및 검사에 특별한 기능이 요구된다.
③ 진척관리에 있어서 특별한 연구가 필요하다.
④ 개개의 관련 작업이 도시되어 있지 않아 내용을 알기 어렵다.

네트워크 공정표의 장점 및 단점

구분	내용
장점	• 개개의 관련 작업이 도시되어 있어 내용을 알기가 쉽다. • 주공정선을 알 수 있고 이에 따른 전체적 공정관리가 편리하다. • 기존의 개념적인 공정표가 숫자화되고 계획관리면에서 신뢰도가 높으며 전산화가 가능하다. • 작성자가 아니더라도 이해가 쉬워서 공정회의에 대단히 편리하다.
단점	• 다른 공정표에 비하여 작성시간이 많이 필요하며, 대규모 공사에서는 전담 관리자가 필요하다. • 작성 및 검사에 특별한 기능이 요구된다. • 진척관리에 있어서 특별한 연구가 필요하다. • 기법의 표현상 세분화에 한계가 있다.

063 시험말뚝에 변형률계(strain gauge)와 가속도계(accelerometer)를 부착하여 말뚝항타에 의한 파형으로부터 지지력을 구하는 시험은?

① 정적재하시험 ② 동적재하시험
③ 비비 시험   ④ 인발 시험

동적재하시험은 항타 시 말뚝 몸체에 발생하는 응력과 속도를 측정·분석하여 말뚝의 지지력을 결정하는 방법이다.

064 갱폼(Gang Form)에 관한 설명으로 옳지 않은 것은?

① 타워크레인, 이동식 크레인 같은 양중장비가 필요하다.
② 벽과 바닥의 콘크리트 타설을 한번에 가능하게 하기 위하여 벽체 및 슬래브 거푸집을 일체로 제작한다.
③ 공사초기 제작기간이 길고 투자비가 큰 편이다.
④ 경제적인 전용횟수는 30~40회 정도이다.

갱폼(Gang Form)의 특징
- 표면 피복 강화합판이나 각재, 철골을 이용하여 특수 제작한 것으로 옹벽, 기둥을 일체식으로 제작한다.
- 조립, 분해없이 설치와 탈형만 함에 따라 인력절감이 가능하다.
- 콘크리트 이음부위(joint) 감소로 마감이 단순해지고 비용이 절감된다.
- 제작장소 및 해체 후 보관장소가 필요하다.
- 중량물로서 인력으로 인양이 불가능하기 때문에 타워크레인 및 별도 인양기(Derrick)가 필요하다.
- 공사초기 제작기간이 길고 투자비가 큰 편이다.
- 경제적인 전용횟수는 30~40회 정도이다.

065 주문받은 건설업자가 대상 계획의 기업, 금융, 토지조달, 설계, 시공 등을 포괄하는 도급계약방식을 무엇이라 하는가?

① 실비청산 보수가산도급
② 정액도급
③ 공동도급
④ 턴키도급

턴키도급의 개요
- 건설업자가 대상 계획의 기업, 금융, 토지조달, 설계, 시공, 기계·기구 설치시 운전까지 주문자가 필요로 하는 모든 것을 인도하는 도급계약방식이다.
- 시공능력이 중요시되며 공사시공의 확실성이 크다.

066 웰포인트(well point)공법에 관한 설명으로 옳지 않은 것은?

① 강제배수공법의 일종이다.
② 투수성이 비교적 낮은 사질실트층까지도 배수가 가능하다.
③ 흙의 안전성을 대폭 향상시킨다.
④ 인근 건축물의 침하에 영향을 주지 않는다.

웰포인트 공법은 지름 50~70mm의 관을 1~2m 간격으로 박고 수평 흡상관에 연결하여 배수하는 방식의 사질지반용 탈수(배수)공법의 하나로 지하수위 강하에 따른 지반침하의 우려가 있다.

067 단순조적 블록쌓기에 관한 설명으로 옳지 않은 것은?

① 단순조적 블록쌓기의 세로줄눈은 도면 또는 공사시방서에서 정한 바가 없을 때에는 막힌 줄눈으로 한다.
② 살두께가 작은 편을 위로 하여 쌓는다.
③ 줄눈 모르타르는 쌓은 후 줄눈누르기 및 줄눈파기를 한다.
④ 특별한 지정이 없으면 줄눈은 10 mm가 되게 한다.

단순조적 블록쌓기

- 단순조적 블록쌓기의 세로줄눈은 도면 또는 공사시방서에서 정한 바가 없을 때에는 막힌 줄눈으로 한다.
- 기준틀 또는 블록 나누기의 먹매김에 따라 모서리, 중간요소, 기타 기준이 되는 부분을 먼저 정확하게 쌓은 다음 수평실을 치고 먼저 쌓은 블록을 기준으로 하여 수평실에 맞추어 모서리부에서부터 차례로 쌓아간다.
- 살두께가 큰 편을 위로 하여 쌓는다.
- 가로줄눈 모르타르는 블록의 중간살을 제외한 양면살 전체에, 세로줄눈 모르타르는 마구리 접합면에 각각 발라 수평·수직이 되게 쌓는다. 블록은 턱솔이 없게 수평실에 맞추어 줄눈이 똑바르도록 대어 쌓는다. 치장이 되는 면의 더러움은 그때마다 청소한다.
- 하루의 쌓기 높이는 1.5m(블록 7켜 정도) 이내를 표준으로 한다.
- 줄눈 모르타르는 쌓은 후 줄눈누르기 및 줄눈파기를 한다.
- 특별한 지정이 없으면 줄눈은 10mm가 되게 한다. 치장줄눈을 할 때에는 흙손을 사용하여 줄눈이 완전히 굳기 전에 줄눈파기를 한다.

068 ALC 블록공사 시 내력벽 쌓기에 관한 내용으로 옳지 않은 것은?

① 쌓기 모르타르는 교반기를 사용하여 배합하며, 1시간 이내에 사용해야 한다.
② 가로 및 세로줄눈의 두께는 3~5mm 정도로 한다.
③ 하루 쌓기 높이는 1.8m를 표준으로 하며, 최대 2.4m 이내로 한다.
④ 연속되는 벽면의 일부를 나중쌓기로 할 때에는 그 부분을 층단 떼어쌓기로 한다.

ALC 블록공사 시 내력벽 쌓기

- 하단부 쌓기
  - 쌓기 전 하단면을 청소하고 바닥면 및 방수벽에 요철이 있을 때는 고름 모르타르로 평활하게 수평을 잡고 모르타르가 굳은 후 쌓기작업을 한다.
- 상단부 쌓기
  - 상부 구조체와 접하는 부위는 틈이 없도록 하며, 미세한 틈새는 충전재로 충전한다.
  - 캔틸레버보 주위에도 충전재로 충전한 후 코킹처리하여 추후 처짐으로 인한 균열을 방지한다.
- 모서리 연결부 쌓기
  - 콘크리트벽과 블록벽이 만나는 부위는 연결철물로 보강한다.
  - 블록이 서로 맞닿는 부분은 엇갈려쌓기를 원칙으로 하지만 불가피한 경우에는 ALC용 보강철물로 블록 2단마다 고정한다.
- 블록의 제작치수 중 높이에 대한 편차가 KS F 2701에서 규정한 높이에 대한 편차범위 +1mm, -3mm를 초과하는 경우 인접블록과 높이 편차를 맞춘 후 쌓기 모르타르를 사용하여 조적한다.
- 쌓기 모르타르는 교반기를 사용하여 배합하며, 1시간 이내에 사용해야 한다.
- 쌓기 모르타르는 블록의 두께와 동일한 폭을 갖는 전용 흙손을 사용하여 바른다. 또한, 시공 시 흘러나온 모르타르는 경화되기 전에 빨리 긁어낸다.
- 가로 및 세로줄눈의 두께는 1mm~3mm 정도로 한다.
- 블록 상하단의 겹침길이는 블록길이의 1/3~1/2을 원칙으로 하고, 최소 100mm 이상으로 한다.
- 블록은 각 부분을 균등한 높이로 쌓아가며, 하루 쌓기 높이는 1.8m를 표준으로 하고 최대 2.4m 이내로 한다.
- 연속되는 벽면의 일부를 나중쌓기로 할 때에는 그 부분을 층단 떼어쌓기로 한다.
- 모서리 및 교차부 쌓기는 끼어쌓기를 원칙으로 하여 통줄눈이 생기지 않도록 한다. 직각으로 오는 벽체의 한 면을 나중쌓을 때는 층단쌓기로 하며, 부득이한 경우 담당원의 승인을 얻어 층단으로 켜거름 들여쌓기하거나 이음보강철물을 사용한다.
- 콘크리트 구조체와 블록벽이 만나는 부분 및 블록벽이 상호 만나는 부분에 대해서는 접합철물을 사용하여 보강한다.
- 공간쌓기의 경우 공사시방서 또는 도면에서 규정한 사항이 없으면 바깥쪽을 주벽체로 한다. 내부공간은 50mm~90mm 정도로 하고, 수평거리 900mm, 수직거리 60mm마다 연결재를 사용하여 긴결시킨다.

069 철골기둥의 이음부분 면을 절삭가공기를 사용하여 마감하고 충분히 밀착시킨 이음에 해당하는 용어는?

① 밀 스케일(mill scale)
② 스캘럽(scallop)
③ 스패터(spatter)
④ 메탈 터치(metal touch)

메탈 터치(metal touch)는 강재와 강재의 이음부분면을 절삭가공기로 마감하고 충분히 밀착시킨 이음으로 축력의 25%까지 이음면에 직접 전달할 수 있으며 기둥의 용접이음 및 볼트이음방식의 단점을 보완하고 경제적 설계가 가능한 장점이 있다.

070 철골용접 부위의 비파괴검사에 관한 설명으로 옳지 않은 것은?

① 방사선검사는 필름의 밀착성이 좋지 않은 건축물에서도 검출이 우수하다.
② 침투탐상검사는 액체의 모세관현상을 이용한다.
③ 초음파탐상검사는 인간의 귀로 들을 수 없는 주파수를 갖는 초음파를 사용하여 결함을 검출하는 방법이다.
④ 외관검사는 용접을 한 용접공이나 용접관리기술자가 하는 것이 원칙이다.

방사선검사는 필름의 밀착성이 좋지 않은 건축물에서는 검출이 어렵다.

071 다음은 표준시방서에 따른 기성말뚝 세우기 작업 시 준수사항이다. (   )안에 들어갈 내용으로 옳은 것은? (단, 보기 항의 D는 말뚝의 바깥지름임)

말뚝의 연직도나 경사도는 (A) 이내로 하고, 말뚝박기 후 평면상의 위치가 설계도면의 위치로부터 (B)와 100mm 중 큰 값 이상으로 벗어나지 않아야 한다.

① A : 1/100, B : D/4
② A : 1/50, B : D/4
③ A : 1/100, B : D/2
④ A : 1/50, B : D/2

기성말뚝(KCS 11 50 15) 3.2.4 말뚝 세우기
• 말뚝은 설계도서 및 시공계획서에 따라 정확하고 안전하게 세워야 한다.
• 시공기계는 말뚝이 소정의 위치에 정확하게 설치될 수 있도록 견고한 지반위의 정확한 위치에 설치하여야 한다.
• 말뚝을 정확하고도 안전하게 세우기 위해서는 정확한 규준틀을 설치하고 중심선 표시를 용이하게 하여야 하며, 말뚝을 세운 후 검측은 직교하는 2방향으로부터 하여야 한다.
• 말뚝의 연직도나 경사도는 1/50 이내로 하고, 말뚝박기 후 평면상의 위치가 설계도면의 위치로부터 D/4(D는 말뚝의 바깥지름)와 100mm 중 큰 값 이상으로 벗어나지 않아야 한다.

072 지하 합벽거푸집에서 측압에 대비하여 버팀대를 삼각형으로 일체화한 공법은?

① 1회용 리브라스 거푸집
② 와플 거푸집
③ 무폼타이 거푸집
④ 단열 거푸집

무폼타이 거푸집(Brace Frame) : 벽체 거푸집의 설치시 벽체 양면에 거푸집의 설치가 곤란한 경우 한 면에만 거푸집을 설치하여 폼타이 없이 거푸집에 작용하는 콘크리트의 측압을 지지하도록 한 거푸집 공법으로 폼타이 설치작업의 번거로움을 없애고, 거푸집을 지지하기 위한 브레이스 프레임(brace frame)을 사용한다.

073 제자리 콘크리트 말뚝지정 중 베노토 파일의 특징에 관한 설명으로 옳지 않은 것은?

① 기계가 저가이고 굴착속도가 비교적 빠르다.
② 케이싱을 지반에 압입해 가면서 관 내부토사를 특수한 버킷으로 굴착 배토한다.
③ 말뚝구멍의 굴착 후에는 철근콘크리트 말뚝을 제자리치기 한다.
④ 여러 지질에 안전하고 정확하게 시공할 수 있다.

베노토공법(Benoto method)
- 케이싱튜브를 진동관입시켜 공벽을 보호하고 해머그래브 버킷으로 굴착해서 대구경의 구멍을 지중에 뚫은 후 철근상자를 삽입하여 콘크리트를 구멍 속에 충전함과 동시에 케이싱튜브를 뽑아 기초말뚝을 축조하는 공법
- 공벽붕괴를 방지하고 어떠한 지반에서도 시공을 할 수 있으며 최대심도 120m까지 시공이 가능하며 소음이나 진동, 침하가 없이 저렴하게 시공할 수 있다는 장점이 있다.
- 단점은 대형 기계라서 공사비가 비싸며 케이싱을 뽑아 올릴 때 철근에 따라 올라갈 경우가 있으며 튜브의 유압계통 보수관리에 주의가 따르며 주위 환경에 제약이 있다.

074 부재별 철근의 정착위치에 관한 설명으로 옳지 않은 것은?

① 작은 보의 주근은 슬래브에 정착한다.
② 기둥의 주근은 기초에 정착한다.
③ 바닥철근은 보 또는 벽체에 정착한다.
④ 벽철근은 기둥, 보 또는 바닥판에 정착한다.

철근의 정착 위치
- 기둥의 주근은 기초에 정착한다.
- 큰 보의 주근은 기둥에 정착한다.
- 작은 보의 주근은 큰 보에 정착한다.
- 지중보의 주근은 기초 또는 기둥에 정착한다.
- 직교하는 단부보 밑에 기둥이 없을 때는 보 상호간에 정착한다.
- 바닥철근은 보 및 벽체에 정착한다.
- 벽철근은 기둥, 보 및 바닥판에 정착한다.

075 공사의 도급계약에 명시하여야 할 사항과 가장 거리가 먼 것은?(단, 첨부서류가 아닌 계약서 상 내용을 의미)

① 공사내용
② 구조설계에 따른 설계방법의 종류
③ 공사착수의 시기와 공사완성의 시기
④ 하자담보책임기간 및 담보방법

해설
구조설계에 따른 설계방법의 종류는 공사도급계약에 명시해야할 사항이 아니다.

076 지하연속벽(Slurry wall) 굴착 공사 중 공벽 붕괴의 원인으로 보기 어려운 것은?
① 지하수위의 급격한 상승
② 안정액의 급격한 점도 변화
③ 물다짐하여 매립한 지반에서 시공
④ 공사 시 공법의 특성으로 발생하는 심한 진동

해설
지하연속벽식(Slurry wall)
- 안정액을 사용하여 지반 붕괴를 방지하면서 굴착하여 그 속에 철근망과 콘크리트를 넣어 연속으로 콘크리트 흙막이벽을 설치하는 공법이다.
- 차수성이 높으며, 저진동·저소음으로 인접 건물에 근접 시공이 가능하다.
- 벽체의 강성이 높아 본 구조체로 사용할 수 있다.

077 고압증기양생 경량기포콘크리트(ALC)의 특징으로 거리가 먼 것은?
① 열전도율이 보통 콘크리트의 1/10 정도이다.
② 경량으로 인력에 의한 취급이 가능하다.
③ 흡수율이 매우 낮은 편이다.
④ 현장에서 절단 및 가공이 용이하다.

해설
경량기포콘크리트(ALC)의 특징
- 흡수율이 크다.
- 열전도율은 보통콘크리트의 약 1/10 정도로 단열성이 우수하다.
- 건조수축률이 작아 균열 발생이 적다.
- 경량으로 인력에 의한 취급이 가능하고, 필요에 따라 현장에서 절단 및 가공이 용이하다.
- 불연재인 동시에 내화재료이다.
- 중성화가 빠르고 흡음, 방음성이 우수하다.

078 철골 공사 중 현장에서 보수도장이 필요한 부위에 해당되지 않는 것은?
① 현장 용접을 한 부위
② 현장접합 재료의 손상부위
③ 조립상 표면접합이 되는 면
④ 운반 또는 양중 시 생긴 손상부위

강재에 녹막이 칠을 하지 않는 부분
- 콘크리트에 묻히는 부분
- 현장용접을 하는 부분으로 용접부에서 50mm 이내
- 고장력 볼트마찰 접합부의 마찰면
- 기계 깎기 마무리면

- 폐쇄형 단면을 한 부재의 밀폐되는 면
- 공장조립에 있어서 맞댄면 또는 조립 후 칠할 수 없는 부분은 조립 전에 1~2회 칠해 둠

079 강관틀비계에서 주틀의 기둥관 1개당 수직하중의 한도는 얼마인가?(단, 견고한 기초 위에 설치하게 될 경우)

① 16.5kN
② 24.5kN
③ 32.5kN
④ 38.5kN

강관틀비계의 주틀

- 전체 높이는 원칙적으로 40m를 초과할 수 없으며, 높이가 20m를 초과하는 경우 또는 중량작업을 하는 경우에는 내력상 중요한 틀의 높이를 2m 이하로 하고 주틀의 간격을 1.8m 이하로 하여야 한다.
- 주틀의 간격이 1.8m일 경우에는 주틀 사이의 하중한도를 4.0kN으로 하고, 주틀의 간격이 1.8m 이내일 경우에는 그 역비율로 하중한도를 증가할 수 있다.
- 주틀의 기둥 1개당 수직하중의 한도는 견고한 기초 위에 설치하게 될 경우에는 24.5kN으로 한다. 다만, 깔판이 우그러들거나 침하의 우려가 있을 때 또는 특수한 구조일 때는 규정에 따라 이 값을 낮추어야 한다.
- 연결용 통로, 출입구 및 개구부 등에서 내력상 충분히 안전한 경우에는 주틀의 높이 및 간격을 전술한 규정보다 크게 할 수 있다.
- 주틀의 기둥재 바닥은 작용한 하중을 안전하게 기초에 전달할 수 있도록 받침 철물을 사용하거나, 견고한 기초 위에 놓여져야 한다. 다만, 주틀의 바닥에 고저 차가 있을 경우에는 조절형 받침 철물을 사용하여 각 주틀을 수평과 수직으로 유지하여야 하며, 연약지반에서는 받침 철물의 하부에 적당한 접지면적을 확보할 수 있도록 깔판을 깔아댄다.
- 주틀의 최상부와 다섯단 이내마다 띠장틀 또는 수평재를 설치하여야 한다.
- 비계의 모서리 부분에서는 주틀 상호간을 비계용 강관과 클램프로 견고히 결속하고 주틀의 개구부에는 난간을 설치하여야 한다.

080 콘크리트 타설 시 진동기를 사용하는 가장 큰 목적은?

① 콘크리트 타설 시 용이함
② 콘크리트의 응결, 경화 촉진
③ 콘크리트의 밀실화 유지
④ 콘크리트의 재료 분리 촉진

동다짐의 목적은 콘크리트를 거푸집 구석구석까지 충전시키고 밀실한 콘크리트를 얻기 위한 것이다.

제 05 과목 건설재료학

081 한중 콘크리트의 배합에 관한 설명으로 옳지 않은 것은?

① 한중 콘크리트에는 일반콘크리트만을 사용하고, AE콘크리트의 사용을 금한다.
② 단위수량은 초기 동해를 적게 하기 위하여 소요의 워커빌리티를 유지할 수 있는 범위 내에서 되도록 적게 정하여야 한다.
③ 물-결합재비는 원칙적으로 60% 이하로 하여야 한다.
④ 배합강도 및 물-결합재비는 적산온도 방식에 의해 결정할 수 있다.

해설
한중 콘크리트의 배합
- 한중 콘크리트에는 공기연행콘크리트를 사용하는 것을 원칙으로 한다.
- 단위수량은 초기동해를 적게 하기 위하여 소요의 워커빌리티를 유지할 수 있는 범위 내에서 되도록 적게 정하여야 한다.
- 한중 콘크리트의 배합은 초기동해에 필요한 압축강도가 초기양생 기간 내에 얻어지고, 콘크리트의 설계기준압축강도가 소정의 재령에서 얻어지도록 정하여야 한다.
- 물-결합재비는 원칙적으로 60% 이하로 하여야 한다.
- 배합강도 및 물-결합재비는 적산온도방식에 의해 결정할 수 있다.
- 콘크리트를 비빈 직후의 온도는 기상 조건, 운반 시간 등을 고려하여 타설할 때에 소요의 콘크리트 온도가 얻어지도록 하여야 한다.
- 가열한 재료를 믹서에 투입하는 순서는 시멘트가 급결하지 않도록 정하여야 한다.
- 콘크리트를 비빈 직후의 온도는 각 배치마다 변동이 작아지도록 관리하여야 한다.

082 다음 미장재료 중 수경성 재료인 것은?
① 회반죽
② 회사벽
③ 석고 플라스터
④ 돌로마이트 플라스터

해설
미장재료의 분류
- 기경성 : 진흙질, 석회질(회반죽, 회사벽, 돌로마이트 플라스터)
- 수경성 : 석고질(석고플라스터, 경석고 플라스터), 시멘트 모르타르, 인조석바름, 테라조현장바름

083 다음 각 도료에 관한 설명으로 옳지 않은 것은?
① 유성페인트 : 건조시간이 길고 피막이 튼튼하고 광택이 있다.
② 수성페인트 : 유성페인트에 비하여 광택이 매우 우수하고 내구성 및 내마모성이 크다.
③ 합성수지 페인트 : 도막이 단단하고 내산성 및 내알칼리성이 우수하다.
④ 에나멜페인트 : 건조가 빠르고, 내수성 및 내약품성이 우수하다.

해설
수성 페인트는 물을 용제로 하는 도료의 총칭으로 취급이 간단하고 건조가 빠르나 광택이 없다.

084 다음 중 고로시멘트의 특징으로 옳지 않은 것은?
① 고로시멘트는 포틀랜드시멘트 클링커에 급랭한 고로슬래그를 혼합한 것이다.
② 초기강도는 약간 낮으나 장기강도는 보통포틀랜드시멘트와 같거나 그 이상이 된다.
③ 보통포틀랜드시멘트에 비해 화학저항성이 매우 낮다.
④ 수화열이 적어 매스콘크리트에 적합하다.

고로시멘트

- 포틀랜드시멘트 클링커에 철용광로에서 나온 슬래그를 급랭하여 혼합하고 이에 응결시간 조절용 석고를 첨가하여 분쇄한 것이다.
- 수화열이 적고 수축이 적어 댐 공사에 적합하다.
- 비중이 적고(2.85 이상) 바닷물의 화학작용에 대한 저항성이 크다.
- 단기강도(초기강도)가 작고 장기강도는 양호하다.
- 수밀성이 우수하고 풍화가 용이하다.
- 응결시간이 약간 느리다.
- 콘크리트의 블리딩이 적어진다.

085 양질의 도토 또는 장석분을 원료로 하며, 흡수율이 1% 이하로 거의 없고 소성온도가 약 1230~1460℃인 점토 제품은?

① 토기
② 석기
③ 자기
④ 도기

점토 소성 제품의 분류

구분	토기	도기	석기	자기
소성온도	790~1000℃	1100~1230℃	1160~1350℃	1230~1460℃
흡수율	20% 이상	10% 내외	3~10%	1% 이하
색상	유색, 백색	유색, 백색	유색	백색
특성	저급원료, 취약함	다공질, 탁음, 유약사용	유약을 사용하지 않으며 식염수 사용	금속성 청음
용도	기화, 적벽돌, 토관	내장타일, 테라코타	외장·바닥타일, 클링커 타일	고급타일, 모자이크 타일, 위생도기

086 알루미늄의 성질에 관한 설명으로 옳지 않은 것은?

① 비중이 철에 비해 약 1/3 정도이다.
② 황산, 인산 중에서는 침식되지만 염산 중에서는 침식되지 않는다.
③ 열, 전기의 양도체이며 반사율이 크다.
④ 부식률은 대기 중의 습도와 염분함유량, 불순물의 양과 질 등에 관계되며 0.08mm/년 정도이다.

알루미늄(Aluminum)

- 경량질에 비해 강도가 크다.
- 광선 및 열에 대한 반사율이 커서 열차단재로도 사용된다.
- 내화성이 적고 열팽창이 철의 2배 정도로 크다.
- 공기 중에서 Al_2O_3의 피막을 만들어 내부를 보호한다.
- 산·알칼리 및 해수에 침식되기 쉽다.

087 플라스틱 제품 중 비닐 레더(vinyl leather)에 관한 설명으로 옳지 않은 것은?

① 색채, 모양, 무늬 등을 자유롭게 할 수 있다.
② 면포로 된 것은 찢어지지 않고 튼튼하다.
③ 두께는 0.5~1 mm이고, 길이는 10m의 두루마리로 만든다.
④ 커튼, 테이블크로스, 방수막으로 사용된다.

비닐 레더(vinyl leather)는 염화비닐수지를 사용해서 만든 인조피혁으로 면포, 마포를 바탕천으로 하여 염화비닐을 도장하여 만들며 신발류, 가방, 가구 등에 사용된다.

088 다음 제품 중 점토로 제작된 것이 아닌 것은?

① 경량벽돌
② 테라코타
③ 위생도기
④ 파키트리 패널

파키트리 패널(parquetry panel)은 두께 15mm의 파키트리 보드를 4매씩 조합하여 만든 24cm 각판으로 의장적으로 아름답고 마모성도 적은 마루판재이다.

089 목재를 이용한 가공제품에 관한 설명으로 옳은 것은?

① 집성재는 두께 1.5~3cm의 널을 접착제로 섬유평행방향으로 겹쳐 붙여서 만든 제품이다.
② 합판은 3매 이상의 얇은 판을 1매마다 접착제로 섬유평행방향으로 겹쳐 붙여서 만든 제품이다.
③ 연질섬유판은 두께 50mm, 나비 100mm의 긴 판에 표면을 리브로 가공하여 만든 제품이다.
④ 파티클보드는 코르크나무의 수피를 분말로 가열, 성형, 접착하여 만든 제품이다.

• 합판은 3매 이상의 얇은 판을 1매마다 섬유 방향이 직교하도록 붙여서 만든 제품이다.
• 연질섬유판은 밀도 0.5g/cm³ 미만의 섬유판으로 섬유판(Fiberboard)이란 목재원료를 섬유상으로 해섬(chip→fiber)이 섬유질하여 접착제를 사용한 후 건식방법으로 성형·열압한 판상제품을 말한다.
• 파티클보드는 주원료인 작은 나무 조각을 접착제로 성형·열압하여 제판한 0.5g/cm³ 이상 0.9g/cm³ 이하의 판재상 제품을 말한다.

090 보통시멘트콘크리트와 비교한 폴리머 시멘트 콘크리트의 특징으로 옳지 않은 것은?

① 유동성이 감소하여 일정 워커빌리티를 얻는데 필요한 물-시멘트비가 증가한다.
② 모르타르, 강재, 목재 등의 각종 재료와 잘 접착한다.
③ 방수성 및 수밀성이 우수하고 동결융해에 대한 저항성이 양호하다.
④ 인장강도 및 신장능력이 우수하다.

폴리머 시멘트(합성수지 콘크리트) : 콘크리트의 재료 중 물, 시멘트의 일부 또는 전부를 폴리머(Polymer)로 대체하여 경화시킨 복합재료로 인장강도 휨, 신장능력이 증대된다. 내수·내마모성이 우수하며 접착력 시공성, 내약품성이 우수하나 내화성능이 작다.

091 다음 중 방청도료에 해당되지 않는 것은?

① 광명단조합페인트　　② 클리어 래커
③ 에칭프라이머　　　　④ 징크로메이트 도료

방청도료의 종류
- 광명단 도료 : 사산화삼납(Pb_3O_4)을 보일드유에 녹인 유성페인트의 일종으로 철재의 방청도료도 사용된다.
- 산화철 도료 : 산화철에 아연화, 아연분말, 연단 등을 혼합한 안료를 스테인오일 또는 합성수지에 녹인 것으로 도막의 내구성이 좋다.
- 알루미늄 도료 : 알루미늄 분말을 안료로 하는 도료로 방청효과와 함께 열반사 효과가 있으며, 전색제에 따라 방청효과도 정해진다.
- 징크로메이트 도료(크롬산아연 도료) : 전색제로 알키드 수지, 안료로 크롬산아연을 사용한 도료로 방청효과가 좋고 알루미늄판이나 아연철판의 초벌용으로 적합하다.
- 워시 프라이머(에칭 프라이머) : 합성수지의 전색제로 하여 소량의 안료와 인산을 첨가한 도료로 주로 뿜칠로 도장하여 방청도료의 부착성과 방청효과를 증진시킬 목적으로 사용한다.
- 역청질 도료 : 아스팔트, 타르핏치 등을 역청질의 주원료로 하여 건성유, 수지류를 첨가한 도료로 일시적인 방청용으로 적합하다.

092 세라믹 재료의 일반적인 특성에 관한 설명으로 옳지 않은 것은?

① 내열성, 화학저항성이 우수하다.
② 전·연성이 매우 뛰어나 가공이 용이하다.
③ 단단하고, 압축강도가 높다.
④ 전기절연성이 있다.

세라믹 재료는 우수한 기계적·화학적·열적 특성을 갖지만 금속재료에 비해 경도가 높고 취성이 강해 가공이 어렵다.

093 목재 건조 시 생재를 수중에 일정기간 침수시키는 주된 이유는?

① 재질을 연하게 만들어 가공하기 쉽게 하기 위하여
② 목재의 내화도를 높이기 위하여
③ 강도를 크게 하기 위하여
④ 건조기간을 단축시키기 위하여

생재를 3~4주 정도 침수시키면 수액의 농도가 줄어들게 되며, 이 상태에서 공기 중에 건조시키면 건조기간을 단축시킬 수 있다.

094 유리의 주성분 중 가장 많이 함유되어 있는 것은?

① CaO　　　　② SiO_2
③ Al_2O_3　　　④ MgO

해설
유리의 재료는 석영이나 규사로 두 광물 모두 이산화규소(SiO_2)로 이루어진 광물이다.

095 부재 두께의 증가에 따른 강도저하, 용접성 확보 등에 대응하기 위해 열간압연 시 냉각조건을 조절하여 냉각속도에 의해 강도를 상승시킨 구조용 특수강재는?

① 일반구조용 압연강재
② 용접구조용 압연강재
③ TMC 강재
④ 내후성 강재

해설
TMC(Thermo-Mechanical Control) 강재
- 부재 두께의 증가에 따른 강도저하, 용접성 확보 등에 대응하기 위해 열간압연 시 냉각조건을 조절하여 냉각속도에 의해 강도를 상승시킨 구조용 특수강재를 말한다.
- 압연상태에서 높은 강도와 인성을 갖는다.
- 두께 40mm 이상의 후강판인 경우에도 기계적 성질 및 용접성 저하가 없다.
- 일반강재에 비해 두께를 10% 감소시킬 수 있으며, 철거 시 강재의 재활용이 가능하다.

096 건축물에 사용되는 천장마감재의 요구성능으로 옳지 않은 것은?

① 내충격성
② 내화성
③ 흡음성
④ 차음성

해설
천장마감재는 내화성, 방염성, 흡음성, 단열성 등을 갖추어야 한다.

097 콘크리트용 골재의 요구성능에 관한 설명으로 옳지 않은 것은?

① 골재의 강도는 경화한 시멘트페이스트 강도보다 클 것
② 골재의 형태가 예각이며, 표면은 매끄러울 것
③ 골재의 입형이 둥글고 입도가 고를 것
④ 먼지 또는 유기 불순물을 포함하지 않을 것

해설
콘크리트용 골재의 품질
- 굳고 단단해야 하며 내화성, 내구성이 있어야 한다.
- 강도는 콘크리트 중의 경화 시멘트 페이스트의 강도 이상이어야 하며, 불순물이 없어야 한다.
- 표면이 거칠고 구형이나 입방체가 좋으며, 입도분포가 양호해야 한다.
- 최대 염화물 이온 함유량은 질량백분율 0.02% 이하여야 한다.

098 실리콘(silicon)수지에 관한 설명으로 옳지 않은 것은?

① 실리콘수지는 내열성, 내한성이 우수하여 −60~260℃의 범위에서 안정하다.
② 탄성을 지니고 있고, 내후성도 우수하다.
③ 발수성이 있기 때문에 건축물, 전기 절연물 등의 방수에 쓰인다.
④ 도료로 사용할 경우 안료로서 알루미늄 분말을 혼합한 것은 내화성이 부족하다.

실리콘수지를 도료로 사용할 경우 안료로서 알루미늄 분말을 혼합한 것은 500℃에서 수 시간, 205℃에서는 수백 시간을 견디는 내화성을 갖는다.

099 경질우레탄폼 단열재에 관한 설명으로 옳지 않은 것은?

① 규격은 한국산업표준(KS)에 규정되어 있다.
② 공사현장에서 발포시공이 가능하다.
③ 사용시간이 경과함에 따라 부피가 팽창하는 결점이 있다.
④ 초저온 장치용 보냉재로 사용된다.

경질우레탄폼은 방수성, 내투습성이 뛰어나 방습층을 겸한 단열재로 사용되며, 발포반응이 끝난 이후에는 부피의 증가가 일어나지 않는다.

100 콘크리트의 워커빌리티(workability)에 관한 설명으로 옳지 않은 것은?

① 과도하게 비빔시간이 길면 시멘트의 수화를 촉진하여 워커빌리티가 나빠진다.
② 단위수량을 너무 증가시키면 재료분리가 생기기 쉽기 때문에 워커빌리티가 좋아진다고 볼 수 없다.
③ AE제를 혼입하면 워커빌리티가 좋아진다.
④ 깬자갈이나 깬모래를 사용할 경우, 잔골재율을 작게 하고 단위수량을 감소시켜 워커빌리티가 좋아진다.

콘크리트의 워커빌리티(workability)
- 단위수량을 너무 증가시키면 재료분리가 생기기 쉽기 때문에 워커빌리티가 좋아진다고 볼 수 없다.
- 골재의 입도가 적당하면 워커빌리티가 좋다.
- 시멘트의 성질에 따라 워커빌리티가 달라진다.
- AE제를 혼입하면 워커빌리티가 좋게 된다.
- 과도하게 비빔시간이 길면 시멘트의 수화를 촉진하여 위커빌리티가 나빠진다.
- 깬자갈이나 깬모래를 사용할 경우 워커빌리티가 나빠지므로 잔골재율을 크게 하고, 단위 수량을 크게 하여 워커빌리티를 개량할 필요가 있다.

제 06 과목 건설안전기술

101 작업발판 및 통로의 끝이나 개구부로서 근로자가 추락할 위험이 있는 장소에서 난간 등의 설치가 매우 곤란하거나 작업의 필요상 임시로 난간등을 해체하여야 하는 경우에 설치하여야 하는 것은?

① 구명구 ② 수직보호망
③ 석면포 ④ 추락방호망

산업안전보건기준에 관한 규칙 제43조(개구부 등의 방호 조치) ① 사업주는 작업발판 및 통로의 끝이나 개구부로서 근로자가 추락할 위험이 있는 장소에는 안전난간, 울타리, 수직형 추락방망 또는 덮개 등(이하 이 조에서 "난간등"이라 한다)의 방호 조치를 충분한 강도를 가진 구조로 튼튼하게 설치하여야 하며, 덮개를 설치하는 경우에는 뒤집히거나 떨어지지 않도록 설치하여야 한다. 이 경우 어두운 장소에서도 알아볼 수 있도록 개구부임을 표시해야 하며, 수직형 추락방망은 한국산업표준에서 정하는 성능기준에 적합한 것을 사용해야 한다.
② 사업주는 난간등을 설치하는 것이 매우 곤란하거나 작업의 필요상 임시로 난간등을 해체하여야 하는 경우 제42조제2항 각 호의 기준에 맞는 추락방호망을 설치하여야 한다. 다만, 추락방호망을 설치하기 곤란한 경우에는 근로자에게 안전대를 착용하도록 하는 등 추락할 위험을 방지하기 위하여 필요한 조치를 하여야 한다.

102 건설재해대책의 사면보호공법 중 식물을 생육시켜 그 뿌리로 사면의 표층토를 고정하여 빗물에 의한 침식, 동상, 이완 등을 방지하고, 녹화에 의한 경관조성을 목적으로 시공하는 것은?

① 식생공 ② 쉴드공
③ 뿜어 붙이기공 ④ 블럭공

건설재해대책의 사면보호공법
- 식생공 : 식물을 생육시켜 그 뿌리로 사면의 표층토를 고정하여 빗물에 의한 침식, 동상, 이완 등을 방지하고, 녹화에 의한 경관조성을 목적으로 시공
- 뿜어 붙이기공 : 모르타르 및 콘크리트를 뿜어서 붙이는 공법으로 비탈면에 용수가 없고 붕괴 우려가 없는 지역, 낙석 예정지역이나 식생이 부적당한 곳에 시공
- 블럭공 : 절토사면을 블럭이나 격자모양 블럭 등으로 덮어 중력에 의한 절토사면 토층의 이동방지와 풍화, 침식작용을 차단하는 시공

103 유해위험방지 계획서를 제출하려고 할 때 그 첨부서류와 가장 거리가 먼 것은?

① 공사개요서
② 산업안전보건관리비 작성요령
③ 전체 공정표
④ 재해 발생 위험 시 연락 및 대피 방법

유해위험방지계획서 첨부서류(산업안전보건법 시행규칙 별표 10)
- 공사 개요 및 안전보건관리계획
  - 공사 개요서
  - 공사현장의 주변 현황 및 주변과의 관계를 나타내는 도면(매설물 현황을 포함한다)

- 건설물, 사용 기계설비 등의 배치를 나타내는 도면
- 전체 공정표
- 산업안전보건관리비 사용계획서
- 안전관리 조직표
- 재해 발생 위험 시 연락 및 대피방법
• 작업 공사 종류별 유해위험방지계획

104 도심지 폭파해체공법에 관한 설명으로 옳지 않은 것은?

① 장기간 발생하는 진동, 소음이 적다.
② 해체 속도가 빠르다.
③ 주위의 구조물에 끼치는 영향이 적다.
④ 많은 분진 발생으로 민원을 발생시킬 우려가 있다.

도심지 폭파해체공법의 경우 폭파해체 시 발생하는 충격파와 순간진동에 의한 주변건물의 파손이나 균열발생 등의 위험이 큰 편이다.

105 흙막이 지보공을 설치하였을 경우 정기적으로 점검하고 이상을 발견하면 즉시 보수하여야 하는 사항과 가장 거리가 먼 것은?

① 부재의 접속부·부착부 및 교차부의 상태
② 버팀대의 긴압(緊壓)의 정도.
③ 부재의 손상·변형·부식·변위 및 탈락의 유무와 상태
④ 지표수의 흐름 상태

산업안전보건기준에 관한 규칙 제347조(붕괴 등의 위험 방지) ① 사업주는 흙막이 지보공을 설치하였을 때에는 정기적으로 다음 각 호의 사항을 점검하고 이상을 발견하면 즉시 보수하여야 한다.
1. 부재의 손상·변형·부식·변위 및 탈락의 유무와 상태
2. 버팀대의 긴압(緊壓)의 정도
3. 부재의 접속부·부착부 및 교차부의 상태
4. 침하의 정도
② 사업주는 제1항의 점검 외에 설계도서에 따른 계측을 하고 계측 분석 결과 토압의 증가 등 이상한 점을 발견한 경우에는 즉시 보강조치를 하여야 한다.

106 산업안전보건법령에 따른 양중기의 종류에 해당하지 않는 것은?

① 곤돌라
② 리프트
③ 클램쉘
④ 크레인

산업안전보건기준에 관한 규칙 제132조(양중기) ① 양중기란 다음 각 호의 기계를 말한다.
1. 크레인[호이스트(hoist)를 포함한다]
2. 이동식 크레인
3. 리프트(이삿짐운반용 리프트의 경우에는 적재하중이 0.1톤 이상인 것으로 한정한다)
4. 곤돌라
5. 승강기

107 말비계를 조립하여 사용하는 경우 지주부재와 수평면의 기울기는 얼마 이하로 하여야 하는가?

① 65°
② 70°
③ 75°
④ 80

산업안전보건기준에 관한 규칙 제67조(말비계) 사업주는 말비계를 조립하여 사용하는 경우에 다음 각 호의 사항을 준수하여야 한다.
1. 지주부재(支柱部材)의 하단에는 미끄럼 방지장치를 하고, 근로자가 양측 끝부분에 올라서서 작업하지 않도록 할 것
2. 지주부재와 수평면의 기울기를 75도 이하로 하고, 지주부재와 지주부재 사이를 고정시키는 보조부재를 설치할 것
3. 말비계의 높이가 2미터를 초과하는 경우에는 작업발판의 폭을 40센티미터 이상으로 할 것

108 NATM공법 터널공사의 경우 록 볼트 작업과 관련된 계측결과에 해당되지 않은 것은?

① 내공변위 측정 결과
② 천단침하 측정 결과
③ 인발시험 결과
④ 진동 측정 결과

록 볼트 작업(터널공사 표준안전 작업지침-NATM공법 제21조)
록 볼트 작업의 표준시공방식으로서 시스템 볼팅을 실시하여야 하며 인발시험, 내공 변위측정, 천단침하측정, 지중변위측정 등의 계측결과로부터 다음의 어느 하나에 해당될 때에는 록 볼트의 추가시공을 하여야 한다.
• 터널벽면의 변형이 록 볼트 길이의 약 6% 이상으로 판단되는 경우
• 록 볼트의 인발시험 결과로부터 충분한 인발내력이 얻어지지 않는 경우
• 록 볼트 길이의 약 반이상으로부터 지반 심부까지의 사이에 축력분포의 최대치가 존재하는 경우
• 소성영역의 확대가 록 볼트 길이를 초과한 것으로 판단되는 경우

109 흙막이 공법을 흙막이 지지방식에 의한 분류와 구조방식에 의한 분류로 나눌 때 다음 중 지지방식에 의한 분류에 해당하는 것은?

① 수평 버팀대식 흙막이 공법
② H-Pile 공법
③ 지하연속벽 공법
④ Top down method 공법

지지방식에 의한 분류
- 자립식 공법 : 줄기초 흙막이, 어미말뚝식 흙막이, 연결재당겨매기식 흙막이
- 버팀대식 공법 : 수평버팀대식, 경사버팀대식, 어스앵커 공법

110 건설현장에 설치하는 사다리식 통로의 설치기준으로 옳지 않은 것은?

① 발판과 벽과의 사이는 15cm 이상의 간격을 유지할 것.
② 발판의 간격은 일정하게 할 것
③ 사다리의 상단은 걸쳐놓은 지점으로부터 60cm 이상 올라가도록 할 것
④ 사다리식 통로의 길이가 10m 이상인 경우에는 3m 이내마다 계단참을 설치할 것

산업안전보건기준에 관한 규칙 제24조(사다리식 통로 등의 구조) ① 사업주는 사다리식 통로 등을 설치하는 경우 다음 각 호의 사항을 준수하여야 한다.
1. 견고한 구조로 할 것
2. 심한 손상·부식 등이 없는 재료를 사용할 것
3. 발판의 간격은 일정하게 할 것
4. 발판과 벽과의 사이는 15센티미터 이상의 간격을 유지할 것
5. 폭은 30센티미터 이상으로 할 것
6. 사다리가 넘어지거나 미끄러지는 것을 방지하기 위한 조치를 할 것
7. 사다리의 상단은 걸쳐놓은 지점으로부터 60센티미터 이상 올라가도록 할 것
8. 사다리식 통로의 길이가 10미터 이상인 경우에는 5미터 이내마다 계단참을 설치할 것
9. 사다리식 통로의 기울기는 75도 이하로 할 것. 다만, 고정식 사다리식 통로의 기울기는 90도 이하로 하고, 그 높이가 7미터 이상인 경우에는 다음 각 목의 구분에 따른 조치를 할 것
   가. 등받이울이 있어도 근로자 이동에 지장이 없는 경우 : 바닥으로부터 높이가 2.5미터 되는 지점부터 등받이울을 설치할 것
   나. 등받이울이 있으면 근로자가 이동이 곤란한 경우 : 한국산업표준에서 정하는 기준에 적합한 개인용 추락 방지 시스템을 설치하고 근로자로 하여금 한국산업표준에서 정하는 기준에 적합한 전신안전대를 사용하도록 할 것
10. 접이식 사다리 기둥은 사용 시 접혀지거나 펼쳐지지 않도록 철물 등을 사용하여 견고하게 조치할 것

111 콘크리트 타설 작업과 관련하여 준수하여야 할 사항으로 가장 거리가 먼 것은?

① 당일의 작업을 시작하기 전에 해당 작업에 관한 거푸집 동바리 등의 변형 변위 및 지반의 침하 유무 등을 점검하고 이상이 있으면 보수할 것
② 콘크리트를 타설하는 경우에는 편심이 발생하지 않도록 골고루 분산하여 타설할 것
③ 진동기의 사용은 많이 할수록 균일한 콘크리트를 얻을 수 있으므로 가급적 많이 사용할 것
④ 설계도서상의 콘크리트 양생기간을 준수하여 거푸집동바리 등을 해체할 것

콘크리트 타설시 진동기 사용
- 진동기의 과도한 사용은 콘크리트의 재료분리 현상과 측압의 증가를 야기하므로 사용상 주의하여야 한다.
- 진동기는 철근 또는 철골에 직접 접촉되지 않도록 하고 뽑을 때에는 천천히 뽑아내어 콘크리트에 구멍이 남지 않도록 한다.
- 막대형 진동기(Rod Type Vibrator)는 수직방향으로 넣고, 넣은 간격은 약 50cm 이하로 한다.
- 거푸집 진동기는 막대형 진동기를 사용할 수 없는 기둥 및 벽체 부분에 사용하고, 표면 진동기는 슬래브와 같이 두께가 얇은 부분의 콘크리트 표면에 직접 사용한다.

112 불도저를 이용한 작업 중 안전조치사항으로 옳지 않은 것은?

① 작업종료와 동시에 삽날을 지면에서 띄우고 주차 제동장치를 건다.
② 모든 조종간은 엔진 시동 전에 중립 위치에 놓는다.
③ 장비의 승차 및 하차 시 뛰어내리거나 오르지 말고 안전하게 잡고 오르내린다.
④ 야간작업 시 자주 장비에서 내려와 장비 주위를 살피며 점검하여야 한다.

작업종료시 삽날을 지면에 접하게 한 상태에서 시동을 정지하여야 한다.

113 건설공사의 산업안전보건관리비 계상시 대상액이 구분되어 있지 않은 공사는 도급계약 또는 자체사업 계획 상의 총 공사금액 중 얼마를 대상액으로 하는가?

① 50%
② 60%
③ 70%
④ 80%

건설업 산업안전보건관리비 계상 및 사용기준 제4조(계상의무 및 기준) ① 발주자가 도급계약 체결을 위한 원가계산에 의한 예정가격을 작성하거나, 자기공사자가 건설공사 사업 계획을 수립할 때에는 다음 각 호에 따라 산정한 금액 이상의 산업안전보건관리비를 계상하여야 한다. 다만, 발주자가 재료를 제공하거나 일부 물품이 완제품의 형태로 제작·납품되는 경우에는 해당 재료비 또는 완제품 가액을 대상액에 포함하여 산출한 산업안전보건관리비와 해당 재료비 또는 완제품 가액을 대상액에서 제외하고 산출한 산업안전보건관리비의 1.2배에 해당하는 값을 비교하여 그 중 작은 값 이상의 금액으로 계상한다.
1. 대상액이 5억 원 미만 또는 50억 원 이상인 경우 : 대상액에 별표 1에서 정한 비율을 곱한 금액
2. 대상액이 5억 원 이상 50억 원 미만인 경우 : 대상액에 별표 1에서 정한 비율을 곱한 금액에 기초액을 합한 금액
3. 대상액이 명확하지 않은 경우 : 제4조 제1항의 도급계약 또는 자체사업계획상 책정된 총공사금액의 10분의 7에 해당하는 금액을 대상액으로 하고 제1호 및 제2호에서 정한 기준에 따라 계상

114 비계의 높이가 2m 이상인 작업장소에 설치하는 작업발판의 설치기준으로 옳지 않은 것은?(단, 달비계, 달대비계 및 말비계는 제외)

① 작업발판의 폭은 40 cm 이상으로 한다.
② 작업발판재료는 뒤집히거나 떨어지지 않도록 하나 이상의 지지물에 연결하거나 고정시킨다.
③ 발판재료 간의 틈은 3cm 이하로 한다.
④ 작업발판의 지지물은 하중에 의하여 파괴될 우려가 없는 것을 사용한다.

산업안전보건기준에 관한 규칙 제56조(작업발판의 구조) 사업주는 비계(달비계, 달대비계 및 말비계는 제외한다)의 높이가 2미터 이상인 작업장소에 다음 각 호의 기준에 맞는 작업발판을 설치하여야 한다.
1. 발판재료는 작업할 때의 하중을 견딜 수 있도록 견고한 것으로 할 것
2. 작업발판의 폭은 40센티미터 이상으로 하고, 발판재료 간의 틈은 3센티미터 이하로 할 것. 다만, 외줄비계의 경우에는 고용노동부장관이 별도로 정하는 기준에 따른다.
3. 제2호에도 불구하고 선박 및 보트 건조작업의 경우 선박블록 또는 엔진실 등의 좁은 작업공간에 작업발판을 설치하기 위하여 필요하면 작업발판의 폭을 30센티미터 이상으로 할 수 있고, 걸침비계의 경우 강관기둥 때문에 발판재료 간의 틈을 3센티미터 이하로 유지하기 곤란하면 5센티미터 이하로 할 수 있다. 이 경우 그 틈 사이로 물체 등이 떨어질 우려가 있는 곳에는 출입금지 등의 조치를 하여야 한다.

4. 추락의 위험이 있는 장소에는 안전난간을 설치할 것. 다만, 작업의 성질상 안전난간을 설치하는 것이 곤란한 경우, 작업의 필요상 임시로 안전난간을 해체할 때에 추락방호망을 설치하거나 근로자로 하여금 안전대를 사용하도록 하는 등 추락위험 방지 조치를 한 경우에는 그러하지 아니하다.
5. 작업발판의 지지물은 하중에 의하여 파괴될 우려가 없는 것을 사용할 것
6. 작업발판재료는 뒤집히거나 떨어지지 않도록 둘 이상의 지지물에 연결하거나 고정시킬 것
7. 작업발판을 작업에 따라 이동시킬 경우에는 위험 방지에 필요한 조치를 할 것

115 표준관입시험에 관한 설명으로 옳지 않은 것은?

① N치(N-value)는 지반을 30cm 굴진하는데 필요한 타격횟수를 의미한다.
② N치가 4~10일 경우 모래의 상대밀도는 매우 단단한 편이다.
③ 63.5kg 무게의 추를 76cm 높이에서 자유낙하하여 타격하는 시험이다.
④ 사질지반에 적용하며, 점토지반에서는 편차가 커서 신뢰성이 떨어진다.

표준관입시험

- 사질지반의 상대밀도 등 토질조사시 신뢰성이 높다.
- 63.5kg의 추를 76cm 정도의 높이에서 떨어뜨려 30cm 관입시킬 때의 타격회수(N)를 측정하여 흙의 경·연 정도를 판정한다.
- 사질토의 N값 판정기준

N값	0~4	4~10	10~30	30~50	50 이상
지반상태	매우 묽다	묽다	보통	단단하다	매우 단단

116 거푸집동바리 등을 조립하는 경우에 준수하여야 할 사항으로 옳지 않은 것은?

① 받침목이나 깔판의 사용, 콘크리트 타설, 말뚝박기 등 동바리의 침하를 방지하기 위한 조치를 할 것
② 개구부 상부에 동바리를 설치하는 경우에는 상부하중을 견딜 수 있는 견고한 받침대를 설치할 것
③ 거푸집의 형상에 따른 부득이한 경우를 제외하고는 깔판이나 받침목은 2단 이상 끼우지 않도록 할 것
④ 동바리의 이음은 맞댄 이음이나 장부이음을 피할 것

산업안전보건기준에 관한 규칙 제332조(동바리 조립 시의 안전조치) 사업주는 동바리를 조립하는 경우에는 하중의 지지상태를 유지할 수 있도록 다음 각 호의 사항을 준수해야 한다.
1. 받침목이나 깔판의 사용, 콘크리트 타설, 말뚝박기 등 동바리의 침하를 방지하기 위한 조치를 할 것
2. 동바리의 상하 고정 및 미끄러짐 방지 조치를 할 것
3. 상부·하부의 동바리가 동일 수직선상에 위치하도록 하여 깔판·받침목에 고정시킬 것
4. 개구부 상부에 동바리를 설치하는 경우에는 상부하중을 견딜 수 있는 견고한 받침대를 설치할 것
5. U헤드 등의 단판이 없는 동바리의 상단에 멍에 등을 올릴 경우에는 해당 상단에 U헤드 등의 단판을 설치하고, 멍에 등이 전도되거나 이탈되지 않도록 고정시킬 것
6. 동바리의 이음은 같은 품질의 재료를 사용할 것
7. 강재의 접속부 및 교차부는 볼트·클램프 등 전용철물을 사용하여 단단히 연결할 것
8. 거푸집의 형상에 따른 부득이한 경우를 제외하고는 깔판이나 받침목은 2단 이상 끼우지 않도록 할 것
9. 깔판이나 받침목을 이어서 사용하는 경우에는 그 깔판·받침목을 단단히 연결할 것

117 강풍 시 타워크레인의 운전작업을 중지해야 하는 순간풍속기준은?

① 순간풍속이 초당 10m 초과
② 순간풍속이 초당 15m 초과
③ 순간풍속이 초당 20m 초과
④ 순간풍속이 초당 30m 초과

산업안전보건기준에 관한 규칙 제37조(악천후 및 강풍 시 작업 중지) ① 사업주는 비·눈·바람 또는 그 밖의 기상상태의 불안정으로 인하여 근로자가 위험해질 우려가 있는 경우 작업을 중지하여야 한다. 다만, 태풍 등으로 위험이 예상되거나 발생되어 긴급 복구작업을 필요로 하는 경우에는 그러하지 아니하다.
② 사업주는 순간풍속이 초당 10미터를 초과하는 경우 타워크레인의 설치·수리·점검 또는 해체 작업을 중지하여야 하며, 순간풍속이 초당 15미터를 초과하는 경우에는 타워크레인의 운전작업을 중지하여야 한다.

118 화물 취급작업과 관련한 위험 방지를 위해 조치하여야 할 사항으로 옳지 않은 것은?

① 하역작업을 하는 장소에서 작업장 및 통로의 위험한 부분에는 안전하게 작업할 수 있는 조명을 유지할 것
② 하역작업을 하는 장소에서 부두 또는 안벽의 선을 따라 통로를 설치하는 경우에는 폭을 50cm 이상으로 할 것
③ 차량 등에서 화물을 내리는 작업을 하는 경우에 해당 작업에 종사하는 근로자에게 쌓여 있는 화물 중간에서 화물을 빼내도록 하지 말 것
④ 꼬임이 끊어진 섬유로프 등을 화물운반용 또는 고정용으로 사용하지 말 것

산업안전보건기준에 관한 규칙 제390조(하역작업장의 조치기준) 사업주는 부두·안벽 등 하역작업을 하는 장소에 다음 각 호의 조치를 하여야 한다.
1. 작업장 및 통로의 위험한 부분에는 안전하게 작업할 수 있는 조명을 유지할 것
2. 부두 또는 안벽의 선을 따라 통로를 설치하는 경우에는 폭을 90센티미터 이상으로 할 것
3. 육상에서의 통로 및 작업장소로서 다리 또는 선거(船渠) 갑문(閘門)을 넘는 보도(步道) 등의 위험한 부분에는 안전 난간 또는 울타리 등을 설치할 것

119 근로자의 추락 등의 위험을 방지하기 위한 안전난간의 설치요건에서 상부난간대를 120cm 이상 지점에 설치하는 경우 중간난간대를 최소 몇 단 이상 균등하게 설치하여야 하는가?

① 2단 ② 3단
③ 4단 ④ 5단

산업안전보건기준에 관한 규칙 제13조(안전난간의 구조 및 설치요건) 사업주는 근로자의 추락 등의 위험을 방지하기 위하여 안전난간을 설치하는 경우 다음 각 호의 기준에 맞는 구조로 설치해야 한다.
1. 상부 난간대, 중간 난간대, 발끝막이판 및 난간기둥으로 구성할 것. 다만, 중간 난간대, 발끝막이판 및 난간기둥은 이와 비슷한 구조와 성능을 가진 것으로 대체할 수 있다.
2. 상부 난간대는 바닥면·발판 또는 경사로의 표면(이하 "바닥면등"이라 한다)으로부터 90센티미터 이상 지점에 설치하고, 상부 난간대를 120센티미터 이하에 설치하는 경우에는 중간 난간대는 상부 난간대와 바닥면등의 중간에 설치해야 하며,

120센티미터 이상 지점에 설치하는 경우에는 중간 난간대를 2단 이상으로 균등하게 설치하고 난간의 상하 간격은 60센티미터 이하가 되도록 할 것. 다만, 계단의 개방된 측면에 설치된 난간기둥 간의 간격이 25센티미터 이하인 경우에는 중간 난간대를 설치하지 않을 수 있다.
3. 발끝막이판은 바닥면등으로부터 10센티미터 이상의 높이를 유지할 것. 다만, 물체가 떨어지거나 날아올 위험이 없거나 그 위험을 방지할 수 있는 망을 설치하는 등 필요한 예방 조치를 한 장소는 제외한다.
4. 난간기둥은 상부 난간대와 중간 난간대를 견고하게 떠받칠 수 있도록 적정한 간격을 유지할 것
5. 상부 난간대와 중간 난간대는 난간 길이 전체에 걸쳐 바닥면등과 평행을 유지할 것
6. 난간대는 지름 2.7센티미터 이상의 금속제 파이프나 그 이상의 강도가 있는 재료일 것
7. 안전난간은 구조적으로 가장 취약한 지점에서 가장 취약한 방향으로 작용하는 100킬로그램 이상의 하중에 견딜 수 있는 튼튼한 구조일 것

120 지반 등의 굴착 시 위험을 방지하기 위한 연암 지반 굴착면의 기울기 기준으로 옳은 것은?

① 1 : 0.3
② 1 : 0.4
③ 1 : 0.5
④ 1 : 1.0

굴착면의 기울기 기준(산업안전보건기준에 관한 규칙 별표 11)

지반의 종류	굴착면의 기울기	지반의 종류	굴착면의 기울기
모래	1 : 1.8	경암	1 : 0.5
연암 및 풍화암	1 : 1.0	그 밖의 흙	1 : 1.2

비고
1. 굴착면의 기울기는 굴착면의 높이에 대한 수평거리의 비율을 말한다.
2. 굴착면의 경사가 달라서 기울기를 계산하기가 곤란한 경우에는 해당 굴착면에 대하여 지반의 종류별 굴착면의 기울기에 따라 붕괴의 위험이 증가하지 않도록 위 표의 지반의 종류별 굴착면의 기울기에 맞게 해당 각 부분의 경사를 유지해야 한다.

정답 2020년 09월 27일 최근 기출문제

001 ②	002 ③	003 ②	004 ③	005 ②	006 ②	007 ②	008 ④	009 ②	010 ③
011 ①	012 ④	013 ③	014 ④	015 ①	016 ④	017 ③	018 ①	019 ②	020 ③
021 ④	022 ③	023 ①	024 ②	025 ①	026 ②	027 ①	028 ③	029 ①	030 ②
031 ④	032 ③	033 ②	034 ③	035 ②	036 ③	037 ①	038 ④	039 ④	040 ④
041 ③	042 ①	043 ③	044 ④	045 ②	046 ②	047 ②	048 ③	049 ②	050 ②
051 ①	052 ①	053 ③	054 ①	055 ④	056 ③	057 ④	058 ④	059 ②	060 ④
061 ①	062 ④	063 ②	064 ②	065 ④	066 ④	067 ②	068 ②	069 ④	070 ①
071 ②	072 ③	073 ①	074 ①	075 ②	076 ④	077 ③	078 ③	079 ②	080 ③
081 ①	082 ③	083 ②	084 ③	085 ③	086 ②	087 ④	088 ④	089 ①	090 ①
091 ②	092 ②	093 ④	094 ②	095 ③	096 ①	097 ②	098 ④	099 ③	100 ④
101 ④	102 ①	103 ②	104 ③	105 ④	106 ②	107 ③	108 ④	109 ①	110 ④
111 ③	112 ①	113 ③	114 ②	115 ②	116 ④	117 ②	118 ②	119 ①	120 ④

2021년 03월 05일 최근 기출문제

제 01 과목 산업안전관리론

001 안전관리에 있어 5C 운동(안전행동 실천운동)에 속하지 않는 것은?

① 통제관리(Control)
② 청소청결(Cleaning)
③ 정리정돈(Clearance)
④ 전심전력(Concentration)

5C운동 : 전심전력(Concentration), 복장단정(Correctness), 청소청결(Cleaning), 점검확인(Checking), 정리정돈(Clearance)

002 연평균 200명의 근로자가 작업하는 사업장에서 연간 2건의 재해가 발생하여 사망이 2명, 50일의 휴업일수가 발생했을 때, 이 사업장의 강도율은? (단, 근로자 1명당 연간근로시간은 2400시간으로 한다.)

① 약 15.7
② 약 31.3
③ 약 65.5
④ 약 74.3

강도율 = $\dfrac{근로손실일수}{연근로총시간수} \times 10^3 = \dfrac{(7500 \times 2) + 50}{200 \times 2400} \times 10^3 = 31.3$

003 산업안전보건법령상 안전보건표지의 색채와 색도기준의 연결이 옳은 것은? (단, 색도기준은 한국산업표준(KS)에 따른 색의 3속성에 의한 표시방법에 따른다.)

① 흰색 : N0.5
② 녹색 : 5G 5.5/6
③ 빨간색 : 5R 4/12
④ 파란색 : 2.5PB 4/10

안전보건표지의 색도기준 및 용도

색채	색도기준	용도	사용례
빨간색	7.5R 4/14	금지	정지신호, 소화설비 및 그 장소, 유해행위의 금지
		경고	화학물질 취급장소에서의 유해·위험 경고

색채	색도기준	용도	사용례
노란색	5Y 8.5/12	경고	화학물질 취급장소에서의 유해·위험 경고 이외의 위험 경고, 주의표지 또는 기계방호물
파란색	2.5PB 4/10	지시	특정 행위의 지시 및 사실의 고지
녹색	2.5G 4/10	안내	비상구 및 피난소 사람 또는 차량의 통행 표시
흰색	N9.5	–	파란색 또는 녹색에 대한 보조색
검은색	N0.5	–	문자 및 빨간색 또는 노란색에 대한 보조색

004 위험예지훈련의 문제해결 4단계(4R)에 속하지 않는 것은?

① 현상파악 ② 본질추구
③ 대책수립 ④ 후속조치

위험예지 훈련의 기존 4라운드 진행방법
- 1R(현상파악) : 어떤 위험이 잠재하고 있는지 사실을 파악하는 라운드(BS적용)
- 2R(본질추구) : 가장 위험한 요인(위험 포인트)을 합의로 결정하는 라운드(요약)
- 3R(대책수립) : 구체적인 대책을 수립하는 라운드(BS적용)
- 4R(목표달성-설정) : 수립한 대책 가운데 질이 높은 항목에 합의하는 라운드(요약)

005 산업안전보건법령상 건설업의 경우 안전보건관리규정을 작성하여야 하는 상시근로자수 기준으로 옳은 것은?

① 50명 이상 ② 100명 이상
③ 200명 이상 ④ 300명 이상

안전보건관리규정을 작성해야 할 사업의 종류 및 상시근로자 수(산업안전보건기준에 관한 규칙 별표 2)

사업의 종류	상시근로자 수
1. 농업 2. 어업 3. 소프트웨어 개발 및 공급업 4. 컴퓨터 프로그래밍, 시스템 통합 및 관리업 5. 정보서비스업 6. 금융 및 보험업 7. 임대업 ; 부동산 제외 8. 전문, 과학 및 기술 서비스업(연구개발업은 제외한다) 9. 사업지원 서비스업 10. 사회복지 서비스업	300명 이상
11. 제1호부터 제10호까지의 사업을 제외한 사업	100명 이상

006 작업자가 기계 등의 취급을 잘못해도 사고가 발생하지 않도록 방지하는 기능은?
① Back up 기능
② Fail safe 기능
③ 다중계화 기능
④ Fool proof 기능

풀 프루프(Fool Proof)
- 풀 프루프(Fool Proof) : 인간의 착오, 미스 등 이른바 휴먼에러가 발생하더라도 기계설비나 그 부품은 안전 쪽으로 작동하게 설계하는 안전설계의 기법 중 하나
- 풀 프루프(Fool Proof)의 기구 : 가드, 로크(Lock) 기구, 밀어내기 기구, 트립 기구, 오버런(Over-run) 기구, 기동방지 기구

007 시설물의 안전 및 유지관리에 관한 특별법상 다음과 같이 정의되는 것은?

> 시설물의 붕괴·전도 등으로 인한 재난 또는 재해가 발생할 우려가 있는 경우에 시설물의 물리적·기능적 결함을 신속하게 발견하기 위하여 실시하는 점검

① 긴급안전점검
② 특별안전점검
③ 정밀안전점검
④ 정기안전점검

용어의 정의(시설물의 안전 및 유지관리에 관한 특별법 제2조)
- 안전점검 : 경험과 기술을 갖춘 자가 육안이나 점검기구 등으로 검사하여 시설물에 내재(內在)되어 있는 위험요인을 조사하는 행위를 말하며, 점검목적 및 점검수준을 고려하여 국토교통부령으로 정하는 바에 따라 정기안전점검 및 정밀안전점검으로 구분한다.
- 정밀안전진단 : 시설물의 물리적·기능적 결함을 발견하고 그에 대한 신속하고 적절한 조치를 하기 위하여 구조적 안전성과 결함의 원인 등을 조사·측정·평가하여 보수·보강 등의 방법을 제시하는 행위를 말한다.
- 긴급안전점검 : 시설물의 붕괴·전도 등으로 인한 재난 또는 재해가 발생할 우려가 있는 경우에 시설물의 물리적·기능적 결함을 신속하게 발견하기 위하여 실시하는 점검을 말한다.

008 재해의 분석에 있어 사고유형, 기인물, 불안전한 상태, 불안전한 행동을 하나의 축으로 하고, 그것을 구성하고 있는 몇 개의 분류 항목을 크기가 큰 순서대로 나열하여 비교하기 쉽게 도시한 통계 양식의 도표는?
① 직선도
② 특성요인도
③ 파레토도
④ 체크리스트

통계원인 분석방법 4가지
- 파레토도 : 사고의 유형, 기인물 등의 분류항목을 순서대로 도표화하여 문제나 목표의 이해에 편리
- 특성요인도 : 특성과 요인과의 관계를 도표로 하여 어골(魚骨)상으로 세분화
- 클로즈분석(크로스도) : 2개 이상의 문제 관계를 분석하는데 사용하는 것으로 데이터를 집계하고, 표로 표시하여 요인별 결과 내역을 교차한 그림을 작성, 분석하는 방법
- 관리도 : 재해 발생 건수 등의 추이를 파악하여 목표관리를 행하는데 필요한 월별 재해발생건수를 그래프화하여 관리선을 설정 관리

009 산업안전보건법령상 안전관리자의 업무에 명시되지 않은 것은?

① 사업장 순회점검, 지도 및 조치 건의
② 물질안전보건자료의 게시 또는 비치에 관한 보좌 및 지도·조언
③ 산업재해에 관한 통계의 유지·관리·분석을 위한 보좌 및 지도·조언
④ 해당 사업장 안전교육계획의 수립 및 안전교육 실시에 관한 보좌 및 지도·조언

안전관리자의 업무(산업안전보건법 시행령 제18조)
- 산업안전보건위원회 또는 안전 및 보건에 관한 노사협의체에서 심의·의결한 업무와 해당 사업장의 안전보건관리규정 및 취업규칙에서 정한 업무
- 위험성평가에 관한 보좌 및 지도·조언
- 안전인증대상기계등과 자율안전확인대상기계등 구입 시 적격품의 선정에 관한 보좌 및 지도·조언
- 해당 사업장 안전교육계획의 수립 및 안전교육 실시에 관한 보좌 및 지도·조언
- 사업장 순회점검, 지도 및 조치 건의
- 산업재해 발생의 원인 조사·분석 및 재발 방지를 위한 기술적 보좌 및 지도·조언
- 산업재해에 관한 통계의 유지·관리·분석을 위한 보좌 및 지도·조언
- 법 또는 법에 따른 명령으로 정한 안전에 관한 사항의 이행에 관한 보좌 및 지도·조언
- 업무 수행 내용의 기록·유지
- 그 밖에 안전에 관한 사항으로서 고용노동부장관이 정하는 사항

010 재해조사 시 유의사항으로 틀린 것은?

① 인적, 물적 양면의 재해요인을 모두 도출한다.
② 책임 추궁보다 재발 방지를 우선하는 기본태도를 갖는다.
③ 목격자 등이 증언하는 사실 이외의 추측의 말은 참고만 한다.
④ 목격자의 기억보존을 위하여 조사는 담당자 단독으로 신속하게 실시한다.

재해조사시 유의사항
- 재해장소에 들어갈 때에는 예방과 유해성에 대응하여 해당하는 보호구를 반드시 착용한다.
- 재해발생 후 현장보존에 유의하면서 물적 증거를 수집한다.
- 사실을 수집한다.
- 조사는 신속히 행하고 필요시 긴급조치를 통해 2차 재해의 방지를 도모한다.
- 목격자가 증언하는 객관적 사실 외에는 참고만 한다.
- 공정하게 조사하며 필히 2인 이상이 한다.

011 재해발생의 간접원인 중 교육적 원인에 속하지 않는 것은?

① 안전수칙의 오해
② 경험훈련의 미숙
③ 안전지식의 부족
④ 작업지시 부적당

간접원인(관리적원인)
- 기술적 원인 : 건물·기계장치 설계 불량, 구조·재료의 부적합, 생산 공정의 부적당, 점검·정비보존 불량

- 교육적 원인 : 안전의식의 부족, 안전수칙의 오해, 경험훈련의 미숙, 작업방법의 교육 불충분, 유해위험 작업의 교육 불충분
- 작업관리상의 원인 : 안전관리 조직 결함, 안전수칙 미제정, 작업준비 불충분, 인원배치 부적당, 작업지시 부적당

012 산업안전보건법령상 산업안전보건관리비 사용명세서는 건설공사 종료 후 얼마간 보존해야 하는가?(단, 공사가 1개월 이내에 종료되는 사업은 제외한다.)

① 6개월간　　　　　　　　② 1년간
③ 2년간　　　　　　　　　④ 3년간

산업안전보건법 시행규칙 제89조(산업안전보건관리비의 사용) ① 건설공사도급인은 도급금액 또는 사업비에 계상(計上)된 산업안전보건관리비의 범위에서 그의 관계수급인에게 해당 사업의 위험도를 고려하여 적정하게 산업안전보건관리비를 지급하여 사용하게 할 수 있다.
② 건설공사도급인은 법 제72조제3항에 따라 산업안전보건관리비를 사용하는 해당 건설공사의 금액(고용노동부장관이 정하여 고시하는 방법에 따라 산정한 금액을 말한다)이 4천만원 이상인 때에는 고용노동부장관이 정하는 바에 따라 매월(건설공사가 1개월 이내에 종료되는 사업의 경우에는 해당 건설공사가 끝나는 날이 속하는 달을 말한다) 사용명세서를 작성하고, 건설공사 종료 후 1년 동안 보존해야 한다.

013 보호구 안전인증 고시상 성능이 다음과 같은 방음용 귀마개(기호)로 옳은 것은?

저음부터 고음까지 차음하는 것

① EP-1　　　　　　　　② EP-2
③ EP-3　　　　　　　　④ EP-4

방음 보호구의 종류

종류	등급	기호	성능	비고
귀마개	1종	EP-1	저음부터 고음까지를 차단 하는 것	귀마개의 경우 재사용 여부를 제조특성으로 표기
	2종	EP-2	주로 고음을 차음하고 저음(회화음 영역)은 차음하지 않는 것	
귀덮개	-	EM	-	-

014 산업안전보건기준에 관한 규칙상 지게차를 사용하는 작업을 하는 때의 작업 시작 전 점검사항에 명시되지 않은 것은?

① 제동장치 및 조종장치 기능의 이상 유무
② 하역장치 및 유압장치 기능의 이상 유무
③ 와이어로프가 통하고 있는 곳 및 작업장소의 지반상태
④ 전조등·후미등·방향지시기 및 경보장치 기능의 이상 유무

해설

지게차 작업시작 전 점검사항(산업안전보건기준에 관한 규칙 별표 3)
- 제동장치 및 조종장치 기능의 이상 유무
- 하역장치 및 유압장치 기능의 이상 유무
- 차륜의 이상 유무
- 전조등, 후조등 · 방향 지시기 및 경보장치기능의 이상 유무

015 산업안전보건법령상 산업안전보건위원회의 심의 · 의결사항에 명시되지 않은 것은?(단, 그 밖에 해당 사업장 근로자의 안전 및 보건을 유지 · 증진시키기 위하여 필요한 사항은 제외)

① 사업장의 산업재해 예방계획의 수립에 관한 사항
② 산업재해에 관한 통계의 기록 및 유지에 관한 사항
③ 작업환경측정 등 작업환경의 점검 및 개선에 관한 사항
④ 안전장치 및 보호구 구입 시 적격품 여부 확인에 관한 사항

해설

산업안전보건위원회의 심의 · 의결사항(산업안전보건법 제24조)
- 사업장의 산업재해 예방계획의 수립에 관한 사항
- 안전보건관리규정의 작성 및 변경에 관한 사항
- 안전보건교육에 관한 사항
- 작업환경측정 등 작업환경의 점검 및 개선에 관한 사항
- 근로자의 건강진단 등 건강관리에 관한 사항
- 중대재해의 원인 조사 및 재발 방지대책 수립에 관한 사항
- 산업재해에 관한 통계의 기록 및 유지에 관한 사항
- 유해하거나 위험한 기계 · 기구 · 설비를 도입한 경우 안전 및 보건 관련 조치에 관한 사항
- 그 밖에 해당 사업장 근로자의 안전 및 보건을 유지 · 증진시키기 위하여 필요한 사항

016 재해손실비 중 직접비에 속하지 않는 것은?

① 요양급여
② 장해급여
③ 휴업급여
④ 영업손실비

해설

직접비(법령으로 정한 피해자에게 지급되는 산재보상비)
- 휴업보상비 : 평균임금의 100분의 70에 상당하는 금액
- 장해보상비 : 신체장해가 남는 경우에 장해등급에 의한 금액
- 요양보상비 : 요양비의 전액
- 장의비 : 평균임금의 120일분에 상당하는 금액
- 유족보상비 : 평균임금의 1300일분에 상당하는 금액
- 기타 유족특별보상비, 장해특별보상비, 상병보상년금

017 버드(F. Bird)의 사고 5단계 연쇄성 이론에서 제3단계에 해당하는 것은?

① 상해(손실)
② 사고(접촉)
③ 직접원인(징후)
④ 기본원인(기원)

> **해설**
>
> 버드(Bird)의 최신사고 연쇄성 이론
> - 1단계 : 통제의 부족 – 관리(경영)
> - 2단계 : 기본원인 – 기원(원인론)
> - 3단계 : 직접원인 – 징후
> - 4단계 : 사고 – 접촉
> - 5단계 : 상해 – 손해 – 손실

018 브레인스토밍(Brain Storming) 4원칙에 속하지 않는 것은?

① 비판수용　　　　　② 대량발언
③ 자유분방　　　　　④ 수정발언

> **해설**
>
> **브레인 스토밍의 4원칙** : 비평금지, 자유분방, 대량발언, 수정발언

019 산업안전보건법령상 안전인증대상기계등에 명시되지 않은 것은?

① 곤돌라　　　　　　② 연삭기
③ 사출성형기　　　　④ 고소 작업대

> **해설**
>
> 산업안전보건법 시행규칙 제107조(안전인증대상기계등) 법 제84조제1항에서 "고용노동부령으로 정하는 안전인증대상기계등"이란 다음 각 호의 기계 및 설비를 말한다.
> 1. 설치·이전하는 경우 안전인증을 받아야 하는 기계
>   가. 크레인
>   나. 리프트
>   다. 곤돌라
> 2. 주요 구조 부분을 변경하는 경우 안전인증을 받아야 하는 기계 및 설비
>   가. 프레스
>   나. 전단기 및 절곡기(折曲機)
>   다. 크레인
>   라. 리프트
>   마. 압력용기
>   바. 롤러기
>   사. 사출성형기(射出成形機)
>   아. 고소(高所)작업대
>   자. 곤돌라

020 안전관리조직의 유형 중 라인형에 관한 설명으로 옳은 것은?

① 대규모 사업장에 적합하다.
② 안전지식과 기술축적이 용이하다.
③ 명령과 보고가 상하관계뿐이므로 간단명료하다.
④ 독립된 안전참모 조직에 대한 의존도가 크다.

라인(Line)형(직계식 조직)
- 특징
  - 안전관리에 관한 계획에서 실시에 이르기까지 모든 권한이 포괄적이고 직선적으로 행사되며, 안전을 전문으로 분담하는 부분이 없다.
  - 생산조직 전체에 안전관리 기능을 부여한다.
  - 소규모 사업장(100명 이하)에 적합하다.
- 장점
  - 안전지시나 개선조치가 각 부분의 직제를 통하여 생산업무와 같이 흘러가므로 지시나 조치가 철저할 뿐만 아니라 그 실시도 빠르다.
  - 명령과 보고가 상하관계 뿐이므로 간단명료하다.
- 단점
  - 안전에 대한 정보가 불충분하며 내용이 빈약하다.
  - 생산업무와 같이 안전대책이 실시되므로 불충분하다.
  - 라인에 과중한 책임을 지우기가 쉽다.

제 02 과목 산업심리 및 교육

021 정신상태 불량에 의한 사고의 요인 중 정신력과 관계되는 생리적 현상에 해당되지 않는 것은?

① 신경계통의 이상
② 육체적 능력의 초과
③ 시력 및 청각의 이상
④ 과도한 자존심과 자만심

- 정신력에 영향을 주는 생리적 현상 : 극도의 피로, 시력 및 청각기능의 이상, 근육운동의 부적합, 육체적 능력의 초과, 생리 및 신경계통의 이상 등
- 개성적 결함 요소 : 과도한 자존심 및 자만심, 다혈질 및 인내력 부족, 약한 마음, 도전적 성격, 감정의 장기 지속성, 경솔함, 과도한 집착, 배타성, 게으름 등

022 선발용으로 사용되는 적성검사가 잘 만들어졌는지를 알아보기 위한 분석방법과 관련이 없는 것은?

① 구성타당도
② 내용타당도
③ 동등타당도
④ 검사-재검사 신뢰도

분석방법
- 타당도 설명방법 : 구성타탕도(구인타당도), 내용타당도, 준거타당도
- 신뢰도 추정방법 : 검사-재검사 신뢰도, 동형검사 신뢰도, 반분 신뢰도, 평정자(채점자) 신뢰도

023 상황성 누발자의 재해유발 원인과 가장 거리가 먼 것은?

① 기능 미숙 때문에
② 작업이 어렵기 때문에
③ 기계설비에 결함이 있기 때문에
④ 환경상 주의력의 집중이 혼란되기 때문에

사고경향성자(재해누발자, 재해다발자)의 유형
- 상황성 누발자 : 작업의 어려움, 기계설비의 결함, 환경상 주의력의 집중 혼란, 심신의 근심 등 때문에 재해를 누발
- 습관성 누발자 : 재해의 경험으로 겁쟁이가 되거나 신경과민이 되어 재해를 누발하거나 일종의 슬럼프(Slump) 상태에 빠져서 재해를 누발
- 소질성 누발자 : 재해의 소질적 요인(주의력의 산만, 주의력 지속 불능, 도덕성 결여, 소심한 성격, 침착성 및 도덕성 결여 등)을 가지고 있기 때문에 재해를 누발
- 미숙성 누발자 : 기능 미숙이나 환경에 익숙하지 못하기 때문에 재해를 누발

024 생산작업의 경제성과 능률제고를 위한 동작경제의 원칙에 해당하지 않는 것은?

① 신체의 사용에 의한 원칙
② 작업장의 배치에 관한 원칙
③ 작업표준 작성에 관한 원칙
④ 공구 및 설비 디자인에 관한 원칙

Ralph M. Barnes의 동작경제 원칙
- 신체 사용에 관한 원칙
- 작업장의 배치에 관한 원칙
- 공구 및 설비 디자인에 관한 원칙

025 매슬로우(Maslow)의 욕구 5단계를 낮은 단계에서 높은 단계의 순서대로 나열한 것은?

① 생리적 욕구 → 안전 욕구 → 사회적 욕구 → 자아실현의 욕구 → 인정의 욕구
② 생리적 욕구 → 안전 욕구 → 사회적 욕구 → 인정의 욕구 → 자아실현의 욕구
③ 안전 욕구 → 생리적 욕구 → 사회적 욕구 → 자아실현의 욕구 → 인정의 욕구
④ 안전 욕구 → 생리적 욕구 → 사회적 욕구 → 인정의 욕구 → 자아실현의 욕구

매슬로우(Maslow)의 욕구 5단계
- 1단계 : 생리적 욕구(기아, 갈증, 호흡, 배설, 성욕 등)
- 2단계 : 안전의 욕구(안전을 구하고자 하는 욕구)
- 3단계 : 사회적 욕구(애정, 소속에 대한 욕구)
- 4단계 : 인정받으려는 욕구(자존심, 명예, 성취, 지위에 대한 욕구)
- 5단계 : 자아실현의 욕구(잠재적인 능력을 실현하고자 하는 욕구)

026 강의계획 시 설정하는 학습목적의 3요소에 해당하는 것은?

① 학습방법
② 학습성과
③ 학습자료
④ 학습정도

학습목적의 3요소
- 목표(Goal)
- 주제(Subject)
- 학습정도(인지, 지각, 이해, 적용)

027 집단과 인간관계에서 집단의 효과에 해당하지 않는 것은?

① 동조효과
② 견물효과
③ 암시효과
④ 시너지효과

집단의 효과
- 동조효과(응집력)
- 시너지(Synergy) 효과(System + Energy : +α 상승효과)
- 견물(見物)효과(자랑스럽게 생각)

028 안전보건교육의 단계별 교육 중 태도교육의 내용과 가장 거리가 먼 것은?

① 작업동작 및 표준작업방법의 습관화
② 안전장치 및 장비 사용 능력의 빠른 습득
③ 공구·보호구 등의 관리 및 취급태도의 확립
④ 작업지시·전달·확인 등의 언어·태도의 정확화 및 습관화

안전보건교육의 3단계
- 제1단계 지식교육 : 강의, 시청각교육을 통한 지식의 전달과 이해
- 제2단계 기능교육 : 시범, 견학, 실습, 현장실습교육을 통한 경험 체득과 이해
- 제3단계 태도교육 : 작업동작지도, 생활지도 등을 통한 안전의 습관화

029 O.J.T(On the Job Training)의 장점이 아닌 것은?

① 개개인에게 적절한 지도훈련이 가능하다.
② 전문가를 강사로 초빙하는 것이 가능하다.
③ 훈련에 필요한 업무의 계속성이 끊어지지 않는다.
④ 직장의 실정에 맞게 실제적 훈련이 가능하다.

OJT와 off JT의 특징

OJT	off JT
• 개개인에게 적합한 지도훈련이 가능 • 직장의 실정에 맞는 실체적 훈련 • 훈련에 필요한 업무의 계속성 • 즉시 업무에 연결되는 관계로 신체와 관련 • 효과가 곧 업무에 나타나며 훈련의 좋고 나쁨에 따라 개선이 용이 • 교육을 통한 훈련 효과에 의해 상호 신뢰이해도가 높아짐	• 다수의 근로자에게 조직적 훈련이 가능 • 훈련에만 전념 • 특별 설비 기구를 이용 • 전문가를 강사로 초청 • 각 직장의 근로자가 많은 지식이나 경험을 교류 • 교육 훈련 목표에 대해서 집단적 노력이 흐트러 질 수도 있음

030 인간의 심리 중에는 안전수단이 생략되어 불안전 행위를 나타내는 경우가 있다. 안전수단이 생략되는 경우로 가장 적절하지 않은 것은?

① 의식과잉이 있을 때
② 교육훈련을 실시할 때
③ 피로하거나 과로했을 때
④ 부적합한 업무에 배치될 때

안전 수단을 생략(단락)하는 경우 : 의식과잉, 피로, 과로, 주변 영향, 부적합한 업무 배치

031 산업안전심리학에서 산업안전심리의 5대 요소에 해당하지 않는 것은?

① 감정
② 습성
③ 동기
④ 피로

안전심리의 5요소 : 습관, 동기, 기질, 감정, 습성

032 구안법(project method)의 단계를 올바르게 나열한 것은?

① 계획 → 목적 → 수행 → 평가
② 계획 → 목적 → 평가 → 수행
③ 수행 → 평가 → 계획 → 목적
④ 목적 → 계획 → 수행 → 평가

구안법(Project Method)
• 학생이 마음속에 생각하고 있는 것을 외부에 구체적으로 실현하고 형상화하기 위해서 자기 스스로가 계획을 세워 수행하는 학습 활동으로 이루어지는 형태
• 콜링스(Collings)는 구안법을 탐험(Exploration), 구성(Construction), 의사소통(Communication), 유희(Play), 기술(Skill)의 5가지로 지적하고 산업시찰, 견학, 현장실습 등도 이에 해당
• 구안법은 목적, 계획, 수행, 평가의 4단계를 거침

033 산업안전보건법령상 근로자 안전보건교육에서 채용 시 교육 및 작업내용 변경 시의 교육에 해당하는 것은?

① 사고 발생 시 긴급조치에 관한 사항
② 건강증진 및 질병 예방에 관한 사항
③ 유해 · 위험 작업환경 관리에 관한 사항
④ 작업공정의 유해 · 위험과 재해 예방대책에 관한 사항

근로자 채용 시 교육 및 작업내용 변경 시 교육(산업안전보건법 시행규칙 별표 5)
- 산업안전 및 산업재해 예방에 관한 사항(화재 · 폭발 사고 발생 시 대피에 관한 사항 포함)
- 산업보건 및 건강장해 예방에 관한 사항
- 위험성 평가에 관한 사항
- 산업안전보건법령 및 산업재해보상보험 제도에 관한 사항
- 직무스트레스 예방 및 관리에 관한 사항
- 직장 내 괴롭힘, 고객의 폭언 등으로 인한 건강장해 예방 및 관리에 관한 사항
- 기계 · 기구의 위험성과 작업의 순서 및 동선에 관한 사항
- 작업 개시 전 점검에 관한 사항
- 정리정돈 및 청소에 관한 사항
- 사고 발생 시 긴급조치에 관한 사항
- 물질안전보건자료에 관한 사항

034 학습이론 중 S-R 이론에서 조건반사설에 의한 학습이론의 원리에 해당되지 않는 것은?

① 시간의 원리
② 일관성의 원리
③ 기억의 원리
④ 계속성의 원리

조건반사설에 의한 학습이론의 원리
- 시간의 원리 : 조건자극(종소리)이 무조건자극(음식물)보다 시간적으로 동시 또는 조금 앞서서 주어야만 조건화 즉 강화가 잘됨
- 강도의 원리 : 조건반사적인 행동이 이루어지려면 먼저 준 자극의 정도에 비해 적어도 같거나 보다 강한 자극을 주어야 바람직한 결과를 기대할 수 있음
- 일관성의 원리 : 조건자극은 일관된 자극물을 사용
- 계속성의 원리 : 자극과 반응과의 관계를 반복하여 회수를 거듭할수록 조건화가 잘 형성됨

035 허시(Hersey)와 브랜차드(Blanchard)의 상황적 리더십 이론에서 리더십의 4가지 유형에 해당하지 않는 것은?

① 통제적 리더십
② 지시적 리더십
③ 참여적 리더십
④ 위임적 리더십

허시와 브랜차드의 상황적 리더십 유형
- 지시형 리더십(telling) : 고지시, 저협력적 리더십 유형, 부하에게 기준을 제시하고 일방적인 의사소통과 리더 중심의 의사결정.

- 설득형 리더십(selling) : 고지시, 고협력적 리더십 유형, 결정사항을 부하에게 설명하고 쌍방적 의사소통과 공동의사결정을 지향
- 참여형 리더십(participating) : 고협력, 저지시적 리더십 유형, 부하와 함께 아이디어를 공유하고 의사결정과정을 촉진하며 인간관계를 중시
- 위임형 리더십(delegating) : 저협력, 저지시적 리더십 유형, 의사결정과 책임을 부하에게 위임하여 부하들이 자율적으로 과업을 수행

036 안전교육 훈련의 기술교육 4단계에 해당하지 않는 것은?

① 준비단계
② 보습지도의 단계
③ 일을 완성하는 단계
④ 일을 시켜보는 단계

기능(기술)교육의 진행방법
- 하버드 학파의 5단계 교수법 : 준비시킨다 → 교시한다 → 연합한다 → 총괄시킨다 → 응용시킨다
- 교시법의 4단계 : 준비단계 → 일을 하여 보이는 단계 → 일을 시켜 보이는 단계 → 보습지도의 단계

037 휴먼에러의 심리적 분류에 해당하지 않는 것은?

① 입력 오류(input error)
② 시간지연 오류(time error)
③ 생략 오류(omission error)
④ 순서 오류(sequential error)

Swain의 휴먼 에러(Human Error)
- 생략적 과오(omission error) : 필요한 작업 또는 절차를 수행하지 않는데 기인한 과오
- 시간적 과오(time error) : 필요한 작업 또는 절차의 수행지연으로 인한 과오
- 수행적 과오(commission error) : 필요한 작업 또는 절차의 잘못된 수행으로 인한 과오
- 순서적 과오(sequential error) : 필요한 작업 또는 절차의 순서착오로 인한 과오
- 불필요한 과오(extraneous error) : 불필요한 작업 또는 절차를 수행함으로써 기인한 과오

038 다음 설명에 해당하는 안전교육방법은?

> ATP 라고도 하며, 당초 일부 회사의 톱 매니지먼트(top management)에 대하여만 행하여졌으나, 그 후 널리 보급되었으며, 정책의 수립, 조직, 통제 및 운영 등의 교육내용을 다룬다.

① TWI(Training Within Industry)
② CCS(Civil Communication Section)
③ MTP(Management Training Program)
④ ATT(American Telephone &Telegram Co.)

CCS(ATP라고도 함)
- 교육대상 : 당초에는 일부회사의 탑 매니지먼트에 대해서만 행하여졌던 것
- 교육내용 : 정책의 수립, 조직(경영부분, 조직형태, 구조 등), 통제(조직통제의 적용, 품질관리, 원가통제의 적용 등) 및 운영(운영조직, 협조에 의한 회사운영) 등
- 교육방법 : 주로 강의법에 토의법이 가미된 것으로 매주 4일, 4시간씩으로 8주간(합계 128시간)에 걸쳐 실시

039 다음은 리더가 가지고 있는 어떤 권력의 예시에 해당하는가?

> 종업원의 바람직하지 않은 행동들에 대해 해고, 임금삭감, 견책 등을 사용하여 처벌한다.

① 보상권력 ② 강압권력
③ 합법권력 ④ 전문권력

조직이 지도자에게 부여한 권한
- 보상적 권한 : 지도자가 부하들에게 보상할 수 있는 능력으로 인해 부하직원들을 통제할 수 있으며 부하들의 행동에 대해 영향을 끼칠 수 있는 권한
- 강압적 권한 : 부하직원들을 처벌할 수 있는 권한
- 합법적 권한 : 조직의 규정에 의해 지도자의 권한이 공식화된 것

040 몹시 피로하거나 단조로운 작업으로 인하여 의식이 뚜렷하지 않은 상태의 의식 수준으로 옳은 것은?

① phase I ② phase Ⅱ
③ phase Ⅲ ④ phase Ⅳ

의식수준의 단계

단계	의식의 상태	주의작용	생리적 상태	신뢰성	뇌파형태
0	무의식, 실신	없음(Zero)	수면, 뇌발작	0	δ파
I	정상 이하(Subnormal), 의식 몽롱함	부주의(Inactive)	피로, 단조, 졸음, 술취함	0.9 이하	θ파
Ⅱ	정상, 이완상태 (normal, relaxed)	수동적(Passive), 마음이 안쪽으로 향함	안정기거, 휴식 시, 정례작업시	0.99 ~0.99999	α파
Ⅲ	정상, 상쾌한 상태 (Normal, Clear)	능동적(Active), 앞으로 향하는 주의 시야 넓음	적극 활동시	0.999999 이상	β파
Ⅳ	초정상, 과긴장상태 (Hypernormal, Excited)	일점으로 응집, 판단 정지	긴급 방위반응, 당황해서 Panic	0.9 이하	β파, 전간파

제 03 과목 인간공학 및 시스템 안전공학

041 자동차를 생산하는 공장의 어떤 근로자가 95dB(A)의 소음수준에서 하루 8시간 작업하며 매 시간 조용한 휴게실에서 20분씩 휴식을 취한다고 가정하였을 때, 8시간 시간가중평균(TWA)은? (단, 소음은 누적소음 노출량측정기로 측정하였으며, OSHA에서 정한 95dB(A)의 허용시간은 4시간이라 가정한다.)

① 약 91dB(A) ② 약 92dB(A)
③ 약 93dB(A) ④ 약 94dB(A)

$D = \dfrac{가동시간}{기준시간} = \dfrac{8 \times (60-20)}{60} \times \dfrac{1}{4} = 133\%$

$TWA = 16.61 \times \log\left(\dfrac{D}{100}\right) + 90 = 16.61 \times \log\left(\dfrac{133}{100}\right) + 90 = 92.057$

042 정신작업 부하를 측정하는 척도를 크게 4가지로 분류할 때 심박수의 변동, 뇌 전위, 동공 반응 등 정보처리에 중추신경계 활동이 관여하고 그 활동이나 징후를 측정하는 것은?

① 주관적(subjective) 척도
② 생리적(physiological) 척도
③ 주 임무(primary task) 척도
④ 부 임무(secondary task) 척도

043 Chapanis가 정의한 위험의 확률수준과 그에 따른 위험발생률로 옳은 것은?

① 전혀 발생하지 않는(impossible) 발생빈도 : 10^{-8}/day
② 극히 발생할 것 같지 않는(extremely unlikely) 발생빈도 : 10^{-7}/day
③ 거의 발생하지 않은(remote) 발생빈도 : 10^{-6}/day
④ 가끔 발생하는(occasional) 발생빈도 : 10^{-5}/day

Chapanis의 위험발생률 분석

확률 수준	발생 빈도(frequency of occurrence)
극히 발생하지 않는(impossible)	> 10^{-8}/day
매우 가능성이 없는(extremely unlikely)	> 10^{-6}/day
거의 발생하지 않는(remote)	> 10^{-5}/day
가끔 발생하는(occasional)	> 10^{-4}/day
가능성이 있는(reasonably probable)	> 10^{-3}/day
자주 발생하는(frequent)	> 10^{-2}/day

044 인간의 위치 동작에 있어 눈으로 보지 않고 손을 수평면상에서 움직이는 경우 짧은 거리는 지나치고, 긴 거리는 못 미치는 경향이 있는데 이를 무엇이라고 하는가?

① 사정 효과(range effect)
② 반응 효과(reaction effect)
③ 간격 효과(distance effect)
④ 손동작 효과(hand action effect)

사정 효과(Range effect) : 눈으로 보지 않고 손을 수평면상에서 움직이는 경우 짧은 거리는 지나치고 긴 거리는 못 미치는 경향을 말하며 조작자가 작은 오차에는 과잉반응, 큰 오차에는 과소반응을 하는 것이다.

045 불(Boole) 대수의 정리를 나타낸 관계식으로 틀린 것은?

① $A \cdot A = A$
② $A + \overline{A} = 0$
③ $A + AB = A$
④ $A + A = A$

$A + \overline{A} = 1$

046 그림과 같은 FT도에서 정상사상 T의 발생 확률은?(단, X_1, X_2, X_3 의 발생 확률은 각각 0.1, 0.15, 0.1 이다.)

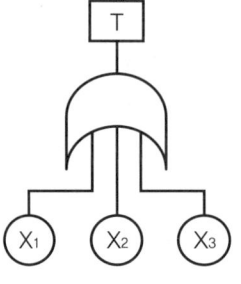

① 0.3115
② 0.35
③ 0.496
④ 0.9985

1−(1−0.1)×(1−0.15)×(1−0.1) = 0.3115

047 서브시스템, 구성요소, 기능 등의 잠재적 고장형태에 따른 시스템의 위험을 파악하는 위험 분석 기법으로 옳은 것은?

① ETA(Event Tree Analysis)
② HEA(Human Error Analysis)
③ PHA(Preliminary Hazard Analysis)
④ FMEA(Failure Mode and Effect Analysis)

고장형태와 영향분석(FMEA, Failure Modes and Effects Analysis)
- FMEA : 시스템 안전분석에 이용되는 전형적인 정성적, 귀납적 분석방법으로 시스템에 영향을 미치는 전체 요소의 고장을 형별로 분석하여 그 영향을 검토하는 것
- FMEA의 장점 및 단점
  - 장점 : 서식이 간단하고 비교적 적은 노력으로 특별한 훈련 없이 분석할 수 있음
  - 단점 : 논리성이 부족하고 특히 각 요소간의 영향을 분석하기 어렵기 때문에 동시에 두 가지 이상의 요소가 고장날 경우 분석이 곤란하며 요소가 물체로 한정되어 있기 때문에 인적원인을 분석하는 것은 곤란

048 불필요한 작업을 수행함으로써 발생하는 오류로 옳은 것은?

① Command error
② Extraneous error
③ Secondary error
④ Commission error

Swain의 휴먼 에러(Human Error)
- 생략적 과오(omission error) : 필요한 작업 또는 절차를 수행하지 않는데 기인한 과오
- 시간적 과오(time error) : 필요한 작업 또는 절차의 수행지연으로 인한 과오
- 수행적 과오(commission error) : 필요한 작업 또는 절차의 잘못된 수행으로 인한 과오
- 순서적 과오(sequential error) : 필요한 작업 또는 절차의 순서 착오로 인한 과오
- 불필요한 과오(extraneous error) : 불필요한 작업 또는 절차를 수행함으로써 기인한 과오

049 작업공간의 배치에 있어 구성요소 배치의 원칙에 해당하지 않는 것은?

① 기능성의 원칙　　② 사용빈도의 원칙
③ 사용순서의 원칙　　④ 사용방법의 원칙

배치의 원칙
- 중요성의 원칙
- 사용빈도의 원칙
- 기능별 배치의 원칙
- 사용순서의 원칙

050 인간이 기계보다 우수한 기능이라 할 수 있는 것은?(단, 인공지능은 제외한다.)

① 일반화 및 귀납적 추리
② 신뢰성 있는 반복 작업
③ 신속하고 일관성 있는 반응
④ 대량의 암호화된 정보의 신속한 보관

051 다음 시스템의 신뢰도 값은?

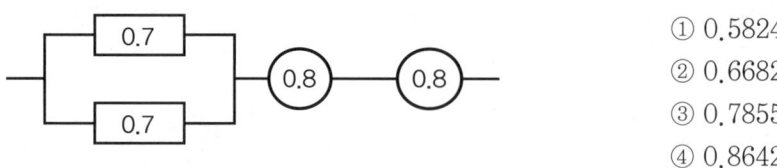

① 0.5824
② 0.6682
③ 0.7855
④ 0.8642

해설

Rs = {1−(1−0.7)(1−0.7)} × 0.8 × 0.8 = 0.5824

052 인체측정 자료를 장비, 설비 등의 설계에 적용하기 위한 응용원칙에 해당하지 않는 것은?

① 조절식 설계
② 극단치를 이용한 설계
③ 구조적 치수 기준의 설계
④ 평균치를 기준으로 한 설계

해설

인체계측자료의 응용원칙

- 최대치수와 최소치수 : 최대치수 또는 최소치수를 기준으로 하여 설계
- 조절범위(조절식) : 체격이 다른 여러 사람에 맞도록 만드는 것(5 ~ 95%tile)
- 평균치를 기준으로 한 설계 : 최대치수나 최소치수, 조절식으로 하기가 곤란할 때 평균치를 기준으로 하여 설계

053 시각적 표시장치보다 청각적 표시장치를 사용하는 것이 더 유리한 경우는?

① 정보의 내용이 복잡하고 긴 경우
② 정보가 공간적인 위치를 다룬 경우
③ 직무상 수신자가 한 곳에 머무르는 경우
④ 수신 장소가 너무 밝거나 암순응이 요구될 경우

해설

청각장치와 시각장치의 선택 (특정 감각의 선택)

구분	청각장치 사용	시각장치 사용
전언	• 전언이 간단하고 짧다.	• 전언이 복잡하고 길다.
재참조	• 전언이 후에 재참조 되지 않는다.	• 전언이 후에 재참조 된다.
사상(Eevent)	• 전언이 즉각적인 사상을 이룬다.	• 전언이 공간적인 위치를 다룬다.
행동 요구	• 전언이 즉각적인 행동을 요구한다.	• 전언이 즉각적인 행동을 요구하지 않는다.
사용시기	• 수신자의 시각계통이 과부하 상태일 때 • 수신 장소가 너무 밝거나 암조응 유지가 필요할 때 • 직무상 수신자가 자주 움직이는 경우	• 수신자가 청각계통이 과부하 상태일 때 • 수신 장소가 너무 시끄러울 때 • 직무상 수신자가 한곳에 머무르는 경우

054 시스템의 수명 및 신뢰성에 관한 설명으로 틀린 것은?

① 병렬설계 및 디레이팅 기술로 시스템의 신뢰성을 증가시킬 수 있다.
② 직렬시스템에서는 부품들 중 최소 수명을 갖는 부품에 의해 시스템 수명이 정해진다
③ 수리가 가능한 시스템의 평균수명(MTBF)은 평균 고장률(λ)과 정비례 관계가 성립한다.
④ 수리가 불가능한 구성요소로 병렬구조를 갖는 설비는 중복도가 늘어날수록 시스템 수명이 길어진다.

해설

평균수명(MTBF) = $\dfrac{1}{\lambda}$
따라서, 평균수명(MTBF)은 평균고장률(λ)과 반비례 관계에 있다.

055 컷셋(Cut Sets)과 최소 패스셋(Minimal Path Sets)의 정의로 옳은 것은?

① 컷셋은 시스템 고장을 유발시키는 필요 최소한의 고장들의 집합이며, 최소 패스셋은 시스템의 신뢰성을 표시한다.
② 컷셋은 시스템 고장을 유발시키는 기본고장들의 집합이며, 최소 패스셋은 시스템의 불신뢰도를 표시한다.
③ 컷셋은 그 속에 포함되어 있는 모든 기본사상이 일어났을 때 정상사상을 일으키는 기본사상의 집합이며, 최소 패스셋은 시스템의 신뢰성을 표시한다.
④ 컷셋은 그 속에 포함되어 있는 모든 기본사상이 일어났을 때 정상사상을 일으키는 기본사상의 집합이며, 최소 패스셋은 시스템의 성공을 유발하는 기본사상의 집합이다.

해설

컷과 패스
- 컷셋(cut sets) : 그 속에 포함되어 있는 모든 기본사상(통상, 생략, 결함사상을 포함)이 일어났을 때 정상사상(top event)을 일으키는 기본사상의 집합
- 최소 컷셋(minimal cut sets) : 컷셋 중 그 부분집합만으로는 정상사상을 일으키는 일이 없는 것, 즉 정상사상(top event)을 일으키기 위한 최소한의 컷셋으로 어떤 고장이나 에러를 일으키면 재해가 일어나는가 하는 것 즉, 시스템의 위험성(역으로는 안전성)을 나타내는 것
- 패스셋(path sets) : 시스템이 고장 나지 않도록 하는 사상의 조합
- 최소 패스셋(minimal path sets) : 시스템이 고장 나지 않도록 하는 최소한의 패스셋으로 어떤 고장이나 패스를 일으키지 않으면 재해는 일어나지 않는다는 것 즉, 시스템의 신뢰성을 나타내는 것

056 동작경제의 원칙에 해당하지 않는 것은?

① 공구의 기능을 각각 분리하여 사용하도록 한다.
② 두 팔의 동작은 동시에 서로 반대방향으로 대칭적으로 움직이도록 한다.
③ 공구나 재료는 작업동작이 원활하게 수행되도록 그 위치를 정해준다.
④ 가능하다면 쉽고도 자연스러운 리듬이 작업동작에 생기도록 작업을 배치한다.

해설

공구의 기능을 결합하여 사용하도록 한다.

057 화학설비에 대한 안전성 평가 중 정성적 평가방법의 주요 진단 항목으로 볼 수 없는 것은?

① 건조물
② 취급물질
③ 입지 조건
④ 공장 내 배치

정성적 평가의 주요 진단항목

1. 설계관계	항목수	2. 운전관계	항목수
입지조건	5	원재료, 중간체 제품	7
공장내 배치	9	공정	7
건조물	8	수송, 저장 등	9
소방설비	5	공정기기	11

058 산업안전보건법령상 해당 사업주가 유해위험방지계획서를 작성하여 제출해야하는 대상은?

① 시 · 도지사
② 관할 구청장
③ 고용노동부장관
④ 행정안전부장관

산업안전보건법 제42조(유해위험방지계획서의 작성 · 제출 등) ① 사업주는 다음 각 호의 어느 하나에 해당하는 경우에는 이 법 또는 이 법에 따른 명령에서 정하는 유해 · 위험 방지에 관한 사항을 적은 계획서(이하 "유해위험방지계획서"라 한다)를 작성하여 고용노동부령으로 정하는 바에 따라 고용노동부장관에게 제출하고 심사를 받아야 한다. 다만, 제3호에 해당하는 사업주 중 산업재해발생률 등을 고려하여 고용노동부령으로 정하는 기준에 해당하는 사업주는 유해위험방지계획서를 스스로 심사하고, 그 심사결과서를 작성하여 고용노동부장관에게 제출하여야 한다.

059 작업면상의 필요한 장소만 높은 조도를 취하는 조명은?

① 완화조명
② 전반조명
③ 투명조명
④ 국소조명

조명 방식

- 전반 조명 : 광원이 일정한 높이와 간격으로 배치되며 실내 전체를 균등하게 조명하는 것으로 사무실 학교 공장 등에 사용된다
- 국부 조명 : 작업이나 생활을 위해 필요한 범위를 높은 조명도로 조명하는 방식으로 특정장소에 조명기구를 밀집해서 가설하거나 스탠드등을 사용되나 밝고 어두움의 차이가 커서 눈이 피로하기 쉽다
- 전반 국부 병용 조명 : 전반조명하에 특정한 장소를 국부조명하는 방식으로 정밀한 작업을 요하는 수술실 정밀공장 등에 사용된다
- 전반 확산 조명 : 광원을 글로브에 넣은 조명방식으로 공장 사무실 교실 등에 사용된다
- 직접 조명 : 광원의 직접광이 90% 이상 작업면을 비추는 방식으로 작은 전력으로 높은 조도를 얻을 수 있으나 밝고 어두움이 심해 눈이 쉽게 피로하다
- 간접 조명 : 광원빛이 위로 향하게 하고 천장과 벽의 반사광에 의해 작업면을 조명하는 방식으로 그늘이 적고 차분한 조도를 얻을 수 있으나 조명률이 나쁘고 비경제적이다
- 반간접 조명 : 직접조명과 간접조명을 혼합한 조명 중 간접성이 강한 조명방식이며 직접조명과 간접조명의 장단점을 보완한 것으로 반투명형 접시형 기구를 이용한다

060 다음 현상을 설명한 이론은?

> 인간이 감지할 수 있는 외부의 물리적 자극 변화의 최소범위는 표준 자극의 크기에 비례한다.

① 피츠(Fitts) 법칙
② 웨버(Weber) 법칙
③ 신호검출이론(SDT)
④ 힉-하이만(Hick-Hyman) 법칙

- 웨버(Weber)비 = $\dfrac{\text{변화감지역}}{\text{표준자극}}$

제 04 과목 건설시공학

061 시공의 품질관리를 위한 7가지 도구에 해당되지 않는 것은?

① 파레토그램
② LOB기법
③ 특성요인도
④ 체크시트

전사적 품질관리(T.Q.C, Total Quality Control)의 7가지 도구
- 히스토그램(Histogram) : 수집된 표본의 모양을 통해 정규분포 여부를 진단하는 그래프
- 층별(Stratification) : 수집된 표본 데이터를 몇 개의 층으로 나누는 것을 의미
- 파레토도(Pareto chart) : 데이터 수집과정에서 세부 유형을 구분하는 층별 기준에 따른 발생빈도를 조사하여 누적비율을 함께 표현하는 그래프
- 산점도(Scatter plot) : 두 개의 변수에 대한 데이터를 서로 쌍을 이루도록 측정하여 X축과 Y축의 좌표에 점을 찍어 표현하는 그래프
- 특성요인도(Cause & effect analysis) : 어떠한 결과에 영향을 미치는 원인들을 조사하여 그 인과관계를 정리하는 정성적 분석 도구
- 체크시트(Check sheet) : 기록을 위한 용도와 점검을 위한 용도로 구분되며, 데이터 수집을 위한 기록용 체크시트의 경우 층별 기준에 의해 세분화된 유형의 발생빈도를 체크하여 기록
- 관리도(Graph) : 수집된 데이터를 다양한 형태로 시각화하여 표현

062 벽돌공사 시 벽돌쌓기에 관한 설명으로 옳은 것은?

① 연속되는 벽면의 일부를 트이게 하여 나중쌓기로 할 때에는 그 부분을 층단 들여쌓기로 한다.
② 벽돌쌓기는 도면 또는 공사시방서에서 정한 바가 없을 때에는 미식 쌓기 또는 불식쌓기로 한다.
③ 하루의 쌓기 높이는 1.8m를 표준으로 한다.
④ 세로줄눈은 구조적으로 우수한 통줄눈이 되도록 한다.

쌓기의 일반사항(건축공사 표준시방서)
- 가로 및 세로줄눈의 너비는 도면 또는 공사시방서에 정한 바가 없을 때에는 10mm를 표준으로 한다. 세로줄눈은 통줄눈이 되지않도록 하고, 수직 일직선상에 오도록 벽돌 나누기를 한다.
- 벽돌쌓기는 도면 또는 공사시방서에서 정한 바가 없을 때에는 영식 쌓기 또는 화란식 쌓기로 한다.
- 가로줄눈의 바탕 모르타르는 일정한 두께로 평평히 펴 바르고, 벽돌을 내리누르듯 규준틀과 벽돌나누기에 따라 정확히 쌓는다.
- 세로줄눈의 모르타르는 벽돌 마구리면에 충분히 발라 쌓도록 한다.
- 벽돌은 각부를 가급적 동일한 높이로 쌓아 올라가고, 벽면의 일부 또는 국부적으로 높게 쌓지 않는다.
- 하루의 쌓기 높이는 1.2m(18켜 정도)를 표준으로 하고, 최대 1.5m(22켜 정도) 이하로 한다.
- 연속되는 벽면의 일부를 트이게 하여 나중쌓기로 할 때에는 그 부분을 층단 들여쌓기로 한다.
- 직각으로 오는 벽체의 한편을 나중 쌓을 때에도 층단 들여쌓기로 하는 것을 원칙으로 하지만 부득이할 때에는 담당원의 승인을받아 켜걸음 들여쌓기로 하거나 이음보강철물을 사용한다. 먼저 쌓은 벽돌이 움직일 때에는 이를 철거하고 청소한 후 다시 쌓는다. 물려 쌓을 때에는 이 부분의 모르타르는 빈틈없이 다져 넣고 사춤 모르타르도 매 켜마다 충분히 부어 넣는다.
- 벽돌벽이 블록벽과 서로 직각으로 만날 때에는 연결철물을 만들어 블록 3단마다 보강하여 쌓는다.
- 벽돌벽이 콘크리트 기둥(벽)과 슬래브 하부면과 만날 때는 그 사이에 모르타르를 충전한다.

063 다음 설명에 해당하는 공정표의 종류로 옳은 것은?

> 한 공종의 작업이 하나의 숫자로 표기되고 컴퓨터에 적용하기 용이한 이점 때문에 많이 사용되고 있다. 각 작업은 node로 표기하고 더미의 사용이 불필요하며 화살표는 단순히 작업의 선후관계만을 나타낸다.

① 횡선식 공정표
② CPM
③ PDM
④ LOB

PDM(Precedence Diagramming Method) : 일명 AON 공정표라고도 하는데 AON은 Activity on Node의 약어로 각 작업을 Node 로 표기하고 화살표는 단순히 작업의 선후관계만을 나타낸다.

064 콘크리트 구조물의 품질관리에서 활용되는 비파괴시험(검사) 방법으로 경화된 콘크리트 표면의 반발경도를 측정하는 것은?

① 슈미트해머 시험
② 방사선 투과 시험
③ 자기분말 탐상시험
④ 침투 탐상시험

반발경도법 : 경화된 콘크리트면에 슈미트 해머(Schmidt Hammer)로 타격 에너지를 가하여 콘크리트면의 경도에 따라 반발경도를 측정하고, 이 반발경도와 콘크리트 압축강도와의 상관관계를 도출함으로써 콘크리트의 압축강도를 추정하는 시험법

065 일명 테이블 폼(table form)으로 불리는 것으로 거푸집널에 장선, 멍에, 서포트 등을 기계적인 요소로 부재화한 대형 바닥판거푸집은?

① 갱 폼(Gang form)
② 플라잉 폼(Flying form)
③ 유로 폼(Euro form)
④ 트래블링 폼(Traveling form)

- 갱 폼 : 대형벽체 거푸집으로써 인력 절감 및 재사용이 가능한 장점이 있다.
- 유로 폼 : 합판이나 특수경량 강으로 만들며 하나의 판넬로 기둥, 벽, 바닥의 조립이 가능하다.
- 트래블링 폼 : 수평으로 연속된 구조물에 적용되며 해체 및 이동에 편리하도록 제작된 이동식 거푸집공법이다.

066 시험말뚝에 변형율계(Strain gauge)와 가속도계(Accelerometer)를 부착하여 말뚝항타에 의한 파형으로부터 지지력을 구하는 시험은?

① 정재하 시험
② 비비 시험
③ 동재하 시험
④ 인발 시험

동재하시험 : 시공장비의 성능, 장비의 적합성 판정, 지반조건, 말뚝의 건전도 판정, 지지력 확인 등을 목적으로 실시하는데 재하시험 수량은 지반조건에 큰 변화가 없는 경우 전체 말뚝 개수의 1% 이상(말뚝이 100개 미만인 경우에도 최소 1개)을 실시한다.

067 콘크리트 공사 시 철근의 정착위치에 관한 설명으로 옳지 않은 것은?

① 작은 보의 주근은 벽체에 정착한다.
② 큰 보의 주근은 기둥에 정착한다.
③ 기둥의 주근은 기초에 정착한다.
④ 지중보의 주근은 기초 또는 기둥에 정착한다.

철근의 정착 위치
- 기둥의 주근은 기초에 정착한다.
- 큰 보의 주근은 기둥에 정착한다.
- 작은 보의 주근은 큰 보에 정착한다.
- 지중보의 주근은 기초 또는 기둥에 정착한다.
- 직교하는 단부보 밑에 기둥이 없을 때는 보 상호간에 정착한다.
- 바닥철근은 보 및 벽체에 정착한다.
- 벽철근은 기둥, 보 및 바닥판에 정착한다.

068 지반개량 지정공사 중 응결공법이 아닌 것은?

① 플라스틱 드레인공법
② 시멘트 처리공법
③ 석회 처리공법
④ 심층혼합 처리공법

해설

플라스틱 드레인(Plastic Board Drain) 공법 : 연약 지반의 간극수를 신속하게 배출시키므로 연약 지반 개량용 수직 배수재로서 이용되고 연약 지반을 안정적으로 압밀시키는 공법으로 준설토의 매립지 개량 공사, 주거지구 및 산업단지 조성공사, 도로, 철도, 공항,항만 부지 조성공사, 제방 공사 등의 연약 지반 개량공사에 사용한다.

069 공사계약 중 재계약 조건이 아닌 것은?

① 설계도면 및 시방서(specification)의 중대결함 및 오류에 기인한 경우
② 계약상 현장조건 및 시공조건이 상이(difference)한 경우
③ 계약사항에 중대한 변경이 있는 경우
④ 정당한 이유 없이 공사를 착수하지 않은 경우

해설

정당한 이유없이 약정한 착공시일을 경과하고도 공사에 착수하지 않은 경우는 계약의 전부 또는 일부를 해제 또는 해지할 수 있는 사항에 해당된다.

070 콘크리트에서 사용하는 호칭강도의 정의로 옳은 것은?

① 레디믹스트 콘크리트 발주 시 구입자가 지정하는 강도
② 구조계산 시 기준으로 하는 콘크리트의 압축강도
③ 재령 7일의 압축강도를 기준으로 하는 강도
④ 콘크리트의 배합을 정할 때 목표로 하는 압축강도로 품질의 표준편차 및 양생온도 등을 고려하여 설계기준강도에 할중한 것

해설

콘크리트의 강도

- 설계기준강도 : 콘크리트 부재를 설계할 때 기준으로 하는 강도로 포장 콘크리는 재령 28일의 휨강도, 공장제품은 재령 14일의 압축강도, 댐 콘크리트는 재령 91일의 압축강도를 기준으로 한다.
- 배합강도 : 콘크리트의 배합을 정하는 경우에 목표로 하는 강도를 말한다.
- 호칭강도 : 레디믹스트 콘크리트 발주 시 구입자가 지정하는 강도를 말하며 굵은골재 최대치수 - 압축강도 - 슬럼프 순으로 명기한다.

071 다음 조건에 따른 백호의 단위시간당 추정 굴삭량으로 옳은 것은?

버켓용량 0.5m³, 사이클타임 20초, 작업효율 0.9, 굴삭계수 0.7, 굴삭토의 용적변화계수 1.25

① 94.5m³ ② 80.5m³
③ 76.3m³ ④ 70.9m³

해설

$$V = Q \times \frac{3600}{C_m} \times Z \times k \times f = 0.5 \times \frac{3600}{20} \times 0.9 \times 0.7 \times 1.25 = 70.875$$

072 강구조 부재의 용접 시 예열에 관한 설명으로 옳지 않은 것은?

① 모재의 표면온도가 0℃ 미만인 경우는 적어도 20℃ 이상 예열한다.
② 이종금속간에 용접을 할 경우는 예열과 층간온도는 하위등급을 기준으로 하여 실시한다.
③ 버너로 예열하는 경우에는 개선면에 직접 가열해서는 안 된다.
④ 온도관리는 용접선에서 75mm 떨어진 위치에서 표면온도계 또는 온도쵸크 등에 의하여 온도관리를 한다.

이종금속간에 용접을 할 경우는 예열과 층간온도는 상위등급을 기준으로 하여 실시한다.

073 공동도급방식의 장점에 해당하지 않는 것은?

① 위험의 분산
② 시공의 확실성
③ 이윤 증대
④ 기술 자본의 증대

공동도급(Joint Venture Contract)
- 복수 참가자가 독립된 공동체를 작성하고 공동출자하며 공동관리권을 가지며, 특정한 공사를 목적으로 하는 것으로 공동의 영리를 목적으로 한다.
- 이윤의 증대는 없지만 상호보증으로 인해 용자력이 증대되며 위험부담이 분산된다.
- 단일회사의 경우보다 간접비가 많이 발생하여 공사비가 증대되고, 구성원 상호간의 불일치로 혼란이 초래될 수 있다.

074 지하수가 없는 비교적 경질인 지층에서 어스오거로 구멍을 뚫고 그 내부에 철근과 자갈을 채운 후, 미리 삽입해 둔 파이프를 통해 저면에서부터 모르타르를 채워 올라오게 한 것은?

① 슬러리 월
② 시트 파일
③ CIP 파일
④ 프랭키 파일

CIP(cast-in-place pile) 공법
- 어스 오거(Earth auger)로 지중에 구멍을 뚫고, 철근망(또는 H-형강)을 삽입한 다음 모르타르 주입관을 설치하고, 먼저 자갈을 채운 후 주입관을 통하여 모르타르를 주입하여 제자리 말뚝을 형성하는 공법이다.
- 지중에 연속하여 시공하여 주열식 흙막이 벽체를 구성한다.
- 장비가 소형이므로 소음이 및 진동이 적고 협소한 장소에서도 시공이 가능하다.
- 자갈 및 암반지반을 제외한 대부분의 지반에 적용이 가능하다.
- 강성이 커서 배면토의 수평변위를 억제할 수 있어 인접 구조물에 대한 영향이 적다.

075 기초의 종류 중 지정형식에 따른 분류에 속하지 않는 것은?

① 직접기초
② 피어기초
③ 복합기초
④ 잠함기초

해설
- 기초슬래브의 형식에 따른 것은 분류 : 온통기초, 복합기초, 독립기초, 연속기초(줄기초)
- 지정의 형식에 따른 분류 : 직접기초, 말뚝기초, 피어기초, 잠함기초(케이슨기초)

076 철골공사에서 발생할 수 있는 용접불량에 해당되지 않는 것은?

① 스캘럽(scallop) ② 언더컷(under cut)
③ 오버랩(over lap) ④ 피트(pit)

해설
스캘럽(scallop)은 용접선의 교차를 피하기 위해 한쪽의 부재에 설치한 홈을 말한다.

077 미장공법, 뿜칠공법을 통한 강구조부재의 내화피복 시공 시 시공면적 얼마 당 1개소 단위로 핀 등을 이용하여 두께를 확인하여야 하는가?

① $2m^2$ ② $3m^2$
③ $4m^2$ ④ $5m^2$

해설
미장공법, 뿜칠공법을 통한 강구조부재의 내화피복 시공
- 시공 시에는 시공면적 $5m^2$당 1개소 단위로 핀 등을 이용하여 두께를 확인하여야 한다.
- 뿜칠공법의 경우 시공 후 두께나 비중은 코어를 채취하여 측정, 측정빈도는 각 층마다 또는 바닥면적 $1500m^2$ 마다 각 부위별 1회를 원칙으로 하고, 1회에 5개로 한다. 그러나 연면적이 $1500m^2$ 미만의 건물에 대해서는 2회 이상하여야 한다.

078 다음은 표준시방서에 따른 철근의 이음에 관한 내용이다. 빈 칸에 공통으로 들어갈 내용으로 옳은 것은?

> (　)를 초과하는 철근은 겹침이음을 할 수 없다. 다만, 서로 다른 크기의 철근을 압축부에서 겹침이음 하는 경우 (　) 이하의 철근과 (　)를 초과하는 철근은 겹침이음을 할 수 있다.

① D29   ② D25
③ D32   ④ D35

철근의 이음(건축공사 표준시방서)
- 철근배근도에 표시되어 있지 않은 곳에 철근의 이음을 둘 경우에는 그 이음의 위치와 방법은 건축구조설계기준에 따라 정하여야 한다.
- D35를 초과하는 철근은 겹침이음을 할 수 없다. 다만, 서로 다른 크기의 철근을 압축부에서 겹침이음하는 경우 D35 이하의 철근과 D35를 초과하는 철근은 겹침이음을 할 수 있다.
- 철근이음에 용접이음, 가스압접이음, 기계적 이음 등을 적용할 경우에는 각각 사전에 준비된 이음지침에 따라야 한다. 그러나 이와 같은 것이 구비되지 않은 경우에는 이 시방서에 따르고 그 성능을 사전에 시험 등에 의한 방법으로 확인한 다음 철근의 종류, 지름 및 시공장소에 따라 가장 적절한 이음방법을 선택하여야 한다.
- 장래의 이음에 대비하여 구조물로부터 노출시켜 놓은 철근은 손상이나 부식을 받지 않도록 보호하여야 한다.
- 철근의 이음 및 정착길이는 건축구조설계기준 및 철근배근도에 따른다.
- 정착 및 이음길이의 건축구조설계기준 및 철근배근도에 제시된 길이보다 짧을 수 없으며, 건축구조설계기준 및 철근배근도의 길이를 초과할 경우의 허용차는 소정길이의 10% 이내로 한다.
- 철근의 이음의 위치, 정착방법은 철근배근도에 따른다.

079 슬라이딩 폼(Sliding form)에 관한 설명으로 옳지 않은 것은?

① 1일 5~10m 정도 수직시공이 가능하므로 시공속도가 빠르다.
② 타설작업과 마감작업을 병행할 수 없어 공정이 복잡하다.
③ 구조물 형태에 따른 사용 제약이 있다.
④ 형상 및 치수가 정확하며 시공오차가 적다.

슬라이딩 폼(Sliding form)은 활동 거푸집이라고 하며, 굴뚝이나 사일로(silo) 등 평면 형상이 일정하고 돌출부가 없는 구조물에 사용되며 다음과 같은 특징을 갖고 있다.
- 공기를 1/3 정도로 단축할 수 있다.
- 타설속도는 1일 5~8m 정도 연속 타설하므로 일체성을 확보할 수 있다.
- 내·외부에 비계가 필요 없다.
- 악천후 시에 작업이 곤란하다.
- 제작비가 과다하게 소요된다.

080 속빈 콘크리트블록의 규격 중 기본블록치수가 아닌 것은?(단, 단위 : mm)

① 390×190×190
② 390×190×150
③ 390×190×100
④ 390×190×80

속빈 콘크리트 블록의 모양, 치수 및 허용차(KS F 4002)

모양	치수(단위 : mm)			허용차
	길이	높이	두께	
기본 블록	390	190	190 150 100	±2mm
이형 블록	가로근용 블록, 모서리용 블록과 같이 기본 블록과 동일한 크기인 것의 치수 및 허용차는 기본 블록에 준한다. 다만, 그 외의 경우 당사자 사이의 협의에 따른다.			

제 05 과목 건설재료학

081 석재의 종류와 용도가 잘못 연결된 것은?

① 화산암 – 경량골재
② 화강암 – 콘크리트용 골재
③ 대리석 – 조각재
④ 응회암 – 건축용 구조재

응회암(凝灰岩, Tuff)
- 화산재가 모래와 같이 퇴적하여 응고된 것으로 석질이 연하여 가공성이 양호하다.
- 장식재, 내화재로 많이 사용되며 다공질로 흡수성이 크고 강도, 내구성이 작은 반면 내화성은 크다.

082 표면건조포화상태 질량 500g의 잔골재를 건조시켜, 공기 중 건조상태에서 측정한 결과 460g, 절대건조상태에서 측정한 결과 450g이었다. 이 잔골재의 흡수율은?

① 8%
② 8.8%
③ 10%
④ 11.1%

흡수율 = $\dfrac{표건중량 - 절건중량}{절건중량} \times 100 = \dfrac{500 - 450}{450} \times 100 = 11.11\%$

083 목재의 압축강도에 영향을 미치는 원인에 관한 설명으로 옳지 않은 것은?

① 기건비중이 클수록 압축강도는 증가한다.
② 가력방향이 섬유방향과 평행일 때의 압축강도가 직각일 때의 압축강도보다 크다.
③ 섬유포화점 이상에서 목재의 함수율이 커질수록 압축강도는 계속 낮아진다.
④ 옹이가 있으면 압축강도는 저하하고 옹이 지름이 클수록 더욱 감소한다.

섬유포화점보다 높은 함수율 상태에서의 수분 이동은 자유수에서 일어나기 때문에 세포벽에는 변화가 없다. 따라서 이때의 함수율 변화는 목재의 강도, 수축 및 팽윤, 건조 결함의 발생 등 목재의 물리적 성질에는 거의 영향을 미치지 않는다.

084 콘크리트용 혼화제의 사용용도와 혼화제 종류를 연결한 것으로 옳지 않은 것은?

① AE 감수제 : 작업성능이나 동결융해 저항성능의 향상
② 유동화제 : 강력한 감수효과와 강도의 대폭적인 증가
③ 방청제 : 염화물에 의한 강재의 부식억제
④ 증점제 : 점성, 응집작용 등을 향상시켜 재료분리를 억제

유동화제 : 시멘트 입자에 흡착된 음전하의 입자간 반발력을 이용하여 시멘트 입자를 분산시켜 일시적으로 시멘트풀의 유동성을 개선시키기 위해 사용하는 혼화제로 콘크리트의 품질을 저하시키지 않고 콘크리트의 시공성을 개선할 목적으로 이용된다.

085 고강도 강선을 사용하여 인장응력을 미리 부여함으로서 큰 응력을 받을 수 있도록 제작된 것은?

① 매스 콘크리트
② 프리플레이스트 콘크리트
③ 프리스트레스트 콘크리트
④ AE 콘크리트

프리스트레스 콘크리트(PS, Prestressed Concrete)
- 피아노선, 특수강선 등을 사용해 미리 부재 내에 응력을 줌으로써 사용 시 받는 외력에 의한 응력에 견디도록 만든 콘크리트이다.

- 프리스트레스를 주는 방법에 따라 프리텐셔닝, 포스트텐셔닝으로 구분하며 조립 철근콘크리트의 구조용 부재 외에 교량의 PC빔, 철도의 침목 등에 사용된다.

086 유리의 중앙부와 주변부와의 온도 차이로 인해 응력이 발생하여 파손되는 현상을 유리의 열파손이라 한다. 열파손에 관한 설명으로 옳지 않은 것은?

① 색유리에 많이 발생한다.
② 동절기의 맑은 날 오전에 많이 발생한다.
③ 두께가 얇을수록 강도가 약해 열팽창응력이 크다.
④ 균열은 프레임에 직각으로 시작하여 경사지게 진행된다.

열파손의 특징
- 열 흡수가 큰 색유리에 많이 발생한다.
- 두께가 두꺼울수록 열팽창응력이 크다.
- 동절기 맑은날 오전에 많이 발생(프레임과 유리의 온도차가 클 때)한다.
- 균열은 프레임에 직각으로 시작하여 경사지게 진행된다.
- 판유리 온도차가 60℃ 이상 되면 열파손이 발생한다.

087 KS L 4201에 따른 1종 점토벽돌의 압축강도 기준으로 옳은 것은?

① 8.78MPa 이상
② 14.70MPa 이상
③ 20.59MPa 이상
④ 24.50MPa 이상

점토벽돌의 품질및 분류 (KS L 4201)

품질	종류		비고
	1종	2종	
흡수율(%)	10.0 이하	15.0 이하	1종은 내장재 및 외장재로, 2종은 내장재로만 하여야 한다.
압축강도(MPa)	24.50 이상	14.70 이상	

088 아스팔트를 천연아스팔트와 석유아스팔트로 구분할 때 천연아스팔트에 해당되지 않는 것은?

① 로크아스팔트
② 레이크아스팔트
③ 아스팔타이트
④ 스트레이트아스팔트

아스팔트의 종류
- 천연 아스팔트 : 로크 아스팔트, 레이크 아스팔트, 아스팔트 타이트
- 석유 아스팔트 : 스트레이트 아스팔트, 블론 아스팔트, 아스팔트 컴파운드

089 점토의 성질에 관한 설명으로 옳지 않은 것은?

① 양질의 점토는 건조상태에서 현저한 가소성을 나타내며, 점토 입자가 미세할수록 가소성은 나빠진다.
② 점토의 주성분은 실리카와 알루미나이다.
③ 인장강도는 점토의 조직에 관계하며 입자의 크기가 큰 영향을 준다.
④ 점토제품의 색상은 철산화물 또는 석회물질에 의해 나타난다.

점토 입자가 미세할수록 가소성은 좋아진다.

090 도료의 사용 용도에 관한 설명으로 옳지 않은 것은?

① 유성바니쉬는 투명도료이며, 목재마감에도 사용가능하다.
② 유성페인트는 모르타르, 콘크리트면에 발라 착색방수피막을 형성한다.
③ 합성수지 에멀션페인트는 콘크리트면, 석고보드 바탕 등에 사용된다.
④ 클리어래커는 목재면의 투명도장에 사용된다.

유성 페인트
- 전색제(보일유) + 안료 + 용제 및 희석제 + 건조제
- 두꺼운 도막을 만들 수 있으며 내후성, 내수성이 좋지만, 내산성 및 내알칼리성이 약하다.
- 목재, 석고판류 등의 도장에 사용한다.

091 습윤상태의 모래 780g을 건조로에서 건조시켜 절대건조상태 720g으로 되었다. 이 모래의 표면수율은? (단, 이 모래의 흡수율은 5%이다.)

① 3.08%   ② 3.17%
③ 3.33%   ④ 3.52%

$$\text{표면수율} = \frac{\text{습윤중량} - \text{표건내포상태의 중량}}{\text{표건내포상태의 중량}} \times 100 = \frac{780 - (720 + 720 \times 0.05)}{720 + 720 \times 0.05} \times 100 = 3.175$$

092 미장재료 중 회반죽에 관한 설명으로 옳지 않은 것은?

① 경화속도가 느린 편이다.
② 일반적으로 연약하고, 비내수성이다.
③ 여물은 접착력 증대를, 해초풀은 균열방지를 위해 사용된다.
④ 소석회가 주원료이다.

회반죽의 경화수축으로 발생하는 균열을 방지하기 위하여 여물을 넣는다.

093 다음 합성수지 중 열가소성수지가 아닌 것은?

① 알키드수지
② 염화비닐수지
③ 아크릴수지
④ 폴리프로필렌수지

알키드수지는 열경화성수지에 속한다. 참고로 열경화성수지는 고형상에 열을 가하여도 연화되지 않는 수지(축합반응에 의하여 합성시킨 고분자물질)로 알키드수지 외에 페놀수지, 우레아수지, 멜라민수지, 불포화폴리에스테르수지, 에폭시수지, 규소수지, 폴리우레탄수지 등이 있다.

094 전기절연성, 내열성이 우수하고 특히 내약품성이 뛰어나며, 유리섬유로 보강하여 강화플라스틱(F.R.P)의 제조에 사용되는 합성수지는?

① 멜라민수지
② 불포화폴리에스테르수지
③ 페놀수지
④ 염화비닐수지

• 멜라민수지 : 화장판, 도료
• 불포화폴리에스테르수지 : FRP(성형품, 판)
• 페놀수지 : 적층품(판), 성형품
• 염화비닐수지 : 파이프, 호스, 시트, 판

095 강의 열처리 방법 중 결정을 미립화하고 균일하게 하기 위해 800~1000℃까지 가열하여 소정의 시간까지 유지한 후에 로(爐)의 내부에서 서서히 냉각하는 방법은?

① 풀림
② 불림
③ 담금질
④ 뜨임질

강(鋼)의 열처리
• 풀림(Annealing, 어닐링)
  – 내용 : 강을 높은 온도(800~1000℃)로 30분~1시간 가열한 후에 로(爐)속에서 서서히 냉각시키는 열처리 방식
  – 목적 : 강의 가공으로 인한 내부응력을 제거시키기 위해서
• 불림(Normalizing, 노멀라이징)
  – 내용 : 강을 800~1000℃로 가열한 후 대기 중에서 냉각시키는 열처리 방법
  – 목적 : 강의 조직을 미세화하고 내부 응력과 변형을 제거하기 위해서
• 담금질(Quenching, 퀜칭)
  – 내용 : 강을 가열한 후 물 또는 기름 속에 투입하여 급랭시키는 열처리 방법(탄소 함유량이 0.4% 이하는 불가능)
  – 목적 : 강의 강도 및 경도를 증가시키기 위해서
• 뜨임질(Tempering, 템퍼링)
  – 내용 : 담금질한 강을 250~300℃ 정도로 다시 가열한 후에 공기 중에서 서서히 냉각시키는 열처리법
  – 목적 : 담금질한 강에 인성을 주고 내부 잔류응력을 제거하기 위해서

096 단열재료에 관한 설명으로 옳지 않은 것은?

① 열전도율이 높을수록 단열성능이 좋다.
② 같은 두께인 경우 경량재료인 편이 단열에 더 효과적이다.
③ 일반적으로 다공질의 재료가 많다.
④ 단열재료의 대부분은 흡음성도 우수하므로 흡음재료로서도 이용된다.

열전도율이 낮을수록 단열성능이 좋다.

097 목재 건조의 목적에 해당되지 않는 것은?

① 강도의 증진
② 중량의 경감
③ 가공성의 증진
④ 균류 발생의 방지

목재 건조의 목적
- 구조물 전체나 구조물을 이룬 각 부재의 수축이나 변형을 방지한다.
- 중량을 감소시켜 가공과 취급, 운반이 용이하다.
- 생목시의 강도보다 목재 강도가 증가한다(생목시의 강도보다 2~3배 증가).
- 균류 발생과 부식을 방지하고 내구성을 높인다.
- 접착성, 도장성이 좋아지고 방부제나 합성수지의 주입이 용이해진다.

098 금속부식에 관한 대책으로 옳지 않은 것은?

① 가능한 한 이종 금속은 이를 인접, 접속시켜 사용하지 않을 것
② 균질한 것을 선택하고, 사용할 때 큰 변형을 주지 않도록 할 것
③ 큰 변형을 준 것은 가능한 한 풀림하여 사용할 것
④ 표면을 거칠게 하고 가능한 한 습윤상태로 유지할 것

표면은 매끄럽고 건조한 상태를 유지하여야 부식을 방지할 수 있다.

099 콘크리트용 골재의 품질요건에 관한 설명으로 옳지 않은 것은?

① 골재는 청정·견경해야 한다.
② 골재는 소요의 내화성과 내구성을 가져야 한다.
③ 골재는 표면이 매끄럽지 않으며, 예각으로 된 것이 좋다.
④ 골재는 밀실한 콘크리트를 만들 수 있는 입형과 입도를 갖는 것이 좋다.

콘크리트용 골재의 품질
- 굳고 단단해야 하며 내화성, 내구성이 있어야 한다.
- 강도는 콘크리트 중의 경화 시멘트 페이스트의 강도 이상이어야 하며, 불순물이 없어야 한다.

- 표면이 거칠고 구형이나 입방체가 좋으며, 넓거나 길쭉한 것, 예각으로 된 것은 좋지 않다.
- 최대 염화물 이온 함유량은 질량백분율 0.02% 이하여야 한다.

100 각 미장재료별 경화형태로 옳지 않은 것은?

① 회반죽 : 수경성
② 시멘트 모르타르 : 수경성
③ 돌로마이트플라스터 : 기경성
④ 테라조 현장바름 : 수경성

미장재료
- 기경성 : 진흙질, 석회질(회반죽, 회사벽, 돌로마이트 플라스터)
- 수경성 : 석고질(석고플라스터, 경석고 플라스터), 시멘트 모르타르, 인조석바름, 테라조현장바름

제 06 과목 건설안전기술

101 거푸집동바리 등을 조립하는 경우에 준수하여야 하는 기준으로 옳지 않은 것은?

① 동바리로 사용하는 파이프 서포트를 이어서 사용하는 경우에는 3개 이상의 볼트 또는 전용철물을 사용하여 이을 것
② 동바리로 사용하는 파이프 서포트의 높이가 3.5m를 초과하는 경우에는 높이 2m 이내마다 수평연결재를 2개 방향으로 만들 것
③ 받침목이나 깔판의 사용, 콘크리트 타설, 말뚝박기 등 동바리의 침하를 방지하기 위한 조치를 할 것
④ 동바리로 사용하는 파이프 서포트를 3개 이상 이어서 사용하지 않도록 할 것

산업안전보건기준에 관한 규칙 제332조의2(동바리 유형에 따른 동바리 조립 시의 안전조치) 사업주는 동바리를 조립할 때 동바리의 유형별로 다음 각 호의 구분에 따른 각 목의 사항을 준수해야 한다.
1. 동바리로 사용하는 파이프 서포트의 경우
   가. 파이프 서포트를 3개 이상 이어서 사용하지 않도록 할 것
   나. 파이프 서포트를 이어서 사용하는 경우에는 4개 이상의 볼트 또는 전용철물을 사용하여 이을 것
   다. 높이가 3.5미터를 초과하는 경우에는 높이 2미터 이내마다 수평연결재를 2개 방향으로 만들고 수평연결재의 변위를 방지할 것
2. 동바리로 사용하는 강관틀의 경우
   가. 강관틀과 강관틀 사이에 교차가새를 설치할 것
   나. 최상단 및 5단 이내마다 동바리의 측면과 틀면의 방향 및 교차가새의 방향에서 5개 이내마다 수평연결재를 설치하고 수평연결재의 변위를 방지할 것
   다. 최상단 및 5단 이내마다 동바리의 틀면의 방향에서 양단 및 5개를 이내마다 교차가새의 방향으로 띠장틀을 설치할 것
3. 동바리로 사용하는 조립강주의 경우 : 조립강주의 높이가 4미터를 초과하는 경우에는 높이 4미터 이내마다 수평연결재를 2개 방향으로 설치하고 수평연결재의 변위를 방지할 것
4. 시스템 동바리(규격화·부품화된 수직재, 수평재 및 가새재 등의 부재를 현장에서 조립하여 거푸집을 지지하는 지주 형식의 동바리를 말한다)의 경우
   가. 수평재는 수직재와 직각으로 설치해야 하며, 흔들리지 않도록 견고하게 설치할 것
   나. 연결철물을 사용하여 수직재를 견고하게 연결하고, 연결부위가 탈락 또는 꺾어지지 않도록 할 것

다. 수직 및 수평하중에 대해 동바리의 구조적 안정성이 확보되도록 조립도에 따라 수직재 및 수평재에는 가새재를 견고하게 설치할 것
라. 동바리 최상단과 최하단의 수직재와 받침철물은 서로 밀착되도록 설치하고 수직재와 받침철물의 연결부의 겹침길이는 받침철물 전체길이의 3분의 1 이상 되도록 할 것
5. 보 형식의 동바리[강제 갑판(steel deck), 철재트러스 조립 보 등 수평으로 설치하여 거푸집을 지지하는 동바리를 말한다]의 경우
가. 접합부는 충분한 걸침 길이를 확보하고 못, 용접 등으로 양끝을 지지물에 고정시켜 미끄러짐 및 탈락을 방지할 것
나. 양끝에 설치된 보 거푸집을 지지하는 동바리 사이에는 수평연결재를 설치하거나 동바리를 추가로 설치하는 등 보 거푸집이 옆으로 넘어지지 않도록 견고하게 할 것
다. 설계도면, 시방서 등 설계도서를 준수하여 설치할 것

102 사면 보호 공법 중 구조물에 의한 보호 공법에 해당되지 않는 것은?

① 블럭공
② 식생구멍공
③ 돌쌓기공
④ 현장타설 콘크리트 격자공

식생으로 표층부의 안전을 도모하는 공법의 종류
- 종자뿜어붙이기공
- 식생매트공법
- 평떼심기공
- 줄떼심기공
- 식생띠공
- 식생판공
- 식생자루공
- 식생구멍공

103 산업안전보건법령에서 규정하는 철골작업을 중지하여야 하는 기후조건에 해당하지 않는 것은?

① 풍속이 초당 10m 이상인 경우
② 강우량이 시간당 1mm 이상인 경우
③ 강설량이 시간당 1cm 이상인 경우
④ 기온이 영하 5℃ 이하인 경우

산업안전보건기준에 관한 규칙 제383조(작업의 제한) 사업주는 다음 각 호의 어느 하나에 해당하는 경우에 철골작업을 중지하여야 한다.
1. 풍속이 초당 10미터 이상인 경우
2. 강우량이 시간당 1밀리미터 이상인 경우
3. 강설량이 시간당 1센티미터 이상인 경우

104 강관을 사용하여 비계를 구성하는 경우 준수하여야 할 기준으로 옳지 않은 것은?

① 비계기둥의 간격은 띠장 방향에서는 1.85m 이하, 장선(長線) 방향에서는 1.5m 이하로 할 것
② 띠장 간격은 2.0m 이하로 할 것
③ 비계기둥의 제일 윗부분으로부터 31m 되는 지점 밑부분의 비계기둥은 3개의 강관으로 묶어 세울 것
④ 비계기둥 간의 적재하중은 400kg을 초과하지 않도록 할 것

해설

산업안전보건기준에 관한 규칙 제60조(강관비계의 구조) 사업주는 강관을 사용하여 비계를 구성하는 경우 다음 각 호의 사항을 준수해야 한다.
1. 비계기둥의 간격은 띠장 방향에서는 1.85미터 이하, 장선(長線) 방향에서는 1.5미터 이하로 할 것. 다만, 다음 각 목의 어느 하나에 해당하는 작업의 경우에는 안전성에 대한 구조검토를 실시하고 조립도를 작성하면 띠장 방향 및 장선 방향으로 각각 2.7미터 이하로 할 수 있다.
    가. 선박 및 보트 건조작업
    나. 그 밖에 장비 반입·반출을 위하여 공간 등을 확보할 필요가 있는 등 작업의 성질상 비계기둥 간격에 관한 기준을 준수하기 곤란한 작업
2. 띠장 간격은 2.0미터 이하로 할 것. 다만, 작업의 성질상 이를 준수하기가 곤란하여 쌍기둥틀 등에 의하여 해당 부분을 보강한 경우에는 그러하지 아니하다.
3. 비계기둥의 제일 윗부분으로부터 31미터되는 지점 밑부분의 비계기둥은 2개의 강관으로 묶어 세울 것. 다만, 브라켓(bracket, 까치발) 등으로 보강하여 2개의 강관으로 묶을 경우 이상의 강도가 유지되는 경우에는 그러하지 아니하다.
4. 비계기둥 간의 적재하중은 400킬로그램을 초과하지 않도록 할 것

105 흙막이 계측기의 종류 중 주변 지반의 변형을 측정하는 계측기는?

① Load Cell ② Inclinometer
③ Extensometer ④ Piezometer

106 터널 지보공을 조립하거나 변경하는 경우에 조치하여야 하는 사항으로 옳지 않은 것은?

① 목재의 터널 지보공은 그 터널 지보공의 각 부재에 작용하는 긴압 정도를 체크하여 그 정도가 최대한 차이나도록 할 것
② 강(鋼)아치 지보공의 조립은 연결볼트 및 띠장 등을 사용하여 주재 상호간을 튼튼하게 연결할 것
③ 기둥에는 침하를 방지하기 위하여 받침목을 사용하는 등의 조치를 할 것
④ 주재(主材)를 구성하는 1세트의 부재는 동일 평면 내에 배치할 것

해설

산업안전보건기준에 관한 규칙 제364조(조립 또는 변경시의 조치) 사업주는 터널 지보공을 조립하거나 변경하는 경우에는 다음 각 호의 사항을 조치하여야 한다.
1. 주재(主材)를 구성하는 1세트의 부재는 동일 평면 내에 배치할 것
2. 목재의 터널 지보공은 그 터널 지보공의 각 부재의 긴압 정도가 균등하게 되도록 할 것
3. 기둥에는 침하를 방지하기 위하여 받침목을 사용하는 등의 조치를 할 것
4. 강(鋼)아치 지보공의 조립은 다음 각 목의 사항을 따를 것
    가. 조립간격은 조립도에 따를 것
    나. 주재가 아치작용을 충분히 할 수 있도록 쐐기를 박는 등 필요한 조치를 할 것
    다. 연결볼트 및 띠장 등을 사용하여 주재 상호간을 튼튼하게 연결할 것
    라. 터널 등의 출입구 부분에는 받침대를 설치할 것
    마. 낙하물이 근로자에게 위험을 미칠 우려가 있는 경우에는 널판 등을 설치할 것
5. 목재 지주식 지보공은 다음 각 목의 사항을 따를 것
    가. 주기둥은 변위를 방지하기 위하여 쐐기 등을 사용하여 지반에 고정시킬 것
    나. 양끝에는 받침대를 설치할 것
    다. 터널 등의 목재 지주식 지보공에 세로방향의 하중이 걸림으로써 넘어지거나 비틀어질 우려가 있는 경우에는 양끝 외의 부분에도 받침대를 설치할 것
    라. 부재의 접속부는 꺾쇠 등으로 고정시킬 것
6. 강아치 지보공 및 목재지주식 지보공 외의 터널 지보공에 대해서는 터널 등의 출입구 부분에 받침대를 설치할 것

107 미리 작업장소의 지형 및 지반상태 등에 적합한 제한속도를 정하지 않아도 되는 차량계 건설기계의 속도 기준은?

① 최대 제한 속도가 10km/h 이하
② 최대 제한 속도가 20km/h 이하
③ 최대 제한 속도가 30km/h 이하
④ 최대 제한 속도가 40km/h 이하

산업안전보건기준에 관한 규칙 제98조(제한속도의 지정 등) ① 사업주는 차량계 하역운반기계, 차량계 건설기계(최대제한속도가 시속 10킬로미터 이하인 것은 제외한다)를 사용하여 작업을 하는 경우 미리 작업장소의 지형 및 지반 상태 등에 적합한 제한속도를 정하고, 운전자로 하여금 준수하도록 하여야 한다.

108 차량계 건설기계를 사용하여 작업을 하는 경우 작업계획서 내용에 포함되지 않는 사항은?

① 사용하는 차량계 건설기계의 종류 및 성능
② 차량계 건설기계의 운행경로
③ 차량계 건설기계에 의한 작업방법
④ 차량계 건설기계 사용 시 유도자 배치 위치

차량계 건설기계를 사용하는 작업의 작업계획서 내용(산업안전보건기준에 관한 규칙 별표 4)
• 사용하는 차량계 건설기계의 종류 및 능력
• 차량계 건설기계의 운행경로
• 차량계 건설기계에 의한 작업방법

109 이동식비계를 조립하여 작업을 하는 경우에 준수하여야 할 기준으로 옳지 않은 것은?

① 승강용사다리는 견고하게 설치할 것
② 비계의 최상부에서 작업을 하는 경우에는 안전난간을 설치할 것
③ 작업발판의 최대적재하중은 400kg을 초과하지 않도록 할 것
④ 작업발판은 항상 수평을 유지하고 작업발판 위에서 안전난간을 딛고 작업을 하거나 받침대 또는 사다리를 사용하여 작업하지 않도록 할 것

산업안전보건기준에 관한 규칙 제68조(이동식비계) 사업주는 이동식비계를 조립하여 작업을 하는 경우에는 다음 각 호의 사항을 준수하여야 한다.
1. 이동식비계의 바퀴에는 뜻밖의 갑작스러운 이동 또는 전도를 방지하기 위하여 브레이크·쐐기 등으로 바퀴를 고정시킨 다음 비계의 일부를 견고한 시설물에 고정하거나 아웃트리거를 설치하는 등 필요한 조치를 할 것
2. 승강용사다리는 견고하게 설치할 것
3. 비계의 최상부에서 작업을 하는 경우에는 안전난간을 설치할 것
4. 작업발판은 항상 수평을 유지하고 작업발판 위에서 안전난간을 딛고 작업을 하거나 받침대 또는 사다리를 사용하여 작업하지 않도록 할 것
5. 작업발판의 최대적재하중은 250킬로그램을 초과하지 않도록 할 것

110 화물을 적재하는 경우의 준수사항으로 옳지 않은 것은?

① 침하 우려가 없는 튼튼한 기반 위에 적재할 것
② 건물의 칸막이나 박 등이 화물의 압력에 견딜 만큼의 강도를 지니지 아니한 경우에는 칸막이나 벽에 기대어 적재하지 않도록 할 것
③ 불안정할 정도로 높이 쌓아 올리지 말 것
④ 하중을 한쪽으로 치우치더라도 화물을 최대한 효율적으로 적재할 것

산업안전보건기준에 관한 규칙 제393조(화물의 적재) 사업주는 화물을 적재하는 경우에 다음 각 호의 사항을 준수하여야 한다.
1. 침하 우려가 없는 튼튼한 기반 위에 적재할 것
2. 건물의 칸막이나 벽 등이 화물의 압력에 견딜 만큼의 강도를 지니지 아니한 경우에는 칸막이나 벽에 기대어 적재하지 않도록 할 것
3. 불안정할 정도로 높이 쌓아 올리지 말 것
4. 하중이 한쪽으로 치우치지 않도록 쌓을 것

111 유해위험방지계획서를 고용노동부장관에게 제출하고 심사를 받아야 하는 대상 건설공사 기준으로 옳지 않은 것은?

① 최대 지간길이가 50m 이상인 다리의 건설등 공사
② 지상높이 25m 이상인 건축물 또는 인공구조물의 건설등 공사
③ 깊이 10m 이상인 굴착공사
④ 다목적댐, 발전용댐, 저수용량 2천만톤 이상의 용수 전용 댐 및 지방상수도 전용 댐의 건설등 공사

유해위험방지계획서 제출 대상 공사(산업안전보건법 시행령 제42조 ③항)
1. 다음 각 목의 어느 하나에 해당하는 건축물 또는 시설 등의 건설·개조 또는 해체 공사
   가. 지상높이가 31미터 이상인 건축물 또는 인공구조물
   나. 연면적 3만제곱미터 이상인 건축물
   다. 연면적 5천제곱미터 이상인 시설로서 다음의 어느 하나에 해당하는 시설
      1) 문화 및 집회시설(전시장 및 동물원·식물원은 제외한다)
      2) 판매시설, 운수시설(고속철도의 역사 및 집배송시설은 제외한다)
      3) 종교시설
      4) 의료시설 중 종합병원
      5) 숙박시설 중 관광숙박시설
      6) 지하도상가
      7) 냉동·냉장 창고시설
2. 연면적 5천제곱미터 이상인 냉동·냉장 창고시설의 설비공사 및 단열공사
3. 최대 지간(支間) 길이(다리의 기둥과 기둥의 중심사이의 거리)가 50미터 이상인 다리의 건설등 공사
4. 터널의 건설등 공사
5. 다목적댐, 발전용댐, 저수용량 2천만톤 이상의 용수 전용 댐 및 지방상수도 전용 댐의 건설등 공사
6. 깊이 10미터 이상인 굴착공사

112 가설통로를 설치하는 경우 준수하여야 할 기준으로 옳지 않은 것은?

① 경사는 30°이하로 할 것
② 경사가 15°를 초과하는 경우에는 미끄러지자 아니하는 구조로 할 것
③ 추락할 위험이 있는 장소에는 안전난간을 설치할 것
④ 수직갱에 가설된 통로의 길이가 15m 이상인 경우에는 7m 이내마다 계단참을 설치할 것

산업안전보건기준에 관한 규칙 제23조(가설통로의 구조) 사업주는 가설통로를 설치하는 경우 다음 각 호의 사항을 준수하여야 한다.
1. 견고한 구조로 할 것
2. 경사는 30도 이하로 할 것. 다만, 계단을 설치하거나 높이 2미터 미만의 가설통로로서 튼튼한 손잡이를 설치한 경우에는 그러하지 아니하다.
3. 경사가 15도를 초과하는 경우에는 미끄러지지 아니하는 구조로 할 것
4. 추락할 위험이 있는 장소에는 안전난간을 설치할 것. 다만, 작업상 부득이한 경우에는 필요한 부분만 임시로 해체할 수 있다.
5. 수직갱에 가설된 통로의 길이가 15미터 이상인 경우에는 10미터 이내마다 계단참을 설치할 것
6. 건설공사에 사용하는 높이 8미터 이상인 비계다리에는 7미터 이내마다 계단참을 설치할 것

113 발파구간 인접구조물에 대한 피해 및 손상을 예방하기 위한 건물기초에서의 허용진동치(cm/sec) 기준으로 옳지 않은 것은?(단, 기존 구조물에 금이 가 있거나 노후구조물 대상일 경우 등은 고려하지 않는다.)

① 문화재 : 0.2cm/sec
② 주택, 아파트 : 0.5cm/sec
③ 상가 : 1.0cm/sec
④ 철골콘크리트 빌딩 : 0.8~1.0cm/sec

발파작업 표준안전 작업지침 제5조(진동 및 파손) 발파작업에서의 진동 및 파손의 우려가 있는 때에는 다음 각 호의 규정에 따라 통제하여야 한다.
1. 수중구조물, 건물 및 기타 시설내 또는 인근에서 발파작업을 할 때에는 주변상태와 발파위력을 충분히 고려하여 신중히 계획하여야 하며 작업을 시작하기전에서 면계획을 작성하여야 한다.
2. 도심지 발파 등 발파에 주의를 요구하는 곳은 실제 발파전 공인기관 또는 이에 상응하는 자의 입회로 시험발파를 실시하여 안전성을 검토하여야 한다.
3. 제1호의 경우 필요할 때에는 소유자, 점유자 그리고 그 주위에 작업내용과 통제 조치를 통고하여야 한다.
4. 발파구간 인접 구조물에 대한 피해 및 손상을 예방하기 위하여 다음〈표〉에 의한 값을 준용한다.

건물분류	문화재	주택, 아파트	상가(금이 없는 상태)	철골 콘크리트 빌딩 및 상가
건물기초에서의 허용 진동치(cm/sec)	0.2	0.5	1.0	1.0 ~ 4.0

114 안전계수가 4이고 2000MPa의 인장강도를 갖는 강선의 최대허용응력은?

① 500MPa ② 1000MPa
③ 1500MPa ④ 2000MPa

• 최대허용응력 = $\dfrac{\text{인장강도}}{\text{안전계수}}$ = $\dfrac{2000}{4}$ = 500

115 지하수위 상승으로 포화된 사질토 지반의 액상화 현상을 방지하기 위한 가장 직접적이고 효과적인 대책은?

① well point 공법 적용
② 동다짐 공법 적용
③ 입도가 불량한 재료를 입도가 양호한 재료로 치환
④ 밀도를 증가시켜 한계간극비 이하로 상대밀도를 유지하는 방법 강구

웰포인트 공법은 지름 50~70mm의 관을 1~2m 간격으로 박고 수평 흡상관에 연결하여 배수하는 방식의 사질지반용 탈수(배수)공법의 하나로 지하수위 강하에 따른 지반침하의 우려가 있다.

116 공사진척에 따른 공정률이 다음과 같을 때 안전관리비 사용기준으로 옳은 것은?(단, 공정률은 기성공정률을 기준으로 함)

> 공정률 : 70퍼센트 이상, 90퍼센트 미만

① 50퍼센트 이상
② 60퍼센트 이상
③ 70퍼센트 이상
④ 80퍼센트 이상

공사진척에 따른 안전관리비 사용기준

공정률	50% 이상 70% 미만	70% 이상 90% 미만	90% 이상
사용기준	50% 이상	70% 이상	90% 이상

※공정률은 기성공정률을 기준으로 한다.

117 크레인 등 건설장비의 가공전선로 접근 시 안전대책으로 옳지 않은 것은?

① 안전 이격거리를 유지하고 작업한다.
② 장비를 가공전선로 밑에 보관한다.
③ 장비의 조립, 준비 시부터 가공전선로에 대한 감전 방지 수단을 강구한다.
④ 장비 사용 현장의 장애물, 위험물 등을 점검 후 작업계획을 수립한다.

장비는 가공전선로와 이격하여 보관하여야 한다.

118 거푸집동바리등을 조립 또는 해체하는 작업을 하는 경우의 준수사항으로 옳지 않은 것은?

① 재료, 기구 또는 공구 등을 올리거나 내리는 경우에는 근로자로 하여금 달줄·달포대 등의 사용을 금하도록 할 것
② 낙하·충격에 의한 돌발적 재해를 방지하기 위하여 버팀목을 설치하고 거푸집동바리 등을 인양장비에 매단 후에 작업을 하도록 하는 등 필요한 조치를 할 것
③ 비, 눈, 그 밖의 기상상태의 불안정으로 날씨가 몹시 나쁜 경우에는 그 작업을 중지할 것
④ 해당 작업을 하는 구역에는 관계 근로자가 아닌 사람의 출입을 금지할 것

산업안전보건기준에 관한 규칙 제57조(비계 등의 조립·해체 및 변경) ① 사업주는 달비계 또는 높이 5미터 이상의 비계를 조립·해체하거나 변경하는 작업을 하는 경우 다음 각 호의 사항을 준수하여야 한다.
1. 근로자가 관리감독자의 지휘에 따라 작업하도록 할 것
2. 조립·해체 또는 변경의 시기·범위 및 절차를 그 작업에 종사하는 근로자에게 주지시킬 것
3. 조립·해체 또는 변경 작업구역에는 해당 작업에 종사하는 근로자가 아닌 사람의 출입을 금지하고 그 내용을 보기 쉬운 장소에 게시할 것
4. 비, 눈, 그 밖의 기상상태의 불안정으로 날씨가 몹시 나쁜 경우에는 그 작업을 중지시킬 것
5. 비계재료의 연결·해체작업을 하는 경우에는 폭 20센티미터 이상의 발판을 설치하고 근로자로 하여금 안전대를 사용하도록 하는 등 추락을 방지하기 위한 조치를 할 것
6. 재료·기구 또는 공구 등을 올리거나 내리는 경우에는 근로자가 달줄 또는 달포대 등을 사용하게 할 것

119 흙의 투수계수에 영향을 주는 인자에 관한 설명으로 옳지 않은 것은?

① 포화도 : 포화도가 클수록 투수계수도 크다.
② 공극비 : 공극비가 클수록 투수계수는 작다.
③ 유체의 점성계수 : 점성계수가 클수록 투수계수는 작다.
④ 유체의 밀도 : 유체의 밀도가 클수록 투수계수는 크다.

공극비가 클수록 투수계수는 크다.

120 작업장 출입구 설치 시 준수해야 할 사항으로 옳지 않은 것은?

① 출입구에 문을 설치하는 경우에는 근로자가 쉽게 열고 닫을 수 있도록 할 것
② 출입구의 위치, 수 및 크기가 작업장의 용도와 특성에 맞도록 할 것
③ 주된 목적이 하역운반기계용인 출입구에는 보행자용 출입구를 따로 설치하지 않을 것
④ 계단이 출입구와 바로 연결된 경우에는 작업자의 안전한 통행을 위하여 그 사이에 1.2m 이상 거리를 두거나 안내표지 또는 비상벨 등을 설치할 것

산업안전보건기준에 관한 규칙 제11조(작업장의 출입구) 사업주는 작업장에 출입구(비상구는 제외한다. 이하 같다)를 설치하는 경우 다음 각 호의 사항을 준수하여야 한다.
1. 출입구의 위치, 수 및 크기가 작업장의 용도와 특성에 맞도록 할 것
2. 출입구에 문을 설치하는 경우에는 근로자가 쉽게 열고 닫을 수 있도록 할 것

3. 주된 목적이 하역운반기계용인 출입구에는 인접하여 보행자용 출입구를 따로 설치할 것
4. 하역운반기계의 통로와 인접하여 있는 출입구에서 접촉에 의하여 근로자에게 위험을 미칠 우려가 있는 경우에는 비상등·비상벨 등 경보장치를 할 것
5. 계단이 출입구와 바로 연결된 경우에는 작업자의 안전한 통행을 위하여 그 사이에 1.2미터 이상 거리를 두거나 안내표지 또는 비상벨 등을 설치할 것. 다만, 출입구에 문을 설치하지 아니한 경우에는 그러하지 아니하다.

정답 2021년 03월 05일 최근 기출문제

001 ①	002 ②	003 ④	004 ④	005 ②	006 ④	007 ①	008 ③	009 ②	010 ④
011 ④	012 ②	013 ①	014 ③	015 ④	016 ④	017 ③	018 ①	019 ②	020 ③
021 ④	022 ③	023 ①	024 ③	025 ②	026 ④	027 ③	028 ②	029 ②	030 ②
031 ④	032 ④	033 ①	034 ③	035 ①	036 ③	037 ①	038 ②	039 ②	040 ①
041 ②	042 ②	043 ①	044 ①	045 ②	046 ①	047 ④	048 ②	049 ④	050 ①
051 ①	052 ③	053 ④	054 ③	055 ③	056 ①	057 ②	058 ③	059 ④	060 ②
061 ②	062 ①	063 ③	064 ①	065 ②	066 ③	067 ①	068 ①	069 ④	070 ①
071 ④	072 ②	073 ②	074 ③	075 ③	076 ①	077 ④	078 ④	079 ②	080 ④
081 ④	082 ④	083 ③	084 ②	085 ③	086 ③	087 ④	088 ④	089 ①	090 ②
091 ②	092 ③	093 ①	094 ②	095 ①	096 ①	097 ③	098 ④	099 ③	100 ①
101 ①	102 ②	103 ④	104 ③	105 ②	106 ①	107 ①	108 ④	109 ③	110 ④
111 ②	112 ④	113 ④	114 ①	115 ①	116 ③	117 ②	118 ①	119 ②	120 ③

2021년 05월 15일 최근 기출문제

제 01 과목 산업안전관리론

001 산업안전보건법령상 자율안전확인 안전모의 시험성능기준 항목으로 명시되지 않은 것은?

① 난연성
② 내관통성
③ 내전압성
④ 턱끈풀림

[해설]

안전모의 시험성능기준 항목
- 안전인증대상 안전모 : 내관통성, 충격흡수성, 내전압성, 내수성, 난연성, 턱끈풀림
- 자율안전확인대상 안전모 : 내관통성, 충격흡수성, 난연성, 턱끈풀림

002 산업재해의 발생형태에 따른 분류 중 단순 연쇄형에 속하는 것은? (단, ○는 재해발생의 각종 요소를 나타냄)

[해설]

재해발생의 메커니즘(3가지의 구조적 요소)
- 단순 자극형(집중형) : 일어난 장소나 그 시점에 일시적으로 요인이 집중하여 재해가 발생하는 경우이다.
- 연쇄형 : 어느 하나의 요소가 원인이 되어 다른 요인을 발생시키고 이것이 또 다른 요소를 연쇄적으로 발생시키는 형태, 즉 연쇄적인 작용으로 재해를 일으키는 형태이다.
- 복합형 : 집중형과 연쇄형의 복합적인 형태로 대부분의 경우 재해발생은 복합형으로 일어난다고 볼 수 있다.

단순 자극형	연쇄형		복합형
	단순연쇄형	복합연쇄형	
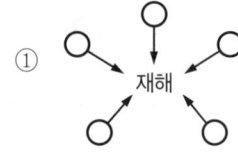	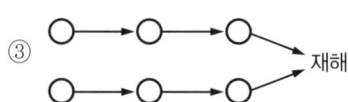		

003 산업안전보건법령상 안전인증대상기계에 해당하지 않는 것은?

① 크레인 ② 곤돌라
③ 컨베이어 ④ 사출성형기

안전인증대상(산업안전보건법 시행령 제74조)

기계 또는 설비	방호장치	보호구
• 프레스 • 전단기 및 절곡기 • 크레인 • 리프트 • 압력용기 • 롤러기 • 사출성형기 • 고소 작업대 • 곤돌라	• 프레스 및 전단기 방호장치 • 양중기용 과부하 방지장치 • 보일러 압력방출용 안전밸브 • 압력용기 압력방출용 안전밸브 • 압력용기 압력방출용 파열판 • 절연용 방호구 및 활선작업용 기구 • 방폭구조 전기기계·기구 및 부품 • 추락·낙하 및 붕괴 등의 위험 방지 및 보호에 필요한 가설기자재(고용노동부장관 고시) • 충돌·협착 등의 위험 방지에 필요한 산업용 로봇 방호장치(고용노동부장관 고시)	• 추락 및 감전 위험방지용 안전모 • 안전화 • 안전장갑 • 방진마스크 • 방독마스크 • 송기마스크 • 전동식 호흡보호구 • 보호복 • 안전대 • 차광 및 비산물 위험방지용 보안경 • 용접용 보안면 • 방음용 귀마개 또는 귀덮개

004 하인리히의 1:29:300 법칙에서 "29"가 의미하는 것은?

① 재해 ② 중상해
③ 경상해 ④ 무상해사고

하인리히의 재해구성 비율
중상 또는 사망 : 경상 : 무상해 사고 = 1 : 29 : 300

005 A 사업장에서는 산업재해로 인한 인적·물적 손실을 줄이기 위하여 안전행동 실천운동(5C운동)을 실시하고자 한다. 5C 운동에 해당하지 않는 것은?

① Control ② Correctness
③ Cleaning ④ Checking

5C운동 : 전심전력(Concentration), 복장단정(Correctness), 청소청결(Cleaning), 점검확인(Checking), 정리정돈(Clearance)

006 기계, 기구, 설비의 신설, 변경 내지 고장 수리 시 실시하는 안전점검의 종류로 옳은 것은?

① 특별점검 ② 수시점검
③ 정기점검 ④ 임시점검

특별점검
- 기계·기구·설비의 신설시·변경 내지 고장 수리시 실시하는 점검
- 천재지변 발생 후 실시하는 점검
- 안전강조 기간 내에 실시하는 점검

007 건설기술 진흥법령상 건설사고조사 위원회의 구성 기준 중 다음 (   )에 알맞은 것은?

> 건설사고조사위원회는 위원장 1명을 포함한 (   )명 이내의 위원으로 구성한다.

① 9 ② 10
③ 11 ④ 12

건설기술 진흥법 시행령 제106조(건설사고조사위원회의 구성·운영 등) ① 건설사고조사위원회는 위원장 1명을 포함한 12명 이내의 위원으로 구성한다.
② 건설사고조사위원회의 위원은 다음 각 호의 어느 하나에 해당하는 사람 중에서 해당 건설사고조사위원회를 구성·운영하는 국토교통부장관, 발주청 또는 인·허가기관의 장이 임명하거나 위촉한다.
1. 건설공사 업무와 관련된 공무원
2. 건설공사 업무와 관련된 단체 및 연구기관 등의 임직원
3. 건설공사 업무에 관한 학식과 경험이 풍부한 사람

008 작업자가 불안전한 작업대에서 작업 중 추락하여 지면에 머리가 부딪혀 다친 경우의 기인물과 가해물로 옳은 것은?

① 기인물-지면, 가해물-지면 ② 기인물-작업대, 가해물-지면
③ 기인물-지면, 가해물-작업대 ④ 기인물-작업대, 가해물-작업대

기인물과 가해물
- 기인물 : 불안전한 상태에 있는 물체(환경 포함)
- 가해물 : 직접 사람에게 접촉되어 위해를 가한 물체

009 무재해운동의 이념 3원칙 중 잠재적인 위험 요인을 발견·해결하기 위하여 전원이 협력하여 각자의 위치에서 의욕적으로 문제해결을 실천하는 원칙은?

① 무의 원칙 ② 선취의 원칙
③ 관리의 원칙 ④ 참가의 원칙

무재해운동의 3원칙
- 무(Zero)의 원칙 : 산재 위험의 잠재요인을 근원적으로 해결하기 위한 원칙
- 선취의 원칙 : 위험요인 행동 전에 예지, 발견
- 참가의 원칙 : 전원(근로자, 회사내 전종업원, 근로자 가족) 참가

010 하인리히의 사고예방대책 기본원리 5단계에 있어 "시정방법의 선정"바로 이전 단계에서 행하여지는 사항으로 옳은 것은?

① 분석
② 사실의 발견
③ 안전조직 편성
④ 시정책의 적용

사고예방대책의 기본원리 5단계(사고방지원리의 단계)
- 1단계 – 조직
- 2단계 – 사실의 발견
- 3단계 – 분석평가
- 4단계 – 시정방법의 선정
- 5단계 – 시정책의 적용(3E 적용)

011 산업안전보건법령상 산업안전보건위원회의 심의·의결사항으로 틀린 것은?(단, 그 밖에 해당 사업장 근로자의 안전 및 보건을 유지·증진시키기 위하여 필요한 사항은 제외한다.)

① 사업장 경영체계 구성 및 운영에 관한 사항
② 작업환경측정 등 작업환경의 점검 및 개선에 관한 사항
③ 안전보건관리규정의 작성 및 변경에 관한 사항
④ 유해하거나 위험한 기계·기구·설비를 도입한 경우 안전 및 보건 관련 조치에 관한 사항

산업안전보건위원회의 심의·의결사항(산업안전보건법 제24조)
- 사업장의 산업재해 예방계획의 수립에 관한 사항
- 안전보건관리규정의 작성 및 변경에 관한 사항
- 안전보건교육에 관한 사항
- 작업환경측정 등 작업환경의 점검 및 개선에 관한 사항
- 근로자의 건강진단 등 건강관리에 관한 사항
- 중대재해의 원인 조사 및 재발 방지대책 수립에 관한 사항
- 산업재해에 관한 통계의 기록 및 유지에 관한 사항
- 유해하거나 위험한 기계·기구·설비를 도입한 경우 안전 및 보건 관련 조치에 관한 사항
- 그 밖에 해당 사업장 근로자의 안전 및 보건을 유지·증진시키기 위하여 필요한 사항

012 산업안전보건법령상 안전보건개선계획의 제출에 관한 사항 중 (   )에 알맞은 내용은?

> 안전보건개선계획서를 제출해야 하는 사업주는 안전보건개선계획서 수립·시행 명령을 받은 날부터 (   )일 이내에 관할 지방고용노동관서의 장에게 해당 계획서를 제출(전자문서로 제출하는 것을 포함 한다)해야 한다.

① 15
② 30
③ 60
④ 90

산업안전보건법 시행규칙 제61조(안전보건개선계획의 제출 등) ① 법 제50조제1항에 따라 안전보건개선계획서를 제출해야 하는 사업주는 법 제49조제1항에 따른 안전보건개선계획서 수립·시행 명령을 받은 날부터 60일 이내에 관할 지방고용노동관서의 장에게 해당 계획서를 제출(전자문서로 제출하는 것을 포함한다)해야 한다.
② 제1항에 따른 안전보건개선계획서에는 시설, 안전보건관리체제, 안전보건교육, 산업재해 예방 및 작업환경의 개선을 위하여 필요한 사항이 포함되어야 한다.

013 산업안전보건법령상 명예산업안전감독관의 업무에 속하지 않는 것은?(단, 산업안전보건위원회 구성 대상 사업의 근로자 중에서 근로자대표가 사업주의 의견을 들어 추천하여 위촉된 명예산업안전감독관의 경우)

① 사업장에서 하는 자체점검 참여
② 보호구의 구입 시 적격품의 선정
③ 근로자에 대한 안전수칙 준수 지도
④ 사업장 산업재해 예방계획 수립 참여

근로자대표가 사업주의 의견을 들어 추천하여 위촉된 명예산업안전감독관의 업무(산언안전보건법 시행령 제32조)
- 사업장에서 하는 자체점검 참여 및 근로감독관이 하는 사업장 감독 참여
- 사업장 산업재해 예방계획 수립 참여 및 사업장에서 하는 기계·기구 자체검사 참석
- 법령을 위반한 사실이 있는 경우 사업주에 대한 개선 요청 및 감독기관에의 신고
- 산업재해 발생의 급박한 위험이 있는 경우 사업주에 대한 작업중지 요청
- 작업환경측정, 근로자 건강진단 시의 참석 및 그 결과에 대한 설명회 참여
- 직업성 질환의 증상이 있거나 질병에 걸린 근로자가 여러 명 발생한 경우 사업주에 대한 임시건강진단 실시 요청
- 근로자에 대한 안전수칙 준수 지도

014 산업안전보건법령상 다음 ( )에 알맞은 내용은?

> 안전보건관리규정의 작성 대상 사업의 사업주는 안전보건관리규정을 작성해야 할 사유가 발생한 날부터 ( ) 이내에 안전보건관리규정의 세부 내용을 포함한 안전보건관리규정을 작성하여야 한다.

① 10일
② 15일
③ 20일
④ 30일

산업안전보건법 시행규칙 제25조(안전보건관리규정의 작성) ① 법 제25조 제3항에 따라 안전보건관리규정을 작성해야 할 사업의 종류 및 상시근로자 수는 별표 2와 같다.
② 제1항에 따른 사업의 사업주는 안전보건관리규정을 작성해야 할 사유가 발생한 날부터 30일 이내에 별표 3의 내용을 포함한 안전보건관리규정을 작성해야 한다. 이를 변경할 사유가 발생한 경우에도 또한 같다.
③ 사업주가 제2항에 따라 안전보건관리규정을 작성할 때에는 소방·가스·전기·교통 분야 등의 다른 법령에서 정하는 안전관리에 관한 규정과 통합하여 작성할 수 있다.

015 산업안전보건법령상 안전보건표지의 용도가 금지일 경우 사용되는 색채로 옳은 것은?

① 흰색
② 녹색
③ 빨간색
④ 노란색

해설

안전보건표지의 색도기준 및 용도(산업안전보건법 시행규칙 별표 8)

색채	색도기준	용도	사용례
빨간색	7.5R 4/14	금지	정지신호, 소화설비 및 그 장소, 유해행위의 금지
		경고	화학물질 취급장소에서의 유해·위험 경고
노란색	5Y 8.5/12	경고	화학물질 취급장소에서의 유해·위험 경고 이외의 위험 경고, 주의표지 또는 기계방호물
파란색	2.5PB 4/10	지시	특정 행위의 지시 및 사실의 고지
녹색	2.5G 4/10	안내	비상구 및 피난소 사람 또는 차량의 통행 표시
흰색	N9.5	–	파란색 또는 녹색에 대한 보조색
검은색	N0.5	–	문자 및 빨간색 또는 노란색에 대한 보조색

016 연평균근로자수가 400명인 사업장에서 연간 2건의 재해로 인하여 4명의 사상자가 발생하였다. 근로자가 1일 8시간씩 연간 300일을 근무하였을 때 이 사업장의 연천인율은?

① 1.85
② 4.4
③ 5
④ 10

해설

연천인율 = $\dfrac{\text{사상자수}}{\text{연평균 근로자수}} \times 1000 = \dfrac{4}{400} \times 1000 = 10$

017 하인리히의 재해 손실비 평가방식에서 간접비에 속하지 않는 것은?

① 요양급여
② 시설복구비
③ 교육훈련비
④ 생산손실비

해설

간접비는 재산소실, 생산중단 등으로 기업이 입은 손실로서 정확한 산출이 어려울 경우 직접비의 4배로 산정하여 계산하며 다음과 같은 것들이 포함된다.
- 인적손실 : 본인 및 제3자에 관한 것을 포함한 시간손실
- 물적손실 : 기계, 공구, 재료, 시설의 복구에 소비된 시간손실 및 재산손실
- 생산손실 : 생산감소, 생산중단, 판매감소 등에 의한 손실
- 기타손실 : 병상위문금, 여비 및 통신비, 입원중의 잡비, 장의비용 등

018 다음 설명하는 무재해운동추진기법은?

> 피부를 맞대고 같이 소리치는 것으로서 팀의 일체감, 연대감을 조성할 수 있고 동시에 대뇌 피질에 좋은 이미지를 불어 넣어 안전행동을 하도록 하는 것

① 역할연기(Role Playing)
② TBM(Tool Box Meeting)
③ 터치 앤 콜(Touch and Call)
④ 브레인스토밍(Brain Storming)

터치 앤 콜(Touch and Call) : 왼손을 맞잡고 같이 소리치는 것으로 전원이 스킨십(Skinship)을 느끼도록 하는 기법으로 팀의 일체감, 연대감을 조성할 수 있다.

019 시설물의 안전 및 유지관리에 관한 특별법상 제1종 시설물에 명시되지 않은 것은?

① 고속철도 교량
② 25층인 건축물
③ 연장 300m인 철도 교량
④ 연면적이 70000m²인 건축물

시설물의 안전 및 유지관리에 관한 특별법 제7조(시설물의 종류) 시설물의 종류는 다음 각 호와 같다.
1. 제1종시설물 : 공중의 이용편의와 안전을 도모하기 위하여 특별히 관리할 필요가 있거나 구조상 안전 및 유지관리에 고도의 기술이 필요한 대규모 시설물로서 다음 각 목의 어느 하나에 해당하는 시설물 등 대통령령으로 정하는 시설물
   가. 고속철도 교량, 연장 500미터 이상의 도로 및 철도 교량
   나. 고속철도 및 도시철도 터널, 연장 1000미터 이상의 도로 및 철도 터널
   다. 갑문시설 및 연장 1000미터 이상의 방파제
   라. 다목적댐, 발전용댐, 홍수전용댐 및 총저수용량 1천만톤 이상의 용수전용댐
   마. 21층 이상 또는 연면적 5만제곱미터 이상의 건축물
   바. 하구둑, 포용저수량 8천만톤 이상의 방조제
   사. 광역상수도, 공업용수도, 1일 공급능력 3만톤 이상의 지방상수도
2. 제2종시설물 : 제1종시설물 외에 사회기반시설 등 재난이 발생할 위험이 높거나 재난을 예방하기 위하여 계속적으로 관리할 필요가 있는 시설물로서 다음 각 목의 어느 하나에 해당하는 시설물 등 대통령령으로 정하는 시설물
   가. 연장 100미터 이상의 도로 및 철도 교량
   나. 고속국도, 일반국도, 특별시도 및 광역시도 도로터널 및 특별시 또는 광역시에 있는 철도터널
   다. 연장 500미터 이상의 방파제
   라. 지방상수도 전용댐 및 총저수용량 1백만톤 이상의 용수전용댐
   마. 16층 이상 또는 연면적 3만제곱미터 이상의 건축물
   바. 포용저수량 1천만톤 이상의 방조제
   사. 1일 공급능력 3만톤 미만의 지방상수도
3. 제3종시설물 : 제1종시설물 및 제2종시설물 외에 안전관리가 필요한 소규모 시설물로서 제8조에 따라 지정·고시된 시설물

020 산업안전보건법령상 중대재해가 아닌 것은?

① 사망자가 1명 발생한 재해
② 부상자가 동시에 10명 발생한 재해
③ 직업성 질병자가 동시에 10명 발생한 재해
④ 1개월의 요양이 필요한 부상자가 동시에 2명 발생한 재해

산업안전보건법 시행규칙 제3조(중대재해의 범위) 법 제2조제2호에서 "고용노동부령으로 정하는 재해"란 다음 각 호의 어느 하나에 해당하는 재해를 말한다.
1. 사망자가 1명 이상 발생한 재해
2. 3개월 이상의 요양이 필요한 부상자가 동시에 2명 이상 발생한 재해
3. 부상자 또는 직업성 질병자가 동시에 10명 이상 발생한 재해

제 02 과목   산업심리 및 교육

021 참가자 앞에서 소수의 전문가들이 과제에 관한 견해를 자유롭게 토의한 후 참가자 전원이 참가하여 사회자의 사회에 따라 토의하는 방법은?

① 포럼(forum)
② 심포지엄(symposium)
③ 버즈 세션(buzz session)
④ 패널 디스커션(panel discussion)

토의방식

- 포럼(Forum, 공개토론회) : 새로운 자료나 교재를 제시하고 거기서의 문제점을 피교육자로 하여금 제기하도록 하거나 의견을 여러 가지 방법으로 발표하게 하고 다시 깊이 파고들어 토의를 행하는 방법
- 심포지엄(Symposium) : 몇 사람의 전문가에 의하여 과제에 관한 견해를 발표한 뒤 참가자로 하여금 의견이나 질문을 하게 하여 토의하는 방법
- 패널 디스커션(Panel Discussion) : 패널 멤버(교육과제에 정통한 전문가 4~5명)가 피교육자 앞에서 자유로이 토의를 하고 뒤에 피교육자 전원이 참가하여 사회자의 사회에 따라 토의하는 방법
- 대화(Colloquy) : 패널 디스커션(Panel Discussion)의 변형으로 패널 멤버외에 참석자의 대표를 선출하여 질의응답의 형태로 실시되는 것
- 버즈 세션(Buzz Session) : 6-6 회의라고도 하며, 먼저 사회자와 기록계를 선출한 후 나머지 사람은 6명씩의 소집단으로 구분하고, 소집단별로 각각 사회자를 선발하여 6분간씩 자유토의를 행하여 의견을 종합하는 방법

022 토의식 교육법의 4단계 중 일반적으로 적용시간이 가장 긴 것은?

① 도입
② 제시
③ 적용
④ 확인

단계별 교육시간

교육법의 4단계	강의식(일반적인 교육)	토의식
1단계-도입	5분	5분
2단계-제시	40분	10분
3단계-적용	10분	40분
4단계-확인	5분	5분

※단계별 교육의 시간 배분은 단위 시간을 1시간(60분)으로 했을 때

023 안전심리의 5대 요소에 관한 설명으로 틀린 것은?

① 기질이란 감정적인 경향이나 반응에 관계되는 성격의 한 측면이다.
② 감정은 생활체가 어떤 행동을 할 때 생기는 객관적인 동요를 뜻한다.
③ 동기는 능동적인 감각에 의한 자극에서 일어난 사고의 결과로서 사람의 마음을 움직이는 원동력이 되는 것이다.
④ 습성은 한 종에 속하는 개체의 대부분에서 볼 수 있는 일정한 생활양식으로 본능, 학습, 조건반사 등에 따라 형성된다.

감정은 생활체가 어떤 행동을 할 때 생기는 주관적인 동요를 뜻한다.

024 스트레스(stress)에 영향을 주는 요인 중 환경이나 외적 요인에 해당하는 것은?

① 자존심의 손상
② 현실에의 부적응
③ 도전의 좌절과 자만심의 상충
④ 직장에서의 대인관계 갈등과 대립

외적 자극 스트레스의 종류 : 경제적인 어려움, 대인관계에서의 갈등과 대립, 가족관계에서의 갈등, 가족의 죽음이나 질병, 자신의 건강문제, 상대적인 박탈감

025 권한의 근거는 공식적이며, 지휘형태가 권위주의적이고 임명되어 권한을 행사하는 지도자로 옳은 것은?

① 헤드십(head ship)
② 리더십(leader ship)
③ 멤버십(member ship)
④ 매니저십(manager ship)

리더십과 헤드십

구분	리더십	헤드십
지위부여 형태	구성원에 의한 선출	상부에서 임명
권한의 부여	구성원의 동의	상부로부터의 위임
권한의 근거	개인의 능력	법과 규정
권한의 귀속	집단에 기여한 공로로 인정	공식화 규정에 의거
구성원과의 관계	개인적 영향	지배적 구조
책임귀속	상사와 부하	상사
구성원과의 사회적 간격	좁음	넓음
지휘형태	민주적	권위적

026 다음의 내용에서 교육지도의 5단계를 순서대로 바르게 나열한 것은?

㉠ 가설의 설정   ㉡ 결론
㉢ 원리의 제시   ㉣ 관련된 개념의 분석
㉤ 자료의 평가

① ㉢ → ㉣ → ㉠ → ㉤ → ㉡
② ㉠ → ㉢ → ㉣ → ㉤ → ㉡
③ ㉢ → ㉠ → ㉤ → ㉣ → ㉡
④ ㉠ → ㉢ → ㉤ → ㉣ → ㉡

교육지도의 5단계 : 원리의 제시 → 관련된 개념 분석 → 가설의 설정 → 자료의 평가 → 결론

027 호손(Hawthome) 실험의 결과 생산성 향상에 영향을 준 가장 큰 요인은?

① 생산 기술
② 임금 및 근로시간
③ 인간 관계
④ 조명 등 작업환경

호손 실험(Hawthorne experiment)
- 실험 연구자 : 메이요(Mayo)와 레슬리스버거(Roethlisberger)
- 실험 결론 : 작업자의 작업능률(생산성 향상)은 물리적인 작업조건보다는 인간관계의 요인에 의해서 좌우된다.

028 훈련에 참가한 사람들이 직무에 복귀한 후에 실제 직무수행에서 훈련효과를 보이는 정도를 나타내는 것은?

① 전이 타당도
② 교육 타당도
③ 조직간 타당도
④ 조직내 타당도

타당도
- 교육 타당도 : 교육에 참가한 사람들이 교육기간 내에 처음 설정한 목표를 달성했는지 여부 - 학습준거
- 전이 타당도 : 훈련에 참가한 사람들이 직무에 복귀한 후에 실제 직무수행에서 교육효과를 보이는 정도 - 외적준거
- 조직내 타당도 : 교육이 조직 내 다른 집단에 실시된 경우에도 효과가 있는가 - 내적 일반화
- 조직간 타당도 : 교육이 그것을 개발하고 사용한 조직 이외의 다른 조직에서도 효과가 있는가 - 외적 일반화

029 착각현상 중에서 실제로는 움직이지 않는데 움직이는 것처럼 느껴지는 심리적인 현상은?

① 진상
② 원근 착시
③ 가현운동
④ 기하학적 착시

착각현상(운동의 시지각)
- 자동운동 : 암실 내에서 정리된 소광점을 응시하고 있으며 그 광점이 움직이는 것을 볼 수 있는데 이것을 자동운동이라 한다.

- 유도운동 : 실제로는 움직이지 않는 것이 어느 기준의 이동에 유도되어 움직이는 것처럼 느껴지는 현상을 말한다.
- 가현운동 : 객관적으로 정지하고 있는 대상물이 급속히 나타나던가 소멸하는 것으로 인하여 일어나는 운동으로 마치 대상물이 운동하는 것처럼 인식되는 현상(β-운동 : 영화 영상의 방법)이다.

030 다음 설명의 리더십 유형은 무엇인가?

> 과업을 계획하고 수행하는데 있어서 구성원과 함께 책임을 공유하고 인간에 대하여 높은 관심을 갖는 리더십

① 권위적 리더십 ② 독재적 리더십
③ 민주적 리더십 ④ 자유방임형 리더십

업무추진 방법에 의한 리더십의 분류

유형	특징
권위형	• 권위를 통한 지시 및 명령, 과업에 높은 관심 • 불만이 높고 사기가 낮음
민주형	• 구성원과 함께 책임 공유, 인간에 대한 높은 관심 • 생산성과 사기가 높음
자유방임형	• 구성원이 원하는 것을 허용 • 협조가 적고, 방관자 현상 증가

031 의식수준이 정상이지만 생리적 상태가 적극적일 때에 해당하는 것은?

① Phase 0 ② Phase Ⅰ
③ Phase Ⅲ ④ Phase Ⅳ

의식수준의 단계

단계	의식의 상태	주의작용	생리적 상태	신뢰성	뇌파형태
0	무의식, 실신	없음(Zero)	수면, 뇌발작	0	δ파
Ⅰ	정상 이하(Subnormal), 의식 몽롱함	부주의(Inactive)	피로, 단조, 졸음, 술취함	0.9 이하	θ파
Ⅱ	정상, 이완상태 (normal, relaxed)	수동적(Passive), 마음이 안쪽으로 향함	안정기거, 휴식 시, 정례작업시	0.99 ~0.99999	α파
Ⅲ	정상, 상쾌한 상태 (Normal, Clear)	능동적(Active), 앞으로 향하는 주의 시야 넓음	적극 활동시	0.999999 이상	β파
Ⅳ	초정상, 과긴장상태 (Hypernormal, Excited)	일점으로 응집, 판단 정지	긴급 방위반응, 당황해서 Panic	0.9 이하	β파, 전간파

032 직무수행평가에 대한 효과적인 피드백의 원칙에 대한 설명으로 틀린 것은?

① 직무수행 성과에 대한 피드백의 효과가 항상 긍정적이지는 않다.
② 피드백은 개인의 수행 성과뿐만 아니라 집단의 수행 성과에도 영향을 준다.
③ 부정적 피드백을 먼저 제시하고 그 다음에 긍정적 피드백을 제시하는 것이 효과적이다.
④ 직무수행 성과가 낮을 때, 그 원인을 능력 부족의 탓으로 돌리는 것보다 노력 부족 탓으로 돌리는 것이 더 효과적이다.

긍정적 피드백을 먼저 제시하는 것이 효과적이다.

033 안드라고지(Andragogy) 모델에 기초한 학습자로서의 성인의 특징과 가장 거리가 먼 것은?

① 성인들은 타인 주도적 학습을 선호한다.
② 성인들은 과제 중심적으로 학습하고자 한다.
③ 성인들은 다양한 경험을 가지고 학습에 참여한다.
④ 성인들은 왜 배워야 하는지에 대해 알고자 하는 욕구를 가지고 있다.

안드라고지 모델에 기초한 학습자로서의 성인의 특징
• 성인들은 무엇인가를 왜 배워야 하는지에 대해 알고자 하는 욕구를 가지고 있다.
• 성인들은 자기주도적으로 학습하고자 한다.
• 성인들은 많은 다양한 경험들을 가지고 있다.
• 성인들은 과제중심적(문제중심적)으로 학습하고자 한다.
• 성인들은 학습을 하려는 강한 내·외적 동기를 가지고 있다.

034 안전태도교육 기본과정을 순서대로 나열한 것은?

① 청취 → 모범 → 이해 → 평가 → 장려·처벌
② 청취 → 평가 → 이해 → 모범 → 장려·처벌
③ 청취 → 이해 → 모범 → 평가 → 장려·처벌
④ 청취 → 평가 → 모범 → 이해 → 장려·처벌

태도교육을 통한 안전태도 형성요령 : 청취한다. → 이해한다. → 모범을 보인다. → 권장(평가)한다. → 칭찬한다. → 벌을 준다.

035 산업심리에서 활용되고 있는 개인적인 카운슬링 방법에 해당하지 않는 것은?

① 직접 충고　　　　　　　② 설득적 방법
③ 설명적 방법　　　　　　④ 토론적 방법

카운슬링(Counseling)
- 개인적인 카운슬링 방법 : 직접 충고(안전수칙 불이행시 적합), 설득적 방법, 설명적 방법
- 카운슬링의 순서 : 장면 구성 → 내담자 대화 → 의견 재분석 → 감정표출 → 감정의 명확화
- 카운슬링의 효과 : 정신적 스트레스 해소, 안전 태도 형성, 동기 부여

036 맥그리거(Douglas Mcgregor)의 X,Y이론 중 X이론과 관계 깊은 것은?

① 근면, 성실
② 물질적 욕구 추구
③ 정신적 욕구 추구
④ 자기통제에 의한 자율관리

X 이론과 Y 이론 비교

X 이론	Y 이론
인간불신감	상호신뢰감
성악설	성선설
인간은 본래 게으르고 태만하여 남의 지배 받기를 즐긴다.	인간은 부지런하고 근면하며 적극적이며 자주적이다.
물질 욕구(저차적 욕구)	정신 욕구(고차적 욕구)
명령통제에 의한 관리	목표통합과 자기통제에 의한 자율관리
저개발국형	선진국형

037 교육의 3요소를 바르게 나열한 것은?

① 교사-학생-교육재료
② 교사-학생-교육환경
③ 학생-교육환경-교육재료
④ 학생-부모-사회 지식인

교육의 3요소
- 교육의 주체 : 교도자, 강사
- 교육의 객체 : 학생, 수강자
- 교육의 매개체 : 교재

038 어느 철강회사의 고로작업라인에 근무하는 A씨의 작업강도가 힘든 중작업으로 평가되었다면 해당되는 에너지대사율(RMR)의 범위로 가장 적절한 것은?

① 0~1
② 2~4
③ 4~7
④ 7~10

RMR에 의한 작업강도 분류

RMR	작업강도	비고
0~2	경(輕) 작업	사무작업 등 주로 앉아서 하는 작업
2~4	중(中) 작업	동작 및 속도가 작은 작업(보통 작업)
4~7	중(重) 작업	동작 및 속도가 큰 작업
7 이상	초중(超重) 작업	과격한 작업

039 Off.J.T의 특징이 아닌 것은?

① 우수한 강사를 확보할 수 있다.
② 교재, 시설 등을 효과적으로 이용할 수 있다.
③ 개개인의 능력 및 적성에 적합한 세부 교육이 가능하다.
④ 다수의 대상자를 일괄적, 체계적으로 교육을 시킬 수 있다.

OJT와 off JT의 특징

OJT	off JT
• 개개인에게 적합한 지도훈련이 가능 • 직장의 실정에 맞는 실체적 훈련 • 훈련에 필요한 업무의 계속성 • 즉시 업무에 연결되는 관계로 신체와 관련 • 효과가 곧 업무에 나타나며 훈련의 좋고 나쁨에 따라 개선이 용이 • 교육을 통한 훈련 효과에 의해 상호 신뢰이해도가 높아짐	• 다수의 근로자에게 조직적 훈련이 가능 • 훈련에만 전념 • 특별 설비 기구를 이용 • 전문가를 강사로 초청 • 각 직장의 근로자가 많은 지식이나 경험을 교류 • 교육 훈련 목표에 대해서 집단적 노력이 흐트러 질 수도 있음

040 인간의 적응기제(Adjustment mechanism)중 방어적 기제에 해당하는 것은?

① 보상
② 고립
③ 퇴행
④ 억압

적응기제(適應機制)

• 방어적 기제 : 보상, 합리화, 동일시, 승화
• 도피적 기제 : 고립, 퇴행, 억압, 백일몽
• 공격적 기제 : 직접적 공격형, 간접적 공격형

제 03 과목　인간공학 및 시스템 안전공학

041　일반적으로 은행의 접수대 높이나 공원의 벤치를 설계할 때 가장 적합한 인체 측정 자료의 응용원칙은?

① 조절식 설계
② 평균치를 이용한 설계
③ 최대치수를 이용한 설계
④ 최소치수를 이용한 설계

인체계측자료의 응용원칙
- 최대치수와 최소치수 : 최대치수 또는 최소치수를 기준으로 하여 설계
- 조절범위(조절식) : 체격이 다른 여러 사람에 맞도록 만드는 것(5 ~ 95%tile)
- 평균치를 기준으로 한 설계 : 최대치수나 최소치수, 조절식으로 하기가 곤란할 때 평균치를 기준으로 하여 설계

042　위험분석기법 중 고장이 시스템의 손실과 인명의 사상에 연결되는 높은 위험도를 가진 요소나 고장의 형태에 따른 분석법은?

① CA
② ETA
③ FHA
④ FTA

위험도 분석(CA, Criticality Analysis)
- CA : 고장이 직접 시스템의 손실과 사상에 연결되는 높은 위험도(Criticality)를 가진 요소나 고장의 형태에 따른 분석법
- 고장형의 위험도의 분류
  - Category Ⅰ : 생명의 상실로 이어질 염려가 있는 고장
  - Category Ⅱ : 작업의 실패로 이어질 염려가 있는 고장
  - Category Ⅲ : 운용의 지연 또는 손실로 이어질 고장
  - Category Ⅳ : 극단적인 계획 외의 관리로 이어질 고장

043　작업장의 설비 3대에서 각각 80dB, 86dB, 78dB의 소음이 발생되고 있을 때 작업장의 음압수준은?

① 약 81.3dB
② 약 85.5dB
③ 약 87.5dB
④ 약 90.3dB

$$L = 10\log\left(10^{\frac{L_1}{10}} + 10^{\frac{L_2}{10}} + 10^{\frac{L_3}{10}}\right) = 10\log\left(10^{\frac{80}{10}} + 10^{\frac{86}{10}} + 10^{\frac{78}{10}}\right) = 87.491$$

044　일반적인 화학설비에 대한 안전성 평가(safety assessment) 절차에 있어 안전대책 단계에 해당되지 않는 것은?

① 보전
② 위험도 평가
③ 설비적 대책
④ 관리적 대책

4단계 : 안전 대책
- 설비적 대책 : 안전장치 및 방재장치에 관해서 배려
- 관리적 대책 : 인원 배치, 교육훈련 및 보건에 관해서 배려
- 적정 인원 배치

구분	위험등급 I	위험등급 II	위험등급 III
인원	긴급시, 동시 다른 장소에서 작업을 행할 수 있는 충분한 인원 배치	긴급시, 동시 다른 장소에서 작업이 가능한 인원 배치	긴급시 주작업을 하고 바로 지원이 확보될 수있는 체제의 인원 배치
자격	법정자격자를 복수로 배치, 관리 밀도가 높은 인원 배치	법정자격자가 복수로 배치되어 있는 인원 배치	법정자격자가 충분한 인원 배치

- 교육 훈련 과목
  - 위험물 및 화학반응에 관한 지식
  - 화학설비 등의 운전 및 보전의 방법에 관한 지식
  - 재해사례
  - 운전
  - 긴급시의 조작방법
  - 화학설비 등의 구조 및 취급방법에 관한 지식
  - 작업규정
  - 관계법령
  - 경보 및 보전의 방법

045 욕조곡선에서의 고장 형태에서 일정한 형태의 고장률이 나타나는 구간은?

① 초기 고장구간　　② 마모 고장구간
③ 피로 고장구간　　④ 우발 고장구간

고장의 유형
- 초기고장 : 감소형(Debugging 기간, Burning 기간)
- 우발고장 : 일정형
- 마모고장 : 증가형(Burn In 기간)

046 음량수준을 평가하는 척도와 관계없는 것은?

① dB　　② HSI
③ phon　　④ sone

음의 크기 수준
- Phon : 1000Hz 순음의 음압 수준(dB)을 나타낸다.
- sone : 1000Hz, 40dB의 음압 수준을 가진 순음의 크기(= 40 Phon)를 1 sone이라 함
- sone과 Phon의 관계식 : sone치 = $2^{(Phon - 40)/10}$

047 실효 온도(effective temperature)에 영향을 주는 요인이 아닌 것은?

① 온도　　② 습도
③ 복사열　　④ 공기 유동

실효온도(체감온도 또는 감각온도)에 영향을 주는 요인 : 온도, 습도, 기류(공기유동)

048 FT도에서 시스템의 신뢰도는 얼마인가?(단, 모든 부품의 발생확률은 0.1 이다.)

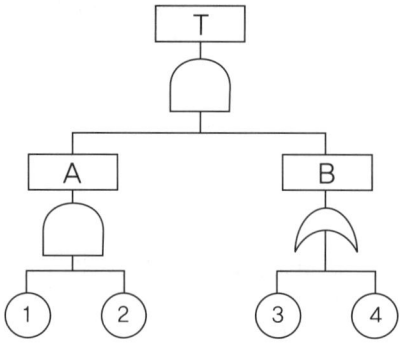

① 0.0033
② 0.0062
③ 0.9981
④ 0.9936

- A = ① × ② = 0.1 × 0.1 = 0.01
- B = 1 − (1 − ③)(1 − ④) = 1 − (1 − 0.1)(1 − 0.1) = 0.19
- T = A × B = 0.01 × 0.19 = 0.0019
∴ 신뢰도 $R_{(T)}$ = 1 − 0.0019 = 0.9981

049 인간공학 연구방법 중 실제의 제품이나 시스템이 추구하는 특성 및 수준이 달성되는지를 비교하고 분석하는 연구는?

① 조사연구　　　　　　　　② 실험연구
③ 분석연구　　　　　　　　④ 평가연구

050 어떤 설비의 시간당 고장률이 일정하다고 할 때 이 설비의 고장간격은 다음 중 어떤 확률분포를 따르는가?

① t분포
② 와이블분포
③ 지수분포
④ 아이링(Eyring)분포

설비의 시간당 고장율이 일정할 때 고장간격은 지수분포에 따른다.

051 시스템 수명주기에 있어서 예비위험분석(PHA)이 이루어지는 단계에 해당하는 것은?

① 구상단계　　　　　　　　② 점검단계
③ 운전단계　　　　　　　　④ 생산단계

시스템안전 분석기법 총정리
- ETA : 귀납적, 정량적 방법, 항공기 안전성 평가시 사용, 귀납적, 정량적
- FTA : 결함수 분석법, 상이한 조직의 결함을 발견할 수 있음, 연역적, 정량적
- CA : 위험성이 높은 요소
- FMEA : 가장 일반적인 정성적·귀납적 해석방법
- FMECA : 정성적, 정량적 분석을 동시 사용
- MORT : 연역적, 정량적 분석
- PHA : 구상단계, 발주단계에서 실시, 귀납적, 정성적
- 시스템안전 분석기법 : PHA, FHA, DT, MORT

052 FTA에서 사용하는 다음 사상기호에 대한 설명으로 맞는 것은?

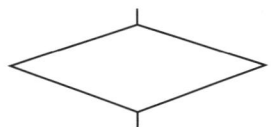

① 시스템 분석에서 좀 더 발전시켜야 하는 사상
② 시스템의 정상적인 가동상태에서 일어날 것이 기대되는 사상
③ 불충분한 자료로 결론을 내릴 수 없어 더 이상 전개 할 수 없는 사상
④ 주어진 시스템의 기본사상으로 고장원인이 분석되었기 때문에 더 이상 분석할 필요가 없는 사상

FTA 도표에 사용하는 논리기호

명칭	기호	명칭	기호
결함사상	□	전이 기호 (이행 기호)	△ (in)　△ (out)
기본사상	○	AND gate	출력 ∩ 입력
생략사상 (추적 불가능한 최후사상)	◇	OR gate	출력 ∪ 입력
통상사상 (家刑事像)	⌂	수정기호 조건	출력 ⬡―조건 입력

053 정보를 전송하기 위해 청각적 표시장치보다 시각적 표시장치를 사용하는 것이 더 효과적인 경우는?

① 정보의 내용이 간단한 경우
② 정보가 후에 재참조되는 경우
③ 정보가 즉각적인 행동을 요구하는 경우
④ 정보의 내용이 시간적인 사건을 다루는 경우

청각장치와 시각장치의 선택 (특정 감각의 선택)

구분	청각장치 사용	시각장치 사용
전언	• 전언이 간단하고 짧다.	• 전언이 복잡하고 길다.
재참조	• 전언이 후에 재참조 되지 않는다.	• 전언이 후에 재참조 된다.
사상(Eevent)	• 전언이 즉각적인 사상을 이룬다.	• 전언이 공간적인 위치를 다룬다.
행동 요구	• 전언이 즉각적인 행동을 요구한다.	• 전언이 즉각적인 행동을 요구하지 않는다.
사용시기	• 수신자의 시각계통이 과부하 상태일 때 • 수신 장소가 너무 밝거나 암조응 유지가 필요할 때 • 직무상 수신자가 자주 움직이는 경우	• 수신자가 청각계통이 과부하 상태일 때 • 수신 장소가 너무 시끄러울 때 • 직무상 수신자가 한곳에 머무르는 경우

054 감각저장으로부터 정보를 작업 기억으로 전달하기 위한 코드화 분류에 해당되지 않는 것은?

① 시각코드   ② 촉각코드
③ 음성코드   ④ 의미코드

작업기억의 정보는 시각(visual), 음성(phonetic), 의미(semantic) 코드로 저장된다.

055 인간-기계시스템 설계과정 중 직무분석을 하는 단계는?

① 제1단계 : 시스템의 목표와 성능명세 결정
② 제2단계 : 시스템의 정의
③ 제3단계 : 기본 설계
④ 제4단계 : 인터페이스 설계

제3단계 - 기본설계
• 기능의 할당
• 인간 성능 요건 명세 – 속도, 정확성, 사용자 만족, 유일한 기술을 개발하는데 필요한 시간
• 직무 분석
• 작업 설계

056 중량물 들기 작업 시 5분간의 산소소비량을 측정한 결과 90L의 배기량 중에 산소가 16%, 이산화탄소가 4%로 분석되었다. 해당 작업에 대한 산소소비량(L/min)은 약 얼마인가?(단, 공기 중 질소는 79vol%, 산소는 21vol%이다.)

① 0.948
② 1.948
③ 4.74
④ 5.74

분당소비량 = (분당배기량 × 0.21) − (분당흡기량 × 0.16)

$$= \left(\frac{100 - O_2 - CO_2}{79} \times \frac{총배기량}{시간} \times 0.21\right) - \left(\frac{총배기량}{시간} \times 0.16\right)$$

$$= \left(\frac{100 - 16 - 4}{79} \times \frac{90}{5} \times 0.21\right) - \left(\frac{90}{5} \times 0.16\right) = 0.948$$

057 의도는 올바른 것이었지만, 행동이 의도한 것과는 다르게 나타나는 오류는?

① Slip
② Mistake
③ Lapse
④ Violation

① 실수(Slip) ② 착오(Mistake) ③ 건망증(Lapse) ④ 위반(Violation)

058 동작경제의 원칙과 가장 거리가 먼 것은?

① 급작스런 방향의 전환은 피하도록 할 것
② 가능한 관성을 이용하여 작업하도록 할 것
③ 두 손의 동작은 같이 시작하고 같이 끝나도록 할 것
④ 두 팔의 동작은 동시에 같은 방향으로 움직일 것

동작개선의 원칙
• 동작이 자동적으로 이루어지는 순서로 한다.
• 양손은 동시에 반대의 방향으로, 좌우대칭적으로 운동한다.
• 관성, 중력, 기계력 등을 이용한다.
• 작업장의 높이를 적당히 하여 피로를 줄인다.

059 두 가지 상태 중 하나가 고장 또는 결함으로 나타나는 비정상적인 사건은?

① 톱사상
② 결함사상
③ 정상적인 사상
④ 기본적인 사상

060 설비보전 방법 중 설비의 열화를 방지하고 그 진행을 지연시켜 수명을 연장하기 위한 점검, 청소, 주유 및 교체 등의 활동은?

① 사후 보전 ② 개량 보전
③ 일상 보전 ④ 보전 예방

- 생산보전 : 설계에서 폐기에 이르기까지 기계설비의 전 과정에서 소요되는 설비의 열화손실과 보전비용을 최소화하여 생산성을 향상시키는 보전방법
- 일상보전 : 일 또는 주 단위로 점검 · 급유 · 청소 등의 작업을 함으로써 열화나 마모를 가능한 한 방지하도록 하는 보전방식

제 04 과목   건설시공학

061 용접작업 시 주의사항으로 옳지 않은 것은?

① 용접할 소재는 수축변형이 일어나지 않으므로 치수에 여분을 두지 않아야 한다.
② 용접할 모재의 표면에 녹·유분 등이 있으면 접합부에 공기포가 생기고 용접부의 재질을 약화시키므로 와이어 브러시로 청소한다.
③ 강우 및 강설 등으로 모재의 표면이 젖어 있을 때나 심한 바람이 불 때는 용접하지 않는다.
④ 용접봉을 교환하거나 다층용접일 때는 슬래그와 스패터를 제거한다.

용접할 소재는 정확한 시공과 정밀도를 위해 허용치 이내의 치수 여분이 있어야 한다.

062 철근콘크리트 구조물(5~6층)을 대상으로 한 벽, 지하외벽의 철근 고임재 및 간격재의 배치 표준으로 옳은 것은?

① 상단은 보 밑에서 0.5m
② 중단은 상단에서 2.0m 이내
③ 횡간격은 0.5m
④ 단부는 2.0m 이내

철근 고임재 및 간격재의 수량 및 배치 표준

부위	종류	수량 또는 배치간격
기초	강재, 콘크리트	8개/4m², 20개/16m²
지중보	강재, 콘크리트	간격은 1.5m 단부는 1.5m 이내
벽, 지하외벽	강재, 콘크리트	상단은 보 밑에서 0.5m 중단은 상단에서 1.5m 이내 횡간격은 1.5m 단부는 1.5m 이내

기둥	강재, 콘크리트	상단은 보 밑에서 0.5m 중단은 주각과 상단의 중간 기둥 폭방향은 1m 미만 2개, 1m 이상 3개
보	강재, 콘크리트	간격은 1.5m 단부는 1.5m 이내
슬래브	강재, 콘크리트	간격은 상·하부 철근 각각 가로 세로 1m

※ 수량 및 배치간격은 5~6층 이내의 철근콘크리트 구조물을 대상으로 한 것으로서 구조물의 종류, 크기, 형태 등에 따라 달라질 수 있음

063 벽식 철근콘크리트 구조를 시공할 경우, 벽과 바닥의 콘크리트 타설을 한번에 가능하게 하기 위하여 벽체용 거푸집과 슬래브거푸집을 일체로 제작하여 한번에 설치하고 해체할 수 있도록 한 시스템 거푸집은?

① 유로폼
② 클라이밍폼
③ 슬립폼
④ 터널폼

특수 거푸집의 종류별 특징

- 유로 거푸집(Euro form) : 합판이나 특수경량 강으로 만들며 하나의 판넬로 기둥, 벽, 바닥의 조립이 가능
- 갱 거푸집(Gang form) : 표면 피복 강화합판이나 각재, 철골을 이용하여 특수 제작한 것으로 옹벽, 기둥을 일체식으로 제작
- 터널 거푸집(Tunnel form) : 한 구획 전체의 벽과 바닥판을 ㄱ자, ㄷ자 형으로 짜서 이동식 거푸집으로 이용
- 슬라이딩 거푸집(Sliding form) : 활동거푸집이라고 하며, 굴뚝이나 사이로 등 평면 형상이 일정하고 돌출부가 없는 구조물에 사용
- 슬립 거푸집(Slip form) : 거푸집에 테이퍼를 붙이거나 거푸집 주장의 변화가 가능한 장치를 쓰고 단면 형상 변화가 있는 구조물에 사용하며 초고연통, 무선탑, 전망탑, 크린타워, 급수탑 등의 시공에 이용
- 와플 거푸집(Waffle form) : 무량판, 평판구조의 장스팬 구조물에 유리하며 층 높이를 낮게 하는 방법의 특수상자 모양의 기성제 거푸집
- 플라잉 폼(Flying Form) : 바닥에 콘크리트 타설을 위한 거푸집으로써 거푸집판, 장선, 멍에, 서포트 등을 일체로 제작하여 부재화한 거푸집으로 일명 테이블 폼(Table form)이라 함
- 클라이밍 폼(Climbing form) : 벽체용 거푸집으로 거푸집과 벽체마감공사를 위한 비계틀을 일체로 조립하여 한꺼번에 인양시켜 거푸집을 설치하는 공법
- 철제 거푸집(Metal Form) : 반복 사용에 견딜 수 있어 경제적이나 콘크리트면이 매끈하기 때문에 모르타르와 같은 미장재료가 잘 붙지 않으므로, 표면을 거칠게 할 필요가 있으며 춥거나 더운 계절에 콘크리트 표면이 빨리 경화(硬化)되는 단점이 있음

064 갱 폼(Gang Form)에 관한 설명으로 옳지 않은 것은?

① 대형화 패널 자체에 버팀대와 작업대를 부착하여 유니트화 한다.
② 수직, 수평 분할 타설 공법을 활용하여 전용도를 높인다.
③ 설치와 탈형을 위하여 대형 양중장비가 필요하다.
④ 두꺼운 벽체를 구축하기에는 적합하지 않다.

갱품(Gang Form)의 특징
- 표면 피복 강화합판이나 각재, 철골을 이용하여 특수 제작한 것으로 옹벽, 기둥을 일체식으로 제작한다.
- 조립, 분해없이 설치와 탈형만 함에 따라 인력절감이 가능하다.
- 콘크리트 이음부위(joint) 감소로 마감이 단순해지고 비용이 절감된다.
- 제작장소 및 해체 후 보관장소가 필요하다.
- 중량물로서 인력으로 인양이 불가능하기 때문에 타워크레인 및 별도 인양기(Derrick)가 필요하다.
- 공사초기 제작기간이 길고 투자비가 큰 편이다.
- 경제적인 전용횟수는 30~40회 정도이다.

065 철근콘크리트 공사 중 거푸집 해체를 위한 검사가 아닌 것은?

① 각종 배관슬리브, 매설물, 인서트, 단열재 등 부착 여부
② 수직, 수평부재의 존치기간 준수 여부
③ 소요의 강도 확보 이전에 지주의 교환 여부
④ 거푸집 해체용 콘크리트 압축강도 확인시험 실시 여부

각종 배관슬리브, 매설물, 인서트, 단열재 등 부착 여부는 레미콘 타설 전의 점검사항에 해당한다.

066 강재 중 SN 355 B에 관한 설명으로 옳지 않은 것은?

① 건축 구조물에 사용된다.
② 냉간 압연 강재이다.
③ 강재의 두께가 6mm 이상 40mm 이하일 때 최소 항복강도가 355N/mm² 이다.
④ 용접성에 있어 중간 정도의 품질을 갖고 있다.

건축 구조물에 사용하는 열간 압연 강재의 항복점, 인장강도, 항복비

종류의 기호	항복점 또는 항복강도(N/mm²)		인장강도(N/mm²)	항복비(%)
	강재의 두께(mm)			
	6 이상 40 이하	40 초과 100 이하		
SN275A	275 이상	265 이상	410 ~ 520	—
SN275B	275 이상 395 이하	255 이상 375 이하	410 ~ 520	80 이하
SN275C	275 이상 395 이하	255 이상 375 이하	410 ~ 520	80 이하
SN355B	355 이상 475 이하	335 이상 455 이하	490 ~ 610	80 이하
SN355C	355 이상 475 이하	335 이상 455 이하	490 ~ 610	80 이하
SN460B	460 이상 580 이하	440 이상 560 이하	570 ~ 720	85 이하
SN460C	460 이상 580 이하	440 이상 560 이하	570 ~ 720	85 이하

067 말뚝재하시험의 주요목적과 거리가 먼 것은?

① 말뚝길이의 결정
② 말뚝 관입량 결정
③ 지하수위 추정
④ 지지력 추정

말뚝재하시험
- 사용 예정인 말뚝에 대해 실제로 사용되는 상태 또는 이것에 가까운 상태에서 지지력 판정의 자료를 얻는 시험으로 직접적으로 지지력을 확인하는 방법이다.
- 말뚝재하시험의 종류
  - 정재하시험 : 압축재하시험, 인발시험, 수평재하시험
  - 동재하시험

068 조적식구조에서 조적식구조인 내력벽으로 둘러쌓인 부분의 최대 바닥면적은 얼마인가?

① 60m²
② 80m²
③ 100m²
④ 120m²

건축물의 구조기준 등에 관한 규칙 제31조(내력벽의 높이 및 길이) ① 조적식구조인 건축물중 2층 건축물에 있어서 2층 내력벽의 높이는 4미터를 넘을 수 없다.
② 조적식구조인 내력벽의 길이[대린벽(對隣壁 : 서로 직각으로 교차되는 벽을 말한다)의 경우에는 그 접합된 부분의 각 중심을 이은 선의 길이를 말한다.]는 10미터를 넘을 수 없다.
③ 조적식구조인 내력벽으로 둘러쌓인 부분의 바닥면적은 80제곱미터를 넘을 수 없다.

069 철골세우기용 기계설비가 아닌 것은?

① 가이데릭
② 스티프레그데릭
③ 진폴
④ 드래그라인

건립용(철골세우기용) 기계의 분류

대분류	소분류
크레인	타워 크레인(기복형, 수평형)
	기타 소형 지브 크레인
이동식 크레인	트럭 크레인(유압식, 기계식)
	크롤러 크레인(크롤러 크레인, 크롤러식 타워크레인)
	휠 크레인(유압식, 기계식)
데릭	가이 데릭, 삼각 데릭(스티프레그데릭), 진폴 데릭

070 철근의 피복두께 확보 목적과 가장 거리가 먼 것은?

① 내화성 확보
② 내구성 확보
③ 구조내력의 확보
④ 블리딩 현상 방지

철근 피복두께 확보의 목적
- 내구성 확보 : 중성화 방지
- 내화성 확보 : 철근은 고온에서 강도가 저하됨
- 부착강도 확보 : 콘크리트의 허용부착력은 피복두께 1.5cm가 기준
- 시공시 유동성 확보 : 철근과 거푸집 사이의 간격에 따라 골재의 유동이 좌우됨

071 유동화 콘크리트를 제조할 때 유동화제를 첨가하기 전 기본 배합 콘크리트인 베이스 콘크리트의 슬럼프 기준은?(단, 보통콘크리트의 경우)

① 150mm 이하
② 180mm 이하
③ 210mm 이하
④ 240mm 이하

유동화 콘크리트의 슬럼프(KCS 14 20 31)

콘크리트의 종류	베이스 콘크리트	유동화 콘크리트
보통 콘크리트	150mm 이하	210mm 이하
경량골재 콘크리트	180mm 이하	210mm 이하

072 분할도급 발주 방식 중 지하철공사, 고속도로공사 및 대규모 아파트단지 등의 공사에 채용하면 가장 효과적인 것은?

① 직종별 공종별 분할도급
② 공정별 분할도급
③ 공구별 분할도급
④ 전문공종별 분할도급

분할도급
- 전문공종별 분할도급 : 시설공사 중 설비공사(전기, 난방 등)를 주체공사와 분리하여 계약하는 방식이다.
- 공정별 분할도급 : 정지, 기초, 구체, 마무리 공사 등의 시공과정별로 나누어 도급하는 방식이다.
- 공구별 분할도급 : 대규모 공사에서 지역별로 공사를 분리하여 발주하는 방식이다.
- 직종별, 공종별 분할도급 : 전문직별 또는 각 공종별로 세분하여 도급하는 방식이다.

073 흙이 소성 상태에서 반고체 상태로 바뀔 때의 함수비를 의미하는 용어는?

① 예민비
② 액성한계
③ 소성한계
④ 소성지수

해설
아터버그 한계(Atterberg limits)에 의하면 액성한계는 액체상태와 소성상태의 경계가 되는 함수비, 소성한계는 소성상태와 반고체 상태의 경계가 되는 함수비, 수축한계는 반고체상태와 고체상태의 경계가 되는 함수비를 의미한다. 참고로 아터버그 한계는 세립토의 연경도(consistency)를 표시하는 방법으로 세립토의 성질을 나타내는 지수로 활용된다.

074 다음 네트워크 공정표에서 주공정선에 의한 총 소요공기(일수)로 옳은 것은?(단, 결합점간 사이의 숫자는 작업일수임)

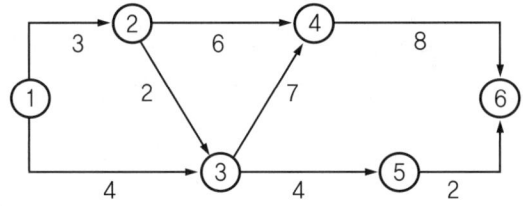

① 17일
② 19일
③ 20일
④ 22일

해설
주공정 결합점 사이의 일수 중 최장일수의 합으로 3 + 2 + 7 + 8 = 20 이다.

075 조적 벽면에서의 백화방지에 대한 조치로서 옳지 않은 것은?

① 소성이 잘 된 벽돌을 사용한다.
② 줄눈으로 비가 새어들지 않도록 방수처리한다.
③ 줄눈모르타르에 석회를 혼합한다.
④ 벽돌벽의 상부에 비막이를 설치한다.

해설
백화현상 방지대책
- 줄눈 모르타르를 밀실 충전한다.
- 치장쌓기의 벽돌벽은 줄눈 넣기로 조기 시공한다.
- 이어쌓기의 경우 고인 물을 완전히 제거한다.
- 파라핀(Paraffin) 도료를 발라 염료가 나오는 것을 방지한다.
- 양질의 벽돌을 사용한다.

076 다음 각 기초에 관한 설명으로 옳은 것은?

① 온통기초 : 기둥 1개에 기초판이 1개인 기초
② 복합기초 : 2개 이상의 기둥을 1개의 기초판으로 받치게 한 기초
③ 독립기초 : 조적조의 벽을 지지하는 하부 기초
④ 연속기초 : 건물 하부 전체 또는 지하실 전체를 기초판으로 구성한 기초

해설
슬래브 형식에 의한 기초의 종류
- 온통기초 : 건물 하부 전체 또는 지하실 전체를 기초판으로 구성한 기초
- 복합기초 : 2개 이상의 기둥을 1개의 기초판으로 받치게 한 기초
- 독립기초 : 기둥 하나에 기초판이 하나인 기초
- 연속기초(줄기초) : 조적조의 벽기초, 철근콘크리트의 연결기초

077 지반개량공법 중 배수공법이 아닌 것은?

① 집수정공법 ② 동결공법
③ 웰 포인트 공법 ④ 깊은 우물 공법

동결공법은 지반 중의 물을 동결시켜서 붕괴나 용수의 누출을 방지하는 굴착법으로 굴착부의 주위에 여러 개의 구멍을 뚫고, 여기에 이중으로 된 철관을 삽입하여 냉동기와 연결해서 냉각액을 주입하여 시공한다.

078 발주자가 직접 설계와 시공에 참여하고 프로젝트 관련자들이 상호 신뢰를 바탕으로 Team을 구성해서 프로젝트의 성공과 상호이익 확보를 공동 목표로 하여 프로젝트를 추진하는 공사수행 방식은?

① PM 방식(Project Management)
② 파트너링 방식(Partnering)
③ CM 방식(Construction Management)
④ BOT 방식(Build Operate Transfer)

파트너링 방식(Partnering)
- 발주자가 직접 설계와 시공에 참여하여 발주자, 설계자, 시공자 및 프로젝트 관련자들이 하나의 팀을 조직하여 공사를 완성하는 방식으로 서로의 신뢰 공동의 목표에 대한 헌신 및 상대 주체의 기대와 가치에 대한 이해를 바탕으로 추진된다.
- 장점 : 업무능력 향상, 분쟁 축소, 공사기간 단축, 비용절감, V.E의 활성화, 계속적인 품질의 향상
- 단점 : 발주자의 의도 전달 미흡, 원가 증액의 우려

079 지하 연속벽 공법(slurry wall)에 관한 설명으로 옳지 않은 것은?

① 저진동, 저소음의 공법이다.
② 강성이 높은 지하구조체를 만든다.
③ 타 공법에 비하여 공기, 공사비 면에서 불리한 편이다.
④ 인접 구조물에 근접하도록 시공이 불가하여 대지 이용의 효율성이 낮다.

지하연속벽식(Slurry wall)
- 안정액을 사용하여 지반붕괴를 방지하면서 굴착하여 그 속에 철근망과 콘크리트를 넣어 연속으로 콘크리트 흙막이벽을 설치하는 공법이다.
- 차수성이 높으며, 인접 건물에 근접 시공이 가능하다.
- 벽체의 강성이 높아 본 구조체로 사용가능하다.

080 공사용 표준시방서에 기재하는 사항으로 거리가 먼 것은?

① 재료의 종류, 품질 및 사용처에 관한 사항
② 검사 및 시험에 관한 사항
③ 공정에 따른 공사비 사용에 관한 사항
④ 보양 및 시공 상 주의사항

일반적으로 공정에 따른 공사비 사용에 관한 사항은 공사 내역서에 기술한다.

제 05 과목 건설재료학

081 각종 금속에 관한 설명으로 옳지 않은 것은?

① 동은 건조한 공기중에서는 산화하지 않으나, 습기가 있거나 탄산가스가 있으면 녹이 발생한다.
② 납은 비중이 비교적 작고 융점이 높아 가공이 어렵다.
③ 알루미늄은 비중이 철의 1/3정도로 경량이며 열·전기전도성이 크다.
④ 청동은 구리와 주석을 주체로 한 합금으로 건축장식부품 또는 미술공예 재료로 사용된다.

납(Lead)
- 인장강도가 작고 융점은 327℃이며 금속 중 비중이 가장 크다.
- 연성, 전성이 가장 크며 열전도율이 작고 온도에 따른 신축성이 크다.
- 밀도가 높아 방사선 차폐용으로 사용되는 대표적인 금속이다.

082 목재의 함수율과 섬유포화점에 관한 설명으로 옳지 않은 것은?

① 섬유포화점은 세포 사이의 수분은 건조되고, 섬유에만 수분이 존재하는 상태를 말한다.
② 벌목 직후 함수율이 섬유포화점까지 감소하는 동안 강도 또한 서서히 감소한다.
③ 전건상태에 이르면 강도는 섬유포화점 상태에 비해 3배로 증가한다.
④ 섬유포화점 이하에서는 함수율의 감소에 따라 인성이 감소한다.

함수율
- 기건재의 함수율 : 12~18%(평균 15%)
- 섬유포화점 : 섬유 자신의 함수율이 25~30%(보통 30%) 인 경우
- 함수율에 의한 목재 재질의 변화
  - 목재의 재질 변동(수축, 팽창 등)은 섬유포화점 이하의 함수 상태에서만 발생한다.
  - 섬유포화점 이하에서 함수율이 감소함에 따라 강도는 증가하고 탄성은 감소한다.

083 재료의 단단한 정도를 나타내는 용어는?

① 연성   ② 인성
③ 취성   ④ 경도

용어의 정의
- 연성 : 하중에 의해 파괴되지 않는 범위내에서 변형 또는 길이가 늘어나는 성질
- 인성 : 소성변형 및 파열 중에 재료가 에너지를 흡수하는 능력을 나타내는 성질

- 취성 : 외부의 힘(인장 충격 등)의 작용으로 작은 변형만으로도 재료가 부서지는 성질
- 경도 : 국부적인 소성 변형에 저항하는 재료의 능력 즉, 재료의 단단한 정도

084 콘크리트용 골재 중 깬자갈에 관한 설명으로 옳지 않은 것은?

① 깬자갈의 원석은 안삼암·화강암 등이 많이 사용된다.
② 깬자갈을 사용한 콘크리트는 동일한 워커빌리티의 보통자갈을 사용한 콘크리트보다 단위수량이 일반적으로 약 10% 정도 많이 요구된다.
③ 깬자갈을 사용한 콘크리트는 강자갈을 사용한 콘크리트 보다 시멘트 페이스트와의 부착성능이 매우 낮다.
④ 콘크리트용 굵은 골재로 깬자갈을 사용할 때는 한국산업표준(KS F 2527)에서 정한 품질에 적합한 것으로 한다.

깬자갈을 사용한 콘크리트가 동일한 시공연도의 보통콘크리트보다 시멘트 페이스트와의 부착력 증가에 유리하다.

085 일종의 못박기총을 사용하여 콘크리트나 강재 등에 박는 특수못을 의미하는 것은?

① 드라이브핀 ② 인서트
③ 익스팬션볼트 ④ 듀벨

드라이브핀은 특수 강재 못을 화약 폭발로 발사하는 기구를 써서 콘크리트, 벽돌 벽, 강재 등에 박는 못으로 일반적으로 3~5cm의 얇은 것을 박는데 사용된다.

086 다음 중 건축용 단열재와 거리가 먼 것은?

① 유리면(glass wool) ② 암면(rock wool)
③ 테라코타 ④ 펄라이트판

테라코타(Terra-cotta)
- 고급 점토에 도토, 자토 등을 혼합 반죽하여 소성한 속이 비어있는 대형의 점토 소성품이다.
- 일반 석재보다 경량이며, 압축강도는 화강암의 1/2 정도이다.
- 화강암보다 내화성이 크고, 풍화에도 강해 외장용으로 사용된다.
- 건축에 쓰이는 점토 제품으로는 가장 미술적이고, 색도 석재보다 자유롭다.

087 석고보드에 관한 설명으로 옳지 않은 것은?

① 부식이 잘되고 충해를 받기 쉽다.
② 단열성, 차음성이 우수하다.
③ 시공이 용이하여 천장, 칸막이 등에 주로 사용된다.
④ 내수성, 탄력성이 부족하다.

석고보드 : 소석고에 펄라이트 등의 경량재를 물로 반죽한 것을 두껍게 잘라 압축 성형한 판. 벽, 천정의 바탕재로 주로 쓰인다. 방부·방화성이 크며, 흡습성이 적다.

088 주로 석기질 점토나 상당히 철분이 많은 점토를 원료로 사용하며, 건축물의 패러핏, 주두 등의 장식에 사용되는 공동의 대형 점토제품은?

① 테라죠
② 도관
③ 타일
④ 테라코타

해설

테라코타(Terra-cotta)
- 고급 점토에 도토, 자토 등을 혼합 반죽하여 소성한 속이 비어있는 대형의 점토 소성품이다.
- 일반 석재보다 경량이며, 압축강도는 화강암의 1/2 정도이다.
- 화강암보다 내화성이 크고, 풍화에도 강해 외장용으로 사용된다.
- 건축에 쓰이는 점토 제품으로는 가장 미술적이고, 색도 석재보다 자유롭다.

089 경량 기포콘크리트(autoclaved lightweight concrete)에 관한 설명으로 옳지 않은 것은?

① 보통콘크리트에 비하여 탄산화의 우려가 낮다.
② 열전도율은 보통콘크리트의 약 1/10 정도로 단열성이 우수하다.
③ 현장에서 취급이 편리하고 절단 및 가공이 용이하다.
④ 다공질이므로 흡수성이 높은 편이다.

콘크리트 탄산화란 외부의 이산화탄소 유입으로 공극수의 pH가 낮아져 철근이 부식되는 현상으로 경량 기포콘크리트는 일반적인 콘크리트와는 달리 골재를 사용하지 않고 일정량의 시멘트와 물을 혼합한 슬러지에 일정량의 기포제를 기포화(콤프레셔를 이용) 시킨 상태에서 혼합하여 고압 호스를 통하여 일정한 장소에 이송하여 양생 시키는 것으로 철근이 사용되지 않는다

090 KS L 4201에 따른 1종 점토벽돌의 압축강도는 최소 얼마 이상이어야 하는가?

① 9.80MPa 이상
② 14.70MPa 이상
③ 20.59MPa 이상
④ 24.50MPa 이상

점토벽돌의 품질및 분류(KS L 4201)

품질	종류		비고
	1종(내·외장용)	2종(내장용)	
흡수율(%)	10.0 이하	15.0 이하	1종은 내장재 및 외장재로, 2종은 내장재로만 하여야 한다.
압축강도(MPa)	24.50 이상	14.70 이상	

091 안료가 들어가지 않는 도료로서 목재면의 투명도장에 쓰이며, 내후성이 좋지 않아 외부에 사용하기에는 적당하지 않고 내부용으로 주로 사용하는 것은?

① 수성페이트
② 클리어래커
③ 래커에나멜
④ 유성에나멜

클리어 래커(clear lacquer)는 안료가 들어가지 않은 래커로 목재면의 투명 도장, 우아한 광택, 내후성이 작아서 보통 내부에 사용하며 건조가 매우 빨라서 뿜칠로 한다.

092 중량 5kg인 목재를 건조시켜 전건중량이 4kg이 되었다. 건조 전 목재의 함수율은 몇 %인가?

① 20%
② 25%
③ 30%
④ 40%

함수율 = $\dfrac{건조전중량 - 전건중량}{전건중량} \times 100 = \dfrac{5-4}{4} \times 100 = 25$

093 미장재료에 관한 설명으로 옳은 것은?

① 보강재는 결합재의 고체화에 직접 관계하는 것으로 여물, 풀, 수염 등이 이에 속한다.
② 수경성 미장재료에는 돌로마이트 플라스터, 소석회가 있다.
③ 소석회는 돌로마이트 플라스터에 비해 점성이 높고, 작업성이 좋다.
④ 회반죽에 석고를 약간 혼합하면 수축균열을 방지할 수 있는 효과가 있다.

회반죽은 소석회, 해초풀, 여물, 모래 등을 혼합한 것으로 기경성 미장재료로 소량의 석고를 혼입하면 수축균열을 예방할 수 있다.

094 아스팔트 침입도 시험에 있어서 아스팔트의 온도는 몇 ℃를 기준으로 하는가?

① 15℃
② 25℃
③ 35℃
④ 45℃

침입도란 역청질 재료의 반죽질기(consistency)를 표시한 것으로서 온도가 25℃인 시료를 용기 내에 넣고 100g의 표준침을 낙하시켜 5초 동안 관입하는 깊이를 말하며, 관입깊이 0.1mm를 침입도 1 이라 한다.

095 실적률이 큰 골재로 이루어진 콘크리트의 특성이 아닌 것은?

① 시멘트 페이스트의 양이 커져 콘크리트 제조 시 경제성이 낮다.
② 내구성이 증대된다.

③ 투수성, 흡습성의 감소를 기대할 수 있다.
④ 건조수축 및 수화열이 감소된다.

실적률이란 골재의 단위용적 중의 실용적을 백분율로 나타낸 값을 말하며, 실적율이 큰 골재를 사용하면 시멘트 페이스트 양이 적게 들며 콘크리트의 밀도, 마모저항, 내구성의 증대를 기대할 수 있다.

096 석재의 화학적 성질에 관한 설명으로 옳지 않은 것은?

① 규산분을 많이 함유한 석재는 내산성이 약하므로 산을 접하는 바닥은 피한다.
② 대리석, 사문암 등은 내장재로 사용하는 것이 바람직하다.
③ 조암광물 중 장석, 방해석 등은 산류의 침식을 쉽게 받는다.
④ 산류를 취급하는 곳의 바닥재는 황철광, 갈철광 등을 포함하지 않아야 한다.

일반적으로 규산분을 많이 함유한 석재는 내력이 크고, 석회분(石灰粉)을 포함한 것은 내산성이 적으므로 대리석·사문암 등을 외장재로 사용하는 것은 좋지 않다.

097 수화열의 감소와 황산염 저항성을 높이려면 시멘트에 다음 중 어느 화합물을 감소시켜야 하는가?

① 규산 3칼슘
② 알루민산 철4칼슘
③ 규산 2칼슘
④ 알루민산 3칼슘

시멘트의 주요 구성 화합물 및 특성

명칭	화학식	약호	특성
규산삼석회	$3CaOSiO_2$	C_3S	시멘트의 초기 강도를 좌우하며 시멘트 중 함유율이 5% 이하이다
규산이석회	$2CaOSiO_2$	C_2S	시멘트의 후기 강도에 영향을 주고 수화열이 낮다
알루민삼석회	$3CaOAl_2O_3$	C_3A	수화작용이 빠르고 발열량이 많다.
알루민산철사석회	$4CaOAl_2O_3Fe_2O_3$	C_4AF	수화작용, 수화열, 조기강도가 가장 낮으며 시멘트 중 함유율은 35~37% 정도이다.

098 유리가 불화수소에 부식하는 성질을 이용하여 5mm 이상 판유리면에 그림, 문자 등을 새긴 유리는?

① 스테인드유리
② 망입유리
③ 에칭유리
④ 내열유리

에칭유리는 유리가 불화수소에 부식되는 성질을 이용하여 화학적인 처리 과정을 유리표면에 그림이나 문양, 문자 등을 새겨 넣은 유리로 일반 가정의 욕실, 베란다, 현관, 거실, 실내장식 등에 사용된다.

099 아스팔트 방수시공을 할 때 바탕재와의 밀착용으로 사용하는 것은?

① 아스팔트 컴파운드　　② 아스팔트 모르타르
③ 아스팔트 프라이머　　④ 아스팔트 루핑

아스팔트 프라이머(Asphalt primer)
- 아스팔트와 휘발성이 높은 용제를 혼합하여 제조
- 방수층을 만들 때 콘크리트 바탕에 제일 먼저 사용되는 재료

100 인조석 갈기 및 테라조 현장갈기 등에 사용되는 구획용 철물의 명칭은?

① 인서트(insert)　　② 앵커볼트(anchor bolt)
③ 펀칭메탈(punching metal)　　④ 줄눈대(metallic joiner)

줄눈대는 인조석 갈기 및 테라조 현장갈기 등에 사용되는 구획용 철물로 균열방지와 보수의 편이성 증대를 목적으로 사용한다.

제 06 과목　건설안전기술

101 부두·안벽 등 하역작업을 하는 장소에서 부두 또는 안벽의 선을 따라 통로를 설치하는 경우에는 폭을 최소 얼마 이상으로 하여야 하는가?

① 85cm　　② 90cm
③ 100cm　　④ 120cm

산업안전보건기준에 관한 규칙 제390조(하역작업장의 조치기준) 사업주는 부두·안벽 등 하역작업을 하는 장소에 다음 각 호의 조치를 하여야 한다.
1. 작업장 및 통로의 위험한 부분에는 안전하게 작업할 수 있는 조명을 유지할 것
2. 부두 또는 안벽의 선을 따라 통로를 설치하는 경우에는 폭을 90센티미터 이상으로 할 것
3. 육상에서의 통로 및 작업장소로서 다리 또는 선거(船渠) 갑문(閘門)을 넘는 보도(步道) 등의 위험한 부분에는 안전난간 또는 울타리 등을 설치할 것

102 다음은 산업안전보건법령에 따른 산업안전보건관리비의 사용에 관한 규정이다. ( )안에 들어갈 내용을 순서대로 옳게 작성한 것은?

> 건설공사도급인은 고용노동부장관이 정하는 바에 따라 해당 건설공사를 위하여 계상된 산업안전보건관리비를 그가 사용하는 근로자와 그의 관계수급인이 사용하는 근로자의 산업재해 및 건강장해 예방에 사용하고, 그 사용명세서를 (　　) 작성하고 건설공사 종료 후 (　　)간 보존해야 한다.

① 매월, 6개월 ② 매월, 1년
③ 2개월 마다, 6개월 ④ 2개월 마다, 1년

산업안전보건법 시행규칙 제89조(산업안전보건관리비의 사용) ① 건설공사도급인은 도급금액 또는 사업비에 계상(計上)된 산업안전보건관리비의 범위에서 그의 관계수급인에게 해당 사업의 위험도를 고려하여 적정하게 산업안전보건관리비를 지급하여 사용하게 할 수 있다.
② 건설공사도급인은 법 제72조제3항에 따라 산업안전보건관리비를 사용하는 해당 건설공사의 금액(고용노동부장관이 정하여 고시하는 방법에 따라 산정한 금액을 말한다)이 4천만원 이상인 때에는 고용노동부장관이 정하는 바에 따라 매월(건설공사가 1개월 이내에 종료되는 사업의 경우에는 해당 건설공사가 끝나는 날이 속하는 달을 말한다) 사용명세서를 작성하고, 건설공사 종료 후 1년 동안 보존해야 한다.

103 지반의 굴착 작업에 있어서 비가 올 경우를 대비한 직접적인 대책으로 옳은 것은?

① 측구 설치 ② 낙하물 방지망 설치
③ 추락 방호망 설치 ④ 매설물 등의 유무 또는 상태 확인

비가 올 경우를 대비하여 측구를 설치하거나 굴착사면에 비닐을 덮는 등 빗물 등의 침투에 의한 붕괴재해 예방을 위해 직접적인 조치를 취해야 한다.

104 강관틀비계(높이 5m 이상)의 넘어짐을 방지하기 위하여 사용하는 벽이음 및 버팀의 설치간격 기준으로 옳은 것은?

① 수직방향 5m, 수평방향 5m ② 수직방향 6m, 수평방향 7m
③ 수직방향 6m, 수평방향 8m ④ 수직방향 7m, 수평방향 8m

산업안전보건기준에 관한 규칙 제62조(강관틀비계) 사업주는 강관틀 비계를 조립하여 사용하는 경우 다음 각 호의 사항을 준수하여야 한다.
1. 비계기둥의 밑둥에는 밑받침 철물을 사용하여야 하며 밑받침에 고저차(高低差)가 있는 경우에는 조절형 밑받침철물을 사용하여 각각의 강관틀비계가 항상 수평 및 수직을 유지하도록 할 것
2. 높이가 20미터를 초과하거나 중량물의 적재를 수반하는 작업을 할 경우에는 주틀 간의 간격을 1.8미터 이하로 할 것
3. 주틀 간에 교차 가새를 설치하고 최상층 및 5층 이내마다 수평재를 설치할 것
4. 수직방향으로 6미터, 수평방향으로 8미터 이내마다 벽이음을 할 것
5. 길이가 띠장 방향으로 4미터 이하이고 높이가 10미터를 초과하는 경우에는 10미터 이내마다 띠장 방향으로 버팀기둥을 설치할 것

105 굴착공사에 있어서 비탈면붕괴를 방지하기 위하여 실시하는 대책으로 옳지 않은 것은?

① 지표수의 침투를 막기 위해 표면배수공을 한다.
② 지하수위를 내리기 위해 수평배수공을 설치한다.
③ 비탈면 하단을 성토한다.
④ 비탈면 상부에 토사를 적재한다.

토사붕괴의 원인
- 외적원인 : 사면의 경사 및 기울기의 증가, 절토 및 성토의 증가, 공사에 의한 진동 및 반복하중의 증가, 지표수 또는 지하수의 침투로 인한 토사중량의 증가, 지진 및 작업차량등의 하중
- 내적원인 : 절토사면의 토질, 암질의 종류, 성토 사면의 토질구성 및 분포, 토석의 강도 저하

106 강관을 사용하여 비계를 구성하는 경우 준수해야할 사항으로 옳지 않은 것은?

① 비계기둥의 간격은 띠장 방향에서는 1.85m 이하, 장선(長線) 방향에서는 1.5m 이하로 할 것
② 띠장 간격은 2.0m 이하로 할 것
③ 비계기둥의 제일 윗부분으로부터 31m되는 지점 밑부분의 비계기둥은 3개의 강관으로 묶어 세울 것
④ 비계기둥 간의 적재하중은 400kg을 초과하지 않도록 할 것

산업안전보건기준에 관한 규칙 제60조(강관비계의 구조) 사업주는 강관을 사용하여 비계를 구성하는 경우 다음 각 호의 사항을 준수해야 한다.
1. 비계기둥의 간격은 띠장 방향에서는 1.85미터 이하, 장선(長線) 방향에서는 1.5미터 이하로 할 것. 다만, 다음 각 목의 어느 하나에 해당하는 작업의 경우에는 안전성에 대한 구조검토를 실시하고 조립도를 작성하면 띠장 방향 및 장선 방향으로 각각 2.7미터 이하로 할 수 있다.
  가. 선박 및 보트 건조작업
  나. 그 밖에 장비 반입·반출을 위하여 공간 등을 확보할 필요가 있는 등 작업의 성질상 비계기둥 간격에 관한 기준을 준수하기 곤란한 작업
2. 띠장 간격은 2.0미터 이하로 할 것. 다만, 작업의 성질상 이를 준수하기가 곤란하여 쌍기둥틀 등에 의하여 해당 부분을 보강한 경우에는 그러하지 아니하다.
3. 비계기둥의 제일 윗부분으로부터 31미터되는 지점 밑부분의 비계기둥은 2개의 강관으로 묶어 세울 것. 다만, 브라켓(bracket, 까치발) 등으로 보강하여 2개의 강관으로 묶을 경우 이상의 강도가 유지되는 경우에는 그러하지 아니하다.
4. 비계기둥 간의 적재하중은 400킬로그램을 초과하지 않도록 할 것

107 다음은 산업안전보건법령에 따른 시스템 비계의 구조에 관한 사항이다. (　)안에 들어갈 내용으로 옳은 것은?

> 비계 밑단의 수직재와 받침철물은 밀착되도록 설치하고, 수직재와 받침철물의 연결부의 겹침길이는 받침철물 전체길이의 (　) 이상이 되도록 할 것

① 2분의 1　　② 3분의 1
③ 4분의 1　　④ 5분의 1

산업안전보건기준에 관한 규칙 제69조(시스템 비계의 구조) 사업주는 시스템 비계를 사용하여 비계를 구성하는 경우에 다음 각 호의 사항을 준수하여야 한다.
1. 수직재·수평재·가새재를 견고하게 연결하는 구조가 되도록 할 것
2. 비계 밑단의 수직재와 받침철물은 밀착되도록 설치하고, 수직재와 받침철물의 연결부의 겹침길이는 받침철물 전체길이의 3분의 1 이상이 되도록 할 것
3. 수평재는 수직재와 직각으로 설치하여야 하며, 체결 후 흔들림이 없도록 견고하게 설치할 것
4. 수직재와 수직재의 연결철물은 이탈되지 않도록 견고한 구조로 할 것
5. 벽 연결재의 설치간격은 제조사가 정한 기준에 따라 설치할 것

108 건설현장에서 작업으로 인하여 물체가 떨어지거나 날아올 위험이 있는 경우에 대한 안전조치에 해당하지 않는 것은?

① 수직보호망 설치
② 방호선반 설치
③ 울타리 설치
④ 낙하물 방지망 설치

산업안전보건기준에 관한 규칙 제14조(낙하물에 의한 위험의 방지) ① 사업주는 작업장의 바닥, 도로 및 통로 등에서 낙하물이 근로자에게 위험을 미칠 우려가 있는 경우 보호망을 설치하는 등 필요한 조치를 하여야 한다.
② 사업주는 작업으로 인하여 물체가 떨어지거나 날아올 위험이 있는 경우 낙하물 방지망, 수직보호망 또는 방호선반의 설치, 출입금지구역의 설정, 보호구의 착용 등 위험을 방지하기 위하여 필요한 조치를 하여야 한다. 이 경우 낙하물 방지망 및 수직보호망은 「산업표준화법」 제12조에 따른 한국산업표준(이하 "한국산업표준"이라 한다)에서 정하는 성능기준에 적합한 것을 사용하여야 한다.

109 흙막이 가시설 공사 중 발생할 수 있는 보일링(Boiling) 현상에 관한 설명으로 옳지 않은 것은?

① 이 현상이 발생하면 흙막이 벽의 지지력이 상실된다.
② 지하수위가 높은 지반을 굴착할 때 주로 발생한다.
③ 흙막이벽의 근입장 깊이가 부족할 경우 발생한다.
④ 연약한 점토지반에서 굴착면의 융기로 발생한다.

보일링(Boiling)이란 사질토 지반을 굴착시, 굴착부와 지하수위차가 있을 경우, 수두차(水頭差)에 의하여 침투압이 생겨 흙막이벽 근입부분을 침식하는 동시에, 모래가 액상화(液狀化) 되어 솟아오르며 흙막이벽의 근입부가 지지력을 상실하여 흙막이공의 붕괴를 초래하는 현상을 말한다.

110 거푸집동바리 등을 조립하는 경우에 준수해야 할 기준으로 옳지 않은 것은?

① 동바리로 사용하는 강관틀의 경우 강관틀과 강관틀 사이에 교차가새를 설치할 것
② 시스템 동바리의 경우 수평재는 수직재와 직각으로 설치해야 하며, 흔들리지 않도록 견고하게 설치할 것
③ 동바리로 사용하는 파이프 서포트의 높이가 3.5m를 초과하는 경우에는 높이 2m 이내마다 수평연결재를 2개 방향으로 만들고 수평연결재의 변위를 방지할 것
④ 동바리로 사용하는 파이프 서포트를 4개 이상 이어서 사용하지 않도록 할 것

산업안전보건기준에 관한 규칙 제332조의2(동바리 유형에 따른 동바리 조립 시의 안전조치) 사업주는 동바리를 조립할 때 동바리의 유형별로 다음 각 호의 구분에 따른 각 목의 사항을 준수해야 한다.
1. 동바리로 사용하는 파이프 서포트의 경우
   가. 파이프 서포트를 3개 이상 이어서 사용하지 않도록 할 것
   나. 파이프 서포트를 이어서 사용하는 경우에는 4개 이상의 볼트 또는 전용철물을 사용하여 이을 것
   다. 높이가 3.5미터를 초과하는 경우에는 높이 2미터 이내마다 수평연결재를 2개 방향으로 만들고 수평연결재의 변위를 방지할 것
2. 동바리로 사용하는 강관틀의 경우
   가. 강관틀과 강관틀 사이에 교차가새를 설치할 것

나. 최상단 및 5단 이내마다 동바리의 측면과 틀면의 방향 및 교차가새의 방향에서 5개 이내마다 수평연결재를 설치하고 수평연결재의 변위를 방지할 것
다. 최상단 및 5단 이내마다 동바리의 틀면의 방향에서 양단 및 5개틀 이내마다 교차가새의 방향으로 띠장틀을 설치할 것
3. 동바리로 사용하는 조립강주의 경우 : 조립강주의 높이가 4미터를 초과하는 경우에는 높이 4미터 이내마다 수평연결재를 2개 방향으로 설치하고 수평연결재의 변위를 방지할 것
4. 시스템 동바리(규격화·부품화된 수직재, 수평재 및 가새재 등의 부재를 현장에서 조립하여 거푸집을 지지하는 지주 형식의 동바리를 말한다)의 경우
　가. 수평재는 수직재와 직각으로 설치해야 하며, 흔들리지 않도록 견고하게 설치할 것
　나. 연결철물을 사용하여 수직재를 견고하게 연결하고, 연결부위가 탈락 또는 꺾어지지 않도록 할 것
　다. 수직 및 수평하중에 대해 동바리의 구조적 안정성이 확보되도록 조립도에 따라 수직재 및 수평재에는 가새재를 견고하게 설치할 것
　라. 동바리 최상단과 최하단의 수직재와 받침철물은 서로 밀착되도록 설치하고 수직재와 받침철물의 연결부의 겹침길이는 받침철물 전체길이의 3분의 1 이상 되도록 할 것
5. 보 형식의 동바리[강제 갑판(steel deck), 철재트러스 조립 보 등 수평으로 설치하여 거푸집을 지지하는 동바리를 말한다]의 경우
　가. 접합부는 충분한 걸침 길이를 확보하고 못, 용접 등으로 양끝을 지지물에 고정시켜 미끄러짐 및 탈락을 방지할 것
　나. 양끝에 설치된 보 거푸집을 지지하는 동바리 사이에는 수평연결재를 설치하거나 동바리를 추가로 설치하는 등 보 거푸집이 옆으로 넘어지지 않도록 견고하게 할 것
　다. 설계도면, 시방서 등 설계도서를 준수하여 설치할 것

 111 장비가 위치한 지면보다 낮은 장소를 굴착하는 데 적합한 장비는?

① 트럭크레인　　② 파워셔블
③ 백호　　　　　④ 진폴

해설

셔블계 굴착기계의 종류
- 파워셔블 : 지반면보다 높은 곳의 굴착, 쇄석 옮겨쌓기, 토사의 처리 등에 널리 쓰인다.
- 백호우 : 지반면보다 낮은 곳의 굴착, 지하층 및 기초 굴삭, 토목공사나 수중굴착 등에 쓰인다.(지하 6m 정도의 깊이)
- 드래그라인 : 지반면보다 낮은 곳의 굴착, 토사를 긁어모음, 연약한 지반의 깊은 곳 굴착 등에 쓰인다.(지하 8m 정도의 깊이)
- 클램쉘 : 좁은 곳의 수직굴착, 자갈 등의 적재, 연약한 지반이나 수중굴착 등에 쓰인다.

 112 건설공사도급인은 건설공사 중에 가설구조물의 붕괴 등 산업재해가 발생할 위험이 있다고 판단되면 건축·토목 분야의 전문가의 의견을 들어 건설공사 발주자에게 해당 건설공사의 설계변경을 요청할 수 있는데, 이러한 가설구조물의 기준으로 옳지 않은 것은?

① 높이 20m 이상인 비계
② 작업발판 일체형 거푸집 또는 높이 5m 이상인 거푸집 및 동바리
③ 터널의 지보공 또는 높이 2m 이상인 흙막이 지보공
④ 동력을 이용하여 움직이는 가설구조물

해설

구조적 안전성을 확인받아야 하는 가설구조물(건설기술 진흥법 시행령 제101조의2)
- 높이가 31m 이상인 비계
- 브래킷(bracket) 비계

- 작업발판 일체형 거푸집 또는 높이가 5m 이상인 거푸집 및 동바리
- 터널의 지보공(支保工) 또는 높이가 2m 이상인 흙막이 지보공
- 동력을 이용하여 움직이는 가설구조물
- 높이 10m 이상에서 외부작업을 하기 위하여 작업발판 및 안전시설물을 일체화하여 설치하는 가설구조물
- 공사현장에서 제작하여 조립·설치하는 복합형 가설구조물
- 그 밖에 발주자 또는 인·허가기관의 장이 필요하다고 인정하는 가설구조물

113 콘크리트 타설 시 안전수칙으로 옳지 않은 것은?

① 타설순서는 계획에 의하여 실시하여야 한다.
② 진동기는 최대한 많이 사용하여야 한다.
③ 콘크리트를 치는 도중에는 거푸집, 지보공 등의 이상유무를 확인하여야 한다.
④ 손수레로 콘크리트를 운반할 때에는 손수레를 타설하는 위치까지 천천히 운반하여 거푸집에 충격을 주지 아니하도록 타설하여야 한다.

진동기의 사용
- 콘크리트 다지기에는 내부 진동기를 사용하는 것이 원칙이나, 얇은 벽 등 내부 진동기의 사용이 곤란한 장소에서는 거푸집 진동기를 사용해도 좋다.
- 막대 진동기는 1일 콘크리트 작업량 20m³ 마다 1대로 잡는 것을 표준으로 한다(3대 사용시 예비 진동기 1대).
- 수직으로 사용한다.
- 철근 및 거푸집에 직접 닿지 않도록 한다.
- 사용간격은 진동이 중복되지 않도록 60cm 이하로 한다.
- 사용시간은 30~40초가 적당하다.
- 콘크리트에 구멍이 남지 않도록 서서히 뺀다.
- 굳기 시작한 콘크리트에는 사용하지 않는다.

114 산업안전보건법령에 따른 작업발판 일체형 거푸집에 해당되지 않는 것은?

① 갱 폼(Gang Form)
② 슬립 폼(Slip Form)
③ 유로 폼(Euro Form)
④ 클라이밍 폼(Climbing Form)

유로 폼 : 합판이나 특수경량 강으로 만들며 하나의 판넬로 기둥, 벽, 바닥의 조립이 가능하며 합판 거푸집에 비해 정밀도가 높고 타 거푸집과의 조합이 대체로 쉽다.

115 터널 지보공을 조립하는 경우에는 미리 그 구조를 검토한 후 조립도를 작성하고, 그 조립도에 따라 조립하도록 하여야 하는데 이 조립도에 명시하여야할 사항과 가장 거리가 먼 것은?

① 이음방법
② 단면규격
③ 재료의 재질
④ 재료의 구입처

산업안전보건기준에 관한 규칙 제363조(조립도) ① 사업주는 터널 지보공을 조립하는 경우에는 미리 그 구조를 검토한 후 조립도를 작성하고, 그 조립도에 따라 조립하도록 하여야 한다.
② 제1항의 조립도에는 재료의 재질, 단면규격, 설치간격 및 이음방법 등을 명시하여야 한다.

116 산업안전보건법령에 따른 건설공사 중 다리 건설공사의 경우 유해위험방지계획서를 제출하여야 하는 기준으로 옳은 것은?

① 최대 지간길이가 40m 이상인 다리의 건설등 공사
② 최대 지간길이가 50m 이상인 다리의 건설등 공사
③ 최대 지간길이가 60m 이상인 다리의 건설등 공사
④ 최대 지간길이가 70m 이상인 다리의 건설등 공사

유해위험방지계획서 제출 대상 공사(산업안전보건법 시행령 제42조 ③항)
1. 다음 각 목의 어느 하나에 해당하는 건축물 또는 시설 등의 건설·개조 또는 해체 공사
   가. 지상높이가 31미터 이상인 건축물 또는 인공구조물
   나. 연면적 3만제곱미터 이상인 건축물
   다. 연면적 5천제곱미터 이상인 시설로서 다음의 어느 하나에 해당하는 시설
      1) 문화 및 집회시설(전시장 및 동물원·식물원은 제외한다)
      2) 판매시설, 운수시설(고속철도의 역사 및 집배송시설은 제외한다)
      3) 종교시설
      4) 의료시설 중 종합병원
      5) 숙박시설 중 관광숙박시설
      6) 지하도상가
      7) 냉동·냉장 창고시설
2. 연면적 5천제곱미터 이상인 냉동·냉장 창고시설의 설비공사 및 단열공사
3. 최대 지간(支間) 길이(다리의 기둥과 기둥의 중심사이의 거리)가 50미터 이상인 다리의 건설등 공사
4. 터널의 건설등 공사
5. 다목적댐, 발전용댐, 저수용량 2천만톤 이상의 용수 전용 댐 및 지방상수도 전용 댐의 건설등 공사
6. 깊이 10미터 이상인 굴착공사

117 가설통로 설치에 있어 경사가 최소 얼마를 초과하는 경우에는 미끄러지지 아니하는 구조로 하여야 하는가?

① 15도　　② 20도
③ 30도　　④ 40도

산업안전보건기준에 관한 규칙 제23조(가설통로의 구조) 사업주는 가설통로를 설치하는 경우 다음 각 호의 사항을 준수하여야 한다.
1. 견고한 구조로 할 것
2. 경사는 30도 이하로 할 것. 다만, 계단을 설치하거나 높이 2미터 미만의 가설통로로서 튼튼한 손잡이를 설치한 경우에는 그러하지 아니하다.
3. 경사가 15도를 초과하는 경우에는 미끄러지지 아니하는 구조로 할 것
4. 추락할 위험이 있는 장소에는 안전난간을 설치할 것. 다만, 작업상 부득이한 경우에는 필요한 부분만 임시로 해체할 수 있다.

5. 수직갱에 가설된 통로의 길이가 15미터 이상인 경우에는 10미터 이내마다 계단참을 설치할 것
6. 건설공사에 사용하는 높이 8미터 이상인 비계다리에는 7미터 이내마다 계단참을 설치할 것

118 굴착과 싣기를 동시에 할 수 있는 토공기계가 아닌 것은?

① 트랙터 셔블(tractor shovel)
② 백호(back hoe)
③ 파워 셔블(power shovel)
④ 모터 그레이더(motor grader)

그레이더(Grader)
- 지면을 절삭하여 다듬는 것이 목적인 장비로 하수구 파기, 경사면 다듬기, 제방 및 제설 작업, 아스팔트 포장재료 배합 등의 부수적 작업이 가능하다.
- 주요부는 땅을 깎거나 고르는 블레이드(Blade)와 땅을 파서 일구는 스캐리파이어(Scarifier)로 구성된다.

119 강관틀 비계를 조립하여 사용하는 경우 준수하여야 할 사항으로 옳지 않은 것은?

① 비계기둥의 밑둥에는 밑받침 철물을 사용할 것
② 높이가 20m를 초과하거나 중량물의 적재를 수반하는 작업을 할 경우에는 주틀 간의 간격을 1.8m 이하로 할 것
③ 주틀 간에 교차 가새를 설치하고 최하층 및 3층 이내마다 수평재를 설치할 것
④ 길이가 띠장 방향으로 4m 이하이고 높이가 10m를 초과하는 경우에는 10m 이내마다 띠장 방향으로 버팀기둥을 설치할 것

산업안전보건기준에 관한 규칙 제62조(강관틀비계) 사업주는 강관틀 비계를 조립하여 사용하는 경우 다음 각 호의 사항을 준수하여야 한다.
1. 비계기둥의 밑둥에는 밑받침 철물을 사용하여야 하며 밑받침에 고저차(高低差)가 있는 경우에는 조절형 밑받침철물을 사용하여 각각의 강관틀비계가 항상 수평 및 수직을 유지하도록 할 것
2. 높이가 20미터를 초과하거나 중량물의 적재를 수반하는 작업을 할 경우에는 주틀 간의 간격을 1.8미터 이하로 할 것
3. 주틀 간에 교차 가새를 설치하고 최상층 및 5층 이내마다 수평재를 설치할 것
4. 수직방향으로 6미터, 수평방향으로 8미터 이내마다 벽이음을 할 것
5. 길이가 띠장 방향으로 4미터 이하이고 높이가 10미터를 초과하는 경우에는 10미터 이내마다 띠장 방향으로 버팀기둥을 설치할 것

120 산업안전보건법령에 따른 양중기의 종류에 해당하지 않는 것은?

① 고소작업차
② 이동식 크레인
③ 승강기
④ 리프트(Lift)

산업안전보건기준에 관한 규칙 제132조(양중기) ① 양중기란 다음 각 호의 기계를 말한다.
1. 크레인[호이스트(hoist)를 포함한다]
2. 이동식 크레인
3. 리프트(이삿짐운반용 리프트의 경우에는 적재하중이 0.1톤 이상인 것으로 한정한다)
4. 곤돌라
5. 승강기

정답 2021년 05월 15일 최근 기출문제

001 ③	002 ②	003 ③	004 ③	005 ①	006 ①	007 ④	008 ②	009 ④	010 ①
011 ①	012 ③	013 ②	014 ④	015 ③	016 ④	017 ①	018 ③	019 ③	020 ④
021 ④	022 ③	023 ②	024 ④	025 ①	026 ①	027 ③	028 ①	029 ③	030 ③
031 ③	032 ③	033 ①	034 ③	035 ④	036 ②	037 ③	038 ③	039 ③	040 ①
041 ②	042 ①	043 ③	044 ②	045 ④	046 ②	047 ③	048 ③	049 ④	050 ②
051 ①	052 ③	053 ②	054 ②	055 ③	056 ①	057 ①	058 ④	059 ②	060 ③
061 ①	062 ①	063 ④	064 ④	065 ①	066 ②	067 ③	068 ②	069 ④	070 ④
071 ①	072 ③	073 ③	074 ③	075 ③	076 ②	077 ②	078 ②	079 ④	080 ③
081 ②	082 ②	083 ③	084 ④	085 ①	086 ③	087 ①	088 ④	089 ①	090 ④
091 ②	092 ②	093 ③	094 ②	095 ①	096 ①	097 ④	098 ③	099 ③	100 ④
101 ②	102 ②	103 ①	104 ③	105 ④	106 ③	107 ②	108 ③	109 ④	110 ④
111 ③	112 ①	113 ②	114 ③	115 ④	116 ②	117 ①	118 ④	119 ③	120 ①

2021년 09월 12일 최근 기출문제

QUESTIONS FROM PREVIOUS TESTS

제 01 과목 산업안전관리론

001 하인리히의 도미노 이론에서 재해의 직접원인에 해당하는 것은?

① 사회적 환경
② 유전적 요소
③ 개인적인 결함
④ 불안전한 행동 및 불안전한 상태

하인리히(Heinrich)에 의한 사고원인의 분류
- 직접원인 : 직접적으로 사고를 일으키는 불안전 행동이나 불안전한 기계적 상태
- 부원인(Subcause) : 불안전한 행동을 일으키는 이유(안전작업 규칙들이 위배되는 이유)
- 기초원인 : 습관적, 사회적, 유전적, 관리감독적 특성

002 안전관리조직의 형태 중 직계식 조직의 특징이 아닌 것은?

① 소규모 사업장에 적합하다.
② 안전에 관한 명령지시가 빠르다.
③ 안전에 대한 정보가 불충분하다.
④ 별도의 안전관리 전담요원이 직접 통제한다.

라인(Line)형(직계식 조직)

구분	내용
특징	• 안전관리에 관한 계획에서 실시에 이르기까지 모든 권한이 포괄적이고 직선적으로 행사되며, 안전을 전문으로 분담하는 부분이 없다. • 생산조직 전체에 안전관리 기능을 부여한다. • 소규모 사업장(100명 이하)에 적합하다.
장점	• 안전지시나 개선조치가 각 부분의 직제를 통하여 생산업무와 같이 흘러가므로 지시나 조치가 철저할 뿐만 아니라 그 실시도 빠르다. • 명령과 보고가 상하관계 뿐이므로 간단 명료하다.
단점	• 안전에 대한 정보가 불충분하며 내용이 빈약하다. • 생산업무와 같이 안전대책이 실시되므로 불충분하다. • 라인에 과중한 책임을 지우기가 쉽다.

003 건설기술진흥법령상 안전점검의 시기·방법에 관한 사항으로 (　)에 알맞은 내용은?

> 정기안전점검 결과 건설공사의 물리적·기능적 결함 등이 발견되어 보수·보강 등의 조치를 위하여 필요한 경우에는 (　)을 할 것

① 긴급점검　　　　　　　　　② 정기점검
③ 특별점검　　　　　　　　　④ 정밀안전점검

건설기술 진흥법 시행령 제100조(안전점검의 시기·방법 등) ① 건설사업자와 주택건설등록업자는 건설공사의 공사기간 동안 매일 자체안전점검을 하고, 제2항에 따른 기관에 의뢰하여 다음 각 호의 기준에 따라 정기안전점검 및 정밀안전점검 등을 해야 한다.
1. 건설공사의 종류 및 규모 등을 고려하여 국토교통부장관이 정하여 고시하는 시기와 횟수에 따라 정기안전점검을 할 것
2. 정기안전점검 결과 건설공사의 물리적·기능적 결함 등이 발견되어 보수·보강 등의 조치를 위하여 필요한 경우에는 정밀안전점검을 할 것
3. 제98조 제1항 제1호에 해당하는 건설공사에 대해서는 그 건설공사를 준공(임시사용을 포함한다)하기 직전에 제1호에 따른 정기안전점검 수준 이상의 안전점검을 할 것
4. 제98조 제1항 각 호의 어느 하나에 해당하는 건설공사가 시행 도중에 중단되어 1년 이상 방치된 시설물이 있는 경우에는 그 공사를 다시 시작하기 전에 그 시설물에 대하여 제1호에 따른 정기안전점검 수준의 안전점검을 할 것

004 산업안전보건법령상 타워크레인 지지에 관한 사항으로 (　)에 알맞은 내용은?

> 타워크레인을 와이어로프로 지지하는 경우, 설치각도는 수평면에서 (ㄱ)도 이내로 하되, 지지점은 (ㄴ)개소 이상으로 하고, 같은 각도로 설치하여야 한다.

① ㄱ : 45, ㄴ : 3　　　　　② ㄱ : 45, ㄴ : 4
③ ㄱ : 60, ㄴ : 3　　　　　④ ㄱ : 60, ㄴ : 4

산업안전보건기준에 관한 규칙 제142조(타워크레인의 지지) ① 사업주는 타워크레인을 자립고(自立高) 이상의 높이로 설치하는 경우 건축물 등의 벽체에 지지하도록 하여야 한다. 다만, 지지할 벽체가 없는 등 부득이한 경우에는 와이어로프에 의하여 지지할 수 있다.
② 사업주는 타워크레인을 벽체에 지지하는 경우 다음 각 호의 사항을 준수하여야 한다.
  1. 「산업안전보건법 시행규칙」 제110조제1항제2호에 따른 서면심사에 관한 서류(「건설기계관리법」 제18조에 따른 형식승인서류를 포함한다) 또는 제조사의 설치작업설명서 등에 따라 설치할 것
  2. 제1호의 서면심사 서류 등이 없거나 명확하지 아니한 경우에는 「국가기술자격법」에 따른 건축구조·건설기계·기계안전·건설안전기술사 또는 건설안전분야 산업안전지도사의 확인을 받아 설치하거나 기종별·모델별 공인된 표준방법으로 설치할 것
  3. 콘크리트구조물에 고정시키는 경우에는 매립이나 관통 또는 이와 같은 수준 이상의 방법으로 충분히 지지되도록 할 것
  4. 건축 중인 시설물에 지지하는 경우에는 그 시설물의 구조적 안정성에 영향이 없도록 할 것
③ 사업주는 타워크레인을 와이어로프로 지지하는 경우 다음 각 호의 사항을 준수해야 한다.
  1. 제2항제1호 또는 제2호의 조치를 취할 것
  2. 와이어로프를 고정하기 위한 전용 지지프레임을 사용할 것
  3. 와이어로프 설치각도는 수평면에서 60도 이내로 하되, 지지점은 4개소 이상으로 하고, 같은 각도로 설치할 것

005 사고예방대책의 기본원리 5단계 중 3단계의 분석평가에 관한 내용으로 옳은 것은?

① 현장 조사
② 교육 및 훈련의 개선
③ 기술의 개선 및 인사조정
④ 사고 및 안전활동 기록 검토

3단계 - 분석평가
- 작업공정 분석
- 사고보고서 및 현장조사
- 사고기록 및 인적 물적 조건의 분석
- 교육훈련 분석 등을 통하여 사고의 직접원인 및 간접원인을 규명

006 산업안전보건법령상 노사협의체에 관한 사항으로 틀린 것은?

① 노사협의체 정기회의는 1개월마다 노사협의체의 위원장이 소집한다.
② 공사금액이 20억원 이상인 공사의 관계수급인의 각 대표자는 사용자 위원에 해당된다.
③ 도급 또는 하도급 사업을 포함한 전체 사업의 근로자대표는 근로자 위원에 해당된다.
④ 노사협의체의 근로자위원과 사용자위원은 합의하여 노사협의체에 공사금액이 20억원 미만인 공사의 관계수급인 및 관계수급인 근로자대표를 위원으로 위촉할 수 있다.

산업안전보건법 시행령 제65조(노사협의체의 운영 등) ① 노사협의체의 회의는 정기회의와 임시회의로 구분하여 개최하되, 정기회의는 2개월마다 노사협의체의 위원장이 소집하며, 임시회의는 위원장이 필요하다고 인정할 때에 소집한다.
② 노사협의체 위원장의 선출, 노사협의체의 회의, 노사협의체에서 의결되지 않은 사항에 대한 처리방법 및 회의 결과 등의 공지에 관하여는 각각 제36조, 제37조 제2항부터 제4항까지, 제38조 및 제39조를 준용한다. 이 경우 "산업안전보건위원회"는 "노사협의체"로 본다.

007 버드(Bird)의 도미노 이론에서 재해발생과정 중 직접원인은 몇 단계인가?

① 1 단계
② 2 단계
③ 3 단계
④ 4 단계

버드(Bird)의 최신사고 연쇄성 이론
- 1단계 : 통제의 부족 - 관리(경영)
- 2단계 : 기본원인 - 기원(원인론)
- 3단계 : 직접원인 - 징후
- 4단계 : 사고 - 접촉
- 5단계 : 상해 - 손해 - 손실

008 산업안전보건법령상 상시근로자 20명 이상 50명 미만인 사업장 중 안전보건관리담당자를 선임하여야 할 업종이 아닌 것은?

① 임업
② 제조업
③ 건설업
④ 하수, 폐수 및 분뇨 처리업

산업안전보건법 시행령 제24조(안전보건관리담당자의 선임 등) ① 다음 각 호의 어느 하나에 해당하는 사업의 사업주는 법 제19조제1항에 따라 상시근로자 20명 이상 50명 미만인 사업장에 안전보건관리담당자를 1명 이상 선임해야 한다.
1. 제조업
2. 임업
3. 하수, 폐수 및 분뇨 처리업
4. 폐기물 수집, 운반, 처리 및 원료 재생업
5. 환경 정화 및 복원업

009 산업안전보건법령상 안전보건표지의 용도 및 색도기준이 바르게 연결된 것은?

① 지시표지 : 5N 9.5
② 금지표지 : 2.5G 4/10
③ 경고표지 : 5Y 8.5/12
④ 안내표지 : 7.5R 4/14

안전보건표지의 색도기준 및 용도(산업안전보건법 시행규칙 별표 8)

색채	색도기준	용도	사용례
빨간색	7.5R 4/14	금지	정지신호, 소화설비 및 그 장소, 유해행위의 금지
		경고	화학물질 취급장소에서의 유해·위험 경고
노란색	5Y 8.5/12	경고	화학물질 취급장소에서의 유해·위험 경고 이외의 위험 경고, 주의표지 또는 기계방호물
파란색	2.5PB 4/10	지시	특정 행위의 지시 및 사실의 고지
녹색	2.5G 4/10	안내	비상구 및 피난소 사람 또는 차량의 통행 표시
흰색	N9.5	–	파란색 또는 녹색에 대한 보조색
검은색	N0.5	–	문자 및 빨간색 또는 노란색에 대한 보조색

010 A 사업장에서 중상이 10명 발생하였다면 버드(Bird)의 재해구성비율에 의한 경상해자는 몇 명인가?

① 50명
② 100명
③ 145명
④ 300명

버드(Franke. Bird, Jr)의 재해구성 비율
- 중상 또는 폐질 1, 경상(물적 또는 인적상해) 10, 무상해사고(물적손실) 30, 무상해 무사고 고장(위험순간) 600의 비율로 사고가 발생
- 중상 또는 폐질 : 경상 : 무상해사고 : 무상해 무사고 고장 = 1 : 10 : 30 : 600

011 산업재해 발생 시 조치 순서에 있어 긴급처리의 내용으로 볼 수 없는 것은?

① 현장 보존
② 잠재위험요인 적출
③ 관련 기계의 정지
④ 재해자의 응급조치

재해발생시의 긴급조치
- 1순위 : 피재기계의 정지 및 피해확산 방지
- 2순위 : 피해자의 응급조치
- 3순위 : 관계자에게 통보
- 4순위 : 2차 재해방지
- 5순위 : 현장보존

012 산업안전보건법령상 안전보건진단을 받아 안전보건개선계획을 수립하여야 하는 대상을 모두 고른 것은?

> ㄱ. 산업재해율이 같은 업종 평균 산업 재해율의 2배 이상인 사업장
> ㄴ. 사업주가 필요한 안전조치 또는 보건조치를 이행하지 아니하여 중대재해가 발생한 사업장
> ㄷ. 상시근로자 1천명 이상 사업장에서 직업성 질병자가 연간 2명 이상 발생한 사업장

① ㄱ, ㄴ
② ㄱ, ㄷ
③ ㄴ, ㄷ
④ ㄱ, ㄴ, ㄷ

안전보건진단을 받아 안전보건개선계획을 수립할 대상(산업안전보건법 시행령 제49조)
- 산업재해율이 같은 업종 평균 산업재해율의 2배 이상인 사업장
- 사업주가 필요한 안전조치 또는 보건조치를 이행하지 아니하여 중대재해가 발생한 사업장
- 직업성 질병자가 연간 2명 이상(상시근로자 1천명 이상 사업장의 경우 3명 이상) 발생한 사업장
- 그 밖에 작업환경 불량, 화재·폭발 또는 누출 사고 등으로 사업장 주변까지 피해가 확산된 사업장으로서 고용노동부령으로 정하는 사업장

013 산업안전보건법령상 중대재해에 해당하지 않는 것은?

① 사망자 1명 이 발생한 재해
② 12명의 부상자가 동시에 발생한 재해
③ 2명의 직업성 질병자가 동시에 발생한 재해
④ 5개월의 요양이 필요한 부상자가 동시에 3명 발생한 재해

산업안전보건법 시행규칙 제3조(중대재해의 범위) 법 제2조제2호에서 "고용노동부령으로 정하는 재해"란 다음 각 호의 어느 하나에 해당하는 재해를 말한다.
1. 사망자가 1명 이상 발생한 재해
2. 3개월 이상의 요양이 필요한 부상자가 동시에 2명 이상 발생한 재해
3. 부상자 또는 직업성 질병자가 동시에 10명 이상 발생한 재해

014 T.B.M 활동의 5단계 추진법의 진행순서로 옳은 것은?

① 도입 → 확인 → 위험예지훈련 → 작업지시 → 정비점검
② 도입 → 정비점검 → 작업지시 → 위험예지훈련 → 확인
③ 도입 → 작업지시 → 위험예지훈련 → 정비점검 → 확인
④ 도입 → 위험예지훈련 → 작업지시 → 정비점검 → 확인

단시간 미팅 즉시즉응훈련 진행 요령(TBM 5단계)
- 제1단계 – 도입 : 정렬, 인사, 건강확인, 직장 체조, 목표 제창, 안전 연설
- 제2단계 – 점검정비 : 복장, 보호구, 공구, 사용 기기, 재료 등의 점검 정비
- 제3단계 – 작업지시 : 연락사항 전달, 금일의 작업지시, 5W1H+위험예지, 지적확인(중점 실시사항 2Point), 복창
- 제4단계 – 위험예지 : 설정해 놓은 도해로 One Point 위험 예지 훈련 실시
- 제5단계 – 확인 : One Point 지적 확인 연습, Touch & Call, 끝맺음

015 보호구 안전인증 고시상 저음부터 고음까지 차음하는 방음용 귀마개의 기호는?

① EM
② EP-1
③ EP-2
④ EP-3

방음 보호구의 종류 및 등급

종류	등급	기호	성능	비고
귀마개	1종	EP-1	저음부터 고음까지를 차단 하는 것	귀마개의 경우 재사용 여부를 제조특성으로 표기
	2종	EP-2	주로 고음을 차음하고 저음(회화음 영역)은 차음하지 않는 것	
귀덮개	–	EM	–	–

016 산업재해보상보험법령상 명시된 보험급여의 종류가 아닌 것은?

① 장례비
② 요양급여
③ 휴업급여
④ 생산손실급여

산업재해보상보험법 제36조(보험급여의 종류와 산정 기준 등) 보험급여의 종류는 다음 각 호와 같다. 다만, 진폐에 따른 보험급여의 종류는 제1호의 요양급여, 제4호의 간병급여, 제7호의 장례비, 제8호의 직업재활급여, 제91조의3에 따른 진폐보상연금 및 제91조의4에 따른 진폐유족연금으로 하고, 제91조의12에 따른 건강손상자녀에 대한 보험급여의 종류는 제1호의 요양급여, 제3호의 장해급여, 제4호의 간병급여, 제7호의 장례비, 제8호의 직업재활급여로 한다.
1. 요양급여
2. 휴업급여
3. 장해급여
4. 간병급여
5. 유족급여
6. 상병(傷病)보상연금
7. 장례비
8. 직업재활급여

017 맥그리거의 X, Y이론 중 X이론의 관리처방에 해당하는 것은?

① 조직구조의 평면화
② 분권화와 권한의 위임
③ 자체평가제도의 활성화
④ 권위주의적 리더십의 확립

X 이론과 Y 이론 비교

X 이론	Y 이론
인간불신감	상호신뢰감
성악설	성선설
인간은 본래 게으르고 태만하여 남의 지배 받기를 즐긴다.	인간은 부지런하고 근면하며 적극적이며 자주적이다.
물질 욕구(저차적 욕구)	정신 욕구(고차적 욕구)
명령통제에 의한 관리	목표통합과 자기통제에 의한 자율관리
저개발국형	선진국형

018 산업안전보건법령상 안전보건관리책임자의 업무에 해당하지 않는 것은?(단, 그 밖에 고용노동부령으로 정하는 사항은 제외한다.)

① 근로자의 적정배치에 관한 사항
② 작업환경의 점검 및 개선에 관한 사항
③ 안전보건관리규정의 작성 및 변경에 관한 사항
④ 안전장치 및 보호구 구입 시 적격품 여부 확인에 관한 사항

안전보건관리책임자의 업무내용(산업안전보건법 제15조)
- 사업장의 산업재해 예방계획의 수립에 관한 사항
- 안전보건관리규정의 작성 및 변경에 관한 사항
- 안전보건교육에 관한 사항
- 작업환경측정 등 작업환경의 점검 및 개선에 관한 사항
- 근로자의 건강진단 등 건강관리에 관한 사항
- 산업재해의 원인 조사 및 재발 방지대책 수립에 관한 사항
- 산업재해에 관한 통계의 기록 및 유지에 관한 사항
- 안전장치 및 보호구 구입 시 적격품 여부 확인에 관한 사항
- 그 밖에 근로자의 유해위험 방지조치에 관한 사항으로서 고용노동부령으로 정하는 사항

019 산업안전보건법령상 명시된 안전검사대상 중 유해하거나 위험한 기계·기구·설비에 해당하지 않는 것은?

① 리프트
② 곤돌라
③ 산업용 원심기
④ 밀폐형 롤러기

산업안전보건법 시행규칙 제73조의3(안전검사의 주기 및 합격표시·표시방법) ① 법 제36조제9항에 따른 안전검사대상 유해·위험기계등의 검사 주기는 다음 각 호와 같다.
1. 크레인(이동식 크레인은 제외한다), 리프트(이삿짐운반용 리프트는 제외한다) 및 곤돌라 : 사업장에 설치가 끝난 날부터 3년 이내에 최초 안전검사를 실시하되, 그 이후부터 2년마다(건설현장에서 사용하는 것은 최초로 설치한 날부터 6개월마다)

2. 이동식 크레인, 이삿짐운반용 리프트 및 고소작업대 : 「자동차관리법」 제8조에 따른 신규등록 이후 3년 이내에 최초 안전검사를 실시하되, 그 이후부터 2년마다
3. 프레스, 전단기, 압력용기, 국소 배기장치, 원심기, 롤러기, 사출성형기, 컨베이어, 산업용 로봇, 혼합기, 파쇄기 또는 분쇄기 : 사업장에 설치가 끝난 날부터 3년 이내에 최초 안전검사를 실시하되, 그 이후부터 2년마다(공정안전보고서를 제출하여 확인을 받은 압력용기는 4년마다)
※ 혼합기, 파쇄기 또는 분쇄기는 2026년 6월 26일부터 적용

020 재해사례연구의 진행단계로 옳은 것은?

> ㄱ. 대책수립
> ㄴ. 사실의 확인
> ㄷ. 문제점의 발견
> ㄹ. 재해상황의 파악
> ㅁ. 근본적 문제점의 결정

① ㄷ → ㄹ → ㄴ → ㅁ → ㄱ
② ㄷ → ㄹ → ㅁ → ㄴ → ㄱ
③ ㄹ → ㄴ → ㄷ → ㅁ → ㄱ
④ ㄹ → ㄷ → ㅁ → ㄴ → ㄱ

재해사례 연구순서
- 제1단계(사실의 확인) : 작업의 개시에서 재해의 발생까지의 경과 가운데 재해와 관계가 있는 사실 및 재해요인으로 알려진 사실을 객관적으로 확인하며, 이상시 또는 사고시, 재해발생시의 조치를 포함
- 제2단계(문제점의 발견) : 파악된 사실로부터 판단하여 각종 기준과의 차이에서 드러나는 문제점을 발견
- 제3단계(근본적 문제점 결정) : 발견된 문제점 가운데 재해의 중심의 되는 근본적 문제점을 결정하고, 다음으로 재해원인을 결정
- 제4단계(대책의 수립) : 사례를 해결하기 위한 대책을 수립

제 02 과목 산업심리 및 교육

021 인간 착오의 메커니즘으로 틀린 것은?

① 위치의 착오
② 패턴의 착오
③ 느낌의 착오
④ 형(形)의 착오

착오의 메커니즘(Mechanism) : 위치의 착오, 패턴의 착오, 형(形)의 착오, 순서의 착오, 잘못 기억

022 산업안전보건법령상 명시된 건설용 리프트·곤돌라를 이용한 작업의 특별교육 내용으로 틀린 것은?(단, 그 밖에 안전·보건관리에 필요한 사항은 제외한다.)

① 신호방법 및 공동작업에 관한 사항
② 화물의 취급 및 작업 방법에 관한 사항
③ 방호 장치의 기능 및 사용에 관한 사항
④ 기계·기구에 특성 및 동작원리에 관한 사항

건설용 리프트·곤돌라를 이용한 작업의 특별교육 내용(산업안전보건법 시행규칙 별표 5)
- 방호장치의 기능 및 사용에 관한 사항
- 기계, 기구, 달기체인 및 와이어 등의 점검에 관한 사항
- 화물의 권상·권하 작업방법 및 안전작업 지도에 관한 사항
- 기계·기구에 특성 및 동작원리에 관한 사항
- 신호방법 및 공동작업에 관한 사항
- 그 밖에 안전·보건관리에 필요한 사항

023 타일러(Taylor)의 과학적 관리와 거리가 가장 먼 것은?

① 시간-동작 연구를 적용하였다.
② 생산의 효율성을 상당히 향상시켰다.
③ 인간중심의 관점으로 일을 재설계한다.
④ 인센티브를 도입함으로써 작업자들을 동기화시킬 수 있다.

Taylor의 과학적 관리
- 공학자 F. Taylor가 창시자이다.
- 직무를 고도로 전문화, 분업화 및 표준화했다.
- 시간-동작 연구를 통해서 작업방법을 효율화시켰다.

024 프로그램 학습법(programmed self-instruction method)의 단점은?

① 보충학습이 어렵다.
② 수강생의 시간적 활용이 어렵다.
③ 수강생의 사회성이 결여되기 쉽다.
④ 수강생의 개인적인 차이를 조절할 수 없다.

프로그램 학습법의 특징

적용의 경우	제약조건(단점)
• 수업의 모든 단계 • 학교수업, 방송수업, 직업훈련의 경우 • 학생들의 개인차가 최대한으로 조절되어야 할 경우 • 학생들이 자기에게 허용된 어느 시간에나 학습이 가능할 경우 • 보충학습의 경우	• 한번 개발한 프로그램 자료를 개조하기가 어렵다. • 학생들의 사회성이 결여되기 쉽다. • 개발비가 높다.

025 작업의 어려움, 기계설비의 결함 및 환경에 대한 주의력의 집중혼란, 심신의 근심 등으로 인하여 재해를 많이 일으키는 사람을 지칭하는 것은?

① 미숙성 누발자 ② 상황성 누발자
③ 습관성 누발자 ④ 소질성 누발자

사고경향성자의 유형
- 상황성 누발자 : 작업의 어려움, 기계설비의 결함, 환경상 주의력의 집중 혼란, 심신의 근심 등 때문에 재해를 누발
- 습관성 누발자 : 재해의 경험으로 겁쟁이가 되거나 신경과민이 되어 재해를 누발하는 자와 일종의 슬럼프(Slump) 상태에 빠져서 재해를 누발
- 소질성 누발자 : 재해의 소질적 요인(주의력의 산만, 주의력 지속 불능, 도덕성 결여, 소심한 성격, 침착성 및 도덕성 결여 등)을 가지고 있기 때문에 재해를 누발
- 미숙성 누발자 : 기능 미숙이나 환경에 익숙하지 못하기 때문에 재해를 누발

026 안전사고가 발생하는 요인 중 심리적인 요인에 해당하는 것은?
① 감정의 불안정
② 극도의 피로감
③ 신경계통의 이상
④ 육체적 능력의 초과

안전심리의 5요소 : 동기, 기질, 감정, 습성, 습관

027 허츠버그(Herzberg)의 2요인 이론 중 동기요인(motivator)에 해당하지 않는 것은?
① 성취
② 작업 조건
③ 인정
④ 작업 자체

허츠버그(Herzberg)의 위생요인과 동기요인
- 위생요인 : 직무수행 환경과 관련된 요인으로 생산능력 향상에 영향을 미치지 못하며 업무수행에서의 손실만을 방지한다. 회사정책, 관리·감독, 작업조건, 대인관계, 지위, 보수, 안전 등이 이에 속한다.
- 동기요인 : 작업자에게 동기를 부여하여 업무 효과를 증대시키는 요인으로 직무만족에 의한 생산능력을 향상시킨다. 여기에는 작업자의 성취감, 승진 및 성장에 대한 가능성, 책임감 등이 있다.

028 작업의 강도를 객관적으로 측정하기 위한 지표로 옳은 것은?
① 강도율
② 작업시간
③ 작업속도
④ 에너지 대사율(RMR)

에너지 대사율(RMR, Relative Metabolic Rate)
- 작업강도 단위로써 산소호흡량을 측정하여 에너지의 소모량을 결정하는 방식이다.
- RMR에 의한 작업강도 분류

RMR	작업강도	비고
0~2	경(輕) 작업	사무작업 등 주로 앉아서 하는 작업
2~4	중(中) 작업	동작 및 속도가 작은 작업(보통 작업)
4~7	중(重) 작업	동작 및 속도가 큰 작업
7 이상	초중(超重) 작업	과격한 작업

029 지도자가 부하의 능력에 따라 차별적으로 성과급을 지급하고자 하는 리더십의 권한은?

① 전문성 권한
② 보상적 권한
③ 합법적 권한
④ 위임된 권한

지도자(리더십)의 권한
- 조직이 지도자에게 부여하는 권한
  - 보상적 권한 : 지도자가 부하들에게 보상할 수 있는 능력으로 인해 부하직원들을 통제할 수 있으며 부하들의 행동에 대해 영향을 끼칠 수 있는 권한
  - 강압적 권한 : 부하직원들을 처벌할 수 있는 권한
  - 합법적 권한 : 조직의 규정에 의해 지도자의 권한이 공식화된 것
- 지도자 자신에 의해 생성되는 권한
  - 위임된 권한 : 집단의 목표를 성취하기 위해 부하직원들이 지도자가 정한 목표를 자진해서 자신의 것으로 받아들여 지도자와 함께 일하는 것
  - 전문성의 권한 : 지도자가 목표수행에 필요한 전문적인 지식을 갖고 업무수행을 하므로 부하직원들이 자발적으로 지도자를 따름

030 인간의 욕구에 대한 적응기제(Adjustment Mechanism)를 공격적 기제, 방어적 기제, 도피적 기제로 구분할 때 다음 중 도피적 기제에 해당하는 것은?

① 보상
② 고립
③ 승화
④ 합리화

적응기제(適應機制)
- 방어적 기제 : 보상, 합리화, 동일시, 승화
- 도피적 기제 : 고립, 퇴행, 억압, 백일몽
- 공격적 기제 : 직접적 공격형, 간접적 공격형

031 알더퍼(Alderfer)의 ERG 이론에서 인간의 기본적인 3가지 욕구가 아닌 것은?

① 관계욕구
② 성장욕구
③ 생리욕구
④ 존재욕구

알더퍼(Alderfer)의 ERG 이론
- 생존(Existence) 욕구 : 신체적인 차원에서 유기체의 생존과 유지에 관련된 욕구
- 관계(Relation) 욕구 : 타인과의 상호작용을 통해 만족되는 대인 욕구
- 성장(Growth) 욕구 : 개인적인 발전과 증진에 관한 욕구

032 주의력의 특성과 그에 대한 설명으로 옳은 것은?

① 지속성 : 인간의 주의력은 2시간 이상 지속된다.
② 변동성 : 인간은 주의 집중은 내향과 외향의 변동이 반복된다.
③ 방향성 : 인간이 주의력을 집중하는 방향은 상하 좌우에 따라 영향을 받는다.
④ 선택성 : 인간의 주의력은 한계가 있어 여러 작업에 대해 선택적으로 배분된다.

주의의 특성
- 주의력의 중복집중의 곤란 : 주의는 동시에 2개 방향에 집중하지 못한다.(선택성)
- 주의력의 단속성 : 고도의 주의는 장시간 지속할 수 없다.(변동성)
- 부주의의 리듬성 : 한 지점에 주의를 집중하면 다른 지점에 대한 주의는 약해진다.(방향성)

033 파악하고자 하는 연구과제에 대해 언어를 매개로 구조화된 질의응답을 통하여 교육하는 기법은?

① 면접(interview)
② 카운슬링(counseling)
③ CCS(Civil Communication Section)
④ ATT(American Telephone & Telegram Co.)

면접(interview)은 면접자와 피면접자가 직접적인 언어적 상호작용을 통해 연구목적에 부합되는 여러 가지 정보를 수집하는 방법으로 비언어적 행동이나 주변환경과 같은 정보 획득도 가능하다.

034 안전교육방법 중 새로운 자료나 교재를 제시하고, 거기에서의 문제점을 피교육자로 하여금 제기하게 하거나, 의견을 여러 가지 방법으로 발표하게 하고, 다시 깊게 파고들어서 토의하는 방법은?

① 포럼(Forum)
② 심포지엄(Symposium)
③ 버즈세션(Buzz Session)
④ 패널 디스커션(Panel Discussion)

토의(회의) 방식
- 포럼(Forum, 공개토론회) : 새로운 자료나 교재를 제시하고 거기서의 문제점을 피교육자로 하여금 제기하도록 하거나 의견을 여러 가지 방법으로 발표하게 하고 다시 깊이 파고들어 토의를 행하는 방법
- 심포지엄(Symposium) : 몇 사람의 전문가에 의하여 과제에 관한 견해를 발표한 뒤 참가자로 하여금 의견이나 질문을 하게 하여 토의하는 방법
- 패널 디스커션(Panel Discussion) : 패널 멤버(교육과제에 정통한 전문가 4~5명)가 피교육자 앞에서 자유로이 토의를 하고 뒤에 피교육자 전원이 참가하여 사회자의 사회에 따라 토의하는 방법
- 대화(Colloquy) : 패널 디스커션의 변형으로 패널 멤버 외에 참석자의 대표를 선출하여 질의응답의 형태로 실시되는 것
- 버즈 세션(Buzz Session) : 6-6회의라고도 하며, 먼저 사회자와 기록계를 선출한 후 나머지 사람은 6명씩의 소집단으로 구분하고, 소집단별로 각각 사회자를 선발하여 6분간씩 자유토의를 행하여 의견을 종합하는 방법

035 산업안전보건법령상 근로자 안전보건교육의 교육과정 중 건설 일용근로자의 건설업 기초 안전·보건교육 교육시간 기준으로 옳은 것은?

① 1시간 이상
② 2시간 이상
③ 3시간 이상
④ 4시간 이상

근로자 안전보건교육(산업안전보건법 시행규칙 별표 4)

교육과정	교육대상		교육시간
정기교육	사무직 종사 근로자		매반기 6시간 이상
	그 밖의 근로자	판매업무에 직접 종사하는 근로자	매반기 6시간 이상
		판매업무에 직접 종사하는 근로자 외의 근로자	매반기 12시간 이상
채용 시 교육	일용근로자 및 근로계약기간이 1주일 이하인 기간제근로자		1시간 이상
	근로계약기간이 1주일 초과 1개월 이하인 기간제근로자		4시간 이상
	그 밖의 근로자		8시간 이상
작업내용 변경 시 교육	일용근로자 및 근로계약기간이 1주일 이하인 기간제근로자		1시간 이상
	그 밖의 근로자		2시간 이상
특별교육	특별교육 대상 작업(단, 타워크레인을 사용하는 작업시 신호업무를 하는 작업은 제외)에 종사하는 일용근로자 및 근로계약기간이 1주일 이하인 기간제근로자		2시간 이상
	타워크레인을 사용하는 작업시 신호업무를 하는 일용근로자 및 근로계약기간이 1주일 이하인 기간제근로자		8시간 이상
	특별교육 대상 작업에 종사하는 근로자 중 일용근로자 및 근로계약기간이 1주일 이하인 기간제근로자를 제외한 근로자		-16시간 이상(최초 작업에 종사하기 전 4시간 이상 실시하고 12시간은 3개월 이내에서 분할하여 실시 가능) -단기간 작업 또는 간헐적 작업인 경우에는 2시간 이상
건설업 기초 안전·보건교육	건설 일용근로자		4시간 이상

036 안전교육의 방법을 지식교육, 기능교육 및 태도교육 순서로 구분하여 맞게 나열한 것은?

① 시청각 교육 – 현장실습 교육 – 안전작업 동작지도
② 시청각 교육 – 안전작업 동작지도 – 현장실습 교육
③ 현장실습 교육 – 안전작업 동작지도 – 시청각 교육
④ 안전작업 동작지도 – 시청각 교육 – 현장실습 교육

안전교육의 3단계
- 제1단계 지식교육 : 강의, 시청각교육을 통한 지식의 전달과 이해
- 제2단계 기능교육 : 시범, 견학, 실습, 현장실습교육을 통한 경험 체득과 이해
- 제3단계 태도교육 : 작업동작지도, 생활지도 등을 통한 안전의 습관화

037 O.J.T(On the Job Training)의 장점이 아닌 것은?

① 직장의 실정에 맞게 실제적 훈련이 가능하다.
② 교육을 통한 훈련효과에 의해 상호 신뢰이해도가 높아진다.
③ 대상자의 개인별 능력에 따라 훈련의 진도를 조정하기가 쉽다.
④ 교육훈련 대상자가 교육훈련에만 몰두할 수 있어 학습효과가 높다.

OJT와 off JT의 특징

OJT	off JT
• 개개인에게 적합한 지도훈련이 가능 • 직장의 실정에 맞는 실체적 훈련 • 훈련에 필요한 업무의 계속성 • 즉시 업무에 연결되는 관계로 신체와 관련 • 효과가 곧 업무에 나타나며 훈련의 좋고 나쁨에 따라 개선이 용이 • 교육을 통한 훈련 효과에 의해 상호 신뢰이해도가 높아짐	• 다수의 근로자에게 조직적 훈련이 가능 • 훈련에만 전념 • 특별 설비 기구를 이용 • 전문가를 강사로 초청 • 각 직장의 근로자가 많은 지식이나 경험을 교류 • 교육 훈련 목표에 대해서 집단적 노력이 흐트러 질 수도 있음

038 학습목적의 3요소가 아닌 것은?

① 목표(goal)
② 주제(subject)
③ 학습정도(level of learning)
④ 학습방법(method of learning)

학습목적의 3요소
- 목표(Goal)   • 주제(Subject)   • 학습정도(인지, 지각, 이해, 적용)

039 학습된 행동이 지속되는 것을 의미하는 용어는?

① 회상(recall)
② 파지(retention)
③ 재인(recognition)
④ 기명(memorizing)

기억의 과정
- 기억 : 과거의 경험이 어떠한 형태로 미래의 행동에 영향을 주는 작용
- 기명 : 사물의 인상을 마음속에 간직하는 것
- 파지 : 간직, 인상이 보존되는 것
- 재생 : 보존된 인상을 다시 의식으로 떠오르는 것
- 재인 : 과거에 경험했던 것과 같은 비슷한 상태에 부딪쳤을 때 떠오르는 것

040 작업자들에게 적성검사를 실시하는 가장 큰 목적은?

① 작업자의 협조를 얻기 위함
② 작업자의 인간관계 개선을 위함
③ 작업자의 생산능률을 높이기 위함
④ 작업자의 업무량을 최대로 할당하기 위함

적성검사란 교육이나 훈련을 받기 전에 잠재적으로 소유하고 있는 능력 검사의 일종으로 특정 분야의 교육훈련 또는 직업과 관련되는 활동을 성공적으로 수행하는데 필요한 특수능력의 소유 정도를 측정하기 위해 설계된 검사이다.

제 03 과목 인간공학 및 시스템 안전공학

041 인간공학적 수공구 설계원칙이 아닌 것은?

① 손목을 곧게 유지할 것
② 반복적인 손가락 동작을 피할 것
③ 손잡이 접촉 면적을 작게 설계할 것
④ 조직(tissue)에 가해지는 압력을 피할 것

손잡이는 손바닥과 닿는 면적이 넓게 설계하여야 한다. 즉, 힘을 보다 넓은 면적에 골고루 분포시키고, 특히 손가락 중에 덜 민감한 엄지와 검지에 힘을 받도록 만든다.

042 NIOSH 지침에서 최대 허용한계(MPL)는 활동한계(AL)의 몇 배인가?

① 1배　　　　　　　　② 3배
③ 5배　　　　　　　　④ 9배

NIOSH 지침에 따르면 최대허용무게(MPL, Maximum Permissible Limit)는 안전작업무게(AL, Action Limit)의 3배이며 들기작업을 할 때 요추 디스크에 650kg 이상의 인간공학적 부하가 부과되는 작업물의 무게를 말한다.

043 FMEA의 특징에 대한 설명으로 틀린 것은?

① 서브시스템 분석 시 FTA보다 효과적이다.
② 양식이 비교적 간단하고 적은 노력으로 특별한 훈련 없이 해석이 가능하다.
③ 시스템 해석기법은 정성적·귀납적 분석법 등에 사용된다.
④ 각 요소간 영향 해석이 어려워 2가지 이상 동시 고장은 해석이 곤란하다.

해설

FTA는 하나의 특정 사고나 주요 시스템 고장에 초점을 맞춘 연역적인 기법으로 사건의 원인을 결정하는 방법을 제공한다. 따라서, 서브시스템 분석 시 FMEA보다 FTA가 효과적인 수단이 된다.

044 인간공학에 대한 설명으로 틀린 것은?

① 제품의 설계 시 사용자를 고려한다.
② 환경과 사람이 격리된 존재가 아님을 인식한다.
③ 인간공학의 목표는 기능적 효과, 효율 및 인간 가치를 향상시키는 것이다.
④ 인간의 능력 및 한계에는 개인차가 없다고 인지한다.

해설

인간의 능력 및 한계에는 개인차가 있다고 전제하고 있다.

045 인간-기계시스템에서의 여러 가지 인간에러와 그것으로 인해 생길 수 있는 위험성의 예측과 개선을 위한 기법은?

① PHA
② FHA
③ OHA
④ THERP

해설

THERP(Technique for Human Error Rate Prediction)의 특징
- 인간-기계시스템(system)에서 여러 가지의 인간의 에러와 이에 의해 발생할 수 있는 위험성의 예측과 개선을 위한 기법
- 인간의 과오를 정량적으로 평가하기 위하여 개발된 기법
- 가지처럼 갈라지는 형태의 논리구조와 나무 형태의 그래프를 이용

046 개선의 ECRS의 원칙에 해당하지 않는 것은?

① 제거(Eliminate)
② 결합(Combine)
③ 재조정(Rearrange)
④ 안전(Safety)

해설

작업위험 분석방법(E.C.R.S) : 제거(Eliminate), 결합(Combine), 재조정(Rearrange), 단순화(Simplify)

047 표시장치로부터 정보를 얻어 조종장치를 통해 기계를 통제하는 시스템은?

① 수동 시스템
② 무인 시스템
③ 반자동 시스템
④ 자동 시스템

해설

인간 기계 통합체계의 유형
- 수동 체계 : 사용자의 조작, 융통성(예 : 장인과 공구)
- 기계화 체계(반자동 체계) : 운전자의 조작, 융통성 없음(예 : 엔진, 자동차, 공작기계)
- 자동 체계 : 인간의 역할은 감시, 프로그램, 정비유지(예 : 자동화된 공장, 컴퓨터)

048 Q10 효과에 직접적인 영향을 미치는 인자는?

① 고온 스트레스
② 한랭한 작업장
③ 중량물의 취급
④ 분진의 다량발생

해설
작업자가 고온 스트레스를 받게 되면 많은 생리적 영향이 나타나게 되며, Q10 효과는 이러한 영향의 대표적인 예이다.

049 결함수분석(FTA)에 의한 재해사례의 연구순서로 옳은 것은?

㉠ FT(Fault Tree)도 작성	㉡ 개선안 실시계획
㉢ 톱 사상의 선정	㉣ 사상마다 재해원인 및 요인 규명
㉤ 개선계획 작성	

① ㉡ → ㉣ → ㉢ → ㉤ → ㉠
② ㉢ → ㉣ → ㉠ → ㉤ → ㉡
③ ㉣ → ㉤ → ㉢ → ㉠ → ㉡
④ ㉤ → ㉢ → ㉡ → ㉠ → ㉣

해설
D.R. Cheriton의 FTA에 의한 재해사례 연구순서
- 1단계 : 톱(Top) 사상의 선정
- 2단계 : 사상의 재해 원인의 규명
- 3단계 : FT도의 작성
- 4단계 : 개선계획의 작성
- 5단계 : 개선안 실시계획

050 물체의 표면에 도달하는 빛의 밀도를 뜻하는 용어는?

① 광도
② 광량
③ 대비
④ 조도

해설
조명(조도)의 단위
- fc(foot-candle) : 1촉광의 점광원으로부터 1foot 떨어진 곡면에 비추는 광의 밀도(1lumen/ft²)
- lux(meter-candle) : 1촉광의 점광원으로부터 1m 떨어진 곡면에 비추는 광의 밀도(1lumen/m²)

051 시각적 표시장치와 청각적 표시장치 중 시각적 표시장치를 선택해야 하는 경우는?

① 메시지가 긴 경우
② 메시지가 후에 재참조되지 않는 경우
③ 직무상 수신자가 자주 움직이는 경우
④ 메시지가 시간적 사상(event)을 다룬 경우

청각장치와 시각장치의 선택(특정 감각의 선택)

구분	청각장치 사용	시각장치 사용
전언	• 전언이 간단하고 짧다.	• 전언이 복잡하고 길다.
재참조	• 전언이 후에 재참조 되지 않는다.	• 전언이 후에 재참조 된다.
사상(Eevent)	• 전언이 즉각적인 사상을 이룬다.	• 전언이 공간적인 위치를 다룬다.
행동 요구	• 전언이 즉각적인 행동을 요구한다.	• 전언이 즉각적인 행동을 요구하지 않는다.
사용시기	• 수신자의 시각계통이 과부하 상태일 때 • 수신 장소가 너무 밝거나 암조응 유지가 필요할 때 • 직무상 수신자가 자주 움직이는 경우	• 수신자가 청각계통이 과부하 상태일 때 • 수신 장소가 너무 시끄러울 때 • 직무상 수신자가 한곳에 머무르는 경우

052 조작과 반응과의 관계, 사용자의 의도와 실제 반응과의 관계, 조종장치와 작동결과에 관한 관계 등 사람들이 기대하는 바와 일치하는 관계가 뜻하는 것은?

① 중복성
② 조직화
③ 양립성
④ 표준화

양립성(Compatibility)
• 개념적 정의 : 정보입력 및 처리와 관련한 양립성은 인간의 기대와 모순되지 않는 자극들간, 반응들간의 또는 자극반응 조합의 관계를 말하는 것
• 양립성의 구분
 – 공간 양립성 : 표시장치나 조종장치에서 물리적 형태나 공간적인 배치의 양립성
 – 운동 양립성 : 표시 및 조종장치 등의 운동 방향의 양립성
 – 개념 양립성 : 사람들이 가지고 있는 개념적 연상(어떤 암호체계에서 청색이 정상을 나타내듯이)의 양립성
 – 양식 양립성 : 기계가 특정 음성에 대해 정해진 반응을 하는 것과 같이 직무에 알맞은 자극과 응답 양식의 존재에 대한 양립성

053 FT도에 사용되는 다음 기호의 명칭은?

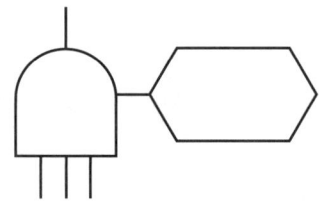

① 억제게이트
② 조합AND게이트
③ 부정게이트
④ 배타적OR게이트

수정기호

명칭	설명	기호
우선적 AND게이트 (priority AND gate, sequential AND gate)	입력사상 중 어떤 사상이 다른 사상보다 앞에 일어났을 때 출력사상이 생긴다.	
조합 AND 게이트 (combination AND gate)	3개 이상의 입력사상 중 어느 것이나 2개가 일어나면 출력이 생긴다.	
위험지속기호 (hazard duration modifier)	입력사상이 생겨 어떤 일정한 시간동안 지속하였을 때 출력이 생긴다. 만약 지속되지 않으면 출력은 생기지 않는다.	
배타적 OR게이트 (exclusive OR gate)	2개 또는 그 이상의 입력이 존재하는 경우에는 출력이 생기지 않는다.	

054 일정한 고장률을 가진 어떤 기계의 고장률이 시간당 0.008 일 때 5시간 이내에 고장을 일으킬 확률은?

① $1 + e^{0.04}$
② $1 - e^{-0.004}$
③ $1 - e^{0.04}$
④ $1 - e^{-0.04}$

$F_{(t)} = 1 - e^{-\lambda t} = 1 - e^{-0.008 \times 5} = 1 - e^{-0.04}$

055 HAZOP 기법에서 사용하는 가이드워드와 그 의미가 틀린 것은?

① Other than : 기타 환경적인 요인
② No/Not : 디자인 의도의 완전한 부정
③ Reverse : 디자인 의도의 논리적 반대
④ More/Less : 정량적인 증가 또는 감소

유인어(Guide Words)

Guide Words	의미
No/Not	설계의도의 완전한 부정
More/Less	양(압력, 반응, Flow Rate, 온도 등)의 증가 또는 감소
As well as	성질상의 증가(설계의도와 운전조건이 어떤 부가적인 행위와 함께 일어남)
Part of	일부변경, 성질상의 감소(어떤 의도는 성취되나 어떤 의도는 성취되지 않음)
Reverse	설계의도의 논리적인 역
Other than	완전한 대체(통상 운전과 다르게 되는 상태)

056 음압수준이 60dB일 때 1000Hz에서 순음의 phon의 값은?

① 50phon ② 60phon
③ 90phon ④ 100phon

Phon : 1000Hz 순음의 음압 수준(dB)을 나타낸다.

057 인간의 오류모형에서 상황해석을 잘못하거나 목표를 잘못 이해하고 착각하여 행하는 경우를 뜻하는 용어는?

① 실수(Slip) ② 착오(Mistake)
③ 건망증(Lapse) ④ 위반(Violation)

인간의 오류모형
- 실수(Slip) : 상황이나 목표의 해석은 정확하나 의도와는 다른 행동을 한 경우
- 위반(Violation) : 알고 있음에도 의도적으로 따르지 않거나 무시한 경우
- 착오(Mistake) : 상황해석을 잘못하거나 목표를 잘못 이해하고 착각하여 행하는 경우
- 건망증(Lapse) : 필요한 행동의 수행을 무심코 놓치는 경우

058 프레스기의 안전장치 수명은 지수분포를 따르며 평균 수명이 1000시간일 때 ㉠, ㉡ 에 알맞은 값은 약 얼마인가?

> ㉠ : 새로 구입한 안전장치가 향후 500시간 동안 고장 없이 작동할 확률
> ㉡ : 이미 1000시간을 사용한 안전장치가 향후 500시간 이상 견딜 확률

① ㉠ : 0.606, ㉡ : 0.606
② ㉠ : 0.606, ㉡ : 0.808
③ ㉠ : 0.808, ㉡ : 0.606
④ ㉠ : 0.808, ㉡ : 0.808

해설
- 평균 수명 1000시간의 새로 구입한 안전장치가 향후 500시간 동안 고장 없이 작동할 확률
  $R_{@}=e^{-\lambda t}=e^{-\frac{t}{t_0}}=e^{-\frac{500}{1000}}=0.606$
- 이미 1000시간을 사용한 안전장치가 향후 500시간 이상 견딜 확률
  $R_{@}=e^{-\lambda t}=e^{-\frac{t}{t_0}}=e^{-\frac{500}{1000}}=0.606$

059 FT도에서 신뢰도는?(단, A발생확률은 0.01, B발생확률은 0.02이다.)

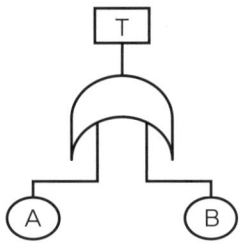

① 96.02%
② 97.02%
③ 98.02%
④ 99.02%

해설
T = (1 - 0.01) × (1 - 0.02) = 0.9702

060 위험성평가 시 위험의 크기를 결정하는 방법이 아닌 것은?

① 덧셈법 ② 곱셈법
③ 뺄셈법 ④ 행렬법

해설
위험성 추정방법
- 행렬(Matrix)법 : 부상 또는 질병의 발생 가능성(빈도)과 중대성(강도)의 정도를 종축과 횡축으로 척도화하여 중대성과 가능성의 정도에 따라 미리 위험성이 할당된 표를 사용해서 위험성을 추정하는 방법. 위험성의 크기는 가능성과 중대성의 조합
- 곱셈법 : 부상 또는 질병의 발생 가능성과 중대성을 일정한 척도에 의해 각각 수치화한 뒤, 이것을 곱셈하여 위험성을 추정하는 방법. 위험성의 크기는 가능성(빈도)과 중대성(강도)의 곱(×)
- 덧셈법 : 부상 또는 질병의 발생 가능성과 중대성(심각성)을 일정한 척도에 의해 각각 추정하여 수치화한 뒤, 이것을 더하여 위험성을 추정하는 방법. 위험성의 크기는 가능성(빈도)과 중대성(강도)의 합(＋)
- 분기법 : 부상 또는 질병의 발생 가능성과 중대성(심각성)을 단계적으로 분기해 가는 방법으로 위험성을 추정하는 방법

제 04 과목 건설시공학

061 기존에 구축된 건축물 가까이에서 건축공사를 실시할 경우 기존 건축물의 지반과 기초를 보강하는 공법은?

① 리버스 서큘레이션 공법 ② 언더피닝 공법
③ 슬러리 월 공법 ④ 탑다운 공법

언더피닝(Under pinning) 공법은 기존 건물 가까이에 건축공사를 할 때 기존(인접) 건물의 지반과 기초를 보강하는 방법으로 2중 널말뚝 공법, 웰 포인트 공법, 약액주입 공법, 차단벽 공법, 현장타설 말뚝 공법, 강재 말뚝 공법 등이 있다.

062 다음은 기성말뚝 세우기에 관한 표준시방서 규정이다. ( ) 안에 순서대로 들어갈 내용으로 옳게 짝지어진 것은?(단, 보기항의 D는 말뚝의 바깥지름 임)

> 말뚝의 연직도나 경사도는 (   ) 이내로 하고, 말뚝박기 후 평면상의 위치가 설계도면의 위치로부터 (   )와 100mm 중 큰 값 이상으로 벗어나지 않아야 한다.

① 1/100, D/4
② 1/100, D/3
③ 1/50, D/4
④ 1/50, D/3

기성말뚝(KCS 11 50 15) 3.2.4 말뚝 세우기
- 말뚝은 설계도서 및 시공계획서에 따라 정확하고 안전하게 세워야 한다.
  - 시공기계는 말뚝이 소정의 위치에 정확하게 설치될 수 있도록 견고한 지반위의 정확한 위치에 설치하여야 한다.
  - 말뚝을 정확하고도 안전하게 세우기 위해서는 정확한 규준틀을 설치하고 중심선 표시를 용이하게 하여야 하며, 말뚝을 세운 후 검측은 직교하는 2방향으로부터 하여야 한다.
  - 말뚝의 연직도나 경사도는 1/50 이내로 하고, 말뚝박기 후 평면상의 위치가 설계도면의 위치로부터 D/4(D는 말뚝의 바깥지름)와 100mm 중 큰 값 이상으로 벗어나지 않아야 한다.

063 철골공사에서 발생하는 용접 결함이 아닌 것은?

① 피트(Pit)
② 블로우 홀(Blow hole)
③ 오버 랩(Over lap)
④ 가우징(Gouging)

용접의 용어설명

종류	설명
스패터(Spatter)	철골용접 중 튀어나오는 슬래그 및 금속입자
비드(Bead)	용착금속이 열상을 이루어 용접된 용접층
밀 스케일(Mill scale)	쇠비늘, 강재가 냉각될 때 표면에 생기는 산화철의 표피(녹)
슬래그(Slag)	용접할 때 용착금속 위에 떠 있는 찌꺼기
그루브(Groove)	앞벌림, 접합 부재간의 사이를 트이게 한 것
플럭스(Flux)	자동용접의 경우 용접봉의 피복제 역할로 쓰이는 분말상의 재료
엔드 탭(End tab)	용접의 시작과 끝 부분에 임시로 붙이는 보조판
아크 스트라이크(Arc strike)	용접을 시작할 때 용접봉을 순간적으로 모재에 접촉시켜 아크를 발생시키는 것
가스 가우징(Gas gousing)	홈을 파기 위한 목적으로 한 화구로서 산소아세틸렌불꽃을 이용하여 녹여 깎은 재의 뒷부분을 깨끗이 깎는 것

루트(Root)	용접 이음부의 홈 아래 부분
위빙(Weaving)	용접봉을 용접방향에 대하여 가로로 왔다갔다 움직여 용착 금속을 녹여붙이는 것, 위빙 폭은 용접봉 지름의 3배 이하

064 원심력 고강도 프리스트레스트 콘크리트말뚝의 이음방법 중 가장 강성이 우수하고 안전하여 많이 사용하는 이음방법은?

① 충전식이음
② 볼트식이음
③ 용접식이음
④ 강관말뚝이음

해설

용접이음은 다른 이음방법에 비해 강성이 우수하고 안전할 뿐 아니라 재료 두께에 제한이 없으며 기밀유지가 용이하다.

065 철근이음의 종류 중 나사를 가지는 슬리브 또는 커플러, 에폭시나 모르타르 또는 용융 금속 등을 충전한 슬리브, 클립이나 편체 등의 보조장치 등을 이용한 것을 무엇이라 하는가?

① 겹침이음
② 가스압접 이음
③ 기계적 이음
④ 용접이음

해설

철근의 이음법
- 겹침이음(Lap splice) : 콘크리트와의 부착력을 이용
- 용접이음 : 일체성이 확보되어 충분한 강도가 보장됨
- 기계적 이음 : 연결재를 이용하는 이음

066 R.C.D(리버스 서큘레이션 드릴)공법의 특징으로 옳지 않은 것은?

① 드릴파이프 직경보다 큰 호박돌이 있는 경우 굴착이 불가하다.
② 깊은 심도까지 굴착이 가능하다.
③ 시공속도가 빠른 장점이 있다.
④ 수상(해상)작업이 불가하다.

해설

RCD(reverse circulation drill) 공법은 리버스 서큘레이션 드릴로 대구경의 구멍을 파고 정수압으로 공벽을 보호하여 철근망을 삽입 후 콘크리트를 타설하여 현장말뚝을 만드는 공법으로 시공속도가 빠르고 유지비가 비교적 경제적으로 케이싱 튜브(casing tube)가 필요치 않으나 정수압 관리가 어렵고 적절하지 못하면 공벽붕괴 원인이 되며 다량의 물이 필요하다. 다량의 물을 필요로 하는 만큼 수상작업에 유리한 공법이다.

067 보강블록공사 시 벽의 철근 배치에 관한 설명으로 옳지 않은 것은?

① 가로근은 배근 상세도에 따라 가공하되, 그 단부는 180°의 갈구리로 구부려 배근한다.
② 블록의 공동에 보강근을 배치하고 콘크리트를 다져 넣기 때문에 세로줄눈은 막힌줄눈으로 하는 것이 좋다.
③ 세로근은 기초 및 테두리보에서 위층의 테두리보까지 잇지 않고 배근하여 그 정착길이는 철근 직경의 40배 이상으로 한다.
④ 벽의 세로근은 구부리지 않고 항상 진동 없이 설치한다.

보강블록공사 시 벽의 철근 배치(KCS 41 34 07 보강 블록공사)
- 벽 세로근
  - 벽의 세로근은 구부리지 않고 항상 진동 없이 설치한다.
  - 세로근은 밑창 콘크리트 윗면에 철근을 배근하기 위한 먹매김을 하여 기초판 철근 위의 정확한 위치에 고정시켜 배근한다.
  - 세로근은 원칙으로 기초 및 테두리보에서 위층의 테두리보까지 잇지 않고 배근하여 그 정착길이는 철근 직경(d)의 40배 이상으로 하며, 상단의 테두리보 등에 적정 연결철물로 세로근을 연결한다.
  - 그라우트 및 모르타르의 세로 피복두께는 20mm 이상으로 한다.
  - 테두리보 위에 쌓는 박공벽의 세로근은 테두리보에 40d 이상 정착하고, 세로근 상단부는 180°의 갈구리를 내어 벽 상부의 보강근에 걸치고 결속선으로 결속한다.
- 벽 가로근
  - 가로근을 블록 조적 중의 소정의 위치에 배근하여 이동하지 않도록 고정한다.
  - 우각부, 역T형 접합부 등에서의 가로근은 세로근을 구속하지 않도록 배근하고 세로근과의 교차부를 결속선으로 결속한다.
  - 가로근은 배근 상세도에 따라 가공하되 그 단부는 180°의 갈구리로 구부려 배근한다. 철근의 피복두께는 20mm 이상으로 하며, 세로근과의 교차부는 모두 결속선으로 결속한다.
  - 모서리에 가로근의 단부는 수평방향으로 구부려서 세로근의 바깥쪽으로 두르고 정착길이는 공사시방서에 정한 바가 없는 한 40d 이상으로 한다.
  - 창 및 출입구 등의 모서리 부분에 가로근의 단부를 수평방향으로 정착할 여유가 없을 때에는 갈구리로 하여 단부 세로근에 걸고 결속선으로 결속한다.
  - 개구부 상하부의 가로근을 양측 벽부에 묻을 때의 정착길이는 40d 이상으로 한다.
  - 가로근은 그와 동등 이상의 유효단면적을 가진 블록보강용 철망으로 대신 사용할 수 있다.
  ※ 일반적으로 세로줄눈은 막힌줄눈으로 하는 것이 원칙이나, 보강블록공사는 통줄눈 쌓기를 한다.

068 철근공사 시 철근의 조립과 관련된 설명으로 옳지 않은 것은?

① 철근이 바른 위치를 확보할 수 있도록 결속선으로 결속하여야 한다.
② 철근은 조립한 다음 장기간 경과한 경우에는 콘크리트의 타설 전에 다시 조립 검사를 하고 청소하여야 한다.
③ 경미한 황갈색의 녹이 발생한 철근은 콘크리트와의 부착이 매우 불량하므로 사용이 불가하다.
④ 철근의 피복두께를 정확하게 확보하기 위해 적절한 간격으로 고임재 및 간격재를 배치하여야 한다.

철근공사(KCS 14 20 11) 3.1.2 철근의 조립
- 철근의 표면에는 부착을 저해하는 흙, 기름 또는 이물질이 없어야 한다. 경미한 황갈색의 녹이 발생한 철근은 일반적으로 콘크리트와의 부착을 해치지 않으므로 사용할 수 있다.

- 철근은 바른 위치에 배치하고, 콘크리트를 타설할 때 움직이지 않도록 충분히 견고하게 조립하여야 한다. 이를 위하여 필요에 따라서 조립용 강재를 사용할 수 있다. 또한 철근이 바른 위치를 확보할 수 있도록 결속선으로 결속하여야 한다.
- 철근의 피복두께를 정확하게 확보하기 위해 적절한 간격으로 고임재 및 간격재를 배치하여야 한다. 고임재와 간격재를 선정하고 배치할 때에는 사용개소의 조건, 이들의 고정 방법 및 철근의 중량, 작업하중 등을 고려할 필요가 있다.
- 일반적으로 널리 사용되는 고임재 및 간격재에는 모르타르 제품, 콘크리트 제품, 강 제품, 플라스틱 제품, 세라믹 제품 등이 있으며, 사용되는 장소, 환경에 따라 적절한 것을 선정할 수 있다.
- 거푸집에 접하는 고임재 및 간격재는 콘크리트 제품 또는 모르타르 제품을 사용하여야 한다.
- 플라스틱 제품은 콘크리트와의 열팽창률의 차이, 부착 및 강도 부족 등의 문제가 있으며, 스테인리스 등의 내식성 금속으로 만든 고임재 및 간격재는 서로 다른 종류의 금속간의 접촉부식 문제 등 불명확한 점이 있으므로 이들을 사용할 경우에는 책임기술자의 승인을 얻어야 한다.
- 철근은 조립이 끝난 후 철근상세도에 맞게 조립되어 있는지를 검사하여야 한다.
- 철근은 조립한 다음 장기간 경과한 경우에는 콘크리트를 타설 전에 다시 조립 검사를 하고 청소하여야 한다.

069 공사계약방식에서 공사실시 방식에 의한 계약제도가 아닌 것은?

① 일식도급
② 분할도급
③ 실비정산보수가산도급
④ 공동도급

공사계약방식
- 공사비 지불방식에 의한 분류 : 단가 계약, 정액 계약, 실비정산 보수가산 계약
- 공사 실시방식에 의한 분류 : 일식도급 계약, 분할도급 계약, 공사별(직종별) 도급 계약

070 알루미늄 거푸집에 관한 설명으로 옳지 않은 것은?

① 경량으로 설치시간이 단축된다.
② 이음매(Joint) 감소로 견출작업이 감소된다.
③ 주요 시공 부위는 내부벽체, 슬래브, 계단실 벽체이며, 슬래브 필러 시스템이 있어서 해체가 간편하다.
④ 녹이 슬지 않는 장점이 있으나 전용횟수가 매우 적다.

알루미늄 거푸집

장점	단점
• 시공정밀도 향상 • 전용횟수가 높아 고층공사 시 경제적 • 합판 및 각재사용을 최소화로 건설폐기물 발생 억제효과 • 재질이 알루미늄으로 100% 회수 가능 • 거푸집 이음매(Joint) 감소로 견출작업 감소 • 콘크리트 표면이 미려	• 자재의 초기 투자비용이 큼 • 자재의 정밀성으로 생산성 저하 • 작업 적용범위의 제한 • 유경험 기능공의 부족

071 철거작업 시 지중장애물 사전조사항목으로 가장 거리가 먼 것은?

① 주변 공사장에 설치된 모든 계측기 확인
② 기존 건축물의 설계도, 시공기록 확인
③ 가스, 수도, 전기 등 공공매설물 확인
④ 시험굴착, 탐사 확인

철거해체공사 사전조사

- 해체대상 구조물 조사
  - 건축물 준공 시 설계도서(도면, 구조계산서 등), 공사기록 등 관련자료 수집 및 분석
  - 구조(철근콘크리트, 철골철근콘크리트조 등)의 특성, 치수, 층수, 건물높이, 기준층면적, 연면적 등
  - 구조물 폭, 층고, 슬래브, 거더, 벽체, 기둥 등의 부재별 배치상태
  - 부재별 치수, 배근상태, 해체 시 주의하여야 할 구조적 취약 부분
  - 해체 시 박락의 우려가 있는 내·외장재의 유무
  - 설비기구, 전기배선, 배관설비 계통의 상세 확인
  - 건축물의 건립년도 및 사용목적
  - 건축물의 노후화 정도, 화재 및 동해의 유무 등 조사
  - 증설, 개축, 보강 등의 구조변경 현황
  - 해체공법의 특성에 따른 낙하물의 비산각도 등의 사전확인
  - 해체물의 집적, 운반방법
  - 잔재위험물 또는 가연물질의 유무
  - 재해경력, 위험물 등 조사 : 해체대상 건축물의 화재, 침수 및 지진 피해 상황과 잔존시설의 위험물, 가연물, 침전물 유무 등을 조사
- 부지상황 및 환경조사
  - 부지 내 공지유무, 해체용 기계 또는 장비의 작업공간, 해체물 임시 보관장소
  - 철거, 이설, 보호해야 할 필요가 있는 공사 현장 주변 매설물 확인 : 해체작업(대형기계 또는 장비사용 등)으로 영향을 미치는 주변 매설물(가스,수도관, 전기, 전화배선, 가공 고압선 유무 등) 조사
  - 접속도로의 폭, 개수 등 도로 상황조사
  - 주변 건축물, 건축물의 용도 및 거주자 현황
  - 전력 및 급배수 시설 조사

072 벽돌쌓기 시 사전준비에 관한 설명으로 옳지 않은 것은?

① 줄기초, 연결보 및 바닥 콘크리트의 쌓기면은 작업 전에 청소하고, 우묵한 곳은 모르타르로 수평지게 고른다.
② 벽돌에 부착된 흙이나 먼지는 깨끗이 제거한다.
③ 모르타르는 지정한 배합으로 하되 시멘트와 모래는 건비빔으로 하고, 사용할 때에는 쌓기에 지장이 없는 유동성이 확보되도록 물을 가하고 충분히 반죽하여 사용한다.
④ 콘크리트 벽돌은 쌓기 직전에 충분한 물축이기를 한다.

벽돌쌓기 시 시전준비(KCS 41 34 02 벽돌공사 3.4.1 준비)

- 줄기초, 연결보 및 바닥 콘크리트의 쌓기면은 작업 전에 청소하고 우묵한 곳은 모르타르로 수평지게 고른다. 그 모르타르가 굳은 다음 접착면은 적절히 물축이기를 하고 벽돌쌓기를 시작한다.

- 붉은 벽돌은 벽돌쌓기 하루 전에 벽돌더미에 물 호스로 충분히 젖게 하여 표면에 습도를 유지한 상태로 준비하고, 더운 하절기에는 벽돌더미에 여러 시간 물뿌리기를 하여 표면이 건조하지 않게 해서 사용한다. 콘크리트 벽돌은 쌓기 직전에 물을 축이지 않는다.
- 벽돌에 부착된 흙이나 먼지는 깨끗이 제거한다.
- 모르타르는 배합과 보강 등에 필요한 자재의 품질 및 수량을 확인한다. 모르타르는 지정한 배합으로 하되 시멘트와 모래는 건비빔으로 하고, 사용할 때에는 쌓기에 지장이 없는 유동성이 확보되도록 물을 가하고 충분히 반죽하여 사용한다.
- 벽돌공사를 하기 전에 바탕점검을 하고 구체 콘크리트에 필요한 정착철물의 정확한 배치, 정착철물이 콘크리트 구체에 견고하게 정착되었는지 여부 등 공사의 착수에 지장이 없는가를 확인한다.
- 벽돌공사와 간섭이 발생될 수 있는 전기, 기계, 소방 배관 등의 위치를 사전에 확인하여 결손되는 부분을 최소화 되게 한다.

073 콘크리트는 신속하게 운반하여 즉시 타설하고, 충분히 다져야 하는데 비비기로부터 타설이 끝날 때까지의 시간은 원칙적으로 얼마를 넘어서면 안 되는가?(단, 외기온도가 25℃ 이상일 경우)

① 1.5시간 ② 2시간
③ 2.5시간 ④ 3시간

콘크리트의 비빔 시작부터 타설 종료까지의 시간의 한도는 외기기온이 25℃ 미만의 경우에는 120분, 25℃ 이상의 경우에는 90분으로 한다. 이상이 생겼을 경우에는 책임기술자의 승인을 받아 변경할 수 있다.

074 피어기초공사에 관한 설명으로 옳지 않은 것은?

① 중량구조물을 설치하는데 있어서 지반이 연약하거나 말뚝으로도 수직지지력이 부족하여 그 시공이 불가능한 경우와 기초지반의 교란을 최소화해야 할 경우에 채용한다.
② 굴착된 흙을 직접 탐사할 수 있고 지지층의 상태를 확인할 수 있다.
③ 진동과 소음이 발생하는 공법이긴 하나 여타 기초형식에 비하여 공기 및 비용이 적게 소요된다.
④ 피어기초를 채용한 국내의 초고층 건축물에는 63빌딩이 있다.

피어기초공사는 75cm 이상의 수직공을 굴착한 뒤 현장에서 콘크리트를 타설하여 구조물의 하중을 지지층에 전달하도록 하는 공법으로 기후의 영향을 받는다. 따라서, 기후가 악조건일 경우 공사기간의 지연에 따라 비용이 증가될 수 있다.

075 다음 각 거푸집에 관한 설명으로 옳은 것은?

① 트래블링 폼(Travelling Form) : 무량판 시공시 2방향으로 된 상자형 기성재 거푸집이다.
② 슬라이딩 폼(Sliding Form) : 수평활동 거푸집이며 거푸집 전체를 그대로 떼어 다음 사용 장소로 이동시켜 사용할 수 있도록 한 거푸집이다.
③ 터널폼(Tunnel Form) : 한 구획 전체의 벽판과 바닥판을 ㄱ자형 또는 ㄷ자형으로 짜서 이동시키는 형태의 기성재 거푸집이다.
④ 워플폼(Waffle Form) : 거푸집 높이는 약 1m이고 하부가 약간 벌어진 원형 철판 거푸집을 요오크(yoke)로 서서히 끌어 올리는 공법으로 Silo 공사 등에 적당하다.

- 트래블링 폼 : 수평으로 연속된 구조물에 적용되며 해체 및 이동에 편리하도록 제작된 이동식 거푸집공법이다.
- 슬라이딩 폼 : 수평, 수직적으로 반복된 구조물을 시공이음 없이 균일한 형상으로 시공하기 위하여 요크(yoke), 로드(rod), 유압잭(jack)을 이용하여 거푸집을 연속적으로 이동시키면서 콘크리트를 타설할 수 있는 시스템 거푸집을 말한다.
- 워플 폼 : 무량판, 평판구조의 장스팬 구조물에 유리하며 층 높이를 낮게 하는 방법의 특수상자 모양의 기성재 거푸집을 말한다.

076 강구조물 부재 제작 시 마킹(금긋기)에 관한 설명으로 옳지 않은 것은?

① 주요부재의 강판에 마킹할 때에는 펀치(punch) 등을 사용하여야 한다.
② 강판 위에 주요부재를 마킹할 때에는 주된 응력의 방향과 압연 방향을 일치시켜야 한다.
③ 마킹할 때에는 구조물이 완성된 후에 구조물의 부재로서 남을 곳에는 원칙적으로 강판에 상처를 내어서는 안 된다.
④ 마킹 시 용접열에 의한 수축 여유를 고려하여 최종 교정, 다듬질 후 정확한 치수를 확보할 수 있도록 조치해야 한다.

마킹(금긋기)-강구조공사 표준시방서(KCS 14 31 10 제작)
- 강판 위에 주요부재를 마킹 할 때에는 주된 응력의 방향과 압연 방향을 일치시켜야 한다(품질관리 구분 토목구조물 '나', '다'는 제외).
- 마킹을 할 때에는 구조물이 완성된 후에 구조물의 부재로서 남을 곳에는 원칙적으로 강판에 상처를 내어서는 안 된다. 특히, 고강도강 및 휨 가공하는 연강의 표면에는 펀치, 정 등에 의한 흔적을 남겨서는 안 된다. 다만 절단, 구멍뚫기, 용접 등으로 제거되는 경우에는 무방하다.
- 주요부재의 강판에 마킹할 때에는 펀치(punch) 등을 사용하지 않아야 한다.
- 마킹 시 용접열에 의한 수축 여유를 고려하여 최종 교정, 다듬질 후 정확한 치수를 확보할 수 있도록 조치해야 한다.
- 마킹검사는 띠철이나 형판 또는 자동가공기(CNC)를 사용하여 정확히 마킹되었는가를 확인하고 재질, 모양, 치수 등에 대한 검토와 마킹이 현도에 의한 띠철, 형판대로 되어 있는가를 검사해야 한다.
- 강재의 마킹
    - 강판에는 공사번호와 현도 목록에 따른 정리번호를 기재해야 한다.
    - 강판 절단이나 형강 절단 등, 외형 절단을 선행하는 부재는 미리 부재 모양별로 마킹 기준을 정해야 한다.
- 형강의 기준선은 형강을 절단 등의 가공 작업 시에 가공 치수 기입을 위하여 사용한다.

077 건축공사 시 각종 분할도급의 장점에 관한 설명으로 옳지 않은 것은?

① 전문공종별 분할도급은 설비업자의 자본, 기술이 강화되어 능률이 향상된다.
② 공정별 분할도급은 후속공사를 다른 업자로 바꾸거나 후속공사 금액의 결정이 용이하다.
③ 공구별 분할도급은 중소업자에 균등기회를 주고, 업자 상호간 경쟁으로 공사기일 단축, 시공기술향상에 유리하다.
④ 직종별, 공종별 분할도급은 전문직종으로 분할하여 도급을 주는 것으로 건축주의 의도를 철저하게 반영시킬 수 있다.

분할도급
- 전문공종별 분할도급
    - 시설공사 중 설비공사(전기, 난방 등)를 주체공사와 분리하여 계약하는 방식이다.

- 설비업자의 자본, 기술이 강화되고 복잡한 공사 내용이 전문화되므로 건축주와 시공자와의 의사소통이 원활하며 건축주가 신뢰하는 전문업자를 선택할 수 있다.
- 전체 관리가 곤란하므로 각 공사의 연락조정이 비교적 복잡하고 가설 및 시공 기계의 설치가 중복되어 공사비가 증대될 우려가 있다.
• 공정별 분할도급
  - 정지, 기초, 구체, 마무리 공사 등의 시공과정별로 나누어 도급하는 방식이다.
  - 후속공사를 다른 업자로 바꾸거나 후속 공사금액의 결정이 곤란하며 업자에 대한 불만이 있어도 변경하기 어렵다.
• 공구별 분할도급
  - 대규모 공사에서 지역별로 공사를 분리하여 발주하는 방식이다.
  - 중소업자에게 균등한 기회를 주고 업자 상호간의 경쟁으로 공사기일을 단축하며 시공기술의 향상에 유리하다.
• 직종별 공종별 분할도급
  - 전문직별 또는 각 공종별로 세분하여 도급하는 방식이다.
  - 전문직종을 통해 건축주의 의도를 정확하게 반영할 수 있지만, 현장관리가 번잡하고, 공사비가 증대될 수 있다.

078 두께 110mm의 일반구조용 압연강재 SS275의 항복강도(fy) 기준값은?

① 275 MPa 이상
② 265 MPa 이상
③ 245 MPa 이상
④ 235 MPa 이상

일반구조용 압연강재의 기계적 성질(KS D 3503)

종류의 기호	항복점 또는 항복강도(N/mm²)				인장강도 (N/mm²)
	강재의 두께(mm)				
	16 이하	16 초과 40 이하	40 초과 100 이하	100 초과	
SS235	235 이상	225 이상	205 이상	195 이상	330~450
SS275	275 이상	265 이상	245 이상	235 이상	410~550
SS315	315 이상	305 이상	275 이상	275 이상	490~630
SS410	410 이상	400 이상	–	–	540 이상
SS450	450 이상	440 이상	–	–	590 이상
SS550	550 이상	540 이상	–	–	690 이상

079 건설사업이 대규모화, 고도화, 다양화, 전문화되어감에 따라 종래의 단순 기술에 의한 시공만이 아닌 고부가가치를 추구하기 위하여 업무영역의 확대를 의미하는 것은?

① BTL   ② EC
③ BOT   ④ SOC

건설산업의 종합화(Engineering Constructor화) : 단순시공 이외의 개발 컨설팅, 인테리어, 부동산임대사업, 투자제안사업 등 다양한 분야를 접목함으로써 건설산업의 고부가가치화를 추구하는 것을 말한다.

080 콘크리트 공사 시 시공이음에 관한 설명으로 옳지 않은 것은?

① 시공이음은 될 수 있는 대로 전단력이 작은 위치에 설치하고, 부재의 압축력이 작용하는 방향과 직각이 되도록 하는 것이 원칙이다.
② 외부의 염분에 의한 피해를 받을 우려가 있는 해양 및 항만 콘크리트 구조물 등에 있어서는 시공이음부를 최대한 많이 설치하는 것이 좋다.
③ 이음부의 시공에 있어서는 설계에 정해져 있는 이음의 위치와 구조는 지켜져야 한다.
④ 수밀을 요하는 콘크리트에 있어서는 소요의 수밀성이 얻어지도록 적절한 간격으로 시공이음부를 두어야 한다.

콘크리트 공사 시 시공이음(KCS 14 20 10 : 2021 일반콘크리트 3.6.1 일반사항)
- 시공이음은 될 수 있는 대로 전단력이 작은 위치에 설치하고, 부재의 압축력이 작용하는 방향과 직각이 되도록 한다.
- 부득이 전단이 큰 위치에 시공이음을 설치할 경우에는 시공이음에 장부 또는 홈을 두거나 적절한 강재를 배치하여 보강하여야 한다.
- 이음부의 시공에 있어서는 설계에 정해져 있는 이음의 위치와 구조는 지켜져야 한다. 설계에 정해져 있지 않은 이음을 설치할 경우에는 구조물의 강도, 내구성, 수밀성 및 외관을 해치지 않도록 시공계획서에 정해진 위치, 방향 및 시공 방법을 준수한다.
- 외부의 염분에 의한 피해를 받을 우려가 있는 해양 및 항만 콘크리트 구조물 등에 있어서는 시공이음부를 되도록 두지 않는다. 부득이 시공이음부를 설치할 경우에는 만조위로부터 위로 0.6m와 간조위로부터 아래로 0.6m 사이인 감조부 부분을 피하여야 한다.
- 수밀을 요하는 콘크리트에 있어서는 소요의 수밀성이 얻어지도록 적절한 간격으로 시공이음부를 두어야 한다.

제 05 과목 건설재료학

081 건축재료의 성질을 물리적 성질과 역학적 성질로 구분할 때 물체의 운동에 관한 성질인 역학적 성질에 속하지 않는 항목은?

① 비중　　　　　　　　　　② 탄성
③ 강성　　　　　　　　　　④ 소성

- 역학적 성질 : 탄성, 소성, 강도, 강성, 인성, 허용응력도 등
- 물리적 성질 : 비중, 경도, 피로, 열, 음, 광, 수분에 대한 성질

082 강재(鋼材)의 일반적인 성질에 관한 설명으로 옳지 않은 것은?

① 열과 전기의 양도체이다.
② 광택을 가지고 있으며, 빛에 불투명하다.
③ 경도가 높고 내마멸성이 크다.
④ 전성이 일부 있으나 소성변형능력은 없다.

해설
소성변형이란 탄성변형의 반대 개념으로 재질에 가해진 하중이 제거되더라도 재료가 가지고 있는 원래의 모양으로 되돌아가지 않는 변형을 유지하는 상태로 금속재료의 경우 소성변형능력을 갖고 있다.

083 콘크리트 혼화재 중 하나인 플라이애시가 콘크리트에 미치는 작용에 관한 설명으로 옳지 않은 것은?
① 내황산염에 대한 저항성을 증가시키기 위하여 사용한다.
② 콘크리트 수화초기시의 발열량을 감소시키고 장기적으로 시멘트의 석회와 결합하여 장기강도를 증진시키는 효과가 있다.
③ 입자가 구형이므로 유동성이 증가되어 단위수량을 감소시키므로 콘크리트의 워커빌리티의 개선, 압송성을 향상시킨다.
④ 알칼리골재반응에 의한 팽창을 증가시키고 콘크리트의 수밀성을 약화시킨다.

해설
알칼리골재 반응이란 시멘트의 알칼리 금속이온(Na, K)과 수산이온이 실리카(Silica) 사이에서 반응하여 수분을 계속 흡수, 팽창하는 현상을 말하며, 이를 방지하기 위해 플라이애시를 사용한다.

084 대리석의 일종으로 다공질이며 황갈색의 반문이 있고 갈면 광택이 나서 우아한 실내장식에 사용되는 것은?
① 테라죠
② 트래버틴
③ 석면
④ 점판암

해설
트래버틴(Travertine)은 탄산석회($CaCO_3$)를 포함한 대리석의 한 종류로 물에 침전되어 생성된 것이다. 다공질이며, 황갈색의 반문이 있고 광택이 우수하여 실내장식용으로 사용된다.

085 비스페놀과 에피클로로히드린의 반응으로 얻어지며 주제와 경화제로 이루어진 2성분계의 접착제로서 금속, 플라스틱, 도자기, 유리 및 콘크리트 등의 접합에 널리 사용되는 접착제는?
① 실리콘수지 접착제
② 에폭시수지 접착제
③ 비닐수지 접착제
④ 아크릴수지 접착제

해설
에폭시수지 접착제
• 비스페놀과 에피클로로하이드린의 반응에 의해 얻을 수 있다.
• 경화제와 반응하여 3차원적 가교구조를 이루는 고분자 물질로 전환되는 열경화성수지이다.
• 내수성, 내습성, 전기절연성이 우수하다.
• 접착성이 아주 우수하며 금속, 유리, 플라스틱, 도자기, 목재, 고무 등에 탁월한 접착성을 갖는다.

086 외부에 노출되는 마감용 벽돌로써 벽돌면의 색깔, 형태, 표면의 질감 등의 효과를 얻기 위한 것은?

① 광재벽돌
② 내화벽돌
③ 치장벽돌
④ 포도벽돌

해설

치장벽돌이란 외장에 사용하는 평판형의 벽돌로, 유약을 사용하지 않고 바탕에 착색을 하든가, 불투명, 무광택의 착색제를 입힌 것을 말한다. 구조역할은 하지 않고 입면디자인 효과를 위해 사용한다.

087 콘크리트의 블리딩 현상에 의한 성능저하와 가장 거리가 먼 것은?

① 골재와 페이스트의 부착력 저하
② 철근과 페이스트의 부착력 저하
③ 콘크리트의 수밀성 저하
④ 콘크리트의 응결성 저하

해설

블리딩(Bleeding) 현상
- 콘크리트 타설 후 시멘트, 골재입자 등의 비중차에 의한 침하에 의해 물이 분리 상승되어 표면에 떠오르는 현상(부착 저해로 수밀성, 내구성 저하)
- 블리딩 현상의 방지책
  - 단위 수량을 가능한 적게 하고, 된비빔 콘크리트를 타설
  - 작은 입자를 적당하게 포함하고 있는 잔골재를 사용
  - AE제, AE감수제, 고성능 감수제(포졸란 등)을 사용
  - 분말도가 높은 시멘트 사용

088 직사각형으로 자른 얇은 나뭇조각을 서로 직각으로 겹쳐지게 배열하고 방수성 수지로 강하게 압축 가공한 보드는?

① O.S.B
② M.D.F
③ 플로어링블록
④ 시멘트 사이딩

해설

OSB 합판(Oriented Strand Board)은 일정 크기의 나무 입자를 방수성 수지와 함께 압착하여 만든 인공 판재로 강도와 안정성을 극대화시킨 제품이다.

089 발포제로서 보드상으로 성형하여 단열재로 널리 사용되며 천장재, 전기용품, 냉장고 내부상자 등으로 쓰이는 열가소성 수지는?

① 폴리스티렌수지
② 폴리에스테르수지
③ 멜라민수지
④ 메타크릴수지

폴리스티렌(Polystyrene) 수지
- 무색투명하고 착색하기 쉽다.
- 전기적 특성, 내화학성, 가공성이 우수하다.
- 단열재로 널리 사용되며 건축물 천장재, 블라인드 등에 쓰인다.

090 블로운 아스팔트의 내열성, 내한성 등을 개량하기 위해 동물섬유나 식물섬유를 혼합하여 유동성을 증대시킨 것은?

① 아스팔트 펠트(Asphalt felt)
② 아스팔트 루핑(Asphalt roofing)
③ 아스팔트 프라이머(Asphalt primer)
④ 아스팔트 컴파운드(Asphalt compound)

아스팔트 컴파운드(Asphalt compound) : 컴파운드 아스팔트 및 아스팔트 프라이머의 원료로 반고체 상태로 응집력이 크고 온도에 의한 변화가 적고 용해점이 높아 건축의 방수공사에 사용되며, 연화점이 높고 양질이며 가장 많이 사용된다.

091 목모시멘트판을 보다 향상시킨 것으로서 폐기목재의 삭편을 화학처리하여 비교적 두꺼운 판 또는 공동블록 등으로 제작하여 마루, 지붕, 천장, 벽 등의 구조체에 사용되는 것은?

① 펄라이트시멘트판
② 후형슬레이트
③ 석면슬레이트
④ 듀리졸(durisol)

목모시멘트판은 목재의 단열성과 경량의 특성에 시멘트의 난연성을 조합한 재료이며, 여기에 폐기목재의 삭편을 화학처리하여 만든 제품이 듀리졸(durisol)이다.

092 역청재료의 침입도 시험에서 질량 100g의 표준침이 5초 동안에 10mm 관입했다면 이 재료의 침입도는 얼마인가?

① 1
② 10
③ 100
④ 1000

침입도란 역청질 재료의 반죽질기(consistency)를 표시한 것으로서 온도가 25℃인 시료를 용기 내에 넣고 100g의 표준침을 낙하시켜 5초 동안 관입하는 깊이를 말하며, 관입깊이 0.1mm를 침입도 1이라 한다.

∴ 침입도 $= \dfrac{10mm}{0.1mm} = 100$

093 지름이 18mm인 강봉을 대상으로 인장시험을 행하여 항복하중 27kN, 최대하중 41kN을 얻었다. 이 강봉의 인장강도는?

① 약 106.3 MPa ② 약 133.9 MPa
③ 약 161.1 MPa ④ 약 182.3 MPa

$$f_t = f_{SP} = \frac{P}{A} = \frac{P}{\pi r^2} = \frac{41000}{\pi \times 9^2} = 161.1$$

094 열경화성 수지에 해당하지 않는 것은?

① 염화비닐 수지 ② 페놀 수지
③ 멜라민 수지   ④ 에폭시 수지

열경화성수지 : 고형상에 열을 가하여도 연화되지 않는 수지(축합반응에 의하여 합성시킨 고분자물질)

분류	수지(약호)	용도
열경화성	페놀수지	적층품(판), 성형품
	우레아수지	접착제, 섬유, 종이 가공품
	멜라민수지	화장판, 도료
	알키드수지	도료
	불포화 폴리에스테르수지	FRP(성형품, 판)
	에폭시수지	도료, 접착제, 절연재
	규소수지	성형품(내열, 절연), 오일, 고무
	폴리우레탄수지	발포제, 합성피혁, 접착제

095 자기질 점토제품에 관한 설명으로 옳지 않은 것은?

① 조직이 치밀하지만, 도기나 석기에 비하여 강도 및 경도가 약한 편이다.
② 1230~1460℃ 정도의 고온으로 소성한다.
③ 흡수성이 매우 낮으며, 두드리면 금속성의 맑은소리가 난다.
④ 제품으로는 타일 및 위생도기 등이 있다.

점토 소성 제품의 분류

구분	토기	도기	석기	자기
소성온도	790~1000℃	1100~1230℃	1160~1350℃	1230~1460℃
흡수율	20% 이상	10% 내외	3~10%	1% 이하

색상	유색, 백색	유색, 백색	유색	백색
특성	저급원료, 취약함	다공질, 탁음, 유약사용	유약을 사용하지 않으며 식염수 사용	금속성 청음
용도	기와, 적벽돌, 토관	내장타일, 테라코타	외장·바닥타일, 클링커 타일	고급타일, 모자이크 타일, 위생도기

096 접착제를 동물질 접착제와 식물질 접착제로 분류할 때 동물질 접착제에 해당되지 않는 것은?

① 아교
② 덱스트린 접착제
③ 카세인 접착제
④ 알부민 접착제

동물질 접착제의 종류
- 동물질 아교(動物質 阿膠) : 동물의 가죽, 근육, 뼈 등에서 추출한 것으로 투명에 가깝고 악취가 없고 탄성이 크며, 가열 용해 했을 때 점성이 큰 것이 우수하며 접착력이 크고 취급도 용이하나 내수성이 적은 것이 결점이다.
- 알부민 아교(albumin 阿膠) : 동물질 아교에 비해 접착력 및 내수성은 우수하나 접착시 가열 및 가압을 필요로 한다.
- 카세인(casein) 아교 : 우유에서 지방질을 제거하고 자연 산화시켜, 젖산 또는 염산 등을 넣어 분리 시킨 다음 가열한 후 침전단계를 거쳐 건조시켜 만든 것으로 적당량의 물을 가하면 점성이 있는 풀이 된다. 내수성 및 접착성이 우수하며, 목재의 접착에 사용한다.

097 대규모 지하구조물, 댐 등 매스콘크리트의 수화열에 의한 균열발생을 억제하기 위해 벨라이트의 비율을 중용열포틀랜드시멘트 이상으로 높인 시멘트는?

① 저열포틀랜드시멘트
② 보통포틀랜드시멘트
③ 조강포틀랜드시멘트
④ 내황산염포틀랜드시멘트

저열 포틀랜드 시멘트(4종)
- 수화열이 60cal/g(7일) 이하, 70cal/g(28일) 이하로 중용열시멘트보다 10cal/g 낮아 수화열이 최저인 시멘트로 벨라이트 함유량이 중용열포틀랜드시멘트보다 많다.
- LNG Tank, 댐용 시멘트로서 중용열포틀랜드시멘트와 유사하다.

098 목재의 방부처리법과 가장 거리가 먼 것은?

① 약제도포법
② 표면탄화법
③ 진공탈수법
④ 침지법

목재의 방부처리법에는 표면탄화법, 방부제 바르기, 방부액 침지법, 방부액 주입법(상압 주입법, 가압주입법, 생리적 주입법)이 있다. 특히, 가압주입법은 압력탱크에서 7~12기압 정도의 고기압으로 방부약액을 주입하는 방법으로 방부효과가 크고 내구성이 양호하다.

099 2장 이상의 판유리 등을 나란히 넣고, 그 틈새에 대기압에 가까운 압력의 건조한 공기를 채우고 그 주변을 밀봉·봉착한 것은?

① 열선흡수유리 ② 배강도 유리
③ 강화유리 ④ 복층유리

해설

복층유리 : 방음, 단열을 목적으로 2장의 유리 사이에 공기층을 둔 유리로 전용 스페이서로 2장 이상의 판유리를 일정하게 이격 후 주변을 금속, 봉착 접착제 등으로 밀봉하여 만든다.

100 미장재료의 구성 재료에 관한 설명으로 옳지 않은 것은?

① 부착재료는 마감과 바탕재료를 붙이는 역할을 한다.
② 무기혼화재료는 시공성 향상 등을 위해 첨가된다.
③ 풀재는 강도증진을 위해 첨가된다.
④ 여물재는 균열방지를 위해 첨가된다.

해설

회반죽 바름에서 점착력을 증진시키기 위해 해초풀을 끓여 혼합하여 사용한다.

제 06 과목 건설안전기술

101 10cm 그물코인 방망을 설치한 경우에 망 밑부분에 충돌위험이 있는 바닥면 또는 기계설비와의 수직거리는 얼마 이상이어야 하는가?(단, L(1개의 방망일 때 단변방향길이)=12m, A(장변방향 방망의 지지간격)=6m)

① 10.2m ② 12.2m
③ 14.2m ④ 16.2m

해설

$L>A$, $H_2=0.85L=0.85\times 12=10.2m$
$L<A$, $H_2=\dfrac{0.85}{4}(L+3A)$

102 비계의 높이가 2m 이상인 작업장소에 작업발판을 설치할 때 그 폭은 최소 얼마 이상이어야 하는가?

① 30cm ② 40cm
③ 50cm ④ 60cm

해설

산업안전보건기준에 관한 규칙 제56조(작업발판의 구조) 사업주는 비계(달비계, 달대비계 및 말비계는 제외한다)의 높이가 2미터 이상인 작업장소에 다음 각 호의 기준에 맞는 작업발판을 설치하여야 한다.
1. 발판재료는 작업할 때의 하중을 견딜 수 있도록 견고한 것으로 할 것

2. 작업발판의 폭은 40센티미터 이상으로 하고, 발판재료 간의 틈은 3센티미터 이하로 할 것. 다만, 외줄비계의 경우에는 고용노동부장관이 별도로 정하는 기준에 따른다.
3. 제2호에도 불구하고 선박 및 보트 건조작업의 경우 선박블록 또는 엔진실 등의 좁은 작업공간에 작업발판을 설치하기 위하여 필요하면 작업발판의 폭을 30센티미터 이상으로 할 수 있고, 걸침비계의 경우 강관기둥 때문에 발판재료 간의 틈을 3센티미터 이하로 유지하기 곤란하면 5센티미터 이하로 할 수 있다. 이 경우 그 틈 사이로 물체 등이 떨어질 우려가 있는 곳에는 출입금지 등의 조치를 하여야 한다.
4. 추락의 위험이 있는 장소에는 안전난간을 설치할 것. 다만, 작업의 성질상 안전난간을 설치하는 것이 곤란한 경우, 작업의 필요상 임시로 안전난간을 해체할 때에 추락방호망을 설치하거나 근로자로 하여금 안전대를 사용하도록 하는 등 추락위험 방지 조치를 한 경우에는 그러하지 아니하다.
5. 작업발판의 지지물은 하중에 의하여 파괴될 우려가 없는 것을 사용할 것
6. 작업발판재료는 뒤집히거나 떨어지지 않도록 둘 이상의 지지물에 연결하거나 고정시킬 것
7. 작업발판을 작업에 따라 이동시킬 경우에는 위험 방지에 필요한 조치를 할 것

103 크레인의 와이어로프가 감기면서 붐 상단까지 후크가 따라 올라올 때 더 이상 감기지 않도록 하여 크레인 작동을 자동으로 정지시키는 안전장치로 옳은 것은?

① 권과방지장치
② 후크해지장치
③ 과부하방지장치
④ 속도조절기

권과방지장치
- 권과를 방지하기 위하여 자동적으로 전동기용 동력을 차단하고 작동을 제동하는 기능을 가질 것
- 훅 등 달기기구의 상부(해당 달기기구의 권상용 시브를 포함)와 이에 접촉할 우려가 있는 시브(경사진 시브는 제외) 및 트롤리프레임 등의 하부와의 간격이 0.25m 이상(직동식 권과방지장치는 0.05m 이상) 되도록 조정할 수 있는 구조일 것
- 용이하게 점검할 수 있는 구조일 것

104 터널공사 시 자동경보장치가 설치된 경우에 이 자동경보장치에 대하여 당일 작업시작 전 점검하고 이상을 발견하면 즉시 보수하여야 하는 사항이 아닌 것은?

① 계기의 이상 유무
② 검지부의 이상 유무
③ 경보장치의 작동 상태
④ 환기 또는 조명시설의 이상 유무

산업안전보건기준에 관한 규칙 제350조(인화성 가스의 농도측정 등) ① 사업주는 터널공사 등의 건설작업을 할 때에 인화성 가스가 발생할 위험이 있는 경우에는 폭발이나 화재를 예방하기 위하여 인화성 가스의 농도를 측정할 담당자를 지명하고, 그 작업을 시작하기 전에 가스가 발생할 위험이 있는 장소에 대하여 그 인화성 가스의 농도를 측정하여야 한다.
② 사업주는 제1항에 따라 측정한 결과 인화성 가스가 존재하여 폭발이나 화재가 발생할 위험이 있는 경우에는 인화성 가스 농도의 이상 상승을 조기에 파악하기 위하여 그 장소에 자동경보장치를 설치하여야 한다.
③ 지하철도공사를 시행하는 사업주는 터널굴착[개착식(開鑿式)을 포함한다)] 등으로 인하여 도시가스관이 노출된 경우에 접속부 등 필요한 장소에 자동경보장치를 설치하고, 「도시가스사업법」에 따른 해당 도시가스사업자와 합동으로 정기적 순회 점검을 하여야 한다.
④ 사업주는 제2항 및 제3항에 따른 자동경보장치에 대하여 당일 작업 시작 전 다음 각 호의 사항을 점검하고 이상을 발견하면 즉시 보수하여야 한다.
1. 계기의 이상 유무
2. 검지부의 이상 유무
3. 경보장치의 작동상태

105 달비계의 구조에서 달비계 작업발판의 폭과 틈새기준으로 옳은 것은?

① 작업발판의 폭 30cm 이상, 틈새 3cm 이하
② 작업발판의 폭 40cm 이상, 틈새 3cm 이하
③ 작업발판의 폭 30cm 이상, 틈새 없도록 할 것
④ 작업발판의 폭 40cm 이상, 틈새 없도록 할 것

달비계 작업발판(산업안전보건기준에 관한 규칙 제63조)
- 작업발판은 폭을 40센티미터 이상으로 하고 틈새가 없도록 할 것
- 작업발판의 재료는 뒤집히거나 떨어지지 않도록 비계의 보 등에 연결하거나 고정시킬 것
- 비계가 흔들리거나 뒤집히는 것을 방지하기 위하여 비계의 보·작업발판 등에 버팀을 설치하는 등 필요한 조치를 할 것

106 강관을 사용하여 비계를 구성하는 경우의 준수사항으로 옳지 않은 것은?

① 비계기둥의 간격은 띠장 방향에서는 1.85미터 이하, 장선(長線) 방향에서는 1.5미터 이하로 할 것
② 띠장 간격은 2.0미터 이하로 할 것
③ 비계기둥 간의 적재하중은 400킬로그램을 초과하지 않도록 할 것
④ 비계기둥의 제일 윗부분으로부터 31미터되는 지점 밑부분의 비계기둥은 3개의 강관으로 묶어 세울 것

산업안전보건기준에 관한 규칙 제60조(강관비계의 구조) 사업주는 강관을 사용하여 비계를 구성하는 경우 다음 각 호의 사항을 준수해야 한다.
1. 비계기둥의 간격은 띠장 방향에서는 1.85미터 이하, 장선(長線) 방향에서는 1.5미터 이하로 할 것. 다만, 다음 각 목의 어느 하나에 해당하는 작업의 경우에는 안전성에 대한 구조검토를 실시하고 조립도를 작성하면 띠장 방향 및 장선 방향으로 각각 2.7미터 이하로 할 수 있다.
  가. 선박 및 보트 건조작업
  나. 그 밖에 장비 반입·반출을 위하여 공간 등을 확보할 필요가 있는 등 작업의 성질상 비계기둥 간격에 관한 기준을 준수하기 곤란한 작업
2. 띠장 간격은 2.0미터 이하로 할 것. 다만, 작업의 성질상 이를 준수하기가 곤란하여 쌍기둥틀 등에 의하여 해당 부분을 보강한 경우에는 그러하지 아니하다.
3. 비계기둥의 제일 윗부분으로부터 31미터되는 지점 밑부분의 비계기둥은 2개의 강관으로 묶어 세울 것. 다만, 브라켓(bracket, 까치발) 등으로 보강하여 2개의 강관으로 묶을 경우 이상의 강도가 유지되는 경우에는 그러하지 아니하다.
4. 비계기둥 간의 적재하중은 400킬로그램을 초과하지 않도록 할 것

107 유해·위험방지 계획서 제출 시 첨부서류에 해당하지 않는 것은?

① 안전관리 조직표
② 전체 공정표
③ 공사현장의 주변현황 및 주변과의 관계를 나타내는 도면
④ 교통처리계획

유해위험방지계획서 첨부서류 (산업안전보건법 시행규칙 별표 10)
- 공사 개요 및 안전보건관리계획
  - 공사 개요서
  - 공사현장의 주변 현황 및 주변과의 관계를 나타내는 도면(매설물 현황을 포함)
  - 건설물, 사용 기계설비 등의 배치를 나타내는 도면
  - 전체 공정표
  - 산업안전보건관리비 사용계획서
  - 안전관리 조직표
  - 재해 발생 위험 시 연락 및 대피방법
- 작업 공사 종류별 유해위험방지계획

108 흙막이 가시설 공사 시 사용되는 각 계측기 설치 목적으로 옳지 않은 것은?

① 지표침하계 – 지표면 침하량 측정
② 수위계 – 지반 내 지하수위의 변화 측정
③ 하중계 – 상부 적재하중 변화 측정
④ 지중경사계 – 인접지반의 수평 변위량 측정

하중계(load cell) : 버팀대 또는 어스앵커에 설치하여 축하중 변화상태를 측정하여 부재의 안정상태 파악 및 원인 규명에 이용

109 건축공사로서 대상액이 5억원 이상 50억원 미만인 경우에 산업안전보건관리비의 비율(가) 및 기초액(나)으로 옳은 것은?

① (가)2.28%, (나)4,325,000원
② (가)2.53%, (나)3,300,000원
③ (가)3.05%, (나)2,975,000원
④ (가)1.59%, (나)2,450,000원

공사종류 및 규모별 산업안전보건관리비 계상기준표

공사종류 \ 구분	대상액 5억원 미만인 경우 적용비율	대상액 5억원 이상 50억원 미만인 경우 적용비율	대상액 5억원 이상 50억원 미만인 경우 기초액	50억원 이상인 경우 적용비율	보건관리자 선임대상 건설공사의 적용비율
건축공사	3.11%	2.28%	4,325,000원	2.37%	2.64%
토목공사	3.15%	2.53%	3,300,000원	2.60%	2.73%
중건설공사	3.64%	3.05%	2,975,000원	3.11%	3.39%
특수건설공사	2.07%	1.59%	2,450,000원	1.64%	1.78%

110 겨울철 공사중인 건축물의 벽체 콘크리트 타설 시 거푸집이 터져서 콘크리트가 쏟아지는 사고가 발생하였다. 이 사고의 발생 원인으로 추정 가능한 사안 중 가장 타당한 것은?

① 진동기를 사용하지 않았다.
② 철근 사용량이 많았다.
③ 콘크리트의 슬럼프가 작았다.
④ 콘크리트의 타설속도가 빨랐다.

콘크리트의 측압이 커지는 조건
- 기온이 낮을수록(대기 중의 습도가 낮을수록)
- 치어붓기 속도가 클수록
- 굵은 콘크리트일수록(물-시멘트비가 클수록, 슬럼프 값이 클수록, 시멘트-물비가 적을수록)
- 콘크리트의 비중이 클수록
- 콘크리트의 다지기가 강할수록
- 철근의 양이 작을수록
- 거푸집의 수밀성이 높을수록
- 거푸집의 수평단면이 클수록(벽 두께가 클수록)
- 거푸집의 강성이 클수록
- 거푸집의 표면이 매끄러울수록
- 생콘크리트의 높이가 높을수록(단, 일정한 높이에 이르면 측압의 증가는 없음)

111 다음은 산업안전보건법령에 따른 투하설비 설치에 관련된 사항이다. (   )안에 들어갈 내용으로 옳은 것은?

> 사업주는 높이가 (   )미터 이상인 장소로부터 물체를 투하하는 때에는 적당한 투하설비를 설치하거나 감시인을 배치하는 등 위험방지를 위하여 필요한 조치를 하여야 한다.

① 1 ② 2
③ 3 ④ 4

산업안전보건기준에 관한 규칙 제15조(투하설비 등) 사업주는 높이가 3미터 이상인 장소로부터 물체를 투하하는 경우 적당한 투하설비를 설치하거나 감시인을 배치하는 등 위험을 방지하기 위하여 필요한 조치를 하여야 한다.

112 작업중이던 미장공이 상부에서 떨어지는 공구에 의해 상해를 입었다면 어느 부분에 대한 결함이 있었겠는가?

① 작업대 설치
② 작업방법
③ 낙하물 방지시설 설치
④ 비계설치

산업안전보건기준에 관한 규칙 제14조(낙하물에 의한 위험의 방지) ① 사업주는 작업장의 바닥, 도로 및 통로 등에서 낙하물이 근로자에게 위험을 미칠 우려가 있는 경우 보호망을 설치하는 등 필요한 조치를 하여야 한다.
② 사업주는 작업으로 인하여 물체가 떨어지거나 날아올 위험이 있는 경우 낙하물 방지망, 수직보호망 또는 방호선반의 설치, 출입금지구역의 설정, 보호구의 착용 등 위험을 방지하기 위하여 필요한 조치를 하여야 한다. 이 경우 낙하물 방지망 및 수직보호망은 「산업표준화법」 제12조에 따른 한국산업표준(이하 "한국산업표준"이라 한다)에서 정하는 성능기준에 적합한 것을 사용하여야 한다.
③ 제2항에 따라 낙하물 방지망 또는 방호선반을 설치하는 경우에는 다음 각 호의 사항을 준수하여야 한다.
1. 높이 10미터 이내마다 설치하고, 내민 길이는 벽면으로부터 2미터 이상으로 할 것
2. 수평면과의 각도는 20도 이상 30도 이하를 유지할 것

113 동력을 사용하는 항타기 또는 항발기의 무너짐을 방지하기 위하여 준수하여야 할 기준으로 옳지 않은 것은?

① 하단 부분은 버팀대·버팀줄로 고정하여 안정시키고, 그 상단 부분은 견고한 버팀·말뚝 또는 철골 등으로 고정시킬 것
② 아웃트리거·받침 등 지지구조물이 미끄러질 우려가 있는 경우에는 말뚝 또는 쐐기 등을 사용하여 해당 지지구조물을 고정시킬 것
③ 궤도 또는 차로 이동하는 항타기 또는 항발기에 대해서는 불시에 이동하는 것을 방지하기 위하여 레일 클램프(rail clamp) 및 쐐기 등으로 고정시킬 것
④ 연약한 지반에 설치하는 경우에는 아웃트리거·받침 등 지지구조물의 침하를 방지하기 위하여 깔판·받침목 등을 사용할 것

한국산업안전보건기준에 관한 규칙 제209조(무너짐의 방지) 사업주는 동력을 사용하는 항타기 또는 항발기에 대하여 무너짐을 방지하기 위하여 다음 각 호의 사항을 준수해야 한다.
1. 연약한 지반에 설치하는 경우에는 아웃트리거·받침 등 지지구조물의 침하를 방지하기 위하여 깔판·받침목 등을 사용할 것
2. 시설 또는 가설물 등에 설치하는 경우에는 그 내력을 확인하고 내력이 부족하면 그 내력을 보강할 것
3. 아웃트리거·받침 등 지지구조물이 미끄러질 우려가 있는 경우에는 말뚝 또는 쐐기 등을 사용하여 해당 지지구조물을 고정시킬 것
4. 궤도 또는 차로 이동하는 항타기 또는 항발기에 대해서는 불시에 이동하는 것을 방지하기 위하여 레일 클램프(rail clamp) 및 쐐기 등으로 고정시킬 것
5. 상단 부분은 버팀대·버팀줄로 고정하여 안정시키고, 그 하단 부분은 견고한 버팀·말뚝 또는 철골 등으로 고정시킬 것

114 토공사에서 성토용 토사의 일반조건으로 옳지 않은 것은?

① 다져진 흙의 전단강도가 크고 압축성이 작을 것
② 함수율이 높은 토사일 것
③ 시공장비의 주행성이 확보될 수 있을 것
④ 필요한 다짐정도를 쉽게 얻을 수 있을 것

성토용으로는 함수율이 25% 미만이 일반적인 조건이다.

115 지반의 종류가 암반 중 풍화암일 경우 굴착면 기울기 기준으로 옳은 것은?

① 1 : 0.3
② 1 : 0.5
③ 1 : 1.0
④ 1 : 1.5

굴착면의 기울기 기준(산업안전보건기준에 관한 규칙 별표 11)

지반의 종류	굴착면의 기울기	지반의 종류	굴착면의 기울기
모래	1 : 1.8	경암	1 : 0.5
연암 및 풍화암	1 : 1.0	그 밖의 흙	1 : 1.2

비고
1. 굴착면의 기울기는 굴착면의 높이에 대한 수평거리의 비율을 말한다.
2. 굴착면의 경사가 달라서 기울기를 계산하기가 곤란한 경우에는 해당 굴착면에 대하여 지반의 종류별 굴착면의 기울기에 따라 붕괴의 위험이 증가하지 않도록 위 표의 지반의 종류별 굴착면의 기울기에 맞게 해당 각 부분의 경사를 유지해야 한다.

116 차량계 건설기계를 사용하는 작업을 할 때에 그 기계가 넘어지거나 굴러떨어짐으로써 근로자가 위험해질 우려가 있는 경우에 필요한 조치로 가장 거리가 먼 것은?

① 지반의 부동침하 방지
② 안전통로 및 조도 확보
③ 유도하는 사람 배치
④ 갓길의 붕괴 방지 및 도로폭의 유지

산업안전보건기준에 관한 규칙 제171조(전도 등의 방지) 사업주는 차량계 하역운반기계등을 사용하는 작업을 할 때에 그 기계가 넘어지거나 굴러떨어짐으로써 근로자에게 위험을 미칠 우려가 있는 경우에는 그 기계를 유도하는 사람(이하 "유도자"라 한다)을 배치하고 지반의 부동침하 및 갓길 붕괴를 방지하기 위한 조치를 해야 한다.

117 파쇄하고자 하는 구조물에 구멍을 천공하여 이 구멍에 가력봉을 삽입하고 가력봉에 유압을 가압하여 천공한 구멍을 확대시킴으로써 구조물을 파쇄하는 공법은?

① 핸드 브레이커(Hand Breaker)공법
② 강구(Steel Ball)공법
③ 마이크로파 공법(Microwave)공법
④ 록잭(Rock Jack)공법

록잭(Rock Jack)공법 : 천공을 확대할 수 있는 쐐기식 용구를 꽂아 파괴시키는 방식으로 철근이 없는 곳에서만 적용할 수 있다.

118 이동식비계 조립 및 사용 시 준수사항으로 옳지 않은 것은?

① 비계의 최상부에서 작업을 하는 경우에는 안전난간을 설치할 것
② 승강용사다리는 견고하게 설치할 것
③ 작업발판은 항상 수평을 유지하고 작업발판 위에서 작업을 위한 거리가 부족할 경우에는 받침대 또는 사다리를 사용할 것
④ 작업발판의 최대적재하중은 250kg을 초과하지 않도록 할 것

산업안전보건기준에 관한 규칙 제68조(이동식비계) 사업주는 이동식비계를 조립하여 작업을 하는 경우에는 다음 각 호의 사항을 준수하여야 한다.
1. 이동식비계의 바퀴에는 뜻밖의 갑작스러운 이동 또는 전도를 방지하기 위하여 브레이크·쐐기 등으로 바퀴를 고정시킨 다음 비계의 일부를 견고한 시설물에 고정하거나 아웃트리거를 설치하는 등 필요한 조치를 할 것
2. 승강용사다리는 견고하게 설치할 것
3. 비계의 최상부에서 작업을 하는 경우에는 안전난간을 설치할 것
4. 작업발판은 항상 수평을 유지하고 작업발판 위에서 안전난간을 딛고 작업을 하거나 받침대 또는 사다리를 사용하여 작업하지 않도록 할 것
5. 작업발판의 최대적재하중은 250킬로그램을 초과하지 않도록 할 것

119 산업안전보건법령에 따른 중량물 취급작업 시 작업 계획서에 포함시켜야 할 사항이 아닌 것은?

① 협착위험을 예방할 수 있는 안전대책
② 감전위험을 예방할 수 있는 안전대책
③ 추락위험을 예방할 수 있는 안전대책
④ 전도위험을 예방할 수 있는 안전대책

중량물의 취급 작업 시 작업계획서 내용(산업안전보건기준에 관한 규칙 별표 4)
• 추락위험을 예방할 수 있는 안전대책
• 낙하위험을 예방할 수 있는 안전대책
• 전도위험을 예방할 수 있는 안전대책
• 협착위험을 예방할 수 있는 안전대책
• 붕괴위험을 예방할 수 있는 안전대책

120 흙막이 지보공을 설치하였을 때에 정기적으로 점검하고 이상을 발견하면 즉시 보수하여야 하는 사항과 거리가 먼 것은?

① 부재의 손상·변형·부식·변위 및 탈락의 유무와 상태
② 부재의 접속부·부착부 및 교차부의 상태
③ 침하의 정도
④ 설계상 부재의 경제성 검토

해설

산업안전보건기준에 관한 규칙 제347조(붕괴 등의 위험 방지) ① 사업주는 흙막이 지보공을 설치하였을 때에는 정기적으로 다음 각 호의 사항을 점검하고 이상을 발견하면 즉시 보수하여야 한다.
1. 부재의 손상·변형·부식·변위 및 탈락의 유무와 상태
2. 버팀대의 긴압(緊壓)의 정도
3. 부재의 접속부·부착부 및 교차부의 상태
4. 침하의 정도

정답 — 2021년 09월 12일 최근 기출문제

001 ④	002 ④	003 ④	004 ④	005 ①	006 ①	007 ③	008 ③	009 ③	010 ②
011 ②	012 ①	013 ③	014 ②	015 ②	016 ④	017 ④	018 ①	019 ④	020 ③
021 ③	022 ②	023 ③	024 ④	025 ②	026 ①	027 ②	028 ④	029 ②	030 ②
031 ③	032 ④	033 ①	034 ①	035 ④	036 ①	037 ④	038 ②	039 ②	040 ③
041 ③	042 ②	043 ①	044 ④	045 ④	046 ④	047 ③	048 ①	049 ②	050 ④
051 ①	052 ③	053 ②	054 ④	055 ①	056 ②	057 ②	058 ①	059 ②	060 ③
061 ②	062 ③	063 ④	064 ②	065 ③	066 ④	067 ②	068 ③	069 ③	070 ④
071 ①	072 ④	073 ①	074 ③	075 ③	076 ①	077 ②	078 ④	079 ②	080 ②
081 ①	082 ④	083 ①	084 ②	085 ②	086 ③	087 ④	088 ①	089 ①	090 ④
091 ④	092 ③	093 ①	094 ①	095 ④	096 ②	097 ①	098 ③	099 ④	100 ③
101 ①	102 ②	103 ①	104 ④	105 ④	106 ④	107 ④	108 ③	109 ①	110 ④
111 ③	112 ③	113 ①	114 ②	115 ③	116 ②	117 ④	118 ③	119 ②	120 ④

2022년 03월 05일 최근 기출문제

제 01 과목 산업안전관리론

001 산업안전보건법령상 안전보건표지의 종류 중 안내표지에 해당되지 않는 것은?

① 금연
② 들것
③ 세안장치
④ 비상용기구

안내표지

401 녹십자 표시	402 응급구호 표지	403 들 것	404 세안장치	405 비상용 기구	406 비상구	407 좌측 비상구	408 우측 비상구

002 산업안전보건법령상 산업안전보건위원회에 관한 사항 중 틀린 것은?

① 근로자위원과 사용자위원은 같은 수로 구성된다.
② 산업안전보건회의의 정기 회의는 위원장이 필요하다고 인정할 때 소집한다.
③ 안전보건교육에 관한 사항은 산업안전보건위원회 심의·의결을 거쳐야 한다.
④ 상시근로자 50인 이상의 자동차 제조업의 경우 산업안전보건위원회를 구성·운영하여야 한다.

산업안전보건법 시행령 제37조(산업안전보건위원회의 회의 등) ① 법 제24조 제3항에 따라 산업안전보건위원회의 회의는 정기회의와 임시회의로 구분하되, 정기회의는 분기마다 산업안전보건위원회의 위원장이 소집하며, 임시회의는 위원장이 필요하다고 인정할 때에 소집한다.
② 회의는 근로자위원 및 사용자위원 각 과반수의 출석으로 개의(開議)하고 출석위원 과반수의 찬성으로 의결한다.
③ 근로자대표, 명예산업안전감독관, 해당 사업의 대표자, 안전관리자 또는 보건관리자는 회의에 출석할 수 없는 경우에는 해당 사업에 종사하는 사람 중에서 1명을 지정하여 위원으로서의 직무를 대리하게 할 수 있다.

003 재해원인 중 간접원인이 아닌 것은?

① 물적 원인 ② 관리적 원인
③ 사회적 원인 ④ 정신적 원인

산업재해의 발생 원인
- 간접원인 : 재해의 가장 깊은 곳에 존재하는 재해원인
  - 기초원인 : 학교 교육적 원인, 관리적 원인
  - 2차원인 : 신체적 원인, 정신적 원인, 안전 교육적 원인, 기술적 원인
- 직접원인(1차원인) : 시간적으로 사고 발생에 가까운 원인
  - 물적원인 : 불안전한 상태(설비 및 환경 등의 불량)
  - 인적원인 : 불안전한 행동

004 산업재해통계업무처리규정상 재해 통계 관련 용어로 (   )에 알맞은 용어는?

> (   )는 근로복지공단의 유족급여가 지급된 사망자 및 근로복지공단에 최초 요양신청서(재진 요양신청이나 전원요양신청서는 제외)를 제출한 재해자 중 요양 승인을 받은 자(산재 미보고 적발 사망자수를 포함)로 통상의 출퇴근으로 발생한 재해는 제외한다.

① 재해자수 ② 사망자수
③ 휴업재해자수 ④ 임금근로자수

재해통계의 산출 방법 및 정의(산업재해통계업무처리규정 제3조)
- 재해율 = (재해자수/산재보험적용근로자수) × 100
- 재해자수 : 근로복지공단의 유족급여가 지급된 사망자 및 근로복지공단에 최초요양신청서(재진 요양신청이나 전원요양신청서는 제외한다)를 제출한 재해자 중 요양승인을 받은자(지방고용노동관서의 산재 미보고 적발 사망자 수를 포함한다)를 말함. 다만, 통상의 출퇴근으로 발생한 재해는 제외함
- 사망만인율 = (사망자수/산재보험적용근로자수) × 10,000
- 사망자수 : 근로복지공단의 유족급여가 지급된 사망자(지방고용노동관서의 산재미보고 적발 사망자를 포함한다)수를 말함. 다만, 사업장 밖의 교통사고(운수업, 음식숙박업은 사업장 밖의 교통사고도 포함) · 체육행사 · 폭력행위 · 통상의 출퇴근에 의한 사망, 사고발생일로부터 1년을 경과하여 사망한 경우는 제외함
- 휴업재해율 = (휴업재해자수 / 임금근로자수) × 100
- 휴업재해자수 : 근로복지공단의 휴업급여를 지급받은 재해자수를 말함. 다만, 질병에 의한 재해와 사업장 밖의 교통사고(운수업, 음식숙박업은 사업장 밖의 교통사고도 포함) · 체육행사 · 폭력행위 · 통상의 출퇴근으로 발생한 재해는 제외함
- 임금근로자수 : 통계청의 경제활동인구조사상 임금근로자수를 말함
- 도수율(빈도율) = 재해건수 / 연근로시간수 × 1,000,000
- 강도율 = (총요양근로손실일수 / 연근로시간수) × 1,000
- 총요양근로손실일수 : 재해자의 총 요양기간을 합산하여 산출하되, 사망, 부상 또는 질병이나 장해자의 등급별 요양근로손실일수는 다음의 표에 따름

구분	사망	신체장해자등급											
		1~3	4	5	6	7	8	9	10	11	12	13	14
근로손실일수(일)	7,500	7,500	5,500	4,000	3,000	2,200	1,500	1,000	600	400	200	100	50

005 시몬즈(Simonds)의 재해손실비의 평가방식 중 비보험 코스트의 산정 항목에 해당하지 않는 것은?

① 사망 사고 건수
② 통원 상해 건수
③ 응급 조치 건수
④ 무상해 사고 건수

산재보험 코스트와 비보험 코스트

- 산재보험 코스트 : 산업재해보상보험법에 의해 보상된 금액과 보험회사의 보상에 관련된 제경비 및 이익금을 합친 금액
- 비보험 코스트 = (휴업상해건수 × A) + (통원상해건수 × B) + (응급조치건수 × C) + (무상해 사고 건수 × D)
  ※ 여기서 A, B, C, D는 장해 정도별에 의한 비보험 코스트의 평균치

006 산업안전보건법령상 용어와 뜻이 바르게 연결된 것은?

① "사업주대표"란 근로자의 과반수를 대표하는 자를 말한다.
② "도급인"이란 건설공사발주자를 포함한 물건의 제조·건설·수리 또는 서비스의 제공, 그 밖의 업무를 도급하는 사업주를 말한다.
③ "안전보건평가"란 산업재해를 예방하기 위하여 잠재적 위험성을 발견하고 그 개선대책을 수립할 목적으로 조사·평가하는 것을 말한다.
④ "산업재해"란 노무를 제공하는 사람이 업무에 관계되는 건설물·설비·원재료·가스·증기·분진 등에 의하거나 작업 또는 그 밖의 업무로 인하여 사망 또는 부상하거나 질병에 걸리는 것을 말한다.

용어의 정의(산업안전보건법 제2조)

- 산업재해 : 노무를 제공하는 사람이 업무에 관계되는 건설물·설비·원재료·가스·증기·분진 등에 의하거나 작업 또는 그 밖의 업무로 인하여 사망 또는 부상하거나 질병에 걸리는 것을 말한다.
- 중대재해 : 산업재해 중 사망 등 재해 정도가 심하거나 다수의 재해자가 발생한 경우로서 고용노동부령으로 정하는 다음의 재해를 말한다.
  − 사망자가 1명 이상 발생한 재해
  − 3개월 이상의 요양이 필요한 부상자가 동시에 2명 이상 발생한 재해
  − 부상자 또는 직업성 질병자가 동시에 10명 이상 발생한 재해
- 근로자대표 : 근로자의 과반수로 조직된 노동조합이 있는 경우에는 그 노동조합을, 근로자의 과반수로 조직된 노동조합이 없는 경우에는 근로자의 과반수를 대표하는 자를 말한다.
- 도급 : 명칭에 관계없이 물건의 제조·건설·수리 또는 서비스의 제공, 그 밖의 업무를 타인에게 맡기는 계약을 말한다.
- 도급인 : 물건의 제조·건설·수리 또는 서비스의 제공, 그 밖의 업무를 도급하는 사업주를 말한다. 다만, 건설공사발주자는 제외한다.
- 수급인 : 도급인으로부터 물건의 제조·건설·수리 또는 서비스의 제공, 그 밖의 업무를 도급받은 사업주를 말한다.
- 관계수급인 : 도급이 여러 단계에 걸쳐 체결된 경우에 각 단계별로 도급받은 사업주 전부를 말한다.
- 건설공사발주자 : 건설공사를 도급하는 자로서 건설공사의 시공을 주도하여 총괄·관리하지 아니하는 자를 말한다. 다만, 도급받은 건설공사를 다시 도급하는 자는 제외한다.
- 안전보건진단 : 산업재해를 예방하기 위하여 잠재적 위험성을 발견하고 그 개선대책을 수립할 목적으로 조사·평가하는 것을 말한다.
- 작업환경측정 : 작업환경 실태를 파악하기 위하여 해당 근로자 또는 작업장에 대하여 사업주가 유해인자에 대한 측정계획을 수립한 후 시료(試料)를 채취하고 분석·평가하는 것을 말한다.

007 재해조사 시 유의사항으로 틀린 것은?

① 피해자에 대한 구급 조치를 우선으로 한다.
② 재해조사 시 2차 재해 예방을 위해 보호구를 착용한다.
③ 재해조사는 재해자의 치료가 끝난 뒤 실시한다.
④ 책임추궁보다는 재발방지를 우선하는 기본태도를 가진다.

재해조사시 유의사항
- 재해장소에 들어갈 때에는 예방과 유해성에 대응하여 해당하는 보호구를 반드시 착용한다.
- 재해발생 후 현장보존에 유의하면서 물적 증거를 수집한다.
- 사실을 수집한다.
- 조사는 신속히 행하고 필요시 긴급조치를 통해 2차 재해의 방지를 도모한다.
- 목격자가 증언하는 객관적 사실 외에는 참고만 한다.
- 공정하게 조사하며 필히 2인 이상이 한다.

008 산업안전보건법령상 상시근로자 20명 이상 50명 미만인 사업장 중 안전보건관리담당자를 선임하여야 하는 업종이 아닌 것은?(단, 안전관리자 및 보건관리자가 선임되지 않은 사업장으로 한다.)

① 임업
② 제조업
③ 건설업
④ 환경 정화 및 복원업

산업안전보건법 시행령 제24조(안전보건관리담당자의 선임 등) ① 다음 각 호의 어느 하나에 해당하는 사업의 사업주는 법 제19조제1항에 따라 상시근로자 20명 이상 50명 미만인 사업장에 안전보건관리담당자를 1명 이상 선임해야 한다.
1. 제조업
2. 임업
3. 하수, 폐수 및 분뇨 처리업
4. 폐기물 수집, 운반, 처리 및 원료 재생업
5. 환경 정화 및 복원업

009 건설기술 진흥법령상 안전관리계획을 수립해야 하는 건설공사에 해당하지 않는 것은?

① 15층 건축물의 리모델링
② 지하 15m를 굴착하는 건설공사
③ 항타 및 항발기가 사용되는 건설공사
④ 높이가 21m인 비계를 사용하는 건설공사

건설기술 진흥법 시행령 제98조(안전관리계획의 수립) ① 법 제62조제1항에 따른 안전관리계획(이하 "안전관리계획"이라 한다)을 수립해야 하는 건설공사는 다음 각 호와 같다. 이 경우 원자력시설공사는 제외하며, 해당 건설공사가 「산업안전보건법」 제42조에 따른 유해위험방지계획을 수립해야 하는 건설공사에 해당하는 경우에는 해당 계획과 안전관리계획을 통합하여 작성할 수 있다.
1. 「시설물의 안전 및 유지관리에 관한 특별법」 제7조제1호 및 제2호에 따른 1종시설물 및 2종시설물의 건설공사(같은 법 제2조제11호에 따른 유지관리를 위한 건설공사는 제외한다)

2. 지하 10미터 이상을 굴착하는 건설공사. 이 경우 굴착 깊이 산정 시 집수정(물저장고), 엘리베이터 피트 및 정화조 등의 굴착 부분은 제외하며, 토지에 높낮이 차가 있는 경우 굴착 깊이의 산정방법은 「건축법 시행령」 제119조제2항을 따른다.
3. 폭발물을 사용하는 건설공사로서 20미터 안에 시설물이 있거나 100미터 안에 사육하는 가축이 있어 해당 건설공사로 인한 영향을 받을 것이 예상되는 건설공사
4. 10층 이상 16층 미만인 건축물의 건설공사
4의2. 다음 각 목의 리모델링 또는 해체공사
    가. 10층 이상인 건축물의 리모델링 또는 해체공사
    나. 「주택법」 제2조제25호다목에 따른 수직증축형 리모델링
5. 「건설기계관리법」 제3조에 따라 등록된 다음 각 목의 어느 하나에 해당하는 건설기계가 사용되는 건설공사
    가. 천공기(높이가 10미터 이상인 것만 해당한다)
    나. 항타 및 항발기
    다. 타워크레인
5의2. 제101조의2제1항 각 호의 가설구조물을 사용하는 건설공사
6. 제1호부터 제4호까지, 제4호의2, 제5호 및 제5호의2의 건설공사 외의 건설공사로서 다음 각 목의 어느 하나에 해당하는 공사
    가. 발주자가 안전관리가 특히 필요하다고 인정하는 건설공사
    나. 해당 지방자치단체의 조례로 정하는 건설공사 중에서 인·허가기관의 장이 안전관리가 특히 필요하다고 인정하는 건설공사

010 다음의 재해에서 기인물과 가해물로 옳은 것은?

> 공구와 자재가 바닥에 어지럽게 널려 있는 작업통로를 작업자가 보행 중 공구에 걸려 넘어져 통로 바닥에 머리를 부딪쳤다.

① 기인물 : 바닥, 가해물 : 공구
② 기인물 : 바닥, 가해물 : 바닥
③ 기인물 : 공구, 가해물 : 바닥
④ 기인물 : 공구, 가해물 : 공구

기인물과 가해물
- 기인물 : 불안전한 상태에 있는 물체(환경 포함)
- 가해물 : 직접 사람에게 접촉되어 위해를 가한 물체

011 보호구 안전인증 고시상 안전인증을 받은 보호구의 표시사항이 아닌 것은?

① 제조자명
② 사용 유효기간
③ 안전인증 번호
④ 규격 또는 등급

안전인증을 받은 보호구의 표시사항(보호구 안전인증 고시 제34조)
- 형식 또는 모델명
- 규격 또는 등급 등
- 제조자명
- 제조번호 및 제조연월
- 안전인증 번호

012 위험예지훈련 진행방법 중 대책수립에 해당하는 단계는?

① 제1라운드 ② 제2라운드
③ 제3라운드 ④ 제4라운드

위험예지 훈련의 기존 4라운드 진행방법
- 1R(현상파악) : 어떤 위험이 잠재하고 있는지 사실을 파악하는 라운드(BS적용)
- 2R(본질추구) : 가장 위험한 요인 (위험 포인트)을 합의로 결정하는 라운드(요약)
- 3R(대책수립) : 구체적인 대책을 수립하는 라운드(BS적용)
- 4R(목표달성- 설정) : 수립한 대책 가운데 질이 높은 항목에 합의하는 라운드(요약)

013 산업안전보건법령상 안전보건관리규정을 작성해야 할 사업의 종류를 모두 고른 것은?(단, ㄱ~ㅁ은 상시근로자 300명 이상의 사업이다.)

ㄱ. 농업	ㄴ. 정보서비스업
ㄷ. 금융 및 보험업	ㄹ. 사회복지 서비스업
ㅁ. 과학 및 기술 연구개발업	

① ㄴ, ㄹ, ㅁ ② ㄱ, ㄴ, ㄷ, ㄹ
③ ㄱ, ㄴ, ㄷ, ㅁ ④ ㄱ, ㄷ, ㄹ, ㅁ

안전보건관리규정을 작성해야 할 사업의 종류 및 상시근로자 수(산업안전보건기준에 관한 규칙 별표 2)

사업의 종류	상시근로자 수
1. 농업 2. 어업 3. 소프트웨어 개발 및 공급업 4. 컴퓨터 프로그래밍, 시스템 통합 및 관리업 5. 정보서비스업 6. 금융 및 보험업 7. 임대업; 부동산 제외 8. 전문, 과학 및 기술 서비스업(연구개발업은 제외한다) 9. 사업지원 서비스업 10. 사회복지 서비스업	300명 이상
11. 제1호부터 제10호까지의 사업을 제외한 사업	100명 이상

014 산업안전보건법령상 중대재해의 범위에 해당하지 않는 것은?

① 사망자가 1명 발생한 재해
② 부상자가 동시에 10명 이상 발생한 재해
③ 2개월 이상의 요양이 필요한 부상자가 동시에 2명 이상 발생한 재해
④ 직업성 질병자가 동시에 10명 이상 발생한 재해

산업안전보건법 시행규칙 제3조(중대재해의 범위) 법 제2조제2호에서 "고용노동부령으로 정하는 재해"란 다음 각 호의 어느 하나에 해당하는 재해를 말한다.
1. 사망자가 1명 이상 발생한 재해
2. 3개월 이상의 요양이 필요한 부상자가 동시에 2명 이상 발생한 재해
3. 부상자 또는 직업성 질병자가 동시에 10명 이상 발생한 재해

015 1000명 이상의 대규모 사업장에서 가장 적합한 안전관리조직의 형태는?

① 경영형
② 라인형
③ 스태프형
④ 라인-스태프형

라인- 스태프형(직계 참모조직)
- 라인형과 스태프형의 장점을 취한 절충식 조직 형태로 안전업무를 전문으로 담당하는 스태프 부분을 두고 생산라인의 각 층에도 겸임 또는 전임의 안전 담당자를 두어서 안전대책은 스태프 부분에서 기획하고, 이것을 라인을 통하여 실시하도록 한 조직 방식이다.
- 대규모의 사업장(1000명 이상)에 효율적이다.
- 스태프에 의해 입안된 것을 경영자의 지침으로 명령·실시하도록 하므로 정확 신속하게 실시된다.
- 안전입안 계획·평가·조사는 스태프에서, 생산기술의 안전대책은 라인에서 실시하므로 안전활동과 생산업무가 균형을 유지할 수 있다.
- 명령계통과 조언 권고적 참여가 혼동되기 쉽다.
- 라인이 스태프에만 의존하거나 또는 활용치 않는 경우가 있다.
- 스태프의 월권행위 우려가 있다.

016 A 사업장의 현황이 다음과 같을 때, A 사업장의 강도율은?

- 상시근로자 : 200명
- 요양재해건수 : 4건
- 사망 : 1명
- 휴업 : 1명(500일)
- 연근로시간 : 2400시간

① 8.33
② 14.53
③ 15.31
④ 16.48

$$강도율 = \frac{총요양근로손실일수}{연근로시간수} \times 10^3 = \frac{7500 + (500 \times \frac{300}{365})}{200 \times 2400} \times 10^3 ≒ 16.48$$

017 산업안전보건법령상 관계수급인 근로자가 도급인의 사업장에서 작업을 하는 경우 건설업 도급인의 작업장 순회점검 주기는?

① 1일에 1회 이상
② 2일에 1회 이상
③ 3일에 1회 이상
④ 7일에 1회 이상

산업안전보건법 시행규칙 제80조(도급사업 시의 안전·보건조치 등) ① 도급인은 법 제64조제1항제2호에 따른 작업장 순회점검을 다음 각 호의 구분에 따라 실시해야 한다.
1. 다음 각 목의 사업 : 2일에 1회 이상
  가. 건설업
  나. 제조업
  다. 토사석 광업
  라. 서적, 잡지 및 기타 인쇄물 출판업
  마. 음악 및 기타 오디오물 출판업
  바. 금속 및 비금속 원료 재생업
2. 제1호 각 목의 사업을 제외한 사업 : 1주일에 1회 이상

018 재해사례연구의 진행단계로 옳은 것은?

ㄱ. 사실의 확인
ㄴ. 대책의 수립
ㄷ. 문제점의 발견
ㄹ. 문제점의 결정
ㅁ. 재해 상황의 파악

① ㄷ → ㅁ → ㄱ → ㄹ → ㄴ
② ㄷ → ㅁ → ㄹ → ㄱ → ㄴ
③ ㅁ → ㄷ → ㄱ → ㄹ → ㄴ
④ ㅁ → ㄱ → ㄷ → ㄹ → ㄴ

재해사례 연구의 진행단계
- 전제조건(재해상황의 파악) : 사례연구의 전제조건인 재해상황의 파악
- 재해사례 연구순서
  - 제1단계(사실의 확인) : 작업의 개시에서 재해의 발생까지의 경과 가운데 재해와 관계가 있는 사실 및 재해요인으로 알려진 사실을 객관적으로 확인하며, 이상시 또는 사고시, 재해발생시의 조치를 포함
  - 제2단계(문제점의 발견) : 파악된 사실로부터 판단하여 각종 기준과의 차이에서 드러나는 문제점을 발견
  - 제3단계(근본적 문제점 결정) : 발견된 문제점 가운데 재해의 중심의 되는 근본적 문제점을 결정하고, 다음으로 재해 원인을 결정
  - 제4단계(대책의 수립) : 사례를 해결하기 위한 대책을 수립

019 산업안전보건법령상 건설현장에서 사용하는 크레인의 안전검사의 주기는?(단, 이동식 크레인은 제외한다.)

① 최초로 설치한 날부터 1개월마다 실시
② 최초로 설치한 날부터 3개월마다 실시
③ 최초로 설치한 날부터 6개월마다 실시
④ 최초로 설치한 날부터 1년마다 실시

산업안전보건법 시행규칙 제126조(안전검사의 주기와 합격표시 및 표시방법) ① 법 제93조제3항에 따른 안전검사대상기계등의 안전검사 주기는 다음 각 호와 같다.
1. 크레인(이동식 크레인은 제외한다), 리프트(이삿짐운반용 리프트는 제외한다) 및 곤돌라 : 사업장에 설치가 끝난 날부터 3년 이내에 최초 안전검사를 실시하되, 그 이후부터 2년마다(건설현장에서 사용하는 것은 최초로 설치한 날부터 6개월마다)
2. 이동식 크레인, 이삿짐운반용 리프트 및 고소작업대 : 「자동차관리법」 제8조에 따른 신규등록 이후 3년 이내에 최초 안전검사를 실시하되, 그 이후부터 2년마다
3. 프레스, 전단기, 압력용기, 국소 배기장치, 원심기, 롤러기, 사출성형기, 컨베이어, 산업용 로봇, 혼합기, 파쇄기 또는 분쇄기 : 사업장에 설치가 끝난 날부터 3년 이내에 최초 안전검사를 실시하되, 그 이후부터 2년마다(공정안전보고서를 제출하여 확인을 받은 압력용기는 4년마다)
※ 혼합기, 파쇄기 또는 분쇄기는 2026년 6월 26일부터 적용

020 재해예방의 4원칙에 해당하지 않는 것은?

① 손실 적용의 원칙
② 원인 연계의 원칙
③ 대책 선정의 원칙
④ 예방 가능의 원칙

재해방지의 기본원칙
- 손실우연의 원칙 : 사고에 의해서 생기는 손실(상해)의 종류와 정도는 우연적이다.(1 : 29 : 300의 법칙)
- 원인계기의 원칙 : 모든 재해는 필연적인 원인에 의해서 발생한다.
- 예방가능의 원칙 : 재해는 원칙적으로 모두 방지가 가능하다.
- 대책선정의 원칙 : 재해방지 대책은 신속하고 확실하게 실시되어야 한다.

제 02 과목　산업심리 및 교육

021 감각 현상이 하나의 전체적이고 의미 있는 내용으로 체계화되는 과정을 의미하는 것은?

① 유추(analogy)
② 게슈탈트(gestalt)
③ 인지(cognition)
④ 근접성(proximity)

인간의 정보처리는 "감각 → 지각 → 선택 → 조직화 → 해석 → 의사결정 → 실행"의 과정을 따르며, 이 중 선택된 자극은 게슈탈트 과정을 통해 조직화된다. 즉, 게슈탈트는 감각 현상이 하나의 전체적이고 의미 있는 내용으로 체계화되는 과정을 의미한다.

022 다음에서 설명하는 리더십의 유형은?

> 과업 완수와 인간관계 모두에 있어 최대한의 노력을 기울이는 리더십 유형

① 과업형 리더십
② 이상형 리더십
③ 타협형 리더십
④ 무관심형 리더십

해설

관리 그리드(Managerial Grid) 이론에 따른 리더십의 유형
- 무관심형(1.1) : 과업에 대한 관심과 인간관계에 대한 관심이 모두 낮은 유형으로 리더 자신의 직분을 유지하는 데 필요한 최소한의 노력만을 투입하는 리더십
- 인기형(1.9) : 과업에 대한 관심은 낮고 인간관계에 대한 관심을 매우 높은 유형으로 구성원의 만족도와 관계의 친밀도를 조성하는 데 역점을 기울이는 리더십
- 과업형(9.1) : 과업에는 높은 관심을 보이고 인간관계에는 낮은 관심을 보이는 유형으로 인간적인 요소보다는 과업상의 능력을 최고로 중요시하는 리더십
- 타협형(5.5) : 과업의 능률과 인간관계를 절충하여 적당한 수준의 성과를 지향하는 리더십
- 이상형(9.9) : 과업에 대한 관심과 인간관계에 대한 관심이 모두 높은 유형으로 구성원들 간의 상호 신뢰에 기초한 합의를 통해 과업을 달성하고자 하는 리더십

023 집단역학에서 소시오메트리(sociometry)에 관한 설명 중 틀린 것은?

① 소시오메트리 분석을 위해 소시오메트릭스와 소시오그램이 작성된다.
② 소시오메트릭스에서는 상호작용에 대한 정량적 분석이 가능하다.
③ 소시오메트리는 집단 구성원들 간의 공식적 관계가 아닌 비공식적인 관계를 파악하기 위한 방법이다.
④ 소시오그램은 집단 구성원들 간의 선호, 거부 혹은 무관심의 관계를 기호로 표현하지만, 이를 통해 다양한 집단 내의 비공식적 관계에 대한 역학 관계는 파악할 수 없다.

해설

소시오그램(sociogram)은 사회 집단에서 개인 사이의 관계를 나타낸 도표로 집단의 구성원이 서로 가지고 있는 감정이나 태도를 바탕으로 하여 구성원 상호 간의 선택, 거부, 무관심 따위의 관계를 나타낸다.

024 생체리듬(Biorhythm)의 종류에 해당하지 않는 것은?

① Critical rhythm
② Physical rhythm
③ Intellectual rhythm
④ Sensitivity rhythm

해설

바이오리듬의 종류
- 육체적 리듬(Physical Cycle) : 주기 23일(식욕, 소화력, 활동력, 지구력), 청색표시
- 지성적 리듬(Intellectual Cycle) : 주기 33일(상상력, 사고력, 기억력인지, 판단), 녹색표시
- 감성적 리듬(Sensitivity Cycle) : 주기 28일(감정, 주의력, 창조력, 예감 및 통찰력), 적색표시

025 사회행동의 기본 형태에 해당하지 않는 것은?

① 협력
② 대립
③ 모방
④ 도피

해설

사회행동 기본 형태 : 협력, 대립, 도피, 융합

026 O.J.T(On the Job Training)의 특징이 아닌 것은?

① 효과가 곧 업무에 나타난다.
② 직장의 실정에 맞는 실체적 훈련이다.
③ 다수의 근로자에게 조직적 훈련이 가능하다.
④ 교육을 통한 훈련 효과에 의해 상호 신뢰이해도가 높아진다.

OJT와 off JT의 특징

OJT	off JT
• 개개인에게 적합한 지도훈련이 가능 • 직장의 실정에 맞는 실체적 훈련 • 훈련에 필요한 업무의 계속성 • 즉시 업무에 연결되는 관계로 신체와 관련 • 효과가 곧 업무에 나타나며 훈련의 좋고 나쁨에 따라 개선이 용이 • 교육을 통한 훈련 효과에 의해 상호 신뢰이해도가 높아짐	• 다수의 근로자에게 조직적 훈련이 가능 • 훈련에만 전념 • 특별 설비 기구를 이용 • 전문가를 강사로 초청 • 각 직장의 근로자가 많은 지식이나 경험을 교류 • 교육 훈련 목표에 대해서 집단적 노력이 흐트러질 수도 있음

027 어떤 과업을 성취할 수 있는 자신의 능력에 대한 스스로의 믿음을 나타내는 것은?

① 자아존중감(Self-esteem)　　② 자기효능감(Self-efficacy)
③ 통제의 착각(Illusion of control)　　④ 자기중심적 편견(Egocentric bias)

• 자아존중감 : 스스로를 존경하고 성공적이고 가치가 있다고 믿는 것으로 태도, 능력, 직업의 성공, 실패, 타인과의 관계, 개인적 기대 등을 포함
• 자기효능감 : 주어진 과제나 일을 성공적으로 수행할 수 있다는 자신의 능력에 대한 스스로의 믿음
• 통제의 착각 : 외부 환경을 자신이 원하는 방향으로 이끌어 갈 수 있다고 믿는 심리적 상태
• 자기중심적 편견 : 공동의 활동을 하고 난 뒤의 결과 곧 성공, 실패에 대하여 자기 자신의 공헌 혹은 책임을 과장하는 편견

028 모랄서베이(Morale Survey)의 주요 방법으로 적절하지 않은 것은?

① 관찰법　　② 면접법
③ 강의법　　④ 질문지법

모랄 서베이의 주요방법

• 통계에 의한 방법 : 사고 상해율, 생산고, 결근, 지각, 조퇴, 이직 등을 분석하여 파악하는 방법
• 사례연구법 : 경영 관리상의 여러 가지 제도에 나타나는 사례에 대해 케이스 스터디(Case Study)로서 현상을 파악하는 방법
• 관찰법 : 종업원의 근무 실태를 계속 관찰함으로써 문제점을 찾아내는 방법
• 실험연구법 : 실험그룹(Test group)과 통제그룹(Control Group)으로 나누고 정황, 자극을 주어 태도 변화 여부를 조사하는 방법
• 태도조사법(의견조사) : 질문지법, 면접법, 집단토의법, 투사법(Projective Technique) 등에 의해 의견을 조사하는 방법

029 산업안전보건법령상 2미터 이상인 구축물을 콘크리트 파쇄기를 사용하여 파쇄작업을 하는 경우 특별교육의 내용이 아닌 것은?(단, 그 밖에 안전 · 보건관리에 필요한 사항은 제외한다.)

① 작업안전조치 및 안전기준에 관한 사항
② 비계의 조립방법 및 작업 절차에 관한 사항
③ 콘크리트 해체 요령과 방호거리에 관한 사항
④ 파쇄기의 조작 및 공통작업 신호에 관한 사항

콘크리트 파쇄기 사용 파쇄작업(2미터 이상인 구축물의 파쇄작업만 해당) 시 교육내용(산업안전보건법 시행규칙 별표 5)
- 콘크리트 해체 요령과 방호거리에 관한 사항
- 작업안전조치 및 안전기준에 관한 사항
- 파쇄기의 조작 및 공통작업 신호에 관한 사항
- 보호구 및 방호장비 등에 관한 사항
- 그 밖에 안전 · 보건관리에 필요한 사항

030 안전보건교육에 있어 역할 연기법의 장점이 아닌 것은?

① 흥미를 갖고, 문제에 적극적으로 참가한다.
② 자기 태도의 반성과 창조성이 생기고, 발표력이 향상된다.
③ 문제의 배경에 대하여 통찰하는 능력을 높임으로써 감수성이 향상된다.
④ 목적이 명확하고, 다른 방법과 병용하지 않아도 높은 효과를 기대할 수 있다.

역할연기법(Role Playing)의 장점 및 단점

장점	단점
· 흥미를 갖고 문제에 적극적으로 참가할 수 있다. · 자기태도의 반성과 창조성이 생기고 발표력이 향상된다. · 문제의 배경에 대하여 통찰하는 능력을 높임으로서 감수성이 향상된다. · 각자의 장점과 약점을 알 수 있다.	· 높은 수준의 의사 결정에 대한 훈련에는 효과를 기대할 수 없다. · 목적이 명확하지 않고 다른 방법과 병용하지 않으면 의미가 없다. · 훈련 장소의 확보가 어렵다.

031 학습정도(level of learning)의 4단계에 해당하지 않는 것은?

① 회상(to recall)   ② 적용(to apply)
③ 인지(to recognize)   ④ 이해(to understand)

학습목적의 3요소
- 목표(Goal)
- 주제(Subject)
- 학습정도(인지 → 지각 → 이해 → 적용)

032 스트레스 반응에 영향을 주는 요인 중 개인적 특성에 관한 요인이 아닌 것은?

① 심리상태　　　　　　② 개인의 능력
③ 신체적 조건　　　　　④ 작업시간의 차이

스트레스 반응에 영향을 주는 요인 중 개인적 특성은 신체적인 것과 심리적인 것이 있다. 작업시간의 차이는 개인적 특성과는 무관하다.

033 산업안전보건법령상 일용근로자 및 근로계약기간이 1주일 이하인 기간제근로자의 작업내용 변경 시 교육시간의 기준은?

① 1시간 이상　　　　　② 2시간 이상
③ 3시간 이상　　　　　④ 4시간 이상

근로자 안전보건교육(산업안전보건법 시행규칙 별표 4)

교육과정	교육대상		교육시간
정기교육	사무직 종사 근로자		매반기 6시간 이상
	그 밖의 근로자	판매업무에 직접 종사하는 근로자	매반기 6시간 이상
		판매업무에 직접 종사하는 근로자 외의 근로자	매반기 12시간 이상
채용 시 교육	일용근로자 및 근로계약기간이 1주일 이하인 기간제근로자		1시간 이상
	근로계약기간이 1주일 초과 1개월 이하인 기간제근로자		4시간 이상
	그 밖의 근로자		8시간 이상
작업내용 변경 시 교육	일용근로자 및 근로계약기간이 1주일 이하인 기간제근로자		1시간 이상
	그 밖의 근로자		2시간 이상
특별교육	특별교육 대상 작업(단, 타워크레인을 사용하는 작업시 신호업무를 하는 작업은 제외)에 종사하는 일용근로자 및 근로계약기간이 1주일 이하인 기간제근로자		2시간 이상
	타워크레인을 사용하는 작업시 신호업무를 하는 일용근로자 및 근로계약기간이 1주일 이하인 기간제근로자		8시간 이상
	특별교육 대상 작업에 종사하는 근로자 중 일용근로자 및 근로계약기간이 1주일 이하인 기간제근로자를 제외한 근로자		-16시간 이상(최초 작업에 종사하기 전 4시간 이상 실시하고 12시간은 3개월 이내에서 분할하여 실시 가능) -단기간 작업 또는 간헐적 작업인 경우에는 2시간 이상
건설업 기초 안전·보건교육	건설 일용근로자		4시간 이상

034 교육심리학의 연구방법 중 인간의 내면에서 일어나고 있는 심리적 사고에 대하여 사물을 이용하여 인간의 성격을 알아보는 방법은?

① 투사법
② 면접법
③ 실험법
④ 질문지법

교육심리학의 연구방법
- 관찰법 : 피험자의 행동을 관찰해 자료를 수집하는 연구·평가의 기본 수단으로 대상이 되는 것을 조직적으로 파악하며 자연적 관찰법과 실험적 관찰법으로 구분한다.
- 실험법 : 연구 대상을 통제집단과 실험집단으로 나눈 뒤 통제집단에는 조작을 가하지 않고 실험집단에는 의도적인 독립변수를 창출해 변수가 미치는 영향을 통제집단과 비교해 측정하는 방법이다.
- 투사법 : 개인적인 욕구, 감정, 공기, 가치관 등이 밖으로 표출될 수 있도록 고안된 자극이나 사물을 피검사자에게 제공함으로써 나타난 반응을 분석하여 성격을 알아보는 방법이다.

035 안전교육의 3단계 중 작업방법, 취급 및 조작행위를 몸으로 숙달시키는 것을 목적으로 하는 단계는?

① 안전지식교육
② 안전기능교육
③ 안전태도교육
④ 안전의식교육

안전교육의 3단계
- 제1단계 지식교육 : 강의, 시청각교육을 통한 지식의 전달과 이해
- 제2단계 기능교육 : 시범, 견학, 실습, 현장실습교육을 통한 경험 체득과 이해
- 제3단계 태도교육 : 작업동작지도, 생활지도 등을 통한 안전의 습관화

036 호손(Hawthorne) 연구에 대한 설명으로 옳은 것은?

① 소비자들에게 효과적으로 영향을 미치는 광고 전략을 개발했다.
② 시간-동작연구를 통해서 작업도구와 기계를 설계했다.
③ 채용과정에서 발생하는 차별요인을 밝히고 이를 시정하는 법적 조치의 기초를 마련했다.
④ 물리적 작업환경보다 근로자들의 의사소통 등 인간관계가 더 중요하다는 것을 알아냈다.

호손(Hawthorne) 실험
- 실험 연구자 : 메이요(Mayo)와 레슬리스버거(Roethlisberger)
- 실험 결론 : 작업자의 작업능률(생산성 향상)은 물리적인 작업조건보다는 인간 관계의 요인에 의해서 좌우된다.

037 지름길을 사용하여 대상물을 판단할 때 발생하는 지각의 오류가 아닌 것은?

① 후광효과
② 최근효과
③ 결론효과
④ 초두효과

- 후광효과 : 어떤 대상에 대한 호의적 인상이 대상에 대한 평가에 긍정적으로 작용하는 지각의 오류
- 최근효과 : 가장 마지막 순서의 지각인 최근 인상이 평가에 크게 작용하는 지각의 오류
- 초두효과 : 가장 먼저 인식한 지각대상의 첫인상이 평가에 크게 작용하는 지각의 오류

038 다음은 무엇에 관한 설명인가?

> 다른 사람으로부터의 판단이나 행동을 무비판적으로 받아들이는 것

① 모방(Imitation)   ② 투사(Projection)
③ 암시(Suggestion)   ④ 동일화(Identification)

인간관계의 메커니즘(Mechanism)
- 동일화(Identification) : 다른 사람의 행동 양식이나 태도를 투입시키거나 다른 사람 가운데서 자기와 비슷한 것을 발견하는 것
- 투사(投射, Projection) : 자기 속의 억압된 것을 다른 사람의 것으로 생각하는 것을 투사(또는 투출)라고 함
- 커뮤니케이션(Communication) : 갖가지 행동 양식이나 기호를 매개로 하여 어떤 사람으로부터 다른 사람에게 전달되는 과정
- 모방(Imitation) : 남의 행동이나 판단을 표본으로 하여 그것과 같거나 또는 그것에 가까운 행동 또는 판단을 취하려는 것
- 암시(Suggestion) : 다른 사람으로부터의 판단이나 행동을 무비판적으로 논리적, 사실적 근거 없이 받아들이는 것

039 산업심리의 5대 요소가 아닌 것은?

① 동기   ② 기질
③ 감정   ④ 지능

산업심리의 5요소 : 습관, 동기, 기질, 감정, 습성

040 직무수행에 대한 예측변인 개발 시 작업표본(work sample)에 관한 사항 중 틀린 것은?

① 집단검사로 감독과 통제가 요구된다.
② 훈련생보다 경력자 선발에 적합하다.
③ 실시하는데 시간과 비용이 많이 든다.
④ 주로 기계를 다루는 직무에 효과적이다.

작업표본(work sample)
- 작업과 관련된 정교하게 개발된 문제의 예들을 지원자들에게 제시, 실제 직무 수행처럼 해결하도록 함으로써 훈련생보다 경력자 선발에 적합하다.
- 실시하는데 시간이 많이 걸리고 비용도 많이 든다.
- 주로 기계를 다루는 직무에 효과적이다.
- 예언타당도가 낮아 미래 수행을 평가하는 것이 아니며, 동시타당도만 측정이 가능하다.

제 03 과목　인간공학 및 시스템안전공학

041 인간공학적 연구에 사용되는 기준 척도의 요건 중 다음 설명에 해당하는 것은?

> 기준 척도는 측정하고자 하는 변수 외의 다른 변수들의 영향을 받아서는 안 된다.

① 신뢰성　　　　　　　② 적절성
③ 검출성　　　　　　　④ 무오염성

연구(체계) 기준의 요건
- 적절성(Relevance) : 기준이 실제로 의도하는 바와 부합해야 한다.
- 무오염성 : 기준 척도는 측정하고자 하는 변수 외의 다른 변수의 영향을 받아서는 안 된다.
- 신뢰성 : 척도의 신뢰성은 반복성(Repeatability)을 의미 즉, 반복 실험 시 재현성이 있어야 한다.
- 민감도 : 피실험자 사이에서 볼 수 있는 예상 차이점에 비례하는 단위로 측정해야 한다.

042 그림과 같은 시스템에서 부품 A, B, C, D의 신뢰도가 모두 r로 동일할 때 이 시스템의 신뢰도는?

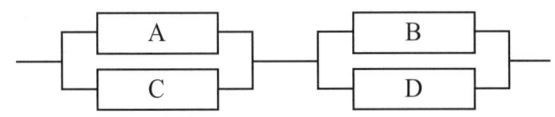

① $r(2-r^2)$　　　　　　② $r^2(2-r)^2$
③ $r^2(2-r^2)$　　　　　④ $r^2(2-r)$

- 병렬연결의 신뢰도
  $R_{(AC)} = 1-(1-A)(1-C) = 1-(1-r)^2 = 1-(1-2r+r^2) = 2r-r^2 = r(2-r)$
  $R_{(BD)} = 1-(1-B)(1-D) = 1-(1-r)^2 = 1-(1-2r+r^2) = 2r-r^2 = r(2-r)$
- 직렬연결의 신뢰도
  $R_s = R_{(AC)} \times R_{(BD)} = r(2-r) \times r(2-r) = r^2(2-r)^2$

043 서브시스템 분석에 사용되는 분석방법으로 시스템 수명주기에서 ㉠에 들어갈 위험분석기법은?

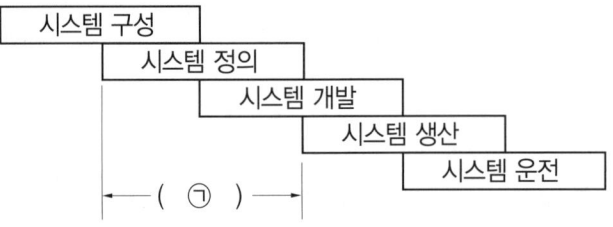

① PHA　　　　　　　　② FHA
③ FTA　　　　　　　　④ ETA

> **해설**
> 결함위험분석(FHA, Fault Hazard Analysis)은 시스템 개발 또는 기존 시스템의 개량 초기에 수행하는 안전성 평가 기법으로써 시스템의 기능손실 또는 저하가 예상되는 경우에 안전성에 끼치는 정도와 위해로운 기능적 결함을 찾아내기 위한 분석기법이다. 즉 궁극적으로 필요로 하는 시스템이 얼마나 안전한지를 결정하는 전체 안전 목표를 도출하기 위한 평가단계로 시스템 정의 단계에서 수행하게 된다. 참고로 시스템 구성 단계에서는 예비위험분석(PHA, Preliminary Hazard Analysis)이 이루어진다.

044 정신적 작업 부하에 관한 생리적 척도에 해당하지 않는 것은?

① 근전도
② 뇌파도
③ 부정맥 지수
④ 점멸융합주파수

> **해설**
> 근전도(electromyography, EMG)는 근육의 운동 수축으로 인해 발생하는 전류 및 안정 시의 이상 전류를 기록하는 것으로 육체작업에 대한 생리학적 부하 측정 척도에 속한다.

045 A사의 안전관리자는 자사 화학 설비의 안전성 평가를 실시하고 있다. 그 중 제2단계인 정성적 평가를 진행하기 위하여 평가 항목을 설계단계 대상과 운전관계 대상으로 분류하였을 때 설계관계 항목이 아닌 것은?

① 건조물
② 공장 내 배치
③ 입지조건
④ 원재료, 중간제품

> **해설**
> 제2단계 : 정성적 평가의 주요 진단항목
>
> | 1. 설계관계 | 항목수 | 2. 운전관계 | 항목수 |
> | --- | --- | --- | --- |
> | 입지조건 | 5 | 원재료, 중간체 제품 | 7 |
> | 공장내 배치 | 9 | 공정 | 7 |
> | 건조물 | 8 | 수송, 저장 등 | 9 |
> | 소방설비 | 5 | 공정기기 | 11 |

046 불(Boole) 대수의 관계식으로 틀린 것은?

① $A+\overline{A}=1$
② $A+AB=A$
③ $A(A+B)=A+B$
④ $A+\overline{A}B=A+B$

> **해설**
> $A(A+B)=AA+AB=A+AB=A(1+B)=A$
> $\therefore A+1=1,\ B+1=1$

047 인간공학의 목표와 거리가 가장 먼 것은?

① 사고 감소
② 생산성 증대
③ 안전성 향상
④ 근골격계질환 증가

인간공학의 목표
- 안전성 향상과 사고 방지
- 기계조작의 능률성과 생산성 향상
- 쾌적성

048 통화이해도 척도로서 통화 이해도에 영향을 주는 잡음의 영향을 추정하는 지수는?

① 명료도 지수
② 통화 간섭 수준
③ 이해도 점수
④ 통화 공진 수준

통화 이해도 측정 방법
- 명료도 지수의 사용 : 각 옥타브 대의 음성과 소음의 dB 값에 가중치를 곱하여 합계를 구하는 방법
- 통화 간섭 수준 : 통화 이해도에 끼치는 소음의 영향을 추정하는 지수
- 이해도 점수 : 송화 내용 중에서 알아듣고 인식한 비율(%)
- 소음 기준 곡선 : 사무실, 회의실, 공장 등에서의 통화평가 방법

049 예비위험분석(PHA)에서 식별된 사고의 범주가 아닌 것은?

① 중대(critical)
② 한계적(marginal)
③ 파국적(catastrophic)
④ 수용가능(acceptable)

PHA의 카테고리 분류
- Class 1 : 파국적(Catastrophic) – 사망, 시스템 손상
- Class 2 : 중대(Critical) – 심각한 상해, 시스템 중대 손상
- Class 3 : 한계적(Marginal) – 경미한 상해, 시스템 성능 저하
- Class 4 : 무시가능(Negligible) – 상해 및 시스템 저하 없음

050 어떤 결함수를 분석하여 minimal cut set을 구한 결과 다음과 같았다. 각 기본사상의 발생확률을 q_i, i = 1, 2, 3라 할 때, 정상사상의 발생확률함수로 맞는 것은?

$$k_1 = [1, 2] \quad k_2 = [1, 3] \quad k_3 = [2, 3]$$

① $q_1q_2 + q_1q_2 - q_2q_3$
② $q_1q_2 + q_1q_3 - q_2q_3$
③ $q_1q_2 + q_1q_3 + q_2q_3 - q_1q_2q_3$
④ $q_1q_2 + q_1q_3 + q_2q_3 - 2q_1q_2q_3$

051 반사경 없이 모든 방향으로 빛을 발하는 점광원에서 3m 떨어진 곳의 조도가 300lux라면 2m 떨어진 곳에서 조도(lux)는?

① 375　　　　　　　　　　② 675
③ 875　　　　　　　　　　④ 975

광도 = 조도 × 거리² = 300 × 3² = 2700

∴ 조도 = $\dfrac{광도}{거리^2}$ = $\dfrac{2700}{2^2}$ = 675

052 근골격계부담작업의 범위 및 유해요인조사 방법에 관한 고시상 근골격계부담작업에 해당하지 않는 것은?(단, 상시작업을 기준으로 한다.)

① 하루에 10회 이상 25kg 이상의 물체를 드는 작업
② 하루에 총 2시간 이상 쪼그리고 앉거나 무릎을 굽힌 자세에서 이루어지는 작업
③ 하루에 총 2시간 이상 시간당 5회 이상 손 또는 무릎을 사용하여 반복적으로 충격을 가하는 작업
④ 하루에 4시간 이상 집중적으로 자료입력 등을 위해 키보드 또는 마우스를 조작하는 작업

근골격계부담작업의 범위(단기간 작업 또는 간헐적인 작업은 제외)
- 하루에 4시간 이상 집중적으로 자료입력 등을 위해 키보드 또는 마우스를 조작하는 작업
- 하루에 총 2시간 이상 목, 어깨, 팔꿈치, 손목 또는 손을 사용하여 같은 동작을 반복하는 작업
- 하루에 총 2시간 이상 머리 위에 손이 있거나, 팔꿈치가 어깨위에 있거나, 팔꿈치를 몸통으로부터 들거나, 팔꿈치를 몸통 뒤쪽에 위치하도록 하는 상태에서 이루어지는 작업
- 지지되지 않은 상태이거나 임의로 자세를 바꿀 수 없는 조건에서, 하루에 총 2시간 이상 목이나 허리를 구부리거나 트는 상태에서 이루어지는 작업
- 하루에 총 2시간 이상 쪼그리고 앉거나 무릎을 굽힌 자세에서 이루어지는 작업
- 하루에 총 2시간 이상 지지되지 않은 상태에서 1kg 이상의 물건을 한손의 손가락으로 집어 옮기거나 2kg 이상에 상응하는 힘을 가하여 한손의 손가락으로 물건을 쥐는 작업
- 하루에 총 2시간 이상 지지되지 않은 상태에서 4.5kg 이상의 물건을 한 손으로 들거나 동일한 힘으로 쥐는 작업
- 하루에 10회 이상 25kg 이상의 물체를 드는 작업
- 하루에 25회 이상 10kg 이상의 물체를 무릎 아래에서 들거나, 어깨 위에서 들거나, 팔을 뻗은 상태에서 드는 작업
- 하루에 총 2시간 이상, 분당 2회 이상 4.5kg 이상의 물체를 드는 작업
- 하루에 총 2시간 이상 시간당 10회 이상 손 또는 무릎을 사용하여 반복적으로 충격을 가하는 작업

053 시각적 식별에 영향을 주는 각 요소에 대한 설명 중 틀린 것은?

① 조도는 광원의 세기를 말한다.
② 휘도는 단위 면적당 표면에 반사 또는 방출되는 광량을 말한다.
③ 반사율은 물체의 표면에 도달하는 조도와 광도의 비를 말한다.
④ 광도 대비란 표적의 광도와 배경의 광도의 차이를 배경 광도로 나눈 값을 말한다.

조도는 단위 면적에 도달하는 빛의 양 또는 광속을 말한다. 참고로 광원의 세기는 광도를 말한다.

054 부품 배치의 원칙 중 기능적으로 관련된 부품들을 모아서 배치한다는 원칙은?

① 중요성의 원칙
② 사용 빈도의 원칙
③ 사용 순서의 원칙
④ 기능별 배치의 원칙

부품 배치의 원칙
- 중요성의 원칙 : 부품을 작동하는 성능이 체계의 목표 달성에 긴요한 정도에 따라 우선순위 결정
- 사용 빈도의 원칙 : 부품을 사용하는 빈도에 따라 우선순위를 결정
- 사용 순서의 원칙 : 사용 순서에 따라 장치들을 가까이에 배치
- 기능별 배치의 원칙 : 기능적으로 관련된 부품들(표시장치, 조정장치 등)을 모아서 배치

055 HAZOP 분석기법의 장점이 아닌 것은?

① 학습 및 적용이 쉽다.
② 기법 적용에 큰 전문성을 요구하지 않는다.
③ 짧은 시간에 저렴한 비용으로 분석이 가능하다.
④ 다양한 관점을 가진 팀 단위 수행이 가능하다.

위험 및 운전성 검토(Hazard and Operability Study) : 각각의 장비에 대해 잠재된 위험이나 기능 저하, 운전 잘못 등과 전체로서의 시설에 결과적으로 미칠 수 있는 영향 등을 평가하기 위해서 공정이나 설계도 등에 체계적이고 비판적인 검토를 행하는 기법으로 팀 단위의 다수 인원이 필요할 뿐 아니라 타 기법에 비해 기간이 길고, 그에 따른 비용이 많이 들어간다.

056 태양광이 내리쬐지 않는 옥내의 습구흑구온도지수(WBGT) 산출식은?

① 0.6 × 자연습구온도 + 0.3 × 흑구온도
② 0.7 × 자연습구온도 + 0.3 × 흑구온도
③ 0.6 × 자연습구온도 + 0.4 × 흑구온도
④ 0.7 × 자연습구온도 + 0.4 × 흑구온도

습구흑구온도지수(WBGT)
- 옥외(직사광선이 내리쬐는 곳) WBGT = (0.7 × 습구온도) + (0.2 × 흑구온도) + (0.1 × 건구온도)
- 옥내(직사광선이 내리쬐지 않는 곳) WBGT = (0.7 × 습구온도) + (0.3 × 흑구온도)

057 FTA에서 사용되는 논리게이트 중 입력과 반대되는 현상으로 출력되는 것은?

① 부정 게이트
② 억제 게이트
③ 배타적 OR 게이트
④ 우선적 AND 게이트

부정 게이트(Not gate) : 부정 모디파이어(Not Modifier)라고 하며 입력 사상의 반대 사상이 출력된다.

058 부품고장이 발생하여도 기계가 추후 보수 될 때까지 안전한 기능을 유지할 수 있도록 하는 기능은?

① fail - soft
② fail - active
③ fail - operational
④ fail - passive

페일 세이프의 기능면 3단계
- Fail Passive : 부품이 고장나면 통상 기계는 정비방향으로 옮긴다.
- Fail Active : 부품이 고장나면 기계는 경보음을 내면서 짧은 시간의 운전이 가능하다.
- Fail Operational : 부품이 고장나더라도 기계는 다음의 보수가 이루어질 때까지 안전한 기능을 유지한다.

059 양립성의 종류가 아닌 것은?

① 개념의 양립성
② 감성의 양립성
③ 운동의 양립성
④ 공간의 양립성

양립성의 구분
- 공간 양립성 : 표시장치나 조종장치에서 물리적 형태나 공간적인 배치의 양립성
- 운동 양립성 : 표시 및 조종장치 등의 운동 방향의 양립성
- 개념 양립성 : 사람들이 가지고 있는 개념적 연상(어떤 암호체계에서 청색이 정상을 나타내듯이)의 양립성
- 양식 양립성 : 기계가 특정 음성에 대해 정해진 반응을 하는 것과 같이 직무에 알맞은 자극과 응답 양식의 존재에 대한 양립성

060 James Reason의 원인적 휴먼에러 종류 중 다음 설명의 휴먼에러 종류는?

> 자동차가 우측 운행하는 한국의 도로에 익숙해진 운전자가 좌측 운행을 해야 하는 일본에서 우측 운행을 하다가 교통사고를 냈다.

① 고의 사고(Violation)
② 숙련 기반 에러(Skill based error)
③ 규칙 기반 착오(Rule based mistake)
④ 지식 기반 착오(Knowledge based mistake)

- 고의 사고(Violation) : 절차서의 지시를 고의로 따르지 않고, 다른 방향을 선택한 경우(고의성이 있는 위험한 행동)로 휴먼에러에는 해당되지 않음
- 숙련 기반 에러(Skill based error) : 숙련된 행동을 하는 단계에서 깜박했기 때문에 발생하는 비의도적 행동에 의한 에러
- 규칙 기반 착오(Rule based mistake) : 올바른 규칙을 잘못 적용하거나 잘못된 규칙을 적용하는 의도적 행동에 의한 에러
- 지식 기반 착오(Knowledge based mistake) : 불충분한 정보로 인해 잘못된 경정을 내리는 의도적 행동에 의한 에러

제 04 과목 건설시공학

061 석재붙임을 위한 앵커긴결공법에서 일반적으로 사용하지 않는 재료는?

① 앵커
② 볼트
③ 모르타르
④ 연결철물

대리석의 건식 시공 시 연결철물은 10#~20#의 황동쇠선을 사용며 일반적인 석재의 건식 시공에는 앵커, 트러스 등 긴결 철물을 사용한다. 참고로 모르타르를 이용한 공법은 습식공법에 해당된다.

062 강제 널말뚝(steel sheet pile)공법에 관한 설명으로 옳지 않은 것은?

① 무소음 설치가 어렵다.
② 타입 시 지반의 체적변형이 작아 항타가 쉽다.
③ 강제 널말뚝에는 U형, Z형, H형 등이 있다.
④ 관입, 철거 시 주변 지반침하가 일어나지 않는다.

강제 널말뚝공법의 장단점
- 장점
  - 별도의 차수벽을 설치할 필요가 없다.
  - 지하수위가 높은 연약지반에서는 굴착저면 지하의 밑넣기 부분의 연속성이 유지된다.
  - 복원성이 좋다.
  - 대체로 HPile 토류공으로 불가능한 연약지반층에서 효과적이다.
  - 특별한 시공장비없이 수밀성이 높다.
  - 자재신뢰성이 높다.
  - 대규모 공사에 적용된다.
  - 히빙 또는 보일링이 우려되는 연약지반 등에서 지하수 유출과 토사붕괴를 방지한다.
  - 굴착배면의 지층손상이 없고 차수성이므로 주변 지반의 이완과 압밀침하를 방지한다.
- 단점
  - 자갈과 전석층에서는 별도의 관입장비가 필요하다.
  - 완벽한 차수효과를 기대하지는 못한다.
  - 항타시 진동과 소음이 발생한다.
  - Pile 두부 보강이 필요하다.
  - 관입, 철거 시 주변 지반침하가 일어날 수 있다.

063 철근 조립에 관한 설명으로 옳지 않은 것은?

① 철근의 피복두께를 정확히 확보하기 위해 적절한 간격으로 고임재 및 간격재를 배치한다.
② 거푸집에 접하는 고임재 및 간격재는 콘크리트 제품 또는 모르타르 제품을 사용하여야 한다.
③ 경미한 황갈색의 녹이 발생한 철근은 일반적으로 콘크리트와의 부착을 해치므로 사용해서는 안된다.
④ 철근의 표면에는 흙, 기름 또는 이물질이 없어야 한다.

철근공사(KCS 14 20 11) 3.1.2 철근의 조립
- 철근의 표면에는 부착을 저해하는 흙, 기름 또는 이물질이 없어야 한다. 경미한 황갈색의 녹이 발생한 철근은 일반적으로 콘크리트와의 부착을 해치지 않으므로 사용할 수 있다.
- 철근은 바른 위치에 배치하고, 콘크리트를 타설할 때 움직이지 않도록 충분히 견고하게 조립하여야 한다. 이를 위하여 필요에 따라서 조립용 강재를 사용할 수 있다. 또한 철근이 바른 위치를 확보할 수 있도록 결속선으로 결속하여야 한다.
- 철근의 피복두께를 정확하게 확보하기 위해 적절한 간격으로 고임재 및 간격재를 배치하여야 한다. 고임재와 간격재를 선정하고 배치할 때에는 사용개소의 조건, 이들의 고정 방법 및 철근의 중량, 작업하중 등을 고려할 필요가 있다.
- 일반적으로 널리 사용되는 고임재 및 간격재에는 모르타르 제품, 콘크리트 제품, 강 제품, 플라스틱 제품, 세라믹 제품 등이 있으며, 사용되는 장소, 환경에 따라 적절한 것을 선정할 수 있다.
- 거푸집에 접하는 고임재 및 간격재는 콘크리트 제품 또는 모르타르 제품을 사용하여야 한다.
- 플라스틱 제품은 콘크리트와의 열팽창률의 차이, 부착 및 강도 부족 등의 문제가 있으며, 스테인리스 등의 내식성 금속으로 만든 고임재 및 간격재는 서로 다른 종류의 금속간의 접촉부식 문제 등 불명확한 점이 있으므로 이들을 사용할 경우에는 책임기술자의 승인을 얻어야 한다.
- 철근은 조립이 끝난 후 철근상세도에 맞게 조립되어 있는지를 검사하여야 한다.
- 철근은 조립한 다음 장기간 경과한 경우에는 콘크리트를 타설 전에 다시 조립 검사를 하고 청소하여야 한다.

064 소규모 건축물을 조적식 구조로 담을 쌓을 경우 최대 높이 기준으로 옳은 것은?

① 2m 이하 ② 2.5m 이하
③ 3m 이하 ④ 3.5m 이하

건축물의 구조기준 등에 관한 규칙 제39조(조적식구조인 담) 조적식구조인 담의 구조는 다음 각호의 기준에 의한다.
1. 높이는 3미터 이하로 할 것
2. 담의 두께는 190밀리미터 이상으로 할 것. 다만, 높이가 2미터 이하인 담에 있어서는 90밀리미터 이상으로 할 수 있다.
3. 담의 길이 2미터 이내마다 담의 벽면으로부터 그 부분의 담의 두께 이상 튀어나온 버팀벽을 설치하거나, 담의 길이 4미터 이내마다 담의 벽면으로부터 그 부분의 담의 두께의 1.5배 이상 튀어나온 버팀벽을 설치할 것. 다만, 각 부분의 담의 두께가 제2호의 규정에 의한 담의 두께의 1.5배 이상인 경우에는 그러하지 아니하다.

065 필릿용접(Fillet Welding)의 단면상 이론 목두께에 해당하는 것은?

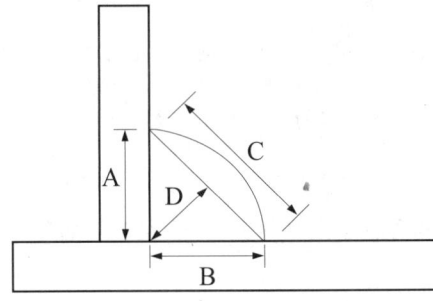

① A ② B
③ C ④ D

해설

필릿용접의 치수

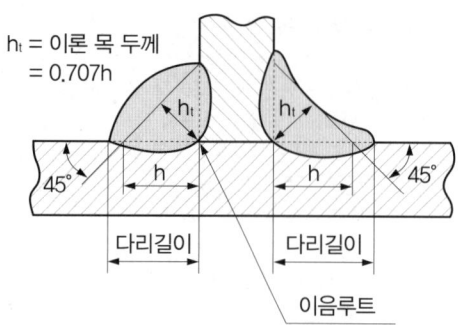
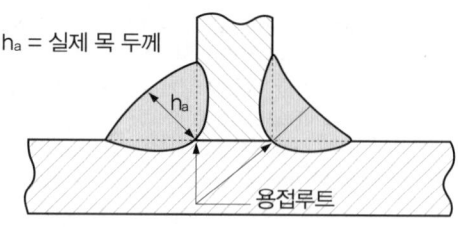

066 네트워크 공정표에 사용되는 용어에 관한 설명으로 옳지 않은 것은?

① 크리티컬 패스(Critical path) : 개시 결합점에서 종료 결합점에 이르는 가장 긴 경로
② 더미(Dummy) : 결합점이 가지는 여유시간
③ 플로트(Float) : 작업의 여유시간
④ 패스(Path) : 네트워크 중에서 둘 이상의 작업이 이어지는 경로

해설

네트워크 공정표의 용어와 기호

- 이벤트(Event(○)) : 작업의 결합점, 개시점 또는 종료점
- 액티비티(Activity(→)) : 작업, 프로젝트를 구성하는 작업단위
- 더미(Dummy(→)) : 정상표현으로 할 수 없는 작업 상호관계를 표시
- 슬랙(Slack(SL)) : 결합점이 가지는 여유시간
- 플로트(Float) : 작업의 여유시간
- 가장 빠른 개시시각(EST) : 작업을 시작하는 가장 빠른 시각
- 가장 빠른 종료시각(EFT) : 작업을 끝낼 수 있는 가장 빠른 시각
- 가장 늦은 개시시각(LST) : 작업을 가장 늦게 시작하여도 좋은 시각
- 가장 늦은 종료시각(LFT) : 작업을 가장 늦게 종료하여도 좋은 시각
- 패스(Path) : 네트워크 중 둘 이상의 작업이 이어짐
- 롱거스트 패스(Longest Path(LP)) : 임의의 두 결합점 간의 패스 중 소요시간이 가장 긴 패스
- 크리티컬 패스(Critical Path(CP)) : 소요일수가 가장 많은 작업경로, 여유시간을 갖지 않는 작업경로, 전체 공기를 지배하는 작업경로
- 토탈 플로트(Total Float(TF)) : 작업을 EST로 시작하고, LFT로 완료할 때 생기는 여유시간
- 프리 플로트(Free Float(FF)) : 작업을 EST로 시작하고, 후속작업을 EST로 시작하여도 존재하는 여유시간
- 디펜던트 플로트(Dependent Float(DF)) : 후속작업의 전체여유에 영향을 미치는 여유시간

067 콘크리트의 측압에 영향을 주는 요소에 관한 설명으로 옳지 않은 것은?

① 콘크리트 타설속도가 빠를수록 측압은 커진다.
② 콘크리트 온도가 낮으면 경화속도가 느려 측압은 작아진다.
③ 벽 두께가 얇을수록 측압은 작아진다.
④ 콘크리트의 슬럼프값이 클수록 측압은 커진다.

콘크리트의 측압이 커지는 조건
- 기온이 낮을수록(대기 중의 습도가 낮을수록)
- 치어붓기 속도가 클수록
- 굵은 콘크리트 일수록(물-시멘트비가 클수록, 슬럼프값이 클수록, 시멘트-물비가 적을수록)
- 콘크리트의 비중이 클수록
- 콘크리트의 다지기가 강할수록
- 철근양이 작을수록
- 거푸집의 수밀성이 높을수록
- 거푸집의 수평단면이 클수록(벽 두께가 클수록)
- 거푸집의 강성이 클수록
- 거푸집의 표면이 매끄러울수록
- 측압은 생콘크리트의 높이가 높을수록(단, 일정한 높이에 이르면 측압의 증가는 없음)

068 석공사에 사용하는 석재 중에서 수성암계에 해당하지 않는 것은?

① 사암
② 석회암
③ 안산암
④ 응회암

석재의 성인에 따른 분류
- 화성암 : 화강암, 안산암, 현무암, 감람석, 부석 등
- 수성암 : 사암, 이판암, 점판암, 응회암, 석회암 등
- 변성암 : 대리석, 사문석, 석면 등

069 매스 콘크리트(Mass concrete) 시공에 관한 설명으로 옳지 않은 것은?

① 매스 콘크리트의 타설온도는 온도균열을 제어하기 위한 관점에서 가능한 한 낮게 한다.
② 매스 콘크리트 타설 시 기온이 높을 경우에는 콜드조인트가 생기기 쉬우므로 응결촉진제를 사용한다.
③ 매스 콘크리트 타설 시 침하발생으로 인한 침하균열을 예방을 하기 위해 재진동 다짐 등을 실시한다.
④ 매스 콘크리트 타설 후 거푸집 탈형 시 콘크리트 표면의 급랭을 방지하기 위해 콘크리트 표면을 소정의 기간 동안 보온해 주어야 한다.

매스 콘크리트를 넓은 면적에 걸쳐 타설할 경우에는 콜드조인트가 생기지 않도록 하나의 시공구간의 면적, 콘크리트의 공급능력, 이어치기의 허용시간 등을 고려하여 시공 순서를 정하여야 한다. 특히 기온이 높을 경우에는 콜드조인트가 생기기 쉬우므로 응결지연제의 사용, 타설블록 크기의 감소 등의 대책을 고려하여야 한다.

070 거푸집공사(form work)에 관한 설명으로 옳지 않은 것은?

① 거푸집널은 콘크리트의 구조체를 형성하는 역할을 한다.
② 콘크리트 표면에 모르타르, 플라스터 또는 타일붙임 등의 마감을 할 경우에는 평활하고 광택있는 면이 얻어질 수 있도록 철제 거푸집(metal form)을 사용하는 것이 좋다.
③ 거푸집공사비는 건축공사비에서의 비중이 높으므로, 설계단계부터 거푸집 공사의 개선과 합리화 방안을 연구하는 것이 바람직하다.
④ 폼타이(form tie)는 콘크리트를 타설할 때, 거푸집이 벌어지거나 우그러들지 않게 연결, 고정하는 긴결재이다.

철제 거푸집(Metal Form)은 반복 사용에 견딜 수 있어 경제적이나 콘크리트면이 매끈하기 때문에 모르타르와 같은 미장재료가 잘 붙지 않으므로, 표면을 거칠게 할 필요가 있다.

071 철근콘크리트 말뚝머리와 기초와의 접합에 관한 설명으로 옳지 않은 것은?

① 두부를 커팅기계로 정리할 경우 본체에 균열이 생김으로 응력손실이 발생하여 설계내력을 상실하게 된다.
② 말뚝머리 길이가 짧은 경우는 기초저면까지 보강하여 시공한다.
③ 말뚝머리 철근은 기초에 30cm 이상의 길이로 정착한다.
④ 말뚝머리와 기초와의 확실한 정착을 위해 파일앵커링을 시공한다.

두부정리 작업을 위하여 고강도의 콘크리트 파일을 파쇄할 때 종방향으로 균열이 발생하여 품질이 저하되므로 커팅기계 등 자동화장비를 사용이 권장된다.

072 철근콘크리트 보에 사용된 굵은 골재의 최대치수가 25mm일 때, D22철근(동일 평면에서 평행한 철근)의 수평 순간격으로 옳은 것은?(단, 콘크리트를 공극 없이 칠 수 있는 다짐방법을 사용할 경우에는 제외)

① 22.2mm
② 25mm
③ 31.25mm
④ 33.3mm

콘크리트구조설계기준에 의한 최소 철근간격
- 동일 평면에서 평행하는 철근 사이의 수평 순간격은 25mm 이상, 또는 철근의 공칭지름(D) 이상으로 하여야 하며, 굵은 골재 최대치수의 4/3 이상을 만족하여야 한다.
- 상단과 하단에 2단 이상으로 배치된 경우 상하 철근은 동일 연직면내에 배치되어야 하고, 이때 상하 철근의 순간격은 25mm 이상으로 하여야 한다.
- 나선철근과 띠철근 기둥에서 종방향 철근의 순간격은 40mm 이상, 또한 철근 공칭지름의 1.5배 이상으로 하여야 하며, 굵은 골재 최대치수의 4/3 이상을 만족하여야 한다.

∴ 수평 순간격 = 굵은 골재의 최대치수 $\times \dfrac{4}{3} = 25 \times \dfrac{4}{3} ≒ 33.3$

073 철근의 피복두께를 유지하는 목적이 아닌 것은?

① 부재의 소요 구조 내력 확보
② 부재의 내화성 유지
③ 콘크리트의 강도 증대
④ 부재의 내구성 유지

철근 피복두께의 목적
- 내구성 확보 : 중성화방지
- 내화성 확보 : 철근은 고온에서 강도가 저하됨
- 부착강도 확보 : 콘크리트의 허용부착력은 피복두께 1.5cm가 기준
- 시공시 유동성 확보 : 철근과 거푸집 사이의 간격에 따라 골재의 유동이 좌우됨

074 불량품, 결점, 고장 등의 발생건수를 현상과 원인별로 분류하고, 여러 가지 데이터를 항목별로 분류해서 문제의 크기 순서로 나열하여, 그 크기를 막대그래프로 표기한 품질관리 도구는?

① 파레토그램
② 특성요인도
③ 히스토그램
④ 체크시트

통계적 재해원인 분석방법
- 파레토도 : 사고의 유형, 기인물 등의 분류항목을 순서대로 도표화하여 문제나 목표의 이해에 편리
- 특성요인도 : 특성과 요인과의 관계를 도표로 하여 어골상으로 세분화
- 클로즈분석(크로스도) : 2개 이상의 문제 관계를 분석하는데 사용하는 것으로 데이터를 집계하고, 표로 표시하여 요인별 결과 내역을 교차한 그림을 작성, 분석하는 방법
- 관리도 : 재해 발생 건수 등의 추이를 파악하여 목표관리를 행하는데 필요한 월별 재해발생건수를 그래프화하여 관리선을 설정 관리

075 강구조 공사 시 앵커링(anchoring)에 관한 설명으로 옳지 않은 것은?

① 필요한 앵커링 저항력을 얻기 위해서는 콘크리트에 피해를 주지 않도록 적절한 대책을 수립하여야 한다.
② 앵커볼트 설치 시 베이스플레이트 위치의 콘크리트는 설계도면 레벨보다 -30mm ~ -50mm 낮게 타설하고, 베이스플레이트 설치 후 그라우팅 처리한다.
③ 구조용 앵커볼트를 사용하는 경우 앵커볼트 간의 중심선은 기둥중심선으로부터 3mm 이상 벗어나지 않아야 한다.
④ 앵커볼트로는 구조용 혹은 세우기용 앵커볼트가 사용되어야 하고, 나중매입공법을 원칙으로 한다.

강구조 공사 시 앵커링(KCS 14 31 30, 3.2.2)
- 대상 구조물 또는 인접한 구조물의 콘크리트 부분의 앵커링 장비는 반드시 해당 규정에 따라 설치되어야 한다.
- 필요한 앵커링 저항력을 얻기 위해서는 콘크리트에 피해를 주지 않도록 적절한 대책을 수립해야 한다.
- 앵커볼트 설치 시 베이스플레이트 위치의 콘크리트는 설계도면 레벨보다 -30mm ~ -50mm 낮게 타설하고, 베이스플레이트 설치 후 그라우팅 처리한다.
- 앵커볼트로는 구조용 혹은 세우기용 앵커볼트가 사용되어야 하고, 고정매입 공법을 원칙으로 한다.
- 구조용 앵커볼트를 사용하는 경우 앵커볼트 간의 중심선은 기둥중심선으로부터 3mm이상 벗어나지 않아야 한다. 세우기용 앵커볼트의 경우에는 앵커볼트 간의 중심선이 기둥중심선으로부터 5mm 이상 벗어나지 않아야 한다.

076 모래지반 흙막이 공사에서 널말뚝의 틈새로 물과 토사가 유실되어 지반이 파괴되는 현상은?

① 히빙 현상(Heaving)
② 파이핑 현상(Piping)
③ 액상화 현상(Liquefaction)
④ 보일링 현상(Boiling)

- 히빙(Heaving) : 굴착이 진행됨에 따라 흙막이 벽 뒤쪽 흙의 중량이 굴착부 바닥의 지지력 이상이 되면 흙막이벽 근입(根入) 부분의 지반 이동이 발생하여 굴착부 저면이 솟아오르는 현상
- 파이핑(Piping) : 흙막이벽의 부실공사로 흙막이벽의 뚫린 구멍 또는 틈새를 통하여 물과 토사가 유실되어 지반이 파괴되는 현상
- 액상화(Liquefaction) : 포화된 느슨한 모래가 진동이나 지진 등의 충격을 받으면 입자들이 재배열되어 약간 수축하며 큰 과잉 간극수압을 유발하게 되고 그 결과로 유효응력과 전단강도가 크게 감소되어 모래가 유체처럼 거동하게 되는 현상
- 보일링(Boiling) : 사질토 지반을 굴착시, 굴착부와 지하수위차가 있을 경우, 수두차(水頭差)에 의하여 침투압이 생겨 흙막이벽 근입부분을 침식하는 동시에, 모래가 액상화(液狀化) 되어 솟아오르며 흙막이벽의 근입부가 지지력을 상실하여 흙막이공의 붕괴를 초래하는 현상

077 공사관리계약(Construction Management Contract) 방식의 장점이 아닌 것은?

① 시공 시 단계별 시공법을 적용할 수 있어 설계 및 시공기간을 단축시킬 수 있다.
② 설계과정에서 설계가 시공에 미치는 영향을 예측할 수 있어 설계도서의 현실성을 향상시킬 수 있다.
③ 기획 및 설계과정에서 발주자와 설계자간의 의견대립 없이 설계대안 및 특수공법의 적용이 가능하다.
④ 대리인형 CM(CM for fee)방식은 공사비와 품질에 직접적인 책임을 지는 공사관리계약 방식이다.

대리인형 CM(CM for fee)은 발주자에게 임금을 받고 컨설턴트 역할만 수행하며, 공사결과에 대한 책임을 지지않는 형태이다. 이와 달리 공사비와 품질에 직접적인 책임을 지는 공사관리계약 방식은 시공자형 CM(CM for risk) 방식이다.

078 철골구조의 내화피복에 관한 설명으로 옳지 않은 것은?

① 조적공법은 용접철망을 부착하여 경량모르타르, 펄라이트 모르타르와 플라스터 등을 바름하는 공법이다.
② 뿜칠공법은 철골표면에 접착제를 혼합한 내화피복재를 뿜어서 내화피복을 한다.
③ 성형판 공법은 내화단열성이 우수한 각종 성형판을 철골주위에 접착제와 철물 등을 설치하고 그 위에 붙이는 공법으로 주로 기둥과 보의 내화피복에 사용된다.
④ 타설공법은 아직 굳지 않은 경량콘크리트나 기포모르타르 등을 강재주위에 거푸집을 설치하여 타설한 후 경화시켜 철골을 내화피복하는 공법이다.

습식 내화피복공법의 종류
- 타설공법 : 거푸집을 설치하고 철골 둘레에 콘크리트 또는 경량콘크리트 타설하는 공법
- 뿜칠공법 : 강재에 암면, 석면, 질석과 시멘트 등을 혼합하여 뿜칠로 피복하는 공법
- 조적공법 : 콘크리트 블록, 벽돌, 석재 등을 둘레에 시공하는 공법
- 미장공법 : 철골 부재에 용접철망(Metal Lath)을 부착하고 내화 단열성 모르타르 시공하는 공법

079 철근콘크리트에서 염해로 인한 철근의 부식방지대책으로 옳지 않은 것은?

① 콘크리트 중의 염소 이온량을 적게 한다.
② 에폭시 수지 도장 철근을 사용한다.
③ 방청제 투입을 고려한다.
④ 물-시멘트비를 크게 한다.

콘크리트에 염화물이온이 일정량 이상 존재하면 철근 표면의 부동태피막이 파괴되어 철근 부식을 유발하기 쉽다. 따라서, 철근 부식을 방지하기 위해서는 물-시멘트비를 작게 하여 염화물의 침투 및 탄산화의 진행을 지연시키도록 한다.

080 웰 포인트 공법(well point method)에 관한 설명으로 옳지 않은 것은?

① 사질지반보다 점토질 지반에서 효과가 좋다.
② 지하수위를 낮추는 공법이다.
③ 1~3m의 간격으로 파이프를 지중에 박는다.
④ 인접지 침하의 우려에 따른 주의가 필요하다.

웰 포인트 공법은 지름 50~70mm의 관을 1~2m 간격으로 박고 수평 흡상관에 연결하여 배수하는 방식의 사질지반용 탈수(배수)공법의 하나로 지하수위 강하에 따른 지반침하의 우려가 있다.

제 05 과목 건설재료학

081 깬자갈을 사용한 콘크리트가 동일한 시공연도의 보통 콘크리트 보다 유리한 점은?

① 시멘트 페이스트와의 부착력 증가
② 단위수량 감소
③ 수밀성 증가
④ 내구성 증가

깬자갈을 사용한 경우 강자갈을 사용한 경우보다 잔골재율이 증가되고 수량과 시멘트량도 늘어나지만 골재표면적의 증가로 시멘트 페이스트와의 부착력이 증가한다.

082 목재를 작은 조각으로 하여 충분히 건조시킨 후 합성수지와 같은 유기질의 접착제를 첨가하여 열압 제판한 목재 가공품은?

① 파티클 보드(Paricle board)
② 코르크판(Cork board)
③ 섬유판(Fiber board)
④ 집성목재(Glulam)

파티클 보드(Particle Board)

• 주원료(작은 나무 조각)를 접착제로 성형·열압하여 제판한 0.5g/cm³ 이상 0.9g/cm³ 이하의 판재상 제품을 말한다.
• 칩보드(Chip Board)라고도 하며, 온도에 의한 변형이 비교적 작고 흡음·단열·차단성이 양호하다.

083 도료상태의 방수재를 바탕면에 여러 번 칠하여 얇은 수지피막을 만들어 방수효과를 얻는 것으로 에멀션형, 용제형, 에폭시계 형태의 방수공법은?

① 시트방수
② 도막방수
③ 침투성 도포방수
④ 시멘트 모르타르 방수

도막방수의 종류

- 에멀션형(유제형) : 아크릴, 합성고무, 초산비닐 등의 수지유제를 여러 번 칠하여 0.5~1mm 두께의 형성하는 공법으로 다소간의 습기가 있어도 시공이 가능하지만 우천시나 겨울철(2℃ 이하) 시공은 피하여야 한다.
- 솔벤트형(용제형) : 합성고무를 휘발성 용제에 녹여 여러 번 칠하여 0.5~0.8mm 두께의 방수피막을 형성하는 방법으로 인화성이 강하므로 화기를 엄금하며 밀폐된 실내공간에서 작업이 금지된다.
- 에폭시계 : 에폭시수지를 여러 번 칠하여 0.1~0.2mm 정도의 얇은 도막을 형성하는 공법으로 내약품성, 내마모성이 우수하여 화학공장이나 화학약품을 취급하는 곳의 바닥 마무리재로 사용한다.

084 합성수지의 종류 중 열가소성수지가 아닌 것은?

① 염화비닐 수지
② 멜라민 수지
③ 폴리프로필렌 수지
④ 폴리에틸렌 수지

합성수지의 분류 및 주요 용도

분류	소분류	수지(약호)	용도
열가소성	범용수지	폴리에틸렌(PE)	필름, 시트, 성형품, 섬유
		폴리프로필렌(PP)	성형품, 필름, 파이프, 섬유
		폴리스틸렌(PS)	성형품, 발포재료, ABS수지
		염화비닐(PVC)	파이프, 호스, 시트, 판
		염화비닐리덴(PVDC)	필름, 섬유
		플루오르수지(플루오린수지)	내약품성 기계부품
		아크릴수지	판, 성형품(건축재, 디스플레이)
		폴리아세트산 비닐수지	도료, 접착제, 츄잉검
	엔지니어링 플라스틱	폴리아미드수지	기계부품
		아세탈수지	기계부품
		폴리카보네이트(PC)	기계부품, 디스플레이
		폴리페닐렌옥사이드	전기·전자부품
		폴리에스테르	성형품, 판, 화장판, 필름
		폴리술폰	내열성형품, 전지·전자부품, 식품
		폴리이미드	내열성 필름, 접착제

분류	소분류	수지(약호)	용도
열경화성		페놀수지	적층품(판), 성형품
		우레아수지	접착제, 섬유, 종이 가공품
		멜라민수지	화장판, 도료
		알키드수지	도료
		불포화 폴리에스테르수지	FRP(성형품, 판)
		에폭시수지	도료, 접착제, 절연재
		규소수지	성형품(내열, 절연), 오일, 고무
		폴리우레탄수지	발포제, 합성피혁, 접착제

085 수성페인트에 대한 설명으로 옳지 않은 것은?

① 수성페인트의 일종인 에멀션 페인트는 수성페인트에 합성수지와 유화제를 섞은 것이다.
② 수성페인트를 칠한 면은 외관은 온화하지만 독성 및 화재발생의 위험이 있다.
③ 수성페인트의 재료로 아교·전분·카세인 등이 활용된다.
④ 광택이 없으며 회반죽면 또는 모르타르면의 칠에 적당하다.

수성페인트는 물을 용제로 하는 도료의 총칭으로 취급이 간단하고 건조가 빠르나 광택이 없고, 독성과 화재발생의 위험이 적다.

086 금속판에 관한 설명으로 옳지 않은 것은?

① 알루미늄 판은 경량이고 열반사도 좋으나 알칼리에 약하다.
② 스테인리스 강판은 내식성이 필요한 제품에 사용된다.
③ 함석판은 아연도철판이라고도 하며 외관미는 좋으나 내식성이 약하다.
④ 연판은 X선 차단효과가 있고 내식성도 크다.

함석판은 열·냉간압연 철판에 아연을 도금한 강판으로 일반 철판에 비해 내식성 및 내구성이 우수하여 건축이나 인테리어의 구조재 또는 지붕을 비롯한 외장재 등으로 사용된다.

087 다음 중 열전도율이 가장 낮은 것은?

① 콘크리트   ② 코르크판
③ 알루미늄   ④ 주철

코르크판(Cork board)은 열전도율이 0.04kcal/m·h·℃ 정도로 낮아서 방진·방음용, 진동방지, 고체전달음 차단 및 건축물의 단열재 등으로 사용된다. 또한, 이러한 이유로 가정 내에서 냄비 받침으로도 쉽게 찾아볼 수 있다.

088 콘크리트의 혼화재료 중 혼화제에 속하는 것은?

① 플라이애시 ② 실리카흄
③ 고로슬래그 미분말 ④ 고성능 감수제

혼화제와 혼화재
- 혼화제(混和劑) : 시멘트량의 5% 미만으로 사용하며 약품적 성질을 갖고 있다. 대표적으로 공기연행제(AE제), 감수제, 방청제 등이 있다.
- 혼화재(混和材) : 시멘트량의 5% 이상으로 사용하며 시멘트의 성질을 개선한다. 포졸란, 플라이애시, 고로슬래그, 실리카흄이 대표적인 혼화재이다.

089 점토의 성질에 관한 설명으로 옳지 않은 것은?

① 사질점토는 적갈색으로 내화성이 좋다.
② 자토는 순백색이며 내화성이 우수하나 가소성은 부족하다.
③ 석기점토는 유색의 견고치밀한 구조로 내화도가 높고 가소성이 있다.
④ 석회질점토는 백색으로 용해되기 쉽다.

사질점토는 세립분이 50% 이상으로 모래 성분이 많이 포함되는 찰흙 또는 사질점토의 범위에 해당되는 점토로 적갈색이며 용해되기 쉽고, 내화성이 낮다.

090 콘크리트에 AE제를 첨가했을 경우 공기량 증감에 큰 영향을 주지 않는 것은?

① 혼합시간 ② 시멘트의 사용량
③ 주위온도 ④ 양생방법

공기량 증감에 영향을 주는 요인
- 단위 시멘트량 및 시멘트 분말도가 커지면 공기량은 감소한다.
- 혼합시키는 시간이 길어질수록 공기량은 감소한다.
- 공기량은 AE제의 사용량에 비례하여 증가한다.
- 잔골재 중에 0.15~0.6mm 입경분포가 증가하면 공기량은 증가한다.
- 콘크리트의 혼합온도가 낮으면 공기량은 증가한다.
- 슬럼프가 커지면 공기량은 증가한다.

091 슬럼프 시험에 대한 설명으로 옳지 않은 것은?

① 슬럼프 시험 시 각 층을 50회 다진다.
② 콘크리트의 시공연도를 측정하기 위하여 행한다.
③ 슬럼프콘에 콘크리트를 3층으로 분할하여 채운다.
④ 슬럼프 값이 높을 경우 콘크리트는 묽은 비빔이다.

슬럼프 시험(slump test) : 균일하게 비빈 시료를 6cm 정도(1/3 정도) 채우고 다짐 막대로 25회 다진 후 다시 시료를 9cm 채우고 25회 다짐, 마지막으로 시료를 콘에 채우고 25회 다짐 슬럼프 콘을 위로 가만히 빼어 콘크리트가 내려앉은 높이를 측정한다.

092 목재 섬유포화점의 함수율은 대략 얼마 정도인가?

① 약 10% ② 약 20%
③ 약 30% ④ 약 40%

목재의 함수율
- 기건재의 함수율 : 12~18%(평균 15%)
- 섬유포화점 : 섬유 자신의 함수율이 25~30%(보통 30%)인 경우
- 목재의 재질 변동(수축, 팽창 등)은 섬유포화점 이하의 함수상태에서만 발생한다. 따라서, 섬유포화점 이상에서 함수율의 변화가 거의 없다.
- 섬유포화점 이하에서 함수율이 감소함에 따라 강도는 증가하고 탄성은 감소한다.

093 각 창호철물에 관한 설명으로 옳지 않은 것은?

① 피벗힌지(pivot hinge) : 경첩 대신 축을 사용하여 여닫이문을 회전시킨다.
② 나이트래치(night latch) : 외부에서는 열쇠, 내부에서는 작은 손잡이를 틀어 열 수 있는 실린더장치로 된 것이다.
③ 크레센트(crescent) : 여닫이문의 상하단에 붙여 경첩과 같은 역할을 한다.
④ 래버터리힌지(lavatory hinge) : 스프링 힌지의 일종으로 공중용 화장실 등에 사용된다.

크레센트(Crescent)는 오르내리 창이나 미서기 창의 잠금장치(자물쇠)이다.

094 건축재료 중 마감재료의 요구성능으로 거리가 먼 것은?

① 화학적 성능 ② 역학적 성능
③ 내구성능 ④ 방화·내화 성능

역학적 성능은 건축재료 중 구조재료(강도, 인성, 탄성계수, 변형, 크리프, 피로강도)와 내화재료(고온강도, 고온변형)에 요구되는 사항이다.

095 PVC바닥재에 대한 일반적인 설명으로 옳지 않은 것은?

① 보통 두께 3mm 이상의 것을 사용한다.
② 접착제는 비닐계 바닥재용 접착제를 사용한다.
③ 바닥시트에 이용하는 용접봉, 용접액 혹은 줄눈재는 제조업자가 지정하는 것으로 한다.
④ 재료보관은 통풍이 잘 되고 햇빛이 잘 드는 곳에 보관한다.

해설
장시간 다단 적재하거나 세워서 보관할 경우 제품 변형이 생길 수 있으며, 직사일광, 물에 젖을 경우 변질 또는 퇴색될 수 있으므로 평탄하고 직사광선이 들지않는 곳에 보관한다.

096 점토기와 중 훈소와에 해당하는 설명은?

① 소소와에 유약을 발라 재소성한 기와
② 기와 소성이 끝날 무렵에 식염증기를 충만시켜 유약 피막을 형성시킨 기와
③ 저급점토를 원료로 900~1000℃로 소소하여 만든 것으로 흡수율이 큰 기와
④ 건조제품을 가마에 넣고 연료로 장작이나 솔잎 등을 써서 검은 연기로 그을려 만든 기와

해설
기와의 제작방법과 종류
- 소소와 : 연와토를 900℃ 정도로 소성하여 제작하나 흡수율이 커 실용적이지 못하다
- 훈소와 : 장작, 솔가지 등으로 소소와를 검은 연기로 그을려 만들며 방수성과 강도가 우수하다.
- 시유와 : 식염유약을 사용, 방수성도 크며 다양한 색상을 얻을 수 있다.

097 골재의 실적률에 관한 설명으로 옳지 않은 것은?

① 실적률은 골재 입형의 양부를 평가하는 지표이다.
② 부순 자갈의 실적률은 그 입형 때문에 강자갈의 실적률보다 적다.
③ 실적률 산정 시 골재의 밀도는 절대건조 상태의 밀도를 말한다.
④ 골재의 단위용적질량이 동일하면 골재의 비중이 클수록 실적률도 크다.

해설
골재의 실적률은 골재의 단위용적(m³)중의 실용적을 백분율(%)로 나타낸 값으로 단위용적중 골재 사이의 공극을 제외한 골재의 실질부분의 비율을 말한다. 따라서, 골재의 단위용적질량이 동일한 경우 골재의 밀도가 클수록 실적률로 크다.

098 미장재료 중 돌로마이트 플라스터에 대한 설명으로 옳지 않은 것은?

① 보수성이 크고 응결시간이 길다.
② 소석회에 모래, 해초풀, 여물 등을 혼합하여 바르는 미장재료이다.
③ 회반죽에 비하여 조기강도 및 최종강도가 크고 착색이 쉽다.
④ 여물을 혼입하여도 건조수축이 크기 때문에 수축 균열이 발생한다.

해설
소석회에 모래, 해초풀, 여물 등을 혼합하여 바르는 미장재료는 회반죽이다.

099 파손방지, 도난방지 또는 진동이 심한 장소에 적합한 망입(網入)유리의 제조 시 사용되지 않는 금속선은?

① 철선(철사) ② 황동선
③ 청동선 ④ 알루미늄선

망입유리는 용융된 유리물 사이에 금속 철망(철선, 황동선, 알루미늄선)을 삽입하여 2쌍의 롤러를 통과시켜 통과된 판유리 사이에 철망이 위치하는 유리로 화염에 의한 유리의 갑작스런 파열을 방지하기 위해 건축물에 적용되고, 또한 도난방지의 목적으로 사용된다.

100 목재의 결점 중 벌채시의 충격이나 그 밖의 생리적 원인으로 인하여 세로축에 직각으로 섬유가 절단된 형태를 의미하는 것은?

① 수지낭 ② 미숙재
③ 컴프레션페일러 ④ 옹이

- 수지낭 : 인접한 두 연륜의 경계층 또는 연륜 내에 형성된 렌즈 모양의 공극으로 고형 또는 액상의 수지를 포함하고 있다.
- 미숙재 : 수목의 일생동안 수간의 중심부에 발달되는 2차 목부 조직으로 세포 길이가 안정돼 있지 못하고 매년 1% 이상의 신장률을 나타내는 목재를 일컫는다.
- 옹이 : 나무의 비대생장에 의해 줄기나 가지가 목부에 파묻힌 가지의 시작 부분으로 목재의 피할 수 없는 결점 중의 하나이다.

제 06 과목 건설안전기술

101 유해·위험방지계획서 제출 시 첨부서류로 옳지 않은 것은?

① 공사현장의 주변 현황 및 주변과의 관계를 나타내는 도면
② 공사개요서
③ 전체공정표
④ 작업인부의 배치를 나타내는 도면 및 서류

유해위험방지계획서 첨부서류(산업안전보건법 시행규칙 별표 10)
- 공사 개요 및 안전보건관리계획
  - 공사 개요서
  - 공사현장의 주변 현황 및 주변과의 관계를 나타내는 도면(매설물 현황을 포함한다)
  - 건설물, 사용 기계설비 등의 배치를 나타내는 도면
  - 전체 공정표
  - 산업안전보건관리비 사용계획서
  - 안전관리 조직표
  - 재해 발생 위험 시 연락 및 대피방법
- 작업 공사 종류별 유해위험방지계획

102 거푸집 해체작업 시 유의사항으로 옳지 않은 것은?

① 일반적으로 수평부재의 거푸집은 연직부재의 거푸집보다 빨리 떼어낸다.
② 해체된 거푸집이나 각목 등에 박혀있는 못 또는 날카로운 돌출물은 즉시 제거하여야 한다.
③ 상하 동시 작업은 원칙적으로 금지하여 부득이한 경우에는 긴밀히 연락을 위하며 작업을 하여야 한다.
④ 거푸집 해체작업장 주위에는 관계자를 제외하고는 출입을 금지시켜야 한다.

콘크리트공사 표준안전 작업지침 제9조(해체) 사업주는 거푸집의 해체작업을 하여야 할 때에는 다음 각 호의 사항을 준수하여야 한다.
1. 거푸집 및 지보공(동바리)의 해체는 순서에 의하여 실시하여야 하며 안전담당자를 배치하여야 한다.
2. 거푸집 및 지보공(동바리)은 콘크리트 자중 및 시공중에 가해지는 기타 하중에 충분히 견딜만 한 강도를 가질 때까지는 해체하지 아니하여야 한다.
3. 거푸집을 해체할 때에는 다음 각 목에 정하는 사항을 유념하여 작업하여야 한다.
　가. 해체작업을 할 때에는 안전모등 안전 보호장구를 착용토록 하여야 한다.
　나. 거푸집 해체작업장 주위에는 관계자를 제외하고는 출입을 금지시켜야 한다.
　다. 상하 동시 작업은 원칙적으로 금지하여 부득이한 경우에는 긴밀히 연락을 위하며 작업을 하여야 한다.
　라. 거푸집 해체때 구조체에 무리한 충격이나 큰 힘에 의한 지렛대 사용은 금지하여야 한다.
　마. 보 또는 스라브 거푸집을 제거할 때에는 거푸집의 낙하 충격으로 인한 작업원의 돌발적 재해를 방지하여야 한다.
　바. 해체된 거푸집이나 각목 등에 박혀있는 못 또는 날카로운 돌출물은 즉시 제거하여야 한다.
　사. 해체된 거푸집이나 각 목은 재사용 가능한 것과 보수하여야 할 것을 선별, 분리하여 적치하고 정리정돈을 하여야 한다.
4. 기타 제3자의 보호조치에 대하여도 완전한 조치를 강구하여야 한다.

103 사다리식 통로 등을 설치하는 경우 통로 구조로서 옳지 않은 것은?

① 발판의 간격은 일정하게 한다.
② 발판과 벽과의 사이는 15cm 이상의 간격을 유지한다.
③ 사다리의 상단은 걸쳐놓은 지점으로부터 60cm 이상 올라가도록 한다.
④ 폭은 40cm 이상으로 한다.

산업안전보건기준에 관한 규칙 제24조(사다리식 통로 등의 구조) ① 사업주는 사다리식 통로 등을 설치하는 경우 다음 각 호의 사항을 준수하여야 한다.
1. 견고한 구조로 할 것
2. 심한 손상·부식 등이 없는 재료를 사용할 것
3. 발판의 간격은 일정하게 할 것
4. 발판과 벽과의 사이는 15센티미터 이상의 간격을 유지할 것
5. 폭은 30센티미터 이상으로 할 것
6. 사다리가 넘어지거나 미끄러지는 것을 방지하기 위한 조치를 할 것
7. 사다리의 상단은 걸쳐놓은 지점으로부터 60센티미터 이상 올라가도록 할 것
8. 사다리식 통로의 길이가 10미터 이상인 경우에는 5미터 이내마다 계단참을 설치할 것
9. 사다리식 통로의 기울기는 75도 이하로 할 것. 다만, 고정식 사다리식 통로의 기울기는 90도 이하로 하고, 그 높이가 7미터 이상인 경우에는 다음 각 목의 구분에 따른 조치를 할 것
　가. 등받이울이 있어도 근로자 이동에 지장이 없는 경우 : 바닥으로부터 높이가 2.5미터 되는 지점부터 등받이울을 설치할 것
　나. 등받이울이 있으면 근로자가 이동이 곤란한 경우 : 한국산업표준에서 정하는 기준에 적합한 개인용 추락 방지 시스템을 설치하고 근로자로 하여금 한국산업표준에서 정하는 기준에 적합한 전신안전대를 사용하도록 할 것
10. 접이식 사다리 기둥은 사용 시 접혀지거나 펼쳐지지 않도록 철물 등을 사용하여 견고하게 조치할 것

104 추락 재해방지 설비 중 근로자의 추락재해를 방지할 수 있는 설비로 작업발판 설치가 곤란한 경우에 필요한 설비는?

① 경사로 ② 추락방호망
③ 고정사다리 ④ 달비계

산업안전보건기준에 관한 규칙 제42조(추락의 방지) ② 사업주는 제1항에 따른 작업발판을 설치하기 곤란한 경우 다음 각 호의 기준에 맞는 추락방호망을 설치해야 한다. 다만, 추락방호망을 설치하기 곤란한 경우에는 근로자에게 안전대를 착용하도록 하는 등 추락위험을 방지하기 위해 필요한 조치를 해야 한다.
1. 추락방호망의 설치위치는 가능하면 작업면으로부터 가까운 지점에 설치하여야 하며, 작업면으로부터 망의 설치지점까지의 수직거리는 10미터를 초과하지 아니할 것
2. 추락방호망은 수평으로 설치하고, 망의 처짐은 짧은 변 길이의 12퍼센트 이상이 되도록 할 것
3. 건축물 등의 바깥쪽으로 설치하는 경우 추락방호망의 내민 길이는 벽면으로부터 3미터 이상 되도록 할 것. 다만, 그물코가 20밀리미터 이하인 추락방호망을 사용한 경우에는 제14조제3항에 따른 낙하물 방지망을 설치한 것으로 본다.

105 콘크리트 타설작업을 하는 경우에 준수해야 할 사항으로 옳지 않은 것은?

① 당일의 작업을 시작하기 전에 해당 작업에 관한 거푸집 및 동바리의 변형·변위 및 지반의 침하 유무 등을 점검하고 이상이 있으면 보수한다.
② 작업 중에는 감시자를 배치하는 등의 방법으로 거푸집 및 동바리의 변형·변위 및 침하 유무 등을 확인해야 하며, 이상이 있으면 작업을 중지하고 근로자를 대피시킨다.
③ 콘크리트 타설작업 시 거푸집붕괴의 위험이 발생할 우려가 있으면 충분한 보강조치를 한다.
④ 콘크리트를 타설하는 경우에는 편심이 발생하지 않도록 골고루 분산하여 타설한다.

산업안전보건기준에 관한 규칙 제334조(콘크리트의 타설작업) 사업주는 콘크리트 타설작업을 하는 경우에는 다음 각 호의 사항을 준수해야 한다.
1. 당일의 작업을 시작하기 전에 해당 작업에 관한 거푸집 및 동바리의 변형·변위 및 지반의 침하 유무 등을 점검하고 이상이 있으면 보수할 것
2. 작업 중에는 감시자를 배치하는 등의 방법으로 거푸집 및 동바리의 변형·변위 및 침하 유무 등을 확인해야 하며, 이상이 있으면 작업을 중지하고 근로자를 대피시킬 것
3. 콘크리트 타설작업 시 거푸집 붕괴의 위험이 발생할 우려가 있으면 충분한 보강조치를 할 것
4. 설계도서상의 콘크리트 양생기간을 준수하여 거푸집 및 동바리를 해체할 것
5. 콘크리트를 타설하는 경우에는 편심이 발생하지 않도록 골고루 분산하여 타설할 것

106 작업장 출입구 설치 시 준수해야 할 사항으로 옳지 않은 것은?

① 출입구의 위치·수 및 크기가 작업장의 용도와 특성에 맞도록 한다.
② 출입구에 문을 설치하는 경우에는 근로자가 쉽게 열고 닫을 수 있도록 한다.
③ 주된 목적이 하역운반기계용인 출입구에는 보행자용 출입구를 따로 설치하지 않는다.
④ 계단이 출입구와 바로 연결된 경우에는 작업자의 안전한 통행을 위하여 그 사이에 1.2m 이상 거리를 두거나 안내표지 또는 비상벨 등을 설치한다.

해설

산업안전보건기준에 관한 규칙 제11조(작업장의 출입구) 사업주는 작업장에 출입구(비상구는 제외한다. 이하 같다)를 설치하는 경우 다음 각 호의 사항을 준수하여야 한다.
1. 출입구의 위치, 수 및 크기가 작업장의 용도와 특성에 맞도록 할 것
2. 출입구에 문을 설치하는 경우에는 근로자가 쉽게 열고 닫을 수 있도록 할 것
3. 주된 목적이 하역운반기계용인 출입구에는 인접하여 보행자용 출입구를 따로 설치할 것
4. 하역운반기계의 통로와 인접하여 있는 출입구에서 접촉에 의하여 근로자에게 위험을 미칠 우려가 있는 경우에는 비상등·비상벨 등 경보장치를 할 것
5. 계단이 출입구와 바로 연결된 경우에는 작업자의 안전한 통행을 위하여 그 사이에 1.2미터 이상 거리를 두거나 안내표지 또는 비상벨 등을 설치할 것. 다만, 출입구에 문을 설치하지 아니한 경우에는 그러하지 아니하다.

107 건설작업장에서 근로자가 상시 작업하는 장소의 작업면 조도기준으로 옳지 않은 것은?(단, 갱내 작업장과 감광재료를 취급하는 작업장의 경우는 제외)

① 초정밀작업 : 600럭스(lux) 이상
② 정밀작업 : 300럭스(lux) 이상
③ 보통작업 : 150럭스(lux) 이상
④ 초정밀, 정밀, 보통작업을 제외한 기타 작업 : 75럭스(lux) 이상

해설

산업안전보건기준에 관한 규칙 제8조(조도) 사업주는 근로자가 상시 작업하는 장소의 작업면 조도(照度)를 다음 각 호의 기준에 맞도록 하여야 한다. 다만, 갱내(坑內) 작업장과 감광재료(感光材料)를 취급하는 작업장은 그러하지 아니하다.
1. 초정밀작업 : 750럭스(lux) 이상
2. 정밀작업 : 300럭스 이상
3. 보통작업 : 150럭스 이상
4. 그 밖의 작업 : 75럭스 이상

108 건설업 산업안전보건관리비 계상 및 사용기준에 따른 안전관리비의 개인보호구 및 안전장구 구입비 항목에서 안전관리비로 사용이 가능한 경우는?

① 안전·보건관리자가 선임되지 않은 현장에서 안전·보건업무를 담당하는 현장관계자용 무전기, 카메라, 컴퓨터, 프린터 등 업무용 기기
② 혹한·혹서에 장기간 노출로 인해 건강장해를 일으킬 우려가 있는 경우 특정 근로자에게 지급되는 기능성 보호 장구
③ 근로자에게 일률적으로 지급하는 보냉·보온장구
④ 감리원이나 외부에서 방문하는 인사에게 지급하는 보호구

해설

근로자 재해나 건강장해 예방 목적이 아닌 근로자 식별, 복리·후생적 근무여건 개선·향상, 사기진작, 원활한 공사 수행을 목적으로 하는 다음 장구의 구입·수리·관리 등에 소요되는 비용은 안전관리비로 사용이 불가능하다.
- 안전 보건관리자가 선임되지 않은 현장에서 안전 보건업무를 담당하는 현장관계자용 무전기, 카메라, 컴퓨터, 프린터 등 업무용 기기
- 근로자 보호 목적으로 보기 어려운 피복, 장구, 용품 등
  - 작업복, 방한복, 면장갑, 코팅장갑 등
  - 근로자에게 일률적으로 지급하는 보냉·보온장구(핫팩, 장갑, 아이스조끼, 아이스팩 등을 말함) 구입비
  - 감리원이나 외부에서 방문하는 인사에게 지급하는 보호구

※ 다만, 혹한·혹서에 장기간 노출로 인해 건강장해를 일으킬 우려가 있는 경우 특정 근로자에게 지급하는 기능성 보호장구는 사용 가능하다

109 옥외에 설치되어 있는 주행크레인에 대하여 이탈방지장치를 작동시키는 등 그 이탈을 방지하기 위한 조치를 하여야 하는 순간풍속에 대한 기준으로 옳은 것은?

① 순간풍속이 초당 10m를 초과하는 바람이 불어올 우려가 있는 경우
② 순간풍속이 초당 20m를 초과하는 바람이 불어올 우려가 있는 경우
③ 순간풍속이 초당 30m를 초과하는 바람이 불어올 우려가 있는 경우
④ 순간풍속이 초당 40m를 초과하는 바람이 불어올 우려가 있는 경우

산업안전보건기준에 관한 규칙 제140조(폭풍에 의한 이탈 방지) 사업주는 순간풍속이 초당 30미터를 초과하는 바람이 불어올 우려가 있는 경우 옥외에 설치되어 있는 주행 크레인에 대하여 이탈방지장치를 작동시키는 등 이탈 방지를 위한 조치를 하여야 한다.

110 지반 등의 굴착작업 시 연암의 굴착면 기울기로 옳은 것은?

① 1 : 0.3
② 1 : 0.5
③ 1 : 0.8
④ 1 : 1.0

굴착면의 기울기 기준(산업안전보건기준에 관한 규칙 별표 11)

지반의 종류	굴착면의 기울기	지반의 종류	굴착면의 기울기
모래	1 : 1.8	경암	1 : 0.5
연암 및 풍화암	1 : 1.0	그 밖의 흙	1 : 1.2

비고
1. 굴착면의 기울기는 굴착면의 높이에 대한 수평거리의 비율을 말한다.
2. 굴착면의 경사가 달라서 기울기를 계산하기가 곤란한 경우에는 해당 굴착면에 대하여 지반의 종류별 굴착면의 기울기에 따라 붕괴의 위험이 증가하지 않도록 위 표의 지반의 종류별 굴착면의 기울기에 맞게 해당 각 부분의 경사를 유지해야 한다.

111 철골작업 시 철골부재에서 근로자가 수직방향으로 이동하는 경우에 설치하여야 하는 고정된 승강로의 최대 답단 간격은 얼마 이내인가?

① 20cm
② 25cm
③ 30cm
④ 40cm

산업안전보건기준에 관한 규칙 제381조(승강로의 설치) 사업주는 근로자가 수직방향으로 이동하는 철골부재(鐵骨部材)에는 답단(踏段) 간격이 30센티미터 이내인 고정된 승강로를 설치하여야 하며, 수평방향 철골과 수직방향 철골이 연결되는 부분에는 연결작업을 위하여 작업발판 등을 설치하여야 한다.

112 흙막이벽 근입깊이를 깊게하고, 전면의 굴착부분을 남겨두어 흙의 중량으로 대항하게 하거나, 굴착예정 부분의 일부를 미리 굴착하여 기초콘크리트를 타설하는 등의 대책과 가장 관계가 깊은 것은?

① 파이핑현상이 있을 때
② 히빙현상이 있을 때
③ 지하수위가 높을 때
④ 굴착깊이가 깊을 때

히빙(Heaving)
- 정의 : 굴착이 진행됨에 따라 흙막이벽 뒤쪽 흙의 중량이 굴착부 바닥의 지지력 이상이 되면 흙막이벽 근입(根入) 부분의 지반 이동이 발생하여 굴착부 저면이 솟아오르는 현상
- 지반조건 : 연약성 점토 지반인 경우
- 방지 대책
  - 굴착 주변의 상재하중을 제거
  - 시트 파일(Sheet Pile) 등의 근입심도를 검토
  - 1.3m 이하 굴착시에는 버팀대(Strut)를 설치
  - 버팀대, 브라켓, 흙막이를 점검
  - 굴착주변을 탈수공법과 병행
  - 굴착방식을 개선(Island Cut 공법 등)

113 재해사고를 방지하기 위하여 크레인에 설치된 방호장치로 옳지 않은 것은?

① 공기정화장치
② 비상정지장치
③ 제동장치
④ 권과방지장치

크레인의 방호장치 : 과부하방지장치, 권과방지장치, 비상정지장치 및 브레이크장치

114 가설구조물의 문제점으로 옳지 않은 것은?

① 도괴재해의 가능성이 크다.
② 추락재해 가능성이 크다.
③ 부재의 결합이 간단하나 연결부가 견고하다.
④ 구조물이라는 통상의 개념이 확고하지 않으며 조립의 정밀도가 낮다.

가설구조물의 특징
- 연결재가 부족한 구조가 되기 쉽다.
- 부재의 결합이 간단하여 불안전 결합이 되기 쉽다.
- 구조물이라는 개념이 확고하지 않아 조립의 정밀도가 낮다.
- 부재는 과소 단면이거나 결함이 있는 재료가 사용되기 쉽다.

115 강관틀비계를 조립하여 사용하는 경우 준수해야할 기준으로 옳지 않은 것은?

① 수직방향으로 6m, 수평방향으로 8m 이내마다 벽이음을 할 것
② 높이가 20m를 초과하거나 중량물의 적재를 수반하는 작업을 할 경우에는 주틀 간의 간격을 2.4m 이하로 할 것
③ 길이가 띠장 방향으로 4m 이하이고 높이가 10m를 초과하는 경우에는 10m 이내마다 띠장 방향으로 버팀기둥을 설치할 것
④ 주틀 간에 교차 가새를 설치하고 최상층 및 5층 이내마다 수평재를 설치할 것

산업안전보건기준에 관한 규칙 제62조(강관틀비계) 사업주는 강관틀 비계를 조립하여 사용하는 경우 다음 각 호의 사항을 준수하여야 한다.
1. 비계기둥의 밑둥에는 밑받침 철물을 사용하여야 하며 밑받침에 고저차(高低差)가 있는 경우에는 조절형 밑받침철물을 사용하여 각각의 강관틀비계가 항상 수평 및 수직을 유지하도록 할 것
2. 높이가 20미터를 초과하거나 중량물의 적재를 수반하는 작업을 할 경우에는 주틀 간의 간격을 1.8미터 이하로 할 것
3. 주틀 간에 교차 가새를 설치하고 최상층 및 5층 이내마다 수평재를 설치할 것
4. 수직방향으로 6미터, 수평방향으로 8미터 이내마다 벽이음을 할 것
5. 길이가 띠장 방향으로 4미터 이하이고 높이가 10미터를 초과하는 경우에는 10미터 이내마다 띠장 방향으로 버팀기둥을 설치할 것

116 비계의 높이가 2m 이상인 작업장소에 작업발판을 설치할 경우 준수하여야 할 기준으로 옳지 않은 것은?

① 작업발판의 폭은 30cm 이상으로 한다.
② 발판재료간의 틈은 3cm 이하로 한다.
③ 추락의 위험성이 있는 장소에는 안전난간을 설치한다.
④ 발판재료는 뒤집히거나 떨어지지 않도록 2개 이상의 지지물에 연결하거나 고정시킨다.

산업안전보건기준에 관한 규칙 제56조(작업발판의 구조) 사업주는 비계(달비계, 달대비계 및 말비계는 제외한다)의 높이가 2미터 이상인 작업장소에 다음 각 호의 기준에 맞는 작업발판을 설치하여야 한다.
1. 발판재료는 작업할 때의 하중을 견딜 수 있도록 견고한 것으로 할 것
2. 작업발판의 폭은 40센티미터 이상으로 하고, 발판재료 간의 틈은 3센티미터 이하로 할 것. 다만, 외줄비계의 경우에는 고용노동부장관이 별도로 정하는 기준에 따른다.
3. 제2호에도 불구하고 선박 및 보트 건조작업의 경우 선박블록 또는 엔진실 등의 좁은 작업공간에 작업발판을 설치하기 위하여 필요하면 작업발판의 폭을 30센티미터 이상으로 할 수 있고, 걸침비계의 경우 강관기둥 때문에 발판재료 간의 틈을 3센티미터 이하로 유지하기 곤란하면 5센티미터 이하로 할 수 있다. 이 경우 그 틈 사이로 물체 등이 떨어질 우려가 있는 곳에는 출입금지 등의 조치를 하여야 한다.
4. 추락의 위험이 있는 장소에는 안전난간을 설치할 것. 다만, 작업의 성질상 안전난간을 설치하는 것이 곤란한 경우, 작업의 필요상 임시로 안전난간을 해체할 때에 추락방호망을 설치하거나 근로자로 하여금 안전대를 사용하도록 하는 등 추락위험 방지 조치를 한 경우에는 그러하지 아니하다.
5. 작업발판의 지지물은 하중에 의하여 파괴될 우려가 없는 것을 사용할 것
6. 작업발판재료는 뒤집히거나 떨어지지 않도록 둘 이상의 지지물에 연결하거나 고정시킬 것
7. 작업발판을 작업에 따라 이동시킬 경우에는 위험 방지에 필요한 조치를 할 것

117 사면지반 개량공법으로 옳지 않은 것은?

① 전기 화학적 공법
② 석회 안정처리 공법
③ 이온 교환 공법
④ 옹벽 공법

사면지반 개량공법
- 주입 공법 : 시멘트 또는 약액을 주입하여 지반을 강화하는 공법
- 이온교환 공법 : 염화칼슘을 사면 상부에 타설하는 등 흙의 공학적 성질을 변경하여 안정을 꾀하는 공법
- 전기화학적 공법 : 직류전기를 가해 전기화학적으로 흙을 개량함으로써 사면의 안정을 꾀하는 공법
- 시멘트 안정처리 공법 : 흙에 시멘트를 첨가하여 고화시킴으로써 사면의 안정을 꾀하는 공법
- 석회 안정처리 공법 : 점성토에 소석회 또는 생석회를 첨가하여 화학적 결합작용으로 사면의 안정을 꾀하는 공법
- 소결 공법 : 가열에 의해 토성을 개량하는 공법

118 법면 붕괴에 의한 재해 예방조치로서 옳은 것은?

① 지표수와 지하수의 침투를 방지한다.
② 법면의 경사를 증가한다.
③ 절토 및 성토높이를 증가한다.
④ 토질의 상태에 관계없이 구배조건을 일정하게 한다.

사면붕괴 방지의 안전대책
- 경점토 사면은 구배를 느리게 한다.
- 느슨한 모래의 사면은 지반의 밀도를 크게 한다.
- 연약한 균질의 점토사면은 배수에 의하여 전단강도를 증가시킨다.
- 암층은 배수가 잘 되도록 하며 층이 얕을 때에는 말뚝을 박아서 정지한다.
- 모래층을 둘러싼 점토사면은 배수에 의하여 모래층의 함유수분을 배제한다.

119 취급·운반의 원칙으로 옳지 않은 것은?

① 운반 작업을 집중하여 시킬 것
② 생산을 최고로 하는 운반을 생각할 것
③ 곡선 운반을 할 것
④ 연속 운반을 할 것

취급·운반의 5원칙
- 직선운반
- 연속운반
- 운반작업을 집중화
- 생산을 최고로 하는 운반
- 최대한 시간과 경비를 절약할 수 있는 운반방법을 고려

120 가설통로의 설치기준으로 옳지 않은 것은?

① 경사가 15°를 초과하는 때에는 미끄러지지 않는 구조로 한다.
② 건설공사에 사용하는 높이 8m 이상인 비계다리에는 7m 이내마다 계단참을 설치한다.
③ 수직갱에 가설된 통로의 길이가 15m 이상일 경우에는 15m 이내 마다 계단참을 설치한다.
④ 추락의 위험이 있는 장소에는 안전난간을 설치한다.

산업안전보건기준에 관한 규칙 제23조(가설통로의 구조) 사업주는 가설통로를 설치하는 경우 다음 각 호의 사항을 준수하여야 한다.
1. 견고한 구조로 할 것
2. 경사는 30도 이하로 할 것. 다만, 계단을 설치하거나 높이 2미터 미만의 가설통로로서 튼튼한 손잡이를 설치한 경우에는 그러하지 아니하다.
3. 경사가 15도를 초과하는 경우에는 미끄러지지 아니하는 구조로 할 것
4. 추락할 위험이 있는 장소에는 안전난간을 설치할 것. 다만, 작업상 부득이한 경우에는 필요한 부분만 임시로 해체할 수 있다.
5. 수직갱에 가설된 통로의 길이가 15미터 이상인 경우에는 10미터 이내마다 계단참을 설치할 것
6. 건설공사에 사용하는 높이 8미터 이상인 비계다리에는 7미터 이내마다 계단참을 설치할 것

정답 2022년 03월 05일 최근 기출문제

001 ①	002 ②	003 ①	004 ①	005 ①	006 ④	007 ③	008 ③	009 ④	010 ③
011 ②	012 ③	013 ②	014 ③	015 ④	016 ④	017 ②	018 ④	019 ③	020 ①
021 ②	022 ②	023 ④	024 ①	025 ③	026 ③	027 ②	028 ③	029 ②	030 ④
031 ①	032 ④	033 ①	034 ①	035 ①	036 ④	037 ③	038 ①	039 ④	040 ①
041 ④	042 ②	043 ②	044 ①	045 ④	046 ②	047 ④	048 ②	049 ④	050 ④
051 ②	052 ③	053 ①	054 ②	055 ②	056 ②	057 ①	058 ③	059 ②	060 ③
061 ③	062 ④	063 ②	064 ②	065 ③	066 ②	067 ②	068 ④	069 ②	070 ②
071 ①	072 ④	073 ③	074 ①	075 ②	076 ①	077 ④	078 ①	079 ④	080 ①
081 ①	082 ①	083 ②	084 ②	085 ②	086 ①	087 ④	088 ④	089 ①	090 ④
091 ②	092 ②	093 ②	094 ④	095 ②	096 ②	097 ②	098 ②	099 ②	100 ③
101 ④	102 ①	103 ④	104 ②	105 ②	106 ②	107 ①	108 ②	109 ③	110 ④
111 ③	112 ②	113 ①	114 ③	115 ②	116 ①	117 ④	118 ①	119 ③	120 ③

2022년 04월 24일 최근 기출문제

제 01 과목 산업안전관리론

01 산업안전보건법령상 안전보건관리규정 작성에 관한 사항으로 (   )에 알맞은 기준은?

> 안전보건관리규정을 작성하여야 할 사업의 사업주는 안전보건관리규정을 작성하여야 할 사유가 발생한 날부터 (   )일 이내에 안전보건관리규정을 작성해야 한다.

① 7
② 14
③ 30
④ 60

안전보건관리규정을 작성해야 할 사업의 종류 및 상시근로자 수(산업안전보건기준에 관한 규칙 별표 2)

사업의 종류	상시근로자 수
1. 농업 2. 어업 3. 소프트웨어 개발 및 공급업 4. 컴퓨터 프로그래밍, 시스템 통합 및 관리업 5. 정보서비스업 6. 금융 및 보험업 7. 임대업 ; 부동산 제외 8. 전문, 과학 및 기술 서비스업(연구개발업은 제외한다) 9. 사업지원 서비스업 10. 사회복지 서비스업	300명 이상
11. 제1호부터 제10호까지의 사업을 제외한 사업	100명 이상

※ 사업주는 안전보건관리규정을 작성하여야 할 사유가 발생한 날부터 30일 이내에 안전보건관리규정을 작성하여야 하며, 이를 변경할 사유가 발생한 경우에도 또한 같다.

002 산업안전보건법령상 안전관리자를 2인 이상 선임하여야 하는 사업이 아닌 것은?(단, 기타 법령에 관한 사항은 제외한다.)

① 상시 근로자가 500명인 통신업
② 상시 근로자가 700명인 발전업
③ 상시 근로자가 600명인 식료품 제조업
④ 공사금액이 1000억이며 공사 진행률(공정률) 20%인 건설업

우편 및 통신업의 안전관리자 선임 수(산업안전보건법 시행령 별표 3)
- 상시 근로자 50명 이상 1천명 미만 : 1명 이상
- 상시 근로자 1천명 이상 : 2명 이상

003 산업재해보상시험법령상 보험급여의 종류를 모두 고른 것은?

> ㄱ. 장례비 　　　　　　　ㄴ. 요양급여
> ㄷ. 간병급여 　　　　　　ㄹ. 영업손실비용
> ㅁ. 직업재활급여

① ㄱ, ㄴ, ㄹ
② ㄱ, ㄴ, ㄷ, ㅁ
③ ㄱ, ㄷ, ㄹ, ㅁ
④ ㄴ, ㄷ, ㄹ, ㅁ

산업재해보상보험법 제36조(보험급여의 종류와 산정 기준 등) ① 보험급여의 종류는 다음 각 호와 같다. 다만, 진폐에 따른 보험급여의 종류는 제1호의 요양급여, 제4호의 간병급여, 제7호의 장례비, 제8호의 직업재활급여, 제91조의3에 따른 진폐보상연금 및 제91조의4에 따른 진폐유족연금으로 하고, 제91조의12에 따른 건강손상자녀에 대한 보험급여의 종류는 제1호의 요양급여, 제3호의 장해급여, 제4호의 간병급여, 제7호의 장례비, 제8호의 직업재활급여로 한다.
1. 요양급여
2. 휴업급여
3. 장해급여
4. 간병급여
5. 유족급여
6. 상병(傷病)보상연금
7. 장례비
8. 직업재활급여

004 안전관리조직의 형태에 관한 설명으로 옳은 것은?

① 라인형 조직은 100명 이상의 중규모 사업장에 적합하다.
② 스태프형 조직은 권한 다툼의 해소나 조정이 용이하여 시간과 노력이 감소된다.
③ 라인형 조직은 안전에 대한 정보가 불충분하지만 안전지시나 조치에 대한 실시가 신속하다.
④ 라인·스태프형 조직은 1000명 이상의 대규모 사업장에 적합하나 조직원 전원의 자율적 참여가 불가능하다.

- 라인형 조직은 100명 이하의 소규모 사업장에 적합하다.
- 스태프형 조직은 권한 다툼이나 조정 때문에 통제 수속이 복잡해지며, 시간과 노력이 소모된다.
- 라인·스태프형 조직은 1000명 이상의 대규모 사업장에 적합하며, 안전입안 계획·평가·조사는 스태프에서, 생산기술의 안전대책은 라인에서 실시하므로 안전활동과 생산업무가 균형을 유지할 수 있다.

005 재해 예방을 위한 대책선정에 관한 사항 중 기술적 대책(Engineering)에 해당되지 않는 것은?

① 작업행정의 개선   ② 환경설비의 개선
③ 점검 보존의 확립   ④ 안전 수칙의 준수

하베이(Harvey)가 제시한 안전의 3E
- 기술적 대책(Engineering) : 작업행정의 개선, 환경설비의 개선, 안전기준의 설정, 점검보존의 확립
- 교육적 대책(Education) : 안전교육 및 훈련 실시
- 관리적 대책(Enforcement) : 엄격한 규칙에 의해 제도적으로 시행

006 산업안전보건법령상 산업안전보건위원회의 심의·의결을 거쳐야 하는 사항이 아닌 것은?(단, 그 밖에 필요한 사항은 제외한다.)

① 작업환경측정 등 작업환경의 점검 및 개선에 관한 사항
② 산업재해에 관한 통계의 기록 및 유지에 관한 사항
③ 안전장치 및 보호구 구입 시 적격품 여부 확인에 관한 사항
④ 사업장의 산업재해 예방계획의 수립에 관한 사항

산업안전보건위원회의 심의·의결을 거쳐야 하는 사항(산업안전보건법 제24조)
- 사업장의 산업재해 예방계획의 수립에 관한 사항
- 안전보건관리규정의 작성 및 변경에 관한 사항
- 안전보건교육에 관한 사항
- 작업환경측정 등 작업환경의 점검 및 개선에 관한 사항
- 근로자의 건강진단 등 건강관리에 관한 사항
- 중대재해의 원인 조사 및 재발 방지대책 수립에 관한 사항
- 산업재해에 관한 통계의 기록 및 유지에 관한 사항
- 유해하거나 위험한 기계·기구·설비를 도입한 경우 안전 및 보건 관련 조치에 관한 사항
- 그 밖에 해당 사업장 근로자의 안전 및 보건을 유지·증진시키기 위하여 필요한 사항

007 산업안전보건법령상 안전보건표지의 색채를 파란색으로 사용하여야 하는 경우는?

① 주의표지   ② 정지신호
③ 차량 통행표지   ④ 특정 행위의 지시

안전보건표지의 색도기준 및 용도(산업안전보건법 시행규칙 별표 8)

색채	색도기준	용도	사용례
빨간색	7.5R 4/14	금지	정지신호, 소화설비 및 그 장소, 유해행위의 금지
		경고	화학물질 취급장소에서의 유해·위험 경고
노란색	5Y 8.5/12	경고	화학물질 취급장소에서의 유해·위험 경고 이외의 위험 경고, 주의표지 또는 기계방호물

색채	색도기준	용도	사용례
파란색	2.5PB 4/10	지시	특정 행위의 지시 및 사실의 고지
녹색	2.5G 4/10	안내	비상구 및 피난소 사람 또는 차량의 통행 표시
흰색	N9.5	–	파란색 또는 녹색에 대한 보조색
검은색	N0.5	–	문자 및 빨간색 또는 노란색에 대한 보조색

008 시설물의 안전 및 유지관리에 관한 특별법령상 안전등급별 정기안전점검 및 정밀안전진단 실시시기에 관한 사항으로 (   )에 알맞은 기준은?

안전등급	정기안전점검	정밀안전진단
A 등급	(ㄱ)에 1회 이상	(ㄴ)에 1회 이상

① ㄱ : 반기, ㄴ : 4년
② ㄱ : 반기, ㄴ : 6년
③ ㄱ : 1년, ㄴ : 4년
④ ㄱ : 1년, ㄴ : 6년

안전점검, 정밀안전진단 및 성능평가의 실시시기(시설물의 안전 및 유지관리에 관한 특별법 시행령 별표 3)

안전등급	정기안전점검	정밀안전점검		정밀안전진단	성능평가
		건축물	건축물 외 시설물		
A등급	반기에 1회 이상	4년에 1회 이상	3년에 1회 이상	6년에 1회 이상	5년에 1회 이상
B·C등급		3년에 1회 이상	2년에 1회 이상	5년에 1회 이상	
D·E등급	1년에 3회 이상	2년에 1회 이상	1년에 1회 이상	4년에 1회 이상	

009 다음의 재해사례에서 기인물과 가해물은?

> 작업자가 작업장을 걸어가는 중 작업장 바닥에 쌓여있던 자재에 걸려 넘어지면서 바닥에 머리를 부딪쳐 사망하였다.

① 기인물 : 자재, 가해물 : 바닥
② 기인물 : 자재, 가해물 : 자재
③ 기인물 : 바닥, 가해물 : 바닥
④ 기인물 : 바닥, 가해물 : 자재

기인물과 가해물
- 기인물 : 불안전한 상태에 있는 물체(환경 포함)
- 가해물 : 직접 사람에게 접촉되어 위해를 가한 물체

010 산업재해통계업무처리규정상 산업재해통계에 관한 설명으로 틀린 것은?

① 총요양근로손실일수는 재해자의 총 요양기간을 합산하여 산출한다.
② 휴업재해자수는 근로복지공단의 휴업급여를 지급받은 재해자수를 의미하여, 체육행사로 인하여 발생한 재해는 제외된다.
③ 사망자수는 통상의 출퇴근에 의한 사망을 포함하여 근로복지공단의 유족급여가 지급된 사망자수를 말한다.
④ 재해자수는 근로복지공단의 유족급여가 지급된 사망자 및 근로복지공단에 최초요양신청서를 제출한 재해자 중 요양승인을 받은 자를 말한다.

재해통계의 산출 방법 및 정의(산업재해통계업무처리규정 제3조)

- 재해율 = (재해자수/산재보험적용근로자수) × 100
- 재해자수 : 근로복지공단의 유족급여가 지급된 사망자 및 근로복지공단에 최초요양신청서(재진 요양신청이나 전원요양신청서는 제외한다)를 제출한 재해자 중 요양승인을 받은자(지방고용노동관서의 산재 미보고 적발 사망자 수를 포함한다)를 말함. 다만, 통상의 출퇴근으로 발생한 재해는 제외함
- 사망만인율 = (사망자수/산재보험적용근로자수) × 10,000
- 사망자수 : 근로복지공단의 유족급여가 지급된 사망자(지방고용노동관서의 산재미보고 적발 사망자를 포함한다)수를 말함. 다만, 사업장 밖의 교통사고(운수업, 음식숙박업은 사업장 밖의 교통사고도 포함)·체육행사·폭력행위·통상의 출퇴근에 의한 사망, 사고발생일로부터 1년을 경과하여 사망한 경우는 제외함
- 휴업재해율 = (휴업재해자수 / 임금근로자수) × 100
- 휴업재해자수 : 근로복지공단의 휴업급여를 지급받은 재해자를 말함. 다만, 질병에 의한 재해와 사업장 밖의 교통사고(운수업, 음식숙박업은 사업장 밖의 교통사고도 포함)·체육행사·폭력행위·통상의 출퇴근으로 발생한 재해는 제외함
- 임금근로자수 : 통계청의 경제활동인구조사상 임금근로자수를 말함
- 도수율(빈도율) = 재해건수 / 연근로시간수 × 1,000,000
- 강도율 = 총요양근로손실일수 / 연근로시간수 × 1,000
- 총요양근로손실일수 : 재해자의 총 요양기간을 합산하여 산출하되, 사망, 부상 또는 질병이나 장해자의 등급별 요양근로손실일수는 다음의 표에 따름

구분	사망	신체장해자등급											
		1~3	4	5	6	7	8	9	10	11	12	13	14
근로손실일수 (일)	7,500	7,500	5,500	4,000	3,000	2,200	1,500	1,000	600	400	200	100	50

011 건설업 산업안전보건관리비 계상 및 사용기준상 건설업 안전보건관리비로 사용할 수 있는 것을 모두 고른 것은?

> ㄱ. 전담 안전·보건관리자의 인건비
> ㄴ. 현장 내 안전보건 교육장 설치비용
> ㄷ. 「전기사업법」에 따른 전기안전대행비용
> ㄹ. 유해·위험방지계획서의 작성에 소요되는 비용
> ㅁ. 재해예방전문지도기관에 지급하는 기술지도 비용

① ㄴ, ㄷ, ㄹ　　　　　　　　　② ㄱ, ㄴ, ㄹ, ㅁ
③ ㄱ, ㄷ, ㄹ, ㅁ　　　　　　　④ ㄱ, ㄴ, ㄷ, ㅁ

건설업 산업안전보건관리비 계상 및 사용기준 제7조(사용기준) ① 도급인과 자기공사자는 안전보건관리비를 산업재해예방 목적으로 다음 각 호의 기준에 따라 사용하여야 한다.

1. 안전관리자 · 보건관리자의 임금 등
    가. 법 제17조제3항 및 법 제18조제3항에 따라 안전관리 또는 보건관리 업무만을 전담하는 안전관리자 또는 보건관리자의 임금과 출장비 전액
    나. 안전관리 또는 보건관리 업무를 전담하지 않는 안전관리자 또는 보건관리자의 임금과 출장비의 각각 2분의 1에 해당하는 비용
    다. 안전관리자를 선임한 건설공사 현장에서 산업재해 예방 업무만을 수행하는 작업지휘자, 유도자, 신호자 등의 임금 전액
    라. 별표 1의2에 해당하는 작업을 직접 지휘 · 감독하는 직 · 조 · 반장 등 관리감독자의 직위에 있는 자가 영 제15조제1항에서 정하는 업무를 수행하는 경우에 지급하는 업무수당(임금의 10분의 1 이내)
2. 안전시설비 등
    가. 산업재해 예방을 위한 안전난간, 추락방호망, 안전대 부착설비, 방호장치(기계 · 기구와 방호장치가 일체로 제작된 경우, 방호장치 부분의 가액에 한함) 등 안전시설의 구입 · 임대 및 설치를 위해 소요되는 비용
    나. 「건설기술진흥법」 제62조의3에 따른 스마트 안전장비 구입 · 임대 비용의 5분의 1에 해당하는 비용. 다만, 제4조에 따라 계상된 안전보건관리비 총액의 10분의 1을 초과할 수 없다.
    다. 용접 작업 등 화재 위험작업 시 사용하는 소화기의 구입 · 임대비용
3. 보호구 등
    가. 영 제74조제1항제3호에 따른 보호구의 구입 · 수리 · 관리 등에 소요되는 비용
    나. 근로자가 가목에 따른 보호구를 직접 구매 · 사용하여 합리적인 범위 내에서 보전하는 비용
    다. 제1호가목부터 다목까지의 규정에 따른 안전관리자 등의 업무용 피복, 기기 등을 구입하기 위한 비용
    라. 제1호가목에 따른 안전관리자 및 보건관리자가 안전보건 점검 등을 목적으로 건설공사 현장에서 사용하는 차량의 유류비 · 수리비 · 보험료
4. 안전보건진단비 등
    가. 법 제42조에 따른 유해위험방지계획서의 작성 등에 소요되는 비용
    나. 법 제47조에 따른 안전보건진단에 소요되는 비용
    다. 법 제125조에 따른 작업환경 측정에 소요되는 비용
    라. 그 밖에 산업재해예방을 위해 법에서 지정한 전문기관 등에서 실시하는 진단, 검사, 지도 등에 소요되는 비용
5. 안전보건교육비 등
    가. 법 제29조부터 제31조까지의 규정에 따라 실시하는 의무교육이나 이에 준하여 실시하는 교육을 위해 건설공사 현장의 교육 장소 설치 · 운영 등에 소요되는 비용
    나. 가목 이외 산업재해 예방 목적을 가진 다른 법령상 의무교육을 실시하기 위해 소요되는 비용
    다. 안전보건관리책임자, 안전관리자, 보건관리자가 업무수행을 위해 필요한 정보를 취득하기 위한 목적으로 도서, 정기간행물을 구입하는 데 소요되는 비용
    라. 건설공사 현장에서 안전기원제 등 산업재해 예방을 기원하는 행사를 개최하기 위해 소요되는 비용. 다만, 행사의 방법, 소요된 비용 등을 고려하여 사회통념에 적합한 행사에 한한다.
    마. 건설공사 현장의 유해 · 위험요인을 제보하거나 개선방안을 제안한 근로자를 격려하기 위해 지급하는 비용
6. 근로자 건강장해예방비 등
    가. 법 · 영 · 규칙에서 규정하거나 그에 준하여 필요로 하는 각종 근로자의 건강장해 예방에 필요한 비용
    나. 중대재해 목격으로 발생한 정신질환을 치료하기 위해 소요되는 비용
    다. 「감염병의 예방 및 관리에 관한 법률」 제2조제1호에 따른 감염병의 확산 방지를 위한 마스크, 손소독제, 체온계 구입비용 및 감염병병원체 검사를 위해 소요되는 비용
    라. 법 제128조의2 등에 따른 휴게시설을 갖춘 경우 온도, 조명 설치 · 관리기준을 준수하기 위해 소요되는 비용
7. 법 제73조 및 제74조에 따른 건설재해예방전문지도기관의 지도에 대한 대가로 지급하는 비용
8. 「중대재해 처벌 등에 관한 법률」 시행령 제4조제2호나목에 해당하는 건설사업자가 아닌 자가 운영하는 사업에서 안전보건 업무를 총괄 · 관리하는 3명 이상으로 구성된 본사 전담조직에 소속된 근로자의 임금 및 업무수행 출장비 전액. 다만, 제4조에 따라 계상된 안전보건관리비 총액의 20분의 1을 초과할 수 없다.

9. 법 제36조에 따른 위험성평가 또는 「중대재해 처벌 등에 관한 법률 시행령」 제4조제3호에 따라 유해·위험요인 개선을 위해 필요하다고 판단하여 법 제24조의 산업안전보건위원회 또는 법 제75조의 노사협의체에서 사용하기로 결정한 사항을 이행하기 위한 비용. 다만, 제4조에 따라 계상된 안전보건관리비 총액의 10분의 1을 초과할 수 없다.

012 다음에서 설명하는 위험예지훈련 단계는?

- 위험요인을 찾아내는 단계
- 가장 위험한 것을 합의하여 결정하는 단계

① 현상파악　　　　② 본질추구
③ 대책수립　　　　④ 목표설정

위험예지 훈련의 기존 4라운드 진행방법
- 1R(현상파악) : 어떤 위험이 잠재하고 있는지 사실을 파악하는 라운드(BS적용)
- 2R(본질추구) : 가장 위험한 요인(위험 포인트)를 합의로 결정하는 라운드(요약)
- 3R(대책수립) : 구체적인 대책을 수립하는 라운드(BS적용)
- 4R(목표달성- 설정) : 수립한 대책 가운데 질이 높은 항목에 합의하는 라운드(요약)

013 산업안전보건법령상 안전검사 대상 기계가 아닌 것은?

① 리프트　　　　② 압력용기
③ 컨베이어　　　④ 이동식 국소 배기장치

안전검사 대상 기계(산업안전보건법 시행령 제78조)
- 프레스　　・전단기
- 크레인(정격 하중이 2톤 미만인 것은 제외)
- 리프트　　・압력용기　　・곤돌라
- 국소 배기장치(이동식 제외)
- 원심기(산업용만 해당)
- 롤러기(밀폐형 구조는 제외)
- 사출성형기[형 체결력(型 締結力) 294킬로뉴턴(KN) 미만은 제외]
- 고소작업대(화물자동차 또는 특수자동차에 탑재한 고소작업대로 한정)
- 컨베이어
- 산업용 로봇
- 혼합기(※2026년 6월 26일부터 적용)
- 파쇄기 또는 분쇄기(※2026년 6월 26일부터 적용)

014 산업안전보건법령상 사업장에서 산업재해 발생 시 사업주가 기록·보존하여야 하는 사항이 아닌 것은?(단, 산업재해조사표와 요양신청서의 사본은 보존하지 않았다.)

① 사업장의 개요　　　　② 근로자의 인적사항
③ 재해 재발방지 계획　　④ 안전관리자 선임에 관한 사항

산업안전보건법 시행규칙 제72조(산업재해 기록 등) 사업주는 산업재해가 발생한 때에는 법 제57조제2항에 따라 다음 각 호의 사항을 기록·보존해야 한다. 다만, 제73조제1항에 따른 산업재해조사표의 사본을 보존하거나 제73조제5항에 따른 요양신청서의 사본에 재해 재발방지 계획을 첨부하여 보존한 경우에는 그렇지 않다.
1. 사업장의 개요 및 근로자의 인적사항
2. 재해 발생의 일시 및 장소
3. 재해 발생의 원인 및 과정
4. 재해 재발방지 계획

015 A 사업장의 상시근로자수가 1200명이다. 이 사업장의 도수율이 10.5이고 강도율이 7.5일 때 이 사업장의 총 요양근로손실일수(일)는?(단, 연근로시간수는 2400시간이다.)

① 21.6
② 216
③ 2160
④ 21600

강도율 = $\dfrac{\text{총요양근로손실일수}}{\text{연근로시간수}} \times 1000$

∴ 총요양근로손실일수 = $\dfrac{\text{강도율} \times \text{연근로시간수}}{1000} = \dfrac{7.5 \times 2400 \times 1200}{1000} = 21600$

016 산업재해의 기본원인으로 볼 수 있는 4M으로 옳은 것은?

① Man, Machine, Maker, Media
② Man, Management, Machine, Media
③ Man, Machine, Maker, Management
④ Man, Management, Machine, Material

인간 과오의 배후요인(4M)
- 작업자(Man) : 본인 이외의 사람
- 기계(Machine) : 장치나 기기 등의 물적 요인
- 훈련(Media) : 인간과 기계를 잇는 매체란 뜻으로 작업의 방법이나 순서, 작업정보의 실태나 환경과의 관계, 정리정돈
- 관리(Management) : 안전법규의 준수방법, 지휘감독, 교육훈련

017 보호구 안전인증 고시상 안전대 충격흡수장치의 동하중 시험성능기준에 관한 사항으로 ( )에 알맞은 기준은?

- 최대전달충격력은 (ㄱ)kN 이하 이어야 함
- 감속거리는 (ㄴ)mm 이하 이어야 함

① ㄱ : 6.0, ㄴ : 1000
② ㄱ : 6.0, ㄴ : 2000
③ ㄱ : 8.0, ㄴ : 1000
④ ㄱ : 8.0, ㄴ : 2000

해설

안전대 완성품 및 부품의 동하중 시험성능기준(보호구 안전인증 고시 별표 9)

구분	명칭	시험성능기준
동하중 성능	벨트식 – 1개걸이용 – U자걸이용 – 보조죔줄	1) 시험몸통으로부터 빠지지 말 것 2) 최대전달충격력은 6.0kN 이하이어야 함 3) U자걸이용 감속거리는 1,000mm 이하이어야 함
	안전그네식 – 1개걸이용 – U자걸이용 – 추락방지대 – 안전블록 – 보조죔줄	1) 시험몸통으로부터 빠지지 말 것 2) 최대전달충격력은 6.0kN 이하이어야 함 3) U자걸이용, 안전블록, 추락방지대의 감속거리는 1,000mm 이하이어야 함 4) 시험후 죔줄과 시험몸통간의 수직각이 50° 미만이어야 함
	안전블록 (부품)	1) 파손되지 않을 것 2) 최대전달충격력은 6.0kN 이하이어야 함 3) 억제거리는 2,000mm 이하이어야 함
	충격흡수장치	1) 최대전달충격력은 6.0kN 이하이어야 함 2) 감속거리는 1,000mm 이하이어야 함

018 산업안전보건기준에 관한 규칙상 공기압축기 가동 전 점검사항을 모두 고른 것은? (단, 그 밖에 사항은 제외한다.)

> ㄱ. 윤활유의 상태 ㄴ. 압력방출장치의 기능
> ㄷ. 회전부의 덮개 또는 울 ㄹ. 언로드밸브(unloading valve)의 기능

① ㄷ, ㄹ ② ㄱ, ㄴ, ㄷ
③ ㄱ, ㄴ, ㄹ ④ ㄱ, ㄴ, ㄷ, ㄹ

해설

공기압축기 가동 전 점검사항(산업안전보건기준에 관한 규칙 별표 3)
- 공기저장 압력용기의 외관 상태
- 드레인밸브(drain valve)의 조작 및 배수
- 압력방출장치의 기능
- 언로드밸브(unloading valve)의 기능
- 윤활유의 상태
- 회전부의 덮개 또는 울
- 그 밖의 연결 부위의 이상 유무

019 버드(Bird)의 재해구성비율 이론상 경상이 10건 일 때 중상에 해당하는 사고 건수는?

① 1 ② 30
③ 300 ④ 600

재해구성 비율

구분	재해구성 비율
하인리히(Heinrich)	중상 또는 사망 : 경상 : 무상해 사고 = 1 : 29 : 300
버드(Bird)	중상 또는 폐질 : 경상 : 무상해사고 : 무상해 무사고 고장 = 1 : 10 : 30 : 600

020 재해의 원인 중 불안전한 상태에 속하지 않는 것은?

① 위험장소 접근 ② 작업환경의 결함
③ 방호장치의 결함 ④ 물적 자체의 결함

재해발생의 직접원인
- 불안전한 행동 : 위험장소 접근, 안전장치의 기능 제거, 복장 보호구의 잘못 사용, 기계·기구 잘못 사용, 운전 중인 기계 장치의 손질, 불안전한 속도 조작, 위험물 취급 부주의, 불안전한 상태 방치, 불안전한 자세 동작, 감독 및 연락 불충분
- 불안전한 상태 : 물 자체 결함, 안전 방호장치 결함, 복장·보호구의 결함, 물의 배치 및 작업장소 결함, 작업환경의 결함, 생산 공정의 결함, 경계표시·설비의 결함

제 02 과목　산업심리 및 교육

021 다음 적응기제 중 방어적 기제에 해당하는 것은?

① 고립(isolation) ② 억압(repression)
③ 합리화(rationalization) ④ 백일몽(day-dreaming)

적응기제(適應機制)
- 방어적 기제 : 보상, 합리화, 동일시, 승화
- 도피적 기제 : 고립, 퇴행, 억압, 백일몽
- 공격적 기제 : 직접적 공격형, 간접적 공격형

022 알고 있는 지식을 심화시키거나 어떠한 자료에 대해 보다 명료한 생각을 갖도록 하는 경우 실시하는 교육방법으로 가장 적절한 것은?

① 구안법 ② 강의법
③ 토의법 ④ 실연법

토의법이란 교수자와 학습자 간, 학습자와 학습자 간의 의사소통과 상호작용을 통하여 정보와 의견을 교환하고 결론을 이끌어 내는 교육방법으로 알고 있는 지식을 심화시키거나 어떠한 자료에 대해 보다 명료한 생각을 갖도록 하는 경우 실시하는 교육방법으로 가장 적절하다.

023 조직이 리더(leader)에게 부여하는 권한으로 부하직원의 처벌, 임금 삭감을 할 수 있는 권한은?
① 강압적 권한 ② 보상적 권한
③ 합법적 권한 ④ 전문성의 권한

지도자(리더십)의 권한
- 조직이 지도자에게 부여하는 권한
  - 보상적 권한 : 지도자가 부하들에게 보상할 수 있는 능력으로 인해 부하직원들을 통제할 수 있으며 부하들의 행동에 대해 영향을 끼칠 수 있는 권한
  - 강압적 권한 : 부하직원들을 처벌할 수 있는 권한
  - 합법적 권한 : 조직의 규정에 의해 지도자의 권한이 공식화된 것
- 지도자 자신에 의해 생성되는 권한
  - 위임된 권한 : 집단의 목표를 성취하기 위해 부하직원들이 지도자가 정한 목표를 자진해서 자신의 것으로 받아들여 지도자와 함께 일하는 것
  - 전문성의 권한 : 지도자가 목표수행에 필요한 전문적인 지식을 갖고 업무수행을 하므로 부하직원들이 자발적으로 지도자를 따름

024 운동에 대한 착각현상이 아닌 것은?
① 자동운동 ② 항상운동
③ 유도운동 ④ 가현운동

착각현상(운동의 시지각)
- 자동운동 : 암실 내에서 정리된 소광점을 응시하고 있으며 그 광점이 움직이는 것을 볼 수 있는데 이것을 자동운동이라 한다.
- 유도운동 : 실제로는 움직이지 않는 것이 어느 기준의 이동에 유도되어 움직이는 것처럼 느껴지는 현상을 말한다.
- 가현운동 : 객관적으로 정지하고 있는 대상물이 급속히 나타나던가 소멸하는 것으로 인하여 일어나는 운동으로 마치 대상물이 운동하는 것처럼 인식되는 현상(β-운동 : 영화 영상의 방법)이다.

025 자동차 엑셀레이터와 브레이크 간 간격, 브레이크 폭, 소프트웨어 상에서 메뉴나 버튼의 크기 등을 결정하는데 사용할 수 있는 인간공학 법칙은?
① Fitts의 법칙 ② Hick의 법칙
③ Weber의 법칙 ④ 양립성 법칙

피츠의 법칙(Fitts' Law)

$$MT = a + b\log_2\left(\frac{2D}{W}\right)$$

- MT : 동작시간
- D : 동작 시발점에서 표적 중심까지의 거리
- a, b : 작업 난이도에 대한 실험상수
- W : 표적의 폭

사용성 분야에서 인간의 행동에서 대해 속도와 정확성간의 관계를 설명하는 기본적인 법칙. 시작점에서 목표로 하는 지역에 얼마나 빠르게 닿을 수 있을지를 예측하고자 하는 것으로 이는 목표 영역의 크기와 목표까지의 거리에 따라 결정된다. 어떤 목표에 닿기 위해서 목표물의 크기가 작아질수록 속도와 정확도가 나빠지고 목표물과의 거리가 멀어질수록 필요한 시간이 더 길어진다는 것을 알 수 있다.

026 개인적 카운슬링(Counseling)의 방법이 아닌 것은?

① 설득적 방법
② 설명적 방법
③ 강요적 방법
④ 직접적인 충고

카운슬링(Counseling)
- 개인적인 카운슬링 방법 : 직접 충고(안전수칙 불이행시 적합), 설득적 방법, 설명적 방법
- 카운슬링의 순서 : 장면 구성 → 내담자 대화 → 의견 재분석 → 감정표출 → 감정의 명확화
- 카운슬링의 효과 : 정신적 스트레스 해소, 안전 태도 형성, 동기 부여

027 산업안전보건법령상 근로자 안전보건교육 중 특별교육 대상 작업에 해당하지 않는 것은?

① 굴착면의 높이가 5m되는 지반 굴착작업
② 콘크리트 파쇄기를 사용하여 5m의 구축물을 파쇄하는 작업
③ 흙막이 지보공의 보강 또는 동바리를 설치하거나 해체하는 작업
④ 휴대용 목재가공기계를 3대 보유한 사업장에서 해당 기계로 하는 작업

목재가공용기계(둥근톱기계, 띠톱기계, 대패기계, 모떼기기계 및 루타에 한하며 휴대용을 제외)를 5대 이상 보유한 사업장에서 당해 기계에 의한 작업 시 특별교육 대상 작업에 해당되며 이 경우 교육내용은 다음과 같다.(산업안전보건법 시행규칙 별표 5)
- 목재가공용 기계의 특성과 위험성에 관한 사항
- 방호장치 종류와 구조 및 취급에 관한 사항
- 안전기준에 관한 사항
- 안전작업방법 및 목재취급에 관한 사항
- 기타 안전보건관리에 필요한 사항

028 학습지도의 원리와 거리가 가장 먼 것은?

① 감각의 원리
② 통합의 원리
③ 자발성의 원리
④ 사회화의 원리

학습지도의 원리
- 자기활동의 원리(자발성의 원리) : 학습자 자신이 스스로 자발적으로 학습에 참여하는데 중점을 둔 원리이다.
- 개별화의 원리 : 학습자가 지니고 있는 각자의 요구와 능력 등에 알맞은 학습활동의 기회를 마련해 주어야 한다.
- 사회화의 원리 : 학습내용을 현실사회의 사상과 문제를 기반으로 하여 학교에서 경험한 것과 사회에서 경험한 것을 교류시키고 공동학습을 통해서 협력적이고 우호적인 학습을 진행하는 원리이다.
- 통합의 원리 : 학습을 총합적인 전체로서 지도하자는 원리로, 동시학습 원리와 같다.
- 직관의 원리 : 구체적인 사물을 직접 제시하거나 경험시킴으로서 큰 효과를 볼 수 있다는 원리이다.

029 매슬로우(Maslow)의 욕구 5단계 중 안전욕구에 해당하는 단계는?

① 1단계 ② 2단계
③ 3단계 ④ 4단계

해설

매슬로우(Maslow)의 욕구 5단계
- 1단계 : 생리적 욕구(기아, 갈증, 호흡, 배설, 성욕 등)
- 2단계 : 안전의 욕구(안전을 구하고자 하는 욕구)
- 3단계 : 사회적 욕구(애정, 소속에 대한 욕구)
- 4단계 : 인정받으려는 욕구(자존심, 명예, 성취, 지위에 대한 욕구)
- 5단계 : 자아실현의 욕구(잠재적인 능력을 실현하고자 하는 욕구)

030 생체리듬에 관한 설명 중 틀린 것은?

① 감각의 리듬이 (−)로 최대가 되는 경우에만 위험일이라고 한다.
② 육체적 리듬은 "P"로 나타내며, 23일을 주기로 반복된다.
③ 감성적 리듬은 "S"로 나타내며, 28일을 주기로 반복된다.
④ 지성적 리듬은 "I"로 나타내며, 33일을 주기로 반복된다.

해설

각각의 리듬이 (+)에서 (−) 리듬으로 또는 (−)에서 (+) 리듬으로 변화하는 점을 영(zero) 또는 위험일이라 하며, 위험일은 한 달에 6일 정도 일어난다.

031 에너지대사율(RMR)의 따른 작업의 분류에 따라 중(보통)작업의 RMR 범위는?

① 0~2 ② 2~4
③ 4~7 ④ 7~9

해설

RMR에 의한 작업강도 분류

RMR	작업강도	비고
0~2	경(輕) 작업	사무작업 등 주로 앉아서 하는 작업
2~4	중(中) 작업	동작 및 속도가 작은 작업(보통 작업)
4~7	중(重) 작업	동작 및 속도가 큰 작업
7 이상	초중(超重) 작업	과격한 작업

032 조직 구성원의 태도는 조직성과와 밀접한 관계가 있는데 태도(attitude)의 3가지 구성요소에 포함되지 않는 것은?

① 인지적 요소 ② 정서적 요소
③ 성격적 요소 ④ 행동경향 요소

해설

태도의 구성요소
- 인지적 요소 : 개인적 지식, 신념
- 정서적 요소 : 대상에 대한 느낌이나 평가
- 행동적 요소 : 대상에 대한 행동성향

033 다음에서 설명하는 학습방법은?

> 학생이 생활하고 있는 현실적인 장면에서 당면하는 여러 문제들을 해결해 나가는 과정으로 지식, 기능, 태도, 기술 등을 종합적으로 획득하도록 하는 학습방법

① 롤 플레잉(Role Playing)
② 문제법(Problem Method)
③ 버즈 세션(Buzz Session)
④ 케이스 메소드(Case Method)

해설

문제법은 학습자가 생활하고 있는 현실적인 장면에서 당면하는 여러 문제들을 해결해 나가는 과정으로 지식, 기능, 태도, 기술 등을 종합적으로 획득하도록 하는 학습방법으로 문제해결법이라고도 한다.

034 호손(Hawthorne) 실험의 결과 작업자의 작업능률에 영향을 미치는 주요 원인으로 밝혀진 것은?

① 작업조건
② 인간관계
③ 생산기술
④ 행동규범의 설정

해설

호손(Hawthorne) 실험
- 실험 연구자 : 메이요(Mayo)와 레슬리스버거(Roethlisberger)
- 실험 결론 : 작업자의 작업능률(생산성 향상)은 물리적인 작업조건보다는 인간관계의 요인에 의해서 좌우된다.

035 심리학에서 사용하는 용어로 측정하고자 하는 것을 실제로 적절히, 정확히 측정하는지의 여부를 반영하는 것은?

① 표준화
② 신뢰성
③ 객관성
④ 타당성

해설

심리검사의 구비조건
- 표준화 : 검사 관리를 위한 조건과 검사 절차의 일관성과 통일성
- 객관성 : 검사 결과의 채점에 관한 것으로, 채점하는 과정에서 채점자의 편견이나 주관성이 배제되어야 하며 어떤 사람이 채점하여도 동일한 결과를 얻어야 함
- 규준(Norms) : 검사의 결과를 해석하기 위해서는 비교할 수 있는 참조 또는 비교의 어떤 틀이 있어야 하는데, 이 틀은 검사규준이 제공
- 신뢰성 : 검사 응답의 일관성, 즉 반복성을 말하는 것
- 타당성 : 측정하고자 하는 것을 실제로 측정하는 것

036 Kirkpatrick의 교육훈련 평가 4단계를 바르게 나열한 것은?

① 학습단계 → 반응단계 → 행동단계 → 결과단계
② 학습단계 → 행동단계 → 반응단계 → 결과단계
③ 반응단계 → 학습단계 → 행동단계 → 결과단계
④ 반응단계 → 학습단계 → 결과단계 → 행동단계

교육훈련 평가의 4단계(Kirkpatrick의 4단계 평가모형)
- 1단계 반응(Reaction) 평가 : 교육프로그램의 만족도를 평가
- 2단계 학습(Learning) 평가 : 학습자들의 학습정도에 대한 평가
- 3단계 행동(Behavior) 평가 : 배운 내용이 얼마나 행동으로 나타나는가에 대한 평가
- 4단계 결과(Result) 평가 : 교육훈련에 대한 투자효과를 평가(조직적 차원의 평가)

037 사고 경향성 이론에 관한 설명 중 틀린 것은?

① 사고를 많이 내는 여러 명의 특성을 측정하여 사고를 예방하는 것이다.
② 개인의 성격보다는 특정 환경에 의해 훨씬 더 사고가 일어나기 쉽다.
③ 어떠한 사람이 다른 사람보다 사고를 더 잘 일으킨다는 이론이다.
④ 사고경향성을 검증하기 위한 효과적인 방법은 다른 두 시기 동안에 같은 사람의 사고기록을 비교하는 것이다.

그린우드(Greewood)에 따르면 대부분의 사고는 소수의 근로자에 의해서 발생된다. 즉, 사고를 자주 내는 사람이 항상 사고를 낸다는 의미이다.

038 Off JT(Off the Job Training)의 특징으로 옳은 것은?

① 전문 강사를 초빙하는 것이 가능하다.
② 개개인에게 적절한 지도훈련이 가능하다.
③ 직장의 실정에 맞게 실제적 훈련이 가능하다.
④ 훈련에 필요한 업무의 계속성이 끊어지지 않는다.

OJT와 off JT의 특징

OJT	off JT
• 개개인에게 적합한 지도훈련이 가능 • 직장의 실정에 맞는 실체적 훈련 • 훈련에 필요한 업무의 계속성 • 즉시 업무에 연결되는 관계로 신체와 관련 • 효과가 곧 업무에 나타나며 훈련의 좋고 나쁨에 따라 개선이 용이 • 교육을 통한 훈련 효과에 의해 상호 신뢰이해도가 높아짐	• 다수의 근로자에게 조직적 훈련이 가능 • 훈련에만 전념 • 특별 설비 기구를 이용 • 전문가를 강사로 초청 • 각 직장의 근로자가 많은 지식이나 경험을 교류 • 교육 훈련 목표에 대해서 집단적 노력이 흐트러 질 수도 있음

039 직무분석을 위한 정보를 얻는 방법과 거리가 가장 먼 것은?

① 관찰법 ② 직무수행법
③ 설문지법 ④ 서류함기법

서류함기법(In-basket)은 바구니(Basket) 안에 해결하고 조치해야 할 여러 가지 내용들을 담아 놓고서 참가자들이 그것들을 어떻게 해결하고 조치하는가를 보기 위해서 개발된 평가도구이다.

040 산업안전보건법령상 타워크레인 신호작업에 종사하는 일용근로자의 특별교육 교육시간 기준은?

① 1시간 이상 ② 2시간 이상
③ 4시간 이상 ④ 8시간 이상

근로자 안전보건교육(산업안전보건법 시행규칙 별표 4)

교육과정	교육대상		교육시간
정기교육	사무직 종사 근로자		매반기 6시간 이상
	그 밖의 근로자	판매업무에 직접 종사하는 근로자	매반기 6시간 이상
		판매업무에 직접 종사하는 근로자 외의 근로자	매반기 12시간 이상
채용 시 교육	일용근로자 및 근로계약기간이 1주일 이하인 기간제근로자		1시간 이상
	근로계약기간이 1주일 초과 1개월 이하인 기간제근로자		4시간 이상
	그 밖의 근로자		8시간 이상
작업내용 변경 시 교육	일용근로자 및 근로계약기간이 1주일 이하인 기간제근로자		1시간 이상
	그 밖의 근로자		2시간 이상
특별교육	특별교육 대상 작업(단, 타워크레인을 사용하는 작업시 신호업무를 하는 작업은 제외)에 종사하는 일용근로자 및 근로계약기간이 1주일 이하인 기간제근로자		2시간 이상
	타워크레인을 사용하는 작업시 신호업무를 하는 일용근로자 및 근로계약기간이 1주일 이하인 기간제근로자		8시간 이상
	특별교육 대상 작업에 종사하는 근로자 중 일용근로자 및 근로계약기간이 1주일 이하인 기간제근로자를 제외한 근로자		-16시간 이상(최초 작업에 종사하기 전 4시간 이상 실시하고 12시간은 3개월 이내에서 분할하여 실시 가능) -단기간 작업 또는 간헐적 작업인 경우에는 2시간 이상
건설업 기초 안전·보건교육	건설 일용근로자		4시간 이상

제 03 과목 인간공학 및 시스템안전공학

041 위험분석 기법 중 시스템 수명주기 관점에서 적용 시점이 가장 빠른 것은?

① PHA
② FHA
③ OHA
④ SHA

예비위험분석(PHA, Preliminary Hazards Analysis) : 대부분 시스템안전 프로그램에 있어서 최초단계의 분석으로 시스템 내의 위험한 요소가 얼마나 위험한 상태에 있는가를 정성적으로 평가한다.

042 상황해석을 잘못하거나 목표를 잘못 설정하여 발생하는 인간의 오류 유형은?

① 실수(Slip)
② 착오(Mistake)
③ 위반(Violation)
④ 건망증(Lapse)

인간의 오류모형

- 실수(Slip) : 상황이나 목표의 해석을 인지했으나 의도와는 다른 행동을 하는 경우
- 착오(Mistake) : 상황해석을 잘못하거나 목표를 잘못 이해하고 착각하여 행하는 경우
- 위반(Violation) : 정해진 규칙을 인지하고도 고의로 따르지 않거나 무시하는 행위
- 건망증(Lapse) : 여러 과정이 연계적으로 일어나는 행동 중에서 일부를 잊어버리고 하지 않거나 또는 기억의 실패에 의하여 발생하는 오류

043 A작업의 평균에너지소비량이 다음과 같을 때, 60분간의 총 작업시간 내에 포함되어야 하는 휴식시간(분)은?

- 휴식중 에너지소비량 : 1.5kcal/min
- A작업 시 평균 에너지소비량 : 6kcal/min
- 기초대사를 포함한 작업에 대한 평균 에너지소비량 : 5kcal/min

① 10.3
② 11.3
③ 12.3
④ 13.3

휴식시간 산출

$$R = \frac{60(E - \text{작업시 평균 에너지소비량})}{E - \text{휴식중 에너지소비량}}$$

휴식시간 $= \dfrac{60(E - 5)}{E - 1.5} = \dfrac{60(6 - 5)}{6 - 1.5} = 13.33$

044 시스템의 수명곡선(욕조곡선)에 있어서 디버깅(Debugging)에 관한 설명으로 옳은 것은?

① 초기 고장의 결함을 찾아 고장률을 안정시키는 과정이다.
② 우발 고장의 결함을 찾아 고장률을 안정시키는 과정이다.
③ 마모 고장의 결함을 찾아 고장률을 안정시키는 과정이다.
④ 기계 결함을 발견하기 위해 동작시험을 하는 기간이다.

- 초기고장 : 점검작업이나 시운전 등에 의해 방지할 수 있는 고장
- 디버깅(Debugging) 기간 : 초기 고장의 결함을 찾아내 고장률을 안정시키는 기간
- 번인(Burn In) 기간 : 실제로 장시간 움직여 보고 그동안 고장난 것을 제거하는 공정기간

045 밝은 곳에서 어두운 곳으로 갈 때 망막에 시홍이 형성되는 생리적 과정인 암조응이 발생하는데 완전 암조응(Dark adaptation)이 발생하는데 소요되는 시간은?

① 약 3 ~ 5분
② 약 10 ~ 15분
③ 약 30 ~ 40분
④ 약 60 ~ 90분

완전 암조응에 소요되는 시간은 30~40분이며, 명조응에 소요되는 시간은 3분 이내이다.

046 인간공학에 대한 설명으로 틀린 것은?

① 인간-기계 시스템의 안전성, 편리성, 효율성을 높인다.
② 인간을 작업과 기계에 맞추는 설계 철학이 바탕이 된다.
③ 인간이 사용하는 물건, 설비, 환경의 설계에 적용된다.
④ 인간의 생리적, 심리적인 면에서의 특성이나 한계점을 고려한다.

인간공학이란 기계나 환경을 인간의 기능과 특성에 적합하게 설계하고자 하는 학문 분야로서 인간의 신체적인 특성, 지적인 특성뿐 아니라 감성적인 면까지 고려한 제품 설계나 환경 개선을 다루는 분야이다. 즉, 인간을 위한 설계철학이 바탕이 된다.

047 HAZOP 기법에서 사용하는 가이드워드와 그 의미가 잘못 연결된 것은?

① Part of : 성질상의 감소
② As well as : 성질상의 증가
③ Other than : 기타 환경적인 요인
④ More/Less : 정량적인 증가 또는 감소

유인어(Guide Words)

Guide Words	의미
No/Not	설계의도의 완전한 부정
More/Less	양(압력, 반응, Flow Rate, 온도 등)의 증가 또는 감소
As well as	성질상의 증가(설계의도와 운전조건이 어떤 부가적인 행위와 함께 일어남)
Part of	일부변경, 성질상의 감소(어떤 의도는 성취되나 어떤 의도는 성취되지 않음)
Reverse	설계의도의 논리적인 역
Other than	완전한 대체(통상 운전과 다르게 되는 상태)

048 그림과 같은 FT도에 대한 최소 컷셋(minimal cut sets)으로 옳은 것은?(단, Fussell의 알고리즘을 따른다.)

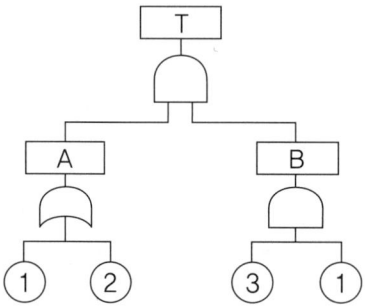

① {1, 2}
② {1, 3}
③ {2, 3}
④ {1, 2, 3}

톱(top)사상을 일으키기 위해 필요한 최소한의 컷셋이 최소 컷셋이다.

$T = A \cdot B = \begin{Bmatrix} 1 \\ 2 \end{Bmatrix} \{3 \ 1\}$

$= \begin{Bmatrix} 1 & 3 & 1 \\ 2 & 3 & 1 \end{Bmatrix}$

∴ 컷셋은 {1, 3}, {1, 2, 3} 이고 1, 3이 중복이므로 최소 컷셋은 {1, 3}가 된다.

049 경계 및 경보신호의 설계지침으로 틀린 것은?

① 주의를 환기시키기 위하여 변조된 신호를 사용한다.
② 배경소음의 진동수와 다른 진동수의 신호를 사용한다.
③ 귀는 중음역에 민감하므로 500~3000Hz의 진동수를 사용한다.
④ 300m 이상의 장거리용으로는 1000Hz를 초과하는 진동수를 사용한다.

경계 및 경보신호의 선택 또는 설계시의 설계지침
- 500~3000Hz(또는 200~5000Hz)의 진동수 사용
- 장거리(3000m 이상)용은 1000Hz 이하의 진동수 사용

- 장애물 및 칸막이 통과시는 500Hz 이하의 진동수 사용
- 주의를 끌기 위해서는 변조된 신호(초당 1~8번 나는 소리, 초당 1~3번 오르내리는 소리 등)사용
- 배경소음의 진동수와 구별되는 신호를 사용
- 경보효과를 높이기 위해서 개시 시간이 짧은 고강도 신호를 사용
- 수화기를 사용하는 경우에는 좌우로 교번하는 신호를 사용
- 가능하면 확성기, 경적 등과 같은 별도의 통신계통을 사용

050 FTA(Fault Tree Analysis)에서 사용되는 사상 기호 중 통상의 작업이나 기계의 상태에서 재해의 발생 원인이 되는 요소가 있는 것은?

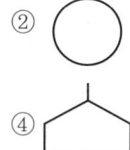

해설

FTA 도표에 사용하는 논리기호

명칭	기호	명칭	기호
결함사상	□	전이 기호 (이행 기호)	△ △ (in) (out)
기본사상	○	AND gate	출력/입력
생략사상 (추적 불가능한 최후사상)	◇	OR gate	출력/입력
통상사상(家刑事像)	⌂	수정기호 조건	출력/조건/입력

051 불(Bool) 대수의 정리를 나타낸 관계식 중 틀린 것은?

① $A \cdot 0 = 0$
② $A + 1 = 1$
③ $A \cdot \overline{A} = 1$
④ $A(A+B) = A$

해설

$A \cdot \overline{A} = 0$

052 근골격계질환 작업분석 및 평가 방법인 OWAS의 평가요소를 모두 고른 것은?

| ㄱ. 상지 | ㄴ. 무게(하중) |
| ㄷ. 하지 | ㄹ. 허리 |

① ㄱ, ㄴ
② ㄱ, ㄷ, ㄹ
③ ㄴ, ㄷ, ㄹ
④ ㄱ, ㄴ, ㄷ, ㄹ

근골격계질환(CTDs)
- 유해요인 조사방법 : OWAS(평가항목 : 허리, 팔, 다리, 하중), NLE, RULA
- 발생원인 : 반복적 동작, 부적절한 자세, 진동, 온도 등

053 다음 중 좌식작업이 가장 적합한 작업은?

① 정밀 조립 작업
② 4.5kg 이상의 중량물을 다루는 작업
③ 작업장이 서로 떨어져 있으며 작업장 간 이동이 잦은 작업
④ 작업자의 정면에서 매우 높거나 낮은 곳으로 손을 자주 뻗어야 하는 작업

054 n개의 요소를 가진 병렬 시스템에 있어 요소의 수명(MTTF)이 지수 분포를 따를 경우, 이 시스템의 수명으로 옳은 것은?

① $MTTF \times n$
② $MTTF \times \dfrac{1}{n}$
③ $MTTF \times \left(1 + \dfrac{1}{2} + \cdots + \dfrac{1}{n}\right)$
④ $MTTF \times \left(1 \times \dfrac{1}{2} \times \cdots \times \dfrac{1}{n}\right)$

시스템(계)의 수명
- 직렬계의 수명 = $MTTF \times \dfrac{1}{n}$
- 병렬계의 수명 = $MTTF \times \left(1 + \dfrac{1}{2} + \cdots + \dfrac{1}{n}\right)$

055 인간-기계 시스템에 관한 설명으로 틀린 것은?

① 자동 시스템에서는 인간요소를 고려하여야 한다.
② 자동차 운전이나 전기 드릴 작업은 반자동 시스템의 예시이다.
③ 자동 시스템에서 인간은 감시, 정비유지, 프로그램 등의 작업을 담당한다.
④ 수동 시스템에서 기계는 동력원을 제공하고 인간의 통제 하에서 제품을 생산한다.

인간-기계 통합체계의 유형
- 수동 체계 : 사용자의 조작, 융통성(예 : 장인과 공구)
- 기계화 체계(반자동 체계) : 운전자의 조작, 융통성 없음(예 : 엔진, 자동차, 공작기계)
- 자동 체계(인간의 역할 : 감시, 프로그램, 정비유지) : 자동화된 공장, 컴퓨터

056 양식 양립성의 예시로 가장 적절한 것은?

① 자동차 설계 시 고도계 높낮이 표시
② 방사능 사업장에 방사능 폐기물 표시
③ 청각적 자극 제시와 이에 대한 음성 응답
④ 자동차 설계 시 제어장치와 표시장치의 배열

양립성의 구분
- 공간 양립성 : 표시장치나 조종장치에서 물리적 형태나 공간적인 배치의 양립성 → ①
- 운동 양립성 : 표시 및 조종장치 등의 운동 방향의 양립성 → ④
- 개념 양립성 : 사람들이 가지고 있는 개념적 연상(어떤 암호체계에서 청색이 정상을 나타내듯이)의 양립성 → ②
- 양식 양립성 : 기계가 특정 음성에 대해 정해진 반응을 하는 것과 같이 직무에 알맞은 자극과 응답 양식의 존재에 대한 양립성 → ③

057 다음에서 설명하는 용어는?

> 유해·위험요인을 파악하고 해당 유해·위험요인에 의한 부상 또는 질병의 발생 가능성(빈도)과 중대성(강도)을 추정·결정하고 감소대책을 수립하여 실행하는 일련의 과정을 말한다.

① 위험성 결정
② 위험성 평가
③ 위험빈도 추정
④ 유해·위험요인 파악

용어의 정의(사업장 위험성평가에 관한 지침 제3조)
- 위험성평가 : 유해·위험요인을 파악하고 해당 유해·위험요인에 의한 부상 또는 질병의 발생 가능성(빈도)과 중대성(강도)을 추정·결정하고 감소대책을 수립하여 실행하는 일련의 과정을 말한다.
- 유해·위험요인 : 유해·위험을 일으킬 잠재적 가능성이 있는 것의 고유한 특징이나 속성을 말한다.
- 위험성 : 유해·위험요인이 부상 또는 질병으로 이어질 수 있는 가능성(빈도)과 중대성(강도)을 조합한 것을 의미한다.
- 위험성 추정 : 유해·위험요인별로 부상 또는 질병으로 이어질 수 있는 가능성과 중대성의 크기를 각각 추정하여 위험성의 크기를 산출하는 것을 말한다.
- 위험성 결정 : 유해·위험요인별로 추정한 위험성의 크기가 허용 가능한 범위인지 여부를 판단하는 것을 말한다.
- 위험성 감소대책 수립 및 실행 : 위험성 결정 결과 허용 불가능한 위험성을 합리적으로 실천 가능한 범위에서 가능한 한 낮은 수준으로 감소시키기 위한 대책을 수립하고 실행하는 것을 말한다.
- 기록 : 사업장에서 위험성평가 활동을 수행한 근거와 그 결과를 문서로 작성하여 보존하는 것을 말한다.

058 태양광선이 내리쬐는 옥외장소의 자연습구온도 20℃, 흑구온도 18℃, 건구온도 30℃ 일 때 습구흑구온도지수(WBGT)는?

① 20.6℃
② 22.5℃
③ 25.0℃
④ 28.5℃

습구흑구온도지수(WBGT)
- 옥외(직사광선이 내리쬐는 곳) WBGT = (0.7 × 습구온도) + (0.2 × 흑구온도) + (0.1 × 건구온도)
- 옥내(직사광선이 내리쬐지 않는 곳) WBGT = (0.7 × 습구온도) + (0.3 × 흑구온도)
∴ WBGT = (0.7 × 20) + (0.2 × 18) + (0.1 × 30) = 20.6

059 FTA(Fault Tree Analysis)에 관한 설명으로 옳은 것은?

① 정성적 분석만 가능하다.
② 복잡하고 대형화된 시스템의 신뢰성 분석 및 안정성 분석에 이용되는 기법이다.
③ FT에 동일한 사건이 중복되어 나타나는 경우 상향식(Bottom-up)으로 정상 사건 T의 발생 확률을 계산할 수 있다.
④ 기초사건과 생략사건의 확률 값이 주어지게 되더라도 정상 사건의 최종적인 발생확률을 계산할 수 없다.

FTA의 특징
- 연역적, 정량적 해석이 가능한 기법
- 톱다운(top-down) 해석
- 특정사상에 대한 해석
- 논리기호를 사용한 해석
- 컴퓨터로 처리 가능

060 1 sone에 관한 설명으로 ( )에 알맞은 수치는?

| 1 sone : (ㄱ)Hz, (ㄴ)dB의 음압수준을 가진 순음의 크기 |

① ㄱ : 1000, ㄴ : 1
② ㄱ : 4000, ㄴ : 1
③ ㄱ : 1000, ㄴ : 40
④ ㄱ : 4000, ㄴ : 40

음의 크기 수준
- Phon : 1000Hz 순음의 음압 수준(dB)을 나타낸다.
- sone : 1000Hz, 40dB의 음압 수준을 가진 순음의 크기(= 40 Phon)를 1 sone이라 함
- sone과 Phon의 관계식 : sone치 = $2^{(Phon - 40)/10}$

제 04 과목 전기위험방지기술

061 통상적으로 스팬이 큰 보 및 바닥판의 거푸집을 걸때에 스팬의 캠버(camber)값으로 옳은 것은?

① 1/300~1/500
② 1/200~1/350
③ 1/150~/1250
④ 1/100~1/300

캠버(camber, 솟음)란 보, 슬래브 및 트러스 등의 수평 부재가 하중에 의해 처지는 것을 고려하여 상형으로 들어 올리는 것 또는 들어 올린 크기를 말하며, 그 값은 1/300~1/500으로 한다. 이러한 캠버의 설치 목적은 처짐 방지와 처짐 흡수, 시각적 효과 및 품질 향상에 있다.

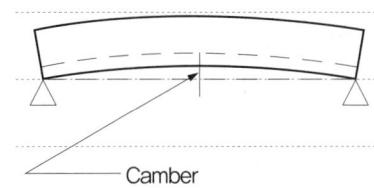

062 지반개량 공법 중 동다짐(dynamic compaction)공법의 특징으로 옳지 않은 것은?

① 시공 시 지반진동에 의한 공해문제가 발생하기도 한다.
② 지반 내에 암괴 등의 장애물이 있으면 적용이 불가능하다.
③ 특별한 약품이나 자재를 필요로 하지 않는다.
④ 깊은 심도의 지반개량에 대해서는 초대형 장비가 필요하다.

동다짐공법은 타격에너지를 적절히 변화시킬 수 있어 깊은 곳까지 지반개량이 가능하고 지반 내에 암괴 등의 장애물이 있어도 시공이 가능하다. 또한, 각 시공 단계마다 그효과를 확인하고 다음 시공 단계에 반영할 수 있어 시공의 효율성을 높일 수 있다.

063 기성콘크리트 말뚝에 표기된 PHC-A · 450-12의 각 기호에 대한 설명으로 옳지 않은 것은?

① PHC-원심력 고강도 프리스트레스트 콘크리트말뚝
② A-A종
③ 450-말뚝바깥지름
④ 12-말뚝삽입 간격

말뚝의 호칭 방법

- PHC 말뚝 : 프리텐션 방식 원심력 고강도 콘크리트 말뚝을 나타내는 기호 PHC, 유효 프리스트레스의 크기에 따른 종류 (A, B, C종), 바깥 지름(mm), 두께(mm) 및 길이(m)로 나타낸다.
  예 : PHC-A 500-11
- PC 말뚝 : 프리텐션 방식 원심력 PC 말뚝을 나타내는 기호 PC, 종류, 바깥 지름(mm) 및 길이(m)로 나타낸다.
  예 : PC-A-500-11

- RC 말뚝 : 원심력 철근 콘크리트 말뚝을 나타내는 기호 RC와 1종은 바깥지름(mm) 및 길이(m), 2종은 균열 휨 모멘트의 크기에 따른 구분, 바깥지름(mm) 및 길이(m)로 한다.
  1종의 경우 RC 500-10 / 2종의 경우 RC-A 500-10
- 진동 PC 말뚝 : 프리텐션 방식 진동 PC 말뚝 및 형태를 표시하는 기호로서 OS, PO, PR 속 찬형을 S, 속 빈형을 H로 표시하고 H 앞에는 안지름을 표시하며, 종류, 단면 폭(mm) 및 길이(m)로 하여 표시한다.
  PS-S-A-300-12 / PO-300H-B-500-12 / PR-650H-C-900-12

064 흙막이 공법과 관련된 내용의 연결이 옳지 않은 것은?

① 버팀대공법 - 띠장, 지지말뚝
② 지하연속법 - 안정액, 트레미관
③ 자립식공법 - 안내벽, 인터록킹 파이프
④ 어스앵커공법 - 인장재, 그라우팅

안내벽과 인터록킹 파이프는 안정액으로 굴착면을 보호하면서 철근콘크리트 흙막이벽을 축조하는 공법인 지하연속벽(slurry wall)공법에 사용된다. 참고로 인터록킹 파이프는 지하연속벽이 서로 맞물려서 강성을 유지하게 하는 역할을 한다.

065 흙막이 공법 중 지하연속벽(slurry wall)공법에 대한 설명으로 옳지 않은 것은?

① 흙막이벽 자체의 강도, 강성이 우수하기 때문에 연약지반의 변형 및 이면침하를 최소한으로 억제할 수 있다.
② 차수성이 좋아 지하수가 많은 지반에도 사용할 수 있다.
③ 시공 시 소음, 진동이 작다.
④ 다른 흙막이벽에 비해 공사비가 적게 든다.

지하연속벽(slurry wall)공법
- 안정액을 사용하여 지반 붕괴를 방지하면서 굴착하여 그 속에 철근망과 콘크리트를 넣어 연속으로 콘크리트 흙막이벽을 설치하는 공법이다.
- 차수성이 높으며, 인접 건물에 근접 시공이 가능하다.
- 벽체의 강성이 높아 본 구조체로 사용가능하다.
- 다른 흙막이 공법에 비해 공기가 길고 공사비가 많이 든다.

066 건축물의 지하공사에서 계측관리에 관한 설명으로 틀린 것은?

① 계측관리의 목적은 위험의 징후를 발견하는 것이다.
② 계측관리의 중점관리사항으로는 흙막이 변위에 따른 배면지반의 침하가 있다.
③ 계측관리는 인적이 뜸하고 위험이 적은 안전한 곳에 설치하여 주기적으로 실시한다.
④ 일일점검항목으로는 흙막이벽체, 주변지반, 지하수위 및 배수량 등이 있다.

계측 위치의 선정
- 계측기 배치 시에는 설계 및 시공조건을 고려하여 배치하며 일반적으로 설계에서 표준단면으로 설정한 곳과 단면력이 크게 나올 것으로 예상되는 위험한 위치를 선정한다.
- 계측결과 해석 시 상호 관련된 계측항목에 대응되는 계기는 가능한 한 근접시켜 배치한다.
- 주변 구조물의 존재에 의해 결정되는 항목에 대해서는 구조물의 위치를 중심으로 계기를 설치한다.
- 설계의 불확실성에 의해 결정되는 항목에 대해서는 그 요인에 따라 배치한다.
- 조기에 시공되는 위치에 우선적으로 배치한다.
- 예측계산을 실시할 경우 필요항목의 계측치가 연속해서 얻어지도록 배치한다.
- 계기의 설치 및 배선이 확실히 행해질 수 있는 위치로 한다.

067 벽길이 10m, 벽높이 3.6m인 블록벽체를 기본블록(390mm×190mm×150mm)으로 쌓을 때 소요되는 블록의 수량은?(단, 블록은 온장으로 고려하고, 줄눈 나비는 가로, 세로 10mm, 할증은 고려하지 않음)

① 412매　　　　② 468매
③ 562매　　　　④ 598매

소요수량 = $\dfrac{10}{0.39+0.01} \times \dfrac{3.6}{0.19+0.01} \times \dfrac{3.6}{0.19+0.01}$ = 468

068 외관 검사 결과 불합격된 철근 가스압접 이음부의 조치 내용으로 옳지 않은 것은?

① 심하게 구부러졌을 때는 재가열하여 수정한다.
② 압점면의 엇갈림이 규정값을 초과했을 때는 재가열하여 수정한다.
③ 형태가 심하게 불량하거나 또는 압접부에 유해하다고 인정되는 결함이 생긴 경우는 압접부를 잘라내고 재압접한다.
④ 철근중심축의 편심량이 규정값을 초과했을 때는 압접부를 떼어내고 재압접한다.

외관검사 결과 불합격된 압접부의 수정
- 철근중심축의 편심량이 규정값을 초과했을때는 압접부를 떼어내고 재접합한다.
- 압접돌출부의 지름 또는 길이가 규정값에 미치지 못하였을 경우는 재가열하여 압력을 가하여 소정의 압접돌출부를 만든다.
- 형태가 심하게 불량하거나 또는 압접부에 유해하다고 인정되는 결함이 생긴 경우는 압접부를 잘라내고 재압접한다.
- 심하게 구부러졌을 때는 재가열하여 수정한다.
- 압접면의 엇갈림이 규정값을 초과하였을 때는 압접부를 잘라내고 재압접한다.

069 철골부재조립 시 구멍의 위치가 다소 다를 때 구멍을 맞추기 위한 작업은?

① 송곳뚫기(driling)
② 리이밍(reaming)
③ 펀칭(punching)
④ 리벳치기(riveting)

해설

구멍 뚫기 작업
- 펀칭(punching) : 두께 13mm 이하 강재에 사용
- 송곳뚫기(driling) : 두께 13mm 초과 시, 3장 이상 겹칠 때, 수밀성이 요구될 때, 기타 정밀가공 시
- 리이밍(reaming) : 조립 시 구멍 위치가 다를 때

070 철골작업용 장비 중 절단용 장비로 옳은 것은?

① 프릭션 프레스(friction press)
② 플레이트 스트레이닝 롤(plate straining roll)
③ 파워 프레스(power press)
④ 핵 소우(hack saw)

해설

소잉(sawing)은 쇠톱을 이용한 왕복절삭운동으로 소재를 자르는 작업을 말하며, 핵 소우(hack saw)는 형강류의 절단용으로 사용되는 쇠톱이다.

071 시방서 및 설계도면 등이 서로 상이할 때의 우선순위에 대한 설명으로 옳지 않은 것은?

① 설계도면과 공사시방서가 상이할 때는 설계도면을 우선한다.
② 설계도면과 내역서가 상이할 때는 설계도면을 우선한다.
③ 표준시방서와 전문시방서가 상이할 때는 전문시방서를 우선한다.
④ 설계도면과 상세도면이 상이할 때는 상세도면을 우선한다.

해설

설계도서 · 법령해석 · 감리자의 지시 등이 서로 일치하지 아니하는 경우에 있어 순위를 정하지 아니한 때에는 다음의 순서를 원칙으로 한다.
1. 공사시방서   2. 설계도면
3. 전문시방서   4. 표준시방서
5. 산출내역서   6. 승인된 상세시공도면
7. 관계법령의 유권해석   8. 감리자의 지시사항

072 예정가격범위 내에서 최저가격으로 입찰한 자를 낙찰자로 선정하는 낙찰자 선정 방식은?

① 최적격 낙찰제
② 제한적 최저가 낙찰제
③ 최저가 낙찰제
④ 적격 심사 낙찰제

- 최적격 낙찰제 : 입찰가격뿐만 아니라 시공능력과 기술을 함께 평가하여 최적격자를 낙찰자로 선정(교량 · 터널 등 대형공사)
- 제한적 최저가 낙찰제 : 예정가격 대비 일정 비율 이상의 금액으로 입찰한 자 중 가장 낮은 금액으로 입찰한 자를 낙찰자로 선정(최저가 낙찰자를 통한 덤핑 우려 방지 목적)

- 최저가 낙찰제 : 예정가격범위 내에서 최저가격으로 입찰한 자를 낙찰자로 선정
- 적격 심사 낙찰제 : 가장 낮은 가격으로 입찰한 자부터 기술능력과 입찰가격을 종함 심사해 일정 점수 이상을 얻는 입찰자를 낙찰자로 선정
- 부찰제 : 예정가격의 일정 비율 이상에 해당하는 업체들이 제시한 입찰가격의 평균치에 가장 가까운 가격을 제시한 입찰자를 낙찰차로 선정

073 설계도와 시방서가 명확하지 않거나 설계는 명확하지만 공사비 총액을 산출하기 곤란하고 발주자가 양질의 공사를 기대할 때 채택될 수 있는 가장 타당한 도급방식은?

① 실비정산 보수가산식 도급
② 단가 도급
③ 정액 도급
④ 턴키 도급

실비정산 보수가산도급 : 공사의 실비를 확인 정산하고 미리 정한 보수율에 따라 그 보수액을 지불하는 방법
- 장점 : 가장 정확하고 양심적인 공사가 가능
- 단점 : 공사비 절감노력이 없어지고 공사기일이 연장

074 철근공사에 대하여 옳지 않은 것은?

① 조립용 철근은 철근을 구부리기할 때 철근의 위치를 확보하기 위하여 쓰는 보조적인 철근이다.
② 철근의 용접부에 순간최대풍속 2.7m/s 이상의 바람이 불 때는 철근을 용접할 수 없으며, 풍속을 2.7m/s 이하로 저감시킬 수 있는 방풍시설을 설치하는 경우에만 용접할 수 있다.
③ 가스압점이음은 철근의 단면을 산소-아세틸렌 불꽃 등을 사용하여 가열하고 기계적 압력을 가하여 용접한 맞대이음을 말한다.
④ D35를 초과하는 철근은 겹침이음을 할 수 없다. 다만, 서로 다른 크기의 철근을 압축부에서 겹침이음하는 경우 D35 이하의 철근과 D35를 초과하는 철근은 겹침이음을 할 수 있다.

- 주근 : 철근 콘크리트조의 보, 기둥 등에 압축력이나 인장력을 부담하는 철근
- 조립용 철근 : 주철근을 조립할 때 철근의 위치를 확보하기 위해 넣는 보조 철근
- 보조 철근 : 철근을 조립할 때 철근의 위치를 확보하기 위한 보조 역할을 하는 것으로, 조립용 철근이나 주근. 띠 철근. 배력 철근 이외의 철근
- 배력 철근 : 철근 콘크리트 슬래브 등에서 응력을 넓게 분포할 목적으로 주근과 직각 방향으로 배치하는 철근
- 띠 철근 : 기둥의 주근을 보강하며, 좌굴을 방지하고 간격 유지 등을 위하여 주근을 직각으로 둘러싼 수평 방향의 철근

075 철골공사의 용접접합에서 플럭스(flux)를 옳게 설명한 것은?

① 용접 시 용접봉의 피복제 역할을 하는 분말상의 재료
② 압연강판의 층 사이에 균열이 생기는 현상
③ 용접작업의 종단부에 임시로 붙이는 보조판
④ 용접부에 생기는 미세한 구멍

용접의 용어설명

종류	설명
스패터(Spatter)	철골용접 중 튀어나오는 슬래그 및 금속입자
비드(Bead)	용착금속이 열상을 이루어 용접된 용접층
밀 스케일(Mill scale)	쇠비늘, 강재가 냉각될 때 표면에 생기는 산화철의 표피(녹)
슬래그(Slag)	용접할 때 용착금속 위에 떠 있는 찌꺼기
그루브(Groove)	앞벌림, 접합 부재간의 사이를 트이게 한 것
플럭스(Flux)	자동용접의 경우 용접봉의 피복제 역할로 쓰이는 분말상의 재료
엔드 탭(End tab)	용접의 시작과 끝 부분에 임시로 붙이는 보조판
아크 스트라이크(Arc strike)	용접을 시작할 때 용접봉을 순간적으로 모재에 접촉시켜 아크를 발생시키는 것
가스 가우징(Gas gousing)	홈을 파기 위한 목적으로 한 화구로서 산소아세틸렌불꽃을 이용하여 녹여 깎은 재의 뒷부분을 깨끗이 깎는 것
루트(Root)	용접 이음부의 홈 아래 부분
위빙(Weaving)	용접봉을 용접방향에 대하여 가로로 왔다갔다 움직여 용착 금속을 녹여붙이는 것. 위빙 폭은 용접봉 지름의 3배 이하

076 착공단계에서의 공사계획을 수립할 때 우선 고려하지 않아도 되는 것은?

① 현장 직원의 조직편성
② 예정 공정표의 작성
③ 유지관리지침서의 변경
④ 실행예산편성

착공단계에서의 공사계획을 수립할 때 준비 사항 : 공정표작성, 실행예산편성, 현장원편성, 시공순서 및 시공방법계획, 하도급자의 선정, 가설준비물 및 기계·장비계획, 자재계획(재료량 및 품셈, 공종별), 재해 방지 계획

077 AE콘크리트에 관한 설명으로 옳은 것은?

① 공기량은 기계비빔이 손비빔의 경우보다 적다.
② 공기량은 비벼놓은 시간이 길수록 증가한다.
③ 공기량은 AE제의 양이 증가할수록 감소하나 콘크리트의 강도는 증대한다.
④ 시공연도가 증진되고 재료분리 및 블리딩이 감소한다.

AE 콘크리트(Air Entrained Concrete)
- AE제를 사용한 콘크리트로 미세한 공기를 섞어 성질을 개선한 콘크리트로 응집력이 커지고 유동성이 좋아져 부어넣기 작업이 쉽다.
- 방수성이 뛰어나고 화학작용에 대한 저항성이 커지므로 재치장 콘크리트 시공에 알맞다.
- 공기량이 1% 늘어나면 압축강도가 4~5% 떨어지고, 철근과의 부착강도와 마감 모르타르의 부착력이 떨어진다.

078 콘크리트의 고강도화와 관계가 적은 것은?

① 물시멘트비를 작게 한다.
② 시멘트의 강도를 크게 한다.
③ 폴리머(polymer)를 함침(含浸)한다.
④ 골재의 입자분포를 가능한 한 균일 입자분포로 한다.

콘크리트 조직에서 골재는 크고 작은 입자들로 골고루 분포 되어 있어야 치밀한 구조의 양호한 콘크리트가 된다.

079 벽돌쌓기법 중에서 마구리를 세워 쌓는 방식으로 옳은 것은?

① 옆세워 쌓기
② 허튼 쌓기
③ 영롱 쌓기
④ 길이 쌓기

- 옆세워 쌓기 : 마구리를 세워 쌓는 방식(경사, 문턱 등에 사용)
- 허튼 쌓기(막쌓기) : 일정한 수평, 수직 줄눈을 두지 않고 쌓는 방식
- 영롱 쌓기 : 벽돌과 벽돌 사이에 빛과 바람을 통과시키기 위해 쌓는 방식
- 길이 쌓기 : 벽돌의 긴 면이 보이도록 쌓는 가장 일반적인 쌓기 방식

080 바닥판 거푸집의 구조계산 시 고려해야 하는 연직하중에 해당하지 않는 것은?

① 작업하중
② 충격하중
③ 고정하중
④ 굳지 않은 콘크리트의 측압

거푸집의 강도 및 강성의 계산은 콘크리트 시공 시의 연직방향하중, 횡방향하중 및 콘크리트 측압에 대하여 검토해야 하며, 거푸집 및 동바리 계산에 사용하는 연직방향 설계하중은 고정하중, 충격하중(고정하중의 50%), 작업하중(150 kgf/m²)등으로 다음의 식을 적용한다.
$W = \gamma \cdot t + 0.5 \cdot \gamma \cdot t + 150 \ kgf/m^2$ [γ= 철근 콘크리트의 단위중량(kgf/m³), t = 슬래브 두께]

제 05 과목 건설재료학

081 플라이애시시멘트에 대한 설명으로 옳은 것은?

① 콘크리트 배합 시 단위수량이 증가하고 워커빌리티가 저하되는 단점이 있다.
② 화력발전소 등에서 완전 연소한 미분탄의 회분과 포틀랜드시멘트를 혼합한 것이다.
③ 재령 1~2시간 안에 콘크리트 압축강도가 20MPa에 도달할 수 있다.
④ 용광로의 선철제작 부산물을 급랭시키고 파쇄하여 시멘트와 혼합한 것이다.

플라이애시 시멘트
- 화력발전소 등에서 완전연소한 미분탄의 회분과 포틀랜드시멘트를 혼합한 시멘트이다.
- 장기강도가 크며 콘크리트의 수밀성을 향상시키고 해수에 대한 내식성이 있다.
- 콘크리트 배합시 단위수량이 감소하고 워커빌리티가 향상된다.
- 증량용(增量用)·항만공사 등에 이용된다.
- 플라이애시는 실리카, 알루미나, 철분 총 함량이 70% 이상이며 플라이애시 함량(무게%)에 따라 A종(5 초과 10 이하)은 건축콘크리트 및 미장용, B종(10 초과 20 이하)은 일반 토목건축 공사, C종(20 초과 30 이하)은 댐공사와 같은 매스콘크리트에 사용된다.

082 건축용 접착제로서 요구되는 성능에 해당되지 않는 것은?

① 진동, 충격의 반복에 잘 견딜 것
② 취급이 용이하고 독성이 없을 것
③ 장기부하에 의한 크리프가 클 것
④ 고화 시 체적수축 등에 의한 내부변형을 일으키지 않을 것

건축용 접착제로서 요구되는 성능
- 내열성, 내약품성, 내수성 등이 있고 가격이 저렴할 것
- 진동, 충격의 반복에 잘 견딜 것
- 경화시 체적 수축 등의 변형을 일으키지 않을 것
- 취급이 용이하고 사용시 유동성이 있을 것
- 장기 하중에 의한 크리프가 없을 것

083 골재의 함수상태에서 유효흡수량의 정의로 옳은 것은?

① 습윤상태와 절대건조상태의 수량의 차이
② 표면건조포화상태와 기건상태의 수량의 차이
③ 기건상태와 절대건조상태의 수량의 차이
④ 습윤상태와 표면건조포화상태의 수량의 차이

골재의 함수상태
- 절건상태 : 110℃ 정도의 온도에서 24시간 이상 건조시킨 상태로 단위용적질량 계산 시 적용한다.
- 기건상태 : 공기 중에서 골재입자의 표면과 내부의 일부가 건조된 상태를 말한다.
- 표건상태 : 골재입자의 표면에 물은 없지만, 내부의 공극에는 물이 차 있는 상태를 말한다.
- 습윤상태 : 골재입자의 내부는 물이 채워져 있고, 표면에도 물이 부착되어 있는 상태를 말한다.
- 유효 흡수량(Effective Absorption) = 표면건조 내부포수수량 − 기건 상태수량
- 표면수량 = 함수량 − 흡수량

084 도장재료 중 물이 증발하여 수지입자가 굳는 융착건조경화를 하는 것은?

① 알키드수지 도료
② 애폭시수지 도료
③ 불소수지 도료
④ 합성수지 에멀션 페인트

합성수지 에멀션 페인트는 수성페인트로 도장하면 먼저 수분이 증발함과 동시에 수지 입자가 굳어 피막을 형성하게 되며 내부 및 외부 도장에 널리 사용된다.

085 목재의 역학적 성질에 대한 설명으로 옳지 않은 것은?

① 목재 섬유 평행방향에 대한 인장강도가 다른 여러 강도 중 가장 크다.
② 목재의 압축강도는 옹이가 있으면 증가한다.
③ 목재를 휨부재로 사용하여 외력에 저항할 때는 압축, 인장, 전단력이 동시에 일어난다.
④ 목재의 전단강도는 섬유간의 부착력, 섬유의 곧음, 수선의 유무 등에 의해 결정된다.

옹이가 있으면 압축강도는 저하하고 옹이 지름이 클수록 더욱 감소한다.

086 합판에 대한 설명으로 옳지 않은 것은?

① 단판을 섬유방향이 서로 평행하도록 홀수로 적층 하면서 접착시켜 합친 판을 말한다.
② 함수율 변화에 따라 팽창·수축의 방향성이 없다.
③ 뒤틀림이나 변형이 적은 비교적 큰 면적의 평면 재료를 얻을 수 있다.
④ 균일한 강도의 재료를 얻을 수 있다.

합판은 3매 이상의 얇은 판을 1매마다 섬유방향이 직교하도록 붙여서 만든 것으로 다음과 같은 특성이 있다.
• 잘 갈라지지 않고 방향에 따른 강도의 차가 적다.
• 판재에 비해 균질하다.
• 큰판 및 곡면판을 만들 수 있다.
• 무늬가 좋은 판을 얻을 수 있다.
• 함수율에 따른 변화가 없다.

087 미장바탕의 일반적인 성능조건과 가장 거리가 먼 것은?

① 미장층보다 강도가 클 것
② 미장층과 유효한 접착강도를 얻을 수 있을 것
③ 미장층보다 강성이 작을 것
④ 미장층의 경화, 건조에 지장을 주지 않을 것

미장바탕의 일반적인 성능조건
• 미장층보다 강도, 강성이 클 것
• 미장층과 유효한 접착강도를 얻을 수 있을 것
• 미장층의 경화, 건조에 지장을 주지 않을 것
• 미장층과 유해한 화학반응을 하지 않을 것
• 미장층의 시공에 적합한 평면상태, 흡수성을 가질 것

088 절대건조밀도가 2.6g/cm³이고, 단위용적질량이 1750kg/m³인 굵은 골재의 공극률은?

① 30.5%
② 32.7%
③ 34.7%
④ 36.2%

공극율 = $(1 - \dfrac{단위용적중량}{비중}) \times 100 = (1 - \dfrac{1.75}{2.6}) \times 100 = 32.7$

089 목재의 내연성 및 방화에 대한 설명으로 옳지 않은 것은?

① 목재의 방화는 목재 표면에 불연소성 피막을 도포 또는 형성시켜 화염의 접근을 방지하는 조치를 한다.
② 방화재로는 방화페인트, 규산나트륨 등이 있다.
③ 목재가 열에 닿으면 먼저 수분이 증발하고 160℃ 이상이 되면 소량의 가연성가스가 유출된다.
④ 목재는 450℃에서 장시간 가열하면 자연발화 하게 되는데, 이 온도를 화재위험온도라고 한다.

목재의 연소성

온도	상태	비고
100℃	수분 증발	–
180℃ 전후	열분해에 의해 가연성가스를 발생하며 인화	인화점
260~270℃	목재에 불이 붙음	착화점 또는 화재위험온도
400~450℃	화기없이 자연발화	발화점

090 금속의 부식방지를 위한 관리대책으로 옳지 않은 것은?

① 부분적으로 녹이 발생하면 즉시 제거할 것
② 큰 변형을 준 것은 가능한 한 풀림하여 사용할 것
③ 가능한 한 이종 금속을 인접 또는 접촉시켜 사용할 것
④ 표면을 평활하고 깨끗이 하며, 가능한 한 건조상태로 유지할 것

금속의 부식방지법
- 표면을 평활, 청결하게 하고 건조상태를 유지한다.
- 철의 표면에 피막을 만든다.
- 표면을 아연, 주석 등 내식성이 있는 금속으로 도금한다.
- 표면을 방청도료, 아스팔트, 코르타르로 칠한다.
- 표면에 유성페인트, 광명단을 도포한다.
- 균질한 것을 선택하고 사용할 때 큰 변형을 주지 않도록 주의한다.
- 서로 다른 금속은 인접 또는 접촉시키지 않는다.
- 부분적인 녹은 빨리 제거한다.
- 큰 변형을 받은 것은 풀림하여 사용한다.

091 다음의 미장재료 중 균열저항성이 가장 큰 것은?

① 회반죽 바름
② 소석고 플라스터
③ 경석고 플라스터
④ 돌로마이트 플라스터

경석고 플라스터(킨즈 시멘트)
- 미장재료 중 수축이 적고 경도 및 강도가 가장 크다.
- 경석고에 황산염, 붕사, 규사, 점토를 넣은 시멘트 대용품으로 사용된다.
- 응결 촉진제인 백반(명반) 등이 혼입되어 강재를 녹슬게 한다.

092 점토의 물리적 성질에 관한 설명으로 옳지 않은 것은?

① 점토의 인장강도는 압축강도의 약 5배 정도이다.
② 입자의 크기는 보통 2μm 이하의 미립자지만 모래알 정도의 것도 약간 포함되어 있다.
③ 공극률은 점토의 입자 간에 존재하는 모공용적으로 입자의 형상, 크기에 관계한다.
④ 점토입자가 미세하고, 양지의 점토일수록 가소성이 좋으나, 가소성이 너무 클 때는 모래 또는 샤모트를 섞어서 조절한다.

점토의 특징
- 점토의 주성분은 실리카, 알루미나이다.
- 압축강도는 크나 인장강도는 거의 없다(압축강도는 인장강도의 5배 정도).
- 비중은 2.5~2.6 정도로 입자의 크기는 보통 2μm 이하의 미립자이다.
- 가소성은 점토 성형에 중요한 성질로써 점토 입자가 미세할수록 좋다.

093 일반 콘크리트 대비 ALC의 우수한 물리적 성질로서 옳지 않은 것은?

① 경량성
② 단열성
③ 흡음·차음성
④ 수밀성, 방수성

ALC(경량기포콘크리트) 제품
- 규사, 생석회, 시멘트 등에 발포제인 알루미늄 분말과 기포안정제를 넣어 고온·고압증기양생을 거쳐 제조하는 기포 콘크리트의 일종이다.
- 경량(보통 콘크리트의 1/4)이며, 단열성능(보통 콘트리트의 10배)이 우수하다.
- 내화성능, 흡음성능, 방음성능이 우수하며, 열전도율이 적다.
- 제품의 변형, 균열이 없으며 가공성이 우수하다.

094 콘크리트 바탕에 이음새 없는 방수 피막을 형성하는 공법으로, 도료상태의 방수재를 여러 번 칠하여 방수막을 형성하는 방수공법은?

① 아스팔트 루핑 방수
② 합성고분자 도막 방수
③ 시멘트 모르타르 방수
④ 규산질 침투성 도포 방수

합성고분자 도막방수의 특징
- 도료상태의 방수재를 여러 번 칠하는 방식으로 이음새가 없고 일체형으로 형성한다.
- 고무에 의한 신축성으로 균열이 적고 상온시공으로 안전하다.
- 바탕면에 균일한 두께의 시공이 어렵다.
- 피막이 얇아 모체균열에 의해 파단과 외부충격에 의한 손상 우려가 존재한다.
- 방수의 신뢰도가 떨어져 옥상층에는 불리하다.
- 핀홀이 생길 수 있다.
- 용제형 도막방수는 인화성으로 화재의 위험 및 중독될 수 있다.
※ 합성고분자 방수공법의 종류 : 도막방수, 시트방수, 실(seal)재방수(실링방수)

095 열경화성수지가 아닌 것은?

① 페놀수지
② 요소수지
③ 아크릴수지
④ 멜라민수지

합성수지의 분류 및 주요 용도

분류	소분류	수지(약호)	용도
열가소성	범용수지	폴리에틸렌(PE)	필름, 시트, 성형품, 섬유
		폴리프로필렌(PP)	성형품, 필름, 파이프, 섬유
		폴리스틸렌(PS)	성형품, 발포재료, ABS수지
		염화비닐(PVC)	파이프, 호스, 시트, 판
		염화비닐리덴(PVDC)	필름, 섬유
		플루오르수지(플루오린수지)	내약품성 기계부품
		아크릴수지	판, 성형품(건축재, 디스플레이)
		폴리아세트산 비닐수지	도료, 접착제, 츄잉검
	엔지니어링 플라스틱	폴리아미드수지	기계부품
		아세탈수지	기계부품
		폴리카보네이트(PC)	기계부품, 디스플레이
		폴리페닐렌옥사이드	전기 · 전자부품
		폴리에스테르	성형품, 판, 화장판, 필름
		폴리술폰	내열성형품, 전지 · 전자부품, 식품
		폴리이미드	내열성 필름, 접착제

분류	소분류	수지(약호)	용도
열경화성		페놀수지	적층품(판), 성형품
		우레아수지	접착제, 섬유, 종이 가공품
		멜라민수지	화장판, 도료
		알키드수지	도료
		불포화 폴리에스테르수지	FRP(성형품, 판)
		에폭시수지	도료, 접착제, 절연재
		규소수지	성형품(내열, 절연), 오일, 고무
		폴리우레탄수지	발포제, 합성피혁, 접착제

096 블로운 아스팔트(blown asphalt)를 휘발성 용제에 녹이고 광물분말 등을 가하여 만든 것으로 방수, 접합부 충전 등에 쓰이는 아스팔트 제품은?

① 아스팔트 코팅(asphalt coating)
② 아스팔트 그라우트(asphalt grout)
③ 아스팔트 시멘트(asphalt cement)
④ 아스팔트 콘크리트(asphalt concrete)

- 아스팔트 그라우트(asphalt grout) : 돌가루, 모래를 스트레이트 아스팔트와 가열 혼합한 것으로 유동성을 이용하여 석재의 고착 · 충전 등에 사용한다.
- 아스팔트 시멘트(asphalt cement) : 원유를 증류하고 남은 반고체 상태의 부분을 150~180℃로 녹인 것으로 방수 및 방습성, 점성이 크고 감온성이 뛰어나 도로포장용으로 많이 사용된다.
- 아스팔트 콘크리트(asphalt concrete) : 아스콘이라고도 하며 모래, 자갈 등의 골재를 녹인 아스팔트로 결합시킨 것으로 도로포장 등에 사용된다.

097 연강판에 일정한 간격으로 그물눈을 내고 늘여 철망모양으로 만든 것으로 옳은 것은?

① 메탈라스(metal lath)
② 와이어메시(wire mesh)
③ 인서트(insert)
④ 코너비드(comer bead)

메탈라스(Metal lath)
- 두께 0.4~0.8mm의 연강판에 마름모꼴의 구멍을 연속적으로 뚫어 그물처럼 만든 것
- 천장, 벽 등의 모르타르 바름 바탕보강용(이질바탕재)으로 사용

098 고로슬래그 쇄석에 대한 설명으로 옳지 않은 것은?

① 철을 생산하는 과정에서 용광로에서 생기는 광재를 공기중에서 서서히 냉각시켜 경화된 것을 파쇄하여 만든다.
② 투수성은 보통골재의 경우보다 작으므로 수밀콘크리트에 적합하다.
③ 고로슬래그 쇄석을 활용한 콘크리트는 다른 암석을 사용한 콘크리트보다 건조수축이 적다.
④ 다공질이기 때문에 흡수율이 크므로 충분히 살수하여 사용하는 것이 좋다.

고로슬래그 쇄석은 철을 생산하는 과정에서 용광로에서 생기는 광재를 공기 중에서 서서히 냉각시켜 경화한 것을 파쇄하여 입도를 고른 것으로, 골재 내부 세공구조의 장기수분 함수 때문에 다른 암석을 사용한 콘크리트보다 건조수축이 적고 투수성이 크다.

099 점토제품 중 소성온도가 가장 고온이고 흡수성이 매우 작으며 모자이크 타일, 위생도기 등에 주로 쓰이는 것은?

① 토기
② 도기
③ 석기
④ 자기

점토 소성 제품의 분류

구분	토기	도기	석기	자기
소성온도	790~1000℃	1100~1230℃	1160~1350℃	1230~1460℃
흡수율	20% 이상	10% 내외	3~10%	1% 이하
색상	유색, 백색	유색, 백색	유색	백색
특성	저급원료, 취약함	다공질, 탁음, 유약사용	유약을 사용하지 않으며 식염수 사용	금속성 청음
용도	기화, 적벽돌, 토관	내장타일, 테라코타	외장·바닥타일, 클링커 타일	고급타일, 모자이크 타일, 위생도기

100 목재에 사용되는 크레오소트 오일에 대한 설명으로 옳지 않은 것은?

① 냄새가 좋아서 실내에서도 사용이 가능하다.
② 방부력이 우수하고 가격이 저렴하다.
③ 독성이 적다.
④ 침투성이 좋아 목재에 깊게 주입된다.

크레오소트 오일은 철류의 부식이 적고 처리재의 강도가 감소하지 않으며, 방부성이 우수하지만, 악취가 나고 외관이 미려하지 않아 눈에 보이지 않는 토대, 기둥, 도리 등에 이용되는 목재용 유성방부제이다.

제 06 과목 건설안전기술

101 건설현장에 거푸집동바리 설치 시 준수사항으로 옳지 않은 것은?

① 파이프서포트 높이가 4.5m를 초과하는 경우에는 높이 2m 이내마다 2개 방향으로 수평 연결재를 설치한다.
② 시스템 동바리의 수평재는 수직재와 직각으로 설치해야 하며, 흔들리지 않도록 견고하게 설치한다.
③ 보 형식의 동바리는 설계도면, 시방서 등 설계도서를 준수하여 설치한다.
④ 강관틀 동바리는 강관틀과 강관틀 사이에 교차가새를 설치한다.

산업안전보건기준에 관한 규칙 제332조의2(동바리 유형에 따른 동바리 조립 시의 안전조치) 사업주는 동바리를 조립할 때 동바리의 유형별로 다음 각 호의 구분에 따른 각 목의 사항을 준수해야 한다.
1. 동바리로 사용하는 파이프 서포트의 경우
   가. 파이프 서포트를 3개 이상 이어서 사용하지 않도록 할 것
   나. 파이프 서포트를 이어서 사용하는 경우에는 4개 이상의 볼트 또는 전용철물을 사용하여 이을 것
   다. 높이가 3.5미터를 초과하는 경우에는 높이 2미터 이내마다 수평연결재를 2개 방향으로 만들고 수평연결재의 변위를 방지할 것
2. 동바리로 사용하는 강관틀의 경우
   가. 강관틀과 강관틀 사이에 교차가새를 설치할 것
   나. 최상단 및 5단 이내마다 동바리의 측면과 틀면의 방향 및 교차가새의 방향에서 5개 이내마다 수평연결재를 설치하고 수평연결재의 변위를 방지할 것
   다. 최상단 및 5단 이내마다 동바리의 틀면의 방향에서 양단 및 5개틀 이내마다 교차가새의 방향으로 띠장틀을 설치할 것
3. 동바리로 사용하는 조립강주의 경우 : 조립강주의 높이가 4미터를 초과하는 경우에는 높이 4미터 이내마다 수평연결재를 2개 방향으로 설치하고 수평연결재의 변위를 방지할 것
4. 시스템 동바리(규격화·부품화된 수직재, 수평재 및 가새재 등의 부재를 현장에서 조립하여 거푸집을 지지하는 지주 형식의 동바리를 말한다)의 경우
   가. 수평재는 수직재와 직각으로 설치해야 하며, 흔들리지 않도록 견고하게 설치할 것
   나. 연결철물을 사용하여 수직재를 견고하게 연결하고, 연결부위가 탈락 또는 꺾어지지 않도록 할 것
   다. 수직 및 수평하중에 대해 동바리의 구조적 안정성이 확보되도록 조립도에 따라 수직재 및 수평재에는 가새재를 견고하게 설치할 것
   라. 동바리 최상단과 최하단의 수직재와 받침철물은 서로 밀착되도록 설치하고 수직재와 받침철물의 연결부의 겹침길이는 받침철물 전체길이의 3분의 1 이상 되도록 할 것
5. 보 형식의 동바리[강제 갑판(steel deck), 철재트러스 조립 보 등 수평으로 설치하여 거푸집을 지지하는 동바리를 말한다]의 경우
   가. 접합부는 충분한 걸침 길이를 확보하고 못, 용접 등으로 양끝을 지지물에 고정시켜 미끄러짐 및 탈락을 방지할 것
   나. 양끝에 설치된 보 거푸집을 지지하는 동바리 사이에는 수평연결재를 설치하거나 동바리를 추가로 설치하는 등 보 거푸집이 옆으로 넘어지지 않도록 견고하게 할 것
   다. 설계도면, 시방서 등 설계도서를 준수하여 설치할 것

102 고소작업대를 설치 및 이동하는 경우에 준수하여야 할 사항으로 옳지 않은 것은?

① 와이어로프 또는 체인의 안전율은 3 이상일 것
② 붐의 최대 지면경사각을 초과 운전하여 전도되지 않도록 할 것
③ 고소작업대를 이동하는 경우 작업대를 가장 낮게 내릴 것
④ 작업대에 끼임·충돌 등 재해를 예방하기 위한 가드 또는 과상승방지장치를 설치할 것

해설

산업안전보건기준에 관한 규칙 제186조(고소작업대 설치 등의 조치) ① 사업주는 고소작업대를 설치하는 경우에는 다음 각 호에 해당하는 것을 설치하여야 한다.
1. 작업대를 와이어로프 또는 체인으로 올리거나 내릴 경우에는 와이어로프 또는 체인이 끊어져 작업대가 떨어지지 아니하는 구조여야 하며, 와이어로프 또는 체인의 안전율은 5 이상일 것
2. 작업대를 유압에 의해 올리거나 내릴 경우에는 작업대를 일정한 위치에 유지할 수 있는 장치를 갖추고 압력의 이상저하를 방지할 수 있는 구조일 것
3. 권과방지장치를 갖추거나 압력의 이상상승을 방지할 수 있는 구조일 것
4. 붐의 최대 지면경사각을 초과 운전하여 전도되지 않도록 할 것
5. 작업대에 정격하중(안전율 5 이상)을 표시할 것
6. 작업대에 끼임·충돌 등 재해를 예방하기 위한 가드 또는 과상승방지장치를 설치할 것
7. 조작반의 스위치는 눈으로 확인할 수 있도록 명칭 및 방향표시를 유지할 것

103 건설공사의 유해위험방지계획서 제출 기준일로 옳은 것은?

① 당해공사 착공 1개월 전까지
② 당해공사 착공 15일 전까지
③ 당해공사 착공 전날까지
④ 당해공사 착공 15일 후까지

산업안전보건법 시행규칙 제42조(제출서류 등) ① 법 제42조제1항제1호에 해당하는 사업주가 유해위험방지계획서를 제출할 때에는 사업장별로 별지 제16호서식의 제조업 등 유해위험방지계획서에 다음 각 호의 서류를 첨부하여 해당 작업 시작 15일 전까지 공단에 2부를 제출해야 한다. 이 경우 유해위험방지계획서의 작성기준, 작성자, 심사기준, 그 밖에 심사에 필요한 사항은 고용노동부장관이 정하여 고시한다.
  1. 건축물 각 층의 평면도
  2. 기계·설비의 개요를 나타내는 서류
  3. 기계·설비의 배치도면
  4. 원재료 및 제품의 취급, 제조 등의 작업방법의 개요
  5. 그 밖에 고용노동부장관이 정하는 도면 및 서류
② 법 제42조제1항제2호에 해당하는 사업주가 유해위험방지계획서를 제출할 때에는 사업장별로 별지 제16호서식의 제조업 등 유해위험방지계획서에 다음 각 호의 서류를 첨부하여 해당 작업 시작 15일 전까지 공단에 2부를 제출해야 한다.
  1. 설치장소의 개요를 나타내는 서류
  2. 설비의 도면
  3. 그 밖에 고용노동부장관이 정하는 도면 및 서류
③ 법 제42조제1항제3호에 해당하는 사업주가 유해위험방지계획서를 제출할 때에는 별지 제17호서식의 건설공사 유해위험방지계획서에 별표 10의 서류를 첨부하여 해당 공사의 착공(유해위험방지계획서 작성 대상 시설물 또는 구조물의 공사를 시작하는 것을 말하며, 대지 정리 및 가설사무소 설치 등의 공사 준비기간은 착공으로 보지 않는다) 전날까지 공단에 2부를 제출해야 한다. 이 경우 해당 공사가 「건설기술 진흥법」 제62조에 따른 안전관리계획을 수립해야 하는 건설공사에 해당하는 경우에는 유해위험방지계획서와 안전관리계획서를 통합하여 작성한 서류를 제출할 수 있다.

104 철골건립준비를 할 때 준수하여야 할 사항으로 옳지 않은 것은?

① 지상 작업장에서 건립준비 및 기계기구를 배치할 경우에는 낙하물의 위험이 없는 평탄한 장소를 선정하여 정비하여야 한다.
② 건립작업에 다소 지장이 있다하더라도 수목은 제거하거나 이설하여서는 안된다.
③ 사용전에 기계기구에 대한 정비 및 보수를 철저히 실시하여야 한다.
④ 기계에 부착된 앵카 등 고정장치와 기초구조 등을 확인하여야 한다.

철골공사 표준안전 작업지침 제7조(건립준비) 철골건립준비를 할 때 다음 각 호의 사항을 준수하여야 한다.
1. 지상 작업장에서 건립준비 및 기계기구를 배치할 경우에는 낙하물의 위험이 없는 평탄한 장소를 선정하여 정비하고 경사지에서는 작업대나 임시발판 등을 설치하는 등 안전하게 한 후 작업하여야 한다.
2. 건립작업에 지장이 되는 수목은 제거하거나 이설하여야 한다.
3. 인근에 건축물 또는 고압선 등이 있는 경우에는 이에 대한 방호조치 및 안전조치를 하여야 한다.
4. 사용전에 기계기구에 대한 정비 및 보수를 철저히 실시하여야 한다.
5. 기계가 계획대로 배치되어 있는가, 윈치는 작업구역을 확인할 수 있는 곳에 위치하였는가, 기계에 부착된 앵카 등 고정장치와 기초구조 등을 확인하여야 한다.

105 가설공사 표준안전 작업지침에 따른 통로발판을 설치하여 사용함에 있어 준수사항으로 옳지 않은 것은?

① 추락의 위험이 있는 곳에는 안전난간이나 철책을 설치하여야 한다.
② 작업발판의 최대폭은 1.6m 이내이어야 한다.
③ 비계발판의 구조에 따라 최대 적재하중을 정하고 이를 초과하지 않도록 하여야 한다.
④ 발판을 겹쳐 이음하는 경우 장선 위에서 이음을 하고 겹침길이는 10cm 이상으로 하여야 한다.

가설공사 표준안전 작업지침 제15조(통로발판) 사업주는 통로발판을 설치하여 사용함에 있어서 다음 각 호의 사항을 준수하여야 한다.
1. 근로자가 작업 및 이동하기에 충분한 넓이가 확보되어야 한다.
2. 추락의 위험이 있는 곳에는 안전난간이나 철책을 설치하여야 한다.
3. 발판을 겹쳐 이음하는 경우 장선 위에서 이음을 하고 겹침길이는 20센티미터 이상으로 하여야 한다.
4. 발판 1개에 대한 지지물은 2개 이상이어야 한다.
5. 작업발판의 최대폭은 1.6미터 이내이어야 한다.
6. 작업발판 위에는 돌출된 못, 옹이, 철선 등이 없어야 한다.
7. 비계발판의 구조에 따라 최대 적재하중을 정하고 이를 초과하지 않도록 하여야 한다.

106 항타기 또는 항발기의 사용 시 준수사항으로 옳지 않은 것은?

① 증기나 공기를 차단하는 장치를 작업관리자가 쉽게 조작할 수 있는 위치에 설치한다.
② 해머의 운동에 의하여 증기호스 또는 공기호스와 해머의 접속부가 파손되거나 벗겨지는 것을 방지하기 위하여 그 접속부가 아닌 부위를 선정하여 증기호스 또는 공기호스를 해머에 고정시킨다.
③ 항타기나 항발기의 권상장치의 드럼에 권상용 와이어로프가 꼬인 경우에는 와이어로프에 하중을 걸어서는 안된다.
④ 항타기나 항발기의 권상장치에 하중을 건 상태로 정지하여 두는 경우에는 쐐기장치 또는 역회전 방지용 브레이크를 사용하여 제동하는 등 확실하게 정지시켜 두어야 한다.

산업안전보건기준에 관한 규칙 제217조(사용 시의 조치 등) ① 사업주는 증기나 압축공기를 동력원으로 하는 항타기나 항발기를 사용하는 경우에는 다음 각 호의 사항을 준수하여야 한다.
1. 해머의 운동에 의하여 증기호스 또는 공기호스와 해머의 접속부가 파손되거나 벗겨지는 것을 방지하기 위하여 그 접속부가 아닌 부위를 선정하여 증기호스 또는 공기호스를 해머에 고정시킬 것
2. 증기나 공기를 차단하는 장치를 해머의 운전자가 쉽게 조작할 수 있는 위치에 설치할 것
② 사업주는 항타기나 항발기의 권상장치의 드럼에 권상용 와이어로프가 꼬인 경우에는 와이어로프에 하중을 걸어서는

아니 된다.
③ 사업주는 항타기나 항발기의 권상장치에 하중을 건 상태로 정지하여 두는 경우에는 쐐기장치 또는 역회전방지용 브레이크를 사용하여 제동하는 등 확실하게 정지시켜 두어야 한다.

107 건설업 중 유해위험방지계획서 제출 대상 사업장으로 옳지 않은 것은?

① 지상높이가 31m 이상인 건축물 또는 인공구조물, 연면적 30000m² 이상인 건축물 또는 연면적 5000m² 이상의 문화 및 집회시설의 건설공사
② 연면적 3000m² 이상의 냉동·냉장 창고시설의 설비공사 및 단열공사
③ 깊이 10m 이상인 굴착공사
④ 최대 지간길이가 50m 이상인 다리의 건설공사

유해위험방지계획서 제출 대상 공사(산업안전보건법 시행령 제42조 ③항)
1. 다음 각 목의 어느 하나에 해당하는 건축물 또는 시설 등의 건설·개조 또는 해체 공사
   가. 지상높이가 31미터 이상인 건축물 또는 인공구조물
   나. 연면적 3만제곱미터 이상인 건축물
   다. 연면적 5천제곱미터 이상인 시설로서 다음의 어느 하나에 해당하는 시설
      1) 문화 및 집회시설(전시장 및 동물원·식물원은 제외한다)
      2) 판매시설, 운수시설(고속철도의 역사 및 집배송시설은 제외한다)
      3) 종교시설
      4) 의료시설 중 종합병원
      5) 숙박시설 중 관광숙박시설
      6) 지하도상가
      7) 냉동·냉장 창고시설
2. 연면적 5천제곱미터 이상인 냉동·냉장 창고시설의 설비공사 및 단열공사
3. 최대 지간(支間)길이(다리의 기둥과 기둥의 중심사이의 거리)가 50미터 이상인 다리의 건설등 공사
4. 터널의 건설등 공사
5. 다목적댐, 발전용댐, 저수용량 2천만톤 이상의 용수 전용 댐 및 지방상수도 전용 댐의 건설등 공사
6. 깊이 10미터 이상인 굴착공사

108 건설작업용 타워크레인의 안전장치로 옳지 않은 것은?

① 권과 방지장치
② 과부하 방지장치
③ 비상정지 장치
④ 호이스트 스위치

크레인의 방호장치 : 과부하방지장치, 권과방지장치, 비상정지장치 및 브레이크장치

109 이동식 비계를 조립하여 작업을 하는 경우의 준수기준으로 옳지 않은 것은?

① 비계의 최상부에서 작업을 할 때에는 안전난간을 설치하여야 한다.
② 작업발판의 최대적재하중은 400kg을 초과하지 않도록 한다.
③ 승강용 사다리는 견고하게 설치하여야 한다.
④ 작업발판은 항상 수평을 유지하고 작업발판 위에서 안전난간을 딛고 작업을 하거나 받침대 또는 사다리를 사용하여 작업하지 않도록 한다.

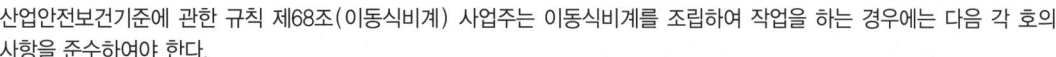
산업안전보건기준에 관한 규칙 제68조(이동식비계) 사업주는 이동식비계를 조립하여 작업을 하는 경우에는 다음 각 호의 사항을 준수하여야 한다.
1. 이동식비계의 바퀴에는 뜻밖의 갑작스러운 이동 또는 전도를 방지하기 위하여 브레이크·쐐기 등으로 바퀴를 고정시킨 다음 비계의 일부를 견고한 시설물에 고정하거나 아웃트리거를 설치하는 등 필요한 조치를 할 것
2. 승강용사다리는 견고하게 설치할 것
3. 비계의 최상부에서 작업을 하는 경우에는 안전난간을 설치할 것
4. 작업발판은 항상 수평을 유지하고 작업발판 위에서 안전난간을 딛고 작업을 하거나 받침대 또는 사다리를 사용하여 작업하지 않도록 할 것
5. 작업발판의 최대적재하중은 250킬로그램을 초과하지 않도록 할 것

110 토사붕괴 원인으로 옳지 않은 것은?

① 경사 및 기울기 증가　　② 성토높이의 증가
③ 건설기계 등 하중작용　　④ 토사중량의 감소

토사붕괴의 원인
- 외적원인 : 사면의 경사 및 기울기의 증가, 절토 및 성토의 증가, 공사에 의한 진동 및 반복하중의 증가, 지표수 또는 지하수의 침투로 인한 토사중량의 증가, 지진 및 작업차량 등의 하중
- 내적원인 : 절토사면의 토질, 암질의 종류, 성토사면의 토질구성 및 분포, 토석의 강도 저하

111 건설용 리프트의 붕괴 등을 방지하기 위해 받침의 수를 증가 시키는 등 안전조치를 하여야 하는 순간풍속 기준은?

① 초당 15미터 초과　　② 초당 25미터 초과
③ 초당 35미터 초과　　④ 초당 45미터 초과

산업안전보건기준에 관한 규칙 제154조(붕괴 등의 방지) ① 사업주는 지반침하, 불량한 자재사용 또는 헐거운 결선(結線) 등으로 리프트가 붕괴되거나 넘어지지 않도록 필요한 조치를 하여야 한다.
② 사업주는 순간풍속이 초당 35미터를 초과하는 바람이 불어올 우려가 있는 경우 건설용 리프트(지하에 설치되어 있는 것은 제외한다)에 대하여 받침의 수를 증가시키는 등 그 붕괴 등을 방지하기 위한 조치를 하여야 한다.

112 토사붕괴에 따른 재해를 방지하기 위한 흙막이 지보공 부재로 옳지 않은 것은?

① 흙막이판　　② 말뚝
③ 턴버클　　④ 띠장

흙막이 지보공의 조립
- 미리 조립도를 작성하여 당해 조립도에 의하여 조립한다.
- 조립도에는 흙막이판, 말뚝, 버팀대 및 띠장 등 부재의 배치·치수·재질 및 설치방법과 순서를 명시하여야 한다.

113 가설구조물의 특징으로 옳지 않은 것은?

① 연결재가 적은 구조로 되기 쉽다.
② 부재 결합이 간략하여 불안전 결합이다.
③ 구조물이라는 개념이 확고하여 조립의 정밀도가 높다.
④ 사용부재는 과소단면이거나 결함재가 되기 쉽다.

가설구조물의 특징
- 연결재가 부족한 구조가 되기 쉽다.
- 부재의 결합이 간단하여 불안전 결합이 되기 쉽다.
- 구조물이라는 개념이 확고하지 않아 조립의 정밀도가 낮다.
- 부재는 과소 단면이거나 결함이 있는 재료가 사용되기 쉽다.

114 사다리식 통로 등의 구조에 대한 설치기준으로 옳지 않은 것은?

① 발판의 간격은 일정하게 할 것
② 발판과 벽과의 사이는 15cm 이상의 간격을 유지할 것
③ 사다리식 통로의 길이가 10m 이상인 때에는 7m 이내마다 계단참을 설치할 것
④ 사다리의 상단은 걸쳐놓은 지점으로부터 60cm 이상 올라가도록 할 것

산업안전보건기준에 관한 규칙 제24조(사다리식 통로 등의 구조) ① 사업주는 사다리식 통로 등을 설치하는 경우 다음 각 호의 사항을 준수하여야 한다.
1. 견고한 구조로 할 것
2. 심한 손상·부식 등이 없는 재료를 사용할 것
3. 발판의 간격은 일정하게 할 것
4. 발판과 벽과의 사이는 15센티미터 이상의 간격을 유지할 것
5. 폭은 30센티미터 이상으로 할 것
6. 사다리가 넘어지거나 미끄러지는 것을 방지하기 위한 조치를 할 것
7. 사다리의 상단은 걸쳐놓은 지점으로부터 60센티미터 이상 올라가도록 할 것
8. 사다리식 통로의 길이가 10미터 이상인 경우에는 5미터 이내마다 계단참을 설치할 것
9. 사다리식 통로의 기울기는 75도 이하로 할 것. 다만, 고정식 사다리식 통로의 기울기는 90도 이하로 하고, 그 높이가 7미터 이상인 경우에는 다음 각 목의 구분에 따른 조치를 할 것
   가. 등받이울이 있어도 근로자 이동에 지장이 없는 경우: 바닥으로부터 높이가 2.5미터 되는 지점부터 등받이울을 설치할 것
   나. 등받이울이 있으면 근로자가 이동이 곤란한 경우: 한국산업표준에서 정하는 기준에 적합한 개인용 추락 방지 시스템을 설치하고 근로자로 하여금 한국산업표준에서 정하는 기준에 적합한 전신안전대를 사용하도록 할 것
10. 접이식 사다리 기둥은 사용 시 접혀지거나 펼쳐지지 않도록 철물 등을 사용하여 견고하게 조치할 것

115 가설통로를 설치하는 경우 준수해야 할 기준으로 옳지 않은 것은?

① 경사는 30°이하로 할 것
② 경사가 25°를 초과하는 경우에는 미끄러지지 아니하는 구조로 할 것
③ 건설공사에 사용하는 높이 8m 이상인 비계다리에는 7m 이내마다 계단참을 설치할 것
④ 수직갱에 가설된 통로의 길이가 15m 이상인 때에는 10m 이내마다 계단참을 설치할 것

산업안전보건기준에 관한 규칙 제23조(가설통로의 구조) 사업주는 가설통로를 설치하는 경우 다음 각 호의 사항을 준수하여야 한다.
1. 견고한 구조로 할 것
2. 경사는 30도 이하로 할 것. 다만, 계단을 설치하거나 높이 2미터 미만의 가설통로로서 튼튼한 손잡이를 설치한 경우에는 그러하지 아니하다.
3. 경사가 15도를 초과하는 경우에는 미끄러지지 아니하는 구조로 할 것
4. 추락할 위험이 있는 장소에는 안전난간을 설치할 것. 다만, 작업상 부득이한 경우에는 필요한 부분만 임시로 해체할 수 있다.
5. 수직갱에 가설된 통로의 길이가 15미터 이상인 경우에는 10미터 이내마다 계단참을 설치할 것
6. 건설공사에 사용하는 높이 8미터 이상인 비계다리에는 7미터 이내마다 계단참을 설치할 것

116 터널공사에서 발파작업 시 안전대책으로 옳지 않은 것은?

① 발파전 도화선 연결상태, 저항치 조사 등의 목적으로 도통시험 실시 및 발파기의 작동상태에 대한 사전점검 실시
② 모든 동력선은 발원점으로부터 최소한 15m 이상 후방으로 옮길 것
③ 지질, 암의 절리 등에 따라 화약량에 대한 검토 및 시방기준과 대비하여 안전조치 실시
④ 발파용 점화회선은 타동력선 및 조명회선과 한곳으로 통합하여 관리

터널공사 발파작업 시 안전대책
- 발파는 선임된 발파책임자의 지휘에 따라 시행하여야 한다.
- 발파작업에 대한 특별시방을 준수하여야 한다.
- 굴착단면 경계면에는 모암에 손상을 주지 않도록 시방에 명기된 정밀폭약(FINEX Ⅰ, Ⅱ) 등을 사용하여야 한다.
- 지질, 암의 절리 등에 따라 화약량을 충분히 검토하여야 하며 시방기준과 대비하여 안전조치를 하여야 한다.
- 발파책임자는 모든 근로자의 대피를 확인하고 지보공 및 복공에 대하여 필요한 조치의 방호를 한 후 발파하도록 하여야 한다.
- 발파시 안전한 거리 및 위치에서의 대피가 어려울 때에는 전면과 상부를 견고하게 방호한 임시대피장소를 설치하여야 한다.
- 화약류를 장진하기 전에 모든 동력선 및 활선은 장진기기로부터 분리시키고 조명회선을 포함한 모든 동력선은 발원점으로부터 최소한 15m 이상 후방으로 옮겨 놓도록 하여야 한다.
- 발파용 점화회선은 타동력선 및 조명회선으로부터 분리되어야 한다.
- 발파전 도오하선 연결상태, 저항치 조사 등의 목적으로 도통시험을 실시하여야 하며 발파기 작동상태를 사전 점검하여야 한다.
- 발파 후에는 충분한 시간이 경과한 후 접근하도록 하여야 하며 다음 각 목의 조치를 취한 후 다음 단계의 작업을 행하도록 하여야 한다.
  - 유독가스의 유무를 재확인하고 신속히 환풍기, 송풍기 등을 이용 환기시킨다.
  - 발파책임자는 발파 후 가스배출 완료 즉시 굴착면을 세밀히 조사하여 붕락 가능성의 뜬돌을 제거하여야 하며 용출수 유무를 동시에 확인하여야 한다.
  - 발파단면을 세밀히 조사하여 필요에 따라 지보공, 록볼트, 철망, 뿜어 붙이기 콘크리트 등으로 보강하여야 한다.
  - 불발화약류의 유무를 세밀히 조사하여야 하며 발견시 국부 재발파, 수압에 의한 제거방식 등으로 잔류화약을 처리하여야 한다.

117 건설업 산업안전보건관리비 계상 및 사용기준은 산업안전보건법령상의 건설공사 중 총 공사금액이 얼마 이상인 공사에 적용하는가?

① 4천만원　　　　　　② 3천만원
③ 2천만원　　　　　　④ 1천만원

건설업 산업안전보건관리비 계상 및 사용기준 제3조(적용범위) 이 고시는 법 제2조제11호의 건설공사 중 총공사금액 2천만 원 이상인 공사에 적용한다. 다만, 단가계약에 의하여 행하는 공사에 대하여는 총계약금액을 기준으로 적용한다.

118 건설업의 공사금액이 850억 원일 경우 산업안전보건법령에 따른 안전관리자의 수로 옳은 것은?(단, 전체 공사기간을 100으로 할 때 공사 전·후 15에 해당하는 경우는 고려하지 않는다.)

① 1명 이상
② 2명 이상
③ 3명 이상
④ 4명 이상

건설업 공사금액별 안전관리자의 수(산업안전보건법 시행령 별표 3)
- 50억원 이상(관계수급인은 100억원 이상) 120억원 미만 : 1명 이상
- 120억원 이상 800억원 미만 : 1명 이상
- 800억원 이상 1,500억원 미만 : 2명 이상(단, 공사 전·후 15에 해당하는 기간 동안은 1명 이상)
- 1,500억원 이상 2,200억원 미만 : 3명 이상(단, 공사 전·후 15에 해당하는 기간 동안은 2명 이상)
- 2,200억원 이상 3,000억원 미만 : 4명 이상(단, 공사 전·후 15에 해당하는 기간 동안은 2명 이상)
- 3,000억원 이상 3,900억원 미만 : 5명 이상(단, 공사 전·후 15에 해당하는 기간 동안은 3명 이상)
- 3,900억원 이상 4,900억원 미만 : 6명 이상(단, 공사 전·후 15에 해당하는 기간 동안은 3명 이상)
- 4,900억원 이상 6,000억원 미만 : 7명 이상(단, 공사 전·후 15에 해당하는 기간 동안은 4명 이상)
- 6,000억원 이상 7,200억원 미만 : 8명 이상(단, 공사 전·후 15에 해당하는 기간 동안은 4명 이상)
- 7,200억원 이상 8,500억원 미만 : 9명 이상(단, 공사 전·후 15에 해당하는 기간 동안은 5명 이상)
- 8,500억원 이상 1조원 미만 : 10명 이상(단, 공사 전·후 15에 해당하는 기간 동안은 5명 이상)
- 1조원 이상 : 11명 이상[매 2천억원(2조원 이상부터는 매 3천억원)마다 1명씩 추가](단, 공사 전·후 15에 해당하는 기간 동안은 선임 대상 안전관리자 수의 2분의 1(소수점 이하는 올림) 이상)

119 거푸집 동바리의 침하를 방지하기 위한 직접적인 조치로 옳지 않은 것은?

① 수평연결재 사용
② 받침목의 사용
③ 콘크리트의 타설
④ 말뚝박기

산업안전보건기준에 관한 규칙 제332조(동바리 조립 시의 안전조치) 사업주는 동바리를 조립하는 경우에는 하중의 지지상태를 유지할 수 있도록 다음 각 호의 사항을 준수해야 한다.
1. 받침목이나 깔판의 사용, 콘크리트 타설, 말뚝박기 등 동바리의 침하를 방지하기 위한 조치를 할 것
2. 동바리의 상하 고정 및 미끄러짐 방지 조치를 할 것
3. 상부·하부의 동바리가 동일 수직선상에 위치하도록 하여 깔판·받침목에 고정시킬 것
4. 개구부 상부에 동바리를 설치하는 경우에는 상부하중을 견딜 수 있는 견고한 받침대를 설치할 것
5. U헤드 등의 단판이 없는 동바리의 상단에 멍에 등을 올릴 경우에는 해당 상단에 U헤드 등의 단판을 설치하고, 멍에 등이 전도되거나 이탈되지 않도록 고정시킬 것
6. 동바리의 이음은 같은 품질의 재료를 사용할 것
7. 강재의 접속부 및 교차부는 볼트·클램프 등 전용철물을 사용하여 단단히 연결할 것
8. 거푸집의 형상에 따른 부득이한 경우를 제외하고는 깔판이나 받침목은 2단 이상 끼우지 않도록 할 것
9. 깔판이나 받침목을 이어서 사용하는 경우에는 그 깔판·받침목을 단단히 연결할 것

120 달비계에 사용하는 와이어로프의 사용금지 기준으로 옳지 않은 것은?

① 이음매가 있는 것
② 열과 전기 충격에 의해 손상된 것
③ 지름의 감소가 공칭지름의 7%를 초과하는 것
④ 와이어로프의 한 꼬임에서 끊어진 소선의 수가 7% 이상인 것

산업안전보건기준에 관한 규칙 제63조(달비계의 구조) ① 사업주는 곤돌라형 달비계를 설치하는 경우에는 다음 각 호의 사항을 준수해야 한다.
1. 다음 각 목의 어느 하나에 해당하는 와이어로프를 달비계에 사용해서는 아니 된다.
   가. 이음매가 있는 것
   나. 와이어로프의 한 꼬임[(스트랜드(strand)를 말한다. 이하 같다)]에서 끊어진 소선(素線)[필러(pillar)선은 제외한다)]의 수가 10퍼센트 이상(비자전로프의 경우에는 끊어진 소선의 수가 와이어로프 호칭지름의 6배 길이 이내에서 4개 이상이거나 호칭지름 30배 길이 이내에서 8개 이상)인 것
   다. 지름의 감소가 공칭지름의 7퍼센트를 초과하는 것
   라. 꼬인 것
   마. 심하게 변형되거나 부식된 것
   바. 열과 전기충격에 의해 손상된 것

정답 2022년 04월 24일 최근 기출문제

001 ③	002 ①	003 ②	004 ③	005 ④	006 ③	007 ④	008 ②	009 ①	010 ③
011 ②	012 ②	013 ④	014 ④	015 ④	016 ②	017 ①	018 ④	019 ①	020 ①
021 ③	022 ③	023 ①	024 ②	025 ①	026 ③	027 ④	028 ①	029 ②	030 ①
031 ③	032 ③	033 ①	034 ②	035 ①	036 ③	037 ②	038 ①	039 ④	040 ④
041 ①	042 ②	043 ①	044 ①	045 ③	046 ②	047 ③	048 ②	049 ④	050 ④
051 ③	052 ④	053 ①	054 ③	055 ④	056 ③	057 ②	058 ①	059 ②	060 ③
061 ①	062 ②	063 ④	064 ③	065 ①	066 ③	067 ②	068 ②	069 ②	070 ④
071 ①	072 ②	073 ①	074 ①	075 ①	076 ①	077 ①	078 ④	079 ①	080 ④
081 ②	082 ③	083 ①	084 ④	085 ②	086 ①	087 ③	088 ②	089 ①	090 ③
091 ②	092 ①	093 ①	094 ④	095 ②	096 ①	097 ①	098 ②	099 ④	100 ①
101 ①	102 ①	103 ③	104 ②	105 ④	106 ①	107 ②	108 ④	109 ②	110 ④
111 ③	112 ①	113 ③	114 ③	115 ②	116 ④	117 ③	118 ②	119 ①	120 ④

건설안전기사
필기 기출문제

2026년 01월 05일 인쇄
2026년 01월 20일 발행

저자 김응주
발행처 (주)도서출판 책과상상
등록번호 제2020-000205호
발행인 이강복
주소 경기도 고양시 일산동구 장항로 203-191
대표전화 (02)3272-1703~4
팩스 (02)3272-1705

홈페이지 www.sangsangbooks.co.kr
ISBN 979-11-6967-322-8

값 27,000원
Copyright© 2026
Book & SangSang Publishing Co.

• 저자와의 협의하에 인지를 생략합니다.